ISBN 978-0-364-87560-5
PIBN 11280559

JOURNAL
für
ORNITHOLOGIE.

GEGRÜNDET VON J. CABANIS

Im Auftrage der

Deutschen Ornithologischen Gesellschaft

mit Beiträgen von

W. Bacmeister, W. Bassermann, A. Berger, E. Detmers, E. Eylmann, F. Gröbbels, J. Hammling und K. Schulz, O. Heinroth, E. Hesse, F. v. Lucanus, N. Sarudny, M. Sassi, H. Schalow, E. Schnorr v. Carolsfeld, J. Thienemann, H. Weigold, O. Graf Zedlitz,

herausgegeben

von

Prof. Dr. Ant. Reichenow,

Zweiter Direktor des Kgl. Zoologischen Museums in Berlin,
Generalsekretar der Deutschen Ornithologischen Gesellschaft.

LIX. Jahrgang.

Mit Sonderheft und 6 Tafeln.

Leipzig 1911.

Verlag von L. A. Kittler.

London,	Paris,	New-York,
Williams & Norgate, 14 Henrietta Street, Coventgarden.	F. Vieweg, rue Richelieu 67.	B Westermann & Co. 812 Broadway.

Inhalt des LIX. Jahrganges (1911).

Deutsche Ornithologische Gesellschaft.

Abbildungen.

Corvus corax tingitanus **Irby.**

Corvus corax krausei **Zedl.**

JOURNAL
für
ORNITHOLOGIE.

Neunundfünfzigster Jahrgang.

No. 1. Januar 1911.

Meine ornithologische Ausbeute in Nordost-Afrika.

Von **O. Graf Zedlitz.**

(Hierzu Tafel 1.)

(Schlufs von Jahrgang 1910 Seite 807.)

XLIII. Corvidae.

224. ***Corvus corax krausei*** Zedl.

O. Graf Zedl. O. M. 08 p. 178/79.

♀♂ ? ? No. 38, 39, 45, 46 El Tor (Sinai) 21. 2. 08. Paläarktisch.

Der Beschreibung dieser Form in den O. M. 08 habe ich nichts hinzuzufügen. Dieser Rabe steht gewissermafsen in der Mitte zwischen *C. c. tingitanus* Irby aus N.-Afrika und *C. c. laurencei* Hume aus NW.-Indien und Palästina. In den Mafsen gleichen sich mehr *krausei* und *tingitanus* bis auf den Schnabel, in der Färbung mit ihrem matten etwas bräunlichen Ton stehen sich anscheinend *krausei* und *laurencei* näher, während der Gegensatz in den Mafsen erheblich stärker ist. *C. c. umbrinus* ist bedeutend brauner in seinem Kleide als diese beiden, aufserdem biologisch ganz verschieden. Er ist ein Bewohner der flachen Wüste, *krausei* dagegen wie *tingitanus* ein Kind der Berge.

Ende Januar hielten sich die Raben in Trupps beisammen, genau wie ich es bei *tingitanus* in Tunesien früher beobachtet habe, die Brutzeit dürfte kaum vor Ende März beginnen, da es vorher im Sinai noch recht unwirtlich ist.

223. ***Corvus albus*** P. L. S. Müller.

Rchw. V. A. II p. 634: *C. scapulatus.*
O. Neum. J. O. 05 p. 230: *C. scapulatus.*
Kleinschmidt J. O. 06 p. 90: *C. albus.*
♀ No. 895 Salamona 5. 7. 08 (Müller leg.).

♀♂♀♂♂ No. 1063, 1079, 1107, 1108, 1109 Nocra und Dahlak 10./14. 2. 09.

♀ No. 1110 (aberr.) Dahlak 14. 2. 09. Geb. I.

An Hand der v. Erlanger'schen Ausbeute hat Kleinschmidt im J. O. 06 p. 78—99 die Gruppe der Raben sehr ausführlich behandelt, dabei auch den *C. albus*, wie der alte *scapulatus* jetzt auf einmal heifst, sowie den umstrittenen *phaeocephalus* Cab. Ich kann hier nur auf den sehr interessanten Aufsatz hinweisen und versage mir jede Wiederholung daraus. Mein Material ist in mehreren Punkten recht lehrreich und geeignet, die Auffassung Kleinschmidt's zu stützen. Das am 5. Juli gesammelte ♀ ist in der Mauser, besonders am Kopf und Hals sieht man deutlich die frischen Federn, welche schwarz mit blauem Glanz sind, zwischen den alten, welche braun mit schwach violettem Schimmer sind, sich hervordrängen. Die im Februar erlegten Vögel, haben sämtlich Kopf- und Halsfärbung schwarzbräunlich mit mehr oder weniger (meist aber geringem) violettem Glanz, nach meiner Überzeugung ist das Braun nur eine Folge des Ausbleichens durch die Sonne und kann nicht zur Begründung einer gesonderten Form benutzt werden. Die Flügelmafse variieren ebenfalls stark bei den am gleichen Ort erlegten Vögeln wie folgende Zahlen zeigen: 5. 7. 08 ♀ 342 mm, 10. 2. 09 ♀ 365 mm, 12. 2. 09 ♂ 352 mm, 14. 2. 09 ♀ 355 mm, 14. 2. 09 ♂ 380 mm, 14. 2. 09 ♂ 330 mm, 14. 2. 09 ♀ (aberr.) rechts 322, links 325 mm. Die Mafse liegen also zwischen 322 und 380 mm, bei v. Erlanger zwischen 315 und 377 mm, also ganz ähnliche Differenzen.

Mein aberrantes Stück ist fast ganz schwarz, nur auf Kropf und Oberbrust zeigen sich helle Federränder, welche so fein sind, dafs man sie am lebenden Vogel in einiger Entfernung mit blofsem Auge nicht wahrnehmen konnte. Im Nacken ist ein fast ganz verdeckter weifser Fleck. Dieser Vogel ist dem dunkelsten *phaeocephalus* Cab., welcher schon so viel besprochen wurde, sehr ähnlich, ich habe sie hier nebeneinander vor mir und möchte den vulgären Ausdruck gebrauchen: „Sie gleichen sich wie ein Ei dem anderen". Der Charakter der aus schwarz, weifs und braun gemischten Zeichnung ist absolut derselbe. Ich behaupte nun mit vollster Bestimmtheit, es handelt sich hier nur um eine melanistische Aberration und nichts anderes. Abgesehen von der sonst deutlichen Übereinstimmung mit normalen Schildraben führe ich auch als Beweis das biologische Moment an, ich habe das abweichende Stück 3 Tage lang von früh bis Abends beobachten können. In dieser Zeit wohnte ich in dem Hauptdorfe auf Dahlak in einem mir vom Schech zur Verfügung gestellten Häuserkomplex an der Peripherie des Ortes, der von Schildraben wimmelte. Diese hatten es sofort heraus, dafs vor der Tür meines Präparators stets Vogelkörper lagen, und belagerten unsere Wohnung von früh bis spät. Gleich beim Einzuge bemerkte ich den schwarzen Burschen inmitten seiner Gefährten und behielt ihn so zu sagen immer im Auge, d. h., wir begrüfsten uns regelmäfsig früh, Mittags und Abends, das letzte Mal mit einem bleiernen Grufs, da er bei meiner bevorstehenden Abfahrt wohl sonst nicht gutwillig mitgekommen wäre. Während der ganzen Zeit zeigte der Rabe nichts in seinem Benehmen, wodurch er sich von den anderen unterschieden hätte, stets war er mit ihnen zusammen, auch seine Stimme war die gleiche. Übrigens habe ich am 11. 2. 09 etwa am entgegengesetzten Ende der Insel einen zweifellos nicht mit diesem identischen anderen schwarzen Schildraben gesehen, der mit einem normal gefärbten anscheinend angepaart war. Leider zeigten sich beide sehr scheu, sodafs ich nicht zu Schufs kommen konnte. Wenn erst in den betreffenden Gegenden mehr gesammelt sein wird, dann glaube ich, dafs eine ganze Reihe solcher melanistischer Aberrationen erscheinen wird. Zweifellos zeigt aber der weiter westlich im Nilgebiet und O.-Afrika lebende Schildrabe nicht die gleiche Tendenz zu Melanismus, ich wiederhole deshalb auch als meine Überzeugung die Worte Kleinschmidt's: „So wäre es nicht ausgeschlossen, dafs der Name *C. phaeocephalus* Cab. doch noch für NO.-Afrikaner in Frage käme". Mir liegen an Vögeln aus anderen Gebieten nicht die erforderlichen Suiten in verschiedenen Kleidern vor, ich rechne aber damit, dafs wir einen *C. albus albus* Müll. im Sudan und einen *C. a. phaeocephalus* Cab. am Roten Meer und im N.-Somaliland haben dürften. Ob der Ostafrikaner mit dem Sudanvogel übereinstimmt, ist eine offene Frage.

Der Schildrabe benimmt sich ähnlich wie unsere graue Krähe. Ich fand ihn ausschliefslich in der Nähe menschlicher Niederlassungen, auf dem Festlande selten, auf den Inseln dagegen häufig. Da er nicht verfolgt wird, ist er sehr frech. Er lebt zumeist vom Abfall und sammelt sich sofort in Scharen an jedem Luder. Besetzte Horste habe ich noch nicht gefunden, doch ist nach Befund der Sektion unzweifelhaft, dafs die Brutzeit bevorstand. Dem ♀ No. 1063 konnten wir ein legereifes Ei entnehmen.

Im Geb. III und IV kommt der Schildrabe nicht vor, hingegen sah ich ein Exemplar in Barentu nahe der Sudangrenze. Es dürfte sich hier schon um die westliche Form gehandelt haben, leider konnte ich des Vogels nicht habhaft werden, da er sich zwischen den Hütten der Eingeborenen herumtrieb, wo man nur ausnahmsweise einen Schufs abgeben kann, ohne Menschen zu gefährden.

226. ***Corvus capensis minor*** Heugl.

Rchw. V. A. II p. 638: *Heterocorax c. m.*
O. Neum. J. O. 05 p. 230: *Heterocorax c. m.*
Kleinschmidt J. O. 06 p. 79: *C. c. m.*
♀♀♀ No. 146, 147, 148 südlich Asmara 4. 2. 08.
♂ ? No. 425, 426 südlich Asmara 5. 3. 08. Geb. III.

Ich verweise zunächst wieder auf Kleinschmidt's Arbeit, deren Ausführungen ich mich nur anschliefsen kann. Auch hier ist wieder einmal der Fall eingetreten, dafs schliefslich die „*minor*" benannte Form die g r ö f s e r e ist. Nicht, dafs mich dies tief bekümmerte, ich erwähne es nur aus statistischen Gründen. Die Flügelmafse meiner Stücke sind: ♀♀♀ 320, 315, 315 mm, ♂? 310, 330 mm, also sehr konstant und durchweg kleiner als v. Erlanger's Mafse bezw. an deren unterste Grenze hinanreichend, jene sind 330—367 mm. O. Neumann mifst bei seinen Stücken aus Schoa und Gofa, also vom Hochlande, 351—365 mm, bei einem Stück aus dem Tieflande des Sudans vom Akobo nur 305 mm. Da meine Exemplare sämtlich in rund 2500 m Meereshöhe erbeutet sind, läfst sich aber nicht allgemein behaupten, dafs Vögel vom Hochlande gröfser, solche aus der Niederung kleiner seien, eher scheinen mir die s ü d a e t h i o p i s c h e n stärkere, die n o r d a e t h i o p i s c h e n kleinere Mafse zu haben. Ob Vögel aus dem Sudan als konstant kleiner von den beiden abzutrennen sind, bleibt späteren Untersuchungen vorbehalten, mir erscheint die Differenz von 310 (kleinster Eritreavogel) und 305 mm (Akobovogel) doch recht minimal.

Die auffallenden biologischen Abweichungen von anderen Raben sind von allen Forschern betont worden, ich verweise besonders auf Heuglin's und Kleinschmidt's Ausführungen. Letzterer vergleicht den Kropfraben m. E. recht zutreffend mit unserer Saatkrähe. Ich gestatte mir hier, nur einige Zeilen meines Tagebuches wörtlich so wiederzugeben, wie ich sie nach meiner ersten Beobachtung des *C. c. minor* niederschrieb: „Asmara 4. 2. 08. Eine gröfsere Gesellschaft *C. capensis minor* bei einer Farm, wo Felsen und offenes Wasser. Flug leicht, oft rüttelnd, behend und mit vielen Kurven. Auf der Erde schnell herumlaufend, im ganzen sehr beweglich. Stimme viel höher und kreischender als die anderer Raben. Auf den gefallenen Genossen, auch wenn geflügelt, stofsen sie n i c h t, wie z. B. *C. affinis*, sonst aber nicht besonders scheu, sitzen gern auf den wenigen vorhandenen Bäumen."

Die Brut dürfte in den Sommer fallen. Ich fand den Kropfraben ganz ausschliefslich im Hochgebirge über 2000 m. Wer ihn kennt, kann ihn nicht übersehen, ich bezweifle deshalb stark, dafs er im Barcagebiet vorkommen dürfte, wenn auch unter Heuglin's Fundorten „Bogos" aufgeführt wird. Man weifs eben nie recht, was mit diesem Namen gemeint ist, der auf Heuglin's Karte auch so in grofsen Zügen quer über eine sehr ausgedehnte Region weggeschrieben ist. Als Freund menschlicher Ansiedlungen f dieser Rabe naturgemäfs im sehr schwach bevölkerten Geb. IVehlt

227. ***Corvus affinis*** Rüpp.

Rchw. V. A. II p. 639 *Rhinocorax a.*
O. Neum. J. O. 05 p. 231 „ „

Hartert V. d. p. F. p. 8 *Corvus a.*

Kleinschmidt J. O. 06 p. 83 „ „

♂, ? (♀) No. 154, 155 Asmara 4. 2. 08.

♂ No. 191 Anseba oberhalb Cheren 11. 2. 08. Geb. II, III.

Die Mafse bei diesem Raben variieren sehr und werden häufig nach der einen oder anderen Richtung zu knapp gefafst: Hartert nennt als Flügelmafs 34—37 cm, da ist die oberste Grenze zu klein gezogen. Reichenow wieder gibt 375—400 mm an, da ist die unterste Grenze zu hoch hinaufgerückt. Es messen 15 südaethiopische Stücke v. Erlangers 342—390 mm, 3 Stücke gleicher Herkunft von Neumann 352—410 mm, 3 nordaethiopische von mir 350—400 mm, im Gegensatz zu diesen allen 2 südarabische Exemplare von Erlanger 331 und 343 mm. Es bleibt abzuwarten, ob die arabischen Vögel sich als konstant kleiner erweisen. Ich bemerke, dafs es sich um 2 ♂♂ handelt, im allgemeinen aber die ♂♂ gröfsere Mafse zeigen als die ♀♀.

Im übrigen möchte ich auf die ausführlichen Besprechungen der oben zitierten Forscher verweisen. Der gleitende Flug dieser kurzschwänzigen Raben ist ganz eigenartig und erinnert tatsächlich etwas an den des Gauklers. Die Nähe menschlicher Ansiedlungen wird ersichtlich bevorzugt.

XLIV. Dicruridae.

228. ***Dicrurus adsimilis lugubris*** Hemp. & Ehrenbg.

Rchw. V. A. II p. 646: *D. afer.*

v. Erl. J. O. 05 p. 703: „ „

O. Neum. J. O. 05 p. 232: *D. a. lugubris.*

♀♀♀♀ No. 99—102 Ghinda 31. 1. 08.

♀♀, ♂ juv. No. 1362—1364 Salamona 25. 6. 08. Müller leg. Geb. I, II, III.

Der Drongo ist besonders häufig im Hügelland zwischen Salamona und Ghinda, an der Bahnstrecke Massaua/Ghinda sieht man ihn überall auf freien Zweigen sitzen. Auch auf dem Hochplateau ist er nicht selten, selbst dort, wo nur einzelne niedrige Büsche zwischen dem Steingeröll sich finden. Im Barcagebiet sah ich ihn zumeist in dem östlichen bergigen Teil bei Cheren und auch noch bei Scetel, weiter westwärts wurde er seltener, im allgemeinen ist er aber überall hier weniger häufig als am Ostabhange. Dort fällt die Brut in das zeitige Frühjahr, ich besitze vom 25. Juni ein schon flügges Junges, das durch breite weifslichgelbe Säume der Federn besonders auf den Flügeldecken sich auszeichnet, wo dadurch 2 deutliche Binden gebildet werden. Die Flügelmafse meiner Stücke sind normale, 123—126 mm.

XLV. Oriolidae.

229. *Oriolus monachus monachus* Gm.

Rchw. V. A. II p. 657.
v. Erl. J. O. 07 p. 1.
O. Neum. J. O. 05 p. 232.
♀ No. 896 oberster Mareb (Plateau) 3. 6. 08.
♂♀ No. 931/32 Ghinda 26. 6. 08 (Müller leg.). Geb. I/III.

Meine Stücke sind insofern recht interessant, als das auf dem Hochland südlich von Asmara erbeutete einen rein gelben Schwanz mit Ausnahme der gelblich olivgrünen Mittelfedern hat, das Pärchen aus Ghinda dagegen vom Ostabhange zeigt deutlich schwarze Zeichung und zwar das ♂ auf den 4 Paar äufsersten Schwanzfedern eine von aufsen nach innen breiter werdende Querbinde, auf den Aufsenfahnen zum Teil tiefschwarz, auf den Innenfahnen matter, das ♀ eine entsprechende aber durchweg mattschwarze Binde. Die Flügelmafse sind: No. 896: 134 mm (links defekt), ♂♀ No. 931/32 138 und 134 mm. Der Nacken ist bei allen Stücken etwa gleich hellgoldgelb und hebt sich nicht scharf vom grüngelben Rücken ab sondern geht allmählich in den dunkleren Ton über. Auf die einzelnen Unterscheidungsmerkmale gegenüber *O. larvatus rolleti* Salvad. einzugehen würde hier zu weit führen, ich verweise auf die betr. Stellen bei Reichenow und O. Neumann J. O. 05 p. 235. Überhaupt kann ich nur empfehlen, Neumanns Ausführungen zur Systematik der Formenkreise *monachus* und *larvatus* auf p. 232—36 nachzulesen. Im allgemeinen mit ihm vollkommen einverstanden mufs ich nur den einen Ausspruch richtig stellen, nach welchem die *monachus*-Formen nur Hochgebirge über 2200 m bewohnen sollen, meine beiden Stücke, die bei Ghinda in rund 1000 m Höhe erbeutet wurden, sind *monachus* und keine *larvatus*. Wie schon aus meiner Beschreibung der Schwanzfärbung hervorgeht, sind sie sozusagen intermediär zwischen *monachus* und *permistus* Neum. Dafs diese schwarze Binde sehr variabel ist, geht sowohl aus Neumann's Untersuchungen der aus Italien geliehenen Stücke als auch daraus hervor, dafs mein ♂ die Zeichnung viel stärker zeigt als sein ♀, das andere ♀ aber garnicht. Ich bin geneigt, der Schwanzfärbung nur ein ganz sekundäres Gewicht beizulegen, dafür aber die Farbe der Schwingen als entscheidendes Merkmal zu betonen. Ich habe nicht das Material hier, um über die Berechtigung der Formen *meneliki* Blund. Lovat., welche Neumann nicht anerkennt, und *permistus* Neum., welche er quasi dafür einsetzt (wenn auch in südlicheren Gebieten), mir ein eigenes Urteil bilden zu können. Wir hätten also mit folgenden Formen zu rechnen:

1. *O. m. monachus* Gm.: Eritrea, Nord- und Central-Abessinien bis Schoa, soweit es zum Bl. Nil abwässert.

2. Eine intermediäre Form, (*meneliki* Blund. Lovat.?): Berge von Harar und Schoa, soweit sie zum Hauasch abwässern.
3. *O. m. permistus* Neum.: Berge von Kaffa, Omogebiet. Neben diesen Bergbewohnern lebt dann eine *larvatus*-Form *O. l. rolleti* Salvad. in den Tälern vom Omo bis zum W. Nil.

Der *monachus* ist ein ausgesprochener Waldvogel und zwar liebt er schattige Plätzchen, wo unter dicht belaubten Hochbäumen auch noch reichliches Unterholz vorhanden ist. Daher ist es oft nicht leicht, ihn zu sehen und zu erbeuten. Auf der Konzession Gandolfi ca. 6 Stunden nordnordöstlich von Asmara in 15—1600 m Höhe sah ich den Vogel einige Male an einer der dort sehr seltenen Waldquellen, um welche eine Urwald ähnliche Vegetation sich ausbreitete, leider verschwand er mir immer sofort wieder im Blättergewirr.

XLVI. Sturnidae.

230. ***Buphagus africanus*** L.

Rchw. V. A. II p. 666.

Der gelbschnäblige Madenhacker kommt eigentlich nur im Sudan ostwärts bis zum Gebiet des unteren Bl. Nils vor. Trotzdem habe ich ihn in Eritrea zu Gesicht bekommen. Der Grund dafür ist, dafs dieser Vogel, der sich mit besonderer Vorliebe an Lasttiere hält, mit grofsen Karavanen auch nennenswerte Reisen macht, natürlich immer stolz zu Dromedar. So überholte ich am 1. Mai 1908 östlich von Agordat eine sehr grofse Karavane, welche über Kassala aus dem Sudan kam, und wer safs ganz vergnügt auf einigen jüngeren ledig gehenden Höckertieren? Gelbschnäblige Madenhacker, es mögen 3—4 Stück gewesen sein. Sie hatten sämtlich gelbe Schnäbel und waren nicht etwa junge *erythrorynchus*. Nun ist es garnicht einfach, solch einen Burschen zu erbeuten: schiefst man ihn auf seinem Lasttier, so sind die Besitzer des letzteren wenig erfreut, in der nicht ganz unrichtigen Auffassung, dafs ein Kamelhöcker kein Kugelfang ist nicht einmal für Schrotkörner. Jagt man aber den Madenhacker herunter, so fliegt er meist auf der entgegengesetzten Seite des grofsen Tieres schräg abwärts und bleibt durch den Rumpf desselben gedeckt, bis er aufser Schufsweite ist. Aufserdem sehen die Eingeborenen es überhaupt nicht gern, dafs man ihren Höckertieren um die Ohren knallt, weil diese dann bisweilen scheu werden. Die Führer schlagen daher ein beschleunigtes Tempo an, wenn sie solche Absichten beim Sammler merken. Kurz ich konnte nicht zu Schufs kommen und mufs mich damit begnügen, den *B. africanus* vom Maultier aus auf 4—5 m Entfernung ganz genau erkannt und ihn als Vergnügungsreisenden für so weite Strecken festgestellt zu haben.

231. ***Buphagus erythrorynchus*** Stanl.

Rchw. V. A. II p. 667.
O. Neum. J. O. 05 p. 237.
v. Erl. J. O. 05 p. 705.
? No. 184 Ela Bered 10. 2. 08.
♀♀♀?♂ No. 212—16 Cheren 12. 2. 08.
♂♀ No. 439/40 Asmara 8. 3. 08. Geb. II, III.

Wo menschliche Niederlassungen sich befinden, deren Bewohner viel Vieh halten, da lebt auch dieser *Buphagus.* Natürlich sieht er es in erster Linie auf Tiere mit offenen Wunden am Rücken ab, daher hält er sich weit mehr an Dromedare, Maultiere und Esel als an Hornvieh. Auf den sehr gut gehaltenen Zehu-Rindern der Beni Amer, welche ich bei Scetel und Massaua täglich zu hunderten zur Tränke kommen sah, beobachtete ich so gut wie nie Madenhacker, wo aber ein Esel abseits weidete und die Druckstelle am Wiederrist sich ausheilen sollte, da safs gleich $^1/_2$ Dutzend von diesen Plagegeistern auf ihm. Mit vollstem Recht erklärt sie Neumann für eins der schädlichsten Tiere, das überhaupt in jenen Gegenden existiert, denn abgesehen von der fortwährenden Beunruhigung ihrer Opfer und der natürlich nach Kräften verzögerten Heilung werden durch Übertragung von Blut und Eiter auch noch bösartige Infektionen verursacht. Es kann auf dies schädliche Treiben nicht genug hingewiesen werden, um eine Aufhebung der vollkommen ungerechtfertigten Schonbestimmungen zu erzielen. Es liegt auch dann wohl auf absehbare Zeit noch kaum die Gefahr vor, dafs dieser Vogel wegen zu intensiver Verfolgung aus der tropischen Fauna verschwindet.

Mit dem Madenhacker hängt ein scherzhaftes Erlebnis zusammen, das ich hier einflechten möchte. Am Nachmittag des 12. 2. 08 durchstreifte ich die unmittelbare Umgegend von Cheren auf der Suche nach Vögeln, eigentlich fiel nur die Auswahl schwer, denn wenige Orte zeigen ein qualitativ wie quantitativ so reiches Vogelleben. Da sah ich an einer Kaktushecke ein einsames Dromedar stehen, dessen ganzer Rücken buchstäblich von Madenhackern bedeckt war. Nun hatte ich schon die Erfahrung gemacht, dafs es oft nicht glückte, auf diese Kerle im Abstreichen einen guten Schufs anzubringen, ich sagte mir auch, dafs es dem armen Höckertier nicht viel schlimmer mehr gehen könnte, wenn es noch einige Körner Vogeldunst No. 13 erwischte, die meisten mufsten ja durch die dicht gedrängt sitzenden Vögel aufgefangen werden. Mein treuer Gewehrträger Stella meinte dasselbe, und so zielte ich mitten auf die Gesellschaft und sandte ihnen aus der Kaliber 12 eine ordentliche Dosis feines Blei zu. Der Erfolg war glänzend: 10 *Buphagus* purzelten herunter, von denen die 5 besten als No. 512—16 gebalgt wurden; das Dromedar machte ein so dummes Gesicht, wie ich es selbst bei einem so wenig geistig regsamen Vieh nicht für möglich gehalten hätte, und schlug sich seitwärts in die Büsche in ziemlich lebhaftem Trabe. Es mufste doch etwas wie Kitzeln gespürt haben, denn nach einigen Tagen erfuhr mein Stella zufällig gesprächsweise, dafs eine Dromedar entlaufen sei, natürlich war es dasselbe. Wir hüteten uns wohl, von unserer heimlichen Schandtat etwas verlauten zu lassen, es blieb auch Frieden. Nach 10 Monaten im Dezember 1908 wurde dann besagtes Höckertier zurückgebracht, nachdem es die ganze Zeit in den Bergen als Einsiedler gehaust und sich dabei so dick und fett gefressen hatte, wie es einem arbeitenden Tier dieser Art wohl nie gelingt. Also das Befinden war vorzüglich, die Flucht war offenbar hauptsächlich durch den Schreck bewirkt worden. Erstaunlich ist mir dabei nur das eine, dafs das Dromedar so lange Zeit den Hyänen entgangen ist, welche in der Umgegend von Cheren geradezu als Landplage auftreten. Natürlich hätte ich das alles nicht konstatieren können, wenn ich nicht im März 09 wieder nach Cheren gekommen und mein Stella nicht eine allgemein bekannte und beliebte Persönlichkeit dort gewesen wäre. Warum das Dromedar damals seine lange Sommerfrische bezogen hat, das weifs aber heutigen Tages in Eritrea aufser Stella noch keine Seele.

232. *Spreo pulcher rufiventris* Rüpp.

Rchw. V. A. II p. 675: *S. pulcher.*
♀ juv. No. 196 Cheren 11. 2. 08.
♂? „ „ 281/82 „ 16. 2. 08.
♀ „ 469 Gaalaflufs 11. 3. 08.
♀ „ 778 Barentu 26. 4. 08.
♂ „ 840 Darotai 1. 5. 08.
♀ „ 1227 Cheren 8. 3. 09.
♀ „ 1234 Scetel 12. 3. 09. Geb. II, III.

An *S. pulcher* sind anscheinend die Systematiker bisher vorbeigegangen, ohne diesen längst bekannten und in seiner Heimat so gemeinen Vogel besonderer Beachtung zu würdigen. Bei Vergleich der aus verschiedenen Teilen Afrikas stammenden Vögel meiner Privatsammlung fiel mir zuerst eine geradezu in die Augen springende Verschiedenheit auf. Durch die Liebenswürdigkeit der Museumsleitung in Tring wurde mir noch weiteres reiches Material zur Verfügung gestellt, sodafs ich unter Zuziehung der Stücke des B. M. 29 Exemplare untersuchen konnte (11 aus Tring, 5 B. M., 13 eigene Sammlung), davon stammen 15 aus NO.-Afrika, 10 aus NW.-Afrika, 4 aus dem Sudan. Ich konnte dementsprechend 3 recht gut unterschiedene Formen feststellen:

1. *S. p. pulcher* St. Müller NW.-Afrika, Senegal.
2. *S. p. rufiventris* Rüpp. Eritrea, N.-Abessinien.
3. *S. p. intermedius* Zedl. Sudan bis Adamaua.

Zuerst mufs ich auf die Namensfrage unter Berücksichtigung der Priorität eingehen: Buffon in seinem „Planches enluminées" Vol. IV p. 97 T. 358 beschrieb zuerst einen „Merle à ventre jaune du Sénégal", dessen Unterseite von der Kehle an lebhaft orangegelb gefärbt sein sollte, was auch die Abbildung bestätigt. Ein Typus liegt nicht vor. Diesen Vogel nannte Gmelin „*Turdus chrysogaster*" und Temminck „*Lamprotornis chrysogaster*"; später beschrieb Vieillot unter dem gleichen Namen einen ganz anderen Vogel aus dem Kaplande, der bei Buffon unter No. 221 abgebildet ist. Schliefslich hat gar Van Swinderen im bearbeiteten Syst. Cat. von Buffon's „Planches" die No. 358 und 221 als denselben Vogel darstellend bezeichnet. Dies Chaos ist unentwirrbar und am besten läfst man den Namen *chrysogaster* ganz fallen, da er nicht einem Typus gegeben wurde, sondern auf einer Beschreibung beruht, welche ohnehin garnicht auf unseren Vogel pafst, dessen Bauchfarbe ich beim besten Willen weder als orangegelb noch als goldig bezeichnen kann. Wir nehmen deshalb für den Senegal-Vogel den ältesten nachweisbar richtigen Namen „*Turdus pulcher*" von St. Müller S. N. S. Suppl. 139 (1776) an und nennen ihn ternär „*Spreo pulcher pulcher* St. Müller."

Auf eine Verschiedenheit des nordostafrikanischen *S. pulcher* vom typischen hat zuerst oberflächlich Ehrenberg hingewiesen (Symbolae physicae, Aves Decas I, Bogen aa Note), doch lag ihm nur ein Stück von der abessinischen Küste vor, einen neuen Namen für den NO.-Afrikaner zugleich mit einer Diagnose brachte uns Rüppell N. W. p. 27 T. 11 F. I „*Lamprotornis rufiventris* oder *L. chrysogaster* var. *abyssinica*". Vorher auf p. 24/25 geht er bei allgemeiner Besprechung der *Lamprotornis*-Formen speziell auf die Nomenklatur-Frage ein, jenen Ausführungen ist auch das Vorstehende zum Teil entlehnt. Die Rüppell'sche Diagnose ist durchaus treffend, besonders hebe ich als charakteristisch hervor: „Nacken, Rücken, Flügeldeckfedern, Kehle, Hals und Brust bis zur Bauchmitte schön schwarzgrün mit lebhaftem entenhälsigem Metallschimmer, Bürzel und obere Seite des Schwanzes glänzend stahlblau". Damit stimmt die Abbildung vollkommen überein, bei welcher der blaue Bürzel trotz der Profilstellung noch deutlich hervortritt. Also der Rüppell'sche Vogel zeigt einen schönen vollen Metallglanz, teils entenhälsig grün, teils bläulich. Genau so präsentieren sich alle ausgefärbten Stücke aus NO.-Afrika, welche mir vorliegen. Sie unterscheiden sich von Senegal-Vögeln wie folgt: Beim typischen *pulcher* ist der metallische Schimmer der Unterseite mattgrün, zum Teil mit grau gemischt, zum Teil ins Broncefarbene ziehend. Die Oberseite ist ebenfalls matt, ihr Metallglanz fast rein broncegrünlich, nur auf den Schwanzfedern zeigt sich ein schwach bläulicher Ton. Mit einem Wort: Der Vogel sieht relativ matt aus, der Metallglanz ist im wesentlichen grünlich. Beim Vogel aus Eritrea dagegen zeigt die Unterseite sattgrün metallischen Schimmer, der bei ausgefärbten Stücken im frischen Gefieder zum Teil ins Bläuliche spielt, die Oberseite hat aufser dem grünlichen je nach Alter und Frische des Gefieders einen mehr oder weniger ausgesprochen aber stets wahrnehmbaren bläulich-violetten Glanz. Mit einem Wort: Der Vogel hat lebhaften Glanz, der Metallschimmer zieht mehr oder weniger ins Bläuliche. Dieser Form gebührt der Name *S. p. rufiventris* Rüpp. Die Mafse beider unterscheiden sich kaum, bei *pulcher* messe ich Flügellängen von 105—115 mm, bei *rufiventris* von 112—120 mm, dabei sind die ♂♂ meist etwas gröfser, weitaus die meisten Stücke messen zwischen 112—116 mm. Nun liegen mir noch 3 Stücke vor, welche Baron Rothschild in Nubien und Dongola im Januar/Februar 1901 sammelte (♂♀♀), sowie 1 Stück des B. M. aus Giddar (Adamana) leg. Sanitätssergeant Staniszewski 24. 5. 09. Wenn ich diese Exemplare mit den anderen aus NO.- und NW.-Afrika vergleiche, so kann ich die 4 gut unter sich übereinstimmenden Stücke weder zu der einen noch zu der anderen Subspezies ziehen, sondern mufs sie als konstante Form abtrennen: Der Metallglanz der Unterseite ist ausgesprochener als bei *pulcher*, doch zeigt sich die gleiche Neigung ins Broncegrüne hinüberzuspielen; der Rücken ist ebenfalls glänzender als bei *pulcher* und mit Ausnahme von ganz wenigen Federchen fast rein grün schimmernd, nicht bläulich wie bei *rufiventris*, doch zeigt im Gegensatz hierzu der Bürzel vielfach deutlich blaue Federränder. Dieser und der Oberschwanz sind blauer als bei *pulcher*, doch ist der Schwanz nicht so violettblau wie bei *rufiventris*. Diesen Vogel möchte ich *S. p. intermedius* nennen. Typus: das Stück des B. M. aus Giddar 24. 5. 09.

Junge Vögel aller Formen haben den gröfsten Teil der ganzen Unterseite rostrot wie den Bauch, am Kropf zeigen sich einzelne grünliche Federchen.

Der rotbauchige Star ist weit verbreitet über Eritrea, in Abessinien geht er anscheinend nicht sehr weit nach Süden hinab. Dicht bevölkerte Distrikte zieht er entschieden vor, im nahezu menschenleeren Adiabo-Lande sah ich ihn überhaupt nicht. Wald und Dornbusch sagt ihm weniger zu als die Steppe mit lichtem Bestande, Felder sind ihm besonders sympathisch. Am zahlreichsten tritt er wohl in und um Cheren auf, dort sitzt er sozusagen auf jeder Hecke und jedem Busch, dabei zieht er aber die steppenartigen Teile der Umgegeng den hochkultivierten Gärten vor. Im ganzen Barcagebiet traf ich ihn allenthalben. Das Land der Beni Amer ist ja auch dicht bevölkert und relativ nicht arm an Kultur. Im Süden kam er noch in Barentu vor, drunten am Tacazzé in der Wildnis fand ich ihn jedoch nicht mehr. Auf dem Plateau von Asmara sah ich ihn dort, wo die Gegend nicht allzu kahl und baumlos ist, an der Meeresküste und auf den Inseln scheint er nicht zu leben. Stets traf ich ihn in kleinen Trupps, von Paarung war bis zum Mai noch nichts zu merken, die Brutzeit fällt also wohl in den Sommer gegen Schlufs der Regenzeit. Den gröfsten Teil des Tages verbringt dieser Star an der Erde, wo er eifrig botanisiert, dabei recht gewandt und flink herumlaufend, in seinem ganzen Benehmen keinen Moment die Star-Manier verleugnend. Auf den Bäumen wählt er gern freiliegende Sitzplätze, besonders die Spitzen der höheren Dornbüsche scheinen ihm als Ruheplatz zuzusagen. Nicht selten traf ich ihn und *Lamprocolius cyaniventris* in schönster Eintracht beisammen, vergebens habe ich dagegen stets nach seinem Vetter den *S. superbus* ausgeschaut, immer und immer wieder liefs ich alle rotbauchigen Stare, die ich zn Gesicht bekam, mit dem Glase Revue passieren, aber nie zeigte sich darunter einer mit hellem Brustbande und weifsen Unterschwanzdecken. Wenn er in den von mir bereisten Gegenden überhaupt vorkommt, so mufs seine Verbreitung eine sehr lokale sein; dafs er erst zur Brutzeit von Süden her einrücken sollte, glaube ich nicht recht, da alle anderen Stare im Lande ausgesprochene Standvögel sind.

233. ***Lamprocolius cyaniventris*** Blyth.

Rchw. V. A. II p. 687: *L. chalybaeus.*
v. Erl. J. O. 05 p. 709: „ „
O. Neum. J. O. 05 p. 239: *L. cyaniventris.*
? No. 142 Asmara Febr. 08 (geschenkt erhalten).
♀♀ No. 240, 259 Anseba b./Cheren 14. 2. 08.
♀, ? „ 290, 291 Cheren 16. 2. 08.
? „ 355 Ela Bered 26. 2. 08.
♂ „ 491 Marebquellen 13. 3. 08.
♂ „ 828 Agordat 29. 4. 08.
♀ „ 897 Adua 6. 4. 08 (Müller leg.).
♀ „ 1300 Mansura (Barca) 25. 3. 09. Geb. II, III.

Der Typus von *L. chalybaeus* Hemp. & Ehrenbg. stammt aus Ambukol (Dongola), er ist sehr klein, Fl. 122, Schwanz 86 mm, und zeigt wenig blau auf dem Bürzel. Bei allen Stücken von Neumann und mir sind die Mafse erheblich gröfsere, der Bürzel ist stets sattblau. Ich schliefse mich daher Neumann in der Nomenklatur an und bitte weiteres dort J. O. 05 p. 239 darüber nachzulesen.

In der Färbung vermag ich keine konstanten Unterschiede bei meiner Suite zu konstatieren, die Flügelmafse der Stücke vom Hochland aus Geb. III sind jedoch etwas gröfsere:

No. 142: 147 mm	No. 240: 135 mm.
„ 355: 150 „	„ 259: 133 „
„ 491: 145 „	„ 290: 136 „
	„ 291: 141 „
	„ 828: 140 „
	„ 1300: 140 „.

Das Stück von Adua No. 897 mifst 140 mm Flügellänge, in der Färbung ist es etwas abweichend von allen anderen. Kropf und Rücken zeigen einen broncenen Ton, durch den das Gefieder im allgemeinen matter wirkt, Bürzel und Oberschwanz haben nicht rein blauen, sondern stark mit violett gemischten Metallglanz. Vielleicht lassen sich später bei sehr grofsem Material doch noch Subspecies dieses weit verbreiteten Stares feststellen. Zur Frage, ob *chloropterus* und *syncobius* als lokale Formen anzusehen seien, haben Reichenow und Neumann mehrfach Stellung genommen, vergleiche J. O. 05 p. 240 unter *chloropterus* (Neum.), p. 709 unter *chalybaeus* (Rchw.). Ich halte es für unerheblich, ob beide Arten in Afrika als Brutvögel nur „stellenweise" oder „überall" nebeneinander vorkommen. Der Umstand, dafs sie überhaupt nebeneinander nachgewiesen sind, sowie ihre konstante erhebliche Gröfsendifferenz stempeln sie in meinen Augen zu Vertretern verschiedener Species. Wenn von W. Afrika (Goldküste bis Gabun) nachgewiesen ist, dafs dort nur *chloropterus* vorkommt, so möchte ich als Gegenstück betonen, dafs in den von mir bereisten Gebieten vom Januar bis Juli anscheinend nur *cyaniventris* sich aufhielt. Wie aus meinen Fundorten ersichtlich ist, habe ich in den verschiedensten Teilen von Geb. II und III, wo er vorkam, Exemplare gesammelt, und es haben mir unendlich viel mehr Stücke vorgelegen als ich selbst gesammelt habe, da kaum ein Vogel in der Kolonie so eifrig von den Italienern wegen seiner Federpracht geschossen wird, aber ein *chloropterus* ist mir darunter nicht zu Gesicht gekommen.

Dieser Star ist ein ausgesprochener Kultur- und Menschenfreund, nirgends sah ich ihn so zahlreich wie in den Gärten und Höfen von Cheren. In den mittleren und hügeligen Lagen des Gebietes II fühlt er sich auch recht wohl, so bei Scetel und Mansura. In den Galerie-Wäldern am Barca bis Agordat kommt er noch regelmäfsig vor, dann in den Steppen nach Westen und Südwesten hin nur noch seltener. Bei Barentu sah ich noch Exemplare, welche die Offiziere dort gesammelt hatten, der Vogel galt jedoch als durchaus nicht häufig; über das Vorkommen im Geb. IV liegen mir keine Belege vor. Im Geb. I unterhalb Ghinda habe ich von der Bahn aus eines Tages Stare gesehen, welche ich für *cyaniventris* hielt, ganz bestimmt kann ich es natürlich nicht behaupten. Jedenfalls ist er hier nicht häufig. Heuglin fand ihn übrigens mehr in der Steppe und im Walde, weniger bei Niederlassungen, ich machte, wie gesagt, die umgekehrte Beobachtung. In der trockenen Zeit dürfte der Star mehr an die Menschen sich halten, nach der Regenzeit, wenn die Früchte der Felder und wilden Sträucher reifen, sich weit herumtreiben. Beobachtungen über Bruten habe ich nicht gemacht, Heuglin's Angabe, dafs sie in den Juli bis September fallen, dürfte für Eritrea durchaus zutreffend sein.

234. ***Lamprotornis purpuropterus aeneocephalus*** Hengl.

Rchw. V. A. II p. 710.
♀ No. 187 Ela Bered 10. 2. 08.
♂ „ 543 südlich Arresa 23. 3. 08.
♀♀♀ No. 837—39 Agordat 30. 4. 08.
? „ 1233 Scetel 13. 3. 09.
♀ „ 1301 Mansura 25. 3. 09. Geb. II Grenze von III.

Der Glanz der Oberseite ist je nach Alter, Geschlecht, Jahreszeit und vielleicht individueller Anlage sehr verschieden, bald mehr ins purpurfarbene, bald mehr ins bläuliche, bisweilen sogar ins grünliche ziehend. Henglin nennt diesen Star ausdrücklich einen Bewohner der „Gebirge des nördlichsten Abyssinien", dagegen beobachtete ihn Neumann in S.-Aethiopien gerade in den Tälern, meist an Seen, wie am Abaya-, Gandjule- und Znai-See. Ich mufs ihm beipflichten und den *Lamprotornis* als den Bewohner der tiefen Lagen bezeichnen, gelegentlich kommt er noch am Rande des Plateau's vor, also an der Grenze von Geb. III, das beweisen meine Fundorte „Ela Bered" und „südlich Arresa", doch fand ich ihn dort ganz vereinzelt. Ela Bered mit seinen Bananengärten und grofsartigen Agaven-Anpflanzungen ist ein so ausgesprochenes Kulturfleckchen, dafs sich dorthin wohl manche Vögel ziehen mögen, welche sonst in einer Höhe von ca. 1600 m sich für gewöhnlich nicht mehr aufhalten. Jedenfalls hat der langschwänzige Glanzstar hier nicht seine eigentliche Heimat, diese liegt vielmehr drunten im Barca-Gebiet in den Galeriewäldern aus Dumpalmen und in den mit lichtem Dornbusch bewachsenen flachen Steppen der ganzen Region von Scetel bis Barentu. Dort ist der Vogel aufserordentlich häufig, je gröfser die Kultur, je mehr Glanzstare. Heuglin's Annahme, er brüte im Juli und August, dürfte auch für das Barca-Gebiet volle Gültigkeit haben, bisweilen mag es dort auch etwas später werden. Meine Stücke No. 838/39 vom letzten Apriltage sind vorjährige Junge, bei welchen auf Rücken, Flügeln und Kropf sich erst stellenweise ein wenig Metallglanz zeigt, vorwiegend sind sie noch mattschwarz.

XLVII. Ploceidae.

A. Ploceinae.

235. ***Textor albirostris albirostris*** Vieill.

Rchw. V. A. III p. 3.
O. Neum. J. O. 05 p. 336: unter *T. a. nyansae.*
♂ No. 209 Anseba unterhalb Ela Bered 11. 2. 08.
♀♀♂ ad. No. 301/303 } Anseba unterhalb Cheren 17. 2. 03.
♀♂♀ juv. „ 304/306 }
Geb. II Grenze von III.

Die bisher bekannten 6 Formen des *T. albirostris* zählt O. Neumann J. O. 05 p. 335/36 auf, ich kann hier nur auf seine Ausführungen verweisen.

Den Büffelweber traf ich auch aufserhalb der Brutzeit in grofsen Gesellschaften unmittelbar bei Niederlassungen von Eingeborenen. Dort hielten sich die Vögel den ganzen Tag über auf, liefen zwischen den Hütten und auf den Plätzen herum, wo das Vieh nächtigte, und erinnerten in ihren Bewegungen dabei etwas an Stare. Wenn v. Erlanger von der südlichen Form ***intermedius*** im März und April Gelege finden konnte, so deutet dies darauf hin, dafs bei Ginir im Gallalande wohl andere Regenverhältnisse mafsgebend sein müssen. In meinen Geb. II und III brütet der Vogel erst gegen Schlufs der Regenzeit, ich habe Hochbäume gefunden, welche von alten Nestern bedeckt waren, aber keins war besetzt. Die 3 Stücke juv. meiner Sammlung tragen noch volles Jugendkleid, das in seiner verwaschenen graubraunen Fleckung auf der Brust an das unserer jungen Stare im Frühjahr erinnerte. Übereinstimmend mit meinem Befunde berichten Brehm und Henglin von Bruten im Juli bis September aus N.-Abessinien, Sennar und Kordofan. Wenn Henglin diesen *Textor* nicht für einen Standvogel in NO.-Afrika hält, so kann ich dem nicht beipflichten. Allerdings bewohnt er nicht das ganze Jahr hindurch seine Nester, sondern sucht sie anscheinend nur zur Brutzeit auf, aber er entfernt sich nicht allzu weit und sieht eben nur zu, wo er in der trockenen Zeit reichlich Nahrung findet; das ist naturgemäfs weniger der Fall in der öden Steppe als im Umkreise der Ansiedlungen, aus demselben Grunde findet man in dieser Periode auch den Vogel mehr an den Berghängen, wo die Vegetation lebhafter ist, im Sommer verteilt er sich dann in Kolonien über die weite Steppe des Barca-Gebietes, was mir zahlreiche alte Brutstätten bewiesen. Die Entfernungen zwischen den Winter- und Sommerständen sind jedoch so gering, dafs ich mich für berechtigt halte, diesen Weber als Standvogel in Eritrea zn bezeichnen.

236. ***Plocepasser superciliosus*** Cretzsch.

Rchw. V. A. III p. 14.
O. Neum. J. O. 05 p. 336.
v. Erl. J. O. 05 p. 4.
? No. 236 Cheren 13. 2. 08.
♀ No. 246 „ 15. 2. 08.
♂ No. 774 Sittona a. Tacazzé 22. 4. 08.
♂♀ No. 936/37 Ghinda 18. 6. 08. Geb. I, II, IV.

Der Sperlingsweber lebt einzeln oder paarweise und scheint nicht sehr häufig zu sein. v. Erlanger konnte nur zwei Stück sammeln, welche er von einem Baum bei Menaballa im Juni 1900 herabschofs. Neumann führt 4 Stücke vom Omo-Gebiet und

Ghelo auf. Ich habe bei Cheren noch einige Male diesen Weber gesehen, oben auf dem Plateau jedoch garnicht, und No. 774 ist das einzige Stück, das uns im Geb. IV zu Gesicht kam. Die Flügelmafse aller meiner Stücke sind sehr gleichmäfsig um 85 mm. Henglin fand ein Gelege im September und gibt uns eine anschauliche Beschreibung der Nester. Ich sah an den mit licht stehenden Akazienbüschen bewachsenen Hängen bei Cheren einige Male kunstvolle Nestbauten, welche vom *Plocepasser* herrühren dürften. Die Brutzeit fällt dort jedenfalls in den Spätsommer.

237. *Sporopipes frontalis* Daud.

Rchw. V. A. III p. 16.
♂ No. 206 oberer Anseba 11. 2. 08.
♂ No. 243 Cheren 16. 2. 08.
♀♀ No. 807/8 Tocolai 28. 4. 08.
♂ No. 1264 Scetel 15. 3. 09. Geb. II.

Das Schuppenköpfchen ist im Geb. II überall zu finden, am häufigsten erscheint es hart oberhalb Cheren nahe der Grenze von Geb. III. Es liebt vegetationsarme Regionen mit recht licht stehenden Dornbüschen. Meist sah ich 3–5 Stück beisammen, an den Wasserstellen des Barca-Tieflandes war es Ende April und Anfang Mai regelmäfsig in einigen Exemplaren zu beobachten. Das Vögelchen läfst nur hier und da ein leises Zirpen hören, scheint auch nicht sonderlich lebhaft zu sein. Solche kleine Gesellschaften halten sich gern lange Zeit an ein und demselben Platze auf, abwechselnd vom Busch zum Boden streichend und von diesem wieder zurück auf den Strauch. Die Brutzeit beginnt während der Sommerregen.

238. *Ploceus baglafecht* Vieill.

Rchw. V. A. III p. 40.
O. Neum. J. O. 05 p. 337.
v. Erl. J. O. 07 p. 6.
♂♂ No. 901/2 Conz. Gandolfi b./Asmara 24./25. 5. 08. Geb. III.

Der Vogel No. 901 ist ein semiadultes ♂ und zeigt auf dem Scheitel noch grünliche Federchen an der goldgelben Platte.

Dieser Weber ist ein ausgesprochener Gebirgsbewohner, das hat schon Neumann hervorgehoben, der ihn in den Bergen des Omo-Gebietes von 2200 m an aufwärts fand. Die Brut auf dem Plateau von Asmara fällt in den Sommer, meine Stücke von Ende Mai tragen schon ihr Hochzeitskleid.

239. *Ploceus rubiginosus* Rüpp.

Rchw. V. A. III p. 55.
v. Erl. J. O. 07 p. 7.
♀ No. 851 Darotai 1. 5. 08. Geb. II.

Dieser Weber wurde bisher stets weiter südlich gesammelt, Temben in N.-Abessinien war wohl der nördlichste Fundort, v. Erlanger stellte ihn nur am untersten Ganale im S.-Somalilande fest, dort als häufigen Brutvogel. Er scheint allerdings Neigung zu weiten Exkursionen zu besitzen, so erwähnt Reichenow ein in SW.-Afrika bei Rehobot erlegtes Exemplar, während *rubiginosus* den Pangani sonst nicht überschreitet. Leider läfst sich durch mein ♀ allein nicht feststellen, ob es sich um eine abweichende Form für Eritrea handelt. Entweder der Vogel ist dort beheimatet, dann dürfte er kaum mit den Ostafrikanern und den S.-Somalistücken ganz übereinstimmen, oder es handelt sich auch hier wieder um ein verflogenes Exemplar, das Datum des 1. Mai spricht jedoch nicht dafür. Die von Bocage für Angola angeführte Form liegt mir leider nicht vor. v. Erlanger stellte Ende April als Brutzeit im S.-Somalilande fest.

240. *Ploceus cucullatus abyssinicus* Gm.

Rchw. V. A. III p. 57.
v. Erl. J. O. 07 p. 7.
♂ No. 900 Adua 5. 6. 08 (Müller leg.).
♂ „ 1281 Asmara, Sommer 1908 (geschenkt erhalten). Geb. III.

Das zweite Stück wurde von einem Italiener für mich während der Brutperiode im Sommer 1908 gesammelt, es hat den ganzen Kropf und Oberbrust orangegelb überlaufen, fast so dunkel wie die Nackenfärbung, das schwarze Längsband auf der Kropfmitte ist deutlich ausgeprägt, No. 900 dagegen zeigt gerade an den Teilen des Kropfes, welche an die schwarze Kehle angrenzen, das hellste Goldgelb, erst die Oberbrust ist schwach orangefarben überflogen. Das schwarze Längsband auf der Kropfmitte ist nur durch kleine nicht zusammenhängende Flecke angedeutet. Ich halte es nicht für ausgeschlossen, dafs sich eine dauernde Verschiedenheit zwischen den Vögeln aus Eritrea und denen von N.-Abessinien herausstellen könnte, über den genauen Fundort von No. 1281 bin ich nicht orientiert, er kann schon an der Grenze von Geb. I liegen, welche ja von Asmara so leicht zu erreichen ist. Dafs die Färbung der Unterseite bald rötlicher, bald goldgelber ist, hätte an sich wohl nichts anderes zu bedeuten als einen Altersunterschied, mir ist nur der Umstand auffällig, dafs bei dem einen Stück die obersten Teile des Kropfes gerade die dunkelsten, beim anderen hingegen die hellsten sind. Unter den Bälgen des B. M. befindet sich weder bei *P. c. abyssinicus* noch bei *P. c. bohndorffi* Rchw. ein ♂ von diesem Färbungscharakter, stets ist die Umrandung der schwarzen Kehle etwas dunkler als die Oberbrust. Ich rechne nun allerdings mit der Möglichkeit, dafs beim Präparieren meines Stückes einige dunklere Deckfedern am Kropfe ausgefallen sein könnten, und warte im übrigen weiteres Material ab. v. Erlanger fand eine ganze Reihe Gelege und Einzeleier im zeitigen Frühjahr.

241. *Ploceus luteolus* Licht.

Rchw. V. A. III p. 76.
O. Neum. J. O. 05 p. 341.
v. Erl. J. O. 07 p. 9.

♂ No. 824 Tocolai 28. 4. 08.	Fl. 60,	Schn. 11 mm.
♂ juv. No. 1272 Scetel 19. 3. 09.	„ 59,	„ 10½ „
♂ No. 1337 Mansura 30. 3. 09.	„ 60,	„ 10 „

Geb. II.

In der Barca-Niederung dürfte dieser Weber nicht so sehr selten vorkommen, doch ist er im Winterkleide kaum von *galbula* zu unterscheiden, solange man den erlegten Vogel nicht messen kann. Es scheint mir, als hätte *luteolus* in diesem Stadium etwas mehr Weifs am Saum der oberen Flügeldecken als *galbula*. In den Monaten Februar bis Mitte April habe ich im ganzen Geb. II kein ♂ gesehen, das ein Hochzeitskleid trug, erst mein ♂ No. 824 vom 28. April zeigt fast fertiges gelbes Kleid. Die Brutzeit fällt also etwa mit der Regenzeit zusammen. Ich fand diesen kleinsten *Ploceus* stets vereinzelt unter gröfseren Gesellschaften von *galbula*, mit denen er anscheinend gute Freundschaft hielt. Vor- und Nachmittags beleben sie die Umgegend der Wasserstellen, in den heifsesten Stunden sitzen sie gern im dichten Gebüsch und klettern dort bedächtig aber mit vielem Geschick im Gezweig herum, etwa nach Art mancher Bartvögel und Meisen.

242. *Ploceus galbula* Rüpp.

Rchw. V. A. III p. 95.
v. Erl. J. O. 07 p. 12.

♀ No. 90 nördlich Massaua 30. 1. 08.	Fl. 65 mm.
♂♂♀ No. 109/11 Ghinda 31. 1. 08.	„ 67, 73, 64 mm.
♂ No. 135 Ghinda 1. 2. 08.	„ 73 mm.
♂♀ No. 204/5 oberer Anseba 11. 2. 08.	„ 72, 68 mm.
♀♀♂ No. 330/32 Scetel 22. 2. 08.	„ 64, 65, 67 mm.
♀♂ No. 852/53 Darotai 1. 5. 08.	„ 67, 70 mm.
♀ No. 898 Ghinda 18. 6. 08.	„ 65 mm.
♀ juv. No. 933 Ghinda 27. 6. 08.	
♀♂ No. 934/35 Salamona 5. 7. 08.	„ 66, 68 mm.
♀ No. 1144 Ghédem (am Nest) 19. 2. 09.	„ 64 mm.
♀♀ No. 1187/88 Cheren 5. 3. 09.	„ 65, 66 mm.
♂ No. 1208 östlich Cheren 6. 3. 09.	„ 71 mm.
♂ No. 1220 Scetel 12. 3. 09.	„ 71 mm.
♂♀♂ No. 1237/39 Scetel 12. 3. 09.	„ 73, 66, 67 mm.
♂♂ No. 1241/42 Scetel 12. 3. 09.	„ 72, 73 mm.
♂ No. 1280 Scetel 19. 3. 09.	„ 69 mm.

Geb. I, II.

Wie aus dieser Suite hervorgeht, sind ♂♂ stets etwas gröfser als ♀♀. Es messen die Fl. bei den ♂♂ 67—73, bei den ♀♀ 64—68 mm. Auch der Schnabel ist beim ♂ ad. fast stets länger als beim ♀. Aufserordentlich interessant ist bei diesem Weber der Wechsel seiner Kleider. Ich will versuchen, an der Hand des von mir gesammelten Materials eine Erklärung für das anscheinend regellose Durcheinander von Hochzeitskleidern und Bruten, die ja doch mit einander in engem Konnex stehen, zu geben. Beginnen wir mit Geb. I. Dort ist dieser Weber ein Bewohner der Büsche im Küstenstrich, der Felder und eingesprengten Waldpartien in den Vorbergen. Sehr häufig fand ich ihn Mitte Februar bei Ghédem südlich Massaua unmittelbar an der Küste, wo einige Wasserrisse von dichtem Buschwerk eingefafst waren. Sehr zahlreiche Nester waren damals besetzt. Ich sammelte frische sowie hochbebrütete Eier und mehrfach nackte Nestjunge. Befiederte Junge fand ich damals noch nicht. Alle ♂♂ trugen volles Hochzeitskleid. Übrigens konnte man stundenlang warten, ehe die Alten sich einmal am Nest sehen liefsen, mochte es Eier oder Junge enthalten, dann aber kamen fast stets alle beide und schlüpften sofort ein, sodafs es wirklich nicht leicht war, zu Schufs zu kommen. Wir befanden uns gerade am Schlufs der Regenzeit, alles war so grün, wie es im Sahel möglich ist. Felder fehlen dort, welche bei der Ernährung mitsprechen könnten. Es ist dies im Küstenstrich die einzige Jahreszeit mit leidlich günstigen Bedingungen, daher konzentriert sich die Brutzeit hier ungewöhnlich. Weiter oberhalb bei Ghinda wird viel Feldbau betrieben, die Saat erfolgt im Januar, die Ernte etwa im Mai. Hier ist der Tisch also auch in der ganzen Zeit vom Januar bis Mai, welche unserem Sommer entspricht, gedeckt, und die Bruten verteilen sich über diese Periode. Ich fand im Februar besetzte Nester, am 12. April 09 noch halbwüchsige Junge. Alle ♂♂ trugen zwischen 1. 2. und 5. 7. Hochzeitskleid, wie meine No. 109/11, 135, 935 zeigen, Ein junger Vogel desselben Jahres No. 933 vom 27. 6. ist schon gut ausgewachsen und dürfte das Nest seit mindestens 4 Wochen verlassen haben. Wann in dieser ganzen Region des Gebietes I die ♂♂ ihr Winterkleid, das mit dem des ♀ fast übereinstimmt, tragen, kann ich aus eigener Beobachtung nicht sagen, es dürften aber mit grofser Wahrscheinlichkeit die Monate vom Juli bis zum Herbst dafür in Betracht kommen, damit stimmt dann Heuglin's Notiz, der am Golf von Tedjera im Oktober das Anlegen des Hochzeitskleides beobachtete. v. Erlanger fand *galbula* in der Oase El Hota in S.-Arabien ungemein häufig, schon in den letzten Tagen des Dezembers konnten mehrere frische Gelege dort gesammelt werden. Die Verhältnisse in El Hota und Ghédem dürften sich nicht wesentlich unterscheiden.

Überschreiten wir nun die Wasserscheide zwischen Lebca und Anseba und sehen uns in der Umgegend von Cheren sowie in der Barca-Niederung um. Hart am rechten Ufer des Anseba direkt auf der Grenze der Gebiete, doch schon auf dem Abhang zum Geb. II sammelte ich am 6. 3. 09 noch ein ♂ im Hochzeitskleide. Das ist nicht besonders auffallend, da die Ausläufer der Winterregen bis hierher reichen, wie es auch die lebhaftere Vegetation bewies. Weiter westwärts im ganzen Geb. II ist nun von Januar bis Mai gerade die trockenste Zeit, dem entsprechend habe ich dort nicht einen Fall von besetzten Nestern in diesen Monaten feststellen können, und Heuglin erklärt auch summarisch: „Mit Eintritt der Sommerregen beginnt die Verfärbung und das Brutgeschäft". Das wäre nun ganz bequem und einfach, wenn die Vögel sich so genau darnach richteten, das tun sie aber durchaus nicht immer, wenigstens inbezug auf die Verfärbung. Die allgemeine Regel ist es ja, dafs bis Ende April das ♂ vom ♀ kaum zu unterscheiden ist, das beweisen folgende Stücke: ♂ No. 204 oberhalb Cheren 11. 2. 08, ♂ No. 332 Scetel 22. 2. 08, ♂♂ No. 1241/42 Scetel 12. 3. 09. Sie alle unterscheiden sich von den ♀♀ nur durch die langen Flügel, etwas längere Schnäbel und die dunkle, fast schwarze Färbung des Oberschnabels. Im Hochzeitskleid ist der Schnabel des ♂ ganz schwarz, der des ♀ bleibt stets bräunlich fleischfarben. Diese angeführten Vögel sind herausgeholt aus Scharen, welche ich z. B. in Scetel täglich in Mufse beobachten konnte, und die nach Hunderten zählten. Unter diesen Massen fiel mir doch hier und da ein ♂ auf, das bereits zum Teil oder ganz gelb war und deshalb schleunigst verhaftet wurde. Es sind dies folgende Stücke: ♂ No. 1220 Scetel 12. 3. 09 volles Hochzeitskleid; ♂ No. 1237 Scetel 12. 3. 09 im Beginn der Umfärbung, der sehr helle wie beim ♀ gefärbte Schnabel deutet auf ein jüngeres Stück; ♂ No. 1280 Scetel 19. 3. 09 alter Vogel im vollen Hochzeitskleid. Diese 3 Exemplare stehen wie gesagt unzähligen gegenüber, welche ich beobachtete aber nicht sammelte, da sie normales Winterkleid zeigten, immerhin müssen diese Ausnahmen ihre Begründung haben. Um diese zu finden, dürfte als Fingerzeig dienen, dafs die so früh schon verfärbten Stücke sämtlich in Scetel erbeutet wurden, es müssen also wohl die besonderen lokalen Verhältnisse zur Erklärung herangezogen werden: Hier ist eben für einen sperlingsartigen Vogel auch in der trockenen Zeit immer viel zu holen, wenn er nur gut Bescheid weifs. Tag für Tag vom Morgengrauen bis die Sterne am Himmel stehen, lösen sich die Viehherden ununterbrochen an der Tränke ab, natürlich ist der Platz in weitem Umkreise reichlich mit Kuhmist bedeckt. Aufserdem liegen in unmittelbarer Nachbarschaft zwei gröfsere Dörfer mit den Wohnungen des Schechs und seiner Verwandten, offenen Ställen für die Pferde, Durrha und Heuvorräten etc. Dort haben nun einige *galbula* sich ganz in die Rolle unseres Hausspatzes eingelebt, ein echter *Passer*, der sie vertreiben könnte, kommt anscheinend nur gelegentlich in den Dörfern vor, nicht zahlreich wie in den gröfseren Orten Cheren, Agordat und anderen.

Ich habe beobachtet, dafs die wenigen gelben Weber stets unmittelbar an den Wasserstellen zu finden waren, und vermute, dafs infolge relativen Wohllebens einzelne dieser Vögel schon vorzeitig zur Verfärbung geschritten waren. Solche Stücke brauchen deshalb nicht besonders alt zu sein, obgleich in der Regel ältere Schlaumeier besser für ihre Schnäbel zu sorgen wissen, sondern der enge Anschlufs an die Fleischtöpfe eines von Vieh und Menschen so besonders stark besetzten Platzes dürfte ausschlaggebend sein. Das Gros der Weber, welches man besonders vormittags an den Brunnen sieht, kommt nur dorthin, um den Durst zu löschen und die letzten Neuigkeiten sich zu erzählen, dann verteilt man sich wieder in weitem Umkreise über die Steppe. Dort draufsen aber habe ich um diese Jahreszeit nie ein verfärbtes ♂ erblickt. Es würde mich nicht sehr in Erstaunen setzen, wenn diese „Hausweber" auch gelegentlich zu abnorm frühen Bruten schreiten, so erwähnt ja auch Barnes, dafs er bei den Webern in Aden fast das ganze Jahr über Eier gefunden habe, vielleicht leben sie dort auch als Hausspatzen, denn aufserhalb der Stadt ist selbst für einen Weber blutwenig zu holen. Erlanger's Beobachtungen, dafs die Eier in der Grundfarbe weifs bis bläulichgrün, sowie in der Flecken- und Strichzeichnung stark variieren, fand ich durchaus in der Brutkolonie Ghédem bestätigt.

B. Spermestinae.

243. *Quelea sanguinirostris aethiopica* Sund.

Rchw. V. A. III p. 109.
O. Neum. J. O. 05 p. 343.
v. Erl. J. O. 07 p. 13.
♀♀ No. 759/60 Tacazzé 19. 4. 08.
♀♀♀ „ 847/49 Darotai 1. 5. 08. Geb. II, IV.

Meine Exemplare, leider nur ♀♀, bieten keine Veranlassung zu Bemerkungen systematischer Art. Auch für Eritrea dürfte der Blutschnabel ein Zugvogel sein, der erst spät im Frühjahr erscheint und nach der Aufzucht seiner Jungen im Herbste wieder verstreicht. Ich sah zuerst am 19. April 1908 am Tacazzé einen kleinen Schwarm, es war gegen Abend, und die auf dem Zuge befindlichen Vögelchen mochten sich wohl am Flusse ihren Rastplatz für die Nacht ausgesucht haben. Am 1. Mai fand ich dann an der Wasserstelle Darotai im Tiefland ca. 45 km östlich Agordat einige Blutschnäbel, welche sich anscheinend dort zuhause fühlten und wohl unlängst aus dem Süden zurückgekehrt waren. Bis zum April war im Barca-Gebiet kein Blutschnabel zu sehen, wie ich 1909 konstatierte.

244. ***Pyromelana franciscana franciscana*** Isert.

Rchw. V. A. III p. 122.
O. Neum. J. O. 05 p. 345.
v. Erl. J. O. 07 p. 14.
♂♂ No. 1102, 1114 Cheren Sommer 1908 (geschenkt erhalten).
♂ No. 1052 Adi Ugri 1. 6. 08.
♀ No. 1365 Tacazzé 20. 4. 08. Geb. III, IV.

Wegen der Verbreitung des Feuerwebers *P. f. franciscana* und *P. f. pusilla* Hartert verweise ich auf Neumann's Ausführungen. Die Vögel vom Danakil- und Somalilande zieht er zu letzterer Form, ich habe hier nicht das Material, um mich näher mit ihr beschäftigen zu können. Meine Stücke sind typische *franciscana*, auch das ♀ hat noch etwas über 60 mm Flügellänge.

Nach meinen Feststellungen ist der Feuerfink in den hier behandelten Gebieten Zugvogel, der erst spät im Frühjahr erscheint. Er zieht wohl nicht in so grofsen Schwärmen wie *Q. s. aethiopica*, mit der er sonst oft zusammen beobachtet wurde. Das früheste Stück sammelte ich am 20. 4. 08 am Tacazzé, die anderen wurden während des Sommers von Bekannten für mich reserviert, es sind ♂♂ im Hochzeitskleid.

245. ***Euplectes capensis xanthomelas*** Rüpp.

Rchw. V. A. III p. 128.
O. Neum. J. O. 05 p. 346.
v. Erl. J. O. 07 p. 15.
♀ No. 608 Melissai 1. 4. 08.
? No. 635 Tacazzé 5. 4. 08.
♀ No. 905 Adua 6. 6. 08. (Müller leg.) Geb. III, IV.

Alle 3 Vögel haben das amerartige Kleid und sind in diesem leicht mit anderen kleinen Webern zu verwechseln, besonders ♀♀ von *P. franciscana*, *Ploceus luteolus* und *Hypochera ultramarina*. Ich halte auch diesen für einen Zugvogel. O. Neumann fand ihn nur in beträchlichen Höhen, meine Fundorte Melissài und Tacazzé liegen dagegen nur auf ca. 700—800 m. v. Erlanger fand besetzte Nester im Gallalande Ende Juni und gibt genaue Beschreibung der Eier.

246. ***Coliuspasser laticauda*** Licht.

Rchw. V. A. II p. 136.
O. Neum. J. O. 05 p. 347.
v. Erl. J. O. 07 p. 15.
♂ No. 1169 Adi Ugri 1. 6. 08. Geb. III.

Das Stück ist im Übergangskleide, der Schwanz schon recht lang. In diesem Stadium ähnelt der Vogel sehr dem *macrocercus*, doch hat er kein Goldgelb am Flügel wie dieser. Weitere Exemplare habe ich nicht gesehen.

247. *Coliuspasser macrocercus* Licht.

Rchw. V. A. III p. 137.
O. Neum. J. O. 05 p. 347.
v. Erl. J. O. 07 p. 16.
♂ No. 532 Adi Ugri 22. 3. 08.
♂ No. 899 Adua 5. 6. 08 (Müller leg.).
♂♂ No. 1310, 1339 Asmara Sommer 1908 (geschenkt erhalten). Geb. III.

Mein gröfstes Stück No. 532 mifst 88 mm Flügellänge, Neumann fand sogar 91—94 mm bei seinen Exemplaren aus Djimma, Reichenow gibt nur 85 mm als oberste Grenze an. Die bei Adi Ugri und Adua gesammelten Stücke fanden wir an feuchten hochgelegenen Wiesen ganz in Übereinstimmung mit den Mitteilungen Heugling's und Neumann's. Die Stücke No. 532 und 899 sind noch im Winterkleid, Henglin sagt „Die Umfärbung zum Hochzeitskleid fällt in die Zeit der Sommerregen", das dürfte durchaus auf dem ganzen Hochplateau zutreffen. No. 1310 und 1339 sind im vollen Hochzeitskleide und gegen Schlufs der Regenzeit 08 für mich bei Asmara gesammelt worden. Den ganz genauen Fundort weifs ich nicht, glaube aber, dafs es sich bei diesem so ausgesprochenen Hochlandsbewohner um die Weiden und Wiesen hart westlich der Hauptstadt handeln dürfte.

248. *Amadina fasciata alexanderi* Neum.

Rchw. V. A. III. p. 146.
v. Erl. J. O. 07 p. 17.
O. Neum. B. B. O. C. CXLVII. Vol. XXIII. p. 45.
♂♂♂♂♀ No. 811—815 Tocolai 28. 4. 08.
♀♀ No. 822—823 Tocolai 28. 4. 08.
♂ No. 842 Darotai 1. 5. 08.
♂♂♂ No. 1306—1308 Mansura (Barca) 26. 3. 09. Geb. II.

O. Neumann hat am 16. 12. 08 im B. B. O. C. die Form *alexanderi* neu beschrieben auf Grund schärferer Bindenzeichnung der Oberseite und Sekundärschwingen sowie blasseren Grundtones der Unterseite und schwarzer Federränder unten am roten Kropfband. Für die neue Form ist als Verbreitung angegeben: Nord-Abessinien bis Schoa, Somaliland und Deutsch-Ost-Afrika. Der Typus stammt von Hauasch in Schao. Meine Stücke mufs ich sämtlich als intermediär bezeichnen, man könnte sie fast ebenso gut zu *fasciata* ziehen, zeigt doch allgemein die Fauna von Gebiet II starke Verwandtschaft mit der des nördlichen Sudan, von Dongola u. s. w. Der schwarze Rand unten am Kropfband bei meinen Stäcken ist teils gar nicht vorhanden, teils nur angedeutet, die Grundfarbe der Unterseite ist nicht auffallend hell, dagegen die Oberseite ziemlich lebhaft und stärker gebändert als

z. B. bei Kordofan-Vögeln. Schwarze Subterminal-Binden auf den Armschwingen kommen übrigens auch bei echten *fasciata* vor. Die Fundorte meiner Exemplare im westlichen Barkagebiet stehen mit der intermediären Zeichnung durchaus im Einklang.

Der Bandfink ist Standvogel in Eritrea und ein ausschliefslicher Bewohner des Tieflands. In der trocknen Zeit traf ich ihn regelmäfsig an den im Barkabett gegrabenen Brunnen, stets in Schwärmen, auf niederen Bäumchen oft zu Dutzenden beisammen sitzend. Die Brutzeit mufs in dieser Region in den Sommer bis Frühherbst fallen, Antinori gibt für das Land der Rekneger entsprechend den August und September an. v. Erlanger fand im S.-Somaliland ein Nest mit Eiern schon am 9. Mai 1901, doch sind dort die Regenverhältnisse wesentlich andere.

249. ***Aidemosyne cantans orientalis*** Lz. Hellm.

Rchw. v. A. III p. 156, v. Erl. J. O. 07 p. 17.
♂ ? ♂ No. 230—232 Cheren 13. 2. 08.
? No. 343 Scetel 22. 2. 08.
? No. 793 Barentu 26. 4. 08.
♀ No. 1235 Scetel 12. 3. 09. Gebiet II.

Das Lanzetschwänzchen scheint ebenso wie der Bandfink in den von mir bereisten Ländern nur Gebiet II zu bewohnen, geht aber im Gegensatz zum vorigen höher in die Vorberge hinauf und ist bei Cheren um 1000—1200 m Höhe am häufigsten. Immerhin ist es im ganzen Barcabecken anzutreffen, in Gebiet IV sah ich es nie trotz besonderer Aufmerksamkeit. Das Vögelchen ist ein Freund des Menschen und seiner Ansiedelungen, daher mag es in den so schwach bevölkerten Steppen des Südwestens sich nicht wohl fühlen. An den Wasserstellen in der Nähe von gröfseren Ortschaften sieht man das Lanzetschwänzchen ziemlich sicher innerhalb seines Verbreitungsgebietes. Es lebt nicht in grofsen Scharen wie *Amadina* und manche andere Verwandte, sondern in kleinen Gruppen von drei bis acht Stück, sitzt auch nicht oben auf den Spitzen der Sträucher, sondern mit Vorliebe auf den untersten Seitenästchen etwas versteckt im Innern des Busches. Da hocken dann so vier bis fünf kleine graue Gesellen dicht nebeneinander und scheinen sich leise zwitschernd im kühlen Schatten Geschichten zu erzählen. Von dort sah ich sie häufig zur Erde niederflattern, Heuglin sagt dagegen, dafs er sie selten am Boden beobachtet habe. Die Nistzeit fällt nach übereinstimmenden Meldungen in die Monate August bis Oktober.

250. ***Pytilia citerior jessei*** Shelley.

Rchw. V. A. III. p. 165.
♂ No. 765 Tacazzé 20. 4. 08.
♀ No. 804 Barentu 27. 4. 08.

♂♂ No. 1236, 1247 Scetel 12. 3. 09.
„ „ No. 1312, 1347 Mansura (Barca) 26. 3., 1. 4. 09. Gebiet II, IV.

Die Vögel aus Bogos, woher auch meine Exemplare stammen, hat bereits Shelley abgesondert unter dem Namen „*jessei*". Er betont als Unterscheidungsmerkmale rundliche weifse Flecken auf dem Kropf und braune Bänder auf den Unterschwanzdecken. Beides wird durch meine Stücke nicht bestätigt. Die Unterschwanzdecken sind rein weifs, der Kropf goldgelb, beim alten ♂ ist Kehle und Kropf stark rot verwaschen, also Reichenows Bemerkung „nur die Vorderkehle rot" ist für diese Stücke nicht zutreffend. Meine Vögel unterscheiden sich von denen aus Nord-West-Afrika durch allgemein blasseres Grau, feinere Bänderung zur Unterseite und mehr Rot an der Kehle. Da der Name „*jessei*" einmal gerade für Exemplare aus Bogosland besteht, begnüge ich mich damit, die Diagnose in der angeführten Weise zu berichtigen und den Namen selbst beizubehalten.

Diese *Pytilia* scheint Standvogel zu sein, in der Barca-Niederung ist sie ziemlich häufig, weiter südwärts anscheinend seltener. Sie führt ein recht verstecktes Leben, daher habe ich im ersten Jahre nur ein Pärchen erbeutet. Später kam ich dann hinter ihre Schliche. Wo dichtes Dornengebüsch die ausgetrockneten Bäche einfafst, der Boden recht sandig und arm an Vegetation ist, da kriecht das Vögelchen still und heimlich im dichtesten Gezweig herum meist ganz nahe dem Boden, auf den es alle Augenblicke herabkommt, jedoch ohne sich lange dort aufzuhalten. Wenn Henglin aber sagt, er habe es selten an der Erde beobachtet, so stimmen meine Erfahrungen damit durchaus nicht überein, ich habe im Jahre 09 alle meine vier Exemplare am Boden geschossen, einfach, weil sie dort besser zu sehen waren als in dem dichten Buschwerk. Dies ist auch wieder einer der vielen Vögel, welche man am besten bekommt, wenn man sich während der späten Vormittagstunden ganz still auf die Erde inmitten eines Dickichtes hinsetzt und scharf auf alles achtet, was da im Laufe der Zeit im Geäst sich regt, durch die Dornenranken schlüpft, von Zweig zu Zweig flattert, oder am Boden entlang trippelt. Man bringt bei dieser Methode fast immer „bessere Sachen" nach Hause, und der Präparator hat gewöhnlich dann für den Nachmittag reichlich Arbeit.

251. *Estrilda cinerea* Vieill.

Rchw. V. A. III p. 182.

♂ ? ♀ ? No. 730, 731, 737, 738 Sittona a. Tacazzé 15./16. 4. 08. Geb. IV.

Bei dem etwas spärlichen Material, das mir hier vorliegt, kann ich keine deutlichen Unterschiede zwischen Vögeln aus NO.- und solchen aus N.W.-Afrika finden.

Nur an einer Stelle sah ich diese *Estrilda*, dort aber häufig, es war am italienischen Grenzposten Sittona unmittelbar bei der Einmündung des Sittonaflusses in den Tacazzé. Dort war ein ständiges Miniaturlager errichtet, das bei meinem Besuch vier *Ascaris* besetzt hielten. Hier führt ein Saumpfad vorbei, welcher das Uolcait in Nordabessinien mit Eritrea verbindet oder, wenn man die Namen von Städten anführen will, welche allerdings hunderte von Kilometern auseinander liegen: Gondar mit Barentu. In der trocknen Zeit, wenn der Tacazzé leicht zu passieren ist, verkehren hier nicht selten Karawanen mit Elfenbein, Kaffee, Häuten und vor allem Honig. An der Grenze werden sie scharf auf Waffen untersucht, und das bedingt eine längere Rast unter den schönen schattigen Uferbäumen. Ziegenherden mit ihren Hirten treiben sich auch ständig bei dem Platze herum, weil sie dort vor Räubern ziemlich sicher sind, es ist also dort durch Tier und Menschen verhältnismäfsig recht belebt. Sobald ein Lagerplatz frei wurde, erschien regelmäfsig ein grofser Schwarm Estrilden, um eifrig nach Nahrung zu suchen, darunter befanden sich auch nicht wenige *cinerea.* Ich sammelte eine Suite von acht Stück, doch waren leider einige zu stark zerschossen, zwei Bälge kamen mir aufserdem abhanden, wahrscheinlich wurden sie, als sie zum trocknen ausgelegt waren, durch den Wind beiseite getrieben. Liegt solch winziger Vogel erst einmal unbeachtet an der Erde, so verschwindet er gar zu leicht ganz. Nach meinen Beobachtungen ist also diese Estrilde eine Bewohnerin der wärmeren tiefen Lagen des Südwestens. Es ist sehr wahrscheinlich, dafs sie nur in der trockenen Zeit sich so eng an die menschlichen Ansiedlungen hält, im Sommer aber zur Brutzeit sich weiter über die Steppen verteilt.

252. *Estrilda rhodopyga* Sund.

Rchw. V. A. III. p. 183, v. Erl. J. O. 07 p. 20.
♂ No. 114 Ghinda 31. 1. 08.
♂♀ No. 201, 202 Ansebar oberhalb Cheren 11. 2. 08.
♀ No. 942 Salamona 24. 4. 08 (Müller leg.).
? No. 1192 Cheren 5. 3. 09.
♀ No. 1229 Cheren 8. 3. 09. Gebiet I, II.

Ich kann zwischen meinen Stücken und den ostafrikanischen von Emin, Neumann und Schillings keinen Unterschied entdecken. Die Unterschwanzdecken variieren sehr, bald sind sie stärker, bald feiner gebändert, bald stark rot überlaufen (nur ♂♂), bald in der Grundfarbe fast rein gelblich (meist ♀♀). Im Gegensatz zu *cinerea* ist *rhodopyga* in Eritrea eine Bewohnerin der mittleren Höhenlagen. Schon bei Salamona und Ghinda fanden wir sie in den Vorbergen und von da an überall bis nach Cheren zu etwa 1200 m Höhe. Viel weiter hinauf in die Berge dürfte sie nicht gehen, aber ebenso scheint ihr die heifse Barca-Niederung nicht zuzusagen. Ansiedlungen und etwas Kultur sind ihr offenbar angenehm. Im Gebiet I dürfte die Brutzeit schon ins zeitige Frühjahr fallen, No. 114 war anscheinend schon angepaart und hatte bereits einigermafsen entwickelten Eierstock. Jenseits der Wasserscheide brütet auch dieser Weber wie alle seine Verwandten im Spätsommer.

253. ***Estrilda ochrogaster*** Salvad.

Rchw. V. A. III. p. 185.
v. Erl. J. O. 07. p. 21.
♂♀ No. 908, 909 Adua 5. 6. 08 (Müller leg.). Gebiet III.

Dieses Vögelchen ist anscheinend ausschliefslich ein Bewohner des Hochlandes von Tigre, aber bis jetzt eine Seltenheit in unseren Sammlungen. Bei Reichenow sind nur zwei Fundorte „Tigre" und „Gelongol" angeführt, v. Erlanger erbeutete ein Exemplar in Süd-Schoa und Neumann erwähnt den Vogel überhaupt nicht. Aufser dem bei Adua von meinem Präparator gesammelten Pärchen ist uns kein Stück zu Gesicht gekommen. Immerhin ist es bei dem kurzen Aufenthalte in Adua gar nicht ausgeschlossen, dafs diese *Estrilda* doch häufiger vorkommt.

254. ***Estrilda larvata larvata*** Rüpp.

Rchw. V. A. III p. 191, O. Neum. J. O. 05 p. 348.
♂♂ No. 618, 625 Melissai (Adiabo) 2. 4. 08. Gebiet IV.

Die Zahl der bisher der Wissenschaft zugänglichen Exemplare ist eine sehr beschränkte. O. Neumann hat meine beiden Stücke in England gehabt zum Vergleich mit seinem Stück von Koscba sowie solchen von Gelongol. Nach seinem Befunde handelt es sich um typische *larvata*, jedoch nicht vollkommen ausgefärbte semiadulte ♂♂. Dafs in der Abbildung bei Rüppell N. W. T. 36 Fig. 1 das schwarz am Kopfe zu ausgedehnt ist gegenüber dem Typus, hat schon Neumann erwähnt. Ein ♀ dieser Art ist immer noch nicht bekannt.

Es ist sonderbar, dafs dieser Vogel, welcher in Semien als Alpenbewohner von Rüppell entdeckt und auch später von Heuglin, Lovat, Neumann in nennenswerten Höhen gefunden wurde, auch anscheinend unverändert mitten in der ausgesprochensten Steppenlandschaft vorkommt wie in Melissai. Ich erkläre mir die Sache so: Semien liegt bis Mitte März zumeist im Schnee begraben oder hat doch ausgesprochen winterliche Temperatur. Es ist nur natürlich, dafs Körnerfresser während dieser unwirtlichen Jahreszeit die Region verlassen und ins Tiefland streichen, wo sie leichter Nahrung finden. Das trifft am ehesten in dicht bevölkerten Gegenden zu, es kommen da vor allem im Süden und Westen die Gebiete des oberen und unteren Blauen Nils in Betracht. Unfern dem ersteren sammelte Neumann sein Stück im Februar, Antinori fand den

Vogel im Sennar und sogar bis Kordofan. Auf der Rückreise von diesen westlichen Winterquartieren schlagen die Tierchen wohl den geradesten Weg ein, und dabei durchqueren einzelne auch die Adiabosteppe, welche sonst ihren Bedürfnissen kaum zusagen dürfte. Ich glaube nicht, dafs während meiner Anwesenheit in Melissai aufser den beiden erbeuteten Stücken sich noch andere dort aufhielten, denn ich habe sehr sorgfältig darauf geachtet, und an die Wasserstelle mufste ja alles kommen.

Es würde hier zu weit führen, über den Formenkreis *larvata* sich zu verbreiten, zu welchem aufser *vinacea* Hartl. und *nigricollis* Heugl. noch mehrere Subspecies gehören dürften.

255. *Lagonosticta senegala erythreae* Neum.

Rchw. V. A. III p. 196, v. Erl. J. O. 07 p. 21 *L. brunneiceps*.
O. Neum. J. O. 05 p. 349 *L. s. erythreae*.
♂ ♀ No. 292, 513 Marebquelien 13. und 15. 3. 08.
♂ ♂ No. 756, 768 Tacazzé 19., 20. 4. 08.
♀ No. 846 Darotai 1. 5. 08.
♂ ♀ ♂ No. 1246, 1257, 1258, Scetel 12. und 15. 3. 09.
Gebiet II, III, IV.

Diese *Lagonosticta* neigt offenbar zur Bildung von zoogeograpfischen Formen, ich möchte hier nur auf meine diesbezügliche Veröffentlichung in den O. M. verweisen (1910, Novemberheft). Dieser niedliche kleine Weber ist an den Wasserstellen in mittleren und höheren Lagen durchaus nicht selten. Ich traf ihn meist in gröfseren Gesellschaften sehr oft untermengt mit Bengalinen. Auf die Nähe menschlicher Ansiedlungen scheint er weniger Wert zu legen als die Estrilden, doch stören sie ihn auch nicht. Auf dem Hochplateau an den Marebquellen war er ebenso häufig wie an den Strombetten der Barca-Niederung. Den gröfsten Teil des Tages verbringen die Vögelchen am Boden, werden sie aufgescheucht, so schwirren sie auf die nächsten Büsche, um sofort wieder herabzukommen, wenn der Störenfried den Rücken gewendet hat. Im Gegensatz zu Heuglins Beobachtung fand ich schon im Frühjahr zahlreiche verfärbte ♂♂.

256. *Ortygospiza atricollis polyzona* Temm.

Rchw. V. A. III p. 202, v. Erl. J. O. 07 p. 21.
♀ No. 452 Asmara 8. 3. 08.
♂ ♂ No. 906, 907 Adua 5. und 8. 6. 08 (Müller leg.).
Geb. III.

Der Wachtelfink ist in NO.-Afrika ein Bewohner des Hochlandes und als solcher schon von Henglin gekennzeichnet worden. Er scheint sich ausschliefslich am Boden aufzuhalten. Bei Asmara traf ich nur einmal eine kleine Gesellschaft, welche vor meinen Augen in einem Büschel höheren Riedgrases neben einem Wasserloch einfiel. Leider setzten sich die Vögelchen nicht auf die starken Halme sondern zwischen sie an die Erde, sodafs sie unsichtbar waren. Ein auf gut Glück abgegebener Schufs lieferte leider nur das eine Stück No. 452. Im Juni traf dann mein Präparator bei Adua wiederholt auf Wachtelfinken, doch fand er es auch dort nicht leicht, sie zu erbeuten. Ich halte sie in Eritrea nicht für Zugvögel, sonst wären sie Anfang März auf dem Plateau kaum anzutreffen gewesen. In S.-Afrika sind sie nach Ayres zweifellos regelmäfsige Zugvögel.

257. ***Uraeginthus bengalus bengalus*** L.

Rchw. V. A. III p. 207, v. Erl. J. O. 07 p. 22.
O. Neum. J. O. 05 p. 350 *U. b. schoanus.*
♂ No. 133 Ghinda 1. 2. 08. Geb. I.
♂ ♂ juv. No. 939, 940 Salamona 21. 4. 08. (Müller leg.). Geb. I.
♂ No. 478 Marebquellen 13. 3. 08. Geb. III.
♂ ♂ ♀ No. 733, 734, 369 Tacazzé 15. und 20. 4. 08. Geb. IV.
var. *barcae*:
♂ No. 203 oberhalb Cheren 11. 2. 08.
♂ ♂ No. 333, 338 Scetel 22. 2. 08.
♂ ♂ No. 1333, 1334 Mansura (Barca) 30. 3. 09. Gebiet II.

Die Stücke aus Gebiet I, III und IV stehen sich in der Färbung sehr nahe und unterscheiden sich von *bengalus* aus Ostafrika nur durch etwas bräunlichere blassere Oberseite. Das Stück vom Hochland hat abnorm lange Flügel 56 mm, die Flügel der anderen messen 50—52 mm. Von *schoanus* Neum. sind sie sehr verschieden auf der Unterseite, das Blau bei *schoanus* ist mehr ins Grünliche ziehend und heller, das bei meinen Vögeln ist satter und dunkler. Die Oberseite von *schoanus* ist um einen Schein dunkler, bei dem Typus ist der rote Wangenfleck mit blau durchsetzt, doch dürfte das nur individuell sein. Ganz anders erscheinen meine Vögel aus Gebiet II: sie sind im allgemeinen viel heller, die Unterseite ist blafsblau ähnlich *schoanus* jedoch mit weniger grünlichem Ton, die Oberseite ist fahlbraun nicht grau, heller als bei allen Vögeln aus Abessinien und Ostafrika. Sie nähert sich darin der Färbung von *perpallidus* Neum. vom Weifsen Nil. Ich bezeichne diese Vögel vorläufig als „var. *barcae*".

Über die Biologie ist schon genügend von früheren Forschern berichtet worden. Nicht zutreffend für Eritrea ist Henglins Angabe: „rottet sich nicht in gröfseren Gesellschaften zusammen, sondern zeigt sich meist nur einzeln oder paarweise". Dies mag wohl für die Zeit kurz vor oder während der Brut stimmen, z. B. fand ich die Vögelchen paarweise im Februar 08 im Gebiet I, in den anderen Regionen trat aber während der trockenen Zeit die Bengaline genau ebenso in Schwärmen auf wie die *Estrilda*-Arten. Bei Scetel, Mansura und am Tacazzé zählten diese Scharen, die ich täglich an den Wasserstellen sah, meist zwischen 20—50 Stück, doch kamen auch noch gröfsere Flüge vor. v. Erlanger fand und beschrieb eine ganze Reihe von Gelegen.

258. *Hypochera ultramarina* Gm.

Rchw. V. A. III p. 213, O. Neum. J. O. 05 p. 251, v. Erl. J. O. 07 p. 24.

♂ No. 385 Ela Bered 27. 2. 08.
? No. 650 Tacazzé 7. 4. 08.
♀ No. 721 Sittona am Tacazzé 15. 4. 08.
♂ No. 1206 Anseba bei Cheren 6. 3. 09. Gebiet II, IV.

Die Verwandtschaft dieser Form mit ähnlichen z. B. *amauropteryx* Sharpe ist noch nicht ganz geklärt. Es ist auch auffallend, dafs in Oberguinea Vögel vorkommen, welche zu *ultramarina* und nicht zur nordwestafrikanischen *chalybeata* St. Müller gehören.

Ich fand dies Vögelchen nur vereinzelt am Nordabhange des Plateaus sowie am unteren Tacazzé. No. 385 ist schon ganz schwarz, No. 1206 in der Verfärbung begriffen. Wenn Heuglin es fast ausschliefslichen Bewohner der menschlichen Niederlassungen nennt, so mufs ich dagegen erwähnen, dafs sämtliche 4 Stücke weit ab von irgend einer Art von Ansiedlung durch mich gesammelt wurden, wenn man nicht den Grenzposten der vier Askaris bei Sittona eine Ansiedlung nennen will, wo ich No. 721 erbeutete.

259. *Vidua serena* L.

Rchw. V. A. III p. 217, O. Neum. J. O. 05 p. 352, v. Erl. J. O. 07 p. 27.

♀♀ No. 336, 337 Scetel 22. 3. 08.
♂♂♂ No. 783—785 Barentu 26. 4. 08.
♂♀ No. 795, 796 dto.
♀ No. 803 Barentu 27. 4. 08.
♂♀ No. 844, 845 Darotai 1. 5. 08.
♂ No. 910 Adua 5. 6. 08. (Müller leg.). Gebiet II, III.

Die Dominikanerwitwe ist ein Charaktervogel der Steppen am Barka. Flache Gegend unter 900 m Meereshöhe sagt ihr am meisten zu, bei Cheren habe ich kein Stück gesehen, dagegen war sie von Scetel bis Barentu an fast allen Wasserstellen aufserordentlich häufig. An letzterem Ort, dessen Umgebung besonders wasserarm ist, schätzte ich die Witwen, die ich täglich am Brunnen sah, auf viele hunderte. Sie ist im Gegensatz zum *Ploceus galbula* und den Estrilden keine eigentliche Bewohnerin menschlicher Ansiedelungen, sondern kommt nur an die Brunnen, um zu trinken und sich etwas zu unterhalten, dann fliegt sie wieder davon und wird von anderen abgelöst. Die einzelnen Flüge sind sehr verschieden an Zahl. Am Boden hält sie sich auch gelegentlich auf, jedoch weniger als die Estrilden, *Lagonosticta*, *Amadina* und viele *Ploceus*. Unter der ungeheuren Zahl von Witwen, welche ich in den Monaten Februar bis Mai gesehen habe, befand sich auch nicht ein einziges ♂, das nicht volles unverfärbtes Winterkleid getragen hätte, in welchem es sich vom ♀ nur durch die etwas dunklere Kopfzeichnung unterscheidet, erst das am 5. Juni bei Adua von meinem Präparator gesammelt ♂ befindet sich in der Umfärbung, welche zum gröfsten Teil schon beendet ist. Im allgemeinen ist diese Witwe Standvogel, doch halte ich es durchaus nicht für ausgeschlossen, dafs sie sich im Sommer in Regionen mit relativ starkem Feldbau, z. B. auf dem Plateau von Asmara, zahlreich einfindet, während sie in der trockenen Zeit dort anscheinend recht selten ist.

XLVIII. Fringillidae.

260. ***Passer griseus swainsonii*** Rüpp.

Rchw. V. A. III p. 228. v. Erl. J. O. 07 p. 25. O. Neum. J. O. 05 p. 352 und B. B. O. C. CXLI März 1908 p. 70: *P. g. abyssinicus*.

♂♂♂♂ No. 442, 443, 445, 446 }
♀♀ No. 444, 447. } Westlich Asmara 8. 3.08.

♀ No. 912 nordöstlich Asmara 25. 5. 08.

♀♀ No. 1158, 1159 Asmara 28. 2. 09. Geb. III.

Rüppell hat in seiner Beschreibung N.W. p. 94 zwei wohl unterschiedene Formen, eine dunkle und eine helle, zusammengeworfen, weil er in dem Irrtum befangen war, die hellen Stücke seien die ♀ der dunklen. Das ist, wie gesagt, absolut falsch, und schon von Reichenow (III. p. 229) richtig gestellt worden. Meine schönen Suiten bestätigen diesen Befund in ganz klarer Weise, ein Färbungs-Unterschied der Geschlechter besteht nicht. Nun entsteht die weitere Frage, welche Form als die von Rüpell beschriebene zu gelten habe. Die Antwort ist nicht ganz leicht, da auch die Abbildung N.W. T. 33. Fig. 2. nicht einwandsfrei den einen oder anderen zum Ausdruck bringt. Typen im modernen Sinne liegen von Rüppell ja auch eigentlich nicht vor, wenn auch die von ihm stammenden Stücke im Senckenbergischen und Berliner Museum gewöhnlich so bezeichnet werden. Im übrigen unterliegt es schon nach dem Text gar keinem Zweifel, dafs Rüppell sowohl die dunkle als die helle Form gesammelt hat, letztere vielleicht sogar häufiger, da er ihr Gebiet, die Niederungen Abessiniens, als Heimat des Vogels angibt. Im gleichen Atem nennt er aber auch die Westküste Afrikas, da er eben die Trennung der Subspecies noch nicht kannte und auf geringe Unterschiede nicht achtete. Deshalb möchte ich seine Fundorts-Angaben nicht verwerten. Der Text der Beschreibung führt uns darauf hin, die dunkle Form als den Rüppell'schen Typus zu betrachten, denn diese ist das von ihm beschriebene ♂, während der von ihm als zugehöriges ♀ aufgefafste Vogel eben etwas Anderes ist. Blicken wir auf die Abbildung, so zeigt sich auch da im allgemeinen die dunkle Färbung, besonders auf Bauch und Oberkopf in prägnanter Weise. Die so charakteristischen Unterschwanzdecken sind leider nicht sichtbar, auf Kinn und Kehle ist der in Wirklichkeit bei dunklen Vögeln nur schwach angedeutete aber stets vorhandene hellere Fleck bei der Abbildung viel zu stark betont und fast schneeweifs. Wollten wir aber dieses Moment verwerten, um zu behaupten, dafs hier nicht der dunkle sondern der helle Sperling mit seiner ganz weifsen Kehle Modell gestanden habe, so pafst dazu wieder nicht die übrige Färbung auf dem Bilde. Da nun auch bei den dunklen Hochlandsvögeln der lichtere Streif auf Kinn und Kehle bisweilen kaum bemerkbar, bisweilen aber deutlicher ist, so kann damit gerechnet werden, dafs s. Z. dem Zeichner eins der letzteren Stücke vorgelegen hat. Ich habe demnach jetzt in Übereinstimmung mit Prof. Reichenow die Auffassung, dafs Rüppell's Beschreibung sich auf die dunkle Form bezieht, der somit der Name *swainsonii* zukommt. Ursprünglich war ich anderer Ansicht und glaubte mit O. Neumann, dafs mit *swainsonii* die helle Form gemeint sei. Als Folge davon benannte Neumann den dunklen Sperling des Hochlandes neu „*abyssinicus*", ein Name, den auch ich in den O. M. 08. XI. p. 180 angewendet habe, während ich ihn heute als synonym zu *swainsonii* betrachten mufs. Ich bin gewifs der Letzte, der Freude oder Ruhm darin sieht, fremde Namen in ihrer Berechtigung anzuzweifeln und eigene dafür einzuführen, aber ich kann auch nicht absichtlich meine Augen den Tatsachen verschliefsen. Wohl möglich, dafs Andere aus Rüppells Text und Bild Anderes herauslesen.

Diese dunkelste *griseus*-Form bewohnt als Haus- und Feldsperling das ganze Plateau von Asmara südwärts. Ich besitze ein intermediäres Stück No. 912, das auf der Grenze von Gebiet I und III erlegt wurde. Dieser Befund scheint mir nur für die Richtigkeit der aufgestellten geographischen Subspecies zu zeugen. Auf meine Bitte übersandte mir Herr Konservator Hilgert alle auf der Erlanger'schen Expedition gesammelten *griseus*, 45 Stück. Legt man diese grofse Serie neben einander, so springt sofort in die Augen, dafs wir es mit zwei Färbungscharakteren zu tun haben, einem düster grauen und einem blasser gelblichen. Nun entstand für mich die weitere Frage: Sind die dunkelgrauen Stücke sämtlich zu *swainsonii*, die gelblichen zu *neumanni* zu ziehen, oder müssen weitere Subspecies aufgestellt werden? Zu letzterem konnte ich mich nicht entschliefsen, denn ich hätte dann gleich 5 neue Namen (2 für dunkelgraue, 3 für gelblichgraue Sperlinge) in den Galla-Ländern und Djam-Djam bezw. im N.-Somaliland, Hausch-Tal und südöstlichem Schoa einführen müssen. Da fürchte ich, mehr Verwirrung als Nutzen zu stiften, umsomehr, da intermediäre Stücke in grofser Zahl vorkommen. Ich bezeichne darum alle dunkelgrauen Sperlinge vom Hochland von Asmara bis hinab zu den Gallaländern und Djam-Djam als *P. g. swainsonii.* Die Stücke aus dem Webbi-Gebiet (Arussi-Galla) sind im allgemeinen etwas düsterer als Nordabessinier, die Unterflügeldecken sind stärker mit Grau vermischt, auch Bürzel und Oberrücken um eine Nüance dunkler rotbraun bezw. mehr rauchgrau. Es sind dies die Stücke No. 2434—2438, 2440—2442, 2449 der Coll. v. Erlanger. 4 Stücke aus Djam-Djam hingegen stimmen ganz mit *swainsonii* aus dem Norden überein, es sind No. 2430—2433. Intermediär zwischen *neumanni* und *swainsonii*, jedoch letzterem näher stehend, sind No. 2416—2419 von der Route Harar—Adis Abeba bei Schankora von Hilgert gesammelt. Dieser Ort liegt an der Nordostgrenze der Galläländer ca. 60 km von Adis Abeba am Rande des Hochplateaus. Dort ist auch die Grenze zwischen den beiden weit verbreiteten Formen *swainsonii* und *neumanni* zu suchen.

261. ***Passer griseus eritreae*** subsp. nov.

Rchw. V. A. III p. 228: *P. swainsoni.* O. Neum. B. B. O. C. CXLI. 1908 p. 70: *P. g. swainsoni.* O. Gr. Zedlitz O. M. 08 XI p. 180: *P. g. swainsoni.*

♂ No. 754 Tacazzé 18. 4. 08.
? No. 777 Gasc 25. 4. 08.
♀ ♂ ♂ No. 779, 794, 801 Barentu 26./27. 4. 08.
♀ No. 829 Agordat 29. 4. 08.
♂ No. 843 Darotai 1. 5. 08.
♂ ♀ No. 1232, 1298, Scetel, Mansura 11. u. 15. 3. 09. Geb. II, IV.

Diesen Sperling habe ich bei meiner Beschreibung von *neumanni* O. M. 08 p. 180 noch als *swainsoni* bezeichnet, während ich die dunkle Bergform in Übereinstimmung mit O. Neumann *abyssinicus* nannte. Da ich jetzt die Überzeugung habe, dafs letztere Form der Rüppell'schen Beschreibung mehr entspricht und daher *swainsonii* heifsen mufs, kann ich nicht umhin, der anderen einen neuen Namen „*eritreae*" zu geben. Über die sehr in die Augen springenden Unterschiede haben s. Z. schon O. Neumann und ich das Nötige gesagt, ich betone hier nur ganz kurz: deutlich weifser ausgedehnter Kehlfleck, fast ganz weifse Unterseite mit Ausnahme eines hellgrauen Brustbandes, reinweifse oder ganz hell rahmfarbene Unterschwanzdecken, bei denen nur vereinzelt mal einige der längsten Deckfedern schwarzen Schaft zeigen. Die Oberseite ist sehr hell und gleicht am meisten der von *thierryi* Rchw. Die Geschlechter unterscheiden sich nicht.

Dieser Sperling ist ein Bewohner des Tieflandes im ganzen Westen, zumeist meines Gebietes II mit seiner stärkeren Kultur, doch kommt er auch in den Steppen von IV vereinzelt vor. In der trockenen Zeit hält er sich gern an menschliche Ansiedlungen, zur Erntezeit wandert er wohl geschlossen in die Felder aus, wie es auch v. Erlanger von den in Süd-Äthiopien heimischen Formen berichtet.

Ich traf ihn vollkommen als Haustier in Barentu und Agordat, auch bewohnte er Rasthäuser für Karawanen wie Darotai, daneben aber wufste er auch ganz ohne menschliche Ansiedlungen am Gasc und Tacazzé auszukommen. Im ganzen stimme ich vollkommen mit v. Erlanger überein, wir haben in diesen *Griseus*-Formen den nordostafrikanischen Haussperling (biologisch gesprochen) vor uns, doch zu gewissen Zeiten und unter gewissen Verhältnissen weifs er auch die Rolle des Feldsperlings zu übernehmen. Bei Agordat werden die Dumpalmen stark frequentiert, auch anscheinend gern mit Nestern belegt. Bis Anfang Mai fand ich keine Bruten, v. Erlanger stellte bei Harar als Brutzeit den März bis Mai, bei Adis-Abeba den September bis Oktober fest. Wenn er daraus schliefst, dafs der Sperling mehrere Bruten im Jahre mache, so vermag ich mich dieser Auffassung nicht ohne weiteres anzuschliefsen. Es ist doch in diesen Landstrichen auch nur einmal im Jahre Ernte, und der Forscher erwähnt selbst, wie der Vogel in seinen Lebensgewohnheiten davon vollständig abhängig sei. Die Erklärung ist meines Erachtens eine ganz andere: Harar liegt etwa an der Wasserscheide, welche das Küstengebiet I vom Webbigebiet V trennt. Im Küstengebiet und auch um Harar fällt die normale Brutzeit eben ins Frühjahr und die Ernte in den Frühsommer, im Innern bei Adis-Abeba (Gebiet III) fällt die Brutzeit in den Spätsommer bis Herbst, die Ernte in den Herbst. Ganz genau so verhält es sich in meinen Gebieten I gegenüber II oder III. Dort brütet der Sperling bei Ghinda im Februarbis März, bei Asmara im August bis September, aber an keinem der beiden Orte dauert die Brutzeit vom Frühjahr bis zum Herbst; ich halte dies deshalb auch für Süd-Abessinien nicht für wahrscheinlich. Hingegen dürfte es nicht ausgeschlossen sein, dafs ein Pärchen es bei der sprichwörtlichen Emsigkeit des Sperlings innerhalb der normalen Zeit im Frühjahr oder Spätsommer bis auf mehrere Bruten bringen dürfte, ganz besonders in dem reich mit Regen gesegneten Schoa. Ich wende mich hier nur dagegen, dafs Beobachtungen aus dem einen Gebiet ohne weiteres auf ein anderes übertragen werden, auch handelt es sich ja um verschiedene Subspecies, *neumanni* bei den frühen, *swainsonii* bei den späten Bruten, ohne meteorologische Verschiedenheiten dabei zu berücksichtigen.

262. *Passer griseus neumanni* Zedl.

O. M. 08 XI p. 180.
♂ ♂ No. 115, 116 Ghinda 31. 1. 08.

♂ ♂ ♂ ♂ No. 132, 134, 943, 946 Salamona 23. 6. 08. (Müller leg.).

? ? No. 944, 945 Ghinda I. 2. 08.

♀ No. 1209, östlich Cheren 6. 3. 09. Gebiet I.

No. 1209 ist intermediär, er wurde hart östlich des Anseba auf der Grenze der Gebiete I und II gesammelt gleichzeitig mit einem *Ploceus galbula* im Hochzeitskleid, ein Umstand, der auf Gebiet I deutlich hinwies. Ich habe meiner Beschreibung dieses gelbbräunlichen *P. griseus* in O. M. 08. p. 180 nur hinzuzufügen, dafs auch die Unterflügeldecken bei typischen Stücken stets einige gelbliche oder bräunlich überlaufene Federn zeigen und im allgemeinen heller sind als bei *swainsonii*. Von den Erlanger'schen Stücken aus dem Süden zeigen alle, welche im Nord-Somaliland, bei Harar, im Hauaschtal und am Südostabfall des Schoanischen Hochlandes bis nach Adis-Abeba gesammelt wurden, deutlich den *neumanni* Charackter, untereinander wieder mit kleinen Abweichungen. Nicht zu unterscheiden von meinen Typen sind No. 2410—2415 vom Hauasch und den Abfällen zu seinem Tale. 11 Exemplare No. 2399—2409 vom Nord-Somaliland bis einschliefslich Harar sind auf Oberkopf und Rücken dunkler. Dieser Stücke sind zwischen 25. II. und 21. IV. erlegt; wenn der Unterschied auch in anderer Jahreszeit konstant so deutlich sich erweisen sollte, würde ich es doch für angezeigt halten, diese Form mit dem scharf begrenzten Verbreitungsgebiete Nord-Somaliland neu zu benennen. Die Vögel aus der Umgebung von Adis-Abeba haben Oberkopf und Rücken wieder bräunlicher als typische *neumanni*, hingegen ist das Rotbraun des Bürzels oft etwas dunkler, es sind No. 2420—2429. Zum Schlufs möchte ich auf Grund der langen von Erlanger und mir sowohl während wie aufserhalb der Brutzeit gesammelten Suiten betonen, dafs *neumanni* nicht etwa ein Jugendkleid von *swainsonii* darstellt. Bei *neumanni* scheint auch im Alter häufig der Unterschnabel nicht so tiefschwarz zu werden wie bei verwandten Formen.

Das Verbreitungsgebiet des *P. g. neumanni* erstreckt sich also über die ganze Küstenregion vom Eritrea und Nordsomaliland bis Harar einschliefslich, verbreitert sich wesentlich im Süden, umfafst dort das ganze Hauasch-Tal und auch den Teil des Schoanischen Hochlandes, welcher zum Hauasch abwässert. Wirft man einen Blick auf die Karte B. in Reichenows Atlas, so findet man dort den Abfall des äthiopischen Hochlandes durch scharfe Berg-Signatur abgegrenzt. Alles was zwischen dem Meere und dem oberen Rande dieses Plateaus liegt (Adis-Abeba XIV, 13 liegt noch unterhalb desselben) ist die Heimat des *P. g. neumanni*. An der Grenze der Gallaländer kommen intermediäre Stücke vor aber nur in höheren Lagen genau wie am Rande des Plateaus von Asmara. Zur Erntezeit mögen auch Vögel der einen Form gelegentliche Besuche im Gebiet der anderen abstatten. 1 Stück des B. M. (Wache leg.) mit Fundort Dire-Daua ist kein *neumanni* sondern *swainsonii*. Da eine Zahl gleichzeitig eingetroffener sämtlich mit „Dire-Daua“ etikettierter Vögel durchaus nicht mit den an genanntem Ort heimischen Formen übereinstimmt, glaube ich bestimmt, dafs sie von höheren Lagen des Hinterlandes stammen und erst nach dem Tode nach Dire-Daua gebracht wurden.

Im folgenden führe ich nun zum Schlufs die bisher benannten Formen von *P. griseus* auf, welche ich für gut unterschieden halte. Ich vermute, dafs bei weiterer Bearbeitung dieses sehr interessanten Vogels sich noch weitere Subspecies ergeben dürften. Andererseits möchte ich davor warnen, auf Grund rein lokaler sehr geringer Abweichungen allzuviel neue Namen zu schaffen, wie ich dies ja auch bei den Vögeln aus dem südlichen Abessinien, den Gallaländern und dem Hauasch-Tal unterlassen habe. Es handelt sich hierbei oft nur um Übergänge von einer guten Form zur andern, deren Färbungs-Charakter man m. E. sehr wohl erwähnen kann ohne gleich solch rein lokale Varietät mit einem Namen zu beehren:

1. *P. g. griseus* Viell. NW.-Afrika, Senegal bis Niger.
2. *P. g. ugandae* Rchw. Central-Provinzen.
3. *P. g. suahelicus* Rchw. D. O. Afrika, Victoria-See bis Sambesi.
4. *P. g. diffusus* A. Sm. Östliches S.-Afrika.
5. *P. g. georgicus* Rchw. S.W.-Afrika nordwärts bis Mossamedes.
6. *P. g. thierryi* Rchw. Togo, westlicher Sudan.
7. *P. g. eritreae* Zedl. Eritrea, NW.-Abessinien meine Gebiete II u. IV, westwärts bis Nil und wahrscheinlich Kordofan.
8. *P. g. swainsonii* Rüpp. Hochland von Eritrea (Gebiet III), südwärts bis Gallalander und Djam-Djam bezw. Rudolf-See
9. *P. g. neumanni* Zedl. NO.-Afrika, ganzes östliches bezw. nordöstliches Küstengebiet einschl. N.-Somaliland u. Harar-Berge, westwärts hinauf am Abfall des Plateaus bis über 1500 m Höhe.
10. *P. g. gongonensis* Oust. O.-Afrika von der Küste landeinwärts bis Baringo-See u. Kenia.

Ein Vogel meiner Privat-Sammlung aus Stanley-Pool am unteren Congo stimmt nicht recht mit *georgicus* und ebensowenig *ugandae* überein. Bei reichlichem Material dürfte sich noch eine neue westafrikanische Form herausstellen, welche von den 3 benachbarten *georgicus*, *ugandae*, *thierryi* konstant abweicht.

263. ***Passer hispaniolensis washingtoni*** Tsch.

Rchw. V. A. III p. 236, v. Tschusi O. Jbch. 03 p. 9.
♂♀♀ No. 1—3 Suez 16. 1. 08.
♂♀♂ No. 42—44 El Tor (Sinai) 21. 1. 08. Paläarkten.

Die Weidensperlinge aus der Gegend von Suez und vom Fufse des Sinai stimmen nicht ganz mit einander überein, weder systematisch noch biologisch. Die Flügelmafse sind bei den ersteren 74, 75, 75 mm, bei letzteren 75, 77, 80 mm. In der Färbung sind die Vögel aus El Tor etwas matter bezw. grauer, die aus Suez lebhafter. Da der Weidensperling notorsich recht starker individueller Variabilität unterworfen ist, sehe ich vorläufig noch keinen Grund zu einer Abtrennung, später bei reicherem Material halte ich es nicht für ausgeschlossen, dafs sie sich als notwendig herausstellen könnte. Darauf weisen auch biologische Gründe hin: Bei Suez lebt dieser Sperling weit draufsen in der Oase zumeist an feuchten Stellen mit kleinen Rohrdickungen, innerhalb der eigentlichen Stadt habe ich trotz besonderer Aufmerksamkeit weder im Januar Februar noch im Mai einen Sperling entdecken können. Hingegen kommt er in der Nähe der weiter draufsen liegenden von Gärten umgebenen Häuser hier und da vor. In El Tor lebt umgekehrt der ***P. hispaniolensis*** ganz als ob er ***domesticus*** hiefse. Überall auf den Gesimsen der Häuser, den Dächern der Baracken und am meisten auf den vereinzelt an Strafsen und Plätzen stehenden Palmen trieb sich die Gesellschaft herum, bald sich laut zankend, bald mitten auf dem Damm herumhüpfend, Nahrung suchend und sich balgend, kurz als echte Hausspatzen. Die Brutzeit dürfte ziemlich früh fallen und wohl schon Ende Februar einsetzen. Weiter südlich an den Küsten des Roten Meeres habe ich einen Weidensperling nicht mehr gefunden.

264. ***Carpospiza brachydactyla*** Bp.

Rchw. V. A. III. p. 243.

1 ♂, 7 ♀ No. 1194—1201 Cheren 9. 3. 09. Geb. II.

Das Vorkommen dieses Steinsperlings in Afrika war bisher nicht ganz einwandsfrei festgestellt. Hemprich und Ehrenberg hatten ihn wohl an der arabischen Küste bei Kunfuda gefunden, Heuglins Nachrichten über das Vorkommen im abessinischen Küstenland und bis Kordofan wurden aber in Zweifel gezogen, und die betreffende Notiz steht bei Reichenow III p. 244 in Klammern. Ich möchte alle auf den Vogel bezüglichen Mitteilungen, welche nicht durch Belegstücke erhärtet werden, äufsert skeptisch behandeln, denn ich halte es in der Regel für nicht gut möglich, den lebenden Vogel auf gröfsere Entfernung von seinen näheren Verwandten mit Sicherheit zu unterscheiden. In der ganzen Zeit meines Aufenthaltes in Nordost-Afrika habe ich nur am 6. 3. 09 einen grofsen Schwarm dieser Sperlinge gesehen, die sich jedenfalls auf dem Zuge befanden. Es war unmittelbar bei Cheren. Die Vögel trieben sich nahrungsuchend auf den kahlen Feldern herum und waren recht scheu. Da ich im Gebiet II bisher überhaupt noch keinen Steinsperling angetroffen hatte, machte ich mir über die Art nicht erst viel Kopfzerbrechen sondern suchte mir zunächst einige Exemplare zu sichern. Nach längerer Anstrengung gelang es mir, einen Schufs aus der Cal. 12 auf grofse Entfernung anzubringen, welcher mir die angeführten 8 Stück lieferte. Entrüstet ob dieser Behandlung erhoben sich die übrigen in die Lüfte und verschwanden. Meine ♀♀ messen 80—92 mm Flglg., das ♂ 96 mm, Reichenow gibt 90 mm an. Die Farbe des Schnabels variiert selbst bei meiner Suite stark, und es dürfte gelegentlich jede Nüance zwischen schwarzbraun und gelb vorkommen. Die Jahreszeit übt auch wohl hier einen gewissen Einflufs aus wie bei so vielen Finken, bei meinen im März erlegten Stücken sind höchstwahrscheinlich die älteren in der Umfärbnng des Schnabels schon weiter vorgeschritten als die jüngeren.

265. ***Gymnoris pyrgita pyrgita*** Heugl.

Rchw. V. A. III p. 244, v. Erl. J. O. 07 p. 27.
♂♀ No. 136, 137 Ghinda 1. 2. 08. Geb. I.

Schon v. Erlanger bemerkte, dafs dieser Sperling das Hochland von Abessinien meidet, hingegen im nördlichen wie im südlichen Somaliland und in den Arussi-Galla-Ländern nicht selten sei. In vollkommener Übereinstimmung damit fand ich ihn in meinem Gebiet I, in den anderen aber nicht. Es hat den Anschein, dafs er in Gebiet II, das zumeist die Barca-Niederung mit ihren Steppen umfafst, auch gelegentlich auftritt, darauf deuten die von Henglin angeführten Fundorte hin. In Dongola am Nil wurde ein Steinsperling jedenfalls in neuerer Zeit durch Baron Rotschild bei Shendi gesammelt, doch ist dies eine abweichende Subspecies, welche den Name *pallida* Neum. trägt. Meine Stücke zeigen kleine Flügelmafse: ♂ 80, ♀ 76 mm, Reichenow gibt 80—92 mm an. Die Vögel aus Ost-Afrika sind nach meinen Messungen durchweg gröfser, das Gelb an der Kehle ist bei ihnen im höheren Alter anscheinend kräftiger, bei der echten *Pyrgita* blasser. Die Ostafrikaner gehören zu der von O. Neumann neu beschriebenen Form *massaica*, wir kennen also nunmehr drei Subspecies und zwar:

1. *Gymnoris pyrgita pyrgita* Hengl.
   Küste von Eritrea, Nord-Somaliland, Galla-Länder.
2. *G. p. pallida* Neum. B. B. O. C. März 08 p. 70.
   Nördlicher Sudan bis Senegal.
3. *G. p. massaica* Neum. B. B. O. C. März 08 p. 70.
   Britisch und Deutsch-Ost-Afrika.

Ich halte es für keineswegs ausgeschlossen, dafs im Westen meines Gebietes II Übergänge von *pyrgita* zu *pallida* vorkommen können.

266. ***Gymnoris dentata*** Sund.

Rchw. V. A. III. p. 246.
♀ No. 536 südlich Arresa 23. 3. 08.
♀♂♂♀ No. 603—606 Melissai 1. 4. 08.

♂ ? No. 612, 619 Melissai 2. 4. 08.

♀♀♂ No. 753, 761, 762 Tacazzé bei Bia Ghéla 18, 19. 4. 08. Geb. IV.

Der Unterschied von ♂ und ♀ besonders in der Färbung der Kopfseiten ist in die Augen springend, das ♂ hat einen deutlichen rotbraunen Streifen vom hinteren Augenwinkel zum Nacken, das ♀ zeigt dieselbe Zeichnung blafsgelblich bis rahmfarben. Die Flügelmafse sind 73—78 mm.

Fand ich *Pyrgita* nur im Gebiet I, so begegnete ich *dentata* zum ersten Male an der Grenze von III und IV, um sie dann im ganzen Gebiet IV häufig wieder anzutreffen. Dieser Steinsperling ist ein Bewohner der Steppe, welcher die spärlichen Wasserstellen fast den ganzen Tag über nicht verläfst. Steht in der Nähe ein hoher Baum, so wird dieser besonders gern als Ruheplatz gewählt, zwischen durch bewegt sich der Vogel auch viel an der Erde. Ich sah ihn nicht einzeln oder paarweise sondern stets in Schwärmen, welche lose zusammenhielten. Einen andern Lockton als ein gelegentliches kurzes piepen oder zirpen habe ich von keinem Steinsperling gehört. An Brut dachten sie offenbar noch nicht, war es doch im Gebiet IV gerade die Zeit der gröfsten Trockenheit.

267. *Serinus xanthopygius xanthopygius* Rüpp.

Rchw. V. A. III p. 254; vgl. auch v. Erl. J. O. 07 p. 27/28.

♂ ? ♂ No. 493, 504, 505 Marebquellen 13., 14. 3. 08.

♀ 1221 Mai Arosso 7. 3. 09. Geb. II, III.

Bei der Frage: welche Formen stehen sich so nahe, dafs man sie zu einem Kreise vereinigen mufs? dürfte die Antwort heute noch recht verschieden lauten. Vor der Hand liegen von den zuletzt beschriebenen Formen auch nur zu geringe Suiten vor, von *erlangeri* Rchw. 2 Stück, *collaris* Rchw. 2 Stück, *pachyrhyncha* Rchw. 1 Stück. Bei diesen spärlichen Fundorten können wir uns natürlich noch kein Bild von der eingentlichen Verbreitung dieser Subspecies machen. Ich möchte die Vögel mit gelber Kehle, *collaris* Rchw. und *flavigula* Salvad., als gesonderte Gruppe auffassen, ebenso die mit auffallend breiten weifsen Endsäumen und Flecken an den Schwanzfedern, *reichenowi* Salvad. und *angolensis* Gm. Die übrig bleibenden 4 Formen aus Nordost-Afrika und Arabien möchte ich zunächst als enger verwandt zusammenfassen mit dem ausdrücklichen Vorbehalt, dafs die Forschung über die Gruppe erst in ihren Anfängen steht und über kurz oder lang vielleicht ein durchaus anderes Bild entrollen kann. Ich nenne sie ternär wie folgt:

1. *S. x. xanthopygius* Rüpp.
   Eritrea, Nord-Abessinien.
2. *S. x. uropygialis* Heugl. Süd-Arabien.

3. *S. x. erlangeri* Rchw. (J. O. 07 p. 28).
Arussi-Galla-Land, Erlangers Gebiet V.
4. *S. x. pachyrhynchus* Rchw. (J. O. 07. p. 28).
Garre-Liwin-Distrikt, Erlangers Gebiet VI.

Dieser Girlitz ist in Eritrea ein Bewohner des Gebirges, in Lagen unter 1000 m habe ich ihn nicht angetroffen; er hielt sich meist paarweise und war nirgends häufig. Verhältnismäfsig oft kam er mir an den kleinen Wasserlöchern der Marebquellen zu Gesicht. Das Benehmen, die Art zu sitzen, zu hüpfen u. s. w. erinnert ganz an unseren heimischen Girlitz. Die Stimme habe ich abgesehen von kurzen zirpenden Locktönen beim Auffliegen nicht gehört.

268. ***Serinus leucopygius leucopygius*** Sund.

Rchw. V. A. III p. 255.
? No. 805 Barentu 27. 4. 08.
♂♂♂♂ No. 1295—1297, 1328 Mansura (Barca) 25. und 28. 3. 09. Geb. II.

Im B. B. O. C. Januar 1908 p. 44 hat O. Neumann den nordwestafrikanischen Vogel auf Grund des neuen von Riggenbach mitgebrachten Materials als *S. l. riggenbachi* abgetrennt. Der wesentliche Unterschied besteht darin, dafs *riggenbuchi* Kehle, Kropf und Brust fast rein weifs zeigt, also hellere Unterseite als *leucopygius* aus Nordost-Afrika besitzt. Ich hatte kürzlich Gelegenheit, im B. M. ganz frische Bälge aus dem Hinterlande von Kamerun zu sehen, sie hatten ebenfalls fast weifse Unterseiten und dürften unter die Diagnose *riggenbachi* fallen.

Der Graugirlitz ist ein Bewohner des heifsen Tieflandes im Gegensatz zu seinem Vetter mit dem gelben Bürzel; der Lieblingsaufenthalt für ihn sind die Dumpalmen an den Ufern der Flufsbetten im Barca-Gebiete. Auffallenderweise habe ich ihn in den Palmwäldern am Tacazzé nicht getroffen. In kleinen Gesellschaften beleben die Vögelchen die lichten Bestände, halten sich minutenlang in einer Palmenkrone auf, suchen flatternd und kletternd dort alles gründlich ab um dann auf den nächsten Baum überzusiedeln. Wenn Heuglin sagt, „sie treiben sich auf Gebüschhecken und niedrigen Bäumen herum, steiniges Hügelland scheinen sie mit Vorliebe zu bewohnen", so kann ich dem gegenüber nur auf meine Beobachtungen verweisen, nach welchen sich der Graugirlitz zumeist auf hochstämmigen Bäumen und gerade an den flachsten sandigsten Stellen aufhielt. Die Nähe menschlicher Ansiedelungen scheint ihn auch in der trockenen Zeit nicht besonders zu locken. Die Brut im Gebiet II dürfte bestimmt in den Spätsommer fallen, bis Ende April sah ich die Vögelchen nur in Gesellschaft nicht paarweise.

249. ***Serinus*** ?.

Am Abend des 24. 3. 09. erschien an der grofsen Wasserstelle bei Mansura ein Flug Girlitze, der anscheinend sich auf dem Zuge befand. Ich erlegte 4 Exemplare, sie zeigten auf dem Bürzel weder eine deutlich gelbe noch weifse Färbung, waren unterseits grau verwaschen, oberseits auf bräunlich-gelblichem Grunde längs gestreift, besonders scharf waren die Streifen auf dem Kopfe. Da es schon dunkelte, verschob ich die nähere Bestimmung auf den nächsten Morgen. Mein schwarzer Präparator bekam aber leider mal wieder den Ehrgeiz zu „denken", schlofs die noch unvergifteten Vögel am Abend nicht, wie er sollte, ein, sondern legte sie zum Auslüften auf einen Mauervorsprung. Am nächsten Morgen war allerdings Luft genug vorhanden, denn eine Ameisenstrafse führte über die Mauer weg, und die Vögel waren bis auf die blanken Knochen aufgefressen. Ich verzichte deshalb darauf, einen Namen für sie anzuführen, da mir die Belege fehlen, andererseits wollte ich nicht unterlassen, im Interesse späterer Forscher darauf hinzuweisen, dafs eine weitere *Serinus*-Art im Gebiet vorkommt, wenn nicht als Standvogel so doch als Durchzügler Ende März. Es bedarf wohl keiner Versicherung, dafs ich den Fundort in den folgenden Tagen wiederholt mit gröfster Sorgfalt abgesucht habe, der Girlitz war weg und liefs sich nicht mehr sehen. Wahrscheinlich dürfte es sich um noch nicht ausgefärbte Stücke unseres heimischen *Serinus serinus* L. gehandelt haben.

270. ***Serinus icterus barbatus*** Heugl.

Rchw. V. A. III p. 271, O. Neum. J. O. 05 p. 354.

♂ ?? No. 609, 612, 620 Melissai (Adiabo) 1., 2. 4. 08. Gebiet IV.

Meine Stücke gehören durch ihre gelbgrünlich verwaschene Oberseite zweifellos zu *barbatus*, und ich schliefse mich im übrigen vollkommen Neumanns Ansicht an, welcher sämtliche Zitate über *icterus* aus Nordost-Afrika zu *barbatus* verweist.

Ich traf den Mossambikzeisig nur an der grofsen Wasserstelle inmitten der Adiabosteppe, hier hielten sich mehrere Stücke tagsüber ständig auf und safsen oft auf demselben Hochbaume mitten unter *Gymnoris dentata*.

271. ***Poliospiza striolata*** Rüpp.

Rchw. V. A. III p. 256, O. Neum. J. O. 05 p. 353, v. Erl. J. O. 07 p. 28.

♂ No. 435 Asmara 7. 3. 08.

♂ No. 911 Nordöstlich Asmara 25. 5. 08. Gebiet III.

Reichenow trennt das Genus *Poliospiza* (Bd. III p. 251) lediglich auf Grund der Färbung von *Serinus* ab. Ich kann mich dem nicht vollkommen anschliefsen und rechne Formen wie *xanthopygius* und *leucopygius* zu *Serinus*, da im Körperbau nennenswerte Unterschiede sich nicht zeigen. Bei der hier vorliegenden Art möchte ich aber den Genus-Namen *Poliospiza* doch beibehalten, keineswegs wegen der Färbung sondern wegen der Maſse. Besonders der sehr starke Schnabel weicht doch recht erheblich von dem anderer *Serinus*-Formen ab und erinnert etwas an den von *Chloris*. Ich halte es deshalb für praktisch, schon durch den Genus-Namen diese groſsschnäbligen Vögel von kleinschnäbligen zu sondern, verkenne aber keineswegs, daſs viele Gründe dafür sprechen, den Namen *Poliospiza* zu Gunsten von *Serinus* überhaupt ganz fallen zu lassen.

Unser Vogel ist ein Gebirgsbewohner, in Eritrea nur auf dem Hochlande von mir angetroffen; auch v. Erlangers Fundorte liegen im Gebirge bei Harar und Adis-Abeba, wenn auch weniger hoch als die meinigen. Neumann sagt ebenfalls am Schluſs seiner Besprechung: „Lebt im dichten Walde von 2400 bis 3000 m Höhe".

Auf dem Plateau von Asmara bezw. an seinen bewaldeten Abhängen traf ich diese Art nicht häufig genug, um wesentliche biologische Beobachtungen machen zu können. v. Erlanger berichtet ausführlich über drei Gelege, welche er am 23. IV., 12. V., 8. X. fand.

272. *Emberiza hortulana* L.

Rchw. V. A. III p. 281, O. Neum. J. O. 05 p. 358, v. Erl. J. O. 07 p. 33.

♀♂ No. 482, 483 Marebquellen 13. 3. 08.

? No. 541 südlich Arresa 23. 3. 08. Geb. III, Grenze von IV.

Der Ortolan ist keineswegs selten in Aethiopien als Wintergast und als Durchzügler, Neumann z. B. sah ihn vom September an häufig bei Adis-Abeba. Ich traf den Vogel in Schwärmen an verschiedenen Stellen des Hochlandes, in den Steppen nicht. Zuletzt beobachete ich eine Menge an einer kleinen Wasserstelle unweit Arresa und erlegte davon mit einem Schuſs 7 Exemplare wir hatten jedoch soviel andere Sachen zu präparieren, daſs nun ein Belegstück No. 541 konserviert wurde.

273. *Emberiza cinerea* Strickl.

Rchw. V. A. III p. 281.

♂ No. 277 Cheren 15. 2. 08. Geb. II.

Wir haben hier einen seltenen Wintergast aus Asien, Reichenow erwähnt für Afrika nur einen jungen Vogel, den Heuglin im Bogosland gesammelt hat (Oktober). Auſser dem erlegten Stück habe ich kein weiteres beobachtet. Immerhin ist es nicht unmöglich, daſs bei dem auſserordentlichen Reichtum an Vogelarten, welche im zeitigen Frühjahr bei Cheren den Sammler umwimmeln, auch einige interessante Durchreisende mal der Aufmerksamkeit entgehen können.

274. *Emberiza flaviventris flavigastra* Cab.

Rchw. V. A. III p. 285, O. Neum. J. O. 05 p. 359.

♂ No. 489 Marebquellen 13. 3. 08. Geb. III.

Das Rotbraun auf dem Rücken meines Stückes ist sehr hell, blasser als bei den im B. M. befindlichen Stücken aus Ostafrika. Ist dies mit Rücksicht auf das eine Exemplar auch noch kein Beweis, so betrachte ich es doch als Fingerzeig, den Namen *flavigastra* für Nordostafrikaner weiter zu benützen. Wir hätten somit drei Formen:

1. *E. f. flaviventris* Steph. Ost- und Zentral-Afrika.
2. *E. f. flavigastra* Cab. Nordost-Afrika: Eritrea, Nord-Abessinien.
3. *E. f. poliopleura* Salvad. Nordost-Afrika: Hauasch-Gebiet, Schoa, Süd-Somaliland bis Brit.-Ost-Afrika.

Ich lasse es dahingestellt, ob man die *affinis*-Formen mit zu diesem Kreise rechnen soll, da der rotbraune Bürzel einen sehr auffallenden Unterschied darstellt. Es bewohnen die Formen *affinis* Heugl. das Gebiet des untern Blauen und Weifsen Nils und die Region von dort westwärts bis Senegambien, *omoensis* Neum. das Omo- und Sobatquellen-Gebiet in Südwest-Abessinien.

Biologische Beobachtungen konnte ich leider nicht machen, da mir dieser gewifs auffallende Vogel nicht in mehreren Exemplaren zu Gesicht gekommen ist.

275. ***Fringillaria septemstriata septemstriata*** Rüpp.

Rchw. V. A. III p. 290, O. Neum. J. O. 05 p. 360: *F. tahapisi.* v. Erl. J. O. 07. p. 34,

♂ No. 277 Cheren 13. 2. 08.
♂ No. 667 Tacazzé 9. 4. 08.
♀ No. 797 Barentu 26. 4. 08.
♀ No. 938 Ghinda 27. 4. 08 (Müller leg.). Gebiet I, II, IV.

Unter *septemstriata* fasse ich folgende Formen zusammen, über deren Färbungsunterschiede ich bei Reichenow III p. 289—291 das Erforderliche nachzulesen bitte:

1. *F. s. septemstriata* Rüpp. (1835)
   Nordost-Afrika bis Schoa südwärts, Nordwest-Afrika.
2. *F. s. tahapisi* A. Sm. (1836)
   Grenze von Schoa, Galla-Länder und südwestwärts durch ganz Ost-Afrika bis Kapland, Südwest-Afrika und Gabun.
3. *F. s. insularis* Grant Forb. (1899), Sokotra.
4. *F. s. arabica* Lz. Hellm. (1902), südliches Arabien.

Wenn Reichenow bei Besprechung der Erlanger'schen Sammlung die Berechtigung der Form *septemstriata* in Zweifel zieht, weil v. Erlanger Vögel mit roten und solche mit braunen Schwingen sammelte, so möchte ich dagegen anführen, dafs der Forscher ja die Grenze zwischen den Verbreitungsgebieten von *septemstriata* und *tahapisi* überschritten hat, also ist es ganz normal, dafs er beide Formen sammelte; sollten an der Grenze intermediäre Stücke oder solche mit roten und andere mit braunen Schwingen nahe bei einander gelegentlich vorkommen, so wäre auch das keineswegs erstaunlich. Das von O. Neumann am Zuai-See südlich Adis-Abeba gesammelte Stück ist bereits typisch *tahapisi*. Meine Exemplare aus dem Norden zeigen sämtlich deutlich rotbraune Schwingen mit Ausnahme der Aufsenfahnen an den vorderen Handschwingen und den Spitzen. Das Schwarz an Kinn und Kehle ist bei ihnen mit grau vermischt, bei *tahapisi* anscheinend reiner. Hingegen finde ich bei allen ostafrikanischen Stücken im B. M. und meiner Sammlung die Schwingen stets dunkelbraun ohne eine Spur von rostrot.

Diese Ammer ist über ganz Eritrea und Nord-Abessinien als Standvogel verbreitet, doch tritt sie anscheinend nirgends sehr zahlreich auf. Auch in der trocknen Zeit sah ich sie stets einzeln oder paarweise meist in unmittelbarer Nähe des Wassers. Sie sitzt oder läuft gern an der Erde, ruht mit Vorliebe auf Felsvorsprüngen des Ufers, hüpft aber auch auf Hochbäumen und Palmen herum. Ihre Stimme habe ich nicht gehört.

XLIX. Motacillidae.

276. ***Motacilla alba alba*** L.

Rchw. V. A. III p. 299, v. Erl. J. O. 07 p. 35.

♀ No. 408 Asmara 3. 3. 08. Geb. III.

Die europäische weifse Bachstelze ist häufiger Wintergast besonders auf dem Plateau, wo man sie bis Anfang März unfehlbar an jeder kleinen Wasserstelle antrifft. Auch an den Strafsen und auf Feldern sowie in der nächsten Umgebung menschlicher Wohnungen sieht man sie oft herumtrippeln.

277. ***Motacilla alba vidua*** Sund.

Rchw. V. A. III p. 296, O. Neum. J. O. 06 p. 229, v. Erl. J. O. 07 p. 35.

♂♂ No. 651, 652 Tacazzé 7. 4. 08. Geb. IV.

Die Witwenbachstelze hält sich während der trockenen Zeit an grofse Ströme, B. Alexander beobachtete sie am Sambesi, Fischer am Tana, Reichenow und Sjöstedt in Kamerun „immer am Wasser", Neumann am Omo, Gelo und Akobo, wobei er ausdrücklich betont, dafs sie grofse Flüsse liebt. In Übereinstimmung mit diesen Nachrichten fand ich den Vogel nur am Tacazzé, der nie versiegt, nicht an kleinen periodischen Flufsläufen. Der Lieblingsaufenthalt waren flache Sandbänke weitab von jeder menschlichen Niederlassung, in Abessinien ist diese Stelze also nicht der „treue Hausgenosse des Menschen", wie Böhm sie für Ost-Afrika bezeichnet. Mehrfach sah ich Pärchen zusammen, doch dürfte die Brut erst in den Sommer fallen, wenn es von Insekten wimmelt. v. Erlanger fand im Südsomaliland am Ganale die Jungen im Juli bereits ausgeflogen und konnte auch einen jungen Glanzkuckuck sammeln, der von alten Witwenbachstelzen gefüttert wurde.

278. *Motacilla flava flava* L.

Rchw. V. A. III p. 303, O. Neum. J. O. 06 p. 230, v. Erl. J. O. 07 p. 35.

♀ No. 1186 Cheren 5. 3. 09. Geb. II.

Bei einem ♀ im Winterkleid ist es sehr schwer zu sagen, ob man es mit *flava* oder *borealis* zu tun hat. Mich bestimmt das deutliche Vorhandensein eines kurzen weifsen Zügelstreifens, diesen Vogel als *flava* anzusprechen. Auch *cinereocapilla* zeigt bisweilen eine Andeutung von hellem Zügelstrich, doch ist bei dem hier vorliegenden Stück die Kehle stärker gelblich überlaufen als bei meinen ♀♀ *cinereocapilla*. Immerhin ist sie noch etwas heller als die Brust, diese aber wieder intensiver gelb als bei der anderen Form. Die Sache läge ja ganz einfach, wenn ich gleichzeitig hätte ein ♂ sammeln können, ich fand aber während der Zugzeit meist ♂♂ und ♀♀ von *flava* und *cinereocapilla* getrennt, dagegen lebte *melanocephala*, der häufigste Wintergast des Plateaus, gern paarweise.

279. *Motacilla flava melanocephala* Licht.

Rchw. V. A. III p. 303, O. Neum. J. O. 06 p. 230, v. Erl. J. O. 07 p. 36.

♂♀ No. 406, 407 Asmara 3. 3. 08.
♂♂ No. 429, 449 Asmara 5., 8. 3. 08.
♂ No. 571 Mai Atal südlich Arresa 26. 3. 08.
♂ No. 1156 Asmara 27. 2. 09. Geb. III.

Als Wintergast eine keineswegs seltene Erscheinung, aber nur auf dem Plateau und an seinen Rändern beobachtet. Ein Stück sammelte ich auf der Grenze zum Gebiet IV an der grofsen Wasserstelle Mai Atal südlich Arresa, am mittleren Mareb sah ich diese Stelze aber nicht mehr. Ebensowenig habe ich sie bei Cheren oder im Barca-Becken beobachtet, unmittbar bei Asmara war sie am häufigsten an den kleinen Wasserlöchern anzutreffen, wo sie zwischen Menschen und Vieh ganz vertraut umherlief. Nach Ende März habe ich sie nicht mehr gesehen.

280. *Motacilla flava cinereocapilla* Sav.

Rchw. V. A. III p. 305.
♂♂ No. 475, 515 Marebquellen 12., 15. 3. 08.
♀♀ No. 572, 573 Mai Atal südlich Arresa 26. 3. 08.
♂ No. 653 Tacazzé 7. 4. 08.
♀ No. 913 Cheren 12. 5. 08. Geb. II, III, IV.

Bei No. 475 haben die Federchen an Kehle und Kropf schwarze Ränder, sodafs dieser ganze Teil schwärzlich gewölkt auf weifsem Grunde erscheint. Bei den anderen Stücken ist die Kehle fast rein weifs, bei No. 913 ganz schwach gelblich überflogen. Es handelt sich offenbar um ein jüngeres ♀, da ist die Unterscheidung gegenüber *flava* und *borealis* sehr schwer, immerhin lasse ich mich durch die Kehle, welche deutlich heller als die Brust ist, dazu bestimmen, diesen Vogel zu *cinereocapilla* zu ziehen.

Diese Schafstelze habe ich mehrfach von Mitte März an bei kleinen Wasserstellen des Plateaus und an seinen Abhängen gesehen, ich vermute daher, es handelte sich meist um Durchzügler, nicht um Wintergäste. Der 12. V. ist ein bermerkenswert später Termin für Erlegung eines Zugvogels, doch handelte es sich hier um ein jüngeres Stück, das wohl aus irgend einem Grunde sich länger aufgehalten hat.

281. ***Anthus pratensis*** L.

Rchw. V. A. III p. 310, v. Erl. J. O. 07 p. 36.

♂♂ No. 5, 33 Suez 16. und 19. 1. 08. Paläarktisch.

Bei Suez unmittelbar am Meeresufer war der Wiesenpieper als Wintergast häufig. Schon in meinen „Ornith. Beobachtungen aus Tunesien" schrieb ich J. O. 09 p. 146: „ich traf ihn im Februar 06 bei Gabès zumeist unmittelbar am Meeresufer". Ganz unter den gleichen Bedingungen beobachtete ich ihn hier bei Suez im Januar 08 und sammelte die oben erwähnten Belegstücke. An den Küsten im südlichen Teile des Roten Meeres traf ich ihn nicht mehr an.

282. ***Anthus cervina*** Pall.

Rchw. V. A. III p. 310, O. Neum. J. O. 06 p. 230, v. Erl. J. O. 07 p. 36.

♂♂♀ No. 4, 13, 14 Suez 16., 17. 1. 08.

♀♂♀ No. 713, 740, 741 Tacazzé 14. und 16. 4. 08. Geb. IV.

Die drei bei Suez im Januar gesammelten Stücke tragen volles Winterkleid und unterscheiden sich in diesem Stadium von *pratensis* nur durch die deutliche Längsfleckung des Bürzels und die vierte Handschwinge, welche kürzer als die drei ersten ist. Hingegen ist bei den Exemplaren vom Tacazzé, die ich Mitte April erlegte, die Kehle schon schön rostrot, sodaſs der Vogel jetzt ein absolut anderes Aussehen hat und leicht zu erkennen ist.

Am Meeresgestade wie am Fluſsufer hielten sich diese Pieper stets dicht am Wasserrande, liefen gelegentlich auf dem Ufersande herum, versteckten sich aber auch gern zwischen den verfilzten Grasbüscheln, welche zum Teil noch vom Wasser bespült wurden.

283. ***Anthus rufulus cinnamomeus*** Rüpp.

Rchw. V. A. III p. 313, O. Neum. J. O. 06 p. 231, v. Erl. J. O. 07 p. 36.

♀ No. 918 Asmara 17. 5. 08.

♂ No. 919 Adi-Abun bei Adua 8. 6. 08. (Müller leg.).

♀♀ No. 1164, 1171 Asmara 28. 2., 2. 3. 09. Geb. III.

Dieser Pieper ist kenntlich an dem auf den beiden äufseren Paaren der Schwanzfedern sehr ausgedehnten Weifs, das ziemlich rein ist. Auch die Schäfte der jederseits äufsersten Steuerfedern sind hell rostgelblich. Die Oberseite zeigt einen rötlich-gelblichen Ton besonders auf Flügeln und Bürzel; Neumann stellte bei frisch vermauserten Stücken breite rotbraune Säume der Handschwingen fest, bei meinen Exemplaren sind diese naturgemäfs schon verblafst, da das Kleid stark abgetragen ist. Ich schliefse mich vollkommen Neumann an, wenn er den Namen *cinnamomeus* Rüpp. für die Nordostafrikaner allein in Anspruch nimmt, und unterscheide wie er folgende Formen:

1. *A. r. rufulus* Vieill. Indien, Sudan-Inseln.
2. *A. r. cinnamomeus* Rüpp. Nordost-Afrika.
3. *A. r. raalteni* Lay. Süd- und Ost-Afrika.
4. *A. r. camaroonensis* Shell. Westafrika, Kamerun-Gebirge.
5. *A. r. bocagii* Nich. Mossamedes.

Dieser Pieper ist anscheinend ein Bewohner des Gebirges, O. Neumann schofs seine Exemplare in Höhen von 2600—3000 m, und die meinigen stammen sämtlich vom Plateau aus Lagen von 2200 m aufwärts. Über die genauen Meereshöhen der Erlanger'schen Fundorte bin ich nicht orientiert, doch liegen sie bestimmt nicht in der Ebene mit Ausnahme von Kismayu. Es ist interessant und verdient hervorgehoben zu werden, dafs hier der Vogel auch unmittelbar am Gestade des Indischen Oceans angetroffen wurde. v. Erlanger fand am 7. Juli 1900 unweit Adis-Abeba ein Nest mit halbwüchsigen Jungen, es war dort schon gegen Ende der Regenzeit. Das Nest war geschickt in ca. 20 cm Höhe auf zusammengedrücktem Grase angebracht und von überhängenden Halmen überdacht.

284. *Anthus leucophrys sordidus* Rüpp.

Rchw. V. A. III p. 318, O. Neum. J. O. 06 p. 234, v. Erl. J. O. 07 p. 38.

♀ No. 278 Cheren 15. 2. 08.
♂ No. 418 Asmara 4. 3. 08.
♂ No. 490 Marebquellen 13. 3. 08.
♂ ♂ No. 914, 915 Asmara 17. 5. 08.
♂ No. 916 nordöstlich Asmara 26. 5. 08.
♂ No. 917 Adi-Abun bei Adua 4. 6. 08 (Müller leg.).
Geb. II, III.

Wegen des Systematik bitte ich, O. Neumanns ausführliche Besprechung J. O. 06 p. 234—236 nachzulesen, wo unter anderem 5 neue Formen beschrieben werden. Der Verfasser spricht am Schlusse die Vermutung aus, dafs einige davon auf ihre Existenzberechtigung hin angefochten werden dürften, es wäre aber dazu ein sehr grofses Material erforderlich, wie es heute wohl noch nicht zur Verfügung steht. Ich bin daher auch nicht in der

Lage, mir selbst ein Urteil über alle Formen zu bilden, und lasse hier nur kurz die Namen der afrikanischen folgen, in Asien gibt es dann noch eine ganze Reihe, welche wir wohl hier übergehen dürfen:

1. *A. l. leucophrys* Vieill. Süd-Afrika: Kapland, Natal.
2. *A. l. vaalensis* Shell. Süd-Afrika: Transvaal.
3. *A. l. angolensis* Neum. Angola und ostwärts bis Nyassa-Gebiet.
4. *A. l. bohndorffi* Neum. Oberer Kongo.
5. *A. l. zenkeri* Neum. Kamerun.
6. *A. l. gouldi* Fras. Gambia bis Niger.
7. *A. l. sordidus* Rüpp. Nordost-Afrika: Eritrea bis Schoa.
8. *A. l. saphiroi* Neum. Nordost-Afrika: Gebirge von Harar, Nord-Somaliland.
9. *A. l. omoensis* Neum. Nordost-Afrika: Südschoanische Seenplatte.

Auch dieser Pieper ist ein Bewohner höherer Lagen, der am tiefsten liegende meiner Fundorte ist Cheren. Auf dem Plateau kommt er neben *A. r. cinnamomeus* vor, ist jedoch erheblich gemeiner. Der helle Teil der äufseren Schwanzfeder ist stets gelbbräunlich nicht weifs und bildet ein gutes Erkennungszeichen. Die dunkle Fleckung des Kropfes ist auch bei Vögeln, welche in derselben Region in einem Monat gesammelt wurden, sehr wechselnd, bald scharf und kräftig, bald kaum angedeutet, als Arten-Unterschied läfst sie sich meines Erachtens nicht verwerten.

285. *Anthus campestris campestris* L.

Rchw. V. A. III p. 319, v. Erlanger J. O. 07 p. 39.

? No. 239 Cheren 16. 2. 08.

♂ ♀ 1142, 1147 Ghedem südlich Massaua 19., 20. 2. 09. Gebiet I, II.

Auch der Brachpieper ist Wintergast in NO.-Afrika. Zumeist scheint er sich an der Küste aufzuhalten, ich sah aufser den beiden angeführten Belegstücken bei Ghedem noch mehrere. Auch v. Erlanger sammelte seine 5 Exemplare im Nordsomaliland also nicht gar zu weit von der Küste (Januar bis Anfang Februar). Im Binnenlande entsinne ich mich keines Stückes aufser dem bei Cheren erlegten, das vielleicht schon auf der Wanderung nach dem Norden begriffen war. Jedenfalls ist der Brachpieper in Eritrea und Abessinien eine viel seltenere Erscheinung als in Südtunesien, wo ich ihn zu den Charaktervögeln der Steppe zähle. Fast alle Fundangaben für NO.-Afrika stammen aus den Monaten Dezember bis Februar. Nur ein Stück wurde bei Chartum von Witherby im Mai gesammelt, jedenfalls ein Nachzügler. Die Hin- und Rückreise zu den nordischen Brutrevieren dürfte also etappenweise und ohne besondere Eile zurückgelegt werden.

L. Alaudidae.

286. ***Alaemon alaudipes desertorum*** Stanl.

Rchw. V. A. III p. 349, v. Erlanger J. O. 07 p. 47, Hartert V. d. p. F. p. 251.

♂ No. 34 Suez 19. 1. 08. Paläarktisch.

Im Winter ist das Vogelleben der eigentlichen Wüste bei Suez sehr spärlich, erst um Anfang März wird es dort lebhaft. Ich hatte leider keine Gelegenheit, mehr als dies eine Exemplar zu sammeln während der wenigen Tage, die ich in Suez in Erwartung meines Schiffes verbrachte. Die Lerche benahm sich genau wie ihre Verwandte *A. a. alaudipes*, welche mir aus dem südtunesischen Chott-Gebiet eine liebe alte Bekannte ist. Von Balz war um Mitte Januar natürlich noch keine Rede.

287. ***Ammomanes deserti isabellina*** Temm.

Rchw. V. A. III p. 356, Hartert V. d. p. F. p. 223.

♀ No. 35 Suez 19. 1. 08. Paläarktisch.

Über die Formen der *Ammomanes* wie über die der *Alaemon* ist alles Wissenwerte entsprechend dem Stande der modernen Forschung in Harterts Werk niedergelegt, ich brauche nicht weiter darauf einzugehen. Bei meinem Stück kann es zweifelhaft sein, ob man es zu *isabellina* Temm. oder zu *deserti* Licht. ziehen soll, doch halte ich ersteres für richtig mit Rücksicht auf die sehr blasse grauliche Oberseite, welche ähnlich und nur etwas weniger rot ist als bei *A. d. algerienses* aus Tunesien, von der sich in meiner Sammlung und unter den Bälgen des B. M. eine gröſsere Zahl befindet.

288. ***Galerida cristata brachyura*** Tristr.

Hartert V. d. p. F. p. 234.

♂♀ No. 15, 16 Suez 17. 1. 08.

♀ No. 40 El Tor 20. 1. 08. Paläarktisch.

Meine Stücke erweitern das Verbreitungsgebiet dieser langschnäbligen Haubenlerche, deren terra typica die Senke des Toten Meeres in Südpalästina ist, sie können jedoch nicht gut anders denn als echte *brachyura* aufgefaſst werden. Die Flügellänge beträgt beim ♂ 108 mm, ♀♀ 95 und 97 mm, nach Hartert hat ♂ 105—110, ♀ 95—98 mm, also genau übereinstimmend. Die Schnäbel messen ♂ 18, ♀♀ 16, 17 mm. Die Färbung der Oberseite ist fast genau so wie bei der erheblich gröſseren *magna* Hume, doch haben meine Stücke sowohl ober- wie unterseits einen ganz schwachen gelblichen Ton im Grau, der bei *magna* fehlt, hingegen sind sie ganz bedeutend grauer als die tunesischen Wüstenformen. Im isabellrötlichen Ton der Decken und Schwingen des Unterflügels wie im Grau der Auſsenfahnen der Schwingen ist meine *brachyura* um eine Nüance dunkler als *magna* und stimmt darin ziemlich genau mit *macrorhyncha* Tristr. aus Nordtunesien überein.

Ich fand diese Lerche gar nicht selten in der Umgebung von Suez auf den kleinen Feldern der Oase sowie bei El Tor zwischen Barackenlager und Dorf. Leider war es mir bei der Kürze der Zeit nicht möglich, eine längere Suite präparieren zu lassen, wollten doch auch andere interessante Vögel in dieser kurzen Spanne zu ihrem Rechte kommen.

289. *Galerida cristata eritreae* Zedl.

Hartert V. d. p. F. p. 234 No. 376: *G. cristata*?
O. Gr. Zedlitz O. M. April 1910 p. 59.
♂? No. 84 Massaua 30. 1. 08.
♀ No. 1057 J. Nocra 10. 2. 09.
♂♂ No. 1145, 1146 Ghedem 20. 2. 09.
♂♀ No. 1123, 1124 Massaua 18. 2. 09.
juv. No. 1125 Massaua 18. 2. 09. Geb. I.

Hartert hat festgestellt, dafs der Name *abyssinica* Bp. sich nicht auf einen abessinischen Vogel sondern auf einen aus dem Sudan bezieht und Synonym zu *isabellina* Bp. ist (vergleiche unter *G. c. isabellina* p. 233 und Anmerk. p. 234). Er führt die langschnäblige Haubenlerche von den Ufern des Roten Meeres schon unter einer besonderen Nummer auf, jedoch ohne ihr einen Namen zu geben, da ihm s. Zt. nur ungenügendes Material zur Verfügung stand, welches sich anscheinend nicht recht von *brachyura* unterschied. Ich kann nun konstatieren, dafs bei meinen im Januar und Februar gesammelten Exemplaren vom Norden (*brachyura*) und denen aus meinem Gebiet I im Süden (*eritreae*) sich letztere doch gut von ersteren unterscheiden lassen. Zunächst sind die Flügelmafse der ♂♂ konstant kleiner als bei *brachyura* und stehen denen der ♀♀ sehr nahe. Es messen meine Stücke:

(♂?)	No.	84	Flügel	102	mm	Schnabel	16	mm
♂	„	1123	„	104	„	„	19	„
„	„	1145	„	103	„	„	19	„
„	„	1146	„	102	„	„	19	„
♀	„	1157	„	100	„	„	18	„
„	„	1124	„	99	„	„	16	„

Also kein ♂ erreicht das Minimum der Flügellänge von *brachyura* mit 105 mm, die ♀♀ dagegen sind etwas gröfser als jene. Die Schnäbel bei meiner Form sind im allgemeinen etwas länger. Was No. 84 betrifft, so rechne ich mit der Möglichkeit, dafs mein Präparator sich bei der Geschlechtsbestimmung geirrt haben könnte, da er an dem Tage aufserordentlich viel zu tun hatte. Was die Färbung anbelangt, so ist *eritreae* im ganzen gelblicher bezw. rötlicher als *brachyura*, besonders deutlich tritt dies auf Kehle, Kropf und Brust hervor sowie Bürzel, Flügel und Oberschwanz. Die Kropffleckung ist nicht so scharf und schwarzbraun sondern undeutlicher und mattbrauner. Die isabellfarbenen Unflügeldecken sind meist etwas heller. Das Stück von Noera ist blasser als alle anderen und kann als Übergang zu *tardinata* Hart. von Süd-Arabien gelten. Diese Form ist wiederum auf der Oberseite viel blasser und heller, sogar heller als *brachyura*, während *eritreae* durch den stark rotgelblichen Ton im Gegenteil dunkler erscheint als *brachyura*.

Typus: No. 1146 Ghedem.

No. 1125 ist ein noch nicht ausgewachsenes Junges mit weifsfleckigem Kleide, es konnte knapp fliegen, als ich es am 18. II. erlegte. Die Bruten beginnen also teilweise schon sehr früh, ich traf im Januar und Februar diese Lerche stets paarweise. Auf Nocra sangen die ♂♂ eifrig am 9., 10. 2. von der Spitze niederer Büsche herab. Bei Ghedem am 19., 20. 2. hatten einzelne Pärchen nach ihrem Benehmen zu urteilen schon gelegt, doch habe ich kein Nest gefunden, weil ich dazu leider sehr wenig Talent besitze. Der Befund der Sektion bei allen Stücken bestätigte es, dafs wir uns im Beginn der Legezeit bezw. mitten darin fanden. Auch hier dürfte der innige Zusammenhang der Winterregen mit der frühen Brut für jeden Unbefangenen einleuchtend sein.

290. *Galerida theklae praetermissa* Blanf.

Rchw. V. A. III p. 361, v. Erl. J. O. 07 p. 48, Hart. V. d. p. F. p. 239, O. Neum. J. O. 06 p. 238.

♀♂♀♂ No. 414—416, 427 Asmara 4., 5., 3. 08.

♂ No. 1050 Asmara 15. 5. 08.

juv. ♂♀♂ No. 1051, 767, 904 Asmara 19. 5. 08 (Müller leg.). Geb. III.

Meine Vögel gehören sämtlich zu der „bräunlicheren nicht aber wüstenartig blassen" Form wie sie Hartert p. 240 letzter Absatz bei *praetermissa* als noch nicht genügend bekannt erwähnt. Demgegenüber hat O. Neumann J. O. 06 p. 238 nachgewiesen, dafs Blanford gerade diese brauneren Vögel abgebildet und gemeint hat und dafs seine Typen auch aus der betreffenden Region (Senafe, Adigrat) stammen. Meine Exemplare vom Plateau von Asmara sind aus demselben Gebiet und typische *praetermissa*. Ob auf dem Hochland von Semien eine dunklere Form vorkommt, mufs ich dahingestellt sein lassen, sie würde einen neuen Namen beanspruchen. Über die Mafse herrscht noch nicht volle Einigkeit:

Reichenow gibt an:	Flügel	96—104,	Schnabel	14—15 mm,
Hartert	„	104—105,	„	14 „
Neumann	„	95—103,	„	15 „
Meine Stücke 3 ♂ ad.	„	98—100,	„	13—15 „
„ „ ♀♀ ad.	„	99—100,	„	13—14 „

Bei Angabe des Flügelmafses dürfte also Hartert tatsächlich ein Versehen untergelaufen sein, wie Neumann schon erklärt.

Die kurzschnäblige Lerche ist Gebirgsbewohnerin, ich traf sie nur auf dem Plateau selbst, nicht an seinen Abhängen. Sie hält sich nicht ausschliefslich auf den Feldern auf, wo die Kalandrelle in ungeheuren Scharen dominiert, sondern liebt die unbebauten mit etwas Steingeröll und vereinzelten niederen Büschen bedeckten Striche, je öder und steppenartiger desto besser. Im Februar und Anfang März sangen die ♂ fleifsig, am 19. Mai konnten wir schon Junge sammeln. Dieselben sind durchweg dunkler gefärbt als alte Vögel und in diesem Stadium naturgemäfs in den Mafsen kleiner, die weifse Fleckung der Oberseite, welche alle jungen *Galerida* tragen, ist bei ihnen aber spärlicher als bei den meisten anderen mir bekannten Arten, vielfach gerade nur angedeutet. Genau dieselbe Beobachtung über frühe Brutzeit machte Hilgert im Arussi-Gallaland Ende Juni 1900, nach seinen sehr zuverlässigen Untersuchungen biologischer und anatomischer Art war damals die Brutzeit schon längst vorüber. Diese Haubenlerche bildet also anscheinend insofern eine Ausnahme, als sie auch in Regionen mit Sommerregen stets bereits im Frühjahr zur Fortpflanzung schreitet. Es ist dies sicher weder ein Zufall noch eine Laune des Vogels sondern in seiner Biologie begründet, nur bin ich für den Augenblick noch nicht in der Lage, den logischen Zusammenhang ganz klar zu stellen. Es sprechen unter anderem vermutlich zwei Faktoren mit:

1. Diese Haubenlerche ist kein Feldvogel, wie ich schon oben erwähnte, also anch von Saat und Ernte weniger abhängig als andere.
2. Sie bewohnt ausschliefslich hohe Lagen, in Semien z. B. Regionen, welche den Winter über vielfach in Schnee begraben sind. Wenn dann dort der Frühling kommt, so erwacht eben der Fortpflanzungstrieb. Die Vögel, welche die tieferen Lagen zwischen 2300 und 3500 m bewohnen, haben zwar keinen Schnee zu befürchten, aber auch dort sind die Nächte im Januar und Februar oft recht kalt. Schliefslich sind auch im Hochland periodische Gewitterregen häufiger als in der Steppe, sodafs für einen so genügsamen Gebirgsbewohner wie diese Lerche offenbar der äthiopische Frühling der Reize genug bietet; die Ansprüche sind eben verschieden auch bei Vögeln.

291. *Pyrrhulauda melanauchen* Cab.

Rchw. V. A. III p. 371.
♀, 4 ♂ No. 85—89 Massaua 30. 1. 08.
3 ♂ No. 1071, 1075, 1076 Dahlak II. 2. 09.
♂ ♀ No. 1116, 1117 Dahlak 15. 2. 09. (Pärchen mit Brutfleck).

♀ ♂ No. 1127, 1128 Massaua 18. 2. 09. (Pärchen.)
juv. No. 926, 927 Salomona 5. 7. 08 (Müller leg.). Geb. I.

Die Färbung des Nacken variiert aufserordentlich, bald zeigt sich ein breites schwarzes und darüber ein schmales weifses Band, bald sind beide annähernd gleich breit, dann wieder ist das schwarze unterbrochen und durch einen Nacken-Fleck ersetzt, in einem Falle fehlt die schwarze Nackenzeichnung ganz, es zeigt sich nur ein weifslich-grauer Streif, der sich nicht sehr scharf von der dunkleren Kopfplatte abhebt, naturgemäfs spreche ich hier nur von ♂♂ ad. Die ♀♀ unterscheiden sich nur unwesentlich untereinander, einige haben etwas gelblichen andere mehr grauen Ton. Dies alles sind offenbar Altersunterschiede, denn ich schofs die extremsten Stücke dicht bei einander. Die beiden juv. sind unter sich ganz verschieden, eins ist blafsgrau mit den für Lerchen im Jugendkleide charakteristischen breiten hellen Federsäumen auf der Oberseite, das andere hat die ganze Oberseite einschliefslich Oberkopf rotbraun mit schmaleren hellen Säumen, auf der Bauchmitte kommt schon etwas Schwarz zum Vorschein, sonst ist die Unterseite matt graurötlich. In diesem Kleide erinnert der Vogel an *leucotis* Stanl., doch meine ich, dafs diese in so vorgerücktem Stadium des Jugendkleides schon mehr schwärzlich auf der Oberseite erscheinen müfste. Auch die längsten Oberschwanzdecken sind bei meinem Stück vollkommen weifslich isabellfarben, nicht, wie Reichenow für *leucotis* juv. angibt, „mit schwarzem nach dem Ende verbreitertem Schaftstrich".

Diese Gimpellerche ist ein ausgesprochener Wüstenvogel, im ganzen Sahel an der Küste des Roten Meeres ist sie sehr häufig; sobald die Vegetation etwas üppiger wird wie bei Ghedem, zieht sie sich zurück, um landeinwärts in der trostlos öden Steppe bei Salamona sich anscheinend wieder recht wohl zu fühlen. Für die sterilen Dahlak-I. ist sie Charaktervogel und neben *G. c. eritreae* dort die einzige Lerche. Auf ganz kahlem Boden, wo auch nicht ein Hälmchen grünt, trippelt sie vergnügt umher, fast stets paarweise, und immer wieder schwingt sich das ♂ in die Höhe, um nach echter Lerchenart jubilierend sich emporzuschrauben, aber nicht sehr hoch, singend einen Bogen zu beschreiben und in eleganter Kurve wieder zum ♀ hinabzugleiten. Dieser fleifsige kleine Sänger ist eins der wenigen Lebewesen, dafs im Innern der Insel die tote Wüste angenehm belebt. Um Mitte Februar hatten offenbar viele ♀♀ schon gelegt, das bewies mir das Benehmen mancher Pärchen, welche wenige Schritt vor mir herumliefen und mich abzulenken suchten ohne aufzufliegen. Da ich Nester am Boden bei einigermafsen guter Schutzfärbung der Eier nur höchst selten finde, gelang es mir auch hier nicht, aber verschiedene alte Lerchen mit Brutfleck habe ich gesammelt. Dafs die Brut im ganzen Gebiet I der Norm entsprechend ins frühe Frühjahr nach der Winterregenzeit fällt, beweisen auch die bei Salamona Anfang Juni gefundenen schon stark verfärbten Jungen.

292. ***Calandrella brachydactyla blanfordi*** Shell.

Rchw. V. A. III p. 379, O. Neum. J. O. 06 p. 238, v. Erl. J. O. 07 p. 49: *C. ruficeps*, Hartert V. d. p. F. p. 216 Anmerkung.

? ♂ ♂ No. 152, 153, 182 Asmara 4., 10. 2. 08.
♂ ♂ No. 401, 402 Asmara 2. 3. 08.
juv. No. 920 Asmara 15. 5. 08.
♂ ♀ ♂ ♀ ♂ No. 921—925 Asmara 15. bis 19. 5. 08.
♀ ♂ ♂ No. 1153—1155 Asmara 27. 2. 09.
♂ ♂ No. 1172, 1173 Asmara 2. 3. 09. Geb. III.

In der Nomenklatur schliefse ich mich Hartert an, der den Genusnamen *tephrocorys* als überflüssig verwirft und alle rotköpfigen afrikanischen Kalandrellen als Subspecies zu *brachydactyla* auffafst. Es würde hier zu weit führen, den ganzen Formenkreis auch nur oberflächlich besprechen zu wollen, ich beschränke mich darauf, die für NO.-Afrika und die angrenzenden Gebiete in Frage kommenden Namen aufzuzählen:

1. *C. b. blanfordi* Shell. Blasse Oberseite, keine oder undeutliche schwarze Striche in der Kopfplatte.
   Eritrea, Nord-Abessinien.
2. *C. b. ruficeps* Rüpp. Gesamtfärbung dunkel und kräftig braunrot, deutliche schwarze Striche auf der Kopfplatte.
   Semien bis Schoa.
3. *C. b. erlangeri* Neum. Oberseite ähnlich *ruficeps*, Unterseite bedeutend blasser, keine dunklen Striche auf der Kopfplatte.
   Hauasch-Gebiet, Arussi-Galla-Länder, Erlangers Gebiete II, V.
4. *C. b. saturatior* Rchw. sehr dunkel rotbraun. Ostafrika.
5. *C. b. brachydactyla* Leisl. Nur ♂ mattrote Kopfplatte, im ganzen viel blasser. Ägypten, südwärts im Winter bis Sudan.

Die Kalandrelle liebt ebene Flächen mit Weide, Ackerland und gemäfsigtem Klima. Auf dem Plateau von Asmara ist sie ganz aufserordentlich häufig, die Wüste im Gebiet I wie die Steppen im Gebiet II und IV meidet sie in gleicher Weise, es liegen aus jenen Regionen keine Fundangaben vor, dafür desto mehr vom ganzen Hochland Eritreas und Abessiniens bis hinauf in die Semischen Alpen, von denen der Typus der *ruficeps* Rüpp. stammt. Überall auf den Feldern bei Asmara traf ich diese Lerche in Schwärmen, hie und da auch paarweise schon im Februar und März, sie ist durchaus Standvogel, doch scheint die Frage der Brutzeit mir noch nicht ganz geklärt. Der Eindruck, den ich im Frühjahr durch die Beobachtung des Benehmens wie auch aus den Sektionen gewann, war nicht der, dafs im allgemeinen die Brutzeit herangekommen sei, trotzdem sammelten wir bei der Rückkehr nach Asmara am 15. 5. 08 dort ein noch nicht erwachsenes Junges mit weifsfleckiger Oberseite. Ich meine, bei der grofsen Häufigkeit des Vogels hätten uns mehr solche Stücke zu Gesicht kommen müssen, wenn die Brutzeit allgemein schon vorüber gewesen wäre, und rechne daher diesen Fall zu den

Ausnahmen, wie sie gerade in unmittelbarer Nähe grofser Ansiedlungen nicht gar zu selten vorkommen als Folge der dort günstigeren Lebensbedingungen für manche kulturfreundlichen Vögel. Sollten aber auch häufiger Frühjahrsbruten auf dem Plateau konstatiert werden, so hängt das nach meiner Vermutung mit den bald reichlicheren bald spärlicheren periodischen Gewitterregen in dieser Gegend zusammen und ist aus diesem Gesichtspunkt heraus leicht erklärlich. In den weitaus meisten Fällen dürfte aber die Sommerbrut hier doch die Regel bilden. Wie es sich damit bei *ruficeps* in Semien verhält, kann ich aus eigener Erfahrung nicht beurteilen, ich halte dort, wo mit einem Winter in europäischem Sinne zu rechnen ist, zum mindesten frühe Bruten für wahrscheinlich, da die Jungen im Herbst zeitig schon widerstandsfähig sein müssen.

LI. Pycnonotitae.

293. ***Pycnonotus barbatus schoanus*** Neum.

Rchw. V. A. III p. 840: *P. arsinoe schoanus*, O. Neum. O. M. 05 p. 77 u. J. O. 06 p. 240.

♂♂♀ No. 124—126 Ghinda 31. 1. 08.

♂ No. 512 Marebquellen 14. 3. 08.

♀ No. 622 Melissai 2. 4. 08.

♀♂ No. 1000, 1001 Salomona 25. 6. 08 (Müller leg.). Geb. I, II, III, IV.

Zur Systematik habe ich nichts nachzutragen, nachdem O. Neumann J. O. 06 die geographischen Formen wie folgt aufgezählt hat:

1. *P. b. barbatus* Desf. Nord-Afrika.
2. *P. b. arsinoe* Licht. Mittel-Aegypten bis Sudan.
3. *P. b. schoanus* Neum. Eritrea bis Süd-Schoa, Omogebiet.
4. *P. b. somaliensis* Rchw. (V. A. III. p. 840) Nord-Somaliland.
5. *P. b. inornatus* Fras. Senegal bis Niger.
6. *P. b. gabonensis* Sharpe. Kamerum bis Gabun.

Der Bülbül kommt allenthalben vor, bald mehr vereinzelt, bald ist er aufserordentlich gemein. Besonders häufig fand ich ihn bei Ghinda, Cheren, an den Marebquellen und am Tacazzé, er scheint also kein Gebiet gegen das andere zurückzusetzen. Es ist ein lebhafter, munterer aber auch recht zänkischer Geselle, der absolut nicht Ruhe halten kann. In den Büschen am Wasser treiben sich kleine Gesellschaften von 4—6 Stück den ganzen Tag über herum, bald auf freien Ästen sitzend, bald durchs dichteste Gezweig hüpfend, zwitschernd und oft schimpfend. Kleinere Vögel räumen vor diesen unruhigen Gästen meist bald das Feld. Der Schopf auf dem Kopfe ist in steter Bewegung, bald wird er wie ein Helm aufgerichtet, bald angelegt, er unterstützt offenbar die lebhafte Unterhaltung und soll den erbosten Zänker ein schreckenerregendes Aussehen verleihen. Im Geb. I stand am

1. 2. die Brut unmittelbar bevor, wie die Sektion bewies, hier sangen auch die ♂♂, in den anderen Gebieten fällt anscheinend die Brut hingegen in den Spätsommer.

LII. Zosteropidae.

294. ***Zosterops poliogastra poliogastra*** Heugl.

Rchw. V. A. III p. 434, O. Neum. J. O. 06 p. 241, v. Erl. J. O. 07 p. 50.

♂ No. 481 Marebquellen 13. 3. 08.

♂♂ No. 998, 999 nordöstlich Asmara 25., 26. 5. 08. Geb. III.

Aus den Bergen Süd-Aethiopiens beschrieb O. Neumann den *Z. p. erlangeri* B. B. O. C. (CXL.) Februar 1908 p. 60. Nach übereinstimmender Beobachtung aller Forscher ist dieser Brillenvogel ausschliefslich ein Bewohner des Hochlandes. Der Ort, wo No. 998, 999 gesammelt wurden, liegt verhältnismäfsig tief, wenig über 1600 m, ist aber mit besonders dichtem und üppigem Walde bestanden. Um diese Jahreszeit Ende Mai trugen viele Bäume dort Früchte, das dürfte die Vögel besonders angelockt haben, mein Fundort ist wohl der nördlichste der bisher bekannt gewordenen. No. 481 ist bedeutend blasser als die beiden anderen, insbesondere ist das Gelb der Stirn nur angedeutet. Wir haben hier offenbar einen jüngeren Vogel im vollen Winterkleide, die beiden anderen sind adulte im Hochzeitskleide. No. 481 ist von einem *Z. abyssinica* im Hochzeitskleide kaum zu unterscheiden, nur das Gelb der Kehle ist etwas goldiger.

295. ***Zosterops abyssinica abyssinica*** Guér.

Rchw. V. A. III p. 434, O. Neum. J. O. 06 p. 242 bei *omoensis* v. Erl. J. O. 07 p. 51.

♂ No. 229 Cheren 13. 2. 08.

„ No. 792 Barentu 26. 4. 08.

♀ No. 1189 Cheren 5. 3. 09. Geb. II.

Die beiden Stücke No. 229 und 1189 sind erheblich blasser im Gelb der Kehle und Unterschwanzdecken wie auch im Grün des Rückens, No. 792 dagegen ist an denselben Stellen lebhafter gefärbt, es scheint danach, als liefse sich bei den *Zosterops* Eritreas durchweg ein matteres Winterkleid und ein bunteres Sommerkleid unterscheiden. Diese Tatsache ist durchaus nicht erstaunlich, mufs aber betont werden, um einer artlichen Abtrennung der blassen von den bunten Vögeln entgegenzutreten. Das bereits im Sommerkleid vorliegende ♂ No. 792 von den letzten Apriltagen ist von einem jüngeren *poliogastra* im Winterkleid (vergl. No. 481) nur schwer zu unterscheiden. Die Oberseite bei 792 ist sogar etwas lebhafter grün, doch das Gelb der Kehle erreicht nicht ganz den satten goldigen Ton der sich schon beim semiadulten *poliogastra* zeigt. Das Kleid, welches No. 229

und 1189 tragen, ist das normale für die betreffende Jahreszeit, ich schofs Anfang März 09 bei Scetel noch 4 Exemplare, welche sämtlich genau so gefärbt waren, leider war bei allen mindestens der halbe Kopf oder der ganze Schwanz durch das Schrot fortgerissen worden, sodafs es nicht möglich war, aus einem solchen Torso noch einen leidlichen Balg herzustellen. Ich hätte mir die Haare ausraufen können, doch wären dadurch die Vögel auch nicht wieder zu den verlorenen Federn gekommen. Auch v. Erlanger erwähnt, dafs seine Stücke aus dem Schoanischen Seengebiet blasser als die vom Hauasch und Arussi-Galla-Lande seien. Ob dies lokale Verschiedenheiten sind oder auf Hochzeitskleider gegenüber Winterröcken zurückzuführen ist, kann ich nicht sagen, da über die Brutzeiten keine Notizen beigefügt sind.

Ich möchte für NO.-Afrika und angrenzende Gebiete folgende Formen unterscheiden:

1. *Z. a. abyssinica* Guér. Steppen von West-Eritrea, Gebiet II.
2. *Z. a. omoensis* Neum. (O. M. 04 p. 162) Gofa, Omo-Gebiet.
3. *Z. a. socotrana* Neum. (B. B. O. C. Febr. 08 p. 59) Sokotra.
4. *Z. a. arabs* Lz. Hellm. (O. M. 1901 p. 31) Süd-Arabien.

Nach übereinstimmenden Mitteilungen der Forscher (Vgl. besonders v. Erlanger und Neumann) bewohnt dieser Brillenvogel vorwiegend Steppen und dort die Uferwälder der Flüsse, in die Berge steigt er an den Flufsläufen empor jedoch nur bis zu mäfsigen Höhen. Deshalb würde Blanfords Fundort „Senafe-Pafs" eine auffallende Ausnahme bedeuten, wenn es sich hier nicht etwa um einen semiadulten *poliogastra* im Winterkleid handeln sollte, eine Vermutung, welche durch das Datum Februar unterstützt wird. Wie aufserordentlich ähnlich unter Umständen blasse Vertreter der einen und bunte der anderen Art aussehen können, habe ich soeben erst ausgeführt.

In der trockenen Zeit werden samentragende Hochbäume mit besonderer Vorliebe aufgesucht, wie es auch v. Erlanger erwähnt allerdings für *poliogastra*. Oberhalb Scetel schon in den Bergen stand an einer kleinen Wasserstelle ein solcher Baumriese, auf welchem den ganzen Tag über neben unzähligen Bülbül und Webern auch stets *Z. abyssinica* herumkletterten und sich den Inhalt der Samenkapseln zu Gemüte führten. Das Benehmen war durchaus meisenartig. Im dichten Laubwerk konnte man die Vögelchen meist recht schwer sehen, vier Stück, welche ich herunterschofs, waren leider sämtlich stark lädiert. Nur an dieser Stelle fand ich den Brillenvogel direkt häufig, sonst mehr vereinzelt.

LIII. Nectariniidae.

296. ***Cinnyris senegalensis cruentatus*** Rüpp.

Rchw. V. A. III. p. 462, v. Erl. J. O. 07 p. 55: *Chalcomitra cruentata*, O. Neum. J. O. 06 p. 252, 254: *C. s. cruentatus*.

♂ semiad. No. 479 Marebquellen 13. 3. 08.
„ No. 994 Salomona 5. 7. 08 (Müller leg.).
♀ No. 1207 Anseba bei Cheren 6. 3. 09. Geb. I, II, III.

Die Mafse meiner Stücke sind:

♂ No.	479	Fl. 73,	Schnabel	24 mm
„ No.	994	„ 72,	„	24 „
♀ No.	1207	„ 68,	„	23 „

also etwas gröfser als die von Neumann angegebenen: Fl. 69, Schn. 22 mm. Ich kann auch die Querstreifen dės blauen Brustflecks bei meinen ♂♂ keineswegs grünlich-stahlblau nennen, wie der Forscher sie im Gegensatz zu *scioanus* bezeichnet. Meine Stücke haben keinen glänzenden Kehlfleck und stimmen darin mit den meisten Vögeln aus derselben Region überein, welche mir vorliegen. Ich halte sie für durchaus typische *C. s. cruentatus* Rüpp. Um auf die südlichere Form *scioanus* Neum. hier weiter einzugehen, fehlt mir das Material, anscheinend dürften die Unterschiede gegenüber *cruentatus* nur geringe sein. Die bei v. Erlanger als *cruentatus* aufgeführten Stücke aus Süd-Aethiopien dürften sämtlich *scioanus* sein, wenn diese Form überhaupt anerkannt wird. Im übrigen verweise ich auf Neumanns sehr ausführliche Behandlung des Formenkreises *C. senegalensis.*

Diese grofse *Cinnyris* (ich lasse in Übereinstimmung mit Neumann den Genusnamen *Chalcomitra* fallen) bewohnt die höheren Lagen, das Plateau und seine Abhänge. Sie scheint nicht wählerisch zu sein, an den Marebquellen erbeutete ich sie in baumarmer Gegend, bei Cheren am vegetationsreichen kultivierten Ufer des Anseba, und bei Salomona wieder fand sie mein Präparator in der öden, mit Dorngebüsch bewachsenen Steppe zu der für Gebiet I trockensten Jahreszeit, im Hochsommer.

297. *Cinnyris venustus fazoglensis* Heugl.

Rchw. V. A. III p. 473, O. Neum. J. O. 06 p. 249, v. Erl. J. O. 07 p. 55.

♂♀ No. 287, 288 (Pärchen) Cheren 16. 2. 08.
♂ No. 514 Marebquellen 15. 3. 08.
„ „ 456 Gaala-Fl. (Plateau) 10. 3. 08.
„ „ 654 Tacazzé 7. 4. 08.
„ „ 986 Adua 6. 4. 08 } (Müller leg.).
„ „ 987 Ghinda 27. 6. 08 } (Müller leg.).
♀♀ No. 992, 993 nordöstlich Asmara 25. 5. 08.
♀ No. 1244 Scetel 12. 3. 09.
3 ♂ juv. No. 1245, 1260, 1282 Scetel 12., 15., 19. 3. 08.
♂♂ 1275, 1276 Cheren Sommer 08 (geschenkt erhalten).
♂ No. 1274 Scetel 18. 3. 09.
„ „ 1335 Mansura (Barca) 30. 3. 09. Geb. I, II, III, IV.

Der Formenkreis *C. venustus* ist ein sehr ausgedehnter, es würde hier zu weit führen, näher auf ihn einzugehen. Ich verweise besonders auf Reichenow O. M. 99 p. 170, 171, sowie auf Neumann J. O. 06 p. 250. Die Form *fazoglensis* gehört zu der Gruppe mit blafsgelber Unterseite und fast reingrünem Metallglanz des Rückens, nur der untere Teil des Bürzels und die Oberschwanzdecken sind veilchenblau. In meiner langen Serie sind nur No. 1275, 1276 im vollen Hochzeitskleide, sie wurden für mich im Sommer 08 gesammelt. No. 987 vom 27. 6. 08 ist ebenfalls beinahe im ausgefärbten Prachtkleide, No. 1335 vom 30. 3. 09 bereits weit in der Umfärbung vorgeschritten, alle anderen Stücke stehen noch mitten in der Umfärbung und sehen zumeist recht unansehnlich aus.

Diese *Cinnyris* ist über die ganze Region verbreitet. Am Tacazzé und Barca meidet sie nicht die warmen Täler wie nach Neumanns Beobachtungen in Süd-Aethiopien, vielmehr ist auch die vertikale Verbreitung eine sehr grofse. Gebüsche an Bächen und Flufsläufen werden besonders gern aufgesucht. Im März trägt ein Strauch, dessen Namen ich leider nicht kenne, überall in der Barca-Niederung korallenrote Blüten, ihn besuchen den ganzen Tag über die verschiedensten Arten von Honigsaugern regelmäfsig. An den Flufsbecken inmitten der Steppen traf ich diese *Cinnyris* häufiger als in der Nähe kultivierter Flächen und waldartiger Partien, bei Cheren war sie seltener in den Gärten, häufiger auf den mit Dornbusch bestandenen unbebauten Flächen, welche nordwärts an die Stadt anstofsen.

298. ***Cinnyris mariquensis osiris*** Finsch.

Rchw. V. A. III p. 480, O. Neum. J. O. 06 p. 251 unter *C. m. hawkeri*, v. Erl. J. O. 07 p. 56.

♂♂♀ No. 188, 270, 295 Cheren 10., 14., 17. 2. 08.
♀♂♂ No. 808, 819, 820 Tocolai 28. 4. 08.
♂♂ No. 1248, 1269 Scetel 12., 16. 3. 09.
4 ♂ juv. No. 1243, 1259, 1263, 1283 Scetel 12.—19. 3. 09.
♂♂ No. 1311, 1340 Mansura (Barca) 26., 30. 3. 09.
♂♂ juv. No. 1336, 1344 Mansura 30., 31. 3. 09. Geb. II.

Über die nähere oder entferntere Verwandtschaft der ähnlich gefärbten Formen hat sich O. Neumann in seiner oben angeführten Arbeit schon geäufsert. Nach seiner Mitteilung, dafs *C. m. suahelicus* und *C. microrhynchus* in Ost-Afrika nebeneinander vorkommen (und zwar sind nach übereinstimmenden Beobachtungen beide Bewohner des Flachlandes), mufs ich mich ihm anschliefsen, indem ich vorläufig *microrhynchus* und *bifasciatus* nicht mit in den Formenkreis *mariquensis* ziehe. Es bleiben also nur:

1. *C. m. mariquensis* A. Sm. SO.-Afrika.
2. *C. m. ovamboensis* Rchw. SW.-Afrika, Ovamboland.
3. *C. m. suahelicus* Rchw. Inneres O.-Afrika.

4. *C. m. hawkeri* Neum. Nord-Somaliland bis Schoa.
5. *C. m. osiris* Finsch. Eritrea, Nord- und Central-Abessinien.

Ich kenne leider die Stücke von *suahelicus* nicht, welche Neumann in O.-Afrika neben solchen von *microrhynchus* sammelte, möchte aber doch Folgendes der Erwägung anheimstellen: Gerade die Formen von *mariquensis* neigen offenbar dazu, an den Grenzen ihrer Gebiete im weitesten Umfange intermediäre Stücke zu produzieren, wie es Neumann auch für Süd-Abessinien hervorhebt. Sollte nun nicht dasselbe bei *suahelicus* und *microrhynchus* vorkommen? Dann wäre es nicht wunderbar, im Grenzrayon nebeneinander Exemplare zu finden, welche bald mehr zu der einen, bald mehr zu der anderen Form neigen, aber eben zu keiner typisch gehören. Sollte man dieser Auffassung folgen, so könnte nach den Fundorten, wie sie bei Reichenow vorliegen, angenommen werden, dafs der typische *suahelicus* ein mehr centralafrikanischer, *microrhynchus* dagegen mehr ein Küstenvogel ist, der nordwärts bis zur Süd-Somaliküste hinaufgeht, wo ihn v. Erlanger sammelte. *C. bifasciata* bewohnt SW.-Afrika, Gabun bis Angola, also nördlichere Striche als *ovamboensis*. Meine Suite von 16 Stück ist in mancher Beziehung recht interessant. Die ♂♂, soweit sie nicht als juv. angeführt sind, tragen volles Hochzeitskleid, das ist bemerkenswert, da von den bis 31. 3. erlegten ♂♂ von *C. v. fazoglensis* kein einziges voll verfärbt ist. Die als ♂♂ juv. bezeichneten Stücke sind ganz grau, nur an der schwarzen Kehle erscheint der grüne Metallganz, teils ganz wenig, teils überzieht er schon die dunklen Federn zum gröfsten Teile. Bei dem am meisten vorgeschrittenen Exemplar No. 1243 zeigen sich ganz vereinzelte glänzende Federchen auch schon am Nacken. Stücke, welche mitten in der Umfärbung sind und schon zum Teil schwarze Unterseite haben, fand ich nicht. Offenbar trägt also der junge Vogel das graue Kleid bis zur nächsten Regenzeit, nur seine schwarze Kravatte vertauscht er allmählich mit einer grünglänzenden, und zuletzt finden sich auch am Kopf einige blanke Federchen ein. Hat dann später das ♂ sein Hochzeitskleid angelegt, so ist künftig zwischen Winter- und Sommergefieder kein nennenswerter Unterschied mehr, aufser soweit die Abnützung mitspricht. Mein ♂ vom 10. 2. ist weder im Schwarz noch im Metallglanz irgendwie matter als das vom 31. 3., und beide unterscheiden sich weder von der dazwischenliegenden Serie noch von Brutvögeln. Mir liegen leider keine *hawkeri* zum Vergleiche vor. Meine *osiris* weichen in der Färbung sehr stark von den drei südlicheren Formen *suahelicus*, *mariquensis* und *ovamboensis* ab: das Rot auf der Brust bei letzteren ist viel dunkler, der Metallglanz auf Kopf und Hals gelber bezw. kupfriger, bei meinen Vögeln ist das Rot heller, der Glanz rein grün, nur eine schmale Binde zwischen der grünen Unterkehle und der roten Brust ist stahlblau, bei *suahelicus* etc. veilchenblau, also mit einem rötlichen Tone.

Dieser Befund steht im Gegensatz zu Neumanns Bemerkung: „*C. hawkeri* und *osiris* haben düsteres rot und darüber stahlviolett in der Brustbinde, während die drei südlichen Formen helleres rot und darüber stahlblau zeigen." Jch nehme also an, dafs dieser Passus nur auf *hawkeri* zu beziehen ist, für *osiris* aus Eritrea stimmt er nicht, falls nicht etwa durch ein Versehen nur die Namen vertauscht sein sollten. Die ♀♀ von allen *mariquensis*-Formen haben blafsgraue manchmal gelblich verwaschene aber niemals deutlich dunklere Kehle und sind dadurch vom ♂ juv. sofort zu unterscheiden.

Dieser Honigsauger ist reiner Steppenvogel, der von Cheren abwärts das ganze Barca-Gebiet zahlreich belebt. Sehr häufig ist er in den Palmen-Beständen an den Strombetten, aber auch überall sonst an Wasserstellen und selbst mitten in der Steppe anzutreffen. Gar nicht selten beobachtete ich ihn auf demselben Baum oder Busch mit *C. v. fazoglensis* oder *Nectarinia pulchella.* Ich glaube, dafs er höchstens bis ca. 1500 m ins Gebirge hinaufgeht, etwa in dieser Höhe stellte ich noch ein Exemplar bei Ela-Bered fest. Es ist auffallend, wie wenig ♀ gegenüber ♂ zu sehen sind, auch Erlanger erbeutete 15 ♂, dagegen nur 3 ♀.

299. ***Hedydipna platura adiabonensis*** Zedl.

Rchw. V. A. III p. 492: *H. platura*, O. Graf Zedl. O. M. April 1910 p. 59.

♂♂ No. 596, 597 Adiabo, Melissai 31. 3. 08. Geb. IV.

Die westafrikanische *H. platura* war bisher in ihrer Verbreitung ostwärts bis zum Weifsen Nil, Kordofan und unteren Blauen Nil nachgewiesen. Ich hatte das Glück, in der Adiabo-Steppe NW.-Abessiniens 2 ♂ zu erbeuten, welche sich von der typischen westafrikanischen Form durch kleinere Mafse und ganz rein grünen Metallglanz ohne jeden goldigen oder kupfrigen Ton unterscheiden. Die Mafse sind:

Meine ♂♂: Fl. 53, 54 mm, Schn. 9 mm.

Rchw. gibt an: Fl. 55—57, Schn. 10—11 mm.

Die Schwanzmafse führe ich nicht an, weil es schwer zu beweisen ist, ob die mittelsten Federn schon zu ihrer vollen Länge ausgewachsen sind oder nicht.

Typus: No. 597 meiner Sammlung.

Ich vermute, dafs dieser Honigsauger wie alle seine Verwandten Standvogel ist, konnte aber trotz gröfster Aufmerksamkeit keine gröfsere Suite, insbesondere kein ♀ erbeuten. Da überhaupt keine andere Nektarinie an dem Platze vorkam, mufsten die wenigen vorhandenen Exemplare einem aufmerksamen Beobachter auffallen. Vielleicht liegt die eigentliche Heimat dieser Form weiter östlich und höher hinauf an den so gut wie unerforschten westlichen Abhängen der Semischen Alpen. Jedenfalls seien spätere Reisende ganz besonders auf dieses Vögelchen aufmerksam gemacht, dafs ja so leicht zu erkennen ist.

300. *Hdydipna metallica* Licht.

Rchw. V. A. III p. 493, v. Erlanger J. O. 07 p. 57.
♂ No. 816 Tocolai 28. 4. 08.
3 ♂, 1 ♀ No. 988—991 Ghinda 22. 6. und 5. 7. 08 (Müller leg.).
♀ ad., ♂ juv. No. 1262, 1273 Scetel 15., 18. 3. 09.
♀ No. 1350 Mansura (Barca) 1. 4. 09. Geb. I, II.

Die 4 ♂ ad. sind fast ganz zum Hochzeitskleid ausgefärbt. Die Schnäbel sind zum Teil sehr kurz: 4 ♂ ad. 10—11 mm, 2 ♀ 9—10 mm, ♂ juv. und 1 ♀ defekt. In der Färbung kann ich nennenswerte Abweichungen von Hemprich und Ehrenbergs Typen aus Dongola nicht konstatieren, allerdings hat bei diesen der Metallglanz durch die Zeit gelitten. Meine ♀ sind unterseits stark gelblich verwaschen.

Ich verweise auf Heuglins ausführliche biologische Schilderungen. Auch ich fand dieses Vögelchen oft paarweise, jedenfalls sah man nicht auffallend mehr ♂ als ♀.

301. *Nectarinia pulchella* L.

Rchw. V. A. III p. 497, O. Neum. J. O. 06 p. 256, v. Erl. J. O. 07 p. 58.
♀ No. 274 Cheren 14. 2. 08.
♂ juv. No. 296 Cheren 17. 2. 08.
„ No. 610 Adi Ugri Sommer 09 (geschenkt erhalten).
„ No. 766 Bia Gbela am Tacazzé 20. 4. 08.
♂♂ No. 787, 788 Barentu 26. 4. 08.
♀♂ No. 809, 810 (Pärchen) Tocolai 27. 4. 08.
♂ No. 833 Agordat 30. 4. 08.
„ juv. No. 997 Ghinda 17. 6. 08 (Müller leg.).
„ juv. No. 1261 Scetel 15. 3. 09.
4 ♂ semiad. No. 1326, 1327, 1329, 1330 Mansura 28., 29. 3. 09.
3 „ semiad. No. 1342, 1343, 1348 Mansura 30., 31. 3. 09.
♂ ad. No. 1345 Mansura 31. 3. 09. Gebiet I, II, IV.

Die als ♂ ad. aufgeführten Stücke sind fast ganz oder vollständig zum Hochzeitskleide verfärbt, sie befinden sich während der Monate März bis Mai in der starken Minderheit gegenüber den noch nicht ausgefärbten ♂. Von letzteren hätte ich eine beliebig höhere Zahl sammeln können, von ersteren habe ich fast alle Exemplare geschossen, die mir zu Gesicht kamen. Der 31. 3. 09 ist der früheste Termin, an dem ich ein ganz verfärbtes ♂ gesehen und erbeutet habe, es verhält sich also hier anders als bei *C. m. osiris*, wo alte ♂♂ das ganze Jahr über Hochzeitskleid tragen. Das ♂ juv. hat auch hier eine schwarze Kehle, auf welcher sich dann grünglänzende Federchen hervorwagen, gleichzeitig zeigen Bürzel und Flügeldecken dann aber auch schon beginnenden Metallglanz, auch die Brustfedern bekommen rote

Säume, der Vogel sieht also mit dem Augenblick, wo die Umfärbung beginnt, sofort viel bunter aus als *C. m. osiris* im gleichen Stadium. Von verlängerten Schwanzfedern ist dann natürlich bei *pulchella* noch keine Rede, dieser Schmuck kommt ganz zuletzt. Das ♀ ist unterseits gelblicher überlaufen als das von *C. m. osiris*, bisweilen zeigen sich auf der Kehle einige dunklere Federchen, welche jedoch keinen deutlichen Fleck bilden wie beim ♂ juv.

Diese Nectarinie ist über die ganze Region verbreitet mit Ausnahme des Hochlandes, am Barca und Tacazzé ist sie direkt gemein.

302. ***Nectarinia tacazze tacazze*** Stanl.

Rchw. V. A. III p. 502, O. Neum. J. O. 06 p. 357, v. Erl. J. O. 07 p. 58.

♂♀ No. 995, 996 nordöstlich Asmara 25. und 28. 5. 08. Geb. III.

Neumann kritisiert selbst J. O. 06 p. 258 die von ihm früher aufgestellten Formen *unisplendens* und *jacksoni* mit dem Resultat, dafs nur die letztere mit Bestimmtheit aufrecht zu erhalten sei, besonders wegen der gröfseren Mafse. Die Flügelmafse meiner Stücke betragen 78 mm und bewegen sich auf der untersten Grenze.

Diese Nektarinie scheint das Gebirge zu lieben und ein Waldvogel zu sein. Käme sie auch an anderen Orten häufiger vor, so dürfte mir der auffallende Vogel kaum entgangen sein. Neumann und v. Erlanger konnten in den verschiedensten Teilen Süd-Aethiopiens von den Bergen Harars bis nach Djamdjam Veilchen-Nektarinien konstatieren und schöne Suiten davon sammeln.

LIV. Paridae.

303. ***Parus niger leucomelas*** Rüpp.

Rchw. V. A. III p. 511, O. Neum. J. O. 06 p. 260, v. Erl. J. O. 07 p. 51.

? No. 368 Ela Bered 27. 2. 08.

♀ No. 628 Tacazzé 4. 4. 08.

♂♀ No. 1216, 1217 (Pärchen) Mai Arosso 7. 3. 09. Geb. II, III, IV.

Bei meinen Stücken sind die Aufsensäume der Schwingen rein weifs, doch kommen auch Vögel mit geblich verwaschenen Säumen vor, es ist das eine individuelle Abweichung, welche bereits v. Erlanger konstatierte bei zwei Stücken seiner Sammlung und ebenso Reichenow bei einem Vogel aus Togo.

Diese Meise ist ein Waldvogel, der die Abhänge des Hochplateaus an den Grenzen von Gebiet II und III vorzugsweise bewohnt. Wo genügend dichter Baumbestand ihn lockt, steigt er auch tief hinab, so traf ich ihn am oberen Tacazzé noch auf ca. 800 m Höhe. Neumann fand ihn im Gebiet des oberen Blauen Nils bei Ghinderabat und v. Erlanger in den bewaldeten Bergen Süd-Aethiopiens. Ich sah das Vögelchen stets einzeln oder paarweise, niemals in Gesellschaften. Es klettert gern auf mittelhohen Bäumen bedächtig herum, seine Stimme habe ich überhaupt nicht vernommen.

LV. Sylviidae.

A. Sylviinae.

304. *Cisticola cantans* Heugl.

Rchw. V. A. III p. 347, v. Erl. J. O. 05 p. 717.

♂♀ No. 433, 434 Asmara 7. 3. 08.

♀♀? No. 1023—1025 nordöstlich Asmara 25. 5. 08. Geb. III, Grenze von I.

Diese *Cisticola* ist Gebirgsvogel ebenso wie *C. terrestris*, aber während letztere Felder und das kahle Plateau vorzieht, traf ich jene nur im Waldgürtel, meist in Höhen zwischen 1600 und 2000 m an. Die dunkle Färbung der Oberseite deutet schon darauf hin, dafs wir es mit einem Waldvogel zu tun haben. Schon Anfang März hielten sich die Pärchen gern zusammen, die ♂ sangen auch. Da der Waldgürtel zum grofsen Teil in der Region der Winterregen liegt, glaube ich, dafs wir hier auf Bruten im zeitigen Frühjahr rechnen können.

305. *Cisticola ruficeps* Cretzsch.

Rchw. V. A. III p. 556.

♂♀ No. 1019, 1020 Adi Abun bei Adna 4. 6. 08 (Müller leg.). Geb. III.

In Abessinien lebt diese *Cisticola* anscheiend nur in den hohen Lagen, z. B. am Abfall der Semischen Alpen. Es wurde nur dies eine Pärchen von uns beobachtet und gesammelt.

306. *Cisticola terrestris* A. Sm.

Rchw. V. A. III p. 558, v. Erl. J. O. 05 p. 720.

♂♀ No. 1021, 1022 Asmara 18. und 24. 5. 08.

♀ No. 1178 Asmara 3. 3. 09. Geb. III.

Ich traf die *C. terrestris* nur auf dem Plateau von Asmara an und zwar auf dem am meisten angebauten Teile, wo sie sich gern an der Erde oder in niederen Hecken aufhielt. Ein Stück erlegte ich in einem Hausgarten innerhalb der Hauptstadt selbst. Dort war der Vogel natürlich an Menschen gewöhnt und gar nicht scheu, dagegen bemerkt v. Erlanger ausdrücklich, dafs er.

im Süden keineswegs leicht und nur im Fluge zu schiefsen gewesen sei. Derselbe Forscher beobachtete auch, dafs dieser Cistensänger agressiv gegen eine rotköpfige Kalandrelle vorging, ich fand ebenfalls beide an den gleichen Örtlichkeiten und halte es da für durchaus naheliegend, dafs der kleine lebhafte Schlüpfer gelegentlich der phlegmatischeren Lerche zu Leibe geht.

307. *Cisticola zedlitzi* Rchw.

Rchw. O. M. 1909 p. 46.

♀ No. 506 (Typus) Marebquellen 15. 3. 08. Geb. III.

Zur Systematik verweise ich auf Reichenows Beschreibung der ich nichts zuzufügen habe.

Der Vogel wurde nur an diesem einen Fundort auf dem Plateau südlich vom Asmara beobachtet.

308. *Acrocephalus schoenobaenus* L.

Rchw. V. A. III p. 588, v. Erl. J. O. 05 p. 723.

? No. 76 Chech Said bei Massaua 29. 1. 08. Geb. I.

Der Schilfrohrsänger ist Wintergast an den Küsten des Roten Meeres. In dem dichten Buschwerk der kleinen Insel Chech Said, das bei hoher Flut zum Teil unter Wasser steht, hörte ich im Januar 08 mehrere dieser Vögel ihren bekannten schwatzenden Gesang vortragen und zwar mit viel Eifer und Ausdauer. Da man in dem Dickicht kaum weiter als 3 bis 5 m sehen konnte, was es garnicht so einfach, die Sänger zu erbeuten ohne sie total zu zerschiefsen. v. Erlanger sammelte am 16. und 17. Mai noch eine gröfsere Suite im Somaliland. Es liegen bisher keine Nachrichten über Bruten im tropischen Afrika vor.

309. *Prinia mystacea mystacea* Rüpp.

Rchw. V. A. III p. 590, O. Neum. J. O. 06 p. 277, v. Erl. J. O. 05 p. 724.

♂ No. 1026 Cheren 12. 5. 08.

♂♂ No. 1032, 1035 Oberer Mareb bei Adi Ugri 3. 6. 08.
♂ No. 1034 Adua 6. 6. 08.
5 ♂, 2 ♀ No. 1027—1031, 1033, 1036 Salomona 23.—25. 6. 08.
} (Müller leg.).

♂ No. 1037 Ghinda 18. 6. 08. Geb. I, II, III.

Die hier angeführten 12 Exemplare fasse ich als typische *mystacea* auf, sie gehören im allgemeinen der dunkleren Phase an, doch variieren sie untereinander noch erheblich, wie es ja in ganz Afrika der Fall ist. Dafs der Formenkreis *mystacea* ganz besondere Schwierigkeiten bietet, erwähnt schon Neuman in seiner oben angeführten Bearbeitung. Ich möchte mir ebenso wenig hier ein definitives Urteil erlauben, führe jedoch meine Exemplare getrennt auf in der Weise, dafs ich hier unter *mystacea* die Stücke mit den gröfseren Mafsen aus dem Osten und Norden, unter der nächsten Nummer die mit den kleineren Mafsen aus dem Südwesten zusammenfasse. Eine Frage, welche ich hier nicht entscheiden kann, ist die, ob wir es mit zwei nebeneinander vorkommenden weit verbreiteten Formenkreisen, einem dunkleren, grofsen und helleren, kleinen, oder mit verschiedenen Formen von *mystacea* zu tun haben. Zufällige Aberrationen möchte ich nicht annehmen, da genau übereinstimmend bei Neumann und mir die blassen Stücke aus den westabessinischen Steppen kleinere Mafse zeigen, obwohl es ♂♂ sind. Neumann war sich nicht ganz sicher, ob die Geschlechtsbestimmung zuverlässig sei, ich möchte es aber von der meinigen behaupten. Mit *murina* hat diese helle Form nichts zu tun, da ja gerade der dunkle Ton für jene als charakteristisch angegeben wird. Der rauchgraue Fleck an den Brustseiten, welcher sie aufserdem auszeichnen soll, tritt bei einigen meiner Stücke deutlich bei anderen weniger hervor, bei einzelnen fehlt er ganz, so auch bei der hellen Form. Ich lasse ein kurze Beschreibung meiner Suite nach Flügelmafs und Kolorit folgen:

♂ No. 1026 Cheren V: Fl. 49 mm, Oberseite dunkel, etwas grauer Brustfleck.

♂ No. 1032 Oberer Mareb VI: Fl. defekt, Oberseite recht dunkel, wenig grauer Brustfleck.

♂ No. 1035 Oberer Mareb VI: Fl. 49 mm, Oberseite dunkel, grauer Brustfleck.

♂ No. 1034 Adua VI: Fl. 55 mm, Oberseite viel blasser, deutlicher Brustfleck.

(♂?) No. 1027 Salomona VI: Fl. 45 mm, etwas dunkler als vorige, fast kein Brustfleck.

♀ No. Salomona VI: Fl. 47 mm, Oberseite mehr bräunlich, fast kein Brustfleck.

♂ No. 1029 Salomona VI: Fl. 49 mm, Oberseite recht dunkel, deutlicher Brustfleck.

♂ No. 1030 Salomona VI: Fl. 50 mm, Oberseite dunkel, deutlicher Brustfleck.

♂ No. 1031 Salomona VI: Fl. 48 mm, Oberseite dunkel, deutlicher Brustfleck.

♀ No. 1033 Salomona VI: Fl. 51 mm, Oberseite mäfsig dunkel, kein Brustfleck.

♂ No. 1036 Salomona VI: Fl. 48 mm, Oberseite am blassesten von allen, kein Brustfleck.

♂ No. 1037 Ghinda VI: Fl. 48 mm, Oberseite blafs bräunlich, fast kein Brustfleck.

Die Schlüsse, welche ich hieraus ziehen kann, sind zunächst negativer Art: 1. ♂♂ und ♀♀ unterscheiden sich nicht wesentlich in den Mafsen, 2. dunklere und hellere Stücke kommen bei beiden Geschlechtern vor, 3. der Brustfleck ist beim ♀ anscheinend so gut wie gar nicht, beim ♂ nicht immer deutlich sichtbar, also kein Unterscheidungsmerkmal. Weitere Untersuchungen überlasse ich späteren Forschungen.

310. *Prinia mystacea* var.?

♂ No. 631 Tacazzé 5. 4. 08.
„ No. 674 Tacazzé 8. 4. 08. Geb. IV.

Diese Stücke entsprechen anscheinend ziemlich genau den beiden ♂♂ No. 1234, 1256 von Neumann am Akobo 21. und 28. 5. gesammelt. Flügelmafse: 45, 46 mm, bei Neumann entsprechend. Beide Exemplare sind ganz bedeutend heller als die blassesten der vorhin aufgeführten, insbesondere hebt sich die Kopfplatte in keiner Weise vom Rücken ab, während die echte *mystacea* auch in den blassesten Exemplaren stets dunklere Kopfplatte zeigt. Meine Vögel in ihrem matten gelblichen Kolorit erinnern am meisten an ein aufgestelltes Stück des B. M. von der Goldküste No. 23229 (Rchw. leg.), doch zeigt bei diesem die Kopfplatte noch einen etwas dunkleren Schein. Ohne weiteres Material möchte ich mich auf Hypothesen systematischer Natur vorläufig nicht weiter einlassen. Die Jahreszeit kann bei der Verschiedenheit der Färbung wohl keine Rolle spielen, denn die Stücke beider Varietäten von Neumann und mir sind in den Monaten April bis Ende Juni erbeutet.

Diese Prinie ist nicht selten, wird aber bei ihrer versteckten Lebensweise leicht übersehen. Sie bevorzugt die dichteren Baumbestände, welche Übergänge von der Buschsteppe zum Walde bilden, die vertikale Verbreitung ist eine sehr ausgedehnte.

311. *Prinia grazilis deltae* Rchw.

Rchw. V. A. III p. 596.
♂ No. 21 Suez 17. 1. 08.
„ No. 77 Chech Said bei Massaua 29. 1. 08. Geb. I.

Zwei weitere Exemplare erlegte ich am 18. 2. 09 gelegentlich einer Bootfahrt an der Küste nördlich von Massaua, doch waren sie leider bei der Rückkehr nicht mehr vorhanden, irgend eines meiner grofsen schwarzen Kinder hatte sie mal wieder unter der Masse anderer Beute verbummelt, natürlich wollte es keiner gewesen sein.

Diese zierliche Prinie bewohnt die ganze Westküste des Roten Meeres von Suez bis Massaua. Ich traf sie stets in den niederen mit einer Salzkruste bedeckten Sträuchern unmittelbar an der Wasserkante, niemals in höheren Büschen oder auf Bäumen. Das Benehmen gleicht dem von *Scotocerca saharae* in den salzigen Niederungen des südtunesischen Chott-Gebiets. Das Vögelchen ist nicht leicht zu erbeuten, da es sich meist im Innern der Büsche verborgen hält und äufserst gewandt dicht über den Boden hin von einem zum andern huscht.

312. ***Apalis pulchella*** Cretzsch.

Rchw. V. A. III p. 610, v. Erl. J. O. 05 p. 728.

♂ No. 208 Anseba unterhalb Ela Bered 11. 2. 08. Geb. III—II.

Nur dies Exemplar wurde gesehen und erlegt. Ich habe auf alles, was in Busch und Strauch versteckt herumschlüpfte, besonders geachtet, wie wohl auch meine Ausbeute an Sylvien und Nektarinien beweist, glaube also, diese *Apalis* als recht selten in den von mir besuchten Gebieten bezeichnen zu müssen.

313. ***Camaroptera griseoviridis griseoviridis*** v. Müll.

Rchw. V. A. III p. 616, O. Neum. J. O. 06 p. 278, v. Erl. J. O. 05 p. 730.

♀♂ No. 207, 284 bei Cheren 11. und 16. 2. 08.
♀♀♀♂♀ No. 636, 666, 691, 718, 739 Tacazzé 5.—16. 4. 08.
♀ No. 789 Barentu 26. 4. 08.
♀ No. 1042 Cheren 12. 5. 08.
♀♂ No. 1043, 1044 Salomona 24., 25. 6. 08. } (Müller leg.).
♂♂ No. 1045, 1046 Ghinda 27. 6. 08. } (Müller leg.).
♀ No. 1190 Cheren 5. 3. 09.
? No. 1222, Mai Aresso 7. 3. 09. Geb. I, II, IV.

Die drei Exemplare No. 1044 bis 1046 haben Kehle, Kropf und Brust tief grau, bei den meisten anderen Stücken ist die Unterseite ziemlich gleichmäfsig graulich-rahmfarben, bei einzelnen Kehle und Bauchmitte fast weifs. Die dunkelgrauen Stücke sind auch auf der Oberseite erheblich düsterer, sie sind bereits im frischen Gefieder, die blasseren Stücke meist noch im abgetragenen. Ich glaube, das die dunklen Exemplare junge Vögel aus demselben Frühjahr sind.

Dies Vögelchen bewohnt dichtes Buschwerk am Rande von Bächen, Flüssen und Schluchten, aber nur in mittleren und tieferen Lagen nicht über 1500 m. Wohl am häufigsten traf ich es an den Ufern des Tacazzé. Meist bewegt sich der graugrünliche Gnom mit gestelztem Schwänzchen am Boden oder wenige Zoll darüber, mit wichtiger Miene hüpft er bald hier bald dort hin, wandert aber dabei nicht am Flusse entlang, wie mancher andere versteckt lebende Vogel, sondern bleibt seinem kleinem Reiche treu. v. Erlanger beobachtete die interessante Balz am 5. Mai 1900.

314. ***Sylvietta brachyura nilotica*** Neum.

Rchw. V. A. III p. 627: *S. micrura*, O. Neum. J. O. 06 p. 279.

♂ No. 297 Cheren 17. 2. 08.
♀ No. 471 Marebquellen 12. 3. 08.
♀ No. 782 Barentu 26. 4. 08. Geb. II, III.

O. Neumanns Ausführungen im J. O. 06 p. 279 bei Beschreibung der *nilotica* und ihres Verhältnisses zu den anderen Formen müssen sehr sorgfältig studiert werden, ehe man sich über das Resultat klar wird. Ich halte es deshalb nicht für überflüssig, meine Auffassung hier kurz zu präzisieren, ich stelle mich übrigens damit keineswegs zu Neumann in einen Gegensatz:

1. *S. b. brachyura* Lafr.
   Vorderer Augenbrauenstreif, Kinn und Kehle weifs. Ober-Guinea.
2. *S. b. carnapi* Rchw. O. M. 1900 p. 22.
   Augenbrauenstrich und Unterseite gelbbraun, Oberseite grau. Östliches Kamerun.
3. *S. b. epipolia* Rchw. O. M. 1910 p. 7. Kleiner als *carnapi*. Nord-Adamana.
4. *S. b. micrura* Rüpp. Augenbrauenstrich blafs-weifsgelb, Unterseite sehr blafs. Wüste Kordofans.
5. *S. b. nilotica* Neum. J. O. 06 p. 279 (zum Teil Synonym zu *micrura* Rüpp. bei Reichenow).
   Augenbrauenstrich, Kinn und Kehle dunkelgelblich, Oberseite bräunlich. West-Eritrea und West-Abessinien.
6. *S. b. leucopsis* Rchw. O. C. 1879 p. 114 (Synonym zu *micrura* Grant). Augenbrauenstrich, Kinn und Kehle rein weifs, Mafse kleiner. Ost-Eritrea und Ost-Abessinien, Somaliland.

Ich habe nur in meinem Gebiet II und III die Form *nilotica* sammeln können, dagegen in Gebiet I *leucopsis* nicht zu Gesicht bekommen. Das Vögelchen lebt sehr versteckt im niederen dichten Busch und ist keineswegs leicht zu erlegen.

315. *Eremomela flaviventris griseoflava* Heugl.

Rchw. V. A. III p. 635, v. Erl. J. O. 05 p. 733.
♀ No. 286 Cheren 16. 2. 08.
♀ No. 464 Gaala-Flufs (Plateau) 11. 3. 08.
♂ No. 1228 Cheren 8. 3. 09.
♂ No. 1341 Mansura 31. 3. 09. Geb. II, III.

Das Gelb auf dem Bauche ist beim ♀ etwas weniger ausgedehnt.

Dies Vögelchen lebt still und heimlich im Gebüsch. Seine vertikale Verbreitung ist eine recht grofse von Barca bis zum Hochplateau, von 700—2400 m. Das Benehmen erinnert an *Camaroptera*, doch scheint letztere dichten zusammenhängenden Busch, unsere *Eremomela* dagegen mehr vereinzelt stehende Sträucher in relativ vegetationsarmen Strichen zu bevorzugen. Die Verbreitung speziell auch in lokaler Beziehung scheint sich mit der von *Sylvietta brachyura nilotica* annähernd zu decken.

316. ***Phylloscopus collybita collybita*** Vieill.

Rchw. V. A. III p. 643: *P. rufus*, v. Erl. J. O. 05 p. 735 dito.
?♀♀ No. 12, 22, 23 Suez 16., 17. 1. 08.
♂ No. 105 Ghinda 31. 1. 08.
♀ No. 420 Asmara 4. 3. 08.
„ No. 1129 Massaua 18. 2. 09.
♂ No. 1165 Asmara 28. 2. 09. Geb. I, III.

Der Weidenlaubsänger ist an den Küsten des Roten Meeres zahlreich als Wintergast anzutreffen, ebenso in den fruchtbaren Teilen des Gebietes I weiter landeinwärts. Die Winterregen mit der üppigen Vegetation in ihem Gefolge sagen ihm dort offenbar besonders zu. Die auf dem Hochplateau gesammelten Stücke folgten vielleicht schon dem Drange heimwärts in die Brutgebiete und kamen aus südlicheren Gegenden. Jedenfalls ist auf der Höhe das Vögelchen viel seltener.

317. ***Phylloscopus trochilus trochilus*** L.

Rchw. V. A. III p. 644, O. Neum. J. O. 06 p. 284, v. Erl. J. O. 05 p. 735.
♀♂ No. 613, 614 Melissai (Adiabo) 1. 4. 08.
♂ No. 712 Sittona am Tacazzé 14. 4. 08.
♀ 1177 Asmara 3. 3. 09.
♂ No. 1338 Mansura 30. 3. 09. Geb. II, III, IV.

Bei dem Fitislaubsänger haben wir es weniger mit einem Wintergast und mehr mit einem Durchzügler zu tun. Die angeführten Exemplare dürften sich sämtlich auf dem Frühjahrszuge befunden haben. Dabei werden natürlich häufiger die Gebiete weit im Innern passiert, während der Weidenlaubsänger sich mehr an die Küste hält, wo sich ihm als Wintergast günstigere Bedingungen bieten. v. Erlanger traf den *P. trochilus* besonders massenhaft in der zweiten Hälfte März bei Ginir, es war wohl auch der Rückzug gen Norden, der eben in Gang kam.

318. ***Hippolais olivetorum*** Strickl.

Rchw. V. A. III p. 646.
? No. 78 Chech Said bei Massaua 29. 1. 08.
♀ No. 1049 Asmara 18. 5. 08. Geb. I, III.

Der Olivenspötter ist eine in Eritea und Abessinien ziemlich seltene Erscheinung, Reichenow erwähnt nur den Fundort „Amba" von Jesse. Ich glaube mit No. 78 einen Wintergast erbeutet zu haben, No. 1049 befand sich hingegen wohl auf dem Zuge, denn das Plateau von Asmara ist entschieden keine Gegend, welche ihn dauernd fesseln dürfte. Es liegen mehrfach Beobachtungen darüber vor, dafs die Rückkehr zu den Brutplätzen im Frühjahr sehr spät erfolgt.

319. ***Hippolais pallida pallida*** Hempr. und Ehrenb.

Rchw. V. A. III p. 646, O. Neum. J. O. 06 p. 284, v. Erl. J. O. 05 p. 736.

♂? No. 668, 687 Tacazzé 9. und 12. 4. 08. Geb. IV.

Wir haben es bei diesen Exemplaren nach meiner Ansicht mit typischen *pallida* zu tun, die Flügelmafse sind 67, 66 mm, die der Schnäbel 12 und 13 mm. Die Oberseite ist so dunkel und auch schwach bräunlich überflogen wie bei den Stücken von Hemprich und Ehrenberg.

Die erbeuteten Vögel befanden sich wohl auf dem Zuge, gröfsere Gesellschaften habe ich nicht beobachtet.

320. ***Hippolais rama*** Sykes.

Hartert V. d. p. F. p. 575.

? No. 75 Chech Said bei Massaua 29. 1. 08.

?? No. 104, 131 Ghinda 31. 1. und 1. 2. 08.

♂ No. 790 Barentu 26. 4. 08.

♀ No. 1313 Mansura 26. 3. 09. Geb. I, II.

Es ist ein etwas kühnes Unterfangen, hier einen Vogel, der bisher noch überhaupt nicht für Afrika nachgewiesen war, gleich in 5 Exemplaren anzuführen, aber ich habe nach allen Richtungen Vergleiche angestellt, und komme bei der Bestimmung dieser Stücke immer wieder auf „*rama*" zurück. Schliefslich ist es gar nicht so absonderlich, wenn Vögel aus Transkaspien und Turkestan ihre Winterherberge in NO.-Afrika suchen, man könnte dafür eine Menge Beispiele anführen. Vielleicht ist auch schon wiederholt eine *H. rama* im Winterquartier erbeutet aber als *pallida* angesprochen worden, ein Irrtum, der verzeihlich erscheint. Dafs es sich bei meinen Exemplaren nicht um *pallida* handelt, nehme ich als sicher an, denn, wenn man sie nebeneinander legt, fällt der ganz konstante Unterschied — kleiner und blasser — sofort in die Augen. In der Jahreszeit kann für die Färbung nicht der Grund gefunden werden, sind doch beide Arten abwechselnd im Frühjahr erlegt. Abgesehen von den kleineren Mafsen kommt aber noch hinzu, dafs bei den von mir als „*rama*" bezeichneten Stücken die erste verkümmerte Handschwinge sichtlich länger ist als bei echten *pallida*, die dritte, vierte und fünfte sind dann ziemlich genau gleich lang. Ich messe die erste Handschwinge so weit sichtbar (Innenseite) mit 16—19 mm, bei *pallida* mit 12—13 mm, die längsten Handdecken messen durchweg 8—10 mm. Flügelmafs bei *rama*: 63, 64, 65, 65, 64 mm, bei *pallida* 67, 66 mm, aufserdem ist hier die dritte Schwinge länger als die vierte nnd viel länger als die fünfte. Der Gesamtton des Gefieders ist, wie schon erwähnt, bei *rama* blasser, bei *pallida* dunkler.

Ich halte es nicht für einen Zufall, dafs *pallida* nur im Gebiet IV, *rama* nur im Gebiet I und II erbeutet wurde, beide Arten dürften eben verschiedene Winterquartiere beziehen und daher auch verschiedene Zugstrafsen wählen. Im Gebiet I halte ich *rama* für Wintergast, hingegen dürfte *pallida* im allgemeinen nur auf dem Zuge Eritrea berühren.

Das Benehmen erinnerte an das unserer Dorngrasmücke, meist sah ich die Vögelchen in niederen Hecken am Rande von Gärten und Feldern.

321. *Sylvia borin borin* Bodd.

Rchw. V. A. III p. 649: *S. simplex*, Hartert V. d. p. F. p. 582.

♀ No. 1047 Fil-Fil nördlich Ghinda 27. 5. 08. Geb. I.

Die Gartengrasmücke zieht zwar regelmäfsig im Winter nach Afrika, doch erscheint sie gerade in NO.-Afrika recht selten. Bei Reichenow ist überhaupt kein Fundort aus Eritrea und Abessinien aufgeführt, auch v. Erlanger und Neumann erwähnen sie nicht.

Der Flügel mifst knapp 81 mm, ist also relativ lang. Wegen event. Abtrennung einer gröfseren Form bitte ich bei Hartert an der oben angeführten Stelle in der Anmerkung nachzulesen. Es kann sich hier vielleicht um *S. b. pallida* Johansen aus Livland handeln, mir liegen jedoch keine Stücke dieser Form zum Vergleiche vor, das Flügelmafs 79—82 mm würde für mein Stück stimmen, die mehr oder minder blasse Farbe kann man aber natürlich nur bei Vergleichsmaterial beurteilen.

322. *Sylvia communis communis* Lath.

Rchw. V. A. III p. 650: *S. sylvia*, v. Erl. J. O. 05 p. 736 dito, Hartert V. d. p. F. p. 586.

? No. 130 Ghinda 1. 2. 08.
♀ „ 419 Asmara 4. 3. 08. Geb. I, III.

Die Dorngrasmücke ist in NO.-Afrika keine seltene Erscheinung. Ich halte sie im Gebiet I für Wintergast, in den anderen Gebieten, welche um diese Jahreszeit in voller Dürre liegen, nur für einen Durchzügler.

323. *Sylvia atricapilla atricapilla* L.

Rchw. V. A. III p. 650, O. Neum. J. O. 06 p. 284, v. Erl. J. O. 05 p. 736, Hartert V. d. p. F. p. 583.

♀ No. 432 Asmara 7. 3. 08.
♂ „ 791 Barentu 26. 4. 08.
♀ „ 841 Darotai 1. 5. 08.
♂ „ 1048 bei Asmara 25. 5. 08. Geb. II, III.

Die Mönchsgrasmücke erscheint in NO.-Afrika zumeist auf dem Frühjahrszuge, der sich bis Ende Mai hinzieht. Einige Exemplare mögen dort auch überwintern, doch konnte ich darüber keine bestimmten Beobachtungen anstellen. Die aufgeführten Stücke dürften sämtlich Zugvögel sein, höchstens bei No. 432 ist dies mit Rücksicht auf den frühen Termin einigermafsen fraglich.

324. *Sylvia curruca curruca* L.

Rchw. V. A. III p. 654, v. Erl. J. O. 05 p. 737, Hartert V. d. p. F. p. 588.

♀ No. 735 Sittona am Tacazzé 15. 4. 08.
„ „ 780 Barentu 26. 4. 08. Geb. II—IV.

Beide gesammelten Exemplare dürften sich auf dem Zuge befunden haben, doch liegen von anderer Seite mehrfach Nachrichten darüber vor, dafs die Zaungrasmücke in NO.-Afrika vielfach überwintert.

325. *Sylvia nisoria nisoria* Bechst.

Rchw. V. A. III p. 654, v. Erl. J. O. 05 p. 737, Hartert V. d. p. F. p. 578.

♂ No. 850 Darotai 1. 5. 08.
„ „ 1325 Mansura 28. 3. 09. Geb. II.

Meine Stücke werden durch die kurzen Flügel von knapp 85 mm Länge als echte *nisoria* gekennzeichnet, sind also nicht etwa asiatische Gäste (*merzbacheri* Schalow). Mir ist die Sperbergrasmücke, welche doch vermöge ihrer bedeutenden Gröfse leicht ins Auge fällt, nur ganz vereinzelt in NO.-Afrika vorgekommen.

326. *Agrobates galactodes minor* Cab.

Rchw. V. A. III p. 655, v. Erl. J. O. 05 p. 737, Hartert V. d. p. F. p. 606.

♀ No. 285 Cheren 16. 2. 08.
1 ♀, 3 ♂ No. 1038—1041 Ghinda 17., 18., 27. 6. 08 (Müller leg.). Geb. I, II.

Die Flügelmafse gibt Reichenow mit 75—80, Hartert mit 77—82 mm an, meine Stücke zeigen folgende Mafse: 2 ♀ 77 und 78 mm, 3 ♂ 75, 80, 80 mm.

B. Turdinae.

327. *Crateropus leucopygius leucopygius* Rüpp.

Rchw. V. A. III p. 664, O. Neum. J. O. 04 p. 548 „Über *Crateropus*", J. O. 06 p. 262.

♂♀ ? ad. ♂ juv. No. 165—168 bei Asmara 5. 2. 08.
♀ No. 179 oberster Anseba ca. 1700 m hoch 10. 2. 08.
3 ♀ No. 1002—1004 nordöstlich Asmara 25. und 28. 5. 08.
Geb. III.

Nachdem O. Neumann in seiner umfassenden Übersicht der *Crateropus*-Arten (J. O. 04) auch die Formen von *C. l. leucopygius* eingehend behandelt und ihre Verbreitung besprochen hat, bleibt mir nichts Neues zu sagen übrig, umsomehr als im J. O. 06 p. 262 derselbe Autor noch einige Ergänzungen hinzugefügt hat. Meine Stücke sind sämtlich typische *leucopygius*. Ich möchte bemerken, dafs bei ihnen die weifse Umrandung der Schuppenfedern auf der Unterseite sehr variiert. Betrachten wir die Verbreitung der einzelnen Formen, so finden sich auch hier wieder Fingerzeige dafür, dafs einige der Erlanger'schen Gebiete etwas anders und zwar mehr nach den hydrographischen Gesichtspunkten zu begrenzen sein dürften:

1. *C. l. leucopygius* Rüpp. Nord- und Central-Abessinien, mein Geb. III.
2. *C. l. limbatus* Rüpp. Schoa (Gebiet des oberen Blauen Nils) sowie Hauasch-Gebiet.
3. *C. l. smithi* Sharpe. Von Harar bis Arussi-Galla-Land, v. Erlangers Gebiet V.
4. *C. l. lacuum* Neum. Seen-Gebiet vom Znai bis Gandjule-See, v. Erlangers Gebiet IV, dessen Grenze gegen II ich aber nördlich des Znai-Sees zwischen diesem und dem Hauasch gezogen sehen möchte. Das Hauasch-Gebiet fasse ich dann in seiner Ausdehnung nach Nordwesten wieder weiter, indem ich alle Teile Schoas, welche dorthin abwässern, hinzuziehe, hingegen alles, was nordwärts abwässert, zum oberen Blauen Nil rechnen möchte. Im Westen ziehe ich bei Erlangers Gebiet IV wieder eine Grenze gegen den Omo, der mit dem Gelo zum Gebiet des Sobat (Zuflufs des Weifsen Nils) zu rechnen sein dürfte. Übrigens ist die ganze Region nördlich des Rudolfsees noch ganz ungenügend erforscht, wir sind dort über zoogeographische Fragen noch ganz im unklaren.
5. *C. l. omoensis* Neum. Omo und Sobat-Gebiet.
6. *C. l. hartlaubi* Boc. W.-Afrika bis tief ins Innere.

Der *C. leucopygius* ist stets ein Gebirgsvogel, ich fand ihn nur auf dem Plateau oder an dessen Abfällen in Höhen von 1700 m an aufwärts. Auch Neumann erwähnt ihn ausdrücklich als Bewohner der Berge. Man trifft meist gröfsere Gesellschaften von 10—20 Stück beisammen, die einen erheblichen Skandal vollführen können. Das Benehmen ist ganz das der anderen Verwandten, meist treibt sich die Bande im niederen Buschwerk, vielfach auch an der Erde herum.

328. ***Crateropus leucocephalus leucocephalus*** Cretzsch.

Rchw. V. A. III p. 666, O. Neum. J. O. 04 p. 549/550.
? ♀ ? No. 726—728 Sittona am Tacazzé 15. 4. 08.
♂ No. 672 Tacazzé 9. 4. 08. Geb. IV.

Von *C. leucocephalus* kennen wir bisher aufser der typischen Form noch *abyssinicus* Neum. Im J. O. 04 p. 550 wird in der Urbeschreibung der Unterschied wie folgt angegeben: „Der echte *leucocephalus* ist blasser, oberseits heller grau. Der unterseits viel blassere (?) graulich-weifse *abyssinicus* ist oberseits brauner und etwas dunkler graugelb oder gelblich verwaschen. Unterschwanzdecken bei *abyssinicus* hellgelbbraun (englisch: buff)." Bei dieser Diagnose, welche zwei Vögel, einen blasseren, oberseits heller grauen, den anderen unterseits viel blasseren, oberseits brauneren gegenüber stellt, ist es nicht ganz leicht, sich ein klares Bild zu machen. Der Angabe über die Unterschwanzdecken des einen ist keine Notiz über die des anderen gegenübergesetzt, auf frühere Beschreibungen kann man aber nicht wohl zurückgreifen, da sie ja beide Formen noch nicht trennen. Auf der Abbildung Cretzsch. Atlas p. 6 Tafel IV sind die Unterschwanzdecken nicht sichtbar, also ist wohl kein Gewicht damals auf ihre Färbung gelegt worden. In der begleitenden Beschreibung wird nur die ganze Unterseite als weifs mit gelblichem Anfluge bezeichnet, ohne die Unterschwanzdecken besonders zu erwähnen. Leider ist kein Typus des *abyssinicus* Neum. angegeben. Nehme ich nun Vögel aus Nord-Eritrea, welche zweifellos echte *abyssinicus* sein dürften, so ergibt sich beim Vergleich mit Stücken aus Geb. IV, dessen Fauna der des Sennars sehr nahe steht, sowie mit Stücken des B. M. (darunter den Typen Cretzschmers No. 3715, 3716) Folgendes: *leucocephalus* hat im ganzen Gefieder einen grauen, *abyssinicus* dagegen einen gelblichen Ton, infolgedessen wird die Färbung von Kropf und Brust bei ersterem düsterer, bei letzterem heller. Am deutlichsten ist der Unterschied an den Kopfplatten von Vögeln ad. sichtbar: bei *leucocephalus* ist der weifse Oberkopf mehr oder weniger mit blafsgrauen Federchen durchsetzt und erscheint daher graulich verwaschen, bei *abyssinicus* ist er rein elfenbeinweifs also mit schwachem gelblichem Anfluge. Die Unterschwanzdecken sind bei einzelnen *leucocephalus* um einen geringen Ton grauer und dunkler, ich möchte das aber nicht als konstantes Merkmal aufführen. Meine Stücke vom Tacazzé zeigen den grauen Färbungscharakter des echten *leucocephalus* noch deutlicher als die Typen, bei welchen durch das Alter die Färbung „schmutzfarbig überflogen" ist. Letztere unterscheiden sich von *abyssinicus* deutlich nur noch durch die Kopfplatte.

Dieser *Crateropus* ist ausgesprochener Bewohner des Tieflandes. Am Tacazzé traf ich ihn mehrfach, er scheint die Nähe des Wassers der trockenen Steppe vorzuziehen. Auch er war stets in Gesellschaften, lebhaft, laut und zänkisch. Die Brutzeit dürfte erst im Sommer einsetzen, sonst hätte ich wohl entgegengesetzte Beobachtungen machen müssen.

329. ***Crateropus leucocephalus abyssinicus*** Neum.

O. Neum. J. O. 04 p. 550.

♀♂? No. 1161, 1317, 1318 Mansura 27., 28. 3. 09. Geb. II.

Nach dem vorhin Gesagten habe ich zur Systematik nichts mehr hinzuzufügen.

In den Dickichten an den Flufsufern der heifsen Barca-Niederung traf ich diesen *Crateropus* häufig, aber stets nur im flachen Gelände. Auch er lebt gesellig und treibt sich viel an der Erde herum.

330. ***Turdus simensis simensis*** Rüpp.

Rchw. V. A. III p. 680 und v. Erl. J. O. 05 p. 470: *Geocichla litsipsirupsa simensis*, O. Neum. J. O. 06 p. 286.

♀ No. 162 bei Asmara 5. 2. 08.

„ No. 1005 Asmara 24. 5. 08. Geb. III.

Wegen des Genus-Namens „*Geocichla*" vergleiche Hartert V d. p. F. p. 640 „*Turdus*".

In Eritrea ist diese Drossel eine ausgesprochene Bewohnerin des Hochgebirges von 2200 m an aufwärts und zwar mehr der mit Steingeröll bedeckten Halden als der bebauten Flächen. Ich fand sie mehrfach in unmittelbarer Nähe von Ansiedlungen der Eingeborenen auf dem Plateau. In den ersten Tagen meines Aufenthaltes wäre es leicht gewesen, mehrere Exemplare zu sammeln, doch drängte so viel Interessantes auf den Forscher ein, dafs man sich nicht allen Formen gleichmäfsig widmen konnte. Ich wandte damals ein Hauptinteresse den als Wintergästen auf dem Plateau sich aufhaltenden Raubvögeln zu, weil die Tage ihrer Anwesenheit gezählt waren, und erbeutete ja auch so wertvolle Stücke wie den *Buteo eximius* Brehm und zwei *Falco gyrfalco cherrug* Gr. Solch seltene Gäste auf den fast kahlen Flächen zu überlisten, erfordert aber Zeit, darunter litt naturgemäfs das Sammeln einzelner Arten von Standvögeln, so auch dieser Drossel. O. Neumann stimmt ganz mit mir überein, wenn er sagt, dafs er den Vogel in den „höchsten Regionen" antraf und das er offenes Terrain, steinige Wiesen, Viehtriften, abgeerntete Felder liebt. v. Erlanger sammelte verschiedene Exemplare auch in mittleren Höhen und in ziemlich stark bebauten Gegenden, so besonders bei Harar, wo er auch am 26. März ein Gelege fand, das er eingehend beschreibt. Die Brut im Südosten beginnt also im Frühjahr, im Norden dürfte sie in den Sommer fallen.

331. ***Turdus olivaceus abyssinicus*** Gm.

Rchw. V. A. III p. 688, v. Erl. J. O. 05 p. 741, O. Neum. J. O. 06 p. 285.

♂ No. 169 nördlich Asmara 5. 2. 08.

„ No. 1006 nordöstlich Asmara 26. 5. 08. Geb. III.

Die abessinische Drossel bewohnt das Hochland ebenso wie die vorige, ist jedoch Wald- und Buschvogel, während jene kahle Flächen unbedingt vorzieht. Demgemäfs sah ich *abyssinicus* vorwiegend im Gezweig und nur vorübergehend am Boden herumhüpfen, *simensis* dagegen nie anders als am Boden oder auf Steinen. Das Graubraun auf Kopf und Rücken ist bei Vögeln aus derselben Gegend bald dunkler bald matter. v. Erlanger fand auf der Route Harrar — Adis-Abeba drei Gelege am 23., 26. April und 12. Mai. Das volle Gelege beträgt nur zwei Eier, diese sowie das Nest erinnern an unsere Schwarzdrossel.

C. Saxicolinae.

332. ***Monticola rufocinerea*** Rüpp.

Rchw. V. A. III p. 697, v. Erl. J. O. 05 p. 743, O. Neum. J. O. 06 p. 287.

♂ No. 263 Anseba oberhalb Cheren 13. 2. 08.

♀ No. 364 Ela-Bered 26. 2. 08.

„ No. 413 Asmara 4. 3. 08.

♀♀ No. 1007, 1008 nordöstlich Asmara 25. 5. 08.

♂ No. 1009 oberer Mareb 31. 5. 08 (Müller leg.). Geb. III, Grenze von II.

Die Flügelmafse sind bei den ♂♂ 82—83 mm, bei den ♀♀ 79—80 mm. Meine ♂♂ stimmen mit Rüppells ♂ vom B. M. gut überein, nur das Blau des Kropfes hat bei dem alten Stück etwas gelitten. Was das Gelbrot der Unterseite betrifft, so ist meine No. 263 sogar noch etwas blasser als Rüppells Stück, besonders die Unterschwanzdecken sind merklich heller. Das ♂ vom Naivascha-See des B. M. ist im ganzen besonders aber in Blau dunkler, die Mafse sind gröfser als bei meinen Exemplaren und dem von Rüppell. Es scheint danach Neumanns Vermutung an Wahrscheinlichkeit zu gewinnen, dafs wir es im Norden Abessiniens und in Eritrea mit einer blasseren Form, der typischen, dagegen in Süd-Aethiopien sowie O.-Afrika mit einer neuen dunkleren Form zu tun haben. Ich hoffe, noch weiteres Material zu bekommen, um die Frage eingehender zu studieren.

Diese kleine Steindrossel ist ebenfalls ein Gebirgsvogel, der nur bis in die Grenzregionen von Gebiet II etwa zu 1300 m hinabsteigt. In ein und derselben Gegend fand ich *Turdus s. simensis*, *T. o. abyssinicus* und *M. rufocinerea* als keineswegs seltene Standvögel, sah jedoch niemals Vertreter zwei verschiedener

Arten an demselben Fleck, obgleich man bei einem Marsch von 5–6 km leicht alle drei zu Gesicht bekommen konnte. Dabei fand man *T. simensis* auf kahlem steinigem ebenem Gelände, *T. abyssinicus* an dicht mit Busch und Unterholz bewachsenen Hügeln oder Hängen, *M. rufocinerea* in steinigen Schluchten, welche meist mit einzelnen Hochbäumen, Baobab und Euphorbien, bestanden waren. Dort trieb sich der Vogel teils am Boden, teils auf den oft kahlen Seitenästen der ältesten Bäume herum und zwar meist paarweise. Heuglins Notizen stimmen in Bezug auf den Aufenthalt im lichten nicht dichten Buschwerk sowie auf die Vorliebe für dürre Seitenäste durchaus mit meinen Beobachtungen überein, jedoch meidet der Vogel keineswegs Hochbäume, wie der Forscher meint, nur scheint er sich nicht gern in ihren Kronen aufzuhalten.

333. *Monticola saxatilis* L.

Rchw. V. A. III p. 699, v. Erl. J. O. 05 p. 743, O. Neum. J. O. 06 p. 287.

♂ No. 428 Asmara 5. 3. 08. Geb. III.

Die Steindrossel ist in NO.-Afrika Durchzügler und hie und da wohl auch Wintergast, scheint aber nirgends gerade häufig vorzukommen. Sie liebt offenes steiniges Terrain, mein Exemplar erlegte ich unmittelbar vor der Hauptstadt am Fuſse des Hügels, welcher das Fort trägt. Ich habe kein anderes Stück zu Gesicht bekommen.

334. *Monticola cyanus tenuirostris* Johansen.

Rchw. V. A. III p. 700, v. Erl. J. O. 05 p. 743, Johansen Orn. Jhrbch. 07 p. 200.

♂ No. 129 Route Ghinda—Asmara ca. 1600 m hoch 1. 2. 08.

♀ No. 228 Cheren 13. 2. 08.

♀ No. 441 westlich Asmara 8. 3. 08. Geb. III, Grenze von I und II.

Die Schnäbel messen sehr gleichmäſsig 22 mm, am Beginn der Stirnbefiederung sind sie 7 mm hoch nnd knapp 6 mm breit, das entspricht durchaus der Beschreibung von *tenuirostris* bei Johansen. Hingegen steht das Verhältnis der Schwingen bei meinen Stücken im direkten Gegensatz zur Beschreibung. Die fünfte Schwinge ist gleich der zweiten, sogar beim ♂ eher etwas kürzer, keineswegs aber beträchtlich länger. Da ich es mit Zugvögeln im abgetragenen Gefieder zu tun habe, halte ich es nicht für ganz ausgeschlossen, daſs durch die Abnützung der Schwingen sich die Längenverhältnisse etwas verschoben haben könnten, den Schnabel hingegen halte ich für das konstantere

Merkmal. Deshalb betrachte ich meine Exemplare als Centralasiatische Gäste und führe sie als *tenuirostris* Joh. auf, Irrtum vorbehalten. Sämtliche drei Stücke traf ich einzeln, andere wurdeu nicht beobachtet.

335. *Thamnolaea albiscapulata* Rüpp.

Rchw. V. A. III p. 703, O. Neum. J. O. 06 p. 288, v. Erl. J. O. 05 p. 744. (Dort 3 Ex. versehentlich unter *semirufa* aufgeführt, die am 4. 3. 1900 bei Belauer gesammelt wurden.)

♂♂♀ No. 363, 365, 367 Ela-Bered 26. 2. 08.

♂♀ No. 1213, 1214 Mai Arosso 7. 3. 09. Geb. II, III.

Aufserdem beobachtete ich ein Pärchen ständig auf einem Hausdache von Arresa am 22. 3. 08 ganz nach Art unserer Hausrotschwänze bald auf dem First, bald im Sparrenwerk unter dem Dache sitzend und sich gegenseitig eifrig lockend. Ein Nest war noch nicht vorhanden, soweit ich feststellen konnte.

Diese rotbürzliche *Thamnolaea* bewohnt mittlere Lagen in Eritrea von 1000—1800 m Höhe. Auch Neumann fand sie unter ähnlichen Verhältnissen, hingegen *T. semirufa* Rüpp. als eigentlichen Hochgebirgsvogel. Ich habe letztere Art leider nicht angetroffen. Die Verbreitung der *albiscapulata* ist sehr lokal, nur im Bette des oberen Anseba bei Ela-Bered in ca. 1600 m Höhe war sie direkt häufig, sonst sah ich nur vereinzelte Pärchen. Sehr viel treiben sich die Vögel am Erdboden herum und scheinen besonders gern auf Felsblöcken Platz zu nehmen, sie sind lebhaft, der Schwanz ist meist in Bewegung, das Benehmen erinnert etwas an Steinschmätzer. Die Nähe des frischen Wassers scheint ihnen Bedürfnis zu sein.

336. *Pentholaea albifrons albifrons* Rüpp.

Rchw. V. A. III p. 708, O. Neum. J. O. 06 p. 289, v. Erl. J. O. 05 p. 744.

♂♀ No. 237, 238 (Pärchen) oberhalb Cheren 15. 2. 08.

♂♂ „ 289, 290 oberhalb Cheren 16. 2. 08.

♂♀ „ 283, 284 (Pärchen) Ela-Bered 27. 2. 08. Geb. II, III

O. Neumann hat für das Omo-Gebiet eine neue Form *pachyrhyncha* J. O. 06 p. 289 beschrieben, deren Flügelmafse mit 82 (♂), 78 (♀) mm angegeben werden, aufserdem ist der Schnabel sehr kräftig. Für *albifrons* gibt der Forscher an derselben Stelle folgende Flügelmafse an: ♂♂ 76—78 mm, ♀♀ 72—74 mm, Reichenow nennt 75—80 mm. Meine Stücke messen: 4 ♂ Fl. 76, 74, 77, 79 mm, 2 ♀ 73, 72 mm, das stimmt ziemlich genau mit Neumanns Angaben überein. Die ♀♀ haben übrigens vollkommen schwarze Stirn. Ich stehe Neumanns Vermutungen, dafs sein Stück No. 679 mit weifsmelierter Stirn ein ♀ sei, etwas skeptisch gegenüber.

Dieses Vögelchen fand ich nur an ganz bestimmten Örtliebkeiten und zwar in felsigen Schluchten mit wenig oder gar keinem Baumwuchs, niemals sah ich ein Exemplar anderswo als auf Steinen sitzen. Das Benehmen erinnerte an das der Steinschmätzer, meist hielten sie sich paarweise, doch sah ich auch einmal 4 Stück bei einander. In den abgelegenen Felsentälern oberhalb Cherens von 1300 m aufwärts war die *Pentholaea* nicht selten bis nach Ela-Bered hin, doch habe ich sie in keiner anderen Gegend mehr angetroffen: Auch aufserhalb der Brutzeit scheinen die Pärchen zusammen zu halten und ihrem Standort treu zu bleiben, ich traf sie stets wieder ungefähr an derselben Stelle.

337. *Cercomela melanura* Temm.

Rchw. V. A. III p. 711, v. Erl. J. O. 05 p. 744.

♀ No. 1096 Dahlak 13. 2. 09.

♂ No. 1150 Ghedem 20. 2. 09.

„ No. 1366 Mai Attal westlich Massaua 6. 7. 08 (Müller leg.). Geb. I.

Die Mafse meiner Stücke sind auffallend klein, Reichenow gibt an: Fl. 80—85, Schn. 14—15 mm, ein Balg von Hemprich und Ehrenberg No. 4876 aus Arabien mifst Fl. 81, Schn. 14 mm, bei meinen Exemplaren mifst ♀ Fl. 71, Schn. 12 mm, ♂♂ Fl. 77, 78, Schn. 12 1/2, 11 mm, also die höchsten Zahlen sind Fl. 78, Schn. 12,5, das ist doch eine bemerkenswerte Differenz gegenüber der Reichenow'schen Angabe. Vielleicht sind die Vögel aus Arabien ständig gröfser als die von den Dahlak-Inseln und der Küste Eritreas. Junge Stücke haben nicht rein grauen sondern bräunlich verwaschenen Ton der Oberseite, im abgetragenen Kleide verliert der Schwanz seine tiefschwarze Färbung, die Federn werden nach den Säumen zu blafsbraun.

Im Innern der grofsen Dahlak-Insel, wo der kahle felsige Boden grofse Risse zeigt, traf ich diese *Cercomela* paarweise an, sie versteckte sich mit Vorliebe in diesen Erd- bezw. Fels-Spalten und dürfte dort auch nisten. Das ♂ schwang sich öfters auf einen niederen Dornbusch und lockte von dort zwitschernd. Unweit Ghedem südlich von Massaua beobachtete ich ein Pärchen beim Bau des Nestes zwischen Steinen in einer Vertiefung am Fufse eines felsigen Abhanges; beide Alten beteiligten sich an der Arbeit, ich schofs schliefslich das ♂, als es Nistmaterial im Schnabel herbeitrug. Da ich an demselben Tage die Gegend verlassen mufste, konnte ich die Brut leider nicht abwarten, sie fällt also in Geb. I in die Monate Februar und März.

338. ***Cercomela lypura*** Hempr. Ehrenb.

Rchw. V. A. III p. 712.
♀ No. 206 Cheren 11. 2. 08.
„ No. 1226 Cheren 8. 3. 09. Geb. II.

An dem gleichen Tage erlegte ich noch ein Stück, dafs sich geflügelt unter einen Felsblock flüchtete, wo ich es nicht hervorholen konnte. In ganz ähnlicher Weise verkroch sich einmal eine krank geschossene *Saxicola moesta* vor mir in Süd-Tunesien.

Auch *Cercomela lypura* weist so erhebliche Differenzen in den Mafsen auf, dafs ich das Vorkommen mehrerer Formen in NO.-Afrika für wahrscheinlich halte. Der Typus von Hemprich und Ehrenberg No. 4198 B. M. mifst Fl. 73, Schn. 13 mm; drei Ex. aus Abassuen, NW.-Somali-Land (Henze leg.) messen ♂ Fl. 75, Schn. 14, ♀♀ Fl. 76, 78, Schn. 14, $14^1/_2$ mm; meine Stücke ♀♀ Fl. 68, 70 — Schn. 11, 12 mm. Leider steht als Fundort beim Typus nur „Abessinien" angegeben, das sagt so gut wie nichts. Die Wahrscheinlichkeit spricht dafür, dafs der Typus in einer Gegend gesammelt wurde, welche meinem Fundort Cheren näher liegt als dem Somali-Lande, andererseits stimmen jedoch jene Stücke in den Mafsen mit dem Typus überein, die meinigen hingegen sind merklich kleiner.

Der Vogel lebt oberhalb Cherens im kahlen Gebirge auf möglichst vegetationsarmen Schutthalden und zwischen Felsen, ein Nachbar der Klippschliefer. Das Benehmen ist ganz das eines Steinschmätzers.

339. ***Saxicola isabellina*** Cretzsch.

Rchw. V. A. III p. 721, O. Neum. J. O. 06 p. 293, v. Erl. J. O. 05 p. 746, Hartert V. d. p. F. p. 691.
♂ ? ♂ No. 74, 82, 83 nördlich Massaua 30. 1. 08.
♂ No. 180 Asmara 10. 2. 08.
„ „ 283 Cheren 16. 2. 08.
„ „ 405 Asmara 3. 3. 08.
„ „ 1058 Insel Nocra 10. 2. 09.
♀ „ 1095 Dahlak 13. 2. 09.
„ „ 1126 Massaua 15. 2. 09. Geb. I, III, Grenze von II.

Unter den Wintergästen befinden sich Stücke mit dunklerer und solche mit hellerer Oberseite, letzteres ist die Regel, jenes die Ausnahme. Die Säume der Armschwingen variieren in allen Tönen von rahmfarben bis zu blafsrostrot, sind auch bald schmal, bald breit. Die Unterflügeldecken sind bisweilen rein weifs, meist sind einige Federchen in der Mitte grau, seltener ist das Grau erheblich ausgedehnt, niemals aber sind die Unterflügeldecken vorwiegend schwarzgrau wie bei *S. oenanthe* ♀. Mein dunkelstes Stück mit den rötlichsten Säumen an den Armschwingen ist No. 405. Ich halte es nicht für ausgeschlossen, dafs man bei Vergleich von Brutvögeln noch zu interessanten systematischen Resultaten kommen könnte.

Im Winter belebt dieser Schmätzer ganz besonders zahlreich das Plateau von Asmara, man hann oft keine hundert Schritt weit geben, ohne immer wieder einen neuen Vertreter auf einer Ackerscholle, einem Stein, Bnsch oder Kaktusblatt sitzen zu sehen. Auch bei Cheren ist der Vogel noch nicht selten, an der Küste und auf den Inseln geradezu gemein, aber in den Steppen des Barca-Gebietes und im ganzen Gebiet IV habe ich ihn nicht gesehen. Heuglins Behauptung betreffend ein in den Semischen Alpen gefundenes Nest stehe auch ich sehr skeptisch gegenüber, weit eher glaube ich, dafs gelegentlich Bruten auf Dahlak und an der Küste vorkommen mögen. Jedenfalls konstatierte ich dort im Geb. I, dafs die ♂ eifrig lockten, die Genitalien waren auch bereits angeschwollen, doch trug noch kein ♀, das ich erbeutete, ein legereifes Ei bei sich. Im Inneren habe ich den Schmätzer nicht mehr später als Mitte März gesehen, an der Küste hatte ich leider bei meiner Rükkehr keine Gelegenheit mehr zu Beobachtungen.

340. *Saxicola oenanthe oenanthe* L.

Rchw. V. A. III p. 723, v. Erl. J. O. 05 p. 747, Hartert V. d. p. F. p. 681.

♂♂ No. 403, 430 Asmara 2. und 6. 3. 08.

♀ No. 1010 Asmara 15. 5. 08. Geb. III.

Meine Stücke haben sehr lange Flügel: ♂♂ 107—109 mm, ♀ 94 mm. Die Schnäbel dagegen sind kurz: 12—14 mm. Es kann sich somit nicht um *S. o. rostrata* Hempr. Ehrbg. aus Klein-Asien handeln. Eher deuten die grofsen Flügelmafse auf *S. o. leucorhoa* Gm., doch bemerkt Hartert in V. d. p. F. p. 382 Anm. ausdrücklich, dafs diese Form aus Grönland nicht als Wintergast in NO.-Afrika, sondern nur in NW.-Afrika erscheine, was durchaus einleuchtend ist. Die Frage der Subspecies von *S. oenanthe* bedarf hiernach noch dringend der Klarung. Bei den Eritrea-Stücken ist das Rostgelb auf der Unterseite etwas dunkler als bei meinen Vögeln aus Tunesien.

Soweit meine Beobachtungen reichen, ist dieser Steinschmätzer nicht Wintergast in Eritrea sondern nur Durchzügler. Trotz besonderer Aufmerksamkeit habe ich kein Exemplar vor dem 2. März konstatieren können, dann waren sie einige Tage hindurch recht häufig. Bei der Rückwanderung erscheint also der Vogel hier ca 3 Wochen früher als am nördlichen Rande der Sahara. Dort im Chott-Gebiet beobachtete ich den ersten im Jahre 1904 am 24. 3., i. J. 05 am 21. 3., i. J. 06 am 30. 3. (Vergleiche meine Arbeit über Tunesien J. O. 09 p. 125). Das am 15. Mai erlegte ♀ beweist, dafs noch recht spät im Jahre Nachzügler durchkommen Ich sah diesen Schmätzer nur auf dem Plateau.

341. ***Saxicola hispanica xanthomelaena*** Hempr. Ehrbg.

Rchw. V. A. III p. 725, Hartert V. d. p. F. p. 687.
♂♂ No. 279, 280 Cheren. 15. 2. 08.
♂ No. 477 Marebquellen 12. 3. 08. Geb. II—III.

Wegen der Nomenklatur verweise ich auf Hartert V. d. p. F. p. 685—687. Auch ich bin jetzt zu der Ansicht bekehrt, dafs man ♂♂ mit schwarzer und solche mit rahmfarbener Kehle nicht artlich trennen darf. No. 477 hat schwarze, No. 279, 280 haben helle Kehle. Alle gehören der östlichen Form an, wie es ja ganz natürlich ist.

Am 15. 2. 08 habe ich noch einige weitere ♂ gesehen, sie aber nicht erlegt, weil ich nach einem ♀ Ausschau hielt, leider erfolglos. Dieser Schmätzer scheint in der ganzen Region nicht häufig vorzuommen, in Eritrea bevorzugt er ersichtlich die Gegend von Cheren, denn unter den sehr spärlichen Fundortsangaben aus NO.-Afrika findet sich aufser der meinigen noch eine von Antinori Cheren betreffend.

342 ***Saxicola deserti atrogularis*** Blyth.

Rchw. V. A. III p. 726, v. Erl. J. O. 05 p. 747, Hartert V. d. p. F. p. 684.
3 ♂ No. 79—81 bei Massaua 31. 1. 08.
♂ No. 1094 Dahlak 13. 2. 09. Geb. I.

Von diesen Vögeln messen die Flügel meist 90—94 mm, nur einer weist nicht mehr als 89 mm auf. Die Oberseite zeigt einen graulichen Ton, bei meinen Tunesen ist sie etwas gelblicher. Ich bezeichne die Stücke vorläufig als *atrogularis*, vielleicht aber handelt es sich nicht um asiatische Wintergäste sondern um eine noch unbenannte am Roten Meere heimische Form, denn die ♂ balzten im Februar eifrig, besonders auf Dahlak.

343. ***Saxicola monacha*** (Rüpp.) Temm.

Rchw. V. A. III p. 727, Hartert V. d. p. F. p. 701.
♂ No. 37 Suez 19. 1. 08. Paläarktisch.

Mein Exemplar ist ein schön ausgefärbtes altes ♂, dessen Identität nicht zweifelhaft sein kann, da der Schwanz mit Ausnahme der mittelsten Federn f a s t g a n z w e i f s ist und die Mafse recht grofs sind: Lg. 172, Fl. 113, Schn. 16 mm. Ich sammelte diesen Schmätzer unweit Suez an einem Sandhügel mitten in ganz kahler Wüste.

344. ***Saxicola pleschanka pleschanka*** Lepech.

Rchw. V. A. III p. 728, O. Neum. J. O. 06 p. 293, v. Erl. J. O. 05 p. 748, Hartert V. d. p. F. p. 688.
♂♂ No. 224, 275 Cheren 13., 14. 2. 08.

♂ No. 404 Asmara 2. 3. 08.
♂ No. 492 Marebquellen 13. 3. 08.
4 ♂ No. 1157, 1162, 1163, 1170 Asmara 27. 2. bis 1. 3. 09.
♂♂ No. 1180, 1181 Asmara 3. 3. 09.
♂ No. 1305 Mansura 26. 3. 09. Geb. II, III.

Die Stücke tragen fast alle Winterkleid mit bräunlichem Rücken oder befinden sich im Übergange. No. 1170 ist schon weit vorgeschritten und No. 1181 trägt als einziger bereits Hochzeitskleid mit schwarzem Rücken, doch ist der Oberkopf noch nicht rein weifs. Letzteres Stück lockte von der Spitze einer Distelstaude herab, doch sah ich eben so wenig in seiner Nähe wie sonst irgendwo ein einziges ♀, das deutet mir darauf hin, dafs es sich um Zugvögel, nicht um Wintergäste handelte. Neumann erlegte unter 7 Exemplaren nur ein ♀, v. Erlanger gegenüber 22 ♂ nur 5 ♀ (excl. der fraglichen Stücke). Es scheint, als wenn die ♂♂ gemeinsam reisten, dabei haben dann die Sammler Gelegenheit, gröfsere Suiten zu erbeuten, in denen sich aber kein einziges ♀ befindet, wie es auch mir ergangen ist.

Dieser Steinschmätzer ist Anfang März auf dem Plateau sehr häufig, doch sieht man ihn auch in sehr viel tieferen Lagen dort allerdings nur vereinzelt, wie meine Fundorte im Gebiet II beweisen. Die Barcaufer bei Mansura sind sonst gar keine Gegend für Steinschmätzer, und doch schofs ich auch dort ein ♂ No. 1305. Mitte Mai ist das Vögelchen im allgemeinen verschwunden.

345. *Saxicola lugens halophila* Tristr.

Rchw. V. A. III p. 729. Hartert V. d. p. F. p. 695.
♂ No. 36 Dj. Athaba bei Suez 19. 1. 08. Paläarktisch.

Die Mafse meines Stückes sind: Fl. 89, Schn. 14 mm, 2 ♂♂ des B. M. aus Tunesien (Spatz leg.) messen Fl. 90, 91, Schn. 15, 14 mm. Ein ♂ von mir 1904 bei Gafsa gesammelt hat 91 mm Fllg. und reichlich 14 mm Schnlg. In der Färbung, besonders dem sehr blassen Isabellgelb der Unterschwanzdecken, stimmen alle diese Exemplare annähernd überein. Ich mufs meinen Vogel demnach für einen Vertreter der westlichen Form *halophila* ansehen, deren Verbreitung damit sehr weit nach Osten gerückt wird. Erklärlicher wird der Fall, wenn man bedenkt, dafs dieses Stück Mitte Januar gesammelt wurde und erfahrungsmäfsig die nordafrikanischen Steinschmätzer im Winter weit herumbummeln. Auch Hartert erwähnt ein von Nicoll bei Aburoasch (Giza) in Egypten erlegtes ♀ der westlichen Form. Auf seine Frage an derselben Stelle: „Wie weit diese Form nach Osten geht, wissen wir nicht" gibt mein Exemplar immerhin eine vorläufige Antwort.

346. *Saxicola lugens lugens* Licht.

Rchw. V. A. III p. 729, Hartert V. d. p. F. p. 694.
♂ No. 119 El Tor am Sinai 21. 1. 08. Paläarktisch.

Dies Stück unterscheidet sich deutlich vom vorigen, die Mafse sind: Fl. 96, Schn. 15 mm reichlich; die Unterschwanzdecken (ebenfalls im abgetragenen Kleide) sind dunkel isabellgelb, auch das Schwarz auf dem Rücken ausgedehnter, der Vogel, also gröfser und dunkler.

Ich glaube bestimmt, es hier mit des typischen Form „*lugens*" zu tun zu haben, also mit der östlichen. Lichtenstein gibt s. Z. als Fundort nur „Nubia" an, das kann nach den damals üblichen ungenauen Bezeichnungen sehr wohl die westliche Küste des Roten Meeres bedeuten, dessen Ufer die Heimat dieses Schmätzers im wesentlichen bilden.

347. *Saxicola lugubris* Rüpp.

Rchw. V. A. III p. 729, v. Erl. J. O. 05 p. 748.

♀ No. 526 Asmara 20. 3. 08.

♂♂ No. 1011, 1012 Asmara 17. 5. 08. Geb. III.

No. 1012 hat einen grofsen weifsen Fleck auf der Bauchmitte, No. 1011 an derselben Stelle auch nicht ein weifses Federchen.

Dieser durch seine düstere Farbe auffallende Schmätzer scheint in Eritrea nicht häufig zu sein. Er bewohnt das Plateau, doch glaube ich, dafs er den Winter im Süden verbringt und erst in der zweiten Hälfte März im Brutreviere erscheint, sonst hätte ich doch wohl einmal vor dem 20. März ein Stück zu Gesicht bekommen müssen.

348. *Pratincola torquata rubicola* L.

Rchw. V. A. III p. 732, Hartert J. O. 1910. I. p. 172, V. d. p. F. p. 706.

1 ♂ 3 ♀ No. 8, 19, 20, 32 Suez 16.—18. 1. 08. Paläarktisch.

Wegen der Nomenklatur, besonders warum „*torquata*" an Stelle von „*rubicola*" zu setzen ist, bitte ich bei Hartert unter „Altes und Neues über die Gattung *Pratincola*" nachzulesen.

In der Oase Suez fand ich den schwarzkehligen Wiesenschmätzer als ziemlich häufigen Wintergast. Die gefleckten Oberschwanzdecken beweisen, dafs es sich um keine andere Form als diese mitteleuropäische handelt. Die Vögelchen lebten recht versteckt im dichten Gebüsch.

349. *Pratincola torquata maura* Pall.

Rchw. V. A. III p. 734, v. Erl. J. O. 05 p. 748, O. Neum. J. O. 03 p. 385, J. O. 06 p. 295, Hartert J. O. 1910 p. 171—173, V. d. p. F. p. 707.

♂ No. 103 Ghinda 31. 1. 08.

♂♀ No. 261, 262 (Pärchen), ♂ No. 292 Cheren 14. und 17. 2. 08.

♂ No. 1143 Ghedem 20. 2. 09.

♂ No. 1179 Asmara 3. 3. 08.
♀ „ 1191 Cheren 5. 3. 09. Geb. I, II, III.

In den grofsen Streit um die Nomenklatur der asiatischen Arten brauche ich hier nicht einzugreifen, da Hartert in seiner zusammenfassenden Arbeit „Altes und neues über die Gattung *Pratincola*“ die Frage an der Hand seines reichen Materials wohl definitiv klargestellt hat. Ich nehme aus diesem Grunde keinen Anstand, mich ihm vollkommen anzuschliefsen und meine schwarzkehligen Wiesenschmätzer mit ca. zur Hälfte weifsem Schwanz als *P. t. maura* zu bezeichnen. Wer sich über die Meinungsdifferenzen früherer Jahre informieren will, findet alle Angaben bei Hartert im allgemeinen Teil p. 171—172.

Dieser Wiesenschmätzer, durch sein allgmein helleres Kleid und den Steinschmätzer-Schwanz leicht kenntlich, ist in Eritrea weit verbreitet von der Küste bis zum westlichen Abfall des Gebirges. Wiederholt sah und sammelte ich Pärchen, welche fest zusammen hielten, so am 14. 2. 08 bei Cheren und am 20. 2. 09 bei Ghedem, von letzterem Pärchen verdarb mir leider das ♀. Es handelt sich wohl trotzdem um Wintergäste. Die Form mit der ausgedehnt schwarzen Kehle *P. t. albofasciata* Rüpp. habe ich nie zu Gesicht bekommen, ihre Heimat liegt weiter südlich.

D. Erithacinae.

350. *Cossypha semirufa semirufa* Rüpp.

Rchw. V. A. III p. 760, v. Erl. J. O. 05 p. 753, O. Neum. J. O. 06 p. 283.

♂♂ No. 1013, 1014 nordöstlich Asmara 25., 26. 5. 08.
♀ No. 1015 Adua 6. 6. 08 (Müller leg.). Geb. III.

Meine Stücke haben Oberkopfplatte und mittelste Schwanzfedern mattschwarz nicht glänzend, sind also typische *semirufa* wie nach ihrem Fundort auch zu erwarten ist. O. Neumann trennte *C. s. saturatior* für Südwest-Abessinien, das Seen- sowie das Omogebiet, ab. In den Galla-Ländern des Erlanger'schen Geb. V haben wir *C. s. donaldsoni* Sharpe.

Diesen Vogel fanden wir nur in beträchtlichen Höhen, etwas Wald scheint ihm angenehm zu sein. Übereinstimmend bezeichnet ihn auch Neumann als einen reinen Gebirgsvogel im Gegensatz zu anderen Verwandten wie *heuglini*, *omoensis*, *verticalis*

351. *Cercotrichas podobe podobe* St. Müller.

Rchw. V. A. III p. 763, v. Erl. J. O. 05 p. 753.
2 ♂ No. 298, 299 Cheren 17. 2. 08.
3 „ „ 329, 341, 342 Scetel 22., 23. 2. 08.
1 „ „ 827 Agordat 29. 4. 08. Geb. II.

Bei Cheren nicht gerade häufig, dagegen im Tieflande des Gebietes II von Scetel an westwärts ganz gemein. Im Februar und März hörte ich bisweilen den Gesang, der entfernt an den unserer Drossel erinnert, aber nicht so laut ist. Der Vogel bewegte sich gern an der Erde, wo er mit hochgestelltem Schwanze unter Gebüsch und überhängenden Ranken herumhüpft, ein lebhafter, sehr zutraulicher und graziöser Bursche. Die Brutzeit in Dongola fällt nach Henglin in den Juli bis August, dasselbe dürfte in meinem Gebiet II der Fall sein. Es war auffallend, wie sehr die ♂♂ hier an Zahl überwogen, wo es sich doch um einen Standvogel handelt.

352. *Phoenicurus phoenicurus phoenicurus* L.

Rchw. V. A. III p. 780, v. Erl. J. O. 05 p. 756, Hartert V. d. p. F. p. 718.

♀ No. 339 Scetel 23. 2. 08. Geb. II.

Aufser dem einen Stück wurden keine weiteren beobachtet, dieser europäische Gast scheint in NO.-Afrika nicht gerade häufig zu sein.

353. *Phoenicurus phoenicurus mesoleuca* Hempr. Ehrbg.

Rchw. V. A. III p. 781, O. Neum. J. O. 06 p. 294, Hartert V. d. p. F. p. 720.

♂ No. 294 Cheren 17. 2. 08. Geb. II.

O. Neumann hat J. O. 02 p. 133 auseinandergesetzt, warum er *bonapartii* und *mesoleuca* Hempr. und Ehrbg. getrennt halten möchte. Auch Reichenow führt sie besonders auf. Ich kann hier nur auf die betreffenden Begründungen verweisen, da immer noch ausgiebiges Material aus Arabien fehlt. Mein ♂ hat schmale Stirnbinde und hellgrauen rostgelblich verwaschenen Rücken, dürfte also dem Schoanischen Stücke Neumanns ziemlich gleichen. Es ist dafs einzige Exemplar der Art, welches mir zu Gesicht kam.

354. *Luscinia suecica suecica* L.

Rchw. V. A. III p. 785, O. Neum. J. O. 06 p. 295. Hartert V. d. p. F. p. 745.

♂♂ ♀ No. 9, 17, 18 Suez 16. und 17. 1. 08. Paläarktisch.

Da meine Exemplare das Winterkleid tragen, ist der rote Stern auf der Kehle nur angedeutet.

Bei Suez im niederen Buschwerk und Schilf nahe den Lagunen längs des Kanales war das nordische Blaukehlchen als Wintergast ziemlich häufig vertreten. O. Neumann konnte noch ein ♂ bei Gofa sammeln, das ist wohl der südlichste bisher festgestellte Fundort.

Schlufswort.

Diese Arbeit ist mir unter den Händen zu recht respektabler Gröfse angewachsen. Während ich bei der Niederschrift die schöne vergangene Zeit wieder durchlebte, kam mir erst recht zum Bewufstsein, wie vielfachen Dank ich allen den Herren schulde, deren Unterstützung mir eine so reiche Ausbeute ermöglichte, das Leben im schwarzen Erdteil so angenehm als nur denkbar gestaltete und nachher meine wissenschaftliche Arbeit in jeder Weise förderte. Um mit dem Auslande zu beginnen, möchte ich an erster Stelle dem Herrn Gouverneur von Eritrea Se. Exzellenz Marchese di Salvago-Raggi meinen gehorsamsten Dank abstatten. Der bestempfohlene italienische Sammler hätte nicht mit gröfserer Kourtoisie und weitgehenderem Entgegenkommen empfangen und behandelt werden können als ich. Diesem Beispiel folgten fast einmütig die Herren von der Verwaltung, unter denen ich mir nicht versagen kann des Cav. Dante Oddorizzi, Kommissars von Massaua, in besonderer Dankbarkeit zu gedenken. Von den Offizieren der Kolonial-Armee wurde ich stets als Kamerad mit ausgesuchter Liebenswürdigkeit aufgenommen, besondere Verdienste um die Rettung meiner halb verhungerten Expedition erwarb sich Tenente Fontane von der Comp. confinaria mit seinem Grenzschutz-Detachement. Ich beschränke mich darauf, dann nur noch in besonderer Freundschaft des italienischen Bevollmächtigten für Handelsfragen in Nord-Abessinien zu gedenken, des Cav. L. Talamonti, der mir im Reiche des Negus Negesti alle Wege geebnet hat, soweit dies noch nötig war nach den von unserem Auswärtigen Amt direkt nach Adis Abeba gesandten Empfehlungen. Verdanke ich diesen liebenswürdigen Herren in Afrika, deren Aufzählung zu weit führen würde, das äufsere Gelingen meiner Expedition, so kann ich das wissenschaftliche Resultat derselben nicht veröffentlichen, ohne der vielfachen Unterstützung bei meiner nachträglichen Bearbeitung durch einheimische Männer der Wissenschaft zu gedenken. Die Besitzer und Leiter der prächtigen Sammlungen in Tring, Baron W. v. Rotschild und Dr. E. Hartert, sowie der Kollektion v. Erlanger in Ingelheim, Freifrau v. Erlanger und Konservator C. Hilgert, auch Herr Dr. Roediger, der neue Leiter des Senckenbergischen Museums in Frankfurt a. Main, sie alle haben meinen unzähligen Bitten um Übersendung von Typen und Vergleichs-Material in grofsen Serien stets in weitgehendster Weise entsprochen, sodafs mir im ganzen hier in Berlin ein wunderbar reichhaltiges Material zur Verfügung gestanden hat. Die Herren vom Berliner Museum ihrerseits sind mir schon bei den Vorbereitungen stets mit Rat und Tat bereitwilligst zur Hand gegangen, und später während meiner Bearbeitung der Resultate sind sie nie müde geworden, mir durch Hinweise auf die Literatur und eingehende Aussprache die Aufgabe zu erleichtern.

Wenn es mir als berufsmäfsigem Landwirt und krassem Outsider in ornithologischer Beziehung überhaupt gelungen ist, diese umfangreiche wissenschaftliche Arbeit selbständig in einer, wie ich hoffe, achtbaren Weise zu bewältigen, so verdanke ich dies vor allen meinen beiden ebenso vielseitigen wie liebenswürdigeu Lehrmeistern Herren Prof. A. Reichenow und Prof. O. Neumann. Um die vorzügliche Wiedergabe interessanter Vogeltypen auf den beigefügten Tafeln sowie Kartenskizze hat sich Herr G. Krause vom Berliner Museum besonders verdient gemacht. Ihnen allen, den freundlichen Helfern und Beratern meinen aufrichtigen herzlichen Dank, das sei mein letztes Wort!

Anhang.

Verzeichnis einiger Vögel aus NO.-Afrika, welche ich nicht selbst gesammelt, sondern im Jahre 1909 teils von Freunden in der Colonia Eritrea geschenkt erhielt, teils gelegentlich von dort käuflich erwarb.

No. der Art.	lfd. No. in der Sammlung.	Name.	Fundort.
vgl. sub. 48.	2415.	♂ [illegible]les *lichtensteini lichtensteini* Temm.	Mansura Geb. II.
„ „ 75.	2344.	? *Vinago waalia* [illegible]ia Gm.	N.-Somaliland.
„ „ 91.	2347.	? *Ptilopachus* [illegible]*fus maior* Neum.	Adi Ugri Geb. III.
355.	2377.	? *Chizaerhis* [illegible]*ra* Rüpp.	N.-Somaliland.
356.	2401.	? [illegible]*lator cafer* [illegible]it.	Salamona Geb. I.
vgl. sub. 145.	2402.	♀ „ *glandarius* L.	„ „
„ „ 144.	2362.	♂ *Chrysococcyx* [illegible]*us* Bodd.	N.-Somaliland.
357.	2403.	♂ „ *klaasi* [illegible]h.	Salamona Geb. I.
vgl. sub. 151.	2404.	♂ *Tricholaema melanocephalum melanocephalum* Cretzsch.	„ „
358.	2378.	? „ *diadematum diadematum* Heugl.	N.-Somaliland.
359.	2383, 2384.	♂♀ *Mesopicos* [illegible]*us* [illegible]*sis* Rüpp.	„ „
360.	2382.	♂ *Dendropicos guineensis* [illegible]*hi* Ehrbg.	„ „
vgl. sub. 160.	2405, 2417—2419.	♂♂ ♀♀ [illegible]*ius macrourus* [illegible]*us* Oberh.	Scetel Geb. II.
361.	[illegible]2381.	??? *Coracias* [illegible]*us lorti* Shell.	N.-Somaliland.
vgl. sub. 169.	2373.	? *Halcyon semicaeruleus semicaeruleus* Forsk.	„ „
362.	2374, 2375.	?? „ *chelicuti* Stanl.	„ „
363.	2341, 2342.	ad. u. juv. *Melittop*[illegible]*us fus*[illegible]*lus* [illegible]*us* Cab.	„ „
vgl. sub. 179.	2406, 2407.	♂ ? [illegible]*ops viridis viridissimus* Sw.	Salamona Geb. I.
„ „ 183.	2363.	? *Scoptelus aterrimus* [illegible]*us* Salv.	N.-Somaliland.
364.	2343.	♂ *Campephaga phoenicea* Lath.	„ „
365.	2386.	? *Bradornis griseus* [illegible]*lus* Sharpe.	„ „

366.	2395—2397.	??? *Eurocephalus anguitimens rüppelli* Bp.	N.-Somaliland.
367.	2393, 2394.	ad. u. juv. *Chlorop[illegible]us sulfureopectus chrysogaster* Sw.	„ „
368.	2387—2390.	♂♂ ♀♀ *Pelicinius cruentus hilgerti* Neum.	„ „
vgl. sub. 217.	2391.	? *Lanius collaris humeralis* S[illegible]anl.	„ „
369.	2392.	? „ *minor* Gm.	„ „
370.	2385.	♂ „ *collurio* L.	„ „
vgl. sub. 228.	2408.	? *Dicrurus adsimilis lugubris* Hempr. Ehrbg.	Salamona Geb. I.
371.	2364—2367.	♂♂ ♀♀ *Perissornis [illegible]us* [illegible].	N.-Somaliland.
372.	2386.	? *Spreo superbus* Rüpp.	„ „
373.	2369.	♂ *Cinnyricinclus [illegible] leucogaster* Gm.	„ „
374.	2372.	? *Amydrus morio rüppelli* er[illegible].	„ „
375.	2371.	♂ *Galeopsar salvadorii* Sharpe.	„ „
vgl. sub. 233.	2370.	? *Lamprocolius cyaniventris* Blyth.	„ „
„ „ 234.	2416.	♀ *Lamprotornis purpuropterus aeneocephalus* Heugl.	Mansura Geb. II.
376.	2359—2361.	♂, 2 juv. *Textor albirostris [illegible]us* Salvad.	N.-Somaliland.
377.	2398—2400.	??? *Dinemellia dinemelli dinemelli* Rüpp.	„ „
378.	2353, 2354.	?? *Plocepasser mahali melanorhynchus* Rüpp.	„ „
379.	2355—2358.	♂♀ *Anaplectes melanotis blundelli* Grant.	„ „
vgl. sub. 240.	2348.	♂ [illegible]us *abyssinicus* [illegible]ini*us* Gm.	„ „
380.	2350.	♂ „ *intermedius* Rüpp.	„ „
vgl. sub. 243.	2349.	♂ [illegible]*lea sanguinirostris aethiopica* Sund.	„ „
„ „ 244.	2410, 2411.	♂♂ *Pyromelana franciscana franciscana* Isert.	Adi Ugri Geb. III.
„ „ 247.	2409.	♂ *Coliuspasser c[illegible]us* Licht.	„ „
„ „ 259.	2332.	♂ [illegible]*a serena* L.	N.-Somaliland.
381.	2412, 2413.	♂♂ *Steganura paradisea* L.	Salamona Geb. I.
vgl. sub. 279.	2351.	♂ *Motacilla flava melanocephala* Licht.	N.-Somaliland.
„ „ 330.	2376.	juv. *Turdus [illegible]is simensis* Rüpp.	„ „
„ „ 331.	2414.	♂ „ [illegible]*us abyssinicus* [illegible].	Salamona Geb. I.
„ „ 333.	2336, 2337.	♂♀ *Monticola saxatilis* L.	N.-Somaliland.

No. der Art.	lfd. No. in der Sammlung.	Name.	Fundort.
vgl. sub. 345.	2339, 2340.	♂♂ *Saxicola pleschanka* Lepech.	N.-Somaliland.
382.	2338.	? *Cossypha semirufa donaldsoni* Sharpe.	" "
383.	2345, 2346.	♂♂ " *gutturalis finoti* Fil.	" "

Somit beträgt meine in den Jahren 1908/09 zusammengebrachte Sammlung aus NO.-Afrika: 1450 Bälge in 383 Arten bezw. Unterarten.

Die Vogelwelt der Kolonie Südaustralien.

Von **Erhard Eylmann**, Dr. phil. et med.

Die Kolonie Südaustralien ist überaus reich an mannigfaltigen Vogelformen. Der Hauptsache nach beruht dies wohl darauf, dafs die Lebensbedingungen, welche sie der Tier- und der Pflanzenwelt bietet, recht ungleichmäfsig sind.

Da bedeutungsvolle Beziehungen zwischen den Tieren und ihrem Wohnort bestehen, so halte ich es für angezeigt, ein paar Worte über das Klima, die Geländeformen und die Vegetation der Kolonie vorauszuschicken. Das was über das Südküstengebiet gesagt wird, bezieht sich aber nur auf den Landstrich, der sich von Spencers Golf bis nach Victoria erstreckt. Das zwischen diesem Golfe und Westaustralien gelegene Küstenland habe ich nicht aus eigener Anschauung kennen gelernt.

Unsere Kolonie hat wegen ihrer Lage ein sehr verschiedenartiges Klima. Wie bekannt, erstreckt sie sich vom 11. bis zum 38. Breitengrade von Norden nach Süden und wird im Osten und Westen von Landmassen begrenzt, die stellenweise eine Breite von mehr als 1400 km haben. Ihre nördliche Hälfte liegt also in der heifsen und ihre südliche in der gemäfsigten Zone; und während der Nord- und der Südrand vom Ozeane bespült werden, bildet das Innere ungefähr den Mittelpunkt des ganzen Kontinentes.

Auf dem grofsen nördlichen halbinselförmigen Landvorsprunge, zerfällt das Jahr in eine trockene und eine nasse Hälfte. Während der Monate Mai, Juni, Juli und August ist das Wetter in der Regel heiter, und es weht ein frischer Ost-Süd-Ostwind. Das Thermometer steigt im Schatten selten auf 30° C. In der Nacht ist es kühl und die Taubildung so reichlich, dafs die Pflanzen am Morgen vor Nässe triefen. Im September, zur Zeit der Tag- und Nachtgleiche, machen sich die ersten Anzeichen der nahenden nassen Jahreszeit bemerkbar. Die eigentliche Regenzeit nimmt Ende Oktober ihren Anfang. Der Nordwestmonsun ist allmählich zum vorherrschenden Wind geworden, und fast täglich kommen sehr heftige, von Sturm und Platzregen begleitete Gewitter zum Ausbruch. Die Hitze ist während dieser Zeit nicht übermäfsig stark — das Thermometer erreicht im Schatten selten 40° C. — wegen der grofsen Luftfeuchtigkeit wird sie aber vom Europäer schlecht ertragen. Die mittlere jährliche Regenhöhe beträgt etwa 160 cm. Gegen Ende der Regenzeit, im Februar und März, sind viele der Flüsse über ihre Ufer getreten und alle niedrig gelegenen Geländeteile in einen Sumpf verwandelt.

Im Südküstengebiet kann man das Jahr nicht in eine trockene und eine nasse Hälfte einteilen. Die Regenmenge des Winters ist jedoch etwa doppelt so grofs als die des Sommers, und zwar pflegen Mai, Juni, Juli und August am regenreichsten und Januar, Februar, März und Dezember am regenärmsten zu sein. Die mittlere jährliche Regenmenge beträgt gegen 60 cm. In klaren Winternächten sinkt die Temperatur manchmal ein wenig unter den Gefrierpunkt, so dafs es zur Bildung von Eis kommt. Schnee ist eine recht seltene Erscheinung im Lande. Die mittlere Jahrestemperatur beläuft sich auf etwa 17° C. Im Sommer erreicht das Thermometer im Schatten zuweilen eine Höhe von 40—45° C.; meistens weht dann der gefürchtete Nordwind. Im allgemeinen hat das Wetter einen unbeständigen Charakter, und bedeutende Temperaturunterschiede treten oft ganz unvermittelt auf.

Im Binnenlande herrscht jahraus, jahrein der Südostpassat vor. Da dieser ein ganz trockener Wind ist, so treten anhaltende Dürren ungemein häufig auf. In der nördlichen Hälfte des Binnenlandes kann man den Sommer wohl als die regenreichste Zeit bezeichnen. Zwischen dem 25. Breitengrade und Flinder's Range dagegen unterscheiden sich in dieser Hinsicht der Sommer und der Winter, die beiden einzigen Jahreszeiten, nicht wesentlich voneinander. Das regenärmste Gebiet ist in der Gegend des Lake Eyre gelegen. Hier beträgt die mittlere jährliche Regenmenge gegen 15 cm, also nicht einmal den dritten Teil derjenigen Niederdeutschlands. Die Temperatur erreicht häufig eine recht bedeutende Höhe; die Nächte sind aber bei unbewölktem Himmel infolge starker Wärmeausstrahlung stets kühl. Die höchste Temperatur, die ich im Schatten gemessen habe — es war ein wenig südlich vom Wendekreise — betrug 54° C. In klaren Winternächten sinkt das Thermometer im Innern durchaus nicht selten unter den Gefrierpunkt, aber nie tiefer als 2 bis 2½°. Am häufigsten treten die Nachtfröste im Gebiete der Höhenzüge auf, die zwischen dem 22. und 25. Breitengrade gelegen sind.

Die grofse nördliche Halbinsel besitzt eine reiche Küstengliederung. Ihre Oberfläche weist eine mannigfaltige Gestaltung auf. In der Nähe des Meeres herrschen weite Ebenen und in den mittleren und südlichen Gebietsteilen felsige Bodenerhebungen von geringer Höhe vor. Die Zahl der Wasserläufe ist recht grofs. Da, wie schon gesagt, die Niederschläge hauptsächlich in den Wintermonaten erfolgen, so führen viele der Flüfschen zu den übrigen Jahreszeiten kein fliefsendes Wasser; gewöhnlich enthalten sie dann aber eine gröfsere oder geringere Zahl von Lachen (water-holes). An Quellen, Sümpfen und teichartigen Gewässern (lagoon, billabong) ist ebenfalls kein Mangel.

Das südöstliche Dritteil des Südküstengebietes weist erhebliche Verschiedenheiten in der Gestaltung auf. Das zwischen Spencer's Golf und dem Unterlaufe des River Murray gelegene

Küstenland nehmen zumeist hohe Hügelketten (Mount Lofty Range) ein. Auf ihnen entspringt eine kleine Anzahl von Flüssen; diese führen aber viele Monate im Jahre nur sehr wenig Wasser. Die Südostecke Südaustraliens (South-east), das von dem River Murray, der Kolonie Victoria und dem Meere umschlossene Gebiet, bildet eine wellige, allmählich nach Norden zu ansteigende Ebene. Ihre Küste ist flach und ungegliedert und besteht zum Teil aus einem höchst unwirtlichen Küstenwall (Nehrung). Wasserläufe geben ihr so gut wie vollständig ab. Hart an der Küste entlang zieht sich eine Kette von Seen und Sümpfen hin, die der überwiegenden Mehrzahl nach salzig oder brackig sind. In regenreichen Wintern ist dieser Strich Landes gröfstenteils überschwemmt, da Dünen das Rieselwasser am Abfliefsen nach dem Meere hindern. Der übrige Teil des Gebietes ist ungemein wasserarm; in ihm könnte ein Wanderer während regenloser Zeiten sehr leicht verdursten, wenn er kein Wasser mit sich führte.

Die Mitte der Kolonie nehmen ausgedehnte felsige Höhenzüge (Mac Donnell Ranges, Strangways Range, Hart R., James R., Waterhouse R. u. s. w.) ein. Südöstlich von ihnen befindet sich eine weite Senke, deren tiefste Stelle der Lake Eyre bildet. Sie stellt eine leicht gewellte Ebene dar, auf der sich an zahlreichen Punkten hohe und niedrige Felsenhügel von eigentümlicher Gestalt (Inselberge) oder Gruppen gleichgerichteter, regelmäfsig geformter Dünen erheben. Den westlichen Teil der südlichen Binnenlandshälfte habe ich nicht aus eigener Anschauung kennen gelernt. Im Norden und Westen sind ihm viele kleinere und gröfsere felsige Hügelketten aufgesetzt; im Südwesten ist er flach und kann als eine Fortsetzung der Great Victoria Desert Westaustraliens betrachtet werden.

Die nördliche Binnenlandshälfte ist nur unvollständig erforscht: weite Gebiete zwischen dem 18. und 22. Breitengrade, sowie dem Überlandwege und Westaustralien sind nie von eines Weifsen Fufs betreten worden. So viel ist aber bekannt, dafs sie zum allergröfsten Teil aus sehr ausgedehnten flachen sandigen Ebenen und nackten felsigen Hügelzügen zusammengesetzt ist.

An Wasser ist das ganze Binnenland gewöhnlich äufserst arm. Auf meiner zweiten Überlandreise hörte ich auf der Telegraphenstation an Barrow's Creek, wenige Monate zuvor habe es auf einem 80000 qkm grofsen Gebiete zwischen den Mac Donnell Ranges und Tennant's Creek aufser den Brunnen der Weifsen nur gegen ein halbes Dutzend Plätze gegeben, wo der Eingeborene seinen Durst hätte löschen können. Seen finden sich nur in ganz geringer Zahl vor, und die meisten von ihnen enthalten Wasser, das wegen seines hohen Salzgehaltes völlig ungeniefsbar ist. An Wasserläufen (Creeks) ist kein grofser Mangel, durchschnittlich fliefsen sie aber nur alle fünf Jahre, und zwar höchstens einige

Wochen lang. Hört das Fliefsen auf, so bleiben viele Lachen (waterholes) im Bett zurück; die allermeisten von ihnen verschwinden aber innerhalb weniger Monate. Einige der tiefsten, die einen tonigen Grund haben und von hochragenden Gummibäumen beschattet sind, trocknen jedoch oft erst nach Jahr und Tag aus. Becken, die lange Zeit Wasser enthalten, finden sich aber nicht nur in einem sandigen Bett vor. Dort, wo das Creekwasser seinen Lauf über nackte Felsen nimmt, also namentlich im Gebiete der Höhen, hat es am Fufse mancher Stufen, von denen es herabstürzt, mit Hülfe von Schotter tiefe kesselförmige Löcher (Riesentöpfe), von den Buschleuten rockholes genannt, ausgewirbelt. Das in diesen zurückgebliebene Wasser zeichnet sich meist durch grofse Reinheit aus. An Stellen, wo das Creekwasser kein Gefäll bildet, finden sich hier und dort ebenfalls felsige Becken vor; sie haben aber eine unregelmäfsige Form. Nach dem Versiegen der Creeks an der Oberfläche sickert noch wochenlang Wasser durch den Sand des Bettes und selbst nach vielen Monaten kann man Wasser durch Graben an den Stellen erhalten, wo der Untergrund undurchlässig ist und eine Art Mulde bildet. Solche Stellen sind dem Eingeborenen von alters her bekannt, und an ihnen pflegt er, sobald das Oberflächenwasser auf seinen Jagdgründen rar geworden ist, ein bis anderthalb Meter tiefe trichterförmige Brunnen, von den Buschleuten soakages genannt, anzulegen. Ich führe dies deshalb an, weil dadurch die Zahl der Trinkplätze für die höheren Tiere nicht unbedeutend vermehrt wird. Unter diesen Tieren gibt es übrigens mehrere, wie den Dingo, die Kängeruhs und den Emu, die sich ebenfalls durch Graben von Löchern in den Creeksand Wasser zum Trinken zu verschaffen wissen. Aufser den water- und rockholes kommt noch eine andere Form eines kleinen süfsen Standgewässers vor, die recht charakteristisch für das Binnenland ist. Von den Weifsen hat sie den Namen Tonpfanne, claypan, erhalten. Sie entsteht durch Ansammlung von Rieselwasser auf Lehmboden und ist in der Regel kreisrund. Das Wasser ist ausnahmslos durch suspendierte bräunliche oder rötliche Schlammteilchen in hohem Grade getrübt. Für die menschlichen und die tierischen Bewohner haben diese claypans keinen hohen Wert, da sie überraschend schnell austrocknen.

Ich will jetzt in flüchtigen Zügen die Pflanzenwelt der Kolonie zu schildern versuchen. Den Anfang mache ich mit der grofsen nördlichen Halbinsel.

Diese umfangreiche Halbinsel ist gröfstenteils mit einem offenen immergrünen Walde bedeckt, der im wesenlichen aus einer kleinen Zahl von Eucalyptusarten besteht. Echter Scrub findet sich selten vor. Die zweite Hauptpflanzenformation bilden savannenartige Grasfluren, die mehr oder weniger spärlich mit Holzgewächsen bestanden sind. Für die Ebenen an der Küste sind sie recht charakteristisch. Der Pflanzenbestand der

Flufsniederungen ist ganz anders, als der des höher gelegenen Geländes. Bäume und Sträucher mancherlei Art haben sich mit Schlinggewächsen und meterhohem Rohr an vielen Stellen zu einem schmalen geschlossenen, fast undurchdringlichen Ufersaume vereinigt, den die weifse Bevölkerung mit Recht als jungle bezeichnet.

Die South-east genannte Südostecke der Kolonie ist zum gröfsten Teil mit Scrub bedeckt, in dem strauchige Akazien und Eucalypten vorherrschen. In regenreichen Gebietsteilen mit gutem Boden, z. B. in der Gegend der beiden erloschenen Vulkane Mt. Gambier und Mt. Schank, befinden sich auch prächtige Gummiwälder. Die Zeit ist aber wohl nicht mehr fern, wo der weifse Ansiedler sie fast vollständig ausgerottet haben wird. Der niedrig gelegene Küstenstrich, der im Winter streckenweise durch das starke Regenniederschläge unter Wasser gesetzt ist, hat das düstere Aussehen unserer Moore. An sumpfigen Stellen trägt er eine dichte Decke aus Gestrüpp, Schilf, hohen Gräsern und Salzpflanzen. Eine ähnliche Vegetation weisen die Inudationsflächen des Murray, sowie grofse Strecken am Lake Alexandrina und L. Albert auf.

Das zwischen dem Spencer Golf und dem Unterlaufe des River Murray gelegene Gebiet ist bis zu Flinder's-Range der Hauptsache nach in Kultur genommen. Auf den höchsten Höhen der Mt. Lofty Range finden sich aber noch ausgedehnte Waldteile in ihrer ganzen Ursprünglichkeit vor.

In der südlichen Binnenlandshälfte ist die Steppe die vorherrschende Vegetationsformation. An manchen Orten geht sie in eine Wüstensteppe oder in Scrub über. Die Gewächse haben keinen Anschlufs und lassen durchschnittlich mehr als die Hälfte des Bodens völlig unbedeckt. Zur Zeit der Trockenheit gewährt das dürftige Pflanzenkleid einen ungemein trostlosen Anblick. Alle Kräuter und weichen Gräser sind abgestorben, und die Holzgewächse mit dem stumpfen Graugrün ihrer Blätter sehen der Mehrzahl nach nicht danach aus, dafs ein befruchtender Regen sie zu neuem frischen Leben erwecken könnte.

Günstigere Lebensbedingungen für die Pflanzenwelt bieten die Wasserläufe. Das gut abgegrenzte Bett aller gröfseren Creeks, sowie seine Ufer sind mit schönen hohen, hellstämmigen redgums (Eucalyptus rostrata) bestanden. Auf den Weitungen dieser Creeks, sowie in und an kleineren Creeks tritt an Stelle dieses gröfsten Baumes des Landes das boxwood (Eucalyptus microtheca), ein mittelhoher Gummibaum mit dunkelgrauem Stamm. Dieser Baumbestand, der sich wie ein dunkelgrünes, vielfach geschlängeltes Band durch die öde Landschaft zieht, zeigt dem Reisenden das Vorhandensein eines Creeks oft schon aus weiter Ferne an.

In der nördlichen Hälfte des Binnenlandes ist die Pflanzenformation von etwas anderer Beschaffenheit, als in der südlichen. Betrachten wir von irgend einer isolierten Bodenerhebung aus das umliegende Gebiet, so trifft der Blick fast überall auf Laubwerk, das wie ein graugrüner Teppich über die Landschaft gebreitet ist. Ein geschlossener Busch- und Baumbestand findet sich in Wirklichkeit aber durchaus nicht überall vor. Auf weiten Gebieten fehlen Bäume fast vollständig, und Sträucher, Kräuter und Gräser lassen mehr als die Hälfte des Bodens völlig unbedeckt. Es handelt sich hier um einen Scrub, der vielerorten in eine Strauchsteppe übergeht.

Einen unverkennbaren Wechsel im Vegetationsbilde bringen die Creeks hervor. Wie in der südlichen Binnenlandshälfte, so sind auch hier das Bett und die Ufer vieler dieser selten fliefsenden Wasserläufe mit weithin sichtbaren prächtigen Gummibäumen (E. rostrata) bestanden.

Die meisten Felsenhöhen scheinen, aus der Ferne gesehen, fast vegetationslos zu sein. Wo sich auf ihnen ein wenig Erdreich angesammelt hat, finden sich jedoch genügsame Gräser (Triodia sp.) in gröfserer Menge vor, auch pflegen Bäumchen und Sträucher auf ihren Hängen und in ihren Tälern nicht ganz zu fehlen.

Erwähnt sei, dafs sich der Übergang von der Flora des Binnenlandes zu der der grofsen nördlichen Halbinsel zwischen dem 15. und 18. Breitengrade vollzieht.

Die Zeit des Wachstumes der Pflanzen ist im ganzen Binnenland von viel kürzerer Dauer als die der Ruhe. Da sie völlig von den Regenniederschlägen abhängt, so stellt sie sich, wie schon aus dem hervorgeht, was ich über das Klima gesagt habe, mehr oder weniger unregelmäfsig ein. Zwischen dem 18. und 30. Breitengrade kommt es durchaus nicht selten vor, dafs die ausdauernden Gewächse einer Gegend jahrelang nicht ein einziges Mal vollständig aus ihrem Schlafe erweckt werden. In einem solchen Falle geht natürlich eine Unzahl von ihnen zu Grunde.

Haben regenschwangere Wolken dem ausgedörrten Lande das belebende Nafs in reichlicher Menge gebracht, so feiert die ganze Natur ihre Auferstehung. Überall regt sich das erwachende Leben. In überraschend kurzer Zeit bedeckt sich der Boden mit einem grünen Teppich. Ehe ein paar Wochen ins Land gegangen sind, haben sich alle Blüten entfaltet. Das Landschaftsbild ist jetzt völlig verändert: nichts erinnert mehr an die Öde und Verlassenheit der Wüste. Die Zeit des Keimens, Grünens, Blühens und Reifens ist aber leider nur kurz. Nach wenigen Monaten sind alle kurzlebigen Gräser und Kräuter verwelkt und ausgedörrt und versinken die ausdauernden Gewächse wieder in einen langen Schlaf.

In aller Kürze seien auch einige Angaben über das Vorkommen von Tierformen gemacht, auf die ein Teil der Vogelwelt in der Ernährung angewiesen ist.

Im Binnenlande, dem Hauptteil der Kolonie, ist das Tierleben beinahe ebenso abhängig von den Niederschlagsverhältnissen, wie die Vegetation. Was zunächst die Trockenzeit betrifft, so übt sie auf die Welt der Tiere einen ähnlichen Einfluſs aus, wie der Winter höherer Breiten. Während ihrer Herrschaft ist die Armut an Tieren fast überall im Lande auffallend groſs.

Kängeruhs zeigen sich selten. Kleinere warmblütige Vierfüſsler, namentlich ratten- und mäuseartige, sind in geringer Anzahl vorhanden; der Reisende bekommt sie aber nur ausnahmsweise zu Gesicht, da sie sich am Tage in ihren Schlupfwinkeln verborgen zu halten pflegen.

An Reptilien, Eidechsen und Schlangen ist stellenweise kein Mangel. Nebst den Vögeln bilden sie die Klassen der höheren Tiere, welche die zahlreichsten Vertreter aufweisen. Die gröſsten Eidechsen sind Varanidae. Von den Buschleuten und den zivilisierten Eingeborenen werden sie Gooanas genannt. Varanus giganteus, der Riese unter ihnen, erreicht eine Länge von mehr als 1,5 m. Die Schlangen selbst sieht man höchst selten, da sie ihre unterirdischen Zufluchtsorte nur in der Nacht zu verlassen pflegen. Ihr Vorhandensein kann man aber leicht an den Spuren erkennen, die sie auf den nackten Bodenteilen hinterlassen. Die Gattung Python ist weit verbreitet. Zu ihr gehören die gröſsten Arten.

Die Amphibien sind durch Frösche vertreten. Zur Trockenzeit liegen diese aber in einem totähnlichen Schlafe tief unter der Bodenoberfläche.

Fische finden sich auffallender Weise in recht vielen Süſswasseransammlungen vor. Die waterholes genannten Lachen der Creekbetten beherbergen nicht selten kaulbarschgroſse Stachelflosser (Therapon percoides und Th. truttaceus) in recht groſser Anzahl. Die höher gelegenen rockholes mit felsigem Grunde, sowie die claypans dagegen sind nie von Fischen bewohnt.

Die Welt der Insekten bietet nur eine ganz geringe Abwechselung. Einige ihrer Formen treten aber überall in geradezu staunenerregender Menge auf, wie Fliegen und Ameisen. Die Fliegen spielen natürlich nur für kleine insektenfressende Vögel eine Rolle, die sich durch eine bedeutende Flugfertigkeit auszeichnen. Die Ameisen nebst ihren Puppen hingegen bleiben so gut wie vollständig von allen Vogelarten verschont. Heuschrecken kommen stellenweise ziemlich häufig vor. Obwohl sie an Individuenzahl beträchtlich hinter den beiden eben genannten Familien zurückstehen, so haben sie zu der Zeit, wenn die Trockenheit nicht allzu groſs ist, doch unter allen Insekten für die Vogelwelt den gröſsten Wert. Ich schlieſse dies aus der Beschaffenheit des Mageninhaltes vieler von mir geöffneter Vögel. Bemerkenswert ist, daſs diese Geradflügler in der Färbung fast durchgehends ganz vortrefflich an ihre gewöhnliche Umgebung angepaſst sind. Käfer finden sich in geringer Anzahl vor; sie führen aber ein sehr verstecktes Leben. Tagschmetterlinge, die durch ihre Gröſse die Aufmerksamkeit auf sich lenken, fehlen vollständig.

Die Klasse der Spinnentiere ist durch einige wenige in recht beschränkter Individuenzahl vorkommende Formen vertreten.

Dafs Land- und Süfswassermollusken zu der Fauna des Landes gehören, verraten einem leere gebleichte Schneckengehäuse, die man zuweilen auffindet.

Was die Klasse der Crustaceen betrifft, so sei erwähnt, dafs eine gegen 5 cm lange Krabbe (Telephusa transversa) zu der Bewohnerschaft der meisten Wasserlöcher mit schlammigem Grunde gehört. Wie ihrer Weichteile beraubte Exemplare erkennen lassen, die man oftmals an dem Rande der Becken findet, dient sie Vögeln (Weifsäugige Krähe und andere) zur Nahrung.

Unendlich viel reicher als während der Dürren ist das tierische Leben des Binnenlandes, wenn Floras Kinder ihr buntes Festtagskleid angetan haben. Vielgestaltig zeigt es sich zwar auch jetzt nicht; manche Arten, die vorher selten oder gar nicht bemerkt wurden, treten aber in überraschend grofser Zahl von Einzelwesen auf. Sind einige Wochen oder Monate dahingegangen, und beginnt in der Welt der Pflanzen das Welken und Sterben, so erleidet auch die Fauna einschneidende Veränderungen: viele Tiere wandern aus, viele versinken in einen totähnlichen Schlaf, und viele verderben und sterben.

Das gesegnete Küstenland des Nordens besitzt ein viel reicher entwickeltes Tierleben, als das ungastliche Binnenland. Sein regenarmer Winter beeinflufst die Welt der Lebewesen verhältnismäfsig stark. Wenn er zu herrschen beginnt, tritt in der Zusammensetzung der sich betätigenden, volles Leben äufsernden Fauna eine augenfällige Änderung ein, indem viele Formen unsichtbar werden oder ganz verschwinden. Wie im Binnenlande während der Dürre, so gibt es auch hier im nördlichen Randgebiet zur Winterszeit manche Arten, die durch eine Unzahl von Einzelwesen in hohem Grade die Aufmerksamkeit auf sich lenken, und zwar in manchen Fällen auf eine sehr unangenehme Weise. Zu ihnen gehören namentlich Fliegen, Moskitos und Ameisen. Haben die ersten stärkeren Regengüsse die lechzende Erde erquickt, so regt sich überall das erwachende Leben. Frösche, Eidechsen u. s. w. verlassen ihren Schlafplatz und zahllose Gliedertiere beginnen, Luft, Land und Wasser in buntem Wechsel belebend, voll Freude die Tätigkeit, zu der Allmutter Natur sie ins Dasein gerufen hat. Gesagt sei noch, dafs die Alfuren-See, die den Nordrand des Landes bespült, von zahlreichen Fischen und Weichtieren bewohnt ist.

Das wechselvolle Südküstengebiet ist weit besser als das Binnenland, aber nicht ganz so gut wie der nördliche Landesteil mit Tieren besetzt. Insektenarten, die sich jahraus, jahrein durch ihre Allgegenwart bemerkbar machen, gibt es auch hier. Fische sollen zahlreich im Murray vorkommen. Die beiden gröfsten

Seen des Gebietes, der Lake Alexandrina und der L. Albert beherbergen nur wenige Vertreter dieser Klasse, da ihr brackiges Wasser weder den See-, noch den Flufsfischen zusagt. Erwähnung verdient noch, dafs das Land arm, das Meer hingegen überaus reich an Mollusken ist.

Unter allen Tieren sind es einzig und allein die Vögel, welche wesentlich zu der Gestaltung von Landschaftsbildern beitragen. Obwohl gröfsere Ansammlungen von ihnen durchaus nicht zu den Seltenheiten gehören, so läfst die Vegetation sie doch nicht oft zur Geltung kommen. Die Hauptsammelplätze vieler ihrer Arten sind gröfsere und kleinere Gewässer, sowie hin und wieder auch Geländeteile, die sich durch grofsen Reichtum an Insekten oder samentragende Gewächse auszeichnen.

In ihrer Zusammensetzung ist die Vogelwelt Südaustraliens noch nicht genau bekannt. Die parallelogrammförmige nördliche Halbinsel nimmt annähernd einen Fälchenraum von 227 500 qkm ein und besitzt roher Schätzung nach gegen 300 Vogelarten. Das Binnenland ist ungefähr siebenmal so grofs und wird wohl gegen 400 Vogelarten aufweisen. Manche von diesen gebören ihm aber nur zeitweilig an, wie später ausführlich erörtert werden soll. Der am Meere zwischen dem Spencer-Golf und der Kolonie Victoria gelegene Landstrich hat eine Vogelfauna, die, soweit ich es zu beurteilen vermag, ebenso artenreich ist, wie die der nördlichen Halbinsel.

Was die Wohndichte der Vogelwelt betrifft, d. h. das Verhältnis der Individuenzahl zu dem Flächeninhalte des Wohnraumes, so ist sie dem Anschein nach in den Küstengebieten wesentlich gröfser; als bei uns an der Nord- und Ostseeküste, im Binnenland hingegen während der Trockenzeit nicht einmal so grofs, wie zur Winterszeit in den küstenfernen Teilen unseres Vaterlandes.

Wie sich schon aus dem ergibt, was ich eingangs über das Klima und die Beschaffenheit der Bodenoberfläche mitgeteilt habe, scheinen manche binnenländischen Gebietsteile, wie die wüstenähnlichen Flugsandebenen, völlig ungeeignet zu einer Ansiedlung hochstehender Geschöpfe zu sein. So weit meine Erfahrungen reichen, werden selbst die allerunwirtlichsten Örtlichkeiten nur zeitweilig so gut wie vollständig von jedweden Vertretern der beiden höchsten Tierklassen gemieden, und zwar dann, wenn viele, viele Monate kein Tropfen Regen gefallen ist. Verhältnismäfsig reich ist dagegen das Vogelleben jederzeit in der Nachbarschaft der Gewässer, und zwar nicht nur im Binnenlande, sondern auch in den am Meeresgestade gelegenen Landstrichen: wo Land und Wasser miteinander vereinigt sind, pflegen die Nahrungsmittel für die Tierwelt ja mannigfaltiger und reichhaltiger zu sein, als dort, wo diese Vereinigung nicht vorhanden ist. Besonders betonen möchte ich, dafs die Trinkplätze des Binnenlandes leicht zu einer weitgehenden Überschätzung der Dichtigkeit des Wohnens Veranlassung geben können. An ihnen, mögen sie liegen, wo sie wollen, pflegt nämlich tagsüber, namentlich in den Morgen- und den Abendstunden, ein lebhaftes Kommen und Gehen zahlreicher Vögel stattzufinden.

Bekanntlich unterscheidet sich die Vogelwelt des australischen Tiergebietes recht wesentlich von der anderer Länder. Mehrere Familen, die anderswo weit verbreitet sind, fehlen ihr vollständig, wie Geier, Spechte, echte Finken und Fasanen; dagegen weist sie eine erkleckliche Anzahl von Formen auf, die nur ihr eigentümlich sind, wie die Laubenvögel, den Erdpapagei und die Leierschwänze.

Was unsere Kolonie betrifft, so finden sich in ihr verhältnismäfsig viele Vogelordnungen vor, die aufserordentlich gestaltenreich sind, z. B. die Papageien, die Tauben, die Entenvögel. Auffallend ist auch, dafs manche Familien zahlreiche Arten enthalten, die sich in der Gestalt, der Gröfse, der Färbung und der Lebensweise nur sehr unwesentlich voneinander unterscheiden. Unter anderen gilt dies namentlich von den Honigsaugern *(Meliphagidae)*, den Schwalbenwürgern *(Artamidae)*. Erwähnt sei noch, dafs das Vorhandensein einer verhältnismäfsig recht bedeutenden Menge prächtig gefärbter Vögel bezeichnend für die südaustralische Vogelwelt ist.

Mehrere Arten haben in der Kolonie eine sehr beschränkte Verbreitung. Es liegt dies wohl meistenteils an der Beschaffenheit des Bodens und seiner Pflanzendecke oder an der grofsen Zahl ihrer tierischen Feinde. In einigen wenigen Fällen müssen wir aber auch den Eingeborenen zu den Verbreitungshindernissen rechnen, wenn ich mich so ausdrücken darf.

Da die Kolonie Südaustralien, die sich sozusagen als ein breiter Streifen von der Nord- bis zur Südküste durch die Mitte des Kontinentes erstreckt, im Osten und Westen an weite Gebietsteile anderer Kolonien stöfst, die der Welt der Organismen die gleichen Lebensbedingungen bieten, wie viele ihrer eigenen Gebietsteile, und da nirgends hohe Gebirge und weite Gewässer vorhanden sind, die einen Austausch der leicht beweglichen Tierwelt hindern könnten, so wird sie wohl nur wenige Vogelarten beherbergen, die ihr allein angehören. Manche auffällige Formen der australischen Vogelfauna fehlen unserer Kolonie jedoch, wie z. B. die prächtigen Leierschwänze.

Wie ich von Herrn Museumsdirektor A. Zietz in Adelaide, dem besten Kenner der südaustralischen Fauna, hörte, unterscheide sich die gleichartige befiederte Bewohnerschaft der drei Hauptteile der Kolonie, des Binnenlandes, des Nord- und Südküstengebietes, in manchen Fällen hinsichtlich der Gröfse recht wesentlich voneinander.

Manche Arten kommen in überraschend grofser Individuenzahl vor. Sie bewohnen entweder das trockengelegene Land und leben ganz von pflanzlichen Stoffen (Papageien, Tauben und sperlingsartige Vögel), oder sie sind an die Gewässer gebunden und nehmen eine rein tierische oder eine gemischte Kost zu sich (Sumpf- und Schwimmvögel). In dem letzteren Falle sind es namentlich Entenvögel, die durch die Massenhaftigkeit ihres Vorkommens den Reisenden in Erstaunen setzen. Ein bekannter australischer Forscher berichtet, dafs er einst im Winter auf einer längeren Reise an dem Coorong und dem River Murray tagtäglich überall Entenscharen antraf, die so grofs waren, dafs sie das Wasser verbargen, wenn sie schwammen, und die Sonne, wenn sie aufflogen.[1]) Bei zeitweiligem massenhaften Auftreten einer Art entstammt natürlich oft ein grofser oder gar der gröfste Teil der Einzelwesen nicht der Kolonie, sondern anderen Landgebieten des Kontinentes. Erwähnt sei noch, dafs im Binnenland die befiederten Bewohner des trocken gelegenen Landes, die nur von Tieren leben, hinsichlich der Individuenzahl in den meisten Fällen auffallend weit hinter den sämereienfressenden zurückstehen. Es beruht dies darauf, dafs das Land zur Trockenzeit arm an gröfseren Insekten ist, die unschwer erbeutet werden können und eine gute Nahrung bilden, dafs es aber allzeit vielerorten eine Fülle von Sämereien darbietet.

Wie anderswo, so wählen natürlich auch in Südaustralien viele Arten zu ihrem Aufenthalte Örtlichkeiten von bestimmter Beschaffenheit: die befiederte Bewohnerschaft ist auf der Ebene eine andere als im Höhengebiete, auf grasreicher aber busch- und baumarmer Steppe eine andere als im Scrub oder hochstämmigen Walde, auf ödem Flugsandgelände eine andere als an und auf den Gewässern.

Bei sehr lange andauernder Trockenheit ändert sich im Binnenlande die Verteilung und Sonderung der Vögel nicht unbeträchtlich, indem viele Arten in die Ferne wandern, und viele sich in der Umgegend der wenigen übriggebliebenen Wasserstellen ansiedeln, und zwar nicht selten an einem beliebigen Orte, wo sie sich schlecht und recht durchzuschlagen vermögen. An diesen Wasserstellen herrscht natürlich ein wechselvolles Leben und Treiben. Tagsüber findet ein ständiges Kommen und Gehen statt. Die Insektenfresser stellen sich einzeln, paar- oder familienweise ein. Die meisten Körnerfresser hingegen pflegen die Tränke in gröfseren Flügen aufzusuchen, und zwar namentlich in den Morgen- und den Abendstunden. Die wenigen Sumpf- und Schwimmvögel, welche im Lande zurückgeblieben sind, haben sich nach den Seen und den gröfsten Wasserlöchern geflüchtet; an oder auf den kleinen oder den mittelgrofsen Wasseransammlungen finden sich nur einige wenige von ihnen zu einem kurzen Besuche ein. Auf die meisten Raubvögel üben die besuchtesten Trinkplätze zu der Zeit der Dürren eine besonders grofse

---

[1]) Tenison Wood, Essay on the Natural History of New South Wales. Sydney 1882.

Anziehungskraft aus; können sie an ihnen doch auf Kosten vieler ihrer notleidenden Mitbewohner ein wahres Wohlleben führen.

Im Nordküstengebiet finden sich ebenfalls zu der trockenen Zeit, im Winter, an und auf den Gewässern unzählige Vögel zu einem grofsartigen Stelldichein zusammen. Das Gros bilden hier aber nicht Bewohner des trocken gelegenen Landes, sondern Sumpf- nnd Schwimmvögel. Nur sehr wenige Arten siedeln sich fest an, die allermeisten, wie die in mehr oder minder grofsen Flügen auftretenden Enten, Gänse, Ibisse, Pelikane, führen ein wahres Nomadenleben. Damit der Leser eine Vorstellung von dem Naturbilde gewinne, das die Gewässer des Nordens dann darbieten, wenn die Vogelwelt am meisten zu ihrer Belebung beiträgt, gebe ich hier aus einem meiner Tagebücher eine Schilderung von Knuckey's Lagoon, dem kleinen stehenden Gewässer unweit des Port Darwin, und seines Vogellebens vor dem Beginn der Regenzeit wieder.

„Knuckey's Lagoon, 24. Sept. — Es befinden sich in der Nähe meines Lagers, inmitten einer gegen 2 qkm grofsen Waldblöfse, drei Billabongs genannte Wasserbecken. Das eine hat eine ganz unregelmäfsige Form und ist am Rande morastig und dicht mit Schilf bewachsen. Die beiden anderen sehen wie Dorfteiche aus. Während der Regenzeit sollen die drei ein einziges Gewässer bilden. Zur Zeit beleben hundert und aber hundert Vögel den freien Platz und die ihn einschliefsenden Waldränder in ungemein fesselnder Weise. Fast alle geben sich ohne grofse Ängstlichkeit dem beobachtenden Blicke preis. Am lebhaftesten geht es an und auf den Becken zu, wo die im Lande heimischen Sumpf- und Schwimmvögel der Mehrzahl nach vertreten sind und, gröfstenteils nach Arten gesondert, emsig ihr Futter suchen. Eine feste Wohnstätte hat hier so gut wie keine Art: alle Einzelwesen haben sich nur zu einem stunden- oder höchstens tagewährenden Aufenthalte eingefunden. Das Kommen und Gehen wird immer in den Abendstunden am auffälligsten. Dies ist die Zeit, wo viele Vögel anlangen, um ihren Durst zu stillen, wie Papageien, Tauben, oder nächtlicher Weile der Nahrung nachzugehen, wie Entenvögel, Nachtschwalben, und viele fortziehen, um ihre im Walde gelegene Schlafstätte aufzusuchen. Verschieden wie die Vögel selbst, sind ihre Lebensweise und ihr Gebaren. Unablässig wechselt am Tage das Bild, welches sie darstellen, so dafs man nicht müde wird, ihnen zuzuschauen. Landseeschwalben fliegen ruhelos über dem Wasserspiegel, Reiher stehen auf Beute lauernd im Binsendickichte, Jabirus, Ibisse und Löffler waten geschäftig im Wasser und Schlamme, Pelikane fischen gemeinsam an seichten Stellen, Scharben rudern, von Zeit zu Zeit untertauchend, langsam umher und sitzend verdauend und sich sonnend auf Ästen, die aus dem Wasser ragen, Enten und Gänse suchen am Rande der Schilfdickichte voll regen Eifers nach Nahrung und überlassen sich dicht gedrängt, auf dem flachen Ufer der Ruhe, Strandreiter stelzen einzeln oder paarweise bald auf dem festen Lande, bald im Schlamme und Wasser bedächtig dahin, Regenpfeifer rennen auf den nackten Uferstellen hin und her, hier und dort einen Augenblick anhaltend, um ein Insekt aufzunehmen, Kiebitze lassen von einem nahen sumpfigen Platze aus ihren Warnungsruf erschallen, und eine Drosselstelzenfamilie treibt auf dem Anger ihr Wesen. Weit weniger als diese an das Wasser gebundenen Vögel greifen die Vögel bestimmend in das Landschaftsbild ein, welche ihrer Nahrung auf Büschen und Bäumen oder auf dem trocken gelegenen Erdboden nachgehen und die Gewässer nur aufzusuchen pflegen, um ihren Durst zu stillen. Hoch oben im Äther ziehen ein paar Raubvögel ihre Kreise, zierliche Schwalben schieſsen blitzschnell bald in der Höhe des Waldes, bald dicht über dem Boden oder dem Wasserspiegel dahin, in einem blühenden Baume ist eine bunte Gesellschaft von Pinselzünglern, Sittichen u. s. w. mit dem Aufsuchen von Futter beschäftigt, auf meinem Lagerplatze balgen sich ein halbes Dutzend Milane um ein Stück verdorbenen Fleisches, und wenige Schritte von mir betreibt ein zutraulicher Fächerschwanz nach Art der Fliegenfänger die Insektenjagd."

Ansammlungen von Vögeln werden auch durch Grasbrände veranlaſst. Sie dauern aber nur kurze Zeit und sind durchschnittlich weit weniger bedeutend, als die an und auf den Gewässern. Das, was die Vögel zusammenführt, ist das plötzliche Auftun einer reichen Nahrungsquelle. Durch das gefräſsige Feuer werden nämlich viele Insekten, welche sich im Grase oder auf dem Boden aufhalten, emporgescheucht und viele kleinere Wirbeltiere, wie Beutler, Schlangen, Eidechsen, aus ihren unterirdischen Verstecken getrieben. Den Raubvögeln und den Insektenfressern kostet es daher wenig Mühe, reiche Ernte zu halten. Sobald irgendwo eine gröſsere Grasfläche in Brand geraten ist, und mächtige tiefschwarze Rauchwolken emporwirbeln, kommen diese Vögel aus allen Richtungen herbeigeflogen und beginnen sogleich die Jagd auf die Flüchtlinge, sowie das Auflesen der toten und sterbenden Opfer des Feuers, wobei sie dem Beobachter ein höchst eigenartiges Schauspiel gewähren, das trotz ihrer nicht sehr groſsen Zahl unterhaltender zu sein pflegt, als das wechselvolle Getriebe im Bereiche der Gewässer. Kleine und groſse Räuber umkreisen unbesorgt die Flammen oder sitzen lauernd auf dürren Ästen. Haben sie ein Beutetier erspäht, so stürzen sie sich blitzschnell auf dasselbe, oft hart am Feuer vorbei und durch dichte Rauchwolken. Fliegenschnäpperartige Vögel, wie Fächerschwänze, betreiben die Insektenjagd eifrigst in vielfach wechselndem Fluge dicht vor den prasselnden Flammenlinien. Minder fluggewandte Vögel, wie die lebhafte, zierliche schwarz und weiſse Drosselstelze, ziehen es vor, sich auf bequemere Weise eine gute Mahlzeit zu verschaffen: sie lesen, hin und her rennend, die Kerbtiere auf, welche sterbend oder tot auf dem rauchenden und mit feinen Kohleteilchen bedeckten Plätzen liegen. Diese

Vogelansammlung währt nur solange, als das Gras brennt. Gleich nach dem Brande, wenn noch hier und dort ein glimmendes Stück Fallholz blaue Rauchwolken emporsendet, haben alle befiederten Kinder der Luft die Brandstätte verlassen, da sie ihnen nunmehr kein Auskommen mehr gewährt.

Im ganzen Binnenlande ist die Wohndichte der Vogelwelt weitgehenden Schwankungen unterworfen. Die Veränderungen entstehen dadurch, das viele Arten von Zeit zu Zeit ihren Wohnort wechseln. Soweit ich es zu beurteilen vermag, sind die Wanderungen dem eigentlichen Zuge nur in sehr wenigen Fällen ähnlich. Bei der überwiegenden Mehrzahl der Arten finden sie ohne jede Regelmäfsigkeit in bezug auf Zeit, Richtung und Entfernung statt. Es handelt sich hier also meist nur um ein wahres Streichen.

Was ist nun die treibende Ursache dieser Ortsveränderungen? Ohne Zweifel suchen in den allermeisten Fällen die betreffenden Vögel durch die Wanderungen eingetretenem oder drohendem Nahrungsmangel auszuweichen. Wenn der Geschlechtstrieb sich einzustellen beginnt, werden manche Arten jedenfalls auch durch die Fürsorge für die zu erwartende Nachkommenschaft dazu veranlafst, ihren Wohnsitz aufzugeben und nach einer Gegend zu ziehen, wo nicht allein der Nahrungserwerb weniger Mühe macht, sondern wo auch die Gelegenheit zum Nisten besser, die Zahl der Feinde geringer ist u. s. w., oder, kurz gesagt, wo die Lebensverhältnisse zu der Aufzucht einer Brut in jeder Hinsicht möglichst günstig sind. Was z. B. die Gelegenheit zum Nisten betrifft, so läfst sie jedenfalls für die Höhlenbrüter, wie die Papageien, überall dort viel zu wünschen übrig, wo sich dieselben in beträchtlicher Menge aufhalten. Die baumförmigen Eucalypten, die einzigen binnenländischen Holzgewächse, die Höhlungen aufzuweisen pflegen, kommen nämlich durchgehends nur in und an den Creeks in gröfserer Anzahl vor. Ungünstige Winterungsverhältnisse zwingen aller Wahrscheinlichkeit nach nicht direkt Vogelarten zum Ortswechsel, da das Klima des ganzen Binnenlandes recht gleichmäfsig ist.

Was die Nahrungsnot betrifft, so bin ich überzeugt, dafs im Binnenlande zu der Zeit der Dürre durch sie ebenso viele Vögel ums Leben kommen, wie bei uns in einem recht strengen Winter. Enten weisen unter anderen Arten bei lange andauernder Trockenheit einen so schlechten Ernährungezustand auf, dafs sie sehr leicht eine Beute ihrer vielen Feinde werden, und der Weifse ihr Fleisch nicht essen mag. Namentlich hat oft das Austrocknen aller Gewässer einer Gegend verhängnisvolle Folgen für manche der Vogelarten, die sich wegen ihrer geringen Flugfertigkeit nur unschwer zum Wandern entschliefsen. Es kommt durchaus nicht selten vor, dafs sich ein ganzer Flug, von Durst gequält, in Brunnen oder enge wasserhaltige Felslöcher stürzt, aus denen er nicht herauszugelangen vermag. Auf meiner ersten

Überlandreise kam ich einst zu einem Brunnen, auf dessen tiefliegendem Wasserspiegel neun halbverweste ringnecks (*Barnardius zonarius*) schwammen. Auffallender Weise haben auch in den Küstengebieten manche Vogelarten wahre Hungerzeiten durchzumachen. Als ich mich an der Nordküste aufhielt, verrieten mir viele Sumpf- und Schwimmvögel kurz vor dem Beginn der sommerlichen Regenniederschläge durch ihr Verhalten, dafs ihnen der Nahrungserwerb grofse Mühe machte. Die Enten und Gänse waren um diese Zeit so stark abgemagert, dafs die Chinesen Palmerstons, die die Jagd auf sie gewerbsmäfsig betrieben, für ihre Beute nicht einmal die Hälfte des gewöhnlichen Preises erzielten.

Ich gehe jetzt etwas näher auf die Wanderungen der binnenländischen Vogelwelt und ihre Ursachen ein.

Es liegt auf der Hand, dafs die Nahrungsnot gewöhnlich unter den Vögeln früher eintritt, die von Sämereien, fleischigen Früchten leben, oder ihr Futter auf blühenden Holzgewächsen finden, als unter denen, die eine recht gemischte Kost zu sich nehmen, oder sich ihren Lebensunterhalt durch die Jagd auf Wirbeltiere verschaffen. Was die reinen Insektenfresser betrifft, so wird für viele Arten der Nahrungserwerb schon gleich nach dem Beginn der Trockenheit, so schwierig, dafs sie grofse Not leiden oder gar zu Grunde gehen würden, wenn sie ihr Wohngebiet nicht verliefsen.

Dafs die Gebietsteile, welche vorübergehend gleichzeitig ihre ganze Vogelwelt ausreichend zu ernähren vermögen, in ihrer Gesamtheit gewöhnlich nur einen recht kleinen Bruchteil des ganzen Binnenlandes ausmachen, geht zur Genüge aus dem hervor, was ich früher über die Niederschlagsverhältnisse mitgeteilt habe.

Die Wanderer können wir mit einigem Recht in zwei Gruppen einteilen. Beide lassen sich aber nicht scharf voneinander trennen.

Ein nicht ganz unbedeutender Prozentsatz dieser Vögel sucht nur die Gegenden auf, wo es anhaltend und stark geregnet hat, und bleibt in ihnen solange, als sie ihm Nahrung in Fülle zu bieten vermögen. Solche günstige Ernährungsverhältnisse für die Vogelwelt finden sich keineswegs zu allen Zeiten in einem oder mehreren Teilen des Binnenlandes vor. Wir sind also zu der Annahme gezwungen, dafs die hier in Betracht kommenden Vogelarten zeitweilig vollständig im ganzen Binnenlande fehlen. Diese Arten stammen, so viel ich in Erfahrung zu bringen vermocht habe, mindestens der Mehrzahl nach aus mehr oder weniger regenreichen Ländern, wie den beiden Küstengebieten Südaustraliens und den Kolonien Queensland und Neu-Süd-Wales.

Weit besser als diese sind die übrigen Formen, die ein Nomadenleben führen, den Verhältnissen des Binnenlandteiles der Kolonie angepafst. Zu ihnen gehören vornehmlich gesellig lebende und in grofser Individuenzahl auftretende muskelkräftige Tauben und Papageien. In gröfserer oder geringerer Menge finden sie sich immer irgendwo im Lande vor.

Die Sumpf- und Schwimmvögel bilden sozusagen das Bindeglied zwischen den beiden Gruppen. Ein paar Individuen mehrerer ihrer Arten finden sich an und auf den gröfseren Wasseransammlungen selbst dann vor, wenn lang anhaltende Dürren das Land einer Wüste ähnlich gemacht haben. Beginnen die gröfseren Creeks mit vielen oder allen ihren Nebencreeks infolge ausgiebiger Regenniederschläge zu fliefsen, so wandern die fraglichen Arten zum Teil in grofser Menge zu ihnen. Das Gros aller Individuen entstammt aber jedenfalls Nachbarländern, denn nur wenige an das Wasser gebundene Arten brüten im Binnenlande selbst, und zwar nur an den gröfsten Wasserbecken in besonders regenreichen Jahren.

Was die Fleischfresser betrifft, so werden sie wohl nur in engem Kreise umherschweifen, solange die Ernährungsverhältnisse für sie günstig sind. Zu den Wanderern gehören aber auch sie, wenigstens die meisten von ihnen. Wiederholt ist es mir aufgefallen, dafs die Mehrzahl der von warmblütigen Tieren lebenden Tagraubvögel aus einer Gegend zugleich mit den Vögeln und den kleineren Beuteltieren[1]), die den Hauptgegenstand ihrer Jagd bildeten, verschwanden.

Wie die Vögel in Erfahrung bringen, wo der Tisch reichlich für sie gedeckt ist, vermag natürlich niemand zu sagen. Da der Regen meist nur strichweise fällt, so sind die betreffenden Gebiete in vielen Fällen nicht nur klein, sondern haben auch eine Umgebung, die einer reinen Wüstenei gleicht.

Echte Standvögel, Vögel, die ihrer Geburtsstätte treu bleiben, finden sich nur in geringer Zahl vor. Zu ihnen gehören vornehmlich Arten, die die Nahrung zugleich dem Tier- und dem Pflanzenreich entnehmen, oder die der Hauptsache nach von den Insekten, wie Fliegen und Geradflüglern, leben, die zu allen Zeiten in mehr oder minder grofser Menge vorhanden sind. Geht das Wasser auf ihrem Ernährungsgebiet aus, was vielerorten stets bei sehr langer Dauer der Trockenheit geschiebt, so sind sie natürlich gezwungen, sich eine andere Heimstätte zu suchen.

Hin und wieder tauchen im Binnenlande ganz seltene der Vogelwelt angehörende Gäste auf, die gewöhnlich selbst dann nicht gesehen werden, wenn die Natur zu vollem Leben erwacht ist und für alle Tiere Nahrung in überreicher Menge erzeugt

[1]) Viele der kleinen Beuteltiere, die zeitweilig in ungeheurer Menge auftreten, z. B. die Beuteldache, scheinen, wie der europäische Lemming, durch Nahrungssorgen gezwungen, ausgedehnte Wanderzüge zu unternehmen.

hat. Es handelt sich hier jedenfalls um Vögel, die sich verirrt haben oder durch ungewöhnlich grofse Nahrungsnot aus ihrer Heimat vertrieben worden sind.

Wie wir gesehen haben, gibt im Binnenland fast ausschliefslich Nahrungsmangel die Veranlassung zu der Entstehung der Vogelwanderungen. Auf vorhergehenden Seiten ist bereits darauf hingewiesen, dafs die Pflanzenwelt und zum Teil auch die niedere Tierwelt infolge des geringen Mafses von Regen, welches der Boden zu erhalten pflegt, gezwungen ist, lange Zeit in dem Zustand der Ruhe zu verharren. Da der Regen meist strichweise fällt, so kommt es recht oft vor, dafs engbegrenzte Gebiete ein oder mehrere Jahre unter beständiger Dürre zu leiden haben. Es liegt nun auf der Hand, dafs viele Vogelformen auf ihnen ihre Nahrungsquellen durch fortgesetzte Ausbeutung über kurz oder lang vollständig erschöpfen werden. In solchen Fällen stellt sich die Nahrungsnot natürlich ganz allmählich ein. Dafs die körnerfresssenden Vögel immer dann auswandern oder ihre Ernährungsweise mehr oder weniger ändern müssen, wenn ausgiebige Regenfälle die Natur aus ihrem Schlummer erweckt haben, bedarf keiner Erörterung. Meist ist ihr Tisch aber schon nach Verlauf weniger Wochen reichlich gedeckt, da ja der Same der allermeisten Gräser und niedrigen Bodenkräuter überraschend schnell gezeitigt wird. Nicht gar selten ist die Regenmenge aber so unbedeutend, dafs die kurzlebigen Gräser und Kräuter schon vor ihrer vollständigen Entwicklung absterben. Auf diese Weise geschieht es, dafs viele Gebietsteile lange Zeit nicht in der Lage sind, grofsen Flügen von Körnerfressern genügend Nahrung zu bieten.

Erwähnung verdient noch, dafs zuweilen nach weit ausgedehnten Grasbränden ganz plötzlich Massenauswanderungen von Vögeln, und zwar sowohl von samen-, als auch insektenfressenden, erfolgen. Dafs diese Wanderungen nicht durch Furcht veranlafst werden, geht zur Genüge aus meinen früheren Angaben über das Verhalten der südaustralischen Vogelwelt bei den Bränden hervor.

In den Küstengebieten ist die Zahl der Vögel, die ihrer heimatlichen Scholle stets treu bleiben, dem Anschein nach gröfser als im Binnenlande. Die allermeisten Arten streichen aber auch dort weit umher, wenn sich zu bestimmten Jahreszeiten die Ernährungsverhältnisse an ihrem Wohnort verschlechtert haben. An der Südküste gibt es, wie schon seit langem bekannt ist, einige echte Zugvögel (Schwalben, Schwalbenwürger u. s. w.). Das gleiche gilt wohl von dem nördlichen Randgebiet der Kolonie. Vielleicht stammen viele der Sumpf- und Schwimmvögel, die sich dort zur Winterszeit an und auf den süfsen Gewässern umhertreiben, aus Ländern, die nicht dem australischen Kontinente angehören.

Die allermeisten kleineren und einige gröfsere Vögel, die ihre Nahrung vorwiegend oder ausschliefslich unter freiem Himmel auf einem Gelände suchen, welches nur zur Hälfte oder zum dritten Teil mit niedrigen Gewächsen bestanden ist, und die ihren Feinden keinen nennenswerten Widerstand zu leisten vermögen, sind in der Färbung vortrefflich dem Boden oder diesem und seinem Pflanzenwuchse angepafst. In vielen Fällen weist aber nur das Rückengefieder die sympathische Färbung auf. Es beruht dies natürlich darauf, dafs die betreffenden Arten in ihrer Existenz weit mehr von Raubvögeln als von flugunfähigen Tieren bedroht sind. Häufig wird die chromatische Anpassung nicht durch eine einzige eintönige Farbe, sondern durch mehrere Tupfen, Striche u. s. w. bildende Farben bewirkt. Dafs in solchen Fällen der Vogel, und zwar sowohl der ruhende, als auch der in Bewegung befindliche, ganz vortrefflich vor dem Gesehenwerden geschützt ist, habe ich oft gefunden. Der Boden und sein Pflanzenkleid weisen ja überall sowohl in der Farbe, als auch in der Beleuchtung eine Fülle von Verschiedenheit auf. Manche der Arten, die sich aus der Vogelperspektive sehr wenig, von der Seite gesehen jedoch nicht unbeträchtlich von dem bräunlichgelben oder rotbraunen Boden abheben, sind so gefärbt, dafs sie in dem Blaugrün oder Graugrün des Laubwerkes, das mit dem gelblichen Grau oder Braun des Gezweiges vereinigt ist, schwer aufgefunden werden können. Das Gefieder des allbekannten Wellensittiches zeigt eine solche doppelte chromatische Anpassung recht gut. Befindet er sich auf seinen Schlaf-, Rast- und Nistbäumen, den prachtvollen redgums der Creeks, so hält es aufserordentlich schwer, seiner ansichtig zu werden, trotzdem er ein ungemein unruhiger, geschwätziger Vogel ist, und das bläulichgrüne Laubwerk nur eine geringe Dichtigkeit besitzt und kein einheitliches Dach bildet.

Viele der kleinen gefiederten Insektenfresser, die ihre Beute auf einem mehr oder weniger offenen Gelände nach Art der Fliegenschnäpper zu erhaschen pflegen, wie *Artamus*, *Rhipidura*, tragen matte graue, schwärzliche und weifsliche Farben, die so über das Gefieder verteilt sind, dafs sie bei greller Sonnenbeleuchtung sehr wenig hervortreten.

Auch die allermeisten Pinselzüngler (*Meliphagidae*) zeigen in der Färbung eine überraschend grofse Übereinstimmung mit ihrer gewöhnlichen Umgebung, dem Laub- und Zweigwerk der Bäume und Büsche, die ihnen die Nahrung spenden.

Unter den kleinen Vögeln, die den hochstämmigen Wald und den Scrub bewohnen, gibt es eine erkleckliche Anzahl von Arten, die mit leuchtenden Farben geschmückt sind und dadurch grell von ihrer Umgebung abstechen. Recht auffallend ist z. B. die Färbung bei den Staffelschwänzen (*Malurus*). Eine Farbenanpassung an die belebte und die unbelebte Umwelt würde diesen winzigen Vögeln keinen grofsen Nutzen gewähren, da sie nahe dem Erdboden in dem dichtesten Strauchwerk ihr Wesen treiben, also meist den Blicken der Räuber der Luft völlig entzogen sind. Übrigens trägt allein der männliche Vogel ein farbenprächtiges Kleid, und zwar nur zur Fortpflanzungszeit. Wäre dies nicht der Fall, zeichne Männchen und Weibchen, Junge und Alte eine recht augenfällige Färbung aus, so könnte man auf den Gedanken kommen, dafs diese den Zweck habe, den einzelnen Individuen das Zusammenhalten zu erleichtern. Die Staffelschwänze durchwandern nämlich, wenn das Fortpflanzungsgeschäft sie nicht an einen bestimmten Ort gebunden hält, tagtäglich mit einer aufserordentlich grofsen Geschwindigkeit ihr Ernährungsgebiet. Dafs es ihnen dabei in dem Dämmerlicht der Büsche einige Mühe kostet, vereinigt zu bleiben, scheint ihr beständiges Locken anzuzeigen.

Eine weitgehende chromatische Schutzanpassung besitzen aber nicht allein viele wehrlose Vögel, die durch die Art und Weise des Nahrungserwerbes gezwungen sind, sich häufig auf ganz offenem Gelände oder dem Laubdache von Bäumen und Büschen aufzuhalten, sondern auch die allermeisten gefiederten Räuber der Luft, die aufser dem Menschen keinen Gegner zu fürchten haben. In diesem Falle hat das Verbergungsmittel natürlich den Zweck, dafs seine Besitzer sich unbemerkt den Tieren nähern können, die sie zum Frafse auserlesen haben. Da die Landraubvögel an den verschiedensten Orten zu jagen pflegen, so kann man billig fragen: welchen Gegenständen sind sie angepasst? Die überwiegende Mehrzahl aller Arten trägt die Hauptfarbe der Ordnung, wenn ich so sagen darf, ein stumpfes, in Ton und Schattierung äufserst wechselvolles Braun. Die Zeichnung ist diejenige sehr vieler Vögel, die Ursache haben, so wenig wie möglich aufzufallen: sie besteht in geraden, wellen- und halbmondförmigen Strichen, Tupfen u. s. w. Die Tagraubvögel des Landes, die Falken (*Falconidae*), wählen sich als Lauerposten mit Vorliebe einen dürren Ast, der ihnen eine gute Umschau gewährt. Auf ihm entgehen sie sehr leicht der Beobachtung, da ihr Kleid in der Färbung der abgestorbenen Rinde täuschend ähnlich sieht. Aber auch anderswo, sowohl im Schatten, als auch im grellen Sonnenlichte, heben sie sich meist sehr wenig von ihrer Umgebung ab. Braun tritt nämlich in den Landschaftsbildern der Kolonie recht oft auf, im allgemeinen viel öfter als in denen unseres Vaterlandes. Vielerorten bildet es in unendlicher Mannigfaltigkeit die vorherrschende Farbe des felsigen, erdigen und sandigen Bodens, der aus verdorrten Gräsern und Kräutern bestehenden Pflanzendecke, sowie des Inneren der laubarmen Scrubs. — Die Eulen des Landes haben, wie die unserigen, ein bräunliches, geflecktes und gestricheltes Kleid. Die Färbung desselben hindert sie also in mondhellen Nächten so wenig wie möglich bei der Ausübung der Jagd.

Die gröfseren Papageien haben nicht die in Rede stehende Eigenschaft des Gefieders. Ihnen würde dieselbe jedenfalls keine Vorteile bieten, denn aus ihrem Verhalten geht klar und deutlich hervor, dafs sie von den beschwingten Fleischfressern wenig oder nichts zu befürchten haben. Viele unter ihnen erregen selbst dann durch die Lebhaftigkeit ihrer Bewegungen und ihr ohrzerreifsendes Kreischen die Aufmerksamkeit in hohem Grade, wenn sie sich, eine Pause im Futtersuchen machend, auf die Spitzen der höchsten Bäume niedergelassen haben. Dafs die Kakadus, die gröfsten Vertreter der Familie, sich in der Not tüchtig mit ihrem Schnabel zu verteidigen wissen, ist jedem bekannt, der es versucht hat, ein angeschossenes Exemplar mit den Händen zu ergreifen. Von den gröfseren Raubvögeln würden sie leicht überwältigt werden; für gewöhnlich sind sie aber wohl vor den Nachstellungen derselben sicher, weil sie, wenn sie zu Scharen vereinigt sind, mit wütendem Geschrei nach jedem Tiere zu stofsen pflegen, das sie für einen Feind halten. Einige Arten machen sogar Miene, den Menschen anzugreifen, der einen ihrer Angehörigen erlegt hat. Bekanntlich bietet die Schutzfärbung vielen Vögeln bei dem Aufenthalte im Neste weitgehende Vorteile. Für unsere Papageien würde sie in diesem besonderen Falle nicht den geringsten Wert haben, da dieselben ja Höhlenbrüter sind.

Über das Brutgeschäft habe ich leider nur wenige Beobachtungen machen können. An der Südküste fällt die Brutzeit in den Frühling und den Sommer der südlichen Hemisphäre. Im Binnenlande, namentlich in dessen wasserärmsten Gebietsteilen, ist sie mehr oder weniger von den Regenniederschlägen abhängig und infolgedessen ziemlich unregelmäfsig. Ich fand hier Eier und Nestjunge in fast allen Monaten auf. Während meines Aufenthaltes im Innern brüteten die meisten Vögel im März, April, Mai und Juni. Zwischen der Nordküste und dem 18. Breitengrade schreiten sehr viele Vogelarten meinen Beobachtungen nach gegen Ende der Regenzeit, im Februar und März, zum Nestbau.

Die Beeinflussung, welche die Vogelwelt der Kolonie von dem Menschen erfährt, ist so bedeutend, dafs ich es für angezeigt halte, ein paar Worte über sie zu sagen.

Der Eingeborene ist in seiner Ernährung vorzugsweise auf das Tierreich angewiesen, da die Mehrzahl der efsbaren vegetabilischen Stoffe, die ihm zu Gebote stehen, winzig sind und spärlich vorkommen, oder der Gesundheit schaden, wenn sie in gröfserer Menge genossen werden. Einen recht bedeutenden Teil der animalischen Nahrung entnimmt er der gefiederten Welt. Er ifst alle Vögel, auch die Nestjungen; das Fleisch der Raubvögel, Raben, Scharben, Möwen aber nur dann, wenn ihm kein besser schmeckendes Wildpret zur Verfügung steht. Eier, sowohl frische, als auch bebrütete, hält er für einen Leckerbissen. Von den Küstenstämmen können wir ohne Übertreibung behaupten, dafs sie ebensoviel Vögel als Säugetiere erlegen. Dasselbe gilt zu der Zeit, anhaltender Dürren von den Bewohnern des Binnenlandes, deren Heimat an einen der gröfseren Seen grenzt, oder reich an sogenannten permanent rockholes oder waterholes ist. Während der Lege- und Brutzeit leben die Eingeborenen mancher Küstendistrikte fast ausschliefslich von Eiern. Hieraus ergibt sich ohne weiteres, dafs der Urbewohner dem Bestande zahlreicher Arten grofsen Abbruch tut. Zu diesen Arten gehören Papageien, Tauben, Gänse, Enten, der Trappe und der Emu.

Noch auf eine andere Weise, als durch die Jagd und das Plündern der Nester wirkt der Urbewohner auf die Dichte des Vogelbestandes ein. Eine seiner Hauptjagdmethoden besteht darin, durch Anzünden des dürren Grases Kängeruh nach Plätzen zu scheuchen, wo er sie leicht von einem Verstecke aus durch Speerwürfe töten kann, und kleinere Tiere, die unterirdische Schlupfwinkel haben, wie ratten- und mäuseartige Vierfüfsler, Eidechsen, Schlangen, an die Oberfläche zu treiben. Vorkehrungen gegen das Umsichgreifen des Feuers treffen die sorglosen Jäger nicht; es geschieht daher nicht gar selten, dafs Brände tagelang fortwüten und viele Quadratkilometer Landes mit tiefschwarzen Kohleteilchen überstreuen.

Im ganzen Binnenlande kommen Grasbrände zu der Zeit der Tockenheit ungemein häufig vor. Auf meinen Reisen sah ich dort oft wochenlang tagaus, tagein an ein oder mehreren Stellen des Horizontes Rauchwolken aufsteigen.

Im Norden wird das Gras recht hoch: auf gutem Boden erreichen ein oder mehrere Arten die erstaunliche Höhe von 2—3 m. Der Eingeborene pflegt es anzuzünden, gleich nachdem es welk geworden ist. Bei dem Brande züngeln die Flammen bis zu 5 m empor und bringen das Laubwerk aller Sträucher und mittelhohen Bäume, die mit ihnen denselben Standort haben, zum Absterben. Betritt man ein Waldgebiet, in dem ein paar Wochen vorher ein solches Flug- oder Bodenfeuer gewütet hat, so hängt fast alles Laub vertrocknet an den Zweigen, und es hat den Anschein, als ob die überwiegende Mehrzahl aller Holzgewächse unrettbar verloren sei. Einige Monate später prangt jedoch der betreffende Waldteil im frischesten Grün, und nur die geschwärzten Stämme geben Kunde, dafs eine Feuerwoge über seinen Boden dahingeeilt ist.

In dem südöstlichen Teile des Südküstengebietes kommen heutzutage Grasbrände und Buschfeuer, die von Eingeborenen herrühren, jedenfalls äufserst selten vor, da hier die allermeisten Stämme völlig ausgestorben sind.

Wie schon erwähnt, liegt es auf der Hand, dafs die Papageien, Tauben, Halbweber und andere Vögel, die fast ausschliefslich von Gras- und Kräutersamen leben, in ihrem Wohngebiete nicht mehr die nötigen Lebensbedingungen finden, wenn ein Bodenfeuer über dasselbe hinweggegangen ist. Sie sind also aus Mangel an Nahrung gezwungen wegzuziehen. Da nun der Eingeborene fast überall in der Kolonie einen sehr grofsen Teil des Grases durch Feuer vernichtet, bald nachdem es Samen gezeitigt hat, so beeinflufst er die hier in Frage kommenden Arten in ihrer Wohndichte mittelbar noch weit mehr als unmittelbar durch die Jagd auf sie und das Plündern ihrer Nester.

Wie ebenfalls schon erwähnt, gereicht auch den Vögeln, die von kleinem Getier leben, das sie auf dem Boden finden, die in Rede stehenden Jagdmethode der Urbewohner zum Nachteil, denn die rasch dahinfahrenden Flammenlinien töten eine grofse Zahl von Eidechsen, Schlangen, Geradflüglern, Spinnen u. s. w. Den Vögeln hingegen, die ihre Beute im Fluge zu erhaschen pflegen, wie *Artamus*, *Rhipidura*, oder von Insekten und pflanzlichen Stoffen leben, welche ihnen die Holzgewächse darbieten, wie *Ptilotis*, *Climacteris*, erschweren Flugfeuer wohl nur im Norden, wo das Gras eine bedeutende Höhe erreicht, den Nahrungserwerb in nennenswertem Grade.

Noch auf eine andere Weise als durch die Verringerung der Nahrung fügen die Brände der Vogelwelt der Kolonie Schaden zu. Es unterliegt wohl keinem Zweifel, dafs alljährlich eine unschätzbare Menge von Nestern mit Inhalt durch sie vernichtet wird. Die gröfsten Verluste erleiden natürlich die Erdnister. Dafs aufserdem Nester zerstört werden, die nahe dem Erdboden, in Büschen und Bäumen, stehen, ergibt sich ohne weiteres aus dem, was ich früher über den unfreiwilligen Laubwechsel im nördlichen Küstengebiet mitgeteilt habe.

Im südöstlichen Teile des Südküstengebietes und an einigen Stellen auch im Binnenlande und an der Nordküste wirkt der Weifse gegenwärtig in hohem Grade mittelbar und unmittelbar auf den Vogelbestand ein.

Wie wir oben gesehen haben, hat die vegetative Decke in dem südöstlichen Teile des Südküstengebietes innerhalb der letzten siebzig Jahre eine weitgehende Umgestaltung erfahren. Es leuchtet ein, dafs bei den engen Beziehungen, die hier, wie in den allermeisten anderen Teilen der Erde zwischen der Pflanzen- und der Tierwelt herrschen, durch die Schaffung einer sogenannten Kultursteppe die Wohndichte vieler Vogelarten eine Veränderung erlitten hat, und zwar in den meisten Fällen durch Verminderung der Individuenzahl. Scrub und Wald sind ja einst die vorherrschenden Pflanzenformationen gewesen, und daher finden sich nur wenige Vogelarten vor, die in ihren Lebensgewohnheiten dem offenen Lande angepafst sind. Wie die Waldvögel, so haben auch ohne Zweifel die befiederten Bewohner der schilfreichen Sümpfen und Niederungen in ihrer Individuenzahl eine Einbufse erlitten, denn auch Geländeteile dieser Art sind vielfach urbar gemacht. Neuerdings hat man leider auch begonnen die langgestreckten Inudationsflächen des River Murray, die dicht mit hohem Schilf und zum Teil auch mit Holzgewächsen bestanden sind, trocken zu legen, um sie in Weiden und Ackerland zu verwandeln. Als ich den Südosten des Landes durchwanderte, befanden sich dieselben noch in ihrer ganzen Ursprünglichkeit und bildeten den Aufenthaltsort einer Unzahl grofser und kleiner Vögel vielerlei Art. Da hier an der Südküste nur sehr wenig Land vorhanden ist, das sich zum Anbau von Kulturgewächsen eignet, und die Bevölkerung sich vergröfsern wird, so liegt die Zeit wohl nicht mehr fern, wo die umfangreichen sumpfigen Geländeteile ganz verschwunden oder stark eingeengt sein werden.

Einschneidende Veränderungen des Vogelbestandes im Südküstengebiet sind aber nicht allein durch die Bodenkultur bewirkt worden. Ein ganz unwaidmännischer Jagdbetrieb hat dazu geführt, dafs die Individuenzahl mancher wirtschaftlich nutzbaren Vogelarten recht bedeutend verringert worden ist. Zu diesen Arten gehören vornehmlich Schwimmvögel, wie die Enten, die Hühnergans, der Schwarze Schwan, und einige gröfsere Landvögel, wie der Trappe, der Emu. In welch ausgedehnter Weise z. B. die Entenjagd betrieben wird, geht aus der nachstehenden Notiz hervor, die ich dem Adelaider „Observer" vom 15. Mai dieses Jahres (1909) entnommen habe „Murray Bridge, 3. Mai — . . . Wild findet sich jetzt ebenfalls in reichlicher Menge auf dem Murray vor. Tag und Nacht hört man die Schüsse des Sportmannes (sportsman). Die Vögel sind von ihren Heimstätten in dem Mypolonga und anderen flufsaufwärts gelegenen Sümpfen, die sich noch in ihrem ursprünglichen Zustande befinden, nach der Brücke u. s. w. gekommen. Der Sportsmann, welcher die Kälte nicht fürchtet, kann sich in mondhellen Nächten einen Sack voll Enten zusammenschiefsen. Zuweilen wird so häufig gefeuert, dafs man glauben könnte eine „company of artillery" sei in Aktion getreten. Gesellschaften fahren in einem Motorboot flufsaufwärts und verbringen die Nacht vom Sonnabend auf den Sonntag in den Sümpfen, wo die Vögel zu Tausenden aufgescheucht werden können. Eine Gesellschaft von Entenjägern, die regelmäfsig die Fahrt unternimmt, erbeutet Säcke voll Wild. Kürzlich erlegte sie 470 Enten in einigen Tagen und später 360 Enten in kurzer Zeit. Die Jagdbeute wird nach Melbourne geschickt, wo man sie gut bezahlt. Wilde Enten aller Art, wie black duck, widgeon, teal, kommen in grofser Zahl vor. Hier in der Nachbarschaft der Brücke zeigen sie sich wegen der Veränderungen, die die Sümpfe erlitten haben, weniger häufig als an flufsaufwärts gelegenen Orten".

In dem regenreichen Nordküstengebiet hat die Pflanzendecke nur an sehr wenigen Orten, wie in der Umgebung von Palmerston und auf den Goldfeldern, eine augenfällige Umgestaltung erfahren. An ihrer Eigenart wird sie in absehbarer Zeit wohl nur wenig Einbufse erleiden, da das Klima für den Europäer ungesund ist, und ein ausgedehnter Anbau von Kulturgewächsen sich wenig zu lohnen scheint. Die Fauna wird also mindestens vorläufig nicht durch Eingriffe des Weifen in die Pflanzenwelt verändert werden.

Wie der Eingeborene, so kennt auch der dortige Engländer kein weidgerechtes Jagen. Die jagdlustigen Krämer und Beamten von Palmerston, dem Hauptstädtchen der Nordküste, pflegen zur Winterszeit am Sonnabend, reichlich mit geistigen Getränken und Eſswaren versehen, die Örtlichkeiten aufzusuchen, wo ein Gewässer den Sammelpunkt zahlreicher Sumpf- und Schwimmvögel bildet, um sich ganz ihrer Jagdleidenschaft hinzugeben. Viele von ihnen sind wahre Aasjäger: sie schieſsen alles nieder, was ihnen vor die Flinte kommt und halten es oft nicht für die Mühe wert, die Beute mitzunehmen, selbst wenn diese in Gänsen oder Enten besteht. Als ich mich an Knuckey's Lagoon aufhielt, fand sich eines Sonnabends nach Anbruch der Dunkelheit eine kleine Gesellschaft jüngerer Männer ein, die bis nach Mitternacht der Jagd oblag, trotzdem der Mond nicht am Himmel stand. Am nächsten Morgen fand ich am Rande des Gewässers 38 Patronenhülsen. Wie ich später hörte, habe die Jagdbeute nur in einer Gans und einem Pelikane bestanden.

Auſser von Eingeborenen und Weiſsen wird die Jagd an der Nordküste von Chinesen ausgeübt. Die Söhne des Reiches der Mitte leben mit Ausnahme sehr weniger in Palmerston und den Bergwerkdistrikten. Die allermeisten sind arme Teufel. Um sich zu dem in Wasser gekochten Reis ein Stück Fleisch zu verschaffen, gehen manche fleiſsig mit ihren alten rostigen Percussionsflinten auf die Jagd. Als Wild betrachtet der chinesische Jäger eine weit gröſsere Zahl von Vögeln als der englische. Von den Sumpf- und Schwimmvögeln ist wohl keine Art vor ihm sicher. Während meines mehrmonatigen Aufenthaltes an Knuckey's Lagoon bot sich mir recht oft eine gute Gelegenheit, Vertreter der schwarzen, der weiſsen und der gelben Rasse bei der Ausübung ihrer Jagd auf Wassergeflügel zu beobachten. Ein halbes Dutzend Chinesen, die ein paar elende Hütten unfern meines Lagerplatzes bewohnten und von dem Ertrage der Jagd ihren Unterhalt bestritten, erlegten täglich auſser Reihern, Ibissen, Pelikanen, zehn bis zwanzig Enten und vier bis acht Gänse. Befand sich das Wild auf dem Wasser auſser Flintenschuſsweite vom Lande, so krochen sie auf allen vieren bis zum Beckenrande, entledigten sich dann in ganz unauffälligen Weise ihrer wenigen Kleidungsstücke und suchten sich schlieſslich durch Waten im Schutze des Schilfes dem Vogel so weit wie möglich zu nähern. Flügellahm geschossene Schwimmvögel verfolgten sie nicht selten eine Stunde und länger mit einer langen Stange, wobei sie sich oft bis zum Halse im Wasser befanden. Da sie mit der Munition knauserten, so schossen sie ungefähr doppelt so viel Wild krank, als sie erbeuteten, und zwar namentlich nachts, wenn sie von Schieſshütten aus, die sie in der Mitte der Wasserbecken errichtet hatten, der Jagd oblagen.

Im Binnenland hat der Weiſse nirgends durch Änderung von Vegetationsformationen dauernd auf die Dichtigkeit der Wohngebietbesetzung der verschiedenen Vogelarten eingewirkt. Eine solche Einwirkung wird jedenfalls auch nicht in Zukunft stattfinden, da das Klima eine Bodenkultur in gröfserem Mafsstabe nicht gestattet. Verschweigen will ich aber nicht, dafs die Buschleute oft aus reinem Mutwillen oder um Weidegründe zu verbessern, wie die Eingeborenen, durch Anzünden des dürren Grases viele Körnerfresser zeitweilig aus einer Gegend ganz oder fast ganz vertreiben.

Durch direkte Vernichtung gewisser Arten beeinflufst der Weifse aber hier und dort im Binnenlande mehr oder weniger stark die Zusammensetzung des Vogelbestandes.

Die Jagd übt er im allgemeinen nicht häufig aus. Es liegt dies wohl hauptsächlich daran, dafs er mit Wild keinen Handel treiben kann, dafs er, dessen Nahrung gröfstenteils in gutem, leicht erlangbarem Rindfleische besteht, kein grofses Verlangen nach magerem Wildpret hat, und dafs bei ihm das Töten wehrloser Tiere nicht zu einer wahren Leidenschaft wird, wie bei manchem Stadtbewohner. Durch Auslegen von vergiftetem Fleisch dagegen bringt er alljährlich, namentlich in der südlichen Binnenlandshälfte, eine Unzahl befiederter Aasfresser ums Leben. Das Fleisch ist zwar nur für den schafemordenden Dingo bestimmt, in der Mehrzahl der Fälle wird es aber, wie ich mich überzeugt habe, von Vögeln gefressen. Nicht gar selten habe ich neben dem Kadaver eines Rindes oder eines anderen Herdentieres, dessen Fleisch und Eingeweide mit Strychnin vergiftet waren, ein halbes Dutzend und mehr tote Vögel, wie Keilschwanzadler, Milane und Krähen, liegen sehen.

Bei dieser Gelegenheit will ich gleich erwähnen, dafs man zwischen dem Spencer-Golf und der Kolonie Victoria sich des Giftes auch als Mittel gegen Pilzkrankheiten von Kulturgewächsen, sowie zum Vertilgen von Unkräutern und vielen Tieren (Fuchs, Kaninchen, Raubvögel, Krähe, Sperling, Star, Ameisen, Termiten, Heuschrecken u. s. w.) bedient, die, wie der Dingo, eine Landplage bilden. Die Gifte, welche am häufigsten zur Verwendung kommen, sind das Strychnin, das Cyankalium, der Phosphor und der Arsenik.

Wie viel Gift alljährlich in der ganzen Kolonie einzig und allein als Vertilgungsmittel für Tiere verbraucht wird, habe ich leider nicht in Erfahrung zu bringen vermocht. Sicher beläuft seine Menge sich auf Tausende von Pfunden. Es leuchtet ein, dafs durch diesen mafslosen Gebrauch des Giftes viel Unheil in der Tierwelt angerichtet wird. Einschneidende Veränderungen erleidet insbesondere der Vogelbestand, indem zahllose Aasfresser durch vergiftete Fleischbrocken oder ganze Tierkadaver und vielleicht auch manche Körnerfresser durch vergiftete pflanzliche Stoffe, wie Weizen, ihr Ende finden, und dafs ferner eine erkleckliche Anzahl von Arten infolge der Abnahme von Raubvögeln und nesterplündernden Krähen an Individuenzahl gewinnt. Übrigens wird in anderen Kolonien Australiens Gift ebenso oft oder noch öfter zu dem gleichen Zwecke ausgelegt.

Bekanntlich kommt manch ein Vogel dadurch ums Leben, dafs er in der Dunkelheit oder bei Nebel gegen einen Telegraphendraht fliegt. Auf meinen Reisen quer durch den Kontinent habe ich ganz auffallend oft tote oder flügellahme Vögel, wie Tauben, kleine und grofse Papageien, unter der Überlandtelegraphenleitung aufgefunden. Damals bestand diese nur aus einem einzigen Drahte.

Wir haben also gefunden, dafs der Mensch in der Kolonie Südaustralien mittelbar oder unmittelbar einen weitgehenden Einflufs auf die Dichtigkeit der Vogelbevölkerung ausübt. Durch denselben ist jedenfalls seit der Ansiedlung der Weifsen im Lande mehr als eine Art um die Vorherrschaft gekommen. Dafs das Verbreitungsgebiet einiger Arten eine geringfügige Einengung erfahren hat oder lückenhafter geworden ist, wenn ich mich so ausdrücken darf, mufs wohl angenommen werden. Die Einwirkung des Menschen besteht aber, wie schon angedeutet, nicht in allen Fällen in einer dauernden oder zeitweiligen Herabsetzung der Individuenzahl. Durch die Einführung des Kaninchens[1]) z. B. ist ohne Zweifel in Gegenden, wo selten oder nie Gift ausgelegt wird, die Zahl der befiederten Fleischfresser nicht unwesentlich erhöht worden. Erwähnung verdient in dieser Hinsicht auch, dafs dann, wenn Hunderte, ja Tausende von Rindern und Schafen aus Mangel an Nahrung zu Grunde gehen, für die Aasfresser der Tisch überreich gedeckt ist, während zahllose andere Vögel grofse Not leiden.

Es mögen hier auch ein paar Worte über die tierischen Feinde Platz finden.

Unter den Säugetieren hat die südaustralische Vogelwelt nicht viele Feinde. Ziemlich schwerwiegende Verluste fügt ihr wohl der Dingo zu. Wie ich von glaubwürdigen Eingeborenen hörte, gelinge es ihm nicht gar selten, sorglos ihrer Nahrung nachgehende oder brütende Vögel zu erbeuten. Dafs er Nester plündert und junge, flugunfähige Nestflüchter mit Leichtigkeit fängt, habe ich selbst beobachtet. Höchst wahrscheinlich fällt auch eine erkleckliche Anzahl von Vögeln nebst ihren Eiern und Jungen Raubbeutlern zum Opfer. Schlimme Feinde der Vögel

---

[1]) Das Kaninchen hatte sich vor zehn Jahren von der Südküste aus bis zum 26. Breitengrade landeinwärts ausgebreitet; jetzt findet es sich schon im Herzen des Landes vor. Selbst in ganz unwirtlichen Gegenden tritt es oft in erstaunlich grofser Zahl auf. Kurz vor meiner Ankunft auf Kilalpanina, der an Cooper's Creek gelegenen Missionsstation, waren in deren Umgebung von ein paar Weifsen und Missionszöglingen innerhalb weniger Monate gegen 50000 Stück der Nager, die sich dort zusammengerottet hatten, erschlagen worden. Zu den Zeiten anhaltender Trockenheit soll das Kaninchen im Binnenlande hauptsächlich von saftigen Wurzeln leben.

sind jedenfalls die Beutelmarder; binnenländische Arten stahlen mir Enten und grofse Kakadus.

Die ärgsten der tierischen Feinde sind für viele kleinere und manche gröfsere Vogelarten unstreitig die Raubvögel. Sie pflegen überall recht häufig vorzukommen, wo der Mensch ihrer Zahl so gut wie keinen Abbruch tut. Zum Teil rührt dies wohl daher, dafs die Lebensbedingungen für sie in jeder Hinsicht aufserordentlich günstig sind, wenn nach ausgiebigen Regenniederschlägen viele kleine Beutler und andere Tiere in erstaunlich grofser Menge auftreten, und dafs ferner die Jagd ihnen selbst dann oft wenig Mühe macht, wenn die Hand des Todes auf dem Lande zu ruhen scheint, und Tausende von Vögeln gezwungen sind, sich an den wenigen übriggebliebenen Trinkplätzen ein Stelldichein zu geben.

Eine kleine interessante Beobachtung möge hier erwähnt werden. Auf der nördlichen Halbinsel sah ich unweit des Roper River einen rotkehlchengrofsen Vogel in einem Spinnenetze hängen. Als ich ihn auffand, war er schon ganz ermattet infolge der vergeblichen Bemühungen, sich zu befreien, und kaum noch imstande, die von Zeit zu Zeit erfolgenden heftigen Angriffe der Verfertigerin des Netzes zurückzuweisen. Leider gelang es mir nicht, ihn zu bestimmen. Der Scheitel, die Seiten des Kopfes, der Nacken und die Oberseite des Rumpfes waren aschgrau, die Kehle und die Vorderbrust rostbraun, die Hinterbrust und der Bauch weifs, mit rostfarbigem Anfluge, die oberen Flügeldecken, die Schwung- und die Steuerfedern hell bräunlichschwarz. Die Gesamtlänge betrug 16 cm, die Schwanzlänge 6,7 cm und die Flugweite 23 cm.

Wie ich von naturkundigen Adelaidern hörte, schädigten im Südküstengebiet unter den eingeführten Tieren der Fuchs und der Sperling den Vogelbestand ziemlich bedeutend. Über den Sperling werde ich zum Schlufs einige Angaben machen. Erwähnt sei hier nur, dafs er überall dort, wo er in gröfserer Zahl auftritt, vielen kleinen Vögeln den Aufenthalt mehr oder minder verleiden soll. Der Fuchs hat sich zwischen dem Spencer-Golf und der Kolonie Victoria stark vermehrt: in der südöstlichen Ecke dieses Landstriches sind mir auf meiner Wanderung oft mehrere Exemplare an einem Tage zu Gesicht gekommen. Da er ein arger Nestplünderer ist, und es ihm ziemlich häufig gelingt, erwachsene Vögel zu überlisten, so liegt es auf der Hand, dafs er, wie bei uns, manchen auf dem Boden brütenden Arten nennenswerten Abbruch tut.

In der vorliegenden Arbeit sind die biologischen Beobachtungen enthalten, welche ich vor mehreren Jahren auf Reisen in der Kolonie Südaustralien über deren Vogelwelt gemacht habe. Diese Reisen führten mich zweimal in der Nord-Südrichtung quer durch den Kontinent. Ihr Hauptzweck war die Erforschung des

Lebens und Treibens der eingeborenen Stämme[1]). Manche Erscheinungen und Vorgänge im Leben der Vögel vermochte ich wegen Mangel an Zeit, ungünstiger klimatischer Verhältnisse u. s. w. überhaupt nicht oder nur höchst unvollkommen in den Kreis meiner Untersuchungen zu ziehen. Von den besprochenen Arten des Binnenlandes und des Nordküstengebietes ist mindestens ein totes Exemplar in meinem Besitze gewesen. Unter den angeführten Arten des Südküstengebietes hingegen befinden sich manche, deren Vorkommen ich nur durch Beobachtung lebender Exemplare festgestellt habe. Die Jagd vermochte ich in diesem Landesteile nicht in dem Mafse auszuüben, wie mir lieb gewesen wäre, da manche Tiere zeitweilig oder immer durch Gesetze vor der Nachstellung geschützt sind. Besonders bemerkt sei, dafs ich die Vögel, deren Bestimmung mir nicht völlig gelungen ist, ganz unberücksichtigt gelassen habe. Bei der Benennung und Aneinanderreihung der Gattungen und Spezies hat mir die mit Recht geschätzte kleine Arbeit von Robert Hall „A Key to the Birds of Australia and Tasmania“ als Richtschnur gedient. In dem Vorworte zu derselben sagt der Verfasser: „The opportunity to publish a ‚Key to the Birds of Australia‘ is practically given in the catalogues of the British Museum dealing with the birds of the world, commenced in 1872 and concluded in the present year. The Key, comprising in each case a concise digest of the 770 species of birds found in Australia and Tasmania is built principally upon these catalogues. Many descriptions are exactly reproduced, others are added to, and a portion is described from the author's collection. The classification is almost wholly that of the British Museum, while the nomenclature is entirely so . . .“

Familie: **Falconidae.**

Uroaëtus audax Lath. (*Aquila audax* Gray, *A. fucosa* Cuv.) — Der Keilschwanzadler ist auf dem ganzen australischen Festlande heimisch. Das Binnenland der Kolonie Südaustralien beherbergt ihn in gröfserer Zahl. Am häufigsten findet er sich hier in den Landesteilen vor, wo das Tierleben verhältnismäfsig reich ist, wie in dem Entwässerungsgebiet der gröfsten Creeks und der Umgebung mancher Seen. An der Südküste ist er mir hin und wieder, an der Nordküste jedoch nie zu Gesicht gekommen. Gewöhnlich zeigt er sich einzeln oder paarweise. Gould berichtet, er habe auf einer seiner Reisen im Innern Australiens, nördlich von den Liverpool-Ebenen, 30 bis 40 Stück auf dem Kadaver

---

[1]) E. Eylmann, Die Eingeborenen der Kolonie Südaustralien. 522 S. Lex.-8^{0}. Mit 36 Lichtdrucktafeln, 12 Fig. im Text, einer Tabelle und einer Übersichtskarte. Berlin 1908. Dietrich Reimer (Ernst Vohsen).

eines Ochsen versammelt gesehen. In Südaustralien wird er an einem Orte nie in gröfserer Anzahl beobachtet. In der Jugend ist er lichtbraun und im Alter fast schwarz. Die Farbenänderung des Gefieders scheint recht langsam vor sich zu gehen: gar oft sah ich Pärchen, die noch das Übergangskleid trugen. Es hält schwer, den Adler in seinem Leben und Treiben zu beobachten, denn er ist unter allen Umständen scheu, mifstrauisch und wachsam. Aufser dem Menschen hat er keinen eigentlichen Feind. Der Buschmann macht nur ausnahmsweise Jagd auf ihn. Der Eingeborene hingegen verfolgt ihn bei jeder Gelegenheit mit grofser Ausdauer. Es ist aber nicht das Fleisch, sondern das Gefieder, nach dem ihn gelüstet. Die vom Schafte abgezogenen Fahnen der Schwung- und Steuerfedern verwendet er zu der Herstellung von Zierbüschen und mit den weifsen Dunen schmückt er unter Benutzung von Menschenblut als Klebemittel das Gesicht, die Brust und andere Körperteile, sowie manche Kulturgeräte für geheime Zeremonien und dergleichen. Unser Keilschwanzadler ist ein kühner und gewandter Räuber. Soweit meine Erfahrungen reichen, jagt er hauptsächlich mittelgrofse Säugetiere und gröfsere Vögel. Ansiedlern soll er gesunde Lämmchen und Zickchen rauben. Frisches Aas verschmäht er durchaus nicht. Sein Tisch ist jedenfalls dann am besten gedeckt, wenn Tausende von Rindern und Schafen infolge anhaltender Dürre zu Grunde gehen. Wie ich mehr als einmal sah, fällt er über zusammengebrochene Kälber und Schafe schon dann her, wenn noch nicht alles Leben aus ihnen entflohen ist. Erwähnt sei noch, dafs manches Stück den Tod durch Fressen vergifteter Fleischbrocken findet, die für Dingos bestimmt sind. Der Horst steht auf den höchsten Bäumen des Landes, an Orten, die nur selten von dem Fufse eines Menschen betreten werden. Er ist aus dünnen, die Unterlage bildenden Ästen und Reisig zusammengesetzt. Ein Ei, das ich von Cooper's Creek mitbrachte, besitzt einen Längsdurchmesser von 7,7 cm und einen Querdurchmesser von 5,5 cm. Es ist rein eigestaltig und hat eine rauhe, schmutzig weifse Schale, die mit zahlreichen verwaschenen rötlichbraunen bis gelblichbraunen kleinen Punkten und gröfseren Flecken versehen ist. An dem spitzen Ende sind diese Punkte und Flecke kranzartig zusammengedrängt.

♂ (Inneres) Federkleid schwarzbraun bis braunschwarz, Schnabel bläulichgrau, an der Spitze schwärzlich; Wachshaut gelblichweifs; Zehen schmutzig grauweifs; Krallen schwarz; Iris braun. Gesamtlänge: 82 cm, Länge des Schwanzes: 38,5 cm; Flugweite: 185 cm. Mageninhalt: Fleischfetzen.

Haliaëtus leucogaster Gmelin (*Ichthyaetus leucogaster* Gld.), — Der Weifsbäuchige Seeadler bewohnt das nördliche und südliche Randgebiet der Kolonie. An der Nordküste ist er ziemlich zahlreich verteten. An der Südküste hingegen scheint er zu den selten vorkommenden Vögeln zu gehören: auf meiner mehrmonatigen Fufswanderung, am Meer entlang, zwischen dem St. Vincent Golf und dem Cape Otway in Victoria sah ich nur ein Exemplar. Im Binnenland ist er natürlich als echter Wüstenvogel nicht heimisch. Über seine Fähigkeiten, sein Leben und Treiben weifs ich aus eigener Erfahrung wenig mitzuteilen. Während meines längeren Aufenthaltes an Knuckey's Lagoon, eines gegen 18 km vom Meere, inmitten einer Waldblöfse gelegenen kleinen Gewässers, konnte ich vor den Eintritt der Regenzeit, um die Mitte stiller Sonnentage oft vier bis acht Exemplare beobachten, die hoch über mir im Ätherblau, selten mit den Flügeln schlagend, ihre Kreise zogen. Im Walde zeigte sich dort der Adler nur ausnahmsweise. Das unten kurz beschriebene Exemplar erlegte ich von dem Lagerplatze aus. Als ich eines Tages eine Gans ausweidete, sah ich es in wenig mehr als 15 m Entfernung auf dem nächsten Baume sitzen. Es schien keine Furcht vor mir zu haben und lugte gierig mit vorgestrecktem Halse nach dem Vogel in meinen Händen. Ein anderes, völlig ausgefärbtes Exemplar zeigte sich ebenso dreist. Innerhalb einer Woche stahl es mir drei Enten und einen Taucher, gleich nachdem sie den Schufs erhalten hatten, und ich mich anschickte, sie zu holen. In bezug auf einen dieser Diebstähle habe ich folgendes in mein Tagebuch eingetragen: „Am Nachmittag schofs ich auf eine grofse Zahl von Augenbrauen-Enten, die, dicht geschart, am Rande des Billabongs safsen. Zwei Enten blieben leblos auf dem Platze, und zwei flatterten totwund davon. Während ich der einen verwundeten nachlief, kam ein grofser ausgefärbter Seeadler aus dem Walde, ergriff sie keine 60 m von mir mit den Fängen und trug sie davon. Die andere verwundete, die sterbend in ein nahes Gebüsch gefallen war, brachte mir ein umherlungernder Eingeborener. Als ich zum Billabong zurückkam, fand ich die beiden Enten, die augenblicklich durch den Schufs getötet worden waren, nicht mehr vor, an der betreffenden Stelle bemerkte ich aber Spuren nackter Menschenfüfse im Schlamme. Da mir kurz zuvor drei Eingeborene, zwei Männer und ein Weib, begegnet waren, so gewann ich sogleich die Überzeugung, das diese drei Leute die Vögel gestohlen hatten. Ohne Säumen lief ich ihnen nun mit der Flinte in der Hand nach. Als sie mich ankommen sahen, blieb einer der Männer zurück, und während er mir eine Ente auslieferte, suchte er mich durch einen grofsen Wortschwall von der Verfolgung seiner Mitschuldigen abzuhalten, damit die andere Ente in Sicherheit gebracht werden könnte. Durch Drohungen gelang es mir aber alsbald, seinen Plan zu vereiteln."

♀ juv. Kopf schmutzig weifs, Scheitel bräunlich gefleckt; Hals, Vorderbrust und Schenkel braun und weifs; Hinterbrust und Bauch weifs, mit kleinen verschwommenen bräunlichen Flecken; Seiten rein weifs; untere Flügeldecke dunkelbraun, mit weifsen Flecken, und weifs mit braunen und grauen Flecken;

Rücken, Schulterfittiche und obere Flügeldecken dunkelbraun bis schwarzgrau, teilweise weifslich gefleckt; Schwungfedern weifs und braunschwarz bis grauschwarz, mit bräunlichen Flecken; Steuerfedern weifs, schwärzlich gefleckt. Schnabel schwärzlichgrau; Wachshaut bläulichgrau; Füfse schmutzig grauweifs; Iris braun. Gesamtlänge: 78 cm, Länge des Schwanzes: 24 cm, Flügellänge: 57 cm, Schnabellänge: 5 cm, Lauflänge: 9,9 cm, Länge der Mittelzehe: 6,9 cm, Krallenlänge: 3 cm, Flugweite 1 m 95 cm.

Haliastur sphenurus Vig. Der whistling eagle kommt in der ganzen Kolonie recht zahlreich vor, und zwar auffallend gleichmäfsig verteilt. Am häufigsten zeigt er sich dem Reisenden hoch oben in der Luft. Hier zieht er oft stundenlang, von blendendem Sonnenlichte übergossen und selten ein paar Flügelschläge machend, seine Kreise. Trotz der bedeutenden Höhe kann man ihn leicht an dem grofsen kaffeebraunen Fleck, den die mittleren Schwungfedern bilden, und an dem häufig ausgestofsenen, langgezogenen, gellenden Schrei erkennen. Wenn ihn der Hunger quält, wagt er sich nicht selten auf die Lagerplätze und Stationen seines Jagdgebietes; in der Nähe des Menschen vergifst er aber nie, auf seine Sicherheit bedacht zu sein. An Kühnheit, Mordlust und Gewandtheit wird er von vielen seiner Ordnungsgenossen übertroffen, die mit ihn die Kolonie bewohnen. Auf meiner letzten Reise in Australien fand ich Anfang August zwei Horste des Vogels am Lake Kilalpanina (östl. v. Lake Eyre) auf. Sie bestanden aus Reisern, waren gegen 5 m vom Erdboden entfernt und hatten eine Höhe von 60 bis 70 cm und oben einen Durchmesser von 40 cm. Die Mulde besafs eine ganz geringe Tiefe und war mit frischen Blättern des Nistbaumes (Eucalyptus microtheca) belegt. In jedem Neste befanden sich zwei unbebrütete Eier. Sie waren kurz-oval, hatten eine grünlich- bis bläulichweifse Grundfärbung und wiesen viele dunkelbraune und verwaschene graubraune Flecke auf, die an dem stumpfen Ende am gröfsten und zahlreichsten, am spitzen Ende am spärlichsten und kleinsten waren. Die Innenseite der Schale hatte eine eintönige hellblaugrüne Farbe. Unter dem einen Nistbaume lagen ein paar kleine Knochen und unter dem anderen Hautstücke von Kaninchen, Reste einer Krähe und einer Ente, sowie kleine Knochen.

Haliastur girrenera Vieil. (*H. leucosternus* Gld.). Dieser schöne braun und weifse Vertreter des *H. indus* bewohnt das Nord- und Ostküstengebiet Australiens. Er ist mir hin und wieder am Port-Darwin zu Gesicht gekommen. Erbeutet habe ich kein Exemplar.

Milvus affinis Gld. Der australische Milan ist über die ganze Kolonie verbreitet. An der Nordküste und im Binnenlande übertrifft er vielerorten alle anderen Raubvögel ganz bedeutend an Zahl. Dem Schmarotzermilan gleicht er nicht nur in der Gröfse und der Färbung des Federkleides, sondern auch in der Lebensweise und dem Verhalten zum Menschen. Am liebsten treibt er sich in der Nähe der Stationen, auf Lagerplätzen von Eingeborenen und an Wasserlöchern umher, wo oft reisende Buschleute übernachten. Er fliegt langsam aber gewandt und sicher. Beim Fluge in der Höhe schwebt er oft lange Zeit ohne Flügelschlag, nur mit dem grofsen gabelförmigen Schwanze in augenfälliger Weise steuernd, dahin. Sein Gang ist schwerfällig und ungeschickt. Meist begibt er sich nur auf den Boden, um Nahrung von demselben aufzunehmen. Die Nahrung besteht der Hauptsache nach in gröfseren Kerbtieren, Eidechsen, kleinen mäuse- und rattenartigen Säugetieren, Nestjungen, Eiern und Aas. Auf erwachsene Vögel macht er wohl selten oder nie Jagd. Besonders gut scheinen ihm die Heuschrecken zu munden: in dem Magen der meisten von mir erlegten Exemplare fand ich diese Insekten in grofser Zahl vor. Auf einem Ritt am Roper River umflogen mich eines Tages stundenlang acht bis zehn Milane, die mit bewunderungswerter Gewandtheit, die von meinen Pferden aufgescheuchten Heuschrecken erhaschten. Auf den Stationen und den Lagerplätzen wird der Milan durch seine Stehlsucht und Zudringlichkeit oft recht lästig. Mehr als einmal ist mir der mit Fleisch am Feuer stehende Kochtopf von einem recht frechen Exemplare umgerissen worden, wenn ich mich auf ein paar Minuten von dem Lagerplatze entfernt hatte. Als ich mich an Knuckey's Lagoon aufhielt, waren die mir Gesellschaft leistenden Milane schliefslich so zutraulich geworden, dafs sie jeden Knochen oder Fleischbrocken, den ich ihnen zuwarf, sogleich in der Luft erhaschten. Bei meinen Mahlzeiten safsen sie, keine 20 m von mir entfernt, auf den untersten Zweigen der nächsten Bäume und warteten, beständig nach mir äugend, auf eine Gabe. Zeigte ich mich nicht sehr freigebig, so gaben sie mir ihre Ungeduld durch Schreien zu erkennen. Es scheint, dafs der Milan sich nur dann fortpflanzt, wenn die Natur durch reichliche Regenniederschläge Nahrung in Fülle für ihn erzeugt hat, denn im ganzen Binnenlande sind mir Nester mit Eiern oder Jungen nie und jugendliche Exemplare im weifsgefleckten Kleide nur sehr selten zu Gesicht gekommen.

♀ (Elsey Creek). Schnabel schwärzlich; Füfse und Wachshaut gelb; Iris dunkelbraun. Gesamtlänge: 52 cm, Länge des Schwanzes: 27 cm, Flügellänge: 41,5 cm, Schnabellänge: 3,1 cm, Länge der Schnabelöffnung: 3,8 cm, Lauflänge: 5 cm, Länge der Mittelzehe: 3,5 cm, Krallenlänge: 1,3 cm, Flugweite: 116 cm. Mageninhalt: sehr viele Heuschrecken.

Hieracidea berigora Vig. u. Horsf. (*Jeracidea berigora* Gld.) — Dieser Raubvogel, von den Weifsen des Landes western brown hawk genannt, kommt im ganzen Binnenlande der Kolonie ziemlich häufig vor. Er ist ein wilder, fluggewandter, dreister Räuber.

Es scheint, dafs er, wie der Wanderfalke, nur fliegende oder frei auf Bäumen sitzende Vögel fängt: einigemal sah ich, dafs er Enten zum Aufsteigen zu bringen suchte. Auf der Missionsstation Kilalpanina soll er oft Haustauben rauben. Aufser warmblütigen Tieren bilden Eidechsen einen Hauptbestandteil seiner Nahrung.

♀ (Cooper's Creek). Oberschnabel bleifarbig, an der Spitze schwärzlich; Unterschnabel bläulichweifs; Wachshaut, nackte Umgebung der Augen, sowie Füfse gelblich- bis bläulichhellgrau; Krallen schwärzlich; Iris braun. Gesamtlänge: 46,5 cm, Flügellänge: 35 cm, Schwanzlänge: 21 cm, Schnabellänge: 2,2 cm, Lauflänge: 7,9 cm, Länge der Mittelzehe: 4,7 cm, Krallenlänge: 1,9 cm, Flugweite: 1 m 2 cm. Mageninhalt: Haut einer kleinen Eidechse, Raupenköpfe und Kaninchenhaare.

Cerchneis cenchroides Vig. u. Horsf. (*Tinnunculus cenchroides*). — Der Rötelfalk soll überall auf dem australischen Festlande zu Hause sein. Ich habe ihn oft im Binnenlande der Kolonie und einmal in der Nähe von Adelaide beobachtet. Er ist ein lebhafter behender Vogel Die Beute pflegt er mit Ungestüm zu ergreifen. Von den an Cooper's Creek wohnenden Diäri hat er deshalb den Namen tirri-tirri, d. h. sehr heftig, erhalten. Es scheint, dafs er auf kleinere Vögel häufiger Jagd mache, als der ihm sehr nahe stehende Turmfalke.

♂ (Oberlauf des Finke River). Schnabel vorn schwärzlich, hinten gelblich; Wachshaut und Augenring zitronengelb; Füfse orangenfarbig; Krallen gelblichweifs; Iris dunkelbraun. Gesamtlänge: 31,5 cm, Schwanzlänge: 16 cm, Flugweite: 69 cm.

Falco lunulatus Lath. — Dieser kleine, dem Baumfalken sehr nahestehende Raubvogel ist im Binnenlande keine seltene Erscheinung. Er zeichnet sich durch Fluggewandtheit und Keckheit aus. Die Jagd betreibt er vorzugsweise an den Trinkplätzen, wo sich die kleinen gesellig lebenden Vögel, wie Zebrafinken und Wellensittiche, in grofsen Scharen einzufinden pflegen.

♂ (Oberlauf des Finke River). Schnabel vorn schwarz, hinten bläulichgrau; Füfse und Wachshaut zitronengelb, Iris braun. Gesamtlänge: 32 cm, Schwanzlänge: 14, Flugweite: 70 cm. Mageninhalt: Teile eines kleinen Vogels. Parasiten: frei in der Leibeshöhle sehr viele fadenförmige Würmer.

Pandion leucocephalus Gld. — Von *P. haliaëtus* unterscheidet sich der australische Fischadler bekanntlich nur sehr wenig. Er soll in Tasmanien und an der ganzen Festlandküste zu Hause sein. Während meines jahrelangen Aufenthaltes in der Kolonie Südaustralien ist mir nur ein Exemplar zu Gesicht gekommen, und zwar unter dem 26. Breitengrade in einer der ödesten, wasserärmsten Gegenden des Innern. Als ich eines Tages auf meiner ersten Überlandreise an einem Wasserloche in

Blood's Creek (26° südl. Br.) mein Mittagessen kochte, sah ich den Vogel auf einem der nächsten niedrigen Gummibäume, in einer Entfernung von wenig mehr als 15 m sitzen. Schnell war er durch einen wohlgezielten Revolverschufs erlegt. Leider wurde er mir, ehe ich ihn gezeichnet, beschrieben und gemessen hatte, von einem gezähmten Dingo zerrissen. Wie ich von Mr. Byrne, dem hochgebildeten stationmaster der nahegelegenen Überlandtelegraphen-Station Lady Charlotte Waters hörte, zeige sich der Adler nur ganz ausnahmsweise in der betreffenden Gegend.

Familie **Strigidae.**

Ninox boobook Lath. (*Athene boobook* Gld.). — Die Boobook-Eule bewohnt den allergröfsten Teil der Kolonie. Den melodischen schwermütig klingenden Ruf ubuuk oder hubuuk habe ich auf meinen beiden Überlandreisen bei nächtlicher Weile überall in der Nähe gröfserer Wasserläufe gehört. Auf der nördlichen Halbinsel wird er aber wohl von *N. ocellata* hergerührt haben, die sich von der in Rede stehenden Art nur durch geringere Körpergröfse unterscheidet und im Nordwesten des Festlandes dieselbe vertreten soll. Stellenweise mufs unsere Boobook-Eule in recht beträchtlicher Zahl vorhanden sein. Auf meinen Wanderungen an den grofsen Creeks, die das Finke River-System der Hauptsache nach zusammensetzen, schallten allabendlich von nah und fern aus den mächtigen Creekgummibäumen (Eucalyptus rostrata) ihre Rufe zu mir herüber. Am Tage sah ich nur ein paar Exemplare, die von jagenden Eingeborenen aus ihren in Baumhöhlen befindlichen Verstecken gescheucht worden waren.

Ninox rufa Gld. — Diese grofse, rostbraune Eule bewohnt das nördliche Küstengebiet der Kolonie. Die kleineren Vögel umfliegen sie mit lautem Gezänke, wenn sie sich am Tage zeigt. In dem Magen eines Exemplares, das ich am Port Darwin, inmitten eines Gummibaumdickichtes, erlegte, befand sich ein halbverdautes Beuteltier von der Gröfse einer Ratte.

Familie: **Corvidae.**

Corvus coronoides Vig. u. Horsf. — Die Weifsäugige Krähe ist ohne Zweifel einer der klügsten australischen Vögel. Wie viele ihrer nächsten Verwandten, trägt auch sie die Farbe der Trauer und der Nacht. Die Federn sind aber nur scheinbar ganz schwarz: rupft man sie aus, so findet man zu seiner Überraschung, dafs der flaumige Grund der allermeisten schneeweifs ist. Unserer Rabenkrähe *(C. corone)* sieht sie zum Verwechseln ähnlich. Die grofse Ähnlichkeit bezieht sich aber nicht nur auf das Äufsere, sondern auch auf das innere Sein. Am besten lassen sich die beiden Krähen durch die Färbung der Regenbogenhaut voneinander unterscheiden: bei der australischen Art ist dieselbe perlweifs, bei der europäischen bräunlichschwarz. Dieser Unterschied fehlt aber in vielen Fällen, denn unser australischer Vogel hat in der Jugend dunkelbraune Augen.

Die Weifsäugige Krähe ist über die ganze Kolonie verbreitet. Auf der grofsen nördlichen Halbinsel kommt sie nicht häufig vor. In den übrigen Teilen des Landes dagegen ist sie überall dort einer der gemeinsten Vögel, wo sie reichlich Nahrung findet. Sie kann mit vollem Rechte als ein Standvogel bezeichnet werden. Ihren Wohnort verläfst sie nur dann, wenn ihr das Trinkwasser ausgegangen ist. Im Binnenlande trifft man sie in der Regel nur in der Umgebung der spärlich vorhandenen Wasserstellen an. Aus diesem Grunde rechnet der Buschmann, wie auch der Eingeborene, sie zu den Vögeln, die auf das Vorhandensein von Wasser aufmerksam machen: scheucht der Wanderer ein Krähenpaar auf, und benimmt es sich wenig furchtsam und zeigt es keine Neigung in die Ferne zu fliegen, so weifs er, dafs Wasser in der Nähe ist.

Die Gatten halten dem Anschein nach zeitlebens zusammen. Nie entfernen sie sich weit voneinander, und jede Nahrungsquelle benten sie gemeinschaftlich aus. In vielen Gegenden des Binnenlandes zwingt sie die grofse Dürftigkeit der Tier- und Pflanzenwelt, allein zu leben; wo reichlich Nahrung vorhenden ist, pflegen sich aber zahlreiche Paare zu Flügen zusammenzutun.

Unser Vogel fliegt langsam, aber ohne grofse Anstrengung. Fühlt er sich recht behaglich, und ist sein Sinnen und Trachten nicht ganz auf den Erwerb von Nahrung gerichtet, so läfst er sich zuweilen im Fluge spielend eine kurze Strecke aus der Höhe herabfallen, wie es die Saatkrähe und die Dohle manchmal auf dem Zuge tun. Auf dem Boden weifs er sich weniger gewandt zu bewegen als in der Luft. Beim Gehen schwingt er den Leib in horizontaler Richtung hin und her und nickt ein wenig mit dem Kopfe. Hat er es eilig, so pflegt er schwerfällig in grofsen Sätzen zu hüpfen.

Seine Stimme läfst er oft hören. Die Töne, welche man gewöhnlich von ihm vernimmt, klingen wie ark ark arrrk. In behaglicher Ruhe auf einem Baume sitzend, gibt er zuweilen eine Art leisen Gesanges zum besten.

Welch hohe geistige Begabung und erstaunliche Sinnesschärfe die Krähe besitzt, zeigt sie besonders beim Nahrungserwerb. Aus Erfahrungen weifs sie vortrefflich Schlüsse zu ziehen. Leicht errät sie in ungewohnter Lage, was ihr nützt, und was ihr schadet, und schnell eignet sie sich eine bedeutende Kenntnis der Gewohnheiten des Menschen an. Dem Weifsen gegenüber benimmt sie sich keck, ja selbst tollkühn, in der Nähe des Eingeborenen hingegen ist sie mifstrauisch und vorsichtig. Ihre Klugheit läfst sie aber völlig im Stiche, wenn der Hunger sie arg quält: nicht selten begibt sie sich dann blindlings in die gröfste Lebensgefahr. Auf einem meiner Lagerplätze in einer der ödesten und abgelegensten Gegenden des Innern fing ich einst in einer Schlinge mit Schnellstock innerhalb einer halben Stunde sieben Stück, die von starkem Fleischgeruch aus der Ferne herbeigelockt waren und begonnen hatten, mit einer Dreistigkeit sondergleichen meine auf dem Boden liegenden Habseligkeiten zu durchsuchen.

An Stehlsucht, Mordlust und Gefräſsigkeit steht die Krähe nur hinter den allerschlimmsten der gefiederten Räuber des Landes zurück. Kein Säugetier bis zu der Gröſse einer Ratte, keine Eidechse ist vor ihr sicher, und zur Brutzeit plündert sie die Nester aller Vögel.

Man kann sie mit einem gewissen Rechte als Allesfresser bezeichnen. In den unwirtlichen Binnenlandsdistrikten scheinen während der Trockenzeit Eidechsen, Insekten, Früchte und Sämereien den Hauptbestandteil ihrer Nahrung zu bilden. Aas friſst sie leidenschaftlich gern und weiſs es mit groſser Sicherheit aufzufinden. Zu Zeiten lange anhaltender Dürren, wenn der Tod reiche Ernte unter den Herdentieren der Ansiedler hält, schwelgt sie daher oft im Überflusse. In der nördlichen Binnenlandshälfte ist sie nicht gar selten in der Lage, ihre Freſsgier auch mit dem Fleische toter Menschen zu befriedigen. Die Mehrzahl der Stämme pflegt hier verstorbene Angehörige auf Bäumen beizusetzen. Den Leichnam sucht man zwar stets auf seiner vogelhorstähnlichen Ruhestätte durch eine Decke aus Reisig (Binnenland) oder eine Hülle aus weicher Rinde (nördliche Halbinsel) vor den Fleischfressern der Lüfte zu schützen, unser tätiger und schlauer Vogel weiſs sich aber trotzdem oft Zugang zu demselben zu verschaffen. Unweit Tennant's Creek gelangte ich einst im Scrub auf einen Platz, wo eine gröſsere Zahl von Menschen und mehrere Hunde auf Bäumen beigesetzt waren. Zu einer Ruhestätte, von der ich eine Schar Krähen hatte auffliegen sehen, kletterte ich hinauf. Sie bot einen gar seltsamen Anblick. Auf einer dichten Schicht von Knüppeln und Zweigen lag ausgestreckt auf dem Rücken der eingetrocknete Körper eines jungen Weibes. Der Unterkiefer fehlte, an Stelle der linken Mamma befand sich ein tiefes Loch im Brustkasten, und die Vorderseite der Glieder war überall angefressen.

Trotz ihrer gefälligen leiblichen und geistigen Begabung mag der Weiſse des Binnenlandes die Krähe nicht, da sie für ihn ein wahrer Unheilstifter ist. Neugeborenen sowie kranken Schafen und Ziegen hackt sie die Augen aus. Wie ich von glaubwürdigen Viehzüchtern hörte, fände sie sich bei trächtigen Schafen und Ziegen kurz vor dem Geburtsakte ein, um sogleich über die Jungen und die Nachgeburt herfallen zu können. Ob diese schier unglaublich klingenden Angaben auf Wahrheit beruhen, muſs ich dahingestellt sein lassen. Daſs aber seine Sinneschärfe und seine Befähigung, aus Erfahrungen Schlüsse zu ziehen, völlig ausreichen, solche Handlungen zu vollführen, hat mir unser Vogel oft genug gezeigt. In besonders unangenehmer Weise macht er sich den reisenden Buschleuten auf den Lagerplätzen bemerkbar. In die Fleischsäcke reiſst er Löcher, alles, was er für genieſsbar hält, selbst

Seife, frifst er an oder trägt er davon, den Inhalt der Satteltaschen beschmutzt und beschädigt er, Töpfe, die mit Fleisch am Feuer stehen, reifst er um und dergleichen mehr. Seine grenzenlose Frefsgier gereicht ihm nicht selten zum Unglück und Verderben. Einmal sah ich einen der frechen Gesellen, der hinter meinem Rücken einen Pfannkuchen halb aus einer auf brennenden Knüppeln stehenden Pfanne gezogen hatte, mit weit aufgesperrtem Schnabel davonfliegen. Jedenfalls hatte er sich bei seinem Diebstahlsversuche arg verbrannt. Auf der Telegraphenstation an Barrow's Creek wurde mir ein geschossenes Exemplar gezeigt, dem alle Zehen fehlten. Der Beschaffenheit der Fufsstümpfe nach, mufste es dieselben schon lange vor seinem Tode verloren haben. Wahrscheinlich hatte es sich die Verstümmlung dadurch zugezogen, dafs es in seinem Heifshunger auf ein unter der Asche glimmendes Lagerfeuer geflogen war. Verläfst der Weifse oder der Eingeborene den Lagerplatz, so stürzen sich nämlich die in der Nähe befindlichen Krähen sofort auf alles Zurückgebliebene, das sie für geniefsbar halten. Der Buschmann schiefst selten oder nie auf Vögel, die ihn belästigen oder schädigen, da die Patronen teuer sind, und er meist nicht einmal über die Geldmittel verfügt, die zu den notwendigen Bedürfnissen des Lebens gehören. Für die Dingos legt er aber oft mit Strychnin vergiftete Fleischbrocken aus. In manchen Gegenden der südlichen Hälfte der Kolonie wird hierdurch in auffallend starker Weise unter den Krähen aufgeräumt. Erwähnt sei noch, dafs unser Vogel sich in dem eigentlichen Kulturgebiete Südaustraliens, dem zwischen Victoria und dem Spencer Golf gelegenen Landstriche, besonders durch seine Diebereien in den Obst- und Weingärten verhafst gemacht hat.

Das Nest besteht der Hauptsache nach aus Reisig und hat eine ziemlich tiefe tassenförmige Mulde, die mit Bast ausgepolstert ist. Im Binnenlande sieht man es fast nur in nächster Nähe von Wasser auf Eucalyptus rostrata und E. microtheca, den beiden Charakterbäumen der Creeks. Die Eier haben eine grünliche Grundfarbe und weisen zahlreiche bräunliche Flecke auf.

Das Fleisch schmeckt so schlecht wie das der echten Raubvögel. Der Eingeborene ifst es, meist aber nur dann, wenn die Nahrungsmittel recht knapp sind.

Die Weifsäugige Krähe hat mir auf meinen mehrjährigen Wanderungen gar manche Verdriefslichkeit bereitet; kein Vogel ist mir aber lieber gewesen als sie. Gelangte ich gegen Abend nach langem Ritt im Sonnenbrande aus der schweigenden Einsamkeit des Scrubs durstig, bestaubt und ermattet zu einer Wasserstelle mit hohen schattenspendenden Gummibäumen, so pflegte mich das Krähenpaar, das dort seinen Wohnsitz hatte, mit lauten Rufen zu begrüfsen. In diesem Falle unterliefs ich es nie, ihm bei meiner Mahlzeit ein paar Fleischbrocken zuzuwerfen. Lag ich dann schreibend am Lagerfeuer, so blieb es, recht zutraulich gemacht, so lange in meiner Nähe, bis die

Schatten der Dämmerung sich herabgesenkt hatten, und die Tiere der Nacht ihre Stimmen vernehmen liefsen. Am nächsten Morgen, wenn die ersten Sonnenstrahlen die Baumkronen vergoldeten, und ich das Frühstück zu mir nahm, war es schon zur Stelle, und wenn ich meinen Ritt fortsetzte, begleitete es mich in langsamem Fluge, von Zeit zu Zeit auf einem Baume Rast machend, mehrere Kilometer weit.

♀ (Nordküste). Schnabel und Füfse schwarz. Iris milchweifs, mit schmalem himmelblauen Saume. Gesamtlänge: 48 cm, Flügellänge: 33 cm, Schwanzlänge: 19,5 cm, Schnabellänge: 6 cm, Länge der Schnabelöffnung: 6,4 cm, Lauflänge: 7,1 cm, Länge der Mittelzehe: 4,6 cm, Krallenlänge: 1,7 cm, Flugweite: 1 m. Mageninhalt: Insektenreste und Pflanzenstoffe.

Corcorax melanorhamphus Vieill. — Dieser schöne lebhafte Vogel ist mir hin und wieder in den Gummibaumwäldern der Südostecke der Kolonie zu Gesicht gekommen. Seine Nahrung pflegt er auf dem Boden zu suchen.

Familie: **Oriolidae.**

Sphecotheres flaviventris Gld. — Ich habe diesen Vogel nur in den Flufsdickichten (jungle) der grofsen nördlichen Halbinsel angetroffen.

♂. Schnabel schwarz; Füfse fleischfarbig; nackter Augenfleck gelblich, mit gelben und fleischfarbigen Wärzchen besetzt. Gesamtlänge: 28 cm, Schwanzlänge: 11 cm, Länge der Schnabelöffnung: 3,1 cm, Flugweite: 45 cm.

Familie: **Dicruridae.**

Chibia bracteata Gld. *(Dicrurus bracteatus).* — Dem australischen Würgerschnäpper (Drongo) bin ich nur auf der nördlichen Halbinsel begegnet. Zahlreich scheint er hier nicht vertreten zu sein. Er ist ein recht lebhafter Vogel. Seine Nahrung besteht in allerlei Insekten.

♂. Schnabel und Füfse schwarz; Iris rot. Gesamtlänge: 29 cm, Schwanzlänge: 14 cm, Flügellänge: 17 cm, Schnabellänge: 3,1 cm, Länge der Schnabelöffnung: 3,4 cm, Lauflänge: 2,6 cm, Länge der Mittelzehe: 1,6 cm, Krallenlänge: 0,9 cm.

Familie: **Prionopidae.**

Grallina picata Lath. (*G. australis* Gray). — Die Drosselstelze ist über die ganze Kolonie ziemlich gleichmäfsig verbreitet. In dem unwirtlichen Binnenlande hält sie sich immer an den Wasserlöchern der Creeks, den Claypans und den wenigen anderen Gewässerformen auf. In ihrer Lebensweise und ihrem Gebaren gleicht sie den Bachstelzen und in ihrem Fluge den Kiebitzen. Die Nahrung, die wohl so gut wie ausschliefslich in Insekten aller Art besteht, sucht sie sich auf dem Boden. Sie lebt paar- oder familienweise. Ein echter Standvogel scheint sie nicht zu sein. Die Mitglieder der Horn-Expedition trafen in der Lake Eyre-Senke einen aus mehreren hundert Stück bestehenden Trupp an, von dem Prof. Spencer, der Zoologe der Expedition, annimmt, dafs er sich auf der Wanderung befand. Durch die Anmut und die Zierlichkeit der Bewegungen, sowie durch die grofse Emsigkeit in der Suche nach Nahrung fesselt unser Vogel den Beobachter in hohem Grade. Er ist recht zutraulich. Den Menschen läfst er meist bis auf fünfzehn, zwanzig Schritt an sich herankommen. Wird er aufgescheucht, so fliegt er gewöhnlich nur eine ganz kurze Strecke weit. Er hat eine flötende Stimme. Das Fleisch schmeckt schlecht, wie ich aus eigener Erfahrung weifs. Das Nest ist napfförmig und hat ungefähr eine lichte Weite von 12 cm und eine Tiefe von 7 cm. Es pflegt auf dicken, mehr oder minder wagerechten Zweigen aufgebaut zu sein. Die Wandung besteht aus Lehm, dem einige Hälmchen, Baststückchen u. s. w. beigemengt sind, und die Polsterung aus Federn und allerlei weichen pflanzlichen Stoffen. Die Weifsen des Landes nennen die Drosselstelze Elsterlerche (magpie lark).

♂ (Inneres). Schnabel gelblichweifs, First schwärzlich; Füfse grauschwarz; Iris hellgelb. Gesamtlänge: 31 cm, Schwanzlänge: 13,5 cm, Flügellänge: 21 cm, Flugweite: 49 cm, Schnabellänge: 2,1 cm, Länge der Schnabelöffnung: 3,1 cm, Lauflänge: 5 cm, Länge der Mittelzehe: 2,6 cm, Krallenlänge: 0,6 cm. Mageninhalt: Beine, Flügeldecken u. s. w. von Käfern.

Collyriocincla rufiventris Gld. — Diesen unscheinbar rostfarbiggrau gefärbten Vogel habe ich nur einige Male in zentralen Gebietsteilen der Kolonie angetroffen. In der Lebensweise und dem Benehmen hat er viel Ähnlichkeit mit unsern Drosseln. Die Stimme klingt recht angenehm.

♀. Über den Augen ein blasser rostfarbiger Strich; Schnabel schwärzlich; Füfse grauschwarz; Iris braun. Gesamtlänge: 28 cm, Schwanzlänge: 11 cm, Flügellänge: 13,5 cm, Flugweite: 36 cm, Schnabellänge: 2,5 cm, Länge der Schnabelöffnung: 3,2 cm, Lauflänge: 3,5 cm, Länge der Mittelzehe: 2 cm, Krallenlänge 0,7 cm. Mageninhalt: Heuschreken.

Familie: **Campephagidae.**

Graucalus melanops Lath. — Dieser Vogel ist in der ganzen Kolonie zu Hause. Am häufigsten habe ich ihn in dem höhenreichen Innern bemerkt. Als Aufenthalt wählt er sich Geländeteile, die mit hohen Bäumen bestanden sind, z. B. Weitungen gröfserer Creeks. Es hält meist schwer, ihn in der Nähe zu beobachten, denn er ist unter allen Umständen sehr vorsichtig und mifstrauisch.

I ♂ (Krichauff Range). Schnabel schwarz; Füfse grauschwarz; Iris dunkelbraun. Gesamtlänge: 32,5 cm, Länge des Schwanzes: 15,5 cm, Flügellänge: 20,2 cm, Flugweite: 56 cm, Schnabellänge: 2,7 cm, Länge der Schnabelöffnung: 3,7 cm, Laufläuge: 3,2 cm, Länge der Mittelzehe: 2,1 cm, Krallenlänge: 0,9 cm, Mageninhalt: Heuschrecken.

II ♀ (nördliche Halbinsel). Gesamtlänge: 29 cm, Schwanzläuge: 14 cm, Flugweite: 49 cm. Mageninhalt: Insektenreste.

III ♂ juv. (Reynold's Range). Vorderkopf und Kehle aschgrau; Zügel, Umgebung der Augen und Ohrgegend schwarz. Gesamtlänge: 31 cm, Schwanzlänge: 15 cm, Flugweite: 50 cm. Mageninhalt: Heuschrecken und Käfer.

Graucalus hypoleucus Gld. — Dieser Raupenfresser kommt in der Kolonie nur auf der nördlichen Halbinsel vor.

♂. Schnabel und Füfse schwarz; Iris dunkelbraun. Gesamtlänge: 27 cm, Schwanzlänge: 11,5, cm, Flugweite: 44 cm. Mageninhalt: Käfer.

Familie: **Muscicapidae.**

Petroeca Leggii Sharpe (*P. multicolor* Swains.). — In seiner Lebensweise erinnerte mich dieser Vogel an das Rotkehlchen. Am liebsten hält er sich auf einem Gelände auf, das licht mit Sträuchern bestanden ist. In dem östlichen Teil des Südküstengebietes traf ich ihn stellenweise ziemlich oft an. Ein Nest von ihm, das ich auffand, war napfförmig und bestand gröfstenteils aus Bast.

Petroeca Goodenovii Vig. u. Horsf. — Dieser Vogel ist mir zwischen dem 22° südl. Breite und der Südküste zu Gesicht gekommen. Im Binnenlande führt er ein verstecktes Leben im Scrub. Er zeigt sich hier nicht selten, gewöhnlich aber nur einzeln oder paarweise. Im South-east gehört er vielerorten zu den gemeinsten Vögeln.

Diese und die zuvor besprochene Art scheinen der Hauptsache nach von Insekten zu leben. Der gemeine Mann nennt beide „robin-red-breast“.

Smicrornis flavescens Gld. — Dieser „tree-tit“ ist kaum so grofs als ein Goldhähnchen. Wir dürfen ihn wohl als den kleinsten Vogel der Kolonie betrachten. Trotz seiner Kleinheit entgeht er nicht leicht der Wahrnehmung, da er äufserst lebenslustig und rührig ist. In unserer Kolonie kommt er auf der nördlichen Halbinsel und im Innern vor. Er zeigt sich gewöhnlich einzeln, paar- oder familienweise. Gould sagt von ihm, dafs er sich in der Gegend von Port Essington mit Vorliebe in dem Wipfel hoher Bäume aufhalte. Die Exemplare, welche mir im nördlichen Küstengebiet zu Gesicht gekommen sind, gingen der überwiegenden Mehrzahl nach in niedrigem Gebüsch lichter Waldstellen der Nahrung nach.

♂ (nördliche Halbinsel). Schnabel und Füfse bräunlichgrau; Iris schmutzig weifs. Gesamtlänge: 9 cm, Schwanzlänge: 3,1 cm, Flugweite: 13 cm, Schnabellänge: 0,7 cm, Länge der Schnabelöffnung: 1 cm. Mageninhalt: Insektenreste.

Smicrornis brevirostris Gld. — Dieses Vögelchen habe ich nur in der Umgegend von Adelaide gesehen.

Malurus dorsalis Lew. (*M. cruentatus*). — Der Rotrückige Staffelschwanz, eines der zierlichsten und farbenprächtigsten Vögelchen Australiens, findet sich in der Kolonie nur auf der nördlichen Halbinsel vor. In der Lebensweise und dem Gebaren hat er vieles mit unserem Zaunkönige gemein. Meist zeigt er sich paarweise. Er ist ein lebenslustiger, auffallend unruhiger Geselle. In der Nähe des Menschen scheint er sich nicht behaglich zu fühlen. Völlig offenes Gelände meidet er ganz. Die Nahrung sucht er sich, rastlos wandernd, unten in dichtem Gebüsch und auf dem Boden. Gelangt er hierbei auf eine nackte Bodenstelle, so hüpft er in höchster Eile mit hoch erhobenem Schwanze über sie hinweg dem nächsten Busche oder Grasdickichte zu; zum Fliegen entschliefst er sich nur ausnahmsweise.

I ♂. In Mauser (Oktober). Schnabel schwarz; Füfse grau bis fleischfarbig. Gesamtlänge: 10,5 cm, Schwanzlänge: 4,2 cm, Flugweite: 11,5 cm. Mageninhalt: Insektenreste.

II ♀. Gesamtlänge: 10 cm, Schwanzlänge: 4,3 cm, Flugweite: 12,5 cm. Mageninhalt: Insektenreste.

Malurus leuconotus Gld. — Dem Weifsrückigen Staffelschwanz bin ich nur östlich vom Lake Eyre begegnet.

♂. Schnabel tiefschwarz; Füfse bräunlichschwarz; Iris dunkelbraun. Gesamtlänge: 13 cm, Schwanzlänge: 6,3 cm, Flügellänge: 5,2 cm, Schnabellänge: 1 cm, Länge der Schnabelöffnung: 1,2 cm, Lauflänge: 2 cm, Länge der Mittelzehe: 1,1 cm, Krallenlänge: 0,3 cm, Flugweite: 15 cm. Mageninhalt: Insektenreste.

Malurus melanotus Gld. — Der Schwarzrückige Staffelschwanz ist mir häufig in der südlichen Hälfte der Kolonie zu Gesicht gekommen.

Malurus leucopterus Quoy u. Gaim. — Der Weifsflügelige Staffelschwanz ist in der Südhälfte der Kolonie zu Hause.

Malurus Lamberti Vig. u. Horsf. — Dieser Staffelschwanz ist im Innern der Kolonie ziemlich zahlreich vertreten.

Das, was ich über die Lebensweise und das Benehmen von *M. dorsalis* gesagt habe, gilt auch von den vier anderen angeführten Arten. Im Binnenlande halten sich die Staffelschwänze mit Vorliebe in dichtem Akaziengestrüpp, Atriplexbüschen, Canegrasdickichten u. s. w. auf. Meist zeigen sie sich dort in kleinen Trupps.

Rhipidura tricolor Vieill. (*Sauloprocta motacilloides* Vig. u. Horsf.) — Der „black and white fan-tail" ist wohl über das ganze Festland verbreitet. In unserer Kolonie gehört er zu den gemeinsten Vögeln und kommt beinahe gleich häufig auf den wüstenähnlichen Steppen, in den einförmigen Scrubs und den hochstämmigen Wäldern der Küstengebiete vor. Er zeigt sich meist einzeln oder paarweise. Seine Nahrung bilden fast ausschliefslich Fliegen. Da diese Insekten überall in erstaunlicher

Menge vorhanden sind, so ist es ihm selbst in den ödesten und unwirtlichsten Distrikten des Binnenlandes ein leichtes, sich den Bedarf an Futter zu verschaffen. Wasser kann er lange entbehren. Ich schliefse dies daraus, dafs man ihn, der keine Lust zeigt, weit zu fliegen, nicht selten in völlig wasserlosen Gegenden antrifft, und dafs ich nur ein einziges Mal ein Exemplar trinken sah. Bemerkt sei hierzu, dafs die Fliegen selbst dort, wo die Trockenheit der Luft grofs ist, und die Pflanzen fast saftlos erscheinen, verhältnismäfsig viel Flüssigkeit enthalten. Durch sein lebhaftes Wesen, seine auffallend grofse Zutraulichkeit und seine zierlichen, anmutigen Bewegungen hat er sich überall zum Freunde des Menschen gemacht. Vom frühen Morgen bis zum späten Abend ist er rastlos tätig. Den Nahrungserwerb betreibt er sozusagen spielend, und zwar bald am Boden, bald im unteren, kahlen Gezweig von Sträuchern und Bäumen. Hat er ein Insekt erspäht, so sucht er es in eiligem Laufe, wie eine Bachstelze, oder im Fluge, wie ein Fliegenschnäpper, zu erhaschen. Der lange Fächerschwanz wird dabei beständig hin und her geschwungen und abwechselnd ausgebreitet und zusammengelegt. An Zutraulichkeit übertrifft er alle anderen Vögel des Landes. Im Binnenlande betreibt er die Jagd oft in greifbarer Nähe des Menschen. Auf meinen Reisen hat mich ein einzelnes Exemplar oder ein Pärchen, von den zahllosen Fliegen, welche mich und meine Pferde umschwärmten, herbeigelockt, manchmal längere Zeit begleitet, wobei als Rastplatz zuweilen das Gepäck auf dem Rücken meines Packpferdes benutzt wurde. Bei den Herden des Weifsen pflegt er nicht zu fehlen, und setzt sich oft auf ein ruhendes oder grasendes Tier, um der Fliegenjagd bequem obliegen zu können. Von den Buschleuten hat er deshalb den Namen shepherd's compagnion erhalten. Das Nest wird mit grofser Kunstfertigkeit hergestellt. Es hat die Gröfse und die Form einer kleinen tiefen Tasse, ist aus Gespinsten von Raupen und Spinnen, Bastfäserchen, Hälmchen, Pflanzenwolle zusammengefilzt und steht meist mehr oder weniger frei auf einem wagerechten Aste oder Zweige. In vielen Fällen weist es eine grofse Ähnlichkeit mit der Rinde der nächsten Umgebung auf. Die Eier — ihre Zahl pflegt gering zu sein — haben eine schmutzig grünlichweifse Grundfarbe und sind mit kleinen dunkelbraunen Flecken versehen.

♀ (Inneres). Schnabel und Füfse schwarz; Iris braunschwarz. Gesamtlänge: 20 cm, Schwanzlänge: 11 cm, Flügellänge: 10,4 cm, Schnabellänge: 1,6 cm, Länge der Schnabelöffnung: 2,1 cm, Lauflänge: 3 cm, Länge der Mittelzehe: 1,5 cm, Krallenlänge: 0,4 cm. Mageninhalt: Fliegen.

Rhipidura setosa Quoy u. Gaim. — Dieser Fächerschwanz, von den englischen Ornithologen „northern fan-tail" genannt, bewohnt den nördlichen halbinselförmigen Teil der Kolonie. Wie in der Gestalt, so hat er auch in den Lebensgewohnheiten die gröfste Ähnlichkeit mit der zuvor besprochenen Art.

♂. Schnabel und Füfse schwarz; Iris braun. Gesamtlänge: 18 cm, Schwanzlänge: 8,6 cm, Flügellänge: 9 cm, Schnabellänge: 1,3 cm, Länge der Schnabelöffnung: 1,7 cm, Lauflänge: 1,7 cm, Länge der Mittelzehe: 1 cm, Krallenlänge: 0,5 cm, Flugweite: 23 cm. Mageninhalt: Insektenreste.

Sisura inquieta Lath. — Der „restless fly-catcher" soll eine weite Verbreitung auf dem australischen Festlande haben. Mir ist er nur an der Südküste zu Gesicht gekommen. Meist zeigt er sich paarweise. Durch rauhe, schrille Stimmlaute und überaus lebhafte Bewegungen bei der Insektenjagd, die er nach Art der Fliegenschnäpper betreibt, lenkt er sehr leicht die Aufmerksamkeit auf sich.

Sisura nana Gld. — Der „little fly-catcher" ist auf der nördlichen Halbinsel zu Hause.

Piezorhynchus nitidus Gld. — Diesen zierlichen Vogel habe ich nur einigemal in den Flufsdickichten (jungle) des Nordens angetroffen. Er führt ein verstecktes Leben und ist recht scheu. Die beiden Geschlechter unterscheiden sich bekanntlich sehr wesentlich voneinander: das Männchen hat ein glänzend schwarzes und das Weibchen ein schwarz, rotbraun und weifses Gefieder.

♂. Schnabel graublau, an der Spitze schwarz; hintere Hälfte der Innenseite des Schnabels braunrot, vordere schwarz; Füfse grauschwarz; Iris dunkelbraun. Gesamtlänge: 18,6 cm, Schwanzlänge: 8,3 cm. Mageninhalt: Insektenreste.

Familie: **Turdidae.**

Acrocephalus australis Gld. (*Calamoherpe australis*). — Der Australische Rohrsänger bewohnt in erklecklicher Anzahl die an stillen Gewässern gelegenen Schilfdickichte der Südküste. In seinem Sein und Wesen gleicht er sehr unserer Rohrdrossel. Er ist ein überaus fleifsiger und ziemlich guter Sänger und zeichnet sich durch bedeutende Fertigkeit im Klettern aus. Vor dem Menschen hat er keine grofse Scheu: gar oft habe ich ihn an dem kleinen zwischen den beiden Hauptteilen Adelaide's gelegenen Wasserbecken des River Torrens beobachtet. Mit der Zeit wird er im Süden der Kolonie sicher beträchtlich an Zahl abnehmen, da durch die Trockenlegung der Inudationsgebiete des River Murray und anderer schilfreicher Geländeteile ihm viele Wohnstätten ganz genommen oder bedeutend eingeengt werden.

Familie: **Timeliidae.**

Chlamydodera guttata Gld. — Dieser Laubenvogel und *Ch. maculata* haben in der Gröfse und der Befiederung sehr viel Übereinstimmendes. Im männlichen Geschlechte bestehen die Unterschiede hauptsächlich darin, dafs *Ch. guttata* auf der

Oberseite des Körpers eine dunklere Grundfarbe hat, als *Ch. maculata.* Infolgedessen treten bei ihr die lichten Flecken am schärfsten hervor. Ferner zeigen ihre unteren Nackenfedern Flecke, während die der anderen Art auf einerlei Weise bräunlichgrau gefärbt sind. Der Vogel lebt im Innern der Kolonie. Zu seinem Aufenthalte wählt er gern Orte, die mit hohem dichten Scrub bestanden sind, in der Nähe von Höhen liegen und Wasser aufweisen. In gröfserer Zahl tritt er, so weit meine Erfahrung reicht, nur dort auf, wo sein Tisch sehr reichlich gedeckt ist. Seine Nahrung besteht in Insekten, Sämereien und fleischigen Früchten. In Gärten der Ansiedler richtet er zuweilen grofsen Schaden an. Auf der Polizeistation Illamurta (George Gill's Range) sah ich, wie sich eine Gesellschaft von sechs Stück mit grofser Gier über Melonen und Tomaten hermachte. Seine Lieblingsnahrung scheinen die kleinen orangenfarbigen, haselnufsgrofsen Früchte von Ficus platypoda zu sein, einem Bäumchen, das nur auf Felsenhöhen wäschst. Es hält schwer, ihn zu beobachten: er ist einer der scheuesten und vorsichtigsten Vögel des Landes und weifs sich mit grofser Geschicklichkeit den Blicken des Menschen zu entziehen. Überdies hebt sich sein Kleid sehr wenig von dem Boden und dem Gezweige ab. Dort, wo er keinerlei Verfolgungen ausgesetzt ist, zeigt er eine gewisse Dreistigkeit, wenn es gilt, den Durst zu stillen. So z. B. kamen auf einer Viehstation des Innern, wo ich mich mehrere Monate aufhielt, alltäglich mehrere Stück zu dem nur wenige Schritte von den Gebäuden gelegenen Brunnen, um zu trinken. Wachsam bleibt der Vogel aber unter allen Umständen, und wirklich zutraulich wird er niemals. Nach dem Wenigen, was ich über sein Tun und Treiben in Erfahrung zu bringen vermochte, halte ich ihn für recht klug: sein Gedächtnis und sein Unterscheidungsvermögen sind ausgezeichnet, und er scheint in hohem Grade die Befähigung zu besitzen, aus Erfahrungen Schlüsse zu ziehen. Wenn er in seinen Beschäftigungen gestört wird, läfst er von dem Wipfel eines höheren Baumes aus nicht selten ein widerliches Krächzen hören. Wie mir ein glaubwürdiger Buschmann mitteilte, der ein vortrefflicher Naturbeobachter ist, und den gröfsten Teil seines Lebens in den Wildnissen Inneraustraliens verbracht hat, pflege der Laubenvogel Stimmen anderer Tiere und von Menschen verursachte Geräusche nachzuahmen. In gröfseren Flügen schart er sich nie zusammen. Gute Nahrungsquellen werden aber nicht selten von mehr als einem halben Dutzend Exemplaren ausgebeutet. Ich habe vier Spielplätze des Vogels aufgefunden. Sie befanden sich an versteckten Plätzen inmitten von Mallee- und Mulgascrubs auf ebenem Boden und und zeigten mehr oder weniger weitgehende Unterschiede. Über zwei von ihnen machte ich nachstehende Aufzeichnungen.

„George Gill's Range. — Am Nachmittage stiefs ich in einem kleinen Mallee-Dickicht, das sich unweit einer Quelle befindet, auf den Spielplatz eines Laubenvogels. Zwei Wege, die gegen 1,5 m lang und 35 bis 40 cm breit sind, durchschneiden sich, ein griechisches Kreuz bildend, in rechtem Winkel. Sie bestehen aus feineren Pflanzenstengeln, die, wie das Zweigwerk eines Vogelnestes, ein dichtes Geflecht darstellen. An der Kreuzungsstelle sind über dem einen Weg zwei Laubengänge so errichtet, dafs der andere Weg zwischen ihnen durchläuft. Oben bilden sie ein offenes Gewölbe. Zu ihrem Aufbau haben ebenfalls Pflanzenstengel gedient. Beide Wände sind dicht, gleichmäfsig dick und wölben sich ein wenig nach aufsen. Ihren Halt haben sie in den Wegrändern. Ihre Länge beträgt 28 bis 34 cm und ihre Höhe ungefähr ebensoviel. An dem einen Ende des Weges, der die Laubengänge voneinander scheidet, befindet sich ein Haufen grofser gebleichter Helixgehäuse und an dem anderen liegen zahlreiche kleinere verwitterte Knochen. Das eine Ende des zweiten Weges ist ebenfalis mit Knochen belegt."

„Lager am Hanson Creek. — Unweit des Central Mount Stuart fand ich unter einem Baume den Spielplatz eines Laubenvogels. Die Laube oder, besser gesagt, der Laubengang ist aus Zweigen aufgebaut und hat eine Länge von 50 bis 55 cm, eine Höhe von 30—35 cm und eine Breite von 40 bis 45 cm. Oben bildet er ein offenes Gewölbe. Die Wandung ist aufsen buschig; innen hat sie in der Mitte einen Grasbelag und ist frei von vorstehenden Zweigspitzen. Als Unterlage dient dem Gange eine dicke Schicht von Zweigen (bis zu der Dicke eines Fingers) und Mulgablätter (nadelförmig). Die Ausschmückung ist gar mannigfaltig. In der Mitte des Ganges liegen zwei gebleichte Helixgehäuse und sechs grüne Beeren, vor dem einen Ende zwei grüne Beeren, ein wenig weiter, fünfzehn stark vom Wetter mitgenommene Kängeruhwirbelknochen, sowie eine Porzellanscherbe von einem Isolator der Telegraphenleitung, und vor dem anderen Ende, einen Haufen bildend, acht Knochen, drei grüne Beeren, acht Helixgehäuse und viele Scherben von Isolatoren."

♂ (Mac Donnel langes). Schnabel schwarz; Füfse dunkelgelblichgrau; /\-förmiges Nackenband lila bis rosa. Gesamtlänge: 27,5 cm, Schwanzlänge: 10 cm, Flugweite: 46 cm. Mageninhalt: Sämereien.

Chlamydodera nuchalis Jardine u. Selby. — Dieser Laubenvogel unterscheidet sich in der Färbung des Kopfes und Halses, sowie in der Gröfse des Körpers wesentlich von *Ch. maculata* und *Ch. guttata*. Ich habe ihn nur auf der nördlichen Halbinsel angetroffen. Hier findet er sich in manchen kleinen Flufsdickichten recht zahlreich vor. Er ist nicht viel scheuer als unser Star und wagt sich bei der Suche nach Nahrung furchtlos auf Lichtungen. Seine Nahrung besteht in Insekten, Früchten und Sämereien. Wie *Ch. guttata*, so scheint auch er ein grofser Freund der kleinen orangefarbigen Ficusfrüchte zu sein. Unweit eines schmalen

Dschungels beobachtete ich einst an einem sonnigen Tage, wie gegen zehn Stück in Gesellschaft von vielen anderen Vögeln mit grofser Gier die geflügelten Termiten wegschnappten, die aus ihren Bauten ausschwärmten. Das Fleisch des Vogels ist recht wohlschmeckend. Einmal habe ich länger als eine Woche von ihm gelebt. Trotzdem der Vogel auf der nördlichen Halbinsel stellenweise recht zahlreich auftritt, und ich dieselbe zweimal in der Nord-Südrichtung durchquert habe, ist mir nur einmal ein Laubengang von ihm zu Gesicht gekommen. Dieses Gebilde befand sich am Oberlaufe des Adelaide River auf ebenem, mit Bäumen und Büschen bestandenem Gelände und war in Gestalt eines Torbogens aus feinen Zweigen errichtet. Seine Länge betrug 60 cm, seine gröfste Breite 42 cm, seine Höhe 32 cm und seine Weite (am Boden) 11 cm. Zur Ausschmückung dienten Quarz- und Schieferstücke, grüne Früchte und gebleichte Helixgehäuse. Die Steinchen und die Früchte waren dicht vor jeder Öffnung zu einem kleinen Haufen vereinigt. Die Gehäuse bildeten zwei besondere Haufen, die sich in einer Reihe mit den beiden anderen Haufen und dem Laubengange befanden und etwa 1 m von einander entfernt waren. Durch die Sommerregen, die so bedeutend sind, dafs sie die ganze Halbinsel fast in einen Sumpf verwandeln, werden jedenfalls die allermeisten Lauben sehr stark mitgenommen.

♂. Schnabel schwarz; Füfse grauschwarz bis gelblichgrau; Iris dunkelbraun; Λ-förmiges Nackenband bläulichrot, aufsen von grauen Federn mit weifser Spitze umrandet. Gesamtlänge: 38,5 cm, Länge des Schwanzes: 15 cm, Flugweite: 58 cm. Mageninhalt: Insektenreste, Ficusfrüchte und Kerne.

Pomatorhinus rebeculus Gld. (*Pomatostomus rubeculus*). — Dieser stargrofse Vogel kommt ziemlich häufig im Binnenland und an der Nordküste vor. Mit Vorliebe hält er sich im Mulgascrub und anderen niedrigen Waldformen auf; steppenartige Gebiete meidet er, und zwar meist auch dann, wenn sie einen Bestand an kleinem, blattreichem Gesträuch aufweisen. Er hat einen stark ausgeprägten Geselligkeitstrieb. Durch sein seltsames Gebaren fällt er mehr auf, als irgend eine zu einer anderen Gattung gehörende Vogelart des Landes. In Trupps von fünf bis fünfzehn Stück durchwandert er tagtäglich in geradezu komisch wirkender Unruhe lärmend von Baum zu Baum sein Ernährungsgebiet. Alle Individuen zeigen hierbei das gleiche Verhalten. Die Bäume pflegen sie hüpfend und fliegend, bald sich fliehend, bald sich vereinigend, mit aufgeplustertem Gefieder und ausgebreitetem und erhobenem Schwanze zu besteigen. Den Zuschauer lassen sie meist im unklaren, ob sie nur ein neckisches Spiel treiben, oder sich ernstlich zanken. Auf dem Boden werden sie nicht oft gesehen, da sie ungemein argwöhnisch sind, und bei ungewohntem Geräusch sofort aufbäumen. Ebenso wie durch sein fahriges

Wesen lenkt der Vogel die Aufmerksamkeit sofort durch seine Stimme auf sich. Aufser schrillen, pfeifenden Tönen läfst er oft laut und deutlich ein Miauh hören. Dieses hat ihm bei den Buschleuten den Namen Katzenvogel, catbird, eingetragen. Nicht viel weniger als durch seine Unrast und seine Stimme fällt der Vogel durch seine Nistweise auf. Oft nisten mehrere Paare dicht nebeneinander. Das Nest hat die Gröfse eines Menschenkopfes; es ist also im Verhältnis zu der Körpergröfse des Vogels ziemlich umfangreich. In der Form gleicht es dem der Elster, das Flugloch ist aber mit einem kleinen Dache versehen. Im Binnenlande steht es meist in dem Gipfel mittelhoher Creekgummibäume. Die Polsterung ist aus Fäserchen und dergleichen und das Übrige, der Hauptteil, aus feineren Reisern hergestellt. Erwähnt sei, dafs Mr. Keartland, ein Mitglied der Horn-Expedition, glaubt, mehrere Pärchen benutzten zuweilen gleichzeitig dasselbe Nest. In dem Berichte der Expedition sagt er: „. . . but there is strong evidence that two pairs of birds sometimes share the same nest. At Henbury [1]) three birds were seen carrying wool from an old sheepskin to a nest, whilst a fourth bird was inside arranging the material brought.“ [2]) Ich sah einmal gegen Abend vier Exemplare nacheinander in ein und dasselbe Nest schlüpfen, doch vermag ich nicht anzugeben, ob es sich um zwei Pärchen oder nur um Glieder einer Familie handelte.

♂ (nördliche Halbinsel). Oberkopf heller gefärbt, als es durchschnittlich der Fall ist. Schnabel vorn schwarz, hinten zum Teil weifsgrau; Füfse grauschwarz; Iris hellgelb. Gesamtlänge: 25 cm, Schwanzlänge: 11 cm, Flügellänge: 11,5 cm, Schnabellänge: 2,8 cm, Länge der Schnabelöffnung: 3,5 cm, Lauflänge: 3,8 cm, Länge der Mittelzehe: 2,1 cm, Krallenlänge: 0,7 cm, Flugweite: 34,5 cm. Mageninhalt: Käfer.

Pomatorhinus ruficeps Vig. u. Horsf. (*Pomatostomus ruficeps*). — Der „chestnutcrowned babbler“ stimmt in seiner Lebensweise und seinem Benehmen ganz mit *P. rubeculus* überein. Ich habe ihn nur in dem östlich vom Lake Eyre gelegenen Gebiet angetroffen.

Ephthianura aurifrons Gld. — Einigemal in der südlichen Hälfte der Kolonie beobachtet.

Ephthianura albifrons Jardine u. Selby. — Im Südküstengebiet ziemlich zahlreich vertreten.

Ephthianura tricolor Gld. — Dieser farbenschöne Vogel ist mir hin und wieder in der Lake Eyre-Senke zu Gesicht gekommen.

---

[1]) Viehstation am Finke River.

[2]) Report on the Work of the Horn Scientific Expedition to Central Australia. Part II, S. 92.

Familie: **Laniidae.**

Gymnorhina tibicen Lath. — Der Schwarzrückige Flötenvogel kommt vielerorten im südöstlichen Drittel des Kontinentes vor. Im Innern Südaustraliens habe ich ihn nur dreimal angetroffen: östlich von Reynold's Range, in den Mac Donnell Ranges und am Hugh River. Den Menschen läfst er hier nicht gern in seine Nähe kommen.

♂ (Inneres). Der schwarze Rückenstreifen hat eine kleine Zahl weifser Flecke. Schnabel bläulichweifs, Spitze schwarz; Füfse schwarz; Iris braun. Gesamtlänge: 37 cm, Schwanzlänge: 13,5 cm, Flügellänge: 25,8 cm, Schnabellänge: 5,9 cm, Länge der Schnabelöffnung: 6,3 cm, Lauflänge: 6,5 cm, Länge der Mittelzehe: 3,4 cm, Krallenlänge: 0,9 cm, Flugweite: 65 cm. Mageninhalt: Heuschrecken und ein Käfer.

Gymnorhina leuconota Gld. — Der Weifsrückige Flötenvogel ist in dem östlichen Teile des Südküstengebietes in recht grofser Anzahl vertreten. In der Lebensweise und dem Benehmen erinnert er lebhaft an unsere Krähen. Er geht paarweise oder in kleinen Trupps auf Wiesen und Waldlichtungen der Nahrung nach. Durch die ansprechende Färbung des Gefieders, die Anmut der Bewegungen und den kurzen weittönenden flötenden Gesang trägt er wesentlich zur Verschönerung und Belebung der von Menschenhand ihrer hochragenden Gummibäume beraubten Landschaft bei. Dort, wo man ihn unbehelligt läfst, ist er sehr zutraulich. Sein Tagewerk beginnt und beschliefst er mit Gesang. Als ich mich auf der Wanderung in der Südostecke der Kolonie befand, habe ich gar oft von meinen Lagerplätzen aus mit grofsem Vergnügen dem Morgenkonzerte von zehn, zwanzig und mehr Exemplaren gelauscht, die nah und fern auf Erderhöhungen, Zaunpfählen und niedrigen Ästen safsen. Er ist ein lebenslustiger, regsamer Vogel. Ein paarmal sah ich die Gatten eines Paares wie junge Hunde ein lustiges Spiel miteinander treiben, wobei bald der eine Vogel, bald der andere auf dem Rücken lag. Die geistige Begabung des Vogels ist recht bedeutend. Als ich in Adelaide wohnte, befand sich in dem Garten einer meiner Nachbaren ein zahmes Exemplar, das sprechen gelernt hatte. Den Vorübergehenden pflegte es auffallend deutlich und klar die Worte „Who are you“? zuzurufen, und mehreremal sah ich, dafs ein Angerufener erstaunt stehen blieb und sich ingrimmig nach dem vermeintlichen menschlichen Spötter umsah. Der Vogel lebt hauptsächlich von kleinen Tieren, wie Eidechsen, Käfern, Heuschrecken, Würmern. Findet er ein Nest mit Eiern oder Jungen, so plündert er es. Aufser der tierischen Nahrung nimmt er aber auch pflanzliche zu sich. Grofse Vorliebe hegt er für die Früchte vieler Kulturpflanzen. Von dem Vorsteher der Missionsstation Point Macleay am Lake Alexandrina hörte ich, dafs manche Ansiedler ihm wegen seiner weitgehenden Diebereien in Obst- und Weingärten keine Schonung angedeihen liefsen. Das Nest baut er in die Gabel einer Eucalypte oder eines anderen Baumes. Es ist einem Krähenneste in jeder Hinsicht sehr ähnlich. Erwähnt sei, dafs sich in dem naturhistorischen Museum zu Adelaide zwei mehr als kopfgrofse Nester des Vogels befinden, die fast vollständig aus Drahtstückchen (von der Dicke des Telegraphendrahtes) bestehen und mit Hälmchen, Bast und dergleichen ausgepolstert sind. Von der Oberpostdirektion Victorias werden ein paar solcher Nester (aus Eisen- und Kupferdraht) aufbewahrt, die auf Telegraphenstangen gestanden und Leitungsstörungen verursacht haben. Aller Wahrscheinlichkeit nach ist dieses seltsame Nestmaterial bei der Herstellung von Drahtzäunen abgefallen.

♂. Schnabel bläulichweifs, Spitze schwarz; Füfse grauschwarz; Iris braun. Gesamtlänge: circa 38 cm, Schwanzlänge: 16 cm, Flügellänge: 28,5 cm, Schnabellänge: 5,5 cm, Länge der Schnabelöffnung: 5,8 cm, Lauflänge: 7 cm, Länge der Mittelzehe: 3,4 cm, Krallenlänge: 1 cm.

Cracticus nigrigularis Gld. (*C. robustus* Lath.) — Der „blackthroated butcher-bird" soll in fast allen Gebietsteilen der Kolonie zu Hause sein. Im Binnenlande kommt er stellenweise ziemlich häufig vor. Er zeigt sich meist paarweise. Zum Aufenthalt wählt er mit Vorliebe Plätze, die nicht dicht mit Büschen und Bäumen bestanden sind. Durch seine lebhaften Bewegungen und sein schwarz und weifses Kleid lenkt er leicht die Aufmerksamkeit auf sich. Seine geistige Begabung scheint bedeutender, als die der meisten Vögel des Landes zu sein. Auf einem Baumstumpfe, einem niedrigen dürren Aste oder einem anderen erhabenen Gegenstande sitzend, der ihm eine freie Umschau gewährt, gibt er oft und lange eine Art Gesang zum besten. Seine Nahrung besteht der Hauptsache nach in Eidechsen, sowie in Käfern, Heuschrecken und anderen Insekten, die sich auf dem Boden aufzuhalten pflegen. Findet er ein Nest mit Eiern oder Jungen, so plündert er es. Wie mir glaubwürdige Buschleute versicherten, mache er nicht selten Jagd auf kleine erwachsene Vögel und mäuseartige Vierfüfsler. Auf ein paar Stationen sah ich jung aufgezogene Exemplare, die sehr zahm waren und sich durch ihr drollich-komisches Wesen vorteilhaft von den gewöhnlichen Käfigvögeln des Landes unterschieden. Von den Buschleuten wird der Vogel jackeroo genannt. Wahrscheinlich ist dieser Name aus einer Lautnachahmung hervorgegangen.

Cracticus picatus Gld. — Der „pied butcher bird" ist, genau genommen, eine kleinere Abart von *C. nigrigularis*. In unserer Kolonie findet er sich nur auf der nördlichen Halbinsel vor.

Die nachstehenden Angaben beziehen sich auf einen an der Nordküste geschossenen *Cracticus*, der mir eine Art Bindeglied zwischen *C. nigrigularis* und *C. picatus* zu sein schien.

♂. Schnabel graublau, Spitze schwarz; Iris dunkelbraun; Füfse schmutzig bläulichgrau. Gesamtlänge: 30,5 cm, Schwanzlänge: 11,5 cm, Flugweite: 47 cm. Mageninhalt: Insekten.

Cracticus argenteus Gld. — Die nördliche Halbinsel ist seine Heimat. Er findet sich hier in ziemlich bedeutender Anzahl vor. Meist hält es nicht schwer, ihn in der Nähe zu beobachten.

♀. Schnabel hellgraublau, Spitze schwarz; Füfse schmutzig graublau. Gesamtlänge: 27 cm, Schwanzlänge: 10 cm, Flugweite: 43 cm. Mageninhalt: Insektenreste.

Cracticus destructor Temm. (*C. torquatus*). — Dieser Vogel bewohnt den Süden der Kolonie. In seiner Lebensweise erinnert er sehr an *Lanius excubitor*, den gröfsten Würger Deutschlands. Der Hauptsache nach lebt er von Insekten und Eidechsen. Nester plündert er gern, wie alle seine Verwandten. Gelegentlich soll er kleine Schlangen, mäuseartige Vierfüfsler und schwache Kleinvögel fangen. Ist reichlich Nahrung für ihn vorhanden, so pflegt er Beutetiere auf Dornen, Stacheln von Drahtzäunen zu spiefsen. Nach der Meinung des gemeinen Mannes tue er dies nicht, um genügend Futter bei nafskalter Witterung zu haben, oder um seine Mordgier zu befriedigen, sondern lediglich, um sich Bissen mit Haut-goût zu verschaffen. Als Lauerposten wählt er erhabene Gegenstände, wie dürre Äste, die ihm einen Blick auf den Boden verstatten.

Falcunculus frontatus Lath. — Der gelbbäuchige finkengrofse Falkenwürger kommt hier und dort im Süden der Kolonie vor. Die Nahrung sucht er sich nach Art unserer Meisen auf Bäumen.

Oreoica cristata Lew. — Der „bell-bird" ist in dem Binnenlande der Kolonie zu Hause. Er soll auch auf der nördlichen Halbinsel und am Unterlaufe des River Murray vorkommen; von seiner Anwesenheit habe ich hier aber nichts wahrgenommen. Mit Vorliebe hält er sich in dichtem, aus Bäumchen gebildeten Scrub auf. Im Innern hörte ich seinen melodischen, glockentonähnlichen Ruf ungemein oft; er selbst ist mir aber nur ganz selten zu Gesicht gekommen. Nähert man sich ihm, so bleibt er unbeweglich auf seinem Sitzplatze oder fliegt geräuschlos nach einem anderen Baume, der ihm völlige Deckung bietet. Selbst dann, wenn man seiner Stimme nachgeht, gelingt es nicht leicht, ihn aufzufinden, da dieselbe wie die eines Bauchredners in betreff der Richtung und Entfernung sehr leicht zu groben Täuschungen Veranlassung gibt.

♂ (Krichauff Range). Schnabel schwarz; Füfse grauschwarz; Iris goldgelb bis orangefarbig. Gesamtlänge: 20,5 cm, Schwanzlänge 8,5 cm.

Familie: **Certhiidae.**

Climacteris melanura Gld. — Ich habe diesen Vogel zwischen der Nordküste und dem 18. Breitengrade angetroffen, und zwar zeimlich oft. Seine Nahrung sucht er sich auf die gleiche Weise, wie unser Baumläufer. So weit meine Beobachtungen reichen, klettert er nur aufwärts. Mir hat er sich meist in einer Gesellschaft von vier bis fünf Stück gezeigt.

♂. Schnabel schwärzlich; Füfse grauschwarz. Gesamtlänge: 19 cm, Schwanzlänge: 8,5 cm, Flugweite: 28 cm. Mageninhalt: Insekten.

Climacteris superciliosa North. — Der „white-eyebrowed treecreeper" habe ich nur zwischen dem 21. und 24. Breitengrade angetroffen. In seinem Verhalten zeigt er die gröfste Übereinstimmung mit der zuvor genannten Art.

♀ (Oberlauf des Finke River). Obere Hälfte des über den Augen befindlichen Striches rostbraun; Schnabel und Füfse schwarz; Iris dunkelbraun. Gesamtlänge: 14,5 cm, Schwanzlänge: 5,6 cm, Flügellänge: 9 cm, Schnabellänge: 1,3 cm, Länge der Schnabelöffnung: 1,6 cm, Flugweite: circa 24 cm, Lauflänge: 1,9 cm, Länge der Mittelzehe: 1,9 cm, Krallenlänge: 0,7 cm. Mageninhalt: Insekten und Sand.

Familie: **Meliphagidae.**

Meliphaga phrygia Lath. (*Xanthomyza phrygia* Swains.) — Der Warzenpinselvogel bewohnt das Südküstengebiet. An manchen Orten, wo sich blühende Bäume oder Sträucher befanden, ist er mir hier recht oft zu Gesicht gekommen.

Ptilotis penicillata Gld. — Der „white-plumed honey-eater" ist einer der gemeinsten Vögel in dem Teil des Südküstengebietes, der zwischen dem Spencer Golf und Victoria liegt.

Ptilotis sonora Gld. — Diesen mit schönem Gesange begabten Pinselzüngler habe ich im Süden der Kolonie, sowie zwischen der Nordküste und dem 19. Breitengrade angetroffen.

Manorhina flavigula Gld. (*Myzantha flavigula*). — Diesem grofsen, von den Buschleuten miner genannten Pinselzüngler bin ich im ganzen Binnenlande begegnet, und zwar besonders oft in der Nachbarschaft der gröfseren, baumreichen Creeks. Dort, wo er zahlreich ist, pflegt er in kleinen Trupps der Nahrung nachzugehen. Vor dem Menschen zeigt er auffallend wenig Furcht. Auf einer Viehstation des Innern sah ich mehrere Male, dafs Vögel dieser Art in die Küche kamen. Unser Vogel fällt durch sein unruhiges, lautes Wesen und seine grofse Neugierde auf. Seine geistige Begabung scheint nicht gering zu sein. Als ich einst auf einem Ritt von der Missionsstation Hermannsburg nach Alice Springs an einem abgelegenen Brunnen mein Lager aufgeschlagen hatte, sah ich am Abend zu meiner grofsen Verwunderung, dafs ein Miner-Pärchen, unbekümmert um meine Gegenwart gegen 5 m tief am Brunnenseile zum Wasser hinabkletterte, um seinen Durst zu löschen, und auf die gleiche Weise wieder an die Oberfläche kam.

♂ (Cooper's Creek). Hautfleck am Auge gelb; Zunge, sowie Schnabel (aufsen und innen) zitronen- bis orangenfarbig; Füfse bräunlichgelb; Iris bräunlich. Gesamtlänge: circa 23 cm, Schwanzlänge: 10,5 cm, Länge des Laufes: 3,2 cm, Länge der Mittelzehe (mit Kralle): 2,5 cm.

Manorhina garrula Lath. (*Myzantha garrula*). — Der „Geschwätzige Pinselzüngler“ ist im Süden der Kolonie zu Hause. Soweit ich es zu beurteilen vermag, unterscheidet er sich in der Lebensweise und dem Benehmen fast gar nicht von der zuvor besprochenen Art.

Acanthochaera mellivora Lath. — Den „brush wattle-bird“ habe ich ziemlich oft in der Gegend von Adelaide angetroffen. Die Nahrung sucht er sich mit Vorliebe auf blühenden Banksien.

Acanthochaera rufigularis Gld. — Der „spiny-cheeked honeyeater“ ist in der südlichen Binnenlandshälfte der Kolonie zu Hause. Zu Zeiten anhaltender Dürren scheint er hier aber nur in ganz geringer Anzahl vertreten zu sein.

Entomyza albipennis Gld. — Dieser drosselgroſse Honigfresser kommt in der Kolonie nur auf der groſsen nördlichen Halbinsel vor. In kleinen Fluſsdickichten und an teichartigen Gewässern habe ich ihn unweit der Küste ziemlich oft angetroffen. Er ist in hohem Grade wachsam und vorsichtig. Die Nahrung sucht er mit Vorliebe auf Schraubenbäumen (Pandanus).

♀. Nackte Stelle um die Augen gelbgrün; Schnabel vorn tiefschwarz, hinten schmutzig gelb; Iris bräunlichgelb; Füſse grauschwarz (Innenseite der Zehen gelblichgrau). Mageninhalt: Käfer.

Philemon argenticeps Gld. (*Tropidorhynchus argenticeps*). — Er bewohnt die Wälder des nördlichen Teiles der Kolonie. Die südliche Grenze seines Verbreitungsgebietes scheint unter dem 16. oder 17. Breitengrade zu liegen. Der Nahrung geht er meist in dem Wipfel der Eucalypten nach. Er hat ein munteres Wesen und läſst häufig seine Stimme (hyppoquark u. s. w.) hören.

♂. Kopfhaut schwarz, an den Seiten nur spärlich mit schwarzen Borsten besetzt; Schnabel schwarz; Iris rötlich; Füſse grünlich grau. Gesamtlänge: 29 cm, Schwanzlänge: 12 cm, Flugweite: 42 cm, Schnabelhöcker: 2 mm breit und 7 mm hoch. Mageninhalt: Insekten.

Familie: **Dicaeidae.**

Pardalotus ornatus Temm. (*P. striatus*). — Der „Gestrichelte Panthervogel“ ist wohl über den allergröſsten Teil der Kolonie verbreitet. Im Binnenlande bewohnt er den Scrub. Ich bin ihm nur selten begegnet. In seinem Wesen und Gebaren hat er vieles mit den Meisen gemein.

♂ (Inneres). Schnabel schwarz; Iris olivenfarbig bis braun; Füſse bläulichgrau. Gesamtlänge: 10,5 cm, Schwanzlänge: 3,9 cm, Flügellänge: 6,7 cm, Schnabellänge: 0,7 cm, Länge der Schnabelöffnung: 0,9 cm, Lauflänge: 2,2 cm, Länge der Mittelzehe: 1,0 cm, Krallenlänge: 0,4 cm. Mageninhalt: Insekten.

Familie: **Hirundinidae.**

Hirundo neoxena Gld. — Die „welcome swallow" gleicht in ihrem Sein und Wesen auffallend unserer Rauchschwalbe (*H. rustica*). An der Südküste ist sie sehr gemein. Durch ihre grofse Zutraulichkeit hat sie sich dort die Zuneigung des Menschen in hohem Grade erworben. Das Nest baut sie jetzt meist in und an Häuser, sowie unter Brücken. Es bildet den vierten Teil einer Hohlkugel und ist oben offen. Die Wandung besteht aus Lehmklümpchen, in denen Hälmchen stecken, und die Polsterung aus vielerlei weichen Stoffen.

Cheramoeca leucosternum Gld. (*Atticora leucosternon*). — Diese hübsche Schwalbe habe ich im ganzen Innern angetroffen. Im Entwässerungsgebiet des Finke River, des gröfsten binnenländischen Creeks, ist sie in ziemlich bedeutender Anzahl vertreten. Sie zeigt sich viel scheuer als die „welcome swallow". Die Insektenjagd pflegt sie ziemlich hoch über dem Boden zu betreiben. Das Brutgeschäft verrichtet sie in Röhren, die sie sich in steil abfallende Erdwände (Ufer von Creeks) gegraben hat.

Petrochelidon ariel Gld. (*Collocalia ariel, Lagenoplastis ariel*). — Die *Ariel*-Schwalbe, von den Australiern „fairy martin" genannt, ist mir nur einigemal in der südlichen Hälfte der Kolonie zu Gesicht gekommen. Wahrscheinlich tritt sie aber nach ausgiebigen Regenniederschlägen in dem ganzen Innern der Kolonie als Brutvogel auf. Ich fand nämlich zwischen dem 18. und 25. Breitengrade an der Decke von Felsgrotten und unter überhängenden Felsen flaschenförmige, aus Erdklümpchen hergestellte Nester, die, soweit ich es zu beurteilen vermochte, sich in nichts von denen dieser Schwalbenart unterschieden. Erwähnt sei, dafs unweit aller dieser Brutstätten eine gröfsere Wasseransammlung vorhanden war oder gewesen war.

Familie: **Motacillidae.**

Anthus australis Vig. u. Horsf. — Der Australische Pieper unterscheidet sich bekanntlich von dem Wiesenpieper nur ganz unwesentlich. Er ist in der südlichen Hälfte der Kolonie zu Hause. Auf sandigen, unfruchtbaren Plätzen habe ich ihn hier stellenweise recht oft angetroffen.

I ♂ (Oberlauf des Finke River). Schnabel bräunlich, First und Spitze schwärzlich; Füfse bräunlich bis bräunlichgrau; Iris braun. Gesamtlänge: 16,5 cm, Schwanzlänge: 6,5 cm, Flügellänge: 8,8 cm, Schnabellänge: 1,4 cm, Länge der Schnabelöffnung: 2 cm, Lauflänge: 2,8 cm, Länge der Mittelzehe: 1,7 cm, Krallenlänge der Mittelzehe: 0,6 cm, Flugweite: 24 cm. Mageninhalt: Insektenreste.

II ♀ (Unterlauf von Cooper's Creek). Gesamtlänge: 16,3 cm, Schwanzlänge: 6,1 cm, Flügellänge: 8,5 cm, Schnabellänge: 1,2 cm, Länge der Schnabelöffnung: 1,8 cm, Lauflänge: 2,7 cm, Länge der Mittelzehe: 1,7 cm, Länge der Kralle der Mittelzehe: 0,5 cm, Länge der Kralle der Hinterzehe: 1,1 cm. Mageninhalt: Insektenreste und Sämereien.

Familie: **Artamidae.**

Artamus sordidus Lath. — Der Schmutzfarbige Schwalbenwürger ist über einen grofsen Teil des Festlandes verbreitet. Den zwischen dem St. Vincent Golf und dem Unterlaufe des River Murray gelegenen Landstrich bewohnt er nur im Winter. Er erscheint hier im September, brütet und zieht dann nach einem Aufenthalte von fünf bis sechs Monaten fort. Das Nest hat Napfform. Es ist aus feinen Zweigen ziemlich lose auf einem Aststumpfe oder in einer Astgabel erbaut und mit Würzelchen, Fasern und Haaren ausgepolstert. Das vollzählige Gelege besteht aus fünf bis sechs mattgelben, dunkelbraungefleckten Eiern, die eine gewisse Ähnlichkeit mit denen des Haussperlings haben. Der Vogel ist recht zutraulich und zeigt sich oft in nächster Nähe der menschlichen Wohnungen. Wie es heifst, fresse er gern Bienen. Am liebsten jagt er auf hügeligem Gelände, das mit Bäumen bestanden ist. Gould berichtet, dafs sich eine gröfsere Gesellschaft von Schwalbenwürgern dieser Art gleich einem Bienenschwarme aufhänge. Wie ich von einem naturkundigen Adelaider Herrn hörte, ist diese höchst auffällige Eigenheit des Vogels früher nicht selten in der Gegend der Mount Lofty Range beobachtet worden.

Artamus superciliosus Gld. — Der Augenbrauen-Schwalbenwürger findet sich ebenfalls an der Südküste vor. Ob er im Binnenland heimisch ist, vermag ich nicht zu sagen. Östlich vom Lake Eyre traf ich einmal eine Gesellschaft von zwölf Stück an; dem Anschein nach befand sich dieselbe aber auf der Wanderung.

Artamus personatus Gld. — Dieser Schwalbenwürger ist mir nur zwischen dem St. Vincent Golf und dem Unterlaufe des River Murray zu Gesicht gekommen. Er, sowie *A. superciliosus* sind scheuer als *A. sordidus* und ziehen zu ihrem Aufenthalte das ebene dem hügeligen Gelände vor. Auch sie werden an der Südküste nur zur Sommerszeit angetroffen.

Artamus melanops Gld. — Er findet sich auf der nördlichen Halbinsel und im Binnenlande vor. An der Südküste habe ich ihn nicht angetroffen.

♂ (Cooper's Creek). Schnabel hellblau, Spitze schwarz; Füfse grauschwarz; Iris dunkelbraun. Gesamtlänge: 18 cm, Schwanzlänge: 7,5 cm, Flugweite: 34,5 cm. Mageninhalt: Insektenreste.

In der Lebensweise zeigen die *Artamus*arten, welche ich beobachtete, die gröfste Übereinstimmung. Die Kerbtierjagd betreiben sie ungefähr auf die gleiche Weise, wie *Merops ornatus* und die verschiedenen Alcediniden des Landes. Sie halten sich an einem bestimmten Orte auf, wo sie, auf einem vorragenden Zweige oder Aste sitzend, auf Beute lauern. Kommt ein Insekt geflogen, so schiefsen sie sofort auf dasselbe zu, ergreifen und verschlingen es und kehren sodann zu ihrem Lauerposten zurück. Erwähnt sei noch, dafs sie sich, wie unsere Schwalben, gern auf Telegraphendrähte setzen.

Familie: **Ploceidae.**

Emblema picta Gld. — Dieses farbenprächtige Vögelchen habe ich einigemal in dem Gebiete der zentralen Höhen angetroffen.

Stictoptera annulosa Gld. (*Astrilda annulosa*). — Der „black-ringed finch" kommt in der Kolonie nur auf der nördlichen Halbinsel vor. Hier ist er in gröfserer Anzahl vertreten.

Stictoptera Bichenovii Vig. u. Horsf. (*Astrilda Bichenovii*). — Bichenov's finch ist mir auf meinen Reisen in dem südöstlichen Teile des Südküstengebietes recht oft zu Gesicht gekommen. Er soll auch an der Nordküste heimisch sein.

Taeniopygia castanotis Gld. (*Amadina castanotis*. — Den Zebrafinken habe ich nur im Binnenlande angetroffen. Er ist hier ebenso gemein, wie bei uns der Sperling, und übertrifft jede andere Vogelart des Landes an Individuenzahl. Seine Zutraulichkeit ist auffallend grofs: man kann sich ihm bis auf wenige Schritte nähern. Die Nahrung — sie besteht so gut wie ausschliefslich in Sämereien von Gräsern und Kräutern — sucht er sich mit Vorliebe auf einem grasreichen Gelände, das spärlich mit Holzgewächsen bestanden ist. Zu den Trinkplätzen kommt er zu allen Tageszeiten, und zwar meist in grofsen Flügen. Nicht gar selten zählen diese nach Hunderten von Individuen. Am Ooraminna Rockhole, dem in der Nordwest-Ecke der Lake Eyre-Senke gelegenen Haupttrinkplatze für Vögel, sah ich oft, dafs alle Bäume buchstäblich mit seinen Scharen bedeckt waren. Die eine Genossenschaft bildenden Vögel lassen sich an der Wasserstelle dicht gedrängt auf Bäumen und Sträuchern nieder — die Individuen, für welche kein Platz auf den Ästen und Zweigen übrig bleibt, setzen sich einfach auf den Rücken ihrer Gefährten — und stillen dann abteilungsweise in rascher Folge ihren Durst, und zwar, wenn möglich im Schutze eines dichten Busches. Von der Tränke entfernt sich der Zebrafink nie weit; aus seiner Anwesenheit vermag man also zu schliefsen, dafs man sich in der Nähe von Wasser befinde. Viele der kleinen und mittelgrofsen Fleischfresser der Lüfte tuen seinen Scharen grofsen Abbruch. Die Jagd auf ihn betreiben sie gewöhnlich an den Trinkplätzen. Unser Vogel brütet recht oft in regenreichen Jahren, und zwar häufig kolonieweise. Das Nest baut er unweit der Tränke in dichte Sträucher mit Dornen oder harten nadelförmigen Blättern (Hakea, Acacia), in hohe Grasbüschel, sowie in die an den Gummibäumen der Creeks hängenden zusammengeschwemmten Pflanzenmassen. Es hat die Form einer Retorte und ist kunstvoll aus fadenartigen Grasteilchen geflochten. Nicht selten wird es nach einer geringfügigen Ausbesserung zum zweiten Male benutzt. In solchen Fällen kann man an der Färbung des Materiales erkennen, wie viel von diesem nach dem ersten Brutgeschäft hinzugefügt worden ist. An vielen Nestern, die Junge enthalten hatten, fiel mir auf, dafs der kurze röhrenförmige Teil mit einer grofsen Menge Kot bedeckt war. Das Gelege besteht gewöhnlich aus fünf weifsen, schwach bläulich getönten Eiern.

Neochmia phaëton Hombr. u. Jacq. (*Astrilda phaëton*). — Dieser bunte Halbweber ist an der ganzen Nordküste zu Hause. Auf der nördlichen Halbinsel ist er mir hin und wieder paarweise oder in kleinen Trupps zu Gesicht gekommen. Die Nahrung sucht er sich auf den weiten Grasflächen. Den hochstämmigen Wald scheint er zu meiden.

♂. Schnabel blutrot; Füfse graugelb; Iris braun. Gesamtlänge: 12,5 cm, Schwanzlänge: 6 cm, Flugweite: 14,5 cm. Mageninhalt: eine breiartige vegetabilische Masse und Sand.

Familie: **Podargidae**.

Aegotheles Novae Hollandiae Lath. — Der Neuholländische Zwergschwalm soll über den ganzen Kontinent und Tasmanien verbreitet sein. Über die Häufigkeit seines Vorkommens in der Kolonie Südaustralien vermag ich keine Angaben zu machen.

♂ (Krichauff Range). Schnabel schwarz; Iris braun; Füfse hell fleischfarbig. Gesamtlänge: 24 cm, Schwanzlänge: 13,3 cm, Länge der Schnabelöffnung: 2,5 cm, Flugweite: 40,5 cm. Mageninhalt: eine formlose Masse.

(Schlufs folgt.)

Über die Straufsenzucht.

Von **W. Bassermann.**

Glatz, Donjon im August 1910.

In die Reihe unserer Haustiere kann als jüngstes der Straufs, *Struthio australis* eingegliedert werden. Sein Produkt, die Straufsenfeder war schon zu allen Zeiten hochgeschätzt. Seit Menschengedenken sehen wir diese selten schönen Federn bald als Kriegs-, bald als Festschmuck; die Könige der Ägypter, die vornehmen Römerinnen, die Ritter, Sänger und Frauen des Mittelalters, die Höflinge Englands und Frankreichs und heute die Vertreterinnen aller Kulturländer — von allen wird die Straufsenfeder als eine vornehmliche Zier der Vornehmen betrachtet und wegen ihrer Seltenheit und Schönheit hoch bewertet. Die Nachfrage des Weltmarktes nach Straufsenfedern wuchs mit der zunehmenden Wohlhabenheit der Völker. Die verhältnismäfsig einfache Art, durch Jagd auf die Straufsen die Federn zu erwerben genügte zunächst, den Federnkonsum zufriedenzustellen. Genügte durch Jahrhunderte hindurch, bis in neueren Zeiten durch die vermehrte Nachfrage Konsum und Produktion in ein Mifsverhältnis gerieten. Die technischen Verbesserungen der Jagdutensilien hielten zwar dem Zurückziehen der Straufsen in unwegsame Wüstenstriche einigermafsen das Gleichgewicht. Die unverhältnismäfsig sich mehrende Nachfrage resultierte in exorbitanten Preisen, die wiederum grofse und kostspielige Jagdexpeditionen rentabel machten. Ruhelos und gehetzt, im Brutgeschäft gestört, verbannt in futterlose Gegenden mufste der Straufs in Riesenschritten seiner vollkommenen Vernichtung entgegengehen. Menschliches Empfinden und Geschäftsklugheit verboten, dieser Ausrottung müfsig zuzusehen. Ein französischer Privatmann, A. Chagot, regte um die Mitte des 19. Jahrhunderts als erster eine systematische Zucht dieses Vogels an, welche an Stelle der vernichtenden Jagd dasselbe Ziel in Aussicht stellte. Die Hauptschwierigkeit sah man in der scheinbaren Unmöglichkeit einer Reproduktion in der Gefangenschaft. Chagot schrieb Preise aus und machte selbst umfangreiche Versuche, mit geringem Erfolg. 1859 nahm sich die Societé d'Acclimatisation der Frage an und setzte einen erheblichen Geldpreis aus „für die erfolgreiche Domesticierung des Straufsen in Algier, am Senegal oder in Europa“. Den ersten Beweis, eine gesunde Nachzucht von Straufsen in der Gefangenschaft erzielt zu haben brachte Hardy, der Direktor des Acclimatisationsgartens in Hanna in Algier. Seine Nachfolger und andere Interessenten stellten die Tatsache fest, dafs eine Zucht dieses wertvollen Federproduzenten, auf wirtschaftlicher Basis aufgebaut, gute Resultate liefern könne. Doch beschränkte man sich in Algier auf Versuche, eine Betätigung der Landwirte auf diesem Gebiete blieb aus. Den Engländern war es überlassen, diese praktisch erprobte Theorie in einer gesunden, grofszügig durchgeführten und vor allem äufserst gewinnbringenden Praxis in Südafrika auszubauen. Die Haltung von Straufsen war den südafrikanischen Farmern nicht vollkommen fremd gewesen, in kleinem Mafsstabe wurden wildgefangene Straufsen auf den Farmen gehalten, doch Zuchtversuche hatte noch niemand angestellt. Nach authentischen Mitteilungen wurden 1866 die ersten Straufsenzuchten in Beaufort West und Oudtshorn in der Kapkolonie eingerichtet. 1870 fanden die erfolgreichen Anfänge Nachahmer im Georgedistrikt, und von diesem Zeitpunkt an nahm der neue Zweig afrikanischen Landwirtschaftsbetriebes seinen Siegeszug durch das ganze Land. Die Straufsenzucht erfuhr einen derartigen Aufschwung, wie er noch in keinem landwirtschaftlichen Betrieb beobachtet werden konnte und nur einigermafsen durch die Umwälzungen in der Wollschafzucht durch Merinozüchtung erreicht wird. So erwähnt der Census über Viehzucht in Südafrika im Jahre 1865 nur 80 zahme Straufse. 1875 erschienen unter dieser Rubrik schon 32247, und bis 1880 war der Bestand auf 150000 angewachsen. Diese rapide Steigerung wurde mit mäfsigen, teils durch zeitweise Überproduktion, teils durch den verheerenden Krieg verursachten Schwankungen bis heute beibehalten, sodafs Prof. Duerden, wohl unser berufenster Straufsenforscher, mir seine heutige Schätzung auf 1000000 zahmer Straufsen angibt.

Dieser ungewöhnliche Aufschwung der Straufsenzucht weist derartige Dimensionen auf, dafs die Vermutung nahe liegt, als ob dieser Betrieb ohne irgend welche Schwierigkeiten und Rückschläge zu bewerkstelligen wäre. Doch ist dies keineswegs der Fall, nähere Beschäftigung mit diesem Thema wird sogar das Gegenteil ergeben. Der Grund dieser Blüte wird daher darin zu suchen sein, dafs die relativ hohen Preise, welche die Federn auf dem europäischen Markte erzielten, den Straufsenfarmern die Möglichkeit boten, auch bei unrationeller Wirtschaft, bei grofser Sterblichkeit unter den Zuchttieren und bei nur geringer Ausnutzung der gegebenen Produktionsbedingungen das im Straufsenbetrieb investierte Kapital günstig zu verzinsen. Das stetig sich mehrende Angebot eilte der immerhin steigenden Nachfrage im Laufe der Jahre voraus, so dafs eine Wertverminderung der Federn um ca. 40% erfolgte. Als natürliche Schlufsfolgerung ergab sich daraus für die Farmleiter die Notwendigkeit, die vorhandenen und durch Kapitalanlage geschaffenen Möglichkeiten eindringlicher auszunutzen, d. h. rationeller zu wirtschaften. Dieses Bestreben, unterstützt durch die Erfahrungen in der Zucht, macht sich auch in der, die Straufsenzucht während der ersten Dekaden ihres Bestehens stark vernachlässigenden wissenschaftlichen Forschung bemerkbar. Während die wenigen Bücher, welche dieser Frage gewidmet waren, sich meist darauf beschränkten, referierend, tatsächlich bestehende Betriebe zu schildern, im übrigen sehr wertvolle, jedoch meist laienhafte Beobachtungen über die Natur des Straufsen vorzubringen, haben erst die letzten Jahre einen merklichen Fortschritt in der Kenntnis der eine rationelle Straufsenzucht bedingenden Faktoren an der Hand wissenschaftlicher Versuche gezeitigt. Diese Forschungen, in Verbindung mit den sich häufenden praktischen Erfahrungen der Züchter haben diejenigen Forderungen, welche die Erzielung eines fehlerfreien, hochwertigen Endproduktes an die Betriebsmethode stellt, mehr und mehr präzisiert, und es soll die Aufgabe dieser Arbeit sein, den Stand der Straufsenzucht, wie er sich auf Grund der heutigen Forschungsergebnisse herausgebildet hat, näher zu beleuchten.

Der Straufsenfarmbetrieb verfolgt zwei Ziele:

1. Die Vermehrung des Herdenbestandes durch natürliche Fortpflanzung.
2. Die Erzielung der höchsten Marktfähigkeit der Produkte der ausgewachsenen Straufse, die Federngewinnung.

Naturgemäfs hatte sich dementsprechend die Wissenschaft hauptsächlich mit diesen Fragen zu beschäftigen. Es war zu eruieren, welche Haltungs- und Ernährungsbedingungen für den Straufsen geschaffen werden mufsten, um die Tiere selbst in vollstem Gesundheitszustand zu erhalten und dadurch hochbewertete Produkte: eine gesunde Nachzucht und fehlerfreie Federn zu erzielen.

Grofse Schwierigkeiten bereitet hierbei die aufserordentliche Empfindlichkeit des Straufsen gegen äufsere Einflüsse, deren Einwirkung auf die Qualität der Produkte durch den komplizierten Bau der Feder in hohem Mafse verstärkt wird. Die Feder stellt ein Gebilde der Hautzellen dar, welches durch vermehrten Blutandrang zu den Zellen der Epidermis und der Malpighischen Schicht hervorgerufen wird. Aus einer, Federkeim genannten Papille bildet sich durch Vermehrung der Blutgefäfse in Verbindung mit reichen Lymphgeweben die sogenannte Pulpa, der eigentliche Nährboden der Feder. Sie ordnet die, ihr zunächst liegenden Zellen zu radiär gelagerten, keilförmigen Gruppen an, die sternartig in die Pulpa eindringen und deren jede beim Aufbau der Feder ihre bestimmte Funktion übernimmt. Prof. Duerden in Grahamstown war der erste, der einiges Licht in den inneren Zusammenhang zwischen Blutzirkulation und Federnbildung brachte. Er wies nach, dafs nur ein Individuum, das in bester Kondition, sich im Vollbesitz seiner Kraft befindet, eine erstklassige Feder zu produzieren imstande ist, sodafs jede, noch so geringe Schwankung im Gesundheitszustand des Produzenten, Defekte an der Feder zeitigen mufs. Jede Krankheit resultiert in einer gewissen Unregelmäfsigkeit der Blutzirkulation, der Blutdruck in den äufsersten, die Feder ernährenden Kapillaren wird dementsprechend schwanken — der Bau der Feder infolgedessen ungleichmäfsig sein. Der Farmbetrieb mufs daher sein Schwergewicht auf die Schaffung derjenigen Bedingungen legen, die es ermöglichen, Krankheiten und Verschlechterung der Kondition nach Kräften zu vermeiden.

Einen weiteren Faktor bildet der Umstand, dafs schon in den ersten Entwickelungsstadien der Charakter der Feder fixiert wird. Befindet sich der Vogel zu der Zeit, in welcher die Pulpa zu neuem Wachstum angeregt wird, in mangelhafter Kondition, sei es durch Krankheit oder schlechte Ernährungsverhältnisse, so wird die sich entwickelnde Feder schlecht und fehlerhaft bleiben, auch wenn für die Verbesserung der Kondition des Tieres Sorge getragen wird. Es mufs daher Wert darauf gelegt werden, das in den Tagen, in welchen der Kiel der alten Feder entfernt und hierdurch die Pulpa veranlafst wird mit der Bildung der neuen Feder zu beginnen, der Straufs sich in einwandsfreiem Gesundheits- und Ernährungszustand befindet.

Der Jahresumtrieb auf einer Straufsenfarm wird des Weiteren durch die Zeitdauer beeinflufst, welche eine Feder zur völligen Reife benötigt. Unter relativ günstigen Bedingungen kann angenommen werden, dafs von dem Augenblick, in welchem die Pulpa mit der Neubildung beginnt, bis zu dem Zeitpunkte, in welchem sie ihre volle Entwicklung und gröfste Schönheit erreicht hat, ein Zeitraum von 6 Monaten verstreicht. Obgleich in diesem Stadium die Feder noch nicht abgestorben ist, die Pulpa vielmehr mit blutführenden Kapillaren noch ein erhebliches Stück in den Kiel hineinreicht, ist es angemessen, dann schon die Feder zu ernten, da sie, am Vogel belassen, durch äufsere, mechanische Einwirkungen zu leicht gefährdet wird. Sie wird im oberen Drittel der Spule, an einer Stelle kurz unter den untersten rami, wo also die Pulpa nicht mehr verletzt werden kann, abgeschnitten. Das in der Follikel zurückbleibende Spulenende benötigt wiederum 2 Monate, um vollends auszutrocknen, wo es ohne Gefahr ausgezogen werden kann, um die Pulpa zu neuem Wachstum anzuregen. Von Entspulen zu Entspulen mufs daher ein Zeitraum von mindestens 8 Monaten verstreichen, was drei Ernten in zwei Jahren bedeutet. Ursachen der verschiedensten Art können jedoch das Wachstum einzelner Federn hemmen, so dafs Schwankungen von 2—3 Wochen beobachtet werden. Prof. Duerden stellte vielfache Experimente an, um die, das Federnwachstum beeinflussenden physiologischen Faktoren zu fixieren und kam zu dem Resultate, dafs schon schwaches Kränkeln des Tieres das Tageswachstum der Feder von 5 mm auf 3,5 mm zu reduzieren vermag; bei schwerer Krankheit das Wachstum eine Woche und länger völlig unterbleibt. Während die Pulpa unter gewöhnlichen Bedingungen durch Belassen des Spulenendes in der Federfollikel in Ruhezustand gehalten werden kann, ist dies bei besonders günstigen Ernährungsverhältnissen nicht möglich. Ist bei vorteilhaftem Klima eine Trockenheitsruhepause der Vegetation nur gering ausgeprägt, so wird die

Pulpa ein derart reges Wachstum zeigen, dafs sie, nachdem sie sich völlig aus der alten Spule zurückgezogen hat, also nach acht Monaten mit der Bildung der neuen Feder beginnt, deren Spitze durch die in der Follikel steckende Spule am Austreten gehindert und dadurch verletzt werden kann. Doch trifft dieser Umstand nur in wenigen Gegenden zu, vielmehr wird meist durch Belassen der Spule am Vogel, resp. Entspulen der Zeitpunkt der Neubildung einer Feder willkürlich bestimmt werden können. Es bestehen dementsprechend zwei Umtriebe auf den Straufsenfarmen, je nach den klimatischen und vegetativen Vorbedingungen, deren einer eine Ernte alle acht, der andere alle zwölf Monate ermöglicht.

Der Achtmonate-Umtrieb ist nur unter günstigen Verhältnissen rentabel und verlangt eine weitgehende Emanzipierung von den klimatischen Einflüssen. In rationellen Durchschnittsbetrieben wird daher der Jahresturnus vorzuziehen sein. Hierbei ist Gelegenheit gegeben, folgende natürlichen Faktoren nutzbringend zu verwerten. Da die Federn, verkümmert durch Nichtgebrauch, lediglich als sekundäre Geschlechtscharaktere anzusprechen sind, stehen sie in ihrer Entwicklung in engen Beziehungen zu den sexuellen Funktionen. Es ist ein wissenschaftlich bewiesener Erfahrungssatz, dafs die Feder zu Beginn der Brunst- und Paarungsperiode ihre gröfste Schönheit erreicht hat. Es ist. daher empfehlenswert, zu diesem Zeitpunkte die Ernte zu bewerkstelligen. Der vermehrte Stoffverbrauch einer ergiebigen sexuellen Tätigkeit würde jedoch der Pulpa eine grofse Anzahl zum Aufbau der Feder notwendigen Stoffe entziehen, so dafs es wichtig ist, mit dem Entspulen so lange zu warten, bis eine Periode gröfserer Ruhe die Tiere in verbesserte Kondition gebracht hat. Da die Paarungszeit im Mai beginnt und im November zu Ende geht, kann man gleichzeitig das Entspulen und hierdurch die Neubildung der Feder in eine Zeit verlegen, zu welcher, nach den ersten Regenschauern die Weide mit frischem Grün überzogen ist und durch Güte und Nährstoffgehalt des Futters eine gute Kondition des Vogels ermöglicht wird. Es ist also ein gewisser Spielraum gelassen, innerhalb dessen der Zeitpunkt, zu welchem die Ernte zu erfolgen hat, gewählt werden kann. Eine Ausnahme hiervon bildet das Schneiden der Erstlingsfeder, welches unter allen Umständen nach dem sechsten Monat zu erfolgen hat. Die auf die Erstlingsfeder folgende Jugendfeder zeigt ein derart reges Wachstum, dafs sie sich mit ihrer Spitze in die Spule der Erstlingsfeder hineindrängt, falls diese nicht zur rechten Zeit, nach acht Monaten, entfernt wird. Da jedoch nicht alle Keime der Jugendfeder gleichmäfsig die Erstlingsfeder zu verdrängen suchen, wird durch allzulanges Belassen der Erstlingsfederspule in der Follikel ein ungleichmäfsiges Wachstum der Federn eines Vogels eingeleitet, das später nur mit gröfsten Schwierigkeiten reguliert werden kann. Das Entspulen hat mit grofser Vorsicht zu geschehen. Wird die Spule zu früh entfernt, so kann eine Verletzung der Pulpa verursacht werden. die ein Verkümmern oder völliges Fehlen der aus diesem Keime zu bildenden späteren Feder bewirkt.

Durch kluge Zuchtwahl kann auf die Erzielung vollendet guter Federn günstig eingewirkt werden. Während bei anderen landwirtschaftlichen Betrieben die lange Erfahrung gewisse Gesichtspunkte gezeitigt hat, wobei aus äufseren Merkmalen auf die, einem Tiere innewohnende Tendenz, ein bestimmtes Produkt in hervorragender Qualität oder Quantität zu erzeugen, geschlossen werden kann, ist die systematische Straufsenzucht noch zu jung, als dafs ein Idealtypus sich hätte bilden lassen. Der Züchter mufs daher die Tiere individuell beobachten und nur solches Material zur Zucht verwenden, welches bei robuster Gesundheit gute, einwandsfreie Federn liefert. Kreuzungen zwischen dem in Britisch-Südafrika gezüchteten *Str. australis* und dem nordafrikanischen *Str. camelus* haben zeitweise gute Erfolge gebracht. Ein Vogel, der nicht in jeder Beziehung den Ansprüchen an ein vollkommenes Zuchttier genügt, sollte an der Paarung verhindert werden. Das in Südafrika angelegte „Ostrich-Studbook“ ist vorzüglich geeignet, solche Bestrebungen zu unterstützen. Mit Pédigree versehene Exemplare werden häufig zum zehnfachen Preise eines gewöhnlichen Zuchtstraufsen verkauft. Tiere, die aus irgend einem Grunde zur Zucht nicht zugelassen werden sollten, müssen entweder in eigenen Triften gehalten oder kastriert werden. Das Kastrieren männlicher und weiblicher Tiere verursacht nach der Elley'schen Methode auch bei der Ausübung durch Laien nur geringe Schwierigkeiten und der Prozentsatz an tödlichem Ausgang dieser Operation ist nicht gröfser als bei anderen Haustieren. Die Entfernung der Reproduktionsorgane wirkt auch in anderer Hinsicht günstig auf die Federnproduktion ein, indem sich bei der nunmehr sehr bedächtigen Lebenweise auch nervöse und in ihrer Erregbarkeit schwer in guten Ernährungszustand zu bringende Tiere aufserordentlich rasch und vollständig erholen.

Der Einflufs der Ernährung auf die Federnbildung ist noch nicht in vollem Umfang aufgeklärt. Nachgewiesen ist, dafs bei einseitiger Ernährung durch Luzerne schwerere und weniger elastische Federn erzielt werden. Inwiefern jedoch ein Produktionsfutter eine Einwirkung auf die Federnbildung ausüben kann und welche Zusammensetzung ein solcher Nährstoffüberschufs aufweisen mufs um ein günstiges Resultat zu erzielen, ist eine vorläufig noch offene Frage. Bei dem grofsen Ausschlag, den Ernährungsschwankungen auf die Art und die Menge des Produktes ausübt, müfste die empirisch erzielte Ernährungsweise durch eine wissenschaftlich exakte Fütterungsmethode ergänzt werden. In der Mehrzahl der Betriebe wird man zwar noch auf

Jahre hinaus von einer derart rationellen Fütterung absehen müssen, da meist die Art der Straufsenhaltung eine solch intensive Wirtschaftsweise noch nicht zuläfst. Die anspruchsvoller werdende Nachfrage des Federmarktes wird Zugeständnisse von Seiten der Züchter verlangen, die infolgedessen mehr und mehr Wert auf gutes Zuchtmaterial legen müssen, wodurch in gröfserem Umfange als bisher specifische Qualitätszuchten hervorgerufen werden, deren Nachzucht zur Blutauffrischung in extensiven Betrieben dienen mufs. Eine solche rationelle Qualitätszucht ist aber ohne genaue Kenntnis der Ernährungsphysiologie schwer durchzuführen. Vorläufig wird in arbeitsextensiven Betrieben zur Ernährung der Straufse die heimische Vegetation genügen. Hierbei sind Caroo, Süfs-, Sauergrasfarmen zu unterscheiden. Caroo stellt eine Mischung von standen- und krautartigen Pflanzen mit den alkalireichen Chenopodeenformen und vielen Arten Gramineen dar, während bei Süfs- und Sauergrasgegenden das nährstoffreiche Element niederer Büsche stark zurückgedrängt wird. Bei intensiveren Betrieben tritt mit wachsender Intensität eine vermehrte künstliche Ernährung an Stelle der natürlichen Weide. Luzerne wird den Straufsen sowohl als Häcksel wie als Grünfutter und Weide zugängig gemacht. Zur Zeit der Brunst und des Eierlegens mufs eine Körnerration verabfolgt werden, wodurch in gewissem Mafse die Anzahl befruchteter Eier vermehrt werden kann. Bei mangelndem Salzgehalt der natürlichen Vegetation mufs das fehlende $P_2 O_5$ dessen der Straufs eine grofse Menge bedarf, durch Knochenmehl oder gehackte Knochen ersetzt werden. Die Nahrungszufuhr mufs reichlich sein um dem Tiere die nötigen Baustoffe zuzuführen, doch mufs ein allzustark reizendes Futter vermieden werden, da es die Nervosität der Tiere vermehrt und einem guten Gesundheitszustand hinderlich ist.

Bei der starken Empfindlichkeit der Straufsen gegen jegliche Schwankungen in ihrer Haltung sind sie vielerlei Krankheiten sowohl konstitutioneller als infektiöser Natur ausgesetzt. Die Federnproduktion wird nur mittelbar durch solche Erkrankungen des Vogelorganismus beeinträchtigt und resultiert fast stets in einem als Schnabelhiebigkeit (Bar) bekannten Defekte der rami und radii. Auch hier war Duerden der erste, der die Art der Bar-Bildung einwandsfrei nachwies. Seine Theorie, die zweifellos dem tatsächlichen Vorgang entspricht, baut sich auf folgenden Beobachtungen auf. Auch unter günstigsten Bedingungen geht das Wachstum der Feder nicht in vollkommener Gleichmäfsigkeit vor sich sondern wechselt in der Ausbildung der einzelnen Teile je nach der Stärke des zu der Pulpa strömenden Blutzuflusses. Regelmäfsige Schwankungen im Blutandrang resultieren aus der wechselnden Intensität der physiologischen Umsetzung bei Tag und bei Nacht. Die kühle Nachttemperatur zusammen mit verminderter Stoffwechseltätigkeit setzt den Blutdruck in den Capillaren herab, so dafs ein schwächeres Nachtwachstum im Gegensatz zu dem stärkeren Tageswachstum zu konstatieren ist. Tritt gleichzeitig mit der schwächeren Ausbildung der einzelnen Federnteile während des Nachtwachstums eine anormale Verminderung des Blutdruckes in der Pulpa auf, wie es durch krankhafte Störungen der Stoffwechseltätigkeit hervorgerufen werden kann, so wird infolge des vermehrten Druckes, mit welchem die umgebenden Hautzellen auf die noch weiche, nur wenig verhornte Feder einwirken, an den von Anfang an schwächer ausgebildeten Stellen der Feder eine Schrumpfung hervorgerufen. Diese Schrumfung wird die Bildung der rami und radii völlig hemmen, so dafs beim Austreten der Feder aus der Oberhautschicht und ihrem Entfalten der Defekt sich in Form eines Striches über sämtliche Strahlen quer über die Fahne hinziehen wird. Schnabelhiebigkeit entwertet die Feder in hohem Mafse, besonders da die Strahlen an der Stelle des Bars leicht knicken und der Feder ein unschönes Aussehen geben. Neben der Schnabelhiebigkeit treten noch andere Federdefekte auf, die sich bald in ungleichmäfsiger Entwicklung der Fahne, bald in völligem Fehlen oder unregelmäfsigem Stand der Äste äufsern. Wenn diese Fehler auch zum Teil auf mechanische Einwirkungen zurückgeführt werden können, liegt doch meist die Ursache in physiologischen Einwirkungen, welche durch Krankheitserscheinungen irgend welcher Art hervorgerufen werden. Ähnlich den anderen, die Straufsen betreffenden Fragen beschäftigte sich die Wissenschaft in letzter Zeit auch eingehend mit der Pathologie dieser Vögel. Doch sind auch auf diesem Gebiete noch manche Aufgaben zu lösen. Von grofsem Einflusse auf die Blutzirkulation und infolgedessen indirekt auf die Federnbildung sind die beim Straufsen äufserst häufig auftretenden Verdauungsstörungen. Eine rationelle Haltung und Fütterung wird in dieser Hinsicht in vielen Fällen Abhilfe schaffen, es sei denn, dafs die mangelhafte Ausnutzung der Nährstoffe eine Folgeerscheinung der, nur allzuoft auftretenden Infektion der Verdauungswege durch Würmer darstellt. Hierbei kommen hautsächlich zwei Arten in Betracht: Taenia struthionis, der Straufsenbandwurm und Strongylus Douglassii der sogenannte Drahtwurm.

T. struthionis gehört zur Gattung der Cestoden und hält sich, als geschlechtsreife Form der Plattwürmer, als Bandwurm im Darm des Straufsen auf. Welches Tier die T. struthionis als Zwischenwirt aufsucht konnte bisher noch nicht festgestellt werden. Prophylaktische Mafsregeln sind daher äufsert schwierig und von ungewissem Erfolg. Bei der Häufigkeit des Vorkommens der Taenia ist es ratsam, sämtliche Vögel der Herde alle sechs Monate, ob sie Symptome zeigen oder nicht, mit abtreibenden Mitteln zu behandeln. Als Medizin wird Petroleum angewandt, und zwar je nach dem Alter des Patienten $^1/_4$ bis $^1/_2$ l. pro Kopf auf nüchternen Magen. Gute Erfolge zeitigte auch die Verwendung des Kamalapulvers, welches aus den Drüsen und

Körnchen von Mallotus philippinensis besteht und ein spezifisches Abführmittell darstellt.

Weitaus gefährlicher, weil häufig von tödlichem Ausgange gefolgt, ist das Auftreten des Strongylus Douglassii. Über die Art, die Ernährung, Fortpflanzung und Infektionsmethode dieses Parasiten existieren noch keine exakten Forschungen. Str. douglassii, ein Pallisadenwurm, ist 8—10 mm lang, von durchsichtigem Weifs, erscheint jedoch rötlich auf der entzündeten Magenschleimhaut. Er hält sich allein im Drüsenmagen auf, wo er sich auf die obere, reich mit Drüsen und Drüsenausgängen versehene Magenwandung aufheftet. Da seine Oberfläche der verdauenden Wirkung der Magensäfte nicht widerstehen kann, schützt er sich durch einen dicken schleimigen Überzug, der sich über eine grofse Anzahl von Drüsenausgängen hinweglegt und so die Ausscheidung der Magensäfte und eine Verdauung der aufgenommenen Nahrung in hohem Mafse hemmt. Die medizinische Behandlung ist durch die Lebensgewohnheiten des Wurmes aufserordentlich erschwert, da infolge der Schwerkraft nur voluminöse Medikamente auf die, an der oberen Magenseite festsitzenden Parasiten einwirken können. Ein weiteres Hemmnis stellt die Schleimschicht dar, die zunächst gelöst werden mufs, bevor ein Gift, auf den Wurm selbst einwirken kann. Von günstigem Erfolg ist die von Hutcheon empfohlene Methode, zunächst eine Dosis Paraffinöl einzugehen, die zur Vergröfserung des Volumens zu gleichen Teilen mit Milch gemisch wird. 1 : 1 l. pro erwachsenen Vogel bedeutet ein ausreichendes Quantum. Das spezifisch leichtere Öl wird im Magen auf der Milch schwimmen und lösend auf die Schleimschicht einwirken können. Ist auf diese Weise der Weg zu den Würmern freigemacht, so wird nach zwei bis dreitägiger Ruhepause eine Mischung von Terpentin, Karbolsäure und warmem Wasser im Verhältnis von 1 : 1 : 25 eingegeben, wodurch die Würmer sofort abgetötet werden. Da die Terpentin-Karbolsäuregabe, ebenso wie das Paraffin, auf nüchternen Magen verabreicht werden mufs, dieser Zustand jedoch jeweils ein 18 stündiges Fasten verlangt, aufserdem der Magen durch die scharfen Gifte sehr schwächt zu werden pflegt, kommen die Tiere bei einer solchen Radikalkur stets in ihrer Kondition derart herunter, dafs sie nur sehr minderwertige Federn zu produzieren vermögen und sich erst nach mehreren Monaten völlig erholen.

Jeder Straufsenfarmbetrieb mufs neben der Erzielung einer fehlerfreien Feder auf die Vermehrung seiner Herde aus dem eigenen Bestande bedacht sein und wird bei der Handhabung seines Wirtschaftsbetriebes auch denjenigen Faktoren, welche die Qualität seiner Nachzucht beeinflussen, eindringlich Rechnung tragen.

Vor allen Dingen sind hierbei die Prinzipien der Zuchtwahl, deren schon weiter oben Erwähnung getan wurde, zu berücksichtigen, wobei ein peinliches Einhalten dieser Grundsätze eine gewisse Garantie dafür bietet, das die Zuchtergebnisse befriedigende sind. Um den Gesundheitszustand der Herde und die Qualität der Zucht- und Federvögel stets anf der wünschenswerten Höhe zu erhalten, ist allzu ausgeprägte Inzucht zu vermeiden. Während Herdeninzucht in den ersten Generationen zuchtverbessernde Wirkung ausüben kann, zeigen sich in den späteren Generationen Degenerationsmerkmale, die sich in extremen Federnbildungen oder starker Veranlagung zu Krankheiten äufsern. Eine Blutauffrischung durch angekaufte Zuchthähne ist daher unbedingt erforderlich.

Besonderer Nachdruck mufs ferner darauf gelegt werden, dafs die Elterntiere zur Zeit der Paarungsperiode sich in guter, kräftiger Konstitution befinden, da es wissenschaftlich nachgewiesen ist, dafs der Gesundheitszustand der Eltern im Augenblicke der Keimbefruchtung ausschlaggebend für die Konstitution der jungen Tiere ist. Da die Brunstperiode zu einer Zeit einsetzt, in welcher nach monatelanger Trockenheit die natürlichen Futtermittel knapp geworden sind, das verdorrte Weidefeld nur noch geringen Nährwert besitzt, mufs auch in extensiven Betrieben eine Kraftfuttergabe erfolgen. In solchen Wirtschaften, die grofses Gewicht auf die Erzeugung einer grofsen Menge von jungen Straufsen legen, die also neben dem Ersatz und der Vermehrung des eigenen Herdenbestandes den Verkauf von Zuchttieren betreiben, kann durch Verabreichung anregenden Körnerfutters die Paarungs- und Legetätigkeit der Straufsen erhöht werden. Diese vermehrte Eierproduktion kann jedoch nur durch die Methode der Inkubatorenbrütung ausgenutzt werden.

Durch praktische Verbesserungen wurden die Brutapparate zu einer derartigen Vervollkommnung gebracht, dafs vom technischen Standpunkte aus betrachtet die Brut durch den Inkubator derjenigen durch die Eltern völlig gleichwertig ist. Welche Methode daher zur Anwendung kommen wird, mufs von den wirtschaftlichen Verhältnissen, welche die Betriebsrichtung beeinflussen, abhängig gemacht werden. Bei der natürlichen Brutmethode sind folgende Momente in Betracht zu ziehen: Als die naturgemäfsere hat sie mit geringerem Risiko zu rechnen. Da der gröfste Teil der Sorge um die Eier den Elternvögeln überlassen wird, bedeutet sie eine erhebliche Entlastung des Betriebsleiters verbunden mit einer nicht zu unterschätzenden Vereinfachung und infolgedessen Verbilligung des gesamten Betriebes. Auf der anderen Seite werden jedoch die Straufse durch die stetige Inanspruchnahme durch das Brutgeschäft in hohem Mafse am Eierlegen gehindert, durch die Beschränkung auf 3—4 Gelege zu je 12—16 Eiern wird die Gesamtproduktionsfähigkeit an jungen Straufsen erheblich reduziert. Schliefslich werden die Federn durch die sitzende Beschäftigung der brütenden Vögel erheblich gefährdet, so dafs stets eine gewisse Entwertung des Federnmaterials in Kauf genommen werden mufs. Der Brutapparat dagegen versetzt uns in die Lage, diese zum Teil schwerwiegenden Nachteile zu vermeiden. Die Eierproduktion und somit die Anzahl der Kücken kann in ganz vorzüglicher Weise vermehrt werden, da von einer Henne im Durchschnitt 120—140 Eier pro Paarungsperiode erwartet und zum Ausschlüpfen gebracht werden können. Aufserdem ist die Kontrolle über die Zuchtwahl in weitaus höherem Mafse möglich, als dies die natürliche Bebrütung gestattet. Sämtliche, von einem Hahn befruchteten Eier werden in gesonderten Apparaten ausgebrütet, wodurch eine Identifizierung der Jungen ermöglicht wird, und daher bei genauer Beobachtung ein zutreffendes Urteil über die Art und Stärke der väterlichen Individualpotenz gebildet werden kann. Die Verwendung der Brutmaschine verlangt jedoch anderseits eine absolut genaue Kontrolle, unablässige Aufsicht und vorsichtigste Sorgfalt, wenn sie dauernden Erfolg versprechen soll. Das Risiko dieser Methode liegt darin, dafs der geringste Verstofs gegen die auf eingehenden Forschungen basierenden Vorschriften den Verlust sämtlicher im Apparate befindlicher Eier zur Folge haben kann.

In extensiven Betrieben, welche auf eine möglichste Beschränkung der zur Erzielung eines relativ guten Produktes aufgewandten Mittel an Geld und Arbeitskraft Wert legen müssen, wird daher die natürliche Bebrütungsmethode angebracht sein. Intensive Wirtschaften dagegen, in welchen die wirtschaftlichen Faktoren eine rationelle Ausnutzung sämtlicher Produktionsmöglichkeiten verlangen und daher hohe Qualitätszucht sowohl in Federn als auch in Verkaufstieren betrieben werden mufs, können ohne Verwendung des Brutapparates eine Rente nicht abwerfen.

Die übergrofse Empfindlichkeit der Jungen in den drei ersten Monaten ihres Daseins bedingt eine grofse Sorgfalt in der Kückenaufzucht. Mangelnde Pflege in diesem jugendlichen Stadium wird an sich günstig veranlagte Tierchen schädigen und solche, in deren Organismus konstitutionelle Neigung zu Krankheiten vorhanden ist, die bei guter Pflege überwunden werden könnte, völlig entwerten. Vorzüglich ist darauf zu achten, dafs die Tierchen genügend Bewegungsfreiheit haben, vor Kälte und Nässe ausgiebig geschützt werden und nur bekömmliche und die Verdauung befördernde, laxierende Nahrung erhalten. Um die rasch wachsenden Knochen zu festigen, mufs ihnen regelmäfsig ein gröfseres Quantum Knochenmehl oder gehackter Knochen verabreicht werden, dem eine kleine Menge Schwefelblüten beigefügt werden kann. Trotz bester Haltung wird jedoch stets mit einer recht beträchtlichen Sterblichkeit gerechnet werden müssen. Neben allen erdenklichen äufseren Unfällen, wie Verlusten durch Raubtiere oder sonstigen, nicht vorauszusehenden Zufälligkeiten, welche zum Tode dieser kleinen Tierchen führen können, sind die Kücken bei ihrer zarten Konstitution den Straufsenkrankheiten in ganz besonderem Grade ausgesetzt. Das Auftreten der

Taenia und des Strongylus ist in den ersten Monaten besonders gefährlich und führt in den meisten Fällen zum Tode des Patienten. Mangelnder Schutz vor nasser Kälte erzeugt vielfach Lungenerkrankungen, die in ihrem akuten Verlaufe ein ärztliches Eingreifen vereiteln und diphteritisähnliche Halsaffektionen, die stellenweise endemisch aufgetreten sind, stellen eine erhebliche Gefahr dar. Besonders schwer sind jedoch die Folgen einer fast ausschliefslich Straufsenkücken in den ersten Lebensmonaten befallenden Krankheit, der sogenannten Gelbleber (yellow liver). Gelbleber stellt nach Hutcheon eine Art Atrophie der Leber dar, mit gleichzeitiger krankhafter Verfettung der Zellen. Die Leber zeigt eine gelbliche Färbung, die Schnittfläche ist glatt, nicht körnig wie in gesundem Zustande; die Muskelfasern sind blafs und weich, Herz und Blutgefäfse enthalten helles, wässeriges Blut, so dafs alle äufseren Anzeichen auf hochgradige Blutarmut schliefsen lassen. Die Anomalie scheint hervorgerufen durch mangelhafte Verdauung der in grofsen Mengen im Magen angehäuften Futterstoffe. Die Ursache der Krankheit ist mit Bestimmtheit noch nicht nachgewiesen, doch gebührt von den mancherlei Vermutungen der Theorie D. Hutcheons die vornehmlichste Beachtung. Er hält die Gelbleber nicht für eine Infektionskrankheit, sondern sucht ihren Ursprung in der mangelhaften Ausbildung der durch angeborene Schwäche empfindlichen, durch ungenügende Pflege in der Entwickelung gehemmten Verdauungsorgane. Die eigentliche Ursache wäre daher nicht in den betroffenen Tieren selbst, sondern in den eine solche Schwäche vererbenden Elterntieren zu suchen. Hierin scheint ein durch die Domestizierung hervorgerufenes Degenerationsmerkmal zum Ausdruck zu kommen. Wenn auch diese Theorie noch nicht einwandsfrei nachgewiesen ist, scheint mir doch hier der Punkt zu sein, an welchem anfassend die wissenschaftliche Forschung diese überaus wichtige Frage lösen könnte.

Neben diesen die Endprodukte der Straufsen-Zuchten beeinflussenden Faktoren tragen zur Präzisierung der verschiedenen Betriebsmethoden die wirtschaftlichen Bedingungen, unter deren Einwirkung die betreffende Farm steht, in erheblichem Mafse bei. Je nach der Beschaffenheit des Bodens, des Klimas und der wirtschaftsgeographischen Verhältnisse wird eine Abstufung von intensivster zu extensivster Arbeitsweise nötig werden, wie sie sich auch tatsächlich in den in Südafrika existierenden Farmbetrieben herausgebildet hat. Trotz mancher verwischender Übergänge und vielerlei Ineinandergreifens lassen sich drei ziemlich scharf getrennte Systeme unterscheiden, deren jeweilige Anwendung und Prägnanz fast ausschliefslich durch die Lage und Eigenart des betreffenden Farmgrundstückes und nur in geringem Mafse durch die Liebhaberei des Züchters bedingt ist.

1. Freiweidebetrieb. Der Freiweidebetrieb stellt die Wirtschaft extensivster Arbeitsweise dar. Sein Zweck besteht

darin, auf billigem Boden, bei möglichster Beschränkung des toten Inventares eine möglichst grofse Anzahl von Straufsen unter annähernd natürlichen, und daher nur geringe Pflege und geringen materiellen Aufwand beanspruchenden Lebensbedingungen, nutzbringend in Gefangenschaft zu halten. Grundlegend für eine solche extensive Wirtschaftsweise ist billiger, leicht zu verzinsender Boden. Der Freiweidebetrieb beschränkt sich daher auf solche Gegenden, welche in wirtschaftlicher und klimatisch-geologischer Hinsicht weniger günstig veranlagt sind. Solche, die Produktionskraft der betreffenden Ländereien hemmende Bedingungen verursachen eine relativ geringe Bevölkerungsdichte, erlauben daher für europäische Begriffe ungewohnte Ausdehnung der einzelnen Besitzungen; wozu allerdings andererseits die mangelhafte Fruchtbarkeit des Bodens den Grundbesitzer nötigt. Die Ernährung der auf solchen Betrieben gehaltenen Straufse basiert auf den durch die natürliche Vegetation dargebotenen Nährstoffen. Im speziellen Falle kommt hauptsächlich die ursprüngliche, engere Heimat der Straufse, die Caroo, sowie die Süfs- und Sauerveldtgegend in Betracht. So zusagend diese Ernährungsweise auch für die Straufse ist, müssen doch bei der geringen Produktionskraft dieser Gegenden zum ausreichenden Unterhalt relativ kleiner Herden grofse Areale zur Verfügung stehen. Durchschnittlich rechnet man 6—8 ha (15—20 acres) mittelguter Steppenweide auf einen Straufsen. Die Gesamtausdehnung der Farmen beträgt 3000 bis 5000 ha, so dafs man eine Bestockungsfähigkeit von 300—500 Vögeln annehmen kann, ohne befürchten zu müssen, dafs in schlechten Jahren, bei übermäfsiger Trockenheit das Weidefutter nicht mehr genügen könnte. Um den Betrieb jedoch einigermafsen von den Launen der Witterung unabhängig zu machen, ist es auch in extensivsten Betrieben ratsam, wo es irgend die Wasserverhältnisse gestatten, Luzerne als Futtermittel anzubauen. Jedenfalls mufs für das Vorhandensein des auch unter ungünstigen Verhältnissen gedeihenden Feigenkaktus, sowie der gleich anspruchslosen Agave gesorgt werden.

Die Haltung der Straufse wird in der Art geregelt, dafs annähernd gleichaltrige Tiere in Herden zusammengestellt werden, die in getrennten Triften unterzubringen sind. Junge Tiere, kränkelnde, sowie besonders wertvolle Exemplare sind auf frischwachsende Triften zu schicken, während die anderen, weniger anspruchsvollen Herden zur Nachweide aufgetrieben werden können. Hieraus ergibt sich die Notwendigkeit, das vorhandene Areal durch Einzäunungen in verschiedene Schläge aufzuteilen, deren Ausdehnung je nach Güte des Weidefeldes und der Kopfzahl der Herden auf verschiedenen Betrieben wechseln kann. Neben solch gröfseren Abteilungen im durchschnittlichen Umfange von 200—300 ha, werden kleinere Weideplätze für einzelne Paare eingerichtet, wobei ca. 30 ha auf das Paar gerechnet werden mufs. Da das Wasserbefürfnis der Straufse nicht übermäfsig grofs ist, gebört eine Tränkstelle in jede Trift nicht zu den absoluten Erfordernissen, obgleich es natürlich im Interesse der Vereinfachung des Betriebes wünschenswert wäre. Da die Straufsen in Bezug auf die Art von Futterpflanzen, welche sie zur Nahrung aufnehmen, etwas wählerisch sind, manche Pflanzen gänzlich verschmähen, bei anderen nur die Blätter abstreifen, müssen zur völligen Ausnutzung der Weide gelegentlich Rinder oder Schafe aufgetrieben werden. Hierbei ist noch als günstige Nebenerscheinung aufzuweisen, dafs während dieser Zeit die Möglichkeit besteht, dafs die Eier oder Larven der Parasiten, deren Lebensdauer aufserhalb des Wirttieres wir zwar nicht kennen, aber doch als beschränkt annehmen dürfen, zum Absterben kommen. Die Nachzucht, welche in solchen Betrieben hauptsächlich zur Mehrung des eigenen Herdenbestandes und nur in geringen Fällen zum Verkaufe als Zuchtmaterial verwandt werden wird, ist zweckmäfsiger Weise durch natürliche Brut zu erzielen. Der Freiweidebetrieb kann unter passenden Verhältnissen in seiner Extensität sehr günstige Resultate aufweisen. Allerdings ist streng darauf zu halten, dafs das Princip dieser Extensität in der Anlage und Durchführung des gesamten Betriebes auf jede Weise gewahrt bleibt, damit das Anlagekapital, welches durch den Erlös an Straufsenfedern zu verzinsen ist, durch keinerlei irgendwie vermeidliche Ausgaben erhöht werde. Totes Inventar, sowie die auf den einzelnen Straufsen aufgewandte Arbeit ist auf ein Minimum zu beschränken. Die Sorge für das einzelne Tier mufs auf die ersten drei Monaten konzentriert werden, da sich jegliche, für die Kückenaufzucht aufgewandte Arbeit rentieren wird, während nach dieser Zeit die Herden mehr und mehr sich selbst überlassen bleiben müssen. Diese Art der Haltung verlangt zwar nur geringe Pflege, verursacht daher wenige Kosten, mufs jedoch infolgedessen mehr auf die Quantität als auf die Qualität der zu liefernden Produkte sehen.

2. Bruthofwirtschaft. Anders liegen die Verhältnisse bei der Bruthofwirtschaft, deren Existenzbedingung in der rentabeln Verzinsung hohen Bodenkapitals beruht. Die hierdurch bedingte, äufserst intensive Wirtschaftsmethode ist jedoch nur unter besonders günstigen klimatischen und wirtschaftsgeographischen Verhältnissen möglich, ein Grund, aus welchem sich das seltene Vorkommen reiner Bruthofwirtschaften erklären läfst. Die hohen Bodenpreise sowie die Besiedelungsdichte solch günstig veranlagter Ländereien erlauben keine allzugrofse Ausdehnung der einzelnen Betriebe. Der Weideauslauf ist daher so beschränkt, dafs die natürliche Vegetation bei weitem nicht zum Unterhalt der Straufsen genügt und durch den Anbau von Futterpflanzen ergänzt resp. ersetzt werden mufs. Bruthofwirtschaft setzt demnacht ein gut funktionierendes Bewässerungssystem voraus, das zum Anbau von Luzerne und anderen Futtermitteln unbedingt erforderlich ist. Je nach der Güte des Bodens und der Wasserverhältnisse wird

die Kapazität eines bestimmten Areals zur Aufnahme von Straufsen schwanken, doch kann man ungefähr 10—15 ausgewachsene Straufse auf 1 ha Luzernenfeldes rechnen. Die verschiedenen Einfriedungen, auf welchen die Straufse geweidet werden, sind daher in ihrer Ausdehnung durch die Fruchtbarkeit des Bodens, die Gröfse der Farm und die Höhe der Bestockung bedingt. Neben solchen Luzernentriften, auf welchen das Gros der Herde, die Kücken, die ein-, zwei- und dreijährigen sowie die reinen Federvögel gehalten werden, sind in derartigen Betrieben noch besondere Bruthöfe eingerichtet. Da in Bruthofwirtschaften aus wirtschaftlichen Gründen in der Regel das Inkubatorensystem angewandt wird, besteht die Möglichkeit, jedem Zuchthahne zwei Zuchthennen zuzuteilen, welche dann in kleinen, ca. 1 preufsischen Morgen grofsen Einzäunungen während der Paarungszeit gehalten werden. Diese Höfe weisen einen Schuppen auf, in dessen Nähe der Nistplatz angelegt wird und sind auf einer Seite mit schattenspendenden Bäumen zu bepflanzen, um den häufig aufserordentlich wertvollen Zuchttieren in jeder Hinsicht Schutz vor den Unbilden der Witterung zu bieten.

Die Ernährung der Tiere erfolgt teils durch Weidegang auf Luzerne, teils durch Verabreichung von Grünfutter oder Luzernenhäcksel. Den Brutvögeln wird eine regelmäfsige Ration von Körnerfutter verabreicht, durch deren Menge es der Züchter in der Hand hat Anfang, Dauer und Ende der Brunstperiode in hohem Mafse zu beeinflussen. Körnerfutter und Luzernenheu auf Vorrat aufgestapelt, machen den Betrieb fast vollkommen unabhängig von den Einflüssen der Witterung. Die Bruthofwirtschaft stellt daher eine absolut intensive Betriebsmethode dar, welche die Straufsen in einen hohen, der europäischen Haustierhaltung ähnlichen Zustand der Domestikation versetzt. Die aufserordentlich sorgfältige Pflege, welche in einer solchen Wirtschaft dem einzelnen Tiere zugewandt werden kann, ermöglicht und verlangt bei rationellem Betriebe eine ausgesprochene, reine Qualitätszucht.

3. Kombinierter Betrieb. Bei weitem am häufigsten wird jedoch ein kombinierter Luzernen- und Freiweide-Betrieb am Platze sein. Manche Gegenden werden in ihren Wasser- und Bodenverhältnissen den Anbau von Futtermitteln nur in beschränktem Mafse zulassen, sodafs es angebracht sein wird, neben einigen Luzernenschlägen für ausgiebigen Auslauf auf das freie Feld zu sorgen. Hierdurch wird häufig die Möglichkeit gegeben, die vorhandenen natürlichen Bedingungen vollständig auszunützen, ohne durch allzusehr verteuerte Wirtschaftsweise die Rentabilität einer solchen Anlage in Frage zu stellen. Für derartige Betriebe lassen sich natürlich keine allgemein gültigen Zahlen darüber angeben, wie viele Straufse auf einer bestimmten Fläche gehalten werden können, da je nach den vorliegenden Verhältnissen bald gröfsere, bald kleinere Areale für den Anbau von Futterpflanzen

zur Verfügung stehen. Doch wird 100 Straufse auf 250 ha ungefähr zutreffend genannt werden können. Für das Paar ausgewachsener Straufse sollten also annähernd 5 ha guter natürlicher Weide zur Verfügung stehen, auf welcher, bei normalen Regenverhältnissen, einen grofsen Teil des Jahres hindurch ausreichend Nährstoffe vorhanden sein werden. Während der Trockenzeit, zu der alle nicht bewässerten Pflanzen einen grofsen Teil ihres Nährwertes einbüfsen, werden die Vögel zweckmäfsig morgens und abends gefüttert und den Tag über auf der natürlichen Weide belassen, während besonders wertvolle Tiere und solche, deren Gesundheitszustand kräftige Nährstoffzufuhr verlangt, am besten ganz auf Luzerne gehalten werden. Welche Art der Bebrütungsmethode der Züchter in diesem Betriebe anzuwenden gedenkt, mufs von dem speziellen Zweck seiner Anlage abhängig gemacht werden. Will er hauptsächlich auf Erzeugung einer guten Feder hinarbeiten, seinen Herdenbestand jedoch durch Zukauf guter Zuchthähne von Zeit zu Zeit aufbessern, so wird im Interesse der Billigkeit und Bequemlichkeit des Betriebes die natürliche Methode angebracht sein. Andererseits aber wird eine gute Nachzucht und der Verkauf rassereiner Zuchtvögel die Mehraufwendungen an Geld und Arbeit, die durch den Inkubatorenbetrieb verursacht werden, vollständig bezahlt machen. Der kombinierte Luzerne- und Freiweidebetrieb wird bei rationeller Wirtschaft stets einen guten Reinertrag abgeben, wenn in ihm das, auch für viele andere Landwirtschaftsbetriebe zutreffende, grundlegende Prinzip der extensiven Organisation und intensiven Arbeit befolgt wird. Auf diese Weise ist es möglich, unter relativ ungünstigen Verhältnissen grofse Quantitäten ziemlich hochwertiger Produkte zu erzielen.

Deutsche Ornithologische Gesellschaft.

Bericht über die September-Sitzung 1910.

Verhandelt Berlin, Montag den 4. September abends 8 Uhr im Architekten-Vereinshause, Wilhelmstrafse 92.

Anwesend die Herren: v. Versen, K. Neunzig, Haase, Jung, Kracht, Schiller, Krause, Graf v. Zedlitz, O. Neumann, Schalow, Reichenow, Deditius und Heinroth.

Als Gäste: Herr Brehm und Frau Heinroth.

Vorsitzender: Herr Schalow, Schriftführer Herr Heinroth.

Die Herren Reichenow und Schalow legen die eingegangenen Schriften und Bücher vor.

Herr Graf v. Zedlitz, der ganz kürzlich von einer Spitzbergenreise zurückgekehrt ist, sodafs also eine genaue Bearbeitung seiner Sammlungen noch aussteht, hat einige Seeschwalbenbälge mitgebracht, die er ausführlich bespricht. Unter einer grofsen Menge von *Sterna macrura*, die sämtlich den charakteristischen roten Schnabel, die roten Füfse und die rein schwarze Kopfplatte, sowie die hellgraue Unterseite besitzen, gelang es ihm, auf der Lowén-Insel auch einige Stücke zu erlegen, die schwarze Füfse, einen schwarzen Schnabel, eine reichlich mit weifs durchsetzte Kopfplatte und eine weifse Unterseite aufweisen. Aufserdem sind diese letzteren Vögel kleiner als die typische *macrura*: während diese eine Flügellänge von 270—285 mm haben, ist der Flügel der schwarzschnäbligen Form nur 250—253 mm lang. Der Vortragende hat alle Entwickelungsstadien von *Sterna macrura* genau untersucht, und es zeigt sich, dafs bereits ganz kleine Dunenjunge rote Füfse und einen rötlichen Schnabel besitzen. Er neigt der Ansicht zu, dafs die schwarzschnäblige Seeschwalbenform ein noch unbekanntes Verbreitungszentrum habe, das nur mit wenigen Individuen in das Gebiet von *Sterna macrura* hineinreicht: er schofs die vereinzelten schwarzschnäbligen Vögel mitten unter den typischen *macrura*. Bereits vor vielen Jahren hatte er ein solches schwarzschnäbliges Stück erhalten, und durch dies war er auf die ganze in Rede stehende Frage aufmerksam geworden, sodafs er bei der ganzen Reise sein Augenmerk auf diese Vögel gerichtet hatte. Aufser den rot- und schwarzschnäbligen Seeschwalben legt er noch 2 intermediäre Stücke vor.

Es entspinnt sich ein lebhafter Meinungsaustausch zwischen den Herren Reichenow, Schalow, Neumann und dem Vortragenden, wobei besonders darauf hingewiesen wird, dafs man noch zu wenig Vergleichsmaterial aus dem Winteraufenthalt dieser Seeschwalben besitze, und namentlich Herr Neumann weist darauf hin, dafs im Sommer in Afrika erlegte Stücke von *Sterna hirundo* merkwürdiger Weise schwarze Schnäbel und Beine haben. Dies wäre ein Parallelfall zu der erwähnten schwarzschnäbligen *macrura*.

Herr Reichenow legt hierauf einige neue afrikanische Vögel vor: einen *Indicator* mit sehr abweichender Schwanzbildung und eine *Pyromelana*, die der bekannten *approximans* nahe steht, aber sich durch dunkleres Gelb des Rückens auszeichnet. Herr Reichenow zeigt ferner einen seit 80 Jahren im Berliner Zoologischen Museum unter dem Namen *Emberiza panayensis* Gm. befindlichen eigentümlichen Vogel und gibt dazu nähere Erläuterungen. Diese, sowie eine Abbildung des Präparats erscheinen im Bericht des V. Internationalen Ornithologen-Kongresses.

Die Herren Neumann, Reichenow, Neunzig und Schalow kommen, einer Anregung der beteiligten Händlerkreise folgend, auf den Schmuckfederhandel zu sprechen, und man wird dahin einig, dafs es wohl das Beste wäre, auf Schongesetze für die dabei in Betracht kommenden Vogelarten hinzuwirken; derart, dafs der Abschufs nur zu gewissen Jahreszeiten gestattet und so der Fortbestand dieser Arten gesichert wird. Mit solchen Bestimmungen wäre auch zugleich dem Federhandel selbst gedient, da der Schmuckfederertrag auf diese Weise geregelt und dauernd gewährleistet wird.

Herr Schalow gibt einige Mitteilungen aus der Umgegend des Bades Kissingen.

„Angeregt durch die interessanten älteren Arbeiten Ludwig Brehms und Schmiedeknechts wie der jüngeren von Freiherrn v. Berlepsch, Lindner-Wettaburg, Salzmann und Fenk über das Vorkommen von *Petronia petronia petronia* im Gebiet der thüringischen Saale, beschlofs ich während eines längeren Aufenthalts in Bad Kissingen im Juli und August den Spuren des Steinsperlings auch im Gebiet der fränkischen Saale nachzugehen. Es schien mir kein Grund für die Annahme vorhanden, dafs der genannte Sperling, dessen Aufenthaltsorte und Gewohnheiten man jetzt, dank der genannten Beobachter, genau kennt, nur in dem eng umgrenzten thüringischen Gebiet vorkommen solle. Es darf angenommen werden, dafs *Petronia p. petronia* auch an anderen Stellen des mittleren Deutschland gefunden werden wird, an denen er bisher, mangels fehlender Beobachter, noch nicht festgestellt wurde. Dafs die Art übersehen wird, ist um so sonderbarer, als nach den ausgezeichneten Beobachtungen Prof. Salzmann's in Gotha *Petronia* in Thüringen zweifellos als echter Standvogel anzusehen ist.

Ich beschlofs nun, die für die Lebensgewohnheiten des Steinsperlings mir passend erscheinenden Örtlichkeiten der fränkischen Saale in der engeren und weiteren Umgebung von Bad Kissingen systematisch abzusuchen. Ich möchte vorweg bemerken: es geschah mit negativem Erfolg. Da nach einigen Beobachtungen in Thüringen angenommen werden mufs, dafs der Steinsperling mehr und mehr Baumhöhlennister zu werden scheint, so habe ich im Gebiet der fränkischen Saale, in dem ich nur die alten Burgen untersuchte, vielleicht an falschen Örtlichkeiten beobachtet. Ich möchte noch bemerken, dafs ich mich nach den ausgezeichneten Arbeiten Carl Lindners und Salzmanns eingehend über das Leben des Steinsperlings unterrichtet hatte, sodafs ich nicht glaube, ihn an Stellen, an denen er vorkommt, übersehen zu haben. Ferner sei noch erwähnt, dafs ich alle Örtlichkeiten wiederholt besuchte.

Ich will nun die einzelnen Orte anführen. Es sind die folgenden:

Die Ruine Bodenlaube, $2^1/_2$ km von Kissingen. Die geringen im Walde gelegenen Umfassungsmauern der Eiringsburg bei dem Dorfe Arnshausen scheiden aus.

Die Kloster- und Kirchenruinen bei dem Dorfe Aura;

die umfangreichen Ruinen der Trimburg oberhalb des Saaledorfes Trimberg;

die Klosterruine am Fufse der Burg Saaleck;
die Ruine Salzburg bei Neustadt a. d. Saale.

Die beiden Rhön-Ruinen Reufsenberg und Sodenberg bei Hammelburg a. d. S. habe ich nicht besucht.

Trotz mehrfacher Besuche und oft längeren Aufenthalts gelang es mir an den vorgenannten Örtlichkeiten nicht, Steinsperlinge zu finden. Von der Salzburg ist dies um so auffallender, als *Petronia petronia* dort nachgewiesen ist. Der Lehrer Brückner fand die Art daselbst von 1891—1901 in sehr grofser Zahl. Niederreuther, Parrot und Spiefs bestätigten 1901 die Art als Brutvogel in den Ruinen der Salzburg und konnten „ein Junges beobachten" (Verhandl. der Ornith. Ges. in Bayern 1901/2, 243). Gengler sah daselbst Mitte Juni 1909 eine Anzahl Steinsperlinge (ib. 1908 Bd. IX, 223). Ich bin mehrere Tage in Neustadt gewesen, habe von dort wiederholt die Salzburg besucht, aber leider keine einzige *Petronia p. petronia* zu Gesicht bekommen. Aus den obigen Beobachtungen Brückner's, Parrot's und Gengler's scheint mir mit Sicherheit hervorzugehen, dafs die Individuenmenge des Steinsperlings auf der Salzburg zurückgegangen ist, eine Erscheinung, die auch an anderen Orten des Vorkommens in Mitteldeutschland nachgewiesen worden ist. Salzmann hat auf die betrübende Tatsache des auffallenden Rückganges in Bestande der thüringischen Steinsperlinge hingewiesen. Er glaubt dieselbe auf Temperaturverhältnisse, vielleicht auch auf ein Zurückdrängen der Art durch *Sturnus vulgaris vulgaris*, der die Baumlöcher massenhaft annektiert, zurückführen zu dürfen. Möglicher Weise spricht auch die Inzucht mit, auf welche Fenk vielleicht mit Recht hingewiesen hat.

Auf zwei Richtigstellungen möchte ich noch zurückkommen. Dr. Gausse in Tittingen bei Ingolstadt hatte *Petronia p. petronia* daselbst „erlegt und bestimmen lassen" (Ornith. Monatsschr. 1906 120). Diese Angaben beziehen sich, wie Parrot festgestellt hat auf *Emberiza citrinella citrinella.*

Wiederholt bin ich von Oberhof aus in Tambach gewesen. Die Lokalitäten daselbst schienen mir durchaus für das Vorkommen des Steinsperlings ungeeignet. Ich sehe nun, dafs die Angaben Lerps (J. f. O. 1886, 321), der die Art für das genannte Gebiet Thüringens als Brutvogel bezeichnet hatte, durchaus irrige sind (Salzmann, Ornith. Monatsschr. 1906, 184).

Wenn sich die Angabe von Rudolf Blasius (in: Jäckel, Syst. Übersicht der Vögel Bayerns, 113), dafs der Steinsperling von ihm auf der Ruine Altenstein 1890 als Brutvogel beobachtet sei, auf die Ruine gleichen Namens bei Bad Liebenstein in Meiningen bezieht, so möchte ich sie stark bezweifeln. Von 1891—1894 bin ich in Liebenstein gewesen, habe Altenstein beinahe täglich besucht, sehr aufmerksam auf alle ornithologischen Vorkommnisse geachtet und möchte mit Bestimmtheit behaupten, dafs in den genannten Jahren *Petronia p. petronia* nicht auf der Ruine Altenstein genistet hat, überhaupt dort nicht vorgekommen ist.

Bezüglich des von Gengler konstatierten Fehlens von *Serinus s. serinus* in Kissingen (Verb. Ornith. Ges. in Bayern, 1908, 225) möchte ich darauf hinweisen, dafs ich den genannten Finken regelmäfsig in einem Garten der Schönbornstrafse in Kissingen singen hörte, desgleichen im Dorfe Hausen und ihn ferner wiederholt in den Obstgärten des Dorfes Winkels hörte und sah. Von *Phylloscopus bonelli bonelli*, welcher 1897 bei Klaushof in der Nähe von Kissingen gefunden worden ist, konnte ich in den Waldungen der betreffenden Örtlichkeit nichts entdecken. *Loxia curvirosta curvirostra* war in den Wäldern längs der Strafse vom Altenburger Haus nach Bocklet sehr häufig."

Herr Reichenow berichtet über eine Mitteilung des Herrn Hagen aus Lübeck, dafs dort die Störche bald nach ihrer Ankunft der dauernden Kälte wegen wieder abgezogen, erst im Mai zurückgekehrt und dann nicht mehr zur Brut geschritten seien. Er bittet um Nachricht, ob Ähnliches auch in anderen Gegenden beobachtet ist.

Zum Schlusse berichtet Herr Neunzig, dafs in Hinterpommern angeblich eine *Terekia cinerea* erlegt worden sei. Der betreffende Gewährsmann sei bereit, dies Stück an das Museum einzuliefern.

Dr. **O. Heinroth.**

Bericht über die Oktober-Sitzung 1910.

Verhandelt: Berlin, Montag, den 3. Oktober abends 8 Uhr im Architekten-Vereinshause Wilhelmstrafse 92.

Anwesend die Herren: v. Lucanus, Schnöckel, Haase, Jung, Kothe, v. Treskow, Schalow, Reichenow, Deditius, O. Neumann und Heinroth.

Als Gäste die Herren: Brehm, Miethke und Frau Heinroth.

Vorsitzender: Herr Schalow, Schriftführer: Herr Heinroth.

Nach Vorlage der eingegangenen Literatur teilt Herr Reichenow aus einem Briefe, den der Vater des Herrn Hantzsch an die Gesellschaft naturforschender Freunde in Berlin gerichtet hat, mit, dafs Herr Hantzsch, wie auch vor einiger Zeit schon durch Tageszeitungen gemeldet ist, an der Küste von Baffins-Land Schiffbruch gelitten hat. Er und seine wenigen Gefährten hatten schreckliche Zeiten zu überstehen und haben den gröfsten Teil ihres Gepäcks verloren. Trotz alledem aber beabsichtigt Herr Hantzsch, die Reise ins Baffins-Land fortzusetzen.

Herr Reichenow ist inzwischen in den Besitz der in der letzten Sitzung von Herrn Neunzig erwähnten *Terekia cinerea* gelangt, die am Niedersee, Kr. Schlawe in Hinterpommern am 30. April erlegt worden ist. Der Vogel, der der Versammlung vorgelegt wird, ist ein Männchen im Winterkleide und für das Berliner Zoologische Museum erworben worden. Ferner sind Herrn Reichenow Äpfel zugegangen, die durch Kreuzschnäbel der Kerne beraubt worden sind. Die Vögel haben in einem Obstgarten sehr erheblichen Schaden angerichtet. Wahrscheinlich handelt es sich dabei um Stücke, welche bei den grofsen Kreuzschnabelzügen des vorigen Jahres in Gegenden zurückgeblieben sind, wo sie ihre natürliche Nahrung nicht finden bonnten.

Herr O. Neumann hat eine Anzahl afrikanischer Vögel mitgebracht, die den Gattungen *Apalis* und *Mirafra* angehören. Bei der letzteren kommen durch eine zweimalige Mauser recht verschiedene Kleider zustande, so dafs diese Vögel in der Regenzeit mehr rot, in der Trockenzeit dagegen grau gefärbt sind, was leicht zu irrtümlichen Aufstellungen neuer Arten führen kann. Herr Heinroth, der während des Juli die Zoologischen Gärtens Belgiens und Hollands sowie den Zoologischen Garten in London besucht hat, gibt einen kurzen Bericht über seine ornithologischen Erlebnisse. Besonders interessant ist die grofse Reiherkolonie im Rotterdamer Zoologischen Garten und in dem Park des Herrn Blaauw in Goilust b. Amsterdam, hier brüten hunderte von Fischreihern unmittelbar am Wohnhause. Vor 2 Jahren sind in diese Siedelung einige Kormorane eingewandert. Im vorigen Jahre wurden etwa 12 Scharbenpaare beobachtet, und jetzt hat sich eine stattliche Kormorankolonie, die wohl über 100 Nester umfafst, mitten unter den Fischreihern aufgetan. Es gewährt einen geradezu grofsartigen Anblick, die fortwährend ab- und zustreichenden Reiher und Kormorane aus nächster Nähe zu beobachten. In London sowohl wie in Rotterdam ist nicht nur die Ringeltaube von geradezu verblüffender Zahmheit und Häufigkeit, sondern auch die Turteltaube läuft und fliegt ungescheut zwischen den Besuchern des Zoologischen Gartens umher. Ferner bespricht Herr Heinroth noch die in London geglückte Zucht von *Scopus umbretta* sowie das häufige Vorkommen ungemein zahmer Blefs- und Teichhühner in den Parkanlagen der englischen Hauptstadt.

Herr Schalow stellt im Anschlufs an diese Ausführungen die Frage, wie die nach den Jahreszeiten so sehr wechselnde Häufigkeit der Ringeltaube in Berlin zu erklären sei. Herr Heinroth, der diesen Vogel durch Jahre zu allen Tagesstunden im Berliner Zoologischen Garten beobachtet hat, teilt mit, dafs dort oft mitten im Winter Schwärme von Ringeltauben sich einfinden, die in den Eicheln, welche in den Rindenspalten festgeklemmt und auf Ästen liegen, reichliche Nahrung finden, sodafs ihr Kropf bisweilen mit 20 Eicheln und mehr gefüllt ist. Im Frühjahr sieht man dann nur einzelne Brutpaare, und zur Eichelreife kommen grofse Schwärme, deren Stückzahl mehrere 100 beträgt, die namentlich in den ersten Morgenstunden Eicheln pflücken, um dann der Ruhe zu pflegen, so dafs man von den vielen Vögeln dann nichts mehr bemerkt. Unter diesen befinden sich meist junge Tiere ohne Halsband, und es ist geradezu unerklärlich, wo mit einem Schlage alle die vielen zahmen Ringeltauben, die sich von dem unter den Bäumen einherwandernden Menschenstrome garnicht stören lassen, herkommen. Sollten das wirklich alles Vögel sein, die auch in menschenbelebten Parkanlagen erbrütet sind? Zu der grofsen Vertrautheit von *C. palumbus* gibt Herr Heinroth ein Beispiel: zwecks Feststellung der Brutdauer liefs er sich mehrmals die Eier aus einem Ringeltaubenneste herabholen. Der brütende Vogel flog bei der Störung nur auf den nächsten Ast, ja er hatte manchmal nicht übel Lust, den nahenden Menschen anzugreifen, und sobald die Eier wieder in das Nest zurückgebracht waren, setzte er die Brut fort. Die frisch ausgekommenen Jungen wurden heruntergeholt und photographiert, und auch dadurch liefsen sich die Eltern, nachdem die Kleinen ins Nest zurückgesetzt waren, nicht stören. Späterhin vertauschte er die jungen Ringeltauben gegen junge Haustauben und auch diese zog das Taubenpaar auf. Dr. **O. Heinroth.**

Bericht über die November-Sitzung 1910.

Verhandelt: Berlin, Montag, den 7. November abends 8 Uhr im Architektenvereinshause Wilhelmstrafse 92.

Anwesend die Herren: Deditius, Reichenow, Schalow, O. Neumann, Schiller, Krause, Jung, Haase, K. Kothe, Kracht, Freiherr Geyr von Schweppenburg und Heinroth.

Als Gäste die Herren: Schwarz, W. Miethke, B. Miethke, von Roy, Brehm und Frau Heinroth.

Vorsitzender Herr Schalow, Schriftführer Herr Heinroth.

Zu den Angaben über *C. palumbus* in der letzten Sitzung bemerkt Herr Schwarz, dafs diese Taube ebenso wie die Singdrossel auch in Paris sehr häufig und sehr zahm sei.

Im Anschlufs an das von Herrn Prof. Reichenow in der Oktobersitzung vorgelegte, in Pommern geschossene Exemplar von *Terekia cinerea* weist Herr Schalow darauf hin, dafs diese sibirische Art in Europa am häufigsten in Italien erlegt worden ist. Aus der Schweiz und Frankreich liegt nur je ein Fund vor. Für England ist sie noch nicht nachgewiesen. Die erste Mitteilung über das Vorkommen in Deutschland findet sich bei J. H. Blasius (Naumannia 1853, 123), nach welcher ein Exemplar von *Limosa terek* 1843 von dem genannten bei Braunschweig erlegt worden ist. Die Angabe wird von ihm in dem 13. Nachtrag-Band des Naumann'schen Werkes 1860 (S. 249) sowie von seinem Sohn Rudolf (Ornis 1896, 678) wiederholt. Letzterer fügt noch hinzu, dafs das Stück bei Vechelde geschossen sei und dafs nach den Angaben des Pastors Ritmeier in Lauingen ein weiteres Exemplar bei Thedinghausen in Braunschweig vorgekommen sei. Nach L. Fischer (Katalog der Vögel Badens, Karlsruhe 1897, 51) wurde ein Exemplar, das sich im Museum in Karlsruhe befindet, am Oberrhein erlegt. Hier, a. a. O. findet sich auch die Notiz, dafs die Art am Bodensee beobachtet worden sei. Herr Schalow bemerkt hierzu, dafs sich in den Arbeiten von Walchner (1835), Landbeck (1846), Bruhin (1868) und Alexander Bau (1907) über das vorgenannte Gebiet für diese Mitteilung kein Anhalt findet. Schliefslich sei noch erwähnt, dafs *Terekia cinerea* nach einer Mitteilung des Konservators am Mainzer städtischen Museum W. Nicolaus bei genannter Stadt beobachtet worden sein soll. (Jahrb. d. Nassauischen Vereins f. Naturk. Wiesbaden, 1908, 103).

Die Herren Reichenow, Schalow und Heinroth berichten über die eingegangene Literatur. Herr Freiherr Geyr von Schweppenburg stellt den Antrag, dafs von der Vogelwarte Rossitten ein Duplikat der Beringungsliste verfafst werden und dies in Berlin aufbewahrt, bezüglich weiter geführt werden solle: nur so könne einer Vernichtung dieser wertvollen Liste durch Feuer u. s. w. vorgebeugt werden. Der Antrag wird mit Freuden angenommen und der Vorsitzende dankt für diese glückliche Anregung. Herr Freiherr Geyr von Schweppenburg legt einen jungen *Totanus ochropus* vor, der in der Nähe von Danzig gefangen wurde, aufserdem teilt er mit, dafs ein Paar *Pratincola rubicola* in der Neumark an einem Steinbruch bei Wollenberg gefangen und das Gelege gesammelt sei. Auch der Sprosser kommt dort vor, wie er durch Abhören des Gesanges festgestellt hat. *Parus atricapillus* ist häufiger Brutvogel bei Rheinsberg und hält sich dort in den Kiefernbeständen auf. Die Tiere brauchen zur Anlage ihres Nestes weiches Holz, weshalb sie gewöhnlich in alte Weidenstämme gehen, in Ermangelung von solchen hatten sie es versucht, einen mürben Eichenpfahl zu bearbeiten. Auch die beiden *Certhia*-Arten trifft man dort durcheinander an, sie sind aber stets gut zu unterscheiden. Vor kurzem war auch *A. linaria* in grofsen Flügen vorhanden.

Im Anschlufs an diese Ausführungen äufserst sich Herr Schalow dahin, dafs der Schwarzkehlige Wiesenschmätzer wohl noch kaum in der Mark beobachtet sei. Herr Heinroth teilt noch mit, dafs vor etwa 10 Tagen zahlreiche Birkenzeisige und auch einige Eichelheher als Durchzugsvögel im Berliner Zoologischen Garten zu beobachten waren, was immhin auffallend ist, da der Zoologische Garten jetzt mitten in dem Berliner Häusermeere liegt.

Herr Reichenow hat ein Dunenjunges von *Somateria mollissima* mitgebracht, Herr Schwarz legt Photographien von *Pithecophaga jefferyi* vor, der einige Monate im Londoner Zoologischen Garten gelebt hat. Er berichtet ferner, dafs im Frankfurter Zoologischen Garten ein Paar Cayennerallen einige Meter über der Erde zweimal mit Erfolg gebrütet hat, eine dritte von den Tieren beabsichtigte Brut wurde durch die eintretende Herbstkälte vereitelt. Die Brutzeit betrug 28 Tage, die Jungen der zweiten Brut wurden von ihren älteren Geschwistern mit aufgefüttert, und es wurde beobachtet, dafs die Dunenjungen beim Verlassen des Nestes so wie es Entenküken auch tun, aus der Höhe herabsprangen, also nicht etwa von den Eltern heruntergetragen wurden.

Herr Heinroth hat von Herrn Dr. Biedermann-Imhoof aus Eutin ein Schreiben erhalten, worin dieser berichtet, dafs auch er häufig den Versuch gemacht habe, Sultanshühner vollkommen frei zu halten, die Tiere haben sich aber nach einiger Zeit regelmäfsig auf Nimmerwiedersehen entfernt, sodafs also auch von ihm recht gut Stücke stammen können, die fälschlich als Irrgäste bezeichnet werden.

Ferner macht Herr Heinroth darauf aufmerksam, dafs im Berliner Zoologischen Garten in diesen Tagen ein Paar bisher noch nie lebend eingeführte *Chalcopsittacus scintillatus*, sowie ein Paar *Paradisea apoda* eingetroffen ist, der männliche Paradiesvogel ist noch im Jugendkleid, wird also wohl im nächsten Sommer sein Prachtkleid anlegen. Unter Bezugnahme auf eine kleine Veröffentlichung in einer Jagdzeitung, wonach sich eine zahme Elster mit Gier aller ihr erreichbaren Zigarrenstummel bemächtigte und sich damit das Gefieder einrieb, bemerkt Herr Heinroth, dafs Stare und Stärlinge etwas Ähnliches mit lebenden Ameisen tun, und an jung aufgezogenen *Cinclus* beobachtete seine Frau und er, dafs die Tiere bei ihrem ersten Zusammentreffen mit lebenden Ameisen diese Kerbtiere mit der Schnabelspitze ergriffen und mit ihnen durch das Flügelgefieder fuhren. Das betreffende Insekt wurde dann fallen gelassen und der Vogel ergriff ein neues, um mit ihm gerade so zu verfahren. Auch das Gefieder des Bauches und der Schenkel wurde in ähnlicher Weise behandelt. Natürlich liegt der Gedanke nahe, dafs die Vögel die Ameisensäure zur Vertreibung von Ungeziefer benutzen wollten. Interessant ist dabei aber die Tatsache, dafs ganz jung dem Neste entnommene Tiere, die nach dieser Beziehung hin bisher keinerlei Erfahrungen sammeln konnten und an denen auch nicht die Spur irgend eines Parasiten aufzufinden war, gleich beim ersten Anblick einer Ameise in der geschilderten Weise verfuhren: es handelt sich hier also um eine reine Instinkthandlung.

Zum Schlusse verliest Herr Schalow einen sehr ausführlichen Brief des Herrn Hantzsch, der eine Schilderung des Vogellebens am Cumberland-Golf gibt. Vor allen Dingen gibt der entsagungsvolle Forscher seinen Hoffnungen, die er auf den nächsten Sommer setzt, den er an den grofsen Seen des Baffins-Landes zu verleben gedenkt, darin Ausdruck, er glaubt dort auch die Nester von *Somateria spectabilis* zu finden.

Herr Freiherr Geyr v. Schweppenburg bemerkt hierzu noch, dafs die Nester von *Somateria spectabilis* und *mollissima* leicht zu unterscheiden seien. Die Eier der Prachteiderente sind viel kleiner und ihre Daunen dunkler als die der gewöhnlicheren Verwandten. Tatsächlich brütet sie, wie Herr Hantzsch ganz richtig vermutet, nicht am Meere, sondern an Binnengewässern, wie er auf Spitzbergen selbst beobachtet hat.

Dr. **O. Heinroth.**

Mitgliederverzeichnis
der
Deutschen Ornithologischen Gesellschaft.
1911.

Vorstand:

H. Schalow, Präsident.
P. Kollibay, Vizepräsident.
A. Reichenow, Generalsekretär.
O. Heinroth, Stellvertr. Sekretär.
K. Deditius, Kassenführer.

Ausschuss:

A. Nehrkorn.	F. Heine.
Graf v. Berlepsch.	L. Heck.
A. Koenig.	K. Parrot.
W. Blasius.	O. Reiser.

Ehrenmitglieder:

1908. Herr Allen, J. A., Dr., American Museum of Natural History, New York, City.
1870. - Collett, Robert, Professor, Christiania, Oscarsgade 19.
1900. - Herman, O., Direktor der Kgl. Ungarischen Ornithologischen Zentrale, Budapest VIII. József-Körút 65 I.
1862. - Krüper, Theobald, Dr., Konservator am Universitätsmuseum in Athen.
1908. - Ridgway, R., Professor, 3413 13th St. N. E. Washington, D. C.
1900. - Graf Salvadori, T., Professor, Vizedirektor des zoologischen Museums in Turin.
1900. - Sclater, P. L., Dr., Odiham Priory. Winchfield (England).

Mitglieder:

1874. Seine Majestät Ferdinand König der Bulgaren in Sofia.
1887. Ihre Königliche Hoheit Prinzessin Therese von Bayern in München.
1879. Direktion des Zoologischen National-Museums in Agram in Kroatien (vertreten durch den Direktor Hrn. Prof. Dr. Langhoffer, Agram, Demetergasse 1).
1909. Herr Angele, Th., Ingenieur, Linz a. D.
1898. - Graf Arrigoni Degli Oddi, Ettore, Professor, Dozent der Zoologie an der Universität Padua, (Italien).
1897. Ornithologische Gesellschaft in Bayern (vertr. durch den Vorsitzenden Herrn Dr. Parrot, München, K. Zool. Sammlung, Neuhauserstr. 51).
1884. Herr von Bardeleben, Friedrich, Generalmajor z. D., Frankfurt a. M., Beethoven-Strafse 49.
1903. - Bartels, Max, Pasir Datár, Halte Tjisaat, Preanger. Java.
1908. - Berger, Dr. med., Kassel, Regina-Str. 14.
1870. - Graf von Berlepsch, Hans, Erbkämmerer in Kurhessen, Schlofs Berlepsch bei Gertenbach.
1893. - Freiherr von Berlepsch, Haus, Mühlhausen i. Th., Lutteroth-Strafse.
1897. - Biedermann-Imhoof, Rich., Dr., Eutin, Wald-Strafse.
1872. - Blasius, Wilhelm, Dr. med., Prof., Geh. Hofrat, Direktor des Herzogl. Naturhist. Museums u. Botan. Gartens, Braunschweig, Gaufs-Strafse 17.
1910. - Blohm, Wilh., Lehrer, Lübeck, Hansa-Str. 78.
1902. - Braun, F., Gymnasial-Oberlehrer, Graudenz, Tuscherdamm 20 III.
1895. - Brehm, Horst, Dr. med., Arzt, Berlin W. 62, Luther-Str. 33.
1886. - Bünger, H., Bankvorsteher, Potsdam, Victoria-St. 72.
1909. - v. Burg, G., Olten (Schweiz).
1907. - Buturlin, S., Friedensrichter, Wesenberg (Ehstland).
1894. - Chernel von Chernelháza, Stef., Köszeg (Com. Güns), Ungarn.
1907. Ornithologischer Verein Joh. Friedr. Naumann in Cöthen (vertreten durch Herrn Otto Börner, Cöthen, Anhalt).

1884. Herr von Dallwitz, Wolfgang, Dr. jur., Rittergutsbesitzer, Tornow bei Wusterhausen a. d. Dosse.

1902. Danziger Naturforschende Gesellschaft (vertreten durch Hrn. Prof. Dr. Lakowitz, Danzig, Frauen-Gasse 26.

1884. Herr Deditius, Karl, Rechnungsrat, Groſs-Lichterfelde, W., Stubenrauch-Straſse 17.

1910. - Dobbrick, L., Lehrer, Treul bei Neuenburg W. Pr.

1908. - Domeier, H., Fortassessor, Ückermünde, Altes Böhlwerk 8.

1868. - Dohrn, H., Dr., Stettin, Linden-Straſse 22.

1910. - Drescher, E., Rittergutsbesitzer, Ellguth b. Ottmachau.

1898. Aktien-Verein „Zoologischer Garten“ in Dresden.

1868. Herr Dresser, H. E., 110 Cannon Street, London E. C.

1900. Gräfl. Dzieduszyckisches Museum (vertreten durch Herrn Dr. P. J. Mazurek), Lemberg (Galizien), Theatergasse 18.

1882. Herr Ehmcke, H., Landgerichtsrat, Rittergut Rehfelde (Ostbahn).

1905. Freifrau von Erlanger, C., Nieder-Ingelheim.

1863. Herr Evans, A. H., Cambridge in England, 9 Harvey Road.

1910. - Fenk, Reinhold, Erfurt, Krämpfer-Straſse 62 a (am Anger).

1868. - Fritsch, Anton, Dr., Professor, Kustos d. National-Museums in Prag, Grube 7.

1888. - Fürbringer, M., Dr., Geh. Hofrat, ordentl. Professor der Anatomie a. d. Universität Heidelberg.

1892. - Gengler, J., Dr. med., Oberstabsarzt, Erlangen, Friedrich-Str. 1.

1890. Bibliothek des Herzoglichen Hauses in Gotha.

1909. Herr Grafshoff, K., Oberpfarrer und Superintendent, Strasburg i. U.

1908. - Grote, H., z. Z. Mikindani, Deutsch-Ostafrika.

1898. - Haase, O., Adr. F. Sala & Co., Berlin NW. 7, Mittel-Straſse 51.

1910. - Hagen, W., Lübeck, Luisenstr. 27.

1871. - Hagenbeck, Carl, Handelsmenageriebesitzer, Stellingen (Bez. Hamburg).

1890. Zoologische Gesellschaft in Hamburg (vertreten durch Herrn Prof. Dr. J. Vosseler). Hamburg, Tiergartenstr.

1902. Hamburger Ornithologisch-Oologischer Verein (vertreten durch Hrn. Landmesser H. Cordes, Hamburg, Wandsbecker Chausse 15).
1904. Herr Hanke, G., Rentmeister, Kentschkau b. Grofsmochbern.
1888. Direktion des Zoologischen Gartens in Hannover.
1885. Herr Hartert, Ernst, Dr., Direktor des Zoologischen Museums in Tring in England.
1889. - Heck, L., Dr., Prof., Direktor des Zoolog. Gartens in Berlin W. 62, Kurfürsten-Damm 9. (Für den zool. Garten).
1862. - Heine, F., Amtsrat auf Koster Hadmersleben bei Hadmersleben.
1895. - Heine, F., Dr., Referendar, Domäne Zilly b. Halberstadt.
1898. - Heinroth, O., Dr. med., Wissenschaftl. Assistent am Zoologischen Garten, Berlin W. 62, Kurfürsten-Damm 9.
1889. - Helm, F., Dr., Oberlehrer an der Landwirtsch. Schule in Chemnitz, Salzstr. 65.
1898. - Hennicke, C. R., Dr. med., Spezialarzt für Augen- und Ohrenleiden, Gera (Reufs) Johannisplatz 7.
1909. - Hesse, E., Dr. phil., wissensch. Hilfsarbeiter an der biol. Anstalt f. Laud- und Forstwirtschaft, Dahlem, Königin-Luisestr. 17.
1905. - Heufs, Dr., Stabsveterinär, Dozent für Veterinärwissenschaft an der Offizier-Reitschule in Paderborn, Fürstenberg-Str. 11.
1891. - von Heyden, Lucas, Major z. D., Dr. phil. h. c., Professor, Frankfurt a. M.-Bockenheim.
1908. - Heyder, R., Rochlitz, Sa.
1897. - Hilgert, C., Präparator, Nieder-Ingelheim.
1890. - Hülsmann, H., Fabrikbesitz., Altenbach b. Wurzen.
1901. - Hundrich, R., Kaufmann, Breslau, Königsplatz 5 a.
1892. - Jacobi, A., Dr., Prof., Direktor des zool. anthrop. Museums in Dresden.
1909. - Johansen, H., Konservator am zoolog. Museum der Universität Tomsk, West-Sibirien.
1908. - Jourdain, Francis C. R., Reverend, Clifton Vicarage, Ashburne, Derbyshire (England).
1906. - Jung, Rud. H., Apotheker, Friedenau-Berlin, Wagnerplatz 6.

1901. Herr Klein, Eduard, Dr. med., prakt. Arzt in Sofia, Bulgarien.
1897. - Kleinschmidt, O., Pfarrer, Volkmaritz bei Dederstedt, Prov. Sachsen.
1887. - Koenig, A., Dr., Professor, Bonn, Koblenzer Str. 164.
1888. - Kollibay, P., Justizrat, Neifse, Ring 12 I.
1907. - Koske, F., Eisenbahn-Verkehrs-Inspektor, Breslau, Herdain-Str. 43.
1908. - Kothe, K., Dr. phil, Assistent am Kgl. zoologischen Museum, Berlin, Essenerstr. 10.
1910. - Kracht, Ingenieur, Berlin W., Blumes-Hof 7.
1899. - Kraepelin, K., Dr. Prof., Direktor des naturhistorischen Museums, Hamburg, Steintor-Wall.
1907. - Krause, G., Konservator am Kgl. zoologischen Museum, Pankow-Berlin, Wollank-Str. 114.
1907. - Kullmann, K., Frankfurt a. M., Grofse Eschenheimer Strafse 72.
1910. - Kutter, F., Hauptmann, Litschin b. Tost O. Schl.
1904. - Lampe, Ed., Kustos d. Naturhist. Museums, Wiesbaden.
1898. - Lampert, Dr., Professor, Ober-Studienrat, Vorstand des Königl. Naturalien-Kabinets, Stuttgart.
1902. - Lamprecht, H., Fabrikbesitzer, Jauer.
1911. - Laubmann, A., cand. zool., München, Gabelsberger-Strafse 37 II.
1898. - Lauterbach, Dr., Stabelwitz b. Deutsch-Lissa.
1896. Leipziger Ornithologischer Verein (vertreten durch Herrn Dr. R. Schulze, Leipzig, Sidonien-Str. 21).
1908. Herr Lindner, C., Pfarrer, Wetteburg b. Mertendorf.
1907. - Harald Baron Loudon, Lisden b. Wolmar in Livland.
1900. - von Lucanus, F., Rittmeister im 2. Garde-Ulanen-Regiment, Berlin NW. 23, Lessing-Str. 32.
1881. - v. Madarász, J., Kustos am National-Museum, Budapest.
1906. - Mann, R., Rittergutsbesitz., Konradswaldau b. Stroppen (Kr. Trebnitz).
1891. - Mannkopf, Oskar, Königl. Hof- und Garnisonapotheker, Cöslin.
1895. - Martin, Dr., Direktor des Grofsherzoglichen Naturhistor. Museums in Oldenburg (Grhzt.).
1894. - v. Middendorff, E., Majoratsherr auf Hellenorm b. Elwa in Livland.

1892. Herr Graf von Mirbach Geldern-Egmont, Alphons, Kgl. Bayr. Kammerherr u. erbl. Reichsrat, Kaiserl. Legationsrat, München, Friedrichstr. 18.
1905. - Moyat, J., Mainz, Bauhof-Strafse 4.
1880. - Müller, August, Dr. phil., Inhaber des naturhistor. Instituts „Linnaea", Charlottenburg, Leibniz-Str. 85.
1888. Königl. Forst-Akademie in Hann.-Münden.
1908. Herr Nagel, F., Apotheker, Pritzwalk.
1907. - Natorp, Knappschafts-Arzt, Myslowitz.
1868. - Nehrkorn, A., Amtsrat, Braunschweig, Adolfstr. 1.
1893. - Nehrkorn, Alex., Dr. med., Chefarzt am städt. Krankenhause in Elberfeld.
1901. - de Neufville, Robert, Sektionär der ornith. Samml. d. Senckenbergischen Naturh. Mus. in Frankfurt a. M., Taunus-Platz 11.
1896. - Neumann, O., Professor, Berlin W. 30, Nollendorfplatz 2.
1906. - Neunzig, K., Hermsdorf b. Berlin.
1895. Naturforschende Gesellschaft des Osterlandes, (vertreten durch Herrn Forstregistrator H. Hildebrandt, Altenburg S. A.).
1909. Herr Oehmen, Dr. phil., Kevelaer.
1897. - Paeske, Ernst, Berlin, SW. 48, Bessel-Str. 12 I.
1875. - Palmén, J. A., Dr., Professor, Helsingfors, Finland.
1908. - Paefsler, R., Kapitän des Kosmos-Dampfers „Assuan", Hamburg, Mattenwiete 10.
1886. - Parrot, Karl, Dr. med., prakt. Arzt, München, Bavariaring 43.
1885. - Pasch, Max, Kommerzienrat, Kgl. Hof-Lithograph und Verlagsbuchhändler, Berlin SW. 68, Ritter-Str. 50.
1911 - Pohl, Dr. med., prakt. Arzt, Berlin W. 62, Kalckreuthstr. 11.
1903. - Ponebsek, J., Dr., K. K. Finanzsekretär, Laibach, (Krain), K. K. Gebühren-Bemessungs-Amt.
1904. - Proft, E., Dr. phil., Oberlehrer, Leipzig-Lindenau, Demmeringstr. 78.
1892. - von Rabenau, H., Dr., Direktor des Museums der Naturforschenden Gesellschaft in Görlitz. (Für die Naturforschende Gesellschaft).
1910. - Radler, F., Forstreferendar, Leutnant im Reitenden Feldjägerkorps, z. Z. Berlin, Marburgerstr. 6.

1868. Herr Reichenow, Anton, Dr., Professor, zweiter Direktor des Kgl. Zoologischen Museums in Berlin, N. 4, Invaliden-Str. 43.
1885. - Reiser, Othmar, Kustos d. Naturwissenschaftlichen Abteilung des Bosnisch-Herzegowinischen Landesmuseums in Sarajewo, Bosnien.
1906. - Rimpau, W., Rittergutsbesitzer, Schlanstedt, Kr. Oschersleben.
1894. - Rörig, G., Dr., Prof., Geh. Regierungsrat, Grofs-Lichterfelde W., Gossler-Str. 17.
1906. - le Roi, Otto, Dr., phil., Bonn, Goeben-Str. 17.
1893. - Baron von Rothschild, W., Dr. phil., Tring i. England.
1907. - Friedrich Graf Schaffgotsch, Warmbrunn in Schl.
1872. - Schalow, Herm., Rentner, Berlin W. 30, Traunsteiner-Str. 2.
1903. - Schiebel, G., Dr. phil., Klagenfurt, Enzenberg-Str. 2.
1907. - Schiller, Major z. D., Schlachten-See a. Wannseebahn, Heimstätten-Str. 2.
1898. - Schillings, C. G., Professor, Berlin, Friedrich-Str. 100.
1870. - Schlüter, Wilhelm, Naturalienhändler, Halle, a. S.
1904. - Schneider, C., Rittmeister, Braunschweig, Petritor-Wall 19.
1908. - Schnöckel, J., Assistent an d. Landwirtschaftlichen Hochschule, Berlin N. 4., Invaliden-Str. 42.
1906. - Schottländer, P., Dr. phil., Rittergutsbesitzer, Wessig b. Breslau, Post Hartlieb.
1905. - Schuler, F. W., Bayreuth, Park-Str. 12.
1910. - Schuster, L., Forstassessor, Mohoro (Deutsch-Ostafrika).
1905. - Freiherr Geyr von Schweppenburg, Hans, Müddersheim bei Düren.
1908. - Josef Graf Seilern, Grofs-Lukov (Mähren).
1905. - Selmons, Berlin-Friedenau, Wieland-Str. 12 II.
1879. Stettiner Ornithologischer Verein (vertreten durch Herrn A. Rawengel, Stettin, Friedrich-Karl-Str. 23.
1906. Frl. Snethlage, E., Dr. phil., Assistentin am Museum Goeldi in Para, Brasilien.
1911. Herr Stresemann, E., stud. phil., Dresden.
1904. - Szielasko, Dr. med., prakt. Arzt, Nordenburg.
1893. Kgl. Forstakademie Tharandt.

1908. Herr Teichmüller, B., Dr. Regierungsrat, Dessau, Beaumontstr. 4.
1901. - Thieme, Alfred, Lehrer, Leipzig-R. Johannis-Allee 5.
1899. - Thienemann, J., Dr. phil., Kustos an der zool. Sammlung der Univ. Königsberg, Leiter der Vogelwarte Rossitten a. d. Kurischen Nehrung.
1908. - Tischler, F., Gerichtsassessor, Heilsberg, Ostpreufsen.
1911. - Tratz, E. P., Hall (Tirol).
1890. - von Treskow, Major a. D., Charlottenburg, Spandauer-Str. 29.
1868. - Ritter von Tschusi zu Schmidhoffen, Victor, Villa Tännenhof bei Hallein.
1908. - Ulmer, Ernst, Rittergutsbesitzer, Quanditten b. Drugehnen.
1886. - Urban, L., Architekt u. Maurermeister, Berlin SW. 61. Blücher-Str. 19.
1908. - v. Versen. F., Rittmeister im Leib-Garde-Husaren-Regiment, Potsdam, Am Kanal 7.
1901. - Voigt, Alwin, Dr. phil., Prof., Leipzig. Färber-Str. 15.
1909. - Weigold, H., Dr. phil., Assistent an der Kgl. Biologischen Anstalt, Helgoland.
1890. - Wendlandt, P., Kgl. Forstmeister, St. Goarshausen,
1911. - Wiese, V., Charlottenlund bei Kopenhagen.
1910. - Graf v. Wilamowitz-Möllendorff, Schlofs Gadow bei Lanz.
1907. - Otto Graf v. Zedlitz und Trützschler, Schwentnig bei Zobten.
1909. - Zimmer, C., Dr. phil., Privatdozent, Kustos am Zoolog. Institut, Breslau IX., Sternstr. 21.

Malacoptila torquata minor nov. subsp.

Von Dr. **Moriz Sassi** (Wien).

Unter einer von Herrn Hofrat Steindachner dem K. K. Hof-Museum zum Geschenk gemachten Serie von Bälgen aus Miritiba (Maranhão, Brasilien) fanden sich drei Stücke (2 ♂, 1 ♀) von „*Malacoptila torquata*", die sich jedoch auf den ersten Blick von den 7 Stücken, die bereits im Besitz des Museums waren, unterschieden und denen ich den Namen *Malacoptila torquata minor* geben möchte; auch Herr Kustos Hellmayer in München, dem ich die Bälge sandte, ist der Ansicht, dafs es sich hier um eine gute Subspecies handelt.

Malacoptila torquata minor zeigt unterhalb des schwarzen Brustbandes eine circa 2 cm breite, licht zimtrote Binde, der Rest der Unterseite ist fast rein weifs, besonders seitlich mit licht bräunlichgrau verwaschen; bei den beiden jüngeren Exemplaren (1 ♂ und 1 ♀) ist das Weifs stärker verwaschen, so dafs es mehr schmutzig grauweifs aussieht.

Bei *Malacoptila torquata* Hahn dagegen ist die zimtrote Brustbinde höchstens halb so breit, der übrige Unterkörper graubräunlich mit lichten, an der Unterbrust zimtrötlichen, weiter unten in Licht-Ocker übergehenden Endsäumen, an der Brust auch mit zimtrötlichen Schaftstrichen; nur die Bauchmitte ist weifs. Es macht also hier die Unterseite unterhalb des zimtroten Brustbandes einen gewellten, an der Brust auch gestrichelten Eindruck, was bei *Malacoptila torquata minor* nicht der Fall ist.

Der zweite Hauptunterschied liegt in der Gröfse.

Malacoptila torquata minor:

			(Typ)
Fl.	84.5.	83.	83.
Schw.	91.	88.	90.
L.	18.5.	18.5.	19.
Schn.	26.	25.	27.5.

Malacoptila torquata Hahn:

Fl.	93.	94.	91.	98.	93.	99.5.	94.
Schw.	93.	94.	98.	101.	93.	93.	95.
L.	20.5.	21.	20.	20.5.	20.5.	20.5.	20.5.
Schn.	27.	28.	27.	28.	26.	26.5.	27.5.

Vor allem sind also die Flügel von *Malacoptila torquata minor* bedeutend kürzer, ebenso, aber nicht in demselben Grade, der Schwanz, der Lauf und der Schnabel.

Die Strichelung des Kopfes ist im grofsen und ganzen breiter und auch etwas lebhafter gefärbt, als bei *M. torquata.* Der Fundort von *Malacoptila torquata minor* liegt nördlicher als der von *M. torquata.*

Typ im k. k. naturhistorischen Hofmuseum in Wien No. 30940 ♂ ad. Miritiba, Maranhão, Bras. 8. VIII. 07. Schwanda coll.

Dem Herausgeber zugesandte Schriften.

The Auk. A Quarterly Journal of Ornithology. Vol. XXVII. No. 4. 1910.

Bulletin of the British Ornithologist's Club. No. CLXIII u. CLXIV. 1910.

The Ibis. A Quarterly Journal of Ornithology. (9.) IV. 1910. No. 16.

Ornithologische Monatsschrift 35. No. 10—12. 1910.

J. A. Allen, Collation of Brisson's Genera of Birds with those of Linneus. (Abdruck aus: Bull. of the American Mus. of Nat. Hist. Vol. 28. 1910).

B. Beetham, The Home-Life of the Spoonbill, the Stork and some Herons. Photographed and described. With thirty-two mounted plates. London 1910.

W. Cooke, Distribution and Migration of North American Shorebirds. (U. S. Dep. of Agriculture Biol. Surv. Bulletin 35 Washington 1910).

A. Dubois, Les espèces et les variétés du genre Loxia. (Abdruck aus: Revue franç. d'Orn. No. 19 1910.).

J. W. B. Gunning and A. Haagner, A Check-List of the Birds of South Africa. Pretoria 1910.

Henrici, Der gegenwärtige Stand des praktischen Vogelschutzes. Vortrag, gehalten auf dem I. Deutschen Vogelschutztag in Charlottenburg am 27. Mai 1910. Cassel.

G. Krause, Oologia universalis palaearctica. Stuttgart (F. Lehmann). Lief. 52 und 53.

E. D. van Oort, On Arachnothera longirostra (Latham). (Abdruck aus: Notes Leyden Mus. Vol. 32).

— Report on Birds from the Netherlands received from 1 September 1909 till 1 September 1910. (Abdruck aus: Notes Leyden Mus. Vol. 32).

— Description of eight new Birds collected by Mr. H. A. Lorentz in Southwestern New Guinea. (Abdruck aus: Notes Leyden Mus. Vol. 32).

— An overlooked Heron of the Javan Ornis. (Abdruck aus: Notes Leyden Mus. Vol. 32).

J. Reiser, Liste der Vogelarten, welche auf der von der Kaiserl. Akademie der Wissenschaften 1903 nach Nordost-Brasilien entsendeten Expedition unter Leitung des Hofrates Dr. F. Steindachner gesammelt wurden. (Abdruck aus: Denkschr. Math. Naturw. Klasse der Kais. Akad. d. Wissensch.) 76. Bd. Wien 1910).

E. Rössler, Hrvatska Ornitoloska Centrala. IX. Godisnji Izvjestaj. Zagreb 1910.

O. le Roi, Die zoologische Literatur des Rheinischen Schiefergebirges und der angrenzenden Gebiete 1907—1900. (Abdruck?)

C. Rubow, Dansk Fugleliv. Stormmaagen (*Larus canus*). The Seagull. Die Sturmmöwe. La Mouette cendrée. Dens Liv i Billeder. Fotograferet efter naturen. Gyldendalske Boghandel. Nordisk Forlag. 1910

E. Schäff, Unser Flugwild. (Naturwissensch. Wegweiser. Sammlung gemeinverst. Darstellungen von K. Lampert). Serie A Bd. 19. Stuttgart.

G. Schiebel, Neue Vogelformen aus Corsica. (Abdruck aus: Orn. Jahrb. 21. Jahrg. Hft. 3).

E. Snethlage, Sobre a distribuiçao da avifauna campestre na Amazonia. (Boletim do Museu Goeldi, 6. 1909, Para 1910).

F. Tischler, Das Vorkommen von Trappen-, Reiher- und Gänsearten in Ostpreufsen. (Abdruck aus: Schrift. Physik.-ökonom. Ges. Königsberg i. Pr. 51. Jahrg. 1910).

V. v. Tschusi zu Schmidhoffen, Zoologische Literatur der Steiermark. Ornithologische Literatur. (Abdruck aus: Mitt. Naturw. Ver. Steiermark 1909 Bd. 46).

— Ankunfts- und Abzugsdaten bei Hallein (1909). VI. (Abdruck aus: Orn. Mntsschr. 35 No. 7).

C. Zimmer, Anleitung zur Beobachtung der Vogelwelt. Leipzig (Quelle & Meyer.) 1910. — 1 M. (geb. 1,25 M.).

Druck von Otto Dornblüth in Bernburg.

// JOURNAL
für
ORNITHOLOGIE.

Neunundfünfzigster Jahrgang.

No. 2. April 1911.

Verzeichnis der Vögel Persiens.

Von **N. Sarudny**.

Das Originalmanuskript des vorliegenden Verzeichnisses der Vögel Persiens ist in der russischen Sprache geschrieben und von mir in das Deutsche übersetzt. Dieses Verzeichnis enthält eine Aufzählung der Vogelformen, die der Verfasser auf seinen langjährigen Reisen in diesem Lande auch meist selbst beobachtet und gesammelt hat, nur in wenigen Fällen stützt sich der Autor auf die Angaben anderer Forscher. Diese Arbeit enthält keine biologischen Mitteilungen über die Vögel genannten Landes, doch verfügt der Autor über ein immenses Material über die Lebensweise und geographische Verbreitung der Vögel des durchforschten Gebiets. Dieses Material ist gegenwärtig vollständig bearbeitet und harrt nur des Drucks. Hoffen wir, dafs die wissenschaftlichen Institutionen Rufslands nicht versäumen werden, dieses Opus möglichst schnell zu edieren, damit dasselbe auch weiteren Kreisen zugänglich gemacht wird, enthält es doch die Lebensarbeit eines Forschers, der wie kein Zweiter, keine Beschwerden und Mühen verschiedenster Art scheuend, die Fauna (nicht nur allein die ornithologische, sondern im weitesten Sinn) eines bis dahin sehr wenig und teilweise vollkommen unerforschten Landes, eingehend und gründlich exploriert hat. Die geographischen und zoologischen Erforschungen Persiens bedeuten einen Zeitabschnitt in seiner Lebenstätigkeit, und dürfen als abgeschlossen angesehen werden. Jetzt widmet Herr Sarudny seine Kräfte der Erforschung Turkestans, welches Land, nach seinen Mitteilungen, in zoologischer Hinsicht noch lange nicht so gründlich erforscht ist, wie allgemein angenommen wird, sondern noch viel des Neuen und Interessanten bieten soll.

W. T. Blanford gibt in seiner Arbeit „Eastern Persia“ Aufklärung über 384 Vogelarten Persiens, in dem vorliegenden Verzeichnis werden ganze 716 Vogelformen, von welchen etliche zwar zweifelhaft sind und zu reduzieren sein werden, aufgezählt.

Die Nomenklatur ist unverändert, wie sie der Verfasser gebraucht, wiedergegeben. M. Härms.

Im Jahre 1876 erschien die klassische Arbeit W. T. Blanfords — Eastern Persia, vol. II. — über die Fauna der Wirbeltiere Persiens.[1]) In ihr werden 384 Vogelarten abgehandelt, wobei sich deren Beschreibungen nicht nur auf die persönlichen Wahrnehmungen des Autors, sondern auch auf die Resultate aller Forscher, die bis dahin die Avifauna Persiens studiert haben, stützen. Leider geizen sowohl diese Letzteren, als auch Blanford selbst, in vielen Fällen mit der genauen Zeitangabe des Erbeutens einer oder der anderen Art, aber auch mit der exacten Ortsangabe, wo die Funde gemacht wurden. Ihre im allgemeinen gehaltenen Angaben, für ein so grofses Land wie Persien es ist, erschweren zuweilen sehr das Verständnis der Verbreitung der einzelnen Arten.

In der Periode der Jahre 1884—1904 unternahm ich mehrere Reisen in Persien, wobei ich, beinahe ein jedesmal, aus diesem Lande ein mehr oder weniger umfangreiches ornithologisches Material heimbrachte. Die ersten von diesen Reisen umfafsten einen recht kleinen, an das Transkaspigebiet angrenzenden Strich und erstreckten sich über das Land, das im Westen von dem südwestlichen Winkel des Kaspischen Meers und im Osten von der Stadt Serachs (im Tal des Heri-rud) begrenzt wird; südlicher der Parallele der Stadt Meschhed drang ich damals nicht vor. Die Resultate, welche ich auf diesen kleinen Ausflügen erlangte und die Ornis Persiens betreffen, finden sich in folgenden meinen Abhandlungen.

1. Oiseaux de la Contrée Trans-Caspienne (Bull. Soc. Imp. Nat. Mosc. 1885).
2. Recherches zoologiques dans la Contrée Trans-Caspienne (ib. 1890).
3. Materialien zur ornithologischen Fauna des nördlichen Persiens (in „Materialien zur Kennt. der Fauna u. Flora d. Russischen Reichs". Zool. Teil. I, 1892). — russisch.
4. Note sur une nouvelle espece de mésange (*Parus transcaspius* sp. n.). (Bull. Soc. Imp. Nat. Mosc. 1893).
5. Bemerkung über eine wenig bekannte Art des Stieglitzes (*Carduelis minor*, Zar.). (ib. 1894). — russ.
6. Die ornithologische Fauna des Transkaspi-Gebiets (in „Mater. z. Kennt. der Fauna u. Flora des Russ. Reichs". Zool. Teil. II. 1896). — russ.

Im Jahre 1896 vollführte ich meine erste grofse Reise in Persien, wobei ich aus dem Transkaspi-Gebiet (Stadt Askhabad)

---

[1]) Ohne die Fische.

nach Seistan vordrang, von wo ich in das genannte Gebiet, (Kaachka) gröſstenteils auf anderen Wegen zurückkehrte. Das Ergebnis bilden meine folgenden Arbeiten.

1. Bemerkung über eine neue Art des Podoces (*Podoces pleskei* sp. n.). (Annuaire Mus. zool. Acad. Imp. Sc. St.-Pétersb. I, 1896, p. XII). — russ.
2. Marschroute der Reise in Ost-Persien im Jahre 1896 (ib.). — russ.
3. Exkursion im nordwestlichen Persien und die Vögel dieser Gegend (Mém. Acad Imp. Sc. St.-Pétersb., 1900). — russ.

Im Jahre 1898 gelangte ich im östlichen Persien noch weiter nach Süden, indem ich aus Askhabad über Seistan zum Becken des Bampur, im Centrum des persischen Beludschistans, vordrang. Nach Askhabad kehrte meistenteils auf neuen Wegen zurück. Die Resultate finden sich in meinen folgenden Arbeiten.

1. Marschroute der Reise in Ost-Persien im Jahre 1898 (Annuaire Mus. zool. Acad. Imp. Sc. St.-Pétersb., 1899). — russ.
2. Bianchi and Zarudny. On a new species of Stone-Chat (*Saxicola semenowi*) from Eastern Persia (ib. 1900, p. 187.).[1]
3. Exkursion im östlichen Persien. (Mem. d. Kaiserl. Russ. Geogr. Gesellsch., 1901). — russ.
4. Die Vögel Ost-Persiens (ib. 1903). — russ.

Während der Jahre 1900—1901 konnte ich das ganze östliche Persien, von Grenzposten Gaudan an der Grenze Transkaspiens bis zum Port Tschachbar am Makranschen Ufer des Indischen Ozeans, meridional durchqueren. Die Rückkehr zum Grenzposten Gaudan wurde teils auf vollkommen neuen Pfaden gemacht. Die ornithologischen Resultate sind in meinen folgenden Abbandlungen untergebracht.

1. Marschroute der Expedition der Kaiserl. Russ. Geograph. Gesellsch. in Ost-Persien während der Jahre 1900 und 1901 (Annuaire Mus. zool. Acad. Imp. Sc. St.-Pétersb., 1902). — russ.
2. Verläufiger kurzer Bericht über die Reise in Persien in den Jahren 1900 u. 1901 (Mitteil. d. Kaiserl. Russ. Geograph. Gesellsch., 1902). — russ.
3. Zarudny & Härms, Neue Vogelarten (*Scops semenowi* sp. nov., *Neophron percnopterus rubripersonatus* subsp. nov., *Passer ammodendri korejewi* subsp. nov., *Otocorys penicillata iranica* subsp. nov.). Ornithol. Monatsber. 1902. p. 49.

---

[1]) Auf meine Anfrage, warum *Saxicola semenowi* aus dem Verzeichnis der Vögel Persiens fortgelassen ist, teilte mir Herr Sarudny mit, daſs *S. semenowi* sich nach eingehender Untersuchung als das Weibchen von *S. monacha* entpuppt hat! M. Härms.

4. *Lullula arborea pallida* subsp. nov. Ib. p. 54.
5. Einige neue Species und Subspecies (*Passer enigmaticus* sp. nov.). Ib. p. 130, 1903.

*6. Über Einteilung des Genus Podoces in Subgenera. Ib., 1902 p. 185.[1])

*7. Beschreibung einer neuen Podiceps-Subspecies. (*P. auritus korejewi* subsp. nov.). Ib. p. 186.

*8. Zwei neue Vogelarten *Turtur communis grigorjewi* subsp. nov., *Sterna minuta innominata* subsp. nov.). Ib. p. 149.

In den Jahren 1903 und 1904 konnte ich mich recht eingehend mit der Ornis der westlichen Teile Persiens, welche in den Linien: a) der Städte Asterabad, Damgan, Wüste Descht-i-Kewir, Oase Dshandak, Dorf Enarek, Stadt Nain, Dorf Kupá, Stadt Isphahan, Dorf Achwas, der Spitze des Persischen Golfs (an der Mündung des Karun), b) Stadt Achwas, Stadt Schuster, Stadt Disful und c) Städte Schuster, Isphahan, Kaschan, Kum, Kaswin, Rescht und der Enseli-Bucht gelegen sind, bekannt machen. Meine folgenden Abhandlungen basieren auf den Materialien, welche während dieser, aber auch auf den früheren, Reisen gemacht wurden.

1. Marschroute der Reise in West-Persien in den Jahren 1903—1904. (Annuaire Mus. zool. Acad. Imp. Sc. St.-Pétersb. 1904). — russ.
2. *Passer mesopotamicus* sp. nov. — Ornithol. Jahrb., 1904, p. 108.
3. Eine neue Grasmücke aus Persien (*Sylvia semenowi* spec. nov.) Ib. p. 220.

*4. Über eine neue *Saxicola* aus Persien (*Saxicola gaddi* spec. nov.) Ib. 219.

5. Über neue Arten und Formen (*Ruticilla semenowi* sp. n., *Montifringilla alpicola gaddi* subsp. n., *Emberiza semenowi* sp. n., *Sitta tschitscherini* sp. n.) Ib. p. 213.

*6. Einige neue Subspecies aus Persien und dem Transkaspischen Gebiet (*Melanocorypha calandra raddei* subsp. n., *Calandrella minor seistanica* subsp. nov., *C. minor minuta* subsp. n, *Ammomanes deserti orientalis* subsp. n., *Cyanecula wolfi magna* subsp. n., *Caccabis chukar werae* subsp. n., *Ammoperdix bonhami ter-meuleni* subsp. n., *Dendrocopus minor morgani* subsp. n.) Ib. p. 221.

7. Beschreibung zweier neuen Formen aus Süd-West Persien (*Acredula tephronota passeki* subsp. nov., *Accentor modularis blanfordi* subsp. n.) Ornithol. Monatsb. 1904. p. 164.

---

[1]) Die mit einem Stern versehen Artikel sind zusammen mit Herrn H. Baron Loudon verfafst.

8. Zwei ornithologische Neuheiten aus West-Persien (*Ketupa semenowi* sp. nov., *Bubo bubo nikolskii* subsp. nov.) Ornithol. Jahrb. 1905.

*9. *Rallus aquaticus korejewi* subsp. nov. — Ornithol. Monatsb. 1905.

10. *Gecinus viridis innominatus* subsp. n. — Ib. 1905.

11. *Syrnium sancti-nicolai* sp. nov. — 1905.

*12. Vorläufige Bemerkungen über drei ornithologische Neuheiten aus Persien (*Certhia familiaris persica* subsp. nov., *Troglodytes parvulus subpallidus* subsp. nov., *T. parvulus hyrcanus* subsp. nov.) Ib. 1905 p. 106.

*13. Vorläufige Beschreibung zweier ornithologischen Neuheiten aus West-Persien (*Poecile lugubris hyrcanus* subsp. nov., *Sitta syriaca obscura* subsp. nov.) Ib. 1905, p. 76.

*14. Beschreibung dreier neuen paläarktichen Meisen (von diesen zwei aus Persien: *Parus major zagrossiensis* subsp. nov., *P. major caspius* subsp. nov.) Ib. 1905, p., 108.

15. *Sitta dresseri.* — Ib. 1906, p. 132.[1])

*16. Zum Material über die Asiatischen *Pterocles* und *Columba* (*Pterocles alchata bogdanowi* subsp. nov., *Columba livia gaddi* subsp. nov.) Ib. 1906.

17. Über zwei neue Arten des Stieglitzes (*Carduelis*) aus Persien (*C. carduelis loudoni* subsp. nov., *C. carduelis minor* Zar.) Ib. 1906, p. 48.

*18. *Asio accipitrinus pallidus* subsp. n. — Ib. 1906.

19. *Francolinus orientalis bogdanowi* subsp. n. — Ib. 1906.

20. Eine Bemerkung über 2 Formen aus dem paläarktischen Gebiet (aus Persien: *Cynchramus pyrrhuloides korejewi* subsp. n.) Ib. 1907, p. 83.

21. Beitrag zur Kenntnis der Turkestanischen *Caprimulgus*-Arten (*C. europaeus sewerzowi* subsp. n ? aus Beludschistan) Ib. 1907.

22. Beitrag zur Kenntnis der Lasurmeisen (*Cyanistes coeruleus raddei* subsp. n., *C. coeruleus satunini* subsp. n.). Ib. 1908.

23. *Tetraogallus caspius semenow-tianschanskii* subsp. nov. — Ib. 1908.

*24. Noch eine neue Form des Zaunkönigs (*Troglodytes parvulus zagrossiensis* subsp. nov.). Ib. 1908.

25. Eine kurze vorläufige Bemerkung über einen neuen Specht (*Dendrocopus major transcaspius* subsp. nov.). Ib. 1908.

26. Bemerkungen über die Rohrmeise (*Anthoscopus rutilans*, Sewerz.). Beschrieben: *A. rutilans nigricans* subsp. nov., *A. rutilans neglectus* subsp. nov. — Ib. 1908.

---

[1]) Gemeinsam mit Herrn S. Buturlin.

*27. *Montifringilla alpicola groum-grzimaili* (Zar. & Loud.) und *M. alpicola gaddi* (Zar. & Loud.) Ib. 1908.

28. *Budytes citreoloides iranica* subsp. nov. — Ib. 1909, p. 20.

29. Mitteilung über eine neue Form des syrischen Spechts (*Dendrocopus syriacus milleri* subsp. nov.). Ib. 1909, p. 81.

Aufserdem beschrieb Herr V. von Tschusi gemeinsam mit mir, nach meinen Exemplaren, *Sitta europaea rubiginosa* aus Ghilan und Mazanderan (Ornithol. Jahrbuch 1905, p. 140).

Die ornithologischen Resultate, welche ich während der beiden letzten Reisen, die ein sehr grofses Material ergaben, machte, werden in den eben genannten Abhandlungen nur leicht berührt. Die Hauptmasse derselben, obgleich schon längst druckfertig, ist noch nirgends publiziert. Von Zeit zu Zeit vom Jahre 1904 an wurde sie durch einige, aber wertvolle, Mitteilungen meiner persischen Korrespondenten ergänzt. Im ganzen habe ich in den Grenzen Persiens ungefähr 14000 Werst zurückgelegt, und ich halte mich für recht gut über die Verbreitung der Vögel in den von mir erforschten Gebieten orientiert zu sein, aber in den meisten Fällen auch über deren Lebensweise.

Seit dem Jahre 1876, d. h. nach dem Erscheinen des zweiten Bandes „Eastern Persia", wurden aufser meinen, noch folgende, die Avifauna Persiens betreffende, Arbeiten veröffentlicht.

1. A. M. Nikolsky. Ausflug nach Nordost-Persien und das Transkaspi-Gebiet (1886. Mem. Kaiserl. Russ. Geogr. Gesellsch.). — russ.
2. A. M. Nikolsky. Material zur Kenntnis der Fauna der Wirbeltiere des nordöstlichen Persiens und Transkaspiens (1886. Arb. St. Petersb. Naturf. Gesellsch.). — russ.
3. Dr. S. E. Aitchison. On the Zoology of the Afghan delimitation Commission. 1887.
4. Dr. Sharpe. Beschrieb im „The Ibis" 1886—1891 die Sammlungen, welche W. D. Cumming in Fao an der Spitze des Persischen Golfs machte.
5. Dr. Sharpe. In „The Ibis" 1886 bearbeite die Kollektion, die A. J. V. Palmer in Buschir machte.
6. M. Jitnikow. Ornithologische Beobachtungen am Flusse Atrek. 1900. — russ.
7. H. F. Witherby. An Ornithological Journey in Fars, South-West Persia (Ibis, 1903).
8. H. F. Witherby. On a Collection of Birds from Western Persia and Armenia. With Field-Notes by R. B. Woosnam (Ibis 1907).
9. Dr. Erich Zugmayer. Beobachtungen über die vorderasiatische Vogelfauna (Ornithol. Jahrb. 1908).

Dr. Zugmayer arbeitete in Aserbeidshan d. h. in einem, ornithologisch am wenigsten erforschten Gebiet Persiens. Leider scheint er ein nichtiges, sehr allgemein und oft sogar falsch bestimmtes Material gesammelt zu haben; zum Überflufs werden noch die Funddaten in ganzen Monaten gegeben.

Hinweise auf einige Vögel Persiens finden sich bei Dr. G. Radde (Ornis Caucasica, 1884[1]) und Mitteil. Kauk. Mus. 1899), K. A. Satunin (Mater. z. Kennt. d. Kauk. Gebiets, 1907.), Th. D. Pleske (Ornithographia Rossica), aber auch in verschiedenen Arbeiten Dr. V. Bianchi's. Einige neue Vogelarten aus Persien beschrieb (teils nach meinen Exemplaren) Dr. E. Hartert in seinem Werk „Die Vögel der paläarktischen Fauna" und im „Bulletin of the British Ornithologist's Club". In demselben Bulletin veröffentlichte auch H. F. Witherby die Beschreibungen einiger neuer persischen Vögel.

Alle obengenannten Arbeiten über die Avifauna Persiens, zusammen mit meinem sehr umfangreichen unpublizierten Material, erlauben mir gegenwärtig ein Verzeichnis der Vögel Persiens vorzulegen, welches offenbar dem endgültigen nahe ist (Neues kann man besonders aus dem Litorale des Persischen Golfs und Arabischen Meers erwarten, aber auch aus Aserbeidshan) und auch zugleich dieses Land in ornithologische Gebiete zu zerlegen.

W. T. Blanford teilte Persien in 5 zoologische Provinzen:

I. The Persian province proper. Umfafst den gröfsten Teil des Reichs. Besteht aus den erhöhten Ebenen des Hochlandes nebst den Gebirgskämmen, welche diese Ebenen teilen, und den inneren Abhängen der Gebirgsketten, die dieses Hochland umkreisen.

II. The Caspian provinces, Ghilan and Mazandarán. Umfafst das Land, welches sich längs dem südlichen Ufer des Kaspischen Meers, von Lenkoran bis Asterabad, hinzieht und vertikal von dem Meeresspiegel bis zur Waldgrenze des Elburs-Gebirges (6000—7000 Fufs) reicht.

III. The wooded slopes of the Zagros.

IV. Persian Mesopotamia, being the eastern portion of the Tigris plain.

V. The lowlands on the shores of the Persian Gulf and Balúchistan vertikal bis zu einer Höhe von 3000 Fufs über dem Meeresspiegel.

W. T. Blanford glaubt aufserdem in Aserbeidshan, im Nordwesten Persiens, eine gesonderte Provinz erblicken zu dürfen.

Nachdem ich den Nordosten und Osten Persiens, die bis zu meinen Reisen in ornithologischer Hinsicht eine terra incognita darstellten, eingeheud erforscht, aber auch mich recht ausführlich mit den westlichen Teilen dieses Landes bekannt gemacht habe, teile ich die Besitzungen des Königs der Könige in folgende Gebiete ein:

---

[1]) Noch früher bei Bogdanow, Vögel des Kaukasus.

I. Nordwestliches Gebiet. Umfaſst die Nordwest Ecke Persiens, wobei es in seine Grenzen das Ganze Aserbeidshan, den nördlichen Teil Ardilans und den Norden Irak-Adshemi's, mit den Gebieten der Städte Teheran, Kum und Kaschan einschliefst.

II. Südkaspisches Gebiet. Umfaſst die ganze Provinz II Blanfords. Zu ihm rechne ich das ganze Gebiet des Bassins des Flusses Gurgen, aber für die südliche Grenze nehme ich die Wasserscheidungslinie zwischen beinahe allen Fluſsbassins des Kaspischen Meers einerseits und der Iranischen Hochebene anderseits an. Nach Osten führe ich diese Linie bis zu den westlichen Ausläufern der Ala-dagh Kette (im Süden der Städte Budshnurt und Schirwan), welche eine Wasserscheide zwischen den Quellen des Gurgen und Atrek-Bassin bilden. Indem diese Linie in ihrem mittleren Teil längs der Elburs-Kette geht, erreicht sie aber noch lange nicht deren westliches Ende und, ungefähr vom Kende-wan Paſs, geht sie längs den Bergen, welche südlich vom Tal des Flusses Schach-rud[1]) liegen; darauf durchschneidet sie den Sefid-rud bei der Vereinigungsstelle des Schach-rud mit dem Kysil-uzen und, das Bassin dieses letzteren auſserhalb des beschriebenen Gebiets lassend, folgt sie den Bergen, die Ghilan und Talysch von Aserbeidshan trennen.

III. Das Chorassanische Gebiet. Seine Nordgrenze liegt auſserhalb der Grenzen Persiens, da dieselbe von den Ebenen Achal und Tékés[2]) gebildet wird. Im Osten lehnt es sich an das parapamisische Gebiet an, indem es als ungefähre Grenze die, die linke Seite des Heri-rud Tales umsäumenden Höhen hat. Die Südgrenze bilden die Ebenen der Gegend Bala-chaf und nur ausnahmsweise die Nordausläufer der Wüsten Badshistan-kewir und Descht-i-Kewir. Die Westgrenze, im Anfange den nördlichen Ausläufern der Wüste Descht-i-Kewir folgend, endet annähernd unter dem Meridian der Stadt Seman.

Von dem chorassanischen Gebiet sondere ich die atreksche Subregion ab, diese umfaſst das Bassin des Atrek — aber ohne den Oberlauf des Hauptflusses, — annähernd, von Budshnurt an. Die übrige Fläche dieses Gebiets teile ich in einen nördlichen und südlichen, durch die Ebenen, welche sich vom oberen Lauf des Atrek über die Städte Kutschan, Meschhed und Ferimun zur Stadt Turbet-Dsheich-i-Dsbam ausdehnen, gebildeten Teil. Der nördliche Teil hat in seinem Centrum die Ketten Musderan, Ala-ak-ber und Gülistan, der südliche umfasst die Gebirgssysteme Kale-Minar, Sary-Dsham, Kudar-i-Pedar, Sia-Kuh und Dshagitai.

IV. Parapamisisches Gebiet. Wird von der Gebirgskette des Parapamis mit dem Bassin der Flüsse Heri-rud (Tedshent)

---

[1]) Dieses Tal ist im Norden von der Stadt Kaswin gelegen.

[2]) In der vorliegenden Abhandlung sind nur solche Arten für dieses Gebiet angeführt, deren Vorkommen im persischen Territorium factisch erwiesen ist.

und Murgh-ab gebildet. In den Grenzen des persischen Territoriums ist es nur mit dem Tal des Heri-rud vertreten.

V. Seistanisches Gebiet. Umfafst das seistanische Becken und die Gebiete der unteren Läufe der Flüsse: Hilmend, Rud-i-Chasch, Car-rud, Ferrach-rud und anderer, in die grofsen Seen der Gegend Chokat und in den Sumpf Neizar sich ergiefsender Flüsse.

VI. Kuhistan-Kermanisches Gebiet. Schliefst mit ein die ganze Gegend Kuhistan und beinahe die ganze nordwestliche Hälfte des administrativen Teils der Provinz Kerman (= Kirman). Die Nordgrenze wird von den südlichen Ausläufern des chorassanischen und parapamisischen Gebiets gebildet. Im Osten schliefst dieses Gebiet die Wüste Descht-i-Naumed und die Ebenen Nemek-sar's mit ein, geht bis zum seistanischen Becken und verbindet sich durch das Gebirgssystem, welches dieses letztere von der westlichen Seite begrenzt, mit dem beludschistanischen Gebiet. Im Westen wird seine westliche Grenze von dem Westabschlufs der Wüste Descht-i-Kewir[1]) gebildet. Seine übrige, an dem zagrossischen und beludschistanischen Gebiet gelegene Grenze kann nur mutmafslich geführt werden. Diese Grenze zieht in jedem Fall zum beschriebenem Gebiet die Berge Kuh-i-Gugird und Kuh-i-Tulcha, das Gebirgsmassiv Enarek und die ganze Gegend, welche sich nach Südosten von der Stadt Nain, diese mit eingeschlossen, über die Städte Ardigan, Jezd und Bachramabad bis zur Stadt Kerman, aber möglich noch weiter bis zur Stadt Bam ausdehnt. Auf diese Weise schliefst dieses Gebiet in seinen centralen Teilen die zwei gröfsten Wüsten Persiens — Descht-i-Kewir und Descht-i-Lut — in sich ein.

VII. Beludschistanisches Gebiet. Umfafst das persische Beludschistan, d. h. das, zwischen dem seistanischen Becken und den Ufern des Arabischen Meers gelegene Land der Berge und Ebenen. Seine Westgrenze ist noch nicht aufgeklärt, aber man kann mutmafsen, dafs sie mit diesem Gebiet das ganze Land Laristan, dessen Fauna gegenwärtig absolut unbekannt ist, vereinigen wird. Ich teile dieses Gebiet in zwei Teile: einen nördlichen und südlichen. Die Grenze zwischen beiden Teilen wird von der Wasserscheidungslinie der Bassins der Maschkil, Tschaaschei und Samysur Niederungen einerseits, der Bassins des Flusses Rud-i-Bampur und aller Flüsse, die dem Arabischen Meer angehören anderseits, gebildet.

VIII. Litorale des Persischen Golfs und Arabischen Meers. Schliefst auch alle anliegenden Inseln ein. Ich bin überzeugt, dafs ornithologisch dieses Gebiet in zwei Teile zerfällt: a) Litorale des Persischen Golfs und b) Litorale des Arabischen Meers.

---

[1]) Berührt hier und etwas weiter nach Süden das nordwestliche Gebiet.

IX. Zagrossisches Gebiet. Umfaſst die ganze Provinz III Blanfords, aber ich nehme dieselbe mit weit ausgedehntere Grenzen an. Ich nehme in seine Grenzen das ganze Zagross-System, welches, ungefähr zwischen den Parallelen der Stadt Kermanschach im Norden und dem Flecken Niris im Süden, durch die Stadt Schiras sich hinzieht, auf. Seine Westgrenze wird von den Bergen Puscht-i-Kuh, diese mit eingeschlossen, aber weiter im Süden von den östlichen Ausläufern der Gegend Arabistan (Chusistan) gebildet. Noch weiter südlich schlieſst es sich an das Gebiet VIII an und geht darauf unmerklich in das beludschistanische Gebiet über. Im Norden flieſst es mit dem nordwestlichen Gebiet, wobei es die ganze Gegend Kupá nebst ihren Bergen mit einschlieſst, zusammen. Im Osten geht es kaum wahrnehmbar in das Kuhistan-Kermanische Gebiet über. Die Städte Isphahan, Disful, Schuster und Schiras liegen in dem beschrieben Gebiet. Es wird durch die Wasserscheide der inneren und äuſseren Fluſs-Bassins in zwei Untergebiete geteilt.

X. Mesopotamisches Gebiet. Umfaſst die ganze Provinz IV Blanfords, aber, ebenso wie das Gebiet IX, wird von mir mit ausgedehnteren Grenzen gedacht. Ich rechne zu ihm die an den Unterläufen der Flüsse Kercha, Dis (unterhalb Disful), Karun (unterhalb Schuster), Dorak und Dsheraki liegenden Ebenen des Landes Arabistan (Chusistan), aber auch die hier und dort zerstreuten Berge dieser Ebenen.

Ich bemerke, daſs die obenbeschriebenen Gebiete nicht nur allein einen ornithologischen Wert haben: unbedingt muſs diese Einteilung auch für die Reptilien und wahrscheinlich ebenso für die Säugetiere angenommen werden. Wieweit ich mich mit der Welt der persischen Insecta, Arachnoidea und Myriopoda bekannt machte (die Bekanntschaft ist nur nach dem Aussehen, ohne die wissenschaftliche Benennung zu kennen, gemacht), scheinen recht viele von ihnen als sehr charakteristich für ein oder das andere Gebiet zu sein.

Die Verbreitung der Vögel nach den ornithologischen Gebieten.

Erklärung der Zeichen.

s = Standvogel.
n = Brutvogel.
h = Wintergast.
tr = Durchzügler.
a = Zugvogel, aber nicht nistend, oder dessen Brüten nicht sicher nachgewiesen ist.
r = selten.
rr = sehr selten.
e = Irrgast.
+ = mit Sicherheit nachgewiesen, aber vom Charakter des Verweilens nichts bekannt.

Falls die Bezeichnung mit einer Initiale gemacht ist, so gehört die Art vorzugsweise oder ausschliefslich dem Gebiet an, für welches dieser Buchstabe gesetzt ist.

Die Verbindung der Buchstaben „s" und „h" bezeichnet, dafs die Anzahl der Standvögel in diesem oder jenem Gebiet im Winter durch zugeflogene Individuen vermehrt wird.

Die Nrn. in der Rubrik „Anmerkungen" bezeichen die entsprechenden Erörterungen am Schlufs der Abhandlung.

Die Nomenklatur der Arten und Formen ist in der Mehrzahl der Fälle mit derjenigen, die Dr. E. Hartert in seinem klassischen Werk „Die Vögel der paläarktischen Fauna" anwendet, in Einklang gebracht. Zum Bedauern sind von diesem Werk nur 5 Lieferungen erschienen.

Vogelname	Nordwestliches Gebiet	Südkaspisches Gebiet	Chorassanisches Gebiet: Atreksche Subregion	Chorassanisches Gebiet: Nördlicher Teil	Chorassanisches Gebiet: Südlicher Teil	Parapamisisches Gebiet	Seistanisches Gebiet	Kuhistan-Kermanisches Gebiet	Beludschistanisches Gebiet: Nördlicher Teil	Beludschistanisches Gebiet: Südlicher Teil	Litorale des Persischen Golfs u. Arabischen Meers	Zaragossisches Gebiet	Mesopotamisches Gebiet
1. *Podiceps cristatus*		h, n?	h	tr	tr	tr, h	S, h			h, tr	h	h	h
2. „ *auritus*		h			tr		rh					h?	
3. „ *auritus korejewi*					tr	tr	h					h	
4. „ *nigricollis*		h				tr	h, rn	tr			h		
5. „ *griseigena*		h				tr	rh						
6. „ *albipennis*		h				tr	S	e					h, n?
7. ***Mergus*** *albellus*	h	H	h			tr, h	H					h	
8. „ *merganser*		h	h			tr, h	h				rh	h	
9. „ *serrator*							h				h		
10. *Erismatura leucocephala*		h	h			tr, h	S						
11. *Clangula glaucion*		h	h			tr, h	H						h
12. *Nyroca fuligula*		H	h	tr	tr	tr	H, n?					h	h
13. „ *marila*		h				h	h				rh	rh	rh
14. „ *nyroca*		h, n	h	tr	tr	n, tr	S, h	rn	h	ea, h		tr, n?	h
15. „ *ferina*		h	h		tr	tr	rs, h	ea		h		tr	h
„ *homeyeri* (*N. nyroca* × *N. ferina*)							h						
„ sp.?							S?						
16. *Netta rufina*		H	h			tr, n	S, h				h	h, n	h
17. *Harelda glacialis*		H											

18. *Oidemia fusca*	a?	H											
19. *Oidemia nigra*		rrh											
20. *Marmaronetta angustirostris*		N, h	tr	tr, ea	tr	N, h	N, h	ea		n?, h	h	h	h
21. *Spatula cl ypta*		H	h	tr	tr	tr, h	H, ea	tr		tr, h		h	h
22. *Querquedula circia*	rn, rh	rn, rh	tr	tr	tr	tr	rn, H	ea	tr	rtr		h	h
23. *Dafila cuta*	h	h, rn	H	tr	tr	Tr	H	tr, h		h		h	h
24. *Mareca penelope*		H	H	tr	tr	tr, h	H	tr, h			h	h	h
25. *Nettion crecca*		H	H	tr	tr, rh	tr, h	H	ea, h	h	h		h, rn?	h
26. *[illegible]us streperus*		n, H	h			N,tr,h	rn, H	tr, h	tr	h		H	h
27. *Eunetta falcata*						rh	rh	rh	rh				
28. *Anas boas*	n	n, H	H, n	tr, h	tr, h	rn,tr,h	H, rn	rtr, h	h			rn, h	h
29. *Casarca rutila*	n	h	h, n	tr, n	tr, n	tr, N, h	S, h	N,h,tr	n, h	h, n?	h	n, h	h
30. *Vulpanser [illegible]na*	n	h, n	rh	tr	tr	tr	s, h	n			h	h, n?	h
31. *[illegible]ser aser*		h, n	h	tr	tr	tr	S, H	tr	h			h, n	h
32. „ *albifrons*		h				tr	h					h	h
33. „ *finmarchicus*		h	h									h	h
34. *Melanonyx [illegible]us*						? tr	H					rh	
35. „ *arvensis*		h				tr, h	H					rh	rh
36. „ *arvensis sibiricus*						rtr,h?	rh						
37. „ *segetum*		h	tr	h									
38. *G[illegible]n hyperboreus*		rh											
39. *Rufibrenta ruficollis*		H	H									? + ?	
40. *Cygnus olor*		H	H			tr	N, H						
41. „ *musicus*	+	H	rh			tr	H						
42. *Phoenicopterus roseus*	a, h	H, a	h				H, A				H	A, h	
43. „ *minor*										er	er		
14. *Botaurus stellaris*		H, n	h	tr	tr	tr, h	n, H	tr				n, h	h

Vogelname	Nordwestliches Gebiet	Südkaspisches Gebiet	Chorassanisches Gebiet			Parapamisisches Gebiet	Seistanisches Gebiet	Kuhistan-Kermanisches Gebiet	Beludschistanisches Gebiet		Litorale des Persischen Golfs u. Arabischen Meers	Zagrossisches Gebiet	Mesopotamisches Gebiet
			Atreksche Subregion	Nördlicher Teil	Südlicher Teil				Nördlicher Teil	Südlicher Teil			
45. *Nycticorax griseus*		N, h	n		tr	N	N	tr, h	tr	h, n?		n?, h	
46. *Ardetta minuta*		N, h	h, n	tr	tr	n, tr	n	tr, n	tr	n ?		a, tr	tr, h
47. *Ardeola grayi*										rn?			
48. *Bubulcus comatus*	n	N				n, tr	N, tr		tr				
49. „ *russatus*		N											
50. „ *coromandus*							n?, a			n?, a			
51. *Lepterodius asha*											n, H		
52. *Herodias alba*	tr	H, n	h, tr			n?,tr,h	S, H		tr	h, tr	h	n, II	tr
53. „ *garzetta*	n?	N, tr				tr, n	S, H			h, tr		h, n	
54. *Ardea goliath*										e			
55. „ *purpurea*		h, n	tr		a	tr, n	N, h	a	tr	n?, h			
56. „ *cinerea*	n, tr	N, h	tr	ea	ea, tr	tr	N, H	tr, ea		tr, h		h, tr	h, tr
57. *Dissura episcopus*										e			
58. *Melanopelargus niger*	n, tr	N, h		N	n	tr	tr	n, tr	tr	h?, tr		tr	h
59. *Ciconia alba*	n	n									eh	tr, n	h,n,tr
60. „ *alba azreth*						tr	rn?,tr	ea	tr	tr			
61. *Platalea leucorodia*	a, n?	a, n	tr			tr	S, H		rtr	rtr		tr	tr
62. *Plegadis falcinellus*	a	N, hr	hr			tr	N, rh		tr	a		tr	
63. *Ibis religiosa*		arr											
64. *Phaëthon indicus*											+n?		

65. Sula cyanops											e		
66. Phalacrocorax pygmaeus		h	tr			tr, n	S, H						
67. „ carbo	n	N, h	tr, h	a		tr, n	S, H			tr	H	h	h
68. Pelecanus crispus		H, n		a, er		Tr	S, H			e, h	H	hr	h
69. „ onocrotalus		+	tr, h	e, tr		tr	H, s?			e, h	·		h
70. „ minor		n											
71. Puffinus persicus											N, h		
72. Oceanites oceanicus											e		
73. Stercorarius crepidatus											h		
74. Rynchops albicollis											er		
75. Croicocephalus minutus		tr					r, h				r, h	tr	tr
76. „ ridibundus	+ a	H				tr	H	tr			h	tr	tr, h
77. „ ichtyaëtos		n, h	h?			r, tr	h				H		
78. Larus hemprichi											S		
79. „ gelastes		+ n?				tr	N, h				n, H		
80. „ canus		n, h, tr	h		tr	tr	H			h	h	tr, h	tr, h
81. „ [illegible] niveus							r, h				r, h		
82. „ [illegible]	n	N, H			tr	tr	H, N	tr			H		
83. „ affinis							r, h			tr	h		
84. Anous stolidus											n		
85. Sterna caspia		N, rh?					N, h				h, N	h	tr, h
86. „ bergi											H, N		
87. „ cantiaca		n, tr					r, ea				H		
88. „ media											S, H		
89. „ anglica		tr			r, tr	tr	N, h	tr, r			n, H	tr	tr
90. „ [illegible]											+ e?, rh?		
91. „ fluviatilis	n	N	tr		tr	tr	N, h			tr	H		h, tr
92. „ minuta		n			tr	tr	N			tr	H	tr	rh
93. „ minuta innominata										n?, tr?			

Vogelname	Nordwestliches Gebiet	Südkaspisches Gebiet	Chorassanisches Gebiet: Atreksche Subregion	Chorassanisches Gebiet: Nördlicher Teil	Chorassanisches Gebiet: Südlicher Teil	Parapamisisches Gebiet	Seistanisches Gebiet	Kuhistan-Kermanisches Gebiet	Beludschistanisches Gebiet: Nördlicher Teil	Beludschistanisches Gebiet: Südlicher Teil	Litorale des Persischen Golfs u. Arabischen Meers	Zaragossisches Gebiet	Mesopotamisches Gebiet
94. *Sterna minuta saundersi*							n				n, s?		
95. „ *sinensis*							er						
96. „ *anaestheta*											n		
97. *Hydrochelidon hybrida*		n			tr	n, tr	N	tr		n			
98. „ *leucoptera*	tr	tr			tr	tr	tr	tr					
99. „ *nigra*		tr						rtr					tr
100. *Scolopax rusticola*	h	H	h	tr, h	h		h		h			h	
101. *Gallinago major*		h, tr		rtr	rtr						h	tr, h	h, tr
102. „ *major orientalis*		h											
103. „ *solitaria*		?n, tr		tr, h	tr, h		rtr, rh	tr, h					
104. „ *stenura*							rh, rtr	rtr, rb					
105. „ *gallinago*	h	h	h	tr	tr	tr, h	H, tr	tr, h	tr, h	h		h	h
106. „ *gallinago raddei*						h	h					h	h
107. *Lymnocryptes gallinula*		h	tr	tr	tr	tr	H	tr	h			h	
108. *Phalaropus fulicarius*		tr									h?, tr?		
109. „ *hyperboreus*		n, tr		tr	tr	tr	a!, tr	tr	tr	tr, h	H	tr	tr, h
110 *Limicola platyrhyncha*		tr, h			tr	tr	a!, tr	tr	tr	tr	H	tr	tr
111. *Tringa subarquata*		tr			tr	tr	tr, rh, a	tr, a ?			H	h	h
112. „ *alpina*		tr	tr		tr	tr	tr, h	tr	tr	tr	H	h	h
113. „ *canutus*							tr	tr	tr				

114. „ *crassirostris*											e, h		
115. „ *temmincki*					tr	tr	rh, tr	tr, a	tr	tr	tr?, h?	tr	h, tr
116. „ *minuta*		h, tr	h	tr	tr	tr	a, tr, h	tr, a	tr	tr, a	H	a, tr, h	h, tr
117. *Calidris arenaria*		h				tr	h	tr			H	tr	h
118. *Pavoncella pugnax*		tr, h	tr			tr	a, h	tr	tr	tr		tr	h
119. *Totanus glottis*	tr, a	h, tr	tr	tr	tr	tr	rh, a	tr, e	tr, rh	h, a	h, tr	h, tr	h
120. „ *fuscus*		tr, h ?	h		rtr		tr			tr		h, tr	h
121. „ *calidris*	n	h, tr, a	h	tr	tr		tr	tr		tr		n, h	h
122. „ *stagnatilis*		h, tr			tr	tr	h, tr	tr, a	tr	tr, h, a		h, tr	h
123. „ *ochropus*	tr, n?	tr, n	tr	tr, n ?	tr, n	tr	tr, a, h	tr, n	tr, h	a, h		h, tr	h
124. „ *glareola*	tr	tr, a		tr	tr	tr	tr, a, h	tr, a	tr	tr	h	h	h
125. *Actitis hypoleucus*		N, h ?		rn	rn?, tr	tr	tr, a	rn	rn	rn, tr, h	h	h, n?	h
126. *Terekia cinerea*		tr			tr	tr	tr, ar	tr, ar	tr	tr	tr, h		h
127. *Limosa lapponica*						tr	tr ?				tr, h		
128. „ *limosa*		n?, h	h		tr	tr	a, tr, h		tr	tr	h ?, tr	h tr,	h, tr
129. *Numenius cyanopus*							r, e						
130. „ *phaeopus*		tr					a, h				h ?, tr		
131. „ *tenuirostris*		tr, a					n	tr					
132. „ *arquatus*		h, tr, a	h		tr	tr	h, a	tr	tr	tr	h	h	h
133. „ *arquatus lineatus*					tr	tr	h	tr	tr	tr	h		
134. *Recurvirostra avocetta*	n	h, a	n, h, tr			tr	n, h	r, e		n	h	n, h	h
135. *Hypsibates himantopus*		tr, n	n, tr		tr	tr	N, tr, h	tr, n	tr	n, h	h	n, tr	h, tr
136. *Haematopus ostralegus*	a?	a, tr					h, a				h		h
137. *Strepsilas interpres*		tr, a									h ?		
138. *Hiaticula hiaticula*					tr	tr						tr	tr, h
139. „ *dubia*	tr, n	tr, n	tr	n, tr	n, tr	tr	n, h, tr	n?, a, tr	a, tr, h	a, h		n, tr	h
140. *Aegialophilus cantianus*	+	tr, n	tr		tr		n	n	tr, n?		H, n	tr	h, tr
141. „ *[illegible]ica*		tr				n					+	tr	h
142. „ *geoffroyi*	n	tr, n			tr, n	tr, n	a, n?	tr, n	a		H	n	

Vogelname	Nordwestliches Gebiet	Südkaspisches Gebiet	Chorassanisches Gebiet: Atreksche Subregion	Chorassanisches Gebiet: Nördlicher Teil	Chorassanisches Gebiet: Südlicher Teil	Parapamisisches Gebiet	Seistanisches Gebiet	Kuhistan-Kermanisches Gebiet	Beludschistanisches Gebiet: Nördlicher Teil	Beludschistanisches Gebiet: Südlicher Teil	Litorale des Persischen Golfs u. Arabischen Meers	Zagrossisches Gebiet	Mesopotamisches Gebiet
143. *Aegialophilus mongolicus*					etr					tr	H		
144. *Eudromias morinellus*		tr, h		tr			tr, e		tr, e	tr, e	h	h	h
145. *Squatarola helvetica*		tr, h		tr	tr	tr	tr				h		
146. *Charadrius pluvialis*		tr, h			tr	tr	tr	tr			h		h
147. „ *fulvus*		h								tr		tr	tr
148. *Chettusia leucura*		h	h, n		tr	N, tr	N, rh	n		n, rh	h, tr	n, h	h, tr, n
149. „ *gregaria*	tr	h, tr			etr	etr						tr	
150. *Hoplopterus spinosus*											+	rrh	rh
151. *Sarcogrammus indicus*				tr	tr, rn	N, tr	n, h	n	n	N, h		n, h	H, tr
152. *Vanellus cristatus*	n	h, rn	h, tr	tr, rn?	tr, rn?	tr	a, tr, b	tr	tr	tr, h		n, h	H, tr
153. *Glareola melanoptera*	rtr												
154. „ *pratincola*	tr, n	tr, n	tr		tr	tr	N		tr	n, tr		n	
155. *Cursorius gallicus*	rn?				n, tr	n, tr	h, n	N, tr	h	h	h		h
156. *Dromas ardeola*											n?		
157. *Oedicnemus oedicnemus*	n, tr	tr, n	n, tr	n	n	n	n, h	n	n, h	n, h	h, n	n, tr	H, n
158. *Sypheotis aurita*											e		e
159. *Houbara macqueeni*		tr	tr, n	tr, n	tr, n	N, h	tr, n, h	tr, n, b	n, h	h	h	h, tr, n	h
160. *Otis tetrax*	h	tr, H, n!	tr, h	tr	tr	tr	tr, h	tr, h	h		h?	h	+
161. „ *tarda*	tr	tr, H	tr, h	h	h	h						rh	
162. *Anthropoides virgo*		tr					h			h	h		

163. *Grus* [redacted]*us*		tr	tr	tr	tr	tr	H		tr, h	h	h, tr	tr, h	h
164. „ *leucogeranus*		h	h				rh						
165. *Fulica* [redacted]*a*		n, h	n, h, tr	tr	tr	n, h, tr	S, h	tr	tr	h, rn		h, tr, n?	h
166. *Porphyrio poliocephalus* [redacted]*n*		S	s				S						
167.? „ *caeruleus*													S
168. *Galli*[redacted]*a chloropus*		h, n		tr	tr	N	n, h			rn		n	
169. *Porzana* [redacted]*a*	tr	tr, h	tr	tr	tr	tr	h	h	h			h, tr	h
„ [redacted]*a maculipennis*						tr			h				
170. „ [redacted]*a*		tr ?	tr			tr	h						h
171. „ *auricularis*		tr				n, tr, h	N, h		tr, h	n, h			
172. *C*[redacted]*x pratensis*	tr, n ?	tr		n, tr	tr, h			tr, h ?		tr, h		tr, n ?	
173. [redacted]*us aquaticus*		h											tr
174. „ *aquaticus korejewi*		h	tr			n, tr	tr, rn	n, tr	h			tr, n	h, tr
175. *Turnix dussumieri*						[illegible]er				rn			
176. *Tetraogallus* [redacted]*us*	S	S		S									
177. „ [redacted]												S	
178. *Caccabis* [redacted]*r*	s	s	s	s	s	s		s	s	s			
179. „ [redacted]*r* [redacted]*ae*												S	s
180. *Ammoperdix* [redacted]												S	s
181. „ [redacted]*i griseogularis*	s	s	s	s	S	s		S	s	s			
182. „ [redacted] [1])													S

[1]) Bewohnt die Anhöhen der südlichsten Teile Mesopotamiens.

Vogelname	Nordwestliches Gebiet	Südkaspisches Gebiet	Chorassanisches Gebiet: Atreksche Subregion	Chorassanisches Gebiet: Nördlicher Teil	Chorassanisches Gebiet: Südlicher Teil	Parapamisisches Gebiet	Seistanisches Gebiet	Kuhistan-Kermanisches Gebiet	Beludschistanisches Gebiet: Nördlicher Teil	Beludschistanisches Gebiet: Südlicher Teil	Litorale des Persischen Golfs u. Arabischen Meers	Zagrossisches Gebiet	Mesopotamisches Gebiet
183. *Coturnix coturnix*	n	n, h, tr	n, tr	n, tr	n, tr	n, tr	tr	n, tr	n, tr	n	tr	n, h	h
184. *Perdix perdix*[1])	S												
185. ,, *perdix fulvescens*		S											
186. *Ortygornis pondicerianus*									s	S	s		
187. *Francolinus vulgaris*												S	S
188. ,, *vulgaris sarudnyi*		S	S										
189. ,, *vulgaris caucasicus*	S												
190. ,, *vulgaris bogdanowi*							S		s	S	s		
191. *Phasianus principalis*					rs	S							
192. ,, *persicus*			S										
193. ,, *talyschensis*		S											
194. ,, *colchicus lorenzi*	S												
195. *Syrrhaptes paradoxus*		h?			etr	etr							
196. *Pterocles arenarius*	n	hr	hr	n, h	n, h	n, h	n, h	n, h	n, h	n, h		n, h	h
197. ,, *coronatus atratus*					r, n	e	s	S	S	S		n	
198. ,, *fasciatus*										r, e			

199. *Pterocles licht... ...ni arabicus*										S			h
200. „ *...s*										S			h, r
201. „ *...s*							h, r, n		S	S		r, n	h
202. „ *...hata sewerzowi*	n	H, tr	tr, h	n	n	n	n, h	n					
203. „ „ *...wi*									n	n, h	h		H, n
204. *Columba livia*	S	s	s	S	S	s	s	S	s	s		s	
205. „ *livia intermedia*				S	S	s	S	S	S	S		S	
206. „ *...ia ...ldi*												s	s
207. „ *...a*				r, n	r, n	N			tr	h			
208. „ *...s*		h, n, tr	h ?									h, tr	h, tr
209. *Palumbus ...s*		S, H		S	S							S, h	
210. „ *casiotis*				e, a									
211. *Peristera cambayensis*					n		n	n	n	n			
212. *...elia ...a*							n		n	N		n	s, tr
213. *...rtur ...o*						e, tr				e, h			
214. „ *...r*	tr, n?	n, tr										tr	tr
215. „ *t...r ...ni ...a*	n, tr	tr	tr	n	n, tr	n, tr	n, tr	n, tr	n, tr	n, tr		n, tr	tr
216.? „ [illegible] *...r grigorjewi*				tr	tr	tr	tr	tr	tr?	tr?			
217. [illegible]	N	N, h		N, tr	n, tr	tr	h, tr	n	tr, h, n?	tr, h	+	h	
218. *Otogyps ...s*										+			
219. *Gyps ...s*	N	N		N, tr	n, tr, h	tr, h	tr, rh	n, tr, h	tr, h	h		S, tr	n
220. „ *...ostris*										e?, h +			
221. *Pseudogyps ...alensis*										N			
222. *...n ...s*	n	n, tr		N, tr	N, tr	n, tr	tr	n, tr	n, h	h		n	n, h
223. „ *...atus*										S			

[1]) Gehört wahrscheinlich zur Form *Perdix perdix canescens* Buturl.

Vogelname	Nordwestliches Gebiet	Südkaspisches Gebiet	Chorassanisches Gebiet			Parapamisisches Gebiet	Seistanisches Gebiet	Kuhistan-Kermanisches Gebiet	Beludschistanisches Gebiet		Litorale des Persischen Golfs u. Arabischen Meers	Zagrossisches Gebiet	Mesopotamisches Gebiet
			Atreksche Subregion	Nördlicher Teil	Südlicher Teil				Nördlicher Teil	Südlicher Teil			
224. *Neophron percnopterus gingininanus*									ea	Ea			
225. *Gypaëtus barbatus*	s	s		S	s			s	s	s		s	
226. *Pandion haliaëtus*		N		N, tr	tr	tr	h			ea	H	tr	h
227. *Aquila chrysaëtus* [1])		h					h						
228. „ *fulva*	n	n	n	n, h	n, h		h	n	n	n	h	n, h	h
229. „ *heliaca*		+ a		tr	tr	tr	h	tr, h				tr	h
230.? „ *amurensis*							h		h				
231. „ *orientalis*	a												h
232. „ *nipalensis*				? tr	? tr	tr	tr, h	n?, tr					h
„ *glitschi*				? tr	tr	tr	tr, h	n, tr					h
233. „ *vindhiana*										N			
234. „ *clanga*		h, n		tr	tr	tr	tr, h	tr					
235. „ *naevia*	+												
236. „ *fulvescens*		tr											
237. „ *hastata*										rn			
238. „ *fasciata*				n, tr	n		h	n	n	n		n	+ h
239. „ *pennata*				n, tr	tr	N, tr	rh, tr					+?	
240. „ *minuta*		a, n?				tr, N						+?	
241. *Haliaetos leucoryphus*		a, n?			tr	tr	h, a				h	a, h	h

2[illegible]2. *Haliaëtos albicilla*		H, n	h	h, tr	h, tr	h, tr	H	h, tr			h	h	
243. *Milvus* [illegible]*r*	n	N, tr, h	s	N, tr	n, tr	N, tr	n, h	n, tr	n, rh	a, h		n, h	h, tr
2[illegible]4. „ [illegible]*s*		tr	tr	tr	tr	tr	h, tr			h			rh
245. „ *govinda*										rn			
2[illegible]6. „ [illegible]*s*		N										tr	tr
247. *Pernis apivorus*		tr		rr, tr									
248. *Circaetus* [illegible]*s*		tr	+?	tr	tr	tr	h			h		tr, n	
„ [illegible]*s hypo*-[illegible]*s*			+?	n, tr	n, tr	tr	h	n, tr	? rn	h, rn?			
249. *Buteo vulpinus*		N, h, tr			tr	tr	tr, h?					n?, tr	tr
250. „ [illegible]*s*								e, rh					
251. „ [illegible]*alus*					e, h		e, h						
252. „ [illegible]*x*	n	n	h	n	n	n	h	n	rn	rn		n, h	h
253. [illegible]*hib* [illegible]*o* [illegible]*phiatus*							rr, h, e						
254. „ [illegible]*s palli*-[illegible]*s*				h									
255. *Butastur* [illegible]*a*										N			
256. *Accipiter nisus*	n	H, tr		tr	tr, h	tr, h	tr, H	tr, h	h			n, h	h
257. [illegible]*stur palumbarius*		n?, tr, h		r, tr, h	r, tr, h	r, tr, h	rh	r, tr, h				h	
258. „ *brevipes*		tr?, h, n										tr, h	h, tr
259. „ [illegible]*ius*							n	n	n	N		n	
260. „ *badius* [illegible]*oides*		n		n, tr	n, tr	N, Tr	tr	n, tr	n	n			
261. *Genaia* [illegible]*i*							e, tr					a	
262. „ *saceroides*								e, tr					
263. „ [illegible]*g* „ [illegible]*s*	n	tr, h, n		N, tr	n, tr	tr	h	tr				n	
264. *Falco babylonicus*				n	n			N					

[1]) Nicht ausgewachsener Vogel, d. h. *Aquila nobilis* Pall.

Vogelname	Nordwestliches Gebiet	Südkaspisches Gebiet	Chor … ies Gebiet: Atreksche Subregion	Chor … ies Gebiet: Nördlicher Teil	Chor … ies Gebiet: Südlicher Teil	Parapamisisches Gebiet	Seistanisches Gebiet	Kuhistan-Kermanisches Gebiet	Beludschistanisches Gebiet: Nördlicher Teil	Beludschistanisches Gebiet: Südlicher Teil	Litorale des Persischen Golfs u. Arabischen Meers	Zagrossisches Gebiet	Mesopotamisches Gebiet
265. *Falco peregrinator*								h					
266. „ *ps*		H, rn		n, tr, h	tr	tr, h	H	tr					
267. „ *leucogenys*					tr, h?	tr	h	tr					
268. „ *ls*	+												
269. „ *ptri ohis sub-tho*	n, tr	N, tr		N, tr	N, tr	tr	tr	n, tr	ea	ea		n, tr	
270. *Aesalon chicquera*										rn			
271. „ *ls*		h, tr	h	tr, h	tr, h	tr, h	tr, h	tr, h	tr, h	h		h, tr	
272. „ *s palli ds*				tr, h	tr, h	tr, h	tr, h	tr, h					
273. *Tinnunculus alaudarius*	n	h, n, tr	tr	n, h	n, h	n, h	h	n, h	n, h	h	h	n, h, tr	tr, h, n
274. „ *alaudarius s*								n, h	n, h	n, h			
275. *s ls*	n	n		n, tr	tr	tr	rh	n, tr		h	tr	n, tr	tr
276. *Erythr ps pti us*	tr	tr		e, rtr									
277. *Cis s*		n, h	h	tr	tr	n ?, tr	n, h	re, tr	tr, h			n ?, tr	h, tr
278. „ *s*					e, rtr	e, tr	e, tr, h						
279. *Strigiceps cyaneus*		h		tr	tr	tr	tr, h	tr	h			h, tr	h, tr
280. „ *us*	n	tr, h ?	tr	tr	n, tr	tr	tr, h	rn, tr	rtr, h	h	tr	tr, h	tr, h
281. „ *ci ia us*	n	tr	tr	n, tr	n, tr	tr	tr, h	? n, tr	tr, h	h	h	tr	h
282. *Asio otus*		h, n		h, tr	h, tr	n, h	h	h, tr	h			+	

283. „ accipit[illegible]us		h		tr, h	tr, h	tr	h				h	h	h
284. „ [illegible]it[illegible]is pallidus				tr, h	tr, h	s, tr	H	h	h	h	h		
285. Syrnium [illegible]										+	+		
286. „ [illegible]o		s											
287. „ [illegible]o wilkonskyi		s											
288. „ sancti-nicolai												S	
289. Ketupa [illegible]wi												S	
290. Bubo b[illegible]o	s	s		s	s							?	
291. „ b[illegible]o t[illegible]s			s	s	s	s	s	s	?	?			
292. „ bubo nikolskii									?	?		s	s
293. Nyctea [illegible]a		reh											
294. Pisorhina brucei						n							
295. „ [illegible]									n	n			
296. „ [illegible]ps	n	n		n	n			n			tr	n, tr	
297. „ [illegible]s [illegible]lla												tr	
298. „ [illegible]ps [illegible]yi		n										tr	
299. Athene [illegible]a									rn	S			
300. „ [illegible]a caucasica		S											
301. „ [illegible]a bactriana	s		s	s	s	s	s	s	s	s		s	
302. „ [illegible]a [illegible]x											s	S	s
303. Gecinus [illegible]						S	r, s		s?				
304. „ [illegible]s									r, S	r, S			
305. „ viridis [illegible]elini	s	S											
306. „ viridis innomi-[illegible]us												S	
307. „ canus		rs											
308. Picus martius		S											
309. Xylocopus minor quadrifasciatus		S											

Vogelname	Nordwestliches Gebiet	Südkaspisches Gebiet	Chorassanisches Gebiet: Atreksche Subregion	Chorassanisches Gebiet: Nördlicher Teil	Chorassanisches Gebiet: Südlicher Teil	Parapamisisches Gebiet	Seistanisches Gebiet	Kuhistan-Kermanisches Gebiet	[illegible] Gebiet: Nördlicher Teil	[illegible] Gebiet: Südlicher Teil	Litorale des Persischen Golfs u. Arabischen Meers	Zagrossisches Gebiet	Mesopotamisches Gebiet
310. *Xylocopus mi[illegible]r [illegible]*												S	
311. *Dendrocopus major pel-[illegible]*		S											
312. „ *[illegible]s*	s	s						s				S	
313. „ *i[illegible]s milleri*									S				
314. „ *sindianus*									s	S			
315. „ *[illegible]s*						S							
316. *Dendrocoptes medius [illegible]-casicus*		S											
317. „ *medius sancti-johannis*												S	
318. *Jynx torquilla*	n	N		tr	tr	tr		tr	tr	tr, h		tr	
319. *Coccystes jacobinus*										n			
320. „ *[illegible]rius*		e, r								r, e		N	tr
321. *[illegible]s [illegible]s*	n, tr	n, tr	n	n, tr	n, tr	n?, tr	tr	n, tr	n, tr	tr	n?	tr, n	tr
322. „ *[illegible]*				tr	n, tr	n, tr	n, tr	tr					
323. *Coracias indica*							rr, n	e, rr, n	n	S			n
324. „ *[illegible]la*	tr	tr		rr, tr	rr, tr	rr, tr		r, tr	rr, tr	rr, tr		tr, r	tr, r
325. „ „ *semenowi*	tr, N	tr, N		N, tr	N, tr	N, tr	n	n	n	n		tr, n	tr

326. *Merops* [illegible]idis									n	S	s	n	n, tr
327. „ [illegible]ps		tr, N	tr		ea, tr	N, tr	N, tr	rn, tr	tr, n	N, tr	tr, n	n, tr	tr, n
328. „ [illegible]	N	N, tr	tr	N, tr	N, tr	tr	tr	n, tr	rn, tr	tr	tr	n, tr	tr
329. *Halcyon smyrnensis*		rn, hr	err				ea			S		n, tr	n, hr
330. *Ceryle* [illegible]is												n, h	s, h
331. [illegible]o *ispida*	n	S, h	n, h	n, h	n, h	n, h	rn, rh	n, h	n?, h	n, h		n, h	h, n?
332. *U*[illegible]*a indica*									rr, e	rr, e			
333. „ [illegible]ps	n	n, h		tr, n	tr, n	n		tr	tr, h			n, h	h
334. „ [illegible]ps [illegible]ni	n	n, h		N, tr	N, tr	N, tr	rn	n	N, h	n		N, h	h
335. [illegible]*elus* [illegible]*ba*	n	n		N	N	n		n	n			n	h
336. „ *affinis galilejensis*				rn	n			N	N	n		n	
337. „ [illegible]										N	n	n	N, h
338. „ [illegible]s	tr, n	tr	tr	tr	tr	tr	tr	tr	tr	tr		tr	tr
339. „ [illegible]s [illegible]ki [illegible]s	n	n		n, tr	n, tr	n, tr	tr	n, tr	n, tr	tr	tr	n, tr	tr
340. *Caprimulgus aegyptius*	n	n	n ?	n	n	N	N	n	rn	rr, n	n?, tr?	n ?, tr	n?, h, tr?
341. ? *Caprimulgus nubicus*												r, a, n?	
342. „ [illegible]s										N			
343. „ *asiaticus*						n ?				rr, e			
344. „ [illegible]s		tr, n		tr	tr	rtr	ea				rr, tr?, h?	tr	h ?
345. „ [illegible]s *unwini*	n			n, tr	n, tr	N, tr	n, tr	n, tr	n, tr	n		N	tr, h
346. *Al*[illegible]*n* [illegible]*s* [illegible]*llida*	n				rn		S	S	s	s	s, h	n	h
347. [illegible]*s zarudnyi*	n				rn	? rn		N, S	n, h	n, h		rh	
[illegible]8. „ *phoenicuroides*				n	n, s	n	s	S	S	s	s		
349. „ *phoenicuroides parvirostris*		S											
350. „ [illegible]*ti fraterculus*											S	S	S
351. „ [illegible]*ti orientalis*				r, n	r, n		n						
352. *Eremophila br*[illegible]*dti*				e, h									

Vogelname	Nordwestliches Gebiet	Südkaspisches Gebiet	Chorassanisches Gebiet: Atreksche Subregion	Chorassanisches Gebiet: Nördlicher Teil	Chorassanisches Gebiet: Südlicher Teil	Parapamisisches Gebiet	Seistanisches Gebiet	Kuhistan-Kermanisches Gebiet	Beludschistanisches Gebiet: Nördlicher Teil	Beludschistanisches Gebiet: Südlicher Teil	Litorale des Persischen Golfs u. Arabischen Meers	Zaragossisches Gebiet	Mesopotamisches Gebiet
353. *Eremophila penicillata*	s	S		s		r, h		s				S	
354. „ *penicillata albigula*				S	s	h		S					
355. *Pyrrhulauda melanauchen*										N			
356. *Lullula arborea*		tr?											
357. „ *arborea pallida*	n?	n?, Tr?		N	n			tr				h, n	
358. *Alauda gulgula inconspicua*				tr	tr	N		n					
359. „ *arvensis*	tr	tr, h										tr, h	h
360. „ „ *[illegible]ea*	n? tr	tr, H	tr, h	Tr, h	Tr, h	Tr, h	H	Tr, h	H			n?, tr, H	h, Tr
361. „ „ *[illegible]arella*	n? tr	tr, h		tr	tr							tr, H, n?	h, Tr
362. „ „ *schach*				N	n, h	tr, h	H	n, tr, h	h			n	
363. *Galerida [illegible]ta [illegible]a*	s	S	s										
364. „ *[illegible]ta [illegible]na*			S	S	S	S	S	S	S	S	s	S	S
365. *Calandrella brachydactyla*	n	tr, n		n, tr	n, tr	n, tr	tr	n, tr	n, tr	r, h	r, h	rh, n, tr	
366. „ *tibetana acutirostris*					n?, tr	tr							
367. *Ps[illegible]dal[illegible]da[illegible]la pispoletta*	n	tr, n	n	n, tr	n, tr	N, h, tr	H	tr, h	n			h, tr	
368. „ *pispoletta leucophaea*				r, tr?	r, tr?	r, tr	h	r, tr					

369. " *[illegible]ca*	n											N	h, tr
370. " *i[illegible]nica*							S	n, h	n	h			
371. " *minor*											tr, h?	n?	h?, tr
372. *Saxilauda yeltoniensis*		h	e, h										
373. *Pterocorys [illegible]bica*	h, tr	h, tr											
374. *Melanocorypha [illegible]ilata*	n	N		N, h, tr	N, tr, h	tr	h	n	h	h	h	n, tr	h
375. " *[illegible]dra*													
[illegible]oa	N	N	n	N	N	tr	h	n	h	h	h	N, h	h
376. *Emberiza citrinella ery-*													
throgenys		S		n?, er								S	h
377. " *[illegible]os*				h, tr	h, tr	tr	h, tr	h, tr	h				
378. " *cinerea*	n?, e?												
379. " *semenowi*											h, tr	N	tr
380. " *cirlus*												er	
381. *Euspiza [illegible]ola*									r, e, tr				
382. " *[illegible]la*		n		N, tr	n, tr	n, tr	r, tr	n, tr	r, tr	ea	h		
383. " *melanocephala*	N, tr	N, tr						n, tr	N, tr	tr	tr	N, tr	tr
384. *Hylaespiza [illegible]rti*					eh	r, tr							
385. " *cia*	n												
386. " *cia par*		N, h		N, tr	n, tr, h			tr, n, h				n, tr, h	
387. *Glycispina caesia*												e, r, tr	
388. " *[illegible]ni*	n	n		N, tr	N, tr	tr		n, tr	n, tr	n?, tr		n, tr	tr
389. " *[illegible]ni*													
obscura						tr		rtr					
390. " *[illegible]na*	n, tr	h?, n, tr		N	n	tr		rn, tr		h, tr?		n, tr	tr
391. *Fringillaria striolata*									n	N, H			n?, h
392. *Miliaria [illegible]dra*	N, tr	n, h	h	N, s?	n, s?			n, tr?				N, H	H
393. *Orospina rustica*				rr, tr	rr, tr								h
394. *[illegible]ch[illegible]mus schoeniclus*		h, tr		h									h

Vogelname	Nordwestliches Gebiet	Südkaspisches Gebiet	Chorassanisches Gebiet: Atreksche Subregion	Chorassanisches Gebiet: Nördlicher Teil	Chorassanisches Gebiet: Südlicher Teil	Parapamisisches Gebiet	Seistanisches Gebiet	Kuhistan-Kermanisches Gebiet	Beludschistanisches Gebiet: Nördlicher Teil	Beludschistanisches Gebiet: Südlicher Teil	Litorale des Persischen Golfs u. Arabischen Meers	Zaragossisches Gebiet	Mesopotamisches Gebiet
395. *Cynchramus [illegible]us pallidior*		h, tr		tr	tr	tr	H	tr	h			h	h
396. „ *schoeniclus [illegible]i*	n ?	h										n?	
397. „ *schoeniclus canneti*		h											
398. „ *pyrrhuloides*		S				n, tr							
399. „ *pyrrhuloides korejewi*							S			rn			
400. *[illegible]cothraustes coccothraustes nigricans*		N, H		n								n?, h	
401. *Mycerobas carnipes*		s		S	h ?								
402. *Chloris chloris*	s	s, h		n, h ?	h ?								
403. *Carduelis carduelis*		h, tr										h	
404. „ *carduelis volgensis*		h, tr										h	h
405. „ *carduelis major*		h											
406. „ *[illegible]lis minor*	n	N, tr		tr, n						tr, h	h ?	N,h,tr	h?
407. „ *carduelis loudoni*	N	n		tr								h	
„ *minor × C. orientalis*				tr									

408.	„ *caniceps orientalis*		h	n	N,tr,h	n, H								
409.	*Spinus spinus*		N, H		h	h, r?								
410.	*Linota brevirostris*	N	n		tr	tr, eh			tr, n				n	
411.	„ *cannabina*	n	h,tr,n		n, r	n, r			n?				r,h,tr	r,h,tr
412.	„ *cannabina fringillirostris*	N	N		N, tr	n			n			h	H, N	h, tr
413.	*Serinus* sp?												n?	
414.	„ *pusillus*	s	s		S	s			s	s			n?	
415.	*Erythrospiza githaginea crassirostris*	n			n, tr	n, tr			N, tr	rn, h	rn,tr,h		n, h	n, h
416.	„ *mongolica*		n			tr	tr		N, tr	h				
417.	*Rhodospiza* [illegible]	n	n, h	n	n, tr	n, tr	n, tr	h, ea	n, tr			s	n, h	
418.	*Rhodopechys sanguinea*	n	N	n	N	N			n	n			n, h	
419.	*Pyrrhula pyrrhula*		h		r, h									
420.	„ *caspica*		n, h		rn	rn								
421.	*Carpodacus erythrinus*	n	n	tr	tr	tr	tr		tr					
422.	*Fringilla coelebs*	n	N, h		N, tr	n							n, h	h
423.	„ *montifringilla*	tr	h		tr, h	tr, h	tr	h	tr, h?	r, h			h	h
424.	*Montifringilla alpicola*		S											
425.	„ *alpicola* [illegible]												S	
426.	*Carpospiza brachydactyla*	n	n		n, tr	n, tr			N, tr	n	n		N, tr	h, tr
427.	*Gymnoris flavicollis transfuga*							N	r, n	N, s?	N, s?		n	
428.	*Petronia petronia exiguus*	S	S											
429.	„ *petronia intermedia*	+?			S	s			s				S	h
430.	*Passer simplex zarudnyi*								r, n					
431.	„ *ammodendri korejewi*						h							
432.	„ *griseogularis*						tr	S						
433.	„ *enigmaticus*									tr		+		

Vogelname	Nordwestliches Gebiet	Südkaspisches Gebiet	Chorassanisches Gebiet: Atreksche Subregion	Chorassanisches Gebiet: Nördlicher Teil	Chorassanisches Gebiet: Südlicher Teil	Parapamisisches Gebiet	Seistanisches Gebiet	Kuhistan-Kermanisches Gebiet	Beludschistanisches Gebiet: Nördlicher Teil	Beludschistanisches Gebiet: Südlicher Teil	Litorale des Persischen Golfs u. Arabischen Meers	Zagrossisches Gebiet	Mesopotamisches Gebiet
434. *Passer domestica*		S											
435. „ *domestica indicus*	n	n, tr	n, tr	n, tr	n, tr	n, tr	n,tr,h	n,tr,h	n,tr,h	S, h	s	n,h,tr	n, h
436. „ *phyrrhonotus*										N			
437. „ *hispaniolensis transcaspicus*	n, tr	n, tr	S, tr	tr, n	ea, tr	Tr, h	tr, H	tr, n	tr, h	r, n, h	h	n,h,tr	n,tr,H
438. „ *montanus dilutus*			s	S	s	s	s	s					
439. „ *montanus transcaucasicus*	S	S											
440. „ *moabiticus mesopotamicus*											h		S
441. „ *moabiticus yatii*							S	tr	tr, h	h			
442.? *Ploceus bengalensis*										r, n			
443. *Anthus richardi*									e, h	h, tr	h		h
444. „ *leucophrys captus*								rn	N, H	N, H	n, h	n	h
445. „ *trivialis*	n	N, tr, h?		tr	tr	tr			tr, rh			Tr, h	tr
446. „ *ina*		tr		tr	tr	tr			tr			tr	
447. „ *pratensis*	tr	tr		tr	tr			tr				ea, h	h, tr
448. „ *pratensis enigmaticus*				r, tr	tr	tr	rh	tr				h, tr	h, tr
449. „ *spinoletta*	n												

450. „ *spinoletta coutellii*	n	N, h?		Tr, N	Tr, h, nr	r, tr	h	nr, tr	h, tr		h	H, tr, n	h, tr
451. „ *spi le[illegible]bl [illegible]ni*				tr	tr	tr	tr, H	h	tr, H		h	tr, h	h, tr
452. „ *campestris*	N	N	tr	N, tr	n, tr	tr	tr, h	n, tr	tr, h	tr, h	tr, h	tr, h	H, tr
453. *Motacilla l[illegible]a*	n?	tr, h, n?		tr	tr						tr, h	h, tr	h, tr
454. „ *alba orientalis* =(? *M. dukhunensis*)	n	tr, n	tr	tr, h?	tr, h?	Tr	tr, h	tr	h	h		r, tr	
455. „ *l[illegible]a baicalensis*					e, tr	r, tr	rh	e, tr		h			
456. „ *persica*	N							N, H			h	N, H	h
457. „ *personata*		n	n	N, tr	N, tr, h	N, tr, h	r, n, h	n	h	h		rh	h
458. „ *ocularis*							rh						
459. *Calobates [illegible]a*	n	N		N, hr	n, h, tr			n, h, tr	n, h	h		N, h, tr	h, tr
460. „ *[illegible]a melanope*		tr											
461. *Budytes citreolus*		tr		tr	tr	tr	tr	tr					
462. „ *ci[illegible]us werae*						r, tr	r, tr						
463. „ *citreoloides*				ea	tr	tr							
464. „ *citreoloides iranicus*						n	n	N	n				
465. „ *flavus*		tr		tr	tr	tr	tr	tr	tr		tr		tr
466. „ *flavus beema*		Tr		Tr	Tr	Tr	Tr	Tr	tr				
467. „ *flavus leucocephalus*					r, tr	r, tr							
468. „ *[illegible]us [illegible]realis*		Tr		tr	tr	Tr	Tr	tr	tr				
469. „ *campestris*		tr, n		r, tr	r, tr	r, tr			ea				
„ *campestris* × *B. melanocephalus*		a											
470. „ *melanocephalus*	n	n, tr	n	n, tr	n, tr	N, tr	N, tr	n, tr	tr, n	n	tr, h	n, tr	h, tr
471. „ *melanocephalus melanogriseus*				tr	tr	Tr	Tr	tr	tr	tr			
472. „ *melanocephalus xanthophrys*		tr											
473. „ *r[illegible]dei*		tr	tr?	tr									

Vogelname	Nordwestliches Gebiet	Südkaspisches Gebiet	Chorassanisches Gebiet: Atreksche Subregion	Chorassanisches Gebiet: Nördlicher Teil	Chorassanisches Gebiet: Südlicher Teil	Parapamisisches Gebiet	Seistanisches Gebiet	Kuhistan-Kermanisches Gebiet	Beludschistanisches Gebiet: Nördlicher Teil	Beludschistanisches Gebiet: Südlicher Teil	Litorale des Persischen Golfs u. Arabischen Meers	Zagrossisches Gebiet	Mesopotamisches Gebiet
474. *Cinnyris brevirostris*									n	S	S		
475. *Certhia familiaris persica*		S											
„ spec.?												s	
476. *Tichodroma muraria*		N, h reh		N, h	n, h	tr, h		n, s?				s	
477. *Troglodytes parvulus*													
478. „ *parvulus subpallidus*				S	s	tr?, h							
479. „ *parvulus zagrossiensis*												S	
480. „ *parvulus hyrcanus*	s	S											
481. *Aegithalus tephronota*		S											
482. „ *tephronota passekii*												S	
483. *Poecile lugubris hyrcanus*		S											
484. „ *lugubris persica*												S	
485. *Periparus phaeonotus*		S		S	s			s				S	
486. *Cyanistes ceruleus raddei*		S											
487. „ *coeruleus satunini*	s			S	s								
488. „ *coeruleus persicus*												S	
489. *Parus major karelini*		S											
490. „ *major blanfordi*	S												
491. „ *major zagrossiensis*												S	h

492. „ *major jitnikowi*			S	s									
493. „ *major transcaspius*				S	s			s					
494. „ *major bokharensis*						S							
495. *Panurus biarmicus russicus*		S				n	; S		n	n			
496. *Anthoscopus pendulinus*	n											tr	h, tr
497. „ *pendulinus caspius*		tr, n			tr							tr	h, tr
498. „ *pendulinus jaxartensis*						Tr	tr, h	tr	tr, h	tr, h			
499. „ *pendulinus stoliczkae*						tr	tr, h	tr	tr, h	tr, h			
500. „ *atricapillus*						rn., Tr	rn, Tr, H	Tr	tr, H	tr, H			
501. „ *macronyx*						s							
502. „ *macronyx nigri[illegible]ns*							S						
503. „ *macronyx [illegible]s*		S											
504. *Sitta neumayeri r[illegible]pa*	S	S											
505. „ *neumayeri tschitscherini*												S	s
506. „ *syriaca teph[illegible]ta*				S	S			s					
507. „ *[illegible]a dresseri*												S	s
508. „ *[illegible]a obscura*	S	S						s	S	S			
509. „ *r[illegible]ea persica*												S	
510. „ *[illegible]a [illegible]sa*		S											
511. *Corvus c[illegible]x*	s	S		S	s	h	h	nr	h, ea			h	
512. „ *c[illegible]x [illegible]i*					n			S	S	s	h	S	s
513. „ *umbrinus*						n	h, ea	s	S	S	h	n?	
514. „ *macrorhynchus*						N	n						
515. „ *corone*		n			n?, ea	N							
516. „ *cornix*		S, h	h										

Vogelname	Nordwestliches Gebiet	Südkaspisches Gebiet	Chorassanisches Gebiet: Atreksche Subregion	Chorassanisches Gebiet: Nördlicher Teil	Chorassanisches Gebiet: Südlicher Teil	Parapamisisches Gebiet	Seistanisches Gebiet	Kuhistan-Kermanisches Gebiet	Beludschistanisches Gebiet: Nördlicher Teil	Beludschistanisches Gebiet: Südlicher Teil	Litorale des Persischen Golfs u. Arabischen Meers	Zagrossisches Gebiet	Mesopotamisches Gebiet
517. *Corvus cornix sharpii*	s			S	s	h	h	h, n				S	h
518. „ *[illegible]us*												S	S
519. *Tympanocorax frugilegus*		h, tr	tr, h	tr	tr	tr, h	H	tr, h				n, H	H
520. „ *frugilegus tschusii*	N	N	?	?	?	?	?	?	?	?	?	?	?
521. *Colaeus monedula collaris*	s	s	s	n, h	n, h	h, tr	h	s				n	
522. *Pyrrhocorax alpinus*		N, h		n, h								n, h	
523. *Fregilus graculus*	s	S		S	s		h	s	s			S	
524. *Pica pica*	s	S	h	S	s		h, n?	s	h?	h?		n, h	
525. „ *pica bactriana*			n	n		S	h?, n?	n	h?	h?			
526. *Garrulus hyrcanus*		S											
527. „ *caspius*		rs											
528. „ *atricapillus*												S	
529. *Nucifraga caryocatactes*		rr, h											
530. *Podoces pleskei*							rr, s	S	r, s	r, s			
531. *Sturnus vulgaris*				tr, h									
532. „ „ *[illegible]dius*		tr, h	h	tr, h	tr, h	tr, h		tr, h				tr, h	tr, h
533. „ „ *menzbieri*				tr, h	tr, h			tr, h				t, hr	tr, h
534. „ „ *poltoratzkyi*				tr, h?	tr, h	tr, h	h	tr, h					
535. „ *minor*								ae	r,n?,h?				

536.	„ *humii*							r, n?						
537.	„ *caucasicus*	n	n		n,tr,h	n,tr,h			r, n				n,tr,h	h, n?
538.	„ *nobilior*		n, tr	n	tr, n	tr, rn	tr, h	H	tr, h					
539.	„ *porphyronotus tauricus*				rr, tr									
540.	„ „ *harterti*				tr, h?	tr,rn,h	tr, h	H	tr, h					
541.	„ „ *johanseni*					n,tr,h	tr, h	H	tr, h					
542.	„ *purpurascens*	n			tr, h?	tr, h	tr	H					h	
543.	*Pastor roseus*	n, tr	n, tr	tr	n, tr	n, tr	Tr	tr	n, tr	r, tr	r, tr		n, tr	
544.	*Acridotheres tristis*										S	s		
545.	*Oriolus oriolus*	n, tr	n, tr		n, tr	n, tr	tr	tr	n, tr				n, tr	
546.	„ *kundoo*						rr,etr							
547.	*Dicrurus ater*										n			
548.	*Hirundo rustica*	n, tr	n, tr	n, tr	n, tr	n, tr	n, tr	n, tr	n, tr	n, h	n, h	n, tr	n, tr	h, tr
549.	„ *rufula*				tr, n?					N, h	N, h		N, tr	h, tr
550.	*Chelidon urbica*	n	n, tr		N	n			n	n			n, tr	
551.	*Cotile riparia*	n, tr	n, tr		tr	tr	tr	N, tr	tr, rn	tr	tr	tr	n, tr	tr
552.	*Ptyonoprogne rupestris*	n	n		N	n			n	n, h			n	
553.	„ *obsoleta*								n	N, h	N, h	h	n	tr
554.	*Siphia parva*	tr	N, tr	tr	N, tr	n, tr	tr	rh	n?, tr	tr			h	
555.	*Hedymela atricapilla*		tr									tr	tr	
556.	„ *semitorquata*		N, tr		n									
557.	„ *collaris*	rr, tr												
558.	*Muscicapa striata*	tr, n	tr, n											
559.	„ *striata sibirica*	tr, n?	tr, n?		n, tr	n, tr	tr	tr	n, tr	n, tr	tr		n	
560.	*Bombycilla garrulus*		r, h	h	r, h	r, h								
561.	*Hypocolius ampelinus*											N		N, h
562.	*Otomela b[illegible]us*				tr	tr	tr	tr, h			h		tr	h
	Otom. isabell. speculigera				tr	tr	tr	tr, h	tr	tr, h	tr, h			h

Vogelname	Nordwestliches Gebiet	Südkaspisches Gebiet	Chorassanisches Gebiet: Atreksche Subregion	Chorassanisches Gebiet: Nördlicher Teil	Chorassanisches Gebiet: Südlicher Teil	Parapamisisches Gebiet	Seistanisches Gebiet	Kuhistan-Kermanisches Gebiet	Beludschistanisches Gebiet: Nördlicher Teil	Beludschistanisches Gebiet: Südlicher Teil	Litorale des Persischen Golfs u. Arabischen Meers	Zagrossisches Gebiet	Mesopotamisches Gebiet
Otomela isabellinus salina								e?, tr?					
563. „ *phoenicuroides*	n			N, tr	N, tr	tr	tr	n, tr	n, tr	tr, h		n, tr	h
564. „ „ *caniceps*				tr	tr	tr	tr	rn, tr					h
565. „ „ *varia*				n, tr	tr							tr	
566. „ *bogdanowi*		n											
567. „ *eleagni*				tr								tr	
568. „ *raddei*		n		n									
569. *Enneoctonus collurio*	tr, n	tr, n									tr	tr, n?	
570. „ *collurio fuscatus*	tr, n	n			tr	tr					tr	n ?	
571. *Caudolanius erythronotus*				N, tr	n, tr								
572. *Collurio vittatus*						n, tr			n, tr	N, tr?			
„ spec.?										n			
573. *Leucometopon nubicus*											tr	N, tr	tr
574. *Phoneus senator*	tr, rn	n											
575. „ *senator niloticus*									n	n	tr	N, tr	tr, rh
576. *Lanius minor*	n, tr	n		N, tr	tr	tr		tr				n, tr	
577. „ *lathora*								rea	rn, s?	rn, s?			
578. „ *aucheri*					rn		rn	n	S	S	S	S	h
579. „ *pallidirostris*	n			N, tr	tr	tr	tr, h	N	n, tr	n, h?	h	tr	h
580. „ *przewalskii*				rh				rh					

581. „ *homeyeri*		rh											
582.? „ *assimilis*					tr		h		h			tr	h, tr
583. *Cettia cetti*		tr, n									h		
584. „ *cetti cettioides*	n?			N	n	h, tr	H		h			n, h	
585. „ *cetti* [illegible]*vi*						?h, ?tr							
586. *Potamodus fluviatilis*		ea, tr											
587. „ *luscinioides*		rtr											
588. „ „ *fusca*				tr	tr	tr							
589. *Locustella naevia straminea*		tr		tr	tr	tr		e, tr					
590. *Lusciniola melanopogon* [illegible]*a*		n, h	h			n	S		s	s, h			
591. *Acrocephalus arundinaceus*	tr, n	n, tr		tr							tr	tr	h, tr
592. „ *arundinaceus zarudnyi*						n?, tr	tr						
593. „ *stentorea* [illegible]*ns*	n, tr			n, tr	tr	n, tr	N, tr, h	n, tr	n, tr	n, tr	h	n, tr	h
594. „ *strepera macronyx*	n, tr	N, tr			tr	n, tr	n, tr	tr?, n		tr, n?		tr, n	h, tr
595. „ *palustris*	tr			r, tr	r, tr	r, tr					tr	n?, tr	tr
596. „ *agricola*				rn, tr	tr	n, tr	N	tr	tr				
597. „ *dumetorum*		n, tr		n, tr	tr	tr	n, tr	tr					
„ *dumetorum affinis*						tr							
598. „ *schoenobaenus*		tr											
599. *Hippolais icterina*	tr	tr, n		tr			ea			h			
600. „ *olivetorum*	etr	rn											
601. „ *languida*					tr, n	tr, n	tr, n	N, tr	ea	h?, tr		n, tr	h, tr
602. „ *pallida*	n, tr	n, tr		tr	rn, tr	rn, tr	rrn, tr	n, tr	rn, tr	n, h		n, tr	n, tr
603. „ *o*[illegible]*ca*												tr, h	

Vogelname	Nordwestliches Gebiet	Südkaspisches Gebiet	Chorassanisches Gebiet: Atreksche Subregion	Chorassanisches Gebiet: Nördlicher Teil	Chorassanisches Gebiet: Südlicher Teil	Parapamisisches Gebiet	Seistanisches Gebiet	Kuhistan-Kermanisches Gebiet	Beludschistanisches Gebiet: Nördlicher Teil	Beludschistanisches Gebiet: Südlicher Teil	Litorale des Persischen Golfs u. Arabischen Meers	Zagrossisches Gebiet	Mesopotamisches Gebiet
604. *Hippolais rama*	n, tr	n, tr	n, tr	N, tr	N, tr	N, tr	N, tr	N, tr	n, tr	tr, h ?		n, tr	
605. „ *caligata*		tr, n??		tr	tr	tr	tr	tr	tr	tr			
606. *Sylvia nisoria*		tr, n?										tr	
607. „ *nisoria merzbacheri*						tr, n ?							
608. „ *hortensis*		n											
609. „ *hortensis crassirostris*				N, tr	N, tr			n, tr	n, tr	n, tr		N, tr	
610. „ *borin*	tr	tr, n?		tr						tr	tr	tr	h
611. „ *atricapilla*	tr	tr, n									tr, h	tr	h, tr
612. „ *communis*	tr	tr		tr	tr				r, tr			tr	
613. „ *communis icterops*	tr, n ?	tr, N		N, tr	n, tr	tr	tr	n, tr	n ?, tr	tr, h ?		tr	tr
614. „ *curruca*	tr	n, tr		tr	tr				tr			tr, n	h, tr
615. „ *curruca halimodendri*				tr	tr	Tr	tr, h	tr, h	tr, h	tr, h			
616. „ *curruca minula*		h, rn		rn, tr	tr	n, tr	tr, h, n?	tr, h	n, tr, h	tr, h			
617. „ *curruca margelanica*							n, h	rtr, h	rtr, h,				
618. „ *curruca affinis*		rn, tr		tr, rn	tr	Tr	tr, h	tr, h	tr, h				
619. „ *althea*		n	tr	N, tr	n, tr	n, tr	tr	n, tr	tr, n	h		N, tr	h, tr
620. „ *nana*					n, tr, h	n, tr	tr, h	N, tr, h	n, tr h,	h	h	tr, n	H, tr
621. „ *momus semenowi*											h	N	H
622. „ *mystacea*	n, tr	N	tr	n, tr	n, tr	n, tr	tr	n, tr	tr	tr	h	n, tr	h
623. „ spec.?													h

624. *Agrobates familiaris*	h, tr	n, tr	n, tr	n, tr	n, tr	n, tr	n, tr	n, tr	n, tr	n, tr	n, tr	n, tr	n, tr
625. „ *[illegible]s syriaca*												rr, er	rr, er
626. *Phylloscopus collybita*		rtr, n?										rtr	rtr
627. „ *collybita [illegible]ietina*	tr	tr, h	tr	r, tr	r, tr			tr		h	h	tr, h	h, tr
628. „ *tristis*		tr, h		tr	tr	tr	tr, h	tr, h	tr, h	tr, h	h	tr, h	h
629. „ *trochilus*	tr	tr											
630. „ *trochilus evers- [illegible]nni*		tr		tr	tr		tr, h			tr		tr, rh	h
631. „ *sibilatrix*		tr, r											
632. „ *sindianus*				tr	tr					h			
633. „ *[illegible]dii*												tr	
634. „ *neglectus*				N, tr	n, tr			n, tr	n, h	h	h	n, h	h
36. *[illegible]e viridanus*		tr		e, tr	etr			e, tr					
636. „ *nitidus*	n	N, tr		N, tr	n, tr	n, tr		tr					
637. *Regulus tristis*						rh							
638. „ *regulus hyrcanus*		n											
639. *Scotocerca inquietus platyura*			s	s	s	s							
640. „ *inquitus striatus*	s	s					rs	S	S	S		s	
641. *Prinia lepida*							S	rs	S	S	s	s	s
642. *Crateropus caudatus huttoni*							S	s	S	S	s	s	
643. „ *[illegible]s altirostris*											S	s	S
644. *Myiophoneus temmincki*								r, eh					
645. *Molpastes leucotis*							S		S	S	s	s	s
646. *Cinclus cinclus persicus*												S	
647. „ *cinclus caucasicus*	s	S		S	s				h				
648. *Accentor collaris hypanis*		N		n									
649. *Sperm:legus ful[illegible]s*				ea									

Vogelname	Nordwestliches Gebiet	Südkaspisches Gebiet	Chorassanisches Gebiet			Parapamisisches Gebiet	Seistanisches Gebiet	Kuhistan-Kermanisches Gebiet	Beludschistanisches Gebiet		Litorale des Persischen Golfs u. Arabischen Meers	Zaragossisches Gebiet	Mesopotamisches Gebiet
			Atreksche Subregion	Nördlicher Teil	Südlicher Teil				Nördlicher Teil	Südlicher Teil			
650. *Spermolegus ocularis*	n	N		tr, n								tr,n, h	
651. „ *atrigularis*		tr	tr	tr	tr	tr	tr, rh	tr	rh				
652. *Prunella modularis*		tr, h?											
653. „ *modularis blanfordi*												n	
654. „ *modularis orientalis*	h	n, h											
655. *Turdus merula*		h											
656. „ *merula syriaca*	n	N		N	n			n	rn			n, h	
657. „ *torquata*		e, rr, tr											
658. „ *torquata orientalis*	n	N		N	n			rn					
659. „ *atrigularis*		tr, ea	tr	tr	tr	tr	rh	tr, h	r, h	r, h		tr, h	tr, h
660. „ *atrigularis relicta*		rr, tr											
661. „ *viscivorus*		h, N		h									
662. „ *viscivorus bonapartei*				N,(s)	n,(5)							h	
663. „ *musicus*		tr, N, h		tr							h, tr	n?,tr, h	h, tr
664. „ *iliacus*		n?, h		e, tr								h	
665. „ *pilaris*		h		tr, h								h	

666.? *Oreocincla varia*	+												
667. *Dandalus* [illegible]*la*		h, tr		eh,etr	eh,etr							h	h
668. „ [illegible]*la cau-*[illegible]*sis*		h										h	h
669. „ *rubecula hyr-*[illegible]*us*		N, h									h	h	h
670. *Daulias philomela*		tr		rr, n, tr	tr				r, tr		h		h
671. „ *hafizi*	N	N		N, tr	N, tr	n, tr	n	N, tr				n	h
672. „ *luscinia*											h		
673. *Cyanecula suecica*		tr, r											h
674. „ [illegible]*a pallidogularis*		tr		rr, n, tr	tr	tr, n?	tr, h	tr	tr, h	tr, h		tr	h
675. „ [illegible]*a*		n									h		
676. „ *leucocyana* [illegible]*a*												n	
677. *Irania gutturalis*		n		n, tr	N, tr	tr		tr, n			tr	N, tr, h	tr, h
678. *Ruticilla erythronota*		h, tr		tr	tr	tr	tr, h	tr, h	tr, h	h	h	tr, h	h
679. „ *phoenicurus*		tr		tr	tr	r, tr	r, h, tr	tr			h	tr, h	h, tr
680. „ *semenowi*		N										n, h	h
681. „ [illegible]*ca*		N		n				n			h	tr, n	h, tr
682. „ *erythrogastra*		n, s?											
683. „ *rufiventris*		n, tr		N, tr	tr, n	tr	h	n, tr	n, h	h	tr, h	tr, h	h
684. „ *titys*												tr	tr
685. „ *ochrurus*		n										n, h	h
686. *Monticola saxatilis*	n	n		N	n			n	n	n	tr	n, h	tr, h
687. „ *cyanus*	n	N		N	n		n	n	n	n		N, h	n, tr
688. *Pratincola rubetra*		tr, n?		r, tr									r, h, tr
689. „ *noskae*												r, tr	r, tr
690. „ *caprata*				n, tr	n, tr	n, tr	N, tr	tr, n	n, tr	N		e, tr	e, tr

Vogelname	Nordwestliches Gebiet	Südkaspisches Gebiet	Chorassanisches Gebiet: Atreksche Subregion	Chorassanisches Gebiet: Nördlicher Teil	Chorassanisches Gebiet: Südlicher Teil	Parapamisisches Gebiet	Seistanisches Gebiet	Kuhistan-Kermanisches Gebiet	Beludschistan-Gebiet: Nördlicher Teil	Beludschistan-Gebiet: Südlicher Teil	Litorale des Persischen Golfs u. Arabischen Meers	Zagrossisches Gebiet	Mesopotamisches Gebiet
691. *Pratincola* [illegible]*la*												h, tr, n	H, n?
692. „ [illegible]*a*	tr, n?	n, tr		n, tr	n, tr	tr	r, tr	r, tr	r, tr	h		tr, n?	
693. „ *hemprichi*	n, tr	tr									h, tr	tr, n	tr, h
694. *Saxicola* [illegible]*he*	n, tr	tr, n		N, tr	n, tr	tr	h	n, tr	n, h	h	h, tr	n, h, tr	h, tr
695. „ *isabellina*	n	n	n	n, tr	n, tr	n, tr, h	n, h	tr, h	n, h	n, h	h	n, tr, h	h, n
696. „ [illegible]*gia*	n	n, tr		N, tr	n, tr		h	n, tr	n, h	h	h	n, h, tr	h, tr, n?
697. „ *deserti*	n	tr		n, tr	n, tr	n, tr	tr, h	tr, h, n	n, tr, h	tr, h	h, tr	n, h, tr	h, tr
698. „ [illegible]*na*				tr	tr	tr	h, tr	rn, tr	h	h	h	rh	hr
699. „ *finschi*	n	n, hr		n, tr	n, tr	n	h	n, tr, h	h			h, tr, n	h
700. „ [illegible]*hi turanica*				n, tr	n, tr	tr	h	[illegible]h	h			h, tr	h
701. „ [illegible]									n?, tr?	n?, tr			
702. „ [illegible]*s*												e, tr	e, tr
703. „ *persica*	rn							n	n, tr	h		tr, n	tr
„ *persica* × *S.* [illegible]*ii*												tr	
704. „ [illegible]*ygia*													e, tr?
705. „ *i*[illegible]*a*					r, tr	tr							
706. „ [illegible]*a*												tr, n	tr, n
707. „ [illegible]*a* [illegible]*mingi*											tr	tr, n	tr, n

708. „ *capist[illegible]a*					tr			rn, tr	**r**, tr				
709. „ *picata*		rrn?		N, tr	N, tr	tr		n, tr	**n**, tr	n,tr,h		n,tr,h	tr
710. „ *albonigra*							h	N, s	**N**, h	N, h	h	h, n	**h**
711. „ *morio*	n, tr	**tr**, n'	tr	N, tr	n, tr		tr	tr, n	**tr**, n	tr		n,tr,h	h, **tr**
712. „ *vittata*		n			rn, rtr	r, tr	e, tr?	r, tr, n?					tr
713. „ *[illegible]di*		n										n	tr
„ *[illegible]a × S.*													
[illegible]di		a										a	
714. „ *[illegible]phileuca*	n	N										N, hr	tr
715. „ *[illegible]a*	n, tr	N			r, tr			rn, rtr				N, tr	tr
„ *[illegible]a ×*													
S. gaddi		rra!											
716. „ *[illegible]a*							rh	n, h	N, h	h		h	

Ergänzung L

		Anmerkung.
716.	*Podiceps minor* Briss.	No. 100.
717.	*Colymbus arcticus* L.	„ 101.
718.	„ *septentrionalis* L.	, 102.
719.	*Sterna tibetana* Saund.	„ 103.
720.	*Grus sp.?* (an *leucauchen* Temm.?)	„ 104.
721.	*Monticola cyanus transcaspicus* Hart.	„ 105.

Anmerkungen.

No. 1—2. *Podiceps auritus* L. Ist persönlich von mir in dem zagrossischen Gebiet nicht gefunden. Wird für letzteres auf Grund der Mitteilung von Blanford, nach dessen Aussage St. John diesen Taucher im Winter sehr häufig auf dem See Kasrun beobachtete, angeführt. Möglich, dafs diese Beobachtung sich, wenn auch nur teilweise, auf *Podiceps auritus korejewi* Zar. & Loud. bezieht; diese Form erlegte ich an einem anderen Ort desselben Gebiets.

No. 3. *Nyroca spec.?* Konnte von mir nicht erbeutet werden.

No. 4. *Oidemia fusca* L. Angeführt für das nordwestliche Gebiet nach den Worten Blanfords, welcher auf De Filippi, der diese Ente bei Täbris gefunden haben soll, hinweist.

No. 5. *Oidemia nigra*, L. In meinem Besitz befinden sich die Bruchstücke des Balges eines im Winter am Kaspischen Meer, zwischen der Mündung des Gurgen und Gijas, erlegten Exemplars.

No. 6. *Melanonyx arvensis sibiricus* Alpher. Halte meine Bestimmung für vollkommen richtig.

No. 7. *Rufibrenta ruficollis* Pall. Führe mit grofsem Zweifel diese Gans für das zagrossische Gebiet an. H. F. Witherby (Ibis, 1903 p. 563) schreibt über diese Gans: „A brightly coloured Goose is fairly common at Dasht-i-arjan.[1]) They are excessively wild, and everyone with a rifle shoot at them, but they are very rarely hit, I beliwe. I was told, however, that tey had greatly decreased in numbers at this place. — I could not obtain a specimen, nor could Major St. John; but Dr. Blanford puts the bird down as of this species, and I think that he is correct. It as a loud trumpeting note.“ — Ich meine, dafs sowohl Witherby als auch St. John in diesem Falle nicht die Rothalsgans, aber ganz einfach die Brandgans (*Vulpanser tadorna*) beobachteten. . . .

No. 8. *Botaurus stellaris* L. Herr S. Buturlin unterscheidet unter dem Namen *Botauris stellaris orientalis* Buturl. die Rohrdommel aus dem östlichen Sibirien, wobei er als ein ständiges Unterscheidungsmerkmal die rosa-isabellfarbene

---

[1]) In Farsistan.

Tönung der Grundfärbung der Axillar- und der unteren Flügeldeckfedern hält (bei dem typischen europäischen Vogel haben die genannten Federn eine blafs ockergelbe Grundfärbung). So gefärbte Rohrdommeln wurden, gemeinsam mit den gewöhnlichen, von mir im Winter im Seistan (und Turkestan), wenn auch selten, gesammelt

No. 9. *Ardea goliath* Cretsch. Ich kann die Angabe Blanfords, dafs dieser Reiher im südlichen Beludschistan im Tal des Flusses Rud-i-Bampur vorkommt, nur bestätigen.

No. 10. *Dissura episcopus* Bodd. Ich beobachtete eine aus drei Stück bestehende Gesellschaft am 6. III. 1901 in der Gegend Kutsché (Beludschistan).

No. 11—12 *Ciconia alba* Bechst. Wurde von mir, als seltener Wintervogel, noch bei dem Dorf Tis am Makranschen Ufer wahrgenommen. *Ciconia alba asreth* Sev. ist, mit einigem Zweifel, als seltener Brutvogel für das seistanische Gebiet angeführt: möglich, dafs hier die typische Form nistet.

No. 13. *Ibis religiosa* Cuv. Wird auf Grundlage der Mitteilung K. A. Satunins [Mater. z. Kennt. d. Vögel d. Kauk. Gebiets. (Russisch)] aufgezählt.

No. 14. *Pelecanus crispus* Bruch. Für das zagrossische Gebiet mir nur als Wintervogel bekannt. W. T. Blanford (East. Persia) beobachtete auch im Sommer hier (in Farsistan) irgendwelche Pelikane.

No. 15. *Pelecanus minor* Rüpp. Wird in die Fauna Persiens nach Dr. G. Raddes (Ornis Caucasica) Angaben aufgenommen.

No. 16. *Oceanites ocenaicus* Kuhl. Von mir am 12.—14. III. 1901 bei dem Port Tschachbar gefunden.

No. 17. *Rhynchops albicollis* Swains. Erbeutet von mir am 1. III. 1901 im Tal des Flusses Rud-i-Sarbas (Süd-Beludschistan).

No. 18. *Chroicocephalus ridibundus* L. Als Sommervogel für das nordwestliche Gebiet wird auf Grund der Angabe Dr. Zugmayer's (Ornithol. Jahrb., 1906, p. 18) angeführt.

No. 19. *Larus canus niveus* Pall. Nach ihren Mafsen fallen die von mir erbeuteten Exemplare mit den grofsen Vertretern dieser Form zusammen.

No. 20. *Larus cachinans* Pall. In dem nordwestlichen Gebiet von Dr. Zugmayer (l. c.) gefunden, der ohne Zweifel gerade diesen Vogel unter der Bezeichnung *L. argentatus* Brünn. angeführt.

No. 21. *Sterna albigena* Licht. Von mir am 16. III. 1901 am Makranschen Ufer (Tis) erlegt.

No. 22. Siehe die Anmerkung No. 103.

No. 23. *Sterna minuta innominata* Zar. & Loud. Fragliche Form, welche ich aber mit keiner anderen Form der Zwergseeschwalbe vereinigen kann.

No. 24. *Sterna sinensis* Gm. Von mir in einem Stück am 26. V. 1901 in Seistan erbeutet.

No. 25. *Sterna anaestheta* Scop. Persönlich nicht beobachtet. Nach Blanford (Fauna Brit. India, V. IV, p. 323) nistet am Persischen Golf. Die Bälge zweier, im Sommer in der Nähe der Mündung des Karun, erlegter Exemplare sah ich in der Stadt Mohammera.

No. 26. *Gallinago major orientalis* Zar. Beschrieben von mir in der Zeitschrieft „Semja Ochotnikow", 1901, No. 1.

No. 27. *Gallinago solitaria* Hodgs. Nistet, beinahe ohne Zweifel, in dem Elburs-Gebirge.

No. 28. *Gallinago gallinago raddei* Buturl. Überall seltener als die typische Form.

No. 29. *Oedicnemus oedicnemus* L. In den östlichen und südlichen Teilen Persiens kamen häufig Exemplare, die einen Übergang zu *O. indicus* Salvad. vermittelten, vor.

No. 30. *Otis tarda* L. Möglich, dafs die Beobachtungen aus dem östlichen Persien in vielen Fällen nicht der typischen Form angehören, sondern sich auf *O. tarda korejewi* Zar. beziehen.

No. 31. *Grus grus* L. Die seistanischen und parapamisischen Kraniche, sowohl diejenigen, welche ich in den Händen, als auch die, welche ich die Möglichkeit aus der Nähe zu betrachten hatte, schienen mir oftmals viel blasser, als die typischen zu sein und hatten nicht so dunkle Sekundärschwingen wie diese letzteren. Möglich, dafs sie die Form *Grus grus lilfordi* Sharpe repräsentierten.

No. 32. ? *Prophyrio caeruleus* Vand. Oft hörte ich von den karunschen Arabern, dafs in den Sümpfen der Oase Chauwiseh, in dem Überschwemmungsgebiet des Flusses Kercha, Sultanshühner vorkommen sollen. Sie wurden mir so eingehend beschrieben, dafs kein Zweifel obwalten konnte, dafs die Rede von Sultanshühnern war. Wahrscheinlich werden diese Vögel der genannten Form angehören.

No. 33. *Pterocles alchata sewerzowi* Bogd. Zur Zeit kann ich nicht entscheiden, nistet in Beludschistan diese Form, oder *P. alchata bogdanowi* Zar.

No. 34. *Columba livia* Briss. Möglich, dafs man für die Tauben aus den Städten Schuster und Disful, aber auch aus den benachbarten Teilen des zagrossischen Gebiets den Namen *C. plumipes* Gray wird anwenden müssen.

No. 35. *Streptopelia douraca* Schleg. Blanford (East. Persia) erwähnt für Persien *Turtur senegalensis*, wobei er diese Art nach der Angabe von Eichwald aufnimmt, aber zugleich seinem Zweifel Ausdruck verleiht. Ohne Rede mufs *Turtur senegalensis* aus dem Verzeichnis der Vögel Persiens, sowie aller Gegenden, die das Kaspische Meer umgeben, gestrichen werden.

No. 36. *Turtur turtur grigorjewi* Zar. & Loud. Fragliche Form, welche ich aber noch nicht mit *Turtur arenicola* Hart. zu vereinigen mich entschliefsen kann.

No. 37. *Aquila amurensis* Swinh. Zwei von mir erbeutete Exemplare kann ich ich nur zu dieser Form ziehen.

No. 38. *Aquila orientalis* Cab. Für das nordwestliche Gebiet nach Dr. Zugmayers Angaben angeführt.

No. 39. *Aquila naevia* Meyer. Persönlich habe ich diesen Vogel nicht beobachtet. Wird in die Avifauna Persiens auf Grund der Mitteilung Ménétris (Cat. raison.), der ihn in den Bergen bei Talysch, folglich an der persischen Grenze, gefunden hat, eingeführt.

No. 40. *Milvus ater* Gm. Sowohl zur Brut-, als auch zur Zugzeit begegnete ich Milanen mit schwacher Entwicklung der rostfarbenen Tönung auf dem Bauch, aber auch solchen, bei denen diese Tönung sehr stark hervortrat. Die Milane mit lezterer Eigenheit werden von S. A. Buturlin unter der Benennung *M. ater rufiventris* Burturl. abgesondert. Die Selbständigkeit dieser Form kann ich noch nicht anerkennen.

No. 41. *Milvus melanotis* Temm. & Schleg. Möglich, dafs ein Teil meiner Beobachtungen sich auf *Milvus ferghanensis* Burtl. beziehen wird. Ich möchte nur bemerken, dafs alle Exemplare, die ich in den Händen hatte, sich in Nichts von órenburger Stücken unterschieden.

No. 42. *Buteo vulpinus* Licht. Zwei Exemplare, die ich in dem südkaspischen Gebiet erbeutete, besitzen alle Merkmale, die der Form *B. menetriesi* Bogd. eigentümlich sind.

No. 43. *Gennaia hendersoni* Hume. Für das zagrossische Gebiet auf Grund der Angabe Witherbys (Ibis, 197, p. 76) angeführt; derselbe berichtet über ein bei der Stadt Kermanschach am 27. V. erlegtes Exemplar.

No. 44. *Gennaia lanarius* L. Wird von Blanford mit einem Zweifel angeführt. Aus dem Verzeichnis der Vögel Persiens von mir gestrichen.

No. 45. ? *Falco barbarus* L. Nirgends in Persien von mir beobachtet. Von Blanford für das nordwestliche Gebiet angeführt, er fügt aber ein Fragezeichen bei.

No. 46. *Strigiceps cineraceus* Mont. In dem parapamisischen, seistanischen und beludschistanischen, aber auch in den östlichen Teilen des chorassanischen und kuhistan-kermanischen Gebiets begegnete ich oft der Form *St. cineraceus abdullae* Floericke. Bemerken möchte ich, dafs in den östlichen Teilen Persiens ich viel öfter, als in den westlichen Teilen, Weihen erbeutete. Möglich, dafs in diesen letzteren die genannte Form auch keine Seltenheit ist.

No. 47. *Bubo bubo* L. In dem zagrossischen Gebiet kommt aufser *Bubo bubo nikolskii* Zar. noch eine grofse Form des Uhus vor. Den Uhu aus dem beludschistanischen Gebiet, welchen ich früher für *B. bubo turcomanus* Eversm. hielt, bin ich geneigt, heute für *B. bubo nikolskii*[1]) zu erklären.

No. 48. *Nyctea scandiaca* L. Anfang III. 1903 erbeutete der Beamte des Fischereigewerbes am Kaspischen Meer Herr Paul ein Exemplar, dieses für Persien seltenen Vogels, in Hadshi-Nefes an der Mündung des Flusses Gurgen.

No. 49. *Pisorhina scops* L. Ich behalte diese Benennung nur deshalb bei, um anzudeuten, dafs in den mit ihr vermerkten Teilen Persiens Zwergohreulen vorkommen, welche man nicht als *Pisorhina semenowi* Zar. & Härms, *P. scops pulchella* Pall. und *P. scops zarudnyi* Tschusi ansprechen kann.

No. 50. *Alcedo ispida* L. Unter diesem Namen bergen sich bei mir mehrere Formen des Eisvogels; ich werde dieselben in einer ausführlichen Arbeit abhandeln.

No. 51. *Upupa indica* Reichb.? Nach meiner Meinung besitzen die erbeuteten Exemplare alle charakteristischen Merkmale des indischen Wiedehopfs. In keinem Fall können sie als zu *U. epops* L. oder *U. epops loudoni* Tschusi gehörig bezeichnet werden.

No. 52. *Cypselus melba* L. Möglich, dafs die von mir erlegten Exemplare der Form *C. melba tuneti* Tschusi angehören.

No. 53. *Caprimulgnus unwini* Hume. Die seistanischen, aber insbesondere die beludschistanischen Exemplare mufs man, wie es mir scheint, zu der von mir in Vorschlag gebrachten Form *C. europaeus sewerzowi* Zar. ziehen.

No. 54. *Ammomanes deserti orientalis* Zar. & Loud. Das Verbreitungszentrum dieser Form befindet sich, soviel mir bis jetzt bekannt ist, im östlichen Buchara.

No. 55. *Pseudalaudula minor* Cab. Die von mir gesammelten Exemplare stimmen in aller Beziehung mit Stücken aus Palästina, die bei Jericho gesammelt sind, überein. Die Palästina Vögel habe ich von K. N. Dawydow erhalten.

No. 56. *Melanocorypha calandra psammochroa* Hart. Wahrscheinlich mit dieser Form wird *M. calandra raddei* Zar. & Loud. zusammenfallen.

No. 57. *Hylaespiza cia par* Hart. Die Stücke aus den westlichen und südwestlichen Teilen Persiens bilden in mancher Hinsicht oft einen Übergang zur typischen *H. cia* L.

No. 58. *Cynchramus schoeniclus tschusii* Reis. & Almásy. Auf Grund der von mir gemachten Funde vereinige mit dieser Form Blanfords „*Emberiza intermedia* Michahelles“ und Witherbys (Ibis, 1903, p. 520) „*Emberiza palustris* Sav.“

---

[1]) Zwei Exemplare aus Beludschistan, und zwar aus dem südlichen Teil, wurden von mir nach Tring gesandt; ihr Schicksal ist mir unbekannt.

No. 59. *Carduelis carduelis volgensis* Buturl. In das mesopotamische und ihr angrenzende Teile des zagrossischen Gebiets auf Grund der Angaben des Herrn Witherby (l. c.) eingeführt.

No. 60. *Serinus* spec.? Irgend eine Art dieser Gattung wurde von mir in dem zagrossischen Gebiet (Dorf Sarchun, 8. IV. 1904) erbeutet.

No. 61. *Passer moabiticus mesopotamicus* Zar. In die erste Beschreibung dieser Form (Ornithol. Jahrb., 1904, p. 108) schlich sich, infolge schlechter Übersetzung aus dem Russischen ins Deutsche, eine so grofse Ungenauigkeit, wie der Hinweis auf das Fehlen der olivenfarben-grünlichen Färbung bei ihr, welche Färbung einigen Teilen der Oberseite der Männchen des *P. moabiticus yatii* Sharpe eigen ist, ein. In Wirklichkeit ist diese Färbung vorhanden, wenn auch in geringerem Grade als bei *P. moab. yatii*. Der mesopotamische Sperling steht sehr nahe dem typischen *P. moabiticus* und unterscheidet sich von diesem auch durch bedeutendere Gröfse. Nach Hartert[1]) ist die Flügellänge der Männchen der typischen Form = 61—62 mm. Bei meinen Vögeln ist diese Länge = 62—66,3 mm.

No. 62. ?*Ploceus bengalensis* L. „In der Örtlichkeit Lekuball (Süd-Beludschistan) fand ich mehrere alte zerzauste Nester eines Webervogels. Dieselben waren an die Äste der Akazienbäume, die um einen Teich standen, befestigt und hingen über dem Wasser. Sie hatten eine kegelförmige Façon und waren mit langen Eingangsröhren versehen. In zwei Nestern fand ich einige Federchen von schwarzer, brauner und gelber Farbe. Da *P. bengalensis* von allen indischen Webervögeln am weitesten nach Westen geht, so meine ich, dafs ich die Nester gerade dieses Vogels fand." (Auszug aus dem Manuskript des ornithologischen Teils der Reise 1900—1901.

No. 63. *Anthus pratensis* L. Als Sommervogel für das zagrossische Gebiet nach der Angabe Blanfords (East. Persia), welcher ein von St. John im Juni bei Schiras erbeutetes Exemplar anführt, angenommen. Ich denke, dafs dieser Fund sich auf einen zufällig zum Sommer verbliebenen Vogel beziehen wird.

No. 64. *Motacilla alba orientalis* Zar. & Loud. Die Beschreibung von *M. dukhunensis* Sykes ist im Original so unbestimmt gehalten, dafs es noch nicht bekannt ist, welche Bachstelze man unter diesem Namen zu verstehen hat. Desenthalte ich mich, *M. alba orientalis* mit *M. dukhunensis* zu vereinigen.

---

[1]) Vögel d. paläarkt. Fauna, I, p. 155.

No. 65. *Budytes melanocephalus* Licht. Die seistanischen und parapamisischen Vögel sind nicht vollkommen typisch, aber stehen den typischen näher als *B. melanogriseus*.

No. 66. *Budytes raddei* Härms. Zu dieser Art ziehe ich das von Karelin am 8. IV. 1854 bei Gurjew erlegte, und von Th. D. Pleske (Mém. Acad. Imp. Sc. de St.-Pétersb. T. XXXV, No. 5, Artikel: „Beschreibung einiger Vogelbastarde") als Bastard zwischen *B. flava* und *B. melanocephalus* beschriebene Exemplar.

No. 67. *Troglodytes parvulus* Koch. Die Bestimmung der Form halte ich für vollkommen richtig.

No. 68. *Periparus phaeonotus* Blanf. Blanford kannte diese Meise aus den kaspischen Provinzen Persiens nicht. Die Exemplare, die diesem Forscher als Originale zur Beschreibung dienten, waren von St. John in den Eichenwäldern westlich von der Stadt Schiras im Juni in einer Höhe von 7000 Fufs erlegt. Das von mir in den Eichenwäldern des Ortes Gamdalkal (in demselben zagrossischen Gebiet) erlegte Exemplar mufs folgerichtig die typische *phaeonotus* darstellen. Die Stücke aus dem südkaspischen Gebiet sind im Vergleich mit ihm durchaus nicht typisch: sie unterscheiden sich durch bedeutend geringeres Quantum der bräunlichen Färbung auf dem Bauch und den Brustseiten, aber auch durch merklich blassere Rückenfärbung. Deshalb denke ich, dafs eine Vereinigung der kaspischen Tannenmeisen mit den zagrossischen nicht richtig ist und man sie als gesonderte Form abtrennen mufs; ich schlage ihr den Namen ***P. phaeonotus gaddi*** subsp. nov.[1]) vor.

No. 69. *Parus major karelini* Zar. Ersetze durch diese Benennung den früher von uns gegebenen Namen *Parus major caspius* Zar. & Loud.

No. 70—71. *Parus major blanfordi* Prazak. und *P. major zagrossiensis* Zar. & Loud. E. Hartert schreibt in „Miscell. Ornith. II" (Novit. Zool. XII, 1905, p. 498): *P. major zagrossiensis* Zar. & Loud. ist ein reines Synonym von *blanfordi*". In dieser Veranlassung schreibt Herr V. Ritter von Tschusi (Ornithol. Jahrb, 1906, p. 27): „Dies trifft nicht zu: *zagrossiensis* ist nach meinem von Sarudny herrührenden Exemplar eine sehr gut unterscheidbare Form, die mit *blanfordi* nie zu verwechseln sein kann."

No. 72. *Parus major jitnikowi* Zar. Wird in einer der ersten Nummern des Journals „Nascba Ochota" pro 1910 beschrieben.

---

[1]) Benannt nach meinem Reisegefährten während der Reise 1903—1904 Herrn G. Gadd.

No. 73. *Anthoscopus pendulinus stoliczkae* Hume. Überall seltener als *A. pendulinus jaxartensis* Suschk. anzutreffen.

No. 74. *Corvus cornix* L. Die Standvögel des südkaspischen Gebiets kann ich von solchen aus Pskow, Poltawa und Moskau nicht unterscheiden.

No. 75. *Tympanocorax frugilegus* L. Von mir für das zagrossische Gebiet auf Grund der Angaben von H. F. Witherby (Ibis, 1907, p. 105) als Brutvogel angeführt. Derselbe berichtet von einem Exemplar, das bei Feridan am 10. Mai (neuen Stils) erlegt wurde.

No. 76. *Sturnus vulgaris* L. Blanford (East. Persia) erwähnt eines Stücks, welches bei Gwader, also in meinem Gebiet VIII, erlegt wurde. Ich führe den genannten Vogel für dieses Gebiet nicht an, da Blanford viele Formen des schwarzen Stars nicht unterschied.

No. 77. *Hedymela atricapilla* L. Hinweise über das Vorkommen dieser Art in den Gebieten VIII und IX findet sich bei Dr. Sharpe (Ibis, 1886, p. 494 u. 1891, p. 110) und H. F. Witherby (Ibis, 1907, p. 81).

No. 78. *Muscicapa striata* Pall. Das Nisten dieser Form in dem nordwestlichen und südkaspischen Gebiet halte ich für wahrscheinlicher, als das Nisten von *M. striata sibirica* Neum.

No. 79. *Otomela phoenicuroides varia* Zar. S. A. Buturlin („Nascba Ochota", 1908, X) ändert diesen Namen in *Lanius zarudnyi* Buturl. um, dieses damit motivierend, dafs *Lanius varius* schon längst in der zoologischen Nomenklatur existiert. Aber Gmelin (Syst. Nat. I, 1788, p. 301) gebraucht den Namen *L. varius*, aber nicht „*varia*" und zudem für einen Würger, den ich einer anderen Gattung zuzähle.

No. 80. *Enneoctonus collurio fuscatus* Zar. S. A. Buturlin („Psow i. Rush. Ochota" 1906, V) tauscht diesen Namen gegen *Lanius kobylini* Buturl. um, mitteilend, dafs dieser Name schon früher für einen Würger vergeben wurde. Aber dieser letztere (*Lanius fuscatus* Less.), zusammen mit anderen Verwandten, gehört zu der ganz anderen Gattung *Caudolanius* (Bianchi).

No. 81. *Collurio* spec.? Mir nach einem jungen Exemplar bekannt; dieses kann ich zu keiner mir bekannten Art ziehen.

No. 82.? *Lanius assimilis* Brehm. Die Würger, welche ich mit diesem Namen bezeichne, sind nicht identisch mit *L. pallidirostris* Cass.[1]), weshalb ich ihnen zeitweilig und mit Zweifel die erwähnte Bezeichnung belasse.

No. 83. *Cettia cetti semenowi* Zar. & Loud. Dr. Hartert (l. c.) vereinigt diese Form mit *C. cetti cettioides* Hume. Jedoch,

---

[1]) E. Hartert (l. c.) vereinigt *L. assimilis* mit *L. pallidirostris*.

bei bedeutend blasserer Färbung als bei der letzteren, weisen auch die Maſse keine so bedeutende Gröſse auf, sondern sind noch geringer als bei der typischen *Cettia cetti* Marm.

No. 84. *Acrocephalus strepera macronyx* Sev. Mit Bedenken ziehe ich hierher die Vögel aus Beludschistan und einige aus dem zagrossischen Gebiet. Im Vergleich mit Exemplaren aus den westlichen Teilen Persiens, aber auch aus Turkestan, unterscheiden sie sich durch stumpferen Flügel (5 > 2 > 6) und merklich gröſseren Schnabel. Möglich, daſs die beludschistanischen und die aus dem östlichen Zagroſs stammenden Stücke eine besondere Form darstellen. Ihr kann man den Namen ***Acrocephalus strepera blanfordi*** subsp. nov. geben, zu Ehren Blanfords, der zuerst auf die Eigentümlichkeiten der Rohrsänger der genannten Gegenden aufmerksam machte. (Nach Blanford ist bei den schiraser und beludschistanischen Exemplaren die 2. Schwinge entschieden kürzer als die 4., aber bei einem bampurschen kürzer als die 5.).

No. 85. *Acrocephalus palustris* Bechst. Für das zagrossische Gebiet führe ich ihn als zweifelhaften Brutvogel, mich auf die, für den Frühlingszug sehr späten, von Witherby (Ibis, 1903) gemachten Funde stützend, an.

No. 86. *Acrocephalus dumetorum affinis* Zar. Exemplare mit besonders stumpfen Flügeln fand ich nur in dem parapamisischen Gebiet. Es sind meine *A. dumetorum turanica* Zar.

No. 87. *Hippolais opaca* Cab. Die von mit erbeuteten Stücke unterscheiden sich in keiner Hinsicht von „*opaca*" aus Tunis.

No. 88. *Sylvia hortensis* Gm. Das von mir am 15. V. 1904 in Ghilan erlegte Exemplar unterscheidet sich in Nichts von westeuropäischen Stücken.

No. 89. *Sylvia momus semenowi* Zar. Bestehe auf der Selbstständigkeit dieser Form.

No. 90. *Sylvia* spec.? Diese Grasmücke kann ich mit keiner mir bekannten Art deuten.

No. 91. *Agrobates familiaris* Ménétr. Ich kann die von S. A. Buturlin aufgestellte *A. familiaris transcaspica* Buturl. (= *A. familiaris deserticola* Buturl.) nicht unterscheiden: zur Brutzeit trifft man in Transkaspien, Buchara und Turkestan die helle Form gemeinsam mit der dunklen an. Durch starken rötlichen Ton des kleinen Gefieders der Oberseite, viel röteren, als man bei den rötlichen Individuen von *A. familiaris* aus den vorher genannten Gegenden antreffen kann, unterscheiden sich die ansässigen Vögel aus dem mesopotamischen, zagrossischen und beludschistanischen Gebiet. Ich benenne diese Vögel gemeinsam mit M. Härms:

Agrobates familiaris persica susbp. nov.

No. 92. *Regulus regulus hyrcanus* Zar. Soll in einem der Hefte des Journals „Nascba Ochota" beschrieben werden.

No. 93. *Turdus torquata* L. In einem Square der Stadt Krassnowodsk, am östlichen Ufer des Kaspischen Meers, beobachteten ich und Herr M. Härms am 27. IX. 1900 ein Exemplar der Ringdrossel, welches sofort durch die geringe Ausdehnung der weifsen Farbe auf den Flügeln die Aufmerksamkeit auf sich lenkte. Es ruhte sich offenbar nach einem langen Fluge aus und war so ermattet, dafs es uns auf fünf Schritte ankommen liefs; hierbei konnte es in allen Details mit einer starken Lorgnette studiert werden. Wir bestimmten dasselbe als *Turdus torquata* L. Ein Balg dieser Art wurde mir aus der Fischereistation an der Mündung des Gurgen zugestellt, erlegt war der Vogel im Dezember 1907. Diese Funde bestätigen das Vorkommen der Ringdrossel irgendwo im Ural-Gebirge. Prof. Menzbier (Vögel Rufslands, p. 1059) zweifelt am Vorkommen der Ringdrossel im Ural und sagt, dafs die von mir bei Orenburg erbeuteten Exemplare nicht richtig bestimmt waren, eine Annahme, welcher ich nicht zustimmen kann.

No. 94. *Oreocincla varia* Pall. Von mir nicht beobachtet. Blanford (East Persia) führt mit Zweifel diesen Vogel in die Avifauna Persiens, sich auf die Angaben St. Johns stützend, der diesen Vogel bei Teheran beobachtet haben will, ein.

No. 95. *Cyanecula leucocyana* Ch. L. Brehm. Bin der Meinung, dafs dieser Vogel im zagrossischen Gebiet nicht nistet, sondern die Form *C. leucocyana magna* Zar. & Loud. seine Stelle vertritt.

No. 96. *Saxicola finschii turanica* Zar. Kommt im nordöstlichen Persien viel häufiger, als im südwestlichen vor, hier ist diese Form zur Nistzeit noch nicht gefunden.

No. 97. *Saxicola lugens* Licht. Seltener Zugvogel. Von mir gefunden im Jahr 1904: 8. III. beim Dorf Sia-Manssur und 12. III. bei der Stadt Disful.

No. 98. *Saxicola leucopyga* Brehm. Bekannt mir nach einem, am 26. II. 1904 bei der Stadt Achwas in den Hügeln des Dschebel-Tnüë erbeuteten Exemplar.

No. 99. *Saxicola xanthoprymna cummingi* Whitaker. Dieser, bis jetzt beinahe nur in einem Stück bekannte Steinschmätzer ist auf dem Frühjahrszuge in den Hügeln des Dschebel-Tnüë gemein. Nach Aussage der arabischen Jäger und Hirten nistet er ebendaselbst wo auch *S. xanthoprymna* Ehrbg.; d. h. in den öden Bergen, welche von der Ostseite die Ebene, die sich an den unteren Lauf des Karun anschliefst, umsäumen. Nach Aussage derselben Leute kommt er zuweilen mit *S. xanthoprymna* in einem Paar vor.

No. 100. *Podiceps minor* Briss. Nistet in dem südkaspischen Gebiet.

No. 101. *Colymbus arcticus* L.

No. 102. *Colymbus septentrionalis* L. Einige Häute dieser Vögel sah ich im Jahr 1903 in den Handlungen des Dorfs Bender-i-Gijas. Nach Aussage der Händler waren dieselben von Turkmenen auf dem Kaspischen Meer, in der Nähe der Mündung des Gurgen, erbeutet.

No. 103. *Sterna tibetana* Saund. In dem seistanischen Gebiet brütet nicht die typische *St. fluviatilis*, sondern diese Form (wenigstens nach den von mir aufbewahrten Exemplaren zu urteilen). *St. tibetana* wird man auf dem Zuge an vielen Orten des östlichen Persiens antreffen, aber seiner Zeit unterschied ich sie von der typischen Form nicht.

No. 104. *Grus* spec.? (an *leucauchen* Temm?). Nach den Worten K. A. Satunins (Mater. z. Kennt. d. Vögel des Kaukasus-Gebiets) zu urteilen mufs man diesen Kranich auf dem Zuge in dem nordwestlichen Gebiet antreffen.

No. 105. *Monticola cyanus transcaspicus* Hart. Offenbar dem chorassanischen Gebiet eigen. Werde von ihr in einer ausführlichen Abhandlung über die Vögel Persiens sprechen.

No. 106. *Porphyrio poliocephalus veterum* S. Gml. Die Sultanshühner aus Seistan unterscheiden sich von den kaspischen durch die blasse Färbung aller Körperteile und müssen als abgesonderte Form betrachtet werden. Ich benenne zusammen mit M. Härms diese Form:

Porphyrio poliocephalus seistanicus subsp nov.

Ergänzung II.

Gecinus viridis bampurensis Zar.

Die Beschreibung dieser originellen Form des Grünspechts ist von mir in eine Abhandlung über die Vögel Persiens, die ich schon vor mehreren Jahren zum Abdruck übergab, untergebracht. Aber bis jetzt ist diese Abhandlung noch nicht erschienen. Deshalb benutze ich nun die Gelegenheit, um eine vorläufige Beschreibung des genannten Spechts zu geben.

Im allgemeinen ähnelt er dem *Gecinus viridis innominatus* Zar. & Loud., aber unterscheidet sich momentan, sowohl von ihm, als auch der typischen Form, durch die sehr scharfe und ausgeprägte helle Querstreifung der Steuer-, aber auch der Schwungfedern dritter Ordnung und aller Sekundärschwingen. Diese Streifung ist beinahe eine ebensolche wie bei *Gecinus flavirostris* Zar. — Die bräunlichen Querflecke auf dem Bauch sind viel deutlicher als bei *G. viridis* und *G. viridis innominatus* und erstrecken sich deutlich auf den ganzen unteren Teil der Brust. Diese Fleckung gibt den genannten Teilen des Körpers ein schuppenförmiges Aussehen, wenn auch nicht ein so scharf ausgeprägtes wie bei *Gecinus flavirostris*, weil eine jede dunkele Fleckung (Streifchen) nicht so weit, wie bei dem letzteren, zur Federbasis hinaufgeht.

Der Schnabel ist schmäler als bei *G. innominatus* (bei ein und derselben Länge), besonders an der Spitze. Sein Endviertel ist deutlich gelblich. Eine ausführlichere Beschreibung später; hier möchte ich noch bemerken, dafs die Rede von zwei alten Männchen ist.

Bewohnt die Pappelhaine des Beckens des Flusses Bampur in Beludschistan.

Drei Beiträge zu der Frage nach der Entwickelung biologischer Phänomene unseres Vogellebens.

Von **Franz Gröbbels,** Sigmaringen.

I.

Eine Theorie über die Entwickelung der instrumentalen Aeusserungen unserer Spechte.

Unter den Vertretern unserer einheimischen Vogelwelt haben wir nur wenige Instrumentalisten. Scheint bei *Ciconia alba*, unserem weifsen Storch, das Klappern überhaupt jede eigentlich vokale Äufserung zu ersetzen, sodafs nach A. Brehm dieser Vogel durch Klappern die verschiedensten seelischen Zustände ausdrücken kann, so gibt uns die bekannte vielerörterte Schnepfenart *Gallinago gallinago* biologisch ein anderes Bild. Hier finden wir vokale und instrumentale Elemente nebeneinander; wenn auch noch keineswegs das Problem gelöst ist, wie sich speziell die vokalen Äufserungen dieser Art auf die Geschlechter verteilen, wie ferner diese Verteilung genetisch gerechtfertigt scheint. Eine andere grofse und bekannte Gruppe, die eigentlichen Spechte, bieten ähnliche Verhältnisse. Sie liegen als längstbekannte Tatsachen vor, aber nicht, wie ich glaube, als biologisch begründete Phänomene. Wie aber die instrumentalen Laute unserer Spechte auch psychobiologisch erklärbar sind, dies zu untersuchen, soll unsere Aufgabe sein.

Wenn wir das Leben unserer Spechte betrachten, so wird uns auffallen, dafs nicht bei allen Arten das instrumentale Element regelmäfsig auftritt, dafs nicht alle Arten eigentlich „trommeln", „schnurren", „hämmern". Ist bei *Dryocopus martius*, *Dendrocopus maior*, *medius*, *minor* das „Trommeln" Regel, so dafs auch alle Beobachtungen hierin übereinstimmen, so begegnen wir bei den nahe verwandten Arten *Picus viridis* und *canus* etwas anderen Verhältnissen. Von unserem Grauspecht sagt Friedrich Naumann:

„Auch das Männchen schnurrt, aber kürzer als andere Spechte. Dies Schnurren läfst er ebenfalls nur in der Fortpflanzungszeit, und solange das Weibchen brütet, hören." [1]) Noch weiter von der Norm entfernt sich die für unsere Beobachtung wichtigste Art *Picus viridis*. Von ihr sagt Naumann: „Der Grünspecht kann zwar auch schnell und geschickt Löcher in die Rinde und in das morsche Holz der Bäume meifseln, tut es aber weit weniger als andere Spechte, weshalb man ihn viel seltener pochen hört. Dies ist wahrscheinlich auch Ursache, warum er nicht auf das nachgeahmte Pochen hört und sich damit nicht anlocken läfst. Sein Paarungsruf scheint bei ihm das Schnurren zu vertreten". [2]) Es sind nun aber in der ornithologischen Literatur Fälle bekannt, wo der Grünspecht doch „trommelte", wenn auch viel schlechter als die ihm verwandten Arten. Ich erwähne nur die Beobachtungen von Bechstein [3]) und Helm. [4]) Solche Ausnahmen von der Regel sind nicht blofs biologisch interessant, sie sind für das psychologische Verständnis der instrumentalen Äufserung auch von höchster Bedeutung. Ehe wir aber an diese unsere eigentliche Untersuchung herantreten, müssen wir noch einige andere, nicht minder wichtige Tatsachen in Betracht ziehen. Es ist bekannt, dafs nur die männliche Bekassine meckert. Und so verteilt sich das instrumentale Element bei den Spechten nur auf die Männchen. Darin stimmen alle Beobachtungen überein.

Es wird sich nun unsere Fragestellung nach dem bishergesagten, wie folgt, formulieren lassen.

1. Warum trommeln bei unseren Spechten nur die Männchen?

2. Warum ist das Trommeln, soweit wir es nach dem heutigen Stande der Tatsachen beobachten, nicht bei allen Arten die Regel?

Wir müssen alle Tatsachen des Vogellebens entwicklungsgeschichtlich erklären, wir können und dürfen nicht anders. Haben wir also, so fragen wir uns, eine Entwicklungstendenz, die uns eine Beschränkung des Instrumentalen auf das männliche Geschlecht erklärbar machte, haben wir ferner irgendwelche Anhaltspunkte, welche uns die Genese des Trommelns bei einigen Spechtarten irgendwie zum Verständnis brächte? Ich glaube, ja. In einer seiner letzten Arbeiten hat Fritz Braun diesbezüglich einen Gedanken ausgesprochen, den auch ich, unabhängig von

---

[1]) Siehe Naturgeschichte der Vögel Deutschlands von Johann Friedrich Naumann. Fünfter Teil. Leipzig 1826. p. 294 ff.

[2]) Siehe Ebenda p. 277 ff.

[3]) Siehe seine Gemeinnützige Naturgeschichte der Vögel Deutschlands Leipzig 1795. I.

[4]) Helm, Trommelt der Grünspecht wirklich nicht? Journal für Ornithologie XLI. Jahrgang 1893 Heft II. Weitere Angaben finden sich im neuen Naumann.

ihm, fafste, ja fassen mufste, als ich mir das Leben unserer Spechte einmal wieder vergegenwärtigte. Braun sagt nämlich: „Der trommelnde Specht stellt eine für den Nahrungserwerb entwickelte Fähigkeit in den Dienst des Geschlechtslebens."[1]) Diese kurze Andeutung scheint mir das richtige zu treffen. Greifen wir noch einmal zurück in das Reich der reinen Tatsachen und untersuchen wir kurz die Nahrungsverhältnisse unserer Spechte. Und da lassen sich natürlich zwei Gruppen unterscheiden. Während die Schwarz- und Buntspechte eigentliche Baumvögel sind, die ihre Nahrung, z. B. Borken- und Fichtenkäfer, unter der Baumrinde hervorholen, möchte man die Grün- und Grauspechte viel mehr für Erdvögel halten. Dies hängt natürlich mit der Nahrung zusammen. Ameisen, Larven, Würmer u. a. m. Was können wir aus diesen Tatsachen für unsere Untersuchungen für Schlüsse ziehen? In biologisch-psychologischer Beziehung wird ein solch eigenartiger Gebrauch des Schnabels, eine solch eigenartige Bewegung, wie sie das Aufhämmern der Rinde, das Aufhacken von Haselnüssen mit sich bringt, einen Einflufs auf das Instinktive der betreffenden Vogelart ausgeübt haben. Ist es nicht sehr wahrscheinlich, dafs das Trommeln, wenn es nun einmal vorhanden ist, mit der bei Nahrungssuche ausgeführten „hackenden" Bewegung genetisch in Beziehung zu bringen ist? Es scheint mir nichts diese Tatsache natürlicher zu erklären, eine Ursache mufs immer vorhanden sein, diese Ursache liegt immer in der Entwicklung. Im Laufe einer Zeit, dessen genauere Abgrenzung wohl unmöglich, aber auch unnötig ist, wird sich aus den einfachen Hackbewegungen dieser nahrungsuchenden Spechtart durch Summation solcher schnelleren Bewegungen das „Trommeln" entwickelt haben. Und wenn wir nun die Frage aufwerfen, warum und ob nur bei den Männchen, so müssen wir zugleich das ganze Problem der sexuellen Auslese und der natürlichen Zuchtwahl anschneiden. Ein höchst wichtiges Problem, das uns auch die scheinbar rätselhafte Verteilung des instrumentalen Elementes erklären kann. Wir wissen, dafs Darwin neben der natürlichen Auslese die sexuelle annahm und gerade inbezug auf das instinktivere Geschehen im Tierleben in weitestem Sinne gelten liefs. Romanes hielt an seinen Anschauungen fest, selbst Weismann läfst eine sexuelle Auslese zu Recht bestehen. Aber schon der grofse englische Forscher Wallace, Darwins Zeitgenosse, äufserte seinen Zweifel über die geschlechtliche Zuchtwahl als entwicklungsgeschichtlichen Faktor. Und heute ist diese Anschauung nicht nur von den meisten verlassen worden, ja, sie hat sich direkt als falsch erwiesen. Wie werden wir in bezug auf unsere Frage dieser Anschauung gegenüberstehen? Es liefse sich im Sinne Darwins und seiner Schule wohl mit Recht folgendes an-

---

[1]) Siehe Braun, Bemerkungen über den Gesang der Vögel. Gefiederte Welt. Siebenunddreifsigster Jahrgang 1908 p. 21.

nehmen: Eine Spechtart, sowohl Männchen wie Weibchen, kommt im Laufe der Entwicklung dazu, ihren Schnabel genau wie heutzutage in den Dienst des Nahrungstriebes zu stellen d. h. den Schnabel gewissermafsen als Meifsel zu gebrauchen. Bei dem Pochen und Hacken entsteht aber ein Geräusch, welches nicht regelmäfsig, auch nicht oft wiederholt werden braucht. Es bildet sich mit der Zeit in dem Weibchen der Trieb, auf dieses Geräusch herbeizukommen, — wie es A. Brehm als Tatsache bei unserem Schwarzspecht erwähnt —, damit gewinnt aber das „Pochen" sexuelle Bedeutung. Es ist wohl anzunehmen, dafs die verschiedenen Männchen je nach der Nahrungssuche verschieden stark, verschieden schnell pochen. Die herbeikommenden Weibchen werden die am „besten pochenden" Männchen bei der Auslese bevorzugen oder besser gesagt, das am stärksten und anhaltendsten pochende Männchen zieht am leichtesten ein Weibchen herbei. In dem Augenblick aber, wo das Weibchen auf das Geräusch des Männchens herbeikommt, ist das instrumentale Geräusch als biologischer Faktor fixiert, es wird sich unabhängig vom Nahrungstrieb, also aus ganz anderen, aus sexuellen Ursachen äufsern, und so der geschlechtlichen Zuchtwahl anheimgegeben. Seine Nahrung sucht der Vogel aber nach wie vor, er pocht und hämmert dabei, wo es zur Erreichung eines Käfers u. s. w. nötig ist, nebenher „trommelt" er, d. h. hackt vielmal hintereinander auf das blofse Holz, wenn natürliche Umstände ihn dazu veranlassen. Aus diesem Entwicklungsgang, wie man ihn sich nach Darwin vorstellen müfste, wird es uns auch leicht klar werden, warum nur die Männchen trommeln. Wohl sucht das Weibchen seine Nahrung genau wie das Männchen, es pocht und hackt dabei unter Umständen genau wie dieses. Aber, wollen wir die sexuelle Auslese als Erklärung für dieses Phänomen wählen, so können wir nicht eine Ursache finden, welche etwa das „Trommeln" bei den Weibchen erklärlich machte. Das Weibchen kommt auf das Geräusch des Männchens herbei, nicht umgekehrt; das Weibchen wiederum ist es, das sich dem besttrommelnden Männchen zugesellt und damit für die Weitervererbung der bereits vorhandenen „Trommel"anlagen sorgt. Kurz, das Weibchen ist bei solcher Auffassung der aktive Teil, das Männchen wählt sich in diesem Sinne nicht das Weibchen, es sind somit keine Bedingungen für die Entstehung und Ausgestaltung des Trommelns bei letzterem vorhanden. Übrigens kann uns auch diese Tatsache keineswegs wunder nehmen; denn bei den Singvögeln, deren Gesang sich der Darwinismus in ähnlicher Weise entstanden denkt, singen in der Regel doch nur die Männchen. Wir haben eine Erklärung unseres Problems zu geben versucht, wie sie sich uns darbietet, wenn wir an der Tatsache der geschlechtlichen Zuchtwahl festhalten.

Es ist ja bekannt, dafs Darwin die vokalen Äufserungen des Vogels genetisch aus der sexuellen Auslese abzuleiten suchte, sagt er doch: Die süfsen Töne, die manche männlichen Vögel zur Zeit des Paarungstriebs erschallen lassen, werden sicherlich von den Weibchen bewundert.[1]) Und der Neodarwinianer Weismann zieht daraus die volle Konsequenz, wenn er sich folgendermafsen äufsert: „Beim Vogelgesang sind es wieder nur die Männchen, welche eigentlich singen, und da auch hier der Gesang für die Existenz der Art nicht vorteilhaft ist, vielmehr eher nachteilig, da er die Tierchen ihren Feinden auf weithin verrät, so kann seine Entstehung nicht durch Naturzüchtung erklärt werden. Sehr wohl dagegen durch den Vorgang der sexuellen Selektion. Wenn stets diejenigen Männchen von den Weibchen bevorzugt wurden, welche am schönsten sangen, so können wir gut begreifen, wie sich aus dem ursprünglichen einfachen Gepiepse im Laufe der Generationen ein Gesangmotiv herausbildete, und wie dieses in einzelnen Arten sich allmählig verwickelter gestaltete, sich steigerte und schliefslich sich zu dem auch uns schön erscheinenden Gesang des Hänflings, der Amsel- und Nachtigallen entwickelte.“[2]) Wenn wir uns die Entstehung der instrumentalen oder vokalen Äufserungen so denken dürften, wären tatsächlich keinerlei Schwierigkeiten zu überwinden. Nun ist die Unrichtigkeit eine solcher Theorie, überhaupt der sexuellen Selektion gerade neuerdings wieder betont worden, so z. B. von Groos. Und auf Grund unserer Beobachtungen müssen wir als Tatsache betonen, dafs nicht der geringste Anhaltspunkt für ihre Richtigkeit vorhanden ist, dafs abgesehen davon das Tier, also auch der Vogel, keinen Schönheitssinn besitzt; denn was ein solcher zu sein scheint, läfst sich bei kritischer Analyse immer als ein niederes psychisches Element ansprechen. Darwin scheint auch dieses Zweifelhafte seiner Theorie erkannt zu haben, wenn er sagt: „Oft ist es schwierig zu unterscheiden, ob die vielen seltsamen Schreie und Töne, welche die Vogelmännchen während der Brutzeit ausstofsen, als Anziehungsmittel oder nur als blofser Ruf nach dem Weibchen gelten sollen.“[3]) Wir werden uns also wohl nach einer anderen Erklärungsweise umsehen müssen. Und da scheint mir folgendes das wahrscheinlichste zu sein. Braun sagt einmal: „Es liegt nahe, dafs der Gesang weniger dem Weibchen, als den artgleichen Männchen gilt, dafs sein Zweck nicht so sehr die geschlechtliche als die natürliche Auslese sein dürfte.“[4]) Wenn ich auch nun keineswegs den Gesang mit Braun allgemein als „Kampfruf“ ansprechen möchte, so stimme ich ihm doch im letzten Punkte vollständig bei, ja, ich möchte noch weiter gehen und behaupten

---

[1]) Siehe „Die Abstammung des Menschen“ I. p. 188, bei Reklam.

[2]) Siehe Weismann, Gedanken über Musik bei Tieren und beim Menschen. Deutsche Rundschau Band LXI. Berlin 1889. p. 50 ff.

[3]) Siehe Ebd. II. p. 64.

[4]) Siehe Braun, Der Gesang der Vögel, Gefiederte Welt, Zweiunddreifsigster Jahrgang 1903 p. 18.

„Eine geschlechtliche Auslese im Sinne Darwins gibt es im Vogelleben überhaupt nicht.

Gehen wir nun bei unserer Erklärung wiederum vom Klopfen des nahrungsuchenden Spechtes aus. Die dabei ausgeführte Körperbewegung, das je nach den Umständen durch das Aufschlagen hervorgebrachte Geräusch sei da, natürlich bei beiden Geschlechtern. Es handelt sich also hier nicht mehr um die Erklärung der Vererbung und Ausgestaltung von Eigenschaften, welche ein Individuum im Laufe seines Lebens erst erworben hätte, und die nach unserer neuesten Anschauung nicht vererbt werden.[1]) Wir haben es hier vielmehr mit einem als bereits vorhanden angenommenem Bewegungsgeräusch zu tun, das bei Entfaltung des Selbsterhaltungstriebes in Erscheinung tritt. Wir dürfen wohl mit Recht annehmen, dafs die hervorgebrachten Geräusche je nach der Anlage variieren, dafs sie im Laufe der Generationen wechseln. Aber sie würden nie zum „Trommeln" geworden sein, hätten sie nicht eine bestimmte Bedeutung erlangt, eine Bedeutung, derentwegen sie sich erst entwickeln konnten. Es mögen hier mehrere Ursachen gleichzeitig mitgewirkt haben. Einmal werden die Vögel, welche, vielleicht manchmal spielerisch, selbst kleinere Geräuschvariationen hervorbrachten, die Weibchen schneller herbeigezogen haben als andere, also auch schneller zur Paarung gekommen sein; d. h. ihr Geräusch war lauter, anhaltender, wurde also auch leichter gehört. Vielleicht kamen die Weibchen, die sich übrigens sonst wohl passiv verhielten, auf das Geräusch hin zuerst aus Neugierde herbei, kamen aber dabei zugleich zur Paarung, sodafs ihnen gegenüber die instrumentalen Äufserungen des Männchens allmählich einen sexuellen Charakter annahmen. Die Ursache allein hätte aber nie zur Herausbildung des Trommelns geführt. Wir müssen vielmehr noch folgendes annehmen. Wir können heute oft beobachten, dafs auf das Trommeln eines

---

[1]) Wir haben damit die ganze Streitfrage des Lamarckismus nicht zu berühren. Dafs auch die Entstehung der bestimmten Form der Nahrungssuche, des Nahrungstriebes und seine Betätigung und zumal die so wunderbare Form des Spechtschnabels, der Spechtzunge und der damit zusammenhängenden Muskulatur eine Erklärung verlangt, ist selbstverständlich. Ebenso naheliegend ist es, dafs wir hierbei leicht die Fragen der Teleologie und des Neolamarckismus anschneiden. Ich verweise hier auf die interessante Arbeit Leibers „Bau und Funktion der Spechtzunge" (Zeitschrift für Entwicklungslehre 1907 Band I). Seiber teilt die Anschauungen Pauly's, gegen welche sich viel sagen liefse. Immerhin interessant ist es, dafs er einen Unterschied zwischen Grau- und Grünspecht einerseits, Bunt- und Schwarzspecht andererseits auch inbezug auf den anatomischen Bau der Spechtzunge konstatierte. Dafs dies irgendwie mit der Art der Nahrungssuche in Beziehung steht, scheint mir kaum zweifelhaft. Die Erklärung Leibers wird wohl nur von wenigen geteilt werden.

Schwarzspechts nicht nur manchmal das Weibchen herankommt, in weit zahlreicheren Fällen wird ein anderes Männchen durch Trommeln erwidern und nach einiger Zeit herbeifliegen. Dies deutet bereits auf den Entwicklungsgang hin. Derjenige Specht, welcher durch gröfsere oder kleinere Geräuschvariationen die lautesten und bemerkbarsten Äufserungen hervorbrachte, wurde auch am schnellsten von den anderen Männchen gehört. Diese kamen herbei, es entspann sich ein Herumjagen, ein Kampf um ein bestimmtes Nistgebiet. Und erlagen auch viele der „bessertrommelnden", das Schlufsresultat war doch, dafs von allen Männchen, welche sich fortpflanzen wollten, die am „besten trommelnden" im Vorteil waren, dafs mehr gut als schlecht trommelnde Spechte zur Fortpflanzung kamen, dafs die Männchen, welche aus Mangel an Weibchen übrig blieben, fast ausnahmslos zu den leise und schlecht trommelnden Individuen gehörten. Dadurch aber, dafs also der besser „trommelnde" Specht vor seinesgleichen inbezug auf Geschlechtsleben ein prae hatte, ist es wieder erklärlich, dafs nur beim Männchen das Pochen bei der Nahrungssuche zum „Trommeln" werden konnte. Vielleicht mag auch hier die Nachahmung des Trommelns der alten Männchen von seiten der jungen ein in Betracht kommender Faktor gewesen sein. Freilich, dies läfst sich schwer bestätigen, leicht behaupten.

Zum Schlufs meiner Betrachtungen möchte ich noch kurz die Tatsache beleuchten, dafs einige Spechtarten wie ***Picus canus*** und *viridis* schlechter oder in der Norm überhaupt nicht trommeln. Wenn wir dies factum ebenso wie die anderen vom Standpunkt der Deszendenztheorie aus erklären wollen, so bleiben uns nur zwei Möglichkeiten. Entweder haben wir es hier mit einer progressiven Entwickelung zu tun, dann befinden sich diese Arten inbezug auf ihr instrumentales Element erst in einem Übergangsstadium; oder aber, es spricht diese Beobachtung für eine regressive Entwickelung, sie bietet einen neuen Belag für das grofse Kapitel über den Rückschritt in der Natur. Letzteres nun scheint mir in Anbetracht der vorliegenden Verhältnisse viel wahrscheinlicher. Der ganze anatomische Bau der Grün- und Grauspechte läfst uns keinen Zweifel, dafs wir typische Spechte vor uns haben. Hätten wir hier eine Übergangsstufe, so wäre nicht einzusehen, warum sich der Fufs und vor allem der Schnabel eines Grünspechts so gar nicht von dem eines Schwarzspechts unterscheidet. Er ist vielleicht etwas schmäler, aber sonst dieselbe Derbheit, dieselbe Form. Kurz, die Grün- und Grauspechte müssen ursprünglich ebenfalls typische Baumvögel gewesen sein. Und als sie zu einer Nahrung übergingen, die sie sich meist auf der Erde d. h. nicht unter der Baumrinde zu suchen haben, blieb ihr anatomischer Bau bestehen; ihre instrumentalen Äufserungen aber konnten als anpassungsfähiger eine Veränderung erfahren. Je weniger der Vogel das Pochen nötig hatte, je mehr er sich der neuen Nahrung anbequemen mufste, desto mehr verschwand der Trommellaut; es fehlte die eigenartige Betätigung des Schnabels bei der Nahrungssuche, es fehlte der Anlafs zur Übung und damit die Übung selbst. Hie und da freilich mochte der Vogel seinen Schnabel gebrauchen wie früher. Es reichte aber nicht hin, um den Trommellaut nicht einer Reduktion oder gar einem Verschwinden anheimfallen zu lassen. Das erstere ist beim Grauspecht der Fall, das letzere sehen wir bei unserem Grünspecht. Wenn nun aber Fälle bekannt sind, dafs mancher Grünspecht doch einmal wieder „trommelt", so kann uns dies nicht wundernehmen. Ist es doch eine ganz bekannte und im Lichte der Entwickelungslehre wohl verständliche Tatsache, dafs manches, was ursprünglich eine Bedeutung hatte, wieder hervorbrechen kann, plötzlich, ohne Regel, zeugend von dem Gang, den der Organismus nehmen mufste, untertänig den ewigen ehernen Gesetzen der Natur. Damit schliefse ich meine theoretischen Betrachtungen. Mögen sie zum weiteren Denken und zu neuen Beobachtungen anregen.

II.

Einige Bemerkungen über den Schlag des Edelfinken (*Fringilla coelebs* L.) vom Standpunkt der Entwickelungstheorie aus.

Es ist eine nicht unbegründete Anschauung, dafs sich die hohen gesanglichen Äufserungen, wie sie die Biologie unserer Singvögel in so vielseitiger Form zeigen, psychobiologisch aus dem Lockruf d. h. aus einfachen gesanglichen Elementen entwickelt haben. Wir dürfen uns an der Hand ähnlicher Verhältnisse, die uns ja bei zahlreichen gesanglich nicht hochentwickelten Ordnungen entgegentreten, vorstellen, die lautliche Äufserung in ihrer gesteigertsten Form d. h. der Gesang des Singvogels, der Gesang im eigentlichen engeren Sinne habe eine lange Zeit gebraucht, die verschiedensten, biologisch wechselndsten Verhältnisse durchgemacht, bis er die Höhe erreichte, auf die ihn das Lied der Amsel, der Nachtigall führt. Denn jedes biologische Phänomen im Vogelleben, und sei es das einfachste, verlangt eine Entwickelung, eine Erklärung durch Entwickelung. Inwiefern kann nun aber gerade der Lockruf als Ausgangspunkt eines solchen Erkärungsversuches gewählt werden? Der Lockruf enthält alle die Elemente, wie sie sich auf einer höheren Stufe der Entwickelung biologisch im Gesange entfalten. Das ♂ lockt das ♀ und umgekehrt und hierin ist einmal der sexuelle Charakter der gesanglichen Äufserungen jeder Art gegeben. Und finden wir nun tatsächlich Vogelarten, bei denen der Lockruf noch ganz den eigentlichen Gesang vertritt, so möchte man fast den Satz aufstellen: Der Lockruf ist von einer seiner biologischen Seiten aus betrachtet der Gesang en miniature, der erste psychische Keim späterer

Gesangeselemente. Es wird aber das lockende ♂ auch ♂ herbeiziehen. Und damit ist die andere Seite des Gesanges gegeben, ich meine die Seite, welche ihn biologisch als „Kampfruf" charakterisiert. Und wenn sich heute manche Ornithologen wie Fritz Braun u. a. m. nicht darüber einigen können, ob dem Gesang nun eigentlich mehr die Rolle eines „Kampfrufs" oder mehr die eines „Paarungsrufs" zufalle, so glaube ich, phylogenetisch und auch tatsächlich stellt die gesangliche Äufserung beides zugleich dar. Freilich, wenn immer und immer wieder aus Rücksichten auf den Darwinismus betont wird, der Gesang der Vögel hänge mit dem Gedanken an eine geschlechtliche Zuchtwahl aufs engste zusammen, so ist dies als direkt unwahr, als unbegründet zu bezeichnen. Wird damit aber der sexuelle Charakter des Vogelgesanges geläugnet oder gar beseitigt? Keineswegs. Er bleibt in gewissem Sinn als Tatsache bestehen.

Betrachten wir den Gesang vom Standpunkt der Tierpsychologie aus, so wird uns das eine klar werden, der Lockruf stellt die eigentliche instinktive Basis des Vogelgesanges dar. Aber wie alles im Laufe der Entwickelung komplizierter, differenzierter wird, so auch die lautlichen Elemente unserer Vögel. Die Zeiten eines Altum sind vorüber und leben auch wohl nicht mehr auf. Der Gesang, wie er sich heute äufsert, darf und kann nicht mehr als rein instinktiv betrachtet werden. Es ist vielmehr eine Verknüpfung mehrere psychischer Elemente auf instinktiver Basis, auf der Basis, wie sie phylogenetisch der Lockruf darstellt. So werden uns viele Phänomene im Leben unserer Singvögel klarer werden, die Gesangesindividualität, die spielerische Betätigung im Gesange, die Vogeldialekte. Alle diese Phänomene sprechen dafür, dafs wir es im Gesange der Vögel d. h. der Singvögel nicht mehr mit einem primären oder auch sekundären Instinkt zu tun haben. Wasmann hat sicher nicht scharf beobachtet, wenn er zu folgender oberflächlichen Beobachtung kommt: „In die nämliche Kategorie wie die Paarungslaute der Tiere, der mannigfaltige Gesang der Vögel, gehören auch die Angst- oder Warnlaute der Tiere."[1]) Zwischen dem einfachen Warnlaut, zwischen dem einfachen Paarungslaut, die, wie er sagt, als reine Instinkte einen teleologischen Charakter an sich tragen, und dem ohne „Zweck" geäufserten spielerischen Gesang, der ohne allen „Zweck" vorhandenen Variabilität im Gesange mehrerer artgleicher Individuen besteht doch sicher psychologisch ein gewisser Unterschied. Reine Instinkte sind letztere Phänomene wohl nicht, sie stehen ja auch genetisch auf einer viel höheren Stufe. Einem solchen Phänomen nun, dem individuell so ausgeprägten Schlag des Edelfinken, sollen meine kurzen Bemerkungen gelten. Und zwar will ich lediglich meine Ansichten äufsern, wie ich mir die

---

[1]) Siehe „Instinkt und Intelligenz im Tierreich". Dritte Aufl. Freiburg 1905 p. 108.

Entwickelung der verschiedenen Finkenschläge biologisch und psychologisch entstanden denke. Man kann hier wie bei allen ähnlichen Fragen an sexuelle und an natürliche Selektion denken. Wir haben es hier mit einem Gesange zu tun, welcher in ganz markanter Form das Phänomen der Vogeldialektik zeigt, aber auch in ausgeprägter Form die Bedeutung des Nachahmens uns vor Augen führt. Es ist bekannt, dafs in verschiedenen Gegenden unsere Endelfinken mehr oder weniger verschieden schlagen.[1])

So sagt schon Johann Friedrich Naumann: „Es ist zu bemerken, dafs jeder Edelfink seine eigentümliche Melodie, aber deren meistens zwei hat, mit welchen er wechselt, dafs diese zwar immer denen anderer Finkenmännchen ähneln, dessen ungeachtet aber oft so verschieden sind, dafs die Liebhaber eine grofse Menge Benennungen dafür haben. Es ist auch erwiesen, dafs jede Gegend ihre eigentümlichen Gesänge hat, dafs es Gegenden gibt, welche sehr vorzügliche Sänger bewohnen, und wieder andere, welche so schlechte haben, dafs man ihre Melodien kaum für Finkenschlag halten möchte".[2]) Diese Tatsache ist neuerdings wieder vielfach betont und beleuchtet worden. Uns interessiert hauptsächlich ihre Erklärung. Und da möchte ich vor allem auf die trefflichen Ansichten aufmerksam machen, wie sie von Lukanus schon 1907 ausgesprochen hat.[3]) Von Lukanus fand nämlich auf Grund seiner Untersuchung, dafs zur Hervorbringung von Gesangesindividualität, von Vogeldialekten ein Wetteifer im Gesange, damit also eine grofse Zahl an ♂ nötig sei. Die Gesangesleistung ist in diesem Sinne ein Ergebnis des numerischen Verhältnisses der Geschlechter zu einander, sie ist durch die Häufigkeit der Vogelart bedingt. Damit aber diese Variationen im Gesange der einzelnen Individuen vererbungsfähig werden, mufs ein anderer Faktor mitwirken, ich meine die Nachahmung. Gerade hierfür bietet *Fringilla coelebs* ein gutes Beispiel. Die Bedeutung der Nachahmung für den Vogelgesang ist lange bekannt. Sagt doch schon Wallace, der grofse englische Ornithologe und Forscher: „Es ist sicher gestellt, dafs der eigentümliche Gesang der Vögel durch Nachahmung erworben ist",[4]) und an anderer Stelle: „Hinsichtlich des Gesanges der Vögel hat man gefunden,

---

[1]) Ähnliche Verhältnisse finden wir übrigens bei *Fringilla carduelis*. Gengler erwähnt ferner auf Grund seiner Beobachtungen *Emberiza citrinella* und *Chloris chloris* (Gefiederte Welt. Vierunddreifsigster Jahrgang 1905 p. 381).

[2]) Siehe „Naturgeschichte der Vögel Deutschlands". Fünfter Teil Leipzig 1826 p. 26.

[3]) Siehe von Lukanus „Lokale Gesangserscheinungen und Vogeldiaekte; ihre Ursachen und Entstehung". Ornith. Monatsberichte XV. Jahrg. 1907.

[4]) Wallace „Beiträge zur Theorie der natürlichen Zuchtwahl". Deutsch von Meyer. Erlanger 1870 p. 252.

dafs junge Vögel nie den ihrer Art eigentümlichen Gesang besitzen, wenn sie ihn nie gehört haben, während sie sehr leicht den Gesang jedes anderen Vogels, mit dem sie zusammen sind, annehmen".[1]) Über den Wert der Nachahmung bezüglich unserer speziell vorliegenden Vogelart, äufsert sich Naumann: „Jetzt werden die sonderbaren Gesänge dadurch fortgepflanzt, dafs man junge Finken aus dem Neste nimmt, und sie neben so sonderbar singenden aufzieht, von welchen sie diese monströse Melodie erlernen, sie auch wohl noch durch eigene Zusätze verlängern, und bald verschönern, bald verschlechtern".[2]) Die Bedeutung der Nachahmung in unserem Falle scheint somit also unverkennbar, es fragt sich nur, wieweit diese Nachahmung geht, wieweit wir diese Tatsache bei einer Erklärung der Entwickelung der Finkenschläge berücksichtigen müssen, herbeiziehen dürfen. Nach der Theorie der sexuellen Auslese würde sich die Genese der Finkenschläge ungefähr folgendermafsen vollzogen haben. Die am „besten" am „schönsten" singenden ♂, d. h. also die ♂, welche die gröfsten Eigentümlichkeiten in ihrem Schlag zeigen, werden von den aktiven ♀ bevorzugt, der Gesang wird dadurch auf eine immer höhere Stufe gebracht. Aber zur Entwickelung von Vogeldialekten, von individuellen Gesangesvariationen führt dies nicht. Und so mufs auch der Anhänger dieser Theorie der Tatsache der Nachahmung Rechnung tragen. Beide Faktoren laufen ineinander, beide zusammen erzeugen die individuellen Unterschiede. Weismann, ein Hauptvertreter der Theorie der sexuellen Auslese, die er gerade inbezug auf die Vogelwelt in weitestem Sinne anwendet, sagt einmal: „Ein junger Edelfink, der einsam aufwächst, singt auch ungelehrt den Schlag seine Art, aber niemals so schön und vollkommen, wie wenn ihm ein alter vorzüglicher Sänger als Lehrer beigegeben wird. Es herrscht also bei ihm auch eine Tradition; aber die Grundformen des Finkenschlags sind doch schon in seinen Organismus übergegangen, sie sind ihm angeboren; er spricht die Sprache seiner Art auch wenn sie ihm nicht gelehrt wird. Sexuelle Selektion, so nehmen wir an, haben sie zu einem Bestandteil seines Wesens gemacht."[3]) In diesen Worten des Freiburger Zoologen sind eigentlich alle Fragen angeschnitten, welche wir zu untersuchen haben, deren nähere Beleuchtung uns einer Erklärung der Finkenschläge näher bringt.

1. Sexuelle Selektion sollen den Schlag als solchen hervorgebracht haben. Aber, so fragen wir, wie kann diese Theorie richtig sein, wenn sie der biologischen Begründung entbehrt? Wie ich schon mehrere Male betonte, ist eine sexuelle Auslese in das Reich der Fabel zu verweisen, eine Auslese der am

---

[1]) Ebd. p. 250.

[2]) Siehe Ebd.

[3]) Siehe Weismann, Gedanken über Musik bei Tieren und beim Menschen. Deutsche Rundschau. Band LXI. Berlin 1889 p. 50 ff.

schönsten singenden ♂ von Seiten der ♀ existiert nirgends im Vogelleben, auch hier nicht. Freilich, auf Grund dieser Theorie würde sich der Finkenschlag als solcher leicht erklären lassen, seine Entwickelung aber bis in die Dialektik, bis in die Gesangesindividualität würde gröfsere Schwierigkeiten machen. Wir werden uns also wohl gezwungen sehen, uns bei der Erklärung lediglich auf die Zuhilfenahme der natürlichen Auslese zu beschränken. Wenn wir annehmen, dafs die Finkenschläge im Laufe der Entwickelung individuelle Variationen zeigten, welche ihnen vor anderen einen Vorteil verschafften, sei es dafs ein länger oder lauter schallender Schlag schneller ♂ oder ♀ herbeizog, so müssen wir zu dem Schlusse kommen, von den ♂ seien hauptsächlich die schlechtsingenden nicht zur Fortpflanzung gekommen, die gutsingenden dagegen wohl. Das Resultat wäre also hier dasselbe wie bei der geschlechtlichen Zuchtwahl, der Erklärungsversuch ein anderer. Die Theorie der natürlichen Zuchtwahl hat aber das für sich, dafs sie den Tatsachen keineswegs widerspricht, vielmehr durch vielfache Beobachtungen bestätigt wird. Nun werden wir aber fragen müssen: Ist diese Erklärung im Stande, uns dem Verständnis der Entstehung der Gesangesindividualität näher zu bringen?

2. Damit kommen wir zum zweiten und letzten Punkt. Wenn wir eine Entwickelungstendenz des Schlages im Sinne der natürlichen Auslese zu geben im Stande sind, so haben wir damit nur erklärt, wie sich das gesangliche Element als solches weiter differenzierte, eine Stufe der Vervollkommnung erreichte. Um aber zu verstehen, wie sich bei unserem Edelfinken eine Variabilität im Gesange herausbilden konnte, haben wir zwei weitere Faktoren zu berücksichtigen: Die Nachahmung und die Weiterbildung des einzelnen Individuums im Gesange. Weismann hat wohl recht, wenn er glaubt, der einsam aufwachsende Edelfink lasse auch seinen Schlag hören. Das wird jeder Singvogel tun, aber keiner wird es über ein Gestümper hinausbringen. Damit ein Vogel den Gesang seiner Art vollständig und gut lerne, d. h. so lerne, dafs er darauf weiter bauen kann, dazu braucht er einen Vorsänger und das ist in der Natur der Vater. Die jungen Edelfinken lernen den Gesang vom Vater. Wir dürfen hier freilich nicht zu grob denken. Es genügt wohl für das aufnahmefähige junge Männchen, wenn es tagtäglich noch als Nestling oder als eben ausgeflogener Vogel den Gesang des Vaters hört. Kann man doch zuverlässig beobachten, dafs gerade dann wieder eine neue Gesangesperiode auftritt, wenn die Jungen ausgeschlüpft sind. Dies hat seine Bedeutung. Wir dürfen nun weiter annehmen, dafs der junge Fink auf den in seiner Kindheit erhaltenen ersten Gesangeseindrücken weiter aufbaut, studiert er doch schon im Herbst desselben Jahres d. h. er übt sich spielerisch im Schlagen. Und im kommenden Frühjahr, wenn er geschlechtsreif ist, studiert er wieder. Sein Schlag wird aber mit der Zeit besser werden, er

wird sich vervollkommnen. Wie können sich nun aber unter solchen Umständen mehrere Dialekte entwickeln? Die Erklärung ist ziemlich naheliegend. Schon vor Naumann hat Bechstein auf die wichtige Beobachtung hingewiesen, dafs jeder Edelfink mehr oder weniger eigene Variationen in seinem Schlage zeitigt. Bechstein sagt nämlich: „Auch unter den Edelfinken bemerkt man, dafs einer mehr, der andere weniger Gedächtnis hat; denn einer hat zuweilen ein ganzes halbes Jahr nötig, um einen einzigen Gesang zu studieren, da hingegen ein anderer denselben gleich beim erstenmal Hören gefafst hat, und nachsingen kann, einer lernt mit Mühe einen, ein anderer, wenn man will, drei, ja vier Finkenschläge, einer fafst ihn unvollkommen, der andere vollkommen, setzt auch wohl noch einige Silben hinzu, und verschönert ihn.“[1]) Wir finden also eine ganz individuelle Beanlagung. Und wenn wir diese in Betracht ziehen, wenn wir uns vorstellen, dafs nicht jeder studierende, sich übende Edelfink denselben Weg einschlägt, dafs vielmehr manch einer besondere Gesangesvariationen neu hinzudichtet, wenn wir uns ferner vorstellen, dafs sich mittelst der Nachahmung diese Variationen weiter auf die Nachkommen übertragen, so fällt es nicht schwer, der Tatsache der Dialekte eine verständlichere Form zu geben. Es bleibt freilich auch hier der Faktor zu berücksichtigen, den von Lukanus so scharf betonte. Da sich der Vogel im Gesange gegenseitig anregt, so müssen finkenreichen Gegenden eine gröfsere Weite der Variationen hervorbringen. Damit stimmen die Tatsachen überein. Und wenn Gloger hoch oben im Riesengebirge 3000 m über dem Meere einen Edelfinken hörte, dessen Gesang aus kreischenden, stümperhaften Lauten bestand,[2]) so mag man aus dem Gesagten die Erklärung dieser Tatsache selber ziehen.

III.

Machetes pugnax Cuv. — ein biologisches Problem.

Unter den Vertretern unserer einheimischen Vogelwelt, die uns ein Problem des Darwinismus, die ganze Tragweite und Kritik der Theorie der sexuellen Selektion klar vor Augen führen, ist *Machetes pugnax*, der bekannte und vielgenannte Kampfläufer einer der interessantesten. Bietet doch gerade die nähere Betrachtung einiger Phasen seines Lebens einen Einblick, eine gewisse Entscheidung in deszendenztheoretisch-biologischen Streitfragen. Es wird gerade im Vogelleben noch so viel von geschlechtlicher Zuchtwahl geredet, diese Theorie als etwas selbst-

---

[1]) Siehe Bechstein, Gemeinnützige Naturgeschichte der Vögel Deutschlands. Leipzig 1795. Vierter Band p. 360.

[2]) Siehe Gloger, Ausarten des Gesanges. Journal für Ornithologie I Jahrg. 1853 p. 218.

verständliches für manche biologische Phänomene auch unserer Fauna geltend gemacht. Dies rührt daher, dafs wir meistens, ja zum weitgröfsten Teil Nachbeter sind, sobald es sich um entwickelungstheoretische Grundprobleme handelt. Ein so weitenschaffendes Genie wie Charles Darwin wirkt bis in die speziellsten Teile der zoologischen Wissenschaft und Pseudowissenschaft, und die Vorzüge, welche seine Anschauungen jeder wirklich wissenschaftlichen Betrachtung bieten, rechtfertigen die grofse Berücksichtigung seiner Lehre. Ja so sehr, dafs man eigentlich nicht mehr streng wissenschaftlich bleiben kann, sobald man seine Lehre a radice verwirft. Es ist erklärlich, dafs die ganz neuen Ideen, welche Darwin geschaffen hat, im Gehirn bedeutender Naturforscher der Folgezeit Wurzel trieben — wenn ich mich vielleicht so ausdrücken darf —, dafs seine Ideen fortwirkten, weiter ausgestaltet wurden, in fast allen Zweigen der Naturforschung Einflufs erlangten. Und so gehen seine Fundamentalanschauungen, seine Theorien der natürlichen und sexuellen Auslese über auf Männer wie Romanes, Weismann u. a. m. Und die tausend Gelehrten, welche auf den verschiedenen Zweigen der Naturforschung sich betätigen, nehmen wiederum die Anschauungen dieser ihrer hervorragenden Zeitgenossen zum Dogma, zum Leitstern ihrer Untersuchungen. Nur so ist es erklärbar, dafs sich die Theorie der sexuellen Selektion — denn um diese handelt es sich hier — solange unbeschadet halten konnte, trotzdem sie nach neueren Untersuchungen, wenigstens im Vogelleben, nicht die Bedeutung besitzt, die ihr Darwin als erster zuschrieb. Der Ideengang Darwins ist ja bekannt. Die Vogelweibchen sollen als aktive Teile des Fortpflanzungsgeschäftes aus der Zahl der sie umwerbenden Männchen nur immer die ausgesucht haben, welche am „schönsten" sangen, das „schönste" Federkleid entfalteten. Und so soll dann im Laufe der Zeit Gesang und Federfärbung die Höhe erreicht haben, auf der wir sie heute finden. Es klingt wirklich bestechend, wenn Darwin sagt: „Bemerken wir, wie ein Vogelmännchen sein reizendes Gefieder oder seine Farbenpracht eifrig vor dem Weibchen entfaltet, während andere Vögel, die nicht so verziert sind, keine derartige Schaustellung vornehmen, so ist es unmöglich, zu bezweifeln, dafs die Weibchen die Schönheit ihrer männlichen Genossen bewundern.[1])

Glaubt man nicht unwillkürlich, in dieser Theorie eine einfache, eine naheliegende Erklärung vieler Phänomene des Vogellebens gefunden zu haben? Um so bemerkenswerter scheint es, dafs bereits Darwins Zeitgenosse Wallace die Theorie der geschlechtlichen Zuchtwahl bestritt. Dieser Streit hat sich in neuerer Zeit noch verstärkt, und so neigen wir denn heute mehr und mehr zu der Anschauung, welche die Wahl des „schöneren"

---

[1]) Siehe „Abstammung des Menschen" I. p. 137. Reclam.

des „besseren“ ♂ von seiten des ♀ auch im Vogelleben als unrichtig aus der Reihe der erklärenden Faktoren streicht. Dafs wir diese Anschauung teilen müssen, dafs wir somit die Theorie der natürlichen Zuchtwahl als einzige Entwicklungsidee zu betrachten haben, darin soll uns die Biologie von *Machetes pugnax* bestärken.

Vergegenwärtigen wir uns vorerst die Tatsachen. Ich lasse Naumann sprechen. Er sagt von unserer Vogelart: „Die ♂ kämpfen in der Begattungszeit um die ♀, aber dies auf eine so eigene Weise, und mit so widersprechenden Umständen begleitet, dafs man die Wut, mit welcher dies geschieht, abgerechnet, glauben möchte, es geschähe nur zur Belustigung und zum blofsen Zeitvertreib. Man sagt, sie kämpften um den Besitz der Weibchen. Davon sieht aber auch der sorgfältigste Beobachter nichts. Gewöhnlich erscheinen blofs ♂ und immer wieder dieselben auf dem Kampfplatze; sehr selten mischt sich da auch einmal ein ♀ unter sie, das dann mit ähnlichen Posituren, wie kämpfend, zwischen ihnen herumläuft. Dann sagt man, der Sieger suche sich nach dem Kampfe ein Weibchen auf. Dies tun aber wohl alle, ohne Ausnahme, Sieger und Besiegte; so wie auf dem Kampfplatze demnach keiner eigentlich besiegt wird, so wird auch aufser demselben kein ♂, das sich einem ♀ vertraulich genähert hat, von einem anderen in diesem Besitze gestört oder davon vertrieben. Mit Herannahen der Mauser verliert sich dieser sonderbare Hang zu streiten gänzlich.“[1]) Wir dürfen der Schilderung Naumanns restlos Glauben schenken; hat sich doch vor ihm Bechstein in ähnlicher Weise geäufsert.

Es ist selbstverständlich, dafs ein biologisches Phänomen wie dieses, das so gar nicht dem Ideengang des Darwinismus — und wäre es lediglich die Theorie der natürlichen Auslese — zu entsprechen scheint, von Seiten der Forscher eine besondere Beachtung gefunden hat. Aus den Erklärungsversuchen will ich nur zwei herausgreifen und kurz beleuchten, bevor ich meine eigenen Ansichten über diesen Gegenstand äufsere.

Groos, der bekannte Philosoph und Tierpsychologe, hält es in Anbetracht der Tatsachen für wahrscheinlich, dafs die heftigen Kämpfe der Kampfläufer einen gewissen Spielcharakter besitzen, also nicht lediglich mit natürlicher, instinktiver Notwendigkeit zu Gunsten einer Theorie der natürlichen Auslese sich äufsern. Ferner spricht er den, wie wir sehen werden, sehr beachtenswerten Gedanken aus, dafs die Bewerbungskünste bei *Totanus pugnax* wohl zum Teil dazu dienen, den ganzen Organismus in eine tiefgehende Erregung zu versetzen.[2]) Ich glaube nun, dafs wir gemäfs solcher Anschauungen wohl im Stande wären, den hier vor-

---

[1]) Siehe Naturgeschichte der Vögel Deutschlands. Siebenter Teil Leipzig 1834. p. 508 ff.

[2]) Siehe Groos, die Spiele der Tiere“ p. 158 ff.

liegenden Tatsachen gerecht zu werden, d. h. zu erklären, wie sich der Kampf der ♂ auch dann äufsern kann, wenn ♀ nicht zugegen sind, ein Phänomen, welches ja aufs entschiedenste gegen die Theorie der sexuellen Auslese spricht. Eines bleibt aber unberücksichtigt, nämlich die weite und offene Frage, wie denn eigentlich diese Kämpfe entstanden sind, welche Beziehungen zwischen ihnen und dem eigenartigen Federschmuck der Kämpfer bestehen. Konrad Guenther, den ich als zweiten in dieser Frage nennen will, glaubt annehmen zu müssen, dafs sich vor den mit den gröfsten Kragen bewehrten Männchen die anderen immer am ehesten zurückziehen, weil jene durch die Federn gröfser und breiter und dadurch wieder stärker zu sein scheinen.[1]) Damit hätten die „scheinbar" stärkeren einen Vorteil im Fortpflanzungsgeschäft, so könne wohl die Theorie der natürlichen Zuchtwahl hier zu Recht bestehen. Dafs letzteres der Fall sein mufs, scheint mir selbstverständlich, da eine sexuelle Auslese ja gerade hier ganz ausgeschlossen scheint. Dafs aber der Federkragen die Bedeutung haben soll, die ihm Guenther zuschreibt, halte ich in Anbetracht der Tatsachen für sehr unwahrscheinlich.

Ich möchte inbezug auf dieses Problem etwas andere Wege einschlagen und meine Gedanken in folgenden Punkten kurz zusammenfassen.

1. Betrachten wir vorerst einmal das Phänomen des Kämpfens und seine Analyse als Gegenstand der Tierpsychologie und Physiologie. Es handelt sich hier um die Frage, ob wir in den so unterhaltenden Kämpfen oder „Kampfspielen" von *Machetes pugnax* eine Art „Spiel" zu erblicken haben oder nicht. Groos neigt zur ersteren Ansicht. Ich glaube, mit Unrecht. Das Kämpfen kann ja doch restlos als ein eigentlich instinktiver, notwendiger, physiologisch durchaus begründeter Vorgang erklärt werden, dem das spielerische Element, das sozusagen „unnütze" der Betätigung ganz abgeht, Es mufs uns auffallen, dafs eine innige Beziehung besteht zwischen „Kampftrieb" und „Hochzeitskleid". Das ganz junge ♂, das noch dem ♀ ähnelt und sich von diesem fast nur durch seine Gröfse unterscheidet, kämpft noch nicht, nach Verlust des Hochzeitsschmuckes geht der Kampftrieb verloren. Wir müssen also wohl annehmen, dafs ein näherer Zusammenhang besteht zwischen „Kampfinstinkt", „Geschlechtstrieb", Federschmuck und physiologischem Gesamtzustand, kurz eine physiologisch-psychologische Wechselwirkung. Wir wissen natürlich nicht genau, welcher Art diese sei, wir können sie uns aber nach den heute vertretenen Anschauungen vorstellen.

2. Ich denke mir diese Beziehungen wie folgt. Wir wissen, dafs die männlichen Geschlechtsdrüsen, die Hoden bestimmte

---

[1]) Siehe Guenther „Geschlechtliche Zuchtwahl" in „Himmel und Erde" XXII. 1. p. 1 ff.

chemische Stoffe bilden — wir nennen sie Hormone —, dafs diese wiederum einen Einflufs auf den Stoffwechsel und auf den physiologischen Gesamtzustand des Körpers ausüben. Dieser Einflufs wird sich einerseits auf die Federn erstrecken, diese werden ihre Farbe und ihre Gröfse, vielleicht auch ihre Form ändern, im ganzen aber lediglich in dem Wachstum gefördert werden, das ihnen von der Entwickelungstendenz des Individuums her vorgeschrieben ist. Wir kommen also auch hier im Grunde genommen auf die Frage der Genese zurück.

Ferner wird sich, psychologisch gesprochen, mit der physiologischen Veränderung der Geschlechtsdrüsen der Geschlechtstrieb steigern und in den Instinkten äufsern, die ihm die Entwickelung der betr. Vogelart vorschreibt. Geht nun aber der physiologisch-gesteigerte Zustand der Geschlechtsorgane zurück, so wird sich dies im Abnehmen des Instinktes sowohl, wie in der Veränderung des Gefieders äufsern.

3. Wir kommen nun endlich zur letzten Frage, zu der überaus wichtigen Frage, wie sich diese Phämonene entwickelungsgeschichtlich erklären lassen. Die sexuelle Selektion scheidet aus. Besteht aber damit die natürliche zu Recht? Wenn, wie Naumann beobachtet hat, die ♂ immer wieder kämpfen, sodafs es eigentlich Besiegte nicht gibt, wenn ferner alle ♂, gleichwohl ob Sieger oder nicht, ♀ finden, so ist nicht recht einzusehen, wie hier die natürliche Auslese in Betracht kommen könnte. Vielleicht können wir uns Instinkt und Federung auf folgende Weise erklären. Ursprünglich mögen ♂ und ♀ nur wenige Differenzen in der Färbung gezeigt haben. Dadurch aber, dafs die ♂ schon damals fortwährend kämpften — wohl im Sinne der natürlichen Zuchtwahl — läfst es sich allein erklären, warum auch heute noch das junge neutral gefärbte ♂ gröfser und stärker ist als das ♀.[1]) Mit der Zeit mochten nun an den ♂ physiologisch bedingte Veränderungen der Federung auftreten, physiologisch bedingt insofern, als sie nur immer in der Periode sich zeigten, in welcher der Geschlechtstrieb die ♂ zum Kampfe trieb. Diese Variationen wären aber nie geblieben, hätten sie nicht eine bestimmte Bedeutung erlangt. Derjenige Hahn, der die auffallendere Federung zeigte, reizte seinen Nebenbuhler mehr, er zog ihn schneller herbei, er kam, da sich die ♀ ja passiv verhalten hatten, schneller zur Fortpflanzung als viele Andere. Ich betrachte also damit den eigenartigen Federschmuck lediglich als Anreizungs-Erregungsmittel, ebenso als wie die warzigen Anhänge, die sich ja mit den Jahren vermehren. Und so erkläre ich mir auch die Kämpfe unserer Vogelart lediglich so, dafs die ♂ durch den Anblick des Federschmuckes in Erregung versetzt werden und in Erregung kämpfen, dafs diese

---

[1]) Diesen Gedanken hat bereits Darwin ausgesprochen.

aber dem Fortpflanzungsakte zu Gute kommt.[1]) Wenn hier und da ein ♀ unter den Kämpfern wie kämpfend herumläuft, so mag auch dies auf Erregung zurückzuführen sein. Wir dürfen annehmen, dafs die jungen ♂ die Kämpfe der alten ♂ mit ansehen, dafs sie dieselben ursprünglich nachahmten und so für die Fortpflanzung dieses Instinktes sorgten. Heute ist er zum festen Bestand der Art geworden, begründet durch die oben geschilderte Bedeutung.

Über einen Punkt werden wir freilich nicht ohne Schwierigkeiten hinauskommen. Ich meine die Genese des Federschmucks. Wenn nach Naumann alle ♂ zur Fortpflanzung kommen, so ist nicht einzusehen, wie in der Fortpflanzung die Variationen des Gefieders einen Vorteil erlangten, der ihnen zur Weitergestaltung verhalf. Ich will es nicht entscheiden, glaube aber, dafs auch hier die Zahl der ♂ gröfser ist als die Zahl der ♀, dafs doch nicht alle ♂ ein ♀ bekommen. Damit wäre ja dann die natürliche Zuchtwahl auch hier eine mögliche Annahme.

---

[1]) Es ist natürlich, dafs dieser Kampfinstinkt sich immer dann äufsern mufs, wenn eine Veranlassung dazu vorhanden. Er wird sich also auch dann zeigen, wenn zwei mit dem „Reizmittel“ versehene ♂ zusammengebracht werden, d. h. ohne dafs ein ♀ da ist, ohne dafs es sich um eigentliche Fortpflanzung handelt, „scheinbar“ spielerisch äufsern.

Die Vogelwelt der Kolonie Südaustralien.

Von **Erhard Eylmann,** Dr. phil. et med.

(Schlufs von S. 148.)

Familie: **Coraciidae.**

Eurystomus australis Swains. — Den dollar-bird habe ich nur auf der nördlichen Halbinsel gesehen. Nach R. Hall kommt er auch im Südosten der Kolonie vor. Durch sein Gebaren und seine Stimme lenkt er sehr leicht die Aufmerksamkeit auf sich. Er gehört zu den lebhaftesten Vögeln der Halbinsel. Die Insektenjagd betreibt er ungefähr auf die gleiche Weise, wie die Schwalbenwürger. Den Menschen läfst er nicht gern in seine Nähe kommen. Während meines Aufenthaltes an Knuckey's Lagoon fanden sich vor dem Eintritt der Regenzeit allabendlich mehrere Exemplare an diesem kleinen Gewässer ein. Meist gaben sie, auf den Spitzen hoher dürrer Äste sitzend, einen krächzenden Gesang zum besten.

♂. Schnabel zinnoberrot, Oberschnabel an der Spitze schwarz; Zunge und Innenseite des Schnabels hellgelb; Iris schwarzbraun; Füfse blutrot. Gesamtlänge: 28 cm, Schwanzlänge: 9 cm, Flugweite: 59 cm. Mageninhalt: Insekten.

Familie: **Meropidae.**

Merops ornatus Lath. — Der farbenschöne, zierliche australische Bienenfresser bewohnt das ganze Innere der Kolonie. Er gehört hier zu den oft vorkommenden Vögeln. Stets zeigt er sich einzeln, Paar- oder familienweise. In seinem Benehmen unterscheidet er sich sehr wenig von *M. apiaster.* Wie dieser, jagt er von einem niedrigen Zweige oder dürren Aste aus nach Insekten und berührt dabei den Erdboden nur im Fluge, wenn er ein Insekt von demselben aufnimmt. Seine Beute tötet er durch Schlagen an seinen Sitzplatz. Ich erinnere mich nicht, gesehen zu haben, dafs er hoch in der Luft oder dicht über dem Wasserspiegel, wie Schwalben, umherstrich. Es fällt nie schwer, ihn aus geringer Entfernung in seinem Tun und Treiben zu beobachten.

♂ juv. (?). Die schwarze Binde in der Gurgelgegend fehlt; der blaue Strich unter den Augen ist aber vorhanden. Schnabel schwarz; Füfse schmutzig dunkelgrau; Iris hellbraunrot. Gesamtlänge: 20 cm, Schwanzläuge: 8 cm.

Familie: **Alcedinidae.**

Dacelo cervina Gld. — Dieser Eisvogel und *D. leachii* sind sich in jeder Hinsicht so ähnlich, dafs man sie nicht als zwei gut getrennte Arten betrachten darf. Beide Vögel sollen im Nordküstengebiet der Kolonie zu Hause sein. Ich habe hier nur eine Form angetroffen. Ich halte sie für *D. cervina.* Möge hier eine kurze Beschreibung eines männlichen Exemplares derselben Platz finden.

Die obere Hälfte des unförmlich grofsen Kopfes ist mit langen weifslichen, in eine fadenförmige bräunlichschwarze Spitze auslaufenden Federn bedeckt. Die untere Hälfte des Kopfes und der Nacken sind schmutzig weifs. Die Kehle, die Brust, sowie der Bauch zeigen ein rostfarbig überlaufenes Weifs und sind mit schmalen, verschwommenen dunkelbraunen Wellenlinien versehen. Der obere Teil der Halswurzel, der Vorderrücken und die Schulterfittiche haben eine schwarzbraune bis braunschwarze Färbung. Der Hinterrücken, der Bürzel und die obere Schwanzdecke prangen in einem hellen, schillernden Lasurblau. Die oberen Flügeldecken sind zum gröfsten Teil ebenfalls schön lasurblau und zum geringsten Teil braunschwarz bis blauschwarz. Die Schwungfedern haben einen weifsen Grund und eine dunkelblaue Aufsenfahne. Bei den gröfsten ist die Innenfahne weifs und die Spitze in der Länge von 6 cm schwarz; bei den übrigen hat die Innenfahne mit Ausnahme des Grundes am Schafte eine schwarze und am freien Rande eine weifse Färbung. Die unteren Flügeldecken sind weifs und zeigen feine dunkelbraune Wellenlinien. Der Schwanz ist glänzend dunkelblau. Seine seitlichen Federn weisen runde weifse Flecke auf; seine übrigen Federn, ausgenommen die beiden mittleren, sind weifsgespitzt. Der Oberschnabel ist braunschwarz, der Unterschnabel weifsgrau bis gelblichweifs. Die Füfse sind schmutzig gelbgrau. Die Iris zeigt ein trübes Weifs. Gesamtlänge: 41 cm, Schwanzlänge: 11,5 cm, Flugweite: 65 cm. Mageninhalt: Heuschrecken und Reste von Libellen.

Unser Liest bewohnt den nördlichen Teil der Kolonie bis zum 15. Breitengrade. Ich habe ihn stellenweise in lichten Waldgebieten ziemlich oft angetroffen. Er ist ein ungeselliger Vogel. Gilbert, der ihn auf der Koburg-Halbinsel beobachtete, behauptet, dafs er eine grofse Scheu an den Tag lege, und im schwer beizukommen sei. Meinen Beobachtungen nach zeigt er keine grofse Furcht vor dem Menschen; vorsichtig und wachsam ist er aber in hohem Grade. Er läfst häufig ein weitschallendes anhaltendes Geschrei hören, das ganz dem seines weniger prächtig gekleideten Vetters im Südosten des Kontinentes, des laughing jackass (*D. gigas*) gleicht. Seine Hauptnahrung scheinen Heuschrecken zu bilden. Ich untersuchte den Mageninhalt von sieben Stück und fand aufser anderen Insekten stets diese Geradflügler vor. Wirbeltiere oder Reste von solchen fehlten. Es unterliegt aber wohl keinem Zweifel, dafs der Vogel auch von Eidechsen, kleinen Schlangen, mäuseartigen Vierfüfslern und dergleichen lebt. Beiläufig gesagt ist der Magen klein im Verhältnis zu der Gröfse des Körpers. Bei dem Erwerb der Nahrung pflegt der Liest auf eigentümliche Weise zu verfahren. In scheinbar beschaulicher Ruhe, das Gefieder ein wenig aufgeplustert und den Kopf zwischen die Schultern gezogen, beobachtet er mit scharfem Auge von einem ein paar Meter hohen kahlen Aste aus den Erdboden unter sich. Bemerkt er auf diesem ein Beutetier, so stürzt er sich gleich einem Raubvogel auf dasselbe und verschlingt es sofort oder nimmt es mit sich zu seinem Lauerposten oder einem der nächsten Bäume.

Dacelo gigas Bodd. — Der laughing jackass bewohnt das ganze südöstliche Dritteil des Kontinentes. Ich habe ihn recht oft in der fruchtbaren, gut bewässerten südöstlichen Ecke der Kolonie, zwischen dem 140. Längengrade und der Landesgrenze, angetroffen. Aufserdem sind mir bei Adelaide, am Lake Alexandrina und am Unterlaufe des River Murray ein paar Exemplare zu Gesicht gekommen. Dafs er eine einsiedlerische Lebensweise führt, eine grofse Neugierde besitzt und den Menschen nicht scheut, ist bekannt. Dort, wo er sich häufig vorfindet, sieht man oft gezähmte Exemplare. Gewöhnlich lassen ihre Besitzer sie frei auf dem Hühnerhofe umherlaufen. Wie ich hörte, seien sie sehr genügsam und anhänglich und lebten mit den anderen Haustieren stets in dem besten Einvernehmen.

Halcyon pyrrhopygius Gld. — Den rotrückigen Liest (redbacked kingfisher) habe ich zwischen der Nordküste und dem 25. Breitengrade angetroffen. Wahrscheinlich erstreckt sich sein Verbreitungsgebiet weiter nach Süden. Er gehört zu den spärlich vorkommenden Vögeln. In seinem Gebaren hat er, wie auch die beiden zuvor genannten Alcediniden, grofse Ähnlichkeit mit den Bienenfressern und den Fliegenfängern. Als Standort wählt er einen lichten Scrub, dem Bäume nicht mangeln. Die Jagd betreibt er von einem Aste aus, der ihm eine gute Umschau gewährt. Den Boden berührt er bei dieser Gelegenheit höchstens dann, wenn es gilt, ein Kerbtier von demselben aufzunehmen.

I ♂ (Nordküste). Oberschnabel schwarz, Unterschnabel vorn schwarz, hinten bläulichgrauweifs; Füfse schmutzig dunkelgrau; Iris braun. Gesamtlänge: 23,5 cm, Schwanzlänge; 7 cm, Flügellänge: 10 cm, Schnabellänge: 3,9 cm, Länge der Schnabelöffnung: 5 cm, Lauflänge: 1,7 cm, Länge der Mittelzehe: 1,6 cm, Krallenlänge: 0,7 cm. Flugweite: 35 cm. Mageninhalt: Insektenreste.

II ♀ (Mac Donnell Ranges). Schnabel schwarz, an der Wurzel des Unterschnabels ein schmutzig grauweifser Fleck; Füfse grauschwarz; Iris braun. Gesamtlänge: 23 cm, Schwanzlänge: 7,3 cm, Flügellänge: 10,1 cm, Schnabellänge: 4,1 cm, Länge der Schnabelöffnung: 5,2 cm, Lauflänge: 1,6 cm, Länge der Mittelzehe: 1,4 cm, Krallenlänge: 0,5 cm. Flugweite: 34 cm. Mageninhalt: Heuschrecken.

Halcyon macleayi Jardine u. Selby. — Macleay's Liest ist auf der nördlichen Halbinsel heimisch. Er zeigt sich einzeln oder paarweise. Häufig findet er sich nirgends vor.

I ♂. Schnabel schwarz, Wurzelhälfte des Unterschnabels grauweiſs; Füſse grauschwarz; Iris dunkelbraun. Gesamtlänge: 21 cm, Schwanzlänge: 5,6 cm, Flügellänge: 9,5 cm, Schnabellänge: 3,7 cm, Länge der Schnabelöffnung: 4,5 cm, Lauflänge: 1,8 cm, Länge der Mittelzehe: 1,3 cm, Krallenlänge: 0,7 cm, Flugweite: 31,5 cm. Mageninhalt: Insektenreste.

II ♀. Oberschnabel schwarz, Unterschnabel an der Spitze und den Rändern schwarz, übriger Teil schmutzig rötlich- bis bläulichweiſs; Füſse schwärzlichgrau; Iris dunkelbraun. Gesamtlänge: 20,5 cm, Schwanzlänge: 6,2 cm, Flügellänge: 9,5 cm, Schnabellänge: 3,8 cm, Länge der Schnabelöffnung: 4,6 cm, Lauflänge: 1,7 cm, Länge der Mittelzehe: 1,1 cm, Krallenlänge: 0,6 cm, Flugweite: 33 cm. Mageninhalt: Heuschrecken.

Alcyone azurea Lath. — Dieser schöne, oben lasurblaue und unten rotbraune Eisvogel ist auf der nördlichen Halbinsel heimisch. Mir sind hier nur zwei Pärchen zu Gesicht gekommen. Beide hielten sich an einem von Bäumen und Sträuchern überschatteten Bache auf.

♂. Schnabel tiefschwarz; Iris dunkelbraun; Füſse schön zinnoberrot. Gesamtlänge: 18 cm, Schwanzlänge: 3,5 cm.

Familie: **Cuculidae.**

Scythrops novae hollandiae Lath. — Den Riesen- oder Fratzenkuckuck habe ich nirgends angetroffen. Nach R. Hall soll er auf der nördlichen Halbinsel vorkommen. Den Urbewohnern des östlich vom Lake Eyre gelegenen Kolonieteiles ist der Vogel wohl bekannt; ein Stamm (Diäri) hat nach ihm eine Heiratsklasse (tabajuru maddu) benannt. Er läſst sich in dieser Gegend aber nur nach ausgiebigen Regenniederschlägen blicken, wenn ein oder mehrere der gröſsten Creeks Hochwasser führen, also durchschnittlich alle vier bis sechs Jahre. Die dortigen Weiſsen heiſsen ihn deshalb flood-bird. Wie ich von zuverlässigen Männern verschiedener Stämme hörte, lege er seine Eier in Nestern der Weiſsäugigen Krähe (*Corvus coronoides*) ab.

Eudynamis cyanocephala Lath. (*E. flindersii* Vig. u. Horsf.). — Die beiden Geschlechter unterscheiden sich sehr wesentlich in der Färbung: das Federkleid des Männchens ist tiefschwarz und schillert grünlich, das des Weibchens hat oben eine dunkelbraune und unten eine fahlweiſsliche Grundfarbe. Ich habe Flinder's Kuckuck nur auf der nördlichen Halbinsel gesehen. Meiner Erfahrung nach gehört er hier zu den selten vorkommenden Vögeln. Es gelang mir nicht, ihn in der Nähe zu beobachten.

♀ juv. Kopf schwarz, blaugrün schillernd, mit hellrostfarbigem Gesichtsstreifen und bräunlichgrauen Flecken am Kinn; Unterseite des Halses, Brust, Bauch, Seiten des Rumpfes und untere Schwanzdecke hellrostbraun, mit braunschwarzen, ziemlich weit gestellten Wellenlinien; Oberseite des Halses schwarz; Rücken und obere Flügeldecken bräunlichschwarz, bräunlich und bräunlichweifs gefleckt; Schwung- und Steuerfedern, sowie obere Schwanzdecke ebenfalls bräunlichschwarz, bräunlich und bräunlichweifs gebändert; Schnabel bläulichgrau, auf der First des Wurzelteiles ein schwarzer Fleck; Iris karminrot; Füfse bläulich- bis schwärzlichgrau. Gesamtlänge: 41,5 cm, Schwanzlänge: 19,5 cm, Flugweite: 60,5 cm. Im Eierstock einige Eier von der Gröfse einer kleinen Erbse.

Centropus phasianus Lath. — Der Fasankuckuck bewohnt den Norden und den Nordosten Australiens. Im Northern Territory habe ich ihn zwischen der Nordküste und dem 18. Breitengrade angetroffen, und zwar auf der nördlichen Halbinsel stellenweise recht oft. Am liebsten hält er sich auf niedrig gelegenem wasserreichen Gelände auf, das mit Bäumen, Büschen und hohem Grase bestanden ist. Die Nahrung sucht er sich auf dem Boden. Sein gewöhnlicher Stimmlaut ist ein dumpfes, ziemlich weit vernehmbares Ugk. Das Fleisch liefert einen recht wohlschmeckenden Braten; die Fasankuckucke, welche ich erlegte, waren aber auffallend fettarm. Erwähnt sei noch, dafs ich Anfang März in einem Exemplare ein völlig ausgebildetes, weifses Ei vorfand.

♂. Schnabel schwarz; Füfse bläulichgrau; Iris rot. Gesamtlänge: 61 cm, Schwanzlänge: 34 cm, Flugweite: 62 cm.

Familie: **Cacatuidae.**

Cacatua leadbeateri Vig. (*Plissolophus leadbeateri*). — Der Inkakakadu ist mir nur in einigen wenigen Exemplaren in der südlichen Binnenlandshälfte der Kolonie zu Gesicht gekommen. Wie ich von Buschleuten hörte, triebe er sich hier aber dann in grofsen Flügen umher, wenn nach ausgiebigen Regenniederschlägen Grassame in Hülle und Fülle zur Reife gelangt sei. Die Eingeborenen im Gebiete der zentralen Bodenerhebungen schmücken gern das eine Ende ihrer aus Vogelarmknochen angefertigten Nasenstäbe mit seinem farbenprächtigen Federbusche.

Cacatua roseicapilla Vieill. (*Plissolophus roseicapillus*). — Der Rosakakadu ist in der nördlichen Hälfte der Kolonie noch gemeiner, als bei uns die Rabenkrähe. Hinzufügen mufs ich aber, dafs ich ihn in der Nähe der Küste nirgends angetroffen habe. Im Westen der Lake Eyre-Senke zeigt er sich nicht ganz selten. In dem zentralen Höhengebiet, das westlich von dem 133. Längengrade liegt, habe ich sein Vorkommen nicht festzustellen vermocht. Es scheint, dafs dieser Landesteil nicht mehr zu seiner eigentlichen Heimat gehöre: wie mir Missionare versicherten, seien in der Gegend der Missionsstation Hermannsburg (am Oberlaufe des Finke River) innerhalb eines Jahrzehntes nur ein paarmal einige Exemplare gesehen worden. Dafs der Vogel die Felsenhöhen nicht meidet, fand ich auf meinen Reisen in Hart's Range. Als mir dort eines Tages auf dem Ruby Field das Fleisch ausgegangen

war, gelang es mir ohne grofse Mühe, sechs Stück innerhalb einer Viertelstunde zu erlegen. Im Südküstengebiet ist er mir nicht zu Gesicht gekommen. Mit vollem Recht kann man den Rosakakadu als eine der anmutigsten und schönsten Erscheinungen unter allen Vögeln der Kolonie bezeichnen. Durch massenhaftes Auftreten wirkt er oft in hohem Grade verschönernd auf die Landschaft ein Aufser der Brutzeit lebt er in Gesellschaft von seinesgleichen. Zu sehr grofsen Scharen vereinigt er sich aber nur ganz ausnahmsweise. Meist bestehen die Flüge aus zehn bis fünfzig Stück. Seine Nahrung bildet der Same von Gräsern und Kräutern. Dafs diese Ernährungsweise ihn zum Streichen zwingt, liegt auf der Hand. Gröfsere Wanderungen, wie die Mehrzahl der binnenländischen Papageien, scheint er aber nur selten zu unternehmen. Morgens und abends kommt er zur Tränke. An gröfseren Wasserlöchern und Brunnen des Binnenlandes sah ich zu dieser Tageszeit oft Hunderte von Exemplaren, die truppweise ihren Durst stillten oder dichtgedrängt auf den benachbarten Bäumen safsen und laut schreiend auf das Freiwerden eines Platzes am Wasserrande warteten. Dem Reisenden bietet sich hier die beste Gelegenheit, den Vogel aus nächster Nähe zu beobachten und sich an dessen wundervollen Schwenkungen zu erfreuen, bei denen, vom goldigen Sonnenlichte übergossen, bald das lichte Schiefergrau der Oberseite, bald das leuchtende Rosa der Unterseite gezeigt wird. Vor dem Menschen legt unser Kakadu keine grofse Scheu an den Tag. Dies gereicht ihm gar oft zum Verderben, da der immer beutegierige Eingeborene es nie unterläfst, einen Stein, einen Knüppel, einen Bumerang oder irgend ein anderes Wurfgeschofs in jeden dichten Schwarm zu schleudern, der sich in Wurfweite von ihm befindet. Schiefst man auf eine Schar, so umkreisen einen die unverletzt Gebliebenen in sausendem Fluge mit wütendem Geschrei, und es hat ganz den Anschein, als wollten sie auf einen stofsen. Schliefslich setzen sie sich auf die nächsten Bäume. Ihre Erregung ist aber auch dann noch grofs, wie das fortgesetzte Schreien, das Schlagen mit den Flügeln, das Sträuben des Gefieders und das heftige Nicken mit dem Kopfe deutlich erkennen lassen. Nach einem zweiten oder dritten Schusse gewinnt der Selbsterhaltungstrieb wieder die Oberhand, und alle suchen sich durch eilige Flucht in Sicherheit zu bringen. Das Ergreifen der angeschossenen Exemplare kostet immer einige Mühe, da sie wütend um sich beifsen. Das Fleisch dieses Kakadus, wie das aller übrigen des Landes, ist trocken und zäbe. Selbst dann läfst es sich nicht leicht von den Knochen lösen, wenn es gegen drei Stunden gekocht worden ist. Auf vielen binnenländischen Stationen trifft man ein oder mehrere gezähmte Exemplare an, die entweder in einen engen Käfig gesperrt sind, oder frei mit gestutzten Flügeln umherspazieren. Als Nahrung erhalten sie nur Damper. Von den Buschleuten wird der Vogel Galar genannt.

Cacatua galerita Lath. *(Plissolophus galeritus)*. — Der Gelbhauben-Kakadu soll in allen Kolonien zu Hause sein. Im Binnenlande bin ich ihm nirgends begegnet; auf der nördlichen Halbinsel und in der südöstlichen Ecke der Kolonie hingegen habe ich ihn stellenweise recht oft angetroffen. Als Wohnplatz scheint er mit Vorliebe ein gut bewässertes, mit hohen Bäumen bestandenes Gelände zu wählen. Auf seinen Schlafbäumen pflegt er morgens und abends einen wahren Höllenlärm zu machen.

Cacatua gymnopis Sclater *(Plissolophus gymnopis)*. — Der Nacktaugenkakadu ist auf der nördlichen Halbinsel einer der gemeinsten Vögel. Auf baum- und buscharmem aber grasreichem Gelände sah ich dort Trupps, die nahezu einen halben Quadratkilometer dicht bedeckten. Im Binnenlande kommt er ebenfalls vor, aber nur an einigen Orten, z. B. im Südwesten der Lake Eyre-Senke und in der Gegend der Murchison Range (20° südl. Br.). An der Nordküste Südaustraliens soll auch der Rotzügelkakadu *(C. sanguinea)* heimisch sein. Beide Arten gleichen sich so gut wie vollständig in der Gröfse und der Befiederung. Ein gutes Unterscheidungsmerkmal bietet nur der nackte Augenfleck. Bei dem Rotzügelkakadu ist er weifslich, und das Auge nimmt genau seine Mitte ein; beim Nacktaugenkakadu hingegen ist er lichtblau, und der Mittelpunkt des Auges liegt weit höher als sein eigener. Unser Kakadu gehört zu den scheuesten und wachsamsten Papageien des Landes. Durch sein ohrzerreifsendes Geschrei macht er sich sogleich bemerkbar. Zum Schlafplatz wählt er mit Vorliebe die Wipfel hochragender Bäume in der Nähe von Wasser. Wie ich von Ansiedlern hörte, ertrage er die Gefangenschaft recht gut und lerne leicht sprechen. Auf der Telegraphenstation an Tennant's Creek sah ich ein paar gezähmte Exemplare, die eine unbeschränkte Freiheit genossen und sich oft mit ihren wilden Genossen umhertrieben. Die Buschleute nennen den Vogel Corella.

♂ (Nordküste). Schnabel und Füfse bläulichgrau bis bläulichweifs. Gesamtlänge: 40,5 cm, Schwanzlänge: 15 cm, Flügellänge: 27,5 cm.

Calyptorhynchus stellatus Wagl. *(C. naso)*. — Dieser schöne Rabenkakadu ist in dem höhenreichen Innern der Kolonie zu Hause. Die südliche Grenze seines Verbreitungsgebietes bildet ungefähr der 26. Breitengrad. Unter dem Wendekreise findet er sich noch vor. Zwischen dem 18. und 23. Breitengrad ist er mir nicht zu Gesicht gekommen. Weiter nordwärts bis zur Küste habe ich viele Rabenkakadus angetroffen; ich vermag aber nicht zu sagen, ob sie zum Teil zu dieser Art, oder ausnahmslos zu der gehörten, die das ganze nördliche Küstengebiet des Kontienntes bewohnt und als *C. macrorhynchus* bezeichnet wird. Unser Rabenkakadu liebt sehr die Geselligkeit. Die Flüge bestehen meist aus zehn bis vierzig Stück. Die ein Paar bildenden Vögel halten zeitweilig, wenn nicht immer, selbst dann innig zusammen, wenn sie sich in einer gröfseren Gesellschaft von ihresgleichen befinden. Gar oft, besonders um die Mitte des Tages, bemerkte ich in den Wipfeln hochragender Creekgummibäume zahlreiche Rabenkakadus, die paarweise auf den Ästen safsen — die zusammengehörenden Gatten gleichgerichtet und aneinander geschmiegt — und in possierlicher Weise mit gesträubtem Gefieder, laut schreiend, nach mir äugten. Die einzelnen Gesellschaften pflegen mit langsamem Flügelschlage kreischend so hoch dahinzuziehen, dafs höchstens eine Büchsenkugel sie erreichen könnte. So weit ich es zu beurteilen vermag, liegen die Plätze, wo sie tagsüber Futter suchen, nicht selten viele Kilometer von den hohen redgums der Creeks entfernt, in deren Wipfel sie nächtigen. Trotzdem der Vogel steif und unbeholfen geht, hält er sich doch oft auf dem Boden auf. Nächst der Corella (*C. gymnopis*) ist er wohl der scheueste Papagei des Binnenlandes. Am besten kann man ihn spätnachmittags an den Trinkplätzen, meist abgelegenen rockholes, beobachten. Wenn er sich am Boden auf der Suche nach Nahrung befindet, ist es nicht leicht, ihm nahe zu kommen, da jede Gesellschaft Wachen aufstellt. Er nistet, wie alle seine binnenländischen Ordnungsgenossen, in Höhlungen der hohen Creekgummibäume. In Gefangenschaft gehaltene erwachsene Exemplare sind mir auf keiner Station zu Gesicht gekommen. Der Buschmann ist der Ansicht, dafs sich dieser Kakadu überhaupt nicht aufziehen lasse. Zwei Nestjunge dagegen sah ich in dem Besitze der Hermannsburger Missionare. Sie wurden mit erwärmtem in Milch aufgeweichtem Brot gefüttert und schienen gut zu gedeihen. Dem Eingeborenen fallen Eier und Junge oft in die Hände; erwachsene Exemplare erbeutet er aber nur selten.

♂. Schnabel bläulichweifs bis hornfarbig; Füfse schwärzlich bis bräunlich; Iris dunkelbraun. Gesamtlänge: 52 cm, Schwanzlänge: 26,7 cm. Mageninhalt: Sämereien.

Calyptorhynchus macrorhynchus Gld. — Oben ist gesagt, dafs dieser Papagei an der ganzen Nordküste Australiens heimisch sei, und dafs ich zwischen dem zum Northern Territory gehörenden Teil dieser Küste und dem 18. Breitengrade vielerorten Rabenkakadus angetroffen habe. Leider ist es mir nicht gelungen, eines Exemplares habhaft zu werden. Da *C. macrorhynchus* sich von *C. stellatus* nur durch sehr geringfügige Verschiedenheiten in der Gröfse des ganzen Körpers, einzelner Körperteile, wie Schnabel und Haube, sowie der Färbung der Schwanzbinde (nur im weiblichen Geschlecht) unterscheidet, so vermochte ich selbst in den Fällen, wo ein oder mehrere der betreffenden Vögel mir sehr nahe waren, nicht festzustellen, um welche der beiden Arten es sich handelte. Alle mir zu Gesicht gekommenen Rabenkakadus zeigten eine grofse Scheu vor dem Menschen. Als ich mich am Pine Creek aufhielt, beobachtete ich oft eine grofse Anzahl dieser kohlschwarzen Vögel und der schneeweifsen Nacktaugenkakadus (*C. gymnopis*), die dicht geschart und in buntem Durcheinander auf dem Waldboden ihre Nahrung suchten.

Calyptorhynchus funereus Shaw, var. *C. xanthonotus* Gld. — Den mit einem gelben Ohrfleck und einer gelben Schwanzbinde geschmückten Gelbohrkakadu habe ich nur in dem Gummibaumwalde der südöstlichen Ecke der Kolonie angetroffen.

Calopsittacus novae hollandiae Gmelin (*Nymphicus novae hollandiae*). — Der Nymphensittich ist auf der nördlichen Halbinsel und im ganzen Binnenlande zu gewissen Zeiten einer der gemeinsten Vögel. Im Südküstengebiet ist er mir nicht zu Gesicht gekommen. Gewöhnlich lebt er gesellig. Er ist wachsamer und vorsichtiger als mancher andere Papagei der Kolonie. Bei seiner Ankunft an der Tränke pflegt er sich zuerst auf die benachbarten Bäume zu setzen und sorgfältig Umschau nach einem Feinde zu halten. Eintretender Mangel an Grassämereien, seiner Hauptnahrung, veranlafst auch ihn, wie den Wellensittich und viele andere Vögel, zu sehr ausgedehnten Wanderungen. Auf meiner Überlandreise von Adelaide nach Palmerston sah ich die ersten Nymphensittiche im Innern, unter dem 22. Breitengrade. Auf der Rückreise dagegen zeigte sich der Vogel an allen Wasserstellen, die ich auf meinem Wege durch die südliche Binnenlandshälfte antraf, und zwar an manchen in auffallend zahlreichen Flügen. Sein Flug ist schön und gewandt, rasch und ausdauernd. Als Käfigvogel wird er von den Buschleuten weniger geschätzt, denn der Ringsittich und der Galar. Aufser einem unangenehmen Krächzen läfst er ein wohlklingendes Lied hören.

♀. Schnabel bläulichgrau; Iris dunkelbraun; Füfse grauschwarz. Gesamtlänge: 31,5 cm, Schwanzlänge: 18 cm. Länge der Haube: 5,5 cm, Flugweite: 49 cm. Inhalt des Kropfes und des Magens: Sämereien.

Familie: **Loriidae.**

Trichoglossus rubritorques Vig. u. Horsf. — Dieser farbenschöne Keilschwanzlori ist mir nur auf der nördlichen Halbinsel zu Gesicht gekommen, und zwar stellenweise ziemlich oft. Er ist ein schneller und gewandter Flieger.

♂. Schnabel und Iris gelbrot; Füfse grau. Gesamtlänge: 33 cm, Schwanzlänge: 15 cm, Flugweite: 44 cm. Mageninhalt: Sämereien und Sand.

Glossopsittacus concinnus Shaw (*Trichoglossus concinnus*). — Den Moschuslori habe ich hier und dort im Südküstengebiet, zwischen dem St. Vicent Golf und der Kolonie Victoria, beobachtet.

Glossopsittacus porphyrocephalus Dietr. (*Trichoglossus porphyrocephalus*), Blauscheitellori. Ich habe ein Exemplar im Süden der Mt. Lofty Range gesehen.

Ptilosclera versicolor Vig. (*Trichoglossus versicolor*). — Dieser überaus bunte Keilschwanzlori bewohnt die nördliche Halbinsel in ziemlich bedeutender Anzahl. Sein Flug ist reifsend schnell.

♀. Nackter Augenfleck und Wachshaut bläulichweifs; Schnabel lachsfarbig; Iris schmutzig gelb; Füfse graublau. Gesamtlänge: 20 cm, Schwanzlänge: 7,5 cm, Flugweite: 33 cm.

Familie: **Psittacidae.**

Spathopterus alexandrae Gld. (*Polytelis alexandrae*). — Die Blaukappe zeichnet sich vor den anderen Sittichen des Landes durch grofse Schlankheit des Körpers und zarte Färbung des Gefieders aus. Ihr eigentliches Wohngebiet in der Kolonie sind höchst wahrscheinlich die öden, wasserarmen Steppen-, Dünen- und Scrublandschaften des Innern, die westlich vom 132. Längengrade liegen. Ganz ausnahmsweise zeigt sie sich auf dem zwischen dem 20. Breitengrade und dem Wendekreise befindlichen Landstrich, durch den der Überlandweg und die Überlandtelegraphenlinie führen. Anfang der neunziger Jahre z. B. ist sie hier in überraschend grofser Zahl aufgetreten und hat in den Höhlungen der in und an den Creeks stehenden redgums (Eucalyptus rostrata) genistet. Wie ich auf der Viehstation am Sterling Creek hörte, hätten Eingeborene in manchen Bäumen fünf und mehr Nester gefunden, und seien die Vögel bald nach der Aufzucht der Jungen vollständig verschwunden. Als ich einige Jahre darauf zum ersten Male in die betreffende Gegend gelangte, sah ich in dem Besitze von Ansiedlern noch einige Exemplare von den vielen, die damals jung aus dem Neste genommen und mit Damper aufgefüttert waren. Freilebende Blaukappen sind mir nur ein einziges Mal zu Gesicht gekommen, und zwar auf dem wüstenähnlichen, mit Casuarina und Porcupinegrass (Triodea sp.) bestandenem Dünengebiet, welches das westliche Ende der südlich von den Mac Donnell Ranges gelegenen Missionary's Plain bildet. Die Nahrung des Vogels besteht, soviel ich in Erfahrung zu bringen vermocht habe, in dem Samen von Gräsern, Kräutern, Eucalypten und den grünen, die Blätter vertretenden Stengelteilen der Kasuarinen. Die Blaukappen, welche, wie vorhin gesagt, vor einigen Jahrzehnten in grofser Anzahl im Ansiedelungsgebiete brüteten, sollen eine auffallend geringe Scheu vor den Menschen an den Tag gelegt haben. Keartland gibt in dem Berichte der Horn-Expedition an, beim Nahen des Menschen lege sich der Sittich der Länge nach auf dickere Äste, um sich unsichtbar zu machen.[1]) Meiner Beobachtung ist dies Versteckenspielen entgangen. Die Gefangenschaft erträgt er bei guter Pflege ausgezeichnet und gewöhnt sich in ihr sehr rasch in dem Grade an den Menschen,

---

[1]) Report on the Work of the Horn Scientific Expedition. Part II. Pag. 61 u. 62.

dafs er sich angreifen und streicheln läfst. Im Besitze des Herrn Museumsdirektor A. Zietz in Adelaide sah ich vor zehn Jahren ein Pärchen und ein von diesem im Käfige aufgezogenes Junges. Als das Weibchen brütete — es hatte fünf weifse Eier gelegt — duldete es nicht, dafs sich das Männchen dem Nest nahte. Herr Zietz fütterte die Vögel mit Kanariensamen, dem er manchmal ein wenig Eucalyptussamen beimischte. Aufserdem reichte er ihnen von Zeit zu Zeit grüne Zweigspitzen von Kasuarinen. Dieselben wurden stets mit grofser Gier gefressen.

♂. Gesamtlänge: 40,6 cm, Flügellänge: 18,5 cm, Schwanzlänge: 27 cm.

Ptistes erythropterus Gmelin (*Platycercus s. Apromictus erythropterus*). — Der Scharlachflügel bewohnt nur den Norden der Kolonie, dem Anschein nach aber nicht in grofser Zahl. Auf meiner Reise von Adelaide nach Palmerston sah ich ihn zum erstenmal zwischen dem 16. und 17. Breitengrade.

I ♂. Schnabel gelbrot; Iris rot; Füfse schwärzlich. Gesamtlänge: 31 cm, Schwanzlänge: 15 cm, Flügellänge: 19 cm, Schnabellänge: 2,1 cm. Länge der Schnabelöffnung: 1,9 cm, Lauflänge: 2,3 cm, Länge der Mittelzehe: 2,2 cm, Krallenlänge: 1,1 cm, Flugweite: 49 cm. Mageninhalt: Beeren. Parasiten: lange fadenförmige Würmer (frei in der Leibeshöhle).

II ♂ juv. Von dem ausgefärbten Männchen unterschied es sich hauptsächlich dadurch, dafs der Vorderrücken gelblich- bis bräunlichgrün war, der leuchtend rote Fleck auf den Flügeln nur einen ganz geringen Umfang besafs, und die Iris eine bräunlichrote Färbung hatte. Gesamtlänge: 28,5 cm, Schwanzlänge: 13 cm, Flugweite: 52 cm. Mageninhalt: Sämereien.

Platycercus adelaidae Gld. (*adelaidensis*). — Der Fasansittich besitzt bekanntlich eine weitgehende Ähnlichkeit mit dem Buschwaldsittich (*P. elegans*). Mir ist nur ein Exemplar zu Gesicht gekommen, und zwar in der Nähe von Adelaide, wo Gould den Vogel vor einer Reihe von Jahrzehnten in grofser Zahl angetroffen hat.

Platycercus elegans Gmelin (*P. pennantii*). — Den Buschwaldsittich habe ich nur in der südöstlichen Ecke der Kolonie angetroffen, und zwar recht oft. Aufser alten Vögeln fanden sich auffallend viel junge vor, deren Gefieder gröfstenteils grün war.

Platycercus eximius Shaw. — Die Rosella bewohnt in gröfserer Zahl den zwischen dem Unterlaufe des River Murray und der Kolonie Victoria gelegenen Küstenstrich. Im Binnenlande und Nordküstengebiet fehlt sie.

Platycercus browni Temm. — Der Schwarzkopfsittich ist auf der nördlichen Halbinsel zu Hause. In den anderen Teilen der Kolonie fehlt er.

♂ Schnabel hellbläulichgrau; Iris schwarzbraun; Füfse dunkelgrau. Gesamtlänge: 30 cm, Schwanzlänge: 14,5 cm, Flugweite: 37 cm. Mageninhalt: Sämereien und Kies.

Barnardius barnardi Vig. u. Horsf. (*Platycercus barnardi*). — Den Gelbnackensittich habe ich nur am Unterlaufe des River Murray gesehen.

Barnardius zonarius Shaw (*Platycercus zonarius*). — Der Ringsittich, von den Weifsen des Landes ringneck genannt, ist ein Bewohner des Binnenlandes. Ich habe ihn nur zwischen dem 20. und 30. Breitengrade angetroffen. Hier zeigt er sich häufig paarweise oder in kleinen Flügen, und zwar sowohl im Gebiete der Höhen, als auch auf den Ebenen, Sein Flug ist wellenförmig und ziemlich schnell. Die Nahrung sucht er meist auf dem Boden. Der Hauptsache nach besteht sie in allerlei Sämereien. Wie er durch Räubereien in den Gärten der Ansiedler verrät, ist er ein grofser Freund von Datteln und anderen Früchten; auch die Blüten mancher Holzgewächse scheinen ihm recht zu munden. Vor dem Menschen zeigt er keine grofse Scheu. Wie alle Papageien des Binnenlandes, nistet er in Höhlungen der Gummibäume, die an und in den Creeks stehen. In diesen Bäumen verbringt er auch die Nächte. Auf den Stationen werden häufig jung aus dem Nest genommene Exemplare in engem Käfig gehalten. Sie ertragen die Gefangenschaft meist jahrelang ohne grofse Beschwerde, obwohl sie nur eine höchst mangelhafte Pflege erhalten und ausschliefslich mit Damper ernährt werden. ♂. (Krichauff Range.) Schnabel bläulichgrau, Mitte des Unterschnabels grauschwarz; Iris dunkelbraun; Füfse grauschwarz. Gesamtlänge: 37,5 cm, Schwanzlänge: 22,5 cm, Flügellänge: 18 cm, Schnabellänge: 2,3 cm, Länge der Schnabelöffnung: 1,6 cm, Lauflänge: 2,4 cm, Länge der Mittelzehe: 2,3 cm, Krallenlänge: 1 cm, Flugweite: 46 cm. Kropfinhalt: Sämereien.

Melopsittacus undulatus Shaw. — Den Wellensittich, von den Buschleuten grass-parrakeet genannt, habe ich zwischen dem 16. und 31. Breitengrade überall angetroffen. Ob er auf der grofsen nördlichen Halbinsel vorkomme, vermag ich nicht anzugeben. An der Südküste habe ich ihn ebenfalls nicht bemerkt. Er hält sich hier aber auf, vielleicht nur vorübergehend: wie ich von zuverlässigen Leuten hörte, zeige er sich zwischen Spencer's Golf und dem Unterlaufe des River Murray in manchen Jahren recht oft, namentlich zurzeit der Grassamenreife, in anderen dagegen selten oder garnicht. Im Fliegen besitzt er bekanntlich eine ungewöhnliche Geschicklichkeit und eine nicht geringe Ausdauer. Von den Trinkplätzen entfernt er sich unter Umständen recht weit, weiter als die meisten übrigen Papageien des Landes. Auf meinen einsamen Wanderungen im Busch beobachtete ich oft wochenlang jeden Tag viele Scharen von zwanzig bis hundert Stück, die laut schreiend mit blitzschnellem Flügelschlage in schnurgerader Richtung und in einer Höhe von 5 bis 10 m dahinstürmten. In seinem reifsenden Fluge vermag der Sittich nicht immer wenig augenfälligen Hindernissen auszuweichen: unter den vielen toten und schwer verletzten Vögeln, die ich, wie eingangs erwähnt, unter der Überlandtelegraphenleitung fand, war er am zahlreichsten vertreten. Einmal sah ich einen frisch abgetrennten Wellensittichflügel an dem Drahte der Leitung hängen. In diesem Falle mufs die Fluggeschwindigkeit aufserordentlich grofs gewesen sein. Raubvögeln fällt der Wellensittich nicht gar selten zum Opfer, und zwar meist an den Trinkplätzen. In dem Laubwerk der hohen Eucalypten der Creeks, wo er die Nächte verbringt und oft um die Mitte des Tages Schutz vor den glühenden Sonnenstrahlen sucht, ist er selbst dann ziemlich sicher vor seinen Feinden, wenn der Schlaf nicht seiner auffallend grofsen Unruhe und Geschwätzigkeit ein Ende gemacht hat, denn sein Kleid hebt sich fast garnicht von den bläulichgrünen Blättern ab. Meinen Erfahrungen nach unternimmt er sehr ausgedehnte Wanderungen. Veranlafst werden diese stets durch eingetretenen Mangel an Grassamen. Manche Gegenden, wo er in fruchtbaren Jahren so häufig vorkommt, wie bei uns die Sperlinge, verläfst er bei lange anhaltenden Dürren vollständig und oft auf lange Zeit. Auf meiner ersten Überlandreise sah ich im westlichen Randgebiet der grofsen Lake Eyre-Senke nicht einen einzigen Wellensittich. Als ich nach ein paar Jahren wieder in diese Gegend kam, zeigte sich hier der Vogel an allen Wasserlöchern in auffallend zahlreichen Flügen.

♂ (Norden des Binnenlandes). Schnabel gelblichgrau; Füfse hellgrau; Iris grau. Gesamtlänge: 19 cm, Schwanzlänge: 9,5 cm, Flugweite: 26 cm. Kropfinhalt: Sämereien.

Psephotus haematogaster Gld. (*Platycercus haematogaster*).[1] — Den Gelbsteissittich habe ich nur in dem östlich vom Lake Eyre gelegenen Landesteil beobachtet. Er zeigte sich meist paarweise, selten in kleineren Flügen.

♂. Flügelbug lasurblau; grofser Flügelfleck bräunlichgelb; untere Schwanzdecke blafsgelb; Schnabel bläulichgrau; Füfse grauschwarz; Iris hellbraun. Gesamtlänge: 29,5 cm, Schwanzlänge: 16 cm, Flügellänge: 12,2 cm, Schnabellänge: 1,8 cm, Länge der Schnabelöffnung: 1,3 cm, Lauflänge: 2 cm, Länge der Mittelzehe: 2,5 cm, Krallenlänge: 0,7 cm, Flugweite: 38 cm. Kropfinhalt: Sämereien.

Psephotus multicolor Temm. (*Platycercus multicolor*). — Der Bunt- oder Vielfarbensittich ist mir nur zwischen dem 23. und 28. Breitengrade zu Gesicht gekommen, und zwar stets paar-

---

[1]) A. Reichenow, Vogelbilder aus fernen Zonen. Taf. XXIII, Fig. 3.

weise. Auf alle Exemplare, die in meinen Besitz gelangt sind, paſste die Beschreibung, welche Gould von der Art gibt, nicht genau.

♂. Stirn zitronengelb; Hinterkopf grüngrau, rostfarbig gefleckt; Scheitel, Hals und Brust graugrün; Rücken dunkelgraugrün; Bürzel vorn grauschwarz, hinten bläulichgelb; obere Deckfedern des Schwanzes schwärzlich und olivengrün, rostrot gefleckt; Bauch gelbgrün; Seiten, Steiſs und untere Schwanzdecke hellgrüngelb; obere Flügeldecke grünlich, in der Nähe des Handgelenkes eine Anzahl kleiner rostroter Flecke; Schwungfedern grauschwarz, äuſsere Fahne oben dunkelblau bis olivengrün, Innenfahne mit einem groſsen weiſsen Fleck; Spitzenhälfte des Schwanzes schwärzlich, bräunlich und lila; Wurzelhälfte desselben grünlich, mit einer durchbrochenen, schwarzen Querbinde; Schnabel bläulichgrau, Spitze schwärzlich; Füſse grauschwarz; Iris braun. Gesamtlänge: 29,5 cm, Schwanzlänge: 16,5 cm, Flügellänge: 13,5 cm, Schnabellänge: 1,3 cm, Länge der Schnabelöffnung: 1,1 cm, Lauflänge: 1,9 cm, Länge der Mittelzehe: 1,5 cm, Krallenlänge: 0,6 cm, Spannweite: 34 cm. Mageninhalt: Sämereien.

Geopsittacus occidentalis Gld. — Mir ist nur ein Pärchen auf der nördlich von den Mac Donnell Ranges gelegenen Burt Plain zu Gesicht gekommen.

Familie: **Treronidae.**

Myristicivora spilorrhoa Gray. — Das Weiſs des sichtbaren Gefiederteiles ist mattgelb (creme) überflogen. Die Kiele und das flaumige untere Ende vieler Fahnen sind deutlich mattgelb gefärbt. Am schärfsten ist diese Färbung an dem Schwanze und seiner unteren Decke ausgeprägt. Inbezug auf sie sei bemerkt, daſs das Fett der von mir geschossenen Exemplare eine auffallend goldgelbe Farbe hatte, und daſs sich im Magen und Kropf nur Palmfrüchte mit gelbrötlichem Fruchtfleische vorfanden. Der gelbliche Farbstoff ist übrigens flüchtig, wie die alten Bälge deutlich erkennen lassen. Ich traf die Taube nur in den Fluſsdickichten (Dschungel) der groſsen nördlichen Halbinsel an, wo sie sich die genannten Früchte verschaffen konnte.

♀. Schnabel zitronengelb; Füſse graublau; Iris braun. Gesamtlänge: 40 cm, Schwanzlänge: 14 cm, Flügellänge: 24 cm, Schnabellänge: 2,2 cm, Länge der Schnabelöffnung: 3,3 cm, Lauflänge: 3,2 cm, Länge der Mittelzehe: 3,3 cm, Krallenlänge 1 cm, Flugweite: 73 cm. Mageninhalt: Palmfrüchte.

Familie: **Peristeridae.**

Geopelia tranquilla Gld. — Dieses stargroſse Täubchen bewohnt das nördlich vom 18. Breitengrade gelegene Gebiet der Kolonie. Am häufigsten ist sie mir dort in kleinen Flügen in der Nähe von Wasserlöchern und am Rande von Waldlichtungen zu Gesicht gekommen. Nach R. Hall ist sie auch im Süden, am Mittellaufe des River Murray, heimisch. Sie zeigt wenig Furcht vor dem Menschen. Wird sie vom Boden aufgescheucht, so fliegt sie dem nächsten Baume oder Strauche zu und macht eine Verbeugung und schnellt den Schwanz in die Höhe, sobald sie Fuſs gefaſst hat.

♀. Schnabel schmutzig grau, an der Spitze schwärzlich und oben an der Wurzel grünlich blau; Iris weiſslich; nackter Gesichtsfleck grünlichblau, wie die Wurzel des Oberschnabels; Füſse schmutzig grau, vorn rötlich gefleckt. Gesamtlänge: 20 cm, Schwanzlänge 9,5 cm, Flugweite: 27—28 cm. Inhalt des Magens und des Kropfes: Grassamen.

Geopelia cuneata Lath. — Mit Ausnahme der beiden Küstengebiete habe ich sie überall in der Kolonie beobachtet. Vielerorten gehört sie zu den gemeinsten Vögeln. In Gestalt und Gröſse, Wesen und Gebaren, Bewegung und Haltung gleicht sie der vorigen Art. Von dieser kann sie aber leicht durch die weiſsen stecknadelkopfgroſsen, schwarz umzogenen Flecken auf der Oberseite der Flügel und dem Fehlen der braunschwarzen Strichelung des Halsgefieders unterschieden werden. Ihre Nahrung sucht sie sich auf dem Boden. Gewöhnlich wird sie paarweise oder in kleinen Trupps angetroffen. Sie ist ein ungemein zutrauliches Tierchen: erst dann pflegt sie vom Boden aufzufliegen, wenn mann sich ihr bis auf ein paar Schritte genähert hat. In diesem Falle läſst sie sich meist auf einem der unteren Zweige des nächsten Baumes oder Strauches nieder und bleibt hier solange unbeweglich sitzen, als man sich in ihrer Nähe aufhält. Die Gefangenschaft erträgt sie ausgezeichnet.

♂. (Pine Creek). Schnabel grauschwarz; Füſse schmutzig rötlichgelb; Iris und nackter Augenring rot. Gesamtlänge: 20 cm, Schwanzlänge: 12 cm, Flugweite: 24 cm.

Geophaps smithi Jard. u. Sel. — Diese schöne, aber etwas plumpe Taube ist eine Bewohnerin der nördlichen Halbinsel. Nach R. Hall kommt sie auſserdem noch im Norden Westaustraliens vor. Sie geht allein oder in Gesellschaft von wenigen ihresgleichen in ganz unauffälliger Weise auf dem Boden der Nahrung nach. Vor dem Menschen hat sie anscheinend wenig Furcht: man kann sich ihr bis auf zwei Meter nähern. Beim Auffliegen klatscht sie laut mit den Flügeln, wie unsere Ringeltaube. Als ich mich auf der Halbinsel aufhielt, zeigte sie sich recht häufig.

An der Nordküste schoſs ich ein Weibchen, auf das die Beschreibung, welche Gould von der Art gibt, nicht genau paſste. Die Oberseite des Kopfes, der Nacken und die oberen Flügeldecken waren dunkelbraun und schimmerten grünlich. Der groſse nackte halbmondförmige Augenfleck hatte eine zinnoberrote Färbung (nicht orangenfarbige) und besaſs eine weiſse, innen schwarz umzogene Federeinfassung. Unter dem Kopfe befand sich eine ankerähnliche weifse Zeichnung. Die Unterseite des Halses zeigte ein etwas helleres Rotbraun als der Nacken. Die Brust und der Bauch waren rötlich- bis gelblichbraun und die Rumpfseiten vorn weifs und hinten dunkelbraun (nicht weifs). Auf der Brustmitte safs ein grauer, mit schwarzen Querlinien versehener Fleck. Die Schwungfedern waren schwärzlichbraun, und einige der kleineren bildeten mit ein paar grofsen Deckfedern einen blaugrün und rötlichviolet schillernden Spiegel. Die Steuerfedern hatten ebenfalls eine schwärzlichbraune Färbung; mit Ausnahme der beiden mittleren war ihre Spitze schwarz. Die unteren Flügeldecken glichen in der Färbung den vorderen Seitenhälften. Die Füfse waren bläulichrot, und der Schnabel war grauschwarz. Gesamtlänge: 26,5 cm, Schwanzlänge: 9 cm, Flugweite 40 cm.

Auf ein paar andere Exemplare, über deren Aussehen ich eine genaue Aufzeichnung gemacht habe, pafste die Beschreibung von Gould besser: die Rumpfseiten waren ihrer ganzen Erstreckung nach weifs; der halbmondförmige Augenfleck hatte jedoch keine orangenfarbige, sondern eine zinnoberrote Färbung, wie das Exemplar, welches ieh eben beschrieben habe.

Phaps chalcoptera Lath. — Meinen Beobachtungen nach bewohnt sie den ganzen nördlich vom 26. Breitengrade gelegenen Gebietsteil der Kolonie. Sie gehört zu den echten Erdtauben. Trotz ihres gedrungenen, plumpen Baues ist sie ein ausgezeichneter Flieger. In dem unwirtlichen, wasserarmen Binnenlande entfernt sie sich weiter von den Trinkplätzen als die übrigen Tauben. Vor dem Menschen zeigt sie eine grofse Scheu. Wird sie vom Boden aufgescheucht, so fliegt sie stets so weit, dafs man sie aus den Augen verliert. Zweimal am Tage, frühmorgens und spät abends, löscht sie ihren Durst. In der Abenddämmerung sieht man sie in pfeilschnellem, schnurgeradem Fluge zu ihrem Trinkplatze eilen. Hier läfst sie sich zunächst auf einem Baume oder dem Boden in einer Entfernung von zehn bis zwanzig Schritt vom Wasser nieder, und begibt sich erst dann zu diesem, und zwar ganz verstohlen, wenn sie sich Gewifsheit verschafft zu haben glaubt, dafs ihr keine Gefahr drohe. Ihrer Nahrung geht sie meist einzeln oder paarweise nach. Am Tage ist sie mir im Binnenlande nicht häufig zu Gesicht gekommen, nach Sonnenuntergang dagegen habe ich dort an kleinen Wasserlöchern oft gegen ein halbes Dutzend Exemplare in wenig mehr als einer Stunde erlegt. Das Fleisch ist zart und sehr wohlschmeckend.

♀. Schnabel grauschwarz; Füfse karminrot; Iris dunkelrotbraun. Gesamtlänge: 35,5 cm, Schwänzlange: 13 cm, Flugweite: 48 cm. Mageninhalt: Sämereien.

Lophophaps leucogaster Gld. — Es kommen in Australien drei „Arten" der Gattung *Lophophaps* vor, nämlich *L. leucogaster*, *L. plumifera* und *L. ferruginea.* Sie unterscheiden sich nur ganz unwesentlich voneinander. Die von mir geschossenen Exemplare — ihre Zahl ist nicht gering — stimmten in ihrem Aussehen mit der *L. leucogaster* genannten „Art“ überein. Ich gebe hier aus einem meiner Tagebücher die Beschreibung eines weiblichen Exemplares aus der Krichauff Range wieder.

„Diese Taube ist plump gebaut und steht an Gröfse ein wenig hinter der Haustaube zurück. Die Stirn ist aschgrau und der Scheitel kaffeebraun. Den Hinterkopf schmückt eine willkürlich aufrichtbare Haube mit zwei langen sehr schmalen Federn von hellgrauer Färbung. Die Augen umschliefst ein spindelförmiger, zinnoberroter, von winzigen schwarzen Federn umrandeter Hautfleck. Die Ohrgegend ist aschgrau, wie die Stirn. Auf den Wangen und der Unterseite des Kopfes befinden sich zwei dreieckige weifse Flecke, die vor der Kehle durch einen schwarzen Längsstrich voneinander getrennt sind. Unterhalb dieser Flecke steht ein schwarzes bogenförmiges Band, das jederseits bis zur Ohrdecke reicht. Der übrige Teil der Unterseite des Halses ist kaffeebraun. Die Federn des Nackens und des Vorderrückens sind dunkelgraubraun und haben an der Spitze einen hellbraunen Saum. Der Hinterrücken, der Bürzel, sowie die obere Schwanzdecke sind dunkelrostbraun bis graubraun. Die Brust und der Bauch zeigen ein Weifs, dem ein wenig Braun beigemengt ist. Nach Hall sind diese Körperteile bei den anderen „Arten“ zimmtfarben. Die Vorderbrust umspannt ein schmales Band von grauer, brauner und schwarzer Färbung (die Federn sind aschgrau und haben eine braune Spitze und einen schwarzen Querstrich). Die Seiten und die unteren Flügeldecken sind lichtkaffeebraun. Die Deckfedern der Armschwingen gleichen in der Färbung den Federn, die das Brustband zusammensetzen. Die der Handschwingen sind rostbraun und zeigen verschwommene schwärzliche Flecke. Die Schwungfedern haben ebenfalls eine rostbraune Grundfärbung; an der Spitze geht dieselbe in ein bräunliches Schwarz über (bei den kleineren ist mehr als die Endhälfte bräunlichschwarz gefärbt). Die Steuerfedern sind graubraun und haben eine schwarze Spitze. Die Federn der unteren Schwanzdecke und die des Steifses sind bräunlichgrau und haben einen bräunlichweifsen Saum. Die Iris zeigt ein schönes Goldgelb. Die Schnabelscheide und die Fufshaut sind schwärzlich. Gesamtlänge: 21 cm, Schwanzlänge: 7,5 cm, Flugweite: 32 cm.“

Zwischen dem 18. und 26. Breitengrade ist mir die Taube im Gebiete felsiger Höhen recht oft zu Gesicht gekommen. Ob ihr Verbreitungsgebiet weiter nach Norden und Süden reicht, vermag ich nicht zu sagen. Sie ist ein vertrauensvoller Vogel: man kann sich ihr bis auf wenige Schritte nähern, und wenn man sie aufscheucht, so pflegt sie nicht weit zu fliegen. Auf dem Boden sucht sie ihre Nahrung, nistet sie und ruht sie aus. Meist wird sie paarweise oder in kleinen Trupps angetroffen. Am liebsten hält sie sich in felsigen Tälern unweit eines Wasserloches (rockhole) auf; die weiten Scrubebenen meidet sie so gut wie vollständig. Von den Buschleuten hat sie deswegen den Namen rockpigeon erhalten. Ein eigentliches Nest baut sie nicht. Die Eier legt sie in einer kleinen von Grasbüscheln umstandenen Bodenvertiefung ab, die sie notdürftig mit ein paar Halmen ausgekleidet hat. Dieselben sind gelblichweifs und glanzlos. Besonders hervorheben möchte ich, dafs die Taube in der Färbung ganz vortrefflich dem Boden ihres Wohnortes angepafst ist. In der Regel besteht dieser aus stark eisenschüssigem rotbraunen Sandstein, der ganz oder zum gröfsten Teil mit gröberem und feinem Schutt bedeckt ist und nur kümmerlichen Pflanzenwuchs aufweist. Gelangt man in die Nähe der Taube, so drückt sie sich sogleich zu Boden. Hierdurch entgeht sie meist der Wahrnehmung, da sie sich fast gar nicht von ihrer Umgebung abhebt. Verhält man sich dann einige Minuten mäuschenstill, so trippelt sie in höchster Eile davon, um hinter einem Felsblocke, Busche oder Grasbüschel Deckung zu suchen. Ihr Fleisch zeichnet sich durch Zartheit und Wohlgeschmack aus, infolgedessen ist sie sehr den Nachstellungen des Menschen ausgesetzt. Der Eingeborene erlegt sie durch Würfe mit Knüppeln oder Steinen. Ein glaubwürdiger trooper erzählte mir, er sei einst Zeuge gewesen, wie ein Knabe der Lurritji (Stamm im Innern der Kolonie) rockpigeons mit den Händen gefangen habe. Der junge Jäger hätte sich in einer kleinen Höhle versteckt gehalten, die neben einem winzigen Wasserloche in den Sand gegraben, und deren enger Eingang lose mit Porcupinegras (Triodia sp.) verstopft gewesen wäre. Hätte sich eine Taube dem Eingang bis auf Handbreite genähert, so wäre sie blitzschnell ergriffen worden.

Ocyphaps lophotes Temm., topknot-pigeon. — Ihr Wohngebiet bildet das ganze Binnenland. Nördlich vom 16. und südlich vom 32. Breitengrade habe ich sie nicht beobachtet. Auf den mit lichtem Scrub bestandenen Ebenen treibt sie sich überall dort in gröfseren und kleineren Flügen umher, wo es nicht an Grassamen fehlt, und Wasser nicht allzuweit entfernt ist. Manche ihrer Trinkplätze sucht sie zeitweilig gleich nach Sonnenaufgang und spät am Nachmittage in überraschend grofser Zahl auf. An freiliegenden Brunnen des Überlandweges sah ich oft frühmorgens mehr als eine Stunde lang Schwärme in rascher Folge ankommen, hastig ihren Durst stillen und davonfliegen. Zuerst setzten sich die Tauben dicht gedrängt auf die Umzäunung und das Balkenwerk und flogen dann gleichzeitig zum Wasser hinab, sobald genügend Platz an demselben frei geworden war. Unter allen Tauben der Kolonie ist *Ocyphaps lophotes* wohl die anmutigste Erscheinung. Von ihrer das felsige Gelände bewohnenden Schwester, dem rock-pigeon, unterscheidet sie sich im Naturell ebenso sehr, wie in der Kleidung. Sie ist ein kecker, beweglicher, munterer Vogel. Ihr Flug zeichnet sich durch

Schnelligkeit und Gewandtheit aus. Beim Auffliegen verursacht sie ein pfeifendes Geräusch und beim Niedersetzen schnellt sie den langen Schwanz einmal in die Höhe. Dort, wo nicht Jagd auf sie gemacht wird, zeigt sie sich so wenig scheu, dafs man sie in der Nähe beobachten kann. Auf dem Boden ist sie gewöhnlich schwer erkennbar, da sie in der Färbung dem absterbenden und welken Grase ähnelt, das ihr unter allen Gewächsen die meiste Nahrung liefert. Sie nistet auf Bäumen und legt zwei weifse Eier. Es scheint, dafs die einzelnen Paare während der Legezeit nicht, oder wenigstens nicht immer abgesondert leben. Am 12. Juni 1898 schofs ich am Taylor Creek (21° 31′) zehn Stück eines gröfseren Fluges. Zwei hatten ein ausgebildetes Ei im Eileiter. Auffallenderweise befanden sich diese beiden, sowie die anderen acht in der Mauser.

♂. (Taylor Creek.) Schnabel schwärzlich; Füfse und nackter, faltiger Augenring blutrot; Iris orangengelb. Gesamtlänge: 34 cm, Schwanzlänge: 14,5 cm, Flugweite: 45 cm. Kropf und Speiseröhre strotzend mit Sämerein gefüllt.

Familie: **Phasianidae.**

Synoecus australis Temm. (*S. sordidus* Gld., *S. diemenensis* Gld., *S. australis* Gld., *S. cervinus* Gld.). — Diese Wachtel soll auf Tasmanien und dem ganzen Festlande heimisch sein. Mir ist sie recht oft im Binnenlande und an der Nordküste zu Gesicht gekommen. Sie geht in Trupps von zehn bis fünfzehn Stück der Nahrung nach. Nähert man sich ihr, wenn sie sich auf einer nackten Stelle des Bodens befindet, so eilt sie sofort in gröfster Hast dem nächsten Grasdickichte zu. Ist nichts vorhanden, was ihr Deckung zu bieten vermag, oder wird sie hart bedrängt, so fliegt sie davon, aber stets nur eine kurze Strecke weit.

Familie: **Megapodidae.**

Lipoa ocellata Gld. (*Leipoa ocellata*). — Der „native pheasant" soll in einem grofsen Teil des Innern von Australien heimisch sein. Ich habe ihn nur auf der Missionary-Plain, zwischen dem 23. und 24. Breitengrade und dem 132. und 133. Längengrade angetroffen, und zwar auf einem flachen, sandigen Gelände mit lichtem Scrub. Über zwei seiner Nester, die ich dort sah, machte ich an Ort und Stelle nachstehende Aufzeichnung: „26. Sept. — Unweit Gosse's Range, inmitten eines niedrigen Scrubs, fand ich zwei Nester des Leipoahuhnes. Sie bilden einen winzigen, aus reinem Sand zusammengescharrten Hügel, der die Gestalt eines abgestutzten Kegels besitzt, 45 bis 50 cm hoch ist und am Grunde einen Durchmesser von 2 m hat. Oben sind die beiden Nester ein wenig grubig vertieft. Unter dieser Vertiefung steckten 15 bis 20 cm tief im Sande vier beziehungsweise fünf frische Eier. Ihre Schale ist rosaweifs und völlig glanzlos. Der Sand wies — es war um die Mittagszeit — eine Temperatur von 35 bis 40° C. auf. Mein eingeborener Begleiter erzählte mir, dafs die Arünta, welchen wir in Gosse's Range begegnet waren, viele Eier dieser Art gefunden hätten, und dafs das Leipoahuhn in dem westwärts von hier gelegenen Steppen- und Scrubgebieten ziemlich häufig vorkomme."

Familie: **Rallidae.**

Microtribonyx ventralis Gld. (*Tribonyx ventralis*). — Dieser zierliche, wie eine zwerghafte dunkle Henne aussehende Vogel ist mir an einigen Wasserlöchern zwischen dem 22. und 29. Breitengrade zu Gesicht gekommen, und zwar einzeln, paarweise oder in kleinen Trupps. Er ist lebhaft, wachsam und scheu und führt ein ziemlich verstecktes Leben. Naht man sich ihm, so rennt er davon, um sich so schnell wie möglich in das nächste Gras-, Binsen- oder Gestrüppdickicht zu verbergen. Gewöhnlich fliegt er nur dann auf, wenn man ihn jagt, und nichts vorhanden ist, das ihm Deckung gewähren kann. Den dachförmigen Schwanz trägt er aufrecht, wie ein Haushuhn, und alle seine Bewegungen sind ungmein anmutig. Es scheint, dafs Nahrungsmangel den Vogel zuweilen zu ausgedehnten Wanderungen zwinge. Im November des Jahres 1840 ist er auf der Adelaide Plain plötzlich in ungeheurer Menge erschienen und hat den Kornfeldern und den Gärten viel Schaden zugefügt. Selbst auf die Strafsen der Hauptstadt ist er in grofsen Trupps gekommen. 1833 hat nach dem Berichte von John Hull eine unermefsliche Zahl dieser Hühnervögel die Umgebung von Perth, der westaustralischen Hauptstadt, auf die gleiche Weise heimgesucht.

Fulica australis Gld. — Das Australische Wasserhuhn soll überall auf dem Kontinente vorkommen, wo Gewässer vorhanden sind, die ihm genügend Nahrung bieten. Ich habe es in der südlichen Hälfte unserer Kolonie angetroffen.

Gallinula tenebrosa Gld. — Dieses Wasserhuhn bewohnt die Seen und Flüsse der Südküste in recht grofser Anzahl. Läfst man es unbehelligt, so wird es auffallend zutraulich: im botanischen Garten Adelaides beobachtete ich es oft in allernächster Nähe, wenn es mit dem zahmen Geflügel der dortigen Teiche aus einem Troge frafs.

Porphyrio melanonotus Temm. (*P. melanotos*). — Dieses farbenprächtige Sultanshuhn gehört der östlichen Hälfte des Kontinentes an. Ich habe es im Südküstengebiet angetroffen, aber nur an wenigen Orten. Am liebsten hält es sich an Flüssen und stehenden Gewässern auf, deren Ränder reichlich mit Schilf bewachsen sind. Es führt ein verstecktes Leben und ist recht scheu und vorsichtig. Dort, wo es unbehelligt bleibt, wird es aber ziemlich zutraulich, wie z. B. auf dem Wasserbecken des

River Torrens, das North- und South-Adelaide voneinander scheidet. Beim Nahen des Menschen flüchtet es sofort in das Schilf, wobei es eine grofse Gewandtheit im Rennen über niedergedrükte Pflanzen bekundet. Zum Fliegen scheint es keine grofse Luft zu haben. Erwähnt sei, dafs ich es wiederholt in den Läden Adelaider Wildhändler hängen sah.

Familie: **Gruidae.**

Antigone australasiana Gld. (*Grus australasianus*). — Der Australische Kranich kommt im Süden und Norden der Kolonie vor. In dem wasserarmen Binnenlande habe ich ihn nirgends angetroffen; da er ein ausgezeichneter Flieger ist, halte ich es aber für wahrscheinlich, dafs er auf Streifereien nach ausgedehnten und starken Regenniederschlägen auch dorthin gelange. Die in kleinen Tieren und pflanzlichen Stoffen bestehende Nahrung sucht er mit Vorliebe in und an den Wasserläufen und Sümpfen. Er ist ebenso scheu und wachsam wie sein europäischer Verwandter. Nachstellungen hat er nicht oft zu erdulden. Einer seiner Hauptfeinde ist jedenfalls der Eingeborene; diesem gelingt es aber nur sehr selten ein Exemplar zu erlegen. Von zuverlässigen Leuten hörte ich, dafs er zuweilen drollige Tänze aufführe. Die Buschleute haben ihm den wenig bezeichnenden Namen native compagnion gegeben.

Familie: **Otididae.**

Eupodotis australis Grey (*Otis australasianus*). — Der gänsegrofse, schwerleibige Australische Trappe ist überall in der Kolonie zu Hause. Am häufigsten traf ich ihn in dem südlichen Teil der Lake Eyre-Senke an. Zum Aufenthalt wählt er mit Vorliebe weite grasreiche aber busch- und baumarme Ebenen. Die Felsenhöhen meidet er natürlich; die Täler dagegen, mögen sie weit oder eng sein, sucht er dann und wann auf. Er zeigt sich paarweise oder in kleinen Trupps. Obwohl sein Gang langsam und gemessen ist, ist er doch ein guter Läufer. Von flachem Boden vermag er sich nur zu erheben, wenn er einen starken Anlauf genommen hat. Im Fluge hält er den Kopf und Hals nach vorn und die Beine nach hinten gestreckt. Er ist ein langsamer und schwerfälliger Flieger; eine Gesellschaft fliegt daher nie gedrängt. Sein Gebaren ist ein beständiges Schwanken zwischen Furcht und Neugierde. Er lebt von kleinen Tieren und pflanzlichen Stoffen. Dem Mageninhalte der von mir erlegten Exemplare nach scheinen Heuschrecken seine Lieblingsnahrung zu sein. Sein Fleisch liefert einen recht wohlschmeckenden Braten; infolgedessen hat er sehr unter den Nachstellungen des Menschen zu leiden. Unter den Tieren sind wohl der Dingo und der Keilschwanzadler seine gröfsten Feinde. Erwähnung verdient noch, dafs sein Federkleid sich zu der Zeit auffallend wenig in der Färbung von der aus Gräsern und Kräutern zusammengesetzten Bodendecke abhebt, wenn diese ihm die meiste Nahrung zu spenden vermag.

Familie: **Oedicnemidae.**

Burhinus grallarius Lath. (*Oedicnemus grallarius*). — Wie bekannt, unterscheidet sich der australische Dickfufs von dem europäischen hauptsächlich nur dadurch, dafs er um die Hälfte gröfser ist. Er findet sich in der Kolonie überall ziemlich häufig vor. Nach Hall fehlt er auf der nördlichen Halbinsel. Ich habe ihn dort aber mehrere Male angetroffen. Am Tage hält er sich in hohem Grase oder unter Büschen und Bäumchen des Scrubs verborgen. Naht man sich seinem Versteckplatze, so stelzt er, sich häufig umsehend, eiligst davon, um sonstwo Deckung zu finden. Zum Davonfliegen entschliefst er sich nicht leicht. Gleich nach Anbruch der Dunkelheit kommt Leben und Bewegung in ihn. Wie es scheint, stillt er zuerst seinen Durst und begibt sich dann auf die Suche nach Nahrung. In hellen Nächten läfst er ein gellendes, weithin hörbares Körlīu sehr oft hören. Von den Buschleuten hat er deswegen den Namen curlew (spr. körlu) erhalten. Er baut kein Nest, sondern legt seine Eier, zwei an der Zahl, unter einem Bäumchen oder Strauche auf den nackten Erdboden. Steine, Zweige oder dergleichen duldet er aber nicht an der betreffenden Stelle. Überrascht man ihn beim Brüten, so geht er zögernd und sich oft umsehend davon. Die Eier sind länglichrund und zeigen auf schmutzig grauweifsem Grunde hellbläuliche Unter- und dunkelgrünlichbraune Oberflecke. Der Längsdurchmesser beträgt gegen 5,5 cm und der Querdurchmesser gegen 4,5 cm. Junge sind mir nicht zu Gesicht gekommen. Eier habe ich mehrere Male unweit des Oberlaufes vom Finke River aufgefunden, und zwar in der ersten Hälfte des Oktobers ein und desselben Jahres. Am Tage fällt unser Dickfufs seinen zahlreichen Feinden häufig zum Opfer, da er bei drohender Gefahr allzurasch sein Versteck verläfst und sich auf freie Plätze wagt. Am meisten wird ihm wohl von den gröfsten Raubvögeln nachgestellt. Gegen 90 km von der Nordküste war ich Zeuge von dem Überfall dreier whistling eagles (*Haliastur sphenurus*) auf einen Dickfufs. Innerhalb weniger Minuten wurde dieser durch Schnabelhiebe so schwer am Kopfe verletzt, dafs ich ihn mit Leichtigkeit zu ergreifen vermochte. Das Fleisch liefert einen guten Braten. In Adelaide sah ich den Vogel nicht selten vor den Läden von Wildhändlern hängen.

♂. Nördliche Halbinsel: Schnabel schwarz; Füfse schmutziggrau; Iris goldgelb. Gesamtlänge: 53 cm, Schwanzlänge: 19 cm, Flugweite 88 cm. Mageninhalt: breiige, von Tieren stammende Masse.

Orthorhamphus magnirostris Vieill. (*Esacus magnirostris*), einen den Strand der Nordküste bewohnenden nahen Verwandten von *Burhinus grallarius* habe ich nicht beobachtet.

Familie: **Charadriidae.**

Haematopus longirostris Vieill. — Dieser Austernfischer ist an den beiden Küsten der Kolonie zu Hause. Er zeigt sich einzeln oder in kleinen Gesellschaften. Stets hält es schwer, ihm auf Schufsweite nahe zu kommen.

Lobivanellus lobatus Lath. — Zu seinem Verbreitungsgebiet gehört der Süden der Kolonie. In den sumpfigen Niederungen am River Murray, am Coorong und sonstwo ist er mir recht oft zu Gesicht gekommen.

Lobivanellus personatus Gld. — Dieser Lappenkiebitz ist an der ganzen Nordküste zu Hause. Auf der nördlichen Halbinsel findet er sich in gröfserer Anzahl vor. Er sowie die zuvor genannte Art sind muntere, geweckte Vögel. In ihrer Lebensweise und in ihrem Gebaren haben sie sehr viel mit unserem Kiebitz gemein.

♂. Schnabel, Gesichtslappen und Sporn an den Flügelbugen zitronengelb; Beine karminrot; Iris hellgelb. Gesamtlänge: 34 cm, Schwanzlänge: 11 cm, Flugweite: 75 cm.

Zonifer tricolor Vieill. (*Sarciophorus pectoralis*). — Den Schwarbrüstigen Kiebitz (black-breasted plover) habe ich in dem sumpfigen Küstengebiet des South-east und in den Niederungen am Unterlaufe des River Murray recht oft angetroffen. Sein Geselligkeitstrieb scheint geringer zu sein, als der unseres Kiebitzes, Er ist wachsam, aber durchaus nicht scheu.

Aegialitis ruficapilla Temm. (*Hiaticola ruficapilla*). — Der Rotköpfige Regenpfeifer ist im Nord- und Südküstengebiet, sowie an gröfseren Wasserbecken des Binnenlandes (Lake Kilalpanina, L. Copperamana) zu Hause. Es zeigt sich meist paarweise oder in kleineren Trupps.

♂. (Cooper's Creek.) Schnabel schwarz; Beine grauschwarz; Iris dunkelbraun. Gesamtlänge: 14,5 cm, Schwanzlänge: 4 cm, Flügellänge: 10,6 cm, Schnabellänge: 1,2 cm, Länge der Schnabelöffnung: 1,6 cm, Lauflänge: 2,7 cm, Länge der Mittelzehe: 1,7 cm, Krallenlänge: 0,3 cm. Mageninhalt: Insektenreste. Parasiten: Bandwurm.

Aegialitis melanops Vieill. (*A. nigrifrons*). — Den Schwarzstirnigen Regenpfeifer trifft man in geringer Zahl an allen Süfswasserseen und gröfseren Wasserlöchern der südlichen Binnenlandshälfte an. Es hält nicht schwer ihm nahezukommen.

♀. (Oberlauf des Finke River.) Schnabel fleischfarbig bis zinnoberrot, Spitze schwarz; nackter Augenring zinnoberrot; Iris dunkelbraun; Füfse und unbefiederter Teil der Unterschenkel blafsfleischfarbig; Nägel schwarz. Gesamtlänge: 16,5 cm, Schwanzlänge: 6 cm, Flugweite: 36 cm. Mageninhalt: Insekten.

Himantopus leucocephalus Gld. — Den Weifsköpfigen Strandreiter habe ich zwischen der Nordküste und dem 18. Breitengrade, an östlich vom Lake Eyre gelegenen Seen, am Unterlaufe des River Murray, sowie im Saumgebiet der Südküste beobachtet.

Häufig scheint er nur in einigen wenigen Gegenden vorzukommen. Er zeigt sich paarweise und in kleinen Trupps. Gang und Flug sind leicht und sicher. Seine bevorzugten Aufenthaltsorte bilden Binnengewässer. In ihnen sucht er, mehr oder weniger tief im Wasser watend, seine Nahrung aus dem Schlamme des Grundes. Nur einmal sah ich einen Vogel dieser Art schwimmen. Es war flügellahm geschossen und suchte sich vor seinem Verfolger so schnell wie möglich in Sicherheit zu bringen. Der Strandreiter ist nicht gerade sehr scheu. An Gewässern, deren Umgebung keine Deckung bietet, hält es aber oft schwer, ihm beizukommen. Hat man sich ihm fast auf Flintenschufsweite genähert, so fliegt er auf, gewöhnlich aber nur dann ganz davon, wenn er schon längere Zeit verfolgt worden ist.

♀. (Nordküste.) Schnabel schwarz; unbefiedeter Teil der Beine bläulichrot; Iris rot. Gesamtlänge: 34 cm, Schwanzlänge: 7 cm, Flügellänge: 23 cm, Schnabellänge: 6,3 cm, Länge der Schnabelöffnung: 6,8 cm, Länge des Unterschenkels: 12,2 cm, Länge des Laufes: 14 cm, Länge der Mittelzehe: 3,5 cm, Krallenlänge: 0,5 cm. Flugweite: 70 cm. Mageninhalt: Insekten.

Recurvirostra novae hollandiae Vieill. (*R. rubricollis*). — Den Rothalsigen Säbelschnäbler habe ich an der Südküste, an Wasserlöchern im Oberlaufe des Finke River und an kleinen Süsswasserseen längs des Unterlaufes von Cooper's Creek (gegen 500 km und mehr von der Südküste) beobachtet. Aufserdem sah ich auf der nördlichen Halbinsel hoch über mir von Süden nach Norden eine kleine Schar dahinziehen, die sich augenscheinlich auf weiter Wanderung befand. Unser Vogel scheint ein wenig scheuer als der Strandreiter zu sein. Bei der Suche nach Nahrung, die er, den Kopf seitwärts hin und her schwingend, wie ein Löffelreiher oder eine Ente, dem Schlamme entnimmt, watet er sehr oft bis zum Leibe im Wasser. Schwimmen sah ich ihn nie.

♂. (Cooper's Creek.) Schnabel schwarz; Beine graublau, Nägel schwärzlich; Iris rötlich. Gesamtlänge: 41 cm, Schwanzlänge: 8 cm, Flügellänge: 24 cm, Schnabellänge: 10 cm, Länge der Schnabelöffnung: 10,3 cm, Länge des unbefiederten Unterschenkelteiles: 6,5 cm, Lauflänge: 10 cm, Länge der Mittelzehe: 4,2 cm, Krallenlänge: 0,6 cm. Spannweite: 73 cm.

Familie: **Laridae.**

Hydrochelidon hybrida Pall. (*H. fluviatilis*). — Die Bartseeschwalbe kommt an den beiden Küsten ziemlich häufig vor. Im Norden habe ich sie oft aus nächster Nähe beobachtet, wenn sie auf der Suche nach Nahrung über dem Spiegel kleiner stehender Gewässer hin und her strich.

♂. (Nordküste.) Schnabel und Füfse blutrot; Iris dunkelbraun. Gesamtlänge: 26 cm, Schwanzlänge: 7,7 cm, Flugweite:

64 cm. Magen und Speiseröhre strotzend mit kleinen Fröschen und Raupen gefüllt.

Hydroprogne caspia Pall. (*Sylochelidon strenuus*). — Die Raubseeschwalbe habe ich mehrere Male an der Südküste gesehen. Sie soll auch an der Nordküste vorkommen.

Gabianus pacificus Lath. (*Larus pacificus*). — Die Friedliche Möwe ist an der Südküste einer der gemeinsten Schwimmvögel. Auf Farmen des South-east und in Adelaide sah ich gezähmte Exemplare, die frei umherliefen.

Larus novae hollandiae Steph. (*Xema jamesonii*). — Jameson's Schwalben-Möwe ist mir recht oft an der Südküste und an den kleinen tief im Binnenlande liegenden Seen, die mit Cooper's Creek in Verbindung stehen, zu Gesicht gekommen. Sie soll das ganze Küstengebiet des Festlandes bewohnen. — Schnabel zinnoberrot, an der Spitze schwärzlich; Füfse und Augenlider ebenfalls zinnoberrot; Iris perlweifs.

Familie: **Ibididae.**

Ibis molucca Cuv. (*Threskiornis strictipennis*). — Der Steiffedrige Ibis, von den Buschleuten wegen der fast weifsen Färbung seines Federkleides white ibis genannt, sieht bekanntlich dem Heiligen Ibis recht ähnlich. Unter den Ibisvögeln Australiens ist er der gröfste. Auf der nördlichen Halbinsel zeigt er sich in kleineren Flügen. Im Binnenland findet er sich zur Zeit der Trockenheit nur in einigen wenigen Exemplaren vor. An der Südküste scheint er zu den selten vorkommenden Vögeln zu gehören: ich habe ihn dort nur einmal am Lake Alexandrina beobachtet.

♂. (Nordküste.) Schnabel schwarz; Beine rötlichgrau bis rötlichschwarz. Auf der nackten schwarzen Haut des Halses befinden sich gleich hinter dem Kopfe acht schwielenartige Streifen, die eine Breite von einigen Millimetern haben und hellfleischfarbig sind. Die befiederte Haut der Unterseite des ganzen Flügels und die der Oberseite des Handteiles ist auf recht augenfällige Weise zinnober- bis mennigrot gefärbt. Gesamtlänge: 75 cm, Schwanzlänge: 13,5 cm, Flugweite: 1 m 20 cm.

Carphibis spinicollis Jameson (*Geronticus spinicollis*). — Was ich über die Verbreitung der vorigen Art gesagt habe, gilt auch von dieser. In ihrem Tun und Treiben scheinen sich die beiden nur ganz unwesentlich von dem Heiligen Ibis zu unterscheiden.

♂. (Nordküste.) Gesamtlänge: 73 cm, Schwanzläng: 12,5 cm, Flugweite: 1 m 17 cm.

Plegadis falcinellus L. (*Falcinellus igneus*). — Dem alle fünf Erdteile bewohnenden Sichler bin ich auf der nördlichen Halbinsel begegnet. Er gehört hier zu den häufig vorkommenden Vögeln. Wie die Ibisse, seine beiden nächsten Verwandten, sucht auch er die süfsen Gewässer meist in gröfseren und kleineren Flügen auf.

♂ juv. Schnabel, nackter Augenkreis und Beine grünlichgrau; Iris dunkelbraun. Gesamtlänge: 58 cm, Flugweite: 93 cm. Mageninhalt: Käfer.

Familie: **Plataleidae.**

Platalea regia Gld. — Diesen prächtigen Löffelreiher mit schneeweifsem Gefieder, schwarzem Schnabel und schwarzen Füfsen habe ich nur zwischen der Nordküste und dem 18. Breitengrade angetroffen. Auf der nördlichen Halbinsel kommt er häufig vor. An den dortigen teichähnlichen Wasseransammlungen vermochte ich ihn oft in seinem Leben und Treiben zu beobachten. Mit seinesgleichen und anderen Vögeln lebt er in Frieden. Vor dem Weifsen hat er keine grofse Scheu. Auf seinen Weidegründen, den schlammigen baum- und buschfreien und schilfarmen Rändern der Gewässer zeigt er sich stets recht geschäftig. Während meines mehrmonatigen Aufenthaltes an Knukey's Lagoon erfreute er mich gar oft durch sein drolliges Gebaren auf der Suche nach Nahrung. Trupps von vier, fünf, sechs Stück und mehr pflegten, das Wasser und den Schlamm durchwatend, unermüdlich im Laufschritt das Becken zu umkreisen. Dabei bildeten die Vögel in dichtem Nebeneinander eine Querreihe und schwangen den Kopf beständig wie ein Uhrpendel seitlich hin und her.

♀. Der Hautfleck über den Augen orangengelb und der dreieckige auf dem Vorderkopfe fleischfarbig (n. Reichenbach orangengelb); die übrigen nackten Hautteile des Kopfes und Unterhalses schwärzlich; Iris karminrot; Schnabel bläulichschwarz; Beine schwarz. Gesamtlänge: 75 cm, Schwanzlänge: 11 cm, Länge des Federbusches: 8 cm, Flugweite: 1 m 18 cm.

Platibis flavipes Gld. (*Platalea flavipes*). — Diese Art unterscheidet sich von der eben besprochenen bekanntlich der Hauptsache nach durch die gelbe Färbung des Schnabels und der Füsse. Mir sind nur einige Exemplare zu Gesicht gekommen, und zwar im Südwesten der Lake Eyre-Senke. Alle waren auffallend scheu.

Familie: **Ardeidae.**

Notophoyx novae hollandiae Lath. (*Ardea novae hollandiae*). — Von den Buschleuten hat der Vogel wegen der Hauptfarbe des Gefieders, ein zartes Graublau, den Namen blue crane erhalten. Im Binnenlande ist er unter den Reihern der gemeinste. Gewöhnlich wird er einzeln, paar- oder familienweise angetroffen. Der Ruhe und der Verdauung pflegt er sich am Tage auf einem hohen Baume hinzugeben, der ihm eine gute Umschau gewährt. Auf der Suche nach Nahrung watet er oft im Wasser umher, wie ein Ibis. Obwohl Furchtsamkeit und Mifstrauen, Vorsicht und Hang zur Einsamkeit den Grundzug seines Charakters ausmachen, sucht er doch oft die kleinen Standgewässer auf, die sich in nächster Nähe von Stationen befinden.

♂. Nördliche Halbinsel: Oberschnabel und Spitzenhälfte des Unterschnabels schwarz, Wurzelhälfte des Unterschnabels grauweifs; Beine zitronengelb; Iris grau. Gesamtlänge: 62 cm, Schwanzlänge: 9,3 cm, Flugweite: 94 cm. Mageninhalt: Insektenreste.

Notophoyx pacifica Lath. (*Ardea pacifica*). — An Schönheit des Gefieders, Zierlichkeit der Gestalt und Anmut der Bewegungen steht der Friedliche Reiher seinem blendendweifsem Vetter, dem Edelreiher, nicht nach. Er ist überall in Australien heimisch, wo die Gewässer ihm genügend Nahrung bieten. Ich habe ihn in allen Gebietsteilen der Kolonie angetroffen, aber nirgends häufig. Schon in weiter Entfernung kann man den fliegenden Vogel an den grofsen leuchtendweifsen Flecken am Vorderrande der Flügel erkennen. Gould sagt von dem Friedlichen Reiher: „Considerable variation exists in the coulouring of this species some specimens having the neck wholly white, while others have the centre of that part spotted with black". Am Frew River (Inneres) schofs ich ein Exemplar, auf das die Beschreibung, welcher dieser Forscher von der Art gibt, recht unvollkommen pafste.

Der Kopf war oben lichtgrau, unten und an den Seiten weifs. Der Hals hatte eine weifse Färbung und wies vorn zahlreiche schwarze und braune Flecke auf. Die Federn der Brust und des Bauches waren weifs und hatten schwarze Ränder. An den Seiten des Rumpfes befand sich, zum Teil von den Flügeln verdeckt, ein grofser dunkelbraunroter Fleck. Die Oberseite des Rumpfes, sowie die oberen Flügeldecken waren dunkelbraunrot und blauschwarz gefärbt. Der Vorderrand der Flügel wies zwei grofse ineinander übergehende weifse Flecke auf. Die Schwung- und Steuerfedern besafsen eine blauschwarze bis blaugraue Färbung. Die beiden nackten lanzettlichen Gesichtsflecke zeigten ein gelbliches Grün. Der Schnabel hatte eine grauschwarze Färbung. Die Schienen waren dunkelgelblichgrau und die Füfse schwärzlich. Die Iris zeigte ein schönes Gelbbraun. Gesamtlänge: 79 cm, Flügellänge: 41 cm, Schwanzlänge: 15 cm, Schnabellänge: 7,7 cm, Schienen- und Lauflänge: 32 cm, Länge der Mittelzehe: 8,5 cm, Flugweite: 1,44 m.

Notophoyx flavirostris Sharpe (*Herodias picata*, *Demiegretta picata*). — Der Elsterreiher soll sich nach Hall nur auf der nördlichen Halbinsel vorfinden. Wir müssen aber wohl annehmen, dafs er noch andere Gebietsteile der Nordküste bewohne. Soweit meine Beobachtungen reichen, tritt er auf dieser Halbinsel unweit der Küste ziemlich häufig auf.

♀. Schnabel orangen- bis zitronengelb; Beine und Iris zitronengelb. Gesamtlänge: 45 cm, Schwanzlänge: 8 cm, Flugweite: 70 cm. Mageninhalt: Insektenreste.

Herodias timoriensis Less. (*Herodias alba*, *syrmatophora*, *Ardea alba*). — Die australische Form des Edelreihers soll den ganzen Kontinent bewohnen. Die wüstenähnlichen, wasserarmen Binnenlandsgebiete wird er aber wohl so gut wie vollständig meiden. Ich habe ihn hin und wieder auf der nördlichen Halbinsel angetroffen. Aufserdem ist mir ja ein Exemplar am Frew River und am Elkidra Creek, zweier zwischen dem 135. und 136. Längengrade und dem 20. und 21. Breitengrade gelegener Steppenflüsse, zu Gesicht gekommen. Er ist ebenso scheu und wachsam, wie unser Grauer Fischreiher.

Garzetta nigripes Temm. (*Ardea garzetta*, *nigripes*, *Herodias immaculata*). — Der Seidenreiher soll das nördliche und nordöstliche Küstengebiet Australiens bewohnen. Ich habe ihn ziemlich oft an den Gewässern der nördlichen Halbinsel beobachtet.

♂. (Nordküste.) Basis des Oberschnabels, sowie Basishälfte des Unterschnabels lichtgelb, übrige Schnabelteile schwarz; Iris, nackte Stellen im Gesichte gelb; Beine vorn schwärzlich, hinten gelblichgrün. Gesamtlänge: 60 cm, Schwanzlänge: 10 cm.

Nycticorax caledonicus Gmelin. — Zu seinem Wohngebiet gehört die ganze Kolonie. Meinen Beobachtungen nach kommt er auf der nördlichen Halbinsel ungleich häufiger vor als im Binnenlande und Küstengebiet. Obwohl er ein Vogel der Nacht ist, zeigt er sich doch nicht ganz selten auch dann, wenn die Sonne am Himmel steht. So z. B. sah ich während einer längeren Bootfahrt auf dem Unterlaufe des Daly River in der ersten Vormittags- und der letzten Nachmittagshälfte oft einzelne Exemplare frei auf Ästen sitzen, die über das Wasser hingen. Tagsüber hält er sich meist in dichten Baumkronen verborgen. Er schmiegt sich gern an den Stamm oder einen dicken Ast, um möglichst vor dem Gesehenwerden geschützt zu sein. In seiner Ruhe läfst er sich nicht leicht stören. Nimmt er einen Menschen unter seinem Schlafbaume wahr, so pflegt er, wenn er nicht durch heftige Bewegungen oder lautes Geräusch erschreckt wird, nur schlaftrunken nach demselben zu äugen. Zwingt man ihn zum Abstreichen, z. B. durch Klopfen an den Stamm, so fliegt er nie weit. Es scheint, dafs er die Geselligkeit liebe, wie sein europäischer Vetter (*N. europaeus*). Im Binnenland sah ich nämlich wiederholt, dafs mehrere Exemplare ein und denselben Baum zum Schlafen gewählt hatten.

♂. (Nordküste.) Schnabel schwarz; nackter Augenring grünlichgelb; Iris orangenfarbig; Beine gelblich. Mageninhalt: Reste von Wasserinsekten.

Familie: **Ciconiidae.**

Xenorhynchus asiaticus Lath. (*Mycteria australis*). — Der Australische Sattelstorch soll das ganze Nordküstengebiet des Festlandes bewohnen. Mir ist er auf der nördlichen Halbinsel zu Gesicht gekommen, aber nur in 11 Exemplaren. An Knuckeys Lagoon beobachtete ich wochenlang ein Pärchen, das, wie viele andere Vögel, alltäglich auf der Suche nach Nahrung zu diesem kleinen teichartigen Wasserbecken kam. Es war so scheu, dafs ich mich ihm nicht auf Schufsweite zu nähern vermochte. Unser Sattelstorch ist unter den südaustralischen Stelzvögeln eine der schönsten Erscheinungen. In seinem Gebaren und seiner Ernährungsweise hat er eine weitgehende Ähnlichkeit mit dem Hausstorche. Wie dieser, pflegt er seine Gefühle durch ein lautschallendes Geklapper auszudrücken. Die Weifsen des Landes nennen ihn Jabiru.

Familie: **Phalacrocoracidae.**

Phalacrocorax melanoleucus Vieill. (*Graculus melanoleucus*). — Diese schwarz und weifse, mittelgrofse Scharbe gehört zu den Vögeln, die die ganze Kolonie bewohnen. An den beiden Küsten kommt sie am häufigsten vor. Im Binnenland hält sie sich natürlich nur an den wenigen Orten auf, wo sie ihre grofse Gefräfsigkeit nicht allzusehr zu mäfsigen braucht. Am häufigsten ist sie mir dort am Frew River, Elkidra Creek, Finke River und seinen grofsen Nebencreeks, sowie im Südwesten der Lake Eyre-Senke zu Gesicht gekommen. Ich habe sie oft aus ganz geringer Entferuung in ihrem vielseitigen Tun und Treiben beobachtet. Sie vereint sich gern zu kleinen Gesellschaften. Vormittags und nachmittags liegt sie mit kurzen Unterbrechungen eifrig dem Fischfang ob. Um die Mitte des Tages gibt sie sich, auf kahlen Ästen, Felsblöcken sitzend, die aus dem Wasser ragen oder sich auf dem Ufer befinden, längere Zeit der Ruhe und der Verdauung hin. Nach dem Verlassen des Wasser pflegt sie zunächst das Gefieder zu trocknen. Sie tut dies auf die allen Scharben eigentümliche Art und Weise, indem sie dem Winde entgegen die Flügel ausbreitet und von Zeit zu Zeit mit denselben fächelt. In dieser Stellung sieht sie dem Wappenadler mancher Staaten überraschend ähnlich. Hat sie auch das Gefieder mit dem Schnabel geordnet, so steckt sie den Kopf unter einen Schulterfittich und hält ein kurzes Schläfchen, aber nur dann, wenn sie sich völlig sicher glaubt. Naht man sich ihrem Ruhesitze, so macht sie zuerst absonderliche Streckbewegungen mit dem Halse und springt dann plötzlich ins Wasser und sucht sich durch Tauchen den Blicken des Störenfriedes zu entziehen. Sie fliegt nur dann auf und davon, wenn sie bedrängt, durch lautes Geräusch, z. B. einen Schufs, stark erschreckt wird. Gewöhnlich entfernt sie sich nicht sogleich geraden Fluges, sondern umkreist zunächst mit schnellen Flügelschlägen hoch in der Luft den Platz. Dafs nicht allein

Fische ihre Nahrung ausmachen, hat mir der Mageninhalt mehrerer geschossener Exemplare gezeigt. In einem Falle bestand er aus Wasserinsekten und in einem anderen aus Krabben (mit Panzer). Obwohl Vorsicht und Mifstrauen zu ihren Hauptcharaktereigenschaften gehören, zeigt sie sich doch dort, wo sie nie Verfolgungen ausgesetzt ist, auffallend zutraulich. Auf der zwischen North- und South-Adelaide befindlichen teichartigen Verbreiterung des kleinen River Torrens sieht man oft viele Exemplare dieser Art, wie auch der Furchenschnabelscharbe (*Ph. sulcirostris*) unbekümmert um die Menschen auf den nahen Strafsen und Brücken ihren Beschäftigungen nachgehen.

♂. (Nordküste.) Schnabel schmutzig hellgelb, First schwarz; Iris bläulichweifs (n. Gld. „greyish white"); Füfse schwarz. Gesamtlänge: 58 cm, Schwanzlänge: 14 cm, Flugweite: 83 cm. Mageninhalt: Krabben.

Phalacrocorax sulcirostris Brandt. — Diese Art unterscheidet sich in ihrem Äufsern von der eben besprochenen hauptsächlich nur dadurch, dafs ihr ganzes Kleid grünlich- bis bräunlichschwarz ist. In ihrer Lebensweise stimmt sie völlig mit derselben überein. Auch sie ist in der ganzen Kolonie heimisch. Auf der nördlichen Halbinsel gehört sie zu den gemeinsten Schwimmvögeln. Sie wie auch *Ph. melanoleucus* zeigen durch lautes, anhaltendes Schreien oft das Eintreten von Regenwetter an. Beide haben einen penetranten Geruch; ihr Fleisch wird aber trotzdem von den Eingeborenen gern gegessen.

♀. (Nordküste.) Schnabel bräunlich- bis bläulichgrau, First schwarz; Iris blaugrün; Füfse schwarz. Gesamtlänge: 60 cm, Schwanzlänge: 13 cm, Flugweite: 92 cm. Parasiten: im Magen ein langer fadenförmiger roter Wurm, dessen eines Ende in der Magenwandung steckte.

Phalacrocorax carbo L. (*Graculus carbo*). — Den Cormoran habe ich hin und wieder an der Südküste angetroffen.

Phalacrocorax hypoleucus Brandt. — Diese in der Färbung *Ph. melanoleucus* sehr ähnlich sehende Scharbe bewohnt das Südküstengebiet. Mir ist nur ein Exemplar zu Gesicht gekommen.

Plotus novae hollandiae Gld. — Den Australischen Schlangenhalsvogel habe ich nur in der nördlichen Hälfte der Kolonie beobachtet. Soweit ich es zu beurteilen vermag, gehört er hier zu den selten vorkommenden Vögeln. Wie ich von glaubwürdigen Ansiedlern hörte, zeige er sich zuweilen nach sehr ausgiebigen Regenfällen im Südwesten der Lacke Eyre-Senke. Nach R. Hall ist er auch im Südküstengebiet zu Hause. Die meisterhafte Schilderung, welche Brehm von dem Leben und Treiben der Schlangenhalsvögel gibt, pafst vollkommen auf ihn. Es scheint, dafs er seine Nahrung nicht ausschliefslich dem Tierreiche entnehme. Der Magen des Exemplares, von dem unten die Mafse angegeben sind, enthielt nämlich einen grofsen Ballen grüner Pflanzenstoffe (Algen?).

♀. (Nordküste.) Schnabel hellgelb, First schwärzlich; Füfse bläulichgelb bis bläulichgrau; Iris bräunlichgelb mit goldfarbigem Saum; nackter Hautfleck um die Augen gelblich. Gesamtlänge: 90 cm, Schwanzlänge: 25 cm, Flugweite 1 m 17 cm. Parasiten: Im Magen eine Unzahl kleiner heller Würmer; ein Teil von ihnen steckte in der Magenwandung.

Familie: **Pelecanidae.**

Pelecanus conspicillatus Temm. — Der Brillen- oder Australische Pelikan ist in den beiden Küstengebieten einer der gemeinsten Brutvögel. Im gesamten Binnenlande wird er an allen Orten angetroffen, wo sich eine gröfsere Wasseransammlung befindet. Ob er hier auch brüte, ist wohl noch nicht festgestellt. Die Wasserlöcher der zentralen Creeks sucht er nur der Nahrung wegen auf. Übrigens würden die überall umherstreifenden beutegierigen Eingeborenen und Dingos es ihm unmöglich machen, in der pflanzenarmen Umgebung dieser Becken Junge aufzuziehen. Wie ich von zuverlässigen Zöglingen der Missionsstation Hermannsburg hörte, brüte er zuweilen am Lake Amadeus. Dieses zwischen dem Wendekreise und dem 25. Breitengrade gelegene gröfste Standgewässer des ganzen Innern ist, genau genommen, weiter nichts als eine riesige Salzpfanne und enthält vielleicht auch dann nicht einen einzigen Fisch, wenn ihm die wenigen kleinen Creeks, die ihm tributpflichtig sind, verhältnismäfsig viel süfses Wasser zugeführt haben. Hätte ein Pelikanpaar an ihm Junge erbrütet. so sähe es sich wohl gezwungen, das Futter für sie aus sehr weiter Ferne zu holen. Die Angaben der Eingeborenen sind also wenig glaubhaft. In der Lebensweise unterscheidet sich der Australische Pelikan, so weit ich es zu beurteilen vermag, fast garnicht von dem Gemeinen Pelikan *(P. onocrotalus)*. Wie dieser, pflegt auch er beim Fischen methodisch zu Werke zu gehen. Sehr oft sah ich, dafs ein halbes Dutzend und mehr Individuen, mit Kopf und Hals im Wasser, zuerst einen Halbkreis und dann einen vollständigen Kreis bildeten und schliefslich, nachdem sie aufeinander zugeschwommen waren, dicht gedrängt kürzere Zeit an ein und derselben Stelle fischten. Ein paarmal machte ich auch die Beobachtung, dafs zwei Kolonnen einer gröfseren Zahl von Individuen fischend gegeneinander rückten. Von dem Gemeinen Pelikan ist es bekannt, dafs er sich zuweilen an unerwachsenen anderen Schwimmvögeln vergreift[1]). Wie mir Eingeborene der Missionsstation Kilalpanina (an Coopers Creek) versichert haben, stille der australische Pelikan zuweilen seinen Hunger mit erwachsenen Enten, die infolge Nahrungsmangels sehr geschwächt

---

[1]) Brehms Tierleben. II. Abteil. 3. Bd. S. 602 (2. Aufl.).

seien. Die Pelikane sind bekanntlich Tagvögel. Die Nachtruhe halten sie auf Bäumen oder auf dem Boden, in der Nähe von Wasser. Während meines mehrmonatigen Aufenthaltes an der Nordküste sah ich unseren Vogel zu meiner Verwunderung sehr oft in der Nacht auf den fischreichen teichähnlichen Gewässern. Einmal erlegte ich um Mitternacht — der Mond stand nicht am Himmel — zwei Stück durch einen einzigen Schufs aus einer Entfernung von 12 bis 15 m. Sie trieben auf einer sogenannten lagoon, und ich hatte mich ihnen ohne jede Deckung genähert. Bei dieser Gelegenheit sei erwähnt, dafs der Australische Pelikan, ebenso wie der südeuropäische [1]) sehr leicht geringen Verletzungen erliegt. Im Binnenlande wird er meist nur in kleinen Gesellschaften angetroffen. Die waterholes der Creeks besucht er selbst einzeln. Auf den Seen der Lake Eyre-Senke sollen sich aber zuweilen sehr zahlreiche Flüge ein Stelldichein geben. Ein durchaus glaubwürdiger Herr der am Lake Kilalpanina gelegenen Missionsstation Bethesda (östl. v. Lake Eyre) teilte mir mit, er habe einst zwei Drittel der Oberfläche des Sees dicht mit Pelikanen bedeckt gesehen. Der See stellt ein gleichmäfsiges Oval dar und kann in wenig mehr als einer Stunde von einem Fufsgänger umschritten werden. Dr. R. L. Brehm sagt in seinem vortrefflich geschriebenen Buche „Bilder und Skizzen aus der Tierwelt im zoologischen Garten zu Hamburg“: „Für einen deutschen Magen ist das Fleisch (des Gem. Pelikanes) ungeniefsbar, die Araber aber sehen in ihm einen Leckerbissen.“ Ich fand, dafs das Brustfleisch des Australischen Pelikanes sich ganz gut essen läfst, obwohl es etwas tranig schmeckt. Die Eingeborenen verschmähen das Fleisch natürlich nicht. Die des Innern verwerten aufser diesem noch den langen bleistiftdicken Radius: sie beifsen die Gelenkenden ab und tragen ihn als Nasenstab. Von den Stämmen des östlich vom Lake Eyre gelegenen Gebietes soll der Vogel mit einem etwas in der Sonne getrocknetem gröfseren Fische gefangen werden, an den eine lange Schnur gebunden ist. Gewöhnlich machen die eingeborenen Jäger mit einem Wurfspeere auf ihn Jagd.

♀. (Inneres.) Schnabel rosaweifs, Nagel bläulich; Füfse schmutzig hellgrau; Augenring gelb; Iris bräunlich. Parasiten: Innenseite des Schnabels, sowie Schlund stellenweise dicht mit gröfseren, recht fest haftenden Läusen bedeckt. Gesamtlänge: 1 m 78 cm, Flugweite: 2 m 54 cm.

Familie: **Podicipedidae.**

Podiceps novae hollandiae Steph. (*P. gularis*). — Diesem Steifsfufse bin ich nur einmal begegnet auf der nördlichen Halbinsel am Catherine River. Er soll auch im Süden der Kolonie zu Hause sein.

---

[1]) Brehms Tierleben. II. Abteil. 3. Bd. S. 604 (2. Aufl.).

♂. Schnabel schwarz, Spitze schmutzigweifs, an den Seiten der Wurzel ein erbsengrofser ovaler zitronengelber Fleck; Aufsenseite der Läufe und Füfse schwärzlich; Innenseite der Läufe schmutzig grünlichgelb; Iris hellbraun. Mageninhalt: Ostracoden und Wasserinsekten. Gesamtlänge: circa 22 cm, Flügellänge: 10,6 cm, Schnabellänge: 2 cm, Länge der Schnabelöffnung: 2,5 cm, Lauflänge: 4 cm, Länge der Mittelzehe: 4 cm, Nägellänge: 0,6 cm, Nägelbreite: 0,5 cm.

Podiceps poliocephalus Jardine u. Selby. — Dieser Taucher findet sich in dem regenreichen Norden und Süden der Kolonie vor, aber nirgends häufig. Im Schwimmen und Tauchen zeigt es sich als ein wahrer Meister. Er ist nicht gerade auffallend scheu, aber recht vorsichtig und mifstrauisch. Zum Auf- und Davonfliegen läfst er sich selbst durch langdauerndes Jagen nicht bringen. Stets sucht er sich nur durch anhaltendes und häufiges Tauchen vor seinen Verfolgern in Sicherheit zu bringen. Wird er sehr geängstigt, so pflegt er aber in der Nacht ein anderes Gewässer aufzusuchen. Es hält oft recht schwer, ihm mit der Flinte beizukommen. Einmal habe ich auf der Jagd eines einzigen Exemplares, das sich auf einem kleinen schilflosen teichartigen Gewässer befand, mehr als ein halbes Dutzend Patronen verschossen. Schofs ich auf den Vogel, so tauchte er mit so grofser Geschwindigkeit unter, dafs die Schrote erst zu der Stelle gelangten, als er bereits den Blicken entschwunden war.

♀. (Nordküste.) Schnabel graugelb bis braungelb, First grauschwarz; Rand der Augenlider und Schnabelwinkel zitronengelb; Iris goldgelb; Füfse schwärzlich- bis gelblichgrün. Mageninhalt: Käfer. Darmparasiten: langer goldgelber Bandwurm und 1,5 cm langer fadenförmiger Wurm. Gesamtlänge: 23 cm, Flügellänge: 11 cm, Schnabellänge: 2,2 cm, Länge der Schnabelöffnung: 3 cm, Lauflänge: 3,8 cm, Länge der Mittelzehe: 4 cm, Nagellänge: 0,7 cm, Nagelbreite: 0,6 cm, Flugweite: 40 cm.

Familie: **Spheniscidae.**

Eudyptula minor Forst. (*Spheniscus minor*). — Der kleine Pinguin soll nach Gould an manchen Stellen der Südküste recht zahlreich vorkommen. Ein lebendes Exemplar sah ich nicht in Südaustralien; dagegen fand ich unfern der östlichen Landesgrenze gleich nach einem schweren Sturme acht frische tote Exemplare, die höchst wahrscheinlich ertrunken waren oder dadurch ihr Ende gefunden hatten, dafs sie von den Wogen gegen die felsigen Küstenwände geschleudert worden waren.

Familie: **Anatidae.**

Chenopis atrata Lath. (*Cygnus atratus*). — Der Trauerschwan ist an der Südküste einer der gemeinsten Schwimmvögel. Im

Binnenlande habe ich ihn nur an Cooper's Creek angetroffen. Ich glaube aber nicht, dafs er hier nistet. Am liebsten hält er sich auf gröfseren flachgründigen Gewässern auf, die einen schlammigen Boden haben, nicht arm an Schwimmpflanzen sind und zahlreiche kleine Tiere beherbergen. Ob das Wasser süfs oder stark salzig ist, scheint ihm gleichgültig zu sein. Kleinere, teichartige Becken meidet er. Den Coorong, den Lake Alexandrina und den L. Albert bevölkert er in gröfseren Trupps. In nahrungsreichen Buchten derselben treiben sich oft hundert und mehr Stück in Gesellschaft von Scharben, Pelikanen, Enten, Wasserhühnern und anderen Schwimmvögeln umher. Einen prächtigen Anblick gewährt das Flugbild des Vogels: in ihm kommt das schneeige Weifs der Fittiche voll zur Geltung. Unser Schwan ist wohl der scheueste aller Vögel des Landes. Auf meiner Wanderung längs des Coorong bemerkte ich oft, wenn ich aus dem Gebüsch an das kahle Ufer trat, dafs alle in Sehweite befindlichen Schwäne sofort auf- und davonflogen, und zwar selbst die, welche so weit entfernt waren, dafs sie meinem Auge wie dunkle Punkte erschienen. Nicht ganz so furchtsam zeigte sich der Vogel im Binnenlande. Beim Wittern von Gefahr und vielleicht auch sonst stöfst er einen melodischen, wenig weit vernehmbaren, dumpfem Glockenklang ähnlichen Ton aus. Den Hals bewegt er hierbei nicht augenfällig. Aufserdem schreit er laut mit vorgestrecktem Halse, wie andere Schwäne. Von Zöglingen der Missionsstation Point Macleay am Lake Alexandrina hörte ich, in früherer Zeit sei er in Menge von den Eingeborenen erschlagen worden, wenn die Mauser ihn flugunfähig gemacht hätte. An Cooper's Creek soll er beim Gründeln zuweilen von eingeborenen Jägern, die sich im Schilfe verborgen hätten, mit den Händen gefangen werden. Brütende gezähmte Trauerschwäne sind äufserst boshaft: in blinder Wut greifen sie Menschen und Tiere an, die ihnen nahekommen.

Anseranas semipalmata Lath. (*A. melanoleuca*). — Diese schwarz und weifse, mit einem hohen Stirnhöcker versehene Gans soll fast das gesamte Küstengebiet Australiens bewohnen. Ich bin ihr auf der nördlichen Halbinsel begegnet; sie kommt aber auch an der Südküste unserer Kolonie vor, jedoch nicht häufig. Während der trockenen Jahreszeit treibt sie sich auf dieser Halbinsel nach Beendigung des Brutgeschäftes in zahleichen gröfseren und kleineren Flügen unweit des Meeres umher. Als ich mich an Knuckey's Lagoon (gegen 18 bis 20 km südöstlich von Palmerston) aufhielt, wurde dieses kleine teichartige Standgewässer im August und den drei folgenden Monaten alltäglich von 20 bis 60 Stück besucht. Sobald aber die Regenzeit voll eingesetzt hatte, und überall das niedrig gelegene Gelände mehr oder weniger mit Wasser bedeckt war, zeigte sich die Gans hier nicht mehr. Sie ist so wenig scheu, dafs es dem Jäger ohne Schwierigkeit gelingt, ihr mit der Flinte beizukommen: an der genannten lagoon erlegte ich oft in aller Frühe von meinem Nachtlager aus, das sich unter freiem Himmel befand, ein oder mehrere Exemplare, die in geringer Höhe über mir hinwegstrichen oder völlig sorglos auf dem gegen hundertfünfzig Schritt entfernten Wasserspiegel der Nahrung nachgingen. Die Gans gibt laute Trompetentöne von sich, die beim Männchen tiefer als beim Weibchen sind. Erinnert sei daran, dafs die Luftröhre grofse schlingenförmige Windungen aufweist. Das Brutgeschäft findet im Nordküstengebiet am Ende der Regenzeit, etwa Mitte März, statt. Die Eier sind schmutzigweifs und weisen kleine, kaum sichtbare bräunliche Flecke auf. Sie, sowie das Fleisch zeichnen sich durch Wohlgeschmack aus. Die Jagd auf den Vogel wird von der eingeborenen und der eingewanderten Bevölkerung auf das eifrigste betrieben. Erwähnt sei noch, dafs der Eingeborene die beiden schwarzen Flügelspitzen (Handteile) in Form eines Fächers zusammenbindet und zum Anfachen des Feuers benutzt.

♂. Schnabelhaut fleischfarbig; Hornnagel des Schnabels bläulich; Füfse zitronengelb; Iris dunkelbraun. Gesamtlänge: 81 cm, Flugweite: 1 m 28 cm.

Nettopus pulchellus Gld. — Diese kleine hübsche gooseteal ist an der Nordküste zu Hause. Im Binnenland und an der Südküste fehlt sie. Ich habe nur ein Pärchen angetroffen. Es ging fern von anderen Schwimmvögeln auf einem teichartigen Gewässer mit schilfreicher, sumpfiger Umgebung seiner Nahrung nach. Als ich auf die beiden Vögel Jagd machte, suchten sie sich nicht durch Wegfliegen, sondern durch Tauchen meinen Nachstellungen zu entziehen. Nach stundenlangem Waten im Wasser und Schlamme gelang es mir schliefslich, das Weibchen zu erlegen.

♀. Oberschnabel grauschwarz bis bräunlichschwarz, Spitze desselben grau, Unterschnabel bedeutend heller; Füfse grauschwarz; Iris braun. Gesamtlänge: 35 cm, Schwanzlänge: 7,5 cm, Flugweite: 56 cm.

Cereopsis novae hollandiae Lath. — Die Australische Wachsschnabelgans soll stellenweise an der Südküste der Kolonie vorkommen. Ich habe auf meinen mehrere Monate in Anspruch nehmenden Fufswanderungen zwischen dem St. Vincent Golf und der Kolonie Victoria, der Südküste entlang, nur ein paar gezähmte Exemplare gesehen, von denen der Besitzer behauptete, dafs sie als Dunenjunge am Coorong eingefangen worden seien.

Chenonetta jubata Lath. (*Branta jubata.*) — Die Mähnen-Bernakelgans habe ich in der südlichen Hälfte des südaustralischen Teiles der Lake-Eyre-Senke überall dort ziemlich häufig angetroffen, wo gröfsere Wasseransammlungen vorhanden sind.

Dendrocygna arcuata Cuv. — Diese schlanke, hochbeinige Baumente mit bräunlichem Gefieder hat auf dem australischen Festlande eine weite Verbreitung. Mir ist sie nur im Norden der Kolonie zu Gesicht gekommen.

♂. Schnabel schwarz; Füfse bläulichschwarz; Iris dunkelbraun. Gesamtlänge: 44 cm, Schwanzlänge: 6,5 cm, Flugweite: 76 cm. Mageninhalt: Sand und Algen.

Tadorna radjah Garnot. — Sie soll an der ganzen Nord- und Nordostküste des Kontinents zu Hause sein. Ich habe nur ein paar Exemplare am Unterlaufe des Daly River und unweit des Port Darwin gesehen.

♀. Schnabel bläulich- bis fleischfarbigweifs; Iris gelblichweifs; Füfse fleischfarbig weifs. Gesamtlänge: 48 cm, Schwanzlänge: 12 cm.

Casarca tadornoides Jardine. — Diese schöne Zimmtgans bewohnt die südliche Hälfte der Kolonie. Ich habe sie zwischen dem 25. Breitengrade und der Südküste angetroffen, aber nur an einigen wenigen Stellen. Von den Buschleuten wird sie mountain duck genannt.

♂. (Cooper's Creek.) Schnabel schwarz; Iris dunkelbraun; Füfse grauschwarz. Gesamtlänge: 71 cm, Schwanzlänge: 13 cm, Flugweite: 1 m 25 cm.

Anas superciliosa Gmelin. — Die Augenbrauenente ist in allen Teilen der Kolonie einer der gemeinsten Schwimmvögel. In besonders grofser Zahl ist sie in den beiden Küstengebieten vertreten. Wie ich aus eigener Erfahrung weifs, brütet sie überall im Binnenlande, wo Seen oder gröfsere Wasserlöcher der Creeks ihr hinreichend Nahrung bieten. In ihrem Benehmen und in ihrer Lebensweise hat sie viel mit unserer Wildente (*Anas boschas*) gemein. Verfolgt man sie nicht, so wird sie schliefslich recht zutraulich. Auf den Gewässern der näheren Umgebung Adelaides z. B. pflegen sich viele Exemplare umherzutreiben, die nicht viel scheuer als Hausenten sind.

♂. (Nordküste.) Schnabel graugrün; Hornnagel schwarz; Füfse bläulichschwarz; Iris braun. Gesamtlänge: 58 cm, Schwanzlänge: 10,5 cm, Flugweite: 83,5 cm.

Anas punctata Cuv. — Dieser dunklen Ente bin ich an vielen der gröfseren Wasseransammlungen des Binnenlandes begegnet.

♂. (Cooper's Creek.) Oberschnabel schwarzblau; Hornnagel schwarz; Unterschnabel vorn und hinten ebenfalls schwarzblau; in der Mitte schmutzig orangenfarbig, schwarzblau gefleckt; Iris rotbraun. Gesamtlänge: 46 cm, Schwanzlänge: 9,5 cm, Flugweite: 68,6 cm. Mageninhalt: viel Sand und eine schlammige grünliche Masse.

Spatula rhynchotis Lath. — Diese schöne Löffelente scheint den Südküstensaum der Kolonie in gröfserer Anzahl zu bewohnen. Nicht unerwähnt will ich lassen, dafs ich sie recht oft in den Läden Adelaider Wildhändler hängen sah.

Malacorhynchus membranaceus Lath. — Die Rotaugenente, von den Buschleuten des Binnenlandes spoon-bill genannt, ist in der ganzen Kolonie zu Hause. Am häufigsten ist sie mir auf der nördlichen Halbinsel zu Gesicht gekommen. Im Binnenlande zeigt sie sich nur auf den Seen und den gröfsten Wasserlöchern der Creeks. Sie ist wohl die zutraulichste unter allen Enten der Kolonie. Ihr Geselligkeitstrieb scheint nicht grofs zu sein. Ihre Nahrung sucht sie mit Vorliebe an den seichten Stellen der Gewässer, wo der Untergrund recht schlammig ist.

♂. (Nordküste.) Schnabelhaut blaugrau, dreieckiger Schnabellappen schwarz; Iris tief rotbraun; Füfse blaugrau. Gesamtlänge: 40 cm, Schwanzlänge: 5 cm, Flugweite: 62 cm.

Nyroca australis Gld. — Die Australische Moorente habe ich im Binnenlande zwischen dem 20. und 30. Breitengrade an Seen und gröfseren Wasserlöchern der Creeks angetroffen. In den beiden Küstengebieten soll sie ebenfalls vorkommen.

♂. Schnabel schwarz, mit bläulichweifsem Querband; Füfse grauschwarz; Iris weifs. Gesamtlänge: 47 cm, Schwanzlänge: 6 cm, Flugweite: 77 cm.

Biziura lobata Shaw. — Diese höchst auffallend gestaltete Ente hat in der Beschaffenheit des Gefieders und der Lebensweise eine weitgehende Ähnlichkeit mit den Scharben und den Schlangenhalsvögeln. Ich habe nur ein Paar beobachtet. Es ging auf dem künstlichen teichartigen Wasserbecken des River Torrens, das die beiden Hauptteile Adelaides voneinander trennt, unbekümmert um die grofse Nähe vieler Menschen und den Strafsenlärm, seiner Nahrung nach. Bei dem anhaltenden und häufigen Tauchen hielt es den steiffedrigen Schwanz fächerförmig ausgebreitet. Wenn es auf der Oberfläche schwamm, liefs es meist nur ein bischen von der Rückenmitte aus dem Wasser hervorragen. Als ich das Paar durch Steinwürfe zum Auffliegen zwingen wollte, verschwand es im Röhricht des Ufers. Wegen des starken Bisamgeruches, den diese Entenart zur Paarungs- und Brütezeit verbreitet, hat sie von den Weifsen des Landes den Namen musk duck erhalten.

Familie: **Dromaeidae.**

Dromaeus novae hollandiae Lath. — Der Emu, der Hauptcharaktervogel Australiens, bewohnt das ganze Binnenland und den allergröfsten Teil des Südküstengebietes. Auf der nördlichen Halbinsel sind mir nur drei Stück zu Gesicht gekommen; nach der Aussage von Eingeborenen findet er sich hier stellenweise aber nicht selten vor. Im Süden fehlt er, so viel ich weifs, nur in den dicht besiedelten Landstrichen am St. Vincent-Golf und Spencer-Golf. Zahlreich tritt er nirgends in der Kolonie auf. Gewöhnlich wird er paarweise angetroffen. Der gröfste Trupp erwachsener Emu, den ich sah, bestand aus acht Stück. Der Vogel legt immer dort eine grofse Scheu an den Tag, wo ihm von Weifsen oder Eingeborenen häufig nachgestellt wird. In den unwirtlichen Gebieten des Innern, die von Menschen nur selten aufgesucht werden, verhält er sich in dieser Hinsicht wesentlich anders. Auf einem Ritt zwischen den Mac Donnell Ranges und Reynold's Range stiefs ich im Scrub auf fünf Stück. Als sie meiner ansichtig wurden, liefen sie zunächst davon, erwarteten dann stillestehend mit emporgerecktem Halse mein Näherkommen und umkreisten mich schliefslich, zwischen Neugierde und Furcht schwankend, mehrere Male in Steinwurfweite. Auf der Suche nach Nahrung durchwandert der Vogel langsam und gemessen, hier und dort sich kürzere oder längere Zeit aufhaltend, weite Strecken seines Wohngebietes. Nach den Fährten zu urteilen, entfernt er sich bedeutend weiter von den Trinkplätzen, als manche mit Flugkraft begabte Vögel. Seine Lieblingsnahrung scheinen allerhand Früchte zu sein. Oft sah ich, dafs er mit grofser Emsigkeit die kleinen süfsen Beeren des „yellowwood" pflückte. Über seine Stimme sagt Brehm [1]), dafs sie sich nur mit dem dumpfen Geräusche vergleichen lasse, das man hervorbringen könne, wenn man in tiefem Tone durch das Spundloch einer hohlen Tonne spräche. Plötzlich stark erschreckt, stöfst er meiner Erfahrung nach ein ziemlich lautes, dumpfes Uugh aus. Einen anderen Stimmlaut habe ich von freilebenden Individuen nicht gehört. Zu meinem Bedauern ist mir kein Nest zu Gesicht gekommen. Während meines zweiten Aufenthaltes im Innern sind mir aber im Mai wiederholt einige seiner grofsen dunkelgrünen, gekörnten Eier von Eingeborenen gebracht worden. Dunenjunge von wenig mehr als Faustgröfse traf ich mehrere Male an. Auch hatte ich Gelegenheit, mich zu überzeugen, dafs der Eingeborene sie in raschem Laufe mit den Händen zu fangen vermag. Dem Anschein nach bleiben die Jungen lange unter der Führerschaft des Vaters. In der südöstlichen Ecke der Kolonie stürmten eines Tages zwei durch Gras- und Buschfeuer erschreckte erwachsene Emu in kurzer Entfernung voneinander an mir vorüber. Der eine war von neun und der andere von fünf Jungen begleitet, die sich in der Gröfse nur wenig von ihrem Erzeuger unterschieden. Wahrscheinlich bestehen die kleineren Trupps in der Mehrzahl der Fälle nur aus Mitgliedern einer einzigen Familie. Das Fleisch mundet dem Weifsen nicht recht; er macht deshalb meist nur des Vergnügens wegen Jagd anf den Vogel. Ich afs es oft, und fand, dafs es im Geschmacke dem des Rindes gleicht. An den Schenkeln ist es sehr grobfaserig. Das Fett wird zuweilen von Buschleuten als ein Heilmittel gegen Rheumatismus gebraucht. Wie es heifst, mache es die Knochen brüchig. Der Eingeborene verfolgt den Emu mit dem Blutdurste eines Raubtieres. Für ihn ist er nebst

---

[1]) Brehm, Tierleben. Abt. II, Bd. 3, S. 216 (2. Auflage).

den gröfsten Känguru-Arten das vornehmste Wild. Es geht dies schon daraus deutlich hervor, dafs der Vogel bei geheimen Zeremonien und Kulten den Gegenstand mimischer Darstellungen bildet, sein Fleisch in den Speiseverboten eine Rolle zu spielen pflegt, Abbildungen seiner Fährten, pfeilspitzenförmige Figuren, Kultgeräte (Corrobboreesticks) schmücken, seine Name von manchem totemistischen Verbande geführt wird u. s. w. Fast alle Teile werden von ihm benutzt. Das Fleisch, das Fett und die Eier gelten für grofse Leckerbissen, die Sehnen der Beinmuskeln finden als Bindematerial, besonders bei der Vereinigung von Waffenteilen, Verwendung, aus den langen, schmalen, biegsamen Federn werden Schmuckstücke, Futterale für kleinere Kultgeräte, Schuhe und aus den Beinknochen Meifsel angefertigt. Da der Eingeborene eine unübertreffliche Ausdauer und Geschicklichkeit im Aufspüren und Überlisten des Wildes besitzt, so fällt es ihm meist nicht schwer, den Vogel, dessen Gegenwart die grofsen, in losem Boden scharf ausgeprägten Fufsspuren leicht verraten, zu erjagen. Im Südwesten der Lake Eyre-Senke und in einigen südlicher gelegenen Gegenden pflegt er ihn auf einer Art Treibjagd zu umzingeln und mit Bumerangs zu töten. Nördlich vom 25. Breitengrade bedient er sich hauptsächlich des Speeres zu seiner Erlegung. Bewohner der grofsen zentralen Höhengebiete erleichtern sich die Jagd oft mit Hülfe der Duboisia Hopwoodi, eines 1—1,5 m hohen Strauches, dessen Blätter in der Gegend des Lake Eyre als Berauschungsmittel Verwendung finden. Sie bedecken ein Wasserloch, das von vielen Tieren der Umgebung aufgesucht wird, dicht mit Zweigen, graben eine soakage in seiner Nähe und legen ein Bündel beblätterter Zweige der Pflanze in sie. Stillt nun der Vogel seinen Durst mit dem Wasser dieses kleinen Beckens, so gerät er in einen Zustand halber Betäubung und kann dann sehr leicht erlegt werden. Wie ich hörte, werde er trotz seiner grofsen Fertigkeit im Laufen zuweilen von einem Rudel der elenden Köder des Eingeborenen gefangen. Es ist also wahrscheinlich, dafs er sich vor jagenden Dingos nicht immer durch eilige Flucht in Sicherheit zu bringen vermag. Dafs er sich unter Umständen seiner Angreifer durch Schläge mit den Füfsen zu erwehren sucht, ist bekannt. Im Inneren sah ich einen Rangeroodog (greyhound), der auf einer von Viehzüchtern veranstalteten Hetzjagd so schwere Rifswunden von einem Emu erhalten hatte, dafs er erschossen werden mufste. Die dicken dunkelgrünen Eierschalen verwendet man an der Südküste zuweilen auf die Weise zu der Herstellung niedlicher Nippsachen, dafs man mit einer Nadel und einem Federmesser erhabene Figuren, wie menschliche Köpfe, Blumen, beblätterte Zweige, aus ihnen herausarbeitet. Derartig verzierte Eierschalen sehen zweifarbigen Cameen sehr ähnlich: während die Figuren dunkelgrün sind, ist der Grund bläulich- bis grünlichweifs. Von dem Emu behaupten manche Leute, die Australien und seine Fauna kennen, dafs er zu den aussterbenden Tieren gehöre. Aus den Küstengebieten Südaustraliens wird er bald völlig verschwunden sein. Das weite Binnenland hingegen bietet ihm, der unter allen australischen Vögeln der genügsamste ist, genug unwirtliche Landstriche, wo er sich dauernd zu halten vermag. Als seine schlimmsten Feinde haben wir den Menschen und den Dingo zu betrachten. Die Tage des binnenländischen Eingeborenen sind höchst wahrscheinlich bereits gezählt. Der Dingo wird jedenfalls an Zahl zunehmen, wenn kein schwarzer Jäger ihm nachstellt, und die verwilderten Haustiere des Weifsen (Pferd, Rind, Katze und Kaninchen) sich noch weiter ausgebreitet haben, als es heute der Fall ist. Dafs seine Vermehrung aber keine allzugrofse Höhe erreicht, dafür wird schon das Gift des weifsen Viehzüchters sorgen.

Dromaeus irroratus Bartl. (spotted emu), der das Innere und den Westen Australiens bewohnen soll, habe ich nirgends angetroffen.

Den Schlufs dieser Arbeit mögen ein paar Worte über die freilebenden Vögel fremder Herkunft bilden.

Fremde Vögel habe ich nur zwischen dem Unterlaufe des Finke River und der Südküste angetroffen. Die allermeisten stammen von Exemplaren ab, die vor Jahrzehnten aus Grofsbritannien und Irland nach Australien gebracht worden sind. In der östlichen Hälfte des Küstengebietes sah ich Sperlinge, Stare, Amseln und Diestelfinken. Sie haben sich hier völlig eingebürgert und nehmen beständig an Zahl zu. In Örtlichkeiten des südlichen Binnenlandteiles bin ich nur Sperlingen begegnet, und zwar ausnahmslos innerhalb des Bannkreises der kleinen townships und stations. Wie ich hörte, seien vor einer längeren Reihe von Jahren unter anderen auch Rebhühner, Moorschneehühner, Dompfaffen, kalifornische Wachteln, Lerchen und Fasane ausgesetzt worden.

Unter diesen Fremdlingen macht sich der Haussperling am meisten bemerkbar. Das warme, ziemlich gleichmäfsige Klima scheint ihm ausgezeichnet zu bekommen. Überall dort, wo er genügend Futter und Wasser zu seinem Unterhalte vorfindet, hat er so stark überhand genommen, dafs er, wie das Kaninchen, zu einer wahren Landplage geworden ist. Der Farmer, welcher, wie bei uns der Bauer, alles von Nützlichkeitsstandpunkte betrachtet, sucht sich des Plünderers seiner Weinberge, Obsthöfe und Getreidefelder mit Flinte und Gift zu erwehren. Trotz dieses Vernichtungskrieges vergröfsert sich die Zahl der Haussperlinge überraschend schnell. Unser Vogel brütet hier in der Fremde, wo das Klima ihm die Aufzucht von Jungen zu allen Jahreszeiten gestattet, dem Anschein nach öfter als bei uns. Im übrigen ist er ganz der alte geblieben. Er nistet in allerlei Schlupfwinkeln und Löchern, die ihm Bäume und Häuser bieten. Aufserdem baut er das Nest verhältnismäfsig oft in das Gezweig von Bäumen. Im botanical park Adelaides sah ich einen schönen hohen Gummibaum, in dessen Krone gegen ein Dutzend Pärchen sich aus Halmen, Fasern und dergleichen ihre massige, überdeckte Kinderstube errichtet hatten. Wie bei uns, so gräbt sich der Hausspatz auch in Australien zuweilen eine Nisthöhle in steile Erdwände. Vor etwa acht Jahren nisteten mehr als fünfzig Paare in dem lehmigen, löfsartigen Torrensufer zwischen North- und South-Adelaide, an einer Stelle, wo dasselbe gegen 8 m senkrecht abfällt. Die Höhlungen hatten sie sich selbst gegraben. Im Binnenlande ist der Haussperling ganz auf den weifsen Ansiedler angewiesen: ohne diesen würde er nicht nur zu Zeiten anhaltender Dürren an Nahrungsmangel zu Grunde gehen, sondern auch rasch den zahlreichen Raubvögeln zum Opfer fallen. Ich traf ihn hier, wie schon erwähnt, nur in den wenigen Ortschaften und auf einigen Stationen an. Vor etwa acht Jahren bildete Oodnadatta, die Endstation der von Adelaide ins Binnenland führenden Bahn, den nördlichsten Punkt seines Verbreitungsgebietes. Dem Anschein nach macht er recht oft den Versuch, sich weiter zu verbreiten. Wie ich von den Weifsen der am Unterlaufe von Cooper's Creek gelegenen Missionsstation hörte, zeige er sich ihnen nur alle paar Jahre, und zwar stets nur auf kurze Zeit. Als ich mich auf dieser Station aufhielt, kam eines Tages ein Hausspatzenmännchen in mein Zimmer geflogen. Es ist dies das einzige Exemplar, welches mir auf dem östlich vom Lake Eyre gelegenen Gebiet zu Gesicht gekommen ist. Da der Albinismus als ein Zeichen schwächlicher Konstitution betrachtet wird, so will ich nicht unerwähnt lassen, dafs ich in Adelaide verhältnismäfsig oft Exemplare mit mehr oder weniger zahlreichen weifsen Federn angetroffen habe, und dafs sich in dem naturhistorischen Museum dieser Stadt zwei ganz weifse Exemplare befinden.

Der Star hat sich in Südaustralien durch seine Diebereien in Obstgärten und Rebpflanzungen ganz die Gunst der Ansiedler verscherzt. Gröfsere Flüge von ihm sind mir nur in den fruchtbaren Teilen der Südostecke der Kolonie zu Gesicht gekommen.

Die Amsel hat sich dem Anschein nach noch nicht weit verbreitet. Ich beobachtete sie nur in der Umgebung Adelaides. Hier ist sie viel scheuer als jetzt bei uns.

Der Stieglitz gehört in der südöstlichen Hälfte des Küstengebietes bereits zu den häufig vorkommenden Vögeln. Ich habe ihn sowohl fern von menschlichen Ansiedlungen, als auch in Ortschaften angetroffen.

Ornithologische Notizen von der „Zeppelin-Studienfahrt" Spitzbergen Sommer 1910.

Von **O. Graf Zedlitz.**

In den Monaten Juli und August des Jahres 1910 hatte ich die Ehre, als Zoologe an der „Zeppelin-Studienfahrt" in die arktischen Gewässer Teil zu nehmen. Da die Hauptziele dieser Expedition auf anderen Gebieten lagen, mufsten naturgemäfs die naturwissenschaftlichen Interessen hinter jenen zurückstehen, sobald sie kollidierten. Es war somit unmöglich, ein so reiches Material zusammen zu bringen, wie es eine ausschliefslich zoologische Sammeltour in gleicher Zeit und Örtlichkeit liefern müfste. Immerhin halte ich die Resultate für interessant genug, um sie wenigstens kurz hier zu besprechen. Dafs die Ausbeute keine allzu spärliche war, verdanke ich ganz besonders dem Leiter der Expedition S. K. H. dem Prinzen Heinrich v. Preufsen, der nie irgend eine Anregung im zoologischen Interesse unberücksichtigt liefs, wenn es nur irgend möglich war, derselben zu entsprechen.

Zu meiner persönlichen Unterstützung hatte ich wieder meinen bewährten Präparator C. W. Müller mitnehmen dürfen, der mit Fleifs und Fachkenntnis gearbeitet hat, dem ich aber auch manche gute Beobachtung verdanke. Gesammelt wurde vom 9. Juli bis zum 18. August, davon entfallen wenige Tage der Hin- und Rückreise auf das nördliche Norwegen, ein Tag und einige Stunden auf die Bären-Insel, der Rest auf West-Spitzbergen und die Eiskante (80° 10'). Von diesen 40 Tagen fallen einige für meine Zwecke vollkommen aus, an denen wir uns auf hoher See befanden teils auf der Überfahrt begriffen, teils gestoppt und mit Meeresuntersuchungen beschäftigt. Aufser den Bälgen umfafst meine Ausbeute noch eine Anzahl Eier, welche bei der späten Jahreszeit natürlich nur gering ist, sowie eine Reihe gelungener phothographischer Aufnahmen von Polar-Vögeln und Nestern. Im folgenden will ich auf die beobachteten und gesammelten Arten nun etwas näher eingehen und bedaure dabei nur die zahlreich vorhandenen Lücken.

Bei jeder Nummer werde ich nur auf „Schalow, Die Vögel der Arktis, 1904", wo die ganze übrige in Betracht kommende Literatur leicht nachzuschlagen ist, verweisen.

1. *Urinator adamsii* Gray.

Schalow V. d. A. p. 117.

Von diesem grofsen Taucher liegen bestimmte Beobachtungen sein Vorkommen in Spitzbergen betreffend noch nicht vor (vgl. Schalow p. 117 letzter Absatz). Mir ist es ähnlich ergangen wie anderen Forschern vor mir, erbeutet habe ich ihn nicht, doch halte ich es für höchst wahrscheinlich, dafs ein sehr vorsichtiger schwarzhalsiger Taucher, der sich am 5. 8. bei der Amsterdam-Insel auf See herumtrieb, zu dieser Art gehörte. Es war nicht möglich, auf näher als ca. 150 m heranzukommen, und ein Kugelschufs war bei dem sehr stürmischen Wetter aussichtslos.

2. *Urinator lumme* Gunn.

Schalow V. d. A. p. 119.

Der schöne rothalsige Seetaucher ist von mir recht häufig beobachtet und mehrfach erlegt worden. In Norwegen sah ich unweit Tromsoe auf See ein Pärchen am 12. 7. gelegentlich der Hinreise und fand fast an derselben Stelle bei der Rückkehr am 18. 8. wiederum zwei Exemplare, von denen ich ein ♂ erlegte. Auf der Bären-Insel konstatierte ich auf den kleinen Süfswasser-Seen am 12. 8. ein Pärchen und zweimal einzelne Stücke, erlegte auch dort ein ♂. Bei Spitzbergen hielt sich ein Pärchen auf der Lagune Richard an der Ostseite des Prinz-Carl-Foreland auf (23. 7.), ein zweites in der Kingsbai (8. 8.), eins belebte die Süfswasser-Seen hart westlich des Signe-Hafens an der Crofs-Bai (21. u. 30. 7.), wo ich ein ♂ mir holte; schliefslich erbeutete ich noch auf einer kleinen Süfswasser-Ansammlung östlich der Red-Bai (Nord-Spitzbergen) ♂ und ♀ am 6. 8. Meine Beobachtungen in diesem Sommer decken sich durchaus mit den in früheren Jahren von mir in Norwegen gemachten. Der eigentliche Standort dieser Taucher ist das Süfswasser des Binnenlandes, mag es in Form eines grofsen Sees oder aus einer sumpfigen Lache sich präsentieren. Um Nahrung zu suchen, welche in den oft fischlosen Tümpeln knapp sein mag, streicht der Vogel besonders in den Vormittagsstunden gern aufs Meer hinaus, kehrt aber wieder auf seinen Bergsee zurück, wenn der Kropf gefüllt ist. Den einmal gewählten Stand hält er ziemlich fest. Dort fand ich auch Mitte Juli 1904 in Norwegen das Nest auf einer Kaupe im Wasser stehend, es enthielt 2 Eier. Trotz gröfster Aufmerksamkeit habe ich dieses Jahr auf Spitzbergen bei keinem der Pärchen Junge wahrnehmen können, obgleich ich manche ausgiebig aus gedeckter Stellung beobachtet habe. Meiner Überzeugung nach waren bis zum 8. 8. die Jungen der Paare, welche ich antraf, noch nicht ausgekrochen (die auf Bären-Insel am 12. 8. gefundenen Taucher schienen mir dort nicht eigentlich zu Hause zu sein, da sie sich viel scheuer zeigten als sonst üblich). Eine so späte Brutzeit erscheint nicht ganz unwahrscheinlich erstens mit Rücksicht auf die auch schon in Norwegen vorkommenden späten Gelege, sodann auch aus dem Grunde, weil fast alle Süfswasser-Seen Spitzbergens erst in der zweiten Juli-Hälfte anfangen, eisfrei zu werden. Ich habe übrigens am 21. 9. 1899 in Namdalen (Norwegen) noch einen kaum halbwüchsigen *Urinator* selbst gesammelt, es scheint mir also eine ziemlich allgemeine Regel zu sein, dafs der Vogel sich Zeit nimmt mit dem Freien.

3. *Fratercula arctica arctica* L.

Schalow V. d. A. p. 121.

Eine Zusammenfassung von *F. a. arctica* und *F. a. glacialis* halte ich für unstatthaft. Die Mafse bei der nördlicheren Form „*glacialis*" sind stets gröfser, auch ist die Form des Schnabels wesentlich anders, bei *glacialis* ist die Firste des Oberschnabels gebogener, bei *arctica* gestreckter, besonders nach der Spitze zu. Ich möchte sagen, *glacialis* ist relativ „rundschnäblig", *arctica* relativ „spitzschnäblig".

Die kleinschnäblige Art ist im nördlichen Norwegen häufiger Brutvogel, aber ebenso auch ständiger Sommergast auf der Bären-Insel, wo sie in tiefen Löchern und Felsspalten an den unzugänglichsten Stellen der steilen Süd- und Südost-Küste brütet. Schon vor mir haben dies Swenander und Prof. König einwandsfrei festgestellt. Ich kann ihre Beobachtungen nur vollkommen bestätigen, am Nachmittage des 12. 8. haben wir einige 20 Exemplare dort erlegt. Die Jungen müssen noch sehr klein gewesen sein, da sich kein einziges auf dem Wasser blicken liefs, wo sich die anderen Alke schon lustig „in Familie" tummelten. Es bleibt eine interessante Frage, wieso die kleinschnäblige Form in ihrer regelmäfsigen Verbreitung bis zur Bären-Insel hinaufgeht, während auf dem viel südlicheren Jan Mayen nur die grofsschnäblige Form vorkommen soll. Ich erwähne noch der Vollständigkeit halber, dafs ich auf Spitzbergen keinen einzigen kleinschnäbligen Papageitaucher unter einer grofsen Serie gefunden habe, er kommt dort nach übereinstimmender Aussage aller Forscher nicht vor. Über die Verbreitungsgrenzen auf Grönland herrscht noch nicht vollkommene Klarheit.

4. *Fratercula arctica glacialis* Steph.

Schalow V. d. A. p. 121.

Diese hochnordische Form des Papageitauchers ist auf Spitzbergen gewissermafsen ein Charaktervogel. Wie ich bei der vorigen Art erwähnte, gehören die Brutvögel der Bären-Insel nicht zu *glacialis*, sondern zu *arctica*. Trotzdem erbeutete ich auch hier zwei Exemplare der grofsschnäbligen nordischen Form neben einer stattlichen Serie der kleinschnäbligen am 12. 8. Ich vermute, dafs es sich um Individuen handelte, welche aus irgend einem Grunde keine Jungen grofs gezogen hatten und daher etwas früh den Zug nach Süden antraten. Beide Stücke wurden nicht direkt am Brutplatz sondern eine Strecke entfernt davon im Wasser schwimmend erlegt. In den Buchten des westlichen und nördlichen Spitzbergens kommt dieser Lund überall vor, an einzelnen Stellen nur sehr vereinzelt, an anderen recht häufig. Von den Punkten, wo wir ihn zahlreich trafen, erwähne ich folgende: Sassen-Bai 18. 7., Prinz Carl Foreland-Sund 23. 7., Magdalena-Bai 2. 8. Brutplätze in Felswänden nahe dem Meere konstatierten wir im Eisfjord, Südseite, kurz vor dem Eingang zur Advent-Bai, sowie auf einer Insel etwas nördlich der Magdalena-Bai. Bei den zahlreichen Vogel-Kolonien der Cross-Bai und Umgebung fand ich niemals brütende Papageitaucher, obgleich solche mehrfach auf dem Wasser beobachtet und erbeutet wurden. Meine Vermutung dafs diese Vögel ihre Kinderstuben auf den Felskegeln des Inlandes anlegen dürften, fand Bestätigung. Zwar war es mir nicht möglich, selbst so weit ins Innere vorzudringen, doch erlegten wir hier mehrfach Lunde, die auf dem weifsen Grunde von Brust und Bauch eine Zeichnung in Form grofser unregelmäfsiger rötlichgelber Flecke trugen. Die Farbe war so „echt", dafs sie auch der Behandlung mit Seife ziemlich lange Stand hielt. Trotzdem handelte es sich nicht etwa um eine neue Subspecies „*rhodeogastra*", sondern um sehr intensive Abfärbung rötlicher Stoffe auf die weifsen Federn. Dieser Stoff ist nach meiner Überzeugung der rote Sandstein (the old red Devonian sandstone), der zuerst in Schottland konstatiert wurde, daher der Name. In Spitzbergen steht er nun nicht an der Küste, wohl aber weit entfernt davon in den vom Inland-Eis umgebenen Gebirgen an, deren Kegel und Massive aus dem Gletschermeer aufragen. Als Beispiel erwähne ich nur die bekannten „Drei Kronen" östlich der Kings-Bai. Dieser Sandstein vermag bei Abfärbungen seine rote Farbe sehr zur Geltung zu bringen. Die Gletscherwasser am King-Gletscher danken ihre intensiv rotbraune Farbe, welche im ganzen inneren Teile der Bai noch sichtbar ist, dem Zerfall und der Aufarbeitung dieses Gesteins. Ebenso ist der Gletscherstrom, welcher im Inneren des Lilljehook-Gletschers (Cross-Bai) sich Bahn bricht und an dessen Stirnseite durch ein mächtiges Tor seine Wellen in den Fjord ergiefst, intensiv braunrot gefärbt im Gegensatz zum umgebenden Wasser, ein Grufs von den landeinwärts liegenden roten Sandsteinkegeln. An beiden Orten — Kings-Bai und Lilljehook-Bucht — erbeutete ich auch die Vögel mit rot gefärbter Unterseite, m. E. ein Fingerzeig dafür, dafs sie landeinwärts auf den Bergen aus rotem Gestein brüteten, zumal nahe der Küste absolut keine Niststellen zu finden waren. Vom Wasser kann die abnorme Färbung nicht wohl herrühren, denn dort ist das Rot zu verdünnt, der Vogel hält sich auch nicht so andauernd gerade im rötlichen Wasser auf, und insbesondere zeigt kein Vogel, der in Quarzit brütet (also an der Küste, wo die Beobachtung nicht schwer ist) irgendwelche roten Flecke, obgleich alle ohne Unterschied überall im Wasser sich herumtreiben, im roten wie im blauen.

5. ***Cepphus grylle grylle*** L.

Schalow V. d. A. p. 124.

Diese nordeuropäische Teiste ist in Norwegen gemein und wurde von mir in diesem Jahre wie stets in früheren zahlreich beobachtet. Beleg-Exemplare sammelte ich am 9. 7. bei den Lofot-Inseln und am 12. 7. sowie 18. 8. bei Tromsoe. An letzterem Tage fand ich vollkommen ausgewachsene Junge, welche sich schon allein durchs Leben schlugen.

6. ***Cepphus grylle mandtii*** Licht.

Schalow V. d. A. p. 125.

Die hochnordische Form der Teiste fand ich in mäfsiger Zahl an der Bären-Insel, dafür um so häufiger in allen Buchten Spitzbergens. In der Kings-Bai und Crofs-Bai ist ihre Zahl Legion. Trotzdem sah ich nicht grofse Scharen vereint brüten, sondern stets nur wenige Pärchen bei einander. Sie siedeln sich auch anscheinend am liebsten nicht mitten im ohrenbetäubenden Lärm einer grefsen gemischten Brut-Kolonie an, sondern halten sich etwas abseits, manchmal ganz unten dicht über dem Wasserspiegel, häufiger aber ganz oben am Rande der Felswand. Am zahlreichsten fand ich Brutpaare auf einer der Lovén-Inseln in der Kings-Bai, am Haakon-Vorgebirge und Süd-Kap des Signe-Hafens in der Crofs-Bai. Die ersten Jungen tummelten sich im Wasser der Kings-Bai am 27. 7., weitere Junge als Beleg-Exemplare sammelte ich in der Magdalena-Bai am 7. 8.

7. ***Uria troile troile*** L.

Schalow V. d. A. p. 126.

Diese früher von mir schon im nördlichen Norwegen beobachtete Lumme bekam ich dieses Jahr wieder haufig während meiner kurzen Anwesenheit dort zu Gesicht und erlegte Belegexemplare. Ein Stück im Winterkleid kaufte ich in Tromsoe. Auf der Bären-Insel, wo sie bestimmt noch vorkommt, hielten wir leider vergebens nach ihr Umschau, bis Spitzbergen hinauf geht sie nicht.

8. ***Uria lomvia lomvia*** L.

Schalow V. d. A. p. 127.

Von der Familie der Alke ist nach meinen Beobachtungen keine Art in so ungeheurer Zahl als Brutvogel auf der Bären-Insel und West-Spitzbergen vertreten wie diese Lumme. Fährt man im Boot unter dem mächtigen jähen Fels-Absturz der Bären-Insel an ihrem südlichen Zipfel entlang, so wird man fortwährend von den zu- oder abstreichenden Dickschnabel-Lummen umschwirrt wie von Maikäfern an einem schönen Frühlings-Abend bei uns. Die riesigen Zahlen taxweise angeben zu wollen, halte ich für müfsiges Beginnen. Ebenso ist die Zahl der Brutpaare an den grofsen Vogel-Kolonien der Crofs-Bai (Haakon-Vorgebirge und Signe-Hafen) einfach erschütternd. Erheblich bescheidener ist der Besuch der Brutplätze in der Advent-Bai, auf den Lovén-Inseln, in der Magdalena- und Red-Bai sowie auf der Amsterdam-Insel. Nach meinen Beobachtungen legt jedes ♀ nur ein Ei (abgesehen von Nachgelegen) bezw. zieht jedes Pärchen nur ein Junges auf. Dafs dies Solo-Ei aber in seinen Mafsen auch ein wahrhaftes „Riesen- oder Abgotts-Ei" im Verhältnis zur Gröfse des Vogels ist, darf ich wohl als bekannt voraussetzen. Die Grundfarbe variiert vom ganz hellen, schmutzig-weifsen Ton bis zum satten Grün mit einem Stich ins Bläuliche. Die schwarze Arabesken-Zeichnung ist sehr unregelmäfsig. Als Brutstätten dienen Felsbänder, welche nach innen (hinten) etwas abfallen. In der von der senkrechten Wand und dem schrägen Felsbande gebildeten Ritze liegen die einzelnen Eier oft ganz dicht nebeneinander, sodafs ein oberflächlicher Beobachter leicht irriger Weise auf Gelege von mehreren Stücken schliefsen könnte. Ebenso sitzen natürlich später die Jungen hart beieinander. Sie suchen keineswegs bald das Meer auf, sondern werden von den Alten gefüttert, bis sie etwa halbwüchsig sind. Während dieser Zeit verhalten sie sich so ruhig, dafs man oft lange eine Kolonie beobachten kann, ohne von den vielen Kleinen etwas zu sehen — hören kann man bei dem Spektakel doch keine Einzelheiten — und so dürfte bisweilen die Vermutung entstehen, dafs noch Eier in den Spalten liegen, wo schon längst Junge hocken. Den Ausdruck „Nest" habe ich hier absichtlich vermieden, denn die vorhandene Unterlage besteht im wesentlichen aus dem natürlichen Stein mit Garnierung von wenigen Hälmchen und sehr viel Kot. Die Dunenjungen sind einfarbig dunkelbraun und recht übelriechend, wir sammelten mehrere Ende Juli sowie Anfang August, indem wir sie ausnahmen. Im Wasser sah ich selbst die ersten am 12. 8. bei der Bären-Insel sich tummeln.

Diese Lumme geht weit aufs Meer hinaus, man trifft sie regelmäfsig schon viele Kilometer entfernt von der Bären-Insel, wo sonst nur der Eissturmvogel über den Wogen gaukelt. Ebenso ziehen grofse und kleine Schwärme sehr häufig an der Grenze des festen Polar-Eises entlang, auch wenn dieses weit nördlich von Spitzbergen steht. Der Vogel ist zweifellos trotz seiner plumpen Gestalt ein recht ausdauernder Flieger und ein flinker dazu, das wird mir jeder ehrliche Flugschütze bestätigen, der anfangs immer „hintenweg" geschossen hat, dafs das Seewasser spritzte, Lummen und Zuschauer aber laut lachten. Dafs diese raschen Flieger auch ganz vorzügliche Tauchkünstler sind, braucht man bei einem Angehörigen der Alk-Familie erst kaum zu erwähnen. Interessant ist es zu beobachten, wie sie auch unter Wasser, wo sie grofse Strecken mühelos zurücklegen, sich ihrer Flügel als Ruder bedienen. Das Problem der Bewegung einzelner Gliedmafsen beim tauchenden Vogel ist m. E. würdig, in einer Monographie behandelt zu werden, es würde zu weit führen, hier auf Details einzugehen. Ich erwähne nur als Grundprinzip beim Alk unter Wasser: „Es wird gerade umgekehrt gemacht wie beim Fliegen", d. h. der tauchende Vogel arbeitet mit lebhaften Flügelbewegungen, um tiefer hinein zu kommen, gleitet hingegen mit still gehaltenen Flügeln empor; der fliegende arbeitet sich bekanntlich mit Flügelschlägen empor und gleitet ohne Flügelschlag hinab. Der Hals wird unter Wasser nach vorn gerade ausgestreckt, und zwar wird diese Haltung sofort im Moment des Tauchens eingenommen. Die Füfse dienen entsprechend ihrer Lage ganz hinten am Körper als Seiten- und Höhen-Steuer, nicht nur im Wasser, sondern ganz besonders auch in der Luft. Sie funktionieren sehr exakt, wie mir jeder Naturfreund bezeugen wird, welcher die kurzen Wendungen der auf wenige Meter das Ruderboot umkreisenden Alke aller Art mit Vergnügen beobachten durfte. Beim Auffliegen vom Wasser bietet sich ein wenig elegantes Bild, da wird erst „Wasser getreten", bis der nötige Schwung da ist. Der Alk kann nur vom festen Boden auffliegen, wenn sich Gelegenheit bietet, wenigstens ein ganz klein wenig sich schräg bergab zu stürzen und dabei Luft unter die Flügel zu bekommen, hingegen ist er aufser Stande, von ganz ebener Bodenfläche abzustreichen, da er dann schräg aufwärts steigen müfste. In solchen Fällen watschelt er gemächlich bis zu einer abschüssigen Stelle oder, wenn Gefahr im Verzuge ist, rutscht er äufserst behende auf dem Bauche zum Wasser oder der nächsten Felskante. Ich möchte hier nur an die Verwandten im Südpolargebiet, die Pinguine, erinnern, welche ebenfalls auf dem Bauch rutschen, wenn sie es eilig haben.

9. *Alca torda* L.

Schalow V. d. A. p. 129.

Der Tordalk wurde nur im nördlichsten Norwegen bei Tromsoe beobachtet und erbeutet. Auf den Helgoe benachbarten Vogelbergen dort brütet er zahlreich.

10. *Alle alle* L.

Schalow V. d. A. p. 130.

Der kleinste Vertreter seiner Familie wird von den Norwegern gerade „Alkekonge" der „Alkkönig" genannt, und die putzigen Kerlchen scheinen in der Tat von ihrer Wichtigkeit sehr durchdrungen zu sein, wenn sie stolz aufgerichtet in Reihen Mann an Mann auf den Felsbändern ihrer Brutstätten sitzen und dem sie besuchenden homo sapiens — den Rücken kehren. Die lockeren weifsen Federn der Weichen schimmern dann schneeig unter den angelegten Flügeln an beiden Seiten hervor, es sieht aus, als trügen die Herrschaften schwarze Fräcke mit grofsen silbernen

Schofsknöpfen. An Zahl steht der Krabbentaucher hinter seinem grofsen Verwandten zurück, immerhin mufs ich ihn auf West-Spitzbergen eine alltägliche Erscheinung nennen. Gröfsere Brut-Kolonien fand ich in der Advent-Bai, in der Crofs-Bai (Nordostseite bei der Köller Bucht), sowie in der Magdalena-Bai. Seltener erschien der niedliche Geselle in der Red-Bai, doch zeigten sich droben an der Eiskante wieder viele kleine Schwärme, welche in tadelloser Disziplin ihre Flug-Übungen ausführten. Junge im Wasser habe ich bis zum 10. August, als wir Spitzbergen verliefsen, noch nicht angetroffen. Auffallend war mir in der Kings-Bai das sehr zahlreiche Vorkommen des Krabbentauchers, obgleich auf den Lovén-Inseln keine brüten. Die Kolonien müssen irgendwo etwas entfernt im Inlande liegen.

Ich möchte die Besprechung der Alke nicht schliefsen, ohne besonders auf die erstaunliche Vorsicht hinzuweisen, mit welcher sie alle ihre Niststätten aussuchen. Das Aufbringen der Jungen ist nämlich gar nicht so einfach, da die Brutkolonien regelmäfsig von Eierräubern aufgesucht werden. Gegen die ungebetenen Gäste, soweit sie befiedert sind, wissen sich alle recht energisch und erfolgreich zu verteidigen, der schlimmste Feind ist aber der Fuchs in seinen verschiedenen Polarformen, ihm sind sie an Stärke natürlich nicht gewachsen. Da kann nur Klugheit helfen, und so werden denn für die Nester nur solche Felsbänder ausgesucht, welche für nicht beschwingte Besucher unerreichbar sind, selbt wenn es sich um so vorzügliche Kletterer und Springer handelt wie den Fuchs. Trotzdessen werden die gröfseren Kolonien täglich von ihm revidiert oder doch sehr häufig, er mag durch Junge, welche herabgefallen sind oder sich vorwitzig allein auf Entdeckungsreisen begeben haben, immer noch gut auf seine Kosten kommen. Auf den Inseln, welche dem Fuchs nicht zugänglich sind, werden die Brutplätze erheblich sorgloser ausgewählt, dort ist es dem Menschen auch leichter, heranzukommen, in den grofsen Kolonien des Festlands ist dies ohne gröfseren Apparat fast stets unmöglich. Wird viel Treibeis in die Buchten gedrückt, so bildet sich bisweilen auch noch spät im Sommer eine Eisbrücke vom Lande zu einer der Inseln, diese benutzt dann schleunigst der Fuchs, um hinüberzuschnüren und gründlich aufzuräumen. Auf einer Insel in der Nordost-Ecke der Kings-Bai fand ich nach solchem Besuch auch nicht ein einziges unversehrtes Ei oder irgend einen noch nicht flugbaren Jungvogel.

11. *Stercorarius parasiticus* L.

Schalow V. d. A. p. 132.

In seinem umfassenden Werk erwähnt Schalow nicht, dafs es eine weifsbauchige und eine einfarbig braune Varietät dieser Möwe gibt, da er auf die Beschreibung der einzelnen Kleider überhaupt nicht eingeht. Ich habe im Laufe der Jahre die Beobachtung gemacht, dafs in Norwegen anscheinend die braune Varietät etwas häufiger vorkommt, besonders zahlreich fand ich sie im August 1899 auf den Vigden-Inseln südlich der Lofot-Gruppe. Hingegen kommen auf der Bären-Insel und Spitzbergen nach meinen Beobachtungen von 1900 und 1910 auf eine braune wohl einige hundert weifsbäuchige Raubmöwen. Eine einfarbig dunkle wurde am 23. 7. 1910 im Möller-Hafen (Cross-Bai) von Müller erlegt. Es dürfte kaum möglich sein, irgendwo in West-Spitzbergen an Land zu gehen, ohne sehr bald auf ein Pärchen dieser Möwe zu stofsen. Sie brütet nicht in Kolonien, sondern jedes Paar gesondert in einem eigenen Revier, das allerdings bisweilen nicht grofs ist. Naht man sich der Niststelle, welche auf flachen sumpfigen oder steinigen Stellen, manchmal zwischen den Armen eines Baches oder auf einer ins Meer vorspringenden Landzunge liegt, so versuchen die Alten alles Mögliche, um den Störenfried fortzulocken. Sie nehmen am Boden die auffallendsten Stellungen ein, richten sich bald hoch auf, um dann wieder mit verhängten Flügeln fortzulaufen, kurz befleifsigen sich eines möglichst auffälligen Gebahrens, das ich nicht umhin kann, sie mit den Bewegungen balzender Birkhähne zu vergleichen. Das klingt komisch, doch wurde mir von erfahrenen Jägern unter den Teilnehmern der Expedition hierin vollkommen beigeflichtet. Selbstredend wird das ganze Theater mit sehr viel Geschrei begleitet. Die Brut fällt ziemlich spät. Im Jahre 1900 fand ich auf dem Prinz-Carl-Foreland Ende Juli frische Eier, dieses Jahr (1910) am 4. 8. in der Magdalena-Bai eben ausgekrochene Junge. Das volle Gelege beträgt 2 Eier, und 2 ist die Zahl der Jungen, wenn alles gut geht. Die Entwicklung ist eine aufserordentlich rasche wie nach meinen Beobachtungen bei allen jungen Polarvögeln. Von den beiden Jungen der Magdalena-Bai liefs ich eins abbalgen, das andere wurde aufgezogen. Nach 14 Tagen war aus dem fahlbraunen Dunenklümpchen dank einem stets regen Appetit eine recht manierliche Raubmöwe im fast vollendeten Jugendkleide geworden, nach 3 Wochen war der Vogel in seinem Gefieder ganz fertig bis auf die verlängerten Mittel-Schwanzfedern, welche nicht im ersten Herbst des Lebens erscheinen.

Schon beim ersten Jugendkleide zeigt sich deutlich, ob der Vogel später weifsen oder braunen Bauch haben wird. Ich sammelte am 12. 8. auf der Bären-Insel ein knapp flugbares Junges und erhielt in Tromsoe einanderes im gleichen Stadium, bei denen die Grundfarbe der Unterseite unverkennbar welfs (Bären-I.) bezw. braun (Tromsoe) ist. Ebenso steht im B. M. ein gleichfalls noch nicht völlig ausgewachsener Jungvogel mit dunkler Unterseite, ein Vertreter der braunen Varietät, welcher aus Norwegen stammt.

Als Nahrung zieht *Stercorarius parasiticus* Fische allem anderen vor und weifs dieselben vortrefflich anderen Möwen abzujagen. Mein jung aufgezogener Pflegling schätzt auch Fisch sehr viel mehr als Fleisch, doch hat er gelernt, sich mit einem Gemenge von Fleischresten und Kartoffeln zu behelfen, wenn es keine Fische gibt. In der Freiheit kommt diese Raubmöwe auch nur gelegentlich zum Luderplatz. Ebenso halte ich sie für keinen gewerbsmäfsigen Eierdieb, da ich sie an den grofsen Brutkolonien nie herumbotanisieren sah, hingegen mag sie gelegentlich von den Bodenbrütern, Tringen und Seeschwalben, ihren Tribut fordern, denn stets wurde sie von ihnen mit lautem Geschrei verfolgt, sobald sie sich in der Nähe ihrer Nistplätze blicken liefs. Im allgemeinen halte ich diesen Charaktervogel hochnordischer Niederungen für viel harmloser als manche seiner Verwandten.

12. *Stercorarius longicauda* Viell.

Schalow V. d. A. p. 133.: *S. cepphus*; Lönnberg (Zoologist 1903 p. 338—342): *S. longicauda.*

Lönnberg hat in seiner Arbeit nachgewiesen, dafs der Name „*cepphus* Brünn.“ sich wohl nur auf junge *S. parasiticus* beziehen dürfte, daher folge ich in diesem Falle nicht Schalow's Nomenklatur. Mir ist stets nur die helle Form mit fast ganz weifser am Halse nur wenig gelblich verwaschener Unterseite vorgekommen, dunkle Stücke sind mir nicht bekannt.

Diese Raubmwöe kommt nur in den nördlicheren Breiten von der Bären-Insel an aufwärts vor, doch ist sie auf Spitzbergen nicht so häufig als die vorige. Ihr Vorkommen ist nach meinem Befund sehr lokalisiert, so fand ich sie 1900 und 1910 am östlichen Ufer der Advent-Bai ganz genau an der nämlichen Stelle, ferner sammelte ich ein halbes Dutzend auf der südwestlichsten Lovén-Insel in der Kings-Bai und sah andere Exemplare am Südufer der Bucht, hingegen ist mir der Vogel an keinem anderen Platze Spitzbergens vorgekommen. Die stark verlängerten Mittelfedern des Schwanzes und die fast rein weifse Unterseite ermöglichen es, auch die fliegende *S. cepphus* leicht von *S. parasiticus* mit ihrem kürzeren Schwanz und grauen Kropfbande zu unterscheiden.

Ich möchte bestimmt behaupten, dafs die langschwänzige Raubmöwe an den erwähnten Orten, wo ich sie erbeutete, nicht brütet, vielmehr dürften die Gelege oben in den Bergen zu suchen sein. Ich habe die Vögel wiederholt beim Zu- und Abstreichen beobachtet, sie halten sich am Meere nur so lange auf, als sie Nahrung suchen, dann entschwinden sie wieder nach den fernen Felsschroffen. Ich halte diese Raubmöwe für einen gefährlicheren Eierdieb als die vorige, fand sie auch in mehreren Exemplaren am Luderplatz.

13. *Gavia alba* Gunn.

Schalow V. d. A. p. 135.

Die Elfenbein-Möwe ist ein echter Polarvogel und pafst mit ihrem schneeigen Kleid ebenso gut in die vereiste hochnordische

Natur wie der Eisbär. Dafs der Vogel trotz seiner mäfsigen Gröfse, welche kaum die einer Haustaube übertrifft, sofort auch auf den ornithologischen Laien tiefen Eindruck macht, wenn dieser überhaupt Sinn für Natur und Farben hat, das konnte ich in diesem Sommer wieder feststellen. Um so interessanter ist die Tatsache, dafs dieser gewifs auffallende Vogel keineswegs von allen Sammlern in West-Spitzbergen erbeutet wurde. Es geht daraus hervor, dafs die Standplätze in den einzelnen Jahren nicht immer die gleichen sind. Ich stimme nach meinen Erfahrungen aus den Jahren 1900 und 1910 vollkommen mit Schalow überein, wenn er ausführt, dafs diese Möwe in ihrem Vorkommen sich an grofse Massen von Treibeis und die wieder damit zusammen reisenden grofsen Herden von Robben halte. Im Juli 1900 war der Prinz-Carl-Foreland Sund ganz mit Eis versetzt, es wimmelte darauf von Robben, und ich schofs in wenigen Tagen dort 11 *Gavia alba*, meine Reisegefährten erlegten auch noch eine ganze Anzahl. Im Jahre 1910 war der Foreland-Sund eisfrei, wir sahen dort keine einzige Elfenbein-Möwe; dagegen lag im hinteren Teil der Kings-Bai viel Treibeis, für die Zahl der Robben spricht, dafs wir dort an einem Nachmittage 25 Stück schossen, meine Ausbeute an *Gavia* betrug 12 Exemplare, davon 6 an einem Tage. Es ist auch gewifs kein Zufall, dafs der Norweger den Vogel „Isrype“ d. h. „Eishuhn“ nennt, denn unsere nordischen Fangsleute sind zumeist sehr feine Tier- und Natur-Beobachter. Ich glaube, dafs unsere Möwe in der Nähe solcher Plätze, wo sie den Sommer über zahlreich auftritt, ganz naturgemäfs auch brütet, im folgenden Jahre ist der Platz dann vielleicht verlassen, wenn die Verhältnisse andere sind. Die Nester dürften an schwer zugänglichen Stellen hoch oben in den Bergen stehen, anscheinend wird auf gute Aussicht besonderer Wert gelegt. Ganz übereinstimmend beobachtete ich i. J. 1900 im Foreland-Sund und 1910 in der Kings-Bai folgendes: Bei klarstem Wetter blickte man vergeblich nach irgend einer weifsen Möwe aus und konnte Stunden lang warten, ohne eine solche zu sehen. Wurde dann ein abgezogener Seehund als Köder ausgelegt, so dauerte es meist weniger als 10 Minuten, sicher nicht über eine Viertelstunde, bis die ersten Elfenbein-Möwen nach kurzem Kreisen sich darauf niederliefsen. Jedesmal kamen sie vom Lande her, doch glaube ich keinesfalls, dafs sie in 10 Minuten von Ost-Spitzbergen nach der Kings-Bai geflogen sind, zumal dieselbe von hohen Bergen eingeschlossen ist. Nirgends anders als auf diesen Bergen hatten die Möwen, von denen mehrere am 9. 8. erlegte Brutfleck aufwiesen, ihr ständiges Domizil, und bei einer Besteigung wurde auch meine Vermutung insofern bestätigt, als sich tatsächlich *Gavia alba* an den Wänden herumtrieben, leider war die Zeit zu kurz, um nach Nestern ernstlich suchen zu können.

Aufser in der Kings-Bai konstatierte ich die Möwe noch in vereinzelten Exemplaren im Signe-Hafen (Crofs-Bai) und an der

Grenze des Polareises (80° 10′). Die schon erwähnte Anlegung eines Luderplatzes ist ein ganz sicheres Mittel, ihrer habhaft zu werden, sie ist ein Fleischfresser par excellence, untersucht jeden blutigen Fleck auf dem Eise und kommt oft schon auf den blofsen Knall von Schüssen heran in der Hoffnung, dafs etwas für sie abfallen wird. Nur der äufseren Erscheinung nach ist es eine Möwe, im Charakter durchaus ein Raubvogel nach Art der Geier und auch ebenso wenig von Scheu vor dem Menschen erfüllt.

14. *Rissa tridactyla tridactyla* L.

Schalow V. d. A. p. 138: *Rissa rissa rissa* L.

Von der durch 2 Jahre reichenden Entwicklung des Gefieders bis zum vollen Alterskleide gibt uns Schalow eine anschauliche Beschreibung. Ich habe nichts hinzuzufügen und möchte nur bestätigend erwähnen, dafs ich neben vielen jungen Stücken auch am 2. 8. in der Magdalena-Bai 2 einjährige im Übergang vom Jugend- zum Alterskleide sammeln konnte. Solche Exemplare scheinen sich am Brutgeschäft noch nicht zu beteiligen. Über die Entwicklung von Dunenjungen hatten wir Gelegenheit, dauernd Beobachtungen an 2 ausgenommenen Jungen anzustellen, welche aufgezogen wurden und prächtig gediehen. Sie waren sehr zahm und lebten an Bord zumeist in Symbiose mit den jungen Katzen, welche sie durch gelegentliche Schnabelhiebe im Respekt erhielten. Das Wachstum geht ebenfalls sehr rasch vor sich. Am 25. 7. fand ich auf den Lovén-Inseln kleine ganz weifse Dunenjunge, am 9. 8. sah ich ebendort den erst flugbaren Jungvogel, am 12. 8. auf der Bären-Insel, war die Mehrzahl der Jungen schon unterwegs. Brutkolonien sind vom nördlichsten Norwegen bis Nord-Spitzbergen fast an jeder geeigneten Stelle zu finden. Besonders grofs ist die Zahl der brütenden Paare in der Crofs-Bai (Haakon-Vorgebirge und Signe-Hafen), in der Magdalena- und Red-Bai. Fast stets brütet diese Möwe zusammen mit *Uria lomvia*, bisweilen mit *Alle alle*, *Cepphus mandtii* und selten mit *Fulmarus glacialis*. Es stehen dann abwechselnd reihenweise oder in Gruppen Niststellen der Möwen und der Alke, die sich offenbar vorzüglich vertragen. Sind die Jungen ausgeflogen, also um Mitte August, dann tun sich Alte und Junge zu riesigen Schwärmen zusammen — vielleicht bleibt auch die Kolonie dann noch geschlossen — und ziehen besonders gern landeinwärts nach den Süfswasser-Seen. Am 12. 8. sah ich im Inneren der Bären-Insel buchstäblich ganze Hügel am Rande solcher Wasserbecken mit Möwen bedeckt, selbst als sie abgestrichen waren, zeigte sich der Boden noch weifs von ausgefallenen Dunenfedern, ein Zeichen, dafs dieser Platz regelmäfsig aufgesucht wurde.

Die Dreizehen-Möwe nährt sich von Fischen und kleinem Getier des Wassers. Besonders eine kleine Krabbenart liebt sie, welche sich im Wasser am Ausflufs des Gletscherströme findet.

In den mächtigen Eistoren, durch welche diese hervorstürzen, fischt sie fast stets in grofsen Schwärmen. Übrigens teilen viele Alke, besonders *Cepphus grylle mandtii*, sowie erst recht die Robben diese Vorliebe für die kleinen schmackhaften Krustentiere. An Fleisch oder Eiern vergreift sich die Dreizehen-Möwe nicht.

Schon in der Bearbeitung unserer Reise von 1900[1]) ist erwähnt, dafs diese Möwe, wenn sie weit über Meer und Eis fortstreicht, gern die Füfse vollkommen unter dem Gefieder an Bauch und Unterschwanzdecken versteckt, sodafs auch mit einem scharfen Glase nichts von den schwarzen Extremitäten zu sehen ist. Der Anblick eines solchen scheinbar „beinlosen" Vogels wirkt bei der ersten Gelegenheit, wo er sich bietet, ganz frappierend.

15. *Larus marinus* L.

Schalow V. d. A. p. 139.

Die Mantelmöve ist eine nordatlantische Form, welche nur im nördlichen Norwegen, wo sie recht häufig ist, beobachtet und erlegt wurde. Vollkommen selbständige Junge in ihrem chokoladenfarbig gesprenkelten Kleide sammelte ich am 16. 8. im Lyngenfjord und sah viele am 18. 8. bei Tromsoe.

16. *Larus fuscus* L.

Schalow V. d. A. p. 140.

Auch die Herings-Möwe gehört nicht zu den Bewohnern des eigentlichen Polargebietes. In Norwegen fand ich sie bis hinauf zum Nordkap, doch hier seltener als weiter südlich an den skandinavischen Küsten, wo sie ganz gemein ist. Schon von Mitte August an kann man dort flugbare Junge finden (z. B. 1899 auf den Vigden-Inseln).

17. *Larus argentatus argentatus* L.

Schalow V. d. A. p. 142.

Von der Silber-Möwe gilt dasselbe wie von der Mantel-Möwe. Sie ist in Norwegen heimisch bis zum Nordkap hinauf. Mitte August sind die Jungen zumeist ausgeflogen. Die Brutreviere von Mantel- und Silber-Möwe liegen vorzugsweise im nördlichen Norwegen, südlich des Polarkreises fand ich im Juli 1903 auf einer weit hinaus nach Westen vorgeschobenen Insel der Vigden-Gruppe eine Brut-Kolonie von *L. argentatus*, wo alle Nester flach am Boden zwischen Blumen und niederen Büschen standen. Der Regel nach wählt aber auch diese Möwe Felswände als Niststätten.

---

[1]) „Deutsches Weidwerk unter der Mitternachtssonne" bei P. Parey-Berlin.

18. *Larus glaucus* Brünn.

Schalow V. d. A. p. 144.

Als circumpolare Art ist die Bürgermeister-Möwe eine im ganzen Gebiet häufige Erscheinung. Ganz besonders zahlreich brütet sie auf der Bären-Insel, wo am 12. 8. schon viele Junge flugbar waren. In sämtlichen Buchten West- und Nord-Spitzbergens fand ich den mächtigen Vogel, am zahlreichsten wohl in der Crofs-Bai. An den grofsen Vogel-Kolonien sieht man sie regelmäfsig, doch brütet sie dort nicht sondern geht auf Eierraub aus. In *L. glaneus* sehe ich den gefährlichsten, weil stärksten und gefräfsigsten, gefiederten Eierräuber unseres arktischen Gebietes. Unter anderen Fällen konnten wir z. B. auf der Cohen-Insel in der Crofs-Bai beobachten, wie die Möwen sich sofort auf die Gelege der Eiderenten stürzten, wenn die Alten vor unseren Füfsen notgedrungen das Nest geräumt hatten. Auch hier gilt das von *Gavia alba* Gesagte: Dem Äufseren nach haben wir eine Möwe, dem Charakter nach einen Raubvogel vor uns. *L. glaneus* begnügt sich nicht etwa mit dem Eierraub, sie fahndet auch auf junge Vögel und schlägt selbst bisweilen alte. Am 7. 8. beobachteten wir während der Fahrt vom Deck aus, wie sie einen ausgewachsenen Krabbentaucher durch Schnabelhiebe halb betäubte und dann mit der Beute abstrich. Mit den Krallen vermag sie natürlich nicht zu greifen, der mächtige Schnabel ist die einzige Waffe, darum dürfte es eine Ausnahme sein, wenn sie einen der flinken Alke im Wasser erwischt. Sehr gern nimmt sie jedes Luder an, findet sich bei den Walfisch-Stationen in Mengen ein und stürzt sich mit Gier auf die abgezogenen Robbenkörper. Wir haben einmal i. J. 1900 um solch Kadaver herum stark mit Strychnin vergiftete Speckstücke gelegt und genau mit dem Glase beobachtet, wie sie aufgenommen wurden. Es dauerte dann noch 21 Minuten, bis die erste Möwe Zeichen von Unbehagen aufwies, und erst nach einer runden halben Stunde machten einige ihr Testament.

Die Bürgermeister-Möwe brütet nach meiner Ansicht zumeist nicht in gröfseren Gesellschaften sondern weit verstreut, teils auf kleinen Inseln der Binnenseen, teils an den Hochgebirgen des Inlandes. Auch hier erbeutete ich Brutvögel mit rot gefärbter Unterseite, welche deutlich die Spuren des old red Sandstone aus dem Innern zeigten. Dort lagen also auch aller Wahrscheinlichkeit nach die Nistplätze. Der Vogel bedarf mehrerer Jahre, ehe er sein Alterskleid bekommt und fortpflanzungsfähig wird. Im zweiten Sommer seines Lebens trägt er ein Übergangskleid, das erheblich blasser und zarter im Braun ist als das des ganz jungen Vogels. Stücke in diesem sehr ansprechend wirkenden Gefieder, das aus der Ferne etwa blafs-violett aussieht, scheinen nicht sehr häufig vorzukommen, ich erbeutete nur eines an der Bären-Insel am 12. 6. 1900 und sah ein zweites in Green

Harbour (Eisfjord) am 17. 7. 1910. Im hohen Alter wird der graue Mantel immer heller, schliefslich fast weifs. Solche scheinbar albinistischen Exemplare sind ebenfalls prachtvoll anzuschauen aber recht selten.

19. *Sterna macrura* Naum.

Schalow V. d. A. p. 150.

Diese Seeschwalbe ist ein häufiger Brutvogel schon im nördlichen Norwegen, fehlt nicht ganz auf der Bären-Insel und tritt auf der West- und Nordküste Spitzbergens wieder in recht grofser Zahl auf. Die Gelege bestehen aus 2 Eiern, welche in der Farbe stark variieren, bald auf weifslichem Grunde nur wenige dunkle Pünktchen zeigen, bald auf blaugrünlichem Grunde stark olivenbraun gefleckt sind. Sie liegen vollkommen ohne Unterlage von weichem Niststoff in kleinen natürlichen Vertiefungen zwischen Moos, bisweilen auf blankem Erdboden oder zwischen Steingeröll. In Bezug auf die Wahl des Platzes stellt der Vogel nur die Anforderung, dafs er ziemlich eben und nahe dem Meere gelegen sei. Moorige Stellen mit Moospolster werden bevorzugt, hier finden sich grofse Kolonien (Lovén-Insel, Smerenberg-Sund), aber wohl an jeder Bucht brüten einzelne Paare irgendwo an einem flachen Platze des Ufers; ich fand solche Stellen mit 1—3 Brutpaaren bei Green Harbour, in der Möller-Bai und am Signe-Hafen sowie Ebeltoft-Hafen (Crofs-Bai) und an der Red-Bai. Im Juli gab es noch weit mehr Eier als Junge, doch fand ich am 8. 8. noch ein Gelege, das nicht etwa verlassen war. Auf den Lovén-Inseln am 22. 7. waren die ersten Jungen soeben ausgekrochen, am 8. 8. konnten viele an demselben Platze schon etwas fliegen, ein Beweis für die aufserordentlich rasche Entwicklung derselben, welche wir auch an gefangenen bestätigt fanden. Die Jungen fressen eben hier um diese Jahreszeit während aller 24 Stunden am Tage, ich sah die Alten ebenso gut um 2 Uhr früh wie um Mittag Nahrung bringen, man hat den Eindruck, dafs die Vögel überhaupt nicht längere Zeit regelmäfsig schlafen, sondern nur kurze Ruhepausen machen je nach Bedürfnis. Beim Füttern setzt sich die Alte über das Junge, sodafs beider Köpfe nach derselben Seite zeigen, das Junge sperrt den Schnabel nach oben auf, und die Mutter stopft hinein. Das Bild sieht etwas komisch aus, da das Junge anscheinend fest zwischen die Beine des Alten geklemmt und mit Gewalt genudelt wird, natürlich schmeckt es ihm aber vorzüglich. Sobald die junge *Sterna* ausgekrochen ist, verläfst sie den Ort, welcher den Namen „Nest“ wie oben gesagt nicht verdienen würde, und beginnt in der nächsten Umgebung herum zu botanisieren. Beide Geschwister gehen dabei vollkommen auf eigene Hand vor. Die kleinen Dunenklümpchen sehen urdrollig aus, wenn sie auf den rotgelben Beinchen so munter umherwackeln. Bei Annäherung eines Menschen drücken sie sich in die nächste Vertiefung; sind sie nahe am Ufer, so schwimmen auch die Allerkleinsten unbedenklich ein Stück hinaus, kehren aber sofort wieder an Land zurück, wenn sie nicht mehr gescheucht werden. Die Alten scheinen unter der grofsen krabbelnden Schar ihre Kinder wohl zu kennen, denn wenn man sich mit einzelnen zu eingehend beschäftigt, sind es immer einzelne alte Paare, welche mit besonderer Wut auf den Eindringling stofsen und bisweilen seinen Hut streifen. Dabei entsenden sie gern aus der Höhe einen weichen warmen scharf ätzenden Grufs, es empfielt sich also nicht, ihnen allzuviel mit den Augen zu folgen, denen das nicht gut bekommen soll. Abgesehen von den zunächst beteiligten Eltern erheben auch alle Nachbarn aus kollegialer Gesinnung ein ohrenbetäubendes Geschrei, so dafs es beim Besuch solch eines Brutplatzes wie auf den Lovén-Inseln im ganzen recht lebhaft zugeht. Als Feinde der Eier und Jungen mufs auf dem Festlande wohl vor allem der Fuchs gelten, auf den Inseln kommen noch Raubmöwen und vielleicht gelegentlich ein ***Fulmarus*** in Betracht.

Unter der grofsen Suite, welche ich gesammelt habe und der noch viel erheblicheren Zahl, welche durch meine Finger ging, befindet sich in $^1/_2$ Dutzend Exemplaren eine *Sterna*, deren Zugehörigkeit zu „*macrura* Naum.“ mir einigermafsen zweifelhaft erscheint. Die Färbung ist genau wie bei *macrura* im Winterkleide, also Stirn und Vorderkopf weifs, z. T. schwarz gefleckt, Hinterkopf und Kopfseiten hinterm Auge mattschwarz, Unterseite reinweifs nicht silbergrau; der Schnabel ist schwarz, die Füfse sind es gleichfalls, doch zeigt sich bei 2 Stücken an der Schnabelwurzel und den Füfsen stellenweise eine schwarzrote Färbung. Der Flügel mifst meist um 245 mm, höchstens bis 255 mm, gegen 260—275 bei echter *S. macrura.* Der Schnabel bei den Exemplaren, welche ihn schwarz haben, mifst 30 mm, sonst bei *S. macrura* 30—33 mm. Es handelt sich hier keineswegs um einen jungen Vogel desselben Sommers, denn von solchen habe ich eine grofse Menge in allen Stadien vom Dunenjungen bis zum flugbaren in der Hand gehabt und auch genügend Beleg-Exemplare gesammelt, um bestimmt behaupten zu können, dafs sie stets helle gelblichrote Füfse haben. Der Schnabel zeigt in den ersten 14 Tagen etwa eine dunklere Spitze und gelbe Wurzel, dann wird er gelbrot und bald ganz ziegelrot. Aufserdem zeigen junge Stücke auf dem Rücken Querbänder und Wellenlinien in bräunlichem Tone, meine schwarzschnäbligen Exemplare sind aber rein schiefergrau wie alte Vögel, nur die kleinsten Flügeldecken sind dunkler. Letzteres Moment könnte darauf hindeuten, dafs es sich vielleicht um einjährige Stücke handelt, welche vom letzten Winter her eine abnorm dunkle Färbung der Beine und des Schnabels behalten haben, doch habe ich trotz aller Mühe bisher keine *S. macrura* im Winterkleide auftreiben können, welche schwarze Beine hätte. Dafs der Schnabel im Winter wenigstens dunkelrot wird, wissen wir. Jedenfalls handelt es sich ebensowenig um ein normales Winterkleid wie um ein Jugendkleid schlechthin. Solche Vögel kommen den ganzen Sommer über an einzelnen Stellen des Foreland-Sundes und der Kingsbai vor; wir erbeuteten schon ein Pärchen Ende Juni 1900 und jetzt eine etwas gröfsere Serie Anfang August 1910. Hierzu kommen noch 2 unzweifelhaft junge Vögel vom August und Anfang September aus dem Besitze des Tring-Museums, welche ich für Angehörige der gleichen Art halte wie meine älteren. Alle diese Momente lassen es nicht gerade als sehr wahrscheinlich dünken, dafs wir es mit *S. macrura* zu tun haben, es müfste ja dann der einjährige Vogel im Gegensatz zu allen Stadien vor und nachher schwarze Füfse, stets kürzere Flügel haben und den ganzen Sommer hindurch ein ausgesprochenes Winterkleid tragen. Ich halte es nicht für ausgeschlossen, dafs wir hier doch eine ganz getrennte Art vor uns haben könnten, ganz besonders da an vielen Orten, wo *S. macrura* massenhaft brütet, z. B. in Nord-Norwegen, meines Wissens nie die schwarzbeinige und schwarzschnäblige Varietät festgestellt worden ist. Als Name bei einer Abtrennung dürfte vielleicht *S. portlandica* Ridgw. in Frage kommen. Diese Bezeichnung wurde i. J. 1874 (Amer. Nat. VIII p. 433) für eine anscheinend ähnliche Seeschwalbe angewendet aber von Saunders im Cat. Brit. Mus. Vol. XXV p. 64 wieder eingezogen bezw. als reines Synonym zu *macrura* aufgeführt.

Zur endgültigen Lösung dieser Frage bedarf es vor allem eines sehr grofsen Materials an Wintervögeln, wie es nicht ganz leicht zu beschaffen ist. Jedenfalls halte ich für den Moment die Angelegenheit für noch nicht genügend geklärt, um für oder wider Stellung zu nehmen, stehe aber einer schwarzbeinigen *S. macrura* bis auf weiteres skeptisch gegenüber.

20. *Fulmarus glacialis glacialis* L.

Schalow V. d. A. p. 151.

Zu der Frage, wie sich die helle und die dunkle Phase, welche überall nebeneinander vorkommen, zu einander verhalten, vermag ich nichts Neues vorzubringen. Betonen möchte ich nur, dafs Übergänge zwischen beiden nach meinen Beobachtungen ebenso häufig sind wie die Extreme. Nicht ganz kann ich Swenander, den auch Schalow p. 152 zitiert, beipflichten, wenn er meint, dafs an der Bären-Insel die dunkle Form überwiege, ich notierte mir in meinem Tagebuche gerade das Gegenteil. Auffallend viel dunkle Vögel sah ich Mitte Juli in Green Harbour (Eisfjord), doch kommen überall beide Phasen vor, es ist sehr möglich, dafs an demselben Platze in verschiedenen Jahreszeiten bald die eine bald die andere überwiegt. Auch ich halte die dunklen Vögel nicht für junge Stücke, die hellen ebensowenig für besonders alte.

Sehr zahlreich brütet der Eis-Sturmvogel auf der Bären-Insel, dort war am 12. 8. aber noch kein einziges Junges im Wasser oder fliegend zu sehen, die Entwicklung scheint keine sehr rasche zu sein. Auf Spitzbergen fand ich verhältnismäfsig wenig Brutplätze (ich nenne Tempelberg an der Sassen-Bai und Haakon-Vorgebirge) gegenüber der ungeheuren Zahl von Sturmvögeln, welche sich bei den Walfischfängern zu Tausenden ansammelten. Ich glaube, dafs ein erheblicher Prozentsatz weiter im Inlande brütet und konstatierte auch an Vögeln in der Kings-Bai die dafür charakteristische rote Färbung am Bauche.[1]) Unser *Fulmarus* ist weniger ein Raubvogel als ein ausgemachter Aasfresser, er kommt sofort auf jeden Köder, der ausgeworfen wird, und verschluckt gierig, was er bewältigen kann. Von Deck aus kann man ihn mit einem Stück Speck an mäfsig langer Schnur leicht angeln. Gefangene Stücke vermögen tüchtig zu beifsen. Vom flachen Deck können sie nicht abstreichen, sie brauchen dazu eine Stelle, von welcher sie sich herabstürzen können. Um vom Wasser aufzustehen, müssen sie erst eine Strecke weit Flügel schlagend darüber hin laufen. Das Bild ist nicht gerade elegant. Kürzere Strecken werden mit Vorliebe so „Wasser tretend" zurückgelegt. Ist der Vogel aber einmal im Schwunge, besonders auf hoher See bei stürmischem Wetter, dann sucht er als Flieger seines Gleichen an Ausdauer wie an Grazie.

21. ***Phalacrocorax carbo*** L.

Schalow V. d. A. p. 156.

Der Kormoran wurde nur im nördlichen Norwegen angetroffen, wo er auf den Vogelbergen in grofsen Kolonien brütet. In der Umgebung vom Tromsoe (Kval-Sund) haben wir am 18. 8. eine ganze Serie geschossen. Die Jungen waren um diese Zeit vollkommen erwachsen.

22. ***Merganser serrator*** L.

Schalow V. d. A. p. 157.

An der norwegischen Küste ist der mittlere Säger fast überall anzutreffen, zahlreich fand ich ihn am 9. 7. auf den Lofoten, vereinzelt bis zum Nordkap. Ein Beleg-Exemplar wurde gesammelt. Im Juli kommen anscheinend keine ♂ mit schwarzem Kopf mehr vor, ich habe wenigstens auch in früheren Jahren dort nur ♂ im Sommerkleid, das dem des ♀ sehr ähnelt, von Juli bis September angetroffen. Andere Enten tragen Anfang Juli nicht selten noch ihr Prachtkleid.

---

[1]) Vgl. das bei *Fratercula arctica glacialis* Gesagte.

23. *Clangula hyemalis* L.

Schalow V. d. A. p. 162.

In der Eisente haben wir wieder einen Brutvogel der Arktis, doch ist sie dort keine alltägliche Erscheinung. Sie bevorzugt anscheinend einige wenige Lieblingsplätze, zu welchen in erster Linie die Lovén-Inseln in der Kings-Bai gehören. Dort sammelten wir schon i. J. 1900 ein Pärchen, und auch bei der letzten Reise war dies der erste und einzige Ort, an welchem ich die Ente antraf und mehrere Exemplare erbeuten konnte. Nester habe ich leider nicht gefunden, doch glaube ich mit gröfster Wahrscheinlichkeit annehmen zu können, dafs die regelmäfsig beobachteten Pärchen auch dort brüteten.

24. *Somateria spectabilis* L.

Schalow V. d. A. p. 165.

Während wir i. J. 1900 noch mehrere ♂♂ im Prachtkleide Anfang Juli im Foreland-Sund erlegen konnten, war dieses Jahr von Mitte Juli an der schöne Vogel mit dem grauen Nacken nicht mehr zu sehen. Die ♂♂ waren offenbar teils in der Mauser, teils schon auf die hohe See ausgewandert, wie es ihre Gewohnheit ist, sobald die Gattin mit den ausgekrochenen Kleinen das Nest verlassen hat. Im allgemeinen ist die Pracht-Eiderente auf Spitzbergen — wenigstens im Westen und Nordwesten — keine häufige Erscheinung, doch brütet sie bestimmt in der Advent-Bai, wo Prof. König auch Gelege fand. Im Frühjahr und Herbst findet sie sich zahlreich im nördlichsten Norwegen ein, in Tromsoe erhielt ich auch dieses Jahr zwei Bälge ♂ und ♀.

26. *Somateria mollissima thulensis* Malmgr.

Schalow V. d. A. p. 167: *S. m. molissima* L.

Ich möchte die Eiderente von Spitzbergen besonders wegen der konstant kleineren Mafse doch als gesonderte Subspezies aufführen. Sie brütet aufserordentlich zahlreich auf den meisten Inseln des Westens sowie an vielen Stellen des Festlandes, welche einigermafsen eben sind. Grofse Kolonien sah ich auf den Inseln im Prinz-Carl-Foreland-Sund, den Lovén-Inseln, der Insel Cohen in der Crofs-Bai und auf der Amsterdam-Insel. Da von Robben-Jägern und Eiderdunen-Sammlern sehr viele Gelege zerstört werden, findet man späte Nachbruten, z. B. Ende Juli noch frische Eier. Normalerweise beginnt in West-Spitzbergen die Legezeit Mitte Juni, einen Monat später sieht man schon viele ♀♀ mit kleinen Jungen. Am 19. 7. fingen wir einige in der Advent-Bai, um sie aufzuziehen, doch sie gingen nach wenigen Tagen ein. Sind die Jungen knapp halbwüchsig, dann tun sich oft mehrere Familien zusammen und bilden grofse Gesellschaften ausschliefslich aus ♀♀ und juv. bestehend. Die ♂♂ sind zunächst im Juni zahlreich an den Brutstätten zu sehen, wie ich i. J. 1900 festgestellt habe, noch um Mitte Juli 1910 waren sie täglich anzutreffen, wenn auch in bedeutend geringerer Zahl, dann verschwinden sie fast ganz von der Bildfläche. Einzelne mausernde alte Herren trifft man hier und da, aber das Gros treibt sich in Scharen von Hunderten und Tausenden ganz weit draufsen auf offener See herum, viele Stunden weit von jedem Lande. Ich konnte im letzten Jahre in dieser Beziehung ganz genaue Feststellungen machen, denn, während wir in den Buchten Spitzbergens lagen, fuhr das Depeschenboot „Carmen" mit der Post zweimal hin und her zwischen uns und Tromsoe. Genau in derselben Zeit, wo an den Brutplätzen fast kein einziges ♂ zu entdecken war, traf die „Carmen" auf hoher See zwischen der Bären-Insel und Norwegen ganz kolossale Massen, die nur aus ♂♂ bestanden, und brachte mir in reicher Zahl Beleg-Exemplare mit. Schon seit 12 Jahren ist mir genau dasselbe von so manchem norwegischen Seefahrer berichtet worden, ich hegte aber immer noch geringe Zweifel, bis nunmehr einwandsfrei festgestellt ist, dafs tatsächlich zur Zeit, wo die Jungen noch vielfach recht klein sind, die Herren Väter bereits Hunderte von Seemeilen weit vom Brutplatze sich allein amüsieren.

Die Mauser fällt ziemlich spät, am 18. 8. waren bei Tromsoe fast alle ♂♂ mitten drin, Ende August 1899 machte ich auf den Vigden-Inseln die gleiche Beobachtung, noch im Oktober 1899 waren die meisten nicht voll verfärbt.

Es dürfte bekannt sein, dafs das ♀ sehr fest auf den Eiern sitzt und den Menschen oft bis auf 1 m heranläfst. Die verscheuchte Mutter kehrt sehr schnell auch Augesichts des Störenfriedes wieder zu den angebrüteten Eiern zurück. Kleine Junge, welche noch unbehilflich sind, werden einzeln zum Wasser bugsiert, auf dem dann die kleine Familie, sobald sie vollzählig ist, vergnügt sich tummelt. Am häufigsten fand ich 4 Junge, manchmal weniger, selten mehr. Sind mehrere Familien erst vereint, so läfst sich natürlich die Kopfzahl der einzelnen nicht mehr feststellen.

27. *Anser brachyrhynchus* Baill.

Schalow V. d. A. p. 176.

Im nördlichen Norwegen wie auf Spitzbergen ist die graue Gans keine seltene Erscheinung. Die Bruten sind ziemlich zeitig für die Verhältnisse dort zu nennen, am 12. 7. konnte ich bei Tromsoe schon halbwüchsige Junge sammeln und am 25. 7. in der Crofs-Bai knapp flugbare. Die Nester stehen in der Regel auf höhern Bergen, oft weit ab vom Wasser. Brutstellen befanden sich unter anderen im Hinterlande von Green Harbour (Eisfjord), Sassen-Bai und Möller-Hafen (Crofs-Bai). Die Paare brüten inzeln, nicht in Kolonien. Während wir im Jahre 1900 auch auf den Lovén-Inseln der Kings-Bai diese Gans fanden und sammelten, war sie diesesmal dort nicht zu sehen. Ähnlich wie die Eiderenten tun auch bei dieser Graugans die einzelnen Alten, welche etwa halbwüchsige Junge führen, sich gern zu gröfseren Gesellschaften zusammen, welche anscheinend mit dem nahenden Herbst immer mehr anwachsen. Am 25. 7. traf ich in der Crofs-Bai 16 Stück vereint, dabei 3 Alte, im Oktober 1899 sah ich an der norwegischen Küste Scharen von 40 bis zu hunderten, doch kommen daneben immer noch kleine Gruppen von 3 und Exemplaren vor.

Hervorheben möchte ich die aufserordentliche Gewandtheit zu Lande wie im Wasser. Niemals habe ich einen Vogel — abgesehen natürlich von „berufsmäfsigen" Läufern wie Trappen und Hühnern — so flink und sicher in schwierigem Gelände laufen sehen wie junge Graugänse dieser Art an den Berghängen und auf den Gletschern Spitzbergens. Sieht man sie zum ersten Male, so ist man bei gröfserer Entfernung wohl meist etwas im Unklaren über das graue Etwas, was da gnomenhaft zwischen dem Gestein herumhuscht; eher denkt man wohl zunächst an Hasen als an Vögel. Eine halbwüchsige Gans im Gebirge zu Fufs einzuholen, halte ich für fast aussichtslos, wenn nicht besondere Ausnahme-Verhältnisse mitsprechen. Ebenso weifs sie im Wasser vorzüglich sich durch ausdauerndes Tauchen allen Nachstellungen zu entziehen, sie steht in dieser Fertigkeit den grofsen Seetauchern und Alken kaum nach. Ich habe es erlebt, dafs verfolgte Gänse unterm Wasser verschwanden und einfach innerhalb unseres Gesichtskreises nicht wieder emporkamen, ganz nach dem bewährten Rezept eines Urinators. Bei Spitzbergen ist übrigens auch der sonst so kluge und vorsichtige Vogel bisweilen recht vertraut, jedenfalls kann man auch ohne Büchse seiner habhaft werden.

28. *Branta bernicla bernicla* L.

Schalow V. d. A. p. 178.

Die Ringel-Gans ist auf Spitzbergen regelmäfsiger Brutvogel. Wir fanden sie im Jahre 1900 brütend auf den Inseln im Prinz-Carl-Foreland-Sund und den Lovén-Inseln in gröfserer Anzahl, im letzten Jahre in der Advent-Bai und auf den Lovén-Inseln, doch hier nur eine Familie mit eben ausgekrochenen Jungen (8. 8.) bezw. die verlassene Niststelle mit Eierschalen auf der südwestlichsten Insel. Es ist sehr wohl möglich, dafs die Mehrzahl der Jungen schon vor einiger Zeit ihre Kinderstube verlassen hatten, da wir dort erst recht spät erschienen. Jedenfalls bekommt man in der Zeit vom Juni bis Anfang Juli auf West-Spitzbergen diese Gans weit häufiger zu Gesicht als gegen Ende des Sommers, wo sie gern weit draufsen auf dem Meere liegt. Im ganzen halte ich sie für häufiger als *A. brachyrhynchus*; auf der Bären-Insel sah ich sie nicht, sie soll dort auch nicht brüten.

29. *Branta leucopsis* Bechst.

Schalow V. d. A. p. 180.

Die Weifswangen-Gans wurde noch in allerneuester Zeit von Prof. König brütend auf hohen Bergen nahe der Advent-Bai gefunden. Da wir im ganzen nur $1^1/_2$ Tage in dieser Bucht lagen, war es mir unmöglich, die Zeit für eine Hochtour zu finden, da schon der Sumpf und die Vorberge genug des Interessanten boten. Der norwegische Arzt der Minen-Gesellschaft in Advent-City versicherte mir, dafs auch in diesem Jahre einige Stücke dieser selteneren Gans von jagenden Arbeitern erlegt worden seien. Leider konnte ich nur noch mehrere *Branta bernicla bernicla* von ihrer Jagdbeute sehen, alles andere war schon in den Kochtopf gewandert. Da der Doktor sich in der Ornis Spitzbergens anscheinend recht gut auskannte, habe ich keine Veranlassung, an seinem Bericht zu zweifeln. Mir selbst war es weder 1900 noch 1910 vergönnt, eine Weifswangen-Gans lebend zu beobachten oder gar zu schiefsen.

30. *Crymophilus fulicarius* L.

Schalow V. d. A. p. 186.

Da wir schon i. J. 1900 diesen Wassertreter im Sumpfe der Advent-Bai vereinzelt gefunden hatten, richtete ich dieses Mal sofort nach der Ankunft meine besondere Aufmerksamkeit auf den rotbrüstigen kleinen Gesellen. Mit freundlicher Unterstützung unseres Schiffsarztes Dr. v. d. Heyde, dem ich manche schätzenswerte ornithologische Beobachtung und tätige Mithilfe beim Sammeln verdanke, entdeckten wir bald mehrere Pärchen, welche uns unter lautem Angstgeschrei umkreisten, sodafs ich sie bestimmt als Brutvögel dort ansprechen möchte. Übrigens ist gerade das Ufer der Advent-Bai schon von anderen (z. B. Trevor Battye) als Brutplatz dieses auf Spitzbergen keineswegs häufigen Sumpfvogels bezeichnet worden; 2 ♂ wurden hier gesammelt. Nach dieser Beobachtung am 18. 7. fand ich auf den östlichen Lovén-Inseln am 22. 7. ein Pärchen, das ich schofs, sowie am 27. 7. eine gröfsere Anzahl, von der mir 3 ♂ in die Hände fielen. Ich glaube mich danach zu der Annahme berechtigt, dafs *C. fulicarius* auch an der Kings-Bai brütet, wo er meines Wissens bisher noch nicht nachgewiesen war. Ich habe allerdings am 22. 7., 27. 7. und 8. 8. während eines je mehrstündigen Besuchs der Inseln vergeblich nach den Eiern oder Jungen gesucht, es kann also nicht als ausgeschlossen gelten, dafs diese sich vielleicht doch irgendwo gegenüber auf dem Festlande befanden und dafs die alten Vögel nur wegen der reichlichen Nahrung die flachen Inseln besuchten.

Ich bemerke noch, dafs das ♀ nicht nur etwas gröfser sondern auch lebhafter gefärbt ist als alle erbeuteten ♂♂.

31. *Arquatella (Tringa) maritima* Brünn.

Schalow V. d. A. p. 191.

Die grofse von mir gesammelte Suite zeigt eine sehr lebhafte Zeichnung in schwarz und rostgelb auf Rücken, Schulter und Bürzel. Prof. Neumann bestätigt mir mündlich, dafs er dieses Jahr gelegentlich einer Tour durchs nördliche Lappland an Brutvögeln dort die gleiche Beobachtung gemacht habe. Ich halte es nicht für ausgeschlossen, dafs sich Subspecies dieser Tringe aufstellen lassen könnten, doch fehlt es mir bisher an genügenden Suiten von Brutvögeln aus verschiedenen Gegenden.

Der See-Strandläufer war auf der Bären-Insel wie in allen Buchten des westlichen und nördlichen Spitzbergens eine ganz alltägliche Erscheinung und brütete überall an flachen etwas sumpfigen Stellen. Einige Daten mögen genügen: bebrütete Gelege Green Harbour 16. 7; Möller-Hafen (Crofs-Bai) hochbebrütete Gelege am 21. 7; sehr viele Brutpaare mit Eiern, kleinen und halbwüchsigen Jungen an der Advent-Bai 18. und 19. 7.; kleine Dunenjunge Ebeltoft-Hafen (Cross-Bai) 21. 7.; Dunenjunge Signe-Hafen (Cross-Bai) 30. 7; Amsterdam-Insel Junge 3. 8., Red-Bai grofse schon flugbare Junge, sowie schwächere 6. 8. Auf der Bären-Insel am 12. 8. waren die sehr zahlreichen Jungen meist gut flugbar, man sah auch schon am Meeresufer auf Steinen und Geröll die für den Spätsommer und Herbst so charakteristischen kleinen Gesellschaften von $^1/_2$ Dutzend bis zu einigen 20 Stück. Im Herbst, speziell im Oktober 1899, fand ich solche Trupps massenhaft auf den kahlen Schären an der norwegischen Küste.

Die normale Zahl des Geleges und der Jungen ist 4. Die Kleinen laufen herum, sobald sie ausgekrochen sind, und sehen dann in ihrem Dunenkleid mit der rostroten fein schwarz getüpfelten Oberseite sehr niedlich aus. Natürlich verstehen sie es vorzüglich, sich zwischen Moos und Steinen zu drücken.

32. *Numenius phaeopus phaeopus* L.

Schalow V. d. A. p. 204.

Der Regen-Brachvogel wurde nur im nördlichen Norwegen beobachtet, wo er unter anderen Stellen am Fufse des Swartisen-Gletschers in mehreren Pärchen brütet. Dort fingen wir in der Nacht vom 8. zum 9. 7. ein schon halbwüchsiges Junges, das bereits sehr flott laufen konnte.

33. *Aegialitis hiaticula* L.

Schalow V. d. A. p. 209.

Bis heute kann man den grofsen Halsband-Regenpfeifer zu den selteneren Gästen auf Spitzbergen rechnen. Um so erfreuter war ich, am 18. 7. auf einer kiesigen Stelle des Ufers der Advent-Bai ein Pärchen dieses Vogels herumlaufen zu sehen. Es gelang mir, des ♂ habhaft zu werden, das ♀ sah ich nicht wieder. Es ist nicht unwahrscheinlich, dafs es sich um Brutvögel handelte, darauf deutet schon der Termin der Erlegung.

34. *Arenaria interpres* L.

Schalow V. d. A. p. 210.

Der Steinwälzer wurde nur im Sumpf der Advent-Bai beobachtet, wo einige Pärchen brüten dürften. Sie umkreisten uns bei Annäherung laut lockend und verzogen sich auch nicht nach einem Fehlschufs. Ein ♂ wurde als Beleg-Exemplar gesammelt am 18. 7.

35. *Haematopus ostralegus* L.

Schalow V. d. A. p. 212.

Im nördlichen Norwegen ist der Austernfischer ein sehr häufiger Brutvogel auf den Schären und Inseln. Anfang Juli 1903 fand ich im Namsen-Fjord ganz kleine Dünenjunge. Am 9. 7. 1910 sah ich auf der Lofot-Gruppe eine Menge von Brutpaaren und sammelte einige Beleg-Exemplare, am 18. 8. bei unserer Rückreise fand ich im Kval-Sund bei Tromsoe vollkommen ausgewachsene Junge, welche kaum von den Alten zu unterscheiden waren, und schofs auch eins davon. Der Vogel ist so vertraut, dafs man ihn am liebsten leben läfst, um sich am munteren Wesen des Trägers der deutschen Farben zu erfreuen.

36. *Lagopus lagopus* L.

Schalow V. d. A. p. 212.

Dies im ganzen nördlichen Norwegen häufige Schneehuhn brütet regelmäfsig auch auf den gröfseren Inseln an der Küste, z. B. auf der Tromsoe-Insel. Von dort besitze ich Exemplare. Die Jungen fallen meist in der ersten Hälfte des Juli aus, die Gelege sind bisweilen sehr stark bis zu 16 Eiern, wie mir glaubwürdig berichtet wurde.

37. *Lagopus hyperboreus* Sund.

Schalow V. d. A. p. 215.

Diese für Spitzbergen charakteristische Form findet sich nicht gar zahlreich in unseren Sammlungen und gilt auch nach dem Bericht mancher Sammler, welche sie nur ausnahmsweise erbeuteten, für selten. Das trifft aber heute nicht mehr zu, wenigstens nicht ohne Einschränkung. Das Huhn ist, genau wie bei uns Feldhuhn und Fasan, ein Kultur- bezw. Menschenfreund, allerdings in Spitzbergen wohl aus einem ganz bestimmten Grunde. Seit dort das ganze Jahr über ständig Leute wohnen und an den

Kohlenschächten gearbeitet wird, sind natürlich die Füchse der ganzen Umgebung aufserordentlich dezimiert worden, denn der Norweger ist ein geborener Fallensteller, freie Zeit steht den Arbeitern genügend zur Verfügung, und die Winterfelle werfen auch einen schönen Erlös ab. Mit der Abnahme der Füchse ging nun dort eine äufserst rapide Zunahme der Schneehühner Hand in Hand. Da vernünftigerweise während der Brut- und Aufzugs-Zeit die Völker bezw. Paare geschont werden, so hatte sich im letzten Juli ein Bestand entwickelt, wie man ihn bei uns in einem mäfsig mit Feldhühnern besetzten Reviere gewöhnt ist. Allein unmittelbar um den Ort Advent-City herum konnte man 3 Ketten sehen, die eine kam täglich zum Kohlenplatz am Maschinenhaus, auch die anderen hielten sehr fest ihren Stand, wie ich mich selbst unter der freundlichen Führung des dort stationierten Arztes überzeugte. Ebenso waren die Schneehühner auf dem gegenüberliegenden Ufer der Advent-Bai keineswegs selten. Weiter nach Norden zu nehmen sie erklärlicherweise ab, dort werden auch weniger Füchse im Winter gefangen als im südwestlichen Spitzbergen. Nächst der Advent-Bai kommen als Standorte zunächst das Hinterland von Green-Harbour, sowie das südliche und südöstliche Ufer der Kings-Bai mit den benachbarten Seitentälern in Betracht. Die Herren der Isaaksen'schen Expedition hatten an letzterem Punkte in diesem Jahre eine Menge Hühner für ihre Küche geschossen. Sodann fand ich am 30. 7. eine Kette mit 6 Jungen westlich des Signe-Hafens (Crofs-Bai). Am Ostufer der Red-Bai in Nord-Spitzbergen entdeckte ich noch frische Federn, sah aber keine Hühner, da diese es meisterhaft verstehen, sich zu drücken. Scheu sind sie im übrigen gar nicht, ich habe Aufnahme der herumlaufenden Jungen auf 3 und 5 m gemacht. In der Regel besteht die Kette aus beiden Alten und 6—8 Jungen, welche Ende Juli gerade etwas flattern konnten und mit rührender Sorgfalt von beiden Eltern geführt wurden. Als Ausnahme erwähne ich ein Volk von 21 Stück, welche sämtlich aus einemGelege stammten, sie gehörten zu den „Haushühnern" von Advent-City.

38. ***Archibuteo lagopus lagopus*** Brünn.

Schalow V. d. A. p. 217.

Der Rauhfufs-Bussard geht als Brutvogel hinauf bis zur äufsersten Spitze Norwegens. Im Juli d. J. stand ein Horst auf dem Festlande gegenüber der Stadt Tromsoe, ich erhielt aufser den 3 noch fast weifsen Jungen auch das ♀ ad. Da hier an Bäumen nur noch verkrüppelte Birken vorkommen, hatte der Raubvogel sich den Verhältnissen angepafst und seinen Horst auf Felsen angelegt. In gleicher Weise fand ich im Juli 1903 den Turmfalken auf den ganz baumlosen Vigden-Inseln in einer Felswand nistend.

39. ***Haliaetus albicilla*** L.

Schalow V. d. A. p. 219.

Der mächtige Seeadler war vor 11—12 Jahren im nördlichen Norwegen noch eine fast tägliche Erscheinung an der Küste. Mit Bedauern konstatierte ich dieses Jahr eine merkliche Abnahme, ich sah nur am 9. 7. auf den Lofoten ein Paar, sodann am 12. 7. bei Tromsoe 1 Exemplar, das zu einem in der Näche horstenden Paare gebören sollte, sowie auf der Rückkehr noch 1 Stück ziemlich genau am Polarkreise am 19. 8.

40. ***Nyctea nyctea*** L.

Schalow V. d. A. p. 231.

Die Schnee-Eule ist an sich eine seltene Erscheinung auf Spitzbergen und wurde bisher nur als Wintergast bis spätestens zum Juni dort erlegt. Am 14. Juli 1900 beobachtete mein Reisegefährte Herr Major Roth in einem Seitentale der Advent-Bai ein Exemplar, ohne es erlegen zu können. In diesem Jahre wurde von einem jagenden Minenarbeiter genau in derselben Gegend eine Schnee-Eule in den Tagen um den 10.—12. Juli erbeutet. Leider hatte mir ein Tourist des Hapag-Dampfers „Oceana" den Balg am Tage, ehe ich nach Advent-City, kam, weggekauft.

41. ***Corvus corax corax*** L.

Schalow V. d. A. p. 240.

Der echte Kolkrabe ist gerade im nördlichsten Norwegen häufig und wurde auch in diesem Jahre von mir dort gesammelt. Weder auf der Bären-Inseln noch auf Spitzbergen wurde ein Angehöriger der Raben-Familie gesehen.

42. ***Corvus cornix cornix*** L.

Schalow V. d. A. p. 242.

In Norwegen überall zu finden, wo wiel Fische getrocknet werden.

43. ***Pica pica pica*** L.

Die Elster, der Charaktervogel des ganzen norwegischen Festlandes, erstreckt sich in ihrer Verbreitung bis hinauf zum Nordkap. Die Jungen waren dort Mitte August vollkommen erwachsen. Nie in meinem Leben habe ich so massenhaft Elstern auf kleinem Raume vereint gefunden wie an den Ufern des Lyngenfjords.

44. ***Sturnus vulgaris vulgaris*** L.

Schalow V. d. A. p. 243.

Beim Star, der an den Holzhäusern der Fischer an der norwegischen Küste gern auch seim Heim aufschlägt, konstatierte ich als nördlichsten Punkt seiner Verbreitung Lyngseder am Lyngenfjord (17. 8.).

45. *Acanthis linaria holboellii* Brehm.

A. flammea holboelli Schalow V. d. A. p. 250.

Der nordische Birkenzeisig ist wohl der häufigste Kleinvoge im nördlichsten Norwegen bis zum Nordkap. Er lebt meist in den spärlichen Birken-Gebüschen und hüpft während der Heuernte gern auf den Wiesen und auf den Gestellen zum Trocknen des Heus umher.

46. *Passerina nivalis nivalis* L.

Schalow V. d. A. p. 251.

Folgendes sind die Mafse von 2 norwegischen Stücken, gesammelt von mir i. J. 1900, sowie von einer Serie Vögeln aus Spitzbergen aus dem letzten Jahre: Norwegen 2. 6. 1900 ♂ Fl. 110, ♀ Fl. 104 mm, Spitzbergen Juli 1910 4 ♂ Fl. 105, 108, 109, 110, ♀ Fl. 103 mm, Stücke des B. M. messen meist Fl. 106—108, Sehn. 10—11 mm (vgl. Schalow). Norwegische scheinen nur ausnahmsweise kleiner zu sein (z. B. ♀ des B. M., welches Schalow erwähnt). Der Schneeammer brütet auf Spitzbergen allenthalben an den Hängen der Vorberge unter Steinen. Ich fand Junge vom 18. 7. an im Advent-Bai, Crofs-Bai, auf den Lovén-Inseln, am Virgo-Hafen. Die Jungen sind grau mit wenig weifser Zeichnung an den Flügeln. Sie verstecken sich bei nahender Gefahr unterm Geröll so lange sie noch nicht fliegen können. Die kleine Familie hält fest zusammen, auch nachdem die Kleinen flugbar sind.

47. *Motacilla flava* subsp.?

Am 16. 8. wurden am Lyngenfjord im Tale eines Baches zwei gelbe Bachstelzen vom Präparator Müller gesehen aber leider nicht geschossen, da der Platz gerade von Menschen wimmelte. Ich kann daher nicht sagen, welcher Form sie angehörten.

48. *Anthus obscurus* Lath.

Schalow V. d. A. p. 268.

Der Felsenpieper kommt im nördlichen Norwegen nicht allzu häufig vor. Auf einer kleinen Insel im Raffsund (Lofoten) sammelte ich 1 Exemplar am 9. 7., ein zweites wurde am 16. 8. am Lyngenfjord vom Präparator erlegt, aber leider total zerschossen.

49. *Turdus pilaris* L.

Schalow V. d. A. p. 268.

Auf den Lofoten bei Diggermulen wurde diese Drossel ver einzelt im Birkengebüsch am 9. 7. konstatiert.

50. *Saxicola oenanthe oenanthe* L.

Schalow V. d. A. p. 269.

An der Küste und auf den vorgelagerten Felseninseln des nördlichen Norwegens ist dieser Steinschmätzer nicht selten. Ich sammelte auf den Lofoten am 9. 7. mehrere Alte und knapp flugbare Junge, es handelt sich natürlich um typische „*oenanthe*" mit Flügelmafsen unter 100 mm. Mitte August sah ich noch mehrfach Exemplare in unmittelbarer Nähe des Nordkaps. Auf Bären-Insel und Spitzbergen fand ich keine Schmätzer mehr.

Ich schliefse hiermit meine Notizen, welche ich absichtlich zur äufsersten Kürze zusammengedrängt habe, da ich weifs, dafs eine grofse ornithologische Arbeit gerade über dieses Gebiet innerhalb kürzester Zeit erscheinen wird. Ich meine die Veröffentlichung des Herrn Professors König und seiner Mitarbeiter über ihre so erfolgreichen Sammelreisen nach Bären-Insel und Spitzbergen. Ich bin fest überzeugt, dafs der Herr Verfasser uns in systematischer Beziehung manche längst gestellte Frage beantworten, auf oologischem Gebiete viele „Delikatessen" bieten wird, aber weit über dem Niveau alles bisher über diese Gegend Veröffentlichten wird sicher der biologische Teil stehen, sowohl an Fülle des Stoffes wie an Lebendigkeit des Vortrags. Aus diesem Grunde hielt ich es für praktisch und fast geboten, mich möglichst kurz zu fassen. Ich wollte nur darauf hinweisen, dafs auch während der Zeppelin-Studienfahrt 1910 ornithologisch mit Fleifs gearbeitet worden ist und dafs bescheidene Resultate auch erzielt wurden, so weit dies eben in dem einmal gegebenen Rahmen möglich war.

Revision des Genus *Camaroptera*.

Von **O. Graf Zedlitz.**

Beim Genus *Camaroptera* zeigen sich dem aufmerksamen Leser in der Nomenklatur so viele Unklarheiten, Widersprüche und auch hie und da Irrtümer, dafs ich es nicht für überflüssig halte, die einzelnen Namen und Arten einmal etwas eingehender auf ihre Existenz-Berechtigung hin zu prüfen. Es werden bei dieser Arbeit sich nicht gar zu viel neue Formen ergeben, aber das Verhältnis verschiedener bereits beschriebener und z. T. mit nicht einwandsfreien Namen belegter zu einander wird einigermafsen geklärt werden. Die Bearbeitung der *Camaroptera*-Arten durch Sharpe im Brit. Cat. o. B. Bd. VII. p. 166—171 datiert vom Jahre 1883 ist in vielen Punkten inzwischen von der rastlos fortschreitenden Wissenschaft überholt worden. Ein sehr viel besseres Bild bietet uns natürlich schon Reichenow 1905 in „Vögel Afrikas" Bd. III p. 615—621. Einige Formen sind hier noch als zweifelhaft bezeichnet, deren Berechtigung inzwischen durch Herbeischaffung von reichlicherem Vergleichsmaterial nach meiner Ansicht wenigstens erwiesen erscheint. Bei der Unterscheidung dieser Subspecies, welche zweifelsohne z. T. sich sehr nahe stehen untereinander, kann man nur zu brauchbaren Resultaten kommen, wenn man eine gröfsere Suite alter Vögel der einen mit ebenfalls alten Vögeln der anderen Art vergleicht und sowohl Stücke im frischen wie solche im abgetragenen Gefieder gesondert gegeneinander gehalten werden. Hingegen entstehen Trugschlüsse, wenn junge Vögel mit alten in Vergleich gezogen werden, ein Fehler, der mehrfach gemacht worden ist und zu ungerechtfertigten Neubeschreibungen geführt hat. Andererseits möchte ich darauf hinweisen, dafs die Jungen der einzelnen Formen untereinander verglichen oft sich fast schärfer unterscheiden als die Alten. Die Jugendkleider selbst zeigen aber auch wieder sehr erhebliche Abweichungen je nach dem Grade der Abnutzung. Es dürfte bekannt sein, dafs besonders bei Vögeln mit losem zerschlissenem Gefieder das erste Jugendkleid, in welchem sie das Nest verlassen, bis zur Mauser vor der nächsten Brutperiode sich in besonders starkem Mafse durch Abnutzung verändert, in Steppen-Regionen wiederum ist diese Wirkung noch intensiver als in Wald-Gebieten. Ich führe nur ein Beispiel an: Eine *Camaroptera* von den Steppen am Barca oder weifsen Nil, welche m Juli oder August ausgekrochen ist, trägt im März oder April des nächstfolgenden Jahres ein so abgestofsenes und darum blasses Kleid wie in keiner anderen Periode ihres Lebens vor oder nachher.

Ich teile die verschiedenen Arten zunächst in zwei grofse Gruppen:

I. Vögel mit deutlich gelbem oder grünem Zügel und Augenbrauenstrich,

II. Vögel ohne diesen deutlichen Streifen.

Gruppe I zerfällt wieder in zwei Unterabteilungen:

Ia. Unterkörper weifs, Kehle und Kropf gelb sich scharf davon abhebend,

Ib. ganze Unterseite graugelblich verwaschen.

Gruppe II zerlege ich ebenfalls in zwei Abteilungen:

IIa. Unterflügeldecken und Flügelbug gelb bis gelbgrün,

IIb. Unterflügeldecken und Flügelbug rostbräunlich.

Endlich zerfällt die Abteilung IIa noch in den Formenkreis „*brachyura*" mit grünem Rücken auch beim alten Vogel und den Formenkreis „*griseoviridis*" mit ganz grauer oder fahlbrauner Oberseite einschl. des Rückens beim Vogel ad.

Ia. Unterkörper weifs, Kehle und Kropf gelb sich scharf vom Bauche abhebend, gelber Superciliarstreifen:

1. ***Camaroptera flavigularis*** Rchw.

Reichenow O. M. 1894 p. 126, V. A. III p. 621.

Mafse: Fl. ca. 50, Schn. 13—14 mm.

Zu dem von Reichenow Gesagten habe ich hier nichts hinzuzufügen.

Verbreitung: Kamerun bis Gabun.

IIb. Ganze Unterseite gelblich verwaschen, gelber Superciliarstreifen:

2. ***Camaroptera brevicaudata brevicaudata*** Cretzschm.

Rüpp. Atlas p. 53.

Der Name „*brevicaudata*" bei Rüppel und Cretzschmar ist meist falsch verstanden worden, so von Finsch und Hartlaub Orn. O. A. p. 241 und von Sharpe Brit. Cat. Vol. VII p. 168. Hier wurde dieser Name auf einen Vogel mit graubrauner Oberseite angewendet, der zu einer ganz anderen Gruppe, zu *griseoviridis*, gehört. Verschuldet ist dies zumeist wohl durchden Umstand, dafs im Senckenbergischen Museum zwei sogenannte Typen von Cretschmars „*brevicaudata*" stehen, welche allerdings beide *griseoviridis* sind, wie schon früher mehrfach konstatiert wurde und ich selbst mich durch Augenschein überzeugt habe. Von den mir freundlichst übersandten Stücken ist das aus Kordofan ein juv. im ganz abgetragenen Kleide (oberseits fahlbraun), das offenbar in der trockenen Zeit zwischen Februar und April gesammelt wurde. Das andere, ein ♂ aus „Abyssinien", halte ich trotz des fast ganz fehlenden Schnabels mit einiger Sicherheit für ein juv. im Übergangskleide, es ist unterseits fast ganz weifs mit rahmfarbenem Anfluge, oberseits bräunlich, nach dem Bürzel zu grauer, ganz wenige Federn am Mittelrücken zeigen matt olivengrüne Spitzchen, der Schwanz ist deutlich braun, also von einer „schön grünen Oberseite" kann keine Rede sein, ein grüner oder gelber Superciliarstreifen fehlt auch. Kurzum es sind eben echte *griseoviridis*. Es ist das Verdienst Reichenows, zuerst darauf hingewiesen zu haben (J. O. 1891 p. 64/65), dafs der von Rüppell und Cretzschmar beschriebene und abgebildete Vogel Namens „*brevicaudata*" absolut von den in Frankfurt a/M. aufgestellten verschieden ist. Abbildung und Beschreibung (Rüpp. Atlas p. 53, Fig. 6), welche sehr gut übereinstimmen, beziehen sich vielmehr auf einen Vogel mit „auf dem Rücken und den Flügeln schönen grünen Schimmer" nach den Worten des Autors. Die Abbildung, auf deren Zuverlässigkeit wir bei Rüpp. Atlas ziemlich sicher bauen können, zeigt aufser dem lebhaft grünen Rücken einen grünen Oberschwanz und deutlich gelbgrünen Augenbrauenstreifen Danach können die Frankfurter Stücke mit *brevicaudata* nichts zu tun haben, obgleich sie ebenfalls von Rüppell und Cretzschmar gesammelt wurden. Nun könnte vermutet werden, das abgebildete und beschriebene Exemplar sei ganz jung, da im ersten Jugendkleide auch bei den braunrückigen Formen der Rücken grünlich verwaschen ist. Dem widerspricht aber folgendes:

1) Der Rücken ganz junger Vögel, der später graubraun wird, ist mattgrün zeigt aber nicht „schönen grünen Schimmer";
2) Der Oberschwanz ist bräunlich, höchstens grünlich bei den Mittelfedern gesäumte, bei jungen grünrückigen Stücken der Gruppe *griseoviridis*, hingegen grünlich wie auf der Abbildung nur bei den Formen, welche auch im Alter grünen Rücken und Schwanz behalten;
3) Jede junge *Camaroptera* hat gelblichen bis hornbraunen Schnabel, der alte Vogel einen schwarzen; die Abbildung zeigt aber ganz schwarzen, die Beschreibung spricht von einem fast ganz schwarzen Schnabel, also kann es sich nicht wohl um einen Vogel im ersten Jugendkleide und auch nicht um das Frankfurter Stück aus Kordofan mit seinem gelben Schnabel handeln.

Nach dem Gesagten kann ich nicht umhin, in voller Übereinstimmung mit Reichenow die Form „*brevicaudata* Cretzsch." weder für eine alte noch für eine junge „*griseoviridis* v. Müll." zu halten sondern für einen wohl unterschiedenen Vogel mit stets lebhaft grünem Rücken und Oberschwanz, sowie deutlichem Augenbrauenstreifen. Ein solches Stück aus einer Sammlung mir zur Ansicht zu verschaffen, ist mir leider bisher nicht gelungen.

Verbreitung: Kordofan (nach der Urbeschreibung).

3. *Camaroptera brevicaudata superciliaris* Fras.

Fraser Ann. Mag. XII 1843 p. 440: *Sylvicola superciliaris.*
Strickl. P. Z. S. 1844 p. 100: *Prinia icterica.*
Sharpe Brit. Cat. VII 1883 p. 171: *C. superciliaris.*
B. Alexander Ibis 1903 p. 370: dito.
Rchw. V. A. III. p. 621: dito.

Ganz klar und deutlich benennt Fraser als terra typica des von ihm beschriebenen Vogels die Insel Fernando Po. Das Gleiche gilt von Strickland in Bezug auf den von ihm geprägten Namen „*icterica*". Die Beschreibungen, wie wir sie bei Fraser für „*superciliaris*" und dann recht genau bei Hartlaub (J. O. 1854 p. 17) für „*icterica*" finden, sind auch durchaus passend für den sehr lebhaft gefärbten Inselvogel. Da nun *icterica* als Synonym zu *superciliaris* aufzufassen ist, kann ich nicht umhin, für die Vögel des Festlandes, wo ich eine Subspecies an der Guinea-Küste, eine andere in Angola unterscheide, neue Namen einzuführen. Ich nenne den Guinea-Vogel „*rotschildi*" zu Ehren des Barons W. v. Rotschild in Tring, dem ich seit Jahren ungezähltes Vergleichs-Material verdanke, den Angola-Vogel „*pulchra*". Ich möchte hier gleich alle drei Formen nebeneinander stellen:

C. b. superciliaris hat die ganze Unterseite weifslich rahmfarben z. T. geblich überflogen, die beiden anderen Formen dagegen zeigen das Weifs deutlich grau verwaschen besonders an den Seiten von Kropf und Brust. Die Oberseite von *superciliaris* ist so lebhaft goldiggrün wie bei keinem der verwandten Vögel. Die Mafse sind grofs: Fl. 50, Schn. 14 mm, wie wir es bei der endemischen Ornis von Fernando Po fast durchweg finden.

C. b. pulchra steht *superciliaris* am nächsten, insbesondere haben beide das ausgesprochen goldige Gelb an den Kopfseiten über die ganzen Wangen ausgedehnt, die Oberseite ist fast ebenso goldig, nur eine Nüance grünlicher, wie bei *superciliaris*, die Unterseite hingegen, wie schon gesagt, deutlich grauer. Die Mafse sind etwas kleiner, wie es wiederum bei Vögeln aus Angola durchaus nicht auffallend ist, Fl. 47—49, Schn. 12—12,5 mm.

C. b. rotschildi ähnelt auf der grau überflogenen Unterseite am meisten *pulchra*, die Oberseite hingegen ist olivgrün, sehr viel düsterer als bei den beiden anderen Formen. Ebenso ist das Gelb am Kopfe etwas matter und weniger auf den Wangen ausgedehnt. Die Mafse reichen mit ihrer obersten Grenze knapp an *superciliaris* heran: Fl. 45—50, Schn. 12—14 mm.

Verbreitung von *C. b. superciliaris*: Fernando Po.

4. ***Camaroptera brevicaudata pulchra*** subsp. nov.

Typus: ♀ No. 1143 Canhoca, Angola, Ansorge leg. 15. 11. 03 (Tring.-Mus.).

Hierher gehört auch ♂ vom Kasongo-Wald, oberer Kongo westl. Tanganjika-See, 10. 2. 09 (Tring.-Mus.).

Verbreitung: Nord-Angola ostwärts bis Tanganjika.

5. ***Camaroptera brevicaudata rothschildi*** subsp. nov.

Typus: ♂ No. 937 Ogowe-Fl., Gabun, Ansorge leg. 6. 11. 07. (Tring.-Mus.).

Es liegen mir noch einige Stücke des B. M. von der oberen Guinea-Küste vor, doch reicht das Material nicht aus, um festzustellen, ob wir in Ober-Guinea noch mit einer gesonderten Form zu rechnen haben, was ich für sehr wohl möglich halte.
Verbreitung: Gabun, nordwärts bis zur Goldküste (letzteres mit Vorbehalt!)

IIa. Kein deutlich gelbgrüner Superciliarstreifen, Unterflügeldecken und Flügelbug gelb bis gelbgrün.
α. Oberseite auch beim Vogel ad. deutlich grün.

6. ***Camaroptera brachyura brachyura*** Vieill.

Vieillot Enc. Méth. II. p. 450 (1820): *Sylvia brachyura.*
Sundevall Oefv. Vet. Ak. Förh. p. 103 (1850): *C. olivaeca.*
Sharpe Brit. Cat. VII p. 166 (1883): *C. olivacea* Vieill.
Reichenow V. A. III p. 618: *C. brachyura* Vieill.

Der älteste Name „*olivacea* Vieill." kann nicht beibehalten werden, wie schon Reichenow V. A. III p. 618 (Synonymik) ausführt, weil sich Vieillot hierbei auf Levaillant bezog, während der Name *Sylvia olivacea* schon von Latham vorher benützt worden ist. Demgemäfs ist die Auffassung des Brit. Cat. zu korrigieren. Etwas kompliziert wird die Angelegenheit dadurch, dafs i J. 1850 eine „*olivacea* Sund. nec Vieill." auftaucht, welche jedoch mit dem Vogel, den Vieillot benannte, als identisch aufzufassen ist: auch Sundevall beschrieb eine *Camaroptera* aus S. bezw. SO.-Afrika mit olivgrüner Oberseite, und ein Typus von ihm steht auch im B. M. ♂ Nr. 4566 Sundevall leg. Port Natal, der ganz mit der Beschreibung übereinstimmt. In seiner Anmerkung erwähnt allerdings Sundevall gleich im Anschlufs daran auch ein graurückiges Exemplar aus S.-Afrika, fügt jedoch hinzu, dafs er diesen Vogel nicht abtrennen wolle. Es verbleibt also der Name „*olivacea* Sund." unzweifelhaft dem grünrückigen Südafrikaner und bildet ein einfaches Synonym zu *brachyura* Vieill. Bei Bearbeitung einiger Vögel des B. M. (J. O. 1882 p. 346, 347) konstatierte nun Sharpe sehr zutreffend, dafs die grünrückigen Vögel aus S. Afrika und aus Sansibar nicht mit einander übereinstimmten. Irrtümlicherweise hielt er letztere für typische „*olivacea* Vieill." (gleichbedeutend *brachyura*) und nannte die Südafrikaner statt „*olivacea* Sund nec Viell." nun *C. sundevalli* Sharpe. Da aber gerade der grünrückige Südafrikaner als echte *brachyura* (gleichbedeutend *olivacea* Vieill.) anzusehen ist, so mufs nach den Gesetzen der Logik auch *C. sundevalli* Sharpe als Synonym zu *brachyura* gelten. Gemeint hat, abgesehen von dieser Verwechselung, Sharpe s. Z. etwas durchaus Richtiges, die Vögel von S. Afrika und Sansibar unterscheiden sich wohl, und letzterer hat später (1891) von Reichenow den ihm — aber nicht dem Südafrikaner — zukommenden neuen Namen als *C. pileata* Rchw. erhalten.

Der Beschreibung von *C. brachyura* bei Reichenow habe ich nichts hinzuzufügen, doch fand ich unter Heranziehung reichlicheren Materials nennenswert gröfsere Mafse: ♂♂ Fl. 56—60 gegen 52—55 mm bei Reichenow, Schnabel sehr konstant 13 mm.

Verbreitung: Süd-Afrika besonders im östlichen Teile.

7. *Camaroptera brachyura pileata* Rchw.

Reichenow J. O. 1891 p. 66.

C. olivacea Cab. v. d. Decken R. III 1869 p. 23.

C. olivacea Sund. bei Fschr. Rchw. J. O. 1878 p. 267, 1879 p. 354.

C. olivacea Vieill. bei Sharpe J. O. 1882 p. 346, 347, sowie Brit. Cat. VII p. 166, 167 (1883).

Wegen des Irrtums von Sharpe bei Benennung dieser Form verweise ich auf das oben Gesagte. Die Beschreibung Reichenows hebt das charakteristische Kennzeichen — den grauen Kopf und Nacken, auf welchen das Grün des Rückens sich nicht erstreckt — deutlich hervor, ich habe nichts hinzuzufügen. Mein Vergleichs-Material ist bei dieser Subspecies besonders knapp, wie junge Vögel dieser Form aussehen, wissen wir überhaupt noch nicht.

Verbreitung: Küste von Ost-Afrika.

8. *Camaroptera brachyura congica* Rchw.

Rchw. J. O. 1891 p. 67: *C. congica.*

Rchw. J. O. 1887 p. 306: *C. concolor* Hartl.

Mehrfach dürfte auch sonst irrtümlicherweise der Name „*concolor* Hartl." für Exemplare von „*congica* Rchw." gebraucht worden sein. Ich möchte hier gleich erwähnen, dafs es eine „*Camaroptera concolor* Hartl." nicht gibt. Der Typus im Museum zu Leyden stellt einen *Macrosphenus* und keine *Camaroptera* dar, wie O. Neumann einwandfrei festgestellt hat. Der Name ist also im Brit. Cat. VII p. 170 wie bei Rchw. V. A. III p. 620 unter *Camaroptera* zu streichen.

Reichenows Behandlung von *congica* in V. A. III habe ich nichts hinzuzusetzen.

Verbreitung: Unterer Kongo.

9. *Camaroptera brachyura chloronota* Rchw.

Reichenow O. M. 1895 p. 96.

Bei dieser im ganzen Tone des Gefieders sehr düsteren *Camaroptera* scheint das ♂ auch im Alter einen grünlich verwaschenen Kropf zu haben. Stücke aus Togo und von Kamerun (Bipindi) kann ich nicht unterscheiden, hingegen möchte ich den von B. Alexander für den Vogel von Fernando Po geschaffenen Namen „*granti*" nicht ohne weiteres als Synonym zu „*chloronota*" behandeln.

Verbreitung: Togo bis Kamerun.

10. ***Camaroptera brachyura granti*** Alex.

B. Alexander B. B. O. C. XCIV Vol. XIII p. 36 (1903) und Ibis 1903 p. 369.

Ebenso wie wir von der Gruppe *brevicaudata* eine gesonderte Form auf Fernando Po feststellen können, dürfte sich auch hier bei *C. brachyura* der Parallel-Fall ergeben. Ganz allgemein kann man die Beobachtung machen, dafs sich auf Fernando Po wie überhaupt den westafrikanischen Inseln endemische Formen herausgebildet haben, welche sich unter anderem durch gröfsere Mafse von Vögeln des Festlandes unterscheiden. Ich habe leider nicht das Vergleichs-Material bekommen können, um einwandsfrei die Frage in diesem speziellen Falle nachzuprüfen, halte mich aber gerade deshalb für nicht berechtigt, die Form einzuziehen und den Namen als Synonym zu *chloronota* zu behandeln. Andererseits ist zweifellos von Alexander ein Fehler begangen worden, als er bei seiner Neubeschreibung von „*granti*" die weit ältere „*chloronota* Rchw." überhaupt nicht zum Vergleiche heranzog sondern mit Stillschweigen überging. Rechnet man die von ihm angegebenen Mafse in mm um, so stehen sie an der obersten Grenze der bisher bei *chloronota* gefundenen.

Verbreitung: Fernando Po.

β. Oberseite beim Vogel ad. grau oder graubraun.

11. ***Camaroptera griseoviridis griseoviridis*** v. Müll.

v. Müller Naumannia 1851 Heft 4 p. 27, Abbildung: Beiträge Orn. Afr. 1854 T. 19.

Henglin Stzb. Ak. Wien 1856 p. 276: *Orthotomus clamans.*
„ ibidem: *Orthotomus salvadorae.*
Sharpe Brit. Cat. VII p. 168 (1883): *C. brevicaudata.*
Reichenow V. A. III p. 616: *C. griseoviridis.*

Dafs der Name *brevicaudata* nicht hierher gehört, habe ich schon oben ausführlich dargelegt. Als nächstberechtigter Name kommt nun „*griseoviridis* v. Müll." in Betracht, den ich akzeptiere, obgleich die Abbildung des Vogels B. O. A. 1854 T. 19 im wesentlichen ein Phantasiegebilde aber kaum eine *Camaroptera* irgend einer Art vorstellt. Immerhin sei als einzig richtiges und charakteristisches Kennzeichen erwähnt, dafs der Bauch und die Mitte der Flanken weifs sind, der Rücken wenigstens nicht grün. Sehr viel besser ist schon die Beschreibung, in welcher es unter anderem heifst: „La tête, le dos et le croupion sont d'un gris tirant sur le brun" — „une ligne d'un gris jaune passe au dessus de l'oeil" — „le milieu du ventre blanc. Les plumes du flanc ont le brillant de la soie avec un chatoiement brun-rougeâtre." Das ist ganz genau die Beschreibung des jungen Vogels im abgetragenen Kleide, dem auch ältere Stücke im Stadium des sehr abgenützten Gefieders sich wieder nähern (abgesehen natürlich von der Schnabelfarbe). Ganz damit stimmend bemerkt auch v. Müller, er habe die Vögel durchweg im Mai während der Mauser gesammelt. Irrtümlicherweise schliefst er aus den Resten einer grünlichen Rücken-Befiederung bei einzelnen Stücken, der Vogel würde vielleicht im Hochzeitskleide einen glänzend grünen Rücken haben; in Wirklichkeit ist es gerade umgekehrt: Das schwache Grün des Rückens bedeutet einen Rest des ersten Jugendkleides, der zumeist schon in den Monaten vor der Mauser durch Abnutzung allmählich verschwindet. Ganz ausgeschlossen wäre es allerdings auch nicht, dafs zwischen den *griseoviridis* auch v. Müller gelegentlich eine typische *brevicaudata* Cretzsch. in die Hände bekommen haben könnte, da auch er in Kordofan sammelte. In der Beschreibung und Abbildung deutet aufser der oben zitierten Notiz aber nicht das Geringste darauf hin. Beschrieben hat v. Müller ganz klar den Vogel mit graubraunem Rücken, zwar im Jugendstadium und stark verwetztem Kleide, aber da ganz richtig, sodafs er vollen Anspruch auf das Recht der Priorität besitzt.

Henglin hat wenige Jahre später (1856) ebenfalls einen jüngeren Vogel von *griseoviridis* mit ganz abgestofsenem Gefieder als *Orthotomus clamans* beschrieben. Der Typus vom Bahr el abiad liegt mir hier vor, ich halte es für unzweifelhaft, dafs der Name „*clamans*" lediglich als Synomym zu *griseoviridis* gelten mufs.

Nicht ganz so einfach liegen die Verhältnisse für den Namen „*salvadorae*", welchen Heuglin bei derselben Gelegenheit für ein Exemplar aus der Sammlung des Herzogs Paul v. Württemberg in die Literatur eingeführt hat. Dieser Typus ist anscheinend verloren gegangen, Prof. Reichenow hat ihn in Tübingen vergeblich gesucht, im Naturalien-Kabinet zu Stuttgart habe ich mich ebenfalls nach ihm erkundigt, ohne Positives zu eruieren. Es bleibt somit nur die Beschreibung übrig. Diese bezieht sich unzweifelhaft auf einen ganz jungen Vogel, da der Schnabel gelblich, die Stirn rostgelblich genannt wird. Beide Kennzeichen finden wir bei *griseoviridis* in den ersten Lebensmonaten stets, wie ich durch eine grofse Suite nachweisen kann. Der Rücken von *salvadorae* soll nun grün sein (vgl. Sharpe Brit. Cat. VII p. 167), das trifft ebenfalls beim ersten Jugendkleide von *griseoviridis* zu, so lange es nicht abgestofsen ist. Ich möchte daher „*salvadorae* Hengl." mit der Verbreitung „Atbara bis Sennar" (nach Sharpe Brit. Cat.) für eine ganz junge *griseoviridis* halten. Ganz ausgeschlossen ist es übrigens nicht, dafs Reichenow mit seiner Auffassung (V. A. III) Recht haben könnte, wenn er wegen des grünen Rückens *salvadorae* als Synonym zu *brevicaudata* Cretzsch., dem gleichfalls seit langen Jahren nicht mehr gesammelten Vogel, auffafst. Da der Typus fehlt, wird sich heute kaum noch mit Sicherheit feststellen lassen, ob *salvadorae* bei den Synonymen von *griseoviridis* oder von *brevicaudata* aufzuführen ist.

C. g. griseoviridis ist ein Steppenvogel, er bewohnt das nördliche Eritrea (meine Gebiete I und II), geht durch das ganze Gebiet des Atbara einschliefslich seiner Nebenflüsse (Steppen von W. Abessinien) bis zum Weifsen Nil. Selbst ein Vogel des Tring Mus. aus Uganda (Seth Smith leg.) steht der echten *griseoviridis* noch nahe, andere Stücke aus dem Uganda-Protektorate gehören wiederum eher zur ostafrikanischen Form. Am Rande des Hochplateaus von Tigre (Süd-Eritrea bis Semien) kommen intermediäre Stücke zwischen *griseoviridis* und der abessinischen Form vor, oben auf dem Plateau ist letztere zu Hause. Dies beweisen Stücke von Schrader aus Ailet, welche offenbar teils an den Abfällen des Hochlandes, teils auf demselben gesammelt sind. Es ist zu bedauern, dafs der fleifsige Sammler auf den Etiketten als Fundort meist nur sein Hauptquartier vermerkt, von welchem aus er weite Ausflüge machte. So sind Bälge unter der Marke „Salamona" oder „Ailet" hinausgesegelt, welche aus ganz verschiedenen Formengebieten stammen. Zwischen Vögeln aus dem Barca-Becken und solchen vom Weifsen Nil kann ich keinen konstanten Unterschied finden, hingegen glaube ich sowohl Abessinier als Nordwestafrikaner von *griseoviridis* unterscheiden zu können. Dabei mufs man, ich betone es wieder, gröfsere Suiten von Vögeln ad. im frischen Gefieder mit einander vergleichen und ebenso solche im abgetragenen, einen einzelnen frischen Balg einer *griseoviridis* kann ich von einem einzelnen abgenützten *abessinica* auch nicht immer unterscheiden. *C. g. griseoviridis* ad. im frischen Gefieder hat Kinn und Kehle bis zum Kropf herab mäfsig grau verwaschen, Bauchmitte, Flanken und Unterschwanzdecken rein weifs oder weifslich, bisweilen schwach rahmfarben verwaschen. Bei der benachbarten Form *abessinica* ist das Grau der Unterseite etwas betonter und stets ausgedehnter besonders auch auf die Flanken. Die Bauchmitte ist ebenfalls oft rein weifs. Bei der Form „*chrysocnemis*" aus NW. Afrika ist das Grau beim frischen Gefieder weniger (d. h. nicht so weit auf den Kropf hinab) ausgedehnt wie bei *griseoviridis*, die Unterseite also im ganzen noch heller. Die Oberseite bei *griseoviridis* und *chrysocnemis* ist im frischen Gefieder immer noch bräunlich, nur auf dem Bürzel tritt das Grau reiner hervor, bei *abessinica* ist die Oberseite weniger braun und deutlicher grau, daher im ganzen dunkler. Dieses frische Gefieder tragen die Vögel nur kurze Zeit, höchstens 2—3 Monate nach der Mauser (welche in verschiedenen Teilen Afrikas zu sehr abweichenden Zeiten eintreten kann) daher ist es bei den meisten Beschreibungen so gut wie garnicht berücksichtigt sondern höchstens mit der Bemerkung abgetan worden: „Es gibt dunklere und hellere Stücke in derselben Gegend". Den weitaus gröfseren Teil des Jahres finden wir das bereits abgenutzte Kleid. Die Oberseite ist dann bei allen drei hier in Parallele gestellten Formen brauner und blasser, progressiv mit der Jahreszeit fortschreitend. Die

Unterseite verliert bei *griseoviridis* und *chrysocnemis* jede Spur von grau und wird weifs, an Kropf und Flanken mehr oder weniger rahmfarben verwaschen, und zwar ziehen *chrysocnemis* meist mehr ins Weifse, *griseoviridis* mehr ins Gelbliche. Von beiden unterscheidet sich *abessinica* in diesem Stadium auf den ersten Blick, hier verschwindet das Grau auf der Unterseite nie, höchstens zieht es an den Flanken etwas ins Bräunliche. Die Oberseite wird durch starke Abnutzung naturgemäfs fahler, bräunlicher, jedoch nicht entfernt so blafs wie bei den beiden anderen Formen, vielmehr erreicht sie eben die Nüance, welche *griseoviridis* im frischen Gefieder zeigt. Bei starker Abnützung besonders beim Vogel juv. erscheint bei *griseoviridis* ein rostgelblicher Stirn- und Zügelstrich, bei *chrysonemis* ist er rahmfarben, bei *abessinica* fehlt er.

Analog verhält es sich mit dem Jugendgefieder, von dem mir besonders bei *griseoviridis* und *abbessinica* schönes Material vorliegt. Im ersten Jugendkleide ist der Rücken — nicht aber der Oberschwanz — stark grün verwaschen, auf Kropf und Brust zeigen sich grüngelbliche Federchen. Beides verschwindet im Laufe der nächsten Monate, die Unterseite wird immer weifslicher, der Rücken immer graubrauner. Diese Entwickelung ist bei allen graurückigen Formen so ziemlich die gleiche, hingegen tritt der charakteristische Unterschied zwischen *griseoviridis* und *abessinica* schon vom ersten Stadium an deutlich hervor, *abessinica* ist oberseits stets dunkler, unterseits abgesehen vom Gelbgrün schon schwach graulich verwaschen, *griseoviridis* hingegen matt rostgelblich. Der Schnabel bei jungen *griseoviridis* ist gelblich, Oberschnabel dunkler, beim jungen *abessinica* matt hornbraun. Im Hochzeitskleide haben alle ohne Unterschied tiefschwarzen Schnabel, in anderen Monaten zeigen *griseoviridis* ad. meist hornbraune Ränder am Unterschnabel, *abessinica* ad. hat dagegen stets schwarzen Schnabel. *Chrysocnemis* scheint hierin mit *griseoviridis* übereinzustimmen.

In den Mafsen unterscheiden sich die hier mit einander verglichenen Formen nur wenig, *griseoviridis* ist im allgemeinen etwas kleiner als seine beiden nahen Verwandten, bei allen aber ist stets ♂ gröfser als ♀, was früher meines Wissens nicht scharf hervorgehoben worden ist. Es messen bei 23 untersuchten *griseoviridis* aus Eritrea bis zum Weifsen Nil:

♂♂ Fl. 53—57, Schn. 12—13 mm,
♀♀ Fl. 50—53, Schn. 12—12,5 mm;
bei 37 *abessinica*: ♂♂ Fl. 56—59, Schn. 11,5—13 mm.
♀♀ Fl. 50—55, Schn. 11,5—13 mm;
bei 13 *chrysocnemis*: ♂♂ Fl. 56—60, Schn. 13—14 mm,
♀♀ Fl. 52—54, Sch. 12 mm.

Verbreitung: Nördliches Eritrea durch Barca- und Atbara-Gebiet bis oberer Weifser Nil.

Zum Schlufs möchte ich noch bemerken, dafs mir in der Bearbeitung meiner ornithologischen Ausbeute aus NO. Afrika bei Besprechung von *C. griseoviridis* J. O. 1911 I p. 68 ein sinnentstellender Schreibfehler untergelaufen ist; es soll dort am Ende des ersten Absatzes heifsen: „Ich glaube, dafs die hellen (statt dunklen im Text!) Exemplare junge Vögel aus demselben Jahre (statt Frühjahre im Text) sind". So wie der Text bis jetzt lautete, bedeutet er genau das Gegenteil von dem, was richtig ist und aus dem Vorhergesagten folgt.

12. ***Camaroptera griseoviridis abessinica*** subsp. nov.

C. chryseocnemis Grant Reid Ibis 1901 p. 648.

Sehr richtig haben O. Grant und Reid erkannt, dafs die *Camaroptera* aus Abessinien sich vom Vogel der Barca-Steppe und aus Kordofan wohl unterscheiden lafst. Bei den sonst zutreffenden Ausführungen im Ibis 1901 p. 648, 649 haben sie aber für die Abessinier den Namen „*chrysocnemis*" Licht." gewählt, offenbar in dem Glauben, dieser beziehe sich auf einen Vogel aus NO. Afrika. Dem ist aber nicht so, der nomen nudum Lichtensteins wird in Nomencl. 1854 p. 33 ganz deutlich dem einzigen damals im B. M. vorhandenen Exemplar vom Senegal beigelegt, das noch heute als Lichtenstein'scher Typus No. 4565 dort steht. Der von Grant und Reid zuerst richtig beschriebene Vogel von Harar und dem Hauasch mufs also einen neuen Namen erhalten, als welchen ich „*abessinica*" vorschlage. Da Grant und Reid keinen Typus ausdrücklich bestimmt aber die Vögel aus Harar zuerst aufgezählt haben, nehme ich einen Typus vom gleichen Fundort aus der Koll. v. Erlanger:

♂ No. 5547 Harar 5. 4. 1900 v. Erlanger leg.

Im übrigen verweise ich betreffs der Färbung und Mafse auf das unter *griseoviridis* Gesagte.

Verbreitung: Vom Hochland von Eritrea südwärts durch Abessinien bis Nord-Somaliland und Seen-Gebiet.

13. ***Camaroptera griseoviridis erlangeri*** Rchw.

Reichenow V. A. II pg. 617.

Diese Form aus dem Süd-Somalilande steht in der Färbung der benachbarten *abessinica* sehr nahe, es scheint mir die Bauchmitte jedoch bei *erlangeri* reiner weifs, die Oberseite noch etwas reiner grau zu sein. Letzteres kann auch mit der Jahreszeit zusammenhängen, mir liegen nur Stücke vor, welche zwischen dem 28. 4. und 28. 6. gesammelt wurden. Jedenfalls aber zeichnet sich *erlangeri* stets durch kleinere Mafse aus:

♂ Fl. 51—55, Schn. 11—12 mm, ♀ Fl 50, Schn. 11 mm.

Verbreitung: Süd-Somaliland.

14. ***Camaroptera griseoviridis chrysocnemis*** [Licht.] Zedl.

Licht. Nomencl. 1854 p. 33.

Da der nomen nudum Lichtensteins sich ausdrücklich auf ein bestimmtes Stück vom Senegal bezieht, das heute noch vorliegt, möchte ich die Bezeichnung *chrysocnemis* beibehalten. Übrigens ist auch Lichtensteins Typus trotz Alter und Verstaubung noch jetzt am geblichen Schnabel und an einigen grünlichen Rückenfedern als juv. zu erkennen. Aus neuester Zeit liegen dafür eine ganze Reihe guter Bälge vom Senegal vor, welche von Riggenbach gesammelt, heute auf das Tring Mus., das B. M. und meine Privat-Sammlung verteilt sind Die Verbreitung dieser Form erstreckt sich weit ins Innere, ein ♂ von Gambaga am obersten Volta-Fl., Hinterland von Togo (Tring Mus.) ziehe ich noch hierher, obgleich es sich echten *griseoviridis* vom Weifsen Nil schon recht nähert. Auch die Vögel aus den Steppen NW. Kameruns (Adamaua) möchte ich noch mit unter *chrysocnemis* fassen, obgleich hier der Bürzel in seiner mausgrauen Färbung etwas schärfer hervortritt und die Neigung zu dunklerer Allgemeinfärbung nicht zu verkennen ist. Die Mafse dieser Vögel sind an der obersten Grenze: Fl. 59—60, Schn. 13—14 mm. Es dürfte hier die Nachbarschaft der sehr dunklen Guinea-Form „*tincta*" ihren Einflufs geltend machen. In der Zukunft kann sich sehr wohl die Notwendigkeit ergeben, die Adamaua-Vögel als Subspecies zu sondern.

Verbreitung: Vom Senegal ostwärts bis Adamana.

15. ***Camaroptera griseoviridis tincta*** Cass.

Cassin Proc. Philad. VII p. 325 (1855), p. 38 (1859).
Reichenow V. A. III p. 617.

Als terra typica nach der Urbeschreibung hat Gabun und zwar Kap Lopez an der Ogowe-Mündung zu gelten.

Reichenow in V. A. III führt folgende für die Form charakteristische Färbungs-Abweichungen an: „Oberseite grauer, fast rein schiefergrau, Körperseiten rein grau, Schulterfedern und Flügel noch grüner als bei den ostafrikanischen Vögeln." Aufserordentlich zutreffend ist es, dafs hier *tincta* mit dem Ost-Afrikaner verglichen wird. Diese beiden Formen stehen sich tatsächlich besonders nahe ähnlich wie im Norden *griseoviridis* und *chrysocnemis.* Auf die Gefahr hin, durch Wiederholungen eintönig zu wirken, mufs ich auch hier darauf hinweisen, dafs man nur Vögel im gleichen Stadium der Gefieder-Entwickelung mit einander vergleichen darf, wenn man zu richtigen Resultaten kommen will. Durch Abnutzung verliert auch bei *tincta* die Rücken-Befiederung z. B. ihre graue Tönung, wird bräunlich und geht somit des entscheidenden Charakteristikums gegenüber „*griseigula*" aus O.-Afrika verlustig. Ob der Flügel bei *tincta* im allgemeinen grüner ist, möchte ich dahingestellt sein lassen. Jedenfalls ist das

Grau im Gefieder bei *tincta* so rein und so vorherrschend wie bei keiner anderen *Camaroptera.* Unter dem Material aus tring finden sich schöne Bälge direkt vom Ogowe, also aus der Terra typica, bei ihnen ist die ganze Unterseite grau, die Bauchmitte nur etwas heller aber nicht weifs, das Grau ist nicht mit Braun gemischt, nur die hellere Bauchmitte bisweilen schwach gelblich verwaschen. Die ganze Oberseite ist bei frischem Gefieder rein grau zu nennen im Vergleich mit den verwandten Formen, wo auf Oberkopf und Schultern stets ein bräunlicher Ton sichtbar ist. *C. tincta* ähnelt hierin der unterseits sehr viel helleren *abessinica.* Stücke von der Küste von Kamerun sind noch typische *tincta* (2 Bälge des B. M. Zenker leg. Jaunde haben durch Nässe gelitten und eine abnorme Färbung angenommen, sodafs sie für Vergleiche ausscheiden), ebenso ein Exemplar vom Lubilia-Fl. westlich des Albert Edward-Sees (Tring Mus.). Schon etwas intermediär ist die Färbung eines Vogels aus Süd-Nigeria (Tring-Mus.), hier sind Bauchmitte und Seiten deutlich heller, etwa wie bei einer *tincta* juv., das Exemplar ist aber ad., immerhin stelle ich es wegen der grauen Oberseite noch zu *tincta.* Von Ober-Guinea liegen mir nur 2 Bälge des B. M. vor, einer von Porto Scguro (Togo), der andere ♂ von Bissau (Portug. Guinea) Ansorge leg. 2. 5. 10. Dies sind keine *tincta* mehr sondern sehr viel heller gefärbte Vögel, welche wieder *chrysocnemis* näher stehen. Es dürfte sich bei mehr Material eine gesonderte Form für Ober-Guinea ergeben, welche die Mitte zwischen den extrem dunklen und hellen Unterarten hält ähnlich wie *abessinica* in NO. Afrika

Die Mafse von 16 Vögeln ad. sind:

♂♂ Fl. 54—59, Schn. 12—13 mm.

♀♀ Fl. v. 51 aufwärts, Schn. 12—13 mm.

Da mehrere Exemplare, welche ich der geringeren Mafse halber für ♀ halte, keine Geschlechtsangabe tragen; kann ich nur die unterste Grenze bestimmt angeben, welche sich auf ein ♀ des B. M. bezieht.

Verbreitung: Guinea-Küste von der Niger-Mündung bis Loango.

16. ***Camaroptera griseovirdis griseigula*** Sharpe.

Sharpe Ibis 1892 p. 158: *C. griseigula.*

Reichenow V. A. III p. 616: *C. griseoviridis.*

Der Typus von Sharpe ist ♂ vom Voi-Fl., Taita, Brit. O.-Afrika 10. 12. 1888, also kann kein Zweifel darüber bestehen, dafs dieser Name dem ostafrikanischen Vogel zukommt, nicht aber einem westafrikanischen, für welchen er hie und da versehentlich Anwendung gefunden hat. In der Färbung steht *griseigula*, wie oben gesagt, *tincta* am nächsten, beide sind Vertreter des extrem dunklen Charakters, doch zieht der Ton bei *griseigula* selbst im frischen Gefieder auf Oberkopf und Nacken doch etwas ins Bräunliche, bei *tincta* ist er reiner grau und etwas dunkler. Weit deutlicher ist der Unterschied auf der Unterseite, welche bei *tincta* ganz grau verwaschen ist, bei *griseigula* sind nur Kehle und Kropf grau, Seiten und Bauch hingegen bräunlich bis gelblich überflogen, die Bauchmitte fast rein weifs, also im ganzen ist die Unterseite merklich heller. Einzelne recht, dunkle Exemplare kommen z. B. von Kikuyu in Brit. O. Afrika, doch ist das Grau auch da mit Braun gemischt, also nicht rein. Durch diese bräunliche Nüance unterscheidet sich auch *griseigula* von der im Nordosten benachbarten mehr rein hellgrauen (Unterseite!) *abessinica*.

Sehr interessant und auffallend sind die Jugendkleider von *tincta* und *griseigula*, welche ich hier zusammen besprechen möchte: *C. tincta* ist in allen Jugendstadien micht nur grünlicher, sondern auch erheblich blasser gefärbt als im Alter. Für den frischen Vogel juv. ist charakteristisch die scharf sich abhebende blafsgelbe Kehle, die übrige Unteite ist rein weifs oder fast weifs. Die Oberseite ist grün verwaschen, selbst die Mittelfedern des Stummelschwänzchens haben grünliche Säume. Ein semiad. Exemplar aus der terra typica vom Ogowe (Tring Mus. Ansorge leg. 18. 5. 07) zeigt noch fast rein weifse Bauchmitte, auf der Kehle keine Spur von gelb mehr, auf der Oberseite hat das matte Grün des Jugendkleides sich durch Abnützung in ein gleichmäfsig fahles Braun gewandelt. In diesem Stadium ist allerdings vom „reingrauen Rücken" der *tincta* absolut nichts zu sehen. Bei *griseoviridis* juv. ist nicht nur die Kehle, sondern die g a n z e U n t e r s e i t e lebhaft gelbgrün verwaschen, Kinn und Kehle am stärksten, Bauch etwas weniger. In diesem Stadium sieht der Vogel einer *C. congica* ad. recht ähnlich. Wie eine Reihe junger Vögel des B. M. und meiner Sammlung in den verschiedensten Stadien der Abnützung ihres Gefieders zeigen, verliert sich das helle Grün auf der Unterseite sehr rasch, das dunkle auf dem Rücken ist bedeutend widerstandsfähiger, doch ist auch davon kurz vor der nächsten Mauser oft keine Spur mehr sichtbar. Bei allen diesen Stücken ist der Unterschnabel gelb, der Oberschnabel gelb bis hornbraun, nie aber ganz schwarz wie bei Vögeln ad.

Intermediäre Stücke zwischen *griseigula* und *griseoviridis* — auch *abessinica* sehr ähnlich — kommen im Uganda-Protektorate vor.

Einzelne Exemplare ad. mit auffallend weifsem Bauch liegen mir vom Kilimandscharo und aus Ngorongoro (Grabenrand) im Nordosten sowie vom Tanganjika-See im Südwesten vor.

Die Mafse von 26 Exemplaren sind:

♂♂ Fl. 54—59, Schn. 12—13,5 mm.

♀♀ Fl. 51—52, Schn. 11,5—13 mm.

Verbreitung: O. Afrika, westwärts bis Tanganjika, nordwärts bis Viktoria-See und Kikuyu-Berge, nordostwärts bis etwa zum Tana-Fl.

17. ***Camaroptera griseoviridis harterti*** subsp. nov.

Typus: ♂ Ansorge leg. 20. 11. 03. Canhoca, Nord-Angola. (Tring-Mus.).

Diese Form von Angola ist von der benachbarten *tincta* sehr verschieden. Wir haben es hier wieder mit einem Vogel zu tun, dessen Unterseite ganz hell, im wesentlichen weifs und mattgrau überflogen ist. Die Oberseite ist zum gröfsten Teil fahl bräunlich, der Bürzel mattgrau, der Oberschwanz olivgrün ähnlich den Flügeln gefärbt. Es ist dies die einzige *griseoviridis*-Form mit grünem Oberschwanz, zumal bei adulten Exemplaren mit vollkommen schwarzem Schnabel. Beim ersten Blick auf die Unter- oder Oberseite ist diese Form sofort unter ihren Verwandten zu erkennen. Es erscheint mir sogar zweifelhaft, ob es auf die Dauer sich wird aufrecht erhalten lassen, sie subspezifisch mit unter *griseoviridis* zu fassen. Ich halte mich vorläufig für berechtigt dazu, weil im Norden wie im Süden Übergänge zu den benachbarten Unterarten sich nachweisen lassen. Von der Nordgrenze liegt mir ein ♂ von Ngombe am unteren Kongo (Tring Mus.) vor, das in der Färbung einer echten *harterti* ziemlich nahe steht, nur sind Kropf und Kehle etwas stärker grau verwaschen, der Oberschwanz ist bräunlich statt olivgrün. Die Mafse sind etwas gröfser: Fl. 55, Schn. 12,5 mm, bei typischen *harterti* messen ♂♂ Fl. 52—53, Schn. 11—12 mm. Neben *erlangeri* ist *harterti* die kleinste Form des ganzen Kreises, besonders in den Schnabelmafsen. Ebenso haben wir Stücke aus dem Süden, ein ♂ von Benguella Ansorge leg. 8. 1. 05 und ♂ von Bihé (Hinterland von Benguella) Ansorge leg. 19. 11. 04, beide aus dem Tring Mus., welche in kleinen Schnabelmafsen und Ruckenfärbung starke Anklänge an *harterti* zeigen, wenn ich sie auch wegen der stark gelblich verwaschenen Unterseite zur südwestafrikanischen Form ziehen möchte, sie messen Fl. 55, 56, Schn. 11—12 mm.

Verbreitung: Nord-Angola.

18. ***Camaroptera griseoviridis sharpei*** subsp. nov.

Sharpe Brit. Cat. VII p. 169 (1883): *C. sundevalli* Sharpe nec Sharpe J. O. 1882 p. 347.

Reichenow V. A. p. 618: *C. sundevalli.*

Wie ich schon unter *C. brachyura* erwähnte, hat Sharpe ursprünglich bei Bearbeitung einiger Vögel des B. M. im J. O. 1882 p. 346, 347 den südafrikanischen grünrückigen Vogel irrtümlicherweise *C. sundevalli* genannt, obgleich dieser die echte *brachyura* Vieill. ist. Ein Jahr später im Brit. Cat. VII 1883 p. 169 beschreibt nun Sharpe einen tatsächlich bis dato namenlosen graurückigen Südafrikaner mit sehr gelblicher Unterseite ganz richtig, nennt ihn aber unglücklicherweise ebenfalls „*sundevalli* Sharpe". Dieser „*sundevalli* Sharpe 1883 nec 1882" ist also ein ganz anderer Vogel, und nach unseren Nomenklatur-

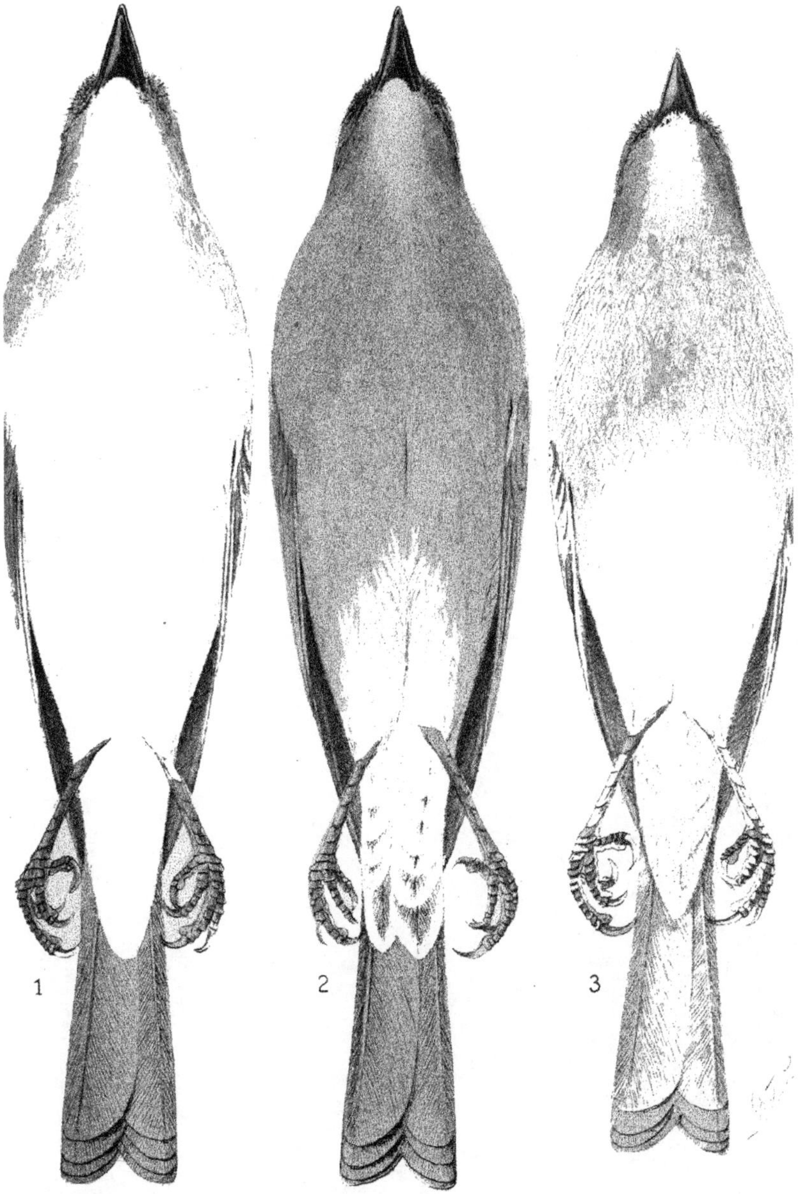

nat Gr

Passer griseus eritreae Zedl. 2. P g. swainsoni Rüpp. 3 P. g. neumanni Z

Regeln ist es zweifellos nicht angängig, einen Namen, der das erste mal errore geprägt wurde und ein reines Synonym zu einem älteren ist, ein zweites mal ohne weiteres auf einen absolut anderen Vogel anzuwenden, auch wenn dessen Abtrennung als neue Art an sich durchaus berechtigt und die beigefügte Beschreibung richtig ist. Also *C. sundevalli* ist und bleibt ein Synonym zu *brachyura* Vieill., der von Sharpe 1883 richtig erkannte und beschriebene Vogel mufs dagegen einen eigenen Namen erhalten, als welchen ich *C. g. sharpei* vorschlage.

Charakteristisch ist die sehr helle rahmfarben bis bräunlich überlaufene Unterseite sowie die fahlbräunliche Oberseite, bei welcher auch der Bürzel sich nicht nennenswert als viel grauer im Tone abhebt, wenn er auch graulich überflogen ist. Ein typisches Stück ♂ aus Omaruru (Tring. Mus.) hat mittelgrofse Mafse: Fl. 56, Schn. 13,5 mm. Die schon erwähnten Stücke von Benguella sind in der Färbung zwar charakteristische *sharpei*, in den Schnabelmafsen jedoch *harterti* näher stehend. Das Material ist im ganzen leider noch recht knapp.

Verbreitung: SW. Afrika, nordwärts bis Benguella, ostwärts bis Betschuana-Land.

Kurz möchte ich hier nochmals die frischen Jugendkleider der *griseoviridis*-Formen, von denen ich genügend Material auftreiben konnte, einander gegenüberstellen:

1. Ganze Unterseite gelbgrün überlaufen, Kehle lebhaft gelb: *C. g. griseigula*;
2. Kehle deutlich gelb, übrige Unterseite weifslich: *C. g. tincta*.
3. Unterseite auf weifsem Grunde grau verwaschen, nur auf Kropf und Brust einzelne gelbgrüne Federchen: *C. g. abessinica*.
4. Unterseite auf weifsem Grunde rahmfarben verwaschen, wenige gelbliche Federchen am Kropfe: *C. g. griseoviridis* und *C. g. chrysocnemis*.

Von *C. g. harterti*, *sharpei* und *erlangeri* liegen mir junge Vögel im frischen Gefieder leider nicht vor.

IIb. Kein deutlicher Superciliarstreifen, Unterflügeldecken und Flügelrand rostbräunlich.

19. ***Camaroptera toroensis*** Jacks.

Jackson B. B. O. C. CXII Vol. XV 1905 p. 38: *Sylviella toroensis*.

Reichenow V. A. III p. 632: *Sylvietta toroensis*.

Meines Dafürhaltens gehört dieser Vogel seiner Figur nach und zwar besonders wegen des relativ langen Schwanzes (30—38 mm) sowie seiner Färbung nach wegen der lebhaft braungelben „Hosen" zum Genus *Camaroptera* und nicht zu *Sylvietta* mit dem sehr kurzen Schwanze und den matt gefärbten Oberschenkeln. Andererseits ist nicht zu verkennen, dafs der allgemeine Färbungs-Charakter von *toroensis* Anklänge an einzelne *Sylvietta*-Formen — besonders *S. virens* Cass. — aufweist, ein Fingerzeig dafür, dafs beide Genera sich ziemlich nahe stehen dürften.

Das Material ist vorläufig noch sehr spärlich, mir liegen hier 3 Exemplare vor:

B. M. ♀ juv. Mauamli, Schubolz leg. Fl. 51, Schn. 12, Schw. 30 mm.

Tring M. ♂ ad. Unjoro, Seth Smith leg. Fl. 57, Schn. 12, Schw. 38 mm.

Tring M. ♀ ad. Mpango-Forst, Toro, Grauer leg. Fl. 56, Schn. 12, Schw. 36 mm.

Durch die bräunliche Gesamtfärbung unterscheidet sich diese Art leicht von allen anderen *Camaroptera*, am deutlichsten charakterisieren sie — wie oben schon gesagt — die rostbräunlichen Unterflügeldecken.

Verbreitung: Centralafrikanisches Seen-Gebiet.

Zusammenstellung der *Camaroptera*-Formen.

I a. 1) *C. flavigularis* Rchw.: Kamerun.
b. 2) *C. brevicaudata brevicaudata* Cretzsch.: Kordofan.
3) *C. b. superciliaris* Fras.: Fernando Po.
4) *C. b. pulchra* Zedl.: Angola-Tanganjika.
5) *C. b. rothschildi* Zedl.: Gabun.
II a. α. 6) *C. brachyura brachyura* Vieill.: Süd-Afrika.
7) *C. b. pileata* Rchw.: O.-Afrika, Küste.
8) *C. b. congica* Rchw.: Unterer Kongo.
9) *C. b. chloronota* Rchw.: Togo—Kamerun.
10) *C. b. granti* Alex.: Fernando Po.
β. 11) *C. griseoviridis griseoviridis* v. Müll.: Nord-Eritrea—Weifser Nil.
12) *C. g. abessinica* Zedl.: Hochland v. Eritrea—Nord-Somaliland und abess. Seen-Geb.
13) *C. g. erlangeri* Rchw.: Süd-Somaliland.
14) *C. g. chrysocnemis* [Licht.] Zedl.: Senegal—Adamaua,
15) *C. g. tincta* Cass.: Küste von Unter-Guinea.
16) *C. g. griseigula* Sharpe: Ost-Afrika.
17) *C. g. harterti* Zedl.: Nord-Angola.
18) *C. g. sharpei* Zedl.: Südwest-Afrika.
b. 19) *C. toroensis* Jacks.: Centralafrikanisches Seen-Geb.

Am Schlufs meiner Arbeit ist es mir eine selbstverständliche Pflicht, den Herren meinen verbindlichsten Dank auch an dieser Stelle zu sagen, welche durch ihre freundliche Unterstützung allein es mir ermöglichten, zu Resultaten zu gelangen. Vor allem war es die Übersendung von reichlichem Vergleichs-Material aus den ihnen unterstellten oder gehörenden Sammlungen, für die ich aufrichtig dankbar bin, sodann aber auch für freundliche

Hilfe durch vielerlei Informationen. Es gebührt somit ein besonderes Verdienst — wenn auch indirekt — an dieser ganzen Arbeit folgenden Herren:

Prof. A. Reichenow, Berliner Museum,
Baron W. v. Rothschild } Tring Museum,
Dr. E. Hartert }
Prof. Knoblauch I. Direktor d. Senckenberg. Naturf. Ges.
Prof. Koenig, Museum A. Koenig-Bonn,
Frau Baronin v. Erlanger } Kollection v. Erlanger
Konservator Hilgert } Nieder-Ingelheim,
Studienrat Dr. Lampert, Naturalienkabinett Stuttgart.

Dank so viel liebenswürdiger Unterstützung habe ich ein Material von weit über 150 Exemplaren bearbeiten können und hoffe, der Lösung mancher Fragen näher getreten zu sein, wenn auch natürlich noch manches grofse Fragezeichen bestehen bleibt.

Dr. Carl Parrot †.

Von Dr. med. **E. Schnorr v. Carolsfeld.**

Am 28. Januar ds. Jahres verschied rasch und unerwartet Dr. med. Carl Parrot in München. Nachdem er noch am 13. Jan. die Generalversammlung der Ornithologischen Gesellschaft in Bayern, anscheinend in voller Rüstigkeit, geleitet hatte, begab er sich in eine Klinik, um durch eine Operation Heilung von Beschwerden zu suchen, die ihn offenbar schon längere Zeit gequält hatten. Zuversichtlich und furchtlos nahm er von den Seinen Abschied, um sich der Operation zu unterziehen, nicht ahnend, dafs wenige Tage nachher er für immer von Allem, was er auf der Welt geliebt, scheiden sollte. Der chirurgische Eingriff, von bewährtester Hand vorgenommen, gestaltete sich wider Erwarten schwierig und kompliziert, und nach einigen Tagen banger Sorge führte eine unheilvolle Wendung im Krankheitsverlaufe binnen wenigen Stunden zu dem tötlichen Ausgang.

Parrot war am 1. Februar 1867 zu Castell in Unterfranken als der Sohn eines praktischen Arztes, des nachmals in München verstorbenen Hofrates Dr. J. Parrot, geboren. Er besuchte in Würzburg das Gymnasium, übersiedelte 1884 mit seinen Eltern nach München, vollendete hier das Gymnasium und studierte in München, Berlin und Wien die medizinische Wissenschaft. Nach Absolvierung einer Tätigkeit als Assistent und Vertreter eröffnete Dr. Parrot in München seine Praxis als Frauenarzt. Neben seinen medizinischen Studien und seinen beruflichen Interessen lebte in ihm jedoch, von Kindheit an, eine tiefe und nachhaltige Neigung für das Studium der Vogelkunde, und mit dem Wachsen seiner Kenntnisse betrieb er sie mehr und mehr wissenschaftlich. Er beobachtete viel, legte sich eine Privatsammlung und eine ornithologische Fachbibliothek an. Auch durch gröſsere Reisen nach England, Egypten, Griechenland und zuletzt durch einen Winteraufenthaft an der Riviera und auf Korsika erweiterte er seine Kenntnisse und vermehrte seine Sammlung. Neben Beobachtungsreisen im engeren Vaterlande gab ihm besonders auch die Jagd, der er auf seinem Revier am Ammersee in waidmännischer Weise oblag, reiche Gelegenheit zur Beobachtung der heimischen Vogelwelt. Die ornithologische Literatur bereichterte er durch viele, wertvolle Beiträge.

Parrot begründete mit mehreren anderen Münchener Interessenten i. J. 1897 den Ornithologischen Verein München, der i. J. 1904, als das Interesse an der Sache sich durch Vermehrung der Mitglieder und Beobachter auf ganz Bayern auszudehnen begann, in die Ornithologische Gesellschaft in Bayern umgewandelt wurde, deren I. Vorsitzender Parrot bis zu seinem Tode blieb. — Erst vor wenigen Jahren verheiratete sich Parrot, der Ehe entsproſsten eine Tochter und ein Sohn. Leider machten ihm in den letzten Jahren asthmatische Beschwerden viel zu schaffen und erforderten einen ausgedehnten Kurgebrauch. Die Rücksicht auf seine Gesundheit, sowie das stets mehr ihn in Anspruch nehmende Interesse an der ornithologischen Wissenschaft veranlaſsten ihn, sich von der ärztlichen Praxis zurückzuziehen. Als I. Vorsitzender der Ornithologischen Gesellschaft in Bayern betätigte sich Parrot nach wie vor mit unermüdlichem Eifer und peinlicher Gewissenhaftigkeit, auſserdem bekleidete er das Amt eines wissenschaftlichen Arbeiters an der zoologischen Staatssammlung in München.

Als Gelehrter in der von ihm in so idealer Weise betriebenen Fachwissenschaft war Parrot ausgezeichnet durch seine Gründlichkeit und Vielseitigkeit. Er beherrschte nicht nur die systematische Ornithologie, sondern widmete sich auch der biologischen Beobachtung der freilebenden Vogelwelt mit begeisterter Hingabe. In seinen Beobachtungen war er von unbedingter Zuverlässigkeit. Er besaſs auch ein tiefinnerliches Verständnis für den Reichtum an Poesie, der in dem Leben der Vögel liegt, und seine stille Bewunderung für die Natur und ihre Schönheiten war ein Grundzug seines Wesens. — Die Gebiete der Ornithogeographie und Migration nahmen Parrots Interesse vielfach in Anspruch; mit wahrem Bienenfleiſse hatte er schon vor mehreren Jahren alles ihm zugängliche Material zur Vogelzugsfrage gesammelt, um es später zusammenfassend zu bearbeiten. Eine gröſsere (von ihm und K. Bertram eingeleitete, von Gallenkamp bearbeitete) Sammelforschung über das Eintreffen der Rauchschwalbe in Bayern verdient hier genannt zu werden; ebenso, daſs Parrot in letzterer Zeit dem Ringversuch auch für Bayern tatkräftige Aufmerksamkeit zuwandte. Dem Vogelschutz brachte er warmes Verständnis entgegen, insbesondere trat er energisch der gedankenlosen Vernichtung der Raubvögel und aller seltener werdenden Vogelarten entgegen. Nicht allein der Erhaltung der gemeinhin als nützlich geltenden Vögel habe sich der Vogelschutz zuzuwenden, sondern alle Arten müfsten als Naturdenkmäler und wichtige Glieder im Haushalte der Natur vor Ausrottung bewahrt werden, das war der Grundsatz, für den Parrot oft mit Nachdruck eingetreten ist. Dem Landesausschufs für Naturpflege gehörte er als Mitglied an, und die warmen Worte der Anerkennung, die ein Vertreter dieser Korporation ihm in's Grab nachgerufen hat, waren gewifs berechtigt. — Wissenschaftlich in des Wortes bester Bedeutung, schätzte Parrot gleichwohl nicht den volkstümlicheren Zweig unserer Wissenschaft, die Vogelhaltung, gering, und wer hierüber in den Sitzungen der Gesellschaft einen Beitrag lieferte, konnte seines Interesses und seiner freundlichen Anerkennung sicher sein. Er gab wiederholt der Überzeugung Ausdruck, dafs eine verständig geübte Vogelhaltung nicht nur nicht zu verwerfen, sondern sogar geeignet sei, den Sinn und das Verständnis für die belebte Natur zu fördern.

Parrots Lieblingswerk war der Ausbau der bayerischen, ornithologischen Landesforschung, deren Resultate alljährlich (neben Sitzungsberichten und Originalabhandlungen) in den „Verhandlungen der Ornithologischen Gesellschaft in Bayern", als in einem Archiv der bayerischen Avifauna, niedergelegt wurden. Das Netz von Beobachtern, welche der Abteilung für Beobachtungsstationen der Ornithologischen Gesellschaft angehören, weist jetzt die stattliche Mitgliederzahl von 970 auf; es sind dies zumeist Forstbeamte, Präparatoren, Lehrer, Geistliche neben Angehörigen verschiedener anderer Stände. Gemäfs dieser eindringlichen und umfassenden Beschäftigung mit dem Gegenstande war Parrots Kenntnis der bayerischen Avifauna von fast unfehlbarer Sicherheit und Gründlichkeit.

Mit Dr. Carl Parrot ist sohin ein Mann aus dem Leben geschieden, der in weiten Kreisen als Ornitholog ein berechtigtes Ansehen genofs; er wurde aber auch von Allen, die ihm als Freunde nahestanden, verehrt und geliebt. Er war keiner von denen, die ihr Inneres Jedem rückhaltlos erschliefsen; er war von einer ruhigen Freundlichkeit gegen Jedermann; wo Temperament und Überzeugung ihn dazu drängten, da konnte er, wie jeder willensstarke Mann, einen Zug von herber Energie verraten. Jeder aber, der ihm nahe stand, kannte sein gutes und weiches Gemüt, fand bei ihm einen so reichen Schatz von Kenntnissen und Idealen, dafs er dem seltenen Manne in Freundschaft anhängen mufste. Parrot war auch keiner von denen, die das Leben leicht nehmen, trotzdem er für Humor stets ein volles und dankbares Verständnis hatte. Aber der leise Hauch von Schwermut, der zuweilen über seinem Wesen lag, hatte mit schwächlichem Pessimismus nichts zu tun: er war im Gegenteil bei ihm der Ausdruck einer tiefgründigen, ernsten Lebensauffassung, der jedes Halbe, Laue und Gleichgültige auf's Tiefste zuwider war.

Aus zahlreichen Zuschriften von Nah und Fern lasen wir Münchener in tiefer Bewegung stets dieselben, mit nur wenig verschiedenen Worten ausgedrückten Empfindungen, in die auch uns der Tod Parrots versetzt hatte. Vielen der auswärtigen Fachkollegen hatte er auch noch vor wenigen Monaten auf dem V. Internationalen Ornithologenkongrefs in Berlin die Hand gedrückt. Die Teilnahme an diesem Kongrefs und die lange nachklingende Erinnerung an die schönen Tage in Berlin sind seine letzte, grofse Freude im Leben gewesen.

So steht das Bild des Heimgegangenen vor uns als das eines tüchtigen, geachteten Forschers und Gelehrten, eines ehrenhaften, aufrechten und biederen Mannes und eines guten, geliebten Freundes. Ehre seinem Andenken!

Verzeichnis der ornithologischen Schriften C. Parrot's.

1. Seltenere Erscheinungen in der oberbayerischen Ornis; Ornith. Jahrbuch I, No. 7, 1890, p. 132—139.
2. Ornithologisches aus dem Britischen Museum; Ornith. Monatsschrift (Gera) XII, 1891, p. 343—352.
3. Über die Gröfsenverhältnisse des Herzens bei Vögeln; Zool. Jahrb., Abt. f. Systematik c. VII, 1894. p. 496—522.
4. Zur Verbreitung des Girlitz in Süddeutschland, Orn. Monatsber. II. 1894, p. 105—109.
5. Der Halsbandfliegenschnäpper (*Muscicapa albicollis* T. = *M. collaris* Bchst.) als Brutvogel bei München; Journ. f. Ornith. XLIII, 1895, p. 1—14.
6. Versuch einer Ornis des Grödner Tals (Südtirol); Ornith. Monatsschr. (Gera) XXII, 1897, p. 47—55, 73—77.
7. Kann unsere einheimische Forschung annähernd als abgeschlossen betrachtet werden? Jahr. Ber. des Ornith. Vereins München, I, 1897/98, p. 1—15.
8. Die Vogelfauna von Japan, ebenda, p. 66—78.
9. Materialien zur bayrischen Ornithologie, zugleich I. Beobacht. Ber. aus den Jahr. 1897 u. 98, ebenda. p. 83—152.
10. Das Vorkommen von *Muscicapa parva* Bechst. in Bayern; Journ. f. Orn. XLVI, 1898, p. 57—59.
11. Ornithologische Mitteilungen aus Bayern; l. c. p. 59—60.
12. Zur Ornis der ostfriesischen Inseln; l. c. 60—61.
13. Spätsommertage an der pommerschen Küste; Orn. Mon. Schr. (Gera) XXIII. 1898, p. 170—175.
14. Ergebnisse einer Reise nach dem Occupationsgebiete nebst einer Besprechung der gesammten Avifauna des Landes; l. c. p. 310—322, 348—363.
15. *Falco cenchris* in Bayern; Ornith. Jahrb. IX, 1898, p. 120.
16. Zum gegenwärtigen Stande der Schreiadler-Frage; Journ. f. Ornith. XLVII, 1899, p. 1—32.

17. Zur ungarischen Avifauna; Ornith. Monatsschr. XXIV, 1899, p. 33—37.
18. Materialien zur bayer. Ornithol. II., zugleich II. Beobacht. Bericht aus den Jahren 1899 u. 1900, unter Mitwirkung von L. Frhr. v. Besserer u. Dr. J. Gengler. II. Jahr. Ber. des Ornith. Vereins München, 1899/1900 p. 89—238.
19. Sonderbeobachtung über *Ruticilla tithys*, *R. phoenicura*, *Columba palumbus* und *Cuculus canorus*; l. c. p. 272—324.
20. „*Phylloscopus rufus sylvestris*" Meisner und die Verbreitung der Laubvogelarten in der Schweiz; Journ. f. Orn. XLVIII, 1900, p. 455—458.
21. Ornithologische Wahrnehmungen auf einer Fahrt nach Ägypten; III, Jahr. Ber. des Ornith, Ver. München 1901/02, p. 89—138.
22. Materialien zur bayerischen Ornithologie III, III. Beobachtungsbericht aus den Jahren 1901/1902. l. c. mit Frhrn. v. Besserer u. D. J. Gengler, l. c. p. 139 ff.
23. Sonderbeobachtung über *Columba palumbus*, *Columba oenas*, *Ruticilla tithys*, *Ruticilla phoenicura*, *Cuculus canorus*. l. c. p. 347—384.
24. Die Schneegans in Bayern; Orn. Monatsschr. XXVII 1902, p. 442—445.
25. Vom Liebesspiel der Bekassine (*Gallinago gallinago* L.); Orn. Monatsber. XII, 1904, p. 37—41.
26. Parrot u. Leisewitz, Untersuchungen zur Nahrungsmittellehre der Vögel; Verhandlungen der Ornitholog. Gesellschaft in Bayern, V., 1904, p. 436—443.
27. Materialien zur bayrischen Ornithologie IV. Beobachtungsbericht aus den Jahren 1903—04, mit K. Bertram, L. Frhr. v. Besserer u. Dr. J. Gengler, l. c. p. 77 ff.
28. Sonderbeobachtung über *Columba palumbus*, *Columba oenas*, *Ruticilla tithys*, *R. phoenicura*, *Cuculus canorus*; l. c. p. 299—335.
29. Einiges vom Dachauer Moos; Ornith. Monatsschr. XXX, 1905, p. 71—80.
30. *Cyanopica cyanus japonica* a. subspec., Orn. Monatsber. XIII, 1905, p. 26.
31. Kritische Übersicht der paläarktischen Emberiziden; Ornith. Jahrb. XVI., 1905, p. 1—50; 81—113.
32. Über die Formen von *Sitta europaea* L.; l. c. p. 114—127.
33. Eine Reise nach Griechenland und ihre ornithologischen Ergebnisse; Journ. f. Orn. III, 1905, p. 515—556, 618—669.
34. Materialien zur bayerischen Ornithologie V. V. Beobachtungsbericht aus den Jahren 1905 u. 1906; Verhandlungen der Orn. Ges. in Bayern VII. 1906. p. 68—80.
35. Sonderbeobachtung über Zug und Vorkommen von *Columba palumbus*, *C. oenas*, *Ruticilla tithys*, *R. phoenicura* und *Cuculus canorus*; l. c. p. 168—192.

36. Vogelzugbeobachtungen auf Reisen; Globus, LXXXIX, 1906, p. 123—126.
37. Zur Systematik der paläarktischen Corviden; Zoolog. Jahrbücher, Abt. f. Systematik etc. XXIII, 1906, p. 257—294; l. c. XXV, 1907, p. 1—78.
38. Über eine Vogelsammlung aus Siam und Borneo; Verhdlgen. der Orn. Ges. Bay. VIII, 1907, p. 97—139.
39. Zwei neue Vogelformen aus Asien; Ornith. Monatsber. XV, 1907, p. 168—171.
40. Aves in: W. Filchner, Zoologisch-botanische Ergebnisse einer Reise durch China und Tibet. 1907; p. 126—133.
41. Beiträge zur Ornithologie Sumatras und der Insel Banka, Abhdl. B. Akad. d. Wissensch. München, II. Cl. Bd. XXIV, 1. Abt., 1907, p. 151—286.
42. Materialien zur bayrischen Ornithologie VI. Beobachtungsbericht aus den Jahren 1907 u. 1908, nebst einer Zusammenstellung württembergischer Vogelzugsdaten aus dem Jahre 1908; Verhdlgen. der Orn. Ges. i. Bay. IX, 1908, p. 68—84.
43. Der Zwergfliegenschnäpper in Südbayern; l. c. p. 226—227.
44. Bericht über eine von Dr. E. Zugmayer in Chinesisch-Turkestan, Westtibet und Kaschmir zusammengebrachte Vogelsammlung, l. c. p. 228—266.
45. Neue Vogelformen aus dem mediterranen Gebiet; Ornith. Monatsber. XVIII, 1910, p. 153—156.
46. Zwei neue Bienenfresser-Formen aus Afrika; Ornith. Monatsber. XVIII, 1910, p. 12—13.
47. Beiträge zur Ornithologie der Insel Korsika; Ornith. Jahrb. XXI, 1910, p. 121—166, (Schlufs noch nicht erschienen.)

Deutsche Ornithologische Gesellschaft.

Bericht über die Dezembersitzung 1910.

Verhandelt: Berlin, Montag, den 5. Dezember, abends 8 Uhr, im Architekten-Vereinshause, Wilhelmstrafse 92 II.

Anwesend die Herren: v. Lucanus, v. Versen, K. Neunzig, Schiller, Radler, Jung, Krause, v. Treskow, Schalow, Reichenow, Deditius, K. Kothe, Haase und Heinroth.

Als Gäste die Herren: v. Oertzen, Brehm, B. und W. Miethke, Zimmermann, Krech, v. Sommerfeld, Hennemann, Detmers, Schwarz, Pohl, Hamburger und Frau Heinroth.

Vorsitzender: Herr Schalow.

Schriftführer: Herr Heinroth.

Zu dem Bericht der Novembersitzung bemerkt Herr Detmers, dafs er beobachtet habe, wie eine Krähe sich nicht nur Ameisen zwischen die Federn gesteckt, sondern sich sogar in einem

Ameisenhaufen gebadet habe, Herr Neunzig hat auch bei *Leiothrix* und verschiedenen *Garrulax*-Arten gesehen, wie sie sich sogar Mehlwürmer am Gefieder abrieben.

Herr Reichenow bespricht die eingegangene Literatur, Herr Krause hat zwei Farbentafeln, welche Dunenjunge von *Totaniden* sowie *Podiceps* und *Fulica* darstellen, angefertigt, die ganz reizend ausgefallen sind. Herr Schalow hat von Herrn O. Reiser-Sarajewo ein Album geschickt bekommen, in dem sehr schöne Photographien der bosnischen Abteilung der Wiener Jagdausstellung enthalten sind.

Herr v. Lucanus berichtet hierauf über seinen Aufenthalt in Rossitten, der sich über die zweite Hälfte des Oktobers erstreckt hat. Er hatte diese Zeit gewählt, weil in sie erfahrungsgemäfs die besten Raubvogelzugtage zu fallen pflegen. Leider hatte er jedoch kein Glück, und die ganze Zeit hindurch war von Vogelzug recht wenig zu bemerken. Es wurden namentlich Krähen beobachtet, die bei windstillem, schönem Wetter etwa gegen 200 m, bei starkem Südwind etwa 20 m hoch zogen. Bei Nebel verlief der Krähenzug sehr langsam, um erst nach völliger Aufklärung stark einzusetzen. Die sonst um diese Jahreszeit sehr zahlreichen Drosseln, Rotkehlchen, Stare, Berg- und Buchfinken fehlten fast gänzlich, dafür konnte man ganz riesige Schwärme von *Acanthis linaria* und *Acredula caudata*, die sonst recht selten nach Rossitten kommen, beobachten. Zum ersten Male erschien ein *Dendrocopus minor*, ein *Ruticilla titys*-Weibchen und eine *Sitta*, ferner zogen Sumpfmeisen und Sumpfohreulen durch, letztere trieben sich merkwürdigerweise etwa 3—400 m von der Küste auf dem Meere gaukelnden Fluges umher. Schon am 18. Oktober wurden ein Seidenschwanz und mehrere Tannenheher beobachtet, die jedoch späterhin ausblieben. Für das Fehlen eines starken Vogelzuges war der Vortragende durch den prächtigen und häufigen Anblick zahlreicher Elche und das Auffinden eines weifsen Rehes entschädigt worden.

Herr Schalow hat von Herrn Baron Loudon aus Finnland die Nachricht erhalten, dafs zu der entsprechenden Zeit dort ganz ungeheure Schwärme von *A. linaria* beobachtet worden sind. Herr Detmers ist der Ansicht, dafs der sonst über Rossitten gehende Vogelzug wohl in diesem Jahre nicht, wie Herr v. Lucanus meinte, vorher und unbemerkt verlaufen ist, sondern die Vögel hätten sich wohl offenbar des scharfen, ihnen entgegenstehenden Windes wegen eine andere Zugstrafse ausgesucht: er glaubt sich nach seinen Beobachtungen an der holländischen Grenze zu diesem Schlusse berechtigt. Ferner hält er es für nicht ausgeschlossen, dafs *Asio accipitrinus* auf dem Meere gefischt habe. Herr Heinroth meint, dafs man vor allen Dingen nachforschen müsse, wie sich die Witterungsverhältnisse in den Brutgebieten der betreffenden Vogelarten gestaltet hätten. Wenn zu uns seltene nordische Gäste auffallend früh kommen, so beweist dafs nicht, dafs wir hier einen strengen Winter zu erwarten haben, sondern dafs in der Heimat dieser Vogelarten der Winter bereits hereingebrochen ist. Nach Aussage des Herrn v. Lucanus hat Herr Thienemann-Rossitten bereits in diesem Sinne in Finnland angefragt.

Herr Hamburger äufsert sich dahin, dafs alle Vögel wohl stets eine bestimmte Zugzeit einhalten. Auf Helgoland gelte der Satz: Zeit vorbei, Zug vorbei. Die Vögel sind dann eben nach Ablauf des betreffenden Termines unbemerkt, entweder nachts in bedeutender Höhe oder seitlich vorbei gezogen, während Herr v. Lucanus der bestimmten Ansicht ist, dafs die Zugvögel, wenn zu der gewohnten Jahreszeit abnorme Witterungsverhältnisse eintreten, das Fortziehen unter Umständen vergessen und schliefslich zu Grunde gehen. Auch glaubt er nicht, dafs sich die Tiere je nach den meteorologischen Verhältnissen eine besondere Zugstrafse auswählen könnten, dazu hält er die ganze Erscheinung für viel zu reflektorisch. Es sei ganz auffallend, mit welcher Genauigkeit die einzeln ziehenden Raubvögel auf Rossitten über fast genau dieselben Punkte flögen: die Sperber und Raubfufsbussarde fliegen beinahe über denselben Ast eines Baumes, über den das etwa 5 bis 10 Minuten vorher durchgekommene Stück gezogen ist. Er meint, dafs die vielen, bei seiner Anwesenheit in Rossitten vollkommen fehlenden Zugvogelarten wohl schon vorher dort durchgekommen sind, da es im Nordosten früh kalt geworden sei, wofür ja auch das Eintreffen von Seidenschwanz und Tannenheber spricht.

Herr Hamburger glaubt, dafs die erwähnten Sperber und Rauhfufsbussarde sich vielleicht doch noch hätten sehen können und also ihrem Vordermanne genau gefolgt wären. Er glaubt, dafs Vögel, welche in grofsen Schwärmen reisen, mithin also eine breite Zugstrafse haben, doch wohl durch widrige Wetterverhältnisse aus ihrer Bahn abgelenkt und somit einen anderen, ihnen geeigneter erscheinenden Weg einschlagen könnten. Herr Detmers bestärkt ihn in dieser Ansicht. Auf der kurischen Nehrung sei allerdings wenig Platz zum Abweichen, an der holländischen Grenze dagegen sei die Zugstrafse der Kraniche etwa 30 Kilometer breit, und namentlich die Wasservögel suchen an kalten Tagen ganz andere Gegenden auf, als bei warmem Wetter.

Herr Schalow macht darauf aufmerksam, dafs von N. Sarudny in den Ornithologischen Monatsberichten dieses Jahres (No. 9, S. 147) eine neue Art, *Clivicola bilkewitschi*, und in derselben Zeitschrift (No. 13, S. 187) eine weitere, *Riparia bilkewitschi*, beschrieben worden sind. Da die von Forster 1817 aufgestellten Gattungen *Riparia* und *Clivicola* synonym sind, so müfste die von dem russischen Ornithologen beschriebene Art, in der Annahme, dafs sich beide Beschreibungen auf die gleiche Species beziehen, als *Riparia bilkewitschi* geführt werden. Es ist aber anzunehmen, dafs sich die a. a. O. gegebenen Beschreibungen auf zwei verschiedene Arten beziehen, wenngleich sie beide bei der Stadt Termes, im Chanat Buchara, gesammelt wurden. Sarudny vergleicht nähmlich *Clivicola bilkewitschi* mit *Cotyle riparia diluta* Sharpe und Wyatt, seine *Riparia bilkewitschi* aber mit *Riparia sinensis* J. E. Gray. Sind aber beide Arten different, so mufs die letztere einen neuen Namen haben.

Herr Reichenow hat von Herrn Weigold-Helgoland einen am 5. November d. J. erlegten Ammer geschickt bekommen, der sich als *Emberiza spodocephala* erwiesen hat. Jedoch ist der Bauch bei diesem Stück statt gelblich reinweifs. Es ist das erste Mal, dafs diese Art für Deutschland nachgewiesen ist.

O. Heinroth.

Bericht über die Januarsitzung 1911.

Verhandelt: Berlin, Montag den 9. Januar, abends 8 Uhr, im Architekten-Vereinshause, Wilhelmstrafse 92II.

Anwesend die Herren: v. Lucanus, Graf Zedlitz-Trützschler, v. Versen, K. Neunzig, Schiller, O. Neumann, K. Kothe, Jung, Krause, von Treskow, Schalow, Reichenow, Rörig, Thienemann und Heinroth.

Als Gäste die Herren: v. Oertzen, Brehm, Schwarz, Riesenthal, Hamburger und Frau Heinroth.

Vorsitzender: Herr Schalow.

Schriftführer: Herr Heinroth.

Herr Schalow begrüfst die Anwesenden im neuen Jahre und gibt der allgemeinen Befriedigung über den Verlauf des V. Internationalen Ornithologenkongresses Ausdruck: Es war für die ornithologische Gesellschaft und namentlich für die Herren des Kongrefsausschusses ein arbeitsreiches Jahr. Herr Reichenow gedenkt hierauf des am 5. Januar 1911 erfolgten Todes des 81 jährigen Barons Richard König von Warthausen, der 59 Jahre der ornithologischen Gesellschaft angehört hat. Früher hat er sich namentlich oologisch betätigt, in der letzten Zeit veröffentlichte er in den Jahresheften des Vaterländischen Vereins zu Württemberg Überblicke über ornithologische Seltenheiten. Aufserdem ist der durch seine Reisen und Veröffentlichungen, welche die Ornithologie Afrikas zum Gegenstand ihrer Forschungen machten, berühmte Kapitän Shelley kürzlich verstorben. Zahlreiche Arbeiten sind von ihm in The Ibis und den Proceedings of the Zool. Society of London erschienen. Unter selbständig erschienenen Werken sind besonders „A Monograph of the Nectariniidae" und das leider unvollendet gebliebene Werk „The Birds of Africa" zu nennen.

Gelegentlich der Besprechung der eingegangenen Bücher und Zeitschriften regt Herr Reichenow die Frage an, ob es möglich sei, dafs freilebende Vögel durch fortgesetzte Wegnahme ihrer Eier dazu veranlafst werden können, „sich tot zu legen", und Herr Thienemann bemerkt hierzu nach seinen Erfahrungen aus dem Möwenbruch in Rossitten, dafs die Lachmöwen schliefslich sehr helle und dünnschalige Eier legen, endlich, wenn ihnen ihr Gelege dauernd geraubt werde, finde man dann tote Weibchen. Bei Sperlingen habe sein Vater festgestellt, dafs das betreffende Weibchen nach Wegnahme des 17. Eies eingegangen sei. Herr Heinroth bemerkt zu dieser Frage, dafs man sich hier sehr vor Verallgemeinerungen hüten müsse. Denn wenn auch viele Vögel, namentlich solche, die auch sonst häufig in die Lage kommen, ihre Eier durch Unfälle und Feinde zu verlieren, zahlreiche Ersatzeier hervorbringen können, so tun dies wieder andere, z. B. die grofsen Adler- und Geierarten, anscheinend so gut wie nie. Aufserdem scheinen bei sehr vielen Vogelarten Eier nur bis zu einem bestimmten Datum hin erzeugt werden zu können. Nach diesem hört das Fortpflanzungsvermögen auf und die Mauser tritt ein. Nach dieser Zeit legen die Tiere also unter keinen Umständen mehr, sodafs das „Sich-totlegen" hier wohl so gut wie nie vorkommt. Herr Krause berichtet, dafs der Wanderfalk nach Verlust seines Geleges nach 21 Tagen ein Nachgelege macht, das gewöhnlich statt aus vier nur aus drei Eiern besteht. Nimmt man ihm auch diese, so kommt in ganz seltenen Fällen noch ein drittes nur aus zwei Eiern bestehendes Gelege zu Stande. Herr Riesenthal bestätigt diese Angabe: auch hier kommt es also nicht dazu, dafs die Tiere „sich tot legen".

Herr Heinroth macht die Mitteilung, dafs aus Belgien z. Z. blaue Wellensittiche angeboten werden. Diese Varietät ist sehr selten und kommt wohl in folgender Weise zu Stande: Das Grün des Wellensittichs und auch der meisten anderen Vögel entsteht dadurch, dafs sich auf einer dunkelbraunen Schicht durchsichtige Schirmzellen befinden, auf die wieder eine dünne Lage gelben Farbstoffs gelegt ist. Fehlt das dunkle Pigment, so sind die Wellensittiche gelb, fehlt die oberste gelbe Schicht, so sind sie blau. Beim normalen Vogel mischt sich das Blau und Gelb für unser Auge zu Grün. Ferner hat Herr Heinroth ein Schreiben des Herrn Graham aus Netherbury-Cumberland erhalten des Inhalts, dafs dieser Herr jeden Winter eine grofse Anzahl, zusammen etwa 1400 Stock-, Krick- nnd Pfeifenten einfängt, den Tieren die Federn je eines Flügels beschneidet und sie dann den Winter über auf einem Waldteiche hält. Gegen Ende des Februars werden den Enten die abgeschnittenen Federspulen ausgezogen und ein grofser Teil dieser Vögel erhält einen mit R. G. gezeichneten Fufsring. In einigen Wochen haben die Tiere durch Nachwachsen der Schwingen ihre Flugfähigkeit wieder erlangt und verschwinden allmählich. Sowohl im Jahre 1909 als 1910 wurde je eine dieser Pfeifenten Mitte Juni in Holstein bezüglich in Mecklenburg erlegt, und dem

Berichterstatter ist es auffallend, dafs die für gewöhnlich doch recht spät im Jahre ziemlich hoch im Norden brütende Pfeifente im Sommer in Deutschland angetroffen wurde. Ferner hat Herr Heinroth von Herrn Alexander Falz-Fein in Askania-Nova, Südrufsland, ein ausführliches Schreiben üder seine vorjährigen Zuchterfolge erhalten, in dem sich auch sonst viele interessante ornithologische Mitteilungen befinden, von denen hier die hauptsächlichsten angeführt seien. Bei den sich vollkommen frei bewegenden *Lophophorus impeyanus* wurde die Erfahrung gemacht, dafs die Hennen ihre Eier nicht nach sonstiger Hühnerart auf dem Boden ablegten, sondern sie versuchten auf erhöhten Punkten, wie Dächern und ähnlichem zu nisten, was ihnen wegen ungeeigneter Unterlage nicht gelang. Ein Versuch mit der freien Haltung von *Catreus wallichi* mifslang. Die Tiere halten sich nicht wie andere Fasane an den Wald, sondern wandern auf Nimmerwiedersehen in die Steppe aus, indem sie unaufhaltsam im Grase fortgehen. Herr Heinroth führt dies darauf zurück, dafs diese Art nicht wie ihre Verwandten den Wald und hohes Buschwerk als Deckung ansieht und es daher vermeidet, sich weit auf offenes Gelände hinauszubegeben, sondern nach indischen Berichten lebt *Catreus* im dicht mit Schlingpflanzen durchwachsenen, hohen Grase. Sehr interessant ist das Verhalten von zwei im Jahre 1907 in Askania-Nova gezüchteten freifliegenden gewöhnlichen Kranichen. Die Tiere blieben bis zum Frühjahr 1908 bei ihren Eltern, zogen dann zu Ende des April weg und stellten sich erst im August wieder ein. Die folgenden Zugzeiten gingen spurlos an ihnen vorüber. Merkwürdigerweise zogen sie aber mit anderen Durchzüglern Mitte Oktober 1910 weg, um nach 6 Wochen plötzlich wieder zu erscheinen. Die Tiere sehen demnach offenbar Askania-Nova für ihr Winterquartier an und kehren, auch wenn sie den wilden Artgenossen beim Herbstzuge gefolgt sind, wieder dahin zurück. Sehr dankenswerterweise hat Herr Falz-Fein eine gröfsere Anzahl der dort brütenden Störche, Abendfalken, Roten Casarcas und anderen Vögel mit Rossittener Fufsringen versehen lassen, auf deren Wiedererlangung man gespannt sein darf.

Herr Reichenow legt eine neue Kalanderlerche mit rotbrauner Kopfplatte aus Kansu vor, die der *Melanocorypha maxima* ähnlich ist. Derselbe legt drei von Herrn Dr. Biedermann-Imhoof erhaltene recht verschiedene geographische Formen von *Caccabis saxatilis* vor, worüber in den Orn. Monatsberichten bereits Näheres mitgeteilt ist.

Ferner hat Herr Reichenow eine sehr wertvolle Sammlung von Kamerunvögeln bekommen, die von der Expedition stammen, welche den Botaniker Ledermann zum Führer hatte. Herr Riggenbach war als Zoologe dabei tätig und hat in einem Jahre 1000 Vogelbälge in 300 Arten zusammengebracht, worunter 34 neue und 180 bis jetzt noch nicht aus Kamerun bekannte

Formen sind, sodafs die Vogelfauna dieses Landes sich jetzt auf 660 Spezies beläuft. Herr Riggenbach hat insbesondere die bis jetzt noch fehlenden Steppenformen gesammelt und nachgewiesen, dafs auch einige bisher nur aus dem Osten und Süden Afrikas bekannte Arten auch in Kamerun leben, so *Anas sparsa*, *Abdimia abdimi*, *Gyps rüppelli* u. a. Der Vortragende legt mehrere neu beschriebene Arten vor. Eine ausführliche Arbeit über die Sammlung erscheint in den „Mitteilungen des Berliner Zoologischen Museums."

Herr K. Kothe legt das in den letzten Ornithologischen Monatsberichten von ihm beschriebene neue Perlhuhn *Numida frommi* vor.

Herr Neumann macht im Anschlufs daran darauf aufmerksam, dafs anscheinend zwei Gruppen in der Gattung *Numida* zu unterscheiden seien, die eine mit hartem, die andere mit weichem Helm, worauf noch nicht genügend geachtet sei. Auch die Farbe des Helms sei bei beiden Gruppen verschieden.

Zum Schlufs legt Herr Krause noch einen Mischling zwischen *Emberiza leucocephala* und *citrinella* vor, den Herr Wache vom Altai mitgebracht hat. **O. Heinroth.**

In der **Februarsitzung** der Gesellschaft fand Vorführung farbiger Lichtbilder statt nach Photographien, die nach der Mietheschen Dreifarben-Photographie von den Herren Geheimrat Miethe und Graf Zedlitz auf Spitzbergen aufgenommen waren.

Dem Herausgeber zugesandte Schriften.

Aquila. Zeitschrift für Ornithologie. Red. O. Herman. T. 17. Budapest 1910.

The Auk. A Quarterly Journal of Ornithology. Vol. XXVIII. No. 1. 1901.

Bulletin of the British Ornithologists' Club. No. CLXV—CLXVII. 1911.

The Ibis. A Quarterly Journal of Ornithology. (9.) V. 1911. No. 17.

The Journal of the South African Ornithologists' Union. Ed. by J. W. B. Gunning, A. Haagner and B. C. R. Langford. Vol. 6. No. 2. 1910.

Ornithologische Monatsschrift 36. No. 1—3. 1911.

Zeitschrift für Oologie. Herausg. v. G. Krause (F. Lehmann, Stuttgart). 1. No. 1. 1911.

Conte Arrigoni Degli Oddi, Commemorazione di Richard Bowdler Sharpe fatta alla Societa Zoologica Italiana. (Abdruck aus: Bull. Soc. Zool. Ital. XI. 1910).

— [*Hierofalco cherrug* in Tunisia]. (Abdruck aus: The Ibis Jan. 1910).

Conte Arrigoni Degli Oddi, Nota ornitologica sopra la recente cattura della Geocichla sibirica in Italia. (Abdruck aus: Atti Ist. Veneto Sc. lett. arti 70. Parte seconda ott. 1910).

— Notizie sopra un individuo albino di mestolone o spatula clypeata. (Abdruck aus: Diana 5 Fasc. 52 No. 8).

— Note sul secondo Congresso internazionale della caccia a Vienna nel settembre 1910. (Abdruck aus: Diana 5. Fasc. 55. No. 11).

F. M. Bailey, The Red-headed Woodpecker. (The Nat. Ass. Audub. Soc. Educat. Leafl. 43).

A. Bau, Zehnjährige Beobachtungen über wechselnde Ab- und Zunahme von Singvögeln in Vorarlberg. (Abdruck aus: Orn. Jahrb. 21. 1910).

O. De Beaux, Il primo *Turdus sibiricus* cattura in Italia. (Abdruck aus: Boll. Soc. Zool. Ital. 11. 1910).

G. Clodius, 7. ornithologischer Bericht über Mecklenburg (und Lübeck) für das Jahr 1909. (Abdruck aus: Arch. Ver. Fr. d. Naturg. in Mecklenb. 64. 1910).

E. Csiki, Positive Daten über die Nahrung unserer Vögel. Siebente Mitteilung. (Abdruck aus: Aquila 1910).

L. Dobbrick, Zur Ornis des Weichseltales. (Abdruck aus: Jahrb. westpreufs. Lehrerver. f. Naturkunde Jahrg. 4/5. 1908 u. 9).

A. Dubois, Les espèces et les variétés du genre Loxia. (Abdruck aus: Rev. franç. d'ornith. No. 19. 1910).

— Description d'oiseaux nouveaux du Congo Belge. (Abdruck aus: Revue franç. d'Ornith. No. 22. 1911).

H. Ekama, Der Vogelzug in Holland im Jahre 1909. IV. Bericht. (Abdruck aus: Aquila 17. 1910).

W. Faxon, Brewster's Warbler. (Mem. Mus. Comp. Zool. at Harvard Colleg 40. No. 2. Cambridge 1911).

J. F. Ferry, Catalogue of a collection of birds from Costa Rica. (Field Mus. Nat. Hist. I, No. 6. Ornith. Series Public. 146 Chicago).

E. Greschik, Der Vogelzug in Ungarn im Frühjahre 1909. (Abdruck aus: Aquila 1910).

— Magen- und Gewöll- Untersuchungen unserer einheimischen Raubvögel. 1. Mitteilung. (Abdruck aus: Aquila 1910).

J. Grinnell, The Linnet of the Hawaiian Islands: A Problem in Speciation. (Abdruck aus: Univ. of California Public. in Zoology Vol. 7 No. 4 1911).

— The Modesto Song Sparrow. (Abdruck aus: Univ. of California Public. in Zoology Vol. 7 No. 5 1911).

J. W. B. Gunning and A. Haagner, A Check-List of the Birds of South Africa. (Supplement to the Annals Transvaal Museum 2. July 1910).

N. Gyldenstolpe, Bidrag till Kännedomen om det högre djurlifvet i Algeriet. (Abdruck aus: Fauna och Flora 1910).

E. Hartert, Miscellanea ornithologica: Critical, nomenclatorial and other notes, mostly on Palaearctic Birds and their allies. (Abdruck aus: Novit. zool. 17. 1910).

— On the eggs of the Paradiseidae (Abdruck aus: Novit. Zool. 17. 1910).

J. Hegyfoky, Der Vogelzug und die Witterung im Frühling des Jahres 1909. (Abdruck aus: Aquila 1910).

A. Hemprich, Führer durch das Museum Heineanum (Heinesche Vogelsammlung) in Halberstadt. 1910).

O. Herman, Johann Friedrich Naumann in Ungarn im Jahre 1835. Gedenkblatt, dem im Jahre 1910 in Berlin tagenden V. Internationalen Ornithologen-Kongrefs gewidmet. Budapest im Mai 1910. (Abdruck aus: Aquila 17. 1910, I—VII T. A u. B.).

H. K. Job, Franklin's Gull. (The Nat. Ass. Audub. Soc. Educat. Leaflet 44).

L. Kenessey v. Kenese, Die Reiherinsel von Adony. (Abdruck aus: Aquila 17. 1910).

E. Lampe, Zur Wirbeltier-Fauna des Regierungsbezirks Wiesbaden. (Abdruck aus: Jahrb. Nassau. Ver. Naturk. 63. 1910).

A. Lavalle, Die Rasse- und Nutzgeflügelzucht in Schiffmühle. (Abdruck aus: Unser Hausgeflügel. Handbuch über Zucht, Haltung u. Pflege unseres Hausgeflügels 2. Aufl. Berlin).

F. Lindner, Am Nistplatz des Thüringer Steinsperlings. (Abdruck aus: Orn. Mntssch. 36. No. 1).

A. Menegaux, Sur les Oiseaux sédentaires dans les bassins du Pungoué et du Bas Zambèze. (Bull. Soc. Philom. Paris (X) Tome 2 No. 2/3 1910).

— Étude des oiseaux de l'Équateur rapportés par le Dr. Rivet. (Abdruck aus: Mission du service géogr. de l'armée pour la mesure d'un Arc de Méridien Equatorial en Amérique du Sud 1899—1906 Tome 9).

J. Michel, Einige Zugbeobachtungen aus dem Elbtale bei Bodenbach. (Abdruck aus: Aquila 17. 1910).

L. v. Mierzejewski jun., Verzeichnis der Wierbeltiere der Insel Oesel (Livland, Rufsland). (Abdruck aus: Verhandl. zool. bot. Ges. Wien 1910.)

J. G. Needham, Practical Nomenclature. (Abdruck aus: Science 32 No. 818 1910).

C. Parrot, Verhandlungen der Ornithologischen Gesellschaft in Bayern 10. Bd. 1909. München 1911.

F. Peckelhoff, Das Schwinden des weifsen Storches. (Lübeckische Blätter No. 38 1910).

L. Rhumbler, Über eine Zwecksmäfsige Weiterbildung der Linnéschen binären Nomenklatur. (Abdruck aus: Zool. Anzeiger 36. Bd. No. 26 1910).

T. Salvadori e E. Festa, Nuova specie del genere *Thinocorus*. (Boll. Mus. Zool. Anat. comp. Torino No. 631).

E. Schäff, Unser Flugwild. (Naturwiss. Wegweiser. Samml. gemeinverst. Darstellungen Ser. A Bd. 19, herausg. v. Prof. Dr. K. Lampert, Stuttgart).

J. Schenk, A madárvonulás kérdésének kisérleti vizsgálata. (Abdruck aus: Aquila 17. 1910).

— Von der Vogelwelt verhinderte Heuschreckenplage. (Abdruck aus: Aquila 17. 1910).

— Bericht über die Vogelmarkierungen im Jahre 1910. (Abdruck aus: Aquila 17. 1910).

Y. Sjöstedt, Wissenschaftliche Ergebnisse der Schwedischen Zoologischen Expedition nach dem Kilimandjaro, dem Meru und den umgebenden Massaisteppen Deutsch-Ostafrikas 1905—1906. I. Die Tierwelt der Steppen und Berge.

R. Baron Snouckaert van Schauburg, Ornithologie van Nederland. Waarnemingen van 1 Mai 1909 tot en met 30 April 1910. (Abdruck aus: Tijdschr. Ned. Dierk. Vereen. (2.) 12. Afl. 1).

W. Stone, The Orchard Oriole. (The Nat. Ass. Audub. Soc. Educat. Leafl. 42).

H. S. Swarth, Two new species of Marmots from Northwestern America. (Abdruck aus: Univ. of California Public. in Zoology Vol. 7 No. 6 1911).

— Birds and Mammals of the 1909 Alexander Alaska Expedition. (Un. California Publicat. in Zoology Vol. 7 No. No. 2 1911).

L. v. Szemere, Die relative Verbreitung der Wachtel und des Rebhuhns in Ungarn. (Abdruck: aus Aquila 17. 1910).

W. P. Taylor, An apparent Hybrid in the Genus Dendroica. (Abdruck aus: Univ. of California Public. in Zoology Vol. 7 No. 3 1911).

J. Thienemann, Der Zug des weifsen Storches (*Ciconia ciconia*) auf Grund der Resultate, die von der Vogelwarte Rossitten mit den Markierungsversuchen bisher erzielt worden sind. (Abdruck aus: Zool. Jahrb. Suppl. 12 Heft 3 1910).

Victor Ritter v. Tschusi zu Schmidhoffen, Ornithologische Literatur Österreich-Ungarns 1909. (Abdruck aus: Verhandl. zool. bot. Ges. Wien 1910).

— Ornithologische Kollektaneen aus Österreich-Ungarn. (Abdruck aus: Zool. Beobachter 51. Heft 7—9 1910).

R. Zimmermann, Nutzen und Schaden unserer Vögel. Leipzig (Th. Thomas).

JOURNAL

für

ORNITHOLOGIE.

Neunundfünfzigster Jahrgang.

No. 3. Juli 1911.

Beobachtungen und Aufzeichnungen während des Jahres 1910.

Von Dr. **Erich Hesse.**

Eine Reihe von Beobachtungen und Aufzeichnungen aus dem Jahr 1910 möge im folgenden wiederum in Kürze mitgeteilt werden.

Zunächst einige wenige Worte über das Leipziger Gebiet. Mehrmals besuchte ich die ehedem regelmäfsig von mir beobachteten Bezirke und habe daselbst auch die selteneren Arten wie früher angetroffen; ich werde dies jedoch nun nicht jedesmal wieder im einzelnen angeben, sondern behalte mir vor, späterhin im Zusammenhang bei andrer Gelegenheit darauf zurückzukommen. Nur die nachstehenden paar Bemerkungen seien hier verzeichnet.

Tadorna tadorna L. Rohrbach: Nach Aussage der Anwohner soll sich Anfang März auf dem Mühlteich wiederum eine Brandgans gezeigt haben. Bezüglich des Vorkommens dieser Art im Gebiet verweise ich auf meine früheren Angaben im Journ. f. Orn. 1907, S. 104; 1908, S. 265 u. 281.

Otis tarda L. Gundorf: 26. III. 3 St. sehr hoch nach W. überhin.

Pernis apivorus L. „Unser" Wespenbussard im Leipz. Zool. Garten (vgl. die beid. vor. Berichte) ist immer noch von bestem Wohlsein, wie ich mich bei einem Besuch am 27. XI. überzeugen konnte; das Gefieder zeigt abermals nur geringe Veränderung gegen das Vorjahr, indessen macht die dunkel rotbraune Grundfarbe mehr und mehr einem ebenso dunklen Sepia Platz; der Zustand dieses seines Federkleides ist nach wie vor tadellos, vor allem auch der lange Schwanz nicht verstofsen. Der Vogel hat sich nun also fast schon $2^1/_2$ Jahre, Sommer und Winter im Freien, ausgezeichnet gehalten. — In allen den hier in Frage kommenden Forsten im Süd-Osten, Süden und Nord-Westen von Leipzig traf ich auch dies Jahr Brutpaare des Wespenbussards, in den angrenzenden grofsen preufsischen Forsten begegnete ich ihm gleichfalls verschiedentlich; sein Bestand an Brutpaaren ist jetzt im Leipziger Gebiet ungefähr der gleiche wie beim Mäusebussard.

Syrnium aluco L. Als ich vom 15. bis 18. Juni im Waldkater bei Schkeuditz wohnte, liefs allabendlich nahebei ein Waldkauz Rufreihen ausnahmslos nach folgendem unabänderlichen Schema hören: „hu buhuhú$_{u}$ — ^{hú} — bububú$_{u}$," wobei die beiden Striche die mit geradezu verblüffender Regelmäfsigkeit eingeschalteten Pausen von genau gleicher Länge darstellen.

Cuculus canorus L. Am 17. VI. trieben sich auf einer kleineren Waldwiese südlich von Wehlitz 6 Kuckucke herum, darunter 2 St. mit rostrotem Kleid; am 18. VI. in der Nähe des ebenerwähnten Waldkaters gleichfalls ein rostrotes Exemplar.

Picus canus viridicanus Wolf. 26. III. im Auewaldgebiet südl. von Schkeuditz 1 ♂ rufend; 18. VI. ebendort ein solches herumstreichend.

Pyrrhula. Am 27. XI. im südl. (Connewitzer) Ratsholz und im Rosenthal allenthalben einzelne herumstreichende Gimpel, und nach mir später zugegangenen brieflichen Mitteilungen einiger Herren haben sie sich auch an verschiedenen anderen Stellen des Gebietes gezeigt; ich führe dies hier nur deshalb an, weil ich weiter unten noch einmal auf diese Art zurückkomme.

Certhia. Am 28. III. im Rosenthal ein Exemplar die typische Trillerstrophe singend, und zwar hatte ich dasselbe so nahe, wie zufälligerweise noch nie ein Individium jener Sangesweise; in diesem Fall war nun entschieden der Ton der Oberseite mehr ins Rostfarbene ziehend und der Schnabel kürzer, soweit man dies allerdings ohne Vergleichsmaterial draufsen zu beurteilen vermag; dies würde also hier für die echte Baumläuferform sprechen. (Vgl. auch u. S. 381).

Aegithalus caudatus L. Am 26. III. fand ich im Kanitzsch ein schönes, fast völlig fertiges Nest, in dessen Nähe das Paar gerade beschäftigt war; seltsamerweise stand ersteres nur in dünnes Gezweig eines Busches eingebaut unmittelbar am Rand einer Schneise ca. 1½ m hoch, sodafs es dem Vorübergehenden sofort auffallen mufste; bekanntlich findet man sonst die Nester in der Regel sehr geschickt angelegt.

Locustella naevia Bodd. Vom 16.—18. VI. 1 St. allabendlich auf einem jetzt sehr stark verwucherten ehemaligen Kahlschlag im nordwestl. Auewaldgebiet singend, also auch diesen Sommer zur Brutzeit festgestellt.

Turdus musicus L. Sowohl im neuen Johannis- und Süd-Friedhof wie in den Parkanlagen des Völkerschlachtdenkmals hatten sich dies Jahr einzelne Singdrosselpaare angesiedelt. Es vollzieht sich also auch hier mehr und mehr die Einwanderung dieses ursprünglich reinen Waldvogels als Bewohner städtischer Anlagen.

Erithacus phoenicurus L. Jener Hexenbesen, den ich bereits in den beiden vorhergeh. Berichten als seltsamen Brutplatz unseres Vogels erwähnt habe, war auch in diesem Jahr, dem vierten nunmehr, wieder von einem Paar bezogen; am 25. VI. enthielt das Nest 5 fast flügge Junge, das ♂ fütterte gerade.

Es seien nunmehr eine Reihe weiterer Beiträge und Mitteilungen für das Berliner Gebiet angeführt. Zuvor möchte ich aber an dieser Stelle auf folgendes hinweisen. Je länger man in der freien Natur beobachtet, um so mehr erkennt man, wieviel noch selbst in den doch schon so gut durchforschten deutschen Gauen immer wieder zu tun übrig bleibt; um den gesamten Bau unsrer Kenntnisse mehr und mehr zu vervollständigen, kann man alljährlich nur Bausteinchen für Bausteinchen herzutragen, soweit eines Menschen Leben überhaupt dazu ausreicht. Und dabei weifs jeder, der sich auch mit anderen Tiergruppen beschäftigt hat, dafs die Ornithologie eine der bestbekannten Abteilungen der Zoologie in biologischer und faunistischer Hinsicht darstellt. Ich werde aber weiter unten wieder an einigen Beispielen zeigen, dafs unsere gröfseren Handbücher, selbst der neue Naumann, mitunter völlig versagen. —

An fast allen der hier unternommenen Exkursionen beteiligte sich wiederum Herr K. Sekretär Stahlke, an einigen zu Anfang des Jahres auch nochmals Herr Dr. Schottmüller. —

1. *Colymbus cristatus* L. Auf der Havel an der Pfaueninsel die ersten, 3 St., am 6. III., davon zwei noch im Übergangskleid, die letzten, 4 St., am 17. XII. Zur Brutzeit die Kolonie mindestens in gleicher Stärke wie im Vorjahr, als Höchstzahl an der Erdzunge am 10. VIII. 57 Alte + 21 Junge.

2. *Colymbus grisegena* Bodd. Auf den Linumer Karpfenteichen dies Jahr ca. 25—30 Brutpaare; auf den Teichen bei Forsthaus Entenfang (Wildpark) 2 Paare, ferner auf einer gewissen Lache im Nauener Luch 1 Paar, wo voriges Jahr keine Rothalstaucher vertreten waren.

3. *Colymbus nigricollis* Brehm. Ein Brutpaar, das nur ein Junges grofszog, auf einem der ebenerwähnten Linumer Teiche, das einzige daselbst beobachtete.

4. *Colymbus nigricans* Scop. Weitere Brutplätze: Teiche bei Neu-Töplitz, Wernsdorfer-, Zeesener-, Ruppiner- und Grimnitz-See; verspätete Balztriller am 17. VIII. und 6. XI. (!) auf zweitgenanntem See.

5. *Larus argentatus* Brünn. Am 5. V. 2 alte Vögel nordwärts ziemlich tief über den kleinen Zern-See streichend. Dicht hinterher flogen eine Krähe und eine Lachmöwe, sodafs man die

augenfälligen Gröfsenunterschiede und abweichenden Habitusbilder schon aus der Ferne schön vergleichen konnte.[1])

6. *Larus canus* L. Auf den gröfseren Gewässern (Havel, Müggel-, Wann-, Sakrower-, Jungfern-, Lehnitz-, Schwielow-, Zern-, Schlänitz-See, Wublitz, u. s. w.) einzelne oder auch kleinere Trupps bis zu 20 St. bis zu Ende April und wieder von Mitte November an, soweit in den Kälteperioden offene Stellen vorhanden waren. Am grofsen Zern-See ferner am 4. und 5. V. ca. 30 St., am 24. VII. einzelne mit ca. 100 Lachmöwen und 4 Flufsseeschwalben zusammen, also in genau der gleichen Vergesellschaftung, der gleichen Zeit mitten im Sommer, auch an derselben Uferstelle wie im Vorjahr. Am 30. VII. auch ein Stück auf dem Grimnitz-See.

7. *Larus ridibundus* L. Von gröfseren Zusammenrottungen nenne ich hier nur: 27. II. auf den überschwemmten Nuthewiesen westl. von Drewitz ca. 300 St.; 24. VII. grofser Zern-See ca. 100 St. (s. o.); 31. VII. Grinnitz-See ca. 50 St.; auf der Havel von Wannsee bis Sakrow von Anfang August an zu ca. 30 bis ca. 200 St. Stets waren die Schwärme aus Alten und Jungen gemischt.

8. *Sterna hirundo* L. Grofser Zern-See am 4. und 5. V. sowie am 24. VII. (s. o.) je 4 St., an letzterem Tage 1 St. auch lange Zeit auf einem ganz schmalen Balkenkopf friedlich neben einer jungen Lachmöwe stehend. Linumer Luch am 15. V. 2 St. und am 17. VII. ca. 4 Paar, sich im Brutrevier der Trauerseeschwalben aufhaltend und fortgesetzt sehr aufgeregt ihre „tjip“ und „^{ki}rrräh$_{\text{äh}}$“ schreiend.

9. *Hydrochelidon nigra* L. Die im Vorjahr konstatierten Brutkolonieen waren diesen Sommer entweder völlig verschwunden (Nauener Luch, Paretzer Kanal) oder in der Zahl der Paare

[1]) Ich möchte hier noch einmal kurz auf das Vorkommen von Raubmöwen im Herbst 1909 zurückgreifen, was ich bereits im vor. Bericht erwähnte. Nach Drucklegung desselben ist noch ein weiteres Vorkommnis bekannt gegeben worden: E. Detmers berichtete in der Orn. Monatsschr. (1910, S. 316), dafs er an den Geestner Karpfenteichen (i. d. Nähe von Meppen, Hannover) den Cadaver einer Schmarotzerraubmöwe (*Sterc. parasiticus*) fand, die von einem Wanderfalken geschlagen worden war, und zwar wiederum Anfang Oktober! Wenn ich also die verschiedenen bis jetzt gemeldeten Vorkommnisse noch einmal zusammenstelle, so ergibt sich, dafs Raubmöwen (*Sterc. parasiticus* L. u. *S. pomarinus* Tem.) an folgenden Orten festgestellt wurden: Anfang Oktober bei Geeste, Pr. Hannover; (Orn. Monatsschr. 1910, S. 316); — Anfang Oktober bei Erkner b. Berlin (Journ. f. Orn. 1910, S. 491); — Anfang Oktober bei Leipzig, Meifsen und Lausa, Kgr. Sachsen (Journ. f. Orn. 1910, S. 491); — Mitte September bei Mattsee und am Seekirchner See im Salzburgischen sowie Ende September bei Salzburg selbst (Orn. Jahrb. 1910, S. 61). Stets und übereinstimmend wird nur von dem Erscheinen einzelner Vögel berichtet.

stark zurückgegangen (Neu-Töplitzer Teiche, Golmer Luch), nur die Kolonie im Linumer Luch war in alter Stärke vertreten. Als wir letztere zu Pfingsten zum ersten Mal besuchten, waren die Vögel offenbar gerade erst eingetroffen, sie hatten noch mit der Nestsuche zu tun, und es waren da gar anmutige Bilderchen zu sehen, wenn die graziösen Gatten so eifrig mit- und umeinander beschäftigt waren. Einzelne Herumstreicher am 22. V. auf dem Werbellin-See und am 31. VII. auf dem Grimnitz-See.

10. *Mergus merganser* L. Wann-See—Havel—Pfaueninsel: 6. III. 3 ♂, 1 ♀; 3 ♂, 5 ♀; 2 ♂, 1 ♀; 3 ♂, 3 ♀; 3 ♂, 1 ♀; 1 ♂, 3 ♀; 2 ♂ 1 ♀; dazwischen noch 9 einzelne Paare; 22. III. 6 einzelne Paare; 21. IV. 5 einzelne Paare; 26. V. 1 ♀ mit 5 kleinen Dunenjungen nach dem Schilf des Kälberwerder schwimmend und sich dort bergend, nicht weit davon 1 ♂, 2 ♀ + 5 ♀, also ohne Nachkommenschaft gebliebene; ich hätte aber kaum für möglich gehalten, dafs bei dem überaus lebhaften Verkehr aller nur erdenklichen Wasserfahrzeuge diese Art jetzt überhaupt hier noch brütet. 3. XII: 1 ♂, 2 ♀; 6 ♂, 12 ♀; 1 ♂, 7 ♀; 1 ♂, 4 ♀; dazwischen 4 einzelne Paare; 17. XII.: 8 ♂, 26 ♀; 1 ♂, 2 ♀; dazwischen 5 einzelne Paare; in diesen letzteren beiden Fällen stimmt, wenn man die einzelnen Zahlen für ♂ und ♀ addiert, die Gesamtzahl ganz auffällig überein, möglicherweise dieselben Individuen. — Gr. Müggel-See: 13. II. 2 Paare + 1 ♂. — Schwielow-See: 27. II. 5 ♂, 13 ♀; 4 ♂, 5 ♀; dazwischen 8 einzelne Paare; 26. XII. 1 Paar. — Sakrower-See: 6. III. 2 ♂, 1 ♀; 2 ♂, 12 ♀; 2 ♂, 5 ♂; dazwischen 3 einzelne Paare; 8 ♂, 14 ♀ überhinfliegend. — Lehnitz-See: 6. III. 1 ♂, 4 ♀; 1 Paar. — Gr. Zern-See: 3. IV. 5 einzelne Paare. — Wublitz: 3. IV. 2 einzelne Paare. — Schlänitz-See: 3. IV. 2 einzelne Paare. — Teupitzer See: 10. IV. 3 ♂, 8 ♀; 2 ♀; 16 ♀; 1 ♂, 2 ♀; dazwischen 5 einzelne Paare. — Werbellin-See: 22. V. 1 ♀ mit 3 Dunenjungen, ein zweites mit deren 5, die ♀ die Jungen bei der Flucht unter lockendem „krrrå" z. T. auf den Rücken nehmend; nicht weit davon 5 ♂, 13 ♀, ohne Nachkommenschaft; 31. VII. 2 einzelne Paare. — Caputher-See; 26. XII: 3 ♂, 2 ♀. — Auffällig ist in vielen Fällen die starke Minderheit der alten ♂, insbesondere auch bei den Vorkommnissen zur Brutzeit.

11. *Mergus albellus* L. Schwielow-See: 27. II. 2 ♂, 1 ♀; 4 ♂, 2 ♀; 26. XII. 1 ♂, 5 ♀. — Über das Erscheinen der Art in diesen beiden milden Wintern vgl. das unten S. 380 bei *Ac. linaria* Gesagte.

12. *Nyroca fuligula* L. Gr. Müggel-See: 20. II. ca. 80 St., davon ca. 20 ♂ und ca. 60 ♀; 20. XI. ebenfalls ca. 80 St., davon ca. $^2/_3$ ♂ und $^1/_3$ ♀. — Schwielow-See: 27. II. ca. 60 St., davon ca. $^2/_3$ ♂ und $^1/_3$ ♀; 26. XII. ca. 100 St., Geschlechter etwa gleich. — Wannsee-See—Havel—Pfaueninsel: 6. III. 6 + 8 ♂; 23. III. 9 ♂; 21. IV. 1 ♂, 2 ♀; 3. XII. ca. 300 St., Geschlechter etwa gleich; 17. XII. ca. 100 + ca. 200 St., Geschlechter etwa gleich,

möglicherweise dieselben Individuen wie am 3. XII. — Sakrower-See: 6. III. 21 ♂ 7 ♀. — Krampnitz-See: 6. III. 5 ♂, 3 ♀. — Gr. Zern-See: 3. IV. 2 einzelne Paare. — Pätzer-Vordersee: 10. IV. 14 einzelne Paare + 1 ♂; 28. VIII. 2 ♂; 6. XI. 7 einzelne Paare + ca. 130 St., davon ca. $^2/_3$ ♂ und $^1/_3$ ♀. — Teupitzer-See: 10. IV. 1 ♂. — Rangsdorfer-See: 12. IV. 1 ♂. — Zeesener-See: 1. V. 1 ♂, 2 ♀; 2 ♂, 1 ♀; 3. VII. 4 ♂; 12. VII. 15 ♂, 4 ♀; 3. VIII. 7 ♂, 4 ♀; 9 + 2 ♂; 17. VIII. 2 + 13 ♂; 1 ♀; 28. VIII. 10 + 5 ♂; 4. IX. 4 + 21 ♂, 6 ♀; 6. XI. 2 ♂. — Todnitz-See: 1. V. 2 ♂, 1 ♀; 2 ♂, 1 ♀; 9 ♂, 4 ♀; 6. XI. 69 St., 38 ♂, 31 ♀. — Caputher-See: 26. XII. 2 ♂. — Bei den mehrfach angegebenen gröfseren Schwärmen war die Zahl der Geschlechter wegen der Unruhe der Enten nicht ganz genau festzustellen. Auffällig ist, dafs auf dem erwähnten Zeesener-See, wo sich während der ganzen Brutzeit Reiherenten aufhielten, sich nicht ein einziges Mal ♀ mit Jungen zeigten. Mehrmals im Frühling und Herbst befanden sich die Enten sehr nahe am Ufer, und man hatte Gelegenheit, ihr Benehmen und insbesondere auch ihre Stimmen aus grofser Nähe zu beobachten und zu hören; es hatte den Anschein, als ob sie sich, namentlich wenn sie in gröfserer Zahl beisammen waren, gegenseitig um so mehr anregten; so balzte z. B. die oben angeführte grofse Schar auf dem Müggel-See am 20. II. sehr lebhaft, aber auch die am 6. XI. auf dem Todnitz-See bebefindlichen zahlreichen Enten waren von gleicher Regsamkeit. Aufser dem bekannten, etwas heruntergebogenen Schnarren, „årrrr“, liefsen sie eigentümliche, scharf nach unten oder auch nach oben abgebrochene zweiteilige Rufe vernehmen, wie „qui pü“[1] oder „quü pi“, manchmal klang es auch leiser und intimer wie „quä bäck“, ferner kurze, herabsinkende, fast wiehernde Tonreihen, wie „quiüüüü“, die zuweilen auch in ein leiseres „göööööö“ gewandelt werden konnten. Im neuen Naumann finde ich über diese letzteren Rufreihen nichts, wohl aber ist dort ein kurz abgebrochenes Pfeifen, dem von *An. penelope* ähnlich, mit „Hoi Hoia“ bezeichnet erwähnt (Bd. 10, S. 143); dies dürfte vielleicht einer der erstbeschriebenen Rufe sein.

13. *Nyroca ferina* L. Vorkommen im Winter: 20. XI. Gr. Müggel-See 1 einzelnes ♂ unter den oben erwähnten ca. 80 Reiherenten; 26. XII. Caputher-See 3 ♂, 2 ♀.

14. *Nyroca nyroca* Güld. Grimnitz-See 21. V. I ♂.

15. *Nyroca clangula* L. Gr. Müggel-See: 13. II. 2 einzelne Paare; 20. II. 2 ♂, 1 ♀, 4 einzelne Paare; 20. XI. 1 ♂, 1 ♀; 2 ♂, 1 ♀. — Schwielow-See: 27. II. 6 einzelne Paare; 26. XII. 2 ♀. — Wann-See—Havel—Pfaueninsel: 6 III. 1 ♂, 2 ♀; 3. XII.

---

[1]) Einen ganz ähnlichen Ruf habe ich bereits früher einmal beschrieben, vgl. Journ. f. Ornith. 1907, S. 99.

2 einzelne ♀; 17. XII. 1 + 2 ♀. — Sakrower-See: 6. III. 4 ♂, 8 ♀; 1 ♂, 4 ♀; 2 ♂, 3 ♀; 5 einzelne Paare; in der Mitte eine Schar von ca. 50 St., Geschlechter etwa gleich, unruhig. — Gr. Zern-See: 3. IV. 2 ♂, 1 ♀; 3 einzelne Paare. — Bütz-See: 24. IV. 2 ♂, 4 ♀. — Werbellin-See: 22. 5. am Ufer des sehr belebten Nordostzipfels ein ♀ mit 8 der niedlichen weifsbäckigen Dunenjungen, unter schnarrendem „rärrrärrr" und einzelnen „ra" die Sippschaft zusammenhaltend und führend; auf dem mittleren Seeteil 4 ♂, 4 ♀ ohne Nachkommenschaft; 31. VIII. ca. 130 St., ♂, ♀ und Junge, sehr unruhig. — Grimnitz-See: 22. V. 1 Paar. — Dovin-See: 22. V. 1 Paar. — Ruppiner-See: 5. VI. 2 ♂. — Pätzer Vordersee: 6. XI. 1 ♂. — Caputher-See: 26. XII. 1 + 2 ♀.

16. *Spatula clypeata* L. Gr. Zern-See: 3. IV. 1 ♂; 3 ♂, 2 ♀. — Schlänitz-See: 3. IV. 1 + 2 Paare. — Luch von Golm-Nattwerder: 3. IV. 1 ♂, 2 ♀; 5. V. einzelne ♂. — Rangsdorfer See: 12. IV. 2 einzelne Paare; 24. V. 1 ♂; 1 ♀ mit 8 Dunenjungen. — Nauener Luch: 16. IV. 5 einzelne Paare; 6. V. 1 ♂. — Linumer Luch: 16. IV. 3 einzelne Paare. 15. V. 1 ♂ + 1 Paar; 14. VIII. 1 ♀ mit ca. 6 erwachsenen Jungen, z. T. im Ried versteckt. — Beetzer Luch: 24. IV. 4 einzelne Paare. — Bütz-See: 25. IV. 3 einzelne Paare; 5. VI. 1 ♀ mit mindestens 5 Dunenjungen, sich schnell im Rohr bergend, das ♀ nach einiger Zeit wieder hervorkommend und mit dem charakteristischen „quará" oder „korá" rufend. — Brüche am Sakrow-Paretzer Kanal: 5. V. 1 Paar. — Prierow-See: 31. V. 1 ♂ + 1 Paar.[1]) — Mellen-See: 7. VI. 1 ♀. — Die Löffelente liefs sich somit in diesem Jahr zur Brutzeit an den verschiedensten Stellen des Berliner Gebietes, auch mit Jungen, feststellen; doch wird gerade bei dieser Art, die ja mit Vorliebe stark verschilfte Brücher und Seen mit dichtem Rohrgürtel und weithin versumpften Ufern bevorzugt, die teils unzugänglich sind, teils keinen oder nur dürftigen Ausblick gewähren, die Auffindung und Beobachtung sehr erschwert.

17. *Anas strepera* L. Schlänitz-See: 3. IV. 1 Paar.

18. *Anas penelope* L. Nauener Luch: 13. III. u. 16. IV. ca. 12 Paare, vgl. u. bei *An. acuta.* — Gr. Zern-See: 3. IV. 10 Paare. — Kremmener Luch: 17. IV. ab. 8^h in der Dunkelheit offenbar ein gröfserer Schwarm lebhaft pfeifend nach N.O. überhin.

19. *Anas acuta* L. Auf einer im Frühjahr tief unter Wasser stehenden Bruchfläche des Nauener Luchs am 13. III. u. 16. IV. ca. 30 Paare mit den ebenerwähnten Pfeifenten zusammen, einigemal aufgehend und unter andauernden Rufen über der Raststätte kreisend; da Ort und Zahl an beiden Daten genau die gleichen

[1]) Nehring erwähnt in einer ganz kurzen Aufzählung einiger Wasservögel auf diesem See das Vorkommen der Löffelente daselbst für 1. Mai 1896. (Deutsche Jägerzeitg. Bd. 27, (1896), S. 247.)

waren, ist wohl anzunehmen, dafs diese Entengesellschaft in beiden Fällen aus denselben Individuen bestand, was dann einer Aufenthaltsdauer von mindestens 35 Tagen entsprechen würde. — Gr. Zern-See: 3. IV. 4 ♂, 3 ♀. — Linumer Luch: 17. VII. 1 ♀ bez. junger Vogel. —

Aus obigen Aufzeichnungen speciell während der Zugzeit der Anatiden geht somit übereinstimmend hervor, dafs die grofsen Seen, deren Ufer nicht bruchig sind, keinen oder nur geringen Rohrbestand aufweisen und die aufserdem zum gröfsten Teil von Hochwald eingeschlossen werden, von den Sägern und Tauchenten, unter letzteren insbesondere, genau wie im Vorjahr, von der Reiherente in ihren oft recht stattlichen schwarz-weifsen Scharen beherrscht wurden, wogegen die Schwimmenten die frei gelegenen und kleineren Seen mit versumpften und verwachsenen Ufern oder die Wasserflächen der Luche selbst bevorzugten. Ein Blick auf die Landkarte macht dies besonders augenfällig. —

20. *Anser* spec. Feldgelände Lichtenrade-Schönefeld-Selchow: 2. I. ca. 150, 19 St.; 2. X. 8, ca. 100, 36, 25, 18, ca. 80, 21 St.; 30. X. 1, 35 St.; 4. XII. 12, ca. 40, 10. 6 St. — Luch von Jühnsdorf-Genshagen: 27. I. ca. 100 St.; 2. IV. abends ca. 30 St. nach W. überhin. — Havelländisches Luch: 30. I. ca. 40 St.; 16. X. 7, 9, St.; 17. X. 22 St.; 20. X. 5 St.; 22. X. 6 St.; 23. X. 7, 8 St.; 18. XII. starker Durchzug, kleine Trupps fort und fort nach S.S.O. überhin, und zwar 6, 12, 6, 2, 5, 7, 10, 11, 9, 8, 17, 30, 8, 12, 5 St. — Dahlem: 4. II. früh und abends bei starkem Nebel durch Rufen („rai-ang", „gock gock") sich bemerkbar machend; 21. II. 14 + 9 St. nach S.W.; 22. II. 38 St. nach S.W.; 23. II. 42 St. nach N.O.; 21. XII. 30 St. nach S.W. — Gr. Müggelsee: 20 II. 10. St. nach O.; 20. XI. 3, 1, 1, 1 St., z. T. wohl angeschossen, das eine Exemplar konnte überhaupt nicht mehr auffliegen und flüchtete ins Rohr. — Rhin-Luch: 17. X. 1 St.; 18. X. 6 St.; 21. X. 4 St. — In der Mehrzahl der Fälle liefs sich die Artzugehörigkeit zu *Anser fabalis* Lath. feststellen, namentlich auch bei den gröfseren Schwärmen, die sich gewöhnlich auf Feldern, manchmal auch auf Bruchflächen aufhielten.

21. *Charadrius dubius* Scop. 1. V. auf dem sandigen Ostufer des Pätzer Vorder-Sees 1 Paar. — 15. V. an einem kleinen Tümpel im Linumer Luch, der in der Folgezeit bald austrocknete, 1 ♂. — In jener bereits im vor. Ber. erwähnten Sandgrube bei Alt-Töplitz am 29. V. ein einzelner Vogel abstreichend; am 24. VII. 1 Paar.

22. *Oedicnemus oedicnemus* L. Weitere Brutreviere: Auf sandigen Feldern nordwestl. von Dahlewitz in mehreren Paaren; 1 Paar hatte sich auch auf einer Sandbrache, die an ein Lupinenfeld stiefs und mitten im tiefen Kiefernhochwald der Jühnsdorfer Heide lag sowie rings von diesem umschlossen war, angesiedelt.[1])

[1]) Als wir am 9. VI. an diesem Geländestück vorbeikamen, revierten es gerade 2 Füchse gründlichst ab.

23. *Tringoides hypoleucos* L. Linumer Luch: 15. V. 1 St. am Rhin; 14. VIII. 1 St. mit 2 *Tot. glareola* (s. u.) an einem der Karpfenteiche. — Werbellin-See: 22. V. 1 St.; 31. VII. 2 St.; beidemale fast an der gleichen Stelle des Ostufers. — Zeesener See: 3. VIII. 3 St., auf Holzgestell stehend und schlafend. — Pfauen-Insel: 10. VIII. 1 St.

24. *Totanus pugnax* L. Linumer Luch: 17. IV. 5 St. streichend; 24. VII. 1 St. mit 8 *Tot. glareola* (s. u.) zusammen an einem der Karpfenteiche. — Nauener Luch: 7. V. 2 ♂, beide mit schwarzen Kragen, 4 ♀. — Bruch westl. Ribbeckhorst: 8. V. 1 ♂ mit dunkelbraunem Kragen, 5 ♀. — Kremmener Luch: 14. V. 1 ♀. — Beetzer Luch: 5 VI. 1 ♂, 2 ♀; 1 ♂; beide ♂ wieder mit schwarzem Kragen.

25. *Totanus totanus* L. Weitere Brutplätze: Die Fenne des Prierow-, Mellen-[1]) und Wernsdorfer Sees, namentlich an letzteren beiden in verhältnismäfsig recht stattlicher Anzahl von Brutpaaren.

26. *Totanus ochropus* L. Linumer Luch: 17. IV. 1 St. am Rhin. — Melln[1])-See: 22. V. ab $^1/_4$ 9 h 1 St. lebhaft über dem völlig unzugänglichen versumpften See balzend, also zur Brutzeit konstatiert.

27. *Totanus glareola* L. Nauener Luch: 7. V. 2 St. streichend. — Linumer Luch: 15. V. 4 St. nach N.O. überhin; 24. VII. 8 St. zusammen mit 1 *Tot. puynax* (s. o,); 14. VIII. 2 St. zusammen mit 1 *Tring. hypoleucos* (s. o.).

28. *Limosa limosa* L. In diesem Jahr liefsen sich folgende Brutplätze der Uferschnepfe feststellen: 1. Havelländisches Luch. a. Nauener Luch ca. 8 Paare; b. Brücher westlich von Deuschhof 1 + 2 Paare; der eine inmitten einer grofsen Viehkoppel gelegene Brutplatz ist durch das Weidevieh stark gefährdet, bei einem abermaligen Besuch am 29. V. trieben sich die betreffenden Limosen unstet in der Nähe umher, als sei ihnen die Brut vorher zerstört worden. c. Brüche am Windmühlendamm südl. von Lobeofsund 1 Paar. — 2. Rhin-Luch. a. Beetzer Luch ca. 2 Paare. — 3. Fenn des Prierow-See b. Zossen ca. 2 Paare. — Besucht man die Nistreviere, so wird man immer wieder erfreut, wenn die Vögel sich zu ihren Balzflügen erheben und die schönen Jodeltouren über den Bruch ertönen lassen, zu den Jodlern taktmäfsig mit den Flügeln schlagend und sich dabei jedesmal ebenso taktmäfsig abwechselnd auf die linke und rechte Seite wendend. Als wir am 7. V. wieder in dem mitten im Havelländischen Luch gelegenen Deutschhof (s. o.) übernachteten, balzten sie an diesem schönen sternenklaren Maienabend bis tief in die Nacht hinein; am kommenden Morgen tat sich, nachdem wir in die Nähe des Nistplatzes gekommen waren, ein Individuum ganz be-

---

[1]) [1]) Der Mellen-See liegt südlich v. Zossen, der Melln-See nordöstl. v. Joachimsthal.

sonders durch ängstliche kiebitzähnliche „tä$_{\text{err}}$äht" hervor. Wie beim grofsen Brachvogel hört man auch bei den Uferschnepfen von einzelnen Exemplaren hin und wieder einmal eine neue Variation oder Abstufung der verschiedenen Rufe, beide verfügen ja über eine erstaunliche Mannigfaltigkeit der Stimmäufserungen. Voigt[1]) sagt hinsichtlich der von ihm namhaft gemachten Wohnplätze der Limosen: „... Mit ihnen zusammen wohnen Kampfschnepfen, Kiebitze, Rotschenkel, Wiesenrallen, aber nicht der grofse Brachvogel; doch ist nicht ausgeschlossen, dafs es Plätze gibt, wo beide vorkommen, denn ich wüfste keinen durchgreifenden Unterschied anzugeben zwischen den Wiesen an der Trebel und Havel, wo *Numenius* wohnt, und denen an der Hamme und Wümme, wo *Limosa limosa* so ganz gemein ist." An allen den oben aufgeführten Brutplätzen der Mark kommen *Limosa* und *Numenius* nebeneinander vor, und zwar letzterer stets in der Überzahl.

29. *Numenius arquatus* L. Die ersten beobachtet am 13. III. im Nauener Luch; bereits am 10. VII. 2 St. hoch und unaufhaltsam, natürlich auch rufend, genau südwestlich über das Havelländ. Luch (bei Paulinenaue) ziehend, offenbar also wieder Durchzügler; die letzten (2 St.) am 9. X., am gr. Müggel-See hin und her streichend.

30. *Scolopax rusticola* L. Am 21. u. 22. V. balzten abends an verschiedenen Stellen des Grumsiner Forstes Waldschnepfen, unter ihrem „quorrr quorrr ^{hiihst}" über Lichtungen oder entlang von Gestellen streichend.

31. *Otis tarda* L. Zusammenrottungen: Havelländisches Luch. 13. III. 1+7+9+31+5 St., 2. IX. 24 St.; 25. IX. 14 St.; 23. X. 9 St.; 13. XI. 34 St. Am 10. VII. stand auf einer Luchwiese südlich von Lobeofsund eine Alte mit einem halbwüchsigen Jungen; bei unsrer Annäherung „versank" das Junge mehr und mehr und verschwand schliefslich vollkommen, ohne dafs es sich dabei fortbewegte; die Alte flog bald darauf ca. 500 m weit weg, alsdann scharf beobachtend. Trotz langem und gründlichstem Suchens an genau der betreffenden Stelle war jedoch die junge Trappe unauffindbar, sie hatte sich also nicht „gedrückt", sondern mufste sich, allerdings g a n z geduckt, in ein nicht weit entferntes höher begrastes Stück geflüchtet haben. Als wir uns wieder weit genug entfernt hatten, kehrte die alte Trappe langsam einherschreitend in grofsem Bogen nach der eben erwähnten hochbegrasten Partie allmählich zurück. — Rhin-Luch. 20. III. 1 + 17 St.; 15. X. 3 + 8 St.; 16. X. 17 + 11 St.; 17. und 18. X. 21. St; 19. X. 18 St.; 20. X. 9 St.; 22. X. 26 St. Die vom 15.—20. Oktober beobachteten Trupps standen gewöhnlich auf dem Silberberg, westsüdwestlich von Linum, und es gewährte einen schönen Anblick, wenn in der Frühe der Nebel zerflofs und sich die Ge-

---

[1]) Exkursionsbuch, 5. Aufl., S. 252.

stalten der grofsen Vögel abhoben, sich reckend und dehnend und das Gefieder lüftend, bestrahlt von der herbstlichen Morgensonne. — Feldmarken Lichtenrade-Schönefeld. 7. IV. 14 + 6 St., vor dem gröfseren Trupp in einiger Entfernung ein wahrhaft kolossales ♂, in halber Balzstellung; 2. X. 5 + 1 + 9 + 6 St.; 30. X. 5 St. mit einem Schwarm Krähen erschreckt vor einem überhinfliegenden und rasselnden Zweidecker (Flugmaschine) entfliehend; 4. XII. 42 St. — Hähne in Balzstellung von Anfang März bis Ende Mai.

32. *Grus grus* L. Zunächst ein paar Zugdaten. Havelländische Luch: 13. III. 3, 1, 2, 23, ca. 100 St., sämtlich nach N.N.O. ziehend; 16. IV. 31 St.; 17. IV. 14 St.; 2. IX. 44 + 4, 11, 7, 8, 2, 6, 4, 10, 4, 3, 20, 41 St.; 25. IX. 3, ca. 200 St., sich mehrfach in kleinere Trupps auflösend, vielleicht z. T. noch die Vögel vom 2. IX.; 13. XI. 6 St. — Rhin-Luch: 17. IV. 12 St.; 17. X. 1 St., 18. X. 2 St. n. S.W.; 19. X. 1 Paar mit 2 Jungen herumstreichend, letztere öfters im Flug das feine piepende „bij" hören lassend, die Alten mit einem gedämpften etwas absinkenden „korrr" antwortend; 23. X. 24 St., 19 Alte + 5 Junge, auf Feld weidend und auf ca. 150 m ankommen lassend. — Über die Verhältnisse zur Brutzeit sei nachstehendes erwähnt. Der Bestand der Brutpaare im Rhin-Luch war etwa folgender: Kremmener Luch ca. 3 Paare; Flatower und Wustrauer Luch mindestens je 1 Paar. Allerdings sind diese einzelnen Luchbezirke keine scharf von einander geschiedenen Brutplätze, sondern stellen nur künstliche Gemarkungs- und Besitzesgrenzen dar; ferner wechseln, wie ich sicher erfahren konnte, einzelne Kranichpaare mit Ausnahme derjenigen des Kremmener Luch, in einzelnen Jahren mit der Wahl der engeren Nistorte, sodafs sie zuweilen in diesem, zuweilen in jenem Luchteil zur Brut schreiten, wobei natürlich auch wieder der jeweilige Wasserstand in Frage kommt; streng genommen müfste man das gesamte Rhin-Luch als ein einheitliches grofses Brutgebiet des Kranichs bezeichnen. Baer führt in seiner grofsen Arbeit die einzelnen Luchbezirke [1]) ebenfalls als gesonderte und mit fortlaufenden Nummern versehene Brutplätze auf; das Flatower und das Wustrauer Luch sind indessen nicht mit genannt. Dafs es in der Tat wohl zweckmäfsiger ist, die Nistreviere in dieser Weise zu sondern, lehrt ein Blick auf das benachbarte Havelländische Luch. Während das Rhin-Luch von Kremmen bis etwa Fehrbellin einen unbesiedelten, einheitlich geschlossenen gewaltigen Bruch von ca. 2 Meil. Längs- und an der breitesten Stelle von ca. 1 Meil. Querdurchmesser darstellt, während hier wie betont die einzelnen Luchbezirke unmerklich in einander übergehen, ist das Havelländische Luch, weit mehr als das Doppelte und Dreifache an Flächenraum bedeckend, ungleich zerrissener und weitläufiger; durch zahlreiche

[1]) Ornith. Monatsschr. 1907, S. 272, 273.

kleinere Höhenzüge gegliedert und von verschiedenen Waldbeständen durchbrochen, ist das Gelände mehr und mehr in Kultur genommen; die vielen Ortschaften bedingen ein weitverzweigtes Netz von Verkehrswegen; die einzelnen Bruchgebiete sind jetzt schon bei weitem lokalisierter, und da man das Luch leider immer mehr zu entwässern trachtet, wird wohl noch so manches Stück urwüchsig-schöner Natur samt seiner eigenartigen Flora und Fauna verschwinden. Auch schon deshalb, also im Hinblick auf den wirklich naturhistorischen Wert für späte Zeiten, ist vielleicht die genaue Feststellung der aparten Brutplätze eines unsrer gröfsten und stolzesten Vögel angebracht. Und endlich sprechen hierfür noch die kolossale räumliche Ausdehnung dieses Luches sowie der Umstand, dafs sich an der Peripherie Gebiete anschliefsen, in denen der Kranich z. T. ebenfalls brütet, die aber nicht mehr ohne weiteres zum eigentlichen Havelländischen Luch gerechnet werden können.

Baer weist in einer Anmerkung (l. c.) bereits darauf hin, dafs wahrscheinlich im Havelländ. Luch noch mehr Nistplätze vorhanden sind, als in seiner Arbeit angeführt wurden; das hat sich auch bestätigt. Vor allem sind da die grofsen Brücher zu nennen, die sich etwa von der Grenze der Kreise Ost- und West-havelland an ostwärts erstrecken, ungefähr 52° 40′ n. B.; hier haben wir in den letzten beiden Jahren zur Brutzeit Flüge bis zu 20 St. beobachtet, sich zuweilen noch in tiefer Dämmerung aus ihren Wohngebieten erhebend, über diesen unter Geschmetter Flugevolutionen ausführend, sich wohl auch in kleine Trupps oder einzelne Paare auflösend und wieder in die unzugänglichen Brücher einfallend.

Wollte man einmal die Zahl der Brutpaare angeben, die zurzeit im Rhin-Luch und dem gegenüberliegenden Teil des Havelländischen Luchs brüten, so würde ich auf etwa 10—15 Paare schätzen; natürlich kann dies nur eben ungefähr geschehen, wie jeder weifs, der mit solchen Gebieten vertraut ist. Erhöht wird die Schwierigkeit noch dadurch, dafs im Bereich der Gemarkung Linum, wo die beiden Luche nur durch eine Wasserscheide in Form eines schmalen Höhenrückens getrennt werden, die Kraniche mit Vorliebe in jene beiden hinüber und herüber wechseln; auch auf dem Kamm dieses Höhenzuges selbst standen des öfteren kleinere Flüge, wie eine „Grenzwacht“ Ausschau haltend. — Von Einzelbeobachtungen will ich nur ganz kurz die beiden folgenden anführen: Am 16. IV. stand auf einem Acker im Havel. Luch ein kleiner Trupp, der sich in den bekannten Tänzen erging, wobei der eine Vogel unermüdlich einen grofsen alten Lappen in die Höhe warf und ihn womöglich wieder aufzufangen suchte; am 29. V. stiefs ein tollkühner Kiebitz fortgesetzt immer nur auf ein und denselben Vogel eines ebendort weidenden Kranichpaares; jedesmal, wenn der Kiebitz heransauste, machte der Kranich, wohl um auszuweichen, eine tiefe Verbeugung, überaus erheiternd anzusehen. —

Luch südwestlich von Priort, am Wublitz-See, am 23. VII. mindestens 2 Paar vorhanden; dies Gebiet ist in der Arbeit von Baer (l. c.) ebenfalls nicht genannt. — Melln-See: 21. und 22. V. sowie 30. und 31. VII. einzelne oder nur kleine Trupps bis zu 3 St.

33. *Fulica atra* L. Gröfsere Scharen in den Wintermonaten: 3. XII. Wann-See ca 200 St.; 26. XII. Schwielow-See ebenfalls ca. 200 St., Havel bei Neu-Geltow ca. 70 St. —

Die kleinen Ralliden (*Rallus*, *Ortygometra*) übergehe ich an dieser Stelle vollkommen. —

34. *Ciconia ciconia* L. Weitere besetzte Horste in Dechtow, Carwesee, Brunne, Klessener Zootzen, Friesack, Kl. Ziethen, Mangelshorst, Vorwerk Bredow, Neu-Töplitz, Kl. Besten, Mellen, Alt-Grimnitz, dem nördl. davon gelegenen Leistenhaus, Joachimsthal, Glambeck. In dem kleinen Mangelshorst befinden sich mehrere Horste in Kopfpappeln, die von den Störchen bevorzugt werden; eine solche steht sogar dicht an einem Gebäude, dessen Giebel ebenfalls ein Storchnest trägt, dies blieb jedoch leer und der Vogel brütete in dem nur wenige Meter entfernten Horst auf der geköpften Pappel. Am 5. VI. im Beetzer Luch wiederum eine Schar von 16 St. (vgl. vor. Ber.). Am 2. IX. im Havelländ. Luch, ca. 2 km westl. von Tietzow, eine Gesellschaft von ca. 400 St. nachm. $^1/_2$2 h durchziehend, genau von N.W. kommend und, soweit das Auge reichte, genau nach S.O. weiterziehend, Windursprung N.W.; zweimal wurde der Wanderflug durch gemeinsames Kreisen, wobei sich die Vögel aber gleichfalls in der Zugrichtung langsam weiter bewegten, unterbrochen, in der Zwischenzeit sodann mehrere Kilometer in gestrecktem Flug zurückgelegt, grofsartige Anblicke! Kurz darauf eine kleinere Gesellschaft von ca. 50 St. in genau gleicher Weise und Richtung durchziehend. Höhe der bekanntlich ohne bestimmte Zugordnung und in den verschiedensten Entfernungen über- und untereinander fliegenden Vögel ca. 100 bis 250 m; die verschiedene Höhe bei solch grofsen Schwärmen ja gerade auch beim Kreisen, sowohl aus der Nähe wie aus der Ferne, sehr auffällig. Die hypothetische Verlängerung der Zugstrafse nach rückwärts würde auf West-Mecklenburg hinweisen. Am 9. IX. 4 h nachm. über Dahlem ca. 80 St. nach S.O. ziehend, in etwa derselben Höhe, in der Ferne sodann über Steglitz kreisend.

35. *Botaurus stellaris* L. Bereits am 20. III., wo nachts zuvor mehrere Grad Kälte geherrscht, und die stehenden Gewässer mit einer fast centimeterstarken Eisschicht bedeckt waren, riefen trotzdem die zahlreichen Rohrdommeln im Rhin-Luch schon lebhaft vom frühen Morgen an, über Mittag etwas nachlassend und gegen Abend wieder stärker einsetzend. Wir haben dann in der Folgezeit bis Mitte Juni hier reichlichst Gelegenheit ge-

habt, dies Brüllen von den verschiedensten Individuen zu hören; in unmittelbarer Nähe der Rufer vernimmt man dann auch jene eigentümlichen Nebentöne. Die grofse überwiegende Mehrheit der Dommeln rief vierteilig, mehr Haupttöne waren stets die Ausnahme und wurden auch immer nur von einzelnen ganz bestimmten Individuen hervorgebracht. Eine vollständige „Strophe", bestehend aus Einleitung, Vor- und Hauptschlägen, lautet: „büüüü ^{ühj} prumb ^{ühj} prumb ^{ühj} prumb ^{ühj} prumb"; die kurzen vier Einleitungstöne lassen jedoch nicht alle Exemplare hören. Als wir uns z. B. am 15. V. abends in einem Kahn auf dem Rhin etwa im Mittelpunkt des gesamten Luches angesetzt hatten, brüllten allein in unserm engeren und weiteren Umkreis mindestens ca. 25 St; abgesehen von geringen Schwankungen in der Tonhöhe, riefen fast alle Individuen ausnahmslos vierteilig, und nur je ein einzelnes an ganz bestimmter Stelle fünf- und sechsteilig; so ging es auch in genau gleicher Weise, wie man sich während der oben angegebenen Monate noch an verschiedenen andern Stellen des Luchs überzeugen konnte, die ganzen Nächte hindurch, stets und überall war die Vierteiligkeit der Rufe die Regel. Hier in den unabsehbaren Rohrwäldern und undurchdringlichen Dickichten des Luchs haben die so arg von der Fischereiwirtschaft verfolgten Rohrdommeln eine sichere Zuflucht gefunden; und das ist gut so. Aufser im gesamten Rhin-Luch nebst den in- und anliegenden Seen (Kremmener, Bütz- und Rhin-See) zur Brutzeit noch im kl. Teufelsbruch (Havel. Luch), im Golmer Luch und am Prierow-See bei Zossen gehört.

36. *Ardetta minuta* L. Am 26. V. brummten in den Rohrbeständen der Havel an und in der Nähe der Pfaueninsel etwa 6 St.; einer der kleinen Reiher setzte aus, als ein Boot dicht vorbeifuhr, dann aber sofort wieder beginnend. Am 3. VII. rief 1 St. im Rohr des Zeesener Sees, also auch hier zur Brutzeit konstatiert.

37. *Ardea cinerea* L. Aufser den beiden Kolonieen in der Dubrow und am Wann-See besuchten wir noch diejenigen in der Pirschheide bei Wildpark und im Forst Rüdersdorf. Die erste der beiden letzteren weist zur Zeit etwa 30, die andere etwa 20 besetzte Horste auf; doch ist namentlich die Kolonie in der Pirschheide sehr auseinandergezogen und z. T. zerstreut, einige Horste stehen kaum 100 m weit entfernt von der überaus belebten Chaussee. Aus den Horsten am Wann-See tönte am 14. IV. schon recht anhaltend das „kä$^{\text{kä}^{\text{kä}}}$" der Jungen.

38. *Coturnix coturnix* L. 7. VI. 1 ♂ in Feld bei Wünsdorf rufend.

39. *Tetrao tetrix* L. Erstes Kollern am 13. III., letztes am 29. V.; Balzen im Herbst: Am 25. IX., einem echten schönen Herbsttag, in der Nähe von Kienberg (Havel. Luch) gegen Abend Schwarm von 36 alten ♂, z. T. noch lebhaft kollernd und auch

fauchend; ferner im Rhin-Luch vom 17.—20. X. einzelne ♂ nachm. von ca. 4^h an bis zum Sinken der Sonne kollernd; die im Herbst vorgetragenen Koller waren stets kürzer als die des Frühjahrs. Gröfste auf einem Fleck zusammen getroffene Mengen während dieses Jahres im Havelländ. Luch 39 St., 33 ♂, 6 ♀, am 23. X, im Rhin-Luch ca. 80 St., etwa $^2/_3$ ♂ und $^1/_3$ ♀, am 22. X., letztere unruhig und herumstreichend.

40. *Circus cyaneus* L. Während Mai in den Luchen verschiedentlich Balzflüge der ♂, in steilen Bogen schnell auf- und absteigend, auf der Höhe der Kurve sich fast überschlagend, dabei, und zwar bei auf- und absteigender Kurve, hastige etwas aufwärtsgehende Tonreihen, „kekeke . . . .“, von sich gebend, so schnell, als man die Silben gerade noch deutlich hintereinander aussprechen kann. Diese Balzflüge wurden zu den verschiedensten Tageszeiten, am häufigsten allerdings vormittags ausgeführt; am 29. V. tat dies ein ♂ auch während anhaltenden Regens. Achtet man scharf darauf, so erkennt man, dafs ein wirkliches Überschlagen, von dem vorhin die Rede, nicht immer stattfindet, der Vogel läfst sich vielmehr, auf der Höhe der Kurve angelangt, häufig nur seitlich umkippen, um dann sich fallen zu lassen; bei flüchtiger Betrachtung und aus der Ferne sieht dies natürlich auch wie ein wirkliches Überschlagen aus.

41. *Circus pygargus* L.[1]) Aufser in dem Luchgebiet westl. Jühnsdorf, wo sich auch diesen Sommer wieder mindestens ein Brutpaar eingefunden hatte, zeigten sich Wiesenweihen: Am 8. V. 1 altes ♂ südwestwärts durch das Havel. Luch (bei Dreibrücken-Krug) streichend; am 16. V. 2 alte ♂ im Brunner Luch nördl. vom Zootzen.

42. *Astur palumbarius* L. 1. V. besetzten, frisch gebauten Horst in den Rade-Bergen (Dubrow) gefunden, erst beide Gatten in der Nähe desselben und rufend, später immer nur das grofse ♀ ab und zu unter erregten „gü . . .“, „ga . . .“ oder „ga^{gägä} . . .“ den Horstplatz in gröfserer oder geringerer Entfernung eiligst umfliegend. — Von einzelnen Herumstreichern seien erwähnt je 1 St. am 2. X. bei Lichtenrade und am 27. XII. bei Dahlem.

43. *Archibuteo lagopus* Brünn. Der letzte im Frühjahr am 20. III. im Kremmener Luch, der erste im Herbst am 22. X. im Flatower Luch.

44. *Aquila* spec. Am 28. VIII. 2 St. über den Rade-Bergen (Dubrow) bald schöne Kreise ziehend, bald herumstreichend, zuweilen von einem Sperber „begleitet“, der jedoch nicht zu stofsen wagte. Nach dem Gefieder konnten es nur Schrei- oder Schelladler sein, die genaue Bestimmung bleibt natürlich unentschieden.

---

[1]) S. 504, J. f. O. 1910, Zeile 7 v. u. lies Armschwingen statt Handschwingen.

45. *Pernis apivorus* L. 17. VII. 1 St. bei Dorotheenhof (b. Kremmen).

46. *Milvus milvus* L. 22. V. 1 Paar über den Werbellin-See schwebend.

47. *Milvus korschun* Gm. In der Dubrow und den Rade-Bergen wiederum mehrere Brutpaare; mindestens 3 besetzte Horste gefunden. Die klangvollen „bi hüüü . . . . .“, wobei die Tonreihe oft bis ca. 10 ü-Laute zählte, in diesem Jahr von Mitte April bis Anfang Juli gehört, die Vögel dazu oft in aufserordentlich grofser Höhe schwebend. — Einzelne Exemplare sonst noch angetroffen am 17. u. 23. IV. sowie am 15. V. u. 5. VI. im Rhin-Luch; an der Havel am 4. V. bei Potsdam und am 5. VII. an der Pfaueninsel; am 21. V. über dem Grimnitz-See 1 Paar und am 22. V. über dem Werbellin-See 1 St. schwebend.

48. *Pandion haliaetus* L. In den Rade-Bergen (Dubrow) hatte sich auch dies Frühjahr wieder ein Brutpaar eingestellt; am 10. IV. und 1. V. bot sich Gelegenheit, dasselbe über der alten Horsteiche balzend zu beobachten; letztere steht auf einer Lichtung, die mitten im Wald in tiefer Abgeschiedenheit gelegen und von hoher landschaftlicher Schönheit ist; ganz in der Nähe befinden sich noch einige verlassene Horste. Wenn sich die Vögel erhoben und kürzere oder längere Zeit über dem Horstrevier gekreist hatten, begann der eine von beiden, wohl auch hier das ♂, in die Höhe zu steigen, kippte um, liefs sich fallen, stieg wieder empor, das Ganze einigemal wiederholend, er führte also wiederum einen jener Bogenflüge aus (s. u.); dabei beugt er das Handgelenk ziemlich stark, sodafs er, natürlich mit jeweiligen kleinen Abweichungen beim Auf- und Absteigen, ungefähr nebenstehende Silhouette darstellt, und streckt, wie er dies gewöhnlich vor dem Niederstofsen ins Wasser zu tun pflegt, Läufe und Fänge von sich. Dieses Flugspiel begleitet er aufserdem von Zeit zu Zeit mit Rufreihen, die etwa folgendermafsen klingen: „tjip tjip tjip tjip tjip — jihp jihp jihp jihp jihp . . . .;“ der Vogel beginnt also mit 4 bis 5 kurzen, gellend pfeifenden Rufen, worauf er nach einer ganz kurzen Pause zu gezogenen, mehr fiependen übergeht, die bis 9 mal wiederholt wurden; man kann letztere auch mit „ihjp“ wiedergeben; die ganzen Stimmlaute sind bei ihrer Höhe aufserordentlich durchdringend und schneidend. Die „tjip“-Rufe läfst er auch manchmal allein hören und auch bei anderer Gelegenheit, wie ich dies schon früher einmal erwähnt habe.[1]) Und diese charakteristische Balz, das schöne Bild, wenn das Paar hoch über dem gewaltigen Horst im blauen Äther einherzieht, wenn sodann das Flugspiel mit seinen

[1]) Vgl. Journ. f. Orn. 08, S. 49.

lauten Rufen sich vollzieht, dieser typische auffallende Vorgang ist in unsern gröfseren deutschen Handbüchern überhaupt nicht erwähnt; in der von mir daraufhin durchgesehenen Literatur habe ich nur in der Forstzoologie von Altum (II. Bd., Vögel, S. 413) und im „Tierreich" von Heck, Matschie, Martens etc. (II. Bd. S. 444) einige kurze Angaben gefunden, jene Rufreihen sind indessen überhaupt nicht beschrieben. Befremdet es schon, dafs in einem Spezialwerk wie in dem von O. v. Riesenthal nichts über diesen Balzflug vermerkt ist, so erscheint es zum mindesten ebenso befremdlich, dafs in der neuen Bearbeitung von Naumanns Werk den in diesem Fall allerdings recht dürftigen Angaben Naumanns, der über die Balz des Fischadlers kein Wort vermerkt, sie also offenbar garnicht gekannt hat, auch nicht eine einzige ergänzende Bemerkung hinzugefügt ist, dafs also auch in unserm gröfsten Werke jegliche diesbezügliche Angaben fehlen. Anführen will ich hier nur noch, dafs natürlich auch z. B. in den alten Werken von Bechstein (Gemeinnütz. Naturgesch., II. Aufl.) und Chr. L. Brehm (Handb. d. Naturgesch. all. Vög. Deutschl.) nichts darüber enthalten ist. — Eine Brut von obigem Paar ist selbstverständlich nicht hochgekommen: Die trefflichen Berliner Eierräuber hatten „das Weitere veranlafst." —

Derartige bogenförmige Flugspiele, im einzelnen natürlich bei den verschiedenen Arten mit mancherlei Abweichungen, habe ich bis jetzt bei folgenden Tagraubvögeln beobachtet: Rohrweihe[1]; Kornweihe[2]; Mäusebussard[3]; Wespenbussard[4]; schwarzer Milan[5]; Fischadler (s. o.). —

49. *Falco peregrinus* Tunst. In der Dubrow und den Rade-Bergen am 10. IV. 2 besetzte Horste gefunden, die Falken unter hastigen „güëp..." oder „güschêp..." vom Horste abstreichend und sausenden Flugs in der Nähe umherstreichend; der eine auch mehrfach die Fischadler attackierend. Auch diese Horste wurden wieder ausgeplündert. — Von streichenden Vögeln will ich hier nur erwähnen 1 St. am 2. I. bei Dahlewitz, noch in der Dämmerung lebhaft rufend; 1 Paar am 25. IX. im Havel. Luch bei Tietzow; 1 St. am 3. XI. bei Dahlem.

50. *Asio accipitrinus* Pall. Im April und Mai waren in den Luchen Sumpfohreulen ebenfalls balzend zu beobachten, gewöhnlich gegen Abend, in der Dämmerung und bis tief in die Nacht hinein, doch auch am Tage. Wenn sich der Vogel in gröfsere Höhe erhoben hatte und unter den bekannten Schwenkungen hin- und herflog oder kreiste, liefs er von Zeit zu Zeit ein dumpfes mäfsig schnelles „bŭ bŭ bŭ...." vernehmen, die einzelnen Töne

---

1) Vgl. Journ. f. Orn. 1910, S. 504.
2) s. o. S. 375.
3) Vgl. Journ. f. Orn. 1909, S. 340.
4) „ „ „ „ „ „ 16, 345, 346.
5) „ „ „ „ 1907, „ 120.

6 bis zu ca. 20 mal nacheinander, etwas aus der Tiefe geholt; von Zeit zu Zeit erfolgte ein jäher Herabsturz der Eule, wobei sie aufserordentlich schnell und kurz, ohne mit den Flügeln wieder auszuholen, diese 3 bis 6 mal unter dem Leib zusammenschlug, hierbei häufig, aber durchaus nicht immer, ein lautes Klatschen erzeugend, in andern Fällen war bei dem Zusammenschlagen der Fittiche keine Spur eines Geräusches zu hören. Mitunter aber ertönte auch das „bü bü . . .“ im Bruch vom Boden aus. Wir haben also hier zwei Parallelen in der Balzweise der beiden deutschen Vertreter des Genus *Asio*: Bei der Waldohreule das bedächtige, in Atemtempo und nur im Sitzen vorgetragene „huh“, an das sich mitunter ein Balzflug mit bedächtigem Flügelklatschen anschliefst; bei der Sumpfohreule das hastigere „bü bü...“, teils im Fliegen teils im Sitzen gerufen, dem zuweilen ein jäher Absturz mit hastigem Flügelklatschen folgt; bei der Waldohreule ist also gewissermafsen alles mehr in das Phlegmatische übertragen. Über diese Balz der Sumpfohreule ist wiederum sowohl im alten wie im neuen Naumann kein Wort gesagt; dagegen finden sich im Friederich (5. Aufl. S. 374, 375) folgende Angaben: „Bemerkenswert ist, dafs diese Eule bei ihren Liebesflugspielen einen meckernden Ton mit den Schwingen hervorbringt wie die Bekassine mit den Schwanzfedern. Die Sumpfohreule stürzt dabei aus ruhigem Fluge plötzlich eine Strecke senkrecht herab, wie das die Bekassine in schräger Richtung tut. Das Meckern ist zu vergleichen mit einem Rasseln von Hornkugeln, die in einem Holzbecher heftig geschüttelt werden. (Nach Dr. Müllers Beobachtungen, siehe Monatshefte des Deutschen Jagdschutzvereins, 1902, Nr. 9.)“ Wir haben die Balz bisher nie in dieser Weise, sondern stets nur in oben geschilderter Form gesehen und gehört. v. Riesenthal erwähnt ebenfalls nichts über Balzflüge und Balzrufe, gibt jedoch an (S. 486), bei der Herbstsuche mit dem Hühnerhund auf Hühner und Bekassinen Flugspiele dieser Eule beobachtet zu haben, „wobei sie mit den Flügeln flattert, dem Meckern der Bekassine ähnliche Töne hervorbringt und sich bisweilen förmlich überschlägt“. Am 8. V. stiefs eine Sumpfohreule im Havel. Luch diese „bü ...“, allerdings nur 3 mal nacheinander, aus, als sie eine männliche Kornweihe aus ihrem Revier verjagte, sie läfst also diese Töne auch bei anderer Gelegenheit hören. Diese letzteren erinnern allerdings etwas, namentlich aus der Ferne, an das Meckern der Bekassine; es wäre also auch eine Verwechslung nicht ausgeschlossen, und weiter wäre es möglich, dafs man in manchen Fällen die Kehllaute fälschlicherweise für mechanisch durch die Bewegung der Schwingen hervorgebrachte Töne gehalten hat (s. auch ob. den Vergleich mit den Hornkugeln). Immerhin wird der Kenner beides nie verwechseln; die doch schon recht vollen runden „bu“ verraten deutlich den Ursprung aus der Kehle, gegenüber dem hölzernen Mecker-Geräusch von Schwanz und Flügeln der Bekassine.

51. *Cuculus canorus* L. Noch am 25. IX. mehrere am Weinberg nördl. von Nauen.

52. *Dryocopus martius* L. Bei den vielen Schwarzspechthöhlen, die ich in den letzten Jahren in den verschiedensten Gegenden gefunden habe, ist mir aufgefallen, dafs in der Mehrzahl der Fälle das Einflugloch nicht rund oder länglich gestaltet

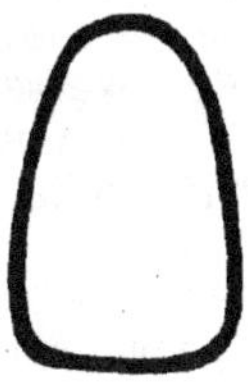

ist, sondern die Form etwa eines romanischen Fensters hat, also mit fast horizontaler Basis, was nebenstehende kleine Figur veranschaulichen soll; und zwar war dies auch schon bei ganz frich ausgemeifselten Höhlen der Fall, wo die Spechte zuweilen noch bei der weiteren „Ausarbeitung" des Inneren überrascht werden konnten. In den Ergänzungen des neuen Naumann (Bd. 4, S. 315) sind nur elliptische oder ovale Formen dieser Einfluglöcher verzeichnet. — Als weitere Brutgebiete mögen hier noch angeführt sein die Jühnsdorfer Heide, Forst Grünau-Dahme, der Königswald (Römerschanze), der Zootzen, Forst Grumsin.

53. *Alcedo ispida* L. Am 20. II. an der Spree bei Friedrichshagen 1 St.; 27. II. Schwielow-See 2 St.; 10. IV. Teupitzer See 1 St.; 3. VII. u. 28. VIII. Hölzerner bez. Förster-See (Dubrow) je 1 St.; 5. VII. Pfaueninsel 1 St.; 31. VII. Werbellin-See 1 St.; 9. X. Kl. Müggel-See 1 St., 6. XI. Todnitz-See 1 St.; 17. XII. Wann-See 1 St.

54. *Coracias garrulus* L. Die im vor. Ber. an erster Stelle genannte Nisthöhle im Grunewald war auch in diesem Sommer wieder besetzt; obwohl sich gerade hier in der Nähe, ja sogar im Nistbaum selbst noch weitere verlassene Schwarzspechthöhlen befinden, war doch genau die gleiche Höble wie im Vorjahr wieder angenommen; es mochte wohl dasselbe Brutpaar sein. Am 13. VII. fütterten die Alten um 5,55 h, sodann eine ganze Stunde gar nicht, darauf aber von 6,57 h bis 7,08 h aller 1—2 Minuten. Die l. c. zu zweit erwähnte Nisthöhle wurde am 25. V. mehrmals von den beiden Raken revidiert, sie schienen sich dann jedesmal gegenseitig ihren Unwillen zu bekunden, denn jene war bereits von Hohltauben occupiert, die hier mehrere Bruten zeitigten. Die Raken schienen indessen nicht ganz aus diesem Revierteil verschwunden zu sein; am 6. VIII. zeigte sich eine Familie, 2 Alte und 3 flügge Junge, kaum 1 km weiter südöstlich, es dürfte dies vielleicht obiges Paar gewesen sein.

55. *Apus apus* L. Die ersten am 26. IV. bei Werder a. d. Havel, die letzten am 17. VIII. bei Dahlem unter Rauchschwalben.

56. *Lanius excubitor* L. Am 27. I. 1 St. im Luch westl. Jühnsdorf, 23. VII. 4 St. bei Hoppenrade herumstreichend; von Mitte August an einzelne im Havelländischen und Rhin-Luch; die Vögel waren meist sehr weit entfernt. Von Beutetieren fanden sich z. B. am 21. VIII. im Rhin-Luch ein junger Moorfrosch

(Rana arvalis Nils.) in Weidenrutenzwiesel eingeklemmt, dagegen nur wenige Zweige davon der Vorderkörper eines männlichen Warzenbeiſsers (Decticus verrucivorus L.) auf ein dürres Ästchen gespieſst; am 18. XII. im Havel.-Luch eine Feldmaus (Arvicola arvalis Pall.) wiederum eingeklemmt in Weidenrutenzwiesel.

57. *Corvus frugilegus* L. Am 5. V. besuchten wir die groſse Kolonie südöstlich von Göttin; sie befindet sich in einem Erlenbruch, der, rings umgeben von Bruchwiesen, auch noch um diese Zeit so gut wie völlig unzugänglich war und tief unter Wasser stand. Die Kolonie zählt zur Zeit mehrere Hundert Paare, und es befinden sich darin ganz alte Horste von relativ enormen Dimensionen. —

Am 16., 17., 20., 21. und 22. X. zogen truppweise Schwärme von „Schwarzkrähen“ und Dohlen sehr hoch und genau südwestlich über das Rhin- und Havelländ. Luch, und zwar in der Zeit von etwa vorm. 9 h — 1 h; der Windursprung war hier in der Reihenfolge obiger Daten: O., O., S.O., O.N.O., O.N.O. —

58. *Fringilla montifringilla* L. Der letzte (♂) im Frühjahr am 17. IV. bei Deutschhof mit 3 Hänflingen zusammen, die ersten im Herbst am 25. IX. bei Nauen.

59. *Acanthis cannabina* L. Gesang im Herbst 16. und 19. X. bei Linum (s. u.).

60. *Acanthis flavirostris* L. Am 13. III. im Nauener Luch zwei gröſsere Schwärme von ca. 50 und ca. 30 St. sowie einzelne kleine Trupps, bald auf den Spitzen der Bäume ausruhend, bald auf Wiesen und Feldern Nahrung suchend; im Flug und auch während der Ruhe neben dem „gäck gäck . . .“ noch zeisigartiges Geschwätz, „dädidähtsch . . .“ und ganz ähnliche Rufe.

61. *Acanthis linaria* L. Die ersten Birkenzeisige, 21 Stück, deren Erscheinen auch bereits aus anderen Gegenden gemeldet wurde, traf ich am 20. X. im Havelländ. Luch; seitdem waren sie bis zum Jahresende an den verschiedensten Stellen der näheren und weiteren Umgebung Berlins zu finden, einzeln, in kleineren Trupps oder auch in gröſseren Schwärmen bis zu 60 St. Auſser dem bekannten „tschätschätschä . . .“ war auffällig oft das an Grünfink erinnernde hinaufgezogene „hu^{iht}“ zu hören. —

Das Erscheinen dieser nordischen Birkenzeisige, ebenso dasjenige der Zwergsäger (s. o. S. 365), z. T. auch der groſsen Gimpel (s. u.), zeigt uns wieder, daſs wir sehr wohl auch in milden Wintern nordische Gäste antreffen können. Es richtet sich doch einzig und allein danach, was für Verhältnisse in der nordischen Heimat der betreffenden Arten herrschen; sind erstere ungünstig, so werden die Vögel gezwungen, weiter südlich zu streichen; wie die Verhältnisse in diesen weiter südlichen Gebieten sind, ist erst eine zweite Frage; sieht es auch hier ungünstig mit der Nahrung aus, so wird die Wanderung noch weiter südlich gehen, steht es günstig, so werden die Vögel Aufenthalt nehmen. Man darf nie als allgemein gültig hinstellen, dafs nordische Gäste nur in bei uns strengen Wintern zu erwarten sind. —

62. *Pyrrhula.* Seit dem 13. XI. zeigten sich ebenfalls an den verschiedensten Stellen des Berliner Gebietes häufig Gimpel, gewöhnlich einzeln oder zu ganz wenigen. Es schien vorherrschend die grofse nordöstliche Form zu sein, doch waren auch sehr kleine Individuen darunter. Die Vorkommen bei Leipzig habe ich bereits ob. S. 362 angeführt; Dr. Schottmüller teilte mir mit, dafs um dieselbe Zeit auch in der Umgegend Brombergs (Posen) auffällig viel Gimpel anzutreffen waren. Es dürfte also auch bei dieser Art eine Invasion stattgefunden haben.

63. *Emberiza calandra* L. Gesang im Herbst und Winter: 2. und 30. X. bei Lichtenrade; 17., 18., und 19. X. bei Linum; 13. XI. bei Börnicke (s. u.).

64. *Emberiza citrinella* L. Gesang im Herbst: 17. X. bei Linum (s. u.).

65. *Emberiza schoeniclus* L. Am 27. II. 1 ♂ schon lebhaft am Schwielow-See singend; es ist dies der früheste Termin, an dem ich jemals Rohrammern habe singen hören.

66. *Anthus pratensis* L. Vorkommen zu mehreren im Winter: 30. I. Nauener Luch Schwarm von 11 Stück.

67. *Alauda arvensis* L. Vorkommen im Winter: 27. I. 2 St. im Luch bei Jühnsdorf; 22. XII. 1 St. bei Dahlem. — Am 7. VII. ahmte in dem soeben erwähnten Luchgebiet eine Feldlerche, am Boden singend, täuschend Rufe des grofsen Brachvogels nach, sie wieder ab und zu in ihre Strophen einflechtend; einzelne Individuen scheinen ganz besonders mit diesem Nachahmungstalent ausgestattet zu sein.

68. *Galerida cristata* L. Gesang im Herbst: 15. IX. bei Dahlem; 2. X. bei Schönefeld (s. u.).

69. *Certhia.* 3. IV. Wildpark ein Individuum die Trillerstrophe, ein andres Kombinationen, 1. V. Rade-Berge (Dubrow) eins das Liedchen, ein andres die Trillerstrophe singend; also wieder alle drei Typen des Gesanges nebeneinander vertreten.

70. *Aegithalus roseus* Blyth. 10. IV. in der Nähe von Gr. Köris mehrere unter einem Schwarm weifsköpfiger Schwanzmeisen.

71. *Sylvia nisoria* Bchst. Am 17. VII. 1 Alter und 3 flügge Junge in einem Fliederbusch mitten im Rhin-Luch. Es befremdet zunächst, einen solchen Zierstrauch inmitten des urwüchsigen Luchs zu finden, was sich aber sehr einfach erklärt: Wie ich erfahren konnte, befand sich hier ehedem zur Zeit der Torfgräberei ein kleines Anwesen; die verwilderte Fliederhecke und eine alte Linde nah dabei sind jetzt noch die letzen Überreste davon.

72. *Acrocephalus aquaticus* Gm. Es gelang, den Binsenrohrsänger noch in mehreren anderen Gegenden als Brutvogel nachzuweisen. Wenn ich die beiden breits im vor. Ber. erwähnten noch einmal mit anführen soll, so sind es zur Zeit die folgenden Brutgebiete: 1. die gesamten Brücher des Havelländischen Luchs; —

2. die gesamten Brücher des Rhin-Luchs; — 3. die Nuthe-Brücher, also das gesamte Luchgebiet etwa, um nur drei Punkte zu nennen, zwischen Rangsdorfer See, Wietstock und Grofsbeeren; hier mag der Vogel indessen früher viel häufiger gewesen sein, denn ein grofser Teil des Luches ist bereits urbar gemacht und die Trockenlegung schreitet immer weiter vor sich; mit tiefstem Bedauern sieht man hier wieder ein grofses Stück ursprünglicher Natur, wo noch bis vor wenigen Jahren auch der Kranich brütete, der Kultur weichen; — 4. die Brücher bei Golm, etwas nordwestl. vom Forst Wildpark beginnend und sich bis Grube hinauferstrekkend; — 5. die Brücher entlang des Sakrow-Paretzer Kanals sowie diejenigen nordöstl. von Paretz; — 6. das Phöbener und das Schmergower Bruch; — 7. das Luchgebiet bei Priort, insbesondere am Wublitz-See und entlang dem Satzkornschen Graben; — 8. das Fenn des Prierow-See bei Zossen. — In allen diesen Gebieten war wiederum das Caricetum der typische Wohnort unseres Vogels, wie es ja gerade in den grofsen Luchen der Mark so hervorragend zur Entwicklung gelangt ist, an vielen Stellen eingestreut einzelne dürftige Saalweidenbüsche; manchmal dringt er auch in jene Übergangszonen von Caricetum und Phragmitetum vor, eine Pflanzenformation, die man also mit dem Begriff Phragmiteto-Caricetum bezeichnen würde — Vielleicht lassen sich im Laufe der Zeit hier noch mehr Brutplätze dieses Vogels feststellen. —

An dem vorhin genannten Prierow-See waren zur Brutzeit alle unsre fünf Rohrsänger vertreten und zu beobachten: Es sangen Drossel- und Teichrohrsänger im Rohr, Schilf- und Binsenrohrsänger im Saalweidengebüsch und Ried, Sumpfrohrsänger in anstehenden Getreidefeldern; — gewifs ein seltenes Vorkommnis! —

73. *Phylloscopus trochilus* L. Gesang im Herbst: 14. VIII. bei Gr. Ziethen; 21. u. 27. VIII. bei Dahlem. (s. u.)

74. *Phylloscopus rufus* Bchst. Gesang im Herbst: 11., 16., 19., 20., 21., 22., 23., 26., 27., 28., 29. u. 30. IX. sowie 1., 2., 4. u. 8. X. bei Dahlem; 9. X. am gr. Müggel-See. (s. u.)

75. *Turdus iliacus* L. Vom 13. III. — 17. IV. und wieder vom 17. X. — 13. XI. einzelne oder Trupps an verschiedenen Stellen; am 13. III. im Havel.-Luch Wein- und Wacholderdrosseln sowie Stare gemischt, ein Schwarm von ca. 60 St.; auffälligerweise noch einmal am 6. V. eine einzelne bei Dahlem.

76. *Turdus viscivorus* L. 4. IX. Rade-Berge (Dubrow) Schwarm von ca. 40 St., Alte und Junge, beim Umherstreichen das Schnärren demzufolge recht lebhaft.

77. *Erithacus titys* L. Zweite Sangesperiode im Herbst: 7. IX. — 10. X. in Dahlem. (s. u.)

78. *Erithacus phoenicurus* L. Am 30. IV. Dubrow 1 ♂ jede seiner Gesanges-Strophen ausnahmslos mit 8—10 „hü id" einleitend, also gewissermafsen den oft wiederholten ersten Teil des Lockens mit dem Gesang stets vereinigend.

79. *Erithacus rubeculus* L. Gesang im Winter: 13. XII. in Dahlem. —

Ich habe immer und immer wieder alljährlich die verschiedenen Sänger im Herbst und Winter genau notiert, um, soweit dies überhaupt erreichbar ist, ein möglichst grofses statistisches Material zu erhalten, und habe hierzu ganz besonders auf die zu gegebener Zeit herrschenden Witterungsverhältnisse geachtet; es liefsen sich aber dabei alle nur erdenklichen Wetterlagen beobachten. Oft schien es ja, als ob Aufheiterung, das Durchbrechen der Sonne, zum Gesang anrege, in vielen andern Fällen aber war hinsichtlich des Wetters gerade das absolute Gegenteil zu konstatieren u. s. w. Es scheinen somit auch innere, im Organismus des Vogels selbst begründete Ursachen mitzuwirken (z. B. Mauser), die wir für das Leben in der freien Natur nicht so ohne weiteres erkennen und erklären können; dafür dürften auch die geradezu als zweite Sangesperioden zu bezeichnenden Erscheinungen sprechen, wie wir sie am ausgeprägtesten beim Hausrotschwanz, z. T. auch beim Weidenlaubvogel beobachten. Und, ich weise auch hier nochmals darauf hin, etwa junge, dichtende Vögel kommen bei den Sängern des Herbstes und Winters nur zum Teil in Frage. Aber auch über diese ganzen Verhältnisse müfsten erst einmal aus möglichst viel verschiedenen Gebieten alljährliche genaue Aufzeichnungen vorliegen.

Dies möge für 1910 genügen.

Beobachtungen aus der Umgegend von Posen.

Von **J. Hammling** und **K. Schulz.**

Um auf Grund eigener Beobachtungen einen möglichst vollständigen Überblick über die Vogelwelt zunächst eines Teiles unsrer ornithologisch bisher etwas vernachlässigten Heimatprovinz zu gewinnen, haben wir uns auf ein verhältnismäfsig kleines Gebiet beschränkt. Dieses Gebiet wird von Norden nach Süden durch das Warthetal durchschnitten. Mittelpunkt des Gebietes, von beiden Endpunkten desselben so ziemlich gleich weit entfernt, ist Posen. Unsre Provinzialhauptstadt liegt am, teilweise im Tal der mittleren Warthe, dem in der Hauptsache in nordsüdlicher Richtung verlaufenden Verbindungstal zwischen dem Thorn-Eberswalder und Warschau-Berliner Urstromtale, die unsere Provinz in westöstlicher Richtung schneiden. Schon hieraus ist ersichtlich, dafs unser Beobachtungsgebiet nicht im Bereiche einer Hauptzugstrafse gelegen ist. Diese werden vielmehr in der Richtung der Urstromtäler verlaufen, wie wir dies für das nördliche der beiden genannten Haupttäler vielfach bestätigt gefunden haben. Aufser dem Warthetal kamen für unsre Zwecke noch die nicht unbedeutenden Seitentäler der von Osten und Westen her unmittelbar bei Posen in die Warthe einmündenden Flüfschen Cybinoa und Bogdanka in Betracht.

Das ziemlich tief in die wellige Posener Diluviallandschaft eingeschnittene Warthetal, d. h. das jetzige Überschwemmungsgebiet der Warthe, ist durchschnittlich $^1/_2$ bis $1^1/_2$ km breit. Etwa 5 km oberhalb Posens liegt am linken Flufsufer der Eichwald (Schutzbezirk Luisenhain, zur Königl. Oberförsterei Ludwigsberg gehörig), ein beliebter Ausflugspunkt der Posener. Der Luisenhain, 83,366 ha grofs,[1]) liegt im Überschwemmungsgebiete der Warthe. Er besteht zu einem grofsen Teile aus Kiefern, die besonders am Nord- und Südrande einen bis zu 75 Jahre alten Bestand aufweisen.[2]) In der Mitte, südlich des den Wald durchschneidenden Dammes der Posen-Kreuzburger Bahn stehen bis zu 140 Jahren alte Eichen, auch Fichten, Birken und Erlen. Unter den mächtigen Eichen und Kiefern wächst reiches Unterholz, besonders aus prunus padus, evonymus, ulmus-Arten, sambucns, corylus, an den Rändern und in den Lichtungen aus cornus,

---

[1]) Wir verdanken diese Angabe einer freundlichen Mitteilung des Herrn Oberförsters Teske in Ludwigsberg. Danach ist die irrtümliche Angabe in den O. M., Maiheft 1908 S. 78 zu berichtigen.

[2]) Diese und einige folg. Angaben entnehmen wir dem Berichte über Bäume u. Wälder der Prov. Posen von Prof. Dr. Pfuhl (Zeitschr. der Naturw. Abt. der Deutschen Gesell. für Kunst u. Wiss. in Posen, X. Jahrgang 1904, sowie XVI. Jahrg. 1909.

prunus spinosa, rhamnus, crataegus u. s. w. bestehend. Zwischen den Büschen rankt reichlich humulus lupulus. Da der Auwald forstlich nicht ausgenützt wird und nur tote Bäume entfernt werden, so bietet er allerlei Vögeln, besonders den Sängern erwünschte und reichliche Brutgelegenheit. Stark verschilfte Lachen im Walde selbst wie an seinen Rändern, ebenso auch die die Warthewiesen bis zur Stadt hin durchziehenden Altwässer gewähren dem Wassergeflügel gute Verstecke. Die Wiesen selbst sind ziemlich dürftig. Das Warthetal wird alljährlich mehr oder weniger überflutet, ja bei Hochwasser ganz ausgefüllt. Dabei wird der sehr durchlässige Sand je nach den Bodenverhältnissen teilweise umgelagert. Wo er nicht geradezu Dünen bildet, kann im Bereich der regelmäfsigen Überschwemmungen jedenfalls nur äufserst wenig Humus entstehen, so dafs das dürftige Gras nur in nassen Jahren eine leidliche Heuernte gibt. Entlegenere Stellen sind etwas besser daran, so dafs wir neben Standorten von arabis arenosa und oenothera biennis alle Übergänge bis zu denen von symphytum officinale finden.

Am rechten Ufer der Warthe, die hier nahe an die Uferhöhen herantritt, befinden sich mehrere Lehmausstichtümpel mit Rohrhorsten (phragmites communis), die Rohrsänger beherbergen und von Schwalben und Bachstelzen zur Nachtruhe aufgesucht werden. Diese Tümpel sind ein Produkt der Ziegeleien, die den hier nicht eben tief liegenden tertiären Ton, den sogenannten Posener Flammenton, verarbeiten. Etwa dem Viktoriapark gegenüber befindet sich in einem Lehmausstiche alljährlich eine starke Brutkolonie von Erdschwalben (c). Die Brutröhren werden in den oberen Diluvialsanden angelegt.

In Posen selbst und seiner nächsten Umgebung waren es besonders die prächtigen Festungsanlagen (auch die Wallgräben, die jetzt meist verschwunden sind, boten noch vor wenigen Jahren der Kleinvogelwelt, besonders Blaukehlchen und Sperbergrasmücken, günstige Plätze), der im Weichbilde der Stadt liegende Petrikirchhof, die Kirchhöfe hinter dem neu angelegten Schillerparke mit seinem schönen Teiche, sowie der nahe an der Stadt liegende Schilling mit seinen stattlichen alten Bäumen, die reiche Ausbeute versprachen und boten. Berühmt sind besonders seit alter Zeit die Anlagen unsres Kernwerks wegen ihres Reichtums an Nachtigallen. Das Kernwerk, ein Teil der Stadtbefestigung, der sich steil aus dem Warthe- und Bogdankatale erhebt, enthält einen zwar nicht sehr breiten, aber etwa $4^1/_2$ km langen Gebüschgürtel, bei dem im Sommer durch chelidonium, geum urbanum, galium aparine, myrrhis temula und urtica der Boden fast meterhoch dem Blick entzogen wird.

Unterhalb Posens bekleidet die Ufer der Warthe stellenweise dichtes Weidengebüsch, das leider immer mehr gelichtet oder auch völlig ausgerottet wird. Doch beherbergt das Ufergebüsch an der gegenüber dem Schilling einmündenden Cybina sowie am rechten Wartheufer bis zur Militärfähre hin noch zahlreiche Grasmücken, auch Rohrsänger, Blaukehlchen u. s. w. Unterhalb der Fähre treten auf der rechten Stromseite sandige Uferhöhen bis unmittelbar an den Flufs, so dafs bei Hochwasser sich einige Meter hohe, glatte Absturzstellen bilden, an denen in manchen Jahren zahlreiche Erdschwalben nisten (a). Zu einer dritten Kolonie (b) führt die hier die Warthe mittels einer Fähre kreuzende Ringstrafse. Diese Schwalbensiedelung befindet sich etwa 1 km westlich in einer vor dem Dorfe Naramowice liegenden Sandgrube.

Einige 100 m unterhalb der Fähre wendete sich früher die Warthe nach Nordwest, durchströmte das hier sich etwas verengende Tal und wurde dann durch steile Uferhöhen wieder in die nördliche Richtung gedrängt. Hier fallen schroffe Abhänge ins Warthtetal ab, deren Nordende die sogenannte „tertiäre Wand" (vgl. Pfuhl u. a. O.) bildet. Durch die Geradlegung des Warthebettes ist hier, da die stagnierende alte Warthe an der ehemaligen Stromseite stets Wasser zu führen flegt, eine bei normalem Wasserstande allerdings stets zugängliche Insel geschaffen worden. Nicht nur auf dieser Insel, sondern auch in dem alten Warthebette wächst dichtes Weidengebüsch, zwischen dem einzelne kleine Tümpel, von üppig aufgeschossenen Grasbüscheln umsäumt, frei bleiben. Da ferner auch das linke Ufer des ehemaligen Warthebettes dichtes Weidengebüsch (bes. Mandel- und Purpurweide) trägt, zwischen dem Gräser und Nesseln wuchern, Brombeeren und Hopfenpflanzen ranken, da ferner das vorher genannte Steilufer, auf dem der Weg zum Etablissement Wolfsmühle führt, mit schier undurchdringlichem Schwarz- und Weifsdorngebüsch bedeckt ist, so ist hier die Kleinvogelwelt recht zahlreich vertreten. Grasmücken, Rohrsänger, Blaukehlchen, Fitislaubvögel, Rohrammern sind in auffallender Menge vorhanden. Auch der Heuschreckensänger fehlt nicht, und regelmäfsig haust hier die Zwergrohrdommel.

Mit Recht wird von Pfuhl auch die Anmut des Landschaftsbildes hervorgehoben. Während von der „tertiären Wand" aus der Blick nach Norden hin ungehemmt nach dem etwa $5^1/_2$ km entfernten, mit dunkeln Kiefern gekrönten Annaberge schweift, nach Süden hin mit Wohlgefallen auf den Türmen des Doms und den aus dem Gründer Gärten hervorlugenden Häusern der Unterstadt ruht, schiebt sich geradeaus gegen die sandigen Höhen des Gluwnoer Exerzierplatzes hin ein dunkles Kiefernwäldchen, das militärische Schiefsstände enthält, vors Auge und schliefst das Landschaftsbild nach Osten hin wirkungsvoll ab. Dieser Kiefernwald ist der bevorzugte Schlafplatz aller bei uns überwinternden Saatkrähen und Doblen; auch Mantelkrähen fehlen nicht, die sich jedoch meist von den andern getrennt halten. Auf den Sandflächen unterhalb des Wäldchens hausen Triele.

Weidengebüsch in gröfserer oder geringerer Ausdehnung begleitet auch weiterhin unterhalb der Wolfsschlucht das linke Ufer der

Warthe bis zum Knie (dem Dorfe Czerwonak gegenüber), und besonders der letzte Teil des hier ziemlich breiten Tales enthält mehrere mit dichtem Schilf und hohen Sumpfgräsern bewachsene Lachen, die Enten, Bläfsköpfe, Teichhühnchen beherbergen und in der Zugzeit gern von Sumpfschnepfen und Totaniden besucht werden.

Schmäler sind die Täler, die sich die Cybina und Bogdanka gegraben haben, doch liegen hier die Verhältnisse ähnlich wie beim Warthetale. Das dichte Buschwerk an der Elsenmühle ($4^1/_2$ km etwa von Posen entfernt) beherbergt Turteltauben. Die hohen sandigen Ufer, auf denen Triele wohnen, bilden einen lebhaften Kontrast mit dem saftigen Grün der Büsche und der ausgedehnten Wiesen, die weiter unterhalb das Flüfschen rechts und links umsäumen, teilweise unterbrochen durch kleinere oder gröfsere Waldparzellen, von denen das Solatscher Kiefernwäldchen, etwa 17 ha grofs, in den Besitz der Stadt Posen übergegangen ist. Die rührige Stadtverwaltung ist eifrig dabei, durch schöne Parkanlagen eine anmutige Verbindung zwischen Stadt und Wald herzustellen; auch ausgedehnte Teichanlagen sind in der Nähe des an der Bogdanka unterhalb Solatsch liegenden Auwäldchens geschaffen worden. In diesem Wäldchen, das freilich infolge der neuen Anlagen stark gelichtet ist, konnten wir besonders Sperbergrasmücken, doch auch zuzeiten zahlreiche andere Vögel, die nach den Früchten der hier reichlich wachsenden Weichselkirschen (prunus mahaleb) lüstern waren, beobachten.

Besonders tief eingeschnitten ist stellenweise das sich von Posen aus in östlicher Richtung hinziehende Tal der Cybina. Etwa 1 km vor dem Warschauer Tore liegt am rechten Cybinaufer das Etablissement Schlofspark Ostend unmittbar an dem hier teichartig erweiterten Flüfschen. Die dichten Rohrbestände und die Schilfmassen auf den teilweise schwimmenden Inseln werden von Sumpf- und Wassergeflügel belebt. Gegenüber dem Schlofspark Ostend ziehen sich an der Schwersenzer Chausee entlang militärfiskalische Schiefsstände hin, in deren prächtigen Anlagen zahlreiche Vögel wohnen. Hinter den Schiefsständen auf den sandigen rechten Uferhöhen befindet sich die Brutstätte eines Trielpaares, während die Wiesenflächen jenseits des Flüfschens vom Wiesenpieper, Kiebitz, Braunkehlchen und zeitweilig vom Heuschreckensänger bewohnt werden. Weiter aufwärts treffen wir auf einen der lieblichsten Punkte in der Umgegend unserer Stadt. Es ist der sogenannte Kobylepoler Grund. Während das Flüfschen bei der Louczmühle wieder eine von undurchdringlichem Röhricht bedeckte teichartige Erweiterung bildet, die von zahlreichen Vögeln belebt wird, sind die Ufer sowie die steilen Gehänge mit Laubwald und dichtem Buschwerk bewachsen, das sich auf den Uferhöhen in einem Kiefern- und Birkenwäldchen fortsetzt. Das zwischen steilen Uferhöhen tief eingeschnittene Tal zieht sich, an einer Seite von dichtem Buschwerk umsäumt, flufsaufwärts an dem etwa 5 km von Posen entfernten Park von Kobylepole vorbei bis zu der das Flüfschen überschreitenden Chaussee nach Schwersenz. Östlich der Strafse nimmt der von der Cybina durchströmte Schwersenzer See fast das ganze Tal ein. Dieser See, etwa 90 ha grofs,[1]) das Posen zunächst liegende gröfsere Wasserbecken, ermangelt zwar „der landschaftlichen Reiz verleihenden Waldbedeckung", zeigt aber an seinen Rändern fast durchweg eine dichte Rohr- und Schilfwand, die sehr zahlreichen Rohrsängern, besonders Drossel- und Teichrohrsängern, Unterkunft bietet, während die Wasserfläche von Haubentauchern belebt wird.

Dies ist das Gebiet, auf das sich während einer Reihe von Jahren unsre Beobachtungen erstreckten. Wir waren so ziemlich täglich draufsen, freilich nicht immer auf ausgedehnten Exkursionen, wenn solche auch so oft als möglich gemacht wurden. Von Berufsgeschäften sehr in Anspruch genommen, mufsten wir unsre täglichen Spaziergänge für unsre Zwecke fruchtbar zu machen suchen. Eine merkbare Lücke ergibt sich nur für die Zeit der Sommerferien, wo wir unserem Beobachtungsgebiete fern waren.

Nur in wenigen Fällen haben wir über das vorher skizzierte Gebiet hinausgegriffen, wenn entweder eigene Beobachtungen in anderen Teilen der Provinz unserseits gemacht worden waren (Zwergfliegenfänger), oder bestimmte Mitteilungen dritter Personen vorlagen.

Eingehendere Beobachtungen über den Herbstzug der Vögel sind erst in den letzten beiden Jahren von uns angestellt worden.

Auf Angaben in der Literatur haben wir hier, wo es sich um eigene Beobachtungen handelt, grundsätzlich nicht Bezug genommen. In der systematischen Aufzählung der Vögel und ihrer Benennung halten wir uns durchaus an Reichenow „Die Kennzeichen der Vögel Deutschlands", Neudamm 1902.

---

1. *Colymbus cristatus* L.

Für die nähere Umgebung von Posen ist der Haubentaucher nur ein seltner Durchzugsvogel, da gröfsere Wasserflächen nicht vorhanden sind. Am 17. IV. 09 wurde 1 Stück auf den überschwemmten Wiesen zwischen Schilling und Gluwno beobachtet; etwas weiter entfernt, doch mit dem Glase noch erreichbar, waren 2 weitere Stücke sichtbar. Die Vögel befanden sich noch auf dem Frühjahrszuge.

Am 18. IX. 05 hatte sich gegen Abend ein Vogel dieser Art auf der Warthe gegenüben dem Rennplatz in einem stillen Winkel zwischen einer Buhne und dem rechten Ufer niedergelassen.

---

[1]) vgl. Dr. Schütze in der Zeitschr. „Aus dem Posener Lande", 1908 p. 501 f.

Der Vogel schwamm unruhig hin und her, flog aber nicht ab, als wir vorbeigingen.

Auf dem etwa 10 km von Posen entfernten Schwersenzer See brütet diese Art. Am 28. VI 08 waren in einer Schilfbucht 2 Paare alter Haubentaucher sichtbar, von denen das eine 2, das andere 1 halbwüchsiges Junges bei sich hatte. In der Nähe der Zieliniec-Mühle am Westende des Sees war ein drittes Paar mit 2 Jungen sichtbar, an der Schilfwand hinziehend. Auch auf dem Lubascher See im Kreise Czarnikau ist diese Art häufiger Brutvogel. Am 14. IV. 08 waren diese Taucher hier bereits reichlich vertreten (H.).

Am 19. X. 09 waren pfeifende Rufe junger Taucher, die sich offenbar auf dem Zuge befanden, auf der schilfbedeckten, teichartig erweiterten Cybina beim Etablissement Schlofspark Ostend zu hören. Ob die Urheber dieser Töne junge Haubensteifsfüfse oder Rothalstaucher waren, konnte bei der zum Verwelchseln ähnlichen Beschaffenheit der Rufe beider Arten nicht festgestellt werden.

Anmerkung: Vgl. über die Rufe der Jungen beider Arten Hesse im J. f. O. 1908 I p. 26 und 1909 III, dessen Angaben nach Beobachtungen in Tütz in Westpreufsen, wo beide Arten ziemlich häufig brüten, durchaus bestätigt werden konnten (H.).

2. *Colymbus nigricans* Scop.

Am 2. V. 08 hörten wir Balztriller des kleinen Tauchers auf einer von dichtem Weidicht umsäumten Überschwemmungslache in der Nähe der Wolfsmühle, ebenso am 8. V., später jedoch nicht mehr. Obwohl gute Verstecke und ausreichender Pflanzenschutz vorhanden waren, scheinen die Vögel nicht zur Brut geschritten zu sein, vielleicht wegen ungenügenden Wasserstandes. Am 17. V. waren Balztriller etwas weiter nördlich auf einem der gras- und schilfreichen Überschwemmungstümpel zwischen Wolfsmühle und Wartheknie zu hören. Auch bei niedrigem Wasserstande trocknen diese Tümpel nicht aus, bieten auch durch den üppigen Pflanzenwuchs an den Rändern genügenden Schutz; der kleine Wasserspiegel ist meist mit den Blättern der Seerose bedeckt. Vielleicht hatten sich die Vögel zum Brutgeschäft hierher gezogen, doch wurden Nest und Junge nicht gefunden.

Am 26. IV. 09 wurde dieser kleine Taucher auf der teilweise mit Rohr und Schilf bedeckten teichartig erweiterten Cybina an der Loncz-Mühle gehört. Nach zuverlässigen Angaben verweilt der Vogel hier den ganzen Sommer, so dafs auch hier mit dem Brüten des Vogels zu rechnen ist.

Auf dem Herbstzuge wurde der Zwergtaucher nur einmal beobachtet. Am 12. XI. 05 trillerte ein solcher in der gute Deckung bietenden Westecke des sogenannten Rohrteichs, des

Ausschachtungsgeländes an der Südseite des Kernwerks. Das Gelände, im Sommer eine Wiese, war erst vor wenigen Tagen durch Ableitung der Bogdanka überflutet worden, um im Winter als Eisbahn zu dienen.

3. *Larus ridibundus* L.

Im März oder im April treffen regelmäfsig einzelne Stücke oder kleine Schwärme dieser Möwenart hier ein und treiben sich eine Zeitlang auf den überschwemmten Wiesen oder über der Warthe umher. Am 22. III. 08 zog ein kleiner Schwarm gegenüber dem Schilling wartheaufwärts; am 28. III. 09 schwebte 1 Stück über den Wiesen an der Einmündung der Cybina in die Warthe, von einer Saatkrähe mehrfach befehdet. Am 17. und 18. IV. 09 trieben sich auf den noch immer überschwemmten Wiesen zwischen Schilling und Wolfsmühle zahlreiche Vögel dieser Art umher; am Nachmittage des 18. IV. erhob sich unter lebhaftem Geschrei ein Schwarm von etwa 10 Stück, um weiter zu ziehen.

Auch im Juni wurden wiederholt einzelne Vögel über der Warthe gesehen; am 5. VI. 08 1 St. in der Nähe des Warthe-knies, über dem Flusse auf und ab streichend; am 4. VI. 09 1 St. über der Warthe an der Insel hinziehend um $^1/_2$8 p ($^1/_2$8 p (= post meridiem) = $^1/_2$8 Uhr nachmitttags); am 6. VI. zog 1 St. um 6 p flufsaufwärts bis zum Schilling, dann wieder strom-abwärts; um $^1/_2$7 p flogen 2 St. ziemlich hoch jenseits der Warthe der Stadt zu; am 29. VI. wurde 1 Vogel gegen Abend von der Wolfsmühle aus beobachtet, die Warthe aufwärts fliegend, gegen $^1/_2$9 p war der Vogel wieder bei der Wartheinsel.

Im Frühjahr 1907 versuchte ein Paar Lachmöwen sich hier an der Warthe anzusiedeln. Am 30. V. kam uns in der Nähe der Überschwemmungslachen zwischen Wolfsmühle und Warthe-knie ein Vogel, ängstlich käck — — — — rufend, entgegenge-flogen und verfolgte uns unablässig mit seinem Geschrei. Wir versuchten von den Uferhöhen des Warthetales einen Überblick über das Sumpfgebiet zwischen den Lachen zu gewinnen und entdeckten denn auch leicht das brütende Weibchen, dessen leuchtendes Weifs sich scharf von dem Grün der Umgebung abhob, an einer für uns leider unzugänglichen Stelle. Es war nur ein Pärchen dieser Vögel vorhanden. Der Versuch scheint mifslungen zu sein; jedenfalls wurde er in den folgenden Jahren nicht wiederholt.

4. *Mergus merganser* L.

Im Spätherbst des Jahres 1897 wurde auf der Jagd ein schönes altes ♂ an der Warthe in der Nähe des Dorfes Czerwonak erlegt. Der verwundete Vogel spie mehrere Gründlinge aus, die soeben erst erbeutet sein mufsten. Leider wurde das Stück nicht erhalten.

5. *Nyroca fuligula* L.

Am 14. IV. 08 weilte eine einzelne Reiherente auf dem Lubascher See (Kreis Czarnikau). Am 17. IV. 09 trieb sich ein Schwarm von 6 Stück auf den überschwemmten Wiesen westlich von Gluwno umher; die Vögel waren sehr scheu.

6. *Anas boschas* L.

Die Stockente ist hier noch ein ziemlich häufiger Brutvogel, da sie sich in die Verhältnisse zu schicken weifs und selbst mit ganz kleinen Gewässern vorlieb nimmt. Sie wurde brütend gefunden auf dem Ausstichsumpfe vor dem ehemaligen Wildator (am 30. VI. 07 eine Ente mit 12 halberwachsenen Jungen sichtbar), auf den Altwassern im Eichwalde (12. V. 08 eine Alte mit 4 etwa anderthalb Wochen alten Jungen sichtbar), auf und an den Überschwemmungslachen zwischen Wolfsmühle und Wartheknie (am 17. V. 08 wurde in einem überjährigen Lupinenfelde ein Nest mit 10 Eiern gefunden, von dem die Alte abstrich), ja sogar auf dem alten Petrikirchhofe zwischen Halbdorf- und Ritterstrafse. Am 19. IV. 06 wurde hier auf dem kleinen etwa 30—40 Schritt langen und 10 Schritt breiten, jetzt abgelassenen Tümpel ein Stockentenpaar beobachtet. Am 8. V. safs die Ente auf einem winzigen mit einigen Rohrstengeln besetzten Inselchen auf dem Neste, ebenso am 13. V. um 9 a (= ante meridiem, Vormittags). Auch der Erpel war auf dem Tümpel, flog aber bei unsrer Annäherung erschreckt ab. Am 31. V. safs die Ente nicht auf dem Neste, hielt sich aber in der Nähe auf; auch am 7. VI. war die Ente auf dem Tümpel, doch nicht auf dem Neste, das offenbar wegen fortgesetzter Störung verlassen war. Das Nest war jedes Schutzes entblöfst, da die Ente beim Verlassen desselben die es umgebenden Rohrhalme zum Bedecken herabgezogen hatte.

Am 18. IV. 07 wurde auf demselben Tümpel wieder ein Paar Stockenten gesehen. Am 28. V. hatte die Ente kleine Dunenjunge um sich, die offenbar in dem Gebüsch in der Nähe des Tümpels erbrütet worden waren. Die Alte verschwand mit ihren Jungen unter einem überhängenden Busche; es waren 13 Stück. Am 3. VI. führte die Ente nur noch 2 Junge, am 8. VI. nur noch eins; die übrigen waren augenscheinlich weggefangen worden, wie das niedergetretene Gras und die zertrampelten Nesselbüsche am Rande des Tümpels anzeigten. Selbst die Ruhe des Friedhofs hatte die Brut des Vogels nicht zu schützen vermocht. Das eine ihr verbliebene Junge brachte die sorgsame Entenmutter auf; sie harrte geduldig bei ihm aus, denn fortführen, wie es die Enten gerne tun, konnte sie es nicht, ja sie wurde so zutraulich, dafs sie sich füttern liefs. Was für ein prächtiges Familienbild hätte es gegeben, wenn sie im Besitze ihrer 13 Kinder geblieben wäre. Am 3. IX. war das Junge noch auf dem Tümpel unter der Obhut der Mutter.

Auch am 7. V. 08 wurde wieder ein Enterich dieser Art auf dem Tümpel beobachtet, ebenso am 14. V., doch scheint die Ente dieses Jahr hier nicht gebrütet zu haben, oder sie wurde ihrer Eier beraubt, oder sämtliche Junge wurden weggefangen; jedenfalls waren am 6. VI. die Nesselbüsche am Tümpel vollständig zertreten. Am 18. VI. wurde auf dem im Jahre vorher angelegten Teiche des Schillerparks eine Stockente mit 6 Jungen beobachtet. Die Vögel waren ziemlich vertraut; sie wurden wenig belästigt, da sie der in der Nähe wohnende Parkwärter unter seine Obhut genommen hatte. Auch im Jahre 1909 hat eine Stockente in der Nähe des Schillerparks unter einem Busche gebrütet. Der brütende Vogel liefs sich auf dem Neste vom Parkwärter füttern.

Am 1. IX. 09 wurde gegen Abend auf dem vor dem Eichwalde infolge reichlicher Erdausschachtungen entstandenen ziemlich ausgedehnten Tümpel ein ganz weifses Stück, das mit einem zweiten normal gefärbten Stücke aufging, erlegt. Das Tier war völlig welfs, nur einige Oberschwanzdeckfedern zeigten einen dunklen bis schwarzen Saum; Ruder und Schnabel waren gelbrot, Augen dunkelbraun. Das Stück war hier schon mehrfach in einem Schoof angetroffen worden; es war augenscheinlich ein junges Tier. Wie uns unser Amtsgenosse Prof. Heimer mitteilte, hat er im vergangenen Jahr ebenfalls ein ganz weifses Stück dieser Art auf der Feldmark von Stutendorf, Eisenbahnstation Ketsch, geschossen.

7. *Anas penelope* L.

Am 5. IV. 08 wurden auf den Überschwemmungslachen zwischen Wolfsmühle und Wartheknie 4 Paare Pfeifenten beobachtet, die sich sehr scheu und vorsichtig zeigten.

8. *Anas querquedula* L.

Neben *boschas* ist dies die häufigste Entenart bei Posen, da sie sich auch mit kleinen Tümpeln und Lachen begnügt. Am 14. IV. 04 waren etwa 8 St. auf dem Altwasser zwischen Viktoriapark und Eichwald.

Am 20. VI. 07 trieb sich auf der Lache am Südrande des Eichwaldes eine Knäkentenfamilie umher. Die Entin verliefs das Wasser und ging auf den Schwaden des abgemähten Grases dem Insektenfange nach, wobei sie eifrig ihre Jungen rief. Da diese dem Rufe nicht folgten, flog sie wieder ins dichte Schilf zurück. Auch auf den Überschwemmungstümpeln zwischen Wolfsmühle und Wartheknie brütete diese Art regelmäfsig. Am 5. IV. 08 flogen 2 Paar ab, wobei die ♂♂ lebhaft knarrten (klerreb), auch am 8. V. und 17. V. und am 20. V. wurden hier einige St. beobachtet, am 4. VIII. zeigte sich auf einer der Lachen ein Schoof von 6 jungen Enten. Am 1. V. 08 flog auch von einem der

Tümpel der faulen Warthe vor der Insel ein Pärchen dieser Ente mit knarrendem klerreb ab.

Am 28. VIII. 08 wurden 17 St. dieser Art auf dem Ausstichtümpel vor dem Eichwalde gezählt, die auch zum Teil in der Folgezeit hier Nahrung suchten, die sie hier offenbar reichlich fanden, wie auch eine zeitlang Stockenten und zahlreiche Totaniden offenbar der ihnen zusagenden Nahrungsverhältnisse wegen hier verweilten, bis wiederholte Eingriffe seitens der Menschen den Überlebenden den Aufenthalt daselbst verleideten.

9. *Anser* sp.

Am 18. III. 07 zogen Scharen wilder Gänse über das Netzbruch bei Guhren, Kr. Czarnikau; am 22. II. 08 flog über das Schillingstor hinweg eine Schar von 25 St., lebhaft rufend, von Südwest nach Nordost. Die Flugordnung wurde wiederholt unterbrochen, schliefslich ordneten sie sich in 3 Schleifen zu 9 und je 8 Stück.

Der Herbstzug erfolgte im Oktober: am 16. X. 07 zogen Gänse überhin nach Westen; am 27. X. um $^1/_4$9 p ein Schwarm, lebhaft rufend. Am 4. X. 09 zogen um 3 p 26 Wildgänse beim Dorfe Guhren (Kreis Czarnikau) über dem Netzetal von Ost nach West; am Tage vorher waren in diesem Jahre hier die ersten in derselben Richtung ziehenden Gänse, 13 St., bemerkt worden (Mitteilung des Lehrers J. Jany in Guhren).

10. *Charadrius hiaticula* L.

Am 24. IV. 04 weilten 5 Regenpfeifer auf den sandigen Uferhöhen der Cybina jenseits der militärfiskalischen Ringstrafse (auf dem Gelände befinden sich heute Kirchhöfe) lebhaft tlya tlya lill lill lill lill lill schreiend; aus einiger Entfernung war ein r in dem Paarungsrufe hörbar. Die Vögel, die nahe an sich herankommen liefsen, bildeten auf dem Boden fast einen Knäuel und trieben einander, gebärdeten sich dabei aber keineswegs stürmisch, machten vielmehr einen sanften Eindruck. Gröfse (etwa Drosselgröfse), Gesang und Zeichnung (breites Brustband) wiesen entschieden auf den Sandregenpfeifer hin. Die Vögel wurden in der Folgezeit nicht wieder gesehen.

11. *Charadrius dubius* Scop.

Der Flufsregenpfeifer ist ein regelmäfsiger Besucher gewisser Lokalitäten in der Umgebung Posens und brütet hier auch. Ankunftszeiten: 28. IV. 04; 18. V. 06; 22. IV. 07; 3. V. 08; 11. V. 09.

Am 30. V. 08 trieben sich an den sandigen Ufern des Ausstichtümpels gegenüber den militärischen Schiefsständen vor dem Warschauer Tor mehrere Vögel dieser Art (8—10 St.) umher, lebhaft etwa tli tli tyl tyl tyl rufend. In ihrer Gesellschaft befand sich ein *Totanus littoreus*, der, von der allgemeinen Fröhlichkeit angesteckt, gleichfalls neben seinen Locktönen einen Balzruf hören liefs, der wie tewí tewi tewi — — — klang. Die Vögel waren augenscheinlich noch auf dem Zuge.

Am 23. V. 06 rief ein Regenpfeifer recht ängstlich in dem von dichtem Weidengebüsch umgebenen sandigen Bett der alten Warthe oberhalb der Wolfsmühle. Wir legten uns auf die Lauer, und bald erschien der Vogel etwa 30 Schritt vor uns und liefs sich zum Brüten auf seinem Neste nieder. Die 4 Eier lagen auf dem blofsen Erdboden an einer Stelle, an der von der Frühjahrsüberschwemmung zurückgebliebener Schlamm infolge der Dürre geborsten war und an den Bruchstellen sich ein wenig nach oben umgebogen und so eine kleine natürliche Vertiefung gebildet hatte, die dem Vogel vollauf genügte.

Am 29. V. 07 wurde ein Pärchen dieser Vögel auf den Sandaufschüttungen vor dem ehemaligen Eichwaldtore beobachtet, das auch am 10. VI. sichtbar war, also wohl hier gebrütet haben dürfte.

Im Jahre 1908 brütete ein Paar an dem vorher genannten Ausstichtümpel hinter dem Bahnhof Warschauer Tor. Die Vögel wurden hier mehrfach im Mai und im Juni gesehen und am 16. VI. neben den beiden Alten, die sich sehr ängstlich gebärdeten, auch 4 flügge Junge beobachtet, ebenso am 25. VI.

In demselben Jahre hatte ein Paar auf den Ödflächen der Uferhöhen der Cybina hinter den militärischen Schiefsständen Junge erbrütet, die seit dem 21. VI. hier einige Zeit hindurch beobachtet wurden.

Auch im Jahre 1909 brütete hier ein Paar, das am 11. V., 14. V., 7. VI. und 15. VI. beobachtet wurde. An dem letztgenannten Tage zeigten sich die Alten sehr ängstlich; am 19. VI. waren 4 und am 22. VI. 5 St. sichtbar. Ab und zu liefsen die Vögel neben ihrem gewöhnlichen Rufe eine Reihe von Tönen hören, denen der Lockruf zweimal angehängt wurde: tli tli tli tli tli diü diü.

Aufserdem wurden Vögel dieser Art beobachtet in der Nähe der Badestelle oberhalb des Krzyžanowskischen Holzplatzes (18. V. 06; 13. V. 08), an dem Ausstichtümpel vor dem Eichwalde (21. VI. 09 um 9 Uhr p, ebenso am 28. VI. um $^3/_4$ 10 p lebhaft rufend: tli tli tli tli tli trlü trlü trlü), an den Lehmstichen an der Schneidemühler Bahn in der Nähe von Solatsch (27. VI. 09) und zwischen Wolfsmühle und Wartheknie (am 29. VI.).

Auf dem Abzuge befanden sich jedenfalls die Vögel, die am 21. VIII. 09 gegen 8 Uhr p, am 22. VIII. gegen Abend (je 1 St., also wohl an beiden Tagen derselbe Vogel), am 29. VIII. und am 4. IX. sich an dem Ausstichtümpel vor dem Eichwalde durch ihre Rufe bemerkbar machten; am letztgenannten Termine waren hier auch 2. St. sichbtar, seitdem keine mehr.

12. *Vanellus vanellus* L.

Ankunftszeiten: 7. III. 03; 24. III. 04; 16. III. 05; 25. III. 06; 11. III. 07; 7. III. 08 (Meldung aus der Provinz); 15. III. 08. (bei Posen); 27. III. 09 (um 5 Uhr p ziehen zuerst 5 Kiebitze, dann ein einzelner über Starolenka hinweg, auffallenderweise von Nordost nach Südwest; die Warthewiesen sind seit morgens 11 Uhr völlig überschwemmt).

Es waren zunächst immer nur kleine Schwärme oder einzelne Paare, auch wohl einzelne Vögel (am 11. III. 07 wurde ein Vogel, auf den dem Schilling gegenüberliegenden Wiesen bei Schneegestöber auffliegend, von einigen Krähen belästigt, die nach ihm stiefsen), die an den angegebenen Terminen beobachtet wurden. Gröfsere Massen folgten in der Regel erst später nach, die dann einige Zeit auf den teilweise überschwemmten Wiesen zu verweilen pflegten. So hatte sich am 18. III. 08 ein starker Schwarm gegenüber dem Viktoriapark niedergelassen. Da kam plötzlich ein Sperberweibchen, von einer Mantelkrähe heftig verfolgt, daher und versetzte die Vögel in grofse Aufregung. Der ganze Schwarm ging hoch, vielfach schreiend, ein *Totanus totanus* rief warnend sein djü djü djü dazwischen, und die Aufregung legte sich erst, als der Sperber längst unserm Gesichtskreise entschwunden war.

Am 20. III. 08 lag dem Rennplatze gegenüber ein starker Schwarm auf den Wiesen. Um $^3/_4$ 6 p erhob sich wie auf Kommando ohne ersichtlichen Grund die ganze Schar unter vernehmlichem Brausen (es waren mindestens 75 St.), um in nordöstlicher Richtung weiterzuziehen. Noch gröfsere Schwärme wurden am 17. IV. 09 auf den Warthewiesen westlich von Gluwno beobachtet, unter denen sich lebhaft rufende Rotschenkel tummelten. Einige der Vögel jagten sich neckend mit Lachmöwen umher. Die Kiebitze setzten gegen Abend ihre Reise fort.

Die Zahl der Brutpaare in der Umgebung Posens scheint sich nach dem Grade der Bewässerung der in Betracht kommenden Stätten zu richten. Regelmäfsig brüteten die Vögel in wenigen Paaren an der Cybina bei Johannistal und in gröfserer Anzahl an den Lachen zwischen Wolfsmühle und Wartheknie. An letztgenannter Stelle brüteten im Jahre 1908 etwa 5 bis 7 Paare. Ende Juni waren die Jungen erwachsen. Zahlreicher als sonst waren Kiebitze im Jahre 1909 hier als Brutvögel zurückgeblieben, da infolge der ausgiebigen Frühjahrsüberschwemmung viel Wasser auf den Warthewiesen zurückgeblieben war. An den Lachen vor dem Wartheknie nisteten 8—10 Paare, mehrere Paare an dem Ausstichtümpel vor dem Eichwalde, 1 Paar vor der Wartheinsel und 2 Paare auf den Cybinawiesen bei Johannistal.

Am 29. VI. hatten Alte und Junge ihre Brutstellen vor dem Wartheknie verlassen, um auf den Feldern umherzustreichen, wie das ja andere Brutvögel nach glücklicher Beendigung ihres

Brutgeschäfts auch zu tun pflegen. Wochenlang war hier in diesem Jahre von Kiebitzen nichts zu sehen und zu hören. Da traf am 10. VIII. der erste Schwarm von 12 St. ein und verweilte längere Zeit an dem Ausstichtümpel vor dem Eichwalde. Am 18. VIII. riefen mehrere abends auf den Feldern oberhalb des Tümpels; am 21. VIII. um 8 Uhr p wieder am Tümpel; am 22. flogen 7 Kiebitze, von einem den Sumpf durchwatenden Knaben aufgescheucht, in Begleitung mehrerer Bruchwasserläufer in südwestlicher Richtung ab, auch am 27. zog von hier ein Schwarm von 30 St. gen Südwest um $5^1/_4$ p. Am 1. IX. waren daselbst 8 St. sichtbar, zum Teil in Gesellschaft von Rotschenkeln. Am 2. IX. wurde unterhalb der Wolfsmühle ein Schwarm von 40 St. beobachtet, und am 8. IX. lagen hier auf einem Sturzacker westlich der Warthe 50 bis 75 St., die sich bei unsrer Annäherung nach Norden wendeten, also augenscheinlich dem Laufe der Warthe folgten. Eine halbe Stunde später folgte eine Schar von 9 St. und hielt dieselbe Richtung. Am 12. IX. wurde ebendort ein Schwarm von 19 St. gesehen. Die letzten Kiebitze (7 St.) wurden ebendaselbst am 19. IX. beobachtet. Die Vögel flogen, nachdem sie eine Weile gerastet hatten, um $^1/_2$ 6 p direkt nach Osten.

13. *Oedicnemus oedicnemus* L.

Der Triel ist in der Umgegend von Posen nicht selten und konnte auch als Brutvogel festgestellt werden. Der Vogel wurde mehrfach gesehen und gehört auf den sandigen Feldern am rechten Ufer der Bogdanka zwischen der Elsenmühle und dem Bahndamme der Eisenbahn Posen-Kreuz (z. B. am 18. V. 03) und auf den sandigen Uferhöhen der Cybina hinter den militärischen Schiefsständen vor dem Warschauer Tor, wo er sich gegen Abend durch sein lautes krärlith bemerkbar machte (am 1. V. 09 um $^1/_2$8 p) und im Jahre 1909 auch brütete. Auch von den Sandfeldern des Gluwnoer Exerzierplatzes her war sein Ruf am 11. V. um $7^1/_4$ p mehrfach zu hören.

Am 6. V. 07 erhielten wir aus der Forst Streitort an der Gluwna ein Gelege des Triels, das bei einer militärischen Übung gefunden worden war. Die beiden Eier befinden sich in der Sammlung der hiesigen Berger-Oberrealschule.

Als wir uns am 7. VI. 09 um 8 Uhr p von der Loncz-Mühle her den Schiefsständen vor dem Warschauer Tor näherten, flog ein Stück ohne Laut vor uns auf, ebenso am 15. VI. um $7^1/_4$ p. Der Vogel kehrte auffälligerweise wieder um, warf sich in einiger Entfernung zur Erde, flog dann wieder auf, und liefs sein krärlith hören. Das Verhalten des Vogels liefs auf eine Brut schliefsen, und in der Tat fanden wir nach einigem Suchen auf der teilweise mit Borstengras bewachsenen Ödfläche in der Nähe der militärfiskalischen Ringstrafse in einer flachen, selbstgescharrten Vertiefung neben einem Ständchen Gnaphalium divoicum das

Gelege von 2 Eiern. Wir bezeichneten uns die Stelle in unauffälliger Weise, da die Eier nicht leicht zu entdecken waren, trotzdem sie fast ganz frei dalagen, und revidierten von Zeit zu Zeit das Nest. Am 19. VI. flog der Vogel wie gewöhnlich 20—30 Schritte vom Neste entfernt auf, nachdem er uns bis auf 75 Schritte hatte herankommen lassen. Er hatte, da er uns nicht sehen konnte, zweifellos infolge der Warnrufe eines *Charidrius dubius* rechtzeitig das Nest verlassen. Als wir uns am 22. VI. gegen Abend dem Neste näherten, flog der Vogel wie sonst auf, rief jedoch dieses Mal mehrmals und gebärdete sich ängstlicher als vorher. Die Nestmulde war leer, von Eierschalen nichts zu bemerken. Die Jungen schienen jedoch irgendwo in der Nähe zu stecken, denn ein alter Vogel erschien unter wiederholten Rufen, warf sich unfern der Ringstrafse nieder und verschwand laufend im Unkraut. Wir gingen ihm absichtlich nicht nach, um nicht Vorübergehende aufmerksam zu machen, sondern wendeten uns den Schiefsständen zu. Da wurde ein zweiter Vogel sichtbar und suchte uns fortzuleiten, indem er sich, freilich immer in ziemlicher Entfernung, zur Erde warf, eine Strecke rannte und wieder aufflog, welches Manöver er mehrmals wiederholte. Auch am 26. waren die beiden Alten wiederholt sichtbar, doch hielt sich der eine Vogel, wohl das Männchen, stets etwas entfernter. Neben krärlith hörten wir von ihnen ein klagendes tih oder tüih oder auch tiё (absinkend). Nach erneutem Absuchen der Umgebung des Nestes fand sich um 8 Uhr p ein Junges, das regungslos zwischen einigen Stauden des Borstengrases safs, den Kopf mit dem ziemlich kräftigen Schnabel vorgestreckt, so dafs es in seinem weifsgrauen Gewande einem Steine sehr ähnlich sah. Es machte, als wir nahe herantraten, keinen Fluchtversuch, liefs sich vielmehr ruhig aufheben, wobei es kräftig mit den Beinen strampelte. Das fette, quabbelige Ding war etwa von Haubenlerchengröfse, oben ganz mit kurzer, grauer Dunenwolle bedeckt. Über den Kopf wie über den Rücken liefen zwei schmale, dunkelbraune Streifen; auch die Flügelchen zeigten eine dunkle Zeichnung. Der schon ziemlich kräftige Schnabel war an der Wurzel graugrün, spitzewärts schwarz. Es blieb ruhig an der Stelle sitzen, an der es niedergesetzt wurde. Das zweite Junge war nicht sichtbar.

Gegen Ende August schienen die Vögel umherzustreichen. Am 21. VIII. rief einer um $8^1/_2$ Uhr p an der Südseite des Eichwaldes, wo er sonst nicht gehört worden war. Am 23. VIII. 09 wurde ein Paar auf der Feldmark von Stutendorf (Bahnstation Ketsch) gesehen.

14. *Tringa alpina* L.

Am 24. IX. 08 verweilten an der Freibadestelle vor dem ehemaligen Eichwaldtore 5 Alpenstrandläufer im Winterkleide Die Vögel, die sehr vertraut waren, liefsen sich bis auf 5 Schritte angehen; sie wurden hier mehrere Tage hindurch gesehen.

15. *Tringoides hypoleucos* L.

Ankunftszeiten: 28. IV. 04 (Freibadestelle vor dem ehemaligen Eichwaldtore, 1 St.); 18. V. 06 (an der Warthe gegenüber dem Rennplatze, 1 St.); 6. V. 07 (vor dem ehemaligen Eichwaldtore, 1 St.); 30. IV. 08 (an der Warthe vor dem Eichwalde, 4 St.); 15. V. 09 (gegenüber dem Rennplatze, mehrere St.).

Auch über die angegebenen Termine hinaus wurde der Flufsuferläufer nicht gerade selten in unserm Gebiete beobachtet: Am 23. V. 06 trieben sich Uferläufer an dem schlammigen Ufer der alten Warthe bei der Insel umher, und am 13. V. 08 wurde auf einer kleinen Schlammbank gegenüber dem Viktoriapark der Paarungsruf oder Balzgesang des Uferläufers gehört, der aus einer hellen viersilbigen mehrmals wiederholten Strophe besteht: titihidi etc.; die dritte Silbe ist stärker betont als die andern. Es war danach zu vermuten, dafs der Vogel in unserm Beobachtungsgebiete brütete. Diese Vermutung wurde später zur Gewifsheit. Am 26. VI. 08 liefs an dem sandigen, von kleinen Schlammbänken unterbrochenen Ufer der Warthe am südöstlichen Teile des Eichwaldes ein Vogel dieser Art mehrmals ein warnendes hiht hören (auch zweisilbig hiht hiht). Der Vogel safs auf einer Buhne. Nur durch einen schmalen sandigen Rain von der Warthe getrennt, dehnt sich hier eine Uberschwemmungslache mit teils grasigen, teils schlammigen Ufern aus, an denen zum Teil, der Warthe zugekehrt, Weidenbüsche stehen. Hier war das Nest zu vermuten. Es wurde zwar nicht gefunden, doch trieb sich hier wie an der nahen Warthe einige Tage später und auch im Juli und bis in den August hinein (noch am 2. und 6. VIII. an der Warthe beobachtet) regelmäfsig eine Familie von 6 St. umher, die zweifellos hier beheimatet war. Auch an der Wartheinsel wurde in der Brutzeit (20. V. 09) ein Pärchen dieser Vogelart beobachtet.

Auf dem Herbstzuge befanden sich wohl schon mehrere Vögel dieser Art, die am 15. VIII. 08 an der Warthe unterhalb der Wolfsmühle gesehen wurden. Zu ihnen hatte sich ein Vogel von ziemlich dunkler Färbung, dik dik rufend, gesellt. Ob Waldwasserläufer? Auch später noch wurden Flufsuferläufer mehrfach beobachtet: am 29. VIII. 08 an der Warthe vor dem Rennplatze 1 St., ein zweites in der Nähe der Badestelle; am 4. IX. mehrere Vögel am rechten Wartheufer gegenüber dem Viktoriapark, lebhaft rufend; am 8. IX. 09 am rechten Ufer der faulen Warthe 1 St., das sich mehrmals weitertreiben liefs, dann aber wieder zurückflog. Die Vögel verweilen gern an der Wartheinsel, da die Weidenbüsche Deckung bieten und die etwas schlammigen Ufer der alten Warthe erwünschte Weideplätze gewähren. Etwas weiter nordwärts war ein zweites St. zu sehen, dafs mehrmals sein hididi hören liefs. Am 10. IX. waren hier ebenfalls Vögel dieser Art zu hören und gegen Abend 2 St. sichtbar. Auch am 12. IX. wurden hier noch 3 Vögel gesehen. Am gleichen Tage rief um $^1/_2$7 p

1 St. mehrmals an der Einmündung des Vorflutgrabens in die Warthe.

16. *Totanus totanus* L.

Angehörige dieser Art, sowie überhaupt alle Totaniden wurden hier nur unregelmäfsig beobachtet. An ausgedehnteren Überschwemmungstümpeln fehlten sie in der Regel nicht; herrschte dagegen Wassermangel, so blieben die Vögel selbstverständlich aus, indem sie unser Beobachtungsgebiet überflogen.

Am 18. III. 08 trieb sich ein einzelnes St. dieser Art unter einem starken Schwarme von Kiebitzen laut rufend auf den überschwemmten Warthewiesen westlich des Viktoriaparks umher (vgl. oben p. 395); desgleichen am 21. III. 09 1 St. in Gesellschaft zahlreicher weifser Bachstelzen auf den Cybinawiesen am Berdychowoer Damm, Nahrung auf den vereisten Wiesen suchend. Im Abfliegen rief er mehrmals tü (Tauwetter, + 5°, bedeckter Himmel). Am 17. IV. 09 befanden sich zahlreiche Vögel auf den überschwemmten Wiesen westlich von Gluwno.

Auch im Mai wurde der Vogel mehrmals beobachtet: am 21. V. 06 am Ketscher See; am 26. V. 07 an der Cybina oberhalb von Kobylepole (Balzgesang!), am 30. V. 07 an einer der Überschwemmungslachen vor dem Wartheknie.

Der Herbstzug begann im Jahre 1909 (früher nicht beobachtet!) bereits im August. Vom 22. dieses Monats an waren regelmäfsig *Totanus*arten an dem ausgedehnten, aber flachen Erdausschachtungstümpel vor dem Eichwalde zu sehen, unter denen sich Vögel unsrer Art besonders dadurch bemerkbar machten, dafs sie bis an den Bauch ins Wasser hinein- und darin herumwateten: am 22. VIII. 1 St. unter zahlreichen Bruchwasserläufern und einigen hellen Wasserläufern, am 24. VIII. 6 St. Um ½ 6 p erhoben sich 6 *Tot. totanus* und 5 *T. littoreus* und zogen laut pfeifend nach Südwest davon. Am 27. VIII. waren wieder 6 St. von unserer Art sichtbar, am 28. an einer Stelle 4 St., doch waren offenbar mehr Vögel vorhanden, da von einer andern Seite Rufe herübertönten. Daneben gab es heute nur Bruchwasserläufer, keinen *littoreus.* Am 29. VIII. standen um 5 Uhr p 8 St. im seichten Schlammwasser, teilweise die Schnäbel unter den Flügeln. Die Vögel liefsen sich ziemlich nahe angehen, erhoben sich dann aber und flogen in südwestlicher Richtung davon. Auch am 1. IX. wurden hier mehrere Rotschenkel beobachtet, die aber bald abzogen. Beunruhigung seitens des Jagdpächters und teilweise Zuschüttung des Sumpfgeländes hatte zur Folge, dafs die Vögel den Platz mieden. Am 4. IX. zog ein St. gegen Abend über den nahen Eichwald hin, am 7. IX. ebenso, laut rufend, 1 St. über den Rennplatz. Am 19. IX. zog 1 St. dieser Art um ½ 6 p, djü djü rufend, in der Nähe des Wartheknies flufsabwärts. Auch am 30. IX. war noch eine *Totanus*art hörbar, die über die Wartheinsel in hoher Luft hinwegzog.

17. *Totanus ochropus* L.

Der Waldwasserläufer wurde mit Sicherheit nur einmal auf dem Frühjahrszuge beobachtet: am 17. IV. 07 flogen 2 Vögel dieser Art von den überschwemmten Warthewiesen westlich von Gluwno ab, die im Weiterziehen mehrmals ein lautes tuit ti ti ti hören liefsen.

18. *Totanus littoreus* L.

Auf dem Frühjahrszuge wurde der Helle Wasserläufer am 8. V. 08 (1 St. an einer Lache unterhalb der Wolfsmühle Nahrung suchend) und am 8. V. 09 beobachtet. An dem letzteren Termine wurden 6 St. an den Lachen zwischen Wolfsmühle und Warthe-knie gesehen; die Vögel waren ziemlich scheu. Ein verspätetes Exemplar trieb sich noch am 30. V. 08 an dem flachen Ausstich-tümpel links der Schwersenzer Chaussee (gegenüber den Schiefs-ständen) umher unter einer Schar rufender und trillernder Flufs-regenpfeifer (vgl. oben p. 394). Vielleicht war der Vogel identisch mit dem unter dem 8. V. 08 beobachteten Stück. Freudig erregt mit den Regenpfeifern hin- und herfliegend, liefs er nicht nur eifrig sein tü tü oder tjü tjü hören, sondern übte auch fleifsig seinen lieblich klingenden Balzgesang: tewí tewi tewi etc. Doch scheuer als die andern, flog er bei unsrer Annäherung in östlicher Richtung davon.

Der Herbstzug begann im Jahre 1909 (vorher nicht beob-achtet!) am 22. VIII., an welchem Tage sich 2 St. unter zahl-reichen Bruchwasserläufern und Kiebitzen an dem Ausstichtümpel vor dem Eichwalde durch ihre Rufe bemerkbar machten. Auch 1 Rotschenkel tummelte sich unter der Schar. Die Vögel liefsen sich bis auf etwa 30 m angehen. Um $^3/_4$ 7 p waren alle ab-gezogen. Auch am 24. VIII. hielten sich hier mehrere Vögel dieser Art unter Rotschenkeln auf, ebenso am 27. VIII. An diesem Tage waren 5 St. zu sehen. Die Vögel erhoben sich um 5 Uhr p unter lebhaften Rufen und flogen in südwestlicher Richtung davon. Weitere Beobachtungen wurden hier leider aus den oben (p. 393 u. 399) angegebenen Gründen vereitelt.

19. *Totanus glareola* L.

Am 8. V. 09 trafen wir 18—20 Vögel dieser Art an den in diesem Jahre infolge der ausgiebigen Frühjahrsüberschwemmung besonders zahlreichen Überschwemmungslachen zwischen Wolfs-mühle und Wartheknie. Die Vögel, die wenig scheu waren, gingen meist paarweise auf, und nur die einzelnen Pärchen schienen enger zusammenzuhalten. Im Abfliegen liefsen sie mehrere kurze, hintereinander ausgestofsene Töne hören, wie gi oder ki oder ti ti ti ti ti (5 bis 6 mal) klingend, doch hörte man auch im Sitzen von ihnen ein trillerndes dli dli di di di. Im Fluge trugen sie öfters eine Art Balzgesang vor, der eine auffallende Ähnlichkeit mit einer Strophe der Heidelerche hatte und etwa wie didel didel didel didel didel klang.

Der Herbstzug begann am 21. VIII. Abends um 8 Uhr hörten wir an dem schon mehrmals erwähnten Ausschachtungstümpel vor dem Eichwalde die lebhaften Rufe von Bruchwasserläufern (ti ti - - -), in die sich einmal der oben angegebene Balzgesang mischte. Da die Vögel nicht mehr zu sehen waren, so gingen wir ihnen am folgenden Tage (22. VIII.) nach und fanden hier nachmittags um $^1/_2$ 5 Uhr 15 bis 20 St. Drei St. zogen mit 5 Kiebitzen ab; die übrigen schienen gröfstenteils noch vor Abend mit hellen Wasserläufern und Rotschenkeln fortgezogen zu sein, denn um $^3/_4$ 7 Uhr hörten wir nur 1 St. rufen. Am 24. VIII. waren 7 St. sichtbar, die bald laut ti ti pfiffen, bald auch ein leiseres gif hören liefsen, während ein St. den Balzgesang übte. Auch am 27. und 28. VIII. waren Vögel dieser Art hier zu beobachten. Am 29. trafen wir einen Schwarm von einigen 20 St., die sich jedoch bei der Nahrungssuche über den Sumpf zerstreut hatten und im schlammigen, seichten Wasser herumwateten. Kurz nach 5 Uhr erhob sich ohne ersichtlichen Grund der ganze Schwarm, flog einige Male in reifsendem Fluge hin und her, um dann wieder einzufallen. Dabei waren kurze Unterhaltungstöne zu hören wie trit oder trie oder trüi. Auch am 1. IX. waren reichlich Bruchwasserläufer hier vorhanden, daneben Rotschenkel und Kiebitze. Da infolge Zuschüttung und Austrocknung die Wasserfläche sich erheblich verringert hatte, auch mannigfache Störungen eintraten, so mieden in der Folgezeit die Vögel zu unserm Bedauern den Platz.

20. *Numenius arquatus* L.

Der Vogel wurde im Frühjahr gelegentlich auf den Netzwiesen unweit Czarnikau beobachtet, so am 18. III. 07 und am 14. IV. 08 bei dem Dorfe Guhren (Kreis Czarnikau). Im ersteren Falle waren es mehrere St., die einander lebhaft zuriefen, im letzteren ein einzelner Vogel, der, lebhaft tloih tloih twi twi twi rufend, sich mehrmals auftreiben liefs und sich, wie das bei dieser Art immer der Fall ist, sehr vorsichtig zeigte. Das Brüten des Vogels konnte leider nicht mit Sicherheit festgestellt werden.

Auch in dem folgenden Falle mufs mit dem Brüten des Vogels gerechnet werden. Als wir am 11. VI. 07 von Kosten aus, wo wir auf der Sprossersuche waren, uns in der Nähe des Forsthauses Neu-Kurzagura den Obrawiesen näherten, kam uns, lebhaft rufend, ein Keilhaken entgegengeflogen. Der Vogel kam aus den Bruchwiesen, zog in respektvoller Entfernung an uns vorüber und liefs sich dann auf einem sandigen Hügel in der Nähe eines Roggenfeldes am Rande des Bruches nieder.

21. *Gallinago gallinago* L.

Die Bekassine wurde hier auf dem Frühjahrszuge nur selten beobachtet. Die in Betracht kommenden Stellen werden offenbar von den Vögeln meist überflogen, weil in der Zugzeit die Warthewiesen gröfstenteils überflutet sind. Erst nach dem Zurückweichen der Wassermassen wurde am 8. V. 09 ein verspätetes St. an einer Überschwemmungslache zwischen Wolfsmühle und Wartheknie gesehen.

Den bekannten Balzlaut der Bekassine haben wir hier nie vernommen, doch war er in den achtziger Jahren des vorigen Jahrhunderts auf den Bruchwiesen in der Nähe der Königl. Forst bei Wongrowitz (beim sog. Eierhäuschen) nicht selten zu hören. Die Vögel dürften dort gebrütet haben. Ob dies heute noch der Fall ist, ist uns unbekannt.

Ziemlich häufig wurden auf dem Herbstzuge Vögel dieser Art sowohl oberhalb als besonders unterhalb Posens an den Altwässern betroffen, so dafs wohl angenommen werden kann, dafs der Zug der Bekassine im Herbste der Richtung des Flusses folgt. Im verflossenen Jahre (1909), auf das sich unsre Aufzeichnungen beschränken, trafen wir den ersten Herbstvogel am 9. VIII. vor der Wartheinsel, wo sich die Vögel auch in der Folgezeit gern an den von dichtem Weidengebüsch umsäumten Tümpeln der faulen Warthe aufhielten. Auch an dem mehrfach genannten Ausschachtungstümpel vor dem Eichwalde wurden mehrere Tage hindurch Bekassinen beobachtet. Am 22. VIII. wurden hier 2 St. von einem in dem seichten Wasser herumwatenden Knaben herausgestofsen; am 24. rief 1 St. um $^1/_2$ 7 p über dem Eichwalde, um 7 Uhr flogen 4 St. von dem Tümpel ab, mehrmals ihren charakteristischen Ruf hören lassend, von denen 1 St. wieder dorthin zurückkehrte.

Am 8. IX. wurde 1 Stück an der Wartheinsel gesehen, ebenso an den folgenden Tagen bis zum 12. IX. je 1 St., wohl immer das gleiche. Es liefs sich, da es durch Weidenbüsche gedeckt war, ganz nahe angehen. Am 15. IX. wurden hier 4 St., am 19. gegen Abend 5 St. beobachtet, ebenso am 20., wohl dieselben Vögel. Am 25. IX. wurden 2 St. gesehen, am 30. IX. 3 St., am 13. X. 4 St., am 15. X. 2 St., am 16. X. 4 oder 5 St., am 18. X. 7 St., auf die einzelnen Tümpel der faulen Warthe verteilt. Die Vögel flogen meist paarweise ab. Am 24. X. war 1 St. ebendort, und auch am 30. X. wurde hier noch ein einzelnes St. angetroffen, das um 4 $^1/_4$ p laut rufend abflog. Vom 25. IX. bis 13. X. wurden auch zwischen Wolfsmühle und Wartheknie mehrmals 1—3 St. beobachtet und am 21. IX. und 29. IX. 2 und 1 St. oberhalb Posens an einer Lache vor dem Rennplatze gesehen.

22. *Gallinago gallinula* L.

Am 20. III. 09 wurde 1 St. dieser Art aus dem Dorfe Luban, südlich des Eichwaldes, dem Gymnasialzeichenlehrer Gandert eingeliefert, dafs sich an den Drähten der Eisenbahn totgeflogen hatte.

23. *Scolopax rusticola* L.

Im März 1908 wurden im Eichwalde 3 Waldschnepfen erlegt (Mitteilung des stud. vet. Nitsche); im Frühjahr nach einer Angabe des Försters wegen des Hochwassers kein Schnepfenzug.

24. *Otis tarda* L.

Am 3. XI. 07 wurde auf der Feldmark von Stutendorf (Bahnstation Ketsch) eine Herde Trappen (etwa 30 St) gesehen, die sich jedoch nicht schufsmäfsig angehen liefsen (Mitteilung von Professor Selting und Professor Heimer). Auch im Herbste des Jahres 1908 waren nach derselben Quelle daselbst Vögel dieser Art zu sehen.

25. *Grus grus* L.

Auf dem Zuge wurden Kraniche hier mehrfach beobachtet, im Frühjahr auch paarweise, leider wurden darüber keine Aufzeichnungen gemacht.

Brutvogel ist der Kranich in der Landgrabenniederung zwischen Zaborowo und Tharlang, Kreis Lissa i. P. Am 13. VI. 09 wurde hier ein Paar aus geringer Entfernung beobachtet. Revierförster Stahl gab an, dafs in seinem Revier (Forstrevier Tharlang, zur Herrschaft Reisen gehörig) in diesem Jahre 4 Paare dieser Vögel brüteten, von denen 1 Paar 3 Junge hatte; die Tiere sind nach einer weiteren Angabe „schon immer dagewesen". (Mitteilung des Gerichtssekretärs H. Miller in Lissa vom 18. VII. 09). Auch in der Nähe des Forsthauses Niewerder bei Schönlanke ist der Kranich regelmäfsiger Brutvogel (S.). Beide Brutplätze werden schon von Baer (O. Monatsschr. XXXII No. I S. 7 ff.) aufgeführt.

26. *Rallus aquaticus* L.

Im Juli des Jahres 1905, also wohl noch in der Brutzeit, wurde das scharfe „wuit" der Wasserralle auf den Warthewiesen oberhalb Posens gegen Abend gehört. Wir gingen dem Rufe nach und wurden an eine sehr schilfige Lache unweit des Rennplatzes geführt. Obwohl wir dicht an den Rand des kleinen Gewässers traten, liefs sich der Vogel, der durch das dichte Pflanzengewirr so gedeckt war, dafs wir ihn nicht bemerken konnten, durchaus nicht stören. Der Ruf war recht weit hörbar. Auch am 12. VI. 08 wurde das „wuit" der Ralle vernommen, das aus einer Lache, die sich, stark verschilft, einige 100 m am Rennplatze hinzieht, herübertönte.

27. *Crex crex* L.

Der Wachtelkönig erscheint hier in manchen Jahren erst recht spät. So wurde im Jahre 1903 sein knarrender Ruf erst am 23. V. gehört. Als Ankunftszeiten wurden weiterhin notiert: 11. V. 06 (in der Nähe der Wartheinsel); 11. V. 07 (ebendort), 17. V. 08 (in einem Klee- und Grasfelde unterhalb der Wolfsmühle); 13. V. 09 (auf der Wartheinsel).

In den letzten beiden Jahren war der Vogel bei Posen entschieden häufiger vertreten, und es ist nicht daran zu zweifeln, dafs er hier Brutvogel ist. Er wurde in der Brutzeit im Jahre 1908 beobachtet: am 1. VI. 1 St. auf der Wiese vor der Wartheinsel; der Vogel erhob sich ohne ersichtlichen Grund, jedenfalls ohne dafs wir ihm zu nahe gekommen wären, aus der Wiese, strich etwa 20—30 m niedrig fort und warf sich dann wieder ins Gras; am 12. VI. 1 St. auf den Wiesen vor dem Rennplatze; am 16. VI. auf den Cybinawiesen zwischen Schlofspark Ostend und der militärfiskalischen Ringstrafse 2 St., jenseits der Ringstrafse 1 St. An demselben Tage zählten wir auf den Warthewiesen oberhalb Posens 3 St. Am 19. VI. auf den Bogdankawiesen zwischen dem Auwäldchen und der Ringstrafse 2 St. Am 2. VII rief 1 St. in einem Haferfelde hinter der Gärtnerei in Unterwilda, wohin es sich von den kahlen Wiesen gezogen hatte. Am 20. V. 09 wurden auf den Wiesen zwischen Schilling und Warthekníe 5 St. gezählt, und auch den andern Örtlichkeiten fehlte der Vogel in diesem Jahre nicht.

Auf dem Herbstzuge wurde die Wiesenralle nur einmal beobachtet und zwar gegen Ende September 09. Am 25. dieses Monats flog ein Vogel dieser Art um $^1/_2$5 p unmittelbar vor unsern Füfsen aus dem niederen Weidicht vor der Wartheinsel heraus. Es war seit vielen Wochen kein Wiesenknarrer mehr bemerkt worden. Die hier heimischen Vögel machen sich offenbar, sobald die Jungen erwachsen sind, sofort auf die Reise.

28. *Ortygometra porzana* L.

Am 25. V. 06 wurde uns ein toter Vogel dieser Art aus Gluwno überbracht. Am 18. IX. 09 wurde ein Tüpfelsumpfhuhn am Glacis zwischen Gluwno und Bromberger Tor gefunden, das an den Telegraphendrähten der Posen-Gnesener Bahn verunglückt war. Es zeigte Verletzungen an der Brust und an einem Flügel. Um dieselbe Zeit wurden einem hiesigen Vogelhändler 2 St. eingeliefert, von denen das eine tot, das andere beschädigt war.

29. *Gallinula chloropus* L.

Diese Art ist auf den zahlreichen verschilften Lachen im Überschwemmungsgebiete der Warthe nicht selten, erscheint jedoch hier meist erst, wenn das Hochwasser sich verlaufen und sich ausreichender Pflanzenschutz gebildet hat, so am 6. V. 07 auf der Lache in der Nähe des Eichwaldrestaurants (dieser Vogel liefs am 27. V. folgende Rufe hören: kurr; wik tük tük; wykkekkekkek; er wurde hier auch am 23. VI. gehört und am 29. VI. gesehen), am 13. V. 08 auf der Lache am Südrande des Eichwaldes, wo der Vogel sich auch am 16. V. durch sein krühk bemerkbar machte. Bieten alte Rohrbestände oder Weidengebüsch ausreichenden Schutz, so treibt das Teichühnchen hier schon früher auf den kleinen Wasserflächen zwischen dem Röhricht und Buschwerk sein Wesen. So wurde es am 26. IV. 09 im Kobylepoler Grunde beobachtet, am 27. IV. im Weidicht vor der Wartheinsel, ebenso am 13. V. und 20. V., am 1. V. auf der teichartig erweiterten Cybina an der Lonczmühle und am 11. V. am Schlofspark Ostend. Manchmal zeigt sich das Hühnchen recht zutraulich. Am 20. VI. 07 kam ein Teichhuhn von der Lache am Südrande des Eichwaldes zweimal ans Ufer und lag auf dem abgemähten Grase eifrig dem Insektenfange ob. Es hatte in dem Pflanzengewirr der Lache offenbar Junge, die zwar nicht sichtbar wurden, auf deren Vorhandensein man aber aus dem Nicken und Schwanken der Pflanzen schliefsen mufste. Halbwüchsige Junge sahen wir am 17. VI. 07 auf einem der Tümpel der alten Warthe oberhalb der Wolfsmühle, und am 28. VI. 08 trieb sich ein Junges ad. an der Lonczmühle zwischen den breiten Blättern von nuphar luteum umher, ohne sonderliche Scheu zu zeigen. Ebenso wurden erwachsene Junge dieser Art (2 St.) auf einer Lache am Nordrande des Eichwaldes beobachtet.

Die Teichhühnchen scheinen sich bei uns früh auf die Wanderung zu begeben oder, gelegentlich der Entenjagd beunruhigt, andere Örtlichkeiten aufzusuchen, denn im September bekommt man den Vogel schon recht selten zu Gesicht. Am 8. IX. 09 trafen wir 1 St. auf einer kleinen, nur an 2 Seiten etwas Pflanzendeckung bietenden Lache vor dem Wartheknie (an der Kehle weifs, die Stirnplatte sehr klein, kaum zu sehen, anscheinend gelblichgrün, der Schnabel gelbgrün); am 30. IX. verweilte der Vogel noch dort. Bei unsrer Annäherung versteckte er sich in dem dürftigen Schilfe; herausgescheucht, schwamm das Tierchen kopfnickend auf der Mitte der Lache umher, tauchte weder, noch dachte es daran fortzufliegen, pickte vielmehr mit dem Schnabel häufig ins Wasser, als ob es Nahrung aufnähme.

30. *Fulica atra* L.

Bläfshühner sind hier seit 1905 regelmäfsig alle Jahre auf den zahlreichen Lachen und der teichartig erweiterten Cybina an der Lonczmühle und am Ostendpark beobachtet worden, doch wegen des Frühjahrshochwassers selten in der eigentlichen Zugzeit. Sie suchen dann solche Stellen auf, wo sie noch einige Deckung finden und stellen sich dann meist erst im Mai auf ihren Brutplätzen ein. Am 24. III. 08 trafen wir auf der Lache am Südwestrande des Eichwaldes 1 St., das sich in einem Klumpen Genist, den das Hochwasser um die überhängenden Zweige eines Baumes aufgehäuft hatte, ein verstecktes Plätzchen gesucht hatte. Der Vogel liefs sich bis auf wenige Schritte angehen, ruderte dann eilig fort, kehrte aber sofort wieder um, als wir uns entfernten. Am 30. III. sahen wir mehrere Bläfshühner in dem einige Deckung bietenden Weidicht an der Wartheinsel.

Als Brutvogel wurde das Bläfshuhn festgestellt auf der faulen Warthe oberhalb der Wolfsmühle (im Juli 1905 waren hier 6 junge Bläfsköpfe sichtbar; am 14. V. 07 konnten wir auf dem Rohrteich in der Nähe der alten Warthe, da die Rohrstoppeln nur geringe Deckung boten, 2 Vögel auf den Nestern sitzen sehen), auf einer Lache vor dem Wartheknie (am 2. V. 08 2 Paare sichtbar), auf der Lache am Südrande des Eichwaldes (1 Paar; am 21. VIII. 08 mit Jungen), auf dem Mühlteich der Lonczmühle (am 28. VI. 08) und am Schlofspark Ostend (8. VIII. 08 erwachsene Junge sichtbar). Im September scheint bereits der Abzug vor sich zu gehen. Am 21. IX. 09 wurde noch 1 St. auf der Lache links vom Eingange zum Eichwalde gesehen.

31. *Ciconia ciconia* L.

Der weifse Storch ist in der näheren Umgebung Posens schon recht selten geworden; nur einen bis zum vorigen Jahre regelmäfsig benutzten Horst vermögen wir anzugeben. Er befindet sich in dem nahen Dorfe Rataj, war jedoch im letzten Jahre unbesetzt.

Auch auf dem Durchzuge ist der Vogel jetzt eine Seltenheit, während er im letzten Jahrzehnt des vorigen Jahrhunderts noch ziemlich häufig angetroffen wurde. Die Wiesen diesseits des Eichwaldes (Rennplatz) tragen im Volksmunde noch heute den Namen Storchwiesen (Bociankawiesen, von bocian pol. = Storch). Am 5. IV. 06 flog 1 St. um 10 a über Unterwilda ziemlich niedrig der Warthe zu; am 12. V. 09 flogen um $^1/_2$ 8 p 4 Störche von Nordost nach Südwest, bogen dann über den Aufschüttungen zwischen Wilda- und Eichwaldtor nach Süden um und schlugen die Richtung nach den Warthewiesen ein. Am 21. V.: 1 St. zwischen Schlofspark Ostend und Ringstrafse Nahrung suchend; am 27. V.: 3 St. auf einem Saatfelde rechts der Eichwaldstrafse.

32. *Ardetta minuta* L.

Die Zwergrohrdommel[1]) war in einzelnen Jahren hier nicht eben selten, in andern nur spärlich vertreten. Sie erschien in der Regel in der ersten Hälfte des Mai. Am 13. V. 06 war der Paarungsruf dieses kleinen Reihers, ein gedämpftes quurg oder quorg, das, mit dem Unkenruf keineswegs zu vergleichen, einige Ähnlichkeit mit dem quoar des Teichfrosches hat, im dichten

[1]) Vgl. H. „Die Zwergrohrdommel in der Umgegend von Posen" in der Zeitschr. „Aus dem Posener Lande" 1909 No. 7.

Weidicht vor der Wartheinsel zu hören. Zwischen den einzelnen Rufen war eine Pause von 3—4 Sekunden. Als wir die Zweige auseinanderbogen, um nach dem Urheber zu forschen, flog 1 St. ab und setzte sich etwa 150 m weiter auf einen Weidenbusch. Später wurde hier ein zweites St. beobachtet. Am 23. V. waren 2 Vögel — augenscheinlich ein gepaartes Paar — zu sehen, ebenso an derselben Stelle am 31. V. Ob es zu einer Brut gekommen ist, konnte nicht mit Bestimmtheit festgestellt werden.

Auch im folgenden Jahre (1907) liefs hier am 11. V. 1 St. seinen Paarungsruf hören. Wir näherten uns behutsam der Stelle und sahen den Vogel an der gegenüberliegenden Seite eines Tümpels in einer Entfernung von 25—30 Schritt $1\frac{1}{2}$ m hoch auf einem Weidenzweige sitzen. Der Vogel safs, als er uns erblickte, still und stocksteif und bequemte sich erst zum Abfliegen, als wir laut wurden.

Am 8. V. 08 war der Paarungsruf wieder an der nämlichen Stelle zu hören. Es wurde festgestellt, dafs das quurg, so gedämpft es in der Nähe erklingt, doch unter günstigen Verhältnissen bis auf 100 Schritt und darüber von einem geübten Ohre zu vernehmen ist. Die ersten Rufe wurden um 6^{35} p gehört, am 17. V. jedoch schon um $4\frac{1}{2}$ p und wieder um $7\frac{1}{4}$. Ein zweites Stück rief um $\frac{3}{4}7$ p in dem dichten Weidicht auf der Wartheinsel gegenüber der Einmündung des von der Wolfsmühle herabkommenden Mühlbachs. Am 19. V. wurde derselbe Paarungsruf in dem eine Überschwemmungslache umsäumenden dichten Weidengebüsche zwischen Cybinamündung und Eisenbahndamm unfern der Militärschwimmanstalt gehört, am 30. V. auch aus dem mit Erlen durchsetzten Rohrdickicht am Schlofspark Ostend und zwar um $\frac{1}{2}5$ p.

Im Jahre 1909 wurde hier nur 1 St. beobachtet, der Paarungsruf überhaupt nicht gehört. Das genannte St. flog am 8. V. eine Strecke über dem Weidicht vor der Wartheinsel hin und warf sich dann ins Gebüsch. Am 20. V. war es wieder sichtbar; es war noch unausgefärbt, also jedenfalls ein vorjähriger Vogel. Dieses St. trieb sich hier den ganzen Sommer über umher, immer allein. Es wurde mehrfach beobachtet, zum letzten Male am 4. VIII. nachmittags um 4 Uhr und wieder abends um 7 Uhr. Zu der letztgenannten Zeit safs der Vogel in einer Entfernung von etwa 50 Schritt auf einem gröfseren Weidenbusche etwas unterhalb des Wipfels, durch ein Wasserloch von uns getrennt, und liefs sich durch unser Rufen nicht verscheuchen.

33. *Ardea cinerea* L.

Am 21. IX. 09 zogen 2 St., mehrfach ihren heiseren Schrei ausstofsend, über den Eichwald hinweg.

Ein Reiherstand von ungefähr 50 Nestern befindet sich auf den hohen Kiefern der kleinen und grofsen Reiherinsel im

Klossowskisee bei Zirke, Kreis Birnbaum (mitgeteilt am 14. VI. 09 von Prof. Dr. Pfuhl).

In den 80er Jahren des vorigen Jahıhunderts nistete der Fischreiher ziemlich reichlich auf den hohen Eichen der königl. Forst bei Wongrowitz.

34. *Columba palumbus* L.

Wenn auch die Ringeltaube in der Hauptsache ein Waldvogel ist, so sind doch auch hier einige Fälle zu verzeichnen, in denen es der Vogel verstanden hat, sich an den menschlichen Verkehr anzupassen und sogar inmitten der Stadt an einem belebten Orte zu brüten. Nach einer Mitteilung des Mittelschullehrers Kupke vom 8. IV. 07 hat etwa 3 Jahre vor dem angegebenen Datum auf einer hohen Kastanie des Petrikirchhofs wiederholt eine Ringeltaube genistet, und im Jahre 1905 brütete ein Paar im Krasnohauland bei Moschin in unmittelbarer Nähe des Wirtshauses auf einer Linde und brachte Junge auf, die freilich verspeist wurden, worauf dann natürlich die alten Vögel nicht wiederkehrten.

In den Anlagen unsres Kernwerks nistete regelmäfsig 1 Paar dieser Vögel, so am 24. IV. 08 auf einer Kiefer westlich des Pulverhauses. Hier machte sich der Tauber auch am 19. V. durch sein Rucksen bemerkbar. Der Eichwald beherbergt in der Regel 2 oder 3 Brutpaare. Nicht nur am 2. VII. 08 wurde hier das Rucksen des Taubers an 2 Stellen gehört, sondern auch noch am 6. VIII. Am 18. IX. schofs daselbst der stud. Nitsche eine junge Ringeltaube. Auch im Jahre 1909 waren im Eichwalde mindestens 2 Brutpaare vorhanden. Am 18. VIII. waren 4 Stück, wohl junge Vögel, auf der Lichtung an der Südseite des Eichwaldes sichtbar.

35. *Columba oenas* L.

In unserm Eichwalde wurden Hohltauben, trotzdem Brutlöcher überaus reichlich vorhanden sind, nie beobachtet. Gelegentlich eines Besuches des Buchenwaldes bei Boguniewo (Oberförsterei Eckstelle) zwecks Beobachtung des Zwergfliegenschnäppers wurde diese Taubenart dort festgestellt.

36. *Turtur turtur* L.

Die Turteltaube ist bei Posen wiederholt beobachtet worden, wenn auch nicht ganz so häufig wie die Ringeltaube, so am 28. IV. 04 in dem Fichtendickicht südlich des Forsthauses; ebendort am 15. VI. 07; am 13. VI. 08 an 3 Stellen in der Nähe der Elsenmühle im Bogdankatale (hier machte 1 Stück von einer hohen Fichte aus eine Art Balzflug, wobei es eifrig rief); am 21. VI. 08 im Kobylepoler Grunde; am 6. V. 09 im Gehölz bei Solatsch. Am 9. VI. wurde 1 St. in dem Wäldchen links des von Golencin über die Bogdanka führenden Weges gesehen, während andere, darunter 1 St. sichtbar, sich in der Nähe der Elsenmühle hören liefsen. Es ist nicht daran zu zweifeln, dafs die Vögel hier brüten.

Auch in den zur Herrschaft Goray gehörigen, die Uferhöhen des Netzebruches bedeckenden Wäldern (Kreis Czarnikau) ist diese Taubenart nicht selten (H.).

37. *Phasianus colchicus* L.

Verflogene und völlig verwilderte St. dieser Art haben sich im Buschwerk der Wartheinsel und des nahen Steilufers angesiedelt. Am 24. XII. 06 stand, als die angrenzenden militärischen Festungsanlagen abgetrieben wurden, im Schwarzdorngestrüpp des linken Steilufers der Warthe vor einem übergetretenen Jagdhunde ein Fasan auf und warf sich einige 100 m weiter wieder ins Gebüsch. Am 8. V. 08 konnte man hier das Krähen der Fasanenhähne hören, und am 13. V. flog ein ♀ an der Wartheinsel dicht vor unsern Füfsen auf.

38. *Perdix perdix* L.

Im Jahre 1906 konnten wir schon am 21. II. gepaarte Rebhühner beobachten, während dies in den folgenden Jahren erst im Anfang des März der Fall war (2. III. 07; 1. III. 08; 1. III. 09).

39. *Coturnix coturnix* L.

Dieses Hühnchen ist bei Posen schon recht selten. Die Ankunft im Frühjahr fiel zwischen den 5. Mai und 10. Juni, und zwar wurden im Jahre 1906 2 Männchen beobachtet (10. VI. aut den Wiesen westlich des Viktoriaparks und am 15. VI. an der Südseite des Eichwaldes), 1907: 2 St. an der Südseite des Eichwaldes (10. V. 07 und 20. VI.) und an der Westseite desselben (27. VI.); 1908: wiederum 2 St. (5. VI. 08 auf einem Ackerstück vor der Wolfsmühle und 29. VI. an der rechten Wartheseite gegenüber dem Rennplatze; dies St. rief abends um $^1/_2$9 Uhr recht eifrig). 1909 wurde von uns keine Wachtel gehört.

Auf der Feldmark von Stutendorf wurden nach einer Mitteilung von Professor Heimer 1908 2 St. geschossen, 1909 ebendort wieder 2 St., wie Professor Selting mitteilte.

40. *Astur palumbarius* L.

Im Jahre 1906 fanden wir im Eichwaldrestaurant in einem Käfig einen jungen Hühnerhabicht vor, der, wie auf Anfrage stud. Nitsche mitteilte, auf der Eichwaldstrafse gefunden worden war. Der Vogel wurde dem hiesigen zoologischen Garten überwiesen.

41. *Accipiter nisus* L.

Sperber zeigten sich zwar das ganze Jahr hindurch, jedoch immer ziemlich selten, am häufigsten noch zur Zugzeit im Frühjahr und im Herbst. Am 18. III. 08 flog ein Sperberweibchen, vom Eichwalde herkommend, über die Wiesen westlich des Viktoriaparks hinweg und brachte einen Kiebitzschwarm in nicht geringe Aufregung (vgl. oben S. 395). Am 19. III. 08 kam ein Schwarm Haussperlinge von der Umschlagstelle her und nahm die Richtung nach dem Schlachthofe, machte aber in der Nähe des Hauses, in dem sich das Restaurant zur Börse befindet, blitzschnell kehrt und verschwand wie auf Kommando in den offenen Bodenluken. In demselben Augenblicke erschien ein Sperberweibchen von dem gegenüberliegenden Holzplatze und hatte das Nachsehen. Es machte unmittelbar an den Luken eine Wendung nach oben und verschwand, über das Dach hinwegstreichend.

Auffällig häufig war der Sperber im Herbst des Jahres 1907 auf der Feldmark von Stutendorf, wo es freilich von Kleinvögeln wimmelte. Am 29. IX. wurde hier wohl ein halbes Dutzend beobachtet, wohl meist junge Vögel, die ihr Räuberhandwerk noch nicht recht verstanden. So entkam über einem Kartoffelfelde ein Vogel, anscheinend ein Grünling, glücklich den ungeschickten Stöfsen eines kleinen Räubers, und über einem andern Kartoffelstücke wurde 1 St. erlegt, das sich als junges ♂ erwies. Auch in unserm eigentlichen Beobachtungsgebiete wurden besonders im Herbst Spuren der Mahlzeiten des Sperbers gefunden und zwar an ganz verschiedenen Örtlichkeiten, so am 14. X. 09 an der Nordseite des Rennplatzes (vermutlich von einem Grauammer) und am 18. X. in der Nähe des Wartheknies unterhalb der Wolfsmühle (von einer Lerche). An demselben Tage flog 1 St. an der Wartheinsel über uns hinweg.

Im Winter brandschatzte der Sperber nicht selten mit grofser Dreistigkeit die Spatzenherden mitten in der Stadt. So holte sich 1 St. mehrere Tage hintereinander seine Beute aus dem Garten des Restaurant Beely.

Am 5. XII. 08 erschien um $^3/_4$10 a ein Sperberweibchen in der Nähe der Fronleichnamskirche. Ein Schwarm Goldammern, die friedlich auf einer Kastanie safsen, schofs plötzlich hoch in die Luft empor und wufste sich sehr geschickt stets hoch über dem Erbfeind zu halten. Der Raubvogel zog denn auch, ohne zu stofsen, nach der Warthe zu ab.

Am 17. I. 09 kam gegen $^1/_2$12 Uhr mittags ein Sperberweibchen von der Halbdorfstrafse her auf den Petrikirchhof und bäumte, von 2 Krähen belästigt, in der Nähe eines Futterkastens auf einer hohen Linde auf. Wie es schien, interessierte den Raubvogel das Rufen einer Blaumeise; er flog jedoch, als er Menschen in seiner Nähe gewahrte, in der Richtung auf die Ritterstrafse zu ab.

42. *Buteo buteo* L.

Den Mäusebussard bekommen wir hier nur selten zu Gesicht, am meisten noch im Frühjahr und im Herbst, besonders in unserm Eichwalde. Am 30. IX. 09 flog 1 St. um 5 Uhr p in westlicher Richtung über den Eichwald hinweg; am 14. X. wieder 1 St. im Eichwalde, niedrig über den Bäumen hinziehend.

43. *Archibuteo lagopus* Brünn.

Am 16. IV. 08 wurde aus Chwalibogowo bei Wreschen ein vom stud. v. Skrbenski erlegtes St. dieser Art eingesandt, ein zweites am 21. IV. 08 vom Gutsbesitzer Walther aus Ruschkowo bei Schroda, das aus einer Schar von 6 St. erbeutet worden war. Beide Vögel stehen in der Sammlung der hiesigen Berger-Oberrealschule.

44. *Falco subbuteo* L.

Am 5. IX. 05 wurde ein St. dieser Art vom stud. Nitsche eingesandt, dafs im Eichwalde erlegt worden war. Der Vogel steht in der Sammlung der hiesigen Berger-Oberrealschule.

Am 30. IV. 09 zog um $6^3/_4$ p ein Paar dieser Vögel jagend zwischen Schilling und Kernwerksanlagen vorbei. Ein starker Schwarm Schwalben (Mehrzahl Stachelschwalben, unter die sich einige Mehl- und Erdschwalben gemischt hatten), der eben noch über der Warthe dem Insektenfang obgelegen hatte, erhob sich eiligst hoch in die Luft, die Falken übersteigend und ihnen ausweichend. Die Schwalben wurden von den Raubvögeln völlig ignoriert. Am 19. V. 09 strich nachmittags ein Baumfalk über den nördlichen Teil des Eichwaldes zwischen dem Försteracker und Eisenbahndamm hinweg. Um das Jahr 1897 war der Baumfalk Brutvogel in einem kleinen Kiefernwäldchen bei Czerwonak Ein Junger ad. wurde hier auf der Feldmark erlegt.

45. *Cerchneis merilla* (Gerini).

Der Merlinfalk erscheint ab und zu bei uns als Wintergast. Am 24. XII. 06 jagte 1 St. an der Wartheinsel, wurde jedoch in seinem Geschäft von einer Mantelkrähe gestört, nach der es jedesmal bifs, wenn sie nach ihm stiefs. Auch bei einer andern Gelegenheit hinderte eine Krähe diesen kleinen Falken in der Betätigung seines Räuberhandwerks. Am 3. II. 08 kam um $2^1/_4$ p ein Merlin von links her an der Stelle des ehemaligen Wildatores vorbei und flog dem gegenüberliegenden Kirchhofe zu, wo er aufbäumte. Nach kurzer Zeit flog der Vogel wieder ab und zog quer an uns vorüber nach dem Grundstücke der Hugger-Brauerei, wo er auf wenige Augenblicke verschwand, um bald wieder, einen Sperling in den Fängen tragend, aufzutauchen. Da machte plötzlich eine Krähe einen heftigen Angriff auf ihn. Der erschreckte Vogel liefs die Beute fahren und zog eiligst von dannen. Leider konnte nicht festgestellt werden, wie dem Meister Spatz dieses Abenteuer bekommen war.

Am 11. II. beobachteten wir gegen 3 Uhr p einen Merlin rechts der Eichwaldstrafse, der in dem ihm eigentümlichen Fluge niedrig über die Wiesen hinstrich und sich niederliefs, aber weiterzog, als wir uns ihm bis auf etwa 50 Schritt genähert hatten. Es handelte sich vermutlich um dasselbe Stück wie vorher.

46. *Cerchneis tinnuncula* L.

Am 4. II. 06 liefs 1 St. über den hohen Kiefern der Nordseite des Eichwaldes (seinem gewohnten Brutplatze) seinen Paarungsruf (kli kli - - - -) hören. Das St. dürfte hier überwintert haben, was sonst selten der Fall ist. In der Regel erschienen die Turmfalken bei uns im März: 4. III. 07 im Eichwalde rufend; 18. III. 08. ebendort rufend; 14. III. 09 an der Warthe gegenüber dem Viktoriapark auf einer niedrigen Erle sitzend und auf Beute lauernd. Als wir ziemlich nahe herangekommen waren, flog der Vogel, augenscheinlich aufgebracht, der Stelle zu, wo die Maus erscheinen sollte, wendete sich dann aber seitwärts, wo er etwa 20 Schritte weiter zu rütteln begann, sich niederliefs und mit einer Maus in den Fängen dem Viktoriapark zustrich. Goldammern liefsen sich durch den Vogel nicht im geringsten in ihrem Gesange stören.

Im Jahre 1909 nisteten 3 oder 4 Paare dieser Vögel im Eichwalde und zwar auf den mächtigen Kiefern im nördlichen und südlichen Teile. Im März und April liefsen sie eifrig ihren Paarungsruf hören, wobei sie meist 30—40 m hoch über den Bäumen hin und her strichen. Im Mai und später hörte man häufig in der Nähe des Horstes ein eigentümliches Zirpen, wie tirrr klingend, und ein in kleinen Abständen wiederholtes tik.

Sind die Jungen völlig erwachsen, so zerstreuen sie sich in der Umgegend, so dafs man dann Turmfalken auch an Stellen beobachten kann, wo sie sich in der Brutzeit nicht aufhalten. So safs am 6. IX. 09 ein junger Vogel ad. auf einer Weide an der Ostseite der milit. Schiefsstände vor dem Warschauer Tor. Aufgescheucht, strich der Vogel über die Cybinawiesen hin nach den Erlen bei Johannistal. Am 13. IX. war der Vogel wieder in den Anlagen der Schiefsstände. Er bäumte auf der trockenen Spitze einer hohen Pappel auf, ohne dafs das Kleingevögel (Grünlinge, Buchfinken) die geringste Furcht zeigte, ja einige Finken, die sich in immer gröfserer Zahl auf den trocknen Zweigen der Pappel ansammelten versuchten sogar den Falken zu necken, indem sie nach ihm stiefsen. Schliefslich flog er aufs freie Feld, wo er rüttelnd der Mäusejagd oblag. Auch am 26. IX. wurde noch 1 St. auf den Schiefsständen gesehen, das auch mehrmals rief.

Wir haben bisher nie einen Turmfalken auf kleine Vögel stofsen sehen, wohl aber wurde er selbst bisweilen von diesen wie auch von Krähen belästigt. Am 15. IX. wurde 1 St., das an der Wartheinsel vorbei dem am rechten Wartheufer unterhalb der Militärfähre liegenden Kiefernwäldchen zustrich, von einer Krähe verfolgt und geneckt und am 18. X. 1 St. in derselben Gegend von einem Stieglitzpärchen belästigt. Wiesenpieper, die sich in der Nähe herumtrieben, zeigten sich in keiner Weise beunruhigt.

47. *Asio otus* L.

Die Waldohreule hat in den Jahren 1906—09 (nur 1908 nicht beobachtet) regelmäfsig in unserm Eichwalde gebrütet und zwar in dem meist aus mächtigen Kiefern bestehenden nördlichen Teile desselben. Wenn auch das Nest nicht entdeckt wurde, so läfst doch die Beobachtung der Jungen keinen Zweifel aufkommen. Am 15. VI. 06 machte sich eine junge Ohreule in der Nähe der Grenzlache am Nordrande durch einen quarrenden Ton bemerkbar, dem bald ein dem Fiepen eines Rehkitzes ähnlicher Laut folgte; nicht weit davon bettelte ein zweites St. Abends gegen 9 Uhr safsen beide Jungen 3 bis 4 m hoch dicht neben einander auf einem Zweige und fiepten um die Wette. Der Laut klang in der Nähe wie ein gedehntes, etwas herabgezogenes ihrp. Aufgescheucht, flogen sie etwas weiter, wobei 1 Junges mehrmals ein unwilliges quuog rief, worauf sich das gedämpfte wumb oder wupp eines Alten aus dem dichten Gezweige einer Kiefer hören liefs. Von hier flog denn auch der Vogel ab.

An demselben Tage des folgenden Jahres (15. VI. 07) hörten wir wieder das Fiepen der Jungen. Am 22. VI. machte uns das Gezeter der Grasmücken auf 1 Junges aufmerksam, das hoch aufgerichtet an einer sonnigen Stelle auf einem niedrigen Baume safs und einige Schritte weiterflog, als wir uns ihm bis auf etwa 8 Schritte näherten. Am 25. VI. flog eine junge Eule dicht über unsern Köpfen ab. Am 1. VII. war um $1/_2 9$ p das Fiepen der Jungen wieder zu hören.

Am 20. III. 08 safs an einer kleinen Lichtung an der Westseite des Eichwaldes etwa $1 1/_2$ m hoch eine Ohreule, die zwar leise knurrend und schnabelklappend ihrem Unwillen über die Störung Ausdruck gab, aber nicht abflog, als wir auf etwa 30 Schritt an ihr vorbeigingen. Junge wurden in diesem Jahre nicht beobachtet, wohl aber war wieder im Jahre 1909 wiederholt der fiepende Ruf zu hören (am 24. VIII., ebenso am 27. und 28. VIII.) und zwar um 6 Uhr abends.

48. *Syrnium aluco* L.

Der Waldkauz wurde hier fast jedes Jahr beobachtet, ohne dafs es uns bisher gelungen wäre, sein Brüten mit Sicherheit festzustellen; doch liefs er am 27. V. 07 um 9 Uhr p in den Anlagen des Kernwerks unfern des Pulverhauses Balzrufe hören. In diesen Anlagen wurden Waldkäuze des öfteren beobachtet, und auch an andern geeigneten Plätzen fehlten sie nicht. Am 12. V. 02 trafen wir im Kernwerk auf 1 St. (braune Färbung), das von einigen Buchfinken umlärmt wurde. Am 16. V. 06 flog um 7 Uhr p 1 St. an der Wartheinsel vorbei nach den benachbarten Festungsanlagen, von einer Elster und einigen kleinen Vögeln verfolgt; am 23. V. machte der Vogel die umgekehrte Tour von den Festungsanlagen nach dem am andern Flufsufer liegenden Kiefernwäldchen.

Am 4. VIII. 07 flog 1 St. von den Kiefern auf der Südseite des Eichwaldes ab, auf das uns der Warnruf eines Gartensängers und das Zickern eines Rotkehlchens aufmerksam gemacht hatten. Auch im folgenden Jahre (26. VI. 08) trafen wir einen Kauz (braune Färbung) in dem Kiefernstangenholz an der Südwestecke des Eichwaldes. Das ängstliche derhoi eines *Hippolais* veranlafste uns, nach der Ursache zu forschen, worauf der Waldkauz abflog. Der Gartensänger sang wie triumphierend einige Strophen und war dann still. Dafür aber erhoben aus der Richtung, die die Eule genommen, andere kleine Vögel ihre warnenden Stimmen, und es gab ein artiges Gezeter, als Buchfink, Gartensänger, Fitis und andere ihre Stimmen mischten. Der Kauz flog bei unsrer Annäherung weiter, wurde aber auch jetzt wieder vom Lärm der Kleinvögel empfangen.

Am 27. IV. 09 war gegen 7 Uhr p 1 St. von der braunen Form in den Anlagen des Kernwerks (Schillingseite) sichtbar, und am 29. VI. flog 1 St. an der Südseite der Wartheinsel aus dem niedrigen Buschwerk im alten Warthebett auf und wendete sich den Festungsanlagen zu (graue Färbung).

49. *Surnia ulula* L.

Am 12. XI. 05 wurde ein vom Förster in Unterberg, Forsthaus Seeberg, geschossenes Stück dieser hier offenbar als Wintergast erscheinenden Art eingeliefert. Es steht in der Sammlung der hiesigen Berger-Oberrealschule.

50. *Athene noctua* Retz.

Am 14. IX. 07 rief um $^3/_4$ 9 Uhr p auf einer Pappel hinter der Scheune der Pfarrei Ketsch ein Steinkauz sehr lebhaft sein gellendes kuit.

51. *Cuculus canorus* L.

Ankunftszeiten: 2. V. 03; 17. IV. 04 (an der Cybina zwischen Schlofspark Ostend und Ringstrafse kreuzte ein Kuckuck unsern Weg, doch nicht rufend); 24. IV. 04 (rufend auf den Pappeln der Eichwaldstrafse; dann unter lebhaftem Geschrei von Bachstelzen verfolgt, flüchtet er ins Glacis am Wildator); 30. IV. 05; 27. IV. 06; 5. V. 07 (rufend; endlich Frühlingswetter, Südwind); 25. IV. 08 (rufend im Eichwalde); 1. V. 09 (rufend im Kobylepoler Grunde). Ein an seiner heiseren Stimme gut kenntlicher Kuckuck, der in der Nähe der Wartheinsel seinen Standort hatte, rief zum ersten Male am 17. V. 08 und 13. V. 09, kam also erheblich später an als einige seiner Artgenossen. Noch am 2. VII. 08 rief ein ♂ eifrig im Eichwalde, und auch das ♀ liefs zweimal seinen kichernden Ruf hören.

Der Abzug ist schwer zu beobachten; meist erfolgte er wohl am Anfang des August, doch war ausnahmsweise noch am 22. VIII. 09 1 St. einen Moment an der Südseite des Eichwaldes sichtbar.

Am 21. V. 09 beobachteten wir um $^3/_4$ 7 p einen weiblichen Kuckuck, der auf den Cybinawiesen oberhalb des Schlofsparks Ostend unruhig hin- und herflog, bald dicht über dem Grase hinstrich, bald sich ins Gras niederliefs und hier hüpfend umhersuchte. Wir sahen dem Treiben des Vogels zu, verloren ihn dann aber mehrere Minuten an einer etwas höher begrasten Stelle aus den Augen. Dann flog er wieder auf, strich hin und her, setzte sich auf seitwärts an einem Grabenrande stehende Erlenbüsche, schlug dann mehrmals die Richtung nach dem Wege ein, auf dem wir standen, und bäumte auf den Wegweiden auf, um dann wieder auf die Wiesen jenseits des Flüfschens zurückzukehren. Er zeigte sich am Wege so wenig scheu, dafs er sich bis auf 20 Schritt angehen liefs. Um $^1/_2$ 8 Uhr flog er in der uns entgegengesetzten Richtung ab und setzte sich einige 100 m weiter auf eine Weide bei Johannistal. War der Vogel etwa auf der Nestersuche? War das der Fall, so dürfte auf diesem Gelände wohl nur *Anthus pratensis* oder *Pratincola rubetra* in Frage kommen. Der Vogel liefs bei seinem geheimnisvollen Tun keinen Laut hören und schien uns gegenüber grofses Mifstrauen an den Tag zu legen.

52. *Jynx torquilla* L.

Ankunftszeiten: 24. IV. 03 (sichtbar); 23. IV. 04 (im Eichwalde rufend); 29. IV. 05; 18. IV. 06 (schöuer April, die Bäume teils belaubt, teils blühend); 29. IV. 07 (rufend im Kernwerk, im Schilling 3 St. einander jagend); 24. IV. 08 (im Schilling rufend); 19. IV. 09 (ebendort rufend).

Die Brutzeit fällt in den Mai. Am 3. V. 08 arbeitete 1 St. an einem Astloche auf dem Petrikirchhof, dabei sich öfter unterbrechend uud rufend (12 Uhr mittags). Im Juni war der Ruf der Alten schon selten zu bören, doch wurde er noch am 15. VI. 07 im Eichwalde vernommen, ebendort am 24. VI. noch an 2 Stellen, am 7. VI. 09 noch im Schilling.

Meist erst im Juli (1905 im Kernwerk) bört man das charakteristische Schwirren der ausgeflogenen Wendehälse, das recht sehr an das Schwirren von *Loc. fluviatilis* erinnert. Es klingt etwa wie sitte sitte - - - oder sise - - -. Im Jahre 1907 ertönte dieses Schwirren schon am 26. VI. im Kernwerk, und die Urheber wurden mittels Fernglas festgestellt. Am 3. VIII. 09 schwirrte noch ein Junges jedenfalls aus einer Spät- oder Ersatzbrut stammend, im Eichwalde. In der zweiten Hälfte des August haben wir hier keinen Wendehals mehr gesehen. Als spätester Termin wurde der 5. VIII (1909) notiert, wo ein St. hinter den militärischen Schiefsständen vor dem Warschauer Tor verweilte.

Am 29. IV. 07 wurde ein Wendehals im Vorgarten des Mariengymnasiums beobachtet, der auf dem gepflasterten Eingange eifrig Futter aufnahm. Bei der Besichtigung der Stelle zeigte sich, dafs der Vogel eine Ansiedelung einer kleinen gelben Ameise fast gänzlich aufgerieben hatte.

53. *Dendrocopus maior* L.

Unter den Spechten ist diese Art bei Posen entschieden am häufigsten. Man findet sie in jeder nicht zu kleinen Waldparzelle, und auch in unsern Festungsanlagen fehlt sie nicht: im Solatscher Wäldchen, im Kobylepoler Grunde, im Eichwalde, in den Anlagen des Kernwerks und auch im Schilling, wo man im Frühjahr manchmal das Trommeln dieser Spechtart beobachten kann. Im Herbste streichen die Vögel umher, und so konnte man sie auch in der Wolfsmühle sehen und hören (18. X. 09). Am 17. X. beobachteten wir im Eichwalde 4 St.

Am 20. IX. 09 machte sich an der Wartheseite des Kernwerks ein ♀ eifrig klopfend an einer Weide zu schaffen. Bei unsrer Annäherung rutschte der Vogel wie üblich auf die andere Seite des Stammes, wurde hier aber von einem Buchfinkenmännchen angegriffen und räumte, ohne sich zu verteidigen, das Feld.

54. *Dendrocopus minor* L.

Ein anmutiges Balzspiel zweier Kleinspechte, wie es von Dr. Hesse im J. f. O. 1909 I p. 19 beschrieben wird, beobachteten wir am 21. III. 04. Die Tierchen machten sich an den mächtigen Pappeln zu schaffen, die an der Stelle stehen, wo der Fahrweg nach dem Schilling von der Strafse abbiegt. Ein St. folgte dem andern in einer eigentümlichen Art schwebenden Fluges. Als sie den dicken Stamm einer Schwarzpappel erreichten, safsen sie eine Weile, etwa $1^1/_2$ m über dem Erdboden, völlig regungslos mit etwas abgespreizten Flügeln, wobei 1 St. ein leises ki ki - - - hören liefs. Das gleiche Spiel wiederholte sich bald darauf an einer zweiten Pappel. Die Vögel zeigten so wenig Scheu, dafs sie sich bis auf 5 Schritt angehen liefsen.

Der Kleinspecht ist in der Umgegend Posens nicht selten, wenn auch nicht so häufig wie sein gröfserer Vetter. Er macht sich fast das ganze Jahr hindurch durch sein frisches ki ki - - - bemerklich. So rief er am 20. II. 09 an der Wartheseite des Kernwerkes (Schneedecke), am 17. VIII. im Schilling, am 21. VIII. im Eichwalde, am 2. IX. auf dem Kirchhofe zwischen Wilda- und

Rittertor, am 14. IX. im Schilling, am eifrigsten natürlich während der eigentlichen Brutzeit, in der er sich auch ab und zu durch Trommeln bemerkbar machte.

Am 8. IX. 08 zog er im Eichwalde mit einem Meisenschwarm umher, wie man das häufiger bei der vorigen Art beobachten kann.

55. *Picus viridis* L.

Wie der Kleinspecht, so liefs auch der Grünspecht oft schon im Februar seinen klangvollen Paarungsruf hören, wodurch er die Gegend um den Schilling, in dem er mehrmals in einer alten Weide 10—15 m hoch nistete, aufs anmutigste belebte, so am 21. II. und 23. II. 06. Nur im Frühjahr 1907 war hier kein Vogel zu sehen und zu hören. Ob der strenge Winter den Vögeln verhängnisvoll gewesen war? Erst am. 26. IV. hörten wir in diesem Jahre einen Grünspecht im Eichwalde, während er im Jahre 1908 sich wieder früher, nämlich am 7. III. an der Scheibenseite der milit. Schiefsstände vor dem Warschauer Tor hören liefs. Hier hing ein St. an einer Pappel unterhalb des Wipfels und rief von Zeit zu Zeit, worauf ein zweites St. vom Spechtschen Schiefsstande her prompt antwortete. 1909 rief 1 St. schon am 13. II. um $^1/_2$4 p im Schilling, trotzdem es empfindlich kalt war (nachts —16°, tagsüber —6°) und eine Schneedecke die Erde einhüllte.

Im Spätsommer und im Herbste riefen die Grünspechte seltener, und der Ruf klang meist abgebrochener, härter. Häufig wurde beobachtet, dafs der Grünspecht, ehe er im Spätjahr seine Schlafstätte aufsuchte, ein mehrmaliges hartes klück (oder kjück) ausstiefs, nachdem er sich in der Nähe derselben, meist auf einem benachbarten Baume angehakt hatte, so im Kernwerk, wo 1 St. im Astloch einer Birke übernachtete, oftmals, ferner auf den Schiefsständen vor dem Warschauer Tor (am 22. IX. 09 um $^1/_2$6 p, in den Festungsanlagen an der Wartheinsel (am 13. X. und 18. X. um $^1/_4$6 p), an der Wartheseite des Kernwerks (am 29. VIII. 08 um 6$^1/_4$ p und am 4. XII. 08). Vielleicht bezog an letztgenannter Stelle der Vogel wieder eins der zahlreichen Löcher in der Festungsmauer als Schlafplatz, wie wir das im Jahre 1906 bei einem Exemplar beobachtet hatten. Der Vogel flog abends eine Pappel in der Nähe des Wallgrabens an, rief mehrmals sein klück und flog dann, während wir unter dem Baume standen, zu einem Mauerloch, in dem er verschwand.

Am 30. IV. 04 sahen wir dem Balzspiele zweier Grünspechte im Eichwalde zu. Die Vögel trieben sich dabei an einigen Birkenstämmen in unmittelbarer Nähe des Erdbodens unter mancherlei Balzgebärden umher, einander mit leiser Stimme zurufend.

Junge Grünspechte wurden im Schilling mehrfach beobachtet, zuletzt im Jahre 1909, indem ein heifshungriges St. den Kopf immer wieder verlangend aus dem Brutloche herausstreckte, während ein paar Geschwister bereits ausgeflogen waren.

56. ***Picus canus viridicanus*** Wolf.

Rufe des Grauspechts hörten wir am 10. VI. 09 im Buchenwalde von Boguniewo, Oberförsterei Eckstelle.

57. ***Alcedo ispida*** L.

Bis zum Jahre 1907 wurden Eisvögel mehrfach beobachtet, selbst mit erwachsenen Jungen (an der Einmündung der Cybina in die Warthe), einzelne Stücke regelmäfsig an gewissen Lachen im Eichwalde; in der Folgezeit aber war der Vogel hier entschieden seltner und konnte nur noch in wenigen Fällen mit Sicherheit nachgewiesen werden. Am 2. V. 08 umkreiste uns unterhalb der Wolfsmühle in der Nähe einer Lache unter ängstlichen Rufen (tiht) ein Vogel dieser Art. Er setzte sich mehrmals auf die unteren Zweige kleiner Pappeln, flog nach einigen Augenblicken ab und warf sich an einer Seite der Lache, wo diese etwas höhere Ufer hat, zur Erde nieder. Wir mufsten den Eindruck gewinnen, dafs wir uns im Brutgebiete des Vogels befanden, konnten jedoch die Brutröhre trotz eifrigen Suchens nicht finden. Später wurde der Vogel hier nicht wieder gesehen. Im folgenden Jahre, am 2. IX. 09 wurde ein St. in derselben Gegend bemerkt, und am 18. X. verriet sich uns 1 St. beim Absuchen der einzelnen Tümpel der faulen Warthe durch sein tiht, das bei unserer Annäherung von einem über das Wasser hinausragenden Weidenzweige abstrich.

58. ***Coracias garrulus*** L.

Die auffallende Blauracke wurde vor mehreren Jahren wiederholt in der Nähe von Czerwonak und Owinsk beobachtet und einmal vom Eisenbahnzuge aus bei Jankendorf, unfern von Rogasen, gesehen. Auch bei Schönlanke wurde der Vogel mehrfach beobachtet (S.).

59. ***Upupa epops*** L.

Der Wiedehopf traf hier in der zweiten Hälfte des April oder Anfang Mai ein und zwar: am 7. V. 03; 16. IV. 04 (an der Wartheseite des Eichwaldes); 26. IV. 05; 30. IV. 06; 1. V. 07 (Wartheseite des Schillings); 25. IV. 08 (im Eichwalde); 6. V. 09 (im Eichwalde, im Fluge järp oder schräp rufend).

Wiedehopfe waren hier nicht selten. Der Vogel war im Eichwalde regelmäfsig, auch paarweise, vorhanden (6. V. 07), von wo er Ausflüge auf die nahen Viehweiden unternahm (13. V. 08). Es ist nicht zu bezweifeln, dafs der Vogel hier, wo die alten durch die Frühjahrsüberschwemmungen stark mitgenommenen Eichen Brutlöcher im Fülle bieten, nistet. Aufserdem wurde der Vogel alle Jahre beobachtet an dem Wege, der von Golencin aus über die Bogdanka führt, so am 1. V. 04 und am 9. VI. 09; hier bieten kernfaule Weiden und Pappeln Gelegenheit zum Brüten. Auch hinter den Scheibenständen vor dem Warschauer

Tor trieb sich am 25. VI. 08 ein Pärchen umher, das sich zeitweilig neckte und jagte, und auch am 11. V. 09 war hier 1 St. sichtbar. An allen diesen Stellen machten sich die Vögel durch lebhaftes Rufen bald bemerkbar.

Der Abzug scheint in der ersten Hälfte des August zu erfolgen. Am 2. VIII. 08 flogen 2 St., ihr schräp rufend, über den Eichwald hinweg. Am 8. VIII. war hier noch 1 St. sichtbar. Am 3. VIII. 09 trieb sich 1 St. im der Nähe des Ausschachtungstümpels vor dem Eichwalde umher und am 5. VIII. 1 St. hinter den Schiefsständen vor dem Warschauer Tor. Am 10. VIII. noch 1 St. sichbar, nach diesem Termine keins mehr.

60. ***Caprimulgus europaeus*** L.

Als wir uns am 30. IV. 09. gegen 7 Uhr p vom Schilling aus dem Schillingstore zuwandten, bemerkten wir in der Nähe des durch die Kernwerksanlagen führenden Fufssteiges einen Vogel dieser Art, der auf einem etwa $3^1/_2$ m über der Erde wagerecht ausgestreckten, armdicken Zweige einer Robinie in dessen Längsrichtung bewegungslos safs. Obwohl wir unter den Ast traten und den Vogel eine Zeitlang beobachteten, flog dieser nicht ab. Er sah einem alten Zanken täuschend ähnlich, der Kopf, mit dem übrigen Leibe eine wagerechte Linie blidend, lag nicht auf dem Zweige auf, sondern liefs einen kleinen Zwischenraum frei. Der Vogel hat offenbar hier auf dem Frühjahrszuge gerastet und ist dann weitergezogen, denn in der Umgebung Posens ist dieser Vogel sonst nicht zu finden, wohl aber ist er nicht selten in andern Teilen der Provinz, z. B. bei Bromberg und bei Kolmar i. P.

61. ***Apus apus*** L.

Ankunftszeiten: 4. V. 02; 3. V. 03; 7. V. 04; I. V. 05; 5. V. 06; 5. V. 07; 30. IV. 08 (2 St. unter zahlreichen Stachelschwalben in der Nähe der Warthe oberhalb der Badeanstalt von Döring); 27. IV. 09 (um $^3/_4$ 10 a schwebten einige St. über dem Friedrich-Wilhelms-Gymnasium; Wetter sehr warm mit südwestlichem Winde; auch am folgende Tage mehrere sichtbar, während die Hauptmasse wie gewöhnlich erst im Mai eintraf.

Der Mauersegler ist gemeiner Brutvogel in der Stadt Posen. Er nistet hier hauptsächlich in Löchern unter den Dächern der Häuser. Abends dehnt er seine Jagd länger aus als irgend ein anderer Vogel; erst mit Eintritt der Dunkelheit werden die Schlafstätten aufgesucht.

Der Abzug erfolgt in der Regel gegen Ende Juli oder im Anfange des August. Am 3. VIII. 07 liefsen sich nur noch wenige Vögel sehen und hören, die vermutlich einer verspäteten Brut angehörten. Am folgenden Tage waren auch sie verschwunden.

Am 2. VIII. 08 waren alle Mauersegler abgezogen. Der Umschlag der Witterung am 1. VIII., der mit Regen und Westwinden Abkühlung brachte, hatte sie von hinnen getrieben; doch wurde am 15. VIII. noch ein einzelnes St. über den Überschwemmungslachen vor dem Wartheknie beobachtet.

Am 3. VIII. 09 lagen noch zahlreiche Vögel hoch in der Luft über dem ehemaligen Eichwaldtore dem Insektenfange ob, ebenso um 7 $^{1}/_{4}$ p ein Schwarm von mindestens 50 St. über dem grünen Platze, unter ihnen auch Dorf- und Stadtschwalben. Am 4. VIII. jagte gegen 8 Uhr p ein Schwarm von einigen 20 St., dicht gedrängt fliegend und laut schreiend, über dem Bahnhof Gerberdamm hin und her und verschwand dann anscheinend in westlicher Richtung, wo der Himmel, sonst bedeckt, klar war; das Wetter war gewitterschwül. Ein zweiter Schwarm tummelte sich schreiend hoch in der Luft über dem Kernwerk. Nur zwei einzelne Vögel flogen niedrig über dem Güterschuppen des Bahnhofs Gerberdamm, während in der Stadt kein Segler mehr sichtbar war. Am 5. VIII. noch zahlreiche Vögel über den Häusern bis 10 Minuten vor 8 Uhr p (abends 8 Uhr + 23° C.). Am 6. VIII. waren die meisten verschwunden, nur über dem Schlachthofe flog noch ein Schwarm von 10—15 St. umher und einige wenige über dem Rathausturm. Am 7. VIII. waren nur noch einige Durch- und Nachzügler zu sehen; Witterung sehr warm. Am 8. VIII. und an den folgenden Tagen war, trotzdem die warme Witterung anhielt, kein Segler mehr sichtbar. Erst am 3. IX. zeigten sich wieder um $^{1}/_{2}$ 6 p 2 Nachzügler unterhalb des Schillings inmitten von Dorf- und Stadtschwalben.

62. *Hirundo rustica* L.

Die Rauchschwalbe zeigte sich in einzelnen Exemplaren in der Regel um die Mitte des April. Ankunftszeiten: 9. IV. 04 (an der Warthe vor dem Eichwalde); 20. IV. 05; 12. IV. 06 (1 St.); 15. IV. 07 (gegen Abend 1 St. in der Halbdorfstrafse hin und her schiefsend und zweimal in dem Fenster einer Bodenkammer verschwindend); 16. IV. 08; 16. IV. 09 (1 St. über der Warthe unterhalb des Schillings; am 17., einem schönen Frühlingstage, tummelten sich zahlreiche Schwalben über den überschwemmten Wiesen zwischen Schilling und Gluwno. Die Vögel waren jedenfalls mit Südwestwind in der vorhergehenden Nacht eingetroffen.).

Am 30. IV. 09. jagte ein Schwarm von 50—80 St., darunter einige Mehl- und Uferschwalben, unter Wind über der Warthe unterhalb des Schillings. Um $^{3}/_{4}$ 7 p stieg plötzlich die ganze Masse eiligen Fluges und ohne Laut hoch in die Luft, einem daherziehenden Baumfalkenpaare ausweichend.

Am 22. VI. 07 hatten in einem zum Forsthause im Eichwalde gehörigen Stalle die Jungen der ersten Brut das Nest verlassen und safsen nachmittags, 6 an Zahl, neben einander auf dem Zweige eines Baumes.

Am 19. V. 09 war ein Schwalbenpaar unter der Veranda des Eichwaldrestaurants beim Nestbau. Am 21. VI. wurden daselbst Junge gefüttert; ausnahmsweise nahm eine Alte trippelnd von der Erde Futter auf und trug es den Jungen zu. Am 28. VI. wurden Anstalten zur zweiten Brut gemacht, das ♂ sang eifrig. Am 3. VIII. wurden die Jungen der zweiten Brut gefüttert (im vergangenen Jahre ging die zweite Brut infolge Ungunst der Witterung zugrunde); am 18. VIII. flogen die Jungen aus, kehrten aber nachts ins Nest zurück. Am 24. VIII. wurden die Jungen noch in der Nähe der Brutstelle gefüttert.

Am 2. VII. 08 hatten sich zahlreiche erwachsene Junge der ersten Brut zusammengeschlagen. Sie sammelten sich gegen Abend, eifrig zwitschernd, über der Warthe östlich des Rennplatzes, um in einem Rohrtümpel am gegenüberliegenden Wartheufer zu nächtigen. Am 3. IX. 09 suchte um $^1/_4$7 p ein Trupp Rauchschwalben seinen Schlafplatz im Röhricht eines Tümpels in der Nähe der Wartheinsel auf. Die Vögel näherten sich der Stelle, hoch in der Luft eifrig zwitschernd und hin und her jagend. Gegen $^3/_4$7 Uhr, als es dunkelte, senkten sie sich, zogen im Weidicht mehrmals auf und ab und schossen dann lautlos dem Röhricht zu. Am 15. IX. sammelten sie sich gegen 6 Uhr in der Nähe des Rohrtümpels.

Der Abzug der Rauchschwalben erfolgte meist Ende September bis Mitte Oktober, nur ausnahmsweise wurden noch über diesen Termin hinaus Schwalben beobachtet. So wurden am 16. X. 05 noch einige St. in der Villenstrafse in Unterwilda gesehen. Dann waren die Vögel anscheinend alle verschwunden. Da erschienen auffallenderweise wieder gegen den Ausggang dieses Monats zahlreiche Rauchschwalben, die augenscheinlich schwer unter der Ungunst der Witterung zu leiden hatten, da bereits regelmäfsig Nachtfröste eintraten. Die Tierchen suchten mehrfach Schutz in den Korridoren des Mariengymnasiums. Hier wurde ein völlig ermattetes, halbverhungertes St. vom Oberlehrer Brock gefangen. Der Vogel, der sehr abgemagert war, nahm das dargebotene Futter gierig an, starb aber am andern Tage, da der geschwächte Magen wohl nicht mehr imstande war, die aufgenommene Nahrung gehörig zu verarbeiten. Erst gegen den Anfang November verschwanden die Schwalben bei Eintritt milderer Witterung.

Im Jahre 1909 zog die Hauptmasse der Rauchschwalben ziemlich früh trotz der warmen Witterung (der 17. und 18. September brachten starke Gewitter ohne Abkühlung) aus der Umgegend Posens fort. Am 19. IX. wurden noch 6 St. nachmittags über dem Rohrtümpel vor der Wartheinsel gezählt; noch um 6^{10} flog 1 St. hier niedrig hin und her. Am 20. IX. war keine mehr sichtbar, doch in der Nähe des Schillings noch in der Luft zwitschernd. Am 21. IX. abends gegen 6 Uhr noch mehrere hoch in der Luft am Rennplatze sichtbar. Hier waren auch am 23. IX. gegen Abend noch einige zu sehen; es waren die letzten. Doch auch in diesem Jahre fanden sich noch Nachzügler ein, zwar nicht bei Posen, wohl aber in Kolmar i. P., wo am 5. X. einige Rauchschwalben um 1 Uhr mittags über dem Bahnhofe hin und her jagten. Es dürfte sich in diesem Falle um Vögel aus nördlicheren Gegenden gehandelt haben, die einer verspäteten Brut angehörten.

63. *Riparia riparia* L.

Ankunftszeiten, soweit notiert: 2. V. 03; 30. IV. 06; 4. V. 07 (1 St. unter zahlreichen Mehlschwalben bei heftigem Westwinde am Schilling über der Warthe unter Wind hin und her jagend); 29. IV. 08 (1. St.); 30. IV. 09 (mehrere St. unter zahlreichen Rauch- und einigen Mehlschwalben über der Warthe am Schilling).

Die Uferschwalbe bildet in der Nähe von Posen drei mehr oder weniger starke Brutkolonien: a. am rechten sandigen Steilufer der Warthe unterhalb der Militärfähre bei Gluwno, b. in der Sandgrube links des Weges nach Naramowice, wo dieser von der militärfiskalischen Ringstrafse gekreuzt wird, und c. oberhalb Posens am rechten Wartheufer gegenüber dem Viktoriapark in der einer Lehmgrube übergelagerten, ein paar Fufs dicken Sandschicht. Am 11. V. 07 waren in a. die ersten Löcher sichtbar, die etwa 1 Fufs unter dem oberen Rande lagen; am 25. V. zahlreiche Erdschwalben in b., die Sandwand ist wie ein Sieb durchlöchert. Es wurden gegen 200 Brutröhren gezählt.

Am 15. V. 08 waren in a. 10 Röhren sichtbar, am 17. war ihre Zahl sichtlich gröfser. Die Vögel wurden leider von nesterplündernden Burschen arg belästigt.

Am 20. V. 09 waren in a. erst wenige Brutlöcher sichtbar (kühle Witterung!); ihre Zahl nahm nur noch um wenige zu, da durch Absturz der sandigen Ufer der Platz ungeeignet geworden war. Am 28. V. wurden in b. gegen 150 Löcher gezählt. Am 25. VI. zahlreiche Erdschwalben in c., die durcheinander wimmelten wie ein Bienenschwarm.

Wie der Beginn, so wurde auch der Verlauf des Brutgeschäfts durch die Witterung stark beeinflufst, d. h. in die Länge gezogen. Während am 3. VIII. 08 über einer Lache am Wartheknie bereits eine ansehnliche Schaar Schwalben, dschr oder zirr rufend, der Insektenjagd oblag, wobei man, da die Vögel uns ganz nahe heranliefsen, das leise Knappen der Schnäbelchen deutlich hören konnte, hatten andere nicht nur an diesem Tage, sondern noch am 18. und 19. dieses Monats Junge in ihren Brutlöchen zu füttern, deren Futterschrei man nach dem Einfliegen der Alten deutlich hören konnte; ja einzelne Paare waren noch am 29. VIII., am 1. IX., 3. IX. und 5. IX. (1 Paar in b.) mit der Aufzucht ihrer Jungen beschäftigt. In diesen Fällen dürfte es sich wohl um Ersatzbruten gehandelt haben. Am 7. IX. schwärmte eine Familie, deren Junge offenbar erst unlängst ausgeflogen waren, um 6 Uhr p in der Sandgrube vor Naramowice umher, wobei die Jungen tyrr oder zyrr oder zíer riefen, während die Alten ihr dschr dschr (oder dschrap) hören liefsen.

Auch im Jahre 1909 zog sich das Brutgeschäft sehr in die Länge, weil durch Absturz der senkrechten Wände in b. zahlreiche Niströhren zerstört worden waren. Da die abgestürzten Sandmassen zum Teil noch unberührt dalagen, konnten die hier und da freigelegten Nester untersucht werden. Sie bestanden in der Hauptsache aus trockenen Stengelchen und vielen Federn und enthielten Eier. Die Vögel waren natürlich zu einer Ersatzbrut geschritten. So kam es, dafs im Spätsommer auch die näher am Schilling liegende, sonst von den Schwalben wegen der meist lehmigen Wände gemiedene Grube einige Niströhren aufwies. Auch in der Brutkolonie c. war, wie wir am 18.VIII. sehen konnten, die obere Sandschicht über dem schlüpfrigen Posener Ton etwas abgesunken, doch in einer solchen Stärke, dafs die Röhren vielfach unbeschädigt geblieben waren und die Vögel das Brutgeschäft meist glücklich zu Ende bringen konnten.

Die Nacht bringen die Uferschwalben in ihren Niströhren zu. Am 9. VIII. 08 sammelten sich gegen 6 Uhr abends zahlreiche Vögel an der Brutkolonie a. und schwärmten dann, da es wohl zum Einschlüpfen noch zu früh war, eine Zeitlang in der Nähe umher. Dasselbe beobachteten wir in b. Am 5. IX. kamen hier die ersten um $6^1/_4$ p an und verschwanden in den Löchern; bis 6^{35} wurden etwa 20 gezählt. Sie kamen in kleinen Vereinen von allen Seiten herbei, besonders von der Warthe her, tummelten sich noch eine Weile umher und suchten dann gegen Sonnenuntergang oder kurz nachher die Röhren auf. Da ihrer verhältnismäfsig nur wenige waren, so ist anzunehmen, dafs ein Teil schon abgezogen war. Am 3. IX. 09 versammelten sich um $5^3/_4$ p zahlreiche Stücke bei a., die teilweise noch umherschwärmten, teilweise auf dem oberen Rande des Steilufers safsen; um $6^1/_4$ waren alle in den Röhren verschwunden.

Der Abzug der Uferschwalben vollzog sich Ende August und in der ersten Hälfte des September. 1908 wurden die letzten am 9. IX. gesehen, 1909 am 3. IX.

64. *Delichon urbica* L.

Ankunftszeiten: I. V. 03; 5. V. 04; 3. V. 06; 4. V. 07 (Schwarm an der Warthe, unter Wind am Schilling jagend; heftiger Westwind); 30. IV. 08 (1 St. unter einem Trupp Rauchschwalben an der Warthe oberhalb der Badeanstalt von Döring); 27. IV. 09 (anscheinend mehrere St. über der Sandgrube vor Naramowice, sehr hoch fliegend); 30. IV. 09 (mehrere St. unter Rauchschwalben unterhalb des Schillings).

Beim Nestbau wurden Mehlschwalben beobachtet am 22. V. 04 am Reduit des Fort Roon (grofse Schleuse). Hier befand sich zu dieser Zeit noch eine ansehnliche Kolonie (30—40 Nester), die aber in den folgenden Jahren immer mehr zusammenschmolz, so dafs am 25. VI. 08 nur noch 3 Nester sichtbar waren, am 19. VI. 09 nur noch ein einziges.

Am 26. V. 07 bauten einige Paare ihre Nester unter dem überhängenden Dache einer Holzscheune vor dem Schlofspark Ostend; auch am 16. VI. 08 wurden ebendort 3 oder 4 Nester gezählt, von denen eins ein Sperling mit Beschlag belegt hatte. Infolge vielfacher Störungen verliefsen die Vögel später diesen Platz. Noch am 4. VIII. 09 wurde 1 St. beobachtet, das Niststoff holte, indem es von dem feuchten Strafsenschmutze vor dem Schillingstore aufnahm; es war in Begleitung eines zweiten Stückes, wohl des Männchens, das sich an der Aufnahme des Materials nicht beteiligte.

Mehlschwalben rotteten sich im Jahre 1909 schon um den Anfang des August zusammen. Am 5. VIII. 09 sahen wir einen starken Schwarm von 150—200 St. auf den Telegraphendrähten in der Nähe des Bahnhofs „Warschauer Tor". Am 21. VIII. tummelten sich zahlreiche Vögel über unserm Schulhofe. Der Abzug zog sich bis in den September, ja stellenweise bis in den Oktober hinein hin: am 3. IX. unterhalb des Schillings gegen Abend zahlreiche Stücke, darunter 2 Mauersegler (vgl. oben p. 420); am 13. IX. noch mehrere Vögel westlich der Schiefsstände vor dem Warschauer Tor hoch in der Luft fliegend und schreiend; am 14. IX. einige zwischen Schilling und der Strafse nach Naramowice umherfliegend zusammen mit Rauchschwalben; am 12. X. wurde (das sei hier beiläufig bemerkt) ein kleiner Trupp in Tütz, Kreis Dt. Krone, Westpreufsen, beobachtet, der dort mehrere Tage verweilte und besonders den Kirchturm umschwärmte, auf dem die Vögel augenscheinlich ihr Nachtquartier hatten (H.).

65. ***Bombycilla garrula*** L.

Seidenschwänze erscheinen hier offenbar ziemlich selten. Wir haben sie nur zweimal beobachten können und zwar einmal im Herbste und ein zweites Mal im Frühjahr. Am 6. XII. 1903 safs ein Schwarm dieser Vögel im Garten des hiesigen Generalkommandos auf einer Eberesche, deren reichliche Früchte die nordischen Gäste zu mehrtägigem Verweilen veranlafsten. Am 5. IV. 06 trafen wir einen Trupp Seidenschwänze im Bogdankatale unfern der Elsenmühle.

66. ***Muscicapa grisola*** L.

Ankunftszeiten: 3. V. 03; 7. V. 04; 5. V. 06; 7. V. 07; 8. V. 08; 30. IV. 09 (1 St. an der Nordseite der Kernwerksanlagen, kümmerlich an der Erde Nahrung suchend, auf der es sich ziemlich gewandt bewegt; kühles Wetter bei böigen Westwinden).

Der graue Fliegenschnäpper, der hier ziemlich häufig ist, wählte oft seltsame Niststätten. So zog ein Paar in einer schadhaften Gartenlaterne des Eichwaldrestaurants seine Jungen auf. Ein anderes brütete in einer Hängelampe in der Kolonnade der Wolfsmühle. Als hier eines Tages vom Besitzer die Lampe beseitigt wurde, wurde das Nest mit den Eiern herausgenommen und etwa einen Meter von der früheren Stelle entfernt zwischen das Gebälk gesetzt. Der Brutvogel suchte, mehrmals rüttelnd, an der Stelle, wo das Nest gestanden hatte, fand jedoch den neuen Standort nicht und schritt nach einiger Zeit zu einer Ersatzbrut. In demselben Gartenlokale nistete 1 Pärchen hinter einem an der Kolonnade hängenden Reklameschildchen und brachte die Brut auf. Im Garten des Restaurant Breely brütete 1 Paar mehrere Jahre hintereinander mit Erfolg in einer unter einer Seitenkolonnade hängenden Blumenampel. Es gab den Platz erst auf, als der an der Schmalseite der Kolonnade ausgespannte Leinwandschirm ihm den freien Abflug vom Neste erschwerte. Ein Paar nistete in demselben Garten im Musikpavillon und liefs sich durch die musikalischen Darbietungen durchaus nicht in seinem Brutgeschäfte stören. In den ersten Tagen des August und bis zur Mitte dieses Monats konnten wir vielfach noch Vögel beobachten, die ihre erwachsenen Jungen fütterten, so am 16. VIII. 09 im Vorgarten des Mariengymnasiums, in den Anlagen des Kernwerks, im Schilling. In diesen Fällen handelte es sich wohl um Spät- oder Ersatzbruten. Die in der Folgezeit beobachteten Vögel hielten zwar eine gewisse Gemeinschaft, doch hatte jedes Glied derselben für sich selbst zu sorgen. Es dürfte sich in diesen Fällen wohl um fremde Durchzügler gehandelt haben, da die einheimischen, sobald die Jungen erstarkt sind, verschwinden. Solche Vögel, meist einzelne oder nur wenige Exemplare, wurden bis zur Mitte des September beobachtet, so am 29. VIII. 08 2 St. auf dem Zaun des Holzplatzes von Krzyzanowski (vor dem ehemaligen Eichwaldtore) und 3 St. an der Südwestecke des Eichwaldes; am 3. IX. 08 1 St. im Schilling; am 4. IX. 1 St. auf den trockenen Ästen der hohen Pappeln an der Wartheseite des Eichwaldes, eifrig Insekten fangend; am 8. IX. vormittags mehrere St. auf dem Petrikirchhofe und nachmittags 2 St. auf den Pappeln an der Wartheseite des Eichwaldes; am 12. IX. um $^3/_4$6 p 1 St. auf der Umzäunung des Holzplatzes von Krzyzanowski; ebenso am 4. IX. 09 1 St. auf den dürren Ästen einer Pappel an der Ostseite des Eichwaldes; am 5. IX. morgens um 9$^1/_4$ Uhr 1 St. an der Fronleichnamskirche; ebendort am 7. IX. 1 St. morgens um 8 Uhr und um 6$^1/_2$ p 2 St. auf der dürren Pappel am Holzplatze von Krzyzanowski; am 16. IX. 1 St. im Eichwalde sichtbar und am 17. IX. 1 St. im Schilling auf den trocknen Zweigen einer Weide um $^3/_4$6 p (nach einem heftigen Gewitter, Südwestwind).

67. *Muscicapa atricapilla* L.

Ankunftszeiten: 11. IV. 02 (1 St. in den Anlagen des Kernwerks); 30. IV. 03; 18. IV. 04 (am Pulverhause hinter dem Kernwerk); 30. IV. 05 (1 ♂ im Garten des Restaurant Breely, eifrig mit der Insektenjagd beschäftigt); 4. V. 06 (im Fehlanschen Park, heute Goethe-Park); 3. V. 08 (auf dem Petrikirchhofe 1 St., ebendort am 4. V. mindestens 8 St. sichtbar, am 5. V. noch 4 St., am 7. V. 1 St.); 29. IV. 09. (1 St. auf dem Kirchhofe hinter dem Schillerdenkmal, während erst der 10. V. mehr Vögel brachte, so dafs an der Warthe- und Südseite des Kernwerks 9 St. gezählt werden konnten, meist gepaart; am 12. V. im Eichwalde 6—8 sichtbar; am 13. V. im Kernwerk keiner mehr zu sehen).

Trauerfliegenschnäpper berührten auf dem Zuge die Umgebung Posens nicht eben selten, zogen aber nach kurzer Rast weiter, und auffallenderweise blieb nur selten hier und da ein Pärchen zürück, um zur Brut zu schreiten, obwohl beispielsweise unser Eichwald Nistgelegenheiten in Menge bietet. Das geschah zum ersten Male im Jahre 1907, wo am 24. V. ein eifrig singendes ♂ (die Zugvögel zogen im Frühjahr sang- und klanglos durch unser Gebiet) an der Wartheseite des Kernwerks beobachtet wurde. Der Vogel machte sich besonders in der Nähe einer alten Weide am Reitwege zu schaffen. Ein zweites Pärchen hatte sich in einer Weide vor dem Kiefernwäldchen (Nordseite des Kernwerks) links der Strafse nach Naramowice angesiedelt. Beide Vögel wurden an den genannten Plätzen mehrfach beobachtet. Am 2. VI. sangen beide ♂♂ eifrig, während sie sich an den vorhergehenden kühlen Tagen mit Nordostwind still verhalten hatten. In demselben Jahre wurde auch im Eichwalde am 3. VI. (also während der Brutzeit!) ein Pärchen beobachtet; das ♂ sang eifrig. Auch im Jahre 1908 sang am 12. V. ein ♂ auf den hohen Eichen südlich des Bahndammes und auch am 13. V. und am 16. V. wurde je ein ♂ an andern Stellen des Eichwaldes gehört, in der Folgezeit aber nicht wieder vernommen; sie scheinen also weiter gezogen zu sein. Während der Trauerfliegenschnäpper bei Posen nur ein seltener Brutvogel war, nistetete er in manchen Gegenden der Provinz ziemlich häufig. Gelegentlich eines Ausfluges nach der Oberförsterei Seehorst wurden 8—10 Pärchen beobachtet, wovon die ♂♂ in einer Entfernung von 50 bis 100 Schritt von einander in der Nähe eines Grabens eifrig sangen und zum Teil in ihren Brutlöchern aus- und einschlüpften. Ferner wurde dieser Vogel gelegentlich in der Brutzeit beobachtet: in der Forst Górka bei Moschin (17. V. 02), im Buchenwald von Boguniewo (Oberförsterei Eckstelle) und im Jahre 1909 in 2 Paaren im Park von Kobylepole, sowie 1 Paar in der Nähe der Warthefähre bei Owinsk. Auch in der Nähe von Polnisch Mühle bei Schönlanke ist der Vogel regelmäfsiger Brutvogel (S.).

Auf dem Herbstzuge wurden Trauerfliegenschnäpper viel seltener beobachtet als im Frühjahr. Am 28. VIII. 05 befand sich eine Familie dieser Vögel auf den Wegpappeln an der Nordseite der Kernwerksanlagen; am 31. VIII. 1 St. in der Wolfsmühle. Am 1. IX. 08 wurde 1 St. in einem niedrigen Weidenbusche an der Strafse nach Naramowice zwischen Kirchhof und Sandgrube gesehen. Am 14. IX. 09 trieb sich gegen 5 Uhr p eine Familie im Schilling in der lichten Krone einer hohen Linde umher, eifrig den Insektenfang betreibend, wobei einzelne Stücke ihr bit bit hören liefsen; es waren mindestens 8 Stück. Die Vögel verweilten hier auch noch am 15ten um 5 Uhr p. Am Morgen des 15. September war der Lockruf von Vögeln dieser Art auch im Vorgarten des Marien-Gymnasiums und am 16. IX. an mehreren Stellen im Eichwalde zu hören.

68. *Muscicapa parva* Bchst.

Am 10. VI. 09 unternahmen wir eine Fahrt nach der Eisenbahnstation Parkowo (Eisenbahn Posen-Schneidemühl), um von hier aus den Buchenwald bei Boguniewo, Oberförsterei Eckstelle, zu besuchen, wo wir den Zwergfliegenschnäpper vermuteten. Unsere Vermutung fand baldige Bestätigung. Kaum waren wir einige 100 Schritt in den Wald eingedrungen, als wir in einer Partie Jungbuchen (Stangenholz) einen Gesang vernahmen, den wir im Posenschen bisher nicht gehört hatten. Diese Strophen wichen zwar in einigen Punkten von dem typischen Gesange des Zwergfliegenschnäppers ab (es fehlte z. B. die Eida-Tour, wie sie ein Vögelchen gelegentlich einer Alpenreise auf dem Alpenrosenwege (bei Füssen) so schön gesungen hatte (H.)), als wir jedoch des kleinen grauen Sängers ansichtig wurden und sein Benehmen längere Zeit beobachtet hatten, da wurde es uns bald zur Gewifsheit, dafs wir den gesuchten glücklich gefunden hatten. Der Vogel begann mit einem grauschnäpperähnlichen tsi tsi oder auch zíe zie; daran fügte er, und damit begann der eigentliche Gesang, 2 hellklingende zití ziti, um dann in eine aus 4 Silben bestehende Tour überzugehen, die wie zi zi zi zi oder manchmal auch wie zink zink zink zink lautete. Darauf folgte in der Regel eine Reihe von 5 allmählich absinkenden Tönen, in denen regelmäfsig ein Übergang von i zu ü festzustellen war, etwa tji tji tji tjü tjü tjü. Es waren dies angenehme laute Pfeiftöne, die besonders gegen den Schlufs hin eine entschiedene Ähnlichkeit mit dem bekannten, etwas sentimental klingenden djü djü djü des Waldlaubvogels aufwiesen. Hörte man das ganze Lied aus einer gewissen Entferung, so erinnerte es uns immer sehr an die liebliche Strophe des Fitis.

Das Vögelchen hielt sich meist in mittlerer Höhe der jungen Buchenstämme auf den unteren Zweigen auf, ohne sich in den Laubkronen zu verstecken. Trotzdem war es wegen seiner Unstätigkeit recht schwer zu beobachten, so dafs wir nur einmal auf einen flüchtigen Augenblick sein rotes Vorhemdchen mit dem Glase beobachten konnten. Der Vogel flog unruhig auf den unbelaubten Teilen der Äste hin und her, fing ein Insekt und sang dann seine Strophe, und hierbei liefs er sich, uns ausweichend, wohl bis 250 m weit über seinen Standort hinaus treiben, ehe er verstummte.

Als wir darauf in den Buchenhochwald mit seinen prächtigen, alten Stämmen eintraten, merkten wir zu unserer Freude, dafs der vorher beobachtete Vogel nicht der einzige war, dafs vielmehr Zwergfliegenschnäpper sich verhältnismäfsig häufig hier angesiedelt hatten. Wir hörten auf unserm Gange durch den Wald, von dem wir nur einen kleinen Teil berührten, noch weitere 4 singende Männchen, die jedoch kein Rot an der Brust zeigten, also jüngere Stücke waren. Auch im Hochwalde trieben sich die Vögel nie in den Kronen, sondern stets auf den unteren Zweigen umher. Ein Stück wurde noch genauer verhört. Sein Lied lautete etwa: tsi (oder manchmal ein leises wile wile), dann lauter einsetzend: zitſ ziti ziti zink zink zink zink zink zink tji tjü tjü tjü tjü.

Die Vögel scheinen sich nur im tiefen Walde wohl zu fühlen; an den Waldrändern wurde kein Vogel dieser Art beobachtet.

69. *Lanius excubitor* L.

Raubwürger wurden in unserm Beobachtungsgebiete selten und nur im Frühjahr und im Winter gesehen. Am 21. III. 04 fanden wir, als wir von der Wolfsmühle auf der Fahrstrafse heimwärts gingen, einige 100 Schritt vor der den Fahrweg kreuzenden Ringstrafse auf der abgebrochenen Spitze einer Klette eine noch stark blutende Maus aufgespiefst. Als wir uns der Ringstrafse näherten, flog von dem Weidenstrauche an der Kreuzungsstelle der beiden Strafsen ein Raubwürger ab und schlug die Richtung nach der Stelle ein, wo die Beute aufgespiefst war. Am 29. I. 07 safs ein St. an der Westseite des Kernwerks auf der am Eingange zum Kirchhofe stehenden hohen Pappel. Bei unsrer Annäherung flog der Vogel nach dem Felde hin ab, rüttelte hier wie ein Raubvogel über einer Stelle des teilweise verschneiten Ackers und kehrte dann auf den Friedhof zurück. Der Schwarm Feldsperlinge, der in einem dichten Busche links am Eingange zum Kirchhofe zu lärmen pflegte, hatte sich augenscheinlich aus Furcht vor dem gefährlichen Nachbar verzogen.

Am 13. III. 07 trafen wir wieder an dem Kreuzungspunkte des Fahrweges nach der Wolfsmühle und der Ringstrafse auf demselben Weidenbusche wie 1904 einen Raubwürger an, der uns durch sein grüü aufmerksam machte. Ob es sich in den angegebenen Fällen um die ein- oder zweispiegelige Form gehandelt hat, wurde leider nicht festgestellt. Der Raubwürger ist selbstverständlich Brutvogel in der Provinz. So hat er mehrere Jahre hintereinander in dem Garten des Gutsbesitzers A. Jany in Sarben bei Czarnikau gebrütet, blieb jedoch vom Jahre 1907 an aus.

70. *Lanius minor* Gm.

Der Schwarzstirnwürger ist ein verhältnismäfsig seltener Brutvogel unsres Gebietes. Das öftere und längere Verweilen des Vogels an der Wolfsmühle legte die Vermutung nahe, dafs er hier brüte. So trieb sich am 23. V. 06 1 St. auf der nahen Wartheinsel umher; jedoch gelang es uns zunächst nicht, etwas Sicheres zu erkunden. Unsre Vermutung verdichtete sich jedoch zur Wahrscheinlichkeit, als wir am 28. VI. des folgenden Jahres (1907) mehrere Vögel dieser Art in der Nähe der Wolfsmühle beobachten konnten, die hier erbrütet zu sein schienen. Am 27. V. 08 gelang es uns endlich, den Vogel am Nest zu beobachten, Er nistete auf der ersten Spitzpappel, seinem Lieblingsbaume. links am Eingange zur Wolfsmühle. Das Nest stand in einer Gabel eines der untersten Zweige in einer Höhe von ungefähr 6 m etwa 2 Fufs vom Stamme entfernt. Es waren bereits Junge im Nest, deren Futterruf unsre Aufmerksamkeit erregt hatte. Ein alter Vogel trug gerade Futter herbei. Am 14. VI. waren die Jungen bereits ausgeflogen und wurden in der Nähe des Nistbaumes auf einer dichtbelaubten Kopfweide gefüttert. Auch im Jahre 1909 wurde am 20. V. der Vogel in der Nähe der Wolfsmühle auf einer Spitzpappel gesehen, auf der er mehrmals jarrik rief. Er trieb sich auch in der Folgezeit hier umher und hat auch zweifellos hier wieder gebrütet. Ein Gesang wurde von diesen Vögeln nicht vernommen, wohl deshalb nicht, weil sie schon durch das Brutgeschäft zur sehr in Anspruch genommen waren.

Dagegen trafen wir am 5. V. 07 auf einer der Wegpappeln zwischen Bogdanka und Eisenbahndamm (diesseits der Elsenmühle) in der Nähe des Bahnüberganges einen einzelnen Vogel dieser Art, der eifrig sang und in seinen Gesang Strophen des Lerchengesanges, die Flötentöne des Pirols und Rufe des Stars einflocht. Der Vogel wechselte von hier nach einem Birnbaum hinüber, dann auf die Telegraphendrähte am Bahnkörper, von denen er wiederholt nach Würgerart zur Erde flog, um Beute aufzunehmen.

Am 17. V. desselben Jahres sahen wir ein Pärchen dieser Vögel westlich der Loncz-Mühle an der Ringstrafse gegenüber dem Spechtschen Schiefsstande. Der eifrige Gesang des ♂ liefs Anklänge an den Gesang der Lerche, des Gartenammers, des Buchfinken, des Pirols und auch des Sperlings erkennen. Die Gesangsleistung des Grauwürgers blieb jedoch zweifellos hinter der seines Vetters, des Rotrückenwürgers, erheblich zurück.

71. *Lanius collurio* L.

Der rotrückige Würger ist in der Umgebung Posens recht häufig. Er trifft hier regelmäfsig in der ersten Hälfte des Mai ein.

Ankunftszeiten: 11. V. 01 (eifrig singend an der Südseite der milit. Schiefsstände vor dem Warschauer Tor); 6. V. 03; 7. V. 04; 3. V. 05; 13. V. 06; 8. V. 07; 11. V. 08; 12. V. 09.

Der Dorndreher, der ja als arger Nestplünderer gilt, scheint sich hier schlecht und recht durch die Welt zu schlagen, jedenfalls haben wir nur aufgespiefste Hummeln und andere Insekten gefunden und auch das nur selten, so dafs man meinen könnte, der Vogel habe hier diese Gewohnheit so ziemlich aufgegeben. Nur einige wenige Male trafen wir den Vogel in verdächtigen Situationen an. So sahen wir einst ein altes ♂ in den Kernwerksanlagen in der Nähe eines Buchfinkennestes, in dem nackte Junge lagen. Der Vogel hatte, wie es uns schien, seine begehrlichen Blicke darauf gerichtet. Am nächsten Tage war in der Tat das Nest ausgeplündert. Ein andermal trieb sich 1 St. im Schilling in der Nähe eines zerstörten Buchfinkennestes, in dem Reste von Eiern lagen, umher, und ein Buchfinkenmännchen machte wiederholt heftige Angriffe auf den Würger, was diesen freilig wenig störte. Häufig trafen wir Grasmücken, Dorn- wie Sperbergrasmücken, ganz in seiner Nähe an, und solange keine Jungen da waren, schien das Verhältnis ein leidliches zu sein, d. h. das gegenseitiger Duldung. Waren jedoch die Jungen ausgeschlüpft, so gebärdeten sich die Grasmücken sehr ängstlich, wenn ihnen der Rotrückige zu nahe kam.

Gesangsleistungen wurden trotz der ansehnlichen Zahl der Vögel nur von wenigen Männchen beobachtet. Ein St. kopierte einst vor dem ehemaligen Eichwaldtore den Buchfinkenschlag mit vollendeter Meisterschaft, nur war der Ton dünner. Ein Künstler dieser Art wurde am 15. VI. 07 an der Wartheseite des Rennplatzes beobachtet. Der Vogel gab zuerst ein Lied im Tone des Sumpfrohrsängers zum besten, so dafs wir uns in der Tat zunächst täuschen liefsen. Dann imitierte er ganz famos den Rebhahn und liefs ein paar klirrende Strophen des Braunkehlchens hören. Beide Vögel waren öfter in seiner Nachbarschaft zu hören. Der Angriff eines *Budytes*-Männchens liefs ihn völlig kalt. Er safs auf einem trockenen Zacken eines Strauches und flog, als wir ihm zu nahe kamen, nach der andern Seite der Warthe hinüber. Ein anderes ♂ ahmte am 12. V. 09 am Wartheufer östlich des Viktoriaparks deutlich Baumpieper, Rebhahn und Blaukehlchen nach. Auch hier waren diese Vögel in der Tat ansässig.

Besonders zahlreich hatten sich Dorndreher in den Anpflanzungen (viele Fichten) an der Ringstrafse zwischen Dembsen und dem Eichwalde angesiedelt. Hier wurden am 4. VI. 08 auf etwa 1 km 5 ♂♂ gezählt, immer in einer gewissen Entfernung von einander, also augenscheinlich Brutvögel. Die Jungen waren anfangs August meist schon selbständig, doch waren auch noch manche in der Obhut der Alten, ja wir trafen sogar noch solche, die erst halbflügge waren. Auf ein solches wurden wir am 5. VIII. 08 durch das ängstliche täk des mit dem Schwanze hin und her rudernden ♂ aufmerksam gemacht. Als wir das Junge in seinem Busche greifen wollten, warf es sich ohne weiteres zu Boden und war im Pflanzengewirr trotz eifrigen Suchens nicht zu finden. Das Nest, das noch nicht lange verlassen sein konnte, stand in der Nähe im Hopfengerank. Von den Geschwistern war nichts zu bemerken; es war also wohl das Nesthäkchen. Als wir uns eine Weile still verhielten, kamen die Alten herbei, und das Junge liefs das bekannte Futtergeschrei hören. Es hatte also trotz seiner Hülflosigkeit sich der drohenden Gefahr wohl zu entziehen verstanden.

Der Abzug dieser Vögel erfolgte Ende August oder im September, und zwar schienen bei dieser Art meistens die Alten vor den Jungen fortzuziehen; jedenfalls waren die in der zweiten Hälfte des August und später beobachteten Vögel meistens Junge. Sie safsen gern auf Zäunen (z. B. auf der Umzäunung des Kartmannschen Holzplatzes an der Eichwaldstrafse, auf dem Drahtzaun des Rennplatzes) und lagen der Insektenjagd ob. Im Jahre 1905 sahen wir den letzten am 2. X. an der Wartheseite des Rennplatzes, im Jahre 1909 am 21. IX. ebendort 2 St.

72. *Lanius senator* L.

Der Rotkopfwürger wurde hier im ganzen viermal auf dem Durchzuge im Frühjahr beobachtet: am 30. IV. 02 1 St. in dem Birkenwäldchen vor Solatsch; ebendort anscheinend ein Paar am 19. V. 04; ein einzelnes St. in den milit. Schiefsständen vor dem Warschauer Tor; ein Paar in der Nähe des Viktoriaparks. Hier wurde am 22. V. 09 um $^3/_4$6 p zunächst 1 St. auf den Weiden und Erlen westlich des genannten Parks gesehen, das nach Würgerart von einem Baume zur Erde flog, Beute aufnahm und wieder an seinen Standort zurückkehrte. Bald wurde in einiger Entfernung ein zweites St. gesichtet, das mattere Farben aufwies, also das Weibchen. Schliefslich safsen beide Gatten unfern von einander auf einer Weide an der Wiese. In der Folgezeit wurden die Vögel hier nicht wieder gesehen.

73. *Corvus cornix* L.

Mit welcher Hartnäckigkeit unser Graumantel eine einmal ins Auge gefafste Beute verfolgt, zeigt folgender Vorfall. Als wir eines Nachmittags von der Wolfsmühle aus den Heimweg antraten, sahen wir von weitem einen Hasen, der nur mit Mühe die wiederholten, heftigen Angriffe eines Krähenpaares durch Pfotenhiebe abwies. Unsre Vermutung, dafs der Hase ein Junges vor den Räubern zu schützen suche, bestätigte sich, als wir uns dem Schauplatze dieser eigentümlichen Kämpfe näherten. Die Angriffe der Krähen galten einem etwa faustgrofsen Häschen, das die Mutter mit anerkennenswerter Beherztheit verteidigte. Die Häsin nahm schliefslich vor uns Reifsaus, und der zappelnde, uns schon kräftig anfauchende Junghase geriet in unsere Hände. Die beiden Wegelagerer zogen nun nicht etwa von dannen, sondern warteten, wenn auch in angemessener Entfernung, das Weitere ab. Unser wiederholtes Scheuchen half gar nichts; erst einige Steinwürfe bewogen sie zum Abzuge. Den Junghasen setzten wir in ein nahes Roggenfeld, um ihn den Späheraugen der etwa zurückkehrenden Räuber zu entziehen.

Am 16. V. 04 beobachteten wir eine Krähe, die in dem Kiefernwäldchen an der Nordseite des Kernwerks links des Weges nach Naramowice durch ungestüme Angriffe ein Eichhörnchen aus seinem Brutreviere vertrieb, das denn auch murrend und fauchend den Stöfsen des Verfolgers auswich und das Feld räumte. Im Winter des Jahres 1908 und 1909 konnten wir häufig Krähen in der Warthe in der Nähe des Schillings fischen sehen. Die Vögel liefsen sich mit nach unten ausgestreckten Beinen vorsichtig bis zur Oberfläche des Wassers herab und nahmen Frefsbares mit dem Schnabel auf, um es dann, wenn es ein gröfserer Bissen war, am Ufer sitzend zu verzehren (22. II. 08 und sonst häufig). Hier und da liefs sich auch wohl eine auf einer winzigen Eisscholle treiben, um von hier aus Zusagendes mit dem Schnabel zu erhaschen (13. II. 09).

Am 28. V. 08 waren in einem Neste, das im Wipfel einer Kiefer in dem vorher genannten Wäldchen stand, erwachsene Junge, von denen eins auf dem Nestrande und den nahen Zweigen herumturnte. Auf den leisen Warnruf eines Alten hin drückte es sich sogleich im Neste nieder und verhielt sich regungslos.

Nach Beendigung des Brutgeschäfts teiben sich die einzelnen Familien eine Zeitlang auf den Feldern umher, scheinen dann aber allmählich fortzuziehen, wenigstens sind im Spätsommer hier auffallend wenig Krähen vorhanden. Erst der Herbst bringt Zuzug. Diese zugewanderten Vögel fliegen regelmäfsig des Abends einem gemeinsamen Schlafplatze zu. Ein bevorzugter Schlafplatz, den die Graukrähen meist erst ziemlich spät und lautlos aufzusuchen pflegten, war das Kiefernwäldchen unterhalb der Militärfähre unfern des Schillings.

74. ***Corvus frugilegus*** L.

In den 90er Jahren befand sich eine Saatkrähenkolonie auf den hohen Kiefern am Nordrande des Eichwaldes, die jedoch durch stete Beunruhigung ausgerottet wurde. Am 4. IV. 06 konnten wir auf dem Petrikirchhofe eine im Entstehen begriffene Ansiedlung von Saathrähen beobachten. Am 5. IV. zählten wir auf mehreren hohen Robinien 12 Nester, die gröfstenteils vollendet waren. Am 19. IV. waren die Nester verschwunden; sie waren von der Feuerwehr heruntergeholt worden.

Am 14. III. 07 sahen wir eine einzelne Saatkrähe in einem Starenschwarm, die augenscheinlich mit den Staren um die Wette flog.

Am 25. III. 07 begannen die Saatraben in Lubasch (Kr. Czarnikau) zu nisten, indem die vorhandenen Nester ausgebessert und neue angelegt wurden. Die dortige starke Kolonie befindet sich im herrschaftlichen Parke. Die Vögel, deren unausgesetztes Lärmen geradezu unleidlich wird, lassen sich durch die hartnäckigsten Verfolgungen nicht vertreiben. Die Nester stehen fast nur auf den auf sumpfigem Untergrunde wachsenden Erlen.

Während man in der Umgebung Posens im späten Frühjahr und im Sommer nur wenige oder auch keine Saatraben zu sehen bekommt, wird etwa von der Mitte des September an ihre Zahl durch Zuwanderung immer gröfser. Im Jahre 1907 und auch in der Folgezeit war der Hauptschlafplatz der hier überwinetrnden Saatkrähen das kleine Kiefernwäldchen unterhalb der Militärfähre westlich von Gluwno. Viele Hunderte von Vögeln übernachteten hier und liefsen sich auch durch die vielfachen Störungen, die das grofse Festungsmanöver mit sich brachte, das sich besonders in jener Gegend abspielte, nicht vertreiben. Gegen Abend kamen die Vögel aus allen Himmelsrichtungen geflogen, sammelten sich auf den nahen Äckern zu grofsen Scharen an, um dann bei eintretender Dunkelheit den gewohnten Schlafplatz zu beziehen.

Überhin ziehende Trupps dieser Vögel zeigten sich manchmal recht scheu. So flogen am 14. IX. 09 gegen $5^1/_4$ p 20 Stück, lebhaft schreiend, etwa 200 m hoch über die Sandgrube vor Naramowice hinweg gen Westen (Westwind). Als wir unser Glas auf sie richteten, wichen sie sofort seitwärts aus und nahmen erst nach einer Weile wieder die alte Richtung auf. Sie schienen bereits üble Erfahrungen gemacht zu haben.

Am 20. IX. 09 zog ein Schwarm von mindestens 50 St. schreiend von Westen her über die Warthe, kreiste eine Weile über dem Kiefernwäldchen unterhalb der Fähre, bog dann aber nach Nordwest ab und schlug die Richtung nach Umultowo ein. Unfern dieses Dorfes nisten alljährlich nnch zuverlässigen Mitteilungen zahlreiche Vögel dieser Art. Auch am 13. X. hielten zahlreiche Saatraben dieselbe Richtung 5 Uhr p, mit Doblen vereint, und ebenso am 18. X. starke Schwärme. Erst allmählich gewöhnten sich die Vögel wieder daran, in dem vorher genannten Kiefernwäldchen zu nächtigen. Am 24. X. näherte sich um $^3/_4$ 5 p von Südosten her ein sehr starker Schwarm dem Wäldchen. Die Vögel schwärmten noch einige Zeit unschlüssig hin und her und fielen erst, als es schon ziemlich dunkel war, ein. Von nun an übernachteten hier wieder den ganzen Winter hindurch gewaltige Scharen dieser Vögel im Verein mit Doblen. Erst im letzten Drittel des Februar nahm ihre Zahl merklich ab, während die Doblen den Platz noch bis tief in den März hinein behaupteten, ja selbst im Anfange des April noch Abends in kleinen Flügen dem genannten Schlafplatze zustrebten. (Schlufs folgt.)

Studien zur Avifauna der Emslande.

Von Dr. **Erwin Detmers**.

Vorwort.

Wenn ich die nachfolgende Arbeit „Studien zur Avifauna der Emslande" genannt habe, so mufs ich den Begriff Emslande, soweit sie für diese Arbeit in Betracht kommen, nach verschiedenen Seiten hin begrenzen. Zuerst lag es in meiner Absicht, die gesamten bis jetzt noch ornithologisch völlig unerforschten Emslande mit Einschlufs des Hümmlings und der Grafschaft Bentheim zu bearbeiten. Aber da mir selbst die unteren Emslande und der Hümmling nicht genügend bekannt waren, da ihre Erforschung noch eine jahrelange, mit grofsen Schwierigkeiten verbundene Arbeit erfordert, habe ich vorerst den von mir behandelten Bezirk auf die drei Kreise Lingen, Meppen und Bentheim beschränkt. Die Grafschaft Bentheim dürfte eigentlich nicht zu den Emslanden gezogen werden, da sie nicht dem Ems- sondern dem Vechtegebiet angehört. In faunistischer Beziehung aber stellt sich kaum ein Unterschied heraus, nur mufs man beachten, dafs diejenigen Wintergäste, die sich streng an die Flufsläufe zu halten pflegen, in das Innere des Landes im Vechtegebiet vom Zuider See, im Emsgebiet vom Dollart her eindringen.

Trotzdem also das hier behandelte Gebiet ein sehr kleines genannt werden mufs, weifs ich sehr wohl, dafs es noch in manchen Orten sehr ungenügend durchforscht ist und mache gleich darauf aufmerksam, dafs ich in dem hier Gebrachten keineswegs etwas Abgeschlossenes geben kann, sondern dafs diese Studien nur der Grundstein für weitere Forschungen in den Emslanden bilden sollen. Am genauesten sind die beiden Kreise Lingen und Meppen bekannt, während die Grafschaft Bentheim noch viele unerforschte Plätze aufweist. Auch die grofsen Moore dürften in Zukunft auf einige Brutvögel noch untersucht werden, aber besonders wäre dort auf den Vogelzug zu achten. Jedoch sind diese Beobachtungen ungemein schwierig, da man nur mit Mühe bis an manche Stellen vordringen kann, und weil die Moore eine oft riesige Ausdehnung besitzen, was ihre Erforschung nicht gerade erleichtert.

Ornithologische Literatur über das hier behandelte Gebiet stand mir nicht zur Verfügung; es fanden sich nur ganz vereinzelte Angaben in den Werken Altums, Landois, in den Schriften von Löns und in den Jahresberichten des Ausschusses für Beobachtungsstationen der Vögel Deutschlands. Beim Sammeln meines Materials konnte ich mich deshalb nur auf meine eigenen Beobachtungen, die ich in früheren Jahren und besonders zum Zweck dieser Arbeit in den Jahren 1908, 1909 und 1910 gemacht hatte, stützen und aufserdem auf die mündlichen und schriftlichen Mitteilungen einer ganzen Reihe von hervorragenden Beobachtern, die z. T. von Jugend auf in dem genannten Gebiete wohnen. An dieser Stelle möchte ich nochmals allen, die meine Arbeit in so liebenswürdiger Weise durch ihre Angaben unterstützt haben, meinen Dank aussprechen, besonders Herrn Bürgermeister Boediker, Herrn stud. phil. Kreymborg, Herrn Fischmeister Schimmöller, Herrn Gutsbesitzer Schöningh, Herrn Pastor Tegeder und Herrn Pastor Wigger, ferner Herrn Landrat Bebnes, Herrn Dr. Buss, Herrn Grafen M. v. Galen, Herrn Imming, Herrn Förster Lichte, Herrn Pastor Meier und den vielen Beobachtern, denen ich noch Auskünfte verdanke. Sehr erleichtert wurden mir meine Beobachtungen durch die Erlaubnis, in verschiedenen Gebieten jagen zu dürfen, so gestattete mir Herr Imming in der Gemeinde Bernte, Herr Nordhoff in seinen Engdener Jagd, Herr Karl Schmidt in der Biener Gemeinde und im Bienerfeld und Herr Fischmeister Schimmöller in Geeste zu jagen, wofür ich diesen Herren ebenfalls meinen Dank hier ausspreche. Auch möchte ich es nicht unterlassen meinen Freunden Herrn stud. jur. Botschen, Herrn stud. jur. Dreesmann und Herrn cand. med. Hennemann, die mich auf so vielen Exkursionen in Heide und Moor, oder auf dem selbstgefertigten Kahne die Flüsse herauf und hinab begleiteten, hier für so manche interessante Beobachtung zu danken.

Da man sich schlecht einen Begriff von dem für eine Fauna Charakteristischen machen kann, ohne die Fauna der Nachbargebiete zu kennen, habe ich in der nachfolgenden Arbeit die Nachbargebiete so weit wie möglich herangezogen. Holland ist in avifaunistischer Beziehung ganz vortrefflich bearbeitet und über mir noch zweifelhafte Punkte gab mir Herr Baron Snoukaert von Schauburg in liebenswürdiger Weise Auskunft, wofür ich ihm wie Herrn P. Hens, der mir eine grofse Anzahl Vogelzugsdaten übermittelt hat, die ich z. T. vergleichsweise verwandt habe, an dieser Stelle nochmals danke. Von Hannover, das leider noch keine zusammenhängende Avifauna besitzt, konnte ich eine Reihe von trefflicher Lokalfaunen und ein grofses in verschiedenen Zeitschriften vergrabenes Material verwenden. Oldenburg in unserer Zeit neu avifaunistisch zu bearbeiten, dürfte sich sehr lohnen, zumal ein so gutes Vergleichsmaterial in den Wiepken'schen Bearbeitungen gegeben ist. Westfalen besitzt in der Literatur für den Faunisten ungemein wertvolles Material, doch fehlt eine vollständige Zusammenfassung. Die Rheinprovinz besitzt eine geradezu klassische Fauna in der Bearbeitung le Roi's, sie wurde deshalb auch in vielen Fällen vergleichend herangezogen. Belgien und noch weiter liegende Gebiete wurden nur ganz vereinzelt berücksichtigt. Leider klafft eine Lücke an der Nordseite unseres Gebietes, denn die hochinteressanten unteren Emslande und der Hümmling mit seinen endlosen Heiden sind gänzlich unbearbeitet und doch dürften sich gerade dort viele ganz isolierte Brutplätze finden.

Aufser den von mir im nachfolgenden Literaturverzeichnis aufgeführten Schriften fand ich viele kleinere Notizen zerstreut in ornithologischen Zeitschriften, in Zeitungen und in Jahresberichten naturforschender Gesellschaften, die alle zu erwähnen zu viel Raum beanspruchen würde, weshalb ich sie meistens den einzelnen Beobachtungen im Text angefügt habe. Für die Überlassung von Literatur bin ich ganz besonders Herrn Prof. Dr. Reichenow zu Dank verpflichtet, ferner Herrn Dir. Dr. Fritze, Herrn Schriftsteller H. Löns und Herrn Apotheker Möllmann.

Literaturverzeichnis.

1. Albarda, Über das Vorkommen seltener Vögel in den Niederlanden (Journ. f. Orn. 1892).
2. — Aves Neerlandicae. 1897.
3. Altum, Veränderungen der Vogelfauna des Münsterlandes (Journ. f. Orn. 1863).
4. — Irrgäste des Münsterlandes (Journ. f. Orn. 1863).
5. — Neuere seltene Erscheinungen in der Vogelwelt im Münsterland (Journ. f. Orn. 1865).
6. — Tauben des Münsterlandes (Journ. f. Orn. 1865).
7. — Einige diesjährige Spätherbstgäste im Münsterland (Journ. f. Orn. 1866).
8. — Forstzoologie, II. Bd. 1880.
9. — Über die Vogelsammlung der Forstakademie Eberswalde (Journ. f. Orn. 1879).
10. — Die Formen des Rebhuhnes (Journ. f. Orn. 1894).
11. Bartels, Zum Vorkommen von *Sterna caspia* am Dümmersee (Orn. Monatsschr. XIII).
12. Bolsmann und Altum, Verzeichnis der im Münsterland vorkommenden Vögel (Naumannia 1850 III).
13. — Nachtrag (Naumannia 1853).
14. Bolsmann, Über das einstige Vogelleben der Croner Heide (Zool. Sekt. f. Westf. u. Lippe 1874).
15. Borggreve, Die Vogelfauna von Norddeutschland, 1869.
16. — Nachtrag (Journ. f. Orn. 1871).
17. Detmers, Elstern beim Nestbau (Zeitschr. f. Ool. u. Orn. 1906).
18. — Einiges über die Corviden aus der Umgebung von Lingen a. d. Ems (Zool. Beob. 1907).
19. — Emslandschaft im Herbst (Mitteil. üb. d. Vogelw. 1907).
20. — Allerlei Winterbesuch (Mitteil. üb. d. Vogelw. 1907).
21. — Einiges über die Raubvögel aus der Umgebung von Lingen a. d. Ems (Zool. Beob. 1907).

22. Detmers, Sperber (Zeitschr. f. Ool. u. Orn. 1908).
23. — Aus der Brutsaison 1908 (Zool. Beob. 1909).
24. — Etwas über *Chelidonaria urbica* (Zeitschr. f. Ool. u. Orn. 1908).
25. — Einiges über das Birkwild aus der Umgebung von Lingen a. d. Ems (Zool. Beob. 1910).
26. — Zur Frage: Welche Vögel benutzen ihre alten Nester wieder? (Orn. Monatsschr. 1910).
27. — Jagende Wanderfalken (Orn. Monatsschr. 1910).
28. — Birkhahnbalzen in unsern westlichsten Mooren und Brüchen (Gef. Welt 1910).
29. — Das Vordringen des Schwarzspechtes in den Emslanden (Deutsche Jäg.-Ztg. Bd. 56).
30. — Über das Vorkommen des braunen Sichlers (*Plegadis falcinellus*) und des Löfflers (*Platalea leucorodia*) in den Kreisen Lingen und Meppen (Deutsche Jäg.-Ztg. Bd. 56).
31. — Aus dem Leben der kleinen Sumpfschnepfe (Deutsche Jäg.-Ztg. Bd. 56).
32. — Die Bedeutung von Sperber und Habicht (Gef. Welt 1910).
33. v. Droste-Hülshoff, Liste seltener Vögel, welche in Ostfriesland vorgekommen sind (Journ. f. Orn. 1868).
34. — Die Vogelwelt der Nordseeinsel Borkum, nebst einer vergleichenden Übersicht der in den südlichen Nordseeländern vorkommenden Vögel, 1869.
35. Dubois, Oiseaux de la Belgique.
36. Duncker, Der Wanderflug der Vögel, 1906.
37. Fritze, Über zwei grofse Gerfalken aus dem Provinzial-Museum zu Hannover (Jahrb. d. Prov.-Mus. 1907).
38. Gätke, Vogelwarte Helgoland, 2. Aufl. 1900.
39. Gräser, Der Zug der Vögel, 1905.
40. Günther, Der Wanderflug der Vögel (Verb. d. deutsch. Zool. Ges. 1905).
41. Hartert, Die Vögel der paläarktischen Fauna, 1903 ff.
42. Hennemann, Ornithologische Beobachtungen aus dem Sauerlande (Orn. Monatsschr. 1903/4).
43. — Desgl. (Orn. Jahrb. 1908).
44. — Mitteilungen über Rackelwild, Kreuzschnäbel, Zaunammern etc. aus dem Sauerlande (Westf. Zool. Sekt. 1907).
45. Hermann, Vom Zuge der Vögel auf positiver Grundlage (Aquila 1899).
46. I—XI. Jahresberichte des Ausschusses für Beobachtungsstationen der Vögel Deutschlands (Journ. f. Orn. 1877—88).
47. Koch, Die Brutvögel des Münsterlandes (VII. Jahresber. d. Westf. Sekt.).
48. — Die Brutvögel des gebirgigen Teils von Westfalen (IX. Jahresb. d. Westf. Sekt.).
49. Kohlrausch und Steinvorth, Beiträge zur Naturkunde des Fürstentums Lüneburg, 1861.

50. Kreye, Die Vögel Hannovers und seiner Umgebung (Orn. Jahrb. 1893).
51. Krohn, Der Fischreiher und seine Verbreitung in Deutschland, 1903.
52. — Notizen zur Ornis der Lüneburger Heide (16. Jahresb. d. Naturwiss. d. Fürstent. Lüneburg, 1904).
53. — Die Brutvögel Hamburgs (Ber. d. Orn.-ool. Ver. Hamburg, 1902/3).
54. Landois, Westfalens Tierleben, 1886.
55. Leege, Ein Besuch bei den Brutvögeln der holländischen Nordseeinseln (Orn. Monatsschr. 1902).
56. — Die Vogelkolonien auf Langeoog (Orn. Monatsschr. 1909).
57. — *Larus leucopterus* Faber (Orn. Monatsschr. 1906).
58. — Die Vögel der ostfriesischen Inseln, 1905.
59. — Nachtrag I. (Orn. Monatsschr. 1906).
60. — Nachtrag II. („ „ 1907).
61. — *Otocorys* auf den ostfriesischen Inseln (Falco 1906).
62. — Ornithologisches aus Ostfriesland (Orn. Monatsschr. 1902).
63. Leverkühn, Der Ornithol. Nachlass Ad. Mejers, Beitrag zur Kenntnis der Avifauna Hannovers (Journ. f. Orn. 1887).
64. Löns, Hannovers Gastvögel (Journ. f. Orn. 1906).
65. — Geologie und Ornithologie (Orn. Jahrb. 1906).
66. — Hannovers Vogelwelt einst und jetzt (Hannoverland 1907).
67. — Die Wirbeltiere der Lüneburger Heide (Jahrb. d. Naturw. Ver. d. Fürstt. Lüneburg, 1907).
68. — Der Uhu in Nordwestdeutschland (Orn. Jahrb. 1907).
69. — Die Quintärfauna von Nordwestdeutschland (Jahrb. d. Nat. Ges. zu Hannover, 1907).
70. — Einbürgerungen von Wirbeltieren (Jahrb. d. Naturh. Ges. Hannover, 1907).
71. — Beitrag zur Landesfauna (Jahrb. d. Prov.-Mus. Hannover, 1905.).
72. — Die Moorhühner in der Prov. Hannover (Orn. Mon. 1905.).
73. — Bitte, Die Wirbeltiere Hannovers betreffend, (Nat. Ges. zu Hannover, 1905).
74. — Schopfreiher aus der Prov .Hannover (Deutsch. Jäg.-Ztg. Bd. 45).
75. — Der Fischaldler horstet nicht in Nordwestdeutschland (D. J. Z. Bd. 46).
76. — Mandelkrähe in Nordwestdeutschland (D. J. Z. Bd. 46).
77. — Schreiadler in Nordwestdeutschland (D. J. Z. Bd. 48).
78. — Die Horstgebiete des schwarzen Milans (D. J. Z. Bd. 48).
79. — Moorhühner in Hannover (D. J. Z. Bd. 49).
80. — Die Gebirgsbachstelze als Brutvogel der Ebene (Orn. Mon. Schr. 1906).
81. — Brandgans als Binnenlandbrüter (Orn. Mon. Ber. 1907).
82. — Die graue Bachstelze als Tieflandvogel (Orn. Mon. Ber. 1907).

83. Löns, Das Brutgebiet von *Totanus ochropus* (Orn. Mon. Ber. 1907).
84. — Die Vogelwelt des Brockens (Orn. Jahrb. 1910).
85. — Der Bornbusch, ein Vogelparadies (Orn. Mon. Schr. 1906).
86. Mejer, Die Brutvögel und Gäste der Umgebung von Gronau in Hannover (Journ. f. Orn. 1883).
87. Möllmann, Zusammenstellung der Säugetiere, Vögel usw., welche bis jetzt im Artlande und den angrenzenden Gebieten beobachtet wurden (1893).
88. Naumann, Naturgeschichte der Vögel Deutschlands (1882).
89. — Naturgeschichte der Vögel Deutschlands, her. v. Hennicke 1905.
90. v. Negelein, Verzeichnis der im Herzogtum Oldenburg vorkommenden Vögel (Naumania, 1853).
91. Palmen, Über die Zugstrafsen der Vögel, 1876.
92. — Antwort an Herrn E. F. v. Homeyer, 1882.
93. Pfannenschmid, Orn. Mitteilungen v. d. ostfries. Nordküste (Schwalbe 1892).
94. — Mitteilungen aus Ostfriesland (Orn. Mon. Schr. 1876/91).
95. Pralle, Orn. Notizen (J. f. Orn. 1875).
96. — Über den Standort des Schreiadlers (Naumannia 1852).
97. — Zum Leben einiger Vögel, (Jahrb. d. Natur. Ges. Hannover 1878/80).
98. Precht, Verzeichnis der im Geb. d. Wümme vorkommenden Zug- und Standvögel (Orn. Jahrb. 1908).
99. Reeker, Die Zunahme des Schwarzspechtes in Westfalen (Zool. West. Sekt. 1906).
100. Reichenow, Die Kennzeichen der Vögel Deutschlands, 1902.
101. — *Syrrhaptes paradoxus* in Deutschland (J. f. Orn. 1889).
102. Reichling, Die Vogelwelt des Wolbecker Tiergartens (Zool. Westf. Sekt. 1908).
103. — Die Fischreiherkolonie in Salzbergen (Zool. Westh. Sekt. 1907).
104. Le Roi, Die Vogelfauna der Rheinprovinz, 1906.
105. — Ornith. aus der Rheinprovinz und aus Westfalen (Orn. Mon. Ber. 1908).
106. — *Anser erythropus* in Hannover (Orn. Mon. Ber. 1908).
107. Schacht, Vogelwelt des Teutoburger Waldes, 1907.
108. — Zwei neue Brutvögel in Lippe (Orn. Mon. Schr. 04).
109. v. Schauburg, Avifauna Neerlandica 1910.
110. — Eine Fahrt durch einen friesischen Sumpf (Orn. Jahrb. 1904).
111. — Over de in Nederland voorkommende vormen van Zwartkopmees en Bomkruiper (Verslagen en Mededeelingen 1906).
112. — Die holländischen Formen der Sumpfmeisen und Baumläufer, Jahrb. f. Orn. 1906.

113. v. Schauburg, Ornithologie von Nederland (Verslagen en Mededeelingen 1906, 07, 08, 09).
114. — Dr. E. Harters indeeling van *Parus caudatus* L. (Versl. en Mededeel. 1907).
115. Schenck, Die Frage des Vogelzuges (Suppl. z. „Aquila" 1902).
116. Seemann, Die Vögel der Stadt Osnabrück und ihrer Umgebung (Jahrb. d. Naturh. Ver. z. Osnabrück, 1888).
117. Sonnemann, Zwei frühere Brutstätten des Kranichs in Nordwestdeutschland (Orn. Mon. Schr. 1905).
118. Steinvorth, Kormorane im Lüneburgschen (J. d. Nat. Ver. d. Fürstent. Lüneburg, 1867).
119. Thienemann, Jahresberichte der Vogelwarte zu Rossitten, 1902—1910.
120. — Beiträge zu der Frage nach dem Zuge der Vögel nach Alter und Geschlecht (Journ. f. Orn. 1904).
121. Thiysse, Die Brodvogels van de Nordzee-Eilanden (Verslagen en Mededeel. 1908).
122. de Vries, De Tafeleend [*Nyroca ferina* (L.)] in Friesland (Versl. en Mededeel. 1909).
123. Wemer, Beiträge zur westfäl. Vogelfauna (34. Jahrb. d. Zool. Westf. Sekt. 1906).
124. — Unsere Rohrsänger (ebd.).
125. — Unsere Schwalben (ebd.).
126. — Notizen zur westfäl. Vogelfauna (Jahrb. d. zool. westf. Sektion, 1907).
127. — Ornithologische Beobachtungen (ebd.).
128. Westhoff, Zur Avifauna des Münsterlandes (Journ. f. Orn. 1889).
129. Wicke, Mitteilungen über eine Kolonie von *Ardea nycticorax* am Seeburger See in Hannover (Journ. f. Orn. 1864).
130. Wiepken und Greve, Wirbeltiere des Herzogtums Oldenburg, 1876 (Nachtrag 1897).
131. Wiepken, Kurzer Bericht über eine Exkursion an den Jadebusen im Juni 1854 (Naumannia, 1854).
132. — Notizen über den Zug der Vögel in Oldenburg (Naumannia 1857, II).
133. — Seltene Gäste aus der Vogelwelt, welche in jüngster Zeit im Herzogtum Oldenburg beobachtet (Journ. f. Orn. 1878).
134. — Unregelmäfsig und selten erscheinende Wandervögel im Herzogtum Oldenburg (Journ. f. Orn. 1885).

Einleitung.

Zwecke und Methoden moderner Avifaunistik.

Während in frühester Zeit die Avifaunistik aus einer mehr oder weniger genau ausgeführten systematischen Aufzählung von in einem Gebiet vorgekommenen Arten bestand, und ein grofses Gewicht auf seltene Irrgäste aus anderen Faunengebieten gelegt wurde, hat sich dies seit der Mitte des vorigen Jahrhunderts wesentlich geändert. Am charakteristischsten für ein Gebiet und am wichtigsten für seine Beurteilung in faunistischer Beziehung sind die dort lebenden Brutvögel und in zweiter Linie die regelmäfsig erscheinenden Zugvögel, während alle ungewöhnlich seltenen Irrgäste wissenschaftlich die geringste Bedeutung haben, zumal sie meistens durch Unwetter oder infolge eines, durch irgend welche Umstände hervorgerufenen Ausschaltens der instinktiven Orientierungsgabe verschlagen worden sind. Zwar hat man von verschiedenen Gegenden, wo besonders häufig Irrgäste erschienen, als von „Sack- oder Fanggassen" geredet, aber mir scheint, dafs dies noch keineswegs genügend geklärt ist, und dafs nur deshalb häufiger Irrgäste zur Beobachtung gelangten, weil sich an den betreffenden Stellen mehr Beobachter befanden. Etwas anderes ist es mit so isolierten Stationen wie Helgoland, dort müssen eben naturgemäfs die meisten Irrgäste erscheinen. Es läfst sich oft sehr schwer unterscheiden, ob man eine selten erscheinende Spezies Irrgast nennen darf, oder ob es sich um einen die nicht festgezogenen Grenzen seines Durchzugsgebietes erweiternden Vogel handelt, auch mufs man sich hüten, periodische Wanderer als Irrgäste zu bezeichnen.

Wie auf andere Zweige der Zoologie so hat auf die Faunistik der Gedanke der natürlichen Entstehung der Arten sehr befruchtend eingewirkt und schwerlich wird man besser den eliminierenden Einflufs des Kampfes ums Dasein und die Notwendigkeit der Anpassung an die jeweiligen Verhältnisse erkennen können, als bei einem vergleichenden Überblick über den Wechsel der Avifauna einer Gegend in nur den letzten 50 Jahren.

Für die Beurteilung der Entstehung der Arten ist aber nicht nur die augenblicklich so moderne, hoch interessante Subspeziesforschung, die von allen Faunisten aufs Beste unterstützt werden sollte, wichtig, sondern auch die Gründe, warum diese Subspezies gerade hier entstehen mufste, sind zu erforschen. Es ist die geologische Beschaffenheit der Gegend nicht aufser Acht zu lassen, und es sind durch Feuchtigkeit oder Trockenheit entstandene Bodenverhältnisse mit ihrem Einflufs auf die Vogelwelt zu charakterisieren, und besonders bei den Zugserscheinungen ist auf klimatischen und meteorologischen Einflufs hinzuweisen. Ferner hat der Faunist auf das Genauste darauf zu achten, ob sich in den Lebensgewohnheiten der Tiere Unterschiede von der normalen Ausübung dieser Gewohnheiten in anderen Gegenden zeigen, denn vielen durch morphologische Strukturveränderungen hervorgerufenen Subspezies- und Speziesentstehungen dürften Änderungen in den Instinkten vorangehen. Solche Änderungen werden sich aber nicht nur bei Brutvögeln bei der Wahl des Brutplatzes, bei der Nahrungsaufnahme etc. zeigen, sondern können oft auch in einer Änderung der Zugsgewohnheiten wie in der Verschiebung der Zugstrafsen, soweit man von solchen reden darf, ferner in Überwinterungsversuchen und Ändern der Durchzugs-, Abzugs- und Ankunftszeiten auftreten.

Aufserdem ist es Aufgabe der Faunistik, einen ungefähren Aufschlufs über das relative Zahlenverhältnis der einzelnen Arten zu einander zu geben, sowie ihre Abhängigkeit vom Menschen und seiner ändernden Kultur zu schildern. Der Mensch hat sich auf seinem Boden schon eine neue Fauna, von Löns sehr passend „Quintärfauna" genannt, geschaffen und diese Fauna — am ähnlichsten einer Steppenfauna — ist die Fauna der Zukunft, denn nur die Kulturangepafsten werden sich in dem furchtbaren Daseinskampfe in von Menschen bewohnten Gegenden halten können. Das Schicksal der „Nichtkulturangepafsten" vermag eine etwas vergleichend statistisch gehaltene Fauna in traurigster Weise zu schildern, zugleich hat sie die Gründe des Unterganges bei den einzelnen Arten, meistens ist es nur ein Grund, „der Mensch", anzuführen. Auch ist es interessant an Beispielen klarzulegen, ob die in Kolonien lebenden Vögel sich in unserer Zeit besser zu halten vermögen als die Einzelbrüter. Nicht nur früher, sondern noch in unserer Zeit machen verschiedene Arten den Versuch, sich an die von den Menschen gegebenen Verhältnisse anzupassen, meistens handelt es sich um aus fremden Faunengebieten einwandernde Steppen- und Gebirgsvögel. Oft fügt sich von alten eingesessenen Arten eine Art zum Teil in neue Verhältnisse, und der andere Teil behält die alten bei, dann könnte daraus im Laufe der Zeit ebenfalls ein Artunterschied entstehen.

Vor allen Dingen aber hat der Faunist auf den ständig vor sich gehenden Zuwachs der Fauna zu achten und darüber möglichst genau datierte Angaben zu machen.

Man möchte wohl glauben, dafs die leicht beschwingten Bewohner der Lüfte nach Belieben ihr Wohngebiet ändern können; aber davor wahren die Vögel ihre sie an bestimmte Gegenden bannenden Instinkte. Trotzdem kommt es häufig einmal vor, dafs ein Vogel aus einem andern Faunengebiet, verführt vielleicht durch die Ähnlichkeit einer Gegend mit seinem Brutgebiet, fernab von der eigentlichen Heimat nistet; aber im allgemeinen verbreiten sich die Vögel wellenförmig von ihrem Brutgebiet aus. Plötzlich wird eine Art von einer Begier, ihr Brutgebiet zu expandieren, erfafst, und gerade in unserer Zeit bietet sich im westlichen Deutschland treffliche Gelegenheit, solche Gebietsexpansionen zu beobachten. Leider haben die Faunisten gerade auf diesen hochwichtigen Punkt früher meistens sehr wenig geachtet; es würde sich nämlich herausstellen, dafs ein sehr grofser Teil unserer Fauna erst sehr jungen Ursprungs ist.

In letzter Zeit wird sehr viel mit der Einbürgerung neuer Vogelarten gearbeitet. Ein solche Einbürgerung ist, solange es sich um völlig fremde Arten handelt, und solange solche Einbürgerungen wissenschaftlich betrieben werden, nicht zu verwerfen und können, wie z. B. die Heinroth'schen Einbürgerungsversuche mit der Brautente, sehr viel Interessantes zu Tage fördern. Sobald aber der Natur dadurch vorgearbeitet wird, dafs man Vögel, die im Begriff sind ihr Gebiet zu erweitern, durch Aussetzung an den Grenzen ihres Verbreitungsgebietes künstlich verbreitet, mufs solchen Versuchen jeder wissenschaftliche Wert abgesprochen werden, ja sie sind von dem allergröfsten Schaden, weil dem Faunisten nun jegliche Kontrollierungsmöglichkeit aus der Hand genommen wird.

Die Restituierung alter Faunengebiete durch Aussetzen ausgestorbener Tierformen ist sicher sehr lobenswert, dürfte aber für die Bearbeitung der Subspezies und die Beschreibung geographischer Formen störend und deshalb, da die Tiere doch aus andern Gebieten genommen werden, besser zu unterlassen sein.

Unter den Methoden, mit denen der Faunist zu arbeiten hat, wird in künftiger Zeit sicherlich die Beringungsmethode, wie sie von unsern Vogelwarten ausgeführt wird, zu ganz hervorragender Bedeutung kommen. Hundert Fragen und mehr drängen sich dem Faunisten, der wissenschaftlich arbeitet, immer wieder und wieder auf, und diese kann er höchstens theoretisch, meistens aber gar nicht beantworten, sie lassen sich jedoch gewissenhaft, z. T. wenigstens, nur durch Beringungsversuche lösen, und wir können dann unsere Beobachtungen zu den denkbar exaktesten ausarbeiten. In der folgenden Arbeit habe ich eine Reihe solcher Fragen angedeutet, und es lassen sich noch viele mehr hinzufügen, viele, deren Lösung auch dem rein biologisch arbeitenden Forscher bis jetzt verborgen geblieben war.

Solange der Beobachter mit Sicherheit die einzelnen Arten erkennen kann, sollte er ihre Erlegung vermeiden, ebenso halte ich es für völlig falsch, nur um „Belege" zu haben, von jeder neu erscheinenden Spezies das Gelege zu rauben und die Eltern womöglich abzuschiefsen, da man dadurch nur selbst zum Faunenfälscher wird. Jedoch darf der Beobachter bei allen schwer zu erkennenden oder leicht zu verwechselnden Arten diese auf eine Beobachtung hin nicht sicher als vorkommend aufführen.

Wenn über eine Gegend eine Avifauna existiert, so ist dies nicht etwa nun Grund, diese Gegend künftig nicht zu bearbeiten, sondern jetzt sollte man gerade, auf dieser Grundlage fufsend, alle Neuerscheinungen genau feststellen. Denn gerade die Neubearbeitungen alter faunistischer Arbeiten haben hochinteressante Resultate hervorgebracht und gezeigt, dafs sich in sehr kurzer

Zeit sehr viel ändern kann, dafs auch kleine Zeiträume ein oft sehr unterscheidbares Bild einer Gegend in faunistischer Beziehung zu zeichnen vermögen.

Mit einem Worte, eine Fauna soll eine kritische Geschichte der behandelten Arten, ein Vermächtnis an die Nachwelt sein, so war es zu unserer Zeit, vergleicht es mit der Euren.

I. Kurze Topographie des Gebietes.

Fast das ganze Gebiet besteht aus Geestland, das allmählich in Hochmoor übergeht. Marschboden findet sich nur an wenigen Stellen, und sein Fehlen erklärt das seltene Vorkommen verschiedener Brutvögel, die in anderen Gegenden gemein sind. Die Moore sind fast ausschliefslich Hochmoore und besonders ausgedehnt im Kreise Meppen, bis wohin der letzte Ausläufer des riesigen Bourtanger Moores, dafs einst eine unüberschreitbare Masse bildete, jetzt aber fast völlig entwässert ist, sich erstrecken. Das Hochmoor erreicht in unserm Gebiet, z. B. bei Schöningsdorf, eine Tiefe bis zu 9 m und geht an seinen Grenzen meistens langsam in Heide über. Niedermoore, die gewöhnlich eine reichere Fauna bergen, finden sich im Gebiet nur sehr wenige, jedoch trifft man ausgedehnte Brüche und Sümpfe, deren Entstehung reiche atmosphärische Niederschläge und eine geringe Bodenneigung begünstigten. Wo das Wasser nicht stagnierte, entstanden kahle Heiden. Seenartige Gewässer fehlen fast ganz, dafür gibt es aber in den Mooren oft sehr grofse Tümpel, die besonders zur Zugzeit viel besucht werden. Die zu Anfang dieses Jahrhunderts gegründete Geestener Karpfenteichanlage, ungefähr 2000 Morgen grofs, wovon 1600 Morgen von Wasser bedeckt sind, ist faunistisch für unser Gebiet von allergröfster Bedeutung, denn sie hat uns seit ihrem kurzen Bestehen verschiedene neue Brutvögel zugeführt und bietet die denkbar günstigste Gelegenheit, den Vogelzug in grofsartigstem Mafse zu beobachten. Die Ems und die Hase sind in unserm Gebiet für die Schiffahrt fast ganz untauglich und werden deshalb, sofern ihre sandigen Ufer nicht zu kahl, sondern von Weiden und Röhricht bewachsen sind, von verschiedenen Vögeln gerne angenommen. Die Kanäle haben nur für wenige Vogelarten Bedeutung.

Auf dem echten Geestlandboden ist fast nur die Kiefer zu Hause, und von dieser Baumart gibt es grofse Bestände, besonders im Kreise Lingen. Die wilden finsteren Urwälder unserer Gegend, von denen Tacitus berichtet, fielen hauptsächlich erst von der Zeit des dreifsigjährigen Krieges an, und ihr Gebiet wandelte sich in Sümpfe und Heiden um, die jetzt verteilt und kultiviert werden. Reste eines alten Götterhaines finden sich noch in der Malle bei Haselünne. Die nicht in Felder und Wiesen wegen Sterilität verwandelbaren Flächen wurden und werden noch allmählich zu Kiefernbeständen aufgeforstet. Laubwälder finden sich nur in sehr geringer Zahl, am häufigsten wohl noch in der Grafschaft Bentheim. Kleinere Eichen- oder Buchenbestände in der Nähe der Dörfer oder einzelner Gehöfte trifft man dagegen zahlreicher, und dort sammelt sich dann auch eine eigene kleine Fauna. Die Hecken werden aus Hainbuchen und Weifsdorn gebildet. In sumpfigen Gegenden überwiegen Cyperaceen und Juncaceen bei weitem die echten Gräser. Die hauptsächlichsten Feldprodukte sind: Roggen, Hafer, Kartoffeln, Runkelrüben, Buchweizen, Spark (Spergula arvensis), Seradelle und Lupinen. Der Obstbau ist gering. Meistens wohnen unsere Landleute in Dörfern und Bauernschaften zusammen, und es finden sich weniger vereinzelt liegende Höfe, obwohl solche natürlich auch häufig vorkommen, dies ist für die Kleinvogelwelt nicht so günstig, aber gröfsere Vögel siedeln sich leichter an. Wallhecken mit hohlen Eichen- und Weidenstubben werden durch Drahtzäune verdrängt.

Gröfsere Erhebungen gibt es im ganzen Gebiet nicht. Die Stadt Lingen liegt in einer Höhe von 24,5 m über dem Meeresspiegel, und der Kreis Meppen liegt etwas niedriger, der Kreis Bentheim z. T. höher. Dünenartige Landschaften finden sich verschiedentlich, meistens sind die Dünen mit Kiefern besetzt, seltener sind sie kahl. Die höchsten solcher Erhebungen dürften im Kreise Lingen der Wellberg mit 66 m Höhe und der Windmühlenberg mit 91 m Höhe sein.

Im Kreise Bentheim erhebt sich, östlich von Oldenzaal, dicht an der holländischen Grenze, aus der norddeutschen Niederung der völlig isolierte Höhenzug der Bentheimer Berge, die vier von Osten gegen Westen parallel streichende Bergrücken bilden. Der Bentheimer Berg ist der höchste und längste dieser vier Bergrücken, er erreicht eine Höhe von 350 Fufs, erstreckt sich von Westenberg bis zur Talniederung der Vechte. Südlich vom Bentheimer Bergrücken liegt der an seinem höchsten Punkt 250 Fufs hohe Gildehauser Bergrücken, er erhebt sich ziemlich steil aus der Niederung, fällt aber nach Osten zur Vechte sanft ab. In 127 Fufs Höhe breitet sich nördlich vom Schlofsberg die Ebene des Bentheimer Waldes aus.

Geologisch ist die Bentheimer Hügelgruppe interessant, denn sie besteht ebenso wie die angrenzenden Niederungen aus den Gesteinen der Wealdenformation und der unteren Kreide, und zwar setzen sich die Höhenzüge aus Sandstein, die Niederungen zwischen ihnen aus Ton zusammen. Sonst treffen wir im ganzen Gebiet nur diluviale Sande und alluviale Hochmoore, höchstens der Marschboden in manchen Gegenden dürfte durch unterlagernde tertiäre Tone bedingt sein.

Die Entfernung von der ostfriesischen Nordseeküste die für die Beurteilung verschiedener faunistischer Fragen von gröfster Wichtigkeit ist, beträgt für die Stadt Lingen reichlich 100 km, für Meppen an 80 km.

II. Berücksichtigung der einzelnen Arten.

In der Bearbeitung der in den Kreisen Meppen, Lingen, Bentheim und ihren Nachbargebieten beobachteten Vögel bin ich in systematischer Beziehung, wie fast alle neueren Faunisten, Reichenows „Kennzeichen der Vögel Deutschlands 1902“ gefolgt, nur in der wissenschaftlichen Bezeichnung mancher Arten habe ich verschiedentlich moderne Forschungergebnisse benutzt. Mit fortlaufender Zahl sind alle diejenigen Arten versehen, von denen ich die feste Überzeugung hatte, dafs sie unzweifelhaft innerhalb der politischen Grenzen der drei oben genannten Kreise nachgewiesen worden sind. Eine ganze Reihe von Arten, die naturgemäfs unser Gebiet berührt haben müssen, oder die man nach der mir gemachten Beschreibung als vorgekommen bezeichnen könnte, sind nicht mit fortlaufender Nummer versehen. Ebenso habe ich ohne Zahlenangabe alles künstlich eingebürgerte Wild und alle Vögel, die nachweislich aus der Gefangenschaft entflohen waren, angeführt; aber diejenigen Arten, die vielleicht aus der Gefangenschaft entronnen sind, jedoch möglicherweise auch Irrgäste sein können, sind mit fortlaufender Nummer versehen worden. Die Sammlung des Meppener Gymnasiums besitzt eine gröfsere Reihe von heimischen Vögeln, die bis auf wenige Exemplare alle aus der näheren Umgebung Meppens stammen, doch habe ich, wenn nähere Fundortsangabe fehlte, die Tiere nicht zum festen Nachweis ihres Vorkommes in unserem Gebiet verwandt.

Familie: **Alcidae.**

Vertreter dieser Familie, von der sechs Arten an der ostfriesischen und niederländischen Küste festgestellt wurden, wandern nur sehr selten die Flufsläufe herauf. So ist in der Rheinprovinz (105.) nur *Fratercula arctica* zweimal erlegt worden und von der Ems liegt nur ein einziger Fall vor, dafs *Uria troille* bei Warendorf in Westfalen (123.) geschossen worden ist. Dieser Vogel mufs, um dorthin zu gelangen, auch unser Gebiet, der Ems folgend, passiert haben. Von *Alle alle* steht ein bei Lilienthal in Hannover gefangenes Exemplar im Hannov. Prov.-Museum, ein anderes wurde bei Moorhausen tot aufgefunden (98.).

Familie: **Colymbidae.**

1. *Urinator lumme* (Gunn.) — Nordseetaucher.

Urinator lumme erscheint von allen Seetauchern am häufigsten im Binnenlande. In der Sammlung Lichte befindet sich ein Exemplar, das auf der Vechte bei Nordhorn geschossen wurde und wahrscheinlich vom Zuider See durch Holland, immer dem Flufslauf folgend, vorgedrungen ist. Ein zweites Exemplar wurde bei Bernte auf der Ems erlegt und von Wigger präpariert Schliefslich wurde nach Tegeder ein *Urinator lumme* 1903 auf einem kleinen Bache (Lotte Beeke), der in die Hase fliefst, bei Lengerich erbeutet. Der Nordseetaucher wurde nach Reeker sogar einmal im Sommer in Westfalen (Orn. Monatsschr. 1910, p. 362) und in fast allen Nachbargebieten mit Flufsläufen im Winter beobachtet.

2. ***Urinator arcticus*** (L.) — Polartaucher.

Im Februar 1904 bei sehr starker Kälte beobachtete ich lange Zeit aus einer Entfernung von höchstens Wurfweite unterhalb des Emswehres beim Haneken zwei alte prächtig ausgefärbte Polartaucher, von denen einer später weiter oberhalb bei Polle geschossen sein soll. Tiere in Prachtkleidern sind ungemein selten, und es wurde erst einmal ein solches bei Münster (123.) und einmal in Oldenburg (129) erlegt. Junge Exemplare dringen aber häufiger die Ems herauf und wurden verschiedentlich in Westfalen auf der Ems erbeutet, auch in der Nähe der Hase bei Osnabrück wurde ein Exemplar lebend gefangen (116.).

Urinator imber (Gunn.) — Eistaucher.

Auf Rhein und Ems, wie überhaupt im Binnenlande der seltenste von den drei Seetauchern. Die beiden aus Westfalen (123.) bekannten Exemplare müssen, der Ems folgend, auch unser Gebiet durchwandert haben. 1891 wurde er auf der Hunte erlegt (129.).

3. ***Colymbus cristatus*** L. — Haubensteifsfufs.

Dieser eigentlich mehr dem östlichen Deutschland angehörende Taucher verbreitet sich immer weiter über das westliche Europa. So sind aus Hannover eine ganze Reihe von Nistplätzen bekannt, besonders häufig ist er am Dümmer See. In Oldenburg kennt ihn v. Negelein (90.) schon 1853 als Brutvogel am Zwischenahner See. In Holland brütet er an verschiedenen Stellen, doch tritt er dort nirgends in gröfserer Anzahl auf. Auch aus dem Rheinland werden in der Nähe der holländischen Grenze mehrere Nistplätze genannt. Aus Westfalen (1906) (123.) liegen aber keine Nachrichten vor, dafs er hier als Brutvogel auftritt, jedoch dürfte sein Erscheinen dort sicherlich bald zu erwarten sein, wenn es nicht womöglich schon eingetreten ist. In unserem Gebiet brütet *Colymbus cristatus* erst seit 3 oder 4 Jahren, und zwar in den Geestener Karpfenteichen, die, wie gesagt, in faunistischer Beziehung von gröfster Bedeutung sind. 1908 beobachtete ich ein Pärchen, das nur ein Junges glücklich aufgezogen hatte. 1909 war ebenfalls nur ein Pärchen anwesend und 1910 nisteten schon zwei Pärchen dort, deren eines in hoher Typha gebrütet und glücklich fünf Junge hochgebracht hatte, wovon leider zwei versehentlich geschossen wurden, die sich jetzt im Hannov. Prov.-

Museum befinden. Andere Brutplätze sind mir nicht bekannt, dürften sich auch schwerlich finden, da im Gebiet wenige gröfsere Wasserflächen vorhanden sind, und weil die Ems zu unruhig ist. Auf dem Durchzuge ist unser Vogel häufig, und, obwohl die Kanäle ihm eine ruhigere Wasserfläche bieten, zeigt er sich meistens auf der Ems, vielleicht weil er hier ungestörter ist, oder weil er, durch keine Bäume gehindert, leichter ab und zu fliegen kann. Besonders häufig tritt er während des Durchzugs in Geeste auf, auch habe ich ihn vereinzelt auf gröfseren „Moorkuhlen", so im Bernter Moor angetroffen. Vahrenkamp fing im Herbst 1906 bei Biene im Dortmund-Ems-Kanal mit der Taucherangel, die für Hechte mit einem kleinen Fisch geködert war, hinter dichtem Röhricht ein Exemplar (Detmers, Zeitschr. für Ool. und Ornith. VI, 1907). In der Sammlung Lichte steht ein auf der Vechte bei Neuenhaus geschossener Vogel, Graf Galen besitzt einen im Januar 1906 auf der Ems bei Lingen geschossenen Haubentaucher, aufserdem erhielt ich erlegte Vögel am 8. II. 07 und am 5. IV. 10, die auf der Ems geschossen waren.

4. ***Colymbus nigricollis*** (Brehm) — Schwarzhalssteifsfufs.

Diesen Taucher konnte ich erst einmal sicher als Durchzugsvogel unseres Gebietes feststellen. Anfang Dezember 1906 hing ein junges Exemplar vor einer Wildhandlung in Lingen, das auf der Ems erlegt worden war. Im südlichen Holland ist *C. nigricollis* vereinzelter Brutvogel. In Ostfriesland, Oldenburg, Westfalen mehr oder weniger häufiger Durchzügler, benutzt aber den Rhein regelmäfsig als Zugstrafse.

5. ***Colymbus nigricans*** Scop. — Zwergsteifsfufs.

Auf fast allen gröfseren Wasserflächen, die nur etwas Deckung gewähren, ist *C. nigricans*, wenn auch nicht häufig, so doch fast immer in einzelnen Pärchen zu finden. Kreymborg schrieb mir, dafs er um Haselünne herum auf jedem Tümpel Brutvogel sei. Noch am 23. August 1910 fand ich mit F. Hennemann zusammen auf den Geestener Teichen mehrere gerade aus dem Ei geschlüpfte Junge, die noch nicht tauchen konnten und noch den Eizahn trugen. Aus fast allen Nachbargebieten wird er als ziemlich häufiger Brutvogel gemeldet, jedoch kann Wiepken (1876) für Oldenburg keine bestimmten Angaben machen, obwohl von *C. nigricans* v. Negelein (90.) schon 1853 schrieb: „Nistend, aber selten," erst 1898 weifs Wiepken (129, Nachtrag) einen Brutplatz zu nennen. Möllmann (1893) nennt ihn für das an unser Gebiet grenzende Artland (87.) nur als Durchzugsvogel, doch dürfte er sich meiner Meinung nach, ebenso wie in Oldenburg, inzwischen dort als Brutvogel gezeigt haben. — Im Winter rückt er von den Flüssen aus alle Bäche und Gräben hinauf und scheut dann sogar ziemlich stark strömendes Wasser nicht. Von den Fischern wird er häufig in den Netzen gefangen, denn mir wurden viele Exemplare gebracht.

Colymbus grisegena Bodd. — Rothalssteifsfufs.

Obwohl mir kein bestimmter Fall vorliegt, dafs *C. grisegna* in unserm Gebiet geschossen wurde, möchte ich doch glauben, dafs er ein vielleicht gar nicht so ganz seltener Durchzügler ist. In Holland brütet er vereinzelt, nach Löns (67.) könnte dies vielleicht auch in der Lüneburger Heide der Fall sein. 1897 fand ihn Krohn (53.) zweimal bei Hamburg brütend. An der Küste ist er auf dem Zuge häufiger, im Binnenlande ist er in den Nachbargebieten nur vereinzelt angetroffen.

Colymbus auritus L. — Ohrensteifsfufs.

Wigger (129.) erhielt ein Exemplar, das gleich jenseits der Grenze unseres Gebietes auf einem Zuflüfschen der Vechte bei Wellbergen geschossen war, und das bis dahin vielleicht auf der Vechte durch die Grafschaft Bentheim vorgedrungen ist. In allen anderen Gebieten wurde dieser nordische Taucher nur selten beobachtet. Je weiter südlich, desto seltener tritt er auf.

Familie: **Procellariidae.**

Von den selbst an den Küsten sehr seltenen *Procellariiden* sind in Westfalen (123.) nur *Hydrobates pelagicus* und *H. leucorhous* erlegt worden oder nach heftigen Stürmen tot aufgefunden. *H. leucorhous* wurde auch 1892 bei Osnabrück (64.) geschossen. Da die Vögel in der Nähe der Ems oder der Hase angetroffen sind, darf ich wohl annehmen, dafs sie dem Emslauf folgend, auch unser Gebiet berührt haben. In Oldenburg (129, Nachtrag.) wurde sogar einmal *Procellaria glacialis* tot aufgefunden, aufserdem sind *Hydrobates pelagicus* und *H. leucorhous* nachgewiesen worden. Im Rheinland ist nur *H. pelagicus* verschiedentlich fest nachgewiesen worden, diese Sturmschwalbe ist dem Rhein selbst bis Lothringen gefolgt. Das Meppener Gymnasium besitzt, wie man mir schrieb, eine Sturmschwalbe, doch ohne Art- und Fundortangabe.

Familie: **Laridae.**

6. ***Larus ridibundus*** L. — Lachmöwe.

In früheren Jahren mufs diese Möwe in den Mooren ein ziemlich häufiger Brutvogel gewesen sein, denn, wie mir verschiedentlich erzählt wurde, sammelten an mehreren Stellen die Bauern die Eier ein. In der Engdener Wüste, $1\frac{1}{2}$ Stunden von Engden auf Nordhorn zu, brütet sie noch jetzt, und Wigger schrieb mir darüber: „Dort war ein ziemlich grofser Teich und in dessen Mitte eine Insel, alles mit langem Heidekraut bewachsen; auf dieser Insel brüteten alljährlich 2—3 Paar Lachmöwen; ich habe selbst Nestjunge der Lachmöwe von dort erhalten“. Im Juli der Jahre 1906 und 1907 beobachtete ich täglich eine gröfsere Schar

Lachmöven auf den um den Ochsenbruch bei Geeste gelegenen Viehweiden. Es waren alte Tiere, die ihre Jungen dort fütterten und anlernten. Doch habe ich die Kolonie selbst nicht gefunden, nur von einem einzelnen Nest, das ganz in der Nähe eines Hauses lag, hörte ich. Boediker beobachtete 1910 Möwen zur Brutzeit bei Haselünne, konnte aber den Brutplatz nicht finden. Im benachbarten Artlande (1893) (87.) ist ein Brutplatz bekannt, ob die Möwen dort jetzt noch brüten, weiſs ich nicht. 1853 wird sie für Oldenburg (90.) als vereinzelter Brutvogel erwähnt, 1876 sind keine Brutplätze mehr bekannt, und um 1888 brütet sie nur noch auf der Barlager Heide (129.). In Ostfriesland (58.), in der Nähe der Ems und in Holland findet sich *L. ridibundus* sehr häufig brütend, aber in Westfalen und im Rheinland brütet sie nicht. — Im August sammeln sich die Lachmöwen an gröſseren Wasserflächen, in unserm Gebiet z. B. seit Bestehen der Geestener Teiche in Geeste, wo sie auch im Frühjahr, bevor sie ihre Brutplätze aufsuchen, verweilen. Abends ziehen sie von dort in den Ochsenbruch. Im Winter trifft man sie nur sehr selten an der Ems, während sie an der Nordsee und an den gröſseren Binnenseen häufig überwintern. Der Ab- und Durchzug ist im allgemeinen in den ersten Septembertagen beendet.

7. *Larus argentatus* Brünn. — Silbermöwe.

Von mir selbst sind nur einmal am 26. VIII. 1910 bei bedecktem Himmel sechs junge *L. argentatus* in Geeste beobachtet worden. Die Tiere hielten fest zusammen, waren nicht gerade scheu, aber lieſsen auch nicht auf Schuſsnähe an sich herankommen. Nach Tegeder wurde diese Möwe bei Gleesen an der Ems geschossen. Obwohl an Ostfrieslands Küsten Brutvogel, dringt diese Art doch nur selten den Emslauf hinauf.

Larus marinus ist im Rgbz. Osnabrück an der Grenze unseres Gebiets geschossen worden.

8. *Larus canus* L. — Sturmmöwe.

Bedeutend häufiger als die vorige Art streicht *L. canus*, der Ems folgend, bis in unser Gebiet. Meistens trifft man sie bei uns während oder nach heftigen Stürmen auf der See an. Im Jahre 1910 beobachtete ich die erste Möwe am 17. IX. bei NNW.-Wind und bald klarem, bald regnerischem Wetter in Geeste. Nach heftigen Stürmen an der Küste erschienen dann am 7. X. 10 bei klarem Wetter 10 Sturmmöwen in Geeste. *L. canus* scheint häufiger im Ems- als im Rheinlande aufzutreten.

Larus minutus Pall — Zwergmöwe.

L. minutus wurde nur zweimal in Westfalen, einmal an der Ems bei Warendorf (123.) und vereinzelt in Holland erlegt. Auch am Rhein zeigte sich der Vogel viermal.

Larus fuscus, glaucus und ***leucopterus***

zeigen sich vereinzelt an den Küsten, die beiden ersten Arten sind auch schon auf dem Rhein geschossen worden.

9. ***Rissa tridactyla*** (L.) — Dreizehige Möwe.

Nach heftigen Stürmen trifft man diese Möwe im Winter einzeln und in gröfseren Trupps an, doch erscheint sie selten vor Dezember. Ich erhielt um Weihnachten 1907 ein totes Exemplar, das, in der Ems treibend, von einem Fischer herausgeholt war. In Westfalen wurde sie sehr häufig erlegt.

Xema sabinei (Sab.) — Schwalbenmöwe.

Vereinzelt in Westfalen, Rheinland, Niederlande und Holland erlegt.

10. ***Stercorarius parasiticus*** (L.) — Schmarotzerraubmöwe.

Am 15. IX. 09 fand ich in Geeste die Reste von *St. parasiticus*, aus denen, da Kopf, Handschwingen und das Skelett noch vorhanden waren, man leicht die Art bestimmen konnte. Das Tier war einem Wanderfalken zur Beute gefallen, denn es war an ganz ungedeckter Stelle verzehrt worden, was wohl den Habicht ziemlich ausschliefst, und andere befiederte Feinde kommen nicht in Betracht. In den Nachbargebieten ist sie verschiedentlich erlegt worden. Möllmann (87.) schofs sie 1877 im Herbst in Menslage im Artlande, aus Westfalen, dem Rheinland und Holland sind mehrere Fälle bekannt, doch bleibt sie immerhin selten.

Stercorarius pomarinus (Tem.) — Mittlere Raubmöwe.

An der westlichen Grenze unseres Gebietes bei Rheine (Westf. Sekt. 1893/94) wurde 1893 ein Exemplar erlegt. An der Küste häufiger als die Schmarotzerraubmöwe, tritt sie im Binnenlande in ungefähr derselben Zahl auf.

St. skua erscheint an der Küste nur ganz vereinzelt, ist einmal in Westfalen (4.) und mehrfach im Rheinland erlegt worden. ***St. cepphus*** tritt ebenfalls sehr selten auf, für Westfalen (129.) ist diese Raubmöwe sicher nachgewiesen.

11. ***Sterna hirundo*** L. — Flufsseeschwalbe.

Diese Art, jetzt noch vereinzelt, nur an manchen Stellen häufiger Brutvogel in unserm Gebiet, wird in wenigen Jahren wohl ganz als Standvogel verschwunden sein. Bei Haselünne war sie früher nach Kreymborg häufiger Brutvogel, jetzt aber nistet sie nach Boediker nur noch einzeln an Heidekölken. Boediker fand in früheren Jahren auf den kleinen Bülten und Teichen im Andruper- und Lagerfeld verschiedentlich Nester. Auf der Hase trifft man sie häufig fischend. Im Moore bei Schöninghsdorf brütet sie nach einer Mitteilung von Schöningh noch jetzt an manchen Stellen häufig, war früher dort sogar ganz gemeiner Brutvogel. Die Eier wurden gesammelt und gegessen. Seit der Entwässerung der Moore ist der Bestand sehr zurückgegangen. Schöningh sah auch im Juni an den Geestener Teichen sehr viele Flufsseeschwalben, die in langen Reihen auf den Dämmen safsen. Tegeder schreibt mir, das *St. hirundo* auf der Ems bei Gleesen sehr selten geworden sei, während er sie vor 20 Jahren jeden Tag wenigstens 10 mal beobachten konnte. Tegeder fand sie früher auf den Steinbänken (grober Kies) des Mühlenfeldes bei Gleesen brütend und besafs ein Gelege von dort. Wigger erhielt ein Exemplar aus dem Engdener Gebiet, und ein auf der Vechte geschossenes Exemplar besitzt Lichte. Vereinzelt trifft man sie auf den Kanälen fischend, ich erhielt ein im Dortmunder Emskanal tot aufgefundenes Individuum. In jedem Jahre beobachtete ich viele Exemplare der „Meerkrain" auf den Geestener Teichen, wo sie sich aus der weiteren Umgegend versammeln. Der Abzug fällt mit dem der Lachmöven zusammen — in die ersten 8 Tage des Septembers — so sah ich 1910 noch am 4. IX. sehr viele Seeschwalben, dann verschwanden alle in den nächsten Tagen. Überall in den Nachbargebieten sehr zurückgegangen im Bestande oder meistens schon als Brutvogel fehlend.

Sterna cantiaca Gm. — Brandschwalbe,

Sterna macrura Naum. — Küstenseeschwalbe.

Beide Arten, von denen die erste häufiger, die zweite sehr viel seltener an unseren Küsten brütet, werden vereinzelt wohl durch heftige Stürme ins Binnenland verschlagen, zeigten sich z. B. beide im Münsterlande, dürften vielleicht auch viel mit *St. hirundo* verwechselt werden.

Sterna minuta L. — Zwergseeschwalbe.

An der Küste und vereinzelt im Binnenlande brütend z. B. in der Rheinprovinz, wird deshalb auch häufiger an Binnengewässern angetroffen, wurde von v. Droste an der Ems in Westfalen (123.) beobachtet.

Sterna caspia Pall. — Raubseeschwalbe.

Seltener Brutvogel an der Küste, wurde einmal von Bartels (II.) am Dümmersee erlegt.

Sterna dougalli ist 1886 in Holland in einigen Exemplaren gefangen worden.

Gelochelidon nilotica (Hasselq.) — Lachseeschwalbe.

Dreimal in Westfalen erlegt, zuletzt 1908 bei Ascheberg (Vogelfreund 1908), in Oldenburg (129.) einmal geschossen, selbst an der Küste von Ostfriesland und Holland sehr selten.

12. ***Hydrochelidon nigra*** (L.) — Trauerseeschwalbe.

Ein sehr trauriges Beispiel für das allmähliche, aber sichere Verschwinden einer Spezies ist die Geschichte von *H. nigra*, eines der liebreizendsten Vögel, deren prachtvollem Fluge über dem Wasser der Moortümpel man stundenlang zusehen kann. Wie meine Erkundigungen ergaben, war *H. nigra* in früheren Jahren an allen bewachsenen Tümpeln der Moore und Brüche, die abseits vom Getriebe der Menschen lagen, ein häufiger Brutvogel. So befand sich bei Frensdorf nach Lichte eine gröfsere Kolonie, die aber, wie mir Nordhorner Jäger erzählten, dadurch vernichtet wurde, dafs sich die „Herren" damit vergnügten, sich in der Schiefskunst an den über den Tümpeln streichenden Seeschwalben zu üben. In der Sammlung Lichte steht ein dort geschossenes Exemplar. Boediker schreibt mir: „Früher gab es im Lager-Elter- und Haselünnerfelde, ferner auf dem Kuhlmoor und auf dem Teiche bei Lahre eine ganze Menge Trauerseeschwalben. Ich habe viele Nester gefunden, die nahe bei einander safsen, und es fiel mir die grofse Verschiedenheit hinsichtlich der Färbung der Eier auf, von denen einige fast schwarz gefleckt, andere sehr hell waren. 1909 gab es keine Seeschwalben mehr hier. Doch nistete 1910 ein Paar in der Haselünner Marsch". Nach Bufs brüten Seeschwalben an den bewachsenen Tümpeln und Kuhlen im Moore in der Umgebung von Meppen, und Schöningh nennt sie mir als Brutvogel im Moor bei Schöninghsdorf, doch soll sie dort seltener als *Sterna hirundo* sein. Wigger sah in der Wöste den ganzen Sommer über schwarze Seeschwalben sich herumtreiben, konnte aber ein Nest nicht finden. In Geeste versammeln sich nach der Brutzeit, ebenso wie die Flufsseeschwalben und Lachmöwen auch die Trauerschwalben, und man kann dann tagelang an derselben Stelle eines Teiches die Tierchen in einem ganz kleinen Bezirk wie Wasserfledermäuse immer über den Wasserspiegel huschen sehen. Der Abzug geschieht schon einige Tage früher als der von Lachmöwen und Flufsseeschwalben. Er fällt in die ersten Septembertage. Am 30. VIII. 1910 notierte ich noch *H. nigra* in grofsen Mengen in Geeste, am 4. IX. waren keine mehr zu sehen. Ein am 18. VIII. 1909 in Geeste geschossenes Exemplar besitzt das Provinzial-Museum in Hannover. In den Nachbargebieten Brutvogel, doch sehr an Zahl abnehmend, im Rheinland noch nicht sicher als Brutvogel nachgewiesen.

Hydrochelidon hybrida wurde nach Altum (8.) einmal um 1870 im Münsterlande erlegt, und *H. leucoptera* verirrte sich in mehreren Exemplaren nach Westfalen.

Familie: **Phalacrocoracidae.**

13. ***Phalacrocorax carbo*** (L.) — Kormoran.

Für unser Gebiet liegen vier Fälle vor, dafs Kormorane geschossen wurden, und zwar sah ich ein Exemplar, das an der Ems bei Lingen erlegt war, bei dem verstorbenen Ausstopfer Möser in Haselünne, es war ein junges Tier, ein zweites Exemplar besitzt Lichte. Das Tier wurde an der Vechte erlegt, und bei Gleesen wurde *Ph. carbo* nach Tegeder zweimal, beidemale im Winter, erbeutet. In Nord- und Südholland befinden sich kleine Kolonien, in allen andern Nachbargebieten wurde er nur vereinzelt erlegt. In der Lüneburger Heide hat er bis 1868 gebrütet (118 und 67.).

Phalacrocorax graculus (L.) — Krähenscharbe.

Dieser seltene Gast wurde achtmal in Holland, zweimal in Westfalen und zweimal im Rheinland erlegt.

Familie: **Sulidae.**

14. ***Sula bassana*** (L.) — Bafstölpel.

In den 40er Jahren erhielt der verstorbene Ausstopfer Möser in Haselünne ein in der Nähe von Meppen mit einem Stocke erschlagenes Tier, das ermattet im Felde safs. Ferner wurde im Januar 1890 ein Tölpel ins Hahnenmoor verschlagen und dort, wie Möllmann (87.) berichtet, ergriffen. Das Hahnenmoor erstreckt sich zum Teil noch in den Kreis Meppen, und, da Möllmann nicht genau den Ort angibt, ist es möglich, dafs das Tier noch in unserem Gebiet gefangen wurde, sicher aber hat es, ebenso wie ein am 3. VIII. 1892 im Herberger Felde jenseits der Meppener Grenze gefangener und Möllmann überbrachter Bafstöpel, unser Gebiet der Ems und der Hase folgend, überflogen. Den Emslauf hinaufziehend, wobei ebenfalls unser Gebiet durchflogen wurde, sind verschiedentlich Bafstölpel nach Westfalen verirrt und dort erlegt worden, so z. B. gleich jenseits der Lingener Grenze bei Rheine (123.). Alle diese Irrgäste sind sichere Todeskandidaten gewesen, die so ermattet waren, dafs sie erschlagen oder mit der Hand ergriffen werden konnten. Im Rheinland ist unser Vogel erst einmal erschienen 1851.

Familie: **Pelecanidae.**

Pelecanus onocrotalus wurde einmal am 6. VII. 1858 (129.) in Oldenburg erlegt, doch dürfte es sich in diesem, wie in den meisten ab und zu in Jagdzeitungen auftauchenden Fällen um uas der Gefangenschaft entflogene Stücke handeln.

Familie: **Anatidae.**

15. ***Mergus merganser*** L. — Gänsesäger.

In jedem Winter erscheint *M. merganser* ziemlich häufig auf der Ems, während er auf den Moortümpeln seltener und auf den Kanälen nur sehr selten zu finden ist. Ich beobachtete noch spät im April Tiere oft pärchenweise auf der Ems. Nach Boediker erscheint er auch regelmäfsig auf der Hase und deren Überschwemmungsgebiet, ebenso ist er auf der Vechte nicht selten. Erlegte Exemplare sah ich häufig vor Wildhandlungen, ausgestopfte Tiere fand ich in Haselünne, Gleesen und Beversundern. Der Gänsesäger hat einmal in der Nähe von Hannover gebrütet, wo Alte mit Jungen erlegt worden sind, ferner soll *M. merganser* nach v. Zittwitz (in E. v. Homeyer, Ornitholog. Briefe) zu Anfang des 19. Jahrhunderts in Westfalen gar nicht selten gebrütet haben, jetzt überall nur Wintergast.

16. ***Mergus serrator*** L. — Mittlerer Sänger.

Am seltensten von den drei Sägern erscheint *M. serrator*. Nach Graf M. v. Galen wurde er bei Beversundern auf der Ems erlegt, am 20. II. 08 sah ich ein Exemplar in Lingen vor einer Wildhandlung hängen, und nach Wigger wurde ein Tier am 5. II. 05. in Nordhorn geschossen. Bei Gleesen wurde er nach Tegeder verschiedentlich erlegt. Schöningh hat ihn einmal bei Meppen auf der Ems geschossen. An der Küste tritt *M. serrator* zwar nicht so häufig wie *M. merganser*, aber doch immer in bedeutender Zahl auf, im Binnenlande überall selten.

17. ***Mergus albellus*** L. — Zwergsäger.

Erscheint zwar seltener als *M. merganser*, aber doch ziemlich regelmäfsig, meistens erst im Februar. In manchen kalten Wintern tritt *M. albellus* sehr häufig auf und fast stets in Gesellschaft von Schellenten. So wurden im Februar 1907 sehr viele Zwersäger auf der Ems geschossen, denn man sah sie zusammen mit *Nyroca clangula* vor den Wildläden hängen, wo sie als Enten verkauft wurden, und sie sollen im Gegensatz zu *M. merganser* wohl geniefsbar sein. Nach Graf M. v. Galen wurde *M. albellus* bei Beversundern erlegt. Präparierte Exemplare finden sich in Lingen, ferner in Gleesen und in der Sammlung Lichte. An der Küste sehr selten, Leege schrieb (1905) (58.), dafs er in Juist in den letzten 10 Jahren keine Zwergsäger mehr bekommen habe, auch Präparator Koch in Münster erhielt ihn nur in strengen Wintern.

Erismatura leucocephala wurde 2 mal in Holland erbeutet.

18. ***Somateria mollissima*** (L.) — Eiderente.

Die Eiderente ist im Binnenlande ein sehr seltener Gast, doch konnte ich für unser Gebiet drei Fälle ihres Vorkommens ausfindig machen. Meier schofs ein junges Tier an der Ems bei Leschede, das sich präpariert in seinem Besitz in Grafeld befindet, wo ich es selbst gesehen habe, ferner erlegte Schöningh eine *S. mollissima* in der Nähe von Meppen, die sich präpariert in seinem Besitz befindet, und schliefslich beobachtete Graf M. v. Galen eine Eiderente im Januar 1908 auf der Ems bei Beversundern. An der ostfriesischen und holländischen Küste tritt *S. mollissima* neuerdings vereinzelt als Brutvogel auf, ist dort auch sonst verhältnismäfsig selten und wurde erst sehr selten im Binnenlande, dort nur auf der Ems, so auch an der Grenze unseres Gebietes bei Rheine (123.), und im Rheinland erlegt.

19. ***Oidemia nigra*** (L.) — Trauerente.

Ebenfalls sehr selten im Binnenlande zeigt sich *O. nigra*, die von Schöningh bei Meppen erlegt wurde, und zwei 1893 bei Beversundern geschossene Exemplare befinden sich im Besitze des Grafen Galen. Nach Aussage eines Bauers soll sie im Herbst 1910 bei Schwefingen auf der Ems geschossen sein. Im Winter an der Küste oft sehr häufig. In Westfalen einigemale an der Ems erlegt, ebenso auf Weser und Rhein.

20. ***Oidemia fusca*** (L.) — Samtente.

Oidemia fusca wurde nur einmal nach Tegeder bei Gleesen auf der Ems erlegt. Vereinzelt wurde sie in Westfalen auf der Ems geschossen. An den Küsten erscheint sie viel seltener als *O. nigra*.

21. ***Nyroca clangula*** (L.) — Schellente.

Diese Tauchente erscheint oft in sehr grofsen Schwärmen, wenn sie durch den Frost von der Emsmündung den Flufslauf hinaufgedrängt wird, aber auch auf dem Durchzuge ist sie ein regelmäfsiger Gast, der jedoch dann meistens übersehen wird, weil die Schellenten mehr die Geestener Teiche und die grofsen Moortümpel, z. B. das Bernter Moor, bevorzugen. Im Jahre 1909 erschienen, soweit ich es feststellen konnte, die ersten Schellenten am 18. X. in Geeste. Im Frühjahr 1910 beobachtete ich *N. clangula* im April in Geeste und Bernte in grofsen Scharen, während sich auf der Ems nur selten Tiere zeigten. Die Ems wird erst dann aufgesucht, wenn der Frost die Moorteiche schliefst. 1907 erschienen im kalten Februar ungeheuer viele Schellenten auf der Ems, viele wurden auch geschossen. Präparierte Exemplare finden sich verschiedentlich, so bei Tegeder in Gleesen und beim Grafen Galen in Beversundern. An der Küste sehr grofse Scharen.

22. ***Nyroca fuligula*** (L.) — Reiherente.

Erscheint seltener auf dem Herbstzuge, aber immerhin regelmäfsig, so beobachtete ich 1909 die ersten am 14. X. in Geeste; *N. fuligula* ist dagegen bei kaltem Wetter im Winter stets zahlreich auf der Ems zu finden, war z. B. im Februar 1907 sehr häufig auf dem Flusse, wo damals auch viele Exemplare geschossen wurden. Tegeder erhielt sie nur einmal von Gleesen. Im Frühjahr ziehen scheinbar viel mehr Reiherenten durch als im Herbst, ich beobachtete sie zahlreich im April in Bernte und Geeste. Belegexemplare bestitzt Graf Galen. Van Lechner hat die Reiherente als vereinzelten Brutvogel Hollands nachgewiesen (109.).

23. ***Nyroca marila*** (L.) — Bergente.

Wahrscheinlich erscheint diese Ente nur bei starker Kälte und nicht auf dem Zuge, sondern überwintert an der Küste. Am 9. IV. 1910 glaubte ich in Geeste sechs Bergenten zu erkennen, das wäre der einzige mir bekannte Fall, das *N. marila* auch auf dem Zuge erschienen ist. Im Februar 1907 wurde ein Exemplar auf der Ems erlegt, ferner besitzt Graf Galen eine präparierte Bergente, die bei Beversundern 1897 (?) geschossen wurde. Im Binnenlande auf allen Flüssen sehr selten.

24. ***Nyroca nyroca*** (Güld.) — Moorente.

Obwohl v. Droste (123.) für Westfalen die unbestimmte Angabe macht, dafs *N. nyroca* in den grofsen Mooren des Münsterlandes vereinzelter Brutvogel sei, glaube ich nicht, dafs sie sich bei uns als Brutvogel findet, zumal sie in Westfalen jetzt nicht mehr brütend auftritt, ebenso nicht in Holland und Oldenburg. *N. nyroca* kommt auf dem Zuge nur selten in den genannten Gebieten durch. 1909 setzte der Durchzug in Geeste am 4. X. ein bei SSW. und bald klarem, bald bedecktem Himmel. Ein am 4. X. von mir geschossenes Exemplar schmeckte unangenehm tranig. Ferner beobachtete ich einzelne Exemplare in Geeste am 6. X., 15. X. und vier Stück am 18. X. Auf dem Frühjahrszuge bemerkte ich zwei Moorenten am 9. IV. 1910 bei Westwind in Geeste. Im Gegensatz zu allen andern Tauchenten, die in Geeste stets mitten auf dem Wasser der gröfsten Teiche liegen, hielten sich die Moorenten meistens versteckt im Schutze von Wasserpflanzen. Wigger gibt an, dafs sie in der Wöste erlegt ist. An der Küste sehr seltener Gast.

25. ***Nyroca ferina*** (L.) — Tafelente.

Von dieser Ente könnte man eher annehmen als von *N. nyroca*, dafs sie vereinzelt in unserem Gebiete brütet, denn sie ist in Holland an verschiedenen Stellen als Brutvogel gefunden worden. Auf dem Zuge erscheint *N. ferina* bei uns regelmäfsig, vielleicht schon im September, sicher aber im Oktober. Schöningh traf oft grofse Flüge im Moor. 1909 sah ich die ersten Durchzügler am 6. X. bei Westwind und bald regnerischem, bald klarem Wetter in ziemlich grofser Zahl in Geeste. Ein von mir am 18. X. aus einem Flug von zwölf Stück geschossenes Exemplar besitzt das Provinz.-Museum zu Hannover. An der ostfriesischen Küste nicht, wie häufig angegeben wird, zahlreich überwinternd sondern nur selten erscheinend (58.), zumal auf den Inseln ungemein selten vorkommend.

Nyroca hyemalis (L.) — Eisente.

Erscheint zwar allwinterlich, bald häufiger, bald weniger, an der ostfriesischen und holländischen Küste, dringt aber trotzdem nicht oder höchstens ganz selten einmal den Emslauf hinauf. Aus Westfalen, sowie aus unserm Gebiet ist kein bestimmt erbeutetes Tier bekannt, auf dem Rheine wurde sie vereinzelt erlegt.

Nyroca rufina (Pall.) — Kolbenente.

Ein bei Hope in Honnover geschossenes Weibchen steht im Prov.-Mus. Soll in Holland (109.) einmal gebrütet haben, ist dort ungefähr neunmal erlegt, aus dem Münsterland sind nur drei Fälle bekannt, im Rheinland ist *N. rufina* erst einmal erlegt worden.

26. *Spatula clypeata* (L.) — Löffelente.

Scheint nur sehr vereinzelter Brutvogel unseres Gebietes zu sein und liebt Brüche mehr als kahle Moore, wo *S. clypeata* auf dem Zuge vorkommt. Im Juli 1908 wurde im Ochsenbruch von einem Hirten ein noch nicht flügges Tier ergriffen und einige Tage bei einem Bauern lebend erhalten, wo sie ein Jäger gleich als „Löpelaante" erkannte. Ich habe darauf im August 1908 eine Familie auf den Geestener Teichen beobachtet, doch dürften es dieselben Enten sein, die im Ochsenbruch gebrütet haben. Nach Altum (8.) hat ferner 1839 die Löffelente bei Schapen in unserm Gebiete gebrütet, wo im Juni sechs Junge gefangen wurden. 1906 erhielt ich eine am 7. IX. auf der Ems geschossene *S. clypeata.* Schöningh schofs eine weibliche Löffelente im Moor. 1909 wurde von Schimmöller eine Löffelente am 1. IX. in Geeste erlegt. Im Herbst zieht die Löffelente regelmäfsig in geringer Zahl durch, Wigger erhielt ein Exemplar aus der „Wöste". Bödiker schrieb mir, dafs er anfangs der achtziger Jahre bei Ausgang des Winters auf einem Teiche in der Haselünner Marsch von einer gröfseren Schar drei Stück erlegt habe. Tegeder schofs im Herbst eine Löffelente, die er aus einer Kieferschonung, weit ab von jedem Wasser hochjagte; das Tier hatte eine Schufsverletzung durch den linken Unterschenkel. Auf dem Frühjahrszuge erscheint *S. clypeata* ebenfalls regelmäfsig. 1910 flogen im Bernter Moor bei Ostwind und sonnigem Wetter 10 Exemplare in Schufsnähe am 6. IV. an mir vorüber. Der grofse Schnabel läfst den Beobachter die fliegenden Löffelenten sofort erkennen. — In den Nachbargebieten nur ganz vereinzelter oder völlig fehlender Brutvogel, in Holland an manchen Stellen häufiger.

27. *Anas boschas* L. — Stockente.

Überall im ganzen Gebiet ist *Anas boschas* noch als häufiger Brutvogel verbreitet, trotzdem ihr Bestand abgenommen hat. An der Ems, Hase, Vechte, in allen Brüchen und Mooren, selbst vereinzelt an den Kanälen findet man ihr Nest, doch handelt es sich häufig um verwilderte Enten oder um Lockenten von den Entenfängen. Die Entenfänge waren früher häufiger und sind jetzt noch in Bramhar und in Rühle an der Ems zu finden. Gelege von *A. boschas* findet man schon ungewöhnlich früh, oft schon in der ersten Hälfte des März, was zur Folge hat, dafs an unfreundlichen Apriltagen viele der jungen Entchen aus Mangel an Insekten- und Crustaceennahrung zu Grunde gehen. Wenn die Jungen flügge geworden sind, scharen sich alte und junge Enten zu grofsen Ketten zusammen, die an bestimmten geeigneten Plätzen in oft ungeheuren Schwärmen erscheinen. Der Hauptsammelplatz scheint in unserem Gebiet Geeste mit seinen grofsen Teichanlagen zu sein, ferner findet man an den grofsen Wassertümpeln des Bernter Moores gewaltige Scharen. Im Jahre 1909 verlief der Herbstzug anders wie 1910. 1909 erreichten die Ansammlungen der heimischen Enten in Geeste gegen Mitte August bis zum Ende des Monats ihren Höhepunkt. Täglich kamen aus den benachbarten Sümpfen neue Schwärme, und andere wechselten wieder in die Moore zurück. Nachts war dort das Quaken und Lärmen der lockenden Enten ungeheuer, gegen Morgen zogen viele Enten wieder ab. Allmählich nahmen im September 1909 die gewaltigen Ansammlungen immer mehr ab, und ungefähr um den 25. IX. lagen nur ganz wenige Stockenten auf den Geestener Teichen, von da ab setzte das Erscheinen fremder Enten ein. 1910 bot sich ein wesentlich anderes Bild. Die Abnahme der Enten in Geeste im September ging nicht so schnell von statten wie 1909. Zwar zeigten sich nach meinen und Schimmöllers Beobachtungen, die gewissenhaft mit meteorologischen Angaben notiert wurden, gegen Ende des Monats weniger Stockenten, aber es blieb auch im Oktober eine bedeutend gröfsere Anzahl zurück als 1909, die vielleicht z. T. aus Durchzüglern bestand. Durch Beringungsversuche, die bei *A. boschas* relativ leicht auszuführen sind, müfste man sich Sicherheit darüber verschaffen, wo unsere wegziehenden Enten bleiben. Vielleicht ist folgende Annahme richtig. Ein Teil unserer Enten zieht im September und Oktober von den Sammelplätzen in der Heimat an die Küste, wo sich ja bekanntlich grofse Ansammlungen bilden, bleibt dort bis zum Eintritt des harten Frostes, worauf die gewaltigen Scharen, wie man leicht beobachten kann, den offenen Flufsläufen folgend ins Binnenland fluten und bei steigender Kälte immer weiter nach Süden vordringen. Andererseits ist es auch möglich, dafs der Teil unserer Stockenten, der wegzieht, gleich nach südlicheren Gegenden aufbricht, und dafs die Ansammlungen von *A. boschas* an der Küste aus den dort wohnenden Enten und aus nördlicher nistenden Vögeln bestehen, die bei Eintritt des Frostes die Flüsse hinauf nach Süden flüchten. Der Frühjahrszug ist im März vollkommen beendet und im April sieht man an den Sammelplätzen wohl gepaarte Stockenten, aber auf dem Zuge in grofsen Ketten nur nordische Tauchenten und Krick-, Knäck-, Spiefs-, Pfeif-, Löffelenten etc.

28. *Anas crecca* L. — Krickente.

Brütet in geringer Zahl im ganzen Gebiete. Boediker nennt sie einen nicht häufigen Brutvogel der Umgebung von Haselünne. Schöningh traf sie häufig brütend im Moor bei Schöningsdorf, 1910 wurden sechs Junge bei Bramhar gefangen. Ich fand 1908 zwei Pärchen brütend auf den Geestener Teichen, sah Enten zur Brutzeit bei Neuenhaus auf der Dinkel, ferner ist sie Brutvogel im Ochsenbruch und im Berntermoor und wohl auch in anderen Mooren. Lengericher Jäger geben an, dafs sie im Bruche bei Lengerich brütet, wo Anfang Juli Tiere geschossen wurden, doch ist eine Verwechslung mit der folgenden Art möglich. *A. crecca* ist im ganzen westlichen Deutschland keineswegs ein häufiger Standvogel und wird viel mit der folgenden Art verwechselt. Auf dem Herbst- und Frühjahrszuge tritt sie in riesiger Zahl auf. Wann der Herbstzug beginnt, läfst sich schwer sagen. Im August zeigen sich schon grofse Scharen, die wie die Stockenten bestimmte Sammelplätze aufsuchen. Auf dem Herbstzuge beobachtete ich *A. crecca* hauptsächlich an den Geestener Teichen, ferner im Bernter Moor. Die im August dort lagernden Krickenten erhielten im September und Oktober immer neuen Zuschub, und an manchen Tagen traf man viele hundert Krickenten dort an. Im gewandten, oft zickzackförmigen, unbestimmten Fluge sausen Ketten von 50—60 oder mehr Tieren bald in ziemlicher Höhe, bald dicht über dem Wasserspiegel mit pfeifendem Flügelschlage auf den verstecktliegenden Jäger zu. Ich habe aus solchen Ketten, indem ich aufsprang, wenn sie dicht vor mir waren, worauf die ganze Masse sich staute und schnell seitwärts bog, wohl mit einem Schusse vier Enten erlegt. Die Krickenten sind ungemein schmackhaft. *A. crecca* meidet so viel wie möglich in unserm Gebiete auf dem Zuge die Ems, liebt höchstens stille Buchten und meidet erst recht die Kanäle, die ihr zu belebt sind und deren Ufer nur schlecht den Ab- und Zuflug gestatten. Auf dem Frühjahrszuge scheint sie noch häufiger aufzutreten, aber es liegt dies wohl daran, dafs dann in kürzerer Zeit dieselben Massen passieren müssen. Ich beobachtete im April ungezählte Scharen in Geeste und im Bernter Moor. Aus dem Münsterlande waren Altum (8.) 1880 nur zwei sichere Fälle des Brütens bekannt, doch nennt sie Wemer (1906) einen häufigen Brutvogel (123.).

29. ***Anas querquedula*** L. — Knäckente.

Nur vereinzelter Brutvogel, z. B. in Geeste im Ochsenbruch und bei Plankorth; v. Droste (34 u. 123.) der Einzige, dem wir Näheres über die Zuggewohnheiten dieser Ente in unserer Gegend verdanken, gibt für Ostfriesland und Westfalen an, dafs sie im Herbst nicht Durchzugsvogel sei, wohl aber im Frühjahr. Ich habe jedoch im Herbst, August, September, Oktober, regelmässig *A. querquedula* bald in gröfseren Ketten, bald einzeln beobachtet, auch viele dieser Enten geschossen und glaube, dafs es sich nicht nur um heimische Tiere gehandelt hat. Über den Zug gilt dasselbe wie von den Krickenten, nur treten sie längst nicht so häufig und in so grofsen Ketten auf wie diese. Belegexemplare finden sich in Plankorth und im Besitz von Hennemann in Laggenbeck (gesch. am 6. IV. 1910).

30. ***Anas acuta*** L. — Spiefsente.

A. acuta ist vereinzelter Brutvogel unseres Gebietes, war früher häufiger. Schöningh traf sie brütend im Ochsenbruch und erhielt von dort Eier und ein noch nicht flügges junges Tier. Ein im Moor lebend gefangener Spiefsentenvogel kreuzte sich mit wildfarbener Zwergente und erzeugte mit dieser einen sehr fruchtbaren Erpel, der unter andern mit einer Stockente gepaart einen Stockenten ähnlichen Vogel ergab. Ferner wollte man *A. acuta* einmal im Sommer bei Plankorth beobachtet haben. In den Nachbargebieten ist sie zweimal an der Grenze unseres Bezirks brütend angetroffen worden und zwar 1839 nach Altum (8.) bei Bevergern in Westfalen und nach einer mündlichen Mitteilung von Möllmann einmal im Artlande, von wo dieser ein noch nicht flügges Tier erhielt. *A. acuta* brütet ferner ganz vereinzelt in der Lüneburger Heide, in Oldenburg und in Holland. Auf dem Durchzuge im Herbst, selten schon im September, meistens erst Mitte Oktober, trifft man sie regelmäfsig, doch nicht in zu grofser Zahl. Die Spiefsente sucht ebenfalls die Geestener Teiche auf und liebt sehr die gröfseren Moortümpel. Auf der Ems erscheint sie auch auf dem Zuge, besonders aber im Winter bei Frost, dort beobachtete ich sie im Februar 1907 in gröfseren Ketten. Der Frühjahrszug, hauptsächlich der April, bringt uns wiederum viele dieser schönen Enten, man kann sie dann täglich, bald einzeln, bald in Ketten in Geeste und im Bernter Moor antreffen. Belegexemplare befinden sich in Plankorth, Haselünne etc.

31. *Anas penelope* L. — Pfeifente.

Wie Altum (8.) berichtet, wurde am 26. VI. 1830 eine alte Pfeifente mit sechs noch nicht flüggen Jungen bei Spelle im Kreise Lingen auf dem Speller Brok erlegt, und Bolsmann schrieb: „Nistet schon im Moore bei Spelle" (12.). In neuerer Zeit habe ich keine Brutplätze für unser Gebiet mehr finden können. Aus dem Nachbargebiete gibt Löns (62.) zwei Brutplätze für die Lüneburger Heide an, und aus Holland sind ebenfalls einige Brutplätze bekannt, sonst ist sie nirgends brütend gefunden wurden. Auf dem Herbstzuge zeigt sich *A. penelope* ungemein häufig, besonders in der zweiten Hälfte des Oktobers und im November. 1909 schofs Botschen in Geeste aus einer gröfseren Kette schon am 14. IX. bei schwachem Westwind und bedecktem Himmel ein Individuum im Übergangskleide, dafs sich jetzt im Hannoverschen Prov.-Museum befindet. Dann zeigten sich die nächsten Pfeifenten erst am 27. IX., wo ich ein Tier erlegte, von da ab begann der eigentliche Durchzug. Schöningh traf sie sehr häufig im Moor und an der Ems. Im Winter stellt sie sich bald mehr bald weniger häufig auf der Ems ein, wo sie Graf M. v. Galen verschiedentlich erlegt hat, dieser besitzt auch ein Belegexemplar. Der Frühjahrszug geht im März und April vor sich, so notierte ich am 11. IV. 1910 bei SSW. und klarem Wetter zwanzig, in Geeste aus nächster Nähe beobachtete Pfeifenten und hörte in der Nacht vom 14. zum 15. über Lingen durchziehende Enten.

32. *Anas strepera* L. — Schnatterente.

A. strepera hat einmal 1892 bei Elze (67.) in Hannover gebrütet und ist sparsamer Brutvogel in den Niederlanden, bei uns nur ganz vereinzelter Durchzügler und Wintergast. Ich erhielt am 7. II. eine Schnatterente und am 10. II. 07 zusammen mit einem kleinen Säger ein Exemplar, ferner schofs Schimmöller in Geeste am 28. IX. eine *A. strepera*, und nach Graf M. v. Galen wurde sie bei Beversundern auf der Ems erlegt. In den Nachbargebieten meistens fehlender oder sehr seltener Durchzügler.

Anas discors und ***A. formosa*** wurden einmal in Holland erlegt.

Tadorna tadorna (L.) — Brandente.

Zwei Exemplare sollen zwischen Beversundern und Wachendorf auf der Ems gesehen und vergeblich beschossen worden sein, doch möchte ich den Fall nicht als beweiskräftig für ihr Vorkommen in unserm Gebiet gelten lassen. Aufserdem wurden Tiere geschossen, die aber, wie Schöningh mir mitteilte, ihm aus der Gefangenschaft entflohen waren. Vereinzelt wurde sie in Westfalen auf der Ems erlegt. Nach Löns (81.) hat sie in Hannover auch im Binnenlande gebrütet, darunter einmal in der Nähe der Ems bei Oldersum.

33. ***Anser anser*** (L.) — Graugans.

Über das Erscheinen der Graugans in West-Deutschland, d. h. über die Häufigkeit des Auftretens und über ihre Zuggewohnheiten, herrschen in der ornithologischen Literatur viele Widersprüche. Wie die Zugserscheinung bei uns verläuft, darüber bin ich mir noch nicht ganz klar, wenigstens vermochte ich nicht festzustellen, ob sich noch im Winter bei uns Graugänse zeigen, wie dies für Oldenburg und einige andere Gebiete angegeben wird. Ich bezweifle dies nämlich sehr und glaube, dafs die Graugans nur im Herbst — September - Oktober — und im Frühjahr durchzuziehen pflegt. Auch scheint mir die Angabe des Oldenburger Faunisten (129.) deshalb zweifelhaft, weil er angibt, es überwintern grofse Flüge. Die Graugans erscheint in unserm Gebiet alljährlich und regelmäfsig, aber sie ist keineswegs sehr häufig, wenn ich auch wiederum Kochs Angabe für Westfalen, dafs sie sehr selten ist, nicht gut heifsen kann. 1909 erschien die erste Graugans, ein einzelnes Tier, am 14. IX. bei bedecktem Himmel und ganz schwachem Nordwind in Geeste. 1910 trafen die beiden ersten Graugänse in Geeste am 12. IX. bei bedecktem Himmel und Westwind ein. Am 14. IX. wurden fünfzehn Gänse dort beobachtet, doch habe ich diese nicht selbst gesehen oder ihre unverkennbare Stimme gehört, es dürften wohl die ersten Saatgänse gewesen sein. Im allgemeinen erschienen im Herbst 1910 ziemlich viele Graugänse. Am 7. X. 10. wurden zwei Tiere in Geeste geschossen. Schöningh besitzt ein im Moor geflügeltes Exemplar lebend. Graf Galen hat sie bei Beversundern erlegt. In Holland bestand seit 1819 bis vor wenigen Jahren eine kleine Kolonie von Graugänsen (110.).

34. ***Anser fabalis*** (Lath.) — Saatgans.

Von dieser Art erscheinen bei uns ungeheure Scharen, die z. T. durchziehen, z. T. überwintern. Der Herbstdurchzug beginnt bald Mitte September, bald erst im Oktober und steigert sich bis zum Dezember, dann kann man sich von der Grofsartigkeit der Züge kaum einen Begriff machen. Unter diesen ungeheuren Scharen werden sich wahrscheinlich viele *A. f. arvensis* befinden, die aber übersehen und für *A. fabalis* gehalten werden. *A. f. arvensis* ist nämlich in Holland die am häufigsten erscheinende Form, wurde aber in den andern Nachbargebieten bis jetzt noch nicht gefunden.

35. ***Anser albifrons*** (Scop.) — Bläfsgans.

Wahrscheinlich eine häufigere Erscheinung, die meistens übersehen wird. Im Herbst 1908 wurden in der Umgebung von Lingen drei Exemplare geschossen, die ich selbst bestimmt habe. Am 11. X. 09 trieb sich in Geeste ein einzelnes Tier herum, das sich aber stets von vierzehn zu gleicher Zeit anwesenden Saatgänsen gesondert hielt. Schöningh erhielt von Bramhar ein leicht geflügeltes Exemplar und besitzt noch jetzt ein bei Schöningsdorf geflügeltes Tier lebend. Koch (123.) erhielt sie aus Westfalen häufiger als *A. anser*. Weiter im Binnenlande immer seltener.

Anser erythropus (L.) — Zwerggans.

Wurde zweimal in Westfalen, einmal nach le Roi in Ostfriesland bei Ogenbargen (106.) und sehr selten in Holland erlegt. *Anser brachyrhynchus* wurde 1884 in grofsen Zügen in Oldenburg (134.) beobachtet, erscheint sonst nur in geringer Zahl im Winter in Ostfriesland, *A. hyperboreus* wurde in den Niederlanden beobachtet.

36. *Branta bernicla* (L.) — Ringelgans.

Branta bernicla ist ein echter Küstenvogel, der an der Nordsee zu tausenden erscheint, und nur sehr grimme Kälte vermag einzelne Schwärme weiter ins Binnenland zu verdrängen. In kalten Wintern trifft man bei uns ab und zu kleinere und gröfsere Gesellschaften. Graf Galen besitzt ein Ende Dezember 1906 aus einen gröfseren Flug herausgeschossenes Exemplar, das bei Beversundern erlegt wurde. Schöningh schofs *B. bernicla* an der Ems in der Nähe von Meppen, ein anderes Tier wurde am Süd-Nordkanal lebend gefangen.

Branta leucopsis (Bchst.) — Nonnengans.

Erscheint an der Ost- und Westfriesischen Nordseeküste in kleineren Trupps, wurde einmal in Westfalen nach Landois (54.) 1877 bei Rheine und sehr selten im Rheinland erlegt.

Branta ruficollis ist verschiedentlich in den Niederlanden erbeutet worden.

37. *Cygnus olor* (Gm.) — Höckerschwan.

In allen Fällen, wo *C. olor* in Westdeutschland erlegt wird, mufs man bei der Einschätzung und Beurteilung ungemein vorsichtig sein. In unserem Gebiet wurden verschiedentlich Schwäne geschossen, von einigen konnte ich sogar die genaue Heimat, d. h. den Besitzer feststellen. Nur ein einziger Fall scheint mir beachtenswert, denn in diesem Fall hat es sich höchst wahrscheinlich um einen wirklichen Höckerschwan gehandelt. Das Tier steht in der Sammlung Lichte, ist ein junges Exemplar und wurde aus einer gröfseren Schar, die sich auf den Vechtewiesen niedergelassen hatte, von Lichte herausgeschossen. Der Höckerschwan erscheint in geringer Zahl im Winter in Holland, er fehlt in den anderen Gebieten oder kommt nur vereinzelt vor.

38. ***Cygnus cygnus*** (L.) — Singschwan.

Im Frühjahr 1910 stellte sich Anfang April ein Pärchen Singschwäne auf den Geestener Karpfenteichen ein, und es schien ihm dort so wohl zu gefallen, dafs ich die starke Hoffnung hatte, die Tiere würden hier zur Fortpflanzung schreiten. Die Schwäne waren nicht besonders scheu, flogen aufgejagt nur von einem Teich zum andern und benahmen sich nach einigen Tagen, als wenn sie ganz zu Hause wären. Leider wurden aber beide Tiere die Beute einiger voreiliger Jäger, und meine Hoffnung, hier die bei weitem westlichste und südlichste Brutstätte des schönen Vogels feststellen zu können, so zu nichte. Im Jahre 1905 hielt sich nach Schimmöller ein Schwanenpärchen den ganzen Sommer über in Geeste auf, schritt aber nicht zur Fortpflanzung und verschwand im August wieder. Jedoch bin ich im Zweifel, ob es wirklich Singschwäne und vielleicht nicht etwa Höckerschwäne gewesen waren. Im Winter pflegen auch regelmäfsig in Geeste einige Singschwäne für einige Zeit feste Gäste zu sein, so hielten sich nach Schimmöller dort 1909/10 im Winter 6 Wochen lang 6 Schwäne auf. *C. musicus* ist im Herbst, Winter und auf dem Frühjahrszuge in unserem Gebiet eine regelmäfsige, beinahe häufige Erscheinung. Nach Bödiker und Kreymborg erscheinen die Schwäne allwinterlich bei Haselünne, wo sich verschiedene ausgestopfte Exemplare in Privatbesitz befinden, und wo ein Tier, wie ich mich überzeugte, in der Klostersammlung steht. Ein Singschwan wurde ermattet im Elterfelde gefunden. An der Vechte erscheint er ebenfalls regelmäfsig, ein bei Frenswegen geschossenes Exemplar steht in der Sammlung Lichte. An der Ems beobachtete ich ihn verschiedentlich, ebenso Graf M. v. Galen. Bei Gleesen wurden 1897 (?) 5 Exemplare nach Tegeder geschossen. In der Wöste überwintert er auch sehr gern. Wigger erhielt ein Exemplar von dort.

39. ***Cygnus bewicki*** Yarr. — Zwergschwan.

Diese hochnordische Art erscheint vielleicht häufiger, wird aber stets übersehen oder für *musicus* gehalten. Am 25. II. 08 wurde mir ein Zwergschwan von einem Bauer zum Kauf angeboten, den ich aber leider damals ablehnte, da ich nicht sammelte. Das Tier war an einem Bache in der Nähe der Ems geschossen worden. Weitere Fälle sind mir für unser Gebiet nicht bekannt. Der Zwergschwan erscheint in allen Nachbargebieten nur vereinzelt, wurde auch einmal jenseits der Grenze unseres Gebietes bei Rheine (123.) erlegt.

Familie: **Charadriidae.**

40. ***Haematopus ostralegus*** L. — Austernfischer.

Nach Wigger wurde er 1883 bei Freren erlegt, aufserdem erhielt Wigger ein Exemplar aus der Nachbarschaft der Wöste.

Schöningh schofs vor Jahren ein altes Tier auf der Meppener Kuhweide. In der Sammlung des Meppener Gymnasiums steht ein Exemplar ohne Fundortangabe. An der Küste überall Brutvogel, im Binnenlande aber nur sehr seltener Gast.

Arenaria interpres (L.) — Steinwälzer.

Ich glaubte, ihn einmal im September 1909 in Geeste zu sehen. Obwohl ich das Tier lange verfolgte, konnte ich es nicht erlegen, da es immer zu früh hochflog. In Westfalen erst zweimal erlegt, überhaupt im Binnenlande sehr selten, auch an der Küste auf dem Durchzuge ziemlich selten geworden.

Cursorius gallicus wurde einmal in Westfalen und dreimal in Holland nachgewiesen, ***Glareola fusca*** wurde 2 oder 3 mal in Westfalen erbeutet und soll dort aufserdem gesehen worden sein (8.), ist 2 mal in Holland geschossen worden.

Squatarola squatarola (L.) — Kiebitzregenpfeifer.

An der Küste regelmäfsiger Durchzügler, im Binnenlande sehr selten. Wigger erhielt ihn aus der Nachbarschaft unseres Gebietes, aufserdem wurde er noch vereinzelt in Westfalen erlegt.

41. ***Charadrius apricarius*** L. — Goldregenpfeifer.

Wiederum ein trauriger Zeuge für den Einflufs des Menschen auf die Fauna ist *Ch. apricarius*, der in früheren Jahren ein weit verbreiteter Brutvogel der Nordwestdeutschen grofsen Hochmoore und ausgedehnten Heiden war, jetzt aber in den allermeisten Gegenden, besonders im Binnenlande, schon völlig ausgestorben ist oder nur noch sehr selten auftritt. Am trefflichsten läfst sich seine Geschichte in dem benachbarten Westfalen verfolgen, v. Droste (123.) nennt ihn einen „einst nicht seltenen Brutvogel auf den ausgedehnten Heiden der Ebene“. Altum gibt 1863 (8.) nur das Emsdetter Moor als Brutplatz an, schreibt aber 1880 in seiner Forstzoologie, dafs 1859 der Goldregenpfeifer zuletzt mit Sicherheit in Westfalen gebrütet hat. In den siebziger Jahren wurde er nach König brütend bei Burgsteinfurt gefunden. 1886 nennt Landois (54.) als Brutstätte die Heiden um Wettringen, 1906 kennt ihn Wigger (123.) als Brutvogel zwischen Nienborg und Epe. In Oldenburg ist er Wiepken als Brutvogel der Hochmoore bekannt. In Holland brütet er vereinzelt in Nordbrabant und Friesland, früher auch in Gelderland.

In unserem Gebiet ist er noch an verschiedenen Stellen Brutvogel, wahrscheinlich auch im anschliefsenden Hümmling und im Bourtanger Moor. Schöningh fand ihn verschiedentlich brütend in den Hochmooren um Schöninghsdorf. Boediker schrieb mir: „*Charadrius apricarus* bewohnt die Heidefelder in der Umgegend von Haselünne dort, wo Kolke, Wassertümpel und Teiche sind, fand einmal auf einem Inselchen inmitten eines Kolkes ein Nest, dessen Eier ganz verschieden gefärbt waren." Bodemann nennt ihn 1886 (46, 1888) Brutvogel bei Haselünne. Wigger traf ihn als Brutvogel in der Wöste an, und auch Imming fand dort verschiedentlich sein Nest. Im August 1910 zeigte mir ein alter Schäfer im Bernter Moor den Platz, wo in diesem Jahre ein Nest der „lütten Tüte" oder „lütten Regentüte", wie *Ch. apricarius* dort im Gegensatz zum „Groten Tütwelp" genannt wird, gestanden hatte. Ich habe ihn in den letzten Jahren nur recht selten auf dem Zuge beobachtet. Er zieht zwar hauptsächlich in grofsen Schwärmen an der Küste entlang, aber dennoch kam er in früheren Jahren, wie mir allgemein versichert wurde, oft sehr zahlreich auf dem Durchzuge vor, und ich erinnere mich, dafs im Herbst 1906 die „Tüten" häufig vor den Wildläden hingen. Kreymborg beobachtete Ostern 1907 Goldregenpfeifer in Gesellschaft des Brachvogels auf den an die Listruper Reiherkolonie angrenzenden feuchten Wiesen.

Charadrius dominicus fulvus wurde 7 mal in den Niederlanden (Friesland) erlegt.

42. ***Charadrius morinellus*** L. — Mornellregenpfeifer.

In früheren Jahren mufs der Mornellregenpfeifer oder die Steintüte, wie sie hier genannt wird, eine ziemlich regelmäfsige Erscheinung auf dem Herbstzuge gewesen sein, denn er wurde nach Berichteu älterer Jäger verschiedentlich geschossen. In den letzten Jahren aber ist er recht selten geworden, Wigger erhielt ein Exemplar im April 1908 aus der Wöste. In den Nachbargebieten wurde er ebenfalls recht selten beobachtet.

43. ***Charadrius dubius*** Scop. — Flufsregenpfeifer.

Einer der seltensten Brutvögel unseres Gebietes, dessen Bestand früher gröfser gewesen ist. 1907 erhielt ich ein Ei von *Ch. dubius* das von einem Schüler gefunden worden war. Tegeder beobachtet ihn einmal zur Brutzeit im Juni unterhalb Hanekenfähr, suchte aber vergebens auf den Sandbänken nach dem Neste. An der Hase habe ich ihn im Juli gesehen, wahrscheinlich brütet er dort auch noch ganz vereinzelt, denn Bodemann nennt ihn 1886 (46, 1888) als Brutvogel bei Haselünne. Auf dem Zuge erscheint er regelmäfsig, aber selten an der Ems, Hase, Vechte.

Charadrius hiaticula L. — Sandregenpfeifer.

Noch nicht sicher bei uns nachgewiesen, aber wahrscheinlich vereinzelt erscheinend, da er noch oberhalb unseres Gebietes an der Ems nachgewiesen wurde. Am Rhein erscheint er regelmäfsig. Altum (8.) erhielt sogar am 17. IV. 1868 ein sicheres Gelege von Bevergern im Münsterlande.

Charadarius alexandrinus ist echter Küstenvogel, brütet häufig an der deutschen und niederländischen Küste.

44. *Vanellus vanellus* (L.) — Kiebitz.

Eine der schönsten Zierden unserer Moore, Heiden, Brüche und ausgedehnten Weiden ist unstreitig *V. vanellus,* wenn er zur Brutzeit mit wuchtigem Flügelschlage den Besucher unter lautem gezogenem „iibit" umgaukelt, wobei er sich im Fluge überstürzt und die tollsten Flugstücke ausführt. Der Bestand des Kiebitzes ist, trotzdem er noch jetzt überall häufig ist, nach vielen Aussagen zurückgegangen, aber hoffentlich steigert er sich wieder, seitdem das Eiersuchen nur den Jagdberechtigten erlaubt ist. Zwar ist das allgemeine Eiersuchen meiner Ansicht nach nicht der alleinige Grund seines Rückganges gewesen; am schlimmsten haben ihm, wie ich selbst mich überzeugt habe, die im Moore revidierenden Krähen zugesetzt, denn wenn das Eiersuchen am 15. IV. vorüber war, konnte das Nachgelege ihn vor der Ausrettung durch Menschen schützen, vor den Krähen aber ist auch dieses nicht sicher. Der Kiebitz ist ziemlich anpassungsfähig und rettet sich nach der Meliorierung der Moore und Heiden auf das Weide-, zum Teil auf das Ackerland. Seine verschiedenen Brutplätze in unserem Gebiete aufzuzählen würde zu weitläufig sein, am häufigsten ist er bei Wietmarschen, ferner sehr gemein bei Bramhar, in der Wöste und an vielen anderen Orten.

Der Herbstzug von *V. vanellus* ist eine der Zugerscheinungen, die sich am besten und sichersten kontrollieren lassen. In den Geestener Teichen gibt es keine Vogelart, die in so ungeheuerer Menge durchzuziehen pflegt wie *V. vanellus.* Seit der Gründung der Teichanlagen hat sich die Menge der dort im Herbst erscheinenden Vögel nach Schimmöllers und meinen Beobachtungen jährlich gesteigert, und 1910 war die Masse der Durchzügler wirklich staunenerregend, denn an den Hauptzugtagen schrieen und flogen dort viele hunderte durcheinander, safsen in langen Reihen an den Wasserrändern oder stiefsen gemeinsam auf plumpe Rohrweihen und vorüberfliegende Krähen. Nach der Brutzeit sammeln sich allmählich die Kiebitze aus einem gröfseren Gebiete an einem bestimmten geeigneten Platze, und man kann im August oft vergebens die alten Brutplätze durchwandern, kein Kiebitz ist zu sehen, denn die Tiere liegen oft zu vielen hunderten an den Versammlungsplätzen. In unserem Gebiet ist ein solcher Platz die Geestener Teichanlage. 1909 war die Art und Weise der ganzen Zugerscheinung anders wie 1910. Nachdem ich 1909 am 18. X. meine Beobachtungen in Geeste abgeschlossen hatte, verarbeitete ich sie sogleich zu folgendem Resultat.

Die meisten Kiebitze der Gegend hatten sich im August an den Geestener Teichen und in dem daran grenzenden Ochsenbruch eingefunden und zwar, wie auch Schimmöller versicherte, 1909 in ganz besonders grofser Anzahl. Nachts blieben sie entweder in Geeste, wo sie dann in manchen Nächten die ganze Nacht über munter schwärmten und schrieen oder zogen in den benachbarten Ochsenbruch. Anfang September lösten sich die grofsen Schwärme allmählich auf und zogen in kleineren und gröfseren Abteilungen in SW.- oder SSW.-Richtung ab, oft kehrten diese Abteilungen nach einigen Stunden wieder um, auch sah man täglich neue Schwärme hinzukommen, die meistens auf dem Geestener Sammelplatz einfielen. Um den 15. September begann eine merkliche Abnahme der Kiebitze, die bis zum 26. September von Tag zu Tag sich steigerte. Schimmöller, der täglich das ganze Gebiet abschritt, hat mir meine Beobachtungen ergänzt, und es zeigte sich, dafs die Abnahme ganz allmählich bis zum 26. vor sich ging. Am Morgen des 27. September waren plötzlich wieder riesige Scharen dort, die wahrscheinlich in der Nacht angekommen waren. In der Zeit vom 15.—26. September habe ich die weitere Umgebung von Lingen nach allen Seiten durchstreift und die Kiebitze immer in einem Verhältnis angetroffen, dafs dem jeweiligen Verhältnis der Kiebitze in Geeste entsprach. Der Kulminationspunkt des Durchzugs fand nach Schimmöller am 2. Oktober statt und die grofse Menge der Kiebitze hielt nach meinen eigenen Beobachtungen, freilich in immer geringer werdendem Mafse, sich bis zum 8. Vom 8. bis zum 18. wechselte die Stärke des Zuges sehr, bald waren es mehr, bald weniger, oder sehr wenige Tiere. Ich habe die feste Überzeugung bekommen und werde darin bestärkt durch Beobachtung aus früheren Jahren, die leider nicht so streng durchgeführt waren, dafs die Kiebitze dieser Gegend, ebenso wie die Bekassinen, abziehen, bevor die nordischen Gäste angekommen, und dafs sogar, wie das wenigstens 1909 sehr deutlich war, ein Zwischenraum zwischen dem Abzug der Tiere aus dortiger Gegend und dem Zuzug nordischer Wanderer liegt.

Ein nach Alter und Geschlecht getrennter Zug findet bei den Kiebitzen nicht statt. Von der Witterung sind sie bedeutend abhängiger als z. B. die Enten, aber wiederum längst nicht so abhängig wie Bekassinen, die meisten Raubvögel und viele Kleinvögel. Am 15. X. herrschte bei klarem Wetter heftiger Wind, beinahe Sturm, an diesem Tage waren z. B. gar keine Kiebitze und Bekassinen, wohl aber viele Enten in Geeste zu sehen. Die Kiebitze haben die Gegend mit den heftigen Winden ebenso wie die Bekassienen auf dem Zuge gemieden. Anders liegt die Sache, wenn, wie am 30. VII., heftiger Westwind in Geeste herrschte, dann weichen die Kiebitze, die sich dort versammelt haben und noch nicht auf dem Zuge sind, sondern aus Tieren der betreffenden Gegend bestehen, dem Winde nicht aus. Dies ist ein grofser Unterschied zwischen Tieren, die eine bestimmte Gegend bewohnen und zwischen Tieren, die diese Gegend auf dem Zuge durchreisen und spricht stark für meine Ansicht, dafs bis zum 15. September in Geeste heimische Kiebitze und von da an fremde Wanderer anzutreffen waren.

1910 hatten sich Ende August noch bedeutend gröfsere Scharen in Geeste eingefunden. In der ersten Septemberhälfte waren dort stets sehr viele Kiebitze zu finden, und ihre Zahl nahm zwar etwas ab, aber es entstand nicht ein so scharfer Zwischenraum wie in der zweiten Septemberhälfte 1909, sondern es war ein allmählicher Übergang zwischen dem Abzug der heimischen und dem Durchzug weiter nördlich wohnender Kiebitze. Mit schwachen südwestlichen Winden steigerte sich der Zug vom 27. IX., erreichte am 30. IX. und 1. X. bei schönstem Wetter und Windstille seinen Höhepunkt. Als dann am 3. und 4. X. bei bedecktem Himmel sturmartiger Südwestwind einsetzte, sank die Zahl von ungefähr 600 Kiebitzen auf 100—120. In der folgenden Zeit stieg sie wieder bei günstigem Wetter.

Im Frühjahr traf ich oft noch in der ersten Aprilhälfte, wenn unsere Kiebitze schon lange brüteten, kleine Schwärme von Durchzüglern an.

Oedicnemus oedicnemus (L.) — Triel.

Trotzdem der Triel vereinzelter Brutvogel in Holland ist, und obwohl zwei Brutplätze (1876) in Oldenburg (129.) bekannt sind, und er früher in Westfalen (130.) nahe der Grenze unseres Gebietes genistet haben soll, ist er doch bei uns weder brütend noch auf dem Zuge angetroffen worden. In Westfalen wurde er verschiedentlich erlegt, auch an der Grenze unseres Gebietes bei Rheine (123.).

Familie: **Scolopacidae.**

45. *Recurvirostra avosetta* (L.) — Säbelschnabel.

Bödiker teilte mir aus Haselünne unter anderem folgendes brieflich mit: „Vor ca. 40 Jahren bemerkte man in der städtischen Weide, die von der Hase durchflossen wird, eigenartige gröfsere Vögel, welche keinen möwenartigen Flug hatten, sondern mehr gleichmäfsig die Hase entlang flogen. Man nannte diese Vögel hier wohl „Meerelstern", und ich besitze heute noch ein Ei von ihnen, das eine gelbliche Grundfarbe und schwarze Flecken hat, stumpf, birnförmig ist und im Verhältnis zu dem Vogel recht grofs erscheint. Das Nest safs an der Hase auf einem Heiderücken." Auf diese Mitteilung hin bat ich, mir das Ei zur Ansicht zu senden. Leider kam es hier zerdrückt an; aber ich glaubte im Berliner Zool. Museum feststellen zu können, dafs das Ei entweder von *Himantopus himantopus* oder von *Recurvirostra avosetta* stammen müsse, da wegen der eigenartigen Zeichnung und Färbung kaum ein anderer Vogel in Betracht kommen kann. Die Trümmer des Eies, die noch in meinem Besitz sind, gleichen meiner Ansicht nach am meisten *Recurvirostra*eiern, und weil *Himantopus* Brutvogel von Südeuropa, Mittel- und Südasien und Afrika ist und nur zweimal in Belgien 1907 brütend gefunden wurde (Science et Nature 1907, p. 47), dürfte er wohl überhaupt nicht in Betracht kommen. Es kann sich also in diesem Fall wohl nur um das Nisten von *R. avosetta* handeln. Dieser Vogel ist aber bekanntlich ein seltener Brutvogel unserer Küsten, der sich streng an die Wasserkante hält und, soviel mir bekannt ist, noch nie weiter im Binnenlande gebrütet hat. Sicherlich aber dürfte sein Brüten bei Haselünne, ungefähr 100 Kilometer von der Küste, das bei weitem tiefste im Binnenland sein, das bis jetzt festgestellt worden ist. Bödiker schrieb mir zwar, dafs es sich seines Erinnerns nach, der Fall liege zwar 40 Jahre zurück, weder um *Himantopus* noch um *Recurvirostra* handeln könnte, weil die Tiere nicht langbeinig gewesen seien; aber trotzdem möchte ich es doch wegen der eigenartigen Eifärbung und Zeichnung für leicht möglich halten, dafs es sich um *R. avosetta* gehandelt hat. An der ostfriesischen Küste ist der Säbler schon seit Jahren als Brutvogel verschwunden und ist auf dem Zuge eine ungemein seltene Erscheinung, in Holland brütet er noch auf Texel, Hoek van Holland und in Nordholland. Auf dem Zuge erscheint er auch ab und zu in unserm Gebiet. Schöningh schofs ein Tier, das er präparieren liefs, auf der Meppener Kuhweide; ein anderes Exemplar, doch ohne Fundortangabe, besitzt das Meppener Gymnasium. Auf dem Durchzuge in den Nachbargebieten nur höchst selten, z. T. fehlend.

Himantopus himantopus (L.) — Stelzenläufer.

Sehr seltener Irrgast, der viermal in Holland, ferner einmal bei Seppenrade (123.) im Münsterlande nachgewiesen wurde. Möllmann (87.) beobachtete im Mai 1885 ein Pärchen Stelzenläufer in Herbergerfelde, das unweit der Meppener Grenze im Artlande liegt.

Phalaropus fulicarius (L.) — Plattschnäbliger Wassertreter.

Dieser an den Nordseegestaden sehr seltene Wasserläufer — das Hann. Prov.-Museum besitzt ein Exemplar aus Juist vom 7. X. 1910 — soll in Westfalen verschiedentlich auf der Ems geschossen sein, doch weist le Roi (104.) mit Recht darauf hin, dafs es sich wahrscheinlich um *Ph. lobatus* handele, der regelmäfsig im Herbst vereinzelt an der Küste erscheint und ab und zu im Binnenlande erlegt wird.

Calidris arenaria (L.) — Sanderling.

Von Oktober bis April an den ostfriesischen und niederländischen Küsten gemein. Im Binnenlande, wenigstens im Emsgebiet, sehr selten, nur in Westfalen nachgewiesen; am Rhein unregelmäfsig erscheinender Zugvogel.

Limicola platyrincha (Tem.) — Sumpfläufer.

In der „Ornith. Monatsschr. 1910, V“ veröffentlichte ich drei Fälle des Vorkommens von *L. platyrincha* in der Prov. Hannover, doch da sich mir hinterher Bedenken einstellten, liefs ich mir die drei Belegexemplare nach Berlin kommen und stellte dort im Zoolog. Museum fest, dafs es sich in keinem Falle um *L. platyrincha* handele, sondern dafs zwei Tiere der Spezies *Tringa alpina schinzi* und ein Tier der Spezies *Tringa alpina* angehöre. Nach v. Droste (34.) wurde ein Tier auf Borkum erlegt, das Belegexemplar ging verloren. In Holland ist die Art zweimal erbeutet worden.

46. *Tringa alpina schinzi* Brehm — Kleiner Alpenstrandläufer.

Vor Jahren wird wohl in allen feuchten Mooren des nordwestlichen Deutschlands *Tringa alpina schinzi* ein gar nicht seltener Brutvogel gewesen sein, jetzt sind nur noch spärliche Reste von diesem ehemals weit verbreiteten Vogel, der den meisten Ornithologen wohl nur als Brutvogel der Küste bekannt ist, im Binnenlande zu finden. In unserm Gebiet, ferner im benachbarten Artlande, im wenig bewohnten Hümmling und in den wasserreichen Mooren der unteren Emslande wird er wohl noch an manchen Stellen Brutvogel sein. Wer den Alpenstrandläufer bei uns beim Brutgeschäft belauschen will, der wende sich an Landleute von Engden und Bernte, die im Moor zu tun haben oder an den mit seinen schmutzigweifsen Heidschnuckenherden jeden Tag unter freiem Himmel zubringendem Schäfer und frage, wo die „Weckuhr“, so nennen ihn die Leute wegen seiner trillernden Stimme, brüte, und er wird sicher Auskunft erhalten. Wigger schrieb mir über *Tringa alpina schinzi*; „Der Alpenstrandläufer (Weckuhr) nistet regelmäfsig in der Engdener Wöste und gar nicht selten; ich habe noch ein junges daher.“ Schon sehr früh in der ersten Hälfte des August scheinen die Tringen ihre Brutplätze zu verlassen und umherzustreifen, vielleicht ziehen sie auch an die Küste, denn man findet sie an den Brutplätzen nicht mehr. Wohl trifft man oft noch gröfsere Abteilungen im September und Oktober, aber vielleicht sind dieses fremde Gäste. Zu überwintern scheinen im Binnenlande in den Mooren keine, sie ziehen entweder zum Süden oder an die holländische Küste. Ringexperimente müfsten das entscheiden. In kalten Wintern erscheinen vereinzelt Tringen an der offenen Ems von der Küste her. Eine von mir am 15. IX. 09 bei Geeste geschossene *T. alp. schinzi* besitzt das Hann. Prov.-Mus. — Aus Westfalen geben Bolsmann (13.) und v. Droste an, dafs sie vor der Heideteilung häufiger Brutvogel gewesen sei. Koch glaubt, dafs der Alpenstrandläufer dort nicht mehr Brutvogel ist; er erhielt 1878 die letzten

Eier aus der Umgebung von Rheine (Westf. Sekt. 1878). In Oldenburg brütet er an der Unterhunte. Augenblicklich scheint er noch Brutvogel am Dümmersee zu sein. Möllmann kennt ihn (1893) als Brutvogel im Artlande bei Menslage (87.).

47. ***Tringa alpina alpina*** L. — Alpenstrandläufer.

Dieser an der Küste so ungemein häufig durchziehende Strandläufer erscheint ab und zu in kleineren oder gröfseren Abteilungen an der Ems und im Moor. Ein von mir am 7. X. in Geeste geschossenes Tier besitzt das Hannov. Prov.-Museum. Wiepken (129.) nennt ihn Brutvogel an der Unterhunte, während er *T. alp. schinzi* unterscheidet und angibt, dafs sie am Dümmersee brütet. Die an der Unterhunte brütenden Strandläufer sind aber sicherlich ebenfalls *T. a. schinzi*, da *T. a. alpina* in Nordeuropa und Nordasien brütet.

48. ***Tringa minuta*** Leisl. — Zwergstrandläufer.

Während *T. minuta* nach le Roi im August und September alljährlich auf dem Durchzuge in kleinen Gesellschaften am Rhein erscheint, ist dieser kleine Strandläufer scheinbar in dem Emslande nur recht selten beobachtet, wenigstens liegen spärliche Nachrichten über ihn aus Westfalen vor, und einmal wurde er von Möllmann (87.) 1892 im benachbarten Artlande erlegt. Am 14. IX. 09 sahen Botschen und ich zwei Zwergstrandläufer in Geeste und schossen zu gleicher Zeit auf ein Exemplar, das leider so zerschossen wurde, das es zur Präparation untauglich war. 1910 flogen im September nochmals vier kleine Strandläufer in Geeste an mir vorüber, die ich für *T. minuta* hielt.

Tringa temmincki erscheint weit seltener als vorige Art an der Küste und wurde auch im Rheinland erlegt, *T. canutus* dürfte unser Gebiet durchflogen haben, da er in Westfalen, z. B. an der Berkel bei Coesfeld (54.) erlegt wurde, er ist an der Küste sehr häufig, *T. maritima* erscheint bald einzeln, bald in kleinen Schwärmen an der Küste, *T. ferruginea* wird an der Küste recht selten angetroffen, ist auch schon im Rheinland beobachtet.

49. ***Tringoides hypoleucos*** (L.) — Flufsuferläufer.

An den Ufern der Ems und der Vechte nach meinen Beobachtungen ein keineswegs seltener Vogel, als Brutvogel der Hase nennen ihn Kreymborg und Boediker. Vielleicht brütet er auch vereinzelt am Dortmund-Emskanal, wo dessen Ufer in der Nähe der Brücken mit Steinplatten gedeckt sind. Auf dem Zuge im Frühjahr und Herbst ist *T. hypoleucos* eine ungemein häufige Erscheinung, ich traf ihn dann an der Vechte, Ems, Hase, an kleinen Bächen, am Kanal, in Geeste, aber selten im Moor. Ein am 12. IX. in Geeste geschossenes Tier besitzt das Hann. Prov.-Museum. Der Hauptdurchzug im Herbst fällt in die zweite Hälfte des August und dauert bis zum Ende des September. Im Oktober sieht man nur wenige Flufsuferläufer.

50. *Totanus pugnax* (L.) — Kampfläufer.

Der Kampfläufer ist ebenso wie *Tringa alpina schinzi* meistens nur als Küstenvogel bekannt, aber dennoch war er wie dieser in früheren Jahren ein verbreiteter Moorbrüter, der ziemlich weit ins Binnenland vordrang. Jetzt findet er sich aber nur noch recht selten im Binnenlande. Ob der Kampfläufer primär Moorbrüter war oder erst später von der Küste aus, den Mooren folgend, ins Binnenland vorgedrungen ist, und dann in neuerer Zeit dort wiederum verdrängt wurde, läfst sich jetzt recht schwer sagen. Im benachbarten Westfalen war er nach Tümmler in den grofsen Heiden an der holländischen Grenze Brutvogel (Westf. Sekt. 1898), Wemer (123.) gibt jetzt für Westfalen nur an, dafs in der „Brechte" bei Wettringen in vereinzelten Jahren ein Pärchen brütet. Im Artlande ist er zur Brutzeit häufig beobachtet bei Menslage (87.) (1893). In Oldenburg ist er Brutvogel an der Unterhunte. Aus unserm Gebiete ist noch eine ganze Reihe von Brutplätzen bekannt, von denen ich die wichtigsten hier erwähne. Ich belauschte seine lustigen Kampfspiele im Frühjahr 1910 an wenigen Pärchen im Ochsenbruch, Bödiker nennt ihn mir als Brutvogel in den Niederungen des Lager Brook's bei Haselünne. Ein Hauptkampf- und Brutplatz befindet sich nach Lichte in der Nähe der Landstrafse zwischen Nordhorn und Wietmarschen. Schliefslich liegen mir die verschiedensten Nachrichten von Tegeder, Meier, Wigger, Nordhoff, Imming und andere über sein Vorkommen in der Wöste vor, wo er an verschiedenen Stellen Brutvogel ist. Wigger erhielt aus dieser Gegend an ein Dutzend Exemplare zur Präparation. Nach Schöningh wurden die Kampfspiele von *T. pugnax* im Dalummerfeld beobachtet, aber kein Nest gefunden. Männchen in Prachtkleidern findet man ungemein häufig ausgestopft in Privatbesitz. Vor einer Reihe von Jahren wurde mitten in der Stadt Lingen am Stadtgraben ein schönes Männchen mit einer Pistole in einem Garten erlegt, ich habe das Tier selbst gesehen. Im Herbst erscheint er auf dem Zuge an geeigneten Stellen sehr häufig, und besonders in Geeste ist er dann stets zu finden, wo er sich durch laute Rufe sehr bemerkbar macht. In der zweiten August- und ersten Septemberhälfte ziehen die meisten in kleineren und gröfseren Abteilungen durch. Hauptdurchzugstage in Geeste waren 1909 der 9. IX. — klares Wetter und ganz schwacher NW. —, wo Botschen zwei Belegexemplare für das Hann. Prov.-Museum schofs, und 1910 der 30. VIII. — klares

Wetter und schwacher SW. —, ferner der 7. IX. — bald klar, bald Regenschauer, Nordwestwind —, gegen die Mitte des Monats flaute der Durchzug ab, am 17. IX. — bald klar, bald bedeckt, Nordwestwind — erschienen nochmals ziemlich viele Kampfläufer, dann traten sie in dem letzten Drittel des Monats nur ganz vereinzelt auf. Über den Verlauf des Zuges müfsten Ringexperimente sehr Interessantes zu Tage fördern. Vielleicht ziehen die bei uns brütenden Kampfläufer nach der Brutzeit an die Küste. Die Durchzügler der letzten Augusthälfte und des Septembers ziehen aber wahrscheinlich nicht erst zur ostfriesischen Küste, denn der Verlauf des Zuges bei uns in Geeste entspricht ganz dem Verlaufe des Zuges an der Nordseeküste, wenn dort die Kulmination eintritt, herrscht sie bei uns auch, und wenn dort die letzten abziehen, ziehen bei uns ebenfalls die letzten durch.

51. *Totanus totanus* (L.) — Rotschenkel.

Trotzdem *T. totanus* eigentlich ebenfalls Brutvogel des Küstengebietes im nordwestlichen Deutschland ist, darf man ihn noch in unserer Gegend als häufig, z. T. sehr häufig bezeichnen. So ist er z. B. in den Wiesen an der Vechte bei Nordhorn nach Lichte ein sehr häufiger Brutvogel, und Lichte besitzt ein Exemplar von dort in seiner Sammlung. Ich beobachtete 1910 in der ersten Aprilhälfte seinen wunderbaren Balzflug in den Wiesen, die sich an den Ochsenbruch anschliefsen, und zwar begann der Balzflug in der ersten Aprilhälfte bei klarem Wetter schon um $6\frac{1}{2}$ Uhr morgens. Häufiger Brutvogel ist er nach meiner Beobachtung ferner in der Wöste, wo ihn auch Wigger geschossen hat. Schliefslich schrieb mir Kreymborg: „Der Gambettwasserläufer ist bei Haselünne nicht selten. Ich beobachtete ihn verschiedentlich im Kattenmoor, und in der Jagd um Eltern wurde Pfingsten 1908 ein Exemplar in meinem Beisein erlegt.“ Wahrscheinlich verläuft nach Süden zu kurz hinter unserem Gebiet die Grenze seines regelmäfsigen und häufigen Vorkommens. v. Droste (123.) schrieb für das benachbarte Westfalen (1874 oder früher): „Einst häufiger, jetzt seltener Brutvogel auf unseren Mooren.“ Koch gibt 1906 an: „In den grofsen Heiden, z. B. bei Ahaus noch Brutvogel.“ Im Rheinland brütet er wahrscheinlich ganz vereinzelt, ist aber noch nicht sicher nachgewiesen worden. In Holland überall Brutvogel, in Oldenburg (129.) im Binnenland nur einzeln auf den Huntewiesen von Blankenburg abwärts bis Elsfleth. Im benachbarten Artlande häufig (87.).

52. *Totanus fuscus* (L.) — Dunkler Wasserläufer.

Am 14. IX. 09 bei schwachem Nordwind und bedecktem Himmel beobachteten Botschen und ich diesen Wasserläufer in seichtem, ungefähr 10 cm hohem Wasser in Geeste. Es gelang mir, nahe an das Tier heranzukommen, und da ich ganz sicher sein wollte, schofs ich es. Das Tier war ungemein fett, und die Haut zerplatzte beim Apportieren durch den Hund, so dafs es zur Präparation untauglich wurde. Das Wildbret dieses Vogels war völlig ungeniefsbar. Weitere Beobachtungen über diesen im ganzen benachbarten Binnenlande äufserst seltenen Gast liegen nicht vor.

53. ***Totanus littoreus*** (L.) — Heller Wasserläufer.

Trotzdem aus dem Rheinland *T. littoreus* als ziemlich häufiger und regelmäfsiger Durchzügler bekannt ist, und obwohl er in Westfalen gar nicht selten erlegt sein soll, mufs ich ihn für unser Gebiet einen seltenen Gast nennen. Vielleicht ist er auch in den letzten Jahren erst so selten geworden, denn während v. Droste (34.) 1854 für Borkum zur Zugzeit noch von tausenden reden konnte, erscheinen sie dort nach Leege (58.) jetzt nur noch in sehr bescheidener Zahl. Mit voller Sicherheit habe ich *T. littoreus* nur einmal gesehen. Am 23. IX. 09 fuhr ich zusammen mit Dreesmann in einem eigens für ornithologische Exkursionen verfertigten Boote auf der Ems bei starkem Hochwasser von Lingen nach Meppen. Es herrschte Nordwind und völlig klares Wetter. Hinter Dalum flogen von dem sandigen Emsufer kurz vor unserm Boote zwei Vögel auf, die ich anfangs für Limosen hielt, sie liefsen sich zweihundert Meter unterhalb am Ufer wieder nieder. Wir liefsen das Boot ruhig ohne zu rudern, auf sie zu treiben, und ich konnte nun die Tiere mit meinem Glase auf vierzig Schritt Entfernung gut beobachten, und als *T. littoreus* sicher erkennen. Plötzlich flogen sie auf und strichen dicht über den Emslauf an uns vorüber zu der alten Stelle, wo wir sie aufgejagt hatten. 1910 flogen Anfang September in Geeste zwei Vögel an mir vorüber, die ich für *T. littoreus* ansprach.

54. ***Totanus ochropus*** (L.) — Waldwasserläufer.

Da sich dieser Wasserläufer immer mehr nach Westen zu ausbreitet, hoffte ich ihn auch schon in unserm Gebiet als Brutvogel feststellen zu können; aber ein sicherer Nachweis wollte mir nicht gelingen. *T. ochropus* zieht nämlich noch Mitte Mai vereinzelt durch unser Gebiet und erscheint schon Ende Juli, so dafs es begreiflich ist, dafs er häufig als Brutvogel angesehen wird. In Westfalen ist er ebenfalls noch nicht sicher als Brutvogel nachgewiesen, und sein vereinzeltes Erlegen zur „Brutzeit" und im Sommer darf gerade bei diesem Vogel nicht als Beweis für sein ständiges Vorkommen gelten. Aus Oldenburg erhielt Wiepken (123.) schon vor 1876 ein Ei dieses Vogels. In Hannover stellte Löns verschiedene Brutplätze fest (83). Auf dem Durchzuge berührt *T. ochropus* unser Gebiet ungemein häufig.

Die Kulmination des Herbstdurchzuges fällt auf die Mitte des August und sinkt langsam bis zum Ende des Monats. Im September traf ich die Tiere gewöhnlich nur einzeln an. In Geeste erschienen sie zur Hauptzugzeit oft in Flügen von 10—20 Stück. Ein am 23.VIII. 10 in Geeste erlegtes Exemplar besitzt Hennemann in Laggenbeck.

55. ***Totanus glareola*** (L.) — Bruchwasserläufer.

Aus den Niederlanden sind Brutplätze dieses Wasserläufers aus Brabant bekannt. In Oldenburg wird er nach Wiepken von 1848 an immer seltener und dürfte wahrscheinlich jetzt ganz fehlen. In unseren und den gewaltigen Mooren des unteren Emslandes könnte er noch vereinzelt brüten, aber irgend ein Beweis ist nicht erbracht. Auf dem Zuge erscheint er bei uns regelmäfsig, aber längst nicht so häufig wie *T. ochropus*. Ein am 12. VIII. 10 in Geeste von mir erlegtes Exemplar besitzt das Hann. Prov.-Museum.

56. ***Limosa limosa*** (L.) — Uferschnepfe.

In der ornithologischen Literatur findet man über *L. limosa* gewöhnlich angegeben, dafs sie vereinzelt in Deutschland brüte, doch häufiger Durchzugsvogel an den Küsten sei. Möglich ist es nun, dafs dieser Vogel in Deutschland in vielen Gegenden völlig übersehen wurde, wie wir über die Verbreitung so mancher Arten trotz der grofsen Zahl von Ornithologen noch im Unklaren sind, möglich aber auch, dafs sich *L. limosa* erst in neuerer Zeit angesiedelt hat. Über die Brutplätze dieses Vogels in unserm Gebiet will ich einige genauere Angaben machen. Am charakteristischsten für sein ständiges Vorkommen in unserer Gegend ist, dafs sich *L. limosa* bei der Moor- und Heidebevölkerung schon einen Stamm erworben hat, denn sie ist bei den Umwohnern der Wöste z. B. allgemein unter den Namen „Gritto" bekannt. In der Wöste brütet sie nach Wigger, und ich stellte sie als Brutvogel des Grofs Heseper Moores fest, in Grofs Hesepe befinden sich präpariert mehrere dort geschossene Exemplare. Nach Harger brütet sie bei Neuenhaus, wo sie auch erlegt wurde, Lichte besitzt ein bei Nordhorn geschossenes Exemplar. Bölle gibt an, dafs sie bei Wettrup brüte, er besitzt ein Exemplar von dort, hat mehrere präpariert, und ein Tier besitzt das Kloster zu Haselünne. Weitere Angaben machte mir Boediker, er stellte *L. limosa* als Brutvogel des Lager- und Andruper Feldes fest, wo die Vögel seit einigen Jahren in mehreren Paaren nisten. Ausführlich berichtet mir Kreymborg, er schreibt: „In diesem Frühjahr (1910), um die Brutzeit wurde ein in der Lingener Umgebung erlegtes Limosenpaar hier (Münster) eingeliefert, von dem das Weibchen gerade vor dem Legen gewesen sein mufste, denn es trug ziemlich stark entwickelte Eier bei sich. Pfingsten 1909 wurden ein Freund von mir und ich in den Heidestrecken nahe hinter Polle (bei Haselünne) von zwei lautklagenden Limosen umschwärmt. Als wir uns hinlegten, liefsen sich die Vögel nicht sehr weit von uns immer wieder auf ein und dieselbe verkrüppelte Kiefer nieder und wurden selbst dann nicht scheu, als mein Freund mindestens zehnmal mit einer Pistole die ruhig sitzenden Vögel fehlte.“ Auf dem Zuge verschiedentlich von mir beobachtet, aber nie in gröfserer Zahl. Unsere Limosen scheinen sich schon im August an die Küste zu begeben. In den Nachbargebieten an der Küste, besonders in Holland häufiger Brutvogel, brütet ebenfalls in Oldenburg und wird je weiter nach Süden desto seltener, kommt in Westfalen nur vereinzelt und im Rheinland ganz selten brütend vor.

57. ***Limosa lapponica*** (L.) — Pfuhlschnepfe.

An der Küste ist *L. lapponica* häufiger Durchzugsvogel, im Binnenlande erscheint sie nur selten. Am 19. VIII. 09 jagte ich bei Adorf im Moor zwei dieser Schnepfen auf, die polternd dicht vor mir hochgingen und kurz darauf wieder einfielen, worauf ich sie nochmals aufstöberte. Die Tiere waren sehr wenig scheu. Schöningh hat vor einigen Jahren Pfuhlschnepfen auf der Meppener Kuhweide geschossen. Ein Exemplar ohne Fundortsangabe steht in der Meppener Gymnasialsammlung. Das Hann. Prov.-Mus. besitzt ein noch nicht flügges Junges, das am 7. VII. 07 bei Lemförde am Dümmersee gefangen wurde, aufserdem hat dieser östliche Vogel einmal in Holland (Nord-Brabant) genistet.

58. ***Numenius arquatus*** (L.) — Grofser Brachvogel.

Das Benehmen dieses so seltsamen Vogels, der selbst dem Unkundigen, der die Heiden durchwandert, durch seine Eigenart auffallen mufs, der geradezu, besonders zur Paarungszeit, durch seine grofse Beweglichkeit und seinen melodischen Ruf die Aufmerksamkeit herausfordert, charakterisierte ich in der „Gef. Welt“ 1910 woraus ich einiges entnehme:

„Gleich beim Betreten der sumpfigen Heide ertönt ein eigenartiger, mit Buchstaben nie recht zu beschreibender Ruf, den man, einmal gehört, niemals vergifst. Ungefähr wie „tlaüid tlaü lülülülü“ hört er sich an; aber, wie gesagt, mufs man ihn persönlich hören, um sich einen rechten Begriff von dem Ruf machen zu können. Schon um 2 Uhr nachts oder noch früher kann man den „Tüt Welp“ oder die „grote Regentüte“, wie ihn die Bauern hier nennen, den Brachvogel, hören. Er ist der Charaktervogel sowohl der sandigen Heiden, wenn sie nur einige Wassertümpel haben, wie der feuchten Moore, und ich behaupte, dafs höchstens der Kiebitz es ihm gleich darin tut, eine Gegend zu beleben. Die ganze Nacht hindurch werden wir ihn noch hören, und am Morgen sehen wir ihn eifrig rufend umherstreifen. Der grofse Vogel hat fast 1 m Breite, und wenn er schwebt, erscheint er in der Ferne dem Unkundigen wohl wie ein Raubvogel, doch kann man ihn von einem solchen sofort daran unterscheiden, dafs er bei längerem Schweben die Flügel nicht wagerecht, sondern etwas nach unten gebogen hält. Wenn Brehm über die Verbreitung des Brachvogels schreibt: „Einzelne Gegenden Norddeutschlands werden bereits zum Nisten benutzt; eigentlich aber brütet er in nördlicheren Ländern und hier hauptsächlich in der Tundra", so möchte ich dazu bemerken, dafs nach meinen Erkundigungen in den Heiden des westlichen Deutschlands der Brachvogel, wenigstens seit Menschengedenken, ein häufiger Brutvogel ist, der sich hier nicht erst in jüngerer Zeit angesiedelt hat. Das erste Neste unseres Vogels fand ich in diesem Jahre am 7. April in den Geestener Teichen, es enthielt 4 grofse, ungefähr 6—7 cm lange Eier, die auf schmutzig dunkelgrünem Grunde mit allerlei bräunlichen Schnörkeln verziert sind. Das Nest bestand aus einer einfachen, muldenartigen Vertiefung, entbehrte jeglicher Unterlage und war in einem Heidebusch ungefähr $1^1/_2$ m von einem Wassertümpel angebracht. Die Alten verliefsen es schon sehr frühzeitig, während ich in früheren Jahren gefunden hatte, dafs sie bei einem hochbebrüteten Gelege oder, wenn sie schon Junge hatten, oft sehr ängstlich sind und den Nestbesucher dicht umflattern. Die jungen Tierchen vermögen schon bald nach dem Verlassen des Eies umherzulaufen und ducken sich auf den Warnruf der Alten. Die Eltern sind beim Beschützen der Jungen oft so tollkühn, dafs es vor einigen Jahren einem Hunde eines Jägers gelang, ein Elternpaar zu schnappen und tot zu beifsen. Der Jäger, Graf M. v. Galen, nahm zwei der Jungen mit, und es gelang ihm auch, eins glücklich hochzuziehen, das er dann später wieder aussetzte." Im Frühjahr 1910 fand ich den Vogel noch in verschiedenen Mooren, Heiden und Brüchen in der Umgebung von Lingen, Meppen und Haselünne als Brutvogel, so bei Geeste, im Ochsenbruch, im Tangensand, bei Nordlohne, bei Wietmarschen, im Grofs-Heseper, im Bernter- und Engender Moor und an mehreren anderen Stellen. Aufserdem wurden mir von anderer Seite eine sehr grofse Zahl Brutplätze gemeldet, so dafs man ihn wohl an den für ihn geeigneten Plätzen ziemlich gemein nennen darf. Die Zugzeit wird für den Herbst meistens ganz falsch angegeben. Schon im August verschwinden die heimischen Brachvögel, und dann erscheinen nur nordische Gäste, den letzten Durchzügler beobachtete ich 1910 in Geeste am 17. IX. bei NNW.-Wind und wechselnder Witterung, später mögen noch vereinzelt Brachvögel durchgekommen sein, aber weder Schimmöller noch ich haben welche beobachtet. Den Frühjahrseinund Durchzug notierte ich 1908 in den Tagen vom 9. bis ungefähr 22. März, diese Daten stimmen mit den Daten überein, die mir P. Hens über den Frühjahrszug aus Roermond in Holland 1910 sandte, vom 11.—26. III. zogen dort nämlich die Brachvögel durch, Bodemann beobachtete 1886 (46, 1888) die ersten Ankömmlinge erst am 22. III. Unsere Brutvögel scheinen sich im August meistens an die Küste zu begeben, denn dort finden sich riesige Ansammlungen, die bis zum Oktober hin dauern. —

N. arquatus scheint in den Emslanden besonders häufig zu sein, nimmt nach Süden zu immer mehr ab, ist im Rheinland erst seit kurzer Zeit brütend nachgewiesen worden.

59. ***Numenius phaeopus*** (L.) — Regenbrachvogel.

Diesen durch seinen eigenartigen Ruf unverkennbaren Vogel habe ich nur einmal in zwei Exemplaren am 1. IX. 09 in Geeste bei Südwestwind und strömendem Regen, der ab und zu von Sonnenschein abgelöst wurde, gesehen. Die Tiere strichen aus nördlicher Richtung heran, liefsen sich, nachdem sie laut rufend eine Zeit suchend umhergeflogen waren, auf einem Inselchen mitten in einem Teiche nieder, wo ich sie trefflich mit dem Glase beobachten konnte. Kreymborg glaubt ganz bestimmt im Herbst 1909 auf der Haselünner Marsch zwei Pärchen Regenbrachvögel beobachtet zu haben. An den Küsten erscheint die Art regelmäfsig und häufig, zeigt sich aber in dem unsern Gebieten benachbarten Binnenlande überall nur selten.

Numenius tenuirostris ist 5 mal in Holland erbeutet worden.

60. ***Gallinago media*** (Frisch) — Grofse Sumpfschnepfe.

Faunistisch sehr interessant ist es, dafs *G. media* noch jetzt vereinzelter Brutvogel unseres Gebietes ist. Diese Feststellung verdanke ich Schöningh, der von 1908 ab die grofse Sumpfschnepfe in mehreren Pärchen brütend auf der Meppener Kuhweide fand. In der ersten Hälfte des vorigen Jahrhunderts war *G. media* Brutvogel im Münsterlande (3.). 1876 kennt Wiepken (123.) noch viele Brutplätze in Oldenburg, wo sie jetzt sicherlich auch sehr selten geworden ist. In Holland ist sie an ganz wenigen Plätzen noch Brutvogel, ebenso in der Lüneburger Heide. Auf dem Zuge erscheint sie zwar regelmäfsig, aber sehr selten. Ich habe unter der sehr grofsen Zahl von Sumpfschnepfen, die ich geschossen habe, nur zwei *G. media* gefunden, die Anfang September 1910 in Geeste erlegt waren. Beobachtet habe ich sie auch nur selten. In den Nachbargebieten auf dem Zuge nur ganz vereinzelt.

61. ***Gallinago gallinago*** (L.) — Bekassine.

Trotz der fortschreitenden Entwässerung der Brüche und Melioration der Moore ist *G. gallinago* in unserm Gebiete noch an manchen Lokalitäten ein recht häufiger Brutvogel, und wenn man in taufrischer Heide an der Grenze von Bruch und Moor den strahlenden Morgen auf der Birkhahnbalz erwartet, dann kann man in unserer Gegend an genannten Örtlichkeiten überall, in der ersten Hälfte des Aprils z. B. zwischen $^1/_2$ 5 und $^1/_2$ 6 Uhr, das beim Balzflug der Bekassinen entstehende Meckern hören. Zum Brutplalz wählt die Bekassine am liebsten Brüche und Niedermoore, findet sich aber auch überall im Hochmoor, auf feuchten Heiden und nassen Weiden. Am grofsartigsten aber tritt *G. gallinago* auf dem Zuge auf, und es dürfte sich wohl schwerlich eine bessere Gegend zum Studium der Zugserscheinung finden als die Emslande. Zum Studium des Zuges gehört jedoch eine Vorbedingung, nämlich die Kenntnis der Sammel- und Rastplätze, ohne diese Kenntnis kann man sich keine rechte Vorstellung von der Grofsartigkeit des Zuges verschaffen. Man kann stundenlang zur Zugzeit das Moor durchstreifen und trifft keine oder nur ganz wenige Bekassinen, denn diese finden sich fast alle an den Sammelplätzen. In unserm Gebiet ist mir als Hauptsammel- und Rastplatz die Geestener Teichanlage bekannt, aufserdem soll die Meppener Kuhweide ein solcher Lieblingsplatz der wandernden Bekassinen sein. Die Häufigkeit, mit der die Bekassinen in den einzelnen Jahren auftreten, schwankt sehr. 1908 war ein sehr gutes, 1909 ein schlechtes und 1910 ein vorzügliches Bekassinenjahr. Nach meinen Beobachtungen kann man auf dem Herbstzuge zwei Perioden unterscheiden, die zwei Kulminationspunkte aufweisen. Die erste Periode fällt in den August mit der Kulmination gegen Ende des Monats oder Anfang September, die zweite Periode beginnt Ende September und hat ihre Kulmination Anfang Oktober. Ich habe die Zugserscheinug in den Jahren 1909 und 1910 von Mitte August bis Mitte Oktober genau verfolgt und mit Witterungsangabe aufgeschrieben. 1909 (ein schlechtes Bekassinenjahr) traf man in der zweiten Augusthälfte und Anfang September in Geeste die Bekassinen nicht in sehr bedeutender Zahl an. Vom 5. September mehrten sich die Bekassinen, am 9. war bei ganz geringem Wind die Kulmination, dann nahm ihre Zahl bis zum 17. langsam ab. Darauf trat eine fast 10tägige Pause ein, in der selbst beim günstigsten Bekassinenwetter sich nur ganz wenige Tiere zeigten, am 24. waren, trotzdem ich mit peinlichster Genauigkeit alle für Bekassinen günstigen Plätze absuchte, nur zwei Tiere zu finden. Der Zug setzte Anfang Oktober wieder mit Macht ein, und am 4. Oktober traf man bei regnerischem Wetter und Südwind sehr viele Bekassinen dort.

1910 (ein vorzügliches Bekassinenjahr) fanden sich in der zweiten Augusthälfte riesig viele Bekassinen in Geeste, am 29. VIII. trat bei ziemlich klarem Wetter und starkem Südsüdwestwind die Kulmination ein. An diesem Tage schätzte ich die Bekassinen in Geeste auf 450—550 Stück, doch mögen es noch viel mehr gewesen sein. Für den Jäger sind solche riesigen Ansammlungen keineswegs günstig, die Tiere sind dann ungemein scheu, stehen in ganzen Schwärmen viel zu früh auf, und das überall tönende „kätsch, kätsch, kätsch" vermag auch einen ruhigen Jäger nervös zu machen, weil man nicht weifs, wohin man sich wenden soll. Vom 30. VIII. an nahmen die Tiere ab, und auch in diesem Jahre war wie 1909 vom 18. IX. bis ungefähr Anfang Oktober das Minimum des Durchzuges, doch traf man stets ungefähr 50 Tiere an. Am 3. X. setzte sogar bei sehr heftigem Südwestwind und bedecktem Himmel — also eigentlich sehr ungünstigem Bekassinenwetter — der Zug wieder stark ein. An diesem Tage waren auch riesig viel *G. gallinula* anzutreffen.

Wenn man die Herbstzugserscheinung der Jahre 1909 und 1910 vergleicht, so ist diese im allgemeinen in beiden Jahren dieselbe, und die Unterschiede sind nur bedingt durch die absolute Zahl der Tiere, während die relative Zahl in beiden Jahren zur gleichen Zeit ungefähr dieselbe ist. Ich bin nach längerer Überlegung deshalb zu dem Resultat gekommen, dafs sich Ende August erst die heimischen Bekassinen sammeln und auf den Zug begeben, und dafs dann Ende September fremde, weiter nördlich wohnende Tiere durchziehen. Von Ende August an findet man nämlich an den Brutplätzen nur selten noch Bekassinen, ferner ist es auffällig, dafs in der zweiten Zugperiode die Zahl der Bekassinen in einem Verhältnis zur Zahl der nordischen *G. gallinula* steht.

Der Hauptzug findet bei *G. gallinago* in der Nacht statt, wo man besonders bei bedecktem Himmel häufig die Rufe der ziehenden Vögel hört. Wenn ich die Bekassinen am Tage ziehen sah, traf ich sie gewöhnlich in kleinen Trupps von 4—10 Tieren an, aber auch einzelne Tiere kann man stets ziehen sehen. Wenn diese Trupps einfallen, halten sie sich zuerst zusammen, verteilen sich dann laufend auf ein nicht zu grofses Gebiet, aber so, dafs sie immer Fühlung mit einander haben, und wenn eine Bekassine hochgeht, folgen die andern meistens in kleinen Zwischenräumen, dabei den bekannten Warnruf ausstofsend. Vom Winde sind die Bekassinen sehr abhängig, denn sie fliegen bei heftigem Winde schlecht, vermögen besonders schlecht dann aufzufliegen und können gar nicht gut den bekannten Zick-Zackflug ausführen. Beim Einfallen suchen sie fast ausschliefslich vom Winde geschützte Stellen auf, bei heftigem Wind sogar niedrige Kiefernbestände. Welcher Wind ihnen zum Zuge am passendsten ist, läfst sich schwer sagen. Nach meinen Aufzeichnungen zogen sie im Herbst am liebsten bei schwachem NO. Ein nach Alter und Geschlecht getrennter Zug findet nicht statt.

62. *Gallinago gallinula* (L.) — Kleine Sumpfschnepfe.

Meine Beobachtungen von *G. gallinula* fafste ich kurz in einem kleinen Artikel in Nr. 2, Bd. 56, der „Deutschen Jägerzeitung“ zusammen:

„Vereinzelt trifft man noch spät im Mai, wenn unsere Bekassine schon beim Brutgeschäft ist, die kleine Sumpfschnepfe, *Gallinago gallinula* an, und das wird in den meisten Fällen wohl Veranlassung gegeben haben, diesen Vogel als Brutvogel in

Gegenden anzusehen, wo er nur als Gast durchzukommen pflegt. Die kleine Sumpfschnepfe ist im Norden Europas und Asiens zu Hause, und nur vereinzelt wurde sie in Pommern, Mecklenburg und Schleswig-Holstein als Sommervogel sicher festgestellt. Nach Freiherrn Ferd. von Droste-Hülshof und nach Altum (12.) sollen auch in der Kroner Heide bei Greven in Westfalen tatsächlich Eier dieses Vogels gefunden worden sein, die sich in der Sammlung von Bolsmann befinden, aber diese Angabe wird von Koch in Wemers „Beiträge zur westfälischen Vogelfauna" (123.) bezweifelt. Ich habe mich lange vergebens bemüht, unsern Vogel in den ausgedehnten Mooren und Brüchen des südlichen Teiles der Emslande als Brutvogel festzustellen. Desto mehr aber hatte ich Gelegenheit, die Haarschnepfe genau auf dem Zuge zu beobachten, zumal die Emslande ungemein häufig von ihr während des Durchzuges aufgesucht werden. Vielmehr noch als *G. gallinago* ist die kleine Sumpfschnepfe an ein bestimmtes Gelände gebunden. Oft kann man lange in einem von der gemeinen Bekassine gern angenommenen Terrain nach ihr vergebens suchen, bis man plötzlich, wenn die Vegetation dichter und höher wird, eine grofsere Zahl von ihnen hochmacht. Die Lieblingsplätze von *G. gallinula*, die stets aufgesucht werden, wenn sich den Vögeln dazu Gelegenheit bietet, sind auf moorigem und sumpfigem Terrain gelegen, das feucht sein mufs, ja ziemlich hoch mit Wasser bestanden sein darf und mit hohen, verdorrten Grasbüscheln, hoher Erika und hohem Juncus bewachsen ist. Sehr gern werden auch Flächen aufgesucht, die mit nicht zu dicht stehenden Rohrkolben (Typha), untermischt mit Juncus, bewachsen sind. Im Benehmen unterscheidet sich die kleine Sumpfschnepfe von der Bekassine ganz wesentlich. Die Bekassine ist auf dem Zuge, besonders wenn sie wenig gedeckt und in gröfseren oder kleineren Trupps zusammenliegt, gewöhnlich sehr scheu, während unsere kleine Sumpfschnepfe den Jäger dicht an sich herankommen läfst und wohl oft überhaupt nicht aufsteht. Der Flug erinnert in seiner Unsicherheit und durch sein leises Dahinstreichen ganz ungemein an das Flattern gewisser Fledermäuse. Beim Fluge werden die Ständerchen weit nach hinten gehalten, und der Stecher steht ungefähr in einem Winkel von 45 Grad zum Erdboden, wie man leicht beobachten kann. Nach dem Abstreichen fallen die kleinen Sumpfschnepfen im Gegensatz zu der Bekassine gewöhnlich bald wieder ein, wobei sie vor dem Einfallen, halb rüttelnd in der Luft stehend, sich ein günstiges Plätzchen suchen und dann mit vorgestreckten Ständern einfallen. Oft kann man sie dann zum zweitenmale nur mit allergröfster Mühe zum Aufstehen bringen. Heftiger Wind ist ihnen ganz besonders unangenehm, und wenn sie überhaupt vor dem Jäger hoch werden, so fallen sie häufig schon in einer Entfernung von wenigen Schritten wieder ein. Einen Laut habe ich bei den vielen hundert kleinen Sumpfschnepfen, die ich bis jetzt beobachtet habe, erst vier- oder fünfmal vernommen. Für einen einigermafsen gewandten Jäger sind die „Stummen" mit feinem Schrot sehr leicht zu schiefsen. Nur leicht geflügelt, verbergen sie sich besser noch als die Bekassinen und sind nur sehr schwer, ohne Hund oft gar nicht, zu finden. Von einer gröfseren Reihe im April dieses Jahres geschossener Haarschnepfen stellte ich die Gewichte fest, sie schwankten zwischen 51 g bis 73 g, meistens betrugen sie 60 bis 65 g. — Über den Herbstzug der kleinen Sumpfschnepfe findet man in der ornithologischen Literatur sehr verschiedene Angaben, die sich mit meinen in den Emslanden (Kreis Lingen und Meppen) gemachten Beobachtungen, die ich genau aufgezeichnet habe, keineswegs immer decken. Mitte September beginnt der Zug von *G. gallinula*, der Anfang Oktober seinen Höhepunkt erreicht und bis zum November hin fortdauert. Einzelne Exemplare überwintern. 1909 zeigten sich schon einzelne *G. gallinula* Anfang September, der Hauptzug war am 6. Oktober. In diesem Jahre begann der Durchzug in der Nacht vom 15. bis 16. September bei klarem, ruhigem Wetter, während es mehrere Tage vorher stark geregnet hatte." Nachträglich finde ich noch eine sicher bestätigte Angabe, dafs *G. gallinula* in Hannover bei Neustadt (67.) gebrütet hat, von wo Pralle 1859 ein Gelege erhielt, während der für Westfalen angegebene Fall des Brütens von Altum widerrufen wird, da er die Eier als der *Tringa alp. schinzi* gehörend erkannt hat. (13, p. 452.)

63. ***Scolopax rusticola*** L. — Waldschnepfe.

Die Waldschnepfe ist in unserem Gebiet in den gröfseren Waldkomplexen ein sehr seltener Brutvogel. Ich traf sie einmal zur Brutzeit in der Schlips, und nach Boediker wurden 1910 zwei Pärchen im Engelbertswalde, $1^1/_2$ Stunden südwestlich von Haselünne, gefunden, deren Nest der dortige Forstaufseher entdeckte. Auf dem Zuge ist *Sc. rusticola* eine regelmäfsige, aber bald mehr, bald weniger häufig auftretende Erscheinung. 1909 wurde am 13. X. bei Lingen die erste Waldschnepfe erlegt. P. Hens meldete mir ihr erstes Auftreten bei Roermond in Holland am 14. X. In diesem Jahre herrschte ein starker Waldschnepfenzug, so wurden z. B. nach Schöningh auf einer Treibjagd im Kreise Meppen im November 18 Waldschnepfen erbeutet.

Familie: **Otididae.**

65. ***Otis tarda*** L. — Grofse Trappe.

In strengeren Winter häufiger, in milden bedeutend seltener besucht *O. tarda* unser Gebiet. So wurde 1892 ein Exemplar bei Lohne von Nave geschossen, 1898 erhielt Kohren einen Vogel, der bei Holthausen erlegt war, und um Weihnachten 1900 erbeutete Küſs auf dem Biener Esch eine *O. tarda*, die bei hohem Schnee auf einem Roggenfelde stand. In Bentheim wurde eine Trappe gefunden, die sich am Telegraphendraht den Flügel eingerannt hatte. Dort steht ein anderes Exemplar im Besitz der Familie Rüssel, das in den 70er Jahren in Andrup bei Haselünne erlegt worden ist. Nach Kreymborg wurde eine zweite Groſstrappe bei Haselünne, als sie über eine Chaussee strich, von Kröber erlegt. Nach Tegeder wurde *O. tarda* bei Gleesen beobachtet, und ein in Schöninghsdorf erbeutetes Tier besitzt Schöningh in Meppen. In den Niederlanden, in Oldenburg, Westfalen treten Trappen vereinzelt, manchmal in Trupps auf. Auf den ostfriesischen Inseln ist sie noch nicht erlegt worden. Gleich an den Grenzen unseres Gebietes verschiedentlich beobachtet, so bei Rheine 1909 zuletzt, 1884 bei Menslage (Artland) und bei Osnabrück.

66. ***Otis tetrax*** L. — Kleine Trappe.

O. tetrax wurde vor Jahren bei Groſs-Hesepe erlegt und nach Aussage von Jägern dem Meppener Gymnasium überlassen, in dessen Sammlung sich noch jetzt ein Exemplar, wahrscheinlich das bei Groſs-Hesepe erlegte Stück, befindet. In der Nachbarschaft unseres Gebietes wurde sie in Holland, Oldenburg und Westfalen, dort an der Grenze unseres Gebietes 1876 bei Rheine (54.) geschossen. Löns (64.) schreibt für Hannover: „Seit 1895 auftretender ziemlich seltener Irrgast". Soll nach Rabe bei Arnstadt und Weimar in Hannover noch brüten. (Deutsche Jägerz. 1907.)

Otis macqueeni ist einmal in Holland und dreimal in Belgien erlegt worden.

Familie: **Gruidae.**

67. ***Grus grus*** (L.) — Kranich.

Der Durchzug des Kranichs ist besonders interessant, weil er sich im allgemeinen streng an bestimmte Grenzen beim Durchzuge hält, die nur selten im Vergleich zu der groſsen Anzahl der ziehenden Vögel überflogen werden. Für unser Gebiet ist *G. grus* ein häufiger Gast, der sich im Herbst in den Monaten Oktober, November, sehr selten aber noch im Dezember zeigt, im Frühjahr kommt er im März und April durch, selten schon im Februar oder noch Anfang Mai. Meistens wird angegeben, daſs die Kraniche auf dem Durchzuge nicht zu rasten pflegen, aber für unser Gebiet sind viele solcher Fälle bekannt; so erzählte mir Küſs, daſs er auf dem Entenanstand bei Biene abends von einfallenden Kranichen mit 2 Schuſs zwei Stück erlegt habe, ein anderer Vogel wurde aus einer Schar rastender Vögel bei Dalum geschossen und mir gebracht, das Tier steht in der

Sammlung des Lingener Gymnasiums. Bei Meppen und im Rühler Twist wurden Kraniche geschossen, ebenso bei Emsbüren und bei Bentheim. Im Herbst 1909 beobachtete ich die ersten Durchzügler bei klarem Wetter über Lingen am 19. X. 11 Uhr vormittags. Weiter südlich bei Roermond in Holland wurden, wie P. Hens mir schreibt, 1909 die ersten Kraniche am 18. X. bei Südwestwind und schönem Wetter von ihm beobachtet. Wie schon gesagt, werden die Grenzen des Durchzugsgebietes unserer Vögel ziemlich streng eingehalten. So werden an der ostfriesischen Küste und im ostfriesischen Festland nur ganz vereinzelt Durchzügler beobachtet. Seltsamerweise gibt Wiepken (134.) 1885 auch für Oldenburg an, dafs der Kranich sehr seltener Durchzügler sei. Dasselbe ist für die holländischen Küsten und den westlichen Teil dieses Landes der Fall, wie mir Baron Snouckaert von Schauburg schreibt. Aber im östlichen Teile Hollands, in der Provinz Limburg, sind sie regelmäfsige Durchzügler und P. Heus, der ihren Durchzug genau beobachtet und verfolgt hat, hat mir auf beifolgender Karte die Zugstrafse der Kraniche in Holland aufgezeichnet. Die nördlichste Beobachtungsstation ist nach Heus Ambt-Delden bei Hengelo (Prov. Oberysel). Die Hauptrichtung des Zuges ist von N. und NO. nach SSW. und S. Ganz Limburg wird auf dem Zuge berührt. Hens sandte mir ein ausführliches Verzeichnis aller Kraniche, die seit 1900 westlich von dieser von ihm aufgezeichneten Zugstrafse erlegt wurden; aber es ist dieses nur eine kleine Zahl im Vergleich zu den Mengen, die die eigentliche Zugstrafse benutzen. — Interessant ist, dafs noch jetzt vereinzelte Kraniche im westlichen Deutschland brüten, so erhielt Schäff, nach einer mündlichen Mitteilung, ein noch nicht flügges Tier aus der Umgebung von Hannover. Löns (67.) stellte noch drei Brutplätze in Hannover fest und kennt eine Reihe alter Brutplätze. Sonnemann (117.) nennt zwei frühere Brutstätten des Kranichs in Oldenburg; bei Hamburg (53.) war er bis 1901 Brutvogel nach Krohn, und Precht (98.) gibt 1898 für das Wümmegebiet an, dafs der Kranich in früheren Jahren bei Hemslingen gebrütet habe.

Familie: **Rallidae.**

68. ***Rallus aquaticus*** L. — Wasserralle.

Sehr seltener Brutvogel, brütet nach Kreymborg bei Haselünne, wo zwei Junge gefangen wurden, Imming beobachtete *R. aquaticus* bei Bernte, doch ohne das Nest zu finden. Auf dem Zuge nicht gerade selten. Boediker erhielt ein auf Sautmannshausen bei Haselünne am 9. X. 10 erschlagenes Tier, ich sah einmal zwei Exemplare Ende September in Geeste. Zwei bei Lohne geschossene Exemplare befinden sich in Privatbesitz in Lingen. Schöningh traf die Ralle verschiedentlich im Herbst

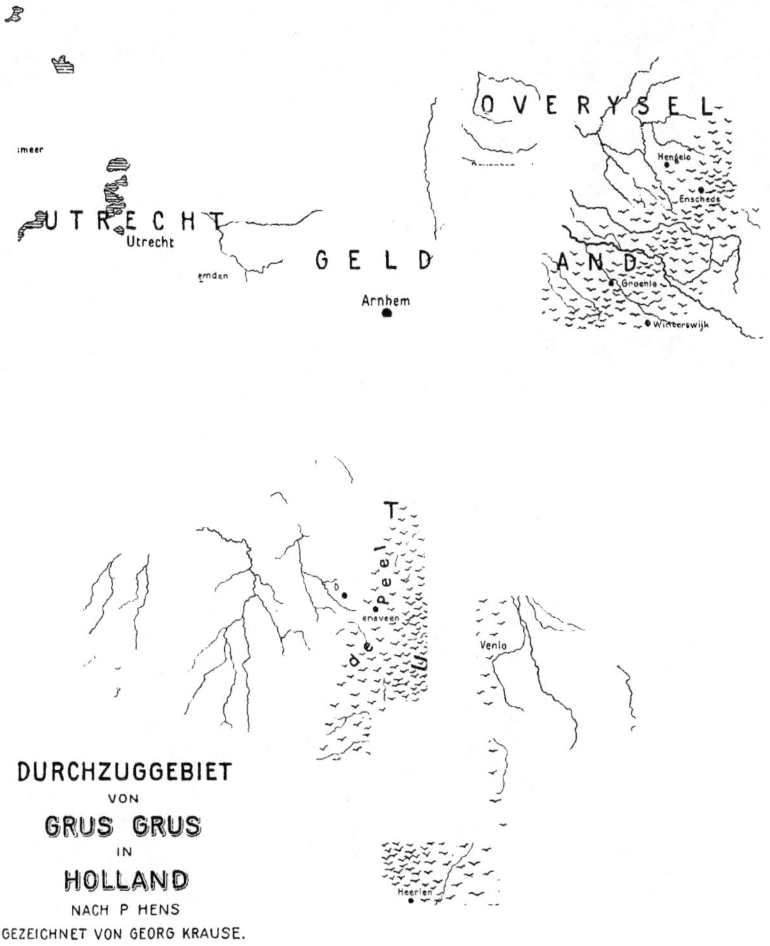

DURCHZUGGEBIET
VON
GRUS GRUS
IN
HOLLAND
NACH P HENS
GEZEICHNET VON GEORG KRAUSE.

bei Meppen. In allen Nachbargebieten nur sehr seltener Brutvogel. Möllmann (87.) nennt ihn während der Zugzeit nicht selten, aber als Brutvogel fehlend im Artlande.

69. ***Crex crex*** (L.) — Wachtelkönig.

An geeigneten Stellen, in Brüchen und an den Emswiesen überall Brutvogel. Ich hörte ihn verschiedentlich im Frühjahr im Ochsenbruch und bei Wietmarschen, nach Imming nimmt er bei Bernte an der Ems sehr zu, wird bei Gleesen im Herbst nach Tegeder erlegt und kommt als Brutvogel bei Haselünne vor, wo Boediker junge Tiere von Sautmannshausen erhielt. Bodemann (46, 1888) kannte *C. crex* dort 1886 uur als Durchzugsvogel. Bei Meppen wurde er nach Schöningh häufig erlegt. In den Nachbargebieten mehr oder weniger häufiger Brutvogel.

70. ***Ortygometra porzana*** (L.) — Tüpfelsumpfhuhn.

Brütet vereinzelt bei uns. Ich traf *O. porzana* im Sommer in einem Sumpfe bei Varloh, ferner brüten ganz einzelne Pärchen im Ochsenbruche. Auf den Zuge erscheint das Tüpfelsumpfhuhn regelmäfsig, und viele werden unter den Telegraphendrähten gefunden. Belegexemplare stehen in der Sammlung Lichte, im Kloster zum Haselünne, aufserdem sah ich verschiedene Stücke bei Bölle in Haselünne. In allen Nachbargebieten brütend, besonders häufig in Ostfriesland.

Ortygometra pusilla (Pall.) — Zwergsumpfhuhn.

Konnte weder brütend noch auf dem Zuge nachgewiesen werden, dürfte aber vielleicht Brutvogel sein, zumal nach Kreymborg im Juli 1910 ein Exemplar aus der Umgebung von Osuabrück nach Münster zur Präparation eingeliefert wurde, und *O. pusilla* in den Niederlanden an einigen Stellen brütet. In den Nachbargebieten auf dem Zuge sehr selten vorkommend.

Ortygometra parva (Scop.) — Kleines Sumpfhuhn.

Brütet in Holland etwas häufiger als *O. pusilla*, wird auch in den Nachbargebieten etwas häufiger auf dem Zuge erlegt. Diese Art wie die vorhergehende sind noch nicht in Oldenburg, im Artlande, sowie in Ostfriesland erlegt worden.

71. ***Gallinula chloropus*** (L.) — Grünfüfsiges Teichhuhn.

Ein ungemein häufig auftretender Brutvogel, der sich im ganzen Gebiet überall an Teichen, Kanälen, Flüssen und selbst Gräben findet, die ihm einigermafseu Deckung gewähren können. Nur bei Haselünne soll es nach Kreymborg als Brutvogel völlig fehlen. Doch erhielt Boediker ein im Sommer dort gefangenes

Exemplar, und Bodemann (46, 1888) kennt es 1886 als Brutvogel. Bei Geeste ist es in don Teichanlagen sehr häufig, ich fand ferner an der Ems viele Nester, aber nur dort, wo Röhricht oder Weidengebüsch am Ufer standen. Die jungen Tiere kommen von einem Gelegė in grofsen Zwischenräumen aus den Eiern, können in den ersten Tagen, ebenso wie junge Taucher, nicht unter Wasser schwimmen, sondern streben bei Gefahr sofort dem Ufer zu, wo sie sich verbergen, oder auch dem Fänger gerade in die Hand schwimmen. Häufig fangen sich Tiere, wie z. B. auch *Colymbus nigricans*, in Fischernetzen. Vereinzelt überwintern Teichhühner, denn ich selbst habe schon ein Tier unter Eis am Ufer gefangen und erhielt verschiedentlich Teichhühner im Winter.

72. *Fulica atra* L. — Bläfshuhn.

Beinahe dasselbe, was über *Colymbus cristatus* gesagt wurde, gilt von *Fulica atra*. Eigentlich mehr ein Brutvogel des östlichen, seenreichen Deutschlands zieht es allmählich nach Westen herüber. In unserm Gebiet hat es sich erst, wenigstens so weit ich es festzustellen vermochte, seit wenigen Jahren und zwar auf den Geestener Teichen eingefunden, wo es sich zu meiner grofsen Freude sehr gut eingebürgert und einen schon ganz ansehnlichen Bestand entwickelt hat. Ein dort im Frühjahr erlegtes Exemplar besitzt Hennemann in Laggenbeck. Aufserdem fand Boediker einmal ein Nest mit 8 Eiern in einem Weidengebüsch bei Haselünne. Auf der Ems brütet es in unserem Gebiete nirgends, scheint auch die Ems nicht gern als Zugstrafse zu nehmen, Tegeder schofs nur einmal 1890 ein Stück bei Gleesen. Wenn jedoch die schneidende Winterkälte die ruhigen Seen und Teiche in weitem Umkreis gefrieren läfst, werden die dort überwinternden Bläfshühner auf den strömmenden, nur an den Seiten vereisten Flufs getrieben, aber wie ungern sie dort weilen, sieht man daran, dafs diese so selten das Wasser verlassenden Vögel dann in langen Reihen am Ufer sitzen. So beobachtete ich sie verschiedentlich in den kalten Tagen des Februars 1907, z. B. am 10. und 19. Dafs diese Vögel aber in grofser Anzahl unser Gebiet passieren, sieht man seit dem Bestehen der Geestener Teiche. Dort liegen im Oktober oft solche Massen auf der Mitte der wasserreichsten Teiche, dafs diese wie mit schwarzen Punkten bedeckt sind. Die Durchzugszeit wird gewöhnlich für Oktober und November angegeben, 1910 begann aber das Einrücken fremder Bläfshühner schon am 12. IX. und zwar in ziemlich grofser Zahl. Die fremden Bläfshühner lassen sich leicht daran erkennen, dafs sie in grofser Zahl zusammen in der freien Mitte bestimmter Teiche liegen, während die ansässigen Tiere einzeln oder in kleinen Gesellschaften zwischen den Wasserpflanzen umher schwimmen. Die Bläfshühner unseres Gebietes bleiben, während die fremden Tiere einrücken und durchziehen. Wann die Bläfshühner, die in Geeste brüten fortziehen, habe ich noch nicht beobachtet. Beim Überfliegen des festen Landes auf dem Zuge, was wohl meistens nachts oder oft bei Tagesanbruch geschieht, haben die Bläſshühner viel unter Raubvögeln zu leiden. Ein von mir am 18. X. aus einer grofsen Schar geschossenes Exemplar wurde von einem Wanderfalken angenommen, als es auf einem der Dämme zwischen den Teichen niederfiel (27.). — In den Nachbargebieten ist *Fulica atra* folgendermaſsen verbreitet: In Holland und Ostfriesland gemein, jedoch häufiger in Holland, in Oldenburg nicht selten, im benachbarten Artlande brütend (1893) nicht vorgekommen, am Dümmersee dagegen sehr häufig, bei Osnabrück (116.) 1888 nur Durchzugsvogel, in ganz Westfalen (130. und 123.) erst in neuerer Zeit nur an 3 Plätzen als Brutvogel bekannt, wogegen im Rheinland eine ganze Reihe von Brutplätzen angegeben werden.

Familie: **Pteroclidae.**

73. *Syrrhaptes paradoxus* (Pall) — Steppenhuhn.

Von jenen beiden denkwürdigen Invasionen des asiatischen Steppenhuhns, die zu so grofser Berühmtheit gelangt sind, wurde unsere Gegend ganz besonders stark berührt. Aus den Jahren 1863 konnte ich nur einen einzigen Fall noch ausfindig machen, und zwar wurde nach Freiherrn Ferd. v. Droste-Hülshoff (123.) im Juni 1863 ein Exemplar bei Lingen gefunden, das sich den Kopf an einem Telegraphendraht eingerannt hatte. Aus dem Jahre 1888 liegen aber mehrere Fälle vor. So wurde der Zool. Sektion zu Münster am 22. Mai 1888 von Raberg aus Lingen ein dort erlegtes *S. paradoxus* eingesandt. (Jahresbericht der Zool. Sekt. 1888/89 S. 17.) Ein zweites dort erlegtes Exemplar besitzt die Sammlung des Linger Gymnasiums, und in der Sammlung des Meppener Gymnasiums findet sich ebenfalls ein Exemplar, doch ohne Fundortangabe. Tegeder in Gleesen und ebenso Deiters in Gleesen besitzen je ein präpariertes Steppenhuhn, ebenso wurde es, wie mir Harger mitteilt, bei Neuenhaus geschossen, und ein in Lahre bei Haselünne erlegtes Fausthuhn befindet sich im Besitz von Kreymborg (Münster). Über die bei Lahre 1888 beobachteten Fausthühner findet sich in der Literatur eine Angabe. H. Lampe (101.) berichtete an Reichenow: „Als ich am 23. Mai morgens auf das Feld ging, wurde ich durch ein eigenartiges, mir bis dahin fremdes Vogelgeschrei aufmerksam gemacht. Bald gewahrte ich 7 Steppenhühner, welche kaum 30 Schritt an mir vorüber in Keilform von Osten nach Westen zogen. Mein Bruder, der mit Pferden auf dem Acker arbeitete, sah an demselben Tage 12 Stück auf einem Buchweizenacker laufen, so nahe, daſs er sie mit einem Stocke hätte werfen können. Diese zwölf Stück sind schon längere Zeit hier gewesen, aber niemand kannte die Vögel. Sie suchten fast immer auf demselben

Acker ihr Futter; man traf sie dort zu jeder Zeit an. Am 25. Mai kam ein neuer Zug von etwa 40 Stück auf denselben Acker, worauf die ersteren verschwanden, und auch diese hielten sich beständig dort auf. Ich hatte Gelegenheit, sie hier ganz nahe zu beobachten. Sie laufen ziemlich schnell, wenn sie Futter suchen. Buchweizen und Gerste scheinen sie am liebsten zu fressen. Am 26. Mai sind diese 40 Stück nach Süden weiter gezogen, und ich habe seit der Zeit nichts wieder von den Vögeln gesehen." Aus Oldenburg, dem Artlande und Westfalen liegen mehr oder weniger zahlreiche Nachrichten vor. In Holland wurde es schon im Juli 1859 vereinzelt beobachtet, doch trat es dort am häufigsten 1888 auf. Darnach fand es sich noch in zwei Exemplaren in den Dünen von Scheveningen am 23. VIII. 06 und fand sich auch bei der letzten nicht so bedeutenden Invasion 1908 (113, 1909.) vereinzelt ein.

Familie: **Ibidae.**

74. ***Plegadis autumnalis*** (Hasselq.) — Brauner Sichler.

Aus einer kleinen in Nr.13, Bd. 56 der „deutschen Jägerzeitung" von mir veröffentlichten Arbeit entnehme ich folgendes über *Pl. autumnalis*: „Der braune Sichler verirrt sich zwar häufiger nach Süddeutschland, da er schon in den Mittelmeerländern Brutvogel ist, aber im westlichen Norddeutschland wird er nur ganz selten angetroffen. Meistens handelt es sich dann um junge Vögel, die sich im Herbst zu weit nördlich verirrten. So wurde, wie Wemer in seinen „Beiträgen zur westfälischen Vogelfauna" berichtet, ein junger Sichler bei Wadersloh am 16. Oktober 1895 geschossen und von R. Koch in Münster präpariert. Sonst sind aus Westfalen keine Fälle bekannt. In Hannover ist unser Vogel auch schon vereinzelt erlegt worden, wie ich von Herrn Löns erfuhr. Von einem Fall aus dem an der Ems gelegenen Kreise Lingen, der besonders interessant ist, da es sich um einen schon mindestens einjährigen Vogel handelt, der seltsamerweise sich dort während der drei Monate Juni, Juli, August aufhielt, erfuhr ich durch Herrn Pastor Meier in Grafeld, der den Vogel in dieser Zeit beobachtet und schliefslich auch geschossen hat. Dieser Herr hat mir darüber folgendes geschrieben

„Im Juni des Jahres 1904 erblickte ich in der Nähe des so herrlichen van Werdeschen Reiherstandes am Emsufer einen Vogel, dessen Bestimmung mir nicht gelingen wollte. Das dunkelbraune Kleid, der eingezogene S-förmige Hals, der fast jeden Augenblick den Boden berührende lange Schnabel, der leichte und schnelle Schritt und der elegante Flug mit gestrecktem Hals waren für mich ein ungelöstes Rätsel. Schliefslich erhob sich der Vogel zu ziemlicher Höhe und strebte in raschen Fluge der Eyte (Reiherstand) zu. Am folgenden Nachmittag gegen 5 Uhr sah ich von meinem gedeckten Beobachtungsplatz aus, den ich mir zurecht gemacht hatte, den Fremdling im seichten Uferwasser eifrig nach Nahrung suchen. Dann erhob er sich plötzlich, und in herrlichem Fluge, Bogen schlagend, sich auf und ab wiegend, tummelte er sich, um nach geraumer Zeit an derselben Stelle einzufallen, wo ich ihn am ersten Abend beobachtet hatte. Bei seinem eifrigen Suchen nach Nahrung zeigte sich in seinem Benehmen eine gewisse Scheu. Durch mein Glas konnte ich sehen, wie er jeden Augenblick, wenn ein Reiher oder eine Uferschwalbe vorbeistrich, im Schilfe verschwand, um alsbald wieder zu erscheinen. Jedesmal ordnete er schnell mit seinem Schnabel das Gefieder, um sich dann wieder auf den Fang zu begeben. Da der Vogel an diesem Abend, sowie auch in den folgenden 14 Tagen, jedesmal in elegantem Flug nach der Eyte hin abstrich, so wähnte ich dort seinen Nistplatz. Als ich jedoch bis zum August hin immer nur das eine Exemplar beobachten konnte, entschlofs ich mich, den seltenen Gast für meine Sammlung zu schiefsen, und meine Freude war grofs, als ich in dem Fremdling ein herrliches Exemplar des *Plegadis autumnalis* entdeckte, das jetzt, schön präpariert, eine Zierde meiner Sammlung ist. Die Länge betrug vor dem Präparieren 60 cm, die Breite mit ausgespannten Flügeln 97$^1/_2$ cm, die Stofslänge 9 cm, die Schnabellänge 11 cm, die Länge der Mittelzehen 8$^1/_2$ cm."

In Holland wurde *Pl. autumnalis* ungefähr achtmal erlegt, aus dem Rheinland sind mir nur zwei Fälle bekannt.

75. *Platalea leucorodia* L. — Löffler.

Über den Löffler schrieb ich ebenfalls in Nr. 13, Bd. 56 der „Deutschen Jägerzeitung" unter anderem folgendes:

„Der Löffler dürfte sich wohl häufiger in das westliche Deutschland verirren als der Sichler, zumal er noch in Holland Brutvogel ist, aber immerhin ist er doch eine sehr seltene Erscheinung. Der bekannte holländische Ornithologe, Baron Snouckaert von Schauburg, war so liebenswürdig, mir über die jetzigen Brutplätze von *Platalea leucorodia* in Holland zu schreiben:

„Der Löffler brütet in Holland nur auf dem Naadersee (unweit von Amsterdam) und in einem Sumpfe an der Westküste Nord-Hollands, dem sogenannten Zwanenwater (Schwanenwasser; Schwäne brüten allerdings dort nicht). Es kommt aber vor, dafs ein Paar ausnahmsweise irgendwo anders brütet, z. B. 1906 bei Ernewoude in Friesland." — Wemer erwähnt für Westfalen nur einen Fall, nämlich, dafs ein Löffler bei Nienberge geschossen worden sei. Ich erfuhr, dafs in Dalum a. d. Ems, Kreis Meppen, im Frühjahr 1910 ein ganz eigenartiger Vogel geschossen sei, der leider, da sich kein Präparator fand, wie es so häufig geht, verkommen ist. Nach der Beschreibung, die man mir machte, erkannte ich sofort, dafs es sich nur um einen Löffler handeln konnte. Am 30. August 1910 hatte ich selbst Gelegenheit, einen Löffler in den ausgedehnten Geestener Karpfenteichen beobachten zu können. Es herrschte ein schwacher Südwest und klares Wetter. Schon aus grofser Entfernung fiel mir der Vogel als ein weifser Punkt auf. Ich birschte mich im Schutze eines Teichdammes bis auf ungefähr 100 m an und konnte nun den Vogel, da ich durch einen Busch Epilobium geschützt war, mit Hilfe meines Glases gut beobachten. Der Löffler stand ungefähr 10 cm tief im Wasser und gründelte nach Nahrung, die vielleicht aus Larven der Knoblauchkröte oder aus kleinen Stichlingen, die dort, wie ich nachher sah, beide häufig waren, bestand. Der Vogel lief mit eingezogenem Hals in gebückter Haltung eifrig umher. Um ihn herum balgten sich schreiend 50 Kiebitze. Plötzlich strich er ab, eine kurze Strecke verfolgt von einigen Kiebitzen, die nach ihm stiefsen, und fiel in hohen Binsen mitten in einem der Teiche ein, wo man ihn aber nicht beobachten konnte. In den nächstfolgenden Tagen habe ich nichts mehr von dem Vogel gesehen und gehört."

Wiepken erhielt mehrere Exemplare aus Oldenburg.

16. Familie: **Ciconiidae.**

76. *Ciconia ciconia* (L.) — Weifser Storch.

An den verschiedensten Stellen unseres Gebietes ist *C. ciconia* Brutvogel. So bei Haselünne und in den Dörfern der Umgegend, bei Wietmarschen, bei Engden, bei Holthausen und an verschiedenen anderen Plätzen. Manche Horste sind schon seit langen Zeiten ständig benutzt, an manchen Plätzen fehlt er in den letzten Jahren. Viele Mühe habe ich mir gegeben, den Herbst- und Frühjahrszug klarzulegen; aber ohne Beringungen kann man keine festen Beweise geben. Ich nehme an, dafs unsere Störche und ebenso die Störche in Holland denselben Weg nehmen, wie die norddeutschen Störche, d. h. über Ungarn nach Afrika ziehen und nicht den Weg über Spanien einschlagen, wie es die süddeutschen Störche zu tun pflegen. Die Ankunftszeiten unserer Störche stimmen nämlich mit denen der andern norddeutschen überein, denn sie erscheinen nur selten vor Ende März, meistens erst Anfang April. Baron S. von Schauburg war so liebenswürdig, mir aus Holland folgende Ankunftsdaten zu senden: 1892: 24. III.; 1893: 22. III.; 1894: 29. III.; 1895: 25. III; 1896: 9. III.; ferner 1906: 10. IV.; 1908: 9. IV.; 1909: 26. II. Über die Zugrichtung vermochte ich nur wenig Material zusammenzubringen, doch herrschte im Frühjahr ein Kommen aus östlicher oder südlicher Richtung vor. Auch P. Hens schrieb mir aus Roermond, dafs am 27. IV. Störche von Süden nach Norden und am 8. V. 10 von Osten nach Westen durchgezogen seien. Im Herbst ist die Zugrichtung schwieriger zu beobachten, da dann die Störche erst zu ihren Sammelplätzen ziehen und oft planlos umherstreifen. — In allen Nachbargebieten Brutvogel, nur für Westfalen liegen sehr spärliche Nachrichten vor. Westhoff (130.) bezweifelt 1889, dafs er Brutvogel im Münsterlande ist, und selbst v. Droste (123.) hält 1874 sein Brüten in der Provinz für sehr fraglich. In letzter Zeit sind einige wenige Brutplätze aus Westfalen bekannt geworden, so dafs die Grenze seiner Hauptverbreitung fast durch den südlichen Teil unseres Gebietes verläuft.

77. *Ciconia nigra* (L.) — Schwarzer Storch.

Im Kreise Meppen haben sich bis vor wenigen Jahren, zwar in grofsen Zwischenräumen erscheinend, diese so seltenen Vögel aufgehalten, und wenn auch in künftigen Jahren wieder einmal hier und dort ein Pärchen brüten wird, so wird doch nichts die Ausrottung dieser grofsen Vögel aufzuhalten vermögen, wie man es in Nachbargebieten z. B. im Münsterlande, beobachten konnte, da sie als scheue Waldbewohner sich in keiner Weise der Kultur angepafst haben. Da die Jungen von *C. nigra* sich nicht in dem Brutgebiet der Eltern anzusiedeln pflegen, sondern weit umherstreifen, ist es sehr leicht möglich, dafs in Gebieten, wo früher nie schwarze Störche gebrütet haben, plötzlich solche erscheinen. Im Kreise Lingen wurde nur einmal, so viel ich weifs, vor ungefähr 12 Jahren in der Lohner Heide ein Exemplar geschossen, das jetzt bei dem Küster in Schepsdorf ausgestopft steht. Bei Haselünne horstete nach Boediker ein Pärchen in den Haverbecker Kiefern vor ca. 20 Jahren. Bölle fand 1904 einen Horst bei dem Gute Polle an der Landstrafse von Haselünne nach Fürstenau, dem er die Jungen entnahm, welche er hochzog und später verkaufte. Boediker berichtete mir über einen von ihm bei Haselünne gefundenen Horst folgendes: „Am 7. Mai 1905 fand ich in den Malemoorschen Tannen einen Horst, der auf einer garnicht hohen sehr astreichen Kiefer in etwa $5^1/_2$ m Höhe gebaut war.

Die Störchin safs auf dem Horste, der schon vier Junge enthielt, verliefs denselben bei meiner Annäherung und kreiste in nicht zu grofser Höhe über mir. Ob die Jungen flügge geworden sind habe ich nicht feststellen können.“ Schliefsich schrieb mir Schöningh, dafs *C. nigra* vor einigen Jahren bei Geeste gehorstet habe, und von Behnes erfuhr ich, dafs vor 10—15 Jahren einmal ein Horst in den Varloher Tannen gefunden sei. Gleich jenseits der Grenze des Kreises Meppen auf dem Gute Polle bei Fürstenau befindet sich eine alte Horststätte von *C. nigra*, über die mir von verschiedenen Seiten berichtet wurde, und ich nehme an, dafs die verschiedenen Horste im Kreise Meppen mit dieser alten Horststätte in Zusammenhang stehen. Ebenfalls sollen sich im benachbarten Hümmling noch vereinzelte Brutplätze von *C. nigra* finden. In Westfalen im Münsterlande war er früher ziemlich häufiger Brutvogel, jetzt horstet wahrscheinlich kein oder höchstens nur noch ein Pärchen dort, im benachbarten Artlande war er 1892 in der Maiburg bei Bippen Brutvogel, in Oldenburg soll er ganz vereinzelt jetzt noch brüten, vom Rheinland ist nur ein einziger Fall vom Ende der siebziger oder Anfang der achtziger Jahre bekannt, und in Holland hat er überhaupt nicht gebrütet.

Familie: **Phoenicopteridae.**

78. ***Phoenicopterus roseus*** Pall. — Flamingo.

Am 25. I. 1910 schrieb mir Lichte, dafs bei Frenswegen vor einiger Zeit ein Flamigo erlegt worden wäre. Meine Erkundigungen, ob er irgend wo entflohen sei, verliefen negativ, aber trotzdem dürfte es sich ebenso wie bei den im Rheinland erlegten Stücken um ein aus der Gefangenschaft entwichenes Exemplar handeln.

Familie: **Ardeidae.**

79. ***Ardea cinerea*** L. — Fischreiher.

Unentbehrlich und geradezu zu einer Moorlandschaft unserer Gegend gehörend, darf man den Reiher nennen, wenn er mit schwerem langen Flügelschlage über das Moor streicht, laut schreiend seine Genossen warnt oder mit eigentümlich gebogenen Schwingen dicht über dem Boden schwebt vor dem Einfallen am Tümpel, der nur Moor- und Grasfrösche, Käfer und Libellenlarven enthält. Aber nicht nur dort ist er zu Hause, überall am Emslauf treffen wir ihn, zwar einzeln und in grofsen Abständen, aber immerhin sicher. Ja sogar im Schilf an den tiefen Kanälen, die überall das Land durchqueren, ist er ein sicherer Gast, obwohl er einen freien Ausblick lieber hat. Eigentlich in gröfseren Trupps zusammen findet man ihn, abgesehen von den Brutplätzen, nirgends aufser in Geeste an den Karpfenteichen und an ähnlichen Stellen. Dort in Geeste sammeln sich oft viele der grofsen Vögel, aber erst nach Beendigung der Brutzeit, und zwar trifft man dann nur junge Tiere an, oft 40—50, im September ungefähr 20—25, die, was am interessantesten bei den sonst ungeselligen Tieren ist, dann in Trupps zusammen leben, sich gegenseitig durch Rufe — natürlich unbeabsichtigt — warnen und abends meistens gemeinsam zu ihren Schlafplätzen ziehen. Die bekannteste Kolonie befindet sich in einem Gehölz des Schulte von Werde bei Listrup und wurde schon von Landois in seinem Tierleben Westfalens, obwohl sie nicht zu Westfalen gehört, eingehend beschrieben. Verschiedentlich habe ich diese hohen Buchen aufgesucht und lange das Treiben der ab- und zufliegenden Reiher beobachtet. Immer mehr hat die Zahl der Nester abgenommen, obwohl der Besitzer seinen alten Reiherstand nach Möglichkeit zu schützen sucht. Tegeders Erkundigungen ergaben, dafs im Jahre 1740 nach Herm. Nuning 200 Nester vorhanden waren, vor 50 Jahren zählte man 120—160 Nester, und jetzt wird der Bestand auf der ca. 2 ha grofsen „Eite“ auf etwa 70 Nester angegeben, was mir reichlich hoch erscheint, denn ich vermochte, als der Wald zwar schon belaubt war, 1908 Pfingsten nur etwa 30—35 besetzte Nester zu finden. Der jetzige Bestand wird schwerlich wieder zunehmen, wahrscheinlicher zurückgehen und endlich ganz verschwinden. Wo bleiben aber die jungen Reiher, die in jedem Jahre in Listrup erbrütet werden? Viele, wohl die meisten, fallen der Schrotspritze zum Opfer, die andern aber suchen fremde Reiherstände auf oder gründen kleine Zweigkolonien, wenige bleiben bei dem alten Stande. Durch das Ringexperiment wird sich da auch Klarheit schaffen lassen, denn ich glaube nach meinen Beobachtungen, dafs ebenso wie bei andern in Kolonien brütenden Vögeln, z. B. bei Lachmöwen, — dort haben es die Thienemann'schen Ringexperimente klargelegt — um Inzucht zu vermeiden, die jungen Tiere auswandern. Solche kleinen Zweigkolonien, wie ich sie erwähnte, konnte ich verschiedentlich feststellen. So bestand ein Reiherhorst vor ungefähr 12 Jahren bei Lohe, eine kleine Kolonie befand sich in der Schlips bei Herzfort einige Jahre lang bis 1907, und schliefslich fand ich 1905 eine kleine Kolonie im Bienerbusch, die dort schon einige Jahre bestand, und 1908 endgültig vernichtet wurde. Löns (71.) nennt eine Kolonie aus der Nähe von Neuenhaus, doch ist mir darüber nichts weiteres bekannt. Aus der zuletzterwähnten Kolonie im Bienerbusch erhielt ich verschiedentlich junge Reiher, die ich aufgezogen habe. Alle diese kleinen Kolonien konnten sich aber in unserer Zeit nicht halten und verschwanden bald, da wohl stets nur dieselben Reiher dieselben Horste beziehen. Der Zug der Reiher ist sehr interessant und eins der typischsten Beispiele für das allmähliche Erlöschen dieses gewaltigen Instinktes bei einer Art. Die jungen Reiher ziehen unter gewöhnlichen Umständen fast regelmäfsig und zwar bei Nacht, wie sich überhaupt ein grofser Teil des Lebens unseres Vogels bei Nacht, besonders in mondhellen Nächten, abspielt. Vielleicht ziehen unsere Reiher über die Pyrenäen, dort kommen sie nach Blasius (Internationaler Ornith.-Kongrefs 1905, S. 573) nur auf dem Zuge und nur in jungen Exemplaren vor. Je älter die Tiere werden, destomehr werden sie zu Standvögeln. In jedem Winter sah ich solche alten Exemplare verschiedentlich an der Ems und ihren offenen Zuflufsgräben. In dieser Zeit bekommen sie nur sehr spärlich Nahrung und verlieren viel an Gewicht, das in normalem Zustand 3 Pfund beträgt, aber durch gute Ernährung sehr gesteigert werden kann. An meinem freifliegenden zahmen Reiher beobachtete ich, dafs der Appetit in Tagen mit schlechtem, stürmischen Wetter, das die Nahrungssuche oft völlig unmöglich macht, nur sehr gering ist. Meine Reiher zogen im Winter, selbst im ersten Jahre, nicht fort, obwohl sie dazu stets Gelegenheit hatten. Im benachbarten Hümmling befindet sich eine gröfsere Kolonie. Möllmann (87.) gibt für das Artland bis 1893 verschiedene kleine Zweigkolonien an, die aber stets vernichtet wurden. In Westfalen befinden sich nur sehr kleine Reiherstände, gröfsere dagegen in Oldenburg, Ostfriesland und Holland.

80. *Ardea purpurea* L. — Purpurreiher.

Zum ersten Male beobachtete ich *A. purpurea* am 29. VIII. 10 bei klarem Wetter und ziemlich starkem SSW. in den Geestener Teichen. Ich erkannte den Vogel schon aus weiter Ferne als von unserm Reiher verschieden und sah ihn in ungefähr 1—1½ m hoher Typha einfallen. Obwohl ich keineswegs vorsichtig ging, konnte ich bis auf ungefähr 40 m an den Reiher herankommen, worauf er schliefslich abstrich und mich unter lautem Warngeschrei, das aber nicht so gellend wie der Warnruf von *A. cinerea*, sondern mehr krächzend klang, umkreiste, schliefslich strich er nach Westen ab, und ich habe ihn in der folgenden Zeit weder in Geeste noch im benachbarten Ochsenbruch gesehen, obwohl ich dort beinahe täglich das Gebiet gewissenhaft durchstreifte. Am 16. IX. 10 bei klarem Wetter und N.-Wind jagte ich an derselben Stelle bei einer Bekassinenjagd wieder aus hoher Typha aus ungefähr derselben Entfernung wie beim ersten Male einen Purpurreiher hoch, der nach N. abstrich und wieder an einer mit hoher Typha bewachsenen Stelle einfiel. Hier jagte ich ihn etwa eine Stunde später auf einer Entfernung von ungefähr 20 Schritt vor mir hoch und schofs, da ich gern das Tier einmal lebend beobachten wollte, zumal es seinen verschiedenen Instinkten nach von *A. cinerea* sehr verschieden sein mufste, mit feinem Schrot auf den rechten Flügel. Das Tier wurde glücklicherweise nur leicht im Handgelenk geflügelt und suchte sich halb laufend halb schwimmend zu retten. In der Gefangenschaft zeigte *A. purpurea* zwar im Gang und in den Bewegungen viel reiherähnliches, kam aber durch seine Schreckstellungen, die durch seine Lebensweise an versteckten Plätzen bedingt sind, mehr *Botaurus stellaris* nahe. Das an und für sich schon magere Tier verschmähte alle Nahrung, die ihm in der nur denkbarsten Auswahl, lebend und tot, vorgesetzt wurde und starb nach 10 Tagen. Das Exemplar befindet sich präpariert in meinem Besitz. 1907 wurde bei Geeste ebenfalls ein *A. purpurea* von Schimmöller geschossen und von Koch in Münster präpariert. Da *A. purpurea* vereinzelt in dem benachbarten Holland und zwar in Nord- und Südholland brütet, da ferner um 1850 nach Bolsmann (129.) ein Brutplatz in Oldenburg bei Kneheim gefunden wurde, dürfte er vielleicht auf deutschem Gebiet auch irgendwo in den grofsen Emsmooren oder im Hümmling brüten. Geschossen wurde das Tier einmal bei Emden, Belegexemplar steht im Hann. Prov.-Museum, ferner an der Nette bei Osnabrück, Belegexemplar findet sich im Osnab. Museum und schliefslich nach Berthold (Mitt. üb. das zoolog. Museum zu Göttingen. 3. Teil, 1855) bei Lehrte. Aus Westfalen sind nach Wemer drei Fälle bekannt.

Ardea ralloides (Scop.) — Schopfreiher.

Wurde einmal im März 1904 bei Lemförde (74.) in Hannover geschossen, das Exemplar steht im Prov.-Mus., und aufserdem ist er einige Male in den Niederlanden, auch einmal in der Rheinprovinz erlegt worden.

81. ***Botaurus stellaris*** (L.) — Rohrdommel.

1904 oder 1903 hat ein Pärchen im Ochsenbruch bei Geeste genistet, wie mir von verschiedenen Umwohnern dieses Sumpfes erzählt wurde. Nach Boediker sollen Rohrdommeln auf dem Teiche der Wöstemühle bei Herzlake zur Brutzeit sich aufhalten. Weitere Brutplätze sind nicht bekannt. Auf dem Durchzuge wird *B. stellaris* beinahe in jedem Jahre erlegt oder beobachtet. Ich habe den Vogel nur einmal selbst in Geeste am 30. VIII. 10 bei klarem Wetter und schwachem SW. beobachtet. Schimmöller hat ein Exemplar dort geschossen, das sich in seinem Besitze befindet, ferner wurden Rohrdommeln erlegt bei Schepsdorf, im Ochsenbruch, mehrfach in der Gemeinde Bernte, nach Tegeder zweimal in der Gemeinde Gleesen und mindestens 7—8 Mal seit 1890 in den Gemeinden Leschede und Helschen, schliefslich nach Schöningh verschiedentlich im Herbst in den letzten Jahren bei Meppen und nach Boediker im Frühjahr 1909 im Hudener Moor bei Haselünne. In den Nachbargebieten ist *B. stellaris* nur vereinzelt Brutvogel, so in Holland, ferner in Oldenburg, wo sie früher häufiger war, fehlt aber brütend in Westfalen.

82. ***Ardetta minuta*** (L.) — Zwergrohrdommel.

A. minuta wurde von mir einmal in Geeste längere Zeit an einem dichtbewachsenen Teiche von der bedeutend höheren Landstrafse aus Anfang September 1908 beobachtet. Ein Exemplar wurde bei Haselünne geschossen und steht präpariert bei Krapp in Meppen, ein bei Bernte an der Ems erlegtes Exemplar besitzt Meier in Grafeld, und Tegeder erbeutete eine *A. minuta* im Herbst an der Mündung der Ahe in die Ems bei Gleesen. Brütet in Holland vereinzelt, aber in allen andern Nachbargebieten nur als seltener Durchzügler bekannt. Koch vermutet ihr Brüten in Westfalen (123.)

Herodias alba ist 1878 einmal in Oldenburg (129, Nachtrag) und 1855 dreimal in Holland erlegt worden, *H. garzetta* ist zweimal in Holland und einmal in Westfalen nach Reeker (Orn. Monatsschrift 1910, p. 362) erbeutet worden.

Nycticorax nycticorax (L.) — Nachtreiher.

In früheren Jahren in Holland Brutvogel, und auch in Hannover haben am Seeburger See unweit Göttingen 1863 an zehn Paare genistet. (128.) In Oldenburg, Westfalen und im Rheinland vereinzelt nachgewiesen.

Familie: **Columbidae.**

83. ***Columba palumbus*** L. — Ringeltaube.

Häufiger Brutvogel in Nadel- und Holzwäldern, dringt bis in die Städte vor, wo sie in den Gärten nistet. Boediker fand im Juli 1910 ein Ringeltaubennest in der oben offenen Höhlung eines Eichenbaums, die scheinbar durch Ausbrennung eines Hornissennestes entstanden war. Man findet häufig noch Nester mit Eiern im September und mit Jungen im Oktober. Im Herbst und Winter zeigen sich oft ungeheuere Züge. 1909 notierte ich schon gröfsere Schwärme vom 21. IX. ab, während bei uns noch viele Tauben brüteten. Die Hauptfeinde sind bei uns der Habicht und der weibliche Sperber.

Columba oenas L. — Hohltaube.

Zwar wurde mir angegeben, *C. oenas* brüte ganz vereinzelt in den nördlich von Lingen gelegenen Forsten, da aber alle meine Erkundigungen und Nachforschungen nur ein negatives Resultat hatten, möchte ich diese Angabe nicht als beweiskräftig für ihr Vorkommen in unserm Gebiet halten. Mitte September 1910 jagte ich fünf Tauben aus einem Feldgehölz bei Biene, die ich für *C. oenas* hielt. Mit dem Eindringen des Schwarzspechtes dürfte vielleicht auch diese Höhlenbrüterin bald bei uns zu erwarten sein. Möllmann glaubt ebenfalls, sie im benachbarten Artlande auf dem Zuge beobachtet zu haben. Altum macht die Angabe, dafs sie 1817 im Bentlager Holz, unweit der Grenze unseres Gebietes, gebrütet habe und noch vereinzelt im Wolbecker Tiergarten in Westfalen brüte. (6.) Wemer (123.) gibt 1906 an und ebenso Reichling (102.) 1908, dafs sie noch jetzt vereinzelt im Wolbecker Tiergarten brüte. In Oldenburg und auf den ostfriesischen Inseln ist *C. oenas* ein sehr seltener Gast. In Holland brütet sie vereinzelt, ebenso in der Lüneburger Heide.

34. ***Turtur turtur*** (L.) — Turteltaube.

Nicht so häufig wie *C. palumbus*, aber doch im ganzen Gebiete verbreitet, liebt sehr die Kiefern in Heide und Moor. Erscheint gewöhnlich Ende April oder Anfang Mai. In den

Städten hat sie bei uns noch nicht gebrütet. Bodemann (46, 1888) sah 1886 die ersten schon am 6. IV. — windig, SW. — bei Haselünne, 1885 (46, 1887) erschien sie am 28. IV.

Familie: **Phasianidae.**

Phasianus colchicus L. — Fasan.

Ausgesetzes Wild hat sich an verschiedenen Stellen gut eingebürgert. Ich sah Fasanen bei Lohne und Schepsdorf, und fand ein vom Habicht geschlagenes Stück bei Reitlage.

85. ***Perdix perdix*** (L.) — Rebhuhn.

Überall gemeines Wild. Im Spätherbst ziehen die Hühner z. T. in die Moore, wo sie überwintern, der Abzug dorthin geschieht in ziemlicher Höhe und grofser Fluggeschwindigkeit. Färbungsabnormitäten werden selten beobachtet. Bödiker fand einmal ungefähr 1865 ein Nest in einem Wachholderbusch bei Haselünne. Altum beschreibt in seiner Forstzoologie (8.) 5 Rassen im Gegensatz zu der normalen mitteldeutschen Form, darunter eine aus unserer Gegend: „Das ostfriesische .„Moorhuhn" aus der Umgebung von Meppen. Klein, von dunkler Färbung. Scheitel fast einfarbig mit nur sehr feinen schmalen Schaftlinien, das Braun an Stirn und Kehle gesättigt rostgelb, die Tragfedern aschblau mit lederbraunen Bändern, Steuerfedern noch dunkler, das sehr kleine, nur aus seitlichen Flecken bestehende Schild fast schwarzbraun, auch die graue Halsfärbung dunkel, die schwärzlichen Wellen daselbst kräftig." Schöningh bestätigte mir die Schilderung, in den grofsen Mooren um Schöninghsdorf ist dies die typische Färbung der Rebhühner.

86. ***Coturnix coturnix*** (L.) — Wachtel.

Wie in den meisten Gegenden Deutschlands nimmt auch in unserm Gebiet die Wachtel bedeutend ab. Ihr Bestand läfst sich durch Erkundigungen bei Jägern sehr gut kontrollieren, und es stellt sich dann heraus, dafs sie vor Jahren im ganzen Gebiet Brutvogel war, überall stark abgenommen hat und nur an wenigen Stellen überhaupt noch Brutvogel ist. So habe ich sie in der näheren Umgebung Lingens als Brutvogel nirgends mehr gefunden. Bei Engden nistet sie nach Nordhoff noch einzeln, bei Bernte nach Imming ebenfalls ganz vereinzelt, Tegeder traf im Herbst 1910 nach einer Reihe von Jahren zum ersten Male wieder bei Gleesen ein Volk Wachteln bei der Hühnerjagd, ein anderer Jäger hat bei Sömmeringen im Laufe vieler Jahre ungefähr 10 Wachteln geschossen. Bei Meppen hört man den Ruf der früher häufigen Wachtel nach Schöningh nur noch ganz vereinzelt, und bei Haselünne, wo sie früher ebenfalls in viel gröfserer Zahl auftrat, brütet unser Vogel nach Bölle, Kreymborg und Bödiker noch jetzt in mehreren Pärchen. In den Nachbargebieten stark abnehmend. —

Caccabis saxatilis (Meyer) war noch um die Mitte des 16. Jahrhunderts Brutvogel im Rheinland, *C. rufa* (L.) wurde ganz vereinzelt im Rheinland, Holland und auch in Hannover erlegt, doch könnte es sich in manchen Fällen um ausgesetzte Exemplare handeln.

Familie: **Tetraonidae.**

87. *Tetrao tetrix* L. — Birkhuhn.

Eine der interessantesten Erscheinungen und eines der besten Beispiele für die Ausbreitungsfähigkeit einer Spezies ist die Geschichte von *T. tetrix* in unserem Gebiet. Die Geschichte dieses Vogels läfst sich sehr gut verfolgen, da das Birkhuhn als auffallender Vogel die Aufmerksamkeit aller Jäger geradezu auf sich ziehen mufste. In den sechsziger Jahren war Birkwild dort so gut wie unbekannt, ob es vielleicht früher schon einmal stärker aufgetreten ist, weifs ich nicht, denn es ist darüber nichts in Erfahrung zu bringen. Ungefähr Anfang der siebziger Jahre zeigten sich grofse unbekannte schwarze Vögel auf den Bäumen der Landstrafsen, das Birkwild hielt seinen Einzug, und jetzt nach vierzig Jahren trifft man es überall auf den grofsen, weiten Heiden und Mooren. Einige Umstände begünstigten seine Eingewöhnung sehr, so besonders der starke Rückgang der riesigen Heidschnuckenherden, die alle Gelege, die in ihrem Gebiet lagen, unfehlbar zertraten und die blühende Heide abfrafsen, sodafs sich wenig Heidekorn, die gewöhnlichste Birkhuhnnahrung, bilden konnte. Zugleich begünstigte etwas, was den Birkhühnern vielleicht später verderblich werden kann, ihre Ausbreitung, ich meine das Kultivieren der Heiden und Moore. Überall begann man damit, an den Grenzen der Heiden zu kultivieren, und diese kultivierten Stücke, besonders die Hafer- und Buchweizenfelder, werden als gern genommene Äsungsplätze benutzt. In gewisser Beziehung scheinen die „Korr- oder Kurrhühner", wie sie allgemein von der Landbevölkerung genannt werden, ihre Lebensgewohnheiten geändert zu haben, denn der eigentliche Waldvogel ist fast ganz zum Moor- und Heidevogel geworden, und zwar ist das Lieblingsterrain von *T. tetrix* eine Gegend mit mooriger, sumpfiger Heide, die von kleinen ungefähr 1—3 m hohen Krüppelkiefern bewachsen ist. Niedere, unbewachsene und trockene Heide wird bei uns ebenso wie der geschlossene Hochwald gemieden. Die Nachtruhe wird nach meinen Beobachtungen meistens auf dem Boden abgehalten. Der Duckinstinkt ist nur bei jungen Vögel und ab und zu bei einzeln liegenden Tieren stark ausgeprägt. Aber gerade die ungewöhnliche Scheuheit des Vogels hat ihn in vielen Fällen bei seiner Ausbreitung sehr unterstützt. Junge Vögel werden, ebenso wie brütende Hennen, häufig vom Fuchse abgefangen oder von Jagdhunden ergriffen, da bei ihnen der nur vor Gesichtstieren wie vor alten Raubvögeln schützende Duckinstinkt unzweckmäfsigerweise auch Nasentieren gegenüber angewandt wird. Sobald aber die Tiere sich in Ketten zusammenrotten, differenziert sich der Rettungsinstinkt, indem sie vor Raubvögeln sich ducken, vor Menschen und Hunden auf grofse Entfernungen hin fliehen. Bei einiger Überlegung läfst sich auch über die Zukunft des Birkwildbestandes etwas sagen. Das Birkwild braucht grofse und weite Heideflächen, diese aber werden in absehbarer Zeit sicher verschwinden, und wenn das Birkwild seine Lebensgewohnten in dieser Zeit nicht ändert, wird es mit den Mooren und Heiden ebenfalls schwinden müssen. Brachvogel und Birkwild waren vielleicht die beiden letzten Erscheinungen, die in unserer Zeit sich auf den zur Kultivierung verurteilten Heiden noch einmal ausbreiten konnten. Nur eine Möglichkeit kann dann *T. tetrix* vor dem Untergange retten, und das ist die Anpassung an die sich ändernden Verhältnisse. In gewisser Beziehung haben sich schon die Lebensgewohnheiten von *T. tetrix* geändert, denn der Waldvogel ist zum Heide- und Moorbewohner geworden, und jetzt mufs aus dem Moorbewohner ein Kulturangepafster werden. Vielleicht ist es möglich, denn die eingefügten Kulturstücke werden, wie gesagt, angenommen und im Herbst streichen, wie das Möllmann auch für das Artland hervorhebt, oft ganze Ketten in Gegenden, wo sie sich sonst nie aufzuhalten pflegen. Über den gegenwärtigen Birkhühnerbestand mögen noch einige Angaben folgen. Die Durchschnittsketten treten in einer Zahl von zehn, meistens 15—25 Stück auf, in günstiger Gegend scharen sich aber Ketten von 40—80, ja bis 100 Stück zusammen. Solche Ketten kommen nach Lichte um Nordhorn vor und treten nach Kreymborg im Kattenmoor und im Lotterfelde auf. Viel Birkwild beobachtete ich im Ochsenbruch, von da kommen die Tiere im Herbst in die Geestener Teiche, ungefähr 50 Stück in der Bernter Gemeindejagd, aufserdem bei Brögbern, Bawinkel etc. Zum Vergleich seien einige Angaben aus den Nachbargebieten gemacht. Seemann (116.) schreibt, dafs vor einigen Jahren e i n e Henne bei Osnabrück geschossen worden sei. Möllmann (87.) sagt 1893, dafs sich im Artlande das Birkwild stark vermehrt habe. Nach Wiepken (129.) war in Oldenburg das Birkwild vor 1848 häufig, — dies veranlafste mich an die Möglichkeit zu denken, dafs dies auch für unser Gebiet der Fall gewesen sein mag — und 1876 kam es nur im Littler Moor, wo es sorgfältig geschont wurde, brütend vor. In Holland hat es sich ebenfalls ausgebreitet und ist im Jahre 1901 in dem an Utrecht grenzenden Teil von Nordholland erschienen. Für Westfalen machte v. Droste (123.) ebenfalls die Mitteilung, dafs es ganz früher ein häufiger —

Wemer versieht dieses Wort mit einem ? — Brutvogel gewesen und jetzt (ungefähr 1874) ganz ausgerottet sei, in unserer Zeit ist es wieder häufig. Der erste Birkhahn erschien im Münsterlande 1870 an der Werse nach Wemer. Diese Mitteilungen stimmen nicht ganz mit denen Altums (8.) überein. Nach diesem soll es früher in unserm Gebiet in den Mooren von Meppen häufig gewesen sein und von dort über den Kreis Lingen nach Westfalen, wo es von 1876 an bei Rheine erschien, vorgedrungen sein. Die Altum'schen Angaben stimmen mit denen von Westhoff (130.) überein. Im Rheinland ist es an einer ganzen Reihe von Orten nach le Roi (104.) erst in den letzten zwei Jahrzehnten eingewandert.

Tetrao urogallus L. — Auerhuhn.

Brutvogel im gebirgigen Westfalen. In der Nähe unseres Gebietes wurde im Dezember 1822 (4.) nach Altum eine Auerhenne bei Ibbenbüren erlegt.

Tetrao bonasia L. — Haselhuhn.

Nur in sehr seltenen Fällen sollen sich Haselhühner aus den gebirgigen Teilen Westfalens in unser Gebiet verflogen haben, so gibt Löns (64.) an, *Tetrao bonasia* soll nach dem Bentheimschen und Osnabrückschen verstreichen, und Schöningh macht mir die Mitteilung, dafs im Herbst 1910 bei Teglingen mehrere Hühner geschossen seien, die er nach der Beschreibung bestimmt für Haselhühner gehalten hat. Da aber keine ganz sicheren Belege erbracht worden sind, möchte ich die eben angeführten Angaben nicht als beweiskräftig für ihr Vorkommen in unserer Gegend halten. In Holland ist *T. bonasia* sehr selten, mit Sicherheit nur ein- oder zweimal, nachgewiesen. In der Provinz Hannover ist es um 1870 ausgestorben (66.).

Lagopus lagopus (L.) — Moorschneehuhn.

In der „Osnabrücker Volkszeitung" fanden sich im September 1910 zwei Notizen über das Vorkommen von *L. lagopus* in unserm Gebiet. Der ersten Notiz entnehme ich folgendes: „Lotten bei Haselünne, 2. Sept. Im sogenannten Kattenmoor, südlich von hier an der Gerster Grenze gelegen, sind in letzter Zeit verschiedentlich gröfsere Vögel gesehen worden, die höchst wahrscheinlich als Schneehühner anzusprechen sind. Die etwa 40—50 cm langen Vögel sind braun gefiedert, schwarz und weifs gezeichnet, mit gerötetem Braunenkamm, die Flügelspannweite dürfte 60—70 cm betragen. Die meistens paarweise lebenden Vögel sind sehr scheu. Wahrscheinlich haben sie in dem mit hoher Heide und niedrigem Weidengestrüpp überzogenen Kattenmoor ihr Brutgeschäft besorgt." Die Möglichkeit der Vorkommens von *L. lago-*

pus ist keineswegs ausgeschlossen, da in Hannover und auch in andern Nachbargebieten Moorschneehühner ausgesetzt worden sind. Die Aussetzungsversuche in Hannover sind nach Löns (79.) gescheitert, vielleicht haben sich hier einige der Zersprengten im Kattenmoer eingefunden.

Familie: **Vulturidae.**

Gyps fulvus (Gm.) — Gänsegeier.

Wurde schon sechs- oder siebenmal in Westfalen nachgewiesen, darunter ganz in der Nähe unseres Gebietes 1829 bei Rheine (4.). Ein bei Marvede geschossenes Tier besitzt das Hann. Prov.-Mus. In Holland ist er zweimal erbeutet.

Vultur monachus L. — Mönchsgeier.

Soll einmal in Westfalen 1896 erbeutet sein (Westf. Sekt. 1896/97). Bestimmt wurde er am 12. VI. 1863 in Oldenburg erlegt (129.). (Schlufs folgt.)

Liste der auf meiner mit Major Roth und K. v. Donner unternommenen Expedition gesammelten Vogelbälge.

Von Dr. **A. Berger.**

Mit einer Karte.

Die Reise ging durch Englisch Ost-Afrika, Uganda und die Lado-Enklave und dauerte von Juli 1908 bis April 1909.

Die Vogelbälge sind sämtlich dem Zoologischen Museum in Berlin überwiesen worden.

Die Veröffentlichung hat sich verzögert, da ich wegen anderer Arbeiten die Untersuchung unterbrechen mufste.

In folgendem gebe ich eine kurze Reiseroute:

30. Juli 1908	ab Nairobi
31. Juli — 8. Aug.	auf den Athi Plains
9.—23. Aug.	am Thika und Tana
24. August	Fort Hall
25. Aug. — 1. Sept.	nach Embo (südl. Kenia)
1.—12. Sept.	am Nyamindi (südl. Kenia)
16.—22. Sept.	Fort Hall, Njeri, Rumuruti
23. Sept. — 2. Okt.	Guaso Narok — Guaso Njiro
2.—8. Okt.	am Guaso Narok — Rumuruti
9.—11. Okt.	über das Leikipia Plateau
12.—25. Okt.	am Baringo See
26. Okt. — 6. Nov.	im Grofsen Graben
6.—10. Nov.	in Ravine

11.—17. Nov.	Ravine — Sirgoi
18.—23. Nov.	im Elgeyo Graben
25. Nov. — 6. Dez.	Sirgoi — Nzoia (Guaso ngisho)
7.—17. Dez.	am Nzoia
18.—24. Dez.	am Osthang des Elgon — Turkwel
25.—29. Dez.	um den Elgon nach Mbale (Uganda)
1.—14. Jan. 1909	Mbale-Entebbe
15.—30. Jan.	Entebbe — Butiaba (Albert-See)
1.—9. Feb.	in Butiaba
9.—11. Feb.	Butiaba — Orra Sumpf (Lado Enklave)
11. Feb. — 12. März	Orra Sumpf — Dufile
13.—20. März	Dufile — Nimule — Gondokoro
24. März — 2. April	Gondokoro — Chartum.

Phalacrocoracidae. Flufsscharben.

1. *Phalacrocorax lucidus lugubris* Rüpp.

Iinja (Victoria See) 6. 1.

2. *Phalacrocorax africanus* (Gm.).

Butiaba 2. 2.

3. *Anhinga rufa* (Lacep. Daud.).

Diesen Schlangenhalsvogel trafen wir sehr häufig am Albert-See und auf dem weifsen Nil.

Charadriidae. Regenpfeifer.

4. *Charadrius asiaticus* Pall.

Baringo See 21. 10.

5. *Charadrius dubius* Scob.

Kisinga (Uganda) 20. 1.

6. *Hoplopterus spinosus* (L.).

Der Sporkiebitz war auf dem Leikipia Plateau sehr häufig, wiederholt kamen Flüge von 8—10 Stück auf der Steppe angestrichen.

7. *Oedicnemus vermiculatus* Cab.

Butiaba und Albert-See 2. 2.

8. *Oedicnemus senegalensis* Sw.

Am 22. Februar schofs ich einen dieser Vögel am Nest in der Lado-Enklave. Die Eier waren fast ganz mit Lehm zugedeckt, der steinbart war, sodafs es ziemliche Mühe machte, dieselben unversehrt herauszubekommen.

Eine ausführliche Beschreibung unserer Reise habe ich unter dem Titel: „In Afrikas Wildkammern" Verlag Paul Parey. Berlin SW. Hedmannstr. 10 herausgegeben.

Scolopacidae. Schnepfen.

9. *Himantopus himantopus* (L.).
Am Albertsee häufig beobachtet. Butiaba 2.—5. 2.

10. *Totanus ochropus* (L.).
Leikipia 10. 10. Kisinga 20. 1.

11. *Tringoides hypoleucos* (L.).

Otididae. Trappen.

12. *Otis kori struthiunculus* Neum.
In den Steppen am Baringosee war diese grofse Trappe sehr häufig, wir sahen sie oft mit Antilopen zusammen. Im Oktober — Ende Februar fand ich in Lado Gelege von Trappen, leider konnte ich nicht feststellen, welcher Art sie angehörten. —

Jacanidae. Blatthühnchen.

13. *Actophilus africanus* (Gm.).
Am Albertsee und an den Ufern des weifsen Nils findet sich dieser Vogel sehr häufig, meist ist er allein, selten 2 oder 3 zusammen.

Gruidae. Kraniche.

14. *Balearica regulorum gibbericeps* Rchw.
Diesen Kronenkranich trafen wir häufig südlich vom Kenia, auf dem Leikipia Plateau und dem Guaso Ngisho.

Rallidae. Rallen.

15. *Porphyrio porphyrio* (L.).
In den Schilfdickungen am Albertsee waren die Purpurhühner häufig. Meist sahen wir sie paarweise zusammen, den ganzen Tag über waren sie rege, sie safsen meist auf Schilf und waren sehr wenig scheu. Albert See 1.—8. Februar.

Ibididae. Ibisse.

16. *Ibis aethiopica* (Lath.).
Allabendlich kamen diese schönen Vögel in kleineren Flügen am Albertsee in der Nähe von Butiaba an unserem Lager vorüber gestrichen.

17. *Theristicus hagedash* (Lath.).
Mit Tagesanbruch kamen die Hagedasche zum Ufer des Albertsees, schon von weitem kündigte ihr abschäulicher Schrei ihr Kommen.

Bis zum Abend hielten sie sich am See auf, dann strichen sie in grofsen Schwärmen ihren Schlafbäumen zu.

Ciconiidae. Störche.

17. *Tantalus ibis* L.

Am Albertsee und Weifsen Nil beobachtet.

18. *Anastomus lamelligerus* Tem. Klaffschnabel.

Der Klaffschnabel ist am Albertsee sehr häufig, meist sahen wir ihn in Gesellschaft von *Ibis aethiopica*.

19. *Leptoptilos crumenifer* [(Cuv.) Less.]. Marabu.

Die Marabus trafen wir allenthalben auf unserer Reise, besonders zahlreich in Ost-Afrika und der Lado-Enklave. Hier zeigten sie sich absolut nicht scheu, sie liefsen uns oft auf ganz kurze Entfernung herankommen.

In Uganda fanden wir sie nicht so häufig, und wurde uns dies auch von den englischen Offizieren, die hier stationiert sind, bestätigt. Am Westabhang des Elgon (Uganda) trafen wir Ende Dezember eine brütende Kolonie von Marabus Sie hatten auffallend kleine, aus Geäst bestehende kunstlose Nester. Diese befanden sich auf unersteigbaren Bäumen mit ganz glatten Stämmen, deren Äste erst in einer Höhe von 20 Meter Höhe begannen, aufserdem fanden sich die Nester nie auf dünneren Bäumen, sondern immer auf so dicken, sodafs es den Eingeborenen unmöglich war, dieselben, selbst nicht mit dem Kletterstrick, zu erreichen.

Die Kolonie lag am Rand eines dichten Waldes, nicht weit von einem Sumpf. Auf Befragen teilten uns die Eingeborenen mit, dafs sich in einem nicht zu weit entfernten Sumpf auf hohen Bäumen eine weitere sehr grofse Kolonie befände. Während wir also hier die Marabu schon beim Brutgeschäft fanden, sahen wir in der Lado-Enklave im Februar und März die Männchen im Hochzeitskleid. Überhaupt ist dort die Brutzeit eine spätere, fanden wir doch in dieser Zeit dort frische Gelege von Triel, Trappe, verschiedenen Nachtschwalben etc. Auffallend ist, dafs sich hier in Uganda, wo man den Marabu so selten sieht gröfsere Brutplätze finden, während man in den Ländern, wo die Vögel häufig sind, nichts von solchen Plätzen hört.

Scopidae. Schattenvögel.

20. *Scopus umbretta* Gm.

Sie leben meist allein, selten paarweise in den Uferbäumen. Stumm, wie ein Schatten, gleiten sie von Baum zu Baum, selten fliegen sie weit. Ich fand sie wenig scheu, wiederholt sah ich sie ganz frei ohne jede Deckung an Wasserpfützen sitzen, dabei konnte ich so nah herangehen, dafs ich sie photographieren konnte.

Balaenicipidae. Schuhschnäbel.

21. *Balaeniceps rex* J. Gd. Schuhschnabel.

Am Albertsee beobachteten wir diesen prächtigen Vogel einmal fliegend, später sahen wir ein Paar vom Dampfer aus etwa eine Tagereise nördlich von Lado am Nil. Die Vögel standen ganz nahe am Ufer in niedrigem Gras, sie zeigten sich garnicht scheu und nahmen von dem vorüberfahrenden Dampfer keine Notiz.

Ardeidae. Reiher.

22. *Ardea goliath* Cretzsch.

Albertsee und Weifser Nil. Februar, März.

23. *Ardea purpurea* L.

Diesen und den vorigen Reiher fanden wir sehr häufig an den Ufern des Weifsen Nils.

24. *Bubulcus ibis* (L.).

Diese Vögel werden dem Grofswild sehr oft zum Verhängnis, da sie oft, auch wenn der Jäger noch nichts von der Anwesenheit von Büffeln oder Elephanten im Sumpf ahnt, diese durch ihr Hin- und Herflattern verraten, wiederholt haben wir uns auf der Jagd nur nach diesen Vögeln gerichtet. Allenthalben auf der Reise beobachtet.

Columbidae. Tauben.

25. *Vinago waalia* (Gm.).

Diese Taube trafen wir in Lado sehr häufig an. Meist liefsen sie sich in ungeheuren Schwärmen auf entblätterten Bäumen nieder. Auf den Schufs hin streicht blitzschnell ein Teil derselben klatschenden Fluges ab, während ein grofser Teil sitzen bleibt, obgleich die kahlen Bäume nicht die geringste Deckung gewähren. Meist am Nachmittag finden sich die Tauben auf ihren Lieblingsbäumen ein, werden sie von diesen vertrieben, so streichen sie ein Stück weit und fallen auf einem anderen Baum wieder ein, immer kehren sie aber schliefslich zurück. Westufer des Nils, Februar.

26. *Vinago calva nudirostris* Sw.

Die nacktschnäblige Papageientaube erlegten wir nur einmal in Jilo (Uganda). 22. 1.

27. *Turtur senegalensis* (L.).

Diese Turteltaube fanden wir sehr häufig. Es wurden Exemplare gesammelt: Südl. Kenia 25. August und am Baringo See 20. Oktober.

28. *Turtur capicola damarensis* Finsch Hartl.

Athi River 10. August.

29. *Oena capensis* (L.).

Baringo See 23. Oktober.

Phasianidae. Fasanen.

30. *Numida reichenowi* Grant.

Die Perlhühner trafen wir häufig am Ufer des Thika Flusses 9. August.

31. *Numida ptilorhyncha* [Lebt.] Less.

Nur in einem Exemplar am Turkwell 25. Dezember gesammelt.

32. *Coturnix delegorguei* Deleg.

Auf dem Leikipia-Plateau und in den grasreichen Steppen am Baringo See waren sie sehr häufig. Wiederholt trafen wir die Eingebornen auf der Wachteljagd. Sie gingen langsam durch das Gras und schienen die Tiere zu erschlagen. Dabei beobachteten wir wiederholt, dafs die in grefser Zahl über den Steppen schwebenden Raubvögel sich auf die aufgescheuchten Wachteln stürzten, ohne sich im Geringsten um die Nähe der Menschen zu kümmern.

Vulturidae. Geier.

Da das englisch-ostafrikanische Jagdgesetz das Schiefsen von Geier verbietet, so wurden von uns keine erlegt.

Anfang Oktober fand ich am Guaso Narok und Mitte Dezember am Nzoia Flufs brütende Geier. Sie hatten ihre Nester auf Bäumen.

Wie wir wiederholt beobachten konnten zeigen die Geier den Schakalen den Weg zum Aas. Uns war aufgefallen, dafs so oft die Schakale mit dem Wind direkt auf das Aas zuliefen, und dabei machten wir die Beobachtung, dafs sie dies nur taten, wenn auch Geier dorthin strichen.

Falconidae. Falken.

33. *Serpentarius serpentarius* (Miller).

Besonders häufig sahen wir diesen interessanten Vogel in den Steppen um den Kenia herum. Er hielt sich am häufigsten auf den frisch abgebrannten Stellen in Gemeinschaft mit grofsen Trappen auf, wo er oft, sofort nachdem das Feuer niedergebrannt war, einfiel.

Wenn er durch irgend etwas beunruhigt wird, flüchtet er erst laufend indem er den Kopf tief nimmt, gleichsam als wolle er sich verstecken. Zum Auffliegen braucht er einen ziemlichen Anlauf. Einem Vogel wurde durch eine Kugel ein Schenkelknochen zerschmettert. Er versuchte nun durch springen auf die Flügel zu kommen, aber es gelang ihn nicht.

Nur einmal beobachteten wir einen Sekretär auf einem Baum im Morgengraun, offenbar auf seinem Schlafbaum.

34. *Circus macrurus* (Gm.).

In mehreren Exemplaren erlegt. Östlich von Ravine 5. 11. Kabiula Miro (Uganda) 18. 1. Nimule 17. 3.

35. *Circus aeruginosus* (L.).

Wir fanden sie überall in der Nähe der Gewässer über den Wiesen schwebend. Gesammelt in Kampala 16. 1. Butiaba (Albert-See) 6. 2. Nimule 7. 3.

36. *Melierax metabates* (Heugl.).

Den Singhabicht fanden wir sehr zahlreich am Baringosee. Meist safs er auf den Bäumen an den Hängen, er zeigte sich sehr wenig scheu. Er liefs uns ganz nahe herankommen und strich dann nur ein kleines Stück weit.

37. *Astur sphenurus* (Rüpp.).

Kitui (Uganda) 12. 1.

38. *Hieraaetus wahlbergi* (Sund.).

Kisinga 20. 1. Lado 24. 2.

39. *Hieraaetus spilogaster* (Du Bus.).

Hanningtonsee 30. 10.

40. *Lophoaetus occipitalis* (Daud.).

In dem nördlichen Teil der Lado-Enklave war er sehr häufig, meist safs er auf den Bäumen am Rande der Steppe oder von Sümpfen. Er zeigte sich sehr wenig scheu.

41. *Aquila rapax* (Tem.).

Er wurde überall angetroffen. Meist kam er mit den Geiern zusammen zum Aas. Seine Färbung variiert sehr. Mehrere Exemplare wurden gesammelt.

42. *Buteo augur* Rüpp.

Baringo-See 19. 10. Elgejo Graben 21. 11. Guaso Ngisho 3. 11.

43. *Buteo desertorum* (Daud.).

Am Baringo-See wurde er häufig auf der Wachteljagt beobachtet. Baringo-See 23. 10. Butiaba 1. 2.

44. *Butastur rufipennis* (Sund.).

Nimule 17. 3.

45. *Helotarsus ecaudatus* (Daud.).

Am 20. Nov. nahmen wir im Elgejo Tal einen jungen Gaukler aus dem Nest, er konnte noch nicht aufrecht sitzen, was er erst nach 2 Wochen etwa lernte. Mitte Dezember machte er die ersten Flugversuche, indem er sich gegen den Wind stellte und die Flügel ausbreitete, dabei fiel er gewöhnlich nach vorn um. Er wurde bald sehr zahm, kam auf den Ruf heranmarschiert, nahm dargebotenes Fleisch aus der Hand, dabei war er sehr vorsichtig und hat nie gebissen. Die ausgewachsene Tiere waren immer sehr scheu sie kamen nie ans Aas, strichen höchstens einmal darüber hinweg. Sie fütterten die Jungen meist mit Eidechsen. Unser zahmer frafs diese auch mit Vorliebe. Im Horst befand sich nur ein Junges.

46. *Haliaetus vocifer* (Daud.).

Dieser schöne Adler findet sich überall in der Nähe von Flüssen und Seen. Besonders häufig scheint er in den Nilländern zu sein. In der Lado-Enklave fanden wir ihn im Februar brütend. Das Nest, in einem hohen Baum angelegt, war offenbar mehrere Jahre hinter einander bezogen war aufserordentlich dick, es lief nach unten spitz zu. Mit Vorliebe sitzen diese Adler auf Büschen, Bäumen oder Felsen direkt in oder am Wasser. Ihr Schrei ist sehr weit zu hören. Über unserem Lager kreisten fast stäudig diese Adler, angelockt durch einen Papagei, der sehr bald gelernt hatte ihren Schrei nachzumachen.

47. *Milvus aegyptiacus* (Gm.).

Sie begleiteten uns auf der ganzen Expedition, waren unglaublich frech und stiefsen oft herab, wenn die Präparatoren bei der Arbeit waren, denen sie wiederholt Fleischstücke aus der Hand rissen, einmal sogar auf den jungen Gaukler als er frafs. Oft entstand ein erbitterter Kampf, dabei fielen einmal zwei, die sich fest gepackt hatten, aus der Luft herab auf die Erde.

48. *Pernis apivorus* (L.).

Kampala 16. 1.

49. *Elanus caeruleus* (Desf.).

Meist trafen wir ihn einzeln, selten paarweise. Im Flug haben sie aufserordentlich viel Ähnlichkeit mit den Möwen. Sie fanden sich gleich häufig in der Steppe, wie im kultivierten Land. Fast auf der ganzen Reise beobachtet.

50. *Falco ruficollis* Sw.

Lado 2. 3.

51. *Cerchneis tinnunculus* (L.).

Guaso Ngisho 7. 3.

52. *Cerchneis naumanni pekinensis* Swinh.

Solei 3. und 10. Guaso Ngisho November, Dezember.

53. *Cerchneis ardosiacea* (Vieill.).

Nimule 16. 3.

54. *Poliohierax semitorquatus* (A. Sm.).

Baringo-See 19. 10.

Strigidae. Eulen.

55. *Bubo lacteus* (Tem.).

Diesen Uhu traf ich am Tage im Gebüsch sitzend, umgeben von einer grofsen Anzahl von Vögeln, unter anderen Nashornvögeln, die ihn spotteten. Baringo-See 16. 10.

56. *Bubo maculosus* (Vieill.).

Anfang März erlegten wir von diesem Uhu einen Alten und mehrere fast flügge Junge. Nimule 17. 3.

57. *Strix flammea maculata* Brehm.

In einem Exemplar auf einer Insel im Baringo-See erlegt. 21. 10.

Psittacidae. Papageien.

58. *Agapornis pullarius* (L.).

Nördlich von Wadelai 21. 2. Sie kommen also ziemlich weit nördlich vom Viktoria-See vor.

59. *Palaeornis torquatus docilis* (Viell.).

Ein Pärchen südlich von Gondokoro erlegt 19. 3. Nach einer Zusammenstellung von Neumann: Nov. zoolog. Vol. XV. Nov. 1908 p. 389 sind bis jetzt Exemplare von dieser westafrikanischen Form vom Senegal und 2 ♂♂ vom Weifsen Nil 190 englische Meilen südl. von Khartum gesammelt (Tring Museum). Die beiden von uns gesammelten stammen aus der Gegend zwischen Nimule und Gondokoro. Sie haben folgende Mafse:

♂ Schn. 22 mm. L. 16 mm. Fl. 150 mm. Schw. verstümmelt.
♀ Schn. 21 mm. L. 16 mm. Fl. 146 mm.

Diese entsprächen den von Neumann angegebenen Mafsen, aber die Farben der Schnäbel stimmen nicht mit meinen Exemplaren überein, welche leuchtend roten Oberschnabel haben, während der Unterschnabel nicht schwarz, sondern vielmehr schmutzig rot gefärbt ist.

Musophagidae. Pisangfresser.

60. *Corythaeola cristata* (Viell.).

Kampala 16. 1.

61. *Musophaga rossae* J. Gd.

Entebbe 15. 1.

62. *Chizaerhis leucogaster* Rüpp.

Elgejo-Tal 19. 10.

63. *Chizaerhis zonura* Rüpp.

Nimule 17. 3.

Cuculidae. Kuckucke.

64. *Centropus senegalensis.*
Häufig in Uganda bis Gondokoro.

65. *Cuculus solitarius* Steph.
Kabiula miro (Uganda) 16. 1.

66. *Coccystes glandarius* (L.).
Dufile 15. 3.

Indicatoridae. Honiganzeiger.

67. *Indicator indicator* (Gm.).
Nur selten trafen wir den Honiganzeiger. Thika Flufs 10. 8. Guaso Ngisho 15. 12.

Capitonidae. Bartvögel.

68. *Lybius leucocephalus* (Fil.).
Nördl. Uganda 13. 3.

69. *Tricholaema massaicum* (Rchw.).
Baringo See 23. 10.

70. *Barbatula jacksoni* Sharpe.
Eldoma Ravine 6. 9. Dieses Exemplar stammt also fast genau von demselben Platz, wo der Typus erbeutet wurde.

71. *Trachyphonus arnaudi zedlitzi* Berger.
Es liegt mir eine Kollektion von 9 Vögeln aus dem grofsen Graben zwischen Baringo und Hannigton-See vor. Sie unterscheiden sich von dem echten *T. darnaudi* dadurch, dafs das Rot auf dem Kopf viel stärker, der schwarze Kehlfleck aber weniger deutlich ausgeprägt ist, ja bei einigen fast ganz verschwindet, während er bei *T. darnaudi* sowohl, wie bei *T. arnaudi usambiro* Neum. deutlich ist. In der Gröfse kommen sie dem *T. darnaudi* nahe, sind etwas gröfser, aber doch kleiner als *T. a. usambiro.*

Fl. 73—77 mm, Sch. 76—82 mm, Schn. 16—18 mm, L. 23—24 mm.

Das Gelb zieht sich viel deutlicher über den Unterkörper und auch über die Schwanzfedern.

Sämtliche Exemplare sind im Oktober im grofsen Graben gesammelt worden.

Ich schlage für diese Subspecies zu Ehren meines alten Freundes Otto Graf Zedlitz Trütschler den Namen: *Trochyphonus arnaudi zedlitzi* vor.

Picidae. Spechte.

72. *Dendropicus lafresnayei* Malh.
Lado 23. 2.

73. *Dendropicus hartlaubi* Malh.
Embo (Südl. Kenia) 27. 8.

74. *Mesopicus goertae centralis* Rchw.
Nur in einem Exemplar gesammelt, der Bauch ist bei diesem auffallend stark gebändert.
Fl. 108 mm, Schw. 73 mm, Schn. 23 mm, L. 16 mm.

Coliidae. Mausvögel.

75. *Colius leucotis affinis* Schell.
Meist in gröfseren Flügen, liebt dichte Bäume, streicht wie ein Fasan.
Südl. vom Kenia 27. 8. Rumuruti 8. 10. Solei 2. 11. Kisinga (Uganda) 20. 1.

76. *Colius macrurus* (L.).
Baringo-See 22. 10. Dieser schöne Mausvogel fand sich meist in Flügen von 10—15 Stück, schon von weitem verrieten sie sich durch ihren hellen Ruf.

Coraciidae. Racken.

77. *Coracias caudatus* L.
Wir fanden sie als ständige Begleiter der Elefanten in Lado.

78. *Eurystomus rufobuccalis* Rchw.
Kigoma (Uganda) 16. 1.

Bucerotidae. Nashornvögel.

79. *Bycanistes subcylindricus* (Gel.).
Kampala (Ugandaу) 16. 1.

80. *Lophoceros melanoleucos* (A. Lcht.).
Guaso Ngisho 6. 10.

81. *Lophoceros erythrorhynchus* (Tem.).
Baringo See 23. 10.

Lophoceros deckeni (Cab.).
Bei dem von mir gesammelten Exemplar unterschied sich der Fleck an der Wurzel des Oberkiefers in der Weise von der Orginalbeschreibung, dafs er in der oberen Hälfte weifs, in der unteren rosa war.

Alcedinidae. Eisvögel.

82. *Halcyon chelicuti* (Stanl.).
Thika Fl. 16. 8. Baringo See 19. 10. Lado 24. 2.

83. *Halcyon semicaeruleus* (Forsk.).
Athi Fl. 8. 8. Gondokoro 21. 3.

84. *Halcyon cyanoleucos* (Vieill.).
Kisinga (Uganda) 20. 1.

85. *Corythornis cyanostigma* (Rüpp.).
Albert See und Nil. Februar, März.

86. *Ceryle rudis* (L.).
Fand sich fast an allen Gewässern.

Meropidae. Bienenfresser.

87. *Melittophagus cyanostictus* (Cab.).
Thika-Flufs 16.—19. 8. Nairobi 1. 8. Baringo See 19. 10.

88. *Melittophagus pusillus meridionalis* Sharpe.
N. O. Elgon 24. 12. Butiaba 2. 2.

89. *Melittophagus bullockoides* (A. Sm.).
Östlich von Ravine am 5. Nov. in einem Exemplar erbeutet. Nach bisherigen Beobachtungen sollte er erst südlich von Nairobi vorkommen mithin scheint sein Verbreitungsgebiet sich doch weiter nach Norden zu erstrecken.

Melittophagus pusillus ocularis (Rchw.).
Bei den in der Ladoenklave am oberen Weifsen Nil gesammelten Exemplaren ist der für *ocularis* typische, als Unterschied gegenüber *pusillus* geltende Fleck kaum angedeutet, und dürften wir es hier mit einer Übergangsform der beiden haben Diese Exemplare scheinen die ersten hier gesammelten zu sein Lado-Enklave Februar, März.

Melittophagus variegatus Vieill.
Die am Albert-See bei Butiaba gesammelten Exemplare zeigen auffallend kleines Brustschild. Sie haben sehr abgenutzten Schnabel, offenbar suchen sie ihre Nahrung grofsenteils auf und in dem Boden, wie wir hier häufig beobachten konnten. Butiaba Feb.

90. *Aerops albicollis* (Vieill.).
In Uganda aufserordentlich häufig.

91. *Merops persicus* Pall.
Diese Bienenfresser sammelten wir nur zwischen Wadelai und Dufile, sie scheinen hier zu brüten. März.

92. *Merops nubicus* Gm.
Lado 19. 3. Gondokoro 21. 3.
Sie sitzen gern, wie die vorige Art auf den äufsersten Astspitzen der über das Wasser ragenden Bäume.

Upupidae. Hopfe.

93. *Upupa senegalensis* Sw. subsp. nova?
Ein auf dem Guaso Ngisho gesammeltes Exemplar (südöstlich vom Elgon), zeigt auffallend dunkle weinrote Färbung der

Brust, und zwar zieht sich diese über den ganzen Leib bis zu den Unterschwanzdecken hin. In der Berliner Sammlung zeigt kein anderes Exemplar diese Färbung. Vermutlich handelt es sich um ein sehr altes männliches Exemplar. Leider ist vorläufig noch nicht genügendes Vergleichsmaterial vorhanden.

Upupa senegalensis intermedia Grant.

In einem Exemplar in der Lado-Enklave gesammelt. 2. 3. 1910.

Bisher sind zwei Exemplare bekannt, die aus dem südlichen Abessynien und vom Omo stammen. cfr. Neum. Journ. f. Ornith. 1905 p. 193.

94. *Irrisor erythrorhynchos* (Lath.).

Guaso Gnisho 6. 12.

Caprimulgidae. Nachtschwalben.

95. *Caprimulgus inornatus* Hengl.

Kigoma (Uganda) 21. 1.

96. *Caprimulgus fossei* [Verr.] Hartl.

Hannington 29. 10.

97. *Macrodipteryx macrodipterus* ([Afz.] Lath.).

Nord. Elgon 24. 12. Uganda, Lado. Jan. März.

Der Vierflügel ist am westlichen oberen Nil ungemein häufig. Anfang März fanden wir frische Gelege, diese lagen in kleinen Erdgruben. Die Vögel scheuchten wir bei Tage häufig auf. Meist waren 2—4 ♂♂ bei einander. Sie flogen dann nur ein kleines Stück weit, fielen in lichtem Gebüsch ein und liefen dann ein Stück weit unter die nächsten Sträucher.

Hirundinidae. Schwalben.

98. *Hirundo neumanni* Rchw.

Kutwi (Uganda) Januar.

99. *Hirundo emini* Rchw.

Baringo See. 17. 10.

100. *Hirundo rustica* L.

Hoima (Uganda) 27. Januar.

101. *Hirundo angolensis arcticincta* Sharpe.

Kampala (Uganda).

102. *Hirundo smithii* Leach.

Dufile 19. März.

Die Schwalben sahen wir besonders gegen Abend in grofser Zahl auf den Telegraphendrähten am Albert-See Anfang Februar, wie bei uns vor dem Wegzug im Herbst.

Muscicapidae. Fliegenfänger.

103. *Dioptornis fischeri* Rchw.
Embo südl. des Kenia.

104. *Empidornis semipartitus kavirondensis* Neum.
Turkwel-Fluſs 24. 12.

105. *Alseonax infulatus* Hartl.
Butiaba Albert-See Februar.

106. *Tchitrea viridis* (St. Müll.).
Lado 1. 3.

Campephagidae. Raupenfresser.

107. *Campephaga niger* Vieill.
Embo, südl. von Kenia.

Laniidae. Würger.

108. *Pomatorhynchus australis congener* Rchw.
Kabiula miro. 17. 1. Lado 20. 2.

109. *Pomatorhynchus senegalensis* (L.).
Thika 16. 2.

110. *Eurocephalus rüppelli* Bp.
Gondocoro 23. 3.

111. *Laniarius major* (Hartl.).
Hoima 24. 2.

112. *Laniarius erythrogaster* (Cretzsch.).
Lado Enclave. Februar—März.

113. *Laniarius bergeri* Rchw.
Baringo 13. 10.

114. *Dryoscopus gambensis nyansae* Neum.
Baringo-See 17. Oktober.

115. *Dryoscopus cubla hamatus* Hartl.
Embo 27. 8.

116. *Lanius humeralis* Stanl.
Embo 27. 8. Baringo See 17. 10. Solei 3. 11.

117. *Lanius excubitorius* Prev. Des Murs.
Butiaba 4. 2. Dufile 11. 3. Gondokoro 23. 3.

118. *Corvinella corvina* (Shaw.).
Guaso Ngiho 3. 12. Gondokoro 22. 3.

Corvidae. Raben.

119. *Cryptorhina afra* (L.).
Dufile 18. 3.

120. *Corvus scapulatus* Daud.
Embo südl. v. Kenia. Fort Hall.

121. *Rhinocorax affinis* (Rüpp.).
Baringo See 15. 10.

122. *Corvultur albicollis* (Lath.).
Kitumu (Uganda) 29. 1.

Dicruridae. Drongos.

123. *Dicrurus afer* (A. Licht.).
Thika 17. 8.

Oriolidae. Pirole.

124. *Oriolus larvatus rolleti* Salvad.
Hannington See 29. 10.
Den Pirol traf ich wiederholt, oft mehrere 6—8 zusammen. Sie zeigten sich ganz aufserordentlich scheu, sodafs es fast nie gelang, auf Schufsnähe an sie heranzukommen.

Sturnidae. Stare.

125. *Spreo superbus* (Rüpp.).
Guaso Narok 25. 9. Gondocoro 20. 3.
Meist in der Nähe der Ansiedlungen. Auch wir konnten im Massailand und später am Nil die ausgesprochene Symbiose mit *D. dinemelli* beobachten.

126. *Buphagus erythrorhynchus* (Stanl.).
Ich kann die Ansicht vieler Reisender, dafs der Madenhacker das Wild, z. B. Nashörner, vor dem nahenden Feinde warnt, nicht teilen. Nur selten habe ich sie unter Geschrei vom Wirtstier abstreichen sehen, meist flogen sie stumm hinweg, niemals beobachtete ich, dafs sie durch Herumfliegen das Tier aufmerksam gemacht hätten, obgleich ich sehr oft ganz dicht an Nashörner, die von Madenhackern begleitet waren, heranging. Wenn sie auf zahmen Eseln safsen, so konnte ich beobachten, dafs die, welche nicht wegflogen, sich an der dem Feinde abgekehrten Seite anklammerten und nur mit dem Kopf über den Rücken des Tieres schauten. Ging ich auf die andere Seite, so liefen sie wie Mäuse an dem Esel herum, um sich auf der mir abgewandten Seite zu verstecken.

127. *Lamprotornis purpuropterus* Rüpp.
Lado-Enklave März.

128. *Lamprotornis purpuropterus aeneocephalus* Heugl.
Hannington-See 29. 10.

129. *Lamprocolius chalybaeus massaicus* Neum.
Am Hannington-See im Grofsen Graben in 3 Exemplaren erbeutet. Der Hinterkopf und Nacken ist mehr stahlblauglänzend, ebenso der Rücken und die Bürzelfedern. Schulterfleck vorhanden, der Backenfleck ist verwaschen. Vielleicht handelt es sich um eine neue Subspecies, leider fehlt noch genügend Vergleichsmaterial aus dieser Gegend.

Ploceidae. Weber.

130. *Dinemellia dinemelli* ([Horsf.] Rüpp.).
Drei am Baringo-See im Oktober gesammelte Exemplare zeigen folgende Mafse: Fl. 96 cm, Schw. 70 cm, Schn. 13 mm, L. 25 mm. Diese Vögel wären also bedeutend kleiner als der echte *Din. dinemelli* und als die von Salvadori unter *ruspolii* aus dem Somaliland beschriebene Art.

131/132. *Plocepasser melanorhynchus* Rüpp.
Er baut auf kleinen Bäumen Dachähnliche Nestkolonien.
Baringo-See 18. 10.
Baringo-See 11.—15. 10. Gondokoro 20. 3.

133. *Sporopipes frontalis* (Daud.).
Baringo-See Oktober.

134. *Ploceus reichardi* Rchw.
Baringo-See 19. 10.

135. *Ploceus pelzelni* Hartl.
Hoima 26. 2.

136. *Ploceus stuhlmanni* (Rchw.).
Im Januar fanden wir die Weber in Uganda beim Brüten. Oft war ein und dieselbe auf einem Baum angelegte Kolonie von 3 oder 4 Arten bewohnt und konnte ich beobachten, dafs wiederholt Nester von 3 verschiedenen Arten hintereinander besucht wurden, sie scheinen in bestem Einvernehmen zu leben. 26. 1.

137. *Estrilda astrild minor* (Cab.).
Solei-See Oktober.

138. *Uraeginthus bengalus* (L.).
Grofs. Graben, Baringo-See, Solei. Oktober.

139. *Vidua serena* (L.).
Jilo (Uganda) Januar.

Fringillidae. Finken.

140. *Passer griseus ugandae* Rchw.
Hoima, Entebbe.

141. *Passer gongonensis* (Oust.).
Baringo-See.

142. *Serinus maculicollis* Sharpe.
Baringo-See 22. 10.

Spinus citrinelloides (Rüpp.).
Entebbe 22. 1.

Motacillidae. Stelzen.

143. *Motacilla vidua* Sund.
Nördl. vom Victoria-See. Januar.

44. *Budytes flavus* L.
Februar. Albert-See.

145. *Anthus trivialis* (L.).
Östl. von Ravine, im grofsen Graben (Oktober).

146. *Anthus leucophrys angolensis* Neum.
Östl. von Ravine, im grofsen Graben (Oktober).

147. *Macronyx croceus* (Vieill.).
Kikonda (Ungana) Januar. Lado. Februar.

Alaudidae. Lerchen.

148. *Mirafra africanoides alopex* Sharpe.
S.W. vom Hannington.

149. *Mirafra albicauda* Rchw.
Butiaba am Albert-See.

150. *Mirafra africana tropicalis* Hart.
Baringo-See. Oktober. Das vorliegende Exemplar stimmt mit der Beschreibung von *tropicalis* überein, doch scheint sich dieser Vogel demnach nicht nur in Uganda, sondern bedeutend weiter östlich zu finden.

Pycnonotidae. Haarvögel.

151. *Pycnonotus tricolor minor* Heugl.
Embo 29. 8. Rumuruti 17. 10. Baringo-See 17. 10. Kigoma 21. 1.

Nectariniidae. Blumensauger.

152. *Chalcomitra verticalis viridisplendens* (Rchw.).
Kigoma (Uganda) 21. 1.

153. *Chalcomitra aequatorialis* (Rchw.).
Kisinga 20. 1. Hoima 24. 1.

154. *Cinnyris cupreus* (Shaw).
Hoima Januar.

155. *Cinnyris mariquensis osiris* (Finsch).
Die von uns im grofsen Graben am Baringo-See und südlich davon am Solei gesammelten Exemplare entsprechen denen von Bogos, doch ist bei den männl. Stücken das Blau des Bürzels mehr stahlbau.

156. *Cinnyris mariquensis suahelicus* Rchw.
Hoima (Uganda) Januar.

157. *Nectarinia erythrocerca* [Hengl.] Hartl.
Lado-Enklave Februar März.

158. *Nectarinia pulchella* (L.).
Lado-Enklave Februar März.

159. *Nectarinia kilimensis* Shell.
Hoima. Januar.

Paridae. Meisen.

160. *Parus niger leucomelas* Rüpp.
Rumuruti (Leikipia Plateau). Wir fanden diese Meise im September immer paarweise.

Sylviidae. Sänger.

161. *Cisticola strangei* (Fras.).
Baringo-See, östl. von Ravine, Hannington-See, Kilim (nördl. v. Elgon).

162. *Phylloscopus trochilus* (L.).
Solei See 3. 11.

163. *Calamocichla jacksoni* Neum.
Butiaba.

164. *Camaroptera grisoviridis* (v. Müll.).
Butiaba.

165. *Crateropus melanops sharpei* Rchw.
Jilo (Uganda).

166. *Argya rubiginosa* (Rüpp.).
Thika-Flufs, Baringo-See.

167. *Myrmecocichla nigra* (Vieill.).
Jinja, Kitui (Unganda) Laodo. Januar—März.

168. *Saxicola oenanthe* (L.).
Baringo-See Oktober.

169. *Pratincola rubetra* (L.).
Kampala. Hoima (Uganda) Januar.

170. *Pratincola salax emmae* Hartl.
Kampala (Uganda).

Deutsche Ornithologische Gesellschaft.

Bericht über die März-Sitzung 1911.

Verhandelt Berlin, Montag, den 6. März, abends 8 Uhr, im Architekten-Vereinshause, Wilhelmstrafse 92.

Anwesend die Herren Jung, K. Neunzig, W. Kracht, Haase, Neumann, Krause, v. Treskow, Schalow, Reichenow, Deditius, v. Lucanus, Graf v. Zedlitz, K. Kothe.

Als Gäste die Herren B. Miethke, R. Zimmermann, W. Miethke, Hennemann, Schwarz, Detmers, Klaptocz.

Vorsitzender Herr Schalow, Schriftführer Herr K. Kothe.

Der Vorsitzende gedenkt des am 28. Januar in München dahingeschiedenen Mitgliedes unserer Gesellschaft Dr. Carl Parrot. Sein Tod bedeutet einen schmerzlichen und schweren Verlust für die deutsche Ornithologie!

Der in dem frühen Alter von fünfundvierzig Jahren dahingeschiedene Forscher entstammte einer angesehenen bayerischen Ärztefamilie. Auch er widmete sich dem medizinischen Beruf. Nach den Studienjahren in München, Wien und Berlin liefs er sich in erstgenannter Stadt als Frauenarzt nieder. Der geliebten Vogelkunde, der er von frühester Jugend an ergeben, gehörten die kargen Mufsestunden, die der Beruf frei liefs. Asthmatische Beschwerden, die ihn seit langen Jahren quälten, veranlafsten ihn von kurzem, seine Tätigkeit als Arzt aufzugeben, um sich ganz der Ornithologie zu widmen. Als wissenschaftlicher Hilfsarbeiter fand er eine bescheidene Position bei der Königl. zoologischen Staatssammlung in München. Nun hoffte er die Träume, die ihn als Jüngling und als Mann erfüllt hatten, verwirklichen zu können. Ein grausames Geschick hatte es anders beschlossen!

Die Wintermonate pflegte Parrot im Süden zu verbringen. Seine Wege führten ihn in die Adriagebiete und nach Griechenland, nach Italien und Egypten, nach Südfrankreich und Korsika. Alle auf diesen Reisen gewonnenen Ergebnisse, besonders solche biologischer Natur, wurden in umfassender Weise in gröfseren

Abhandlungen, die an den verschiedensten Stellen erschienen, niedergelegt. Die meisten seiner Arbeiten beschäftigen sich mit dem paläarktischen Faunengebiet. Nur eine, in den Abhandlungen der Königl. Akademie der Wissenschaften erschienene, behandelt die Ornithologie der Inseln Sumatra und Banka. Bei seinen Untersuchungen war Parrot stets bestrebt, ein möglichst grofses Material seinen Beiträgen zu Grunde zu legen und seine Schlüsse, vornehmlich bei der Begrenzung und Aufstellung von Subspecies, so vorsichtig als nur möglich zu ziehen. Seine Arbeiten über die palaearktischen Emberiziden wie seine Beiträge zur Systematik der palaearktischen Corviden werden einen bleibenden Wert in der ornithologischen Literatur behalten.

Neben der regen wissenschaftlichen Arbeit, die Parrot leistete, mufs seiner zielbewufsten, umsichtigen organisatorischen Tätigkeit gedacht werden, die der von ihm begründeten Ornithologischen Gesellschaft in Bayern bis zu seinem Tode galt. Mit aufserordentlichem Verständnis für die mannigfachen Fragen, die hier zu lösen sind, suchte er die ornithologische Erforschung Bayerns, auf breitester Basis, in die Wege zu leiten und dauernd durch Heranziehung bewährter Kräfte zu fördern. Die von Parrot redigierte Zeitschrift seiner Gesellschaft wird für alle späteren Arbeiten ein grundlegendes Archiv der Erforschung seines engeren Vaterlandes bilden.

Die Fachgenossen, welche Parrot während des V. I. O.-Kongresses in Berlin sehen und sich seiner lebhaften Unterhaltung erfreuen konnten, ahnten nicht, dafs seinem Leben sobald ein Ziel gesetzt sein würde. Ein treuer Mensch, ein stets hilfsbereiter Freund, ein begeisterter Jünger der Ornithologie ist mit ihm dahingegangen!

Der Vorsitzende teilt mit, dafs er der Schwestergesellschaft in München anläfslich des Hinscheidens von Carl Parrot das Beileid unserer Gesellschaft übermittelt habe.

Er bittet, das Andenken an den Verstorbenen durch Erheben von den Sitzen zu ehren.

Herr Reichenow gibt bekannt, dafs die Naturforschende Gesellschaft in Görlitz im Herbst des Jahres ihr hundertjähriges Bestehen feiern wird, und bespricht sodann die neu eingegangenen Schriften.

Zu einer von ihm selbst verfafsten Arbeit über die Ornithologischen Sammlungen der Zoologisch-Botanischen Kamerun-Expedition 1908 und 1909, die eine Übersicht der aus Kamerun bekannten Vogelarten enthält, gibt der Vortragende noch einen Nachtrag, wodurch die Zahl der im Schutzgebiet vorkommenden Vögel auf 670 erhöht wird. Es sind folgende Arten.

661. *Francolinus camerunensis* Alex. — Kamerun-Pik.
662. *Tricholaema schultzei* Rchw. — Molundu.
663. *Dendromus efulenensis* Chubb. — Efulen.
664. *Apus melanonotus* Rchw. — Bakossi.

665. *Cryptolopha camerunensis* Alex. — Kamerun-Pik.
666. *Lobotus oriolinus* Sharpe. — Bumba-Flufs.
667. *Malaconotus melinoides* Rchw. — Bangwa.
668. *Cinnyris batesi* Grant. — Dscha-Flufs.
669. *Parisoma holospodium* Bates. — Bitje.
670. *Bradypterus camerunensis* Alex. — Kamerun-Pik.

Herr von Treskow hält nun seinen angekündigten Vortrag über „Das Brutgeschäft der Raubvögel". Insonderheit verbreitet er sich über seine seit langen Jahren gemachten Beobachtungen über das Brutgeschäft des Wanderfalken. Es geht daraus hervor, dafs diese Art unter die Charaktervögel der Mark Brandenburg zu rechnen ist. Bei dieser Gelegenheit legt Vortragender zwei Gelege vor: Ein Erstgelege mit drei Eiern und ein Nachgelege von fünf Eiern. In diesem Nachgelege, welches von demselben Weibchen stammt, befindet sich ein ersichtlich zum Erstgelege gehöriges Ei. Damit wäre der interessante Beweis erbracht, dafs Eier vom Erstgelege auch für das Nachgelege Verwendung finden können.

An den Vortrag des Herrn v. Treskow schliefst sich eine längere Diskussion an. Es beteiligen sich daran die Herren: von Lucanus, Krause, Detmers, Mietke, Haase und Reichenow. Herr von Treskow und auch Herr Krause bemerken, dafs bei einem Gelege sowohl der Glanz der einzelnen Eier, als auch die Farbe wechselt, auch die Zeichnung sei variabel. Herr Krause bemerkt dazu noch, es sei eine Falkeneigentümlichkeit, dafs in einem Gelege immer ein Ei mit hellerem Charakter sich finde. Auch erwähnt er, dafs der Wanderfalk stets 2—3 Reservenester besitze. Herr Haase kommt auf die Gröfse der Falkeneier zu sprechen und Herr von Treskow erwidert, dafs er schon Wanderfalkengelege gefunden hätte, deren Eier gröfser als die von *Falco lanarius* gewesen wären.

Herr K. Kothe legt neue Vogelarten aus Deutsch Ostafrika vor. Die Vögel, zwei Astrilde, ein Pyrenestes, ein Girlitz verdankt das Museum Herrn Hauptmann Fromm, der die Vögel auf seinen Expeditionen in Deutsch-Ostafrika gesammelt hat. Die Publikation dieser neuen Arten, zu der sich noch eine neue Astrildenform von Albert-Edwardsee gesellte, erfolgte in den Ornithologischen Monatsberichten. An die Demonstration dieser neuen Subspecies schlofs sich eine Diskussion, an der sich die Herren Neumann und Reichenow und der Vortragende beteiligten.

Zum Schlufs der Sitzung teilt Herr Reichenow noch eine ihm brieflich von Herrn Dr. Biedermann-Imhoof aus Eutin mitgeteilte Beobachtung mit. Herr Biedermann-Imhoof schreibt, dafs sich seine Eulen und Bussarde, wenn er sich ihnen nachts mit der Petroleumlampe näherte, so verhielten, als wenn sie den gelblichen Schein der Lampe für das wärmende Sonnenlicht hielten, obwohl er nicht annehmen könne, dafs eine

Wärmeerhöhung durch die Lampenstrahlen hervorgerufen würde. Einige Mitglieder der Gesellschaft sagten, sie hätten dieselbe Beobachtung auch schon gemacht. Herr Miethke bemerkt hierzu, man müsse bei derartigen Versuchen vorsichtig zu Werke gehen, es wäre möglich, dafs auch geringe Wärmestrahlen von den Vögeln wahrgenommen würden. Herr von Lucanns kommt anschliefsend hieran auf die starke Accomodationsfähigkeit des Vogelauges zu sprechen. Käuze können, aus dunklem in helles Licht gebracht, sofort sehen und auch Mehlwürmer aufnehmen.

Dr. K. Kothe.

Bericht über die April-Sitzung 1911.

Verhandelt Berlin, Montag, den 3. April 1911, abends 8 Uhr, im Architektenvereinshause, Wilhelmstrafse 92.

Anwesend die Herren: v. Lucanus, v. Versen, Deditius, K. Neunzig, W. Gehlsen, Jung, Schiller, Krause, v. Treskow, Schalow, Reichenow, Kracht und Heinroth.

Als Gäste die Herren: Brehm, Miethke und Frau Heinroth.

Vorsitzender: Herr Schalow,

Schriftführer Herr Heinroth.

Die Herren Reichenow und Schalow berichten über die eingegangenen Bücher und Zeitschriften, und Herr Reichenow macht dann einige kurze Mitteilungen über die Expedition des Herzogs Adolf Friedrich zu Mecklenburg. Die von der Expedition bisher gesandten Sammlungen stammen vom Ubangi und aus dem Süden des Schutzgebiets Kamerun. Der Vortragende, der die Bearbeitung der Sammlungen übernommen hat, legt einige Arten vor, die sich als neu ergeben haben: *Numida strasseni*, der Ptilorhynchagruppe angehörig, aber der *N. meleagris* ähnlich gefärbt, *Tricholaema schultzei*, ähnlich *T. flavipunctatum*, aber mit tiefschwarzer Grundfarbe von Rücken, Flügeln und Schwanz, *Tchitrea schubotzi*, ähnlich *T. ignea*, aber Kopf und Kehle nicht schwarz, sondern bläulichgrau. Herr Reichenow bespricht ferner eine Sammlung des Herrn Dr. M. Moszkowski aus Holländisch Neu Guinea. Es sind etwa 300 Bälge, worunter sich verschiedene Seltenheiten befinden. Als neu hat sich ein Plattschweifsittich ergeben, der *Aprosmictus moszkowskii* genannt wird. Er steht dem *A. callopterus* am nächsten, unterscheidet sich aber durch grünen Nacken und Vorderrücken. Ferner ist eine merkwürdige Kakaduform in 6 Stücken am Rochussenflufs, woher auch die anderen Vögel stammen, erlegt worden. Sie steht in der Gröfse und in der Haubenbildung ziemlich genau zwischen *Cacatua ophthalmica* und *triton* in der Mitte.

Herr v. Lucanus berichtet hierauf über sehr interessante Versuche, die durch das Entgegenkommen der Luftschifferabteilung gemacht werden konnten. Es handelte sich darum, festzustellen, bis zu welchen Höhen fliegende Vögel für das menschliche Auge sichtbar bleiben. Zu diesem Zwecke wurden folgende Vögel, die in fliegender Stellung ausgestopft waren, an einen Fesselballon gehängt: Bartgeier *(Gypaetus)*, Mäusebussard, Nebelkrähe, Sperber, Weindrossel, Buchfink und Birkenzeisig. Es war ein prachtvoller, sonniger Wintertag, der Himmel war nicht tiefblau, sondern zeigte einen ganz feinen weifslichen Schleier, gegen den sich die Vögel sehr gut abhoben, die Sonne stand im Rücken des Beobachters. Es ergab sich nun, das auf 200 m der Bartgeier, Bussard, Sperber, und die Krähe im Flugbild sehr gut erkennbar waren, die Drossel erschien als Punkt. Mit 250 Meter verschwand der Leinfink, bei 300 m war die Drossel nicht mehr zu bemerken, bei 450 m erschien die Krähe als grofser der Sperber als kleiner Punkt. Die Sichtbarkeitsgrenze wurde für den Sperber etwa auf 800, für die Krähe auf etwa 950 m festgestellt.

Den *Gypaetus* konnte der Vortragende auf 1000 m noch ganz gut wahrnehmen. Besonders auffallend war bei diesen Beobachtungen, dafs die Gröfse der aufsteigenden Vögel zunächst ungemein schnell abnahm: so erschien der Bartgeier auf etwa 2—300 m gewissermafsen nur noch als Bussard, und man glaubte zunächst, die Tiere müfsten nun schnell ganz unsichtbar werden, jedoch waren sie gerade, wenn sie nur noch als Punkte erschienen, noch verhältnismäfsig lange zu erkennen. Herr von Lucanus vergleicht mit seinen Beobachtungen die Angaben von Gätke, der behauptet, Bussarde noch bis 3000 m als solche erkannt zu haben, Saatkrähen und Brachvögel will er auf 3—5000 m noch als grofse, Sperber auf 3300 m noch als „Staubpunkte" bemerkt haben. Selbst wenn wir zugeben wollen, dafs auf See bei besonders klarem Wetter die Sichtbarkeit noch etwa gröfser ist als bei dem geschilderten Fesselballonversuch, so kann es sich dabei doch immer nur um einige Hundert, nicht aber um Tausende von Metern handeln. Die von einem Augenarzt genau untersuchte Sehschärfe des Herrn von Lucanus beträgt nach den Snellenschen Schriftproben $^5/_4$, nach den internationalen Punktproben das Doppelte der normalen Sehschärfe, ist also eine sehr gute, den Durchschnitt recht bedeutend übersteigende.

Herr Heinroth, der das Glück hatte, an diesem Versuche teilnehmen zu dürfen, hat bei seiner etwas über $^1/_2$ betragenden Sehschärfe den *Gypaetus* (248 cm breit) bei 850 m, die Krähe bei 340 m und den Sperber bei 270 m noch auffinden können. Er hatte etwa 14 Tage später Gelegenheit, diese Versuche zum Teil in die Wirklichkeit umsusetzen. Seine Frau und er beobachteten in Dalmatien wiederholt Gänsegeier, *Gyps fulvus*, und zwar zum Teil vom Meere aus an Felswänden, deren Höhe genau bekannt war, und dabei ergab sich, dafs er die Vögel, deren Flugweite ja etwas gröfser ist, als die von *Gypaetus*, auf etwa 1000 m gerade noch auffinden konnte, aber auch nur dann, wenn er den Punkt durch seine Frau, die etwa $^9/_{10}$ der normalen

Sehschärfe besitzt, genau bezeichnet bekommen hatte. Es handelte sich dabei um klares, staubfreies, sonniges Wetter und beste Beleuchtung. Man kann also wohl annehmen, dafs ein normalsichtiges Auge unter den besten Beobachtungsbedingungen den Gänse- und Bartgeier noch bis auf etwa 1600—2000 m verfolgen kann.

Herr Schalow bemerkt zu diesen Berichten, dafs er sich immer wieder wundere, wenn auch heute noch Ornithologen den Gätkeschen Höhenbestimmungen Glauben schenken. Er gibt seiner Freude darüber Ausdruck, das endlich einmal unter Wahrungen aller Vorsicht beweisende Versuche gemacht worden sind, deren ausführlicher Veröffentlichung durch Herrn von Lucanus er mit Spannung entgegensieht.

Herr Kothe verliest hierauf eine ganze Anzahl von kleinen Beobachtungen, hauptsächlich biologischer Art, die von der Frommschen Expedition am Ostufer des Tanganjika gemacht worden sind.

Herr Reichenow bemerkt hierzu, dafs nach Hartert die afrikanische Nachtigall in Persien und Transkaukasien brüte und in Ostafrika nur auf dem Zuge vorkomme, was mit der Frommschen Angabe, wonach sie im Sommer in Afrika beobachtet wurde, allerdings nicht in Einklang zu bringen ist.

Zum Schlufs legt Herr Neunzig eine 15 cm lange Filarie vor, die sich bei einem rotrückigen Würger in dem um die Luftröhre gelagerten Gewebe gefunden hatte. Sie soll im zoologischen Museum auf ihre Art hin bestimmt werden. **O. Heinroth.**

Dem Herausgeber zugesandte Schriften.

Brehms Tierleben. Allgemeine Kunde des Tierreichs. Vierte, vollständig neubearbeitete Auflage, herausgegeben von Prof. Dr. Otto zur Strafsen. Vögel — Erster Band. Leipzig und Wien 1911.

K. Graeser, Der Zug der Vögel. Leipzig (Th. Thomas).

G. Krause, Oologia universalis palaeartica. (Stuttgart, F. Lehmann). Lieferung 54—61.

M. Marek, Wann ziehen im Herbst unsere Wachteln weg? (Abdruck aus: Glasn. Hrv. Prirodosl. Drustva Godiste 22. 1910).

Fr. Menegaux, La protection des oiseaux et l'industrie plumassière. (Abdruck aus: Bull. Soc. Philom. Paris X Tome III No. 1 1911).

H. Ch. Mortensen, Meddelelse om nogle Ringfugle. (Abdr. aus Dansk Orn. Foren. Tidskr. 1911).

E. D. van Oort, Het ringen van in het wild livende vogels. (Aufruf).

A. van Pelt Lechner, Oologia Neelandica. Eggs of Birds breeding in the Netherlands. (Probenummer).

le Roi, Zum Vorkommen von Xema sabini in Deutschland. (Abdruck aus: Orn. Jahrb. 1910 21. Jahrg. Hft. 6).

T. Salvadori, Specie apparentemente nuova del genere Thalassogeron. (Boll. Mus. zool. Anat. comp. Torino No. 638).

M. Sassi, Ornithologischer Bericht über die I. internationale Jagdausstellung Wien 1910. (Abdruck aus: Orn. Jahrb. 1910. Hft. 6).

P. A. Sheppard, Field-Notes on some little-known Birds, including two new Species, from Observations made during the Nesting-Season of 1909 near Beira. (Adruck aus: Journ. S. Afr. Orn. Union Dec. 1910).

F. Tischler, Ostpreussische Charaktervögel. (Abdruck aus: Verhandl. Ges. D. Naturf. u. Ärzte 82. Versamml. Königsberg 1910, 154—158).

H. C. Tracy, Significance of White markings in Birds of the order Passeriformes. (Abdruck aus: Univ. California Public. in Zoology 6. No. 13. 1910).

R. Zimmermann, Tiere der Heimat. Mit 100 Naturaufnahmen. Leipzig (Th. Thomas).

Druck von Otto Dornblüth in Bernburg.

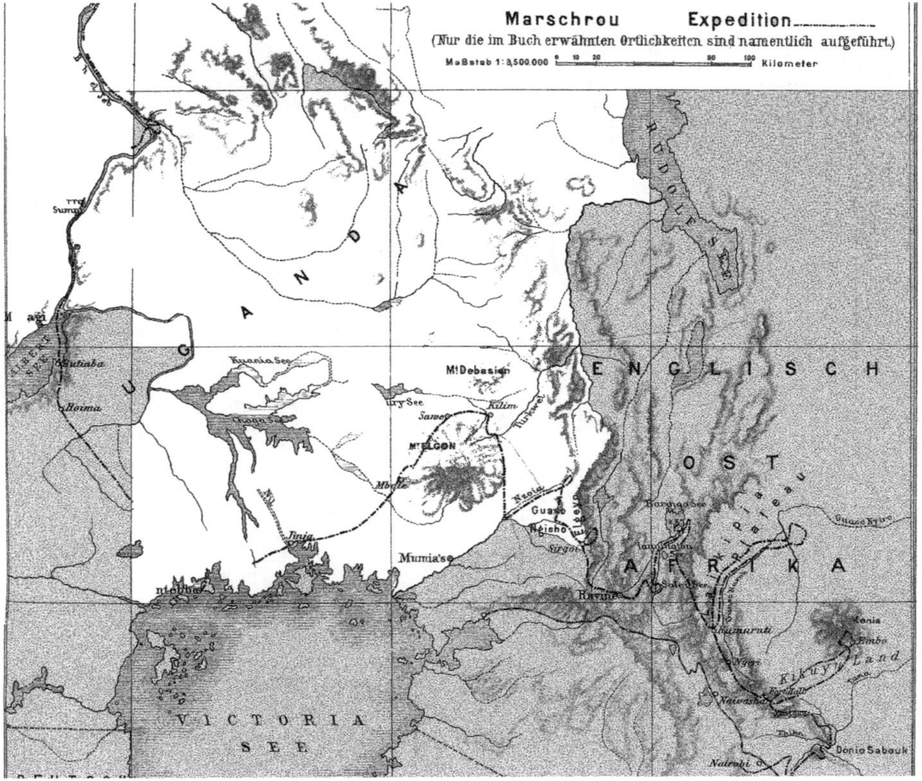
Marschrou Expedition
(Nur die im Buch erwähnten Örtlichkeiten sind namentlich aufgeführt.)
Maßstab 1:3,500.000
0 10 20 80 100 Kilometer
UGANDA
ENGLISCH OST AFRIKA
VICTORIA SEE
RUDOLF SEE
Mt. Debasien
Mt. ELGON
Mumia's
Jinja
Hoima
Kutiaba
Kilim
Turkwel
Nzoia
Guaso
Sirgoi
Ravine
Kenia
Embe
Kikuyu Land
Naivasha
Nairobi
Donio Sabouk
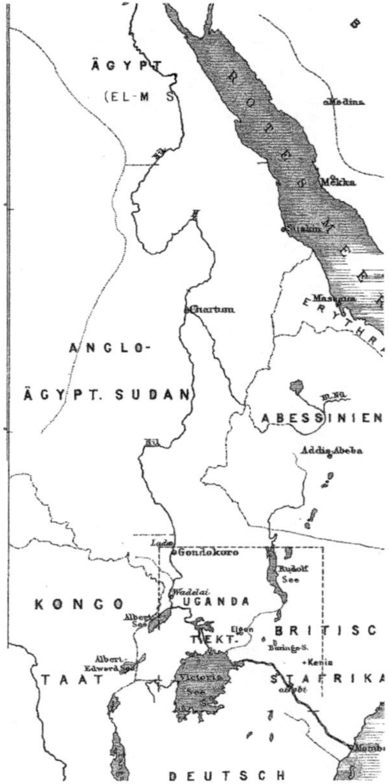
ÄGYPT
(EL-M
ANGLO-
ÄGYPT. SUDAN
ABESSINIEN
Addis Abeba
Chartum
Medina
Mekka
Suakin
Massaua
KONGO
TAAT
UGANDA
BRITISC
TEKT.
STAFRIKA
DEUTSCH
Gondokoro
Lado
Wadelai
Rudolf See
Albert See
Albert Edward See
Victoria See
Elgon
Baringo S.
Kenia

JOURNAL
für
ORNITHOLOGIE.

Neunundfünfzigster Jahrgang.

No. 4. Oktober 1911.

Beobachtungen aus der Umgegend von Posen.

Von **J. Hammling** und **K. Schulz**.

(Schlufs.)

75. *Colaeus monedula* L.

Doblen nisten hier alljährlich ziemlich reichlich am Turme unsres alten Rathauses, auf den Türmen der Bernhardinerkirche, in Löchern unter den Dächern hoher Häuser, z. B. der Gartenstrafse gegenüber dem Petrikirchhofe, in Löchern der Festungsmauern vor dem Warschauer Tor (in den letzten Jahren hier nicht mehr beobachtet). Manche Pärchen bequemten sich sogar dazu, Freinester zu bauen. So sahen wir am 8. IV. 07 4 Nester auf einer hohen Schwarzpappel des Petrikirchhofs unfern der Hugger-Brauerei. Am 26. IV. war dazu noch ein 5 tes Nest gekommen. Diese Nester waren am 8. V. sämtlich beseitigt. Am 21. IV. 09 fanden wir auf derselben breitästigen Pappel wieder 4 Freinester. Die Vögel scheinen in diesem Jahre hier Junge erbrütet zu haben.

Um die Mitte des Mai trieben sich schon alte Doblen mit ausgeflogenen Jungen umher, so am 17. V. 07 auf den Cybinawiesen diesseits des Bahndammes der Schrodaer Kreisbahn. Im Sommer streichen die Vögel umher, so dafs man hier nur selten welche zu Gesicht bekommt. Erst gegen den Herbst kommt zugleich mit den Saatkrähen und meist mit diesen vereint starker Zuzug, und nunmehr kann man den ganzen Herbst und Winter hindurch zahlreiche Vögel dieser Art sehen. Einzelne Stücke treiben sich tagsüber auch in der Stadt umher, indem sie zu gewissen Zeiten regelmäfsig auf hohen Gebäuden, Kirchtürmen u. s. w. erscheinen. Abends begeben sich jedoch alle in den Wald auf ihre Schlafplätze, die sie in treuer Kameradschaft mit den Saatkrähen teilen.

76. *Pica pica* L.

Die Elster ist regelmäfsiger Brutvogel in dem das linke Steilufer der Warthe bedeckenden undurchdringlichen Schwarzdorngebüsch oberhalb der Wolfsmühle oder in der Wolfsmühle selbst. Hier treiben sie sich zu jeder Tageszeit umher und ziehen von hier über die Wartheinsel hinweg nach dem am rechten Wartheufer liegenden Kiefernwäldchen hin und wieder zurück. 1908 nistete 1 Paar auf einer hohen Weide in der Wolfsmühle, ein zweites Paar im Schwarzdorngebüsch vor dem Wartheknie. Alte Vögel mit erwachsenen Jungen wurden mehrfach gesehen. In dem letzten Jahre waren übrigens die Vögel hier spärlicher vertreten als sonst.

77. *Garrulus glandarius* L.

Der Eichelhäher fehlt während der Brutzeit in unserm Eichwalde, vielleicht deshalb, weil er hier zu sehr beunruhigt wird. Im Herbste ist der Vogel hier regelmäfsig vorhanden, wenn auch nicht häufig. Er war am 17. X. 06 hier zu hören und wurde auch in den folgenden Jahren in einigen Exemplaren beobachtet, so am 26. XII. 09.

Am 25. III. 02 wurde der bussardähnliche Ruf des Hähers in Unterberg, Oberförsterei Ludwigsberg, gehört.

78. *Oriolus oriolus* L.

Ankunftszeiten: 6. V. 03; 6. V. 04; 7. V. 05; 6. V. 06; 6. V. 07; 6. V. 08; 9. V. 09. Unter allen Vögeln hält wohl der Pirol den Termin seiner Ankunft am genauesten inne. Im letzten Jahre hatte die kalte, unfreundliche Witterung bei uns und besonders im Westen die Ankunft der empfindlichen Vögel etwas verzögert.

Am 5. VII. 05 trafen wir einen halbflüggen Vogel auf einem Zweige eines Sauerdornstrauches sitzend an. Wir wurden nur durch Zufall des Vogels ansichtig; es war geradezu auffallend, wie wenig sich das Gefieder des jungen Pirols von seiner Umgebung abhob.

Neben dem schönen Flötentone und dem krächzenden Rätschton hörten wir mehrfach von dem Vogel auch einen schwatzenden Gesang. Dieser klang am 2. VIII. 08 leiser wie sonst und etwas verschämt, so dafs wir ihn einem jungen ♂ zuschrieben. Besser verstand es am 4. VIII. ein sich durch seine grüne Rückenfärbung als junger Vogel kennzeichnendes ♂, das auf einer Weide im Schlofspark Ostend ein artiges zwitscherndes Liedchen mit einigen schönen langgezogenen Tönen zum besten gab. Am 8. VIII. zwitscherte ein St. in den Schiefsständen gegenüber Schlofspark Ostend, und am 10. VIII. 09 hörten wir diesen schwatzenden Gesang auch von einem St. im Eichwalde. Sind die Jungen herangewachsen, so macht sich übrigens die Familie durch Flöten, Schreien (rää od. gwewräh) und Rufen (jijäjäk od. jijik) sehr bemerkbar. So trieb sich am 14. VIII. 07 eine Familie unstät in den Baumkronen in Kobylepole umher, die immer wieder ein jijäjäk oder auch viersilbig jä jä jä jäk od. jijijik od. jü jü jük hören liefsen. Ein paar Tage vorher war auch der klangvolle Pfiff noch zu hören gewesen (so auch noch am 10. VIII. 09 im Eichwalde), doch jetzt nicht mehr. Am 14. VIII. 08 rief ein St. an der Wartheseite des Kernwerks ji ji ji ji jik, worauf ein zweites aus der Ferne antwortete.

Der Abzug erfolgte in der Regel vor dem 15. August, doch wurden auch nach diesem Termine noch einige Male ausnahmsweise Vögel beobachtet, bei denen es sich sicher wohl um durchwandernde Exemplare handelte. So hörten wir am 20. VIII. 08 den Rätschton des Pirols an der Südseite des Eichwaldes und sahen 2 Stück, die sehr scheu waren, auf einer hohen Pappel, wovon das eine (vermutlich 1 Junges) unaufhörlich ein ziemlich leises haljif hören liefs, und noch am 28. VIII. 09 rief 1 St. in der Nähe des Eichwaldrestaurants jijäjäk.

79. *Sturnus vulgaris* L.

Der Star ist in einigen Teilen der Provinz häufiger Brutvogel, so z. B. bei Schwerin a. W. und bei Schneidemühl. In der näheren Umgebung von Posen ist er verhältnismäfsig selten und zieht hier unsres Wissens natürliche Bruthöhlen immer noch Nistkästen vor, wenn er diese auch schon ein paar Mal bezogen hat (im Jahre 1906 brüteten auf dem Petrikirchhofe 4 Paare in künstlichen Nisthöhlen, 1907 2 Paare, seitdem keiner mehr). Ankunftszeiten: 15. III. 03 (an der Cybina); 23. III. 05 (Flug von 20 St. im Eichwalde); 12. III. 06 (im Schilling); 6. III. 07 (auf den Warthewiesen oberhalb Posens nach einer Mitteilung des Oberlehrers Hense); 7. III. 08 (aus der Provinz Posen gemeldet, 11. III. im Schilling ein kleiner Schwarm von 12 St.); 21. III. 09 (auf den Wiesen links der Strafse nach Johannistal, vereint mit Wacholderdrosseln, deren schak - - - ein Star am 23. IV. 04 hören liefs).

Im Jahre 1909 nisteten im Schilling 3 Paare. Ferner wurden Brutvögel beobachtet im Eichwalde, an der Loucz-Mühle und in Kobylepole. Am 4. VI. 09 tummelten sich auf den Warthewiesen gegenüber dem Schilling ausgeflogene Junge, die futterheischend hinter einem Alten herflogen.

Am 20. V. 09 trieb sich ein ungepaartes St. auf den Wiesen unterhalb der Wolfsmühle umher und zwar in Gesellschaft eines Grauammers. Der Starmatz folgte getreulich, wenn der Ammer weiterflog.

Sind die Jungen erstarkt, so streichen die Familien fort, so dafs man erst wieder im Herbste Stare zu Gesicht bekommt, die sich auf dem Zuge befinden. So zog am 15. X. 09 unterhalb des Schillings um $4^1/_4$ p ein Flug von 50—70 St. etwa 150 m hoch von Osten nach Westen. Einige Minuten später kreuzte ein Schwarm von 20 St. die Flugbahn der vorigen und zog der Warthe nach.

80. ***Passer domesticus*** L.

Am 18. XII. 06 versuchten Spatzen in der Nähe der städtischen Gaswerke an der nur in einem engen Streifen offenen Warte bei — 7° zu baden; am 29. I. 07 badeten einige in Strafsenpfützen, während es schneite.

Obwohl Sperlinge in der Hauptsache Höhlenbrüter sind, verschmähen es einige doch nicht, Freinester zu erbauen. Ein solches steht regelmäfsig jedes Jahr in dem dichtem Gezweige eines acer tataricum im Vorgarten des Mariengymnasiums. Auch im Goethepark wurden derartige Nester auf Rüstern und besonders in rankendem Epheu gefunden.

Auf einem Grundstücke in der Halbdorfstrafse nisteten alljährlich 6—8 Paare in Gerüstlöchern der Rückwand eines Hofgebäudes. Diese Vögel waren eines Tages sämtlich verschwunden. Sie waren offenbar an Gift zugrunde gegangen, das auf polizeiliche Anordnung für Ratten ausgelegt worden war. Die sonst sehr gesuchten Brutlöcher blieben 2 Jahre hindurch völlig unbeachtet. Erst nach dieser Zeit nahmen wieder einige Pärchen davon Besitz.

81. ***Passer montanus*** L.

Der Feldsperling brütet im Schilling, in den Anlagen des Kernwerks, im Eichwalde ziemlich häufig. Auch auf dem Petrikirchhofe haben wir ihn mehrmals als Brutvogel festgestellt. Er brütete hier am 3. V. 08 in einem Meisenkasten, und am 8. V. 09 trug ebendort ein Pärchen Nistmaterial in ein Baumloch. Nistgelegenheiten an Gebäuden sucht auch der Baumsperling hin und wieder auf. So schlüpfte am 8. V. 09 ein St. in ein Loch über dem Fenstersims des Restaurations-Gebäudes im Schlofspark Ostend, in dem es Junge hatte. Noch am 10. VIII. 08 trafen wir Junge dieser Art am Südrande des Eichwaldes in einer hohlen Weide, die etwas über die Grenzlache hinausragt.

Im Herbst und Winter sammeln sie sich gegen Abend auf bestimmten Schlafplätzen, die sie mit grofser Regelmäfsigkeit aufsuchen. Sie machen sich hier durch ihre kläffenden Rufe bemerklich genug, so im Eichwalde in der Lichtung an der Nordseite (17. XII. 08 und öfter), in der Nähe des Försterhauses, in den Kernwerksanlagen und im Buschwerk des linken Steilufers der Warthe in der Nähe der Insel (am 15. IX. 09, am 20. IX. um $^1/_2$ 6 p und am 28. XI. um 4 Uhr).

82. ***Coccothraustes coccothraustes*** L.

Einzelne Brutpaare dieser Vögel wurden in der Umgegend von Posen regelmäfsig beobachtet, so bei Solatsch und Golencin, in dem Auwäldchen an der Bogdanka östlich von Solatsch, im Kernwerk, im Eichwalde und im Kobylepoler Grunde. Nester, auf denen die brütenden Vögel safsen, fanden wir auf dem Petrikirchhofe in einem Holunderstrauche, etwa 2 m über dem Erdboden, und im Eichwalde auf einem wagerechten Aste einer Eiche in der Nähe der Eisenbahnunterführung vor dem Restaurant; beide Nester wurden nach einiger Zeit zerstört vorgefunden. Am 13. VI. 09 wurde ein ausgeflogenes Junges auf einer Linde des Petrikirchhofes beobachtet, das mit lautem, mehrfach wiederholtem zicks um Futter bettelte und auch von einem Alten gefüttert wurde.

Aufser dem eben erwähnten zicks oder einem gedehnten zih hörten wir von einigen Stücken auch Gesangsübungen. Am 18. IV. 06 rief ein ♂ wiederholt an der Südseite des Kernwerks zih zih ze ze ze, und am 25. IV. 09 machte ein St. in dem Auwäldchen an der Bogdanka (diesseits Solatsch) Gesangsversuche; doch kam neben dem gewöhnlichen zicks nur ein gestreckter absinkender Ton zustande.

Im Spätsommer und im Frühherbste trieben sich einzelne Familien mehrfach in der Nähe von Weichselkirschen (prunus mahaleb) umher, auf deren Fruchtkerne sie es augenscheinlich abgesehen hatten. So verweilten im Anfang des Herbstes 1907 7 St. fast eine ganze Woche lang im Vorgarten des Mariengymnasiums, wo sie oft unter einem Weichselkirschbaume in unmittelbarer Nähe des Bernhardinerplatzes die abgefallenen Früchte auflasen und auf der Balsaminenpappel nahe am Konvikt der Verdauung pflegten. Am 31. VIII. 08 jagten wir im Eichwalde in der Nähe einer mit vielen Früchten besetzten Weichselkirsche eine Familie auf, die mit lebhaften zicks-Rufen abflog.

Am 17. IV. 04 wurde ein schönes ♂ beobachtet, das in der Cybina östlich der Schiefsstände vor dem Warschauer Tor ein Bad nahm.

83. *Fringilla coelebs* L.

Ankunftszeiten: 14. III. 04 (ruft pink güb; am 20. III. schlagend); 12. III. 05 (schlägt noch unbeholfen); 12. III. 06 (in seinen Gesangsübungen begriffen); 14. III. 07 (singend in Unterwilda, noch unbeholfen); 21. III. 08; 24. III. 09 (Gesangsübungen im Schilling, noch stümperhaft; am 26. und 27. hatten zahlreiche ♂♂ schon ihren Standort gewählt, darunter auch schon bessere Sänger). Die Hauptmasse der Männchen und besonders die Weibchen treffen erst im April ein. Am 5. IV. 06 ein sehr starker Schwarm in der Nähe der Elsenmühle, meistens aus Männchen bestehend.

Der Nestbau geht im Anfang des Mai vor sich (am 8. V. 07 in der Nähe des Pulverhauses im Kernwerk, am 13. V. 09 im Schilling in der Nähe des Wirtschaftsgebäudes). Am 9. VI. 07 wurden flügge Junge gesehen. Die zweite Brut zieht sich bis tief in den Juli hinein. Am 1. VII. 09 schlugen die Männchen noch eifrig im Eichwalde. Auch im August hörten wir noch ab und zu einen Buchfinkenschlag, doch stets stümperhaft, so dafs er wohl einem jungen Vogel aus der ersten Brut zuzuschreiben war, so am 9. VIII. 05 um $6^3/_4$ p an der Eichwaldstraſse und am 27. VIII. 09 in der Nähe des Eichwaldrestaurants. In diesem Falle war es zweifellos ein junger Vogel, der „dichtete", dabei aber über wenige Töne nicht hinauskam.

Der Abzug und Durchzug erfolgte in der Hauptsache im September. Am 13. IX. 09 wurden zahlreiche Vögel auf den Schieſsständen vor dem Warschauer Tor beobachtet, die wohl schon langsam vorwärts rückten. Am 14. IX. zeigte sich an der Wartheseite der Kernwerksanlagen ein starker Schwarm. Am 19. IX. weilte eine groſse Schar, anscheinend lauter ♂♂, auf den Fichten an der Straſse nach Naramowice in der Nähe der ehemaligen Radrennbahn, von hier aus auf den Stoppelacker fliegend, am 20. IX. ein starker Schwarm vor und im Schilling. Doch waren Nachzügler in kleineren Schwärmen noch durch den ganzen Oktober zu beobachten, so am 27. X. einige Männchen am Schilling.

Auch überwinternde Stücke wurden mehrfach beobachtet: 28. XII. 06 1 ♂ in der Nähe der städtischen Gaswerke, am Wartheufer Nahrung suchend; 31. I. 07 1 ♂ vor dem Eichwaldtore; 1. II. 07 1 ♂ am Kasino des Infanterie-Regiments 46 und ein zweites in der Nähe des Kirchhoftores; 3. II. 07 1 ♂ vor dem Schillingstor; 13. II. 09 1 ♂ im Schilling an den schneefreien Flecken der Böschungen Nahrung aufnehmend, 20. II. 09 an den Abhängen der Wartheuferhöhen vor dem Schilling 6 Stück; 7. XI. 09 1 St. rufend (pink) auf dem Grünen Platz um 8^{35} a; am 22. XI. ein kleiner Schwarm von 8—10 St. (lauter ♂♂), um $3^1/_4$ p an der schneefreien Böschung der Uferhöhen im Schilling Futter suchend. Dieselben Vögel wurden hier auch am 25. XI. u. 26. XI. beobachtet. Am 8. XII. mehrere im Eichwalde zu hören, am 8. I. 10 im Schilling rufend, ebendort am 14. I., 2. II., 5. II. und 14. II.

84. *Fringilla montifringilla* L.

Am 28. IV. 03 saſsen etwa 8 St. an der Westseite des Eichwaldes auf einigen Sträuchern in der Nähe einer Lache und riefen bei unsrer Annäherung mehrfach ihr quäk. Am 29. IV. 07 trieben sich einige Bergfinken in den Anlagen des Kernwerks unfern des Pulverhauses in Gesellschaft von Buchfinken umher. Die Vögel schienen sich an Baumknospen zu schaffen zu machen.

85. *Chloris chloris* L.

Schon im Februar beginnt der Grünling, wenn nur das Wetter etwas milder wird, zu singen, so Mitte Februar 04 und gegen Ende dieses Monats 05. Im Jahre 1907 begannen die Vögel am 11. II. ihren gedehnten Ruf hören zu lassen, hörten aber damit auf, als ein starker Kälterückschlag (— 20°) eintrat; am 24. II. 07 sangen sie im Garten des städtischen Krankenhauses; ebenso am 1. III. 08 (am 11. III. mit Balzflug im Schilling). Im Jahre 1909: erster Gesang am 28. II. im Schilling.

In der zweiten Hälfte des Mai waren die Jungen teilweise schon ausgeflogen (20. V. 04 Flug junger Grünfinken), teilweise dem Ausfliegen nahe (21. V. 04 Nest voll ziemlich flügger Grünfinken auf einer kleinen Fichte am Wege nach Naramowice gegenüber dem Kirchhofe). Noch am 18. VI. 09 wurden ausgeflogene Junge der ersten Brut auf dem Petrikirchhofe gefüttert, wobei das alte ♂ eifrig sang. Diese neue Sangesperiode begann gegen Ausgang Mai. Offenbar rüsteten sich die Pärchen zur zweiten Brut. Die Jungen der zweiten Brut hatten meist gegen Ende Juli die Nester verlassen, wurden aber oft noch bis tief in den August hinein von den Alten mit Nahrung versorgt. Am 18. VIII. 07 rief ein futterheischender junger Grünling auf dem Petrikirchhofe immerfort küding od. küling (letzte Silbe etwas betont).

Alte und Junge sammelten sich nach beendetem Brutgeschäfte mit Vorliebe in der Nähe der Militärfähre unterhalb des Schillings, wo ihnen das Weidengebüsch Ruhe- und Schlafstätten bot, zu grofsen Scharen an (zahlreich daselbst am 8. VIII. 08, ebenso am 12. VIII). Besonders häufig waren die Vögel hier am 4. VIII. 09. Am 20. VIII. war der Schwarm mindestens 100 St. stark. Die Vögel nährten sich hier hauptsächlich von dem Samen des Hederich, der hier in einem Seradellafelde in Unmassen zur Reife gekommen war. Die reichliche Nahrung veranlafste hier und da noch ein St., vielleicht junge Vögel, einige Strophen zu singen (12. VIII. 08; 5. VIII. 09, ebenso 8. VIII. u. 8. IX.). Die Vögel verweilten hier den ganzen September hindurch. Zwar hatte sich ihre Zahl in der zweiten Hälfte dieses Monats stark vermindert, doch waren noch am 13. X. hier zahlreiche Vögel zu sehen. Deckte Schnee die Felder, so trieben sich die Grünfinken gern unter Feldsperlingen umher, sich von Unkrautsämereien nährend, oder suchten Futterstellen auf. Am 31. I. 07 und in der Folgezeit weilten tagsüber etwa 20 St. regelmäfsig im Garten des Stadtkrankenhauses und holten sich von einem Balkon an der Bergstrafse Futter.

86. *Acanthis cannabina* L.

Der Bluthänfling ist in der näheren Umgebung Posens nicht häufig, doch gibt es auch hier einige Plätze, wo er regelmäfsig anzutreffen ist, so am Rande des Wäldchens zwischen Bogdanka und Bahndamm der Posen-Schneidemühler Eisenbahn, wo die Vögel gern an dem hohen Bahndamm Futter suchen; ferner an der Weifsdornhecke der Eisenbahn Posen—Gnesen zwischen Warthe- und Cybinabrücke. Hänflinge singen fast das ganze Jahr. Auch im Herbste und selbst im Winter läfst hier und da einer in einem Schwarm ein Liedchen hören, am eifrigsten jedoch gegen das Frühjahr hin und in der Brutzeit, wo man die Vögel stets paarweise antrifft, so am 8. III. 03, im Fluge singend; 14. III. 04; 1. V. 04, am Rande des Wäldchens links des Eisenbahndammes der Posen-Schneidemühler Bahn, wo in einem Wacholderstrauche ein Nest stand; ebendort am 26. VI. 09 (ein schönes ♂ eifrig singend; unfern davon trieben sich 4 St. umher, offenbar die Jungen der ersten Brut); 22. V. 04, zwischen Warthe- und Cybinabrücke; 30. V. 08, an der aus Caragana sibirica bestehenden Hecke zwischen der kleinen Schleuse und dem Bromberger Tor; 13. VI. 08, hinter der Obstbaumplantage am Bahndamme der Eisenbahn Posen—Kreuz auf einer kleinen Fichte.

Am 28. VI. 08 trafen wir ein Pärchen dieser Vögel an der Cybina unterhalb der Brauerei Kobylepole, das sich ausnahmsweise wenig scheu zeigte. Das Weibchen rief wiederholt rü od. irr, ganz wie der bekannte Rulschton des Buchfinken, nur etwas leiser. Es nistete hier offenbar in den dichten Stammausschlägen einer alten Linde.

Auch in unserm neu angelegten Schillerparke schien sich ein Paar dieser niedlichen Vögel ansiedeln zu wollen. Am 17. IV. 09 sang hier ein ♂ eifrig, während das ♀ sich an den Fichtenbüschen zu schaffen machte.

Im Herbste schlagen sich die einzelnen Familien zu mehr oder weniger grofsen Flügen zusammen, die nun umherstreichen. Einen solchen Schwarm trafen wir am 26. IX. 09 in den Büschen der Cybinawiesen hinter Schlofspark Ostend. Auf der Feldmark von Stutendorf (Station Ketsch der Eisenbahn Posen—Kreuz) trieben sich den ganzen Herbst hindurch ziemlich starke Flüge umher, die auf den Wegweiden zu rasten pflegten, wobei einige Männchen fleifsig sangen. Ziemlich häufig war diese Art am 14. IV. 08 bei Lubasch (Kr. Czarnikau) vertreten.

87. *Acanthis linaria* L.

Birkenzeisige scheinen nur selten auf ihren Wanderungen unser Gebiet zu berühren, doch fehlten sie nicht ganz. Im Februar des Jahres 1906 (23. II. 06 und 24. II.) trafen wir an der Aufsenseite unsrer Kernwerksanlagen einige Vögel dieser Art, die hier Nahrung suchten. Die Vögel, die sich nahe angehen liefsen, machten sich durch ihre roten Scheitel und ihr wiederholtes tschätt recht kenntlich.

88. *Chrysomitris spinus* L.

Regelmäfsig im Frühjahr und Herbst wurden Schwärme von Erlenzeisigen beobachtet. So verweilten einige Vögel dieser Art in der zweiten Hälfte des März 1909 auf den Erlen im Schilling und am 21. III. 09 ein kleiner Schwarm auf den Bäumen der Ringstrafse jenseits des Berdychowoer Dammes, lebhaft zwitschernd. Auch den ganzen April, ja selbst bis in den Mai hinein wurden

Zeisige gesehen und gehört: 5. IV. 09 zahlreiche Stücke am See von Lubasch (Kr. Czarnikau), der noch mit Eis bedeckt ist; am 14. IV. 04 Scharen von Zeisigen im Eichwalde; 9. V. 08 starke Schwärme im Eichwalde, lebhaft schwatzend.

Im Herbste erschienen hier die Vögel manchmal in der zweiten Hälfte des September (21. IX. und 22. IX. 09 im Eichwalde), doch in der Regel erst im Oktober: am 19. X. 07 ein Schwarm lebhaft rufend, von einer Erle im Eichwalde abfliegend; am 20. X. in dem Auwäldchen an der Bogdanka vor Solatsch; am 19. X. 09 ein starker Schwarm auf den Erlen an der Cybina gegenüber Schlofspark Ostend. An den erlenumsäumten Lachen im Eichwalde wurden mehrmals starke Flüge beobachtet, die auf dem Erdboden Nahrung suchten. Die Vögel waren in diesem Falle meist sehr zutraulich und liefsen nahe an sich herankommen.

89. ***Carduelis cardulis*** L.

Der Stieglitz ist bei Posen ziemlich häufiger Brutvogel. Obwohl die Vögel fast das ganze Jahr hindurch Bruchstücke ihres Gesanges hören lassen, singen sie doch am eifrigsten und anhaltendsten in der ersten Hälfte des Mai, wenn das Brutgeschäft seinen Anfang nimmt. Stieglitze scheinen ihre Nester hier mit Vorliebe auf Rofskastanien zu bauen, und zwar steht es bei jüngeren Bäumen meist in einer Astgabel nahe dem Wipfel, bei alten auf dichtbelaubten Seitenzweigen. Doch fanden wir Nester auch auf Ahornbäumen, Robinien u. s. w. Einzelstehende Wegbäume genügen den Vögeln durchaus, und sie ziehen solche in der Nähe menschlicher Ansiedelungen offenbar vor, ja sie nisteten sogar auf den Strafsenbäumen der Kronprinzenstrafse in Wilda. Brutpärchen machten sich ferner bemerkbar im Schilling (1. V.08), auf dem Petrikirchhofe (8. V. 07; 9. VI.), im Eichwalde (9. V. 08 in der Nähe des Restaurants), an der Cybinabrücke hinter Schlofspark Ostend (30. V. 08), an der Südseite des Kernwerks (16. V. 09), auf den Wegbäumen an der Sandgrube vor Naramowice (29. VI. 09). Noch am 8. VIII. 09 wurden an der letztgenannten Stelle ausgeflogene Junge gefüttert, ebenso am 18. VIII. 07 auf dem Petrikirchhofe. Umherstreifende Familien wurden im August und September häufig beobachtet. Während sich die Vögel in der zweiten Hälfte des August ziemlich still verhielten, wurden sie gegen Ende dieses Monats wieder lebhafter und liefsen eifrig ihren Gesang hören, so noch am 21. X. 07 in Unterwilda, wo sie durch die hier reichlich wachsende Lappa maior angelockt wurden. Eine gröfsere Ansammlung von etwa 50—70 Stück wurde nur einmal auf dem distelreichen rechten Wartheufer in der Nähe der Ziegeleien wahrgenommen.

90. ***Serinus hortulanus*** Koch.

Das klirrende Lied dieses zuerst 1864 bei Posen auftauchenden Vogels haben wir hier vor dem 20. April niemals vernommen meistens sogar erst in den ersten Tagen des Mai. Zum ersten Male kam uns der Vogel hier zu Gesicht am 30. VI. 01, als er auf einem trocknen Aste einer alten Robinie in der Nähe des Kirchhoftores seine schwirrenden Strophen vortrug. Von nun an wurde er, wenn auch nicht gerade häufig, so doch regelmäfsig alle Jahre beobachtet und zwar am: 2. V. 03; 20. IV. 04 (singend an der Chaussee nach Winiary in der Nähe des Kirchhofs); 1. V. 04 (2 Männchen auf dem Petrikirchhofe); 8. V. 05 (ebendort); 27. IV. 06 (im Parke von Solatsch; 15. VI. 2 ♂♂ lebhaft singend an der Südseite des Kernwerks in der Nähe der Eisenbahnunterführung); 5. V. 07 (1 ♂ singend im Parke von Solatsch; es fliegt an die Erde, zupft Vogelmiere ab und eilt damit dem Parke zu; am 5. VI. singt 1 St. auf dem Schulhofe des Mariengymnasiums, am 18. VI. auf dem Petrikirchhofe); 10. V. 08 (2 singende ♂♂ ebendort, am 11. V. 1 St. auf dem Schulhofe des Mariengymnasiums); 30. IV. 09 (1 St. singend an der Fronleichnamskirche um $^3/_4$12 Uhr Mittags, am 4. V. auf dem Petrikirchhofe, am 18. V. in der Nähe des Schillingstors).

Es unterliegt keinem Zweifel, dafs der Girlitz in gewissen garten- und parkähnlichen Anlagen nicht allzu selten zur Brut schreitet. Auch auf dem Petrikirchhofe brütet anscheinend regelmäfsig mindestens 1 Pärchen. Am 8. V. 07 suchte sich hier ein fremdes ♂ in eine Familie einzudrängen. Es wurde vom rechtmäfsigen Ehemanne unter fortwährendem, scharfen zi zi zi zi (manchmal klang es wie zick) befehdet, dazu war hin und wieder eine Strophe als Kampfruf zu hören. Die Vögel tummelten sich in der Nähe des Erdbodens im Buschwerk und waren durch den Hader so in Anspruch genommen, dafs sie gar keine Scheu zeigten. Das Weibchen, das sich in der Nähe befand, verhielt sich völlig teilnahmslos.

Am 10. VI. 07 gelang es uns, in der Nähe des ehemaligen Wildatores ein Nest aufzufinden. Es stand in Reichhöhe auf einigen Stammschöfslingen einer Rofskastanie und enthielt Junge. Als wir das Nest und seinen Inhalt näher in Augenschein nehmen wollten, erschien das Weibchen und liefs ganz in unsrer Nähe einen so wehmütig bittenden Ruf hören, dafs wir scheunigst das Feld räumten. Bald darauf hatten die Jungen das Nest verlassen.

Auch in andern Teilen der Provinz fehlt der Vogel nicht. Am 7. VIII. 07 wurde er bei Lubasch im Kreise Czarnikau festgestellt (der Vogel sang noch (H.) und ebenso in der Nähe von Hohensalza (S.). Der Abzug der Girlitze ist bisher nicht mit Sicherheit beobachtet worden.

91. *Pyrrhula pyrrhula* L.

Am 23. III. 04 wurde ein Schwarm dieser Vögel auf den Wegbäumen vor Golencin beobachtet. Häufiger wurden Gimpel im Winter gesehen, besonders in den Anlagen des Kernwerks.

Meist machten sich die auf den Spitzen der Bäume sitzenden Vögel durch ihren melancholischen Ruf bemerkbar; doch wurde auch hier und da einer am Erdboden beobachtet, wie der Vogel im alten Laubwerk nach Nahrung suchte. Am 22. XII. 06, einem klaren, kalten Wintertage (nachts — 20°), trieb sich ein Flug, anscheinend lauter Weibchen, im Kernwerk umher. Am 24. XII. naschte ein Pärchen im Garten des Generalkommandos von den Beeren von Sorbus aucuparia. Ein zweites Paar wurde in der Nähe der Garnisonwaschanstalt gesehen; das ♂ war mit einer Ahornfrucht beschäftigt.

Am 25. III. 07 wurde ein Flug Gimpel bei Lubasch im Kreise Czarnikau gesehen (H.). In allen Fällen dürfte es sich um die gröfsere Form gehandelt haben.

In den Jahren 1908 und 1909 wurden auffallender Weise keine Vögel dieser Art bei Posen beobachtet.

92. *Loxia curvirostra* L.

Nach einer Meldung des Posener Tageblatts aus Argenau erschienen daselbst am 3. II. 07 Kreuzschnäbel, von denen 1 St. gefangen wurde. Auch bei Posen wurde um diese Zeit 1 St. in der Nähe des Schillings vom Oberlehrer Brock beobachtet. Dasselbe wurde vom Zeichenlehrer Gandert aus dem Eichwalde gemeldet.

93. *Emberiza calandra* L.

Der Grauammer, ein häufiger Brutvogel in der Umgebung Posens, läfst in der Regel sein anspruchsloses Lied schon im Anfange des März hören (5. III. 06; 5. III. 07; 8. III. 08) und fährt damit fort bis in den August hinein (4. VIII. 08; 5. VIII.; 5. VIII. 09; 7. VIII.; 8., 9., 10. VIII.). Am 2. V. 08 beobachteten wir unterhalb der Wolfsmühle auf einem Schwarzdornstrauche 1 ♂, dafs die ersten 4 Töne in seinem Liede auffallend weich und zartklingend sang und diese ansteigen liefs, worauf dann der klirrende Triller, tiefer einsetzend, folgte: ti ti ti ti terillillill. Auch im folgenden Jahre (1909) sang am 29. VI. in derselben Gegend und mit derselben Abweichung ein Ammer von der Spitze eines Weidenbusches sein Liedchen. Als wir ein wenig innehielten, um zu lauschen, verhielt sich der Vogel zunächst still, sang dann aber nach einer Weile seine Strophe in der typischen Weise, wie wenn er zeigen wollte, dafs er es auch so verstehe. Eine ganz ähnliche Abweichung im Gesange zeigte übrigens ein zweites ♂, das wir einige 100 m weiter oberhalb auf der Wartheinsel am 8. V. 09, sowie am 20. V. und 29. VI. hörten. Ob es wohl ein Nachkomme des vorhergenannten Stückes war?

Am 2. VII. 08 trafen wir an der Vorderseite des Rennplatzes in einem dichten Weidenbusche ausgeflogene junge Grauammern, die unausgesetzt trit (od. trät) oder tirt riefen.

Grauammergesang kann man den ganzen Herbst hindurch, ja auch noch im Winter hören, wenn nur der Tisch für die Vögel reichlich gedeckt ist. Es scheinen jedoch die Sänger meist junge Männchen zu sein, wie man wohl aus einer gewissen Ungewandtheit, die sich geltend macht, schliefsen darf; ja manchmal kamen die Vögel über stümperhafte Versuche nicht hinaus. Solche Gesangsübungen wurden gehört am 30. IX. 09 unfern der Endstation der Strafseneisenbahn in Wilda, an dem gleichen Tage um $^1/_2$ 6 p von einem Stück auf dem Buschwerk vor dem Rennplatze, am 20. X. 07 in der Nähe von Solatsch und am 21. X. 07 auf der hohen Pappel am Schnittpunkte des Weges nach Naramowice und der militärfiskalischen Ringstrafse (Witterung sommerlich bei östl. Winden). Am 29. und 30. XII. 02 sangen zahlreiche Vögel dieser Art recht eifrig (frostkalte Witterung!), die sich in der Nähe einer offenen Feldscheune beim Dorfe Bojanice (Kr. Gnesen) aufhielten und hier ihr Nahrungsbedürfnis natürlich spielend befriedigen konnten (H.).

Die Nacht bringen die Vögel manchmal in nicht zu dicht stehendem Röhricht oder im Schilfe zu, wo sie sich in ansehnlichen Schwärmen gegen Sonnenuntergang zusammenfinden. Noch am 26. IV. 09 kamen um $^3/_4$7 p mehrere kleine Schwärme aus verschiedenen Richtungen und flogen ins trockene Rohr der teichartig erweiterten Cybina am Schlofspark Ostend oder setzten sich auf die hohe Pappel am Kugelfang des Schiefsstandes, wo sie eifrig ihren Gesang hören liefsen. Auch von diesen lösten sich von Zeit zu Zeit einige Stücke ab und verschwanden im nahen Rohr. Am 30. IX. 09 bezog eine Familie das eine ausgedehnte Lache diesseits des Rennplatzes etwa $1^1/_2$ Fufs überragende dichte Schilfgras (calamagrostis) als Schlafplatz; am 14. X. hatte sich hier schon ein starker Schwarm von 30—50 St. zusammengefunden, der sich zunächst auf dem den Rennplatz abgrenzenden Buschwerk umhertrieb, um dann später ins Schilf einzufallen, ebenso am 17. X. Am 23. X. hatten die Vögel um $^3/_4$5 p bereits ihre Schlafstätte aufgesucht, liefsen sich aber durch unser Erscheinen noch abtreiben. Am 21. X. nächtigte ein kleiner Schwarm im Schilfgras und Sumpfschachtelhalm einer Lache an der Südseite der Wartheinsel.

Am 9. V. 09 safs ein Schwarm Grauammern auf einer Pappel hinter den militärischen Schiefsständen vor dem Warschauer Tor, und auch am 11. V. trieben sich die Vögel noch hier umher, ja noch am 20. V. waren kleine Schwärme von 6—10 St. an der Wartheinsel und unterhalb der Wolfsmühle zu sehen. Es handelt sich in diesen Fällen anscheinend um Vögel, die in diesem Jahre nicht zur Brut geschritten sind.

94. *Emberiza citrinella* L.

Hat der starke Winterfrost etwas nachgelassen, so fängt der Goldammer an sein Liedchen zu üben, oft schon in der zweiten Hälfte des Februar: 28. II. 04; Ende Februar 05; 24. II. 06; 23. II. 08 (an der Eisenbahnbrücke im Eichwalde). Bringt der Februar kalte Witterung, so beginnt er erst im März zu singen 3. III. 07; 1. III. 09) und setzt dies bis in den August fort. Noch am 14. VIII. 07 wurde Ammergesang um $^1/_2$7 p in Kobylepole gehört und am 17. VIII. in der Nähe der Wolfsmühle, doch waren das immer nur wenige Vögel, die vermutlich noch eine Spätbrut machten. Auch im Herbste hörten wir hier und da das Liedchen eines Goldammers, so am 12. X. 07. Noch häufiger als bei der vorigen Art trafen wir bei dem Goldammer die Eigentümlichkeit, die einzelnen Töne in seiner Strophe allmählich ansteigen zu lassen. So sang 1 ♂ am 6. III. 07 in der Nähe der Wolfsmühle immer wieder zi zi zi zi zi —, ebenso ein anderes ♂ an der Warthe am Nordrande des Eichwaldes (12. V. 09), ein anderes im Kobylepoler Grunde.

Am 30. V. 08 rief ein junger Vogel, auf einem dichtbelaubten Ahorn an der Cybinabrücke jenseits Schlofspark Ostend sitzend, fort und fort ziht od. zibk. Als nach einiger Zeit ein Alter sichtbar wurde, eilte ihm der Junge entgegen und wurde am Erdboden gefüttert. Am 5. VI. schrie ein junger Vogel zih zih zídih. Der Goldammer scheut menschlichen Verkehr ja bekanntlich nicht. Am 17. V. 07 fanden wir ein Nest mit nackten Jungen im Strafsengraben in unmittelbarer Nähe des Kobylepoler Güterbahnhofes. Es wurde durch den herzufliegenden alten Vogel verraten. Die Jungen kamen glücklich auf.

95. *Emberiza hortulana* L.

Der Ortolan trifft bei uns gegen Ende des April oder Anfang Mai ein, je nach den Witterungsverhältnissen, und da die Männchen sofort ihren eigentümlichen, etwas schwermütigen Gesang hören lassen, so kann der Vogel nicht leicht übersehen werden. Ankunftszeiten: 31. IV. 03 (gesehen und gehört; nach dem Gesange zu schliefsen, schon ein paar Tage früher eingetroffen); 19. IV. 04 (der frübeste Termin; der Vogel machte sich durch die Strophe . . . . — — jif jif jif jif jif tjör bemerkbar); 30. IV. 05; 6. V. 06; 5. V. 07 (an dem Wäldchen vor Solatsch auf einer Robinie sitzend und singend); 27. IV. 08 (am Schilling); 24. IV. 09 (an der Radfahrrennbahn in der Nähe des Schillings).

Der Gartenammer ist in der Umgebung Posens überall in ziemlicher Anzahl zu finden, wo Bäume an den Landstrafsen und Feldwegen stehen, besonders auch an der militärfiskalischen Ringstrafse, weil er hier, obwohl er nicht gerade empfindlich ist,

Störungen weniger ausgesetzt ist. Selbst in der ziemlich sandigen Gegend hinter Kobylepole fehlte er auf den Robinien an der nach Zalasewo führenden Landstrafse nicht. In der näheren Umgebung Posens ist der Vogel seit 1907 entschieden häufiger geworden. Es seien über sein Vorkommen einige Daten angeführt: Am 8. V. 07 sangen an der Aufsenseite der Kernwerksanlagen 4 St.; am 18. V. 08 am Fahrweg nach dem Schilling 3 St.; am 13. VI. wurden an der Berliner Chaussee von Jersitz bis zum Plantagenhaus (etwa 2 km) 8 singende Vögel, immer in einer gewissen Entfernung von einander, beobachtet, an der Ringstrafse von Dembsen nach dem Eichwalde (etwa 1 km) 4 singende Vögel. Der Gesang zeigte in der Regel folgende Formen, zwischen denen die Vögel wechselten: a) . . . . . _ jif jif jif jif jif tjör; b) . . . . ‾ _ jif jif jif jif jif tjör; c) . . . . . _ ˙ _ jif jif jif jif jif tjör; d) — . . _ jif jif jif tjör. Die zweite Form ist entschieden am klangvollsten. Daneben leistete sich hier und da ein ♂ wohl noch eine Abweichung. Ein St. sang am 15. V. 08 anstatt der gewöhnlichen 6 Töne deren 7 und liefs 4—6 ansteigen, wie wir dies auch bei dem Grau- und Goldammer beobachten konnten, also etwa: . . . ˙ ˙ _ jif jif jif jif jif jif tjör, während ein ♂ am 30. V. 08 an der Ringstrafse hinter Johannistal . . . . . _ jif jif jif jif jif tjör sang. In der letzten Hälfte des Juni liefs der Sangeseifer sehr merklich nach; doch wurde der Gesang noch am 21. VI. 08 (in der Nähe der Loncz-Mühle), am 22. VI. (am Kernwerk), am 26. VI. und am 29. VI. (an der Strafse nach Luban, Westseite des Eichwaldes) und im Jahre 1909 am 26. VI. (bei Johannistal), am 28. VI. (2 St. an der Strafse nach Luban um $^1/_2$9 p) gehört. Im Juli wurde kein Gesang mehr vernommen.

Am 3. VI. 09 und auch schon mehrfach vorher trafen wir ein ♂, das sein Liedchen von einer kleinen Erhöhung aus in einem zur Zeit noch kahlen Kartoffelstücke hören liefs und zwar unfern der Endstation der elektr. Strafsenbahn in Wilda. Die Bäumchen der nahen Chaussee waren offenbar zu weit von der Niststelle entfernt oder erschienen zu niedrig und daher ein längeres ungestörtes Verweilen auf ihnen unmöglich.

Am 18. VI. 07 safsen mehrere flügge Junge an der Aufsenseite der Kernwerksanlagen auf einer Pappel unfern des Pulverhauses und riefen mit güb zíe nach Futter. Während nun das ♀ die Jungen eifrig fütterte und so für deren materielles Wohl sorgte, safs der Vater auf einem gegenüberstehenden Baume und erteilte ihnen Gesangsunterricht.

Der Abzug der Vögel erfolgte ganz unmerklich. Die hier brütenden Vögel scheinen sich nach beendetem Brutgeschäfte mit ihren Jungen bald auf die Reise zu begeben.

96. *Emberiza schoeniclus* L.

Der Rohrammer traf, soweit beobachtet, im letzten Drittel des März ein und zwar am 21. III. 04 (ein kleiner Schwarm sichtbar); 25. III. 08 (an der Wartheinsel 2 St.); 27. III. 09 (mehrere Stück an der Warthe bei den Ziegeleien gegenüber dem Eichwalde).

Rohrammern waren in dem Weidengestrüpp an der Warthe oberhalb wie unterhalb Posens den ganzen Sommer hindurch ziemlich häufig. Den stammelnden Gesang hörten wir meist erst im April, doch liefs ein ♂ schon am 25. III. 04 sein Lied hören: tje zier od. tje tje tje zier. Dies Liedchen unterlag manchen Abänderungen. Am 8. V. 08 sang ein St. an der Nordseite der Wartheinsel tib tib tjap titi oder tib tib titi tjap oder tib tih tib titi oder tib titi, indem der Vogel nach Laune sein Lied variierte. Am 15. V. 08 sang ein St. an der Wartheinsel immer wieder psíeb psieb tedet und am 5. VI. zíeb zieb tedet zíer. Gegen Ende Juni liefs der Sangeseifer merklich nach, doch wurde auch noch am 2. VII. 07 ein singendes St. in der Nähe des Rennplatzes beobachtet.

Erst im Jahre 1909 achteten wir auf den Herbstzug. Im August und fast den ganzen September hindurch wurde kein Vogel dieser Art beobachtet. Augenscheinlich hatten die hier beheimateten Vögel ihre Aufenthaltsorte verlassen, um umherzustreichen. Erst am 30. IX. machte sich wieder 1 St. in den Weidenbüschen an der Wartheinsel durch seinen Lockruf bemerkbar, und vom 13. X. an zogen die Vögel reichlicher durch und rasteten hier und da im Weidicht: am 14. X. 3 St. an der Warthe in der Nähe des Rennplatzes um 5 Uhr p; am 15. X. einige St. an der Wartheinsel sichtbar; ebendort am 18. X., sowie unterhalb des Schillings und unterhalb der Wolfsmühle, meist paarweise in den Büschen umherziehend. Auch am 30. X. war an letztgenannter Stelle noch der Lockruf zu hören, ebenso am 31. X. gegen Abend an der Warthe in der Nähe des Krzyzanowskischen Holzplatzes. Neben dem herabgezogenen dünnen Pfiff wurde vielfach auch ein dumpfklingendes tschü oder auch nasales tschüng (oder züng) gehört.

97. *Anthus pratensis* L.

Ankunftszeiten: 18. III. 02 (auf den Cybina-Wiesen bei Johannistal); 26. III. 03; 18. III. 04 (Schwarm an der Cybina unfern Schlofspark Ostend); 13. III. 05 (auf den Wiesen vor dem Eichwalde); 31. III. 06 (1 St. auf den Wiesen an der Wolfsmühle, lebhaft rufend; 1. IV. 07 (bei Schönlanke); 21. III. 08 (auf den Wiesen bei Johannistal); 27. III. 09 (mehrere St. am rechten Wartheufer zwischen den Ziegeleien gegenüber dem Eichwalde).

Der Wiesenpieper kehrte hiernach in der Regel in der zweiten Hälfte des März aus der Winterherberge zurück; doch handelte es sich hierbei anscheinend um durchziehende Vögel, die, langsam weiterrückend, ihrer nordischen Heimat zustrebten. Die hier ansässigen Vögel trafen wohl erst später ein, wenigstens schritten unsre einheimischen Wiesenpieper immer erst spät, im Juni, zur Brut. Nur ein einziges Mal wurde im März und zwar am 21. III. 08 von einem St. der Gesang gehört und der Balzflug beobachtet, während im Juni das eine wie das andere ziemlich häufig zur Beobachtung kam, so am 16. VI. und 21. VI. 08 auf den Cybina-Wiesen bei Johannistal und am 19. VI. und 24. VI. auf den Bogdanka-Wiesen diesseits Solatsch (an letzterer Stelle wurden am 24. stets in einer gewissen Entfernung von einander 5 singende Vögel beobachtet); am 9. VI. 09 2 St. auf den Bogdankawiesen, Balzflug; am 21. VI. an den Ausschachtungen vor dem Eichwalde; am 28. VI. ebendort; am 27. VI. 3 St. an der Bogdanka. Die Vögel liefsen manchmal im Sitzen, gewöhnlich aber im Fluge und zwar im Balzfluge ihr anspruchsloses Liedchen hören. Sie stiegen schräg einige Meter empor und begannen dann, höher bis etwa 20 m und darüber steigend, zu singen, worauf sie dann schräg mit ausgebreiteten Flügeln wieder herabschwebten und sich endlich mit angezogenen Flügeln ins Gras warfen. Der Gesang war bei den einzelnen Individuen meist etwas verschieden: zill...... (in derselben Tonhöhe) jück......

(allmählich absinkend) sang der eine Vogel; bei einem andern Vogel klangs deutlich zweisilbig: zíwet oder zilet....., beim Herabschweben schneller werdend); bei einem dritten: zink........

Der Herbstzug der Wiesenpieper begann, nachdem wochenlang hier keine mehr gesehen worden waren (wohl aber trieben sich am 2. IX. 08, sowie am 2. IX. 09 zahlreiche Vögel dieser Art auf der Feldmark von Stutendorf, Eisenbahnstation Ketsch, in Kartoffeläckern und Rübenfeldern umher) und schon am 7. IX. 09 ein Schwarm von 12 St. beobachtet worden war, der um 6 Uhr p vom Rennplatze in südöstlicher Richtung über die Warthe zog, im zweiten Drittel des September. Am 13. IX. 08 trieben sich auf den Ödflächen hinter den Schiefsständen vor dem Warschauer Tor zahlreiche Wiesenpieper wie auch auf den nahen Cybina-Wiesen Nahrung suchend umher, und am 12. IX. 09 zogen 6 Stück um 6 Uhr p von Nordwest nach Südost, wohl der Warthe folgend. Der Zug nahm im Oktober zu und setzte sich in den November hinein fort. Im letzteren Monat waren jedoch nur noch wenige Nachzügler zu sehen. Die Vögel rasteten während der Hauptzugzeit in gröfseren oder kleineren Schwärmen auf den Warthewiesen und zogen gegen Abend, meist dem Laufe der Warthe folgend, weiter: 15. IX. 09 etwa 20 St. vor der Wartheinsel; 29. IX. 10--15 St. um $^1/_2$6 p über den Rennplatz von Nordost nach Südwest, 30. IX. 15 St. vor dem Wartheknie um $^1/_2$6 p weiter ziehend; 13. X. mehrere vor der Wartheinsel, ebendort am 21. X.; 30. X. mehrere Stücke in der Nähe der

Kläranlage. Endlich wurde noch am 14. XI. 1 St. an der Warthe gegenüber dem Viktoriapark gesehen, ein zweites am Rennplatze, dem bald darauf ein drittes, lebhaft rufend, folgte. Das Wetter war sonnig mit mäfsigem Südwind, nachts —4°, während am Tage vorher bei sehr niedrigem Barometerstande heftiger Sturm, der Hagelböen mit starkem Gewitter brachte, geherrscht hatte.

98. *Anthus trivialis* L.

Ankunftszeiten: 20. IV. 02; 25. IV. 03; 19. IV. 04 (am Kernwerk); 29. IV. 05; 27. IV. 06; 29. IV. 07 (auf den Wällen des Kernwerks); 1. V. 08 (Kernwerk und Schilling); 25. IV. 09 (in dem Wäldchen zwischen Bogdanka und Eisenbahndamm).

Der Baumpieper erschien demnach in der Regel im letzten Drittel des April in seiner Heimat. Der Vogel ist in der Umgegend von Posen keineswegs selten. Er wurde beobachtet: auf den Wällen des Kernwerks, am Kiefernwäldchen an der Nordseite der Kernwerksanlagen, an der Militärstrafse, die sich vor Naramowice von der Chaussee abzweigt, in der Nähe der Loncz-Mühle, auf einem Rayonpfahle singend, am Eingange zum Schilling (Fahrstrafse), links vom Schillingstor, auf den Wällen zwischen Bromberger und Warschauer Tor, an der Cybinaseite der Schiefsstände vor dem Warschauer Tor, in dem Wäldchen zwischen Bogdanka und Bahndamm der Eisenbahn Posen-Kreuz, auf der Wartheinsel, in der Nähe der Elsenmühle, in dem Wäldchen von Suchylas, in der Forst Ludwigsberg (ziemlich zahlreich).

Der Baumpieper nahm manchmal mit einem einzigen Baume vorlieb, in dessen Nähe sich eine grasige Fläche befand. So sang Ende April und im Mai 1902 ein prächtiges ♂ hinter der Gärtnerei in Unterwilda auf einer in der Wiese am Wege nach dem Eichwalde stehenden, jetzt verschwundenen Weide sein anmutiges Lied. Von der Weide aus etwas emporsteigend, senkte er sich oftmals im Balzfluge in ein nahes Saatfeld herab. Ähnlich trieb es ein anderes St., das auf den Wällen des Kernwerks in der Nähe einer hohen Schwarzpappel seinen Standort hatte. Mehrere Jahre hindurch wurde hier regelmäfsig ein Vogel dieser Art beobachtet. In der zweiten Hälfte des Juni liefs der Sangeseifer der Vögel sehr merklich nach, doch wurde ausnahmsweise noch ein St. am 7. VII. 05 in der Nähe der Sandgrube an der Strafse nach Naramowice gehört. Es dürfte sich in diesem Falle wohl um eine Ersatzbrut gehandelt haben (oder zweite Brut?).

Nest und Junge wurden nicht gesucht. Futter tragende, eifrig sib rufende Stücke wurden mehrfach beobachtet.

Nur einmal wurde im Spätsommer 1 St. beobachtet, das sich wohl schon auf dem Zuge befand. Es trieb sich am 21. VIII. 09 auf den Bäumen an der Nordseite des Eichwaldes in der Nähe der Warthe umher und wurde von einem Weidenlaubvogel geneckt.

99. ***Anthus campestris*** L.

Da der Brachpieper ein gröfseres Brutrevier auf sandigen Feldern beansprucht, so ist seine Ankunft nicht immer leicht mit Sicherheit zu beobachten. Wir haben hier den Vogel nur zweimal im April gehört (28. IV. 05 und 23. IV. 06), sonst immer erst im Mai und zwar am 7. V. 03, 5. V. 07; 30. V. 08, 16. V. 09.

Brachpieper wurden beobachtet auf den sandigen Anhöhen unweit der Elsenmühle (5. V. 07 u. öfter), an der Südseite des Eichwaldes (22. VI. 07 und mehrmals), in der Nähe der Wolfsmühle (28. VI. 07), auf den sandigen Ackerstücken westlich der Loncz-Mühle (30. V. 08 und 21. VI.), auf den Ödflächen hinter den Schiefsständen vor dem Warschauer Tor (16. VI. 08, 7. VI. 09 und 11. VI.), in der Nähe des Ausstichtümpels links der genannten Schiefsstände (25. VI. 08), auf den sandigen Flächen hinter Kobylepole (16. V. 09), in der Nähe des Gutes Schönherrnhausen u. s. w.

Der am 16. VI. 08 auf den sandigen Uferhöhen der Cybina hinter den militärischen Schiefsständen beobachtete Vogel gebärdete sich sehr ängstlich. Nachdem er mehrmals im Fluge zirbi und zirlui gerufen hatte, setzte er sich, weiter rufend, auf einen Wildrosenbusch, flog nach einer Weile wieder ab und warf sich zur Erde. Das Gebahren des Vogels deutete darauf hin, dafs wir uns in der Nähe seiner Niststätte befanden. Auch im folgenden Jahre trieb sich ein Vogel in derselben Gegend umher und liefs am 11. VI. 09 seinen Ruf vom Erdboden aus hören, und am 5. VIII. 09 wurden hier flügge Junge beobachtet, die augenscheinlich hier erbrütet worden waren.

Aufser den vorher genannten Rufen hörten wir noch zirlih und von einem Stücke griedlihn.

100. ***Motacilla alba*** L.

Ankunftszeiten: 15. III. 03 (an der Cybina); 13. III. 04; 19. III. 05 (mehrere St.); 20. III. 06 (an der kleinen Schleuse, + 2°, sonniger Tag mit Nordwind; am 24. zahlreich vor dem Wildator, + 10°; die dazwischen liegenden Tage brachten Frost und Schnee); 9. III. 07 (3 St., von einem auswärts wohnenden Schüler gesehen; am 14. 1 St. auf dem Eise der überschwemmten Wiesen Unterwildas hin und her trippelnd und dazu lustig zwitschernd); 20. III. 08 (1 Pärchen auf den Eichwaldwiesen); 21. III. 09 (ein Schwarm von 10—15 St. auf den vereisten Wiesen der Cybina am Berdychowoer Damm in Gesellschaft eines *Totanus totanus*; + 5°, bedeckter Himmel, in der vorigen Nacht zum ersten Male frostfreies Wetter bei leichtem Südwind).

Die blaue Bachstelze traf demnach in der Regel in der zweiten Hälfte des März bei uns ein, bei milder Witterung auch früher. Doch noch am 24. IV. 07 waren zahlreiche Vögel dieser Art an dem Ausstichtümpel vor dem Warschauer Tor gegenüber den milit. Schiefsständen zu sehen, die sich hier, eifrig singend, umhertrieben und augenscheinlich noch auf dem Zuge begriffen waren, während die einheimischen Vögel bereits ihre Brutplätze bezogen hatten. Dies geschah im Jahre 1908 teilweise schon am 30. III., indem sich 2 Paare auf den militärfiskalischen Kohlenstapeln am Bahnhof Gerberdamm umhertrieben und ein drittes sich unter der nahen Eisenbahnbrücke zu schaffen machte. Der Nestbau wurde freilich erst später begonnen. Erst am 17. IV. 07 trug 1 St. Nistmaterial in ein weites Loch einer alten Weide westlich des Viktoriaparks.

Am 25. VI. 08 wurden auf einem der vorher genannten Kohlenstapel ausgeflogene Junge gesehen. Die Mutter erschien mit Äsung, worauf ihr 2 Junge entgegeneilten, um den Bissen in Empfang zu nehmen Sie wurden jedoch nicht beachtet, da der Brocken offenbar einem andern zugedacht war.

Gegen den Herbst hin konnten wir bei jungen Vögeln Gesangsübungen beobachten. Am 11. IX. 07 zwitscherte ein einzelnes junges St. am Wartheufer in der Nähe des Eichwaldes, ein anderes am 12. X. lustig vor sich hin. Während des Septembers 1909 verbrachten die Vögel die Nächte an gemeinsamen Schlafplätzen, besonders in einem der mit Rohr besetzten Lehmausstichtümpel an den Ziegeleien am rechten Wartheufer gegenüber dem Rennplatze. Dorthin flogen am 21. IX. zwischen $^1/_4$—$^1/_2$ 6 p, aus der Richtung des Eichwaldes kommend, kurz nach einander 4 St., 1 St., 6 St., 9 St., 2 St. und 8 St., am 23. IX. ein Schwarm von mindestens 20 St., von den Eichwaldwiesen kommend. Auch in dem Rohrtümpel an der Wartheinsel wurden mehrmals übernachtende Bachstelzen wahrgenommen.

Der Abzug der Vögel erfolgte in den letzten Tagen des September, zog sich aber bis über die Mitte des Oktober hin. Noch am 15. X. zogen um 4 $^1/_2$ p 6 Stück, lebhaft rufend, etwa 100 m hoch von Nordwest nach Südost. Am 17. X. flog 1 St. gegen Abend über der Warthe stromaufwärts nach Süden (schöner, sonniger Tag, leichter Südostwind), und ebenso zog nach am 18. X. ein einzelnes St., laut rufend, unterhalb des Schillings um 3 $^1/_4$ p etwa 50 m hoch dem Süden zu.

101. ***Budytes flavus*** L.

Ankunftszeiten: 27. IV. 03; 14. IV. 04 (1 Pärchen an der Freibadestelle vor dem ehemaligen Eichwaldtor); 19. IV. 06 (vor dem Wildatore); 19. IV. 07 (an der Warthe vor dem Eichwaldtore); 30. IV. 08 (an der Warthe); 18. IV. 09 (1 St. zu hören, ein zweites sichtbar).

Auf den feuchten Wiesen an der Warthe, Cybina und Bogdanka waren die Kuhstelzen gar nicht selten, im Jahre 1907 nisteten sie sogar in auffallend grofser Zahl auf den Warthewiesen oberhalb der Stadt. Am 15. VI. hatten die Brutpärchen Junge, denen sie Futter zutrugen. Auch auf dem sogenannten Rohrteiche unterhalb des Kernwerks nisteten alljährlich 1 bis 2 Pärchen und mehrere sogar an den Böschungen des Bahndammes der Strecke Posen-Kreuzburg (zwischen Dembsen und Eichwald). Am 4. VIII. 08 trieben sich mehrere junge Stelzen an der Südseite des Rennplatzes auf frisch zusammengebrachten, aber noch nicht gebundenen Hafergarben umher, auf denen sie offenbar reichlich Futter fanden.

Gegen Ende August und im September suchten die Vögel mit Vorliebe Deckung und Nahrung auf Kartoffeläckern, auf denen sie sich meist bis zu ihrem Abzuge herumtrieben, so recht zahlreich auf der Feldmark von Stutendorf (Station Ketsch der Bahn Posen-Kreuz, am 2. IX. 08 und 2. IX. 09), häufig auch auf den Feldern hinter Unterwilda und in der Nähe der Erdausschachtungen vor dem Eichwalde, am 16. IX. 09 hier auch mit weifsen Bachstelzen gemischt. Am 7. IX. 09 flog gegen 6 $^1/_4$ p ein Schwarm von etwa 10 St. aus einem Kartoffelstücke vor dem Rennplatze nach Osten über die Warthe, vermutlich dem Schlafplatze zu. Einige Stück nächtigten regelmäfsig in dem Rohrtümpel vor der Wartheinsel. Hier wurden einige Vögel bis zum 25. IX. 09 gesehen und gehört, nachdem die meisten in der ersten Hälfte der September abgezogen waren.

102. *Alauda arvensis* L.

Ankunftszeiten: 8. III. 03 (singend); 9. III. 04 (singend); 16. III. 05 (singend); 4. III. 06 (im Fluge rufend); 6. III. 07 (ziehend und eifrig rufend, Südwest); 4. III. 08 (streichend und rufend); 14. III. 09 (ziehend und singend).

In den angeführten Fällen liefsen die Vögel meist im Weiterstreichen einige Strophen hören, es waren also vermutlich immer solche, deren Heimat weiter lag. Im Emporsteigen singende Lerchen trafen wir immer erst einige Tage später an. An Sangeseifer wird bekanntlich unsre Ackerlerche von keinem Vogel übertroffen. Nicht nur im Juli liefsen sie ihren Gesang hören (am 2. VII. 07 noch um $^1/_2$ 9 p auf den trocknen Eichwaldwiesen vom Erdboden aus), sondern selbst im Anfang des August sang hier und da noch ein Männchen hoch in der Luft: 2. VIII. 08 hinter der Gärtnerei in Unterwilda und ebendort am 4. VIII. 09. Auch an sonnigen Herbsttagen stiegen ab und zu sangeslustige Männchen hoch in die Luft empor (am 29. IX 07 in Stutendorf und am 12. X., über den Eichwaldwiesen bei herrlichem Herbstwetter eifrig singend, ebenso am 4. X. 09 in Lubasch Kr. Czarnikau um 11 Uhr a), während die Mehrzahl sich darauf beschränkte, im Umherstreichen einige abgebrochene Strophen zu zwitschern.

Die Hauptmasse der Lerchen zog im Oktober ab. Gegen Ende dieses Monats waren noch hier und da kleine Flüge sichtbar, einzelne Vögel auch noch Anfang November, so 1 St. am 6. XI. 09

um 3 Uhr p in der Nähe der Endstation der elektrischen Strafsenbahn in Wilda, ja es werden auch wohl noch diesen ganzen Monat hindurch gelegentlich kleinere Flüge dieser Vögel angetroffen, wie wir das vor einer Reihe von Jahren auf der Feldmark des Dorfes Czerwonak mit Sicherheit wahrnehmen konnten.

103. *Lullula arborea* L.

Die Heidelerche, in der Provinz nicht seltner Brutvogel (bei Chojnica in der Nähe des Truppenübungsplatzes Weifsenburg 2 alte Vögel mit 7 flüggen Jungen beobachtet, ferner bei Moschin, Lubasch bei Czarnikau, Kolmar i. P., Schneidemühl, Schönlanke), ist für die nähere Umgebung Posens unregelmäfsiger Durchzugsvogel, der im März eintrifft. Am 18. III. 03 trafen wir in dem zwischen Solatsch und Golencin liegenden, von der Posen-Schneidemühler Eisenbahn durchschnittenen Kiefernwäldchen auf einer sandigen, mit niedriger Kiefernschonung bedeckten Anhöhe ein einzelnes eifrig singendes Männchen. Die Örtlichkeit war wie geschaffen für eine Ansiedelung. Trotzdem war der Vogel nach einigen Tagen nicht mehr zu finden, weil vermutlich seine Bemühungen um eine Artgenossin fruchtlos gewesen waren. Am 25. III. 08 stiefsen wir auf einen Schwarm von mindestens 19 Stück in der ersten links des Weges nach Naramowice liegenden Sandgrube, wo die Vögel augenscheinlich hinter der steilen Lehmwand Schutz gegen den scharfen Nordwestwind suchten und fanden. Die Vögel flogen mit lebhaftem didloï vor uns auf, liefsen sich aber in einiger Entfernnng sofort wieder nieder.

Der Abzug erfolgt wohl in der Regel erst im Oktober. Am 4. X. 09 flog eine Familie, dillit oder didlit rufend, in der Nähe des Dorfes Goray (Kr. Czarnikau) um 12 Uhr mittags von Osten nach Westen (H.).

104. *Galerida cristata* L.

Die Haubenlerche ist in der Umgebung von Posen auf „von der Kultur geschaffenen Ödplätzen" ziemlich häufig. Besonders gern trieb sie sich im Spätherbst auf den Erdaufschüttungen zwischen dem ehemaligen Eichwald- und Wildator umher. Hier wurden um die Mitte des Dezembers 1908 etwa 18—20 St. längere Zeit beobachtet. Auch an andern Nahrung versprechenden Orten, besonders an den Müllabladeplätzen, waren regelmäfsig in dieser Jahreszeit Ansammlungen dieser Vögel zu sehen. So wurden am 15. XI. 09 in der vorderen Sandgrube am Wege nach Naramowice 13 St. gezählt. Die Vögel erhoben sich um $^1/_2$4 p und flogen linkshin an der Lehmwand entlang auf die oberhalb der Grube liegenden Felder, vermutlich, um dort zu nächtigen. Während der Brutzeit sind die Vögel über die Umgebung der Stadt verteilt.

Schon früh im Jahre erwacht bei der Haubenlerche die Sangeslust. Weht im Januar nach strenger Kälte etwas mildere Luft und bricht ab und zu ein Sonnenstrahl durchs Gewölk, so hört man von diesem oder jenem Männchen wohl schon einige leise, vom Erdboden aus vorgetragene Strophen (29. I. 07). Häufiger ist dies jedoch im Februar der Fall (17. II. 06; 26. II. 07 in der Nähe der Baugewerkschule), ja am 21. II. 06 sang bereits ein St. hoch in der Luft, was sie sonst in der Regel erst im März tut. Während der Brutzeit wurden Haubenlerchen beobachtet: an der Fäkaliengrube vor Solatsch (5. V. 07), am Quellgebiete an der Ringstrafse, wo diese sich von der Strafse nach Winiary abzweigt (11. V. 07 mehrere Paare), am 18. V. 08 in der Nähe des Generalkommandos (singend auf dem Hinterhause, in dessen Nähe ein freier Platz liegt), am 30. V. auf dem Schuttabladeplatze vor dem Warschauer Tor und auf dem neuangelegten Kirchhofe diesseits der Loucz-Mühle, am Berdychowoer Damm, auf den Aufschüttungen vor dem Eichwaldtore und mit besonderer Vorliebe an und auf den Festungswällen. In der zweiten Hälfte des Mai läfst der Sangeseifer etwas nach, steigert sich aber wieder im Juni, wenn die Vögel zur zweiten Brut schreiten. Noch am 29. VI. 09 balzte ein ♂ eifrig auf der Strafse nach Naramowice in der Nähe der Sandgrube. Indem es den Schwanz fast senkrecht stellte und bald den rechten, bald den linken Flügel seitwärts spreizte, trippelte es hocherhobenen Hauptes 3 bis 4 Schritte von seinem Weibchen entfernt, das eifrig Nahrung suchte und sich um das Gebahren des Gatten gar nicht zu kümmern schien, in dem Staube der Strafse einher.

Haubenlerchengesang war selbst noch im August und häufiger an schönen Herbsttagen zu hören: am 4. VIII. 07 sang ein ♂ hoch in der Luft in der Nähe der Fronleichnamskirche; am 4. X. 05 1 St. am Rennplatze; am 29. IX. 07 über dem Güterbahnhofe, ebendort am 6. X., am 20. X. in der Nähe des Mühltors, am 21. X. vor dem ehemaligen Wildator um $^1/_2$12 Uhr mittags; am 12. IX. 08 in der Nähe des Eisenbahndammes vor dem Dorfe Dembsen, sich in der Luft hin und her werfend und in seinem Gesange immer wieder ein schönklingendes Wutí wuti wuti hören lassend, am 24. IX. am ehemaligen Eichwaldtore, ebendort am 26. IX. und noch am 25. X., nachdem nach kühlen Tagen warmes Wetter mit Sonnenschein eingetreten war; am 21. IX. 09 an der Warthefähre vor dem Eichwalde, am 25. IX. um 7 Uhr a in der Nähe des ehemaligen Wildatores, am 2. X. in der Nähe des ehemaligen Rittertores, am 14. X. an der Ringstrafse vor dem Viktoriapark, am 18. X. um 9 Uhr a über dem Vorgarten des Mariengymnasiums. Noch am 31. X. sang um 10 Uhr a 1 St. einige Strophen vom Erdboden aus, und am 1. XI. umtänzelte ein ♂ balzend sein ♀, dabei ein paar Strophen hören lassend.

Nach einer Mitteilung des Professors Zerbst in Schneidemühl nistete ein Haubenlerchenpaar auf dem flachen Dache des dortigen Gymnasiums. Die Brut wurde jedoch gestört durch ein Stück Mörtel, das sich vom Schornstein losgelöst und das Nest beschädigt hatte.

Bemerkt sei auch hier noch, dafs wir am 28. V. 09 1 St. auf einer 1½ m hohen trockenen Fichte am Wege nach Naramowice sitzen sahen.

Einzelne Stücke dieser Vögel haben hier die Gewohnheit angenommen, auf flachen Dächern zu übernachten. So wurde seit 1907 ein St. regelmäfsig im Spätherbst und im Winter auf dem Dache eines Hinterhauses an der Fischerei beobachtet, das am 4. XII. den jungen Tag um 7^{10} Uhr mit mehrmaligem titidriëh begrüfste. Am 10. I. 08 erhob sich der Vogel um 7^{15}, während die in den Gerüstlöchern desselben Hauses nächtigenden Spatzen etwa ½ Stunde später zu lärmen anfingen. Am 2. XII. 08 und am 4. XII. rief der Vogel um 7 Uhr früh bei trübem, regnerischen Wetter (+ 5°), am 7. XII. um 7^{10}, ebenso am 19. XII. um 7^{10}, worauf andere Vögel dieser Art von benachbarten Dächern antworteten. Ebendaselbst übernachtete auch im Jahre 1909 1 St., wohl immer derselbe Vogel. Am 5. I. 08 beobachteten wir in Unterwilda eine Familie von 5 St., die sich gegen Abend erhob und auf das Dach eines nahen, an der Peripherie der Stadt stehenden Hauses flog. Die Vögel dürfte aufser dem gröfseren Schutze, den sie hier gegen vierbeinige Räuber finden, auch wohl der wärmespendende Schornstein anziehen.

105. *Certhia familiaris* L.

Im März, doch auch wohl einmal im Februar (1906), läfst der kleine Baumläufer sein anspruchsloses Liedchen hören, besonders in unsern Festungsanlagen und im Eichwalde. Doch fehlt das Vögelchen auch in Gärten (Schilling) und auf Friedhöfen (Petrikirchhof) nicht. Das Liedchen klingt bald wie titiroiti, bald wie tititiroiti. Daneben läfst er fleifsig seine Lockrufe hören: sir od. sri, ti ti ti oder tit tit, wie wir das oft genug bei einem und demselben Stücke beobachten konnten.

Am 29. IV. 07 trafen wir den Vogel beim Nestbau an einer Pappel in der Nähe des Pulverhauses auf der Nordseite des Kernwerks. Am 5. VI. 07 fanden wir an der Wartheseite des Schillings zwischen dem Stamme einer Robinie und einem Pfahle des Bretterzauns in der Höhe von 1 m ein Nest mit 6 Jungen, die sich durch ihr Wispern beim Füttern verrieten. Abends um 8 Uhr safs ein alter Vogel auf dem Neste; die gelbbraunen Rückenfedern waren deutlich sichtbar. Am 13. VI. hatten 2 Junge das Nest verlassen und sich, durch den Bretterzaun gedeckt, an den Baumstamm angehakt. Am 14. VI. safs nur noch 1 Junges im Neste. Es war, wie sich bald zeigte, da es als das schwächste den Geschwistern nicht hatte folgen können, zurückgeblieben und zu Grunde gegangen.

Am 25. IV. 07 wurde auf der Eichwaldstrafse eine tote *Certhia* gefunden, die als zu dieser Form gehörig erkannt wurde.

Letzter Gesang im Sommer am 7. VIII. 08 im Schilling: 1 St. ruft um 6 Uhr p mehrmals ti ti ti und singt zweimal seine Strophe titiroiti. Im Spätsommer und Herbste konnten wir dieselbe Strophe wieder hier und da hören: am 8. IX. 08 im Eichwalde, dazu der Ruf tit und sir; am 24. IX. 07 im Kernwerk, ebendort am 28. IX. (schönes, sonniges Wetter, nachts kühl); am 28. XI. 08 im Garten des Krankenhauses am Berhardinerplatz (mehrmals tititiroiti; Wetter sehr neblig bei leichtem Westwind). Am 10. XI. 05 hörten wir in den Kernwerksanlagen ein St., das die typische Strophe dieser Form dreimal aneinanderreihte, also: titiroitititiroitititiroiti.

Die im Vorhergehenden angegebene Strophe des Baumläufers wurde hier bis auf unwesentliche Abweichungen in der Regel und zwar ziemlich häufig gehört. Daneben trafen wir jedoch, wenn auch im ganzen selten, Vögel, die diese typische Strophe in auffälliger Weise variierten, doch so, dafs der Charakter der Strophe im ganzen festgehalten, aber durch einen, wie es uns schien, blaumeisenähnlichen Triller erweitert wurde. So sang am 22. IV. 04 ein Vogel in den Kernwerksanlagen zitiroitiroizirrr, und am 18. III. 06 ein anderes ♂ auf dem Petrikirchhofe immer wieder zizitirrroazitiroi. Im letzteren Falle lag der Triller in der ersten Hälfte der Strophe, während er vorher am Ende der Strophe stand. Auch in den folgenden Jahren wurden mehrfach Vögel angetroffen, die diese längere Strophe hören liefsen und dazu in einem merklich lauteren Tone. Am 30. III. 07 wurde gelegentlich eines Ferienaufenthaltes in Tütz (Kreis Dt. Krone, Westpreufsen) bezüglich des Gesanges von *Certhia* folgendes beobachtet (H.): In dem Birkenwäldchen hinter dem jüdischen Friedhofe am sogenannten Marther Kirchsteige sang ein ♂, das sich nahe angehen und auf dem Rücken die ins Gelbliche schiefsende Färbung ganz vermissen liefs, eine recht eigentümliche Strophe. Es begann manchmal, doch nicht immer, mit einem kurzen Triller, liefs dann drei gestreckte Töne hören und reihte an diese einen klangvollen, blaumeisenähnlichen Triller an, worauf es mit einem einsilbigen, etwas ansteigenden hoit schlofs, also: (zirrr) zi zi zi zirrrlelahoit. Eine ganz ähnliche Strophe hörten wir auch bei Posen am 15. IV. 07 in den Kernwerksanlagen, wo sich der Fahrweg nach dem Schilling von der Strafse nach Naramowice abzweigt: zi zi zi (fallend) zi zi zirrrlalaziowit. Der Schlufs war hier zwei- oder dreisilbig, der Triller ebenfalls blaumeisenähnlich, wie auch die gestreckten Töne. Der Gesang war jedenfalls von dem sonst hier gehörten recht abweichend, auch erheblich lauter. Der Sänger gebärdete sich sehr unruhig; er eilte singend von Baum zu Baum und schlüpfte endlich an einer Robinie in einen durch die losgelöste Rinde gebildeten Spalt. Er erschien dann bald wieder, flog wieder unruhig und immer singend mehrere Bäume an, bis endlich ein zweiter Vogel, offenbar das Weibchen, die vorhin genannte Robinie anflog und in den Spalt schlüpfte, was es mehrmals wiederholte. Auch das Männchen, das sich jetzt ruhig verhielt, verschwand wiederholt in dem Rindenspalt. Die Höhle schien schliefslich doch nicht den Beifall des Pärchens gefunden zu haben, denn es stand hier in der Folgezeit kein Nest.

Eine ganz ähnliche Gesangsstrophe hörten wir am 17. IV. 07 auch im Eichwalde, ebenso am 10. V. an dessen Südrande, am 18. III. 08 auf dem Petrikirchhofe (Ruf tit), am 20. III. wieder am Südrande des Eichwaldes (das St. ruft auch laut sirr), und ebendort am 6. V. In den Osterferien 1909 sang ein ♂ in Tütz in folgender Weise: tirrr (abfallend), zi zi zi zi (4 gestreckte Töne, gleichfalls absinkend) zitirrr; es schlofs mit einem dreisilbigen tiroit (H.). In demselben Jahre wurde bei Posen nur zweimal im Eichwalde eine ähnliche Gesangsstrophe gehört und zwar am 22. V. mehrfach (Ruf sirr) und am 27. V. einmal an der Nordseite in der Nähe der Grenzlache.

Ob es sich in den vorgeführten Fällen des längeren und lauteren Gesanges um *Certhia familiaris brachydactyla* (Brehm) handelt, wagen wir vorläufig nicht zu entscheiden. Wir haben uns bemüht, mittels Fernglas die Rückenfärbung der singenden Vögel festzustellen, was bei der Unruhe derselben und dem doch immerhin nicht allzu stark in die Augen fallenden Unterschiede in der Färbung beider Formen nicht immer leicht war. So viel schien uns jedoch sicher zu sein, dafs bei den Sängern der längeren, trillerartigen Strophe der Rücken weniger Gelb, dafür mehr Graubraun zeigte. Manches also deutet in der Tat auf *brachydactyla* hin; doch ist völlige Gewifsheit wohl nur durch Erlegen einiger Exemplare zu erzielen. Dafs ein ♂ je mit beiden Strophen abgewechselt hätte, haben wir trotz sorgsamer Beobachtung nicht herausfinden können. Die Rufe sir od. sri und ti od. tit konnten wir bei allen Baumläufern ohne Unterschied feststellen, sie können also kein unterscheidendes Merkmal abgeben.

106. ***Sitta caesia*** Wolf.

Die in der Umgebung Posens vorkommenden Kleiber zeigen auf der Unterseite entschieden eine verschiedenartige Färbung. Während die einen eine ockergelbe Unterseite haben, zeigen andere eine mehr oder weniger weifsliche. Ob die erste oder die zweite Form die häufigere ist, wagen wir zur Zeit nicht zu entscheiden, jedenfalls aber kommen hier beide neben einander vor. Doch ist es natürlich schwierig, darüber in jedem Falle völlige Sicherheit zu gewinnen, wenn man die Vögel nicht in der Hand hat.

Der Kleiber ist hier nicht gerade häufig, doch fehlt er an geeigneten Stellen eigentlich nirgends. Er wurde beobachtet: bei Golencin, in den Kernwerksanlagen, im Schilling, auf dem Kirchhofe an der Garnisonkirche, auf dem Petrikirchhofe, im Schlofspark Ostend und den nahen Schiefsständen, sowie im Eichwalde in mehreren Pärchen. Durch ihre charakteristischen Rufe geben ja diese Vögel dem Beobachter bald Zeugnis von ihrer Anwesenheit, und wer ihnen nachgeht, dem bleiben sie auch für das Auge kaum verborgen. Von den bekannten Rufen mögen nur einige, die seltner zu Gehör kamen, aufgezeichnet sein. Das laute, schönklingende wíë (wie es uns schien, deutlich zweisilbig!) hörten wir nur im schönen April des Jahres 1904 und zwar oft genug im Eichwalde am 9., 14. und 16. IV. Dasselbe ♂ liefs daneben auch oft ein liebliches tui tui hören. Selbst solche Besucher unsres Eichwaldes, die sonst kaum auf Vogelstimmen sonderlich achten, reckten die Hälse, um den Urheber der schönen, lauten Töne zu erspähen. Am 22. IV. 04 hörten wir in den Anlagen des Kernwerks von einem Vogel dieser Art, der sich an einem Astloche einer Birke zu schaffen machte, ein eigentümliches piebst piehst piehst (das s etwas undeutlich), was wir sonst noch nie vernommen haben. Sonst hörten wir im März, besonders aber im April ein helltönendes twit oder tü, das, mehrfach wiederholt, wie ein Triller klang. Seine Locktöne tuit oder twät, einzeln oder mehrmals wiederholt, waren hier und da einmal das ganze Jahr über zu hören, besonders gegen Abend. Übrigens schienen die Vögel im Spätherbst und im Winter weniger zahlreich zu sein als im Frühling und im Sommer, was wohl darin seine Erklärung findet, dafs diese Vögel dann eine Art Vagabundenleben führen. Kommen sie doch in dieser Zeit selbst mitten in die Stadt. So flog an einem Herbsttage ein Vogel ein Gerüstloch in der Wand eines Hofgebäudes an der Fischerei an, schaute eine Weile hinein und zog dann weiter.

Es mögen noch einige weitere Beobachtungen biologischer Art über diese Vögel hier angeführt werden: Am 2. IV. 03 räumte eine Spechtmeise ein in einer Erle an der Wartheseite des Schillings in einer Höhe von 5–6 m befindliches Baumloch aus, indem sie das mühsam von einem Sperlingspärchen zusammengetragene Nistmaterial herauszerrte und dann fallen liefs. Der Vogel schlüpfte, während ein zweiter untätig auf einem Aste ganz in der Nähe safs, unermüdlich ein und schleppte grofse Mengen verschiedenartiger Baustoffe, wie sie Spatzen eben zu verwenden pflegen, heraus, und schon reichte der aneinanderhängende Wust fast bis zum Erdboden, da erschien unerwartet der rechtmäfsige Besitzer, ein Haussperlingsmännchen, und machte sofort, im Bewufstsein seines Rechts, einen heftigen Angriff auf den Störenfried und schlug auch, da das zweite St. nicht helfend eingriff, die Spechtmeise in die Flucht. Am folgenden Tage machte sich das Kleiberpärchen an einem offenbar noch nicht belegten Loche in einer etwa 50 m entfernt stehenden Weide zu schaffen.

Am 23. XII. 06 sahen wir ein Pärchen dieser Vögel in dem Kiefernwäldchen an der Nordseite des Kernwerks, das, an den oberen Teilen der Kiefernstämme auf und ab steigend, feine Rindenstückchen abrifs und herabfallen liefs, wodurch ein raschelndes Geräusch entstand, wie es ein kletterndes Eichhörnchen hervorruft. Die Vögel waren vermutlich mit dem Aufsuchen von Larven und Puppen beschäftigt.

Fast regelmäfsig wurden 1 oder 2 Spechtmeisen in den herumziehenden Schwärmen von Meisen beobachtet. Am 19. IX. 08 waren es 2 St. mit schön ockergelber Unterseite, die im Schilling eine Meisenschar unter Anführung eines Buntspechts begleiteten. Am 10. XI. 08 hüpfte ein auf der Unterseite ockergelbes St. im Schilling ganz in unsrer Nähe auf dem Fufsboden der Kolonnade umher. Ein Paar ist in der Regel den Winter hindurch im Schilling Stammgast. Die Vögel holen sich oft Futter aus einer für das Hühnervolk aufgestellten Schüssel. Am 18. XI. 09 kam im Schilling ein St. ans Fenster geflogen, fafste hier auf einer Holzleiste Fufs und schaute neugierig ins Zimmer hinein, verschwand aber eiligst, als es uns gewahrte.

107. ***Sitta europaea homeyeri*** [Seeb.] Hart.

Kleiber mit mehr oder weniger weifslicher Unterseite sind hier von uns zweifellos beobachtet worden, so dafs das Vorhandensein dieser Form bei Posen ausgemacht ist. Allerdings fanden sich darunter auch Vögel, die auf der Unterseite ganz grauweifs zu sein schienen, ja selbst in Karlsbad wurde, was hier nebenbei angeführt sein mag, am 19. VII. 07 ein derartiger Vogel auf einer niedrigen Eiche auf dem Dreikreuzberge beobachtet (H.). Es ist freilich schwierig, daraus bindende Schlufsfolgerungen betreffs der Form herzuleiten, wenn man den Vogel nur in freier Natur beobachten kann. So viel scheint jedenfalls festzustehen, dafs zahlreiche Übergänge zwischen beiden Formen vorhanden sind. Vögel mit weifser, ockergelblich verwaschener Unterseite wurden beobachtet: am 18. VI. 08 im Eichwalde. Am 29. VI. trieb sich eine ganze Familie auf den Eichen des Eichwaldes, lebhaft twit - - - und twät - - rufend, umher. Am 11. V. 09 kam im Schlofspark Ostend gegen 5 Uhr p ein Kleiber zweimal in der Nähe des Lokals an den Erdboden und nahm hier anscheinend Nahrung auf, worauf er den Wegpappeln zuflog; der Vogel hatte eine entschieden weifsliche Unterseite und zeigte nur am After eine bräunliche Färbung. Am 23. V. nahm ein auf der Unterseite ähnlich gefärbtes St. im Schilling wiederholt hingeworfene Kuchenstückchen auf und flog damit davon. Dieses St. hüpfte auf der Erde lebhaft und gewandt wie ein Sperling. Beide Vögel hatten vermutlich Junge zu ernähren. Am 4. VIII. 09 trieb ein St., das auf der Unterseite recht weifslich aussah und nur an den Flanken eine bräunliche Färbung aufwies, recht ungeniert an einer Pappel im Schilling sein Wesen.

108. *Parus maior* L.

Am stillsten verhält sich die Kohlmeise wie auch alle übrigen Meisenarten in der zweiten Hälfte des August. Ist die Mauser glücklich überstanden, so wird der Vogel wieder lebhafter und macht sich durch seine angenehmen Rufe bemerklich. Es seien hier nur einige seltnere Betätigungen der hier häufigsten Meisenart angeführt: am 6. VI. 03 klapperte eine Kohlmeise ganz in der Art der Sumpfmeise, indem sie immer wieder zje zje zje zje zje rief; am 14. III. 07 liefs ein St. auf der Eichwaldstrafse auf ihr Meckern ein sperlingsartiges tem tem tem folgen; am 31. I. 08 liefs im Vorgarten des Mariengymnasiums auf einer Robinie 1 St. dieser Art einen leisen Gesang hören der an den des Zeisigs erinnerte. Als sich der Vogel beobachtet sah, flog er auf eine andre dichtverzweigte Kugelakazie hinüber, im Abfliegen ein sperlingsartiges tem tem tem rufend. Am 9. III. 08 rief 1 St. immer wieder in Absätzen huit. Am 20. II. 09 stiefs ein St. um 5 Uhr p vor dem Schillingstor eine Reihe von Tönen aus, die genau so klangen, als wenn jemand auf einen nicht alzu straff gespannten Draht schlug, und wiederholte dies mehrmals.

Ein eigentümlicher Schlafplatz sei hier noch erwähnt, den sich eine Meise, anscheinend Kohlmeise, erwählt hatte. Im Spätherbst trafen wir einst einen Vogel, der in der an einer Seite etwas beschädigten Glocke einer elektrischen Bogenlampe an dem Wege, der am Elektrizitätswerke in Unterwilda vorbei nach der Eichwaldstrafse führt, es sich bequem gemacht hatte, obwohl das Licht hell erstrahlte. Auch am folgenden Abende war der Vogel in der Glocke, fuhr aber, als wir an die Holzstange klopften, erschreckt heraus und flog der nahen Eichwaldstrafse zu. Den folgenden Abend wurde der Vogel hier nicht wieder vorgefunden; doch dürfte ihn weniger das Abklopfen vertrieben haben als der Umstand, dafs sich von der Kohle Funken ablösten, die auf den Boden der Glocke fielen.

109. *Parus caeruleus* L.

Der Paarungsruf der Blaumeise ist hier und da während des ganzen Jahres zu hören; am stillsten verhält sie sich in der zweiten Hälfte des August, doch wurde sie gegen Ende dieses Monats wieder lebhafter. Am 31. VIII. 07 hörten wir wieder ihr zi zi zirrr, nachdem wir es am 5. dieses Monats zum letzten Male vernommen hatten. Blaumeischen gestattete sich manchmal Abweichungen von der typischen Form des Paarungsrufes: am 19. IX. 09 rief ein St. an der Wartheseite des Kernwerks zi zi zi trirrr und am 22. II. 08 zi zi te tirrr; am 9. I. 09 klangs regelrechter zi zi zi tirrr (auf dem Grünen Platze um $9^3/_4$ a). Am 19. IV. 04 rief ein St. mehrmals im Kernwerk trzä trzätititi, was recht hübsch klang. Am 11. III. 08 liefs eine Blaumeise in dem Kiefernwäldchen an der Nordseite des Kernwerks einen zusammenhängenden Gesang hören, der aus mehreren klirrenden Motiven bestand und auch den Paarungsruf und ein helles pink enthielt.

Am 11. V. 09 lagen in einem Neste in einem $^3/_4$ m hohen Baumloch im Schlofspark Ostend 8 Eier. Am 7. VI. waren Junge im Nest, welche am 14. VI. ausflogen. Die niedrigste Niststelle, die wir fanden, war kaum $^1/_2$ Fufs über dem Erdboden. Am 2. VI. 07 wurden, wie auch im vorhergehenden Jahre, in einem Lampenständer am Aufgange zum Kernwerk (in der Nähe der Eisenbahnunterführung) Junge erbrütet.

Einen eigenartigen Schlafplatz hatte einst eine Blaumeise sich in dem wagerechten Arme für die Drahtleitung der elektrischen Strafsenbahn, dessen Knopf abgesprungen war, gewählt.

110. *Parus ater* L.

Am 23. IV. 04 wurde in einem umherziehenden Meisenschwarm eine Tannenmeise beobachtet, die sich während der Brutzeit in unserem Gebiete nicht blicken läfst. Am 25. IV. 09 rief ein St. im Kiefernwäldchen von Solatsch und am 26. IV. ein St. im Kobylepoler Grunde.

111. *Parus palustris* L.

Schon im Februar liefs die Sumpfmeise ihren klappernden Paarungsruf hören: am 10. II. 07 rief ein St. eifrig zíëb zieb zieb zieb (2 silbig; Schneedecke, —5°), am 11. II. ein St. am ehemaligen Rittertor tjib tjib tjib tjib tjib; bei einem andern Exemplar klang's wie djüb - - -; am 20. II. 09 klapperte ein St. in der Nähe des Kirchhofes vor dem Warschauer Tor (Schneedecke). Auch im Spätjahr konnte man den Paarungsruf hören. So klapperte ein St. am 6. IX. 07 im Vorgarten des Mariengymnasiums.

Am 14. IV. 04 zimmerte ein St. an einer alten Weide in der Nähe des Viktoriaparks eine Brutstelle zurecht, was man gerade bei dieser Art öfter beobachten kann. Am 8. VI. 07 fütterte ein Pärchen seine Jungen in einem 1 m über dem Boden befindlichen Astloche einer Linde auf dem Petrikirchhofe. In demselben Loche hatte im vergangenen Jahre ein Kohlmeisenpaar Junge grofsgezogen. Am 9. VI. flogen die jungen Sumpfmeisen aus. Mehrere erreichten mit Leichtigkeit das dichte Gezweig der nahen Bäume. Ein St. verweilte ängstlich zögernd im Eingange der Bruthöhle, ehe es seinen ersten Ausflug wagte. Es geriet dabei auf den Erdboden, hob sich aber von hier aus auf ein Grabgitter und ruhte nicht eher, als bis es die deckenden Zweige eines Baumes erreichte. Im folgenden Jahre brütete das Sumpfmeisenpaar wieder in demselben Loche, brachte jedoch keine Jungen auf, da eines Tages das Loch mittels eines Messers soweit erweitert wurde, dafs eine Bubenhand gerade hineingreifen konnte.

Die mattköpfige Weidensumpfmeise, die wir am 13. VII. 05 gelegentlich einer Reise in die Holsteinische Schweiz am Holm in der Nähe des Dieksees zu sehen und zu hören Gelegenheit hatten, wurde bei Posen nicht gefunden.

112. *Parus cristatus* L.

Ob es sich bei den hiesigen Vögeln um die nordische Stammform oder, wie wahrscheinlich, um die deutsche Haubenmeise (*P. cristatus mitratus* Brehm) handelt, mufs vorläufig dahingestellt bleiben.

Haubenmeisen wurden in den Anlagen des Kernwerks und im Eichwalde nur während der Strichzeit beobachtet und zwar am 23. IV. 04 im Eichwalde (rufend), am 14. IV. 07 in den Anlagen des Kernwerks in Gesellschaft von Goldhähnchen. Häufiger als im Frühjahr war diese Meise hier im Spätsommer und zur Herbstzeit zu sehen: so am 10. VIII. 09 in einem herumziehenden starken Meisenschwarm, dem sich *Regulus* und *Certhia* angeschlossen hatten, lebhaft rufend; am 17. VIII. wiederholt rufend in dem Kiefernwäldchen an der Nordseite des Kernwerks in Gesellschaft von Goldhähnchen; am 16. IX. in einem Meisenschwarm im Eichwalde, rufend; am 21. IX. ebendort in einem starken Meisenschwarm, der um 5 Uhr p durch die Lichtung der Nordseite zog, zi zi gürrr rufend (in dem Schwarm zahlreiche Kohl- und Blaumeisen, Schwanzmeisen, Kleiber und 1 Buntspecht); ebendort am 23. IX. zu hören und am 30. IX. (im Schwarme auch *regulus* und *Parus ater*); am 31. X. ebendort an der Lache am Nordrande 1 St. sichtbar, in der Nähe ein zweites St., sonst nur wenige Meisen. Auch am 16. XII. rief hier in der Lichtung wiederholt 1 St. und wurde auch sichtbar; es war jedenfalls von dem Schwarm abgekommen, denn am 28. durchzog es wieder im Verein mit Kohl- und Blaumeisen, Goldhähnchen und Baumläufern unter der Führung eines Buntspechtes die Lichtung am Nordrande um $^1/_2$4 Uhr p. Am 25. IV. 09 wurde 1 St. in dem Kiefernwäldchen zwischen Solatsch und Golencin gesehen und gehört. In demselben Wäldchen wurden Haubenmeisen auch während der Brutzeit beobachtet. So rief hier je 1 St. am 9. VI. 09 vor und hinter dem Damme der Eisenbahn Posen-Schneidemühl.

113. *Aegithalus caudatus* L.

Die Schwanzmeise ist in unserm Gebiete nicht eben häufig, konnte jedoch das ganze Jahr hindurch beobachtet werden. Am Am 2. II. 08 befanden sich im Eichwalde in einem starken Meisenschwarm, dessen Glieder getreulich zusammenhielten (es waren Kohl-, Blau-, Sumpfmeisen und Baumläufer) auch einige Schwanzmeisen. Am 14. II. ging es in diesem Schwarme recht lebhaft zu, wozu die milde Witterung (weibliche Blüten der Haseln sichtbar!) die Veranlassung war. Am 25. II. 09 trieb sich eine Familie von 9 St. in den Festungsanlagen vor dem Warschauer Tor umher. Auch während des Spätherbstes 09 wurden regelmäfsig einige Stücke im Eichwalde gehört und gesehen, so am 21. IX., am 14. X., am 17. X. und am 26. XII., meist in Gesellschaft anderer Meisen.

Dafs die Schwanzmeise hier Brutvogel ist, wenn auch ein ziemlich seltner, beweisen folgende Beobachtungen. Am 11. VI. 08 wurden auf den Weiden an der Lache zwischen Viktoriapark und Eichwald flügge Junge gefüttert, ebenso am 29. VI. auf den hohen Kiefern in der Nähe dieser Lache, wobei es sich wohl um dieselbe Familie handelte. Am 22. V. 09 rief in einem Weidenbusche an der Lache in der Nähe des Eichwaldrestaurants eine Schwanzmeise mehrfach ängstlich ihr dscherp. Als Störenfried bemerkten wir bald einen Neuntöter, der ganz in der Nähe auf der Weifsdornhecke safs. Als wir nunmehr sorgfältig Umschau hielten, bemerkten wir auf einer Erle in der Höhe von 6—7 m ein Nest, das einem alten Knorren täuschend ähnlich sah. Um uns zu überzeugen, dafs wir uns nicht getäuscht hatten, wurde der Baum am 7. VIII. erstiegen und das Nest heruntergeholt. Es war so fest an einen alten, auf einem grünen Zweige aufliegenden knorrigen Ast gekittet, dafs es von diesem nicht abgetrennt werden konnte, ohne beschädigt zu werden, und zeigte äufserlich genau die Farbe des Erlenstammes und des Astes.

114. *Regulus regulus* L.

Goldhähnchen wurden an geeigneten Stellen, d. h. wo Kiefern und besonders Fichten standen oder wenigstens unter Laubbäumen eingesprengt waren, regelmäfsig gefunden, vielfach, während der Strichzeit, in Gesellschaft von Meisen. Einzelne Vögel wagten sich in Gärten und Anlagen in der Stadt. So tummelte sich am 5. IV. 08 1 St. in den niedrigen Fichten des Goetheparks, am 18. IV. 07 1 St., mehrmals singend, auf dem Petrikirchhofe. Da es bereits dunkelte, konnte die Art leider nicht genau festgestellt werden. Am 3. XI. 09 trieb sich ein St. um 9 Uhr a, mehrfach seine feinen Rufe hören lassend, im Vorgarten des Mariengymnasiums umher. Im Spätsommer und im Herbste wurden die Vögel allerorten angetroffen, meist zusammen mit Meisen: am 15. IX. im Eichwalde; am 13. X. im Garten der Wolfsmühle; am 28. X. im Eichwalde an mehreren Stellen, auch im Kernwerk umherziehend; am 30. X. im Buschwerk des Steilufers der Warthe, das sie im Verein mit Kohl-, Blau-, und Sumpfmeisen eifrigst durchstöberten, wobei nur das Rascheln der Blätter und dürren Ranken auf die Vögel aufmerksam machte; am 4. XII. 08 und ebenso regelmäfsig im Spätherbst des folgenden Jahres an der Wartheseite des Kernwerks. Gegen Abend zogen sich die Vögel nach den Fichten rechts des Fufssteiges nach dem Schilling. Im Spätherbst wurden die Vögel hier entschieden spärlicher; erst im März und Anfang April waren ihre feinen Stimmchen wieder häufiger zu vernehmen.

Das Brüten des Vogels, der bekanntlich ausgedehntere Nadelwälder bevorzugt, wurde nicht mit Sicherheit beobachtet, doch war es für das Jahr 1908 wahrscheinlich und zwar in dem schon mehrfach genannten Kiefernwäldchen an der Nordseite des Kernwerks, in dem einige Fichten stehen. Hier sang schon am 11. III. ein Vogel, doch anhaltender und regelmäfsiger gegen den Mai hin, immer auf den wenigen Fichten oder doch in ihrer Nähe. Der Vogel wurde hier beobachtet am 1. V. und wieder am 15., 21., 28., 29. V. und noch am 1. VI. Das Liedchen hatte anapästischen Rhythmus und schlofs mit einem absinkenden Triller: sisidí (od. siridi) sisidí sisidí tirrr. Da sich der Vogel immer in den Kronen der Nadelbäume umhertrieb, war ihm mit dem Glase schwer beizukommen. Ein Nest wurde trotz eifrigen Suchens nicht gefunden.

115. *Troglodytes troglodytes* L.

Überall dort, wo dichtes Gestrüpp die nötige Deckung bot und Wasser in der Nähe war, wurde der Zaunkönig kaum vermifst. Er wurde beobachtet am sogenannten Rohrteich an der Südseite des Kernwerks, im Schilling, an der Wartheinsel, auf dem Petrikirchhofe, im Schlofspark Ostend, im Kobylepoler Grunde, im Bogdankatale in der Nähe der Elsenmühle und im Eichwalde an mehreren Stellen.

Nistend wurde 1908 der Zaunkönig angetroffen im Eichwalde. Das Nest barg ein Haufen Genist, das, ein Produkt der Frühjahrsüberschwemmungen, etwa 2 Fufs über dem Erdboden in dem dichten Zweigwerk eines Weidenbusches hing. Am 9. V. 08 waren Junge im Neste, die nach wenigen Tagen ausgeflogen waren. In demselben Jahre hatte ein Pärchen im Eichwalde Eier in einem $^3/_4$ m über dem Erdboden befindlichen Baumloche in der Nähe des Spielplatzes; das Nest wurde, wohl infolge der vielfachen Störungen, denen es ausgesetzt war, verlassen. Ein anderes Pärchen nistete im Wurzelwerk einer Erle im Schlofspark Ostend und brachte seine Jungen auf. Am 4. VIII. 08 trafen wir im Kobylepoler Grunde ausgeflogene Junge, die von einem Alten mit energischem zick zick fortgeführt wurden.

Den Gesang des Zaunkönigs haben wir aufser der Brutzeit nur ein einziges Mal gehört und zwar am 7. XI. 03 am Rohrteich an der Südseite des Kernwerks (der Himmel war bedeckt, das Wetter still und trocken). Sonst vernahmen wir von den Vögeln im Herbst und Winter nur das warnende zick oder zerrr.

Gegen den Winter hin zogen sich die Vögel näher an menschliche Ansiedelungen, selbst bis an die Stadt. Am 17. XI. 09 war ein St. in Unterwilda im Teufelszwirngestrüpp sichtbar, während ein zweites sich auf dem nahen Holzplatze umhertrieb (Schneedecke). Vor einigen Jahren wurde im Spätherbst ein St. auf einem in einem Korridor der Oberrealschule stehenden Spinde gefangen. Losgelassen, stürmte der Vogel nicht, wie es Sperlinge zu tun pflegen, kopflos gegen die Fensterscheiben, sondern setzte sich auf den Fenstersims, von wo aus er nach Öffnung des gegenüberliegenden Fensters ins Freie strebte.

116. *Accentor modularis* L.

Die Heckenbraunelle wurde als seltner Durchzügler oder als überwinternder Vogel (?) nur einmal in der Umgebung Posens beobachtet und zwar am 22. II. 03 im Weidengebüsch der Warthe in der Nähe des Schillings. Der Vogel, der nur geringe Scheu zeigte und sich ganz still verhielt, liefs uns bis auf 3—4 Schritte heran, so dafs wir die aschgraue Färbung des Kopfes, der Halsseiten, der Kehle und des Kropfes mit blofsem Auge deutlich erkennen konnten.

117. *Sylvia nisoria* Bchst.

Ankunftszeiten: 20. V. 04 (am Eingange zum Schilling singend, ein zweites St. hinter dem Schilling im Teufelszwirngestrüpp); 15. V. 05 (in den Festungsanlagen zwischen Eisenbahnbrücke und Cybinamündung, zahlreicher als sonst); 11. V. 06 (am Steilufer der Warthe oberhalb der Wolfsmühle); 11. V. 07 (ebendort lebhaft singend); 15. V. 08 (an der Südwestecke des Schillings und am Steilufer der Warthe vor der Wolfsmühle); 12. V. 09 (an der Warthe östlich des Viktoriaparks).

Die Sperbergrasmücke erschien demnach in der Regel erst in der ersten Hälfte des Mai. Auch in den Jahren 1902 und 03 wurde der Vogel hier beobachtet, doch wurden über sein erstes Auftreten keine näheren Aufzeichnungen gemacht. Es wurden beispielsweise in dem nunmehr verschwundenen Wallgraben zwischen dem ehemaligen Eichwald- und Wildatore 4 singende ♂♂ beobachtet. Trotzdem durch die Niederlegung der Wälle den Vögeln so manche Nistgelegenheit geraubt wurde, haben sich dieselben doch nach unsern Wahrnehmungen in den letzten Jahren erheblich vermehrt, sodafs 1908 und 09 diese Grasmücken geradezu als häufig bezeichnet werden mufsten. Sperbergrasmücken wurden aufser an den oben angegebenen Örtlichkeiten während der Brutzeit, also im Mai und Juni, an folgenden Stellen festgestellt: am 21. V. 04 im Weidengebüsch auf der alten Radfahrbahn, in der Nähe der Wolfsmühle und hinter Fort Röder; am 13. V. 06 und 25. V. 07 am Rohrteich; am 24. V. 06 und 16. V. 09 an den bebuschten Uferhöhen der Cybina hinter Kobylepole: am 16. V. 08 zwischen der Südseite des Eichwaldes und der Warthe 2 St.; am 17. V. 07, 26. V. 07 und 19. V. 08 an den Festungsanlagen beim Städtchen, mehrere St.; am 30. V. 08 in der Nähe der Loncz-Mühle, westlich derselben, ein zweites St. östlich der Mühle; am 13. VI. 08 in der Nähe des Auwäldchens an der Bogdanka vor Solatsch, mehrere St.; 6. VI. 09 am rechten Wartheufer gegenüber der Gärtnerei von Zippel; am 7. VI. 09 hinter Schlofspark

Ostend; am 21. VI. 09 am Viktoriapark; am 26. VI. 09 an der Bogdanka unterhalb der Elsenmühle.

An einigen Örtlichkeiten waren die Vögel regelmäfsig alle Jahre vorhanden, so am Eingange zum Schilling, vor der Lonezmühle, am Städtchen und zwar hier während der letzten Jahre entschieden in gröfserer Zahl. Um von der Häufigkeit der Vögel eine Vorstellung zu geben, sei folgendes angeführt: am 13. VI. '08 sangen um 7 Uhr p auf den dichten Ausschlägen der Kopfweiden am Bogdankaauwäldchen 8—10 ♂♂; auf dem buschreichen Abhange der linken Uferhöhen der Cybina hinter Kobylepole zählten wir am 16. V. 09 auf 1 km 6 singende Männchen; am 25. V. 09 wurden in den Festungsanlagen vom Städtchen bis zur Cybinabrücke vor dem Warschauer Tor 8 singende Vögel gezählt; am 28. V. 09 sangen im Schilling 4 ♂♂, ein fünftes am gegenüberliegenden Kirchhofe. Die aufgezählten Örtlichkeiten sind fast durchgehends reich an „verworrenen Dickichten von Dornsträuchern und Stachelgewächsen", sodafs sie den Vögeln eine erwünschte Gelegenheit zur Nestanlage bieten. Freilich wird die Sperbergrasmücke dadurch gar häufig Nachbarin des Rotrückenwürgers; doch scheint das Verhältnis im grofsen und ganzen ein leidliches zu sein, d. h. auf gegenseitiger Nichtbeachtung zu beruhen. Wenigstens haben wir Übergriffe des Würgers nie bemerkt, wenn auch manchmal eine Grasmücke, vermutlich wenn Junge im Neste waren, ihre Angst vor dem Nachbar deutlich genug an den Tag legte. So suchte in der Nähe der Loncz-Mühle eine Sperbergrasmücke, wie es schien, durch lebhaftes Singen einen Dorndreher von einem Schwarzdornbusche zu vertreiben. Als dieser bei unserer Annäherung das Feld räumte, verstummte die Sängerin sofort. Es wiederholte sich aber gleich darauf derselbe Vorgang, als der Würger auf einem andern Busche Fufs fafste, nur dafs ihn jetzt eine Dorngrasmücke ansang, die aber offenbar mit ihrem Gesange auf den dickfelligen Störenfried ebenfalls keinen Eindruck machte.

Der Gesang der Sperbergrasmücke ist kürzer als der der Gartengrasmücke, mit dem er am leichtesten verwechselt werden könnte. Da ihm aber meist der orgelnde Ton abgeht, die Sängerin hier auch oft gewisse mehrmals wiederkehrende Motive (z. B. huitzi huitzi) einmischt, der Vogel auch vielfach im Fluge singt, ja dabei geradezu, wenn auch nicht allzu häufig, eine Art Balzflug ausführt (der Vogel steigt schräg in die Höhe, wirft sich mehrmals hin und her und kehrt singend zur Aufflugsstelle zurück), so ist er doch verhältnismäfsig leicht zu unterscheiden, zumal da sich der Sänger meist noch durch sein lautes terr verrät. Dieses trommelnde terr, das in der Regel nach einem Platzwechsel ertönt, scheint auch zugleich Warnruf zu sein; denn sind Junge da, so hört man es oft genug, wenn man sich diesen nähert. Dieser Wirbel löst sich manchmal in einzelne tek tek tek auf, sodafs uns dieser Umstand darauf hinzudeuten schien, dafs dieses terrr weiter nichts ist als eine aufserordentlich schnelle Wiederholung des bekannten tek, sodafs das menschliche Ohr die einzelnen Silben nicht mehr zu unterscheiden vermag. Ähnlich scheint's beim Grünling zu stehen, dessen girrr wohl weiter nichts ist als eine sehr schnelle Wiederholung seines Lockrufes gick.

Der Sangeseifer der Sperbergrasmücken, der während des Mai und der ersten Tage des Juni ein grofser war, liefs von der Mitte dieses Monats und teilweise schon früher (im Jahre 1908 vom 5. VI. an) ersichtlich nach. Es wurde jedoch noch hier und da gegen Abend bruchstückweiser Gesang gehört, so am 19. VI. 08 und am 26. VI. 09. In den letzten Tagen des Juni wurde nur noch das trommelnde terrr hin und wieder vernommen, so am 28. VI. 08 in der Nähe der Loncz-Mühle, am 26. VI. 09 an der Bogdanka unfern der Elsenmühle und am 30. VI am Festungsgraben hinter dem ehemaligen Fort Röder.

Was das Brutgeschäft dieser Grasmücke anbelangt, so haben wir uns darauf beschränkt, ein Nest längere Zeit zu beobachten. Wir fanden es, im Bau begriffen, am 25. V. 07 in einem niedrigen Schwarzdornbusche in der Nähe der militärfiskalischen Strafse, die sich vom Wege nach Naramowice abzweigt und nach den Festungsanlagen oberhalb der Wartheinsel führt. Am 30. V. lag 1 Ei im Neste, am 5. VI. war das Gelege mit 5 Eiern vollzählig, der Vogel brütete; am 17. VI. waren 5 Junge im Neste; am 23. VI. fanden wir das Nest in etwas zerzaustem Zustande vor, von den Jungen war nichts zu sehen. Ein anderes Nest beobachteten wir am Rohrteiche. Auch dieses wurde, als nackte Junge darin lagen, geplündert. Am 30. VI. 07 fanden wir im Buschwerk des Festungsgrabens hinter Fort Röder ausgeflogene Sperbergrasmücken aus 2 Nestern, die mit einem kläglichen wie wäd klingenden Laute um Futter bettelten. Doch liefsen die Jungen auch das tek tek der Alten hören.

Am 19. V. 07 wurden zahlreiche Sperbergrasmücken an den Uferhöhen des Netzetales bei Guhren im Kreise Czarnikau angetroffen. Ob es sich um Brutvögel oder Durchzügler handelte, konnte leider nicht festgestellt werden (H.).

118. *Sylvia simplex* Lath.

Ankunftszeiten: 6. V. 03; 6. V. 06; 7. V. 07 (im Eichwalde in der Lichtung am Nordrande singend); 11. V. 08 (an der Wartheseite des Kernwerks singend); 11. V. 09 (1 St. in den Anlagen vor dem Warschauer Tor singend).

Bei der Eigentümlichkeit ihrer Aufenthaltsorte — sie liebt feuchtes Buschwerk in gröfseren Gärten und Auwäldern — ist es ganz natürlich, dafs die Gartengrasmücke im allgemeinen nicht so häufig, wenigstens in den letzten beiden Jahren nicht, angetroffen wurde als die genügsamere Sperbergrasmücke, ohne dafs sie gerade selten genannt werden könnte. Zählten wir doch im Eichwalde am 1. VII. 07 9 und am 18. VI. 08 6—8 eifrig singende ♂♂ und zwar immer in gröfseren oder kleineren Lichtungen, wo das Buschwerk recht üppig stand. Aufserdem wohnten in unsern Kernwerksanlagen mehrere Paare, und auch im Parke von Solatsch, auf dem Petrikirchhofe und an der Wartheinsel wurden einzelne Pärchen angetroffen, mehrere sogar im Kobylepoler Grunde.

Die Gartengrasmücken schritten hier erst recht spät zur Brut, immer erst im Juni, wenn das Unkraut zwischen den Büschen zur vollen Höhe emporgeschossen war. Die Nester waren dann stets $^1/_2$—$^3/_4$ m über dem Erdboden so in die Astgabel eines kleinen Busches gesetzt, dafs ihr oberer Rand fast mit den Spitzen der Unkräuter abschnitt, wodurch dem Vogel zwar das Abfliegen erleichtert wurde, das Nest jedoch auch meist ziemlich freigelegt war. Im Mai haben wir kein Nest gefunden; zudem war die Sangeslust der ♂♂ immer erst im Juni voll entfaltet und dauerte bis in den Juli hinein an. Wir fanden Nester in den Anlagen des Kernwerks: am 26. VI. 07 mit 3 Eiern; am 28. VI. zwei weitere mit 5 und 4 Eiern. So war es nicht zu verwundern, dafs wir im Juli noch mehrfach brütende Vögel fanden. Am 13. VI. 08 fanden wir im Parke von Solatsch $^3/_4$ m über der Erde in der Astgabel eines Bäumchens ein gelblich aussehendes Nest, das leicht gebaut, aber hübsch gerundet und ziemlich tief war. Es lag 1 Ei darin von weifslichgelblicher Grundfarbe. Das Ei war am 19. VI. verschwunden und das Nest verlassen.

Hier und da ertappten wir ein ♂ dieser Art auf der Nachahmung fremden Vogelgesanges, was bei dieser Art freilich selten ist. Am 15. VI. 08 ahmte ein St. einige Motive einer in der Nähe singenden Nachtigall nach und ein anderes verflocht den Pirolruf in sein Lied. Am 25. VI. schienen in den Anlagen vor dem Warschauer Tor eine Gartengrasmücke und eine Singdrossel im Gesange zu wetteifern. Nach unsrer unmafsgeblichen Ansicht gebührte der letzteren die Siegespalme.

Über den Herbstzug liegen bei dieser wie bei der vorigen Art keine Beobachtungen vor. Beide Arten schienen schon im Anfang des August ihre Brutreviere verlassen zu haben.

119. *Sylvia sylvia* L.

Unter den Grasmücken ist diese in unserm Beobachtungsgebiete zweifellos am zahlreichsten vertreten, da sie an ihre Wohnplätze die geringsten Ansprüche stellt, so dafs ihr nicht selten ein einziger Bocksdornstrauch genügt. Die Ankunftszeiten variierten ziemlich stark je nach der Beschaffenheit der Witterung: 2. V. 03; 24. IV. 04 (singend an der Ringstrafse vor dem Warschauer Tor in der Nähe des Spechtschen Schiefsstandes); 3. V. 05; 18. IV. 06 (seit dem 5. IV. herrschte Sommerwärme bei östl. Winden; Bäume am 18. teils belaubt, teils blühend); 5. V. 07 (singend u. sichtbar); 2. V. 08 (singend); 9. V. 09 (an 2 Stellen hinter den milit. Schiefsständen vor dem Warschauer Tor singend; die kalte Witterung besonders in West- und Mitteleuropa hatte offenbar den Zug verzögert).

Obwohl die Dorngrasmücke sich am meisten unter ihren Gattungsgenossen von menschlichen Ansiedelungen fern hält, waren einige St., wohl infolge der starken Konkurrenz bei der Wahl der Nistgelegenheiten, doch bis in die Gärten an der Peripherie der Stadt vorgedrungen. So sang am 18. V. 07 1 St. in einem Garten in Unterwilda in der Nähe einer Bocksdornhecke und am 20. V. 09 1 St. in den neuen Anlagen beim Bahnhof Gerberdamm.

Das Brutgeschäft wurde mehrfach beobachtet. Am 9. VI. 08 fanden wir ein Nest mit 4 Eiern ziemlich nahe am Erdboden in Brennesseln hängend. Auch Getreidefelder wurden anscheinend als Nistplätze nicht verschmäht; jedenfalls sang unter Ausführung des Balzfluges am 1. VII. 07 in einem Roggenfelde hinter der Gärtnerei in Unterwilda ein St. und wurde auch später noch in derselben Gegend beobachtet; ebenso am 11. VI. 08 1 St. an der Nordseite des Kernwerks in einem Roggenfelde. Singende Vögel dieser Art sind im Juli nicht selten, ein sicheres Zeichen, dafs die Brutzeit sich bis tief in diesen Monat hinein erstreckt. Noch am 4. August (1903) fütterte eine Dorngrasmücke in einem Stachelbeerstrauche eben erst ausgefallene Nestjunge (in Tütz, Westpreufsen: H.). Sonst fanden wir am Anfang des August stets erwachsene Junge, die manchmal (5. VIII. 08; 12. VIII. 08.; 4. VIII. 09) schon Gesangsübungen vornahmen. Es dürften dies Junge der ersten Brut gewesen sein.

Auch bei dieser Art wurde ein Nachahmungsversuch beobachtet. Am 25. IV. 04 versuchte im Buschwerk des Steilufers der Warthe oberhalb der Wolfsmühle ein St. die Strophe des Fitislaubvogels nachzuahmen, der hier von mehreren Exemplaren zu hören war.

Am 28. VI. 07 flog in der Nähe des Pulverhauses an der Nordseite des Kernwerks eine Dorngrasmücke in ein Roggenfeld, kam aber nach einer Weile mit allen Zeichen der gröfsten Angst zurück und eilte dem schützenden Dickicht zu. Wir gewahrten ein Wiesel, das eifrig hinter dem Vogel her war, bei unsrer Annäherung aber schleunigst verschwand.

Auch folgende Beobachtung möge hier eine Stelle finden, die zwar schon einige Jahre zurückliegt, aber trotzdem an ihrer Zuverlässigkeit keine Einbufse erlitten hat. Bei einem Spaziergange in den Kernwerksanlagen sahen wir seitwärts von uns in etwa 5 m Entfernung auf einem niedrigen Bäumchen einen Vogel dieser Art mit Futter im Schnabel. Als wir unsre Schritte verlangsamten, kam der Vogel, der uns ängstlich betrachtet hatte, über das hohe Unkraut hinweg auf den schmalen Promenadenweg geflogen und machte hier vor uns am Erdboden die ja gerade bei Grasmücken beliebten Manöver, die den Zweck haben, einen Feind vom Neste fortzuleiten. Sah das etwa nach einer reflektorischen Bewegung aus?

Liefs das Benehmen des Vogels nicht vielmehr auf eine gewollte, beabsichtigte Handlung schliefsen?

Der Abzug der Hauptmasse der Dorngrasmücken ging im August vor sich, doch wurden auch noch im September hier und da Vögel dieser Art gesehen oder gehört. Sie gaben sich durch ihr warnendes dschā oder dschrā zu erkennen: am 3. IX. 09 einige St. an der Warthe, Südseite des Eichwaldes, sichtbar; am 7. IX. ein St. warnend in dem Weidengebüsch vor dem Rennplatze; am 8. IX. 2 St. im Weidengebüsch vor der Warthefähre unterhalb des Schillings deutlich sichtbar.

120. *Sylvia curruca* L.

Ankunftszeiten: am 21. IV. 02 (singend); 27. IV. 03 (ebenso); 23. IV. 04 (singend auf dem Schulhofe des Mariengymnasiums); 29. IV. 05; 21. IV. 06 (auf dem Petrikirchhofe); 29. IV. 07 (im Kernwerk); 26. IV. 08 (an der Wartheseite des Kernwerks und hinter Fort Röder singend); 26. IV. 09 (auf dem Schulhofe des M. G. singend).

Diese kleinste unsrer Grasmücken ist über das ganze Beobachtungsgebiet verstreut und zwar überall da zu finden, wo es dichte Hecken, Stachelbeergesträuch und Dornbüsche gibt, aber nirgends eigentlich häufig, vielmehr sind die Pärchen immer einzeln. Selbst kleine Gärten, wenn sie nur recht buschreich sind, meidet sie nicht. So wurde sie im botanischen Garten des Mariengymnasiums, an der Baugewerkschule, auf dem Petrikirchhofe beobachtet. Am 19. V. 09 fanden wir ein Nest, das $^1/_2$ m hoch an der Lache am Nordrande des Eichwaldes in einem von einer Johannisbeere durchwachsenen Evonymusstrauche stand und 2 Eier enthielt. Am 22. V. war das Nest leider schon zerstört. Am 8. VI. 07 hatten junge Zaungrasmücken auf dem Petrikirchhofe eben das Nest verlassen. Ein St., das kaum erst ein wenig flattern konnte, wurde eiligst von den besorgten Eltern aus der gefährlichen Nähe fortgeführt. Der charakteristische Gesang (das Klappern, das gegen Schlufs der Sangeszeit fast allein vernommen wird) war bis gegen Ende des Juni zu hören, hier und da auch wohl bis in den Juli hinein, so am 2. VII. 08 im Eichwalde. Am 7. VI. 09 liefs ein St. seinen Schlag in der Nähe der Johanniskirche von einem Telephondrahte aus hören.

Über den Abzug wurde nichts Sicheres beobachtet. Am 22. VIII. 08 liefs noch ein ♂ um $^3/_4$10 a im Vorgarten des Mariengymnasiums und auf den Zwergobstbäumchen des Konviktgartens seinen Schlag hören.

121. *Sylvia atricapilla* L.

Auch bei dieser Art variierten die Ankunftszeiten je nach der Beschaffenheit der Frühjahrswitterung nicht unerheblich: 3. V. 03; 21. IV. 04 (auf den hohen Kiefern an der Nordostseite des

Eichwaldes mit herrlich schallendem Überschlag, während der leise Teil des Gesanges in den Stimmen des Waldes unterging); 1. V. 05: 19. IV. 06 (im Eichwalde; sommerlicher April); 6. V. 07 (singend im Eichwalde, nachdem endlich bei Ostwind warmes Wetter eingetreten); 1. V. 08 (im Kernwerk); 29. IV. 09 (an der Wartheseite des Kernwerks).

Die Hauptmasse der Vögel erschien meist immer erst im Mai. Der prächtige Sänger ist hier nach der Dorngrasmücke entschieden die häufigste Art. Am 10. V. 08 sangen auf dem Petrikirchhofe 4 ♂♂, und am 1. VI. 08 wurden in den Anlagen des Kernwerks um 5 Uhr morgens 10 singende Männchen gezählt. Noch erheblich zahlreicher waren die Plattmönche in dem mit schier undurchdringlichem Unterholz durchwachsenen Eichwalde vertreten. Auch der Schilling beherbergte alljährlich mehrere Pärchen. Gar häufig schmetterte ein ♂ seinen Überschlag über den Köpfen der Gäste aus dem dichtem Gezweige der Linden und Ahorne. Ebensowenig fehlte er in den Festungsanlagen vor dem Warschauer Tor, in den militärischen Schiefsständen und im Kobylepoler Grunde. Selbst Gärten und Anlagen in der Stadt mied er nicht. Auf dem „Grünen Platze“ wie auf dem Schulhofe und im botanischen Garten des Mariengymnasiums wetteiferte er mit schlagenden Buchfinkenmännchen.

Häufiger als die andern Grasmückenarten betrafen wir den Plattmönch bei der Nachahmung fremder Vogelgesänge: am 30. IV. 04 beobachteten wir im Eichwalde einen ausgezeichneten Sänger, der *rubeculus*, *t. musicus* und die Flötentöne von *sitta* nachzuahmen schien; am 15. VI. 07 bemühte sich ein ♂ in seinem Überschlage eine Amsel zu imitieren. Dasselbe tat ein Plattmönch im Schilling, der am 17. VI. 08 deutlich Motive einer gegenüber dem Schilling in dem Buschwerk an der Cybinamündung wohnenden Amsel zum besten gab, und ebenso ahmte ein Mönch im Eichwalde ein Amselmännchen nach, das 50 Schritte weiter sang. Der schlürfende Ton und der Rhythmus in einigen Motiven kam gut heraus, worauf denn der Vogel, ohne abzusetzen, in seinem Überschlage fortfuhr. Auch gewisse Touren im Gesange der Singdrossel wurden wiederholt nachgeahmt. So flocht am 14. V. 08 ein St. an der Wartheseite des Kernwerks deutlich Singdrosselmotive und ebenso ein anderes am 29. VI. gegen Abend einige Motive derselben Drosselart sehr geschickt in seinen Gesang ein. Dieser Gesang wurde hier und da bis in den Juli hinein vernommen, so am 1., 2. und 4. VII. 07 im Eichwalde.

Was das Brutgeschäft betrifft, so werden leider zahlreiche Nester dieser Art, die gar oft etwas frei stehen, vernichtet. Am 19. V. 09 trafen wir auf ein fertiges, noch unbelegtes Nest, das $^3/_4$ m hoch in einem Busche an der Grenzlache des Nordrandes des Eichwaldes stand; das ♂ sang in der Nähe. Am 22. V. war das Nest verschwunden. Dieselbe Wahrnehmung mufsten wir in den Kernwerksanlagen machen, wo die Nester gern in

Kreuzdornbüsche, auch übermannshoch, gestellt wurden. Am 9. VI. 07 stand ein Nest auf dem Petrikirchhofe etwa 1 m hoch in einem Syringenbusche, nicht sehr versteckt. Der brütende Vogel bedeckte es, ebenso an 13. VI. Am 16. VI. lagen 5 mehrere Tage alte Junge darin, die rasch heranwuchsen und schon am 21 VI. das Nest verlassen hatten. Ein Junges, wohl das Nesthäkchen, wurde, da es krättig nach Futter schrie, etwa 50 Schritt vom Neste entfernt im regennassen Grase gefunden, in dem es mühsam umherkrabbelte. Auf das Geschrei des Jungen erschien das Männchen und fütterte es. Das noch ziemlich unbeholfene Wesen wurde auf ein Grabgitter gesetzt, wo es sich sogleich, offenbar froh, der unbehaglichen Feuchtigkeit entronnen zu sein, gemächlich zurechtsetzte und kräftig weiter schrie. Da zeigte sich auch die Mutter, verschwand aber sofort wieder, als sie ihr Jüngstes versorgt sah. Die übrigen 4 Jungen waren nicht zu sehen.

Gegen das Ende des Sommers machte sich auch diese Art recht wenig bemerkbar. Die meisten mochten wohl schon im August ihre Brutplätze verlassen haben. Zwar wurde auch im September noch manchmal das tek der Grasmücken vernommen, doch liefs sich die Art nicht immer mit Sicherheit bestimmen. Am 14., 16., sowie am 18. IX. 09 wurden Vögel dieser Art als die Urheber des Warnrufes (im letzten Falle galt er einer Ohreule) erkannt, ebenso am 21. IX., wo das tek in der Nähe der Ringstrafse vor dem Eichwalde gehört wurde. Die Vögel wufsten sich im Gebüsch sehr gut gedeckt zu halten.

122. *Acrocephalus arundinaceus* L.

Ankunftszeiten: 6. V. 03; 8. V. 04; 13. V. 05; 3. V. 06; 6. V. 07; 1. V. 08; 14. V. 09.

Der „grofse Rohrsperling" war auf allen gröfseren stehenden Gewässern, soweit sie mit Röhricht besetzt waren, regelmäfsig in einem oder mehreren Pärchen vorhanden, so auf der teichartig erweiterten Cybina am Schlofspark Ostend, auf dem Mühlteiche der Loncz-Mühle. Er fehlte jedoch auch kleineren Gewässern, Lachen und Ausstichtümpeln selbst bei geringeren Rohrbeständen keineswegs. So nistete alle Jahre 1 Pärchen auf dem kleinen Rohrteich vor der Wartheinsel (Nest gefunden!) und mehrere oberhalb Posens in den Lehmausstichtümpeln der Ziegeleien gegenüber dem Rennplatze. Hier sangen am 2. VI. 08 3 ♂♂. Sogar auf dem kleinen Mühlteiche der Wolfsmühle hatte sich einst 1 Paar angesiedelt, und das ♂ sang eifrig von den untern Zweigen der hohen Uferweiden aus.

War das Rohr im Winter abgeerntet worden, so waren die Vögel im Frühjahr genötigt, im Weidicht Zuflucht zu suchen. Am 1. V. 08 sang 1 St. in sehr gedämpftem Tone, als ob es sich nicht recht sicher fühlte, im Weidicht an der Wartheinsel; am 17. V. waren hier sogar 3 Männchen zu hören. War das Rohr hoch genug emporgeschossen, so dafs es einigermafsen Deckung gewährte, was in der Regel gegen Ende Mai oder Anfang Juni der Fall war, so siedelten die Vögel an ihre Brutplätze über.

123. ***Acrocephalus streperus*** Vieill.

Ankunftszeiten: 20. V. 06; 11. V. 07 (singend im Röhricht eines Ausstichtümpels an der Ziegelei westlich der Wolfsmühle); 17. V. 08 (im Weidicht vor der Wartheinsel); 14. V. 09 (in dem kleinen mit Rohr durchsetzten Weidicht unterhalb des Schiefsstandes im Schlofspark Ostend.

Der „kleine Rohrsperling" erschien in nennenswerter Zahl erst recht spät auf seinen Brutplätzen, meist erst in der zweiten Hälfte des Mai, und sang am anhaltendsten im Juni. Am 22. V. 08 liefs ein ♂ seinen Gesang um $^1/_2$9 Uhr abends im aufschiefsenden Rohr des „Rohrteichs" an der Südseite des Kernwerks hören, nachdem die andern Sänger schon zur Ruhe gegangen waren, und ebendort am 22. VI. um $^3/_4$9 Uhr p und ebenso am 24. VI. um $^3/_4$9 Uhr. An geeigneten Stellen waren die Vögel dieser Art recht zahlreich: so sangen am 28. VI. 08 in den dichten Schilfbeständen des Schwersenger Sees auf der Strecke von Marco's Garten bis zur Zieliniec-Mühle 13 Teichrohrsänger.

Am 7. VI. 09 und in der Folgezeit häufiger hörten wir ein St. in den Ziersträuchern im Schlofspark Ostend eifrig singen. Wir vermuteten das Nest in dem Schilf der nahen schwimmenden Insel, was sich jedoch als Irrtum erwies. Wir entdeckten es vielmehr am 26. VI. auf einem Syringenstrauche im Buschwerk des Parks. Es stand in bequemer Reichhöhe in einer Astgabel so, dafs die Zweige hineingeflochten waren, und enthielt Junge, die schon ziemlich erwachsen waren. Das Weibchen trieb sich unter warnendem, seine Besorgnis verratenden schnarrenden scharr in der Nähe umher und trug Futter im Schnabel, während das Männchen wie früher in den Ziersträuchern seiner Sangeslust fröhnte. Einige Tage darauf flogen die Jungen nach einer Mitteilung des Besitzers glücklich aus.

124. ***Acrocephalus palustris*** Bchst.

Ankunftszeiten: 18. V. 03; 21. V. 04 (an der Wartheinsel; am Cybinafort; hinter Fort Röder); 15. V. 05; 11. V. 06 (an der Wartheinsel in mehreren schön singenden Exemplaren; 16. V. 06 1 St. an der Warthe in unmittelbarer Nähe des Schillings); 8. V. 07 (vor der Wartheinsel); 15. V. 08 (an der Wartheinsel mehrfach); 20. V. 09 (ebendort).

Dieser hervorragende Sänger ist bei Posen ziemlich häufig. In dem dicht verwachsenen, meist aus jüngeren Weiden bestehenden Buschwerk des linken Wartheufers sangen auf der Strecke von der Wolfsmühle bis zur Militärfähre am 1. VI. 08 gegen Abend mindestens 12 Männchen; am 14. VI. wurden in der Nähe der

Wartheinsel 8 St. gehört, ebenso am 17. VI. ebendort etwa 8—10 St. Auch am 4. VI. 09 liefsen sich 8—10 St. in der Nähe der Wartheinsel hören, und am 29. VI. sangen zwischen Insel und Militärfähre noch 4 St., während der Sangeseifer der meisten Vögel hier um diese Zeit schon erloschen war. Aufserdem wurden Sumpfrohrsänger, auch während der Brutzeit, an zahlreichen andern Stellen beobachtet: am 25. V. 07 und 2 VI. am buschreichen Steilufer der Warthe in der Nähe der sog. „tertiären Wand", am 25. V. auch in der Ostecke des Rohrteichs an der Südseite des Kernwerks, ebenso in der Westecke des Rohrteichs in dem von spärlichen Rohrstengeln durchsetzten Weidicht, wo die Vögel auch im folgenden Jahre angetroffen wurden; am 30. VI. morgens links vor dem ehemaligen Eichwaldtore singend; am 17. V. 08 in dem Buschwerk der Uferhöhen der Warthe unterhalb der Wolfsmühle; am 13. VI. auf einer Weide in der Nähe des Auwäldchens vor Solatsch; am 19. VI. ebendort 3 St. singend; am 25. VI. an der Fähre nach dem Städtchen; am 7. VI. 09 unfern der Loncz-Mühle an der Cybina.

Auch recht eigenartige Aufenthaltsorte wählten zuweilen die Vögel: am 17. V. 07 sang 1 ♂ in der Nähe des Kirchhofs vor dem Warschauer Tor, 50 Schritt von der Cybina entfernt, in dem Gezweige einer hohen Weide; am 28. V. 09 sang ein St. auf einem Baume in der Nähe der mitten im Schilling liegenden Senkung. Auch in Roggenfeldern wurden Vögel dieser Art mehrfach beobachtet: am 30. V. 07 sang ein St. eifrig in einem Roggenstücke unfern der Wolfsmühle; am 28. V. 08 sang ein ♂ an der Nordseite des Kernwerks in einem Roggenfelde, etwa 15 Schritt von der Strafse entfernt, recht eifrig, da es einen Nebenbuhler abzuweisen hatte. Beide Vögel fuhren wiederholt auf einander los, doch wurde der Streit meist mit Singen ausgefochten. Eins der beiden hadernden Männchen flog mehrmals auf die nahen Bäume an der Strafse und liefs von hier aus einige Strophen hören. Auch am 29. V. sang hier ein St. um $6^1/_4$ p; am 11. VI. war hier jedoch kein Vogel mehr zu sehen da der Roggen infolge eines starken Regens niedergelegt war Am 3. VI. 08 sang ein St. in einem an die Bogdankawiesen anstofsenden Roggenfelde, südlich von Urbanowo.

Anklänge an fremde Vogelgesänge oder Rufe wurden im Gesange dieser Art oft beobachtet: am 15. V. 08 flocht ein ♂ am Steilufer der Warthe Touren aus dem Gesange des Fitis, der Ackerlerche, der Haubenlerche und Rufe des Rotrückenwürgers in sein Lied ein; am 17. V. liefs ein anderes an den Uferhöhen vor dem Wartheknie den Buchfinkenschlag, doch unvollständig, und das spizi dä dä dä der Sumpfmeise hören; am 27. V. sang 1 St. deutlich das djul djul djul des Grünlings, bei einem andern wurden am 28. V. Anklänge an das Lied des Grünlings und die Rufe des Rephahns, der Kohl- und Sumpfmeise gehört; am 1. VI. rief an der Wartheinsel ein St. das rüt (oder irr) des

Buchfinken, ein anderes das twuih des Grünlings, zwei andere das titidíe der Haubenlerche; am 17. VI. gab ein ♂ das hier in diesem Jahre nicht seltne Motiv hüdiding aus dem Gesang des Blaukehlchens wieder.

Bekanntlich erinnert der Gesang des Sumpfrohrsängers recht sehr an den des Gartenspötters; doch ist seine Stimme weicher, ihr Klang ist weniger scharf und schneidend. Dies fiel besonders auf, wenn beide Vögel benachbarte Aufenthaltsorte sich erkoren hatten und nun als eifrige Sänger ihre kunstreichen Lieder zum besten gaben. So sang am 21. VI. 02 ein Sumpfrohrsänger an dem kleinen Rohrtümpel links des Weges, der vor Golencin nach der Bogdanka abbiegt, während ein Gartensänger am Waldrande seinen Virtuosengesang fleifsig vortrug, und am 2. VI. 07 gaben die beiden geschätzten Künstler im Buschwerk des Steilufers der Warthe oberhalb der Wolfsmühle ein Doppelkonzert.

125. *Acrocephalus schoenobaenus* L.

Ankunftszeiten: 27. IV. 03; 17. IV. 04 (an der Cybina hinter Schlofspark Ostend singend); 25. IV. 05 (an der Wartheinsel reichlich); 18. IV. 06 (gegenüber dem Schilling und an der Wartheinsel); 29. IV. 07; 1. V. 08 (an der Wartheinsel); 26. IV. 09 (mehrere St. im Kobylepoler Grunde eifrig singend).

Schilfrohrsänger wurden zuweilen auf dem Frühjahrszuge in grofsen Mengen beobachtet; die Büsche in der Nähe der Warthe, an Überschwemmungslachen und Ausstichtümpeln wimmelten dann geradezu einige Zeit von diesen Vögeln, von denen eine nicht geringe Zahl zurückblieb, um hier dem Brutgeschäfte obzuliegen. Zahlreich waren die Vögel, die in den von Nesseln und Hopfen durchwachsenen Weiden an der Wartheinsel nisteten. Hier wurden die Nester freilich oft genug von Ziegenfutter schneidenden Frauen blofsgelegt und dann natürlich verlassen. Die Nester hingen in der Regel etwa $^1/_4$ m über dem Erdboden an Rohrhalmen und Ranken, die die Seitenwände durchbohrten. Selbst in dem Ausstichsumpfe vor dem ehemaligen Eichwaldtore, also in nächster Nähe der Stadt, trieben die Vögel ihr Wesen, ja ein ♂ trieb sich am 3. VI. 07, eifrig singend, zwischen den spärlichen Rohrhalmen in dem jetzt trocken gelegten kleinen Wassertümpel auf dem Petrikirchhofe umher. Zweite Bruten oder auch Ersatzbruten wurden gern in dem Gewirr des Sumpfschachtelhalms in Überschwemmungslachen gezeitigt, über denen das ♂ ohne Scheu unter eifrigem Gesange seinen Balzflug übte. So wurde beispielsweise an einer Lache vor der Wartheinsel mehrmals ein ♂ beobachtet. Es sang am 5. VI. 08 lebhaft in dem dichten Pflanzengewirr der Lache, doch meist nur während des Balzfluges, der allerdings fleifsig geübt wurde, und ein anderes ♂ tummelte sich noch singend am 29. VI. 09 im Sumpfschachtelhalmgewirr einer Lache vor dem Wartheknie. Auch Roggenfelder wurden mehrfach bei Spätbruten aufgesucht; am 17. VI. 07 sang ein St. (mit Balzflug) in einem Roggenstück jenseits der militärfiskalischen Ringstrafse unterhalb des Schillings, und auch am 23. VI. 07 wurde hier ein singendes St. beobachtet. Gegen Ende des Juni liefs der Sangeseifer der Vögel über Tag etwas nach, doch sang hier und da noch ein St., besonders morgens und abends, recht eifrig, so am 30. VI. um $^1/_2 6$ Uhr morgens vor dem ehemaligen Wildatore, und am 1. VII. 07 sang ein ♂ anhaltend zwischen $^1/_2$ und $^3/_4 10$ Uhr abends vor dem Eichwaldtore rechts der Eichwaldstrafse. Selbst noch am 2. VIII. 08 liefs in dem Weidengebüsch an der Warthe südlich des Eichwaldes ein St. neben seinem warnenden zrr bei unserm Vorübergehen einen Triller hören. Am 4. VIII. 09 machten sich mehrfach Vögel dieser Art an der Wartheinsel mit leisem Gezwitscher bemerkbar; es handelte sich wohl um junge Vögel.

126. *Locustella naevia*[1]) Bodd.

Es mögen hier einige Daten wiederholt und einige Nachträge hinzugefügt werden. Auf dem Frühjahrszuge befand sich der Heuschreckensänger vermutlich: am 23. V. 06 (Wiese vor der Wartheinsel); am 17. V 07 (vor dem Warschauer Tor gegenüber dem ehemaligen Fischbrutteiche 1 St. um $^3/_4 7$ Uhr p schwirrend); am 15. V. 08 (auf der Wartheinsel sirrt ein St.); am 17. V. 09 (in der Nähe der Cybinamündung 1 St. gegen Abend singend).

Während der Brutzeit wurden Vögel dieser Art an folgenden Örtlichkeiten festgestellt: am 23. VI. 05 und bis in den Juli hinein wurden 2 St. im hohen Grase der Wiesen bei Johannistal beobachtet; am 15. VI. 06 sirrte ein St. auf der Wiese südlich des Eichwaldes; am 20. V. 09 wurde nachmittags ein Vogel auf der Wartheinsel gehört, ebenso am 4. VI. um $^3/_4 8$ Uhr p und ein zweites St. in der Nähe der Insel und zwar diesseits derselben; beide Vögel wurden auch am 29. VI. hier um 8 Uhr p beobachtet und zwar das eine an der Südwestseite der Insel, das andere an der Südostseite. Am 22. V. wurde gegen Abend an der Westseite des Eichwaldes 1 St. gehört; dies sang hier auch am 17. VI. um $8^1/_2$ Uhr p, und am 21. VI. war der Vogel wieder zu hören. In den angeführten Fällen dürften die Vögel, die bis tief in den Juni, ja in einem Falle bis in den Juli hinein sich stets an denselben Stellen hören liefsen, hier gebrütet haben. Ein sicherer Beweis konnte freilich für das Brüten durch Entdeckung des Nestes oder durch Beobachtung junger Vögel nicht erbracht werden.

Andere Vögel jedoch verliefsen, nachdem sie einige Zeit hier verweilt, auch an bestimmten Plätzen eifrig gesungen hatten, aus

---

[1]) Vgl. H. in O. M. 1908, Maiheft und „Aus dem Posener Lande", 1908, erstes Juniheft.

irgend welchen uns durchaus unbekannten Gründen unsere Gegend und kommen also als Brutvögel nicht in Betracht. So verhielt es sich mit einem Vogel, der am 23. V. 06 auf der Wiese vor der Wartheinsel beobachtet wurde. Auch in den beiden folgenden Jahren schienen gerade in der Nähe der Wartheinsel und auf derselben die Vögel eine Ansiedelung versucht zu haben, verschwanden aber nach einiger Zeit auf Nimmerwiedersehen. Wir führen hier noch folgende Fälle an: am 25. V. 07 sirrte ein St. diesseits der Insel und wurde ebendort noch am 5. VI. um 7 Uhr p beobachtet, dann war es verschwunden. Am 15. V. 08 sang ein St. auf der Wartheinsel, ebenso am 17. V., ein zweites St. am 17. V. 08 um 7$^1/_4$ Uhr p auf den Wiesen zwischen Wartheinsel und Militärfähre; beide St. wurden auch am 27. V. gehört, am 1. VI. nur das ♂ auf der Insel. Am 5. VI. passierten wir wiederum diese Gegend, hörten aber weder an diesem Tage noch in der Folgezeit wieder etwas von den Vögeln. (Erst im folgenden Jahre 1909 scheinen die Vögel wirklich hier zur Brut geschritten zu sein, wie oben angegeben worden ist). Ganz ähnlich erging es uns mit diesen Vögeln an einer andern Stelle: am 3. VI. 08 sirrten auf den Bogdankawiesen diesseits Solatsch, immer einige 100 m von einander entfernt, zwischen 7$^1/_2$ und 7$^3/_4$ Uhr p sehr lebhaft 3 ♂♂. Nach 2 Tagen (am 5. VI. liefsen die Vögel nichts hören und wurden auch später nicht wieder beobachtet. Sie waren verschwunden, ohne dafs eine erkennbare Störung eingetreten war.

127. *Locustella fluviatilis* Wolf.

Der Schlagschwirl wurde zum ersten Male für die Umgegend von Posen sowie für die Provinz am 18. V. 06 in einer Lichtung am Nordrande des Eichwaldes festgestellt. Man vergl. darüber O. M. 1908, Maiheft, und „Aus dem Posener Lande" 1908, I Juniheft. Es wird hier auch über das Erscheinen des Vogels im Jahre 1907 berichtet. Der Vogel wurde am 15. VI. um $^1/_2$9 Uhr p in derselben Lichtung des Eichwaldes gehört und bis zum 4. VII. immer in derselben Gegend eifrig singend beobachtet, so dafs wohl mit dem Brüten desselben gerechnet werden mufs, wenn auch ein zweites St. nicht gesehen wurde.

Im Jahre 1908 hat der Vogel die genannte Lichtung gemieden, jedenfalls wurde er trotz aller Aufmerksamkeit unsrerseits dort weder gesehen noch gehört. Da wir den Vogel immer nur hier suchten, ist er uns in diesem Jahre überhaupt entgangen. Im folgenden Jahre und zwar am 19. V. 09 sang der Schlagschwirl um $^1/_4$7 Uhr p südlich des Eisenbahndammes in einer kleinen Lichtung des Eichwaldes, in der p. padus, evonymus und alnus-Büsche über dichtes Pflanzengewirr emporragten. Der Vogel, der nur bis 7 Uhr beobachtet wurde, sang während dieser Zeit nur kürzere Touren und zwar mit Unterbrechungen. Als wir uns ihm näherten, flog er vor uns aus einem dichten Busche über einen Fufssteig und sang gleich darauf in einem andern Busche weiter. Am 22. V. wurden gegen 8 Uhr abends nur wenige Töne von dem Vogel gehört, und in der Folgezeit verhielt er sich, so oft wir diese Stelle passierten, völlig still. Erst am 31. VI. schwirrte der Vogel wieder eifrig um $8^1/_4$ Uhr p etwa 100 m weiter westlich in einer nord-südlich ziehenden Lichtung, die, von einem Wassergraben durchzogen, mit hohem Grase bedeckt war und einige Erlenbüsche aufwies. Bei unsrer Annäherung verstummte der Vogel, begann aber nach etwa 10 Minuten an einer etwa 200 m entfernten Stelle wieder mit seinem Schwirrgesang. Am 17. VI. war der Vogel um $8^1/_2$ p wieder an einer andern, der früheren gegenüberliegenden Stelle zu hören, sang jedoch nur wenige Touren. Auch am 21. VI. schwirrte er um 8 Uhr p ziemlich eifrig, doch nur kürzere Touren, bis $8^3/_4$ Uhr und wechselte während dieser Zeit mehrmals den Aufenthaltsort, ohne sich jedoch weit zu entfernen. Am anhaltendsten sang er in einer kleinen Lichtung an der Westseite des Eichwaldes zwischen dem Fahrweg und dem Fufssteige, der vom Bahndamm aus in südlicher Richtung verläuft und die Fahrstrafse schneidet. Auch am 28. VI. wurde er um $8^1/_4$ p mehrmals gehört, ohne jedoch anhaltend zu singen. Seitdem wurde von dem Vogel nichts mehr vernommen. Es scheint sich immer nur um ein einzelnes Exemplar gehandelt zu haben, das sich unstet in einem verhältnismäfsig kleinen Bezirke des Eichwaldes umhertrieb, denn niemals wurden 2 Vögel gleichzeitig gehört.

Was den Gesang des Flufsrohrsängers anbetrifft, so vergleiche man darüber die Ausführungen Dr. Hesse's (J. f. O. 1909, I p. 27 f.), sowie die Prof. Dr. Voigt's (pg. 72). Uns erschien das sette od. sese (Voigt) od. säsä od. srä srä (Hesse) bei den hier beobachteten Vögeln nicht gleichwertig zu sein, vielmehr die erste Silbe hörbar stärker betont zu werden als die zweite, so dafs sich also eine „deutlich ausgeprägte rhythmische Zweiteilung" ergab.

128. *Hippolais hippolais* L.

Ankunftszeiten: 4. V. 03; 8. V. 04; 7. V. 05; 8. V 06; 8. V. 07; 11. V. 08; 13. V. 09.

Dieser hervorragende Sänger, der hier im Volksmunde sehr bezeichnend „Tausendsänger" genannt wird (Quelle: Oberlehrer Hense), ist in vielen Teilen der Provinz nach unsern Beobachtungen häufig, in der Umgebung von Posen fast gemein. Beispielsweise sangen am 23. V. 06 in den Anlagen des Kernwerks vom Garnisonkirchhof aus westlich bis zum Pulverhause 15 St., und am 10. VI. 07 wurden auf einem Spaziergange durch den Eichwald, auf dem nur ein Teil des Waldes berührt wurde, 21 singende ♂♂ gezählt. Am 14. V. 08 sangen auf dem Petrikirchhofe 5 St. und am 1. VI. morgens zwischen 5 und 6 Uhr 40 Vögel dieser Art in den Kernwerksanlagen.

Gegen Ende des Juni nahm der Sangeseifer merklich ab, doch liefsen sich manche Vögel, die zu einer Ersatzbrut hatten schreiten müssen, auch noch im Juli hören. Die Bruten wurden leider oft genug anscheinend von gewerbsmäfsigen Vogelfängern gestört, indem die Nester mit den halberwachsenen Jungen verschwanden. Trotzdem kamen viele Bruten auf, und in der ersten Hälfte des August zogen zahlreiche Vögel im Geäst der Bäume mit ihren Jungen umher, die mit den bekannten zitzernden Tönen ihre Eltern um Futter anbettelten. Noch am 18. VIII. 07 wurden auf dem Petrikirchhofe erwachsene Junge gefüttert, ebenso noch am 31. VIII. 07. Am 24. VIII. 09 rief 1 St. wiederholt sein zartes titerit in der Krone eines Baumes vor dem Eichwaldrestaurant, und am 25. VIII. 09 trieb sich ein alter Vogel mit einem Jungen (es wurde gefüttert!) im Vorgarten des Marien-Gymnasiums umher, und ebendort war noch am 5. IX. um $^1/_4$9 a das charakteristische Zitzern eines Vogels dieser Art zu hören.

129. *Phylloscopus sibilator* Bchst.

Ankunftszeiten: 2. V. 03; 20. IV. 04 (singend im Kernwerk); 1. V. 05; (im Wäldchen vor Golencin); 20. IV. 06 (im Kobylepoler Grunde); 5. V. 07 (mehrfach bei Golencin); 25. IV. 08 (im Eichwalde); 25. IV. 09 (singend und djü rufend).

Der Waldschwirrvogel fehlte in ausgedehnteren Anlagen in der Umgebung Posens nirgends, selbst auf dem Petrikirchhofe wurden regelmäfsig 1 oder 2 Männchen beobachtet, die eifrig ihr schwirrendes Liedchen hören liefsen. Auch der Schilling beherbergte in den Jahren 1901 und 1909 je ein Pärchen, während im Kernwerk jährlich etwa 3—4 Pärchen wohnten. Etwas reichlicher als sonst waren die Vögel hier während des letzten Jahres vertreten; allein an der Wartheseite wurden 2 singende Vögel beobachtet. Im Eichwalde waren die Waldlaubvögel ziemlich häufig.

Das Nest wurde nur einmal gesucht und erst nach mehreren vergeblichen Bemühungen entdeckt, nachdem es der fütternde Vogel verraten hatte. Es stand unter verwelktem Laube, und nur eine geringe Wölbung der Laubschicht deutete den Stand desselben an. Wenn man sich auf den Erdboden niederliefs, konnte man seinen Inhalt übersehen. Es enthielt Junge, die nach einigen Tagen glücklich ausflogen.

130. *Phylloscopus trochilus* L.

Ankunftszeiten: 22. IV. 03; 14. IV. 04 (im Viktoriapark singend); 17. IV. 05; 18. IV. 06; 17. IV. 07 (im Eichwalde); 23. IV. 08; 18. IV. 09 (in den Festungsanlagen in der Nähe der Wartheinsel singend).

Die grofse Masse der Fitislaubvögel traf meist erst gegen Ende des April ein, so am 28. IV. 07, am 25. und 26. IV. 09 und im Jahre 1908 gar erst am 1. V. Diese Laubvogelart war in den Anlagen des Kernwerks, vor dem Warschauer Tore (einschliefslich der milit. Schiefsstände), auf der Wartheinsel, im Solatscher Walde, im Eichwalde und im Kobylepoler Grunde recht zahlreich vertreten. Selbst in der Wolfsmühle sang am 16. V. 07 ein St. und ebenso am 5. V. 08 auf dem Petrikirchhofe. Gegen Ende Juni liefs der Sangeseifer nach, doch waren auch im Juli stets noch einige ♂♂ zu hören, so am 4. VII. 07. Auch im August übten hier und da junge Vögel (der Gesang klang meist etwas unbeholfen und stümperhaft!) ihre liebliche Strophe: am 12. VIII. 07 im Weidicht der Wartheinsel gegenüber der Wolfsmühle; ein zweites antwortet in einiger Entfernung; am 17. VIII. an derselben Stelle; am 4. VIII. 09 sang ebendort ein St. etwas leise und ungewandt; am 7. VIII. sang ein St. im Eichwalde auf einer Weifspappel in der Nähe der Warthe dreimal seine Strophe und jagte dann hinter einem andern St. seiner Art her; am 28. IX. liefs 1 St. an der Nordspitze der Wartheinsel gegenüber der Wolfsmühle gegen 6 Uhr p 5 mal seine Strophe hören. Auch in diesem Falle klang der Gesang noch etwas stümperhaft, so dafs auf einen jungen Vogel zu schliefsen war.

Am 24. V. 09 fanden wir an der Wartheseite des Kernwerks ein Nest, das nur 3 Schritt vom Fufssteige entfernt in einem Wuste vermoderter Blätter stand. Hätte der Vogel nicht durch sein Verhalten darauf aufmerksam gemacht, so wäre es kaum zu entdecken gewesen. Die Jungen wurden glücklich aufgebracht. Sie verliefsen jedoch nicht zugleich das Nest. Während 2 Junge bereits in den dichten Zweigen eines Busches safsen, hüteten die übrigen noch das Nest, und erst am folgenden Tage hatte die ganze Familie die gefährliche Nähe des Fufssteiges mit dem schützenden Dickicht entfernterer Büsche vertauscht.

131. *Phylloscopus rufus* Bchst.

Ankunftszeiten: 3. IV. 02; 31. III. 03; 9. IV. 04; 9. IV. 07; 5. IV. 08; 5. IV. 09 (singend bei Lubasch im Kreise Czarnikau).

Zu den angegebenen Zeiten machten sich die Weidenlaubvögel durch ihren eigentümlichen Gesang (zil zel til tel zil tel - - -) bemerklich, doch wurde der wetterharte Vogel auch wohl etwas früher beobachtet, der sich dann bei rauher Witterung still verhielt. In Bezug auf Häufigkeit seines Vorkommens stand der Weidenlaubvogel hier wohl dem Fitis etwas nach. Die aufgefundenen Nester standen regelmäfsig über dem Erdboden, und zwar bis $1/2$ m, im Pflanzengewirr, in Nesselbüschen und Ziersträuchern, wo sie zwischen den Pflanzenstengeln oder Zweigen hingen. Die Jungen verliefsen das Nest, wenn sie etwas flattern konnten. Am 19. VI. 07 safsen auf dem Petrikirchhofe 5 kürzlich ausgeflogene Junge eines Weidenlaubvogels auf einer Zweigrute $1/2$ m über dem Boden, dicht aneinander gedrängt, und wurden fleifsig gefüttert Gegen 7 Uhr abends flatterten sie etwa 10 Schritt weiter auf einen $1^1/_2$ m hohen Zweig. Die Alte erschien alle Augenblicke mit Futter, das sie von den Zweigen ablas. Ein Junges, das sich etwas kräftiger fühlte, machte ab und zu einen Seitensprung, kehrte aber immer wieder zu den Geschwistern zurück. Noch im August wurden Nester mit Jungen gefunden: am 23. VIII. 03 verliefsen in den Anlagen des Kernwerks junge Weidenlaubvögel das Nest; am 9. VIII. 05 stand ebenfalls im Kernwerk ein Nest mit Jungen, die nach 2 Tagen ausgeflogen waren.

Im Spätsommer und auch an schönen Herbsttagen liefsen Weidenlaubvögel vielfach ihren einfachen Gesang hören. Einige Daten mögen hier angeführt werden. 1905: 9. IX. mehrere V. singen im Eichwalde. 1907: 5. IX. um $8^3/_4$ a ruft 1 St. im Vorgarten des Marien-Gymnasiums wiederholt viht od. fihp od. ziht oder auch zíet, das sich dann durch einige zil zel als Weidenlaubvogel ausweist; am 15. IX. auf dem Petrikirchhofe singend, ebenso am 27. IX. u. 28. IX. in der Nähe des Marien-Gymnasiums; am 6. X. bei prächtigem Herbstwetter 1 St. anhaltend singend. 1908: 3. IX. 1 St. singend im Garten des Konvikts, ebenso 4. IX. im Direktorialgarten des Marien-Gymnasiums und 8. IX. auf dem Petrikirchhofe. 1909: am 27. VIII. ruft ein St. am Eichwaldrestaurant eifrig sein huit und hängt einige zil zel daran; 29. IX. 1 St. auf dem Schulhofe des Marien-Gymnasiums um $12^1/_2$ Uhr mittags singend. Am 13., 14. u. 15. X. war noch hier und da das huit der Weidenlaubvögel zu hören.

132. ***Turdus musicus*** L.

Die Rückkehr aus den Winterquartieren erfolgt bei der Singdrossel im März. Ist die Witterung nicht gar zu ungünstig, so läfst sie auch bald nach ihrer Heimkehr ihren herrlichen Gesang hören. Die Singdrossel begann zu singen: am 23. III. 04 (im Parke von Golencin); am 27. III. 05; 24. III. 06 (im Eichwalde); 26. III. 07 (bei Schönlanke); 11. III. 08 (um 6 Uhr abends an der Wartheseite des Kernwerks; stilles Wetter, nachmittags war ein heftiger Graupelschauer niedergegangen); 28. III. 09 (am Rohrteich an der Südseite des Kernwerks).

Die Singdrossel, ursprünglich ein scheuer Waldvogel, hat ich hier im Laufe einiger Jahre in einen ziemlich zutraulichen Parkvogel umgewandelt. Nicht nur in den Anlagen des Kernwerks und vor dem Warschauer Tor war sie reichlich vertreten, sondern siedelte sich auch auf dem Petrikirchhofe an (29. IV. 06 sichtbar; 5. IV. 08 ein Pärchen daselbst, das ♂ singt), ebenso auf den Kirchhöfen in der Nähe des Schillerparks, im Goethepark und im Park von Solatsch. Der Vogel ist bei Posen entschieden häufiger geworden. Während in den früheren Jahren an der Südseite des Kernwerks nur 1—3 Männchen gehört wurden, sangen hier am 22. V. 08 8—10 St., besonders in der Nähe des sog. Rohrteichs, ohne sich durch den starken Menschenverkehr stören zu lassen. Sie sangen abends bis gegen $^1/_2$9 Uhr eifrig, um dann zu verstummen, während die Nachtigallen in der Regel 10 Minuten vor $^1/_2$9 Uhr ihren Gesang einstellten. In der zweiten Hälfte des Mai waren die Singdrosseln meist still; sie hatten Junge im Neste zu füttern. Im Juni begann die zweite Brut und damit die zweite Gesangsperiode, die bis in den Juli hinein ausgedehnt wurde (2. VII. 08 im Eichwalde). Am 1. VII. 07 sangen um $^1/_2$9 Uhr abends im Eichwalde mehrere Stücke einige Strophen mit verhaltener Stimme. Es waren wohl junge Vögel der ersten Brut, die „dichteten". Am 2. VII. waren hier wieder ein paar Strophen zu hören. Der Sänger ahmte darin den Warnruf eines Gartensängers, der mehrmals derhoí rief, täuschend nach, indem er den Ruf nach Drosselart wiederholte. Am Neste sind die Vögel manchmal recht zutraulich. An der Nordseite des Kernwerks liefs sich ein St., das in der Nähe des etwa 1$^1/_2$ m über dem Boden in den jungen Ausschlägen eines baumartigen Kreuzdorns stehenden Nestes safs, bis auf wenige Schritte angehen.

133. *Turdus iliacus* L.

Die Weindrossel wurde im Frühjahr (März und April) fast regelmäfsig in gröfseren Schwärmen oder kleineren Trupps in der Umgebung von Posen und zwar in den Festungsanlagen und im Eichwalde beobachtet. In den Jahren 1906 und 1909 wurde der Vogel nicht gesehen, doch dürfte das nur auf Zufall beruht haben, da wir zu Ostern regelmäfsig etwa 1$^1/_2$ Wochen unserm Beobachtungsgebiete fern waren. Die Vögel zeigten sich meist sehr scheu, ertrugen eine gröfsere Annäherung nicht, sondern wechselten ihren Aufenthaltsort, indem sie aus den Kronen der hohen Bäume meist langsam und einzeln fortrückten, bis sie an einer andern Stelle wieder beisammen waren.

Hier vollführten sie meist einen bedeutenden Lärm, etwa wie schwatzende Stare; dazwischen liefs hier und da ein St. die sog. Heultour hören, die wie tyr tyr tyr tyr tyr (absinkend) klang. Diese Tour ahmte, wie es schien, am 30. III. 05 an der Westseite des Eichwaldes eine Singdrossel nach, indem sie 2 Touren zu einer Strophe vereinigte. Doch ist zu bemerken, dafs ähnliche Motive auch sonst wohl von der Singdrossel gehört werden. So wiederholte am 28. IV. 07 ein St. in den Anlagen vor dem Warschauer Tor das tier tier tier tier tier sogar dreimal. Ob auch dies St. das Motiv der Weindrossel abgelauscht hatte, war nicht zu entscheiden.

Die Weindrosseln verweilten hier mehrere Tage, ja wochenlang. Es seien folg. Daten angeführt: am 23. IV. 03 ein starker Schwarm singend im Eichwalde; am 9. IV. 04 lebhaft schwatzend im Eichwalde, die Heultour mehrfach zu hören, auch am 14. daselbst singend, während am 19. IV. ein Trupp in den Kernwerksanlagen verweilte; am 19. III. 05 ein ziemlich starker Flug in den Anlagen vor dem Warschauer Tor, ebendort noch am 27., schwatzend und die Heultour hören lassend; am 7. IV. 07 ein ziemlich zahlreicher Schwarm an der Wartheseite des Kernwerks, lebhaft zwitschernd mit Heultour. Auch am 15. wurde noch im Kernwerk eine Schar beobachtet und am 17. ein Schwarm im Eichwalde gesehen und gehört. Am 1. IV. 08 ein Schwarm im Schilling, darunter zahlreiche Wacholderdrosseln, lebhaft singend und lärmend mit Bruchstücken der Heultour. Nach einem Schusse auf die Scheibe flogen die Vögel ab, kehrten aber bald wieder zurück und verhielten sich nunmehr eine Zeitlang ruhig.

Auf dem Herbstzuge kam nur einmal ein einzelnes Stück zur Beobachtung: Ende November 1903 safs ein einzelner Vogel dieser Art, Beeren fressend, auf einem Baume am Busseweg. Der Vogel zeigte keine Scheu, liefs sich vielmehr ganz in der Nähe mit dem Glase betrachten.

134. *Turdus viscivorus* L.

In der näheren Umgebung von Posen wurde diese Drosselart infolge Mangels ausgedehnter Kiefernwaldungen bisher nicht beobachtet; doch wurden Misteldrosseln regelmäfsig alle Jahre in den Waldungen um Schönlanke gesehen und gehört (S.).

135. *Turdus pilaris* L.

In den Jahren 1908 und 09 wurden im Februar einzelne Wacholderdrosseln oder auch Pärchen und kleinere Trupps beobachtet, die anscheinend hier überwinterten: am 2. II. 08 trieben sich auf dem Eise eines Überschwemmungstümpels diesseits des Viktoriaparks (rechts der Eichwaldstrafse) 2 St. umher, die eifrig pickten, ohne dafs sich feststellen liefs, was sie aufgenommen hatten; am 11. II. nachmittags um 3 Uhr gingen 5 St., mehrfach bei unsrer Annäherung schackernd, auf den Wiesen gegenüber dem Rennplatze (rechts der Eichwaldstrafse) ihrer Nahrung nach; am 15. II. waren einige St. unfern des Jersitzer Wasserturms sichtbar. Am 3. II. 09 wurde je ein St. am Bahnhof Gerberdamm und in der Nähe des Schillings gesehen, die Sträucher nach Nahrung absuchend (tiefe Schneedecke). In der Regel zeigten sich die Vögel hier erst im März oder später auf dem Rückzuge: am 27. III. 03 ein ziemlich grofser Schwarm sichtbar; am 19. III. 05 1 St. sichtbar; am 14. III. 07 vormittags zahlreiche Wacholderdrosseln vor dem ehemaligen Wildatore auf den überschwemmten Wiesen Unterwildas Nahrung suchend; ebenso nachmittags zu beiden Seiten der Eichwaldstrafse mehrere Vögel dieser Art, die schackernd abflogen; am 10. III. 09 flogen 8—10 St. gegen Abend nach dem Buschwerk an der Cybinamündung, offenbar um dort zu übernachten (Schneedecke, rauhe und kalte Witterung bei heftigem Ostwind); am 21. III. ein Schwarm, mit Staren gemischt, auf den Wiesen links der Strafse nach Johannistal, auch

Mantelkrähen dabei. Auch im April, ja bis in den Mai hinein wurden Wacholderdrosseln vereinzelt oder meist truppweise angetroffen, die dann auch nicht selten ihr hartes Gezwitscher hören liefsen: am 1. IV. 08 ein Schwarm, gemischt mit Weindrosseln, im Schilling lebhaft zwitschernd und lärmend; am 14. IV. 04 ein Trupp singend im Eichwalde; am 2. V. 08 1 St. auf einer Pappel in der Nähe der Wolfsmühle; am 8. V. ebendort ein starker Schwarm, teils auf den Wiesen Nahrung suchend, teils auf den Pappeln sitzend und zwitschernd. Ein paar schien sich von dem Schwarm abzusondern; doch wurden hier während der Folgezeit Vögel dieser Art nicht mehr gesehen.

136. *Turdus merula* L.

Während etwa bis 1907 die Amsel nur recht vereinzelt in der Umgebung Posens zu finden war, hat sie sich seit dieser Zeit erheblich vermehrt und war nunmehr an allen geeigneten Plätzen in einem oder auch mehreren Pärchen vertreten, ohne dafs sie sich jedoch bisher zu einer eigentlichen Stadtamsel entwickelt hätte. Dazu scheinen bei uns vorläufig die Bedingungen noch nicht vorhanden zu sein. Da die ausgeflogenen Jungen meist am Boden hocken, fallen sie leicht herumstrolchenden Katzen zur Beute. Dadurch werden die Alten natürlich zur Abwanderung veranlafst. So wurde am 1. V. 04 ein ♂ auf dem Petrikirchhofe beobachtet, und 1906 brachte hier ein Pärchen Junge aus (das Weibchen und 1 Junges wurden mehrfach gesehen), seitdem aber sind die Vögel nicht wieder erschienen, vermutlich aus dem eben angegebenen Grunde.

Die Sangeszeit begann meist im März oder Anfang April: am 23. III. 04 sang ein St. im Solatscher Wäldchen; am 30. III. 05 ein St. an der Ostseite des Eichwaldes; am 5. IV. 06 im Wäldchen bei Golencin singend; am 7. IV. 07 an der Südseite des Kernwerks; am 29. III. 08 im Kobylepoler Grunde; am 22. III. 09 auf den Fichten rechts des Eingangs zum Schilling. Schon am 17. III. wurde im Schilling selbst ein Paar beobachtet, das sich jedoch infolge der neuerdings eingetretenen ungünstigen Witterung (Schneedecke!) still verhielt. Am 13. V. 08 wurden im Eichwalde 3 singende Amseln gehört. Die Sangeszeit dehnte sich bis in den Juli hinein aus. So sang am 3. VII. 07 um $^3/_4$4 Uhr p 1 ♂ lebhaft am sog. Rohrteich. Ja selbst am 5. VIII. 08 sangen noch 2 St. um 6 Uhr p in dem Auwäldchen an der Bogdanka. Vielleicht dürfte es sich in diesem Falle um junge Vögel gehandelt haben, was bei der undurchdringlichen Dichtigkeit des Buschwerks nicht mit Sicherheit festzustellen war. In das Buschwerk waren zahlreiche Weichselkirschen (P. mahaleb) eingestreut, die dicht mit Früchten besetzt waren.

Von der zweiten Hälfte des August an wurde in unserm Beobachtungsgebiete bis tief in den November hinein keine Amsel gesehen oder gehört, Beweis genug, dafs die hier einheimischen Vögel ihre Brutstätten verlassen hatten. Erst im Spätherbst und dann den ganzen Winter hindurch wurden wieder vereinzelte Stücke, besonders wenn Witterungsumschläge eingetreten waren oder bevorstanden, gesehen. Diese Vögel suchten sich jedoch stets auf eigene Faust durchzubringen, ohne sich um die hier und da eingerichteten Futterstellen zu kümmern. Es seien folgende Daten angeführt: am 25. XI. 09 um 4^{10} p 1 St. an der Wartheseite des Kernwerks (tiefe Schneedecke bei etwas Frost, nachts — 5°); am 28. XI. 09 1 St. am Steilufer der Warthe in der Nähe der Wartheinsel; am 22. XII. 06 1 ♂ im Kiefernwäldchen an der Nordseite des Kernwerks, sich an den schneefreien Stellen unten an den Kiefernstämmen zu schaffen machend (klarer, kalter Wintertag, Rauhreif, nachts — 20°); am 26. XII. 06 ein altes ♂ an der Südseite des Eichwaldes, an der Nordseite des Eichwaldes 1 junges Männchen (in der Nacht Schneefall, morgens klar bei leichtem Westwind, — 5°); am 27. XII. 08 um 4 Uhr p 1 St. (♂) im Eichwalde in der Nähe des Försterackers, ein zweites ♂ an der Lichtung; am 28. XII. 3 ♂♂ im Kernwerk (— 17°; dann Schneefall); am 10. I. 09 2 ♂♂ in den Festungsanlagen vor dem Warschauer Tor; Mitte Februar 03 1 St. im Schilling. Es dürfte anzunehmen sein, dafs es sich in diesen Fällen um Durchzügler, nicht um hier ansässige Vögel gehandelt hat.

Wie wir vernehmen, sind seitens des hiesigen Vereins für Vogelschutz im Jahre 1906 auf dem Petrikirchhofe 6 Amseln ausgesetzt worden. Es ist möglich, dafs die seit 1907 wahrgenommene Vermehrung unsrer Amseln auf diesen Umstand zurückzuführen ist.

137. *Saxicola oenanthe* L.

Auf dem Frühjahrszuge wurden Steinschmätzer nur am 8. IV. 05 (2 Paare oberhalb Posens an der Warthe in der Nähe der Freibadestelle) und am 13. IV. 07 (in der Nähe der Pulverhäuser an der Schwersenzer Chaussee) gesehen. Die in der zweiten Hälfte des April und später beobachteten Vögel waren augenscheinlich hier ansässig und hatten bereits ihre Brutstellen aufgesucht, ohne dafs der Termin ihrer Ankunft festgestellt werden konnte: am 21. IV. 04 auf den Steinhaufen neben dem Elektrizitätswerk in Unterwilda; am 22. IV. 07 1 ♂ in der Nähe der Schiefsstände vor dem Warschauer Tor im Fluge eine Strophe hören lassend; an demselben Tage ein Pärchen auf dem Ödlande hinter den genannten Schiefsständen; am 29. IV. 07 1 ♂ an der Innenseite der Kernwerksanlagen gegenüber dem Pulverhause singend (beim Balzfluge erhob sich der Vogel ein wenig über die Festungsmauer und wurde so sichtbar); am 26. IV. 09 2 St. auf den Erdaufschüttungen links der Strafse nach Johannistal, auch am 14. V. hier ein St. sichtbar; 1 St. an der Cementwarenfabrik bei Johannistal; am 8. V. 08 1 St. unterhalb des Schillings zwischen dem Schiefsstande von Hoffmann und der Warthe auf einem Steinhaufen abends um 7^{10} lebhaft singend (eine Strophe war dem titidrie der Haubenlerche ganz ähnlich, sodafs auf Nachahmung geschlossen werden mufste; am 15. V. war der Steinhaufen geschichtet und dadurch der Vogel verscheucht worden).

Die Nähe der Menschen scheute dieser Schmätzer, wie zum Teil schon aus den vorstehenden Angaben ersichtlich, keineswegs. Es sei darauf bezüglich noch folgendes angeführt: am 17. V. 07 trieb sich auf dem Güterbahnhofe in Kobylepole ein St. zwischen den Schienen umher in der Nähe eines Haufens alter Eisenbahnschwellen; am 17. V. 08 sammelte 1 St. in der Nähe des militärfiskalischen Kohlenstapels am Bahnhof Gerberdamm Nistmaterial; am 15. VI. safs ganz in der Nähe des ehemaligen Wildatores 1 St. auf einem Baume, von dem es nach einiger Zeit auf einen Steinhaufen herabflog; auch an den umzäunten Holzplätzen vor dem Eichwaldtore trieb sich häufig ein St. umher; am 25. VI. 08 tummelte sich ein St. auf dem Exerzierplatz rechts der Strafse nach Johannistal zwischen den Erdaufschüttungen, mehrfach auf Lafetten sitzend und singend; am 29. VI. 1 St. auf einem Steinhaufen in der Sandgrube vor Naramowice, ängstlich rufend.

Dafs der Vogel hier gebrütet, ergab sich mit Sicherheit aus folgenden Beobachtungen: am 13. VI. 09 fütterte 1 St. ein erwachsenes Junges auf dem militärfiskalischen Kohlenstapel am Bahnhof Gerberdamm (vgl. vorher!); am 27. VI. trieb sich eine Familie auf den Erdaufschüttungen an der Bogdanka umher.

Der Herbstzug ging im September von statten, doch wurde einmal 1 St. noch im Oktober gesehen: am 1. IX. 08 1 St. sichtbar an der Sandgrube vor Naramowice; am 16. IX. 09 in der Höhe der Endstation der elektrischen Strafsenbahn in Wilda links der Strafse auf Sturzacker eine Familie Steinschmätzer, 4 St. sichtbar, eine zweite Familie weiter östlich an den Warthewiesen ebenfalls auf einem gepflügten Ackerstücke weilend, 5—6 St. sichtbar; am 18. IX. an erstgenannter Stelle wieder 1 St. sichtbar; am 4. X. 05 1 St. auf den trockenen Wiesen diesseits des Rennplatzes.

138. *Pratincola rubetra* L.

Ankunftszeiten: 2. V. 03; 17. IV. 04 (am linken Ufer der Cybina oberhalb Schlofspark Ostend rufend); 20. IV. 06 (ebendort); 26. IV. 07 (an der Ringstrafse zwischen Dembsen und Eichwald); 3. V. 08 (am Städtchen in der Nähe der Wegkreuzung); 25. IV. 09 (1 St. am Damme der Eisenbahn Posen-Kreuz, auf einem Weidenbusche lebhaft singend). Die Hauptmasse der Vögel zog meist erst im Mai durch. So wurden am 8. V. 08 zahlreiche Vögel dieser Art auf den Wiesen unterhalb der Wolfsmühle gesehen, die in der Mehrzahl noch auf dem Zuge begriffen waren.

Auf den Wiesen der Warthe, Cybina, Bogdanka, sowie an feuchten Gräben in der Nähe der Eisenbahndämme und der Ringstrafse war der Wiesenschmätzer nicht selten, in manchen Jahren, z. B. 1907 und 1909, sogar ziemlich häufig während der Dauer der Brutzeit. Am 21. VI. 09 warnte 1 St. in der Nähe der westlichen Eisenbahnunterführung vor dem Eichwalde immerfort ängstlich mit hjü tek tek, ebenso ein Paar am 25. VI., wobei die Vögel Futter im Schnabel trugen. Das Nest mit den Jungen stand offenbar am Eisenbahndamm.

Einige Vögel dieser Art zeigten sich als eifrige und hervorragende Nachahmer der Rufe und Gesänge anderer in der Nähe wohnender Vögel: am 26. IV. 07 liefs ein hervorragender Sänger, die ja bei dieser Art sonst selten sind, in der Nähe der Eisenbahnbrücke im Eichwalde deutlich den Ruf des Rephahns hören; am 18. V. ahmte ein guter Spötter dieser Art am Ziegelwege in der Nähe des Übergangs über die Bogdanka Bachstelze, Buchfink, Stieglitz und Kohlmeise täuschend nach; am 9. V. 08 gab ein ♂ auf dem Rennplatze ganz deutlich das gürrr djel djel djel des Grünlings wieder, das von den Pappeln der unfernen Eichwaldstrafse herübertönte; am 17. V. ahmte ein Braunkehlchen die Strophe des Ortolans nach, ein anderes liefs am 29. V. in der Nähe der Sandgrube vor Naramowice den aus dem Schilling herüberschallenden Rätschton des Pirols hören; am 6. VI. übte ein ♂ auf der Wartheseite des Rennplatzes sehr eifrig die Goldammerstrophe, wobei ihm jedoch die erste Hälfte besser gelang als der Schlufs.

Unsere einheimischen Vögel verliefsen ihre Brutstätten im August, um umherzustreichen. Am 4. VIII. 09 trieb sich eine Familie von 7 od. 8. St., eifrig ihr warnendes hjü tek tek hören lassend, auf den Mandeln eines Roggenstückes in der Nähe der Wolfsmühle umher. Mehrere Wochen hindurch wurden darauf keine Vögel dieser Art bei Posen beobachtet. Erst im September erschienen wieder Durchzügler: am 10. IX. 09 weilte eine Familie um 5 Uhr p auf den Wiesen unterhalb des Schillings zwischen Fähre und Wartheinsel, bald auf den Weidenbüschen, bald auf Stengelpflanzen (Ampfer) sitzend und mehrfach gewandt Insekten in der Luft fangend; es waren 9 St. Am 2. IX. 08 wurde ein einzelnes St. auf der Feldmark von Stutendorf in einem Kartoffelfelde beobachtet.

139. *Pratincola rubicola* L.

Der schwarzkehlige Wiesenschmätzer wurde hier nur einmal beobachtet und zwar auf dem Frühjahrszuge. Am 9. V. 09 flog um $6^1/_4$ Uhr p an der Rückseite der milit. Schiefsstände vor dem Warschauer Tor aus einer feuchten, mit niedrigem Weidengestrüpp dicht bedeckten Ausschachtung 1 Vogel von der Erde auf und fufste etwa 1 m hoch auf einem wagerecht abgespreizten Zweige einer hohen Weide und liefs hier mit leiser Stimme einige klirrende Strophen hören, die entschieden schmätzerhaft klangen. Der Vogel, 7—10 Schritt von uns entfernt, war anfangs recht zutraulich. Als wir aber uusre Gläser auf ihn richteten und er sich beobachtet sah, da flog er, unruhig geworden, nach einem etwa 20 Schritt entfernten übermannshohen Weidicht. Wir folgten ihm und bekamen den Vogel, der aus dem dichten Gezweige mehrmals auf den Erdboden flog, noch zweimal zu Gesicht, bis er in nordöstlicher Richtung der Cybina zufliegend unsern Augen entschwand. Es war ein prächtiges Männchen mit schwarzem Kopf und schwarzer Kehle. An den Halsseiten stand ein grofser weifser Fleck, ebenso auf den Flügeln. Da uns der braunkehlige Wiesenschmätzer aus langjährigen Beobachtungen genau bekannt war, so schien jeder Irrtum ausgeschlossen.

In der Nähe der Weiden, aus denen das ♂ aufgescheucht worden war, suchten an einer grasigen Stelle 2 schmätzerartige Vögel mit fahlbraunen Köpfen ohne Scheu fast vor unsern Füfsen Nahrung. Aufgescheucht, flogen sie eine kurze Strecke, um sich dann wieder niederzulassen. Die Schwanzfedern zeigten im Fluge nichts Weifses. Die beiden Vögel waren auch noch am 11. V. an derselben Stelle zu sehen. Es dürfte sich um zwei junge Weibchen derselben Art gehandelt haben.

140. *Erithacus titys* L.

Ankunftszeiten: 3. IV. 02 (singend); 29. III. 03 (am Eichwaldtor); 14. IV. 04 (singt); 20. III. 05 (auf der Fronleichnamskirehe singend); 3. IV. 06 (auf der Bernhardinerkirche singend); 30. III. 07; 5. IV. 08 (singend); 27. III. 09 (singt um 9¼ a auf d. Fronleichnamskirche).

Ein Pärchen dieser Vögel nistete regelmäfsig an der Restauration im Eichwalde. Der Gesang dieser Vögel wurde bis in den Juli, ja noch am 2. VIII. 08 gehört. Dann verstummten die Vögel eine Zeitlang, begannen aber am Anfang September wieder zu singen, und einzelne Vögel setzten dies bis in den Oktober hinein fort. Es seien einige Daten aus einigen Jahren angeführt. 1905: 9. IX. singend auf einem Gehöfte an der Eichwaldstrafse; 4. X. 2 St. singend an der Eisenbahnbrücke im Eichwalde; 1907: 2. IX. singend; 6. X. bei herrlichem Herbstwetter singend; 1908: 1. IX. 1 St. läfst um 6 Uhr p am Schillingstor mehrmals seine Strophe hören; 20. IX. singt gegenüber der Badeanstalt von Döring. 1909: 25. IX. singt morgens um 7 Uhr eifrig auf einem Hinterhause an der Halbdorfstrafse, ebenso um ¾8 Uhr a auf der Bernhardinerkirche; 12. X. singend.

Am 30. IX. 09 lag 1 St. auf der Umzäunung des Rennplatzes dem Insektenfange ob, indem es von seinem Platze ab und zu wie eine Rakete in die Höhe schofs. In Schönlanke wurde der Gesang des Vogels in diesem Jahre bis um die Mitte des Oktober gehört (S.).

141. *Erithacus phoenicurus* L.

Ankunftszeiten: 16. IV. 02; 29. IV. 03 (singt); 18. IV. 04 (in den Kernwerksanlagen unfern des Pulverhauses); 18. IV. 05 (singt im Schilling); 19. IV. 06 (auf dem Petrikirchhofe; am 21. daselbst mehrere singende ♂♂); 21. IV. 07 (ebendort); 24. IV. 08 (ebendort singend); 21. IV. 09 (singt im Vorgarten des Marien-Gymnasiums um 9 Uhr a und mittags auf dem Petrikirchhofe).

Im Jahre 1907 nistete ein Pärchen auf dem ausgefaulten Kopfe einer Pappel unterhalb des Kernwerks. Auch in den folgenden Jahren wurde hier regelmäfsig ein Paar beobachtet. Am 8. V. 08 machte sich auf dem Petrikirchhofe ein Vogel dieser Art an einem Starkasten zu schaffen, in den er wiederholt einschlüpfte. Am 20. V. 09 flog ein St. mit Futter im Schnabel in ein Loch einer Pappel an der Wartheseite des Kernwerks. Die zweite Sangesperiode begann im Anfang Juni. Auffallenderweise liefs am 19. IV. 06 1 ♂ auf dem Petrikirchhofe den etwas melancholisch klingenden Ruf tyr ci ci tyr (absinkend) mehrmals hören.

Die hier heimischen Vögel scheinen im August bis Anfang September ihre Brutstätten verlassen zu haben, um umherzustreichen. Nachdem wir seit Wochen keinen Vogel dieser Art gesehen oder gehört hatten, wurden der Schilling und die Kernwerksanlagen am 17. IX. 09 wieder reichlich von ihnen besucht; sie machten sich hier durch lebhaftes Rufen (huit zek zek zek) bemerkbar. Es schien also jetzt der Hauptzug der fremden Vögel vor sich zu gehen. Auch im Eichwalde liefs ein St. am 18. IX. sein huit zek hören, ebenso noch am 20. IX. im Schilling ein St., dessen braune Brust deutlich sichtbar war.

142. *Erithacus rubeculus* L.

Ankunftszeiten: 24. III. 02 (singend in den Kernwerksanlagen); 31. III. 03 (ebendort sehr reichlich, sowie überall in Hecken und Sträuchern); 26. III. 04 (singend am Mühltor); 30. III. 05 (an der Ostseite des Eichwaldes); 4. IV. 06 (auf dem Petrikirchhofe); 6. IV. 07 (in der Nacht vom 6. zum 7. gegen 2 Uhr morgens starker Zug von Rotkehlchen, die nicht in geschlossenem Zuge, sondern zerstreut fliegend mit scharfem ziht oder tritsch einander zuriefen; der Zug ging über den Hauptbahnhof und die ganze Stadt hinweg. Die Witterung war kühl, gegen Morgen fiel Regen, vormittags bei zeitweiligem Sonnenschein fast schwül. Tags zahlreiche Rotkehlchen in den Kernwerksanlagen sichtbar); 28. III. 08 (im Eichwalde um 4 Uhr p eifrig singend); 5. IV. 09 (zickern in Lubasch bei Czarnikau; der See trägt noch eine Eisdecke: H.).

Junge Vögel, die, obwohl sie kaum notdürftig fliegen konnten, schon das Nest verlassen hatten, wurden mehrfach gefunden.

Gegen Ende Mai oder Anfang Juni begann eine zweite Gesangsperiode, die bis in den Juli hinein ausgedehnt wurde (4. VII. 07: 2 St. singen im Eichwalde um $^1/_2$9 Uhr p; 2. VII. 08 1 St. ebendort). Waren die Jungen herangewachsen, so strichen die Vögel umher. Erst im September waren hier wieder Vögel dieser Art zu sehen und zu hören: 5. IX. 07 rufend im Eichwalde; ebenso am 13. IX. 09 nach langer Unterbrechung 1 St. zickernd im Schloſspark Ostend, ein zweites in den Anlagen vor dem Warschauer Tor und ebenso auf dem Turnplatze und im botanischen Garten des Marien-Gymnasiums zu hören; am 16. IX. reichlich im Eichwalde. Den ganzen September hindurch wurden ziehende Vögel dieser Art beobachtet, ebenso einzelne Exemplare im Oktober, die nicht selten unter Frost und Schnee zu leiden hatten: am 20. X. 08 mehrere St. im Schilling lebhaft zickernd (seit dem 16. X. kalte Witterung mit etwas Schnee, in der Nacht —5^0); am 13. X. 09 am Steilufer der Warthe oberhalb der Wolfsmühle 1 St.; am 29. X. 1 St. im botanischen Garten des M.-Gymnasiums, mittags um 12 Uhr zickernd. Selbst im November wurden noch einzelne Nachzügler gesehen und gehört: am 19. XI. 09 1 St. im Schilling um 4 Uhr p lebhaft zickernd (seit dem 17. tiefe Schneedecke); am 20. XI. um 3 Uhr p 1 St. gegenüber dem Promenadenpark, lebhaft zickernd, auch sichtbar, in seiner Nähe zerrte ein Zaunkönig (Schneedecke); am 24. und 25. XI. und auch noch am 26. 1 St. im Schilling (wohl das unter dem 19. XI. genannte St.); am 27. XI. 1 St. in der Nähe des Eichwaldrestaurants, deutlich sichtbar. Einzelne Stücke schienen sogar den Versuch zu wagen, bei uns zu überwintern, wozu sie wohl die verhältnismäſsig milde Witterung verleitete. Nachdem schon am 12. XII. 05 1 St. im Buschwerk am sog. Rohrteich an der Südseite des Kernwerks beobachtet worden war, veranlaſste die seit etwa Mitte Dezember herrschende gelinde, frostfreie Witterung (am 20. XII. 09 flog gegen Abend an der Ostseite des Eichwaldes über der Warthe eine Fledermaus, die vergebens von einem Waldkauz attakiert wurde; auch am 3. I. 10 war die Fledermaus um 4 Uhr p sichtbar) mehrere Vögel zum Verweilen oder zum Überwintern: am 4. XII. zickerte eifrig 1 St. zwischen Eichwaldrestaurant und Warthe; am 5. XII. 1 St. im Goethepark; am 15. I. 10 gegen 4$^1/_4$ Uhr p 1 St. an der Nordseite des Eichwaldes, lebhaft zickernd, doch nicht sichtbar; am 22. I. an der Westseite des Eichwaldes 1 St. sichtbar (leichter Frost mit wenig Schnee); ebendort am 9. II. um 4 Uhr p 1 St. in einem Haufen Eichenreiser sichtbar (Hasel und Grauerle blüht!).

143. *Erithacus cyaneculus* Wolf.

In unsern ersten Beobachtungsjahren wurden wiederholt während des Frühjahrszuges im April Blaukehlchen, darunter auch Wolfsche, in auffallender Menge in den mit Weidengebüsch besetzten Wallgräben rechts und links des Eichwaldtores und besonders in der Nähe der ehemaligen Grabenpforte gesehen. Es waren augenscheinlich Durchzügler, die nach einer Raststation weiterzogen. Leider wurden darüber keine näheren Aufzeichnungen gemacht.

Ankunftszeiten: 31. III. 03 (im Ufergebüsch der Warthe in der Nähe des Schillings); 10. IV. 04 (rechts vom ehemaligen Eichwaldtore singend); 27. IV. 05; 18. IV. 06; 28. IV. 07 (im Weidengebüsch hinter den milit. Schiefsständen vor dem Warschauer Tor, ein zweites St. an der Überfähre nach dem Städtchen); 23. IV. 08 (vor dem Eichwaldtore singend); 18. IV. 09 (singt in den Buschweiden unterhalb der Wolfsmühle und an der Wartheinsel). Die Schwankungen in den Ankunftszeiten hatten teils in den Witterungsverhältnissen, teils aber auch in den fast alljährlich auftretenden Frühjahrsüberschwemmungen, die die beliebten Aufenthaltsorte dieser Vögel zeitweilig völlig unter Wasser setzten, ihren Grund.

Das dichte, verwilderte Ufergebüsch der Warthe, das in der Hauptsache aus Weiden und allerlei Sumpfgewächsen besteht, wozu an der Bogdanka und Cybina noch Erlen hinzukommen, beherbergte alljährlich den Sommer hindurch eine ziemliche Anzahl dieser lieblichen Vögel. Allerdings machte sich ein nicht unbedeutendes Schwanken in dem Bestande in den einzelnen Jahren bemerkbar. Im Jahre 1904 wurden oberhalb Posens am linken Wartheufer bis zum Eichwalde 4 ♂♂, unterhalb der Stadt, besonders an der Wartheinsel, ziemlich zahlreiche Stücke beobachtet; 1907 oberhalb der Stadt 6 ♂♂, z. T. bis in den Juni hinein singend, unterhalb Posens 8—10 singende Vögel; 1908 oberhalb der Stadt wieder 6 St., unterhalb derselben zahlreicher, noch am 27. VI. sangen an der Wartheinsel 5 St., darunter ein St. sichtbar, das offenbar das Jugendkleid trug; 1909 oberhalb Posens 3—4 St., unterhalb der Stadt 4—5 St. Die Zahl der Blaukehlchen war in diesem Jahre entschieden geringer als in den beiden vorhergehenden Jahren.

Der Gesang der hiesigen Vögel wies in der Regel einige Eigentümlichkeiten auf (vgl. Voigt, p. 33 der 5. Aufl.). Das sperlingsartige schilip haben wir hier nur einmal gehört. Es wurde meist ersetzt durch ein kräftig klingendes hitschek od. ihtzek (= Warnruf); daneben wurde von den Vögeln an der Wartheinsel vielfach ein schönklingendes Motiv, das wie bahíding oder dühíding oder datídi lautete, verwendet. Alte ♂♂ (Wolfi) sangen besonders eindrucksvoll (8. V. 08 1 St. in der Nähe der Wolfsmühle am Mühlbach, ein zweites an der Wartheinsel). Balzflug während des Gesanges wurde mehrfach beobachtet: 6. V. 07 oberhalb der Stadt zwischen Holzplatz und Freibadestelle, ebendort am 24. IV. 08.

Nicht selten ahmten Blaukehlchen fremde Vogelstimmen nach: am 23. IV. 04 liefs ein St. an der Warthe links des Rennplatzes den Ruf des Rohrammers hören und gab den Schlag des Goldammers und das zil zel des Weidenlaubvogels gut wieder; am 20. IV. 06 liefs ein ♂ im Kobylepoler Grunde an der Cybina wiederholt Motive einer Singdrossel hören, die in der Nähe sang; am 1. V. 08 schien sich ein St. an der Wartheinsel sogar den Finkenschlag zu eigen gemacht zu haben; an demselben Tage liefs ein ♂ in der Nähe der Militärfähre unterhalb des Schillings die Strophe des Ortolans hören.

Wie zutraulich manchmal das Blaukelchen ist, zeigte folgender Vorfall: Als wir einst vor dem ehemaligen Wildatore durch die jetzt verschwundenen Festungsanlagen dem Ausschachtungssumpfe zuschritten, kam in der Nähe des Abzugsgrabens aus einem dichtverwachsenen Busche ein schönes ♂ direkt auf den Fufssteig geflogen, setzte sich etwa 5 Schritte vor uns hin, stellte das Schwänzchen aufrecht, das dabei fächerförmig ausgebreitet wurde, und hüpfte, uns ängstlich und neugierig anschauend und sein whit rufend, eine Weile umher, um dann wieder seinem Busche, der wohl sein Nest barg, zuzueilen. Während der Sommerferien waren die Vögel mit ihren erwachsenen Jungen aus ihren Brutrevieren fortgestrichen, jedenfalls sahen und hörten wir im August hier keinen Vogel dieser Art. Auch auf dem Herbstzuge gelang es uns bisher nicht, Blaukehlchen zu beobachten.

144. *Erithacus luscinia* L.

Dafs es sich bei den zahlreichen in der Umgebung Posens heimischen nachtigallartigen Vögeln um wirkliche Nachtigallen handelt, hat schon A. v. Homeyer festgestellt, der nach einer Notiz bei Borggreve „die Vogel-Fauna von N.", S. 96 „die sogenannten Sprosser der Posener Festungsanlagen für echte Nachtigallen" erklärte. Sprach schon das Aussehen, der Lockruf, vor allem der Gesang der Vögel entschieden dafür, dafs sich seit den 60er Jahren des vorigen Jahrhunderts hier im grofsen und ganzen nichts geändert hat, so kam dazu noch der Umstand, dafs wir im Juni 1906 zufällig einen durch Anfliegen an die Scheiben der Kolonnade des Schillings verunglückten Vogel in die Hand bekamen, der mit aller Bestimmtheit als Nachtigall erkannt wurde.

Ankunftszeiten: 29. IV. 03 (singend in den Anlagen des Kernwerks); 18. IV. 04 (1 St. nachmittags $3^1/_2$ Uhr in den Kernwerksanlagen ein paar Strophen singend, ein zweites St. an der Wartheseite des Schillings rufend); 6. V. 06 (die Hauptmasse der Nachtigallen eingetroffen, die ungünstige Witterung in Südeuropa hat offenbar den Zug verzögert); 30. IV. 07 (bruchstückweise singend); 30. IV. 08 (1 St. im Eichwalde durch das Gebüsch schlüpfend; Witterung unfreundlich; am 1. V. auf den Kirchhöfen am Schillerpark singend); 20. IV. 09 (1 St. sichtbar am Eingange zum Schilling; am 22. singend an der Westseite des Kernwerks).

Im vollen Gesange waren die Vögel in der Regel erst im ersten Drittel des Mai, nachdem die Hauptmasse der Vögel eingetroffen war. Die Sangeszeit wurde von manchen Männchen bis zum Ende des Juni ausgedehnt (vermutlich handelte es sich in diesen Fällen um Ersatzbruten), ja selbst im Anfang Juli wurden hier und da noch Bruchstücke des Gesanges gehört: am 2. VII. 07 lassen 2 ♂♂ im Eichwalde noch einige Strophen hören, ebenso am 2. VII. 08 Nachtsänger wurden verhältnismäfsig selten beobachtet und in der Regel nur in der ersten Zeit nach ihrem Eintreffen. Selbst zu der Zeit, wo die Sangeslust sich am stärksten betätigte, verstummten die Vögel meist um $8^1/_2$ Uhr p, weil augenscheinlich der Wetteifer die zahlreichen Sänger ermüdet hatte und sie zur Ruhe zwang. Die Zahl der singenden Männchen schwankte in den einzelnen Jahren nicht unerheblich. Am 23. V. 06 wurden in den Anlagen des Kernwerks einige 40 singende Vögel gezählt. Am zahlreichsten waren die Vögel hier im Jahre 1907 vertreten. Am 8. V. 07 sangen vom Schillingstor nach links hin bis zum St. Adalbertkirchhof etwa 25 St., und einige Tage später wurden auf einem $^5/_4$stündigen Spaziergange um das Kernwerk 50 singende ♂♂ gezählt, doch dürfte ihre Zahl wohl noch etwas gröfser gewesen sein, denn am 15. Mai sangen auf der nur 1100 Schritt langen und durchschnittlich 200 Schritt breiten Strecke zwischen dem Schillingstor und dem Fahrweg nach dem Schilling allein schon 25 Vögel. Am 1. VI. 08 wurden um 5 Uhr morgens dagegen nur 30 Nachtigallen in den Kernwerksanlagen gezählt. Am 13. V. 09 sangen gegen 8 Uhr abends an der Wartheseite des Kernwerks (auf der vorher genannten Strecke) 15 Stück.

Waren die Jungen erwachsen, so schienen die Vögel meist ihre Brutstätten zu verlassen und fortzustreichen. Während wir am 4. VIII. 09 an der Wartheseite des Kernwerks noch das warnende wihd kr vernahmen, 1 St. am Eingange zum Schilling sahen und gegen Abend die flötende Lockstimme wihd mehrfach hörten, war in den folgenden Tagen von den Vögeln nichts zu sehen und zu hören. Erst am 14. VIII. 08 und am 15. VIII. 09 wurden wieder an der Wartheseite des Kernwerks Nachtigallen gesehen und ihre Stimmen gehört. Am 18. VIII. 09 rief auch im Eichwalde ein St. sein wihd kr, und auch am 19. VIII. und 20. VIII. waren einzelne Lock- und Warnrufe in den Anlagen vor dem Warschauer Tor und an der Wartheseite des Kernwerks zu hören. Schliefslich beobachteten wir noch am 4. IX. 09 ein St. an der Ostseite des Viktoriaparks, das mehrmals sein warnendes wihd kr hören liefs.

Was die Verbreitung der Nachtigall in der Provinz anbelangt, so sei noch angeführt, dafs sie nach unsern Beobachtungen in der Umgebung von Kosten, bei Czarnikau (Lubasch, Guhren, Goray), bei Schneidemühl und Schönlanke, sowie nach einer schriftlichen Mitteilung von Dittrich bei Hohensalza ausschliefslich beheimatet ist.

145. *Erithacus philomela*[1]) Bchst.

Gegenüber den zahlreichen Nachtigallen, die die nähere Umgebung Posens durch ihren Gesang beleben, wurden Sprosser nur selten angetroffen. Diese unterschieden sich hinreichend von der Nachtigall durch ihre graubraune Färbung, durch die graue Muschelzeichnung in der Kropfgegend (nicht bei allen Stücken beobachtet!), den etwas abweichenden Warnruf (ein spitzes, schneidendes whit oder iht kr), die Kraft und Klangfarbe der Stimme, ganz besonders aber durch den Gesang, der entschieden drosselartigen Rhythmus aufwies (vgl. auch Voigt, p. 31).

Ankunftszeiten: 11. V. 06 (am Steilufer der Warthe oberhalb der Wolfsmühle singend); 6. V. 07 (1 St. am Nordrande des Eichwaldes singend; es wurde bis zum 15. Juni immer in derselben Gegend gehört); 9. V. 08 (wiederum 1 St. an der Lache am Nordrande des Eichwaldes, bis zum 12. VI. beobachtet); 30. IV. 09 (anscheinend Warnruf des Sprossers an der Wartheseite des Kernwerks.

Aufser den genannten Vögeln wurden noch folgende Stücke beobachtet, und zwar im Jahre 1906: 1 St. in der Nähe der grofsen Lichtung im nördlichen Teile des Eichwaldes vom 18. V. bis zum 15. VI. und ein zweites St. in den Erlen am sogenannten Rohrteich an der Südseite des Kernwerks vom 23. V. bis in den Anfang des Juli (also 3 Vögel, darunter 1 Durchzügler). 1907: 1 St. an der Wartheseite des Kernwerks vom 15. V. bis über die erste Junihälfte hinaus, ein zweites St. im Eichwalde nördlich des Eisenbahndammes vom 23. V. bis zum 22. VI.; aufserdem wurde an der Wartheinsel am 8., 11., 15. V. ein drittes St. beobachtet, das augenscheinlich noch auf der Wanderung begriffen war (4 Vögel, darunter ein Durchzügler). 1908: 1 St. an der Südwestecke des Kernwerks oberhalb des Rohrteichs vom 14. V. bis über den 5. VI. hinaus; aufserdem im Schilling in der Nähe des Quellbachs am 15. V. 1 Durchzügler und am 3. VI. 1 St. im Park von Solatsch bis zum 15. Juni (4 Vögel, darunter ein Durchzügler). 1909: 1 St. an der Westseite des Eichwaldes vom 22. V. 09 bis zum 21. VI. Dieser Vogel sang zuerst recht nachtigallartig, doch gewisse Anklänge an die Art des Sprossers, sowie die Kraft seiner Stimme charakterisierten ihn als Sprosser. Gegen den Schlufs der Sangeszeit ging mit dem Gesange des Vogels eine auffallende Veränderung vor sich, indem der Vogel am 17. VI. und auch am 21. immer nur tek tek tek tek zerr oder terr und daneben einige leise Töne herausbrachte, wie wenn er sich nunmehr auf seine eigentliche Art besonnen hätte (2 Vögel, darunter 1 Durchzügler?).

---

[1]) Vgl. H. „Nachtigall und Sprosser" in der Zeitschr. Aus dem Posener Lande, Blätter für Heimatkunde, herausg. von P. Beer, 1909 No. 9, 10 und 11, sowie O. M. 1909, Septemberheft.

Wenn auch das Brüten des Sprossers bisher nicht mit Sicherheit nachgewiesen ist — Nest und Junge wurden nicht gefunden, freilich auch nicht gesucht, um nicht Unberufene auf die Spur der Vögel zu bringen —, so dürfte doch das längere Verweilen einzelner Vögel an derselben Stelle, sowie ihr eifriger Gesang mit einiger Sicherheit darauf schliefsen lassen, dafs sie teilweise hier zur Brut geschritten sind.

Über den Herbstzug des Sprossers hatten wir wenig Gelegenheit Beobachtungen anzustellen, doch glaubten wir am 5. VIII. 08 den Warnruf eines Sprossers in dem Auwäldchen an der Bogdanka zu vernehmen, und am 21. VIII. 09 hörten wir das schneidende whit kr eines Sprossers an der Westseite des Eichwaldes ganz in der Nähe des Standortes des zuletzt geschilderten Stückes.

In der Provinz wurde der Sprosser bisher von uns nicht gefunden, doch ist er nach Emil Will (Aus dem Posener Lande, 1908, No. 12 und 1910, No. 5) im Obrabruch ansässig.

Nachtrag zu „Meine ornithologische Ausbeute in Nordost-Afrika".

(J. f. O. 1910, II, IV, J. f. O. 1911, I.)

Von **O. Graf Zedlitz.**

Es erscheint mir unumgänglich notwendig, meine Arbeit aus den Jahren 1910/11 noch durch einen kurzen Nachtrag zu ergänzen. Zunächst enthält der erste Teil derselben eine unverhältnismäfsig hohe Zahl von Druck- bezw. Schreibfehlern im Text, welche zumeist darauf zurückzuführen sind, dafs ich s. Z. wegen des Zusammentreffens einer militärischen Dienstleistung mit sehr dringenden privaten Geschäften dem Lesen der Korrekturen nicht die erforderliche Zeit widmen konnte. Ferner haben sich aber auch in materieller Beziehung bei einigen Fragen neue Gesichtspunkte ergeben, sei es durch Veröffentlichungen anderer Forscher, sei es durch eigene Untersuchung neuen und umfangreicheren Materials. Ich will daher im Folgenden möglichst kurz das verbessern und ergänzen, was in formeller und materieller Hinsicht mir dessen bedürftig erscheint, ich gehe jedoch auf reine Druckfehler nur insoweit ein, als sie sinnentstellend wirken, die leichteren Fälle, wo z. B. versehentlich der kleine statt des entsprechenden grofsen Anfangsbuchstabens gesetzt ist, lasse ich unerwähnt, da m. E. der Raum im J. f. O. nützlichere Verwendung finden kann.

Allgemeine Bemerkung.

Um Mifsverständnisse zu vermeiden, will ich hier kurz erklären, nach welchem Prinzip die Synonymik bei jeder Nummer in meiner Arbeit aufgestellt ist: Wo der Name, den ich benütze, übereinstimmt mit der Bezeichnung, welche der betr. Autor wählte, oder auch, wo durch Einschiebung eines mittleren (Formenkreis-, Species-)Namens ohne Änderung der Genus- und Subspecies-Bezeichnungen nur die binäre in eine ternäre Nomenklatur geändert worden ist, habe ich hinter der Angabe über Autor und Stelle der Veröffentlichung den dort gebrauchten Namen nicht wiederholt. Nur wo der Autor in seiner Namengebung von der meinen in der Genus- oder Subspecies-Bezeichnung abweicht, habe ich nach der Literaturstelle die dort gebrauchten Namen natürlich angeführt. Ich bestreite keineswegs, dafs eine regelmäfsige Aufzählung auch der übereinstimmenden Namen vielleicht noch sicherer jedes Mifsverständnis ausgeschlossen hätte, doch glaubte ich im Interesse möglichster Kürze den erwähnten Modus anwenden zu können, zumal ich ja in meiner Arbeit überhaupt keine vollständige Synonymik aufführe. In der Regel findet sich diese ja in Reichenows „Vögeln Afrikas" glänzend zusammengestellt, und es bleiben mir nur einige Veröffentlichungen zu erwähnen, welche aus der Zeit nach Erscheinen dieses grofsen Werkes datieren oder sonstwie besondere Beziehungen zur betreffenden Stelle bei mir haben.

Einzelne Verbesserungen und Ergänzungen:

J. f. O. 1910, II, p. 296. Zeile 20: statt „Gebiet des obersten Weifsen Nils" mufs es heifsen „Gebiet des unteren W. N." Zeile 22 statt „Gebiete des mittleren und obersten Weifsen Nils" soll es heifsen „das Gebiet des mittleren und das des oberen W. N."

p. 297. *Larus fuscus*, statt „? No. 1130" ist zu setzen „♀ No. 1130", im Text 4. Zeile statt „dunklel" — „dunkel".

p. 298. *Larus hemprichi*, Text 1. Zeile statt „bläulichgrüne" ist zu setzen „bläulichgraue", 3. Zeile statt „Bai" — „bei".

p. 299. *Sterna bergei*, 2. Abs. 7. Zeile statt „*rufe-cens*" ist zu setzen „*rufes-cens*".

p. 301. *Phalacrocorax africanus*, bei No. 630 ist statt „Tacazzé **14.** 4. 08" zu setzen „Tacazzé **4.** 4. 08".

p. 302. *Pelecanus rufescens*, Text 5. Zeile von unten ist statt „dort scheinen sich" zu setzen „dort scheinen sie".

p. 305. *Haematopus ostralegus*, Text 1. Zeile: statt „findet sich" ist zu setzen „dringt"; ferner Zusatz zum Texte: Da ich kein Exemplar erbeutet habe, konnte ich nicht feststellen, ob es sich hier um die östliche Form *H. o. longipes* Buturl. (1910 Russ. ornith. Mitteilungen Heft I. und O. M. 1910. V. p. 84) handelt, was ich keineswegs für ausgeschlossen halte.

p. 306. *Cursorius gallicus dahlakensis*, Text 4. Zeile: statt „als Form" ist zu setzen „als Form**en**"; bei *C. g. littoralis*, Verbreitung statt „Ost-Samoliküste" ist zu setzen „Ost-Somaliküste".

p. 307. *Cursorius gallicus dahlakensis*, Abs. 2, 11. Zeile: statt „aus-dehntere" ist zu setzen „ausge-dehntere".

p. 310. *Hoplopterus spinosus*, vor Nr. 660 ist das Geschlecht nachzutragen: „♀".

p. 311. *Sarciophorus tectus tectus*, statt „♀ Nr. 459" ist zu setzen „♀ Nr. 559".

p. 313. *Lobivanellus senegallus*, bei Nr. 476, 495 statt „Merebquellen" ist zu setzen „Marebquellen".

p. 321. *Tringa alpina*, bei Nr. 73 statt „Massau" ist „Massaua" zu setzen.

p. 322. *Otis arabs*, Text 5. Zeile: statt „aufsncht" ist zu setzen „aufsucht".

p. 323. Überschrift: statt „Rougetius rngeti" soll es heifsen „Rougetius rougeti".

p. 324. *Pterocles lichtensteini lichtensteini*, statt „♂ No. 360" ist zu setzen „♂ No. 350"; im Text 3. Zeile v. unten statt „28. 4. 07" — „28. 4. 08", letzte Zeile statt „beides an der westlichen Tiefebene" — „beides in der w. T."

p. 325. *Pterocles quadricinctus*, Text 6. Zeile; statt „in der einzigen Tränke" ist zu setzen „an der e. T."

p. 327. *Ibis aethiopica*, statt „♂ Nr. 694" ist zu setzen „♂ Nr. 695", im Text 14./15. Zeile von oben: statt „schon ausgefärbte ♂ mit Schmuckfedern" soll es heifsen „♂ schon ausgefärbt mit Schmuckfedern".

p. 329. *Tantalus ibis*, statt „? Nr. 1325" soll es heifsen „? Nr. 1352".

p. 330. Überschrift statt „*Abdimia bdimia*" soll heifsen „*Abdimia abdimi*".

p. 331. *Dissoura episcopus microscelis*, Text 2. Abs. 1 Zeile: statt „Wollhalsstorcheist" soll es heifsen „Wollhalsstorch ist".

p. 331. *Phoenicopterus roseus*, statt „♂ juv. 1094" soll es heifsen „♂ juv. 1054".

p. 333. *Scopus umbretta*, Text 15. Zeile: statt „beim aufliegen" soll es heifsen „beim auffliegen".

p. 334. *Butorides atricapillus atricapillus*, hinter ♂ Nr. 496 statt „Marecquellen" soll es heifsen „Marebquellen".

p. 335. Derselbe, Text 6. Zeile: statt „unterschiede" soll es heifsen „Unterschiede".

p. 339. Überschrift, statt „*Vinayo waalia waalia*" soll es heifsen „*Vinago w. w.*"

p. 342. *Turtur senegalensis senegalensis*, Text 2. Abs. 12. Zeile: statt „nördlich" soll es heifsen „südlich".

p. 343. *Turtur lugens*, statt „Geb. III" soll es heifsen „Geb. I—III".

p. 349. *Turtur decipiens perspicillatus*, Text 4. Zeile statt: „*Bussiri*" soll es heifsen „*Bussissi*".

p. 352. *Numida ptilorhyncha*, Zusatz zum Abs. 1.: Ich belasse es vorläufig bei der binären Bezeichnung, da ich finde, dafs meine Stücke besonders in den Mafsen nicht recht mit typischen

N. ptilorhyncha ptilorhyncha übereinstimmen, ihnen jedoch näher stehen als einer anderen der mir vorliegenden Formen. Das mir zur Verfügung stehende Material reicht vorläufig nicht aus, um eingehende Studien über die Perlhuhnformen Eritreas und N.-Abessiniens betreiben zu können.

p. 355. *Pternistes leucoscepus leucoscepus.*

Im Text ist bei Aufzählung der Subspecies nachzutragen: Kürzlich hat Mearns in „Smithsonian Misc. Coll." No. 14 Jahrg. 1910 und April 1911 von *Pternistes leucoscepus* 2 neue Formen beschrieben sowie noch eine ganze Reihe anderer Frankolin-Namen in die Literatur gebracht, darunter allein 4 Formen von *F. schütti.* Es würde hier zu weit führen, auf die einzelnen einzugehen, ich beschränke mich darauf zu bemerken, dafs anscheinend bei der Aufstellung so vieler Subspecies die individuelle Variation nach Alter des Individiums und Abnutzung des Kleides nicht genügend berücksichtigt worden ist, oder, was auf dasselbe herauskommt, nicht genügendes Material aus den verschiedenen Entwicklungsstadien dem Autor vorgelegen haben dürfte. Ich möchte diese Formen, welche dringend einer Nachprüfung an der Hand grofser Suiten aus unseren europäischen Sammlungen bedürfen, vorläufig nicht als gute Subspecies hier aufführen.

p. 357. *Francolinus gatturalis eritreae,* hinter ♂ No. 431 ist einzuschieben „(Typus)", Text auf

p. 358. letzte Zeile statt „Dies *Francolins*" zu setzen „Dies *Francolin*".

p. 359. *Francolinus clappertoni sharpei,* Text 4. Subspecies: statt „*F. c. nigrosquamartus*" soll es heifsen „*F. c. nigrosquamatus*".

p. 363. *Lophogyps occipitalis,* Text 1. Abs. 4. Zeile: statt „Interesses wäre" soll es heifsen „Interesses wert wäre".

p. 363. *Gyps fulvus rüppelli,* Überschrift statt dessen „*Gyps fulvus erlangeri* Salvad." Nachzutragen im Text: „Die Überschrift mufs geändert werden, denn bei den weitaus meisten Vögeln, welche ich beobachtete, handelt es sich zweifellos um die östliche Form „*erlangeri* Salvad." vgl. Bull. Mus. Zool. Anat. No. 576, 25. III. 1908. *G. f. rüppelli* ist der Vogel des Nils bei Chartum, er bewohnt aber auch die Ufer des Blauen Nils weiter aufwärts. Es ist nicht ausgeschlossen, dafs die Geier, welche ich am Tacazzé gesehen aber leider nicht gesammelt habe, dieser Form angehörten, hingegen sind die aus Geb. I. und II sämtlich *G. f. erlangeri.*

p. 364. Derselbe, Text 11. Zeile: statt „in grofser Zahl bei" soll es heifsen „in grofser Zahl, bei".

p. 364. *Neophron percnopterus,* Text letzte Zeile: statt „nächtigen sehen," soll es heifsen „nächtigen sehen)".

p. 365. *Neophron monachus,* Text 1. Zeile: statt „Mit *percnopterus?*" soll es heifsen „Mit *N. percnopterus,*" ferner statt „dem Dahlak" — „den D."

p. 367. *Circus aeruginosus*, Text 1. Zeile: statt „Rohrweide" soll es heifsen „Rohrweihe".
p. 368. *Melierax canorus metabates*, statt „♀ juv. No. 326" mufs es heifsen „♀ juv. No. 326a," da No. 326 doppelt vorkommt (vgl. p. 311 *Sarciophorus tectus tectus*).
p. 369. *Astur tachiro unduliventer*, Text 2. Abs. 2. Zeile: statt „hervorbt" soll es heifsen „hervorhebt".
p. 370. Derselbe, Text 3. Zeile: statt „Habich" — „Habicht".
p. 370. *Astur badius sphenurus*, Synonymik 1. Zeile: statt „*A. sphenusrus*" soll es heifsen „*A. sphenurus*".
p. 371. *Accipiter minullus intermedius*, Text 1. Zeile: statt „ich für" soll es heifsen „sich für".
p. 371. *Micronisus gabar*, statt: „♂ No. 474" soll es heifsen „♂ No. 574", ferner Text 5. Zeile statt „halsbrecherischem" — „halsbrecherischen".
p. 372. *Circaetus gallicus*, Text 9. Zeile: statt „aufgehackt" soll es heifsen „aufgehakt".
p. 372. *Circaetus cinereus*, Text 2. Abs. 2. Zeile: statt „häufigen" soll es heifsen „häufiger".
p. 374. *Hieraaetus fasciatus spilogaster*. Im Text fehlt bei *H. f. ducalis* die Angabe über seine Verbreitung: „Süd-Europa, speziell S.-Frankreich, Spanien"; ebenso bei *H. f. spilogaster*: „das ganze tropische Afrika (vorläufig)".
p. 378. *Aquila chrysaetos*, hinter ♀ No. 397 Ela Bered: statt „22. 2. 08." soll es heifsen „28. 2. 08."
p. 381. *Aquila rapax rapax*, Text 1. Abs. 5. Zeile: statt „1230" soll es heifsen „1289", ferner 2. Abs. 7. Zeile fällt hinter 354 die „No. 787" fort.
p. 382. Derselbe, Text, 2. Abs. 11. Zeile: statt „Raubadler beim kreisend" soll es heifsen „Raubadler kreisend", ferner 26. Zeile statt „Horst am" — „Horst, am".
p. 383. *Buteo ferox ferox*, hinter ♀ No. 91 statt „Massaura" soll es heifsen „Massaua", ferner statt „Geb. III" — „Geb. I/III", Text 8. Zeile statt „Bird" — „Birds", 2. Abs. 1. Zeile statt „Frage auf sind" — „Frage auf: Sind".
p. 384. Derselbe, Text, 5. Zeile: statt „sein" soll es heifsen „sei".
p. 385. *Buteo jakal augur*, Synonymik: O. Neum. J. O. 04. statt „p. 362 u. 267" soll es heifsen „p. 362 u. 367".
p. 390. Überschrift heifst „*Pandion*" statt „*Pandien*", Text: hinter ♀ No. 1060 Nocra statt „10. 2. 08" — „10. 2. 09", 2. Abs. 12. Zeile statt „Daklak" — „Dahlak".
p. 390. *Milvus aegyptius*, es fehlt die Verbreitung „Geb. I, III, IV".
J. f. O. 1910. IV. p. 732. Überschrift statt „*Bubo lacteus* Temm." mufs es heifsen „*Bubo lacteus lacteus* Temm."
p. 734. *Pisorhina capensis capensis*, Zusatz zum Text: „Die Form „*icterorhyncha* Shell." kommt an der Küste W.-Afrikas neben echten *capensis* vor, kann somit nur als gesonderte Species, nicht als Subspecies aufgefafst werden, wie ich es irrtüm-

licherweise getan habe. Vielleicht ist das einzige existierende Exemplar auch nur eine Aberration. Bei den Formen „*feae* Salvad." und „*leucopsis* Hartl." läfst sich sehr darüber streiten, ob es angängig ist, sie noch als Unterformen zu *capensis* aufzufassen, da sie besonders oberseits doch recht abweichen."

p. 735. Überschrift statt „*Glaucidium perlatum* Vieill." mufs heifsen „*Glaucidium perlatum perlatum* Vieill." Im Text ist Abs. 1 zu ändern: Was die Frage der Subspecies betrifft, so kann ich mich heute doch nicht mehr v. Erlanger anschliefsen. Zunächst scheidet *Glaucidium capense* A. Sm. non Schleg. bei der Gruppe aus, da der Vogel so grundverschieden im Gefieder ist, dafs er Anspruch darauf hat, als gesonderte Species zu gelten. *G. capensis* Schleg. non A. Sm. ist Synonym zu *G. licuum* Strickl., beide bezeichnen den Vogel S.-Afrikas, dabei hat der Name *licuum* (1852) die Priorität. Der Name „*kilimensis*" ist von Reichenow einem Waldvogel O.-Afrikas gegeben worden und kann nicht auf einen W.-Afrikaner angewandt werden, sobald man beide überhaupt unterscheidet. Der echte *G. perlatum* wurde durch Vieillot aus NW.-Afrika, vom Senegal her, beschrieben. Es stehen somit als Formen fest: zunächst *G. perlatum perlatum* Vieill. für NW.-Afrika, *G. p. licuum* Strickl. für S.-Afrika. Die Vögel NO.-Afrikas kann ich nicht von typischen *perlatum* aus NW.-Afrika unterscheiden, für den O.-Afrikaner würde die Bezeichnung *kilimense* Rchw. in Frage kommen, falls man eine Abtrennung von *perlatum* befürworten wollte.

p. 744. Überschrift statt „*Lybius tridatylus tridatylus*" mufs heifsen „*Lybius tridactylus tridactylus* Gm."

p. 745. Derselbe, statt „♂ No. 386" — „♂ No. 366".

p. 749. *Tricholaema melanocephalum melanocephalum*, Text 1. Abs. letzte Zeile: statt „(O. M. 1910)" soll es heifsen „(J. f. O. 1909 p. 197, Bericht der Oktober-Sitzung.)"

p. 753. *Mesopicos goertae abessinicus*, statt „♂ No. 725" — „♂ No. 724".

p. 756. *Colius striatus erlangeri*, nachzutragen: „Auch von seinem westlichen Nachbar *C. s. affinis* Shell. unterscheidet er sich gut durch folgende Kennzeichen: *C. s. affinis* hat Kopf, Kinn und Kehle h e l l gefärbt ganz wie *leucotis*, die w e i f s e n Wangen hier sehr a u s g e p r ä g t, das Kinn ist f a s t r e i n w e i f s, die Kehle beim Vogel ad. auf weifslichem Grunde s c h w a c h dunkel quergebändert; bei *erlangeri* sind die helleren Wangen nur s c h w a c h a n g e d e u t e t, Kinn und Kehle dichter gebändert und daher d u n k l e r. Auf der Oberseite zeigt *affinis* m a t t e, a n g e d e u t e t e Q u e r b i n d e n und zwar nur auf Nacken und Schultern, *erlangeri* hingegen s t a r k e, d e u t l i c h e B i n d e n, welche manchmal bis auf den Rücken hinabgehen. Die ganze Oberseite einschliefslich Haube ist bei *affinis* meist etwas bräunlicher, bei *erlangeri* grauer. Junge Vögel beider Formen sind stets bräunlicher und auf der Kehle dunkler als alte. *C. s. berlepschi* Hart. aus dem Innern O.-Afrikas glaube ich ebenfalls gut von *affinis* unterscheiden zu können.

p. 757. *Colius macrourus syntactus*, Synonymik, fehlt hinter Rchw. V. A. II. p. 210: „*C. macrourus*", hinter v. Erl. J. O. 05. p. 486: „*C. macrourus*", hinter O. Neum. J. O. 1900 p. 190: „*C. macrourus macrourus*".

p. 775. *Merops viridis viridissimus.* Die Überschrift mufs heifsen „*Merops lamark viridissimus*" vgl. Hartert in Nov. Zool. Vol. XVII, No. 3. 1910. p. 482, 483, wo nachgewiesen wird, dafs „*lamark*" für „*viridis*" in diesem Falle einzusetzen ist. Der wirkliche „*viridis* L." ist ein ganz bunter Bienenfresser (*dorso ferrugineo, gula caudaque caeruleis!*) von den Sunda-Inseln, Synonym zu *sumatranus*. Für die hier behandelte Gruppe kommt er gar nicht in Betracht, es ist hier stets an zweiter Stelle der Species-Name „*lamark*" zu benutzen, *Merops viridis viridis* L. aus Indien heifst entsprechend jetzt *M. l. lamark* Cuv. Nachzutragen ist bei den Subspecies „*M. l cleopatra* Nicoll" (B. B. O. C. 1911 p. 11 und O. M. 1911 No. 1, p. 16), der Brutvogel Egyptens, welcher eine gute unterscheidbare Form sein dürfte.

p. 785. *Riparia rupestris reichenowi*, im Text bei Aufzählung der Subspecies hinter *R. r. rufigula* u. s. w. einzufügen: „6. *R. r. pusilla* Zedl. Gebirge Eritreas."

p. 791. *Batis orientalis orientalis*, statt „♂ No. 61**3**" ist zu setzen „♂ No. 61**5**".

p. 800. *Dryoscopus malzacii erythreae* Neum. Der Titel soll lauten: „*Dryoscopus gambensis erythreae* Neum." statt *D. malzacii e.*" Zusatz zum Text: „Durch Vergleiche der Neu-Eingänge meiner Sammlung bin ich zu der Auffassung gekommen, die drei bisher unter *malzacii* Hengl. zusammengefafsten Formen sämtlich als Subspecies von *gambensis* Licht. aufzufassen, letzterer Name als der älteste mufs dann an Stelle von *malzacii* gesetzt werden. Wir hätten also 5 Formen: *D. g. gambensis* Licht., *D. g. congicus* Sharpe, *D. g. malzacii* Heugl., *D. g. erythreae* Neum., *D. g. nyansae* Neum. O. Neumann teilt meine Ansicht, wie er mir mündlich mitteilte."

p. 802. *Lanius collaris humeralis*, statt „♀ No. **10**8" ist zu setzen „♀ No. **11**8".

J. f. O. 1911. I. p. 6. *Oriolus monachus monachus* Gm., Zusatz zum Text: „O. Neumann ist durch Vergleich zahlreichen Materials besonders in England inzwischen zu der Ansicht gekommen, dafs die als „*meneliki* Blund. Lov." bezeichneten Vögel lediglich junge *monachus* sind. Es würde danach die bei mir p. 7 unter 2. angeführte zweifelhafte intermediäre Form fortfallen, wenn auch nicht geleugnet werden soll, dafs im Grenzgebiet Übergänge zwischen *monachus* und *permistus* vorkommen.

Richtig zu stellen ist meine Bemerkung p. 6. Zeile 5 von unten: Nicht *permistus* wird für *meneliki* „quasi eingesetzt" sondern *monachus*."

p. 8. *Buphagus erythrorhynchus.* Am Anfang des Textes ist folgende systematische Betrachtung einzuschalten: Dem Jugendkleide ist m. E. bisher nicht die genügende Beschreibung gewidmet worden, meist wird nur erwähnt, dafs der Schnabel beim Vogel juv. nicht rot sondern braun bezw. dunkelgelb ist. Nur O. Neumann geht daneben auch auf die Färbung des Gefieders ein mit dem Satze: „Beim jungen Vogel sind Kopf, Hals und Oberkörper rein grau, beim alten hingegen gelbbraun oder am Kopfe mehr weinrötlich verwaschen." Das ist richtig aber nicht ganz erschöpfend. Charakteristisch für das Jugendkleid ist die tiefbraune (sepiabraune) Färbung von Kehle und Kropf. Dies ist von Wichtigkeit, denn gerade die Kropffärbung müfste als wichtigstes Merkmal herangezogen werden, wollte man getrennte Subspecies aufstellen. Man hüte sich also, junge Vögel mit alten schlechthin in Parallele zu stellen. Aber trotz dieser Einschränkung hat v. Erlanger sich durchaus zutreffend geäufsert, wenn er schreibt: „Ost-Afrikaner sind meist ein wenig dunkler, und zwei Vögel aus Port Natal sind bedeutend dunkler (als Nordost-Afrikaner)". Ich verdanke der Liebenswürdigkeit der Herren in Berlin, Tring und Ingelheim ein schönes Material, das ich mit meinen Stücken aus NO.- und O.-Afrika vergleichen konnte. Die Mafse differieren bei allen nur ganz unwesentlich, hingegen fand ich v. Erlangers Befund vollkommen bestätigt: Am blassesten bezw. mehr rötlichbraun auf Oberseite und Kropf sind die Stücke aus den Gallaländern und dem S.-Somalilande, dann folgen die Vögel aus Eritrea, ihnen sehr ähnlich aber doch um einen Schatten dunkler; sodann kommen in der Reihe die Ost-Afrikaner, und zuletzt erscheinen die Süd-Afrikaner ganz nennenswert dunkler als alle anderen. Nun konnte ich aber feststellen, dafs gerade dieses Sepiabraun aufserordentlich beim abgetragenen Gefieder verblafst. Um Subspecies mit der nötigen Sorgfalt aufzustellen und zu beschreiben, bedarf es also einer Serie von frischen und abgetragenen Kleidern aus allen genannten Gebieten, da man nur frisch vermauserte Stücke unter sich und dann in zweiter Linie nur abgestofsene Kleider wieder unter sich vergleichen darf, sonst kommt man zu Trugschlüssen, wie sie leider in der Literatur bereits vorliegen. Da es mir bisher an ganz frischen Stücken aus Eritrea und abgenützten Kleidern aus S.-Afrika fehlt, kann ich vorläufig keine Bearbeitung der Formen vornehmen, sondern mufs es bei diesem Hinweise bewenden lassen."

p. 12. *Lamprocolius cyaniventris*, statt „♀ Nr. 290" ist zu setzen „♀ Nr. 260".

p. 13. Derselbe, Text 1. Abs. 8. Zeile: statt „*syncobius*" ist zu setzen „*sycobius*".

Zusatz nach Abs. 1.: „Immerhin dürfte das nur ein Zufall sein, denn Neumann hat das Vorkommen der Form *L. chloropterus schraderi* Neum. für viele Gebiete NO.-Afrikas, von Eritrea bis zum Omo, nachgewiesen; der Typus seiner Subspecies stammt sogar aus Ailet in Eritrea. Wir haben also in NO.- wie in NW.- bezw. W.-Afrika je eine Form von *L. chalybaeus*, nämlich *L. c. chalybaeus* Hempr. Ehrbg. (Dongola) und *L. c. hartlaubi* Neum. (Senegal), sowie von *L. chloropterus*, nämlich L. c. *schraderi* (Eritrea, Abessinien) und *L. c. chloropterus* Sw. (Ober-Guinea—Gazellen-Fl.). Zu ersterer Gruppe gehören dann noch *L. chalybaeus massaicus* Neum. aus dem nördlichen D. O.-Afrika und *L. c. sycobius* Hartl. aus dem südlichen D. O.-Afrika, S.- und SW.-Afrika. Im übrigen verweise ich auf Neumanns Veröffentligung O. M. 1908. p. 64/65.

p. 16. *Sporopipes frontalis*, statt „♀♀ Nr. 807/8" ist zu setzen „♀♀ Nr. 806/7".

p. 16. Derselbe, Text, am Amfang einzuschalten: „Inzwischen hat E. M. Mearns (Description of ten new Afrikan Birds; Smiths. Misc. Coll. 56. Nr. 14. 1910, vgl. auch O. M. 1911. IV. p. 73/74) das Schuppenköpfchen aus NO.-Afrika unter dem neuen Namen „*Sporopipes frontalis abyssinicus*" vom Ost-Afrikaner abgetrennt. Ich mufs mich gegen diese neue Form erklären. Da ich ursprünglich auf Grund meiner eigenen Stücke aus NO.- und O.-Afrika ebenfalls eine Abtrennung für berechtigt hielt, liefs ich mir gröfseres Material schicken und stellte mit dessen Hilfe folgendes fest: Kaum ein anderer Vogel der Familie ändert sein Aussehen so kolossal lediglich durch Abnutzung des Gefieders wie *Sporopipes*. Ein frisch vermausertes ♀ meiner Sammlung aus der Wembere-Steppe ist ein ganz bunter Vogel, Kinn lebhaft isabellfarbig, Kopf und Brust grau mit rötlichem Anflug, Bauch und Rest der Unterseite wieder isabellfarbig, der Nackenfleck ist fuchsig, also intensiv rötlichbraun, die ganze Oberseite zeigt braune Federränder. Alle meine Stücke aus Eritrea dagegen zeigen einfach weifsliche Unterseite mit grauem Anfluge auf Kropf und Brust, matten rötlichgelben Nackenfleck und schmale blafs braungraue Federränder auf der Oberseite. Sie sind aber darum doch keine andere Form, sondern das zuerst beschriebene ist nur das frische Gefieder ebenso im NO.- wie in O.-Afrika, das andere einfach das abgetragene. Beim Vergleiche ist hier besonders zu bezücksichtigen, dafs in beide Regionen die Mauser keineswegs in derselben Jahreszeit eintritt, vielmehr in NO.-Afrika (mit Ausnahme der Küste Geb. I.) im Hochsommer, in O.-Afrika im Frühjahr.

Im März z. B., aus welchem Monat ich Vögel beider Gebiete besitze, tragen die Nordost-Afrikaner ein ganz verblichenes, die Ost-Afrikaner schon ihr frisches Kleid. Die Systematik ist eben doch von der Biologie nicht ganz zu trennen.

p. 21. *Quelea sanguinirostris aethiopica*, Text, am Anfang einzufügen: „Wenn Reichenow (V. A. III p. 109) als Kennzeichen für *sanguinirostris* das Fehlen des schwarzen Stirnbandes angibt und die Vögel mit unterbrochenem Stirnbande var. *intermedia* Rchw. nennt, so kann ich dem nicht beipflichten. Unter 5 ♂ ad. meiner Sammlung aus Kavirondo (Januar 1910) befindet sich eines, No. 3266, mit breiter durchlaufender Stirnbinde, ein anderes, No. 3263, mit unterbrochener aber sonst sehr deutlicher Stirnbinde, 3 andere zeigen gar keine Stirnbinde sondern nur einen schwarzen Fleck jederseits zwischen Auge und Schnabel. Ferner besitze ich ein ♂ aus Dire Daua, N.-Somaliland, No. 2349, mit breiter kaum unterbrochener Stirnbinde; endlich sammelte v. Erlanger im S.-Somalilande bei Kismayu ebenfalls ein ♂ mit breitem schwarzen Stirnbande. Solche Stücke in allen Abstufungen scheinen sonach überall in NO.- und O.-Afrika vorzukommen. Der Unterschied gegenüber der typischen *sanguinirostris* aus NW.-Afrika, von welcher ich ebenfalls eine Suite besitze, dürfte hauptsächlich in der viel lebhafter gefärbten Unterseite des letzteren auch gegenüber *aethiopica* im frischen Gefieder liegen. Auch der Oberkopf ist bei *sanguinirostris* etwas tiefer rotbraun getönt, das Schwarz der Kehle geht weiter auf den Kropf hinab.

p. 22. *Euplectes capensis xanthomelas.* Bei Bestimmung der unter diesem Namen gehenden No. 608, 635, 905 ist mir aus Mangel an Vergleichs-Material ein sehr bedauerlicher Irrtum untergelaufen. Inzwischen habe ich echte *E. c. xanthomelas* aus O.-Afrika erhalten und mufste feststellen, dafs alle 3 oben angeführten Stücke keine *Euplectes* sondern *Pyromelana* (wahrscheinlich *franciscana*) im Winterkleide sind. Der Fehler ist einmal gemacht, er soll nicht beschönigt sondern nur verbessert werden.

p. 23. *Amadina fasciata alexanderi*, Text 1. Abs. 7. Zeile: statt „Schao" ist zu setzen „Schoa"; 13. Zeile: statt „Stäcken" „Stücken".

p. 24. *Aidemosyne cantans orientalis*, statt „? No. **343**" soll es heifsen „? No. **334**".

p. 24. *Pytilia citerior jessei*, O. Neumann hat inzwischen an der Hand eines aufserordentlich reichen Materials sich eingehend mit den Formen der *Pytilia melba* bezw. *citerior* beschäftigt und dabei auch die Stücke meiner Sammlung mit benützt. Er teilt mir nun mündlich mit, dafs auf Grund seiner gründlichen und sicher zutreffenden Untersuchungen meine Stücke aus Geb. II und IV echte *Pytilia melba soudanensis* Sharpe seien, während in meinem Geb. I und vielleicht III, wo ich selbst leider keine *Pytilia* fand, die typische *P. melba jessei* vorkommt. Es erklärt sich somit ganz einfach, dafs meine Exemplare aus Geb. II nicht mit der Beschreibung von *P. jessei* übereinstimmten, ferner aber zeigt sich wieder einmal, wie früher mit dem Namen „Bogosland" geradezu verderblicher Unfug getrieben wurde. Neumann fafst alle Formen unter „*melba*" zusammen und betrachtet „*citerior*" nur als Subspecies. Auf meine Vögel vom S.-Somaliland 1911 werde ich an anderem Orte eingehen.

p. 26. Überschrift statt „*Estrilda rhodopyga* Sund." mufs heifsen: *Estrilda rhodopyga rhodopyga* Sund." Im Text ist bei Abs. 1 einzufügen nach der 5. Zeile: „Hingegen unterscheiden sich die Vögel aus den Central-Provinzen am Albert-See sowie anderseits diejenigen aus dem südwestlichen D. O.-Afrika am Tanganjika-See von der typischen *rhodopyga*, wie K. Kothe in O. M. 1910 IV. p. 70 ausgeführt hat. Er beschreibt dort erstere Form neu als *E. r. centralis*, letztere als *E. r. frommi*. Ich hatte selbst Gelegenheit, die ihm vorliegenden Suiten zu sehen und kann seinem Urteil nur vollkommen beipflichten. Zu einer Trennung der Ost-Afrikaner aus den nordöstlichen Teilen unserer Kolonie von den Nordost-Afrikanern hat sich Kothe ebensowenig wie ich entschlossen, obgleich einzelne sehr verblafste ältere Exemplare des B. M. aus Abessinien leicht dazu verführen könnten, wenn nicht meine Suite frisch gesammelter Bälge das Gegenteil darlegte.

p. 28. *Lagonosticta senegala erythreae*, statt „♂ Nr. 292" ist zu setzen „♂ N. 494". Beim Text ist hinzuzufügen nach der 3. Zeile: „Die bisher beschriebenen Formen seien hier kurz aufgezählt:

1. *L. s. senegala* L., NW.-Afrika, Senegal bis Togo.
2. *L. s. flavodorsalis* Zedl., Hinterland v. Kamerun, Adamana.
3. *L. s. erythreae* Neum., Nordwestliches Eritrea.
4. *L. s. carlo* Zedl., N.-Somaliland, Harar-Berge, Hauasch-Gebiet.
5. *L. s. somaliensis* Salvad., S.-Somaliland.
6. *L. s. abayensis* Neum., SW.-Abessinien, Abaya-See.
7. *L. s. pallidicrissa* Zedl., W. Afrika, Angola u. Hinterland.
8. *L. s. brunneiceps* Sharpe, S.-Afrika bis Mossambik.
9. *L. s. rendalli* Hart., Südliches O.-Afrika, Schire.
10. *L. s. ruberrima* Rchw., vom Kiwu-See durchs nördliche D. O.-Afrika u. Uganda bis Brit. O.-Afrika."

p. 28. *Ortygospiga atricollis polyzona* Temm. Überschrift mufs heifsen „*Ortygospiza atricollis fuscocrissa* Heugl.". Am Anfange des Textes ist einzufügen:

Es sei mir gestattet, hier auf einige Fragen der Nomenklatur und Systematik einzugehen. Zunächst erscheint es zweifelhaft, ob Temmincks Name überhaupt Geltung haben kann. Der Sachverhalt ist folgender: Temminck bildet in Planches Col. Fig. 3. T. 221 (in B. M. ist es Nummer 317) deutlich ein ♀ *polyzona* ab. In der Beschreibung (Textes p. 267) passiert ihm aber ein Irrtum, indem er ♂ von *atricollis* ohne weifses Kinn als ♂ von *polyzona* beschreibt und als Heimat uns die Länder am Gambia angibt. Das stimmt natürlich auch nur für *atricollis*, nimmermehr für *polyzona*. Die sich anschliefsende Beschreibung vom ♀ *polyzona* ist sonst richtig. Da nun für Nordwest-Afrikaner damals der Name *atricollis* Vieill. schon bestand, glaube ich es rechtfertigen zu können, wenn ich Temmincks Namen trotz der falschen Angabe der terra typica lediglich auf Grund der richtigen Beschreibung des ♀ beibehalte. Von diesem ♀, das Temminck vorlag und von ihm zwangsweise einen so durchaus umpassenden Gatten erhielt, wissen wir nur, dafs es ganz sicher nicht vom Gambia stammen konnte wie das ♂; die Wahrscheinlichkeit spricht dafür, dafs es aus S.-Afrika gekommen war, da damals in O.- und NO.-Afrika noch so gut wie gar nicht gesammelt wurde. Die Beschreibung Temmincks, welche einen auf Bauch und Steifs recht blassen Vogel behandelt, stimmt ganz gut mit dieser Hypothese überein.

Nun einen kurzen Überblick über die einzelnen Formen:

1. *O. atricollis atricollis* Vieill., Nouv. Dict. XII. p. 182 (1817). Kopfseiten und Kinn nicht weifs. Die weifsen Binden auf Kropf und Brust beim ♂ feiner und dichter als beim ♀. Mafse bei ♂ und ♀ gleich, Reichenow gibt 49—52 mm Fllg. an, ich fand ziemlich regelmäfsig 51—52 mm. Verbreitung: NW.-Afrika, Senegal, landeinwärts bis zum W. Nil. (Die von Heuglin nach J. f. O. 1863 p. 4 am unteren W. Nil gesammelten *Ortygospiza* mit schwarzen Wangen und Kinn dürften hierher gehören.)
2. *O. a. ansorgei* Ogilv.-Grant, B. B. O. C. 1910 CLIX p. 84. Diese Form steht der echten *atricollis* am nächsten, doch ist nach der Beschreibung das Schwarz am Kopfe ausgedehnter, die schwarzweifsen Binden an den Körperseiten sind schmaler und weniger zahlreich, die Oberseite ist im ganzen dunkler; auch das ♀ ist im allgemeinen etwas dunkler als *atricollis*.

   Typen: ♂♂♀ Ansorge leg. 28.—30. VII. 09 Gunnal, Portug. Guinea.

   Wie weit sich die Verbreitung nach Süden und Osten erstreckt, ist noch ungewifs. Jedenfalls kommen am oberen Nil, am Nordende des Victoria-Sees und (vielleicht!) in Gabun schwarzköpfige *Ortygospiza* vor, welche kaum zur typischen Form *atricollis* gehören dürften, wenn sie auch bisher unter dieser Flagge segelten. Ich bedaure es, dafs Ogilvie-Grant bei seiner Neu-Beschreibung hierauf gar keine Rücksicht genommen hat. Jedenfalls ist es nach allen Grundsätzen der Zoogeographie mehr als unwahrscheinlich, dafs nur in Ober-Guinea die Form *ansorgei*, hingegen sonst in ganz NW.-, W.- und Central-Afrika nur *atricollis* vorkommen sollte. Ich selbst vermochte mir leider bisher nicht das nötige Material zu verschaffen, um dieser Frage ernstlich näher treten zu können. Nur aus dem Tring-Museum erhielt ich ein ♀ aus Uganda, das mir allerdings keine typische *atricollis* zu sein scheint, doch kann dies eine Ex. natürlich nichts beweisen.

Vom Ufer des Bangweolo-See stammt ein von Neave im Ibis 1910 p. 251 als „*Paludipasser locustella*" beschriebener Vogel, der vielleicht auch nur als eine Form von *Ortygospiza* sich herausstellen dürfte, wenn man ihn vergleichen könnte, was mir bisher nicht möglich war.

O. Neumann hat kürzlich die Typen von *O. ansorgei* im Brit. M. in Augenschein genommen und teilt mir freundlicher Weise brieflich mit, er halte die Abtrennung nicht für gerechtfertigt, vielmehr die Stücke für typische *atricollis*, eins davon melanistisch, das andere ein Käfigvogel. Ich erwähne diese Form also mit allem Vorbehalt.

3. *O. a. polyzona* Temm., Pl. Col. T. 221, Fig. 3 (1823). Kleiner weifser Kinnfleck, Strich ober- und unterseits des Zügels sowie Augenring weifs. Bänderung der Unterseite breiter und schärfer als bei *atricollis*. Unterkörper in der Mitte gelbbräunlich, die Bänderung an den Bauchseiten vielfach unterbrochen und wenig nach der Mitte hin ausgedehnt.

Mafse für ♂ und ♀ gleich, Fllg. 42—54 mm.

Verbreitung: S.-Afrika, dort anscheinend meist Zugvogel, also als Gast auch weiter nördlich zu erwarten.

4. *O. a. fuscocrissa* Heugl. J. f. O. 1863 p. 18. Die hier von Heuglin angeführten Kennzeichen stimmen nicht durchweg, insbesondere hat der Vogel aus NO.-Afrika das Schwarz an Kopf und Kehle ebenso tief und ausgedehnt wie der Südafrikaner. Richtig ist, wenn Henglin die braune Zeichnung auf Steifs und Unterschwanzdecken hervorhebt. Ich möchte *fuscocrissa* kurz wie folgt charakterisieren: Die Bänderung an den Körperseiten regelmäfsig und weit, bis zur Bauchmitte fast, sich erstreckend, sodafs bei normaler Präparation nur ein schmaler, oben rostrotbrauner, nach unten zu blasser werdender ungebänderter Streifen von der Mittelbrust zum After verläuft. Auch beim ♀ scheint die Bänderung auf dem Unterkörper ausgedehnter zu sein. In der weifsen Zeichnung von Steuerfedern und Schwingen konnte ich konstante Unterschiede der Formen nicht feststellen.

Die Maſse von *fuscocrissa* sind gröſser als bei allen verwandten Subspecies:

Fllg. ♂♂ Adua 58, 55 mm (letzteres etwas defekt).
♀ Asmara 56 mm.

Die beiden ♂ tragen fast fertiges Hochzeitskleid, stehen unmittelbar vor der Brut und zeigen doch schwarze Schnäbel. Auſserhalb der Brutzeit haben die meisten Stücke in NO.-, O.- und S.-Afrika gelblichen Unterschnabel, dunkelbraunen Oberschnabel, bisweilen mit rötlicher Spitze, nur ♀ aus Angola (*O. a. ansorgei??*) im B. M. und ♀ aus Mkalama, Wembere-Steppe, v. d. Marwitz leg. (*O. a. mülleri*) zeigen ebenfalls ganz schwarze Schnäbel wie die ♂♂ von Adua. Hingegen haben alle ♂♂ aus O.- und S.-Afrika, sobald sie Hochzeitskleid tragen, leuchtend rote Schnäbel. Da das Material an *fuscocrissa* ♂♂ aus der Brutzeit recht knapp ist, bleibt abzuwarten, ob dieselben tatsächlich auch bei hohem Alter niemals rote Schnäbel auch nur vorübergehend bekommen.

Verbreitung: Hochland von Eritrea und N.-Abessinien.

5. *O. a. mülleri* subsp. nov. In der Färbung, besonders der starken Bänderung, *fuscocrissa* ähnlich, in den kleinen Maſsen hingegen *polyzona* näher stehend. Der weiſse Kinnfleck beim alten ♂ ausgedehnter als bei *fuscocrissa*. Schnabel des ♂ zur Brutzeit leuchtend rot.

Typus: ♂ No. 3382 meiner Sammlung, Simbiti, Wembere-Steppe, D. O.-Afrika, 7. III. 1910, Präparator Müller leg.

Maſse: ♂ u. ♀ gleich. Fllg. 53—55 mm, am gröſsten O. Neumanns Stück von dem Ulu-Berge.

Verbreitung: O.-Afrika, S.-Abessinien (mit Vorbehalt). Aus S.-Abessinien liegen mir nur 3 jüngere Vögel bezw. ♀ vor, welche ich zu *mülleri* ziehe unter Vorbehalt späterer event. Abtrennung auf Grund reichlicheren Materials.

p. 29. *Uraeginthus bengalus bengalus* L.

Nachtrag zum Text 1 Abs.:

Nachdem in den „Mitteilungen aus dem Zool. Museum in Berlin V. Bd. 2. Heft 1911" Prof. Reichenow sich eingehend mit den Formen von *U. bengalus* beschäftigt und auch meine Sammlung inzwischen frischen Zuwachs erhalten hat, habe ich mich mit der Gruppe eifriger befaſst und auch noch ein groſses Material durchgesehen, das mir wieder in entgegenkommendster Weise vom Tring-Museum zur Verfügung gestellt wurde. Als Resultat meiner Untersuchungen möchte ich vorläufig 12 Formen aufstellen, ohne behaupten zu wollen, daſs es deren nicht noch mehr gäbe. Bei den bereits beschriebenen bitte ich, die ausführlichen Diagnosen im Urtext nachlesen zu wollen, da ihre Wiederholung zu viel Raum beanspruchen würde.

1. *U. b. bengalus* L. Oberseite ziemlich dunkel, mittlere Mafse, Fllg. 52—54 mm.
Verbreitung: NW.-Afrika, Senegal bis Adamaua.
2. *U. b. togoensis* Rchw. (Mitt. a. d. Zool. Mus. Berl. V, 2, p. 228. 1911). Oberseite heller als bei vorigem mit rötlichem Tone, Mafse klein, Fllg. 50—51 mm.
Verbreitung: Togo.
3. *U. b. camerunensis* Rchw. (M. a. d. Z. M. B. V, 2, p. 228. 1911). Oberseite noch dunkelbrauner als *bengalus*, Gröfse etwa gleich.
Verbreitung: Ost-Kamerun.
4. *U. b. angolensis* L. Das ♂ im Gegensatz zu allen vorigen ohne roten Ohrenfleck. Fllg. 51—53 mm.
Verbreitung: Angola u. Hinterland.
5. *U. b. damarensis* Rchw. V. A. III. p. 209. Kein roter Ohrenfleck. Oberseite drapfarbig, viel blasser bezw. grauer als bei *angolensis*. Gröfse etwa gleich.
Verbreitung: S.W.-Afrika, Damaraland.
6. *U. b. niassensis* Rchw. (M. a. d. Z. M. B. V, 2, p. 228. 1911). Kein roter Ohrenfleck, Oberseite sehr dunkel, Mafse: ♂ u. ♀ gleich, meist 51—53 mm Fllg., ein ♂ aus Songea (Stierling leg.) nur 49 mm.
Verbreitung: S.O.-Afrika, Niassa-See.
7. *U. b. ugogensis* Rchw. (M. a. d. Z. M. V, 2, p. 228. 1911). Wie vorige aber oberseits blasser und roter Ohrenfleck. Mafse grofs, Fllg. 53—56 mm. Anscheinend zeigt nur bei dieser Form auch ♀(!) in der Brutzeit vollkommen roten Schnabel.
Verbreitung: Ugogo.
8. *U. b. perpallidus* Neum. (J. O. 1905 p. 351.) Im ganzen sehr blafs, Oberseite drapfarbig ähnlich *damarensis*, jedoch mit rotem Ohrenfleck. Mafse klein, Fllg. 50—51 mm.
Verbreitung: Sudan, unterer Weifser Nil.
9. *U. b. schoanus* Neum. (J. O. 1905. p. 350.) Unterseite nicht reinblau wie bei allen vorigen, sondern grünlichblau, Oberseite kräftig rehbraun. Grofse Mafse, Fllg. 53—55 mm.
Verbreitung: Schoa, Gallaländer.
10. *U. b. senafensis* Rchw. (M. a. d. Z. M. B. V, 2, p. 228. 1911). Unterseite satt tiefblau, Oberseite rehbraun, also ähnlich *schoanus*, von dem sich *senafensis* durch den Ton der Unterseite auf den ersten Blick unterscheidet, während er durch die lebhafte, dunkle Oberseite erheblich von den westlich benachbarten Formen *barcae* und *perpallidus* abweicht. Mafse grofs, typische ♂♂ haben 53—56 mm Fllg., nur solche aus der Küstenregion, Geb. I., sind kleiner. Ich glaube, dafs Vögel aus letzterem Gebiete — mir liegen solche von Schrader

gesammelte aus dem Tring-Mus. und eigene vor — anscheinend stets kleinere Maſse haben und abzutrennen sein dürften. Da mein Material aber zu unvollständig ist, um auch über die Verschiedenheit frischer sowie abgetragener Kleider Sicheres feststellen zu können, behalte ich mir diese Beschreibung noch vor.

Verbeitung: Eritrea, N.-Abessinien.

11. *U. b. barcae* Zedl. (J. f. O. 1911. I. p. 29.). Am ähnlichsten *perpallidus*, also im ganzen blaſs, jedoch die Oberseite im frischen Gefieder sandfarbener, rötlicher, bei jenem grauer. Unterseite nur bei frisch vermauserten Exemplaren lebhafter blau, bisweilen mit einem ganz schwachen Zug ins Grünliche, der *perpallidus* fehlt. Maſse kleiner als *senafensis*, gröſser als *perpallidus*. 4 ♂ meiner Sammlung haben 52—53 mm Fllg., Schw. 63—65 mm. ♂ von Cheren — Übergang zu *senafensis* — zeigt 55 mm Fllg. Bei *barcae* und *senafensis* fand ich die längsten Schwanzmaſse bis 65 mm.

Typus: ♂ No. 1334, Mansura (Barca) 30. 3. 09 (Eigene Sammlung.)

Verbreitung: NW.-Eritrea, Barca-Geb., vielleicht Dongola.

12. *U. b. ugandae* subsp. nov. Nicht etwa dem nordwärts benachbarten *perpallidus* am ähnlichsten, vielmehr dem östlichen Nachbar *schoanus* verwandter im Aussehen, jedoch das Blau der Unterseite noch mehr ins Grünliche ziehend als bei diesem, die Oberseite im frischen Gefieder um einen Schatten dunkler. Andererseits durch die viel kleineren Maſse von *schoanus* gut unterschieden, Fllg. 50—51 mm, sehr selten 52 mm. Von dem südwärts sich anschlieſsenden *ugogensis* ist *ugandae* total verschieden, bei jenem ist das Blau der Unterseite viel reiner, lebhafter, ausgedehnter, die Oberseite hingegen etwas matter, graulicher, bei *ugandae* brauner.

Typus: ♂ (No. 76) Grauer leg. 28. IV. 07. Entebbe, Uganda (Tring-Mus.).

Verbreitung: Uganda, Victoria-See bis Gazellen-Fl.

Noch kein Urteil möchte ich mir über die Vögel aus S.-Afrika, Natal und Transvaal erlauben, da mir nur 5 Ex. von dort vorliegen. Sie sind oberseits lebhaft braun und unterscheiden sich hierin auf den ersten Blick von *damarensis*.

Der im Nordosten benachbarten Form *niassensis* sind sie ähnlicher, doch scheint mir das Blau der Unterseite bei den Südafrikanern nicht so tief sondern eher etwas grülich zu sein. Die Maſse der wenigen mir vorliegenden Vögel sind gröſser als bei *niassensis*, Fllg.

♂♂ 53—55 mm, ♀♀ bisweilen 52 mm. Sollten diese Unterschiede sich auch bei gröfseren Serien als konstant erweisen, so würde ich den Namen „*natalensis*" für sie vorschlagen.

p. 29. *U. b. bengalus*, statt „♂ No. 369" ist zu sehen, „♂ No. 769".

p. 30. *Hypochera ultramarina*, Synonymik, statt „O. Neum. J. O. 05. p. 251" ist zu setzen „O. Neum. J. O. 05. p. 351". Im Text ist folgendes zu ergänzen nach Abs. 1.: „Inzwischen habe ich aus dem Norden D. O.-Afrikas einige Exemplare für meine Sammlung erhalten und möchte nach Vergleich derselben mit dem Material des B. M. einiges zur Systematik nachtragen: Ich unterscheide jetzt klar 3 Formen:

1. *Hypochera u. ultramarina* Gm. Deutlicher blauer Stahlglanz, Handschwingen beim ausgefärbten ♂ ohne nennenswerte helle Säume und im ganzen dunkel. Mafse klein, Fllg. 60—63 mm.
   Verbreitung: NO.-Afrika.
2. *H. u. orientalis* Rchw. (D.-O.-Afrika 1894. p. 188). Metallglanz ebenfalls bläulich, bisweilen etwas matter, Handschwingen auch in frischem Gefieder fahlbraun mit deutlichen hellen Säumen. Mafse grofs, bei meinen Stücken Fllg. 68—69 mm.
   Verbreitung: O.-Afrika.
3. *H. u. amauropteryx* Sharpe (Cat. Brit. M. XIII. p. 309, 1890). Metallglanz deutlich grünlich (nach der Urbeschreibung), Mafse grofs wie bei *orientalis*. Um über die Schwingenfärbung mich zu äufsern, fehlt es mir an Material. Aus demselben Grunde lasse ich auch dahingestellt, ob Vögel aus Angola und vom Kongo typische *amauropteryx* sind, zu denen Reichenow V. A. III p. 215 sie ebenso wie *orientalis* rechnet.
   Verbreitung: S.-Afrika, bis auf weiteres auch SW. und W.-Afrika bis zum Kongo.

Nach dem Gesagten mufs die Überschrift in meiner Arbeit p. 30 natürlich lauten: „*Hypochera ultramarina ultramarina* Gm."

p. 32. *Passer griseus swainsonii.* Zusatz zum Text: Ich würde gern den Namen „*abyssinicus* Neum." bestehen lassen lediglich für die ganz dunklen Sperlinge S.-Abessiniens, wie sie in der Coll. v. Erlanger unter No. 2434—2438, 2440—2442 zu finden sind. Nur hier ist das fast vollkommene Fehlen eines helleren Kehlfleckes, auf welches O. Neumann besonderen Wert legt, ziemlich regelmäfsig zu finden. Er gibt auch als Verbreitungsgebiet Abessinien bis hinab zum Rudolf-See an. Leider stammt aber der Typus aus dem Norden, und zwar von Gadi Saati am Mareb. Es dürfte daher nach den Regeln der Nomenklatur nicht angängig sein, den Namen, welchen ein Vogel aus dem Norden erhielt, nun ausschliefslich für den Süden anzuwenden.

p. 33. *Passer griseus eritrae*, Zusatz am Ende von Abs. 1: Von den westlicheren Formen *thierryi* und *griseus* unterscheidet sich *eritreae* sehr gut durch die erheblich gröſseren Maſse, alle *eritreae* zeigen eine Fllg. über 84 mm, meist 85—86 mm, *griseus* und *thierryi* hingegen messen meist 76—78 mm Fllg., höchstens bis zu 80 mm. Bei *griseus* sind die Körperseiten grauer als bei *thierryi* und *eritreae*.

Als Typus benenne ich ♂ No. 1232 Scetel 11. 3. 09, welches sich in meiner Sammlung befindet. Zu erörtern wäre noch, ob etwa für diesen Sperling der Name „*crassirostris* Hengl." in Frage kommen könnte. Derselbe wurde ursprünglich als ausgesprochener nomen nudum vom Prinzen P. v. Württemberg auf ein Stück seiner Sammlung angewendet. Im J. f. O. 1867 p. 299 greift nun Henglin bei Besprechung der Sammlung diesen Namen auf, gibt einen Fundort — Fazoql — an und eine allerdings ganz ungenügende Beschreibung mit den Worten: „eine groſse intensiv gefärbte *Pyrgita swainsonii* mit hellem dicken Schnabel". Damit ist nun „*Pyrgita crassirostris* Hengl. non Würtbg." kein nomen nudum mehr. Trotzdem kann sich der Name m. E. nicht auf den hellen Sperling des Barca- und Tacazzé-Gebietes beziehen, denn Heuglin hielt mit Rüppell und Cretzschmar ja alles, was im heutigen Eritrea vorkommt, für *P. swainsonii* in der falschen Annahme, die hellen Stücke seien die ♀♀. Bei ihm fallen also unter diesen Sammelnamen *swainsonii* unser *P. g. swainsonii* (Syn. *abyssiniens* Neum.) sowie *P. g. neumanni* und *P. g. eritreae*, welche unter einander sich übrigens auch nicht konstant in den Maſsen unterscheiden. Die *Pyrgita crassirostris* wird gerade zu ihnen in Gegensatz gestellt, sie soll gröſser sein, das ist klar; was der Ausdruck „intensiv gefärbt" bedeuten soll, ist allerdings weniger deutlich. Sollte ein Sperling aus Fazoql, überhaupt vom unteren Blauen Nil eines Namens bedürfen, so würde für ihn in erster Linie „*crassirostris* Hengl." in Frage kommen. Mir selbst sind Exemplare aus jener Gegend leider bisher nicht zu Gesicht gekommen, das Stück aus der Sammlung Württemberg ist anscheinend wie so viele andere verschollen.

p. 37. *Passer hispaniolensis washingtoni.* Text 4. Zeile: statt „notorsich" soll es heiſsen „notorisch".

p. 43. *Fringillaria septemstriata septemstriata*, statt „♂ No. 277" soll es heiſsen „♂ No. 227".

p. 46. *Anthus cervina.* Im Text ist nach Abs. 1. einzuschalten: „Bei No. 4, 13, 14 könnte es sich nach dem Fundorte auch um *A. pratensis enigmaticus* Sarudny (O. M. 09. IV. p. 56.) im Winterquartier handeln, der, obwohl eine *pratensis*-Form, doch starke dunkle Längsfleckung auf dem Bürzel zeigt. Ich glaube aber mit Rücksicht auf die sehr starke Fleckung am Kropf neben der konstanten Differenz von 1—1½ mm zwischen der 4. und der 3 ersten Handschwingen nicht fehl zu gehen, wenn ich meine Stücke als *cervina* auffasse, auch ohne dafs sie irgendwie rötliche Kehle zeigen.

p. 50. *Galerida cristata eritreae.* Zusatz zum Text: Bianchi im Bull. Ac. Sci. Petersburg XXV p. 69 (1906) vgl. auch Hartert V. d. p. F. Nachtrag, Inhalts-Verzeichnis p. XXVI. Anm. 5, gibt der bei Hartert V. d. p. F. p. 234 noch unbenannten *Galerida* den neuen Namen „*nubica*" auf Grund von Harterts Beschreibung, ohne etwas hinzuzufügen oder einen Typus namhaft zu machen.

Als Verbreitung wird auch hier Nubien bis abessinische Küste angegeben. Wäre das richtig, so fiele meine *C. c. eritreae* mit unter *nubica.* Ich kann aber den Vogel aus der Gegend von Massaua sowohl vom südlich benachbarten „*somaliensis* Bianchi" wie vom nordwestlichen Nachbar „*nubica* Bianchi" gut unterscheiden, er steht in der Mitte, was die Rückenfärbung betrifft, ist oberseits nicht so blafs und grau wie *somaliensis*, aber nicht annähernd so rötlich wie *nubica* aus Dongola. Am nächsten steht es hierin *brachyura* von S.-Palästina, von der er sich jedoch durch die Mafse und sonst noch unterscheidet, wie ich bei der Neubeschreibung ausgeführt habe. In der matten gelbbräunlichen Kropffleckung stehen *nubica* und *eritreae* sich sehr nahe. Ich kann also den Namen *nubica* nur für Vögel aus Nubien und Dongola gelten lassen, diejenigen von der Küste sind *eritreae.*

p. 53. *Pyrrhulauda melanauchen*, Text 2. Abs. 13. Zeile: statt „dafs" mufs es heifsen „das".

p. 55. *Pycnonotus barbatus gabonensis*, Verbreitung: statt „Kamerum" mufs es heifsen „Kamerun".

p. 58. *Cinnyris venustus fazoglensis*, nach ♂ No. 986 Adua soll es statt „6. 4. 08" heifsen „4. 6. 08", statt „♂ Nr. 1276" — „♂ Nr. 1279", statt „3 ♂ juv. 1245, 1260, 1282 Scetel 12., 15., 19. 3. 08" — „12., 15., 19. 3. 09".

p. 60. *Cinnyris mariquensis osiris*, Text 18. Zeile: statt „*bifasciata*" soll es heifsen „*bifasciatus*".

p. 62. Überschrift „*Hedydipna*" statt „*Hdydipna*".

p. 67. *Prinia gracilis deltae*, Zusatz zum Text: Inzwischen habe ich durch Vergleiche festgestellt, dafs Nr. 77 aus der Gegend von Massaua keine ganz typische *deltae* mehr ist, sondern in der ausgesprochen graulich getönten Oberseite einen Übergang zu *yemenensis* Hart. darstellt. Leider ist der Schwanz defekt, sodafs sich über die breiteren oder schmäleren Anteapikalbinden, das Charakteristikum von *yemenensis* gegenüber *deltae*, nichts sagen läfst. Bei dieser Arbeit bekam ich auch die Stücke der Coll. v. Erlanger in die Hände und habe dazu einiges zu bemerken: Die Exemplare Nr. 5494—5497 aus dem Sultanat Lahadsch in S.-Arabien sind natürlich keine *deltae*, wie sie im Katalog von Hilgert aufgeführt stehen, sondern *yemenensis*, und zwar sämtlich juv., wie man deutlich am Schnabelspalt sehen kann, vielleicht sogar Geschwister, da sie alle am 28. XII. 99. erlegt sind. An diesen Vögeln können wir das interessante Jugendkleid studieren in Ergänzung von Harterts Beschreibung des Vogels ad. Im Vergleich mit dem Typus von *yemenensis*, den ich dank der Liebenswürdigkeit des Autors vor mir habe, ist der juv. auf der ganzen Unterseite nicht graulich, sondern gelblich überlaufen, am stärksten auf Bauch und Seiten, der Ton der Oberseite ist bräunlicher, die dunkle Fleckung etwas stärker, die Stirn etwas weiter hinauf rostgelblich überflogen, der Schnabel zum gröfsten Teil gelb, an der Firste des Oberschnabels dunkler und stets kürzer als beim Vogel ad. Die Schwänze, welche erst etwa zur Hälfte der normalen Länge gewachsen sind, zeigen auf der Unterseite doch schon die für die Form charakteristischen breiten und dunklen Binden.

Ferner sind im Katalog unter Nr. 5490—5493 noch 4 Exemplare aus dem N.-Somaliland als *P. g. gracilis* aufgeführt. Dies sind bestimmt keine typischen *gracilis*, deren Oberseite stets nur matte verwaschene Schaftstriche zeigt und auch viel blasser ist. Mit den relativ sehr dunklen *deltae* haben sie auch nichts zu tun, auch *yemenensis* ist oberseits grauer und etwas dunkler. Aufserdem unterscheiden sie sich von allen angeführten Formen durch kleinere Mafse. Ich nenne diesen Vogel *P. g. carlo* subsp. nov., Typus ist ♂ Nr. 5493 v. Erlanger leg. Dadab 16. I. 1900.

Ferner möchte ich im Anschlufs an Harterts Bemerkung in V. d. p. F. p. 609 bei *P. g. deltae* Abs. 2. „Stücke aus Klein-Asien sind meist bräunlicher auf der Oberseite und haben rotbräunliche Seiten, gleiche Exemplare befinden sich aber auch in Palästina und Aegypten" darauf hinweisen, dafs alle Vögel aus Palästina, welche mir vorliegen (B. M. und Museum Koenig) dieser Diagnose genau entsprechen und sich auf den ersten Blick von allen mir vorliegenden *deltae* aus Egypten unterscheiden, soweit sie ad. sind, hingegen sind juv. bei allen Formen stets etwas bräunlicher. Auch Stücke aus der Gegend von Suez sind nicht mehr typische *deltae*, sondern intermediär und bestätigen so meine Ansicht, dafs wir es in Palästina und wohl auch Klein-Asien mit einer unterscheidbaren gesonderten Form zu tun haben, welche auch von der anderen asiatischen Subspecies *lepida* durch gröfsere Mafse abweicht. Die Anteapikalbinden sind übrigens bei diesen Vögeln bisweilen fast so breit wie bei *yemenensis*, die Farbe der Oberseite jedoch absolut bräunlich — dort graulich. Es versteht sich, dafs hier weder von Jugend- noch abgetragenen Kleidern die Rede ist. Ich nenne diese Form *P. g. palästinae* subsp. nov. und nehme als Typus ♂ Becker leg. 9. III. 97 in El Mezra am Toten Meer, B. M. Im folgenden stelle ich die Formen der *Prinia gracilis* nun noch einmal einander gegenüber:

I. Oberseite relativ dunkel, mehr oder weniger graulich, deutliche starke Längsfleckung.

1. *P. g. deltae* Rchw. Antepikalbinden unter 5 mm breit und matt. Fllg. 44—45 mm. Schn. 9—10 mm.
   Verbreitung: Unter-Egypten.
2. *P. g. yemenensis* Hart. (V. d. p. F. p. 609). Anteapikalbinden über 5 mm breit und sehr dunkel. Oberseite bisweilen etwas graulicher. Mafse wie bei *deltae*.
   Verbreitung: S.-Arabien.

II. Oberseite blasser, mehr bräunlich als graulich, Längsfleckung fein oder verwaschen.

3. *P. g. gracilis* Licht. Längsfleckung der Oberseite ganz matt und verwaschen, Gesamtton blafsbräunlich, Mafse grofs: Fllg. 45—48 mm, Schn. 10—11 (nach Hartert sogar 10,2—12 mm).
   Verbreitung: Nubien, Dongola.
4. *P. g. carlo* subsp. nov. Längsfleckung der Oberseite fein und ziemlich deutlich, Gesamtton dunkler als *gracilis*, aber nicht ganz so dunkel und bräunlicher als *yemenensis*. Mafse klein: Fllg. 44—45, Schn. 8—9 mm.
   Verbreitung: N.-Somaliland.
5. *P. g. palaestinae* subsp. nov. Längsfleckung der Oberseite etwas breiter als bei *carlo*, nicht so verwaschen wie bei *gracilis*, Gesamtton viel brauner als bei *deltae*. Seiten und Schenkel rötlichgelb überflogen. Fllg. 45—46, Schn. 9—11 mm.
   Verbreitung: Palästina bis Klein-Asien.
6. *P. g. lepida* Blyth. Färbung wie *gracilis*, Anteapikalbinden z. T. matter, Mafse kleiner, Fllg. unter 45 mm.
   Verbreitung: S.-Persien bis Indien.

p. 68. *Camaroptera griseoviridis griseoviridis*. Am Schlufs von Abs. 1 mufs es heifsen: „Ich glaube, dafs die hellen (statt dunklen) Exemplare junge Vögel aus demselben Jahre (statt Frühjahre) sind.“ Im übrigen verweise ich auf meine inzwischen erschienene „Revision des Genus *Camaroptera*“ J. O. 1911, II, p. 328—345.

p. 70. *Phylloscopus collybita collybita*, Synonymik, hinter dito fehlt: „Hartert V. d. p. F. p. 501“.

p. 71. *Hippolais rama*. Neuer Text: „Nach Vergleich meiner Stücke mit dem vielseitigen Material der Coll. v. Erlanger an *pallida* und *rama* bin ich in voller Übereinstimmung mit Hilgert zu dem Schlufs gekommen, dafs es sich bei meinen Vögeln nicht um *rama* handelt. Die Oberseite bei echten *rama* Sykes (z. T. aus denselben Monaten) ist doch merklich heller und bräunlicher, die erste rudimentäre Schwinge länger, die II. Schwinge ist kürzer als die VII., bei meinen Exemplaren aber länger. Hingegen habe ich echte *pallida* gefunden, welche in der blassen Färbung gut zu den meinigen stimmen (Griechenland, Kl. Asien). Sehr kleine Mafse der Flügel kommen auch bei *pallida* vor (z. B. ♀ No. 5740 N.-Somaliland 16. II. 1900 Coll. v. Erlanger mit 62,5 mm Fllg.), ebenso sehr kurze Schnäbel (z. B. dasselbe ♀ und ♂ No. 3353 Wembere-Steppe, D. O. A. 6. III. 1910 meiner Sammlung mit wenig über 11 mm Schnlg.). Ich fasse also vorläufig alle meine Exemplare als *H. p. pallida* auf, so lange keine östliche Subspezies einwandsfrei nachgewiesen ist. Hartert hat die Form *elaeica* Linderm. (Isis 1843 p. 342, 343) für Griechenland wieder eingezogen; es liegt mir natürlich fern ihm widersprechen zu wollen, der Hinweis auf die grofsen vorhandenen Abweichungen soll nur für spätere Untersuchungen als Anregung dienen.

p. 75. *Crateropus leucocephalus leucoccphalus.* Im Text 11. Zeile ist einzufügen: O. Neumann ist übrigens selbst meiner Ansicht und bemerkt schon O. M. 1906 p. 147 mit Bezug auf obige Stelle: „Bei der Beschreibung meines *abyssinicus* .... hat sich bei der Korrektur ein sinnentstellender Lapsus eingeschlichen." Da er aber dann nicht sagt, welcher Lapsus, habe ich geglaubt, die Sache noch etwas klarer stellen zu sollen, zumal ich mich des weiteren nicht mit dem Autor einverstanden erkären kann, wenn er an der Berechtigung der Form *abyssinicus* nachträglich Zweifel ausspricht. Ich halte sie hingegen nach wie vor für unterscheidbar vom echten *leucocephalus*, besonders an der verschieden gefärbten Kopfplatte bei alten Vögeln im gleichen Stadium der Gefieder-Entwicklung. Im allgemeinen sehe ich im typischen *leucocephalus* den Steppenbewohner niederer Lagen, im *abyssinicus* den Vogel des Hügellandes in mittleren Höhen um 800 bis 1000 m. Ob die Fundort-Angaben aus dem eigentlichen Hochland sich ebenfalls auf ihn beziehen, konnte ich nicht feststellen, da ich selbst dort nie eine *leucocephalus*-Form, sondern stets nur *leucopygius* angetroffen und auch von anderer Seite kein Material erhalten habe. Es ist wohl möglich, dafs für dort noch eine dritte Form in Frage kommen könnte.

p. 81. *Cercomela lypura*, statt „♀ No. 206" ist zu setzen „♀ No. 335".

p. 82. *Saxicola oenanthe oenanthe*, zu Text 1. Zeile: Die Flügelmafse der ♂♂ sind nicht 107 und 109 mm, sondern 97 und 99 mm. Alle 3 erwähnten Stücke haben inzwischen O. Kleinschmidt, dem besonderen Kenner der *oenanthe*-Formen, vorgelegen, welcher die ♂♂ für *rostrata* Hempr. u. Ehrbg., das ♀ für echte *oenanthe* — wahrscheinlich aus Rufsland — erklärt. Ich trage kein Bedenken, mich diesem Urteil

vollkommen anzuschliefsen, es würde somit unter 340 nur ♀ von Asmara (No. 1010) fallen, und eine 340a mit den ♂♂ (No. 403, 430) als „*Saxicola oenanthe rostrata* Hempr. u. Ehrbg.“ einzufügen sein.

p. 87. *Phoenicurus phoenicurus mesoleuca.* Zur Systematik ist nachzutragen: In O. M. 1910. XII. p. 189 fafst Sarudny die *mesoleuca*-Formen als eine besondere Gruppe auf, welche sich durch gröfsere Stumpfflüglichkeit von den *phoenicurus*-Vertretern unterscheide. Bei dieser Gelegenheit beschreibt er nun die beiden asiatischen Formen *P. m. bucharensis* und *P. m. incognita.* Bei meinem Stück ist die 2. Schwinge um ein Minimum länger als die 6, keineswegs aber kürzer, somit kann es sich hier nicht um *bucharensis* handeln. Da ferner auf dem Rücken keine schwarze Färbung vorhanden ist, dürfte mein ♂ auch nicht zur Form *incognita* gehören, denn als mindestens semiad. mufs ich es ansprechen.

p. 90. Bei Art 363 mufs es statt „*Melittophagus fusillus cyanostictus*“ heifsen „*M. pusillus c.*“

p. 92. Art 345 mufs statt „*Saxicola pleschanka* Lepech“ heifsen „*Saxicola pleschanka pleschanka* Lepech“.

Dr. Freiherr Richard König von und zu Warthausen.

Ein Gedenkblatt.

(Mit Bildnis.)

Mit besonderer Freude wird der Blick des Reisenden, der sich auf den rollenden Rädern der Bahn im Fluge von der alten Reichsstadt Ulm an den Bodensee tragen läfst, auf dem stattlichen Schlosse weilen, das sich unweit Biberach auf langgestrecktem Hügel stolz erhebt: eine Erquickung für das Auge nach der Einförmigkeit der oberschwäbischen Ebene, die doch so voller intimer Reize ist. Ehe wir aber an das schwäbische Meer weitereilen, wollen wir im Geiste hier rasten, wollen den Schlofsberg hinansteigen und im Parke des Schlosses Warthausen an einsamer Stätte des Schlofsherrn gedenken, der hier am 17. Januar 1911 die letzte Ruhe fand. Ein langes, innerlich reiches Leben lag hinter Freiherrn Richard König von und zu Warthausen, als er fast einundachtzigjährig am 14. Januar die Augen für immer schlofs. Ihm ward das Glück zuteil, auf eigener Scholle sein Leben zu verbringen, „im echten Land, im Heimatland, auf eigner Weid' und Wonne“, wie Kurwenal singt.

Mancherlei Erinnerungen verbinden sich mit Schlofs Warthausen. Hier weilte seit 1762 der ehemalige kurmainzische Staatsminister Graf von Stadion mit seinem Günstling, dem Hofrat La Roche, dessen Gattin die erste Geliebte des Dichters Christoph Martin Wieland war. Hier auf Warthausen wehte, nach Goethes Worten, den gewandten und anmutigen Dichter des „Oberon“ „in diesem angesehenen, wohl eingerichteten Hause zuerst die Welt- und Hofluft an". Im Jahre 1827 kam das Gut Warthausen an den württembergischen Staat, 1829 an die Freiherrn von König, einer reichsadeligen, einst aus Niedersachsen und Elsafs eingewanderten Familie, von welcher der im Besitz des Majorats Warthausen befindliche Zweig seit 1867 den Namen Freiherr König von und zu Warthausen führt.

Am 6. Februar 1830 wurde zu Warthausen Freiherr Richard geboren. Früh schon mag der aufgeweckte und begabte Knabe zu der Eigenart der ihn umgebenden oberschwäbischen Heimat sich hingezogen gefühlt haben, denn ihr gehörte seine Liebe sein ganzes Leben hindurch. Nachdem er in den Jahren 1842 bis 1846 in Ulm sich auf dem Gymnasium aufgehalten hatte, besuchte er nach Erstehung der Maturitätsprüfung die Universität Tübingen, die Forstakademie Tharand und die landwirtschaftliche Akademie Hohenheim bei Stuttgart, um an diesen Orten Forst- und Landwirtschaft zu studieren. Mit ganzer Seele aber warf er sich auf die ihm liebste Wissenschaft, auf die Ornithologie, in der er in der Folge zum Meister werden sollte. Es ist zwar richtig, dafs Baron König nicht besonders viel, insbesondere keine gröfseren ornithologischen Werke veröffentlicht hat. Es hat fast den Anschein, als ob ihm das Schreiben, das schriftliche Fixieren seiner ausgedehnten und ausgezeichneten Beobachtungen, nicht besonders angenehm war. Aber das, was er einmal schrieb, hatte Hand und Fufs. Sein vorzügliches Gedächtnis setzte ihn in Stand, nach Jahren sich noch besonders beachtenswerter Beobachtungen aufs genaueste zu erinnern und diese, wenn er sich einmal an den Schreibtisch setzte, klar und anschaulich zum Ausdruck zu bringen. So knüpft er in der im Jahre 1886 veröffentlichten Abhandlung über die „»Bauchschwangerschaft« bei den Vögeln" an ein Vorkommnis aus dem Jahre 1851 an, in dem er in Tharand studierte und woselbst sich eines Tages das Gerücht verbreitete, die verwitwete Pastorin Täubert habe im Leib eines Huhnes ein ausgebildetes Küchlein gefunden. Er erzählt nun in humorvoller Weise, wie er die alte Dame, die sich an dem seltenen Funde „wie an einem Geschwür" geekelt habe, „zu Protokoll vernommen" habe und wie er dann diesen Fall in der Naumannia von 1854 (S. 34) zur öffentlichen Kenntnis gebracht und in jugendlichem Sinne sich einiges Aufsehen davon versprochen habe. Allein er sei übel weggekommen: Die damaligen mafsgebenden Ornithologen, Dr. L. Thienemann in Dresden, sein alter Lehrer und Freund, Dr. Gloger und Dr. Julius Hoffmann äufserten sich abfällig und ablehnend über die Entdeckung des jungen Ornithologen, der — tatsächlich doch recht hatte.

Das glühende Interesse, das er für die Ornithologie hatte, brachte ihn auch in persönliche Verbindung mit den damals lebenden grofsen Ornithologen, mit denen ihn zum Teil herzliche Freundschaft verband. So kannte er Naumann, die beiden Brehm, den schon genannten Thienemann, J. H. Blasius, Eugen von Homeyer, Reichenbach, Cabanis, Henglin, die ihm alle schon vorangegangen sind und mit denen er zum Teil auch in brieflichem Verkehr stand. Vielleicht gelingt es noch, diesen Briefwechsel wenigstens teilweise zur Veröffentlichung zu bringen.

Nach Abschlufs seiner Studien widmete er sich der Verwaltung des Gutes Warthausen, dabei eifrig auf allen Gebieten der Naturwissenschaften weiter studierend, forschend und sammelnd. In der Ornithologie hatte es es ihm besonders die Oologie und damit die Fortpflanzungsgeschichte der Vögel angetan. In dieses Gebiet fallen auch die meisten seiner Publikationen. So schrieb er schon im Jahre 1859 über „Zur Fortpflanzungsgeschichte der Spottsänger", 1860 „Zur Fortpflanzungsgeschichte des Europäischen Seidenschwanzes", 1853 über die Fortpflanzung der Kiebitzartigen Vögel u. a. m. Hand in Hand mit diesen litterarischen Arbeiten ging seine eifrige Sammeltätigkeit, die sich hauptsächlich auf Eier und Nester erstreckte. Es ist bekannt, dafs Baron König eine der schönsten und wertvollsten privaten Eiersammlungen zusammengebracht hat. Einer brieflichen Nachricht seines ältesten Sohnes zufolge, des derzeitigen Majoratsherrn, Amtsrichters Freiherrn Hans von König-Warthausen, dem ich mancherlei für diesen Bericht verdanke, hat insbesondere der württembergische Afrikareisende Theodor von Henglin, der mit Richard von König-Warthausen eng befreundet war, in Afrika, speziell im Sudan, aber auch im Norden Eier für die Warthausen'sche Sammlung, in der insbesondere die Eier der amerikanischen Waldhühner, der Raubvögel, Sumpf- und Wasservögel gut vertreten sind, zusammengebracht. Diese Sammlung bleibt im Besitz der Familie. Sie ist dem Bruder des Majoratsherrn, Freiherrn Fritz von König-Warthausen zugewiesen, von dem wir aus den Schriften des alten Herrn erfahren, dafs er, wie auch seine Schwester Elisabeth, jetzt Frau von Alberti, ein eifriger und kenntnisreicher Ornithologe ist. Bei der grofsen Liebe, die unseren Forscher zur Tierwelt beseelte, ist es nicht zu verwundern, dafs er diese Eigenschaft auch auf seine Kinder übertrug, die ihn in der Wartung der verschiedensten Tiere, die er pflegte, unterstützten. Insbesondere habe sich Baron König, so berichtet sein ältester Sohn, Eulen, Meisen, rabenartige Vögel, Rebhühner und früher auch Wiedehöpfe gehalten.

Als Beispiel, wie innig Freiherr von König mit den von ihm gepflegten Tieren verkehrte, mag eine Schilderung aus seiner eigenen Feder dienen. Er schreibt in dem „Naturwissenschaftlichen Jahresbericht von 1891" in den Jahresheften des Vereins für vaterländische Naturkunde in Württemberg, Jahrgang 1894 bei der „Waldohreule" folgendes:

„Am 1. Juli (1891), also aufserordentlich verspätet, wurde mir eine Waldohreule noch im Dunenkleid überbracht, welche Kinder beim Beerensuchen im Fichtenhochwald am Boden gefunden hatten. Ich zog den Vogel auf und machte ihn zu meinem Schlafzimmergenossen. Sobald er flugbar war, wurde er Nachts in einem kleinen Käfig bewahrt, den ihm der Diener in der ersten Morgenfrühe zu öffnen pflegte. Dauerte die Haft zu lange oder war er besonders heiter, so liefs er seine Stimme, meist gedämpft, hören. Zuerst setzte er sich dann auf die Brüstung eines mein Bett umgebenden Verschlags, wo er eine Menge Verbeugungen gegen mich und die komischsten Capriolen machte; von hier ging er auf meine weiche Bettdecke, wo unter Wirkung dieses elastischen Podiums die sonderbarsten Grotesktänze regelmäfsig aufgeführt wurden, bis er sein bereitgestelltes Frühstück aus der Hand empfing; nachher safs er oft noch stundenlang auf dem Kopfstück meiner Bettlade, sich ab und zu herabbeugend, um meinem Atem zu lauschen oder mir die Haare zu krauen; wurde ihm meine Morgenruhe zu lang, so begab er sich auf den Waschtisch, wo er im halbgefüllten Waschbecken „Wasser trat", auch einen Badeschwamm ganz klein zerbissen hat, von dem er behufs der „Gewöllbildung" Teile verschluckte. Sein gröfstes Interesse erregte stets das Plätschern von Wasser; wenn ich solches eingofs, mich wusch u. s. w., trat er stets beobachtend nächst zur Stelle, womöglich um sich auf den Rand der Gefässe zu setzen. Manchmal hat er mich auch damit überrascht, dafs er übrige Mäuse unter meinen Effekten aufbewahrte. Immanuels (er hörte auf den Ruf „Immo") Aufenthalt den Tag über war auf der Höhe eines geöffneten Kleiderschranks oder der Zimmertüre oder auf der Lehne eines Stuhls, die bei Sonnenschein mit einem aufgespannten Regenschirm überschattet wurde. Da an diesen fixen Plätzen stets Papierbögen unterlegt waren, kamen Verunreinigungen des Zimmers kaum vor. Über Tags trug ich öfter den Vogel auf der Schulter durch's Haus oder in den Garten, nur Abends machte er leise Flüge im Zimmer. Bei einem solchen geriet er hinter einen schweren Kasten und wurde bei seiner Befreiung schwer verletzt. In einem Kistchen liegend wurde er noch mehrere Tage gewaltsam gefüttert, am Morgen des 29. September starb er in meiner Hand mit einem Blick, den nur der Tierfreund versteht, und unter einem furchtbaren Aufschrei. Dieser Unfall hat mich so tief ergriffen wie einst der jähe Tod eines Wachtelkönigs, der auf dem Schreibtisch den Zügen meiner Feder folgte und auf meinem Kopfkissen zu übernachten pflegte. Wie sehr die Tierseele, wenn richtig behandelt, dem Menschen sich anschliefst, begreifen Oberflächlichkeit und Spott freilich nicht."

Die meisten der Veröffentlichungen aus der Feder Baron Königs sind in den oben erwähnten Jahresheften des Vereins für vaterländische Naturkunde in Württemberg erschienen, deren letzter Jahrgang (1911) einen warmherzigen Nekrolog über unseren Forscher von Oberstudienrat Dr. K. Lampert bringt. Schon im Jahre 1853 trat er diesem Vereine als Mitglied bei, das Jahr

1898 brachte ihm die Ehrenmitgliedschaft. In dem Vereinsorgan veröffentlichte Baron König von 1885 an seine „Naturwissenschaftlichen Jahresberichte" aus Württemberg, zu welchen ihm eine Reihe naturwissenschaftlich und ornithologisch durchgebildeter Männer Beiträge lieferten, die er dann verarbeitete. Neun solcher Jahresberichte, in denen der Eigenart ihres Bearbeiters entsprechend die Ornithologie die führende Stelle hat, hat von König veröffentlicht; dann aber hörten sie bedauerlicher Weise auf, da die Beiträge immer spärlicher eingelaufen z. T. auch ganz ausgeblieben waren. Eine eifrige Tätigkeit entfaltete Baron König als Vorstand des „Molasseclubs", eines Vereins oberschwäbischer Naturwissenschaftler, der sich im Jahre 1874 dem Verein für vaterländische Naturkunde angliederte. Zunehmende Altersbeschwerden, insbesondere ein langjähriges Gichtleiden, liefsen ihn vom Vereinsleben im Jahre 1898 zurücktreten. Im Jahre 1904 war in den „Jahresfesten" seine letzte Abhandlung „Nordische Wintergäste", eine Arbeit über den Seidenschwanz, erschienen. Der Tag hatte sich geneigt.

Mancherlei Ehren waren in seinem langen Leben ihm zuteil geworden: er war königlich württembergischer Kammerherr, Rechtsritter des Johanniterordens, als welcher er im Feldzuge 1870/71 Verpflegungszüge nach Frankreich führte und wofür ihm das Eiserne Kreuz am weifsen Bande verliehen wurde, ordentliches und korrespondierendes Mitglied einer Reihe von naturforschenden Gesellschaften, ritterschaftlicher Abgeordneter der württembergischen Ständekammer, der er von 1862 bis 1894 angehörte und in der er als Autorität in allen Fragen des Vogelschutzes galt. Zu dem vom 17.—20. Mai 1891 in Budapest abgehaltenen zweiten internationalen ornithologischen Kongrefs wurde er als Delegierter der K. württ. Regierung entsandt. Auf jenem Kongrefs stand u. a. auch die Vogelschutzfrage zur Diskussion. Baron König ergriff bei der Debatte das Wort und führte aus — wofür er schon lange durch Wort und Schrift und Vorbild eingetreten war, als die Heimatschutzbestrebungen noch nicht so aktuell waren wie jetzt —, seine persönliche Auffassung gehe dahin, er sei nicht in der Lage, einen scharfen Unterschied zwischen nützlichen und schädlichen Vögeln machen zu können, da diese Begriffe sehr relativer Art seien und nach Berufsarten und nach Örtlichkeit sich oft recht verschieden auslegen lassen. Jedes Geschöpf habe seine eben durch die Existenz bewiesene Existenzberechtigung; allerdings sei der Mensch, und zwar gleichfalls auf Grund seiner Daseinsberechtigung, befugt, sich der Nebengeschöpfe zu erwehren oder sie sich nutzbar zu machen. Er habe aber als Gegenleistung die moralische Pflicht, sie da zu schützen, wo sie indifferent sind, ihm nicht unbedingt oder erheblich schaden, oder wo sie evident nützen. Die völlige Ausrottung selbst einer enschieden schädlichen Art erscheine vom naturwissenschaftlichen Standpunkt, welcher die „Erhaltung der

Art" zu begünstigen hat, verwerflich. (Jahreshefte des Vereins für vaterl. Naturkunde 1892 S. 58.) —

Überblickt man das Lebenswerk des Freiherrn von König, so empfindet man es als einen Akt der Gerechtigkeit und begrüfst es, dafs die naturwissenschaftliche Fakultät der Universität Tübingen ihm den naturwissenschaftlichen Doktor honoris causa verlieh. Mit Genugtuung mag der also Gefeierte diese Ehrung entgegengenommen haben. — Uns aber wird es wehmütig ums Herz in dem Gedanken, dafs wieder einer der alten Garde, einer der Naumann und die beiden Brehm und all die hochverdienten Forscher der Mitte des vorigen Jahrhunderts noch kannte, von uns geschieden ist, und keiner der geringsten! Trauernd stehen wir an der letzten Ruhestätte des Heimgegangenen; aber nicht ohne Erhebung gehen wir von dannen, daran denkend, dafs das, was der Entschlafene gelebt, geschrieben und gesprochen, nicht umsonst war. Ein treuer Sohn seiner Heimat, ein echter Naturforscher auf hoher Warte stehend war der Freiherr König von und zu Warthausen!

* *
*

Es möge nun noch ein Verzeichnis der Schriften des Freiherrn von König folgen. Der schon erwähnte Sohn des Verstorbenen, der jetzige Majoratsherr, hatte die Freundlichkeit, da ich selbst nur einen Teil der Arbeiten des Barons König besafs, alles, was sich an Schriften seines Vaters vorgefunden hat, mir zuzusenden. Es war das ein Paket von mäfsigem Umfang, das die Aufschrift von der Hand des alten Herrn trug „Eigene Arbeiten". Es ist sehr wahrscheinlich, dafs nicht alle Arbeiten des Freiherrn von König in diesem Paket vereinigt waren und so konnte, da die Zeit drängte, eine lückenlose Aufzählung der aus der Feder des Entschlafenen herrührenden wissenschaftlichen Arbeiten nicht geboten werden. Die meisten Sachen sind in dem Organ des Vereins für vaterländische Naturkunde in Württemberg (Stuttgart, Kgl. Hofbuchdruckerei Zu Gutenberg [Klett und Hartmann]) — im Nachfolgenden nur mit „Jahreshefte" zitiert — enthalten.

a. Schriften nicht ornithologischen Inhalts:

1. Eine achtfach blühende Agave americana (Erscheinungsort?).
2. Beitrag zur Fauna Württembergs (über die Zwergmaus, Mus minutus Pall. und über die rote sibirische Feldmaus, Hypudaeus rutilus Illig. und Pall. u. a.), Jahreshefte 1855, S. 1.
3. Verzeichnis der Wirbeltiere Oberschwabens I. Abteilung: Säugetiere, veröffentlicht 1875 in den „Mitteilungen vom oberschwäbischen Zweigverein für vaterländische Naturkunde".
4. Nekrolog des Freiherrn Carl Franz August Sebastian von Schertel. (Erscheinungsort?)
5. Zur Erinnerung an Theodor von Heuglin, Journal für Ornithologie Januar-Heft 1877.

6. Aus der Tierwelt (Beobachtungen über den Siebenschläfer oder die gemeine Haselmaus (Myoxus glis Schreb.), über das Hegen von Rehen und Wildschweinen u. a.), Jahreshefte 1885 S. 68.

b. Schriften ornithologischen Inhalts:

1. Leucopathie und andere Abänderungen der Normalfärbung bei Vögeln. (Erscheinungsort und -Jahr?)
2. Zur Fortpflanzungsgeschichte der Spottsänger, Moskau, Buchdruckerei der Kaiserlichen Universität 1859.
3. Zur Fortpflanzungsgeschichte des Europäischen Seidenschwanzes (*Ampelis* Linn., *Bombycilla garrula* Briss.), Moskau, Buchdruckerei der Kaiserlichen Universität 1860.
4. Über die Fortpflanzung der geierartigen Raubvögel, Buch der Welt 1860 S. 304.
5. Über die Fortpflanzung der Kiebitzartigen Vögel, Buch der Welt 1863 S. 279.
6. Bemerkungen über die Fortpflanzung einiger Caprimulgiden, Journal für Ornithologie 1868 S. 361.
7. Zur älteren Literatur (über *Alca [Plautus] impennis*, Salanganen-Nester, Zurückweisung des seinerzeit Dr. L. Thienemann ungerechterweise gemachten Vorwurfs, dieser habe einst das in seiner Sammlung befindliche Ei des Brillen-Alks, gelockt von der Versuchung so seltenen Besitzes, widerrechtlich zurückbehalten), Journal für Ornithologie 1869 S. 246.
8. Über die zur Unterscheidung der Vogeleier dienenden Merkmale, Jahreshefte 1876 S. 1.
9. Über das Verhalten verschiedener Nistvögel gegenüber dem Menschen, Jahreshefte 1884 S. 306.
10. Über die Gestalt der Vogeleier und über deren Monstrositäten, Jahreshefte 1885 S. 289.
11. „Bauchschwangerschaft" bei Vögeln, Jahreshefte 1886 S. 316.
12. Die Kreuzschnäbel und ihre Fortpflanzung. Eine monographische Studie, Jahreshefte 1889 S. 1.
13. Bericht über den 17.—20. Mai 1891 zu Budapest abgehaltenen zweiten internationalen ornithologischen Congrefs, Jahreshefte 1892 S. 32.
14. Ornithologischer Jahresbericht 1885, Jahreshefte 1876 S. 146.

15—22. Naturwissenschaftliche Jahresberichte[1]) aus den Jahren 1886—1893, veröffentlicht in den Jahresheften 1887—1896.

23. Über den Nestbau der Vögel, Jahreshefte 1890 S. 241.
24. Nordische Wintergäste (über den gemeinen Seidenschwanz, *Bombycilla garrula* Vieill.), Jahreshefte 1904 S. 287.

Heilbronn a. Neckar. Staatsanwalt **Walther Bacmeister.**

---

[1]) hauptsächlich ornithologischen Inhalts.

X. Jahresbericht (1910) der Vogelwarte Rossitten der Deutschen Ornithologischen Gesellschaft.

Von Prof. Dr. **J. Thienemann.**

I. Allgemeiner Teil.

So hat die Vogelwarte Rossitten nunmehr ihr erstes Jahrzehnt hinter sich. Die Gedanken, die den unterzeichneten Berichterstatter bei solchem Grenzpunkte in der Geschichte der Anstalt bewegen, verdichten sich zu einem Gefühle des Dankes gegen alle die Personen, die bei der Gründung und Weiterführung der Vogelwarte fördernd gewirkt haben. Dank den hohen Behörden, den Ministerien und Königlichen Regierungen, Dank den hochgestellten Persönlichkeiten, die als Gönner die Bestrebungen des jungen Instituts in der entgegenkommendsten Weise förderten, Dank dem Kuratorium der Vogelwarte, Dank der ostpreufsischen Provinzialverwaltung sowie den Korporationen und Einzelpersonen für die Bewilligung von Geldmitteln, Dank endlich auch dem grofsen Publikum und der Presse für die gewährte Unterstützung der Arbeiten, die eine allgemeine Mithilfe erheischten. Möchte der Vogelwarte Rossitten auch fürs zweite Jahrzehnt und weiter dieselbe allseitige Förderung gewahrt bleiben! Und nun eine Bitte: Wenn das in den zehn Jahren von der Anstalt Geleistete noch weit hinter der Vollkommenheit zurücksteht, wenn sich Lücken und Mängel finden, die dem Unterzeichneten am allerbesten bekannt sind, so möge man als mildernd das freundlich bedenken, dafs es nur immer eine einzige Person war, die den mancherlei Aufgaben einigermafsen gerecht zu werden suchte. Erst vom Jahre 1907 ab, wo das neue Sammlungsgebäude entstand, konnte ein Diener zur Hilfeleistung zugezogen werden, der die mechanischen und groben Arbeiten übernahm. Vielleicht hat aber die Vogelwarte Rossitten durch ihre Arbeiten doch mit dazu beigetragen, den Gedanken immer mehr zu Ehren zu bringen, dafs die zoologische Wissenschaft die Aufsenarbeit draufsen in der freien Natur dringend nötig hat. Wir dürfen nicht nur Museums- und Laboratoriumsarbeit treiben. In jüngster Zeit sind in Rufsland, Frankreich, Nordafrika ornithologisch-biologische Beobachtungsstationen nach dem Muster der Vogelwarte Rossitten gegründet worden, oder im Entstehen begriffen, in Helgoland ist kürzlich an der Biologischen Anstalt eine besondere Stelle für einen Ornithologen geschaffen worden. Ist das nicht ein Zeichen dafür, dafs die ornithologische Wissenschaft nach mehr Aufsenarbeit hindrängt! Ich habe schon öfters mal den Gedanken ausgesprochen, das eigentlich jedes Zoologische Institut seine Aufsenstation draufsen in der Natur haben müfste. —

Aus der Geschichte der Vogelwarte vom Jahre 1910 ist folgendes zu erwähnen:

Die Zahl der Besucher der Kurischen Nehrung und speziell Rossittens nimmt von Jahr zu Jahr zu. Was ist in den verflossenen zehn Jahren aus dem weltvergessenen, unberührten Nehrungsdörfchen geworden! Ein im Aufstreben begriffener Badeort mit geputzten Menschen, pfeifenden Dampfern und einem befrackten Kellner. Der hier ankommende Städter wird lachen, wenn ich hier schon von Kultur rede, wo man die Krähen noch bei lebendigem Leibe totbeifst und dann aufifst, wo an vielen Stalltüren noch Kreuze angemalt sind, damit das Vieh nicht behext wird und wo die Frauen nachtwächtern gehen. Und doch hat die Kultur hier bereits alles durchsetzt und umgeändert. Ich meine eben alles, nicht nur die Landschaft, die Wanderdünen, die Pallwen, den Triebsand und die den Wandervögeln so sehr willkommenen sumpfigen und sandigen Rastplätze, sondern auch Menschencharakter, Lebensmittel- und Arbeitspreise, religiöse und politische Anschauung. Vieles, sehr vieles ist besser geworden, manches aber auch schlechter. Ich kann hier auf begrenztem Raum das im Kleinen beobachten, was sich draufsen in der Welt im Grofsen vollzieht. Das Natürliche mufs dem Künstlichen und Gekünstelten weichen, und unsere Tiere zahlen in vielen Fällen dabei die Zeche. Hoffen wir, dafs es der jetzt stark in Flufs gekommenen Naturschutzbewegung gelingt, die Schäden, die solche Umwandelungen und Umwälzungen im besonderen für unsere Tierwelt mit sich bringen, nach Möglichkeit abzuschwächen.

Der wachsende Besuch Rossittens bringt natürlich auch vermehrten Besuch der Vogelwarte mit sich, denn es mag wohl hier selten Jemand durchreisen ohne sich die Sammlung anzusehen. Es kommt jetzt vor allem mehr in Aufnahme, dafs Schulen in Rossitten erscheinen, um die Vogelwarte zu besichtigen. So waren z. B. hier anwesend am 25. Mai die Ober- und Untersekunda des Kneiphöfischen Gymnasiums in Königsberg, am 3. Juni verschiedene Tilsiter Schulklassen, auch Mädchenseminare, am 6. Juni mehrere Klassen der Rauschning'schen höheren Töchterschule in Königsberg, am 8. Juni die Oberprima der Studienanstalt der Königin Louisenschule in Königsberg, am 10. Juni die Oberprima des Friedrichs-Kollegiums in Königsberg u. a. m.

Am 15. Juli hatte die Station die Ehre, den Oberpräsidenten der Provinz Ostpreufsen, Herrn von Windheim, Excellenz, mit gröfserem Gefolge wieder einmal zu empfangen. Seine Excellenz hat der Vogelwarte stets das gröfste Interesse und die weitgehendste Förderung zu Teil werden lassen, wofür an dieser Stelle der ergebenste Dank ausgesprochen werden soll. Am 24. September unternahmen die Sektionen Pharmazie, Botanik und Zoologie von der damals in Königsberg tagenden 82. Versammlung Deutscher Naturforscher und Ärzte einen Ausflug nach der Vogelwarte Rossitten. Fachgenossen, speziell Ornithologen, waren mehrfach wieder hier zum Besuch. Vom Kuratorium der Vogelwarte weilte Herr Rittmeister von Lucanus aus Berlin vom 16. bis 28. Oktober hier. Leider war der Vogelzug in der Zeit gerade recht schlecht, wie aus den unten folgenden Ulmenhorstbeobachtungen zu ersehen ist.

Herr Geheimer Regierungs- und Forstrat Bock, der langjährige Vertreter des Königlichen Ministeriums für Landwirtschaft, Domänen und Forsten innerhalb des Kuratoriums, ist seiner Pensionierung wegen im verflossenen Jahre ausgeschieden. An seine Stelle ist Herr Regierungs- und Forstrat Wesener gewählt worden. Herr Geheimrat Bock hat als Forstrat des Reviers Rossitten die Vogelwarte vor 10 Jahren mit entstehen sehen und ihr stets das wärmste Interesse entgegen gebracht. Er mag den gebührenden Dank freundlichst entgegennehmen.

Von gefälligen Zuwendungen für die Station ist folgendes zu erwähnen: Herr Geheimrat Prof. Dr. M. Braun machte es als Vorsitzender der „Vereinigung zum Schutze der Naturdenkmäler in Ostpreufsen" durch Gewährung von Geldmitteln möglich, dafs die Vogelwarte auf dem hiesigen Möwenbruche Versuche anstellen konnte, ob man auch Vögeln, die auf dem Wasser brüten, künstliche Niststätten bereiten kann. Ich liefs sechs Holzflöfse aus einfachstem Materiale bauen, jedes von etwa 10 qm Fläche. Darauf wurde Rohr geschichtet und gut befestigt, worauf die ganze Anlage einen Übergufs von schlammigem Wasser erfuhr, um sie einem natürlichen Inselchen möglichst ähnlich zu machen. Die Lachmöwen nahmen diese Niststätten ohne weiteres an. Fast unmittelbar nach dem Auslegen waren die Flöfse folgendermafsen besetzt:

Nr. 1	mit	6	Nestern	= 15	Eiern
Nr. 2	„	5	„	= 12	„
Nr. 3	„	5	„	= 13	„
Nr. 4	„	9	„	= 20	„
Nr. 5	„	10	„	= 27	„
Nr. 6	„	11	„	= 28	„

Zusammen 46 Nester mit 115 Eiern. Näberes siehe unten unter *Larus ridibundus.*

Das ist ja nur ein Versuch im Kleinen, aber wenn man ihn z. B. hier auf dem Bruche in grofsem Mafsstabe durchführen wollte, so hätte man's meinen Erfahrungen nach ganz in der Hand, die Möwenkolonie nach Belieben zu vergröfsern; ein praktischer Wink für die Besitzer von kleinen auf Binnengewässern befindlichen Möwenkolonien, wo es an schwimmenden schlammigen Inseln fehlt, die hier in Rossitten von den Vögeln unbedingt bevorzugt werden. Das Anlagekapital würde sich durch die Verwertung der Eier reichlich verzinsen. Das Ausnutzen einer Möwenkolonie schadet dem Vogelbestande übrigens gar nichts. Allerdings ist dabei unerläfsliche Vorbedingung, dafs das Sammeln der Eier in sachgemäfser Weise vorgenommen wird.

Herr Harald Baron Loudon in Lisden-Livland stiftete 50 M. für den Beringungsversuch, Herr Dr. med. Friedrich aus Zeitz zu demselben Zwecke 10 M.

Die Herren Geheimrat Prof. Dr. Stutzer und Dr. Vageler aus Königsberg überliefsen der Vogelwarte künstliche Düngemittel und Grassaat für den Anstaltsgarten der Vogelwarte, der auf ödem Sandboden angelegt ist. Es ist eine Freude zu sehen, wie die Hecken und Sträucher die Wohltat der Düngung durch kräftiges Wachstum quittieren.

Herr Geheimrat Prof. Dr. Afsmann vom Königlichen Aeronautischen Observatorium in Lindenberg sandte der Vogelwarte einen Drachen, um damit Versuche über die Höhe des Vogelfluges anzustellen.

Allen den freundlichen Gebern sei hiermit der herzlichste Dank abgestattet.

An die Bibliothek haben folgende Autoren, der Zeitfolge nach aufgeführt, Schriften eingesandt:

Dr. Bastian Schmid, Zwickau i. S.
Harald Baron Loudon, Lisden.
Hennemann, Werdohl.
Apotheker Seemann, Nordenham.
Professor Poncy, Genf.
Henry B. Ward, Illinois.
H. Chr. C. Mortensen, Viborg.
Dr. Heinroth, Berlin.
Frau Dr. Heinroth, „
Dr. August Thienemann, Münster i. W.
O. Helms, Pejrup, Dänemark (Zeitschrift: Dansk Ornithologist Forenings Tidsskrift).
J. D. Alfken, Bremen.
G. von Burg, Olten.
H. Hülsmann, Altenbach.
Herluf Winge, Kopenhagen.
Professor Dr. Eckstein, Eberswalde.
Dr. H. Fischer-Sigwart, Zofingen.
Geh. Rat Professor Dr. Conventz, Danzig.
Leopold Dobbrick, Treul-Neuenburg, Westpr.
Hugo Otto, Mörs.
Victor Ritter von Tschusi zu Schmidhoffen, Villa Tännenhof b. Hallein.
Professor Dr. Lakowitz, Danzig.
Sanitäts-Rat Dr. Hilbert, Sensburg.
Fritz Braun, Graudenz.
Königl. biologische Anstalt Helgoland (Dr. Weigold).
Geh. Rat. Professor Dr. Assmann, Lindenberg.
H. Röhl, Stettin.
Major z. D. Henrici, Cassel.

Dr. Lindner, Quedlinburg.
Professor Dr. Rössler, Zagreb.
Dr. A. Menegaux, Paris.
South African Central Locust Bureau, Pretoria.
Professor Dr. A. Mertens, Magdeburg.
G. J. Poliakow, Sawino, „Ornithologische Mitteilungen".
Internationaler Frauenbund für Vogelschutz.
Professor Dr. H. Spemann, Würzburg.
Dr. O. le Roi, Bonn.
Assessor Tischler, Heilsberg.
Carl Rubow, Kopenhagen.
Professor Dr. Lühe, Königsberg.
The Royal Scottish Museum, Report on Scottish Ornithology 1906—1909.
Section d'Ornithologie de la Société Impériale d'Acclimation des Animaux et des Plantes in Moskau (D. Rossinsky).
G. Clodius, Camin.
Vereinigung von Freunden der Naturwissenschaften am landwirtschaftlichen Institut in Moskau.
Alfred Laubmann, München.
Dr. P. Speiser, Labes.
Professor D. von Kaygorodoff, Petersburg.
Witherby, London.
Leege, Ostermarsch.
A. Landsborough Thomson, Aberdeen.
Geh. Rat Professor Dr. G. Rörig, Grofs-Lichterfelde.
J. de Vries, Journalist, Zoutkamp.
Hocke, Berlin, Zeitschrift für Oologie.
F. C. R. Jourdain.
O. Kleinschmidt, Dederstedt.
Th. Krumbach, Rovigno.
Erwin Stresemann, München.
Professor Dr. Dahms, Zoppot.
E. von Riesenthal, Celle.
W. Hagen, Lübeck.
Ornithologische Gesellschaft in Bayern (Dr. Parrot).
Curt Graeser, Berlin.
Professor A. Bonomi.

Herr v. Tschusi stiftete weiter ein Exemplar seines „Ornithologischen Jahrbuches", Herr Krause ein Exemplar seiner neuen „Zeitschrift für Oologie", Herr und Frau Dr. Heinroth-Berlin das Werk: Gerhardt, Handbuch des deutschen Dünenbaues. Allen den Herren und Damen im Namen der Vogelwarte verbindlichsten Dank!

Der unterzeichnete Berichterstatter nahm in verflossenen Jahre am V. internationalen Ornithologen-Kongrefs in Berlin, am

I. Deutschen Vogelschutztage in Charlottenburg und an der 82. Versammlung deutscher Naturforscher und Ärzte in Königsberg teil und hielt an allen drei Stellen Vorträge. Für den V. internationalen Ornithologen-Kongrefs verfafste er ein Schriftchen: „Die Vogelwarte Rossitten der Deutschen ornithologischen Gesellschaft und das Kennzeichnen der Vögel" (Paul Parey, Berlin 1910), das zur Verteilung gelangte. Auch sonst wurde der Unterzeichnete öfter zu Vorträgen herangezogen. Die Vogelwarte beteiligte sich auf eine Aufforderung hin auch an der im Sommer 1910 stattfindenden grofsen Gewerbeausstellung in Allenstein. Es wurde verschiedenes Kartenmaterial hingeschickt, das die Wanderungen mehrerer Vogelarten veranschaulichte. Gewonnen war das Material teils aus den Ergebnissen des Beringungsversuches, teils aus dem von den Königl. Regierungen freundlichst eingeschickten Berichten über den Waldschnepfenzug.

Ein Verzeichnis der Objekte, die zur Sammlung neu hinzugekommen sind, findet sich am Schlusse dieses Berichtes.

II. Wissenschaftlicher Teil.

Die Anordnung dieses Teiles ist dieselbe wie in den vorigen Jahresberichten. Es passen darum dieselben Bemerkungen und Erläuterungen hierher, die an gleicher Stelle im IX. Jahresberichte (Journ. f. Orn. 1910 p. 538) stehen. Ich darf darauf verweisen.

Die von den Herren Präparator Möschler, Assessor Tischler und Apotheker Zimmermann stammenden Notizen tragen die Anfangsbuchstaben (M.), (T.) und (Z.). Möschlers Beobachtungen beziehen sich auf Rossitten mit Umgebung, Zimmermanns auf Hela; die Tischler'schen haben verschiedene Herkunft; meist Bartenstein, vielfach aber auch andere Gegenden Ostpreufsens. Die Ortsnamen sind immer im Texte genannt. Den Anfang machen bei den einzelnen Vogelspezies immer die Rossittener oder allgemeiner die Nehrungs-Beobachtungen.

Es bleibt dem Unterzeichneten zum Schlufs noch die angenehme Aufgabe, allen den Herren, die Notizen eingeschickt haben, den verbindlichsten Dank auszusprechen.

A. Aufzeichnungen.

Urinator arcticus (L.). Polartaucher.

8. September: 4 Stück in der Nähe des Seestrandes bei Preil Kur. Nehr.

17. September: 18 Stück alte auch junge ganz nahe am Strande beim Lehmberg etwa 7 km südlich von Rossitten. (M.)

Auswärtige Beobachtung.

12. Juli: Präparator Büchler erhält einen alten Vogel aus der Nähe von Goldap. (T.)

Urinator lumme (Gunn). Nordseetaucher.

Präparator Schuchmann erhält im Oktober einen alten Vogel mit teilweise rotbrauner Kehle von Heinrichshöfen (Kreis Pr. Eylau).

7. November: 2 Seetaucher auf dem Kinkeimer See, laut rufend und auch umherfliegend, anscheinend diese Art. (T.)

Colymbus cristatus L. Haubentaucher.

Am 5. April auf dem Haff den ersten Haubentaucher gehört.

23. April: 1 oder 2 Paare Haubentaucher auf dem Bruche. Nester von beiden noch nicht angefangen.

Am 14. Dezember wird mir ein junger Haubentaucher gebracht, der tot am Strande gelegen hat.

Auswärtige Beobachtungen.

26. März: In Rothebude (Kreis Goldap) werden die ersten gesehen.

Bartenstein: 2. April: Die ersten auf dem Kinkeimer See.

9. April: Viele auf dem See.

2. Oktober: Grofse Flüge auf dem See.

30. Oktober: Einige auf dem See; die meisten sind schon fort.

6. November: Die letzten gesehen. (T.)

Colymbus grisegena (Bodd.). Rothalssteifsfufs.

Bartenstein: 3. April: Der erste auf dem See.

13. Mai: Ein Stück am See gehört. Hat dort aber nicht gebrütet. (T.)

Colymbus nigricollis (Brehm). Schwarzhalssteifsfufs.

23. April: Auf dem Bruche nicht viel Schwarzhalstaucher.

Colymbus nigricans (Scop.). Zwergsteifsfufs.

Bartenstein: 26. August: Am See gehört; desgleichen am 1. Oktober und 6. November. (T.)

Larus glaucus Brünn. Eismöwe.
Larus marinus L. Mantelmöwe.

Am 20. Januar bringt mir ein Fänger 2 lebende *L. glaucus* juv. und eine *L. marinus* juv. Bei der letzteren die dunkle Rückenfärbung schon bemerkbar. In diesem ganz abnorm milden Winter kommen Eismöwen verhältnismäfsig häufig an den Küsten der Nehrung vor. In letzter Zeit habe ich mehrfach solche lebend bekommen, die am Strande in Netzen gefangen waren. Unter den 3 eingelieferten Stücken befindet sich auch eine fast weifse *Larus glaucus*.

Beschreibung dieser weifsen Varietät:

Länge von der Schnabelwurzel bis zur Schwanzspitze: 62 cm.
Flügel: 43,5 cm.
Schnabel (auf der First gemessen): 5,8 cm.
Schnabel von der Spalte bis zur Spitze: 8,5 cm.
Tarsus: 6,7 cm.
Flügelspannung: 142 cm.

Der Vogel fällt auf durch seine helle, fast weifse Färbung. Auf dem Rücken ein möwenblauer Fleck. Über den ganzen Körper zerstreut bräunliche Flecken und bräunlicher Anflug, besonders auf dem Kopfe, auf den Schultern, an den Schwungfedern zweiter Ordnung und an den unteren und oberen Schwanzdecken. Die Schwanzfedern selbst grau und weifs meliert. Schnabel fleischfarben mit schwarzer Spitze; auch Füfse fleischfarben, wie bei den normalen Jugendkleidern von *Larus glaucus*. Zwei derartig abnorm hellgefärbte Eismöwen finden sich im neuen Naumann Bd 11, S. 270 aus der finnischen Vogelsammlung in Helsingfors beschrieben. Die dort angegebene bedeutendere Körpergröfse pafst nicht auf mein Exemplar. Ein ganz ähnliches, aber mit mehr Braun-übergossenes und daher etwas dunkleres Stück erhielt Herr Möschler im Februar 1911 von Preil, Kurische Nehrung. So scheint diese Varietät nicht allzu selten zu sein.

Die eingelieferten Möwen stinken, wie fast stets, arg nach Aas.

Naumann sagt, dafs die Eismöwe an der Ostsee eine „sehr grofse Seltenheit" sei. Das pafst für hiesige Verhältnisse jedenfalls nicht. Ferner gibt er als Artkennzeichen an, dafs die Flügelspitzen mit dem Schwanze abschneiden, oder höchstens 2,5 cm überragen. Bei einem Exemplare (juv.) vom 20. 1. 1910 ragen die Flügel 5,5 cm über das Schwanzende hinaus. Als sicheres Artkennzeichen ist dieses Merkmal also nicht zu brauchen.

Am 21. Januar 1910 (N 1, —1,6°; W 2, 0,0°; S 4, —1,8°) bringt Watzkat wieder eine *L. glaucus* juv., ferner O. Falk auch eine. Sind also jetzt unverhältnismäfsig häufig.

Am 9. Februar 1910 (W 4, 1,6°; W 4, 2,7°; W 4, 2,0°) an der See Möwenzug. Watzkat bringt wieder 2 *Larus glaucus* juv., die er lebend gefangen hat. Die Tiere stinken mörderlich.

Am 1. Okt. beobachtet Herr Thomson 8 Stück *L. marinus* am Seestrande bei Rossitten.

29. Dezember 1910 (S 4, —0,6°; SW 4, —1,0°; S 7, —1,6°): An der See sind unter anderen Möwen auch *L. glaucus* gezogen. 1 lebende erhalte ich.

Larus fuscus L. Heringsmöwe.
Larus canus L. Sturmmöwe.
Larus ridibundus L. Lachmöwe.
Rissa tridactyla (L.). Dreizehige Möwe.

Am 23. März bei Rossitten die ersten paar Lachmöwen. Aber noch nicht an der Brutstelle auf dem Bruche. Dort sind sie am 1. April zum ersten Male anzutreffen.

Am 23. April 1910 haben die Lachmöwen auf dem Bruche noch gar keine Anstalten zum Brüten gemacht. Nichts von Nesteranfängen zu bemerken. Es sind noch bei weitem nicht alle Möwen da. Die beiden als künstliche Niststellen ausgesetzten Flöfse liegen gut und sehen natürlichen Inseln sehr ähnlich. Möwen schreien tüchtig.

Am 30. April liegt das erste Lachmöwenei in der Kolonie. Ich finde zwei Stück. Nester sind ziemlich viel gebaut. Das Legen geht aber ziemlich langsam vor sich, denn am 1. Mai können erst 10 Eier gesammelt werden. So haben die Möwen bei dem zeitigen Frühjahre etwas eher mit dem Brutgeschäfte begonnen, aber es sind erst sehr wenig Möwen, die da legen. Sonst findet man das erste Ei gewöhnlich am 4. oder 5. Mai.

Die 6 Flöfse, die im April als künstliche Niststellen für die Lachmöwen auf dem Bruche ausgelegt worden sind, (s. oben im allgemeinen Teile) werden von den Möwen sehr gern angenommen, da sie natürlichen Inseln sehr ähnlich sehen. Sie sind folgendermafsen besetzt:

Nr.	1	mit	6	Nestern	=	15	Eier.
„	2	„	5	„	=	12	„
„	3	„	5	„	=	13	„
„	4	„	9	„	=	20	„
„	5	„	10	„	=	27	„
„	6	„	11	„	=	28	„
			46	Nester	=	115	Eier.

29. Juli: Grofse Möwenflüge (*ridibundus*) in der Luft. Das sind die Bruchmöwen, die ihre Brutstelle verlassen.

2. Mai: Es sind jetzt ab und zu Flüge von Sturmmöwen hier zu sehen.

Am 15. Juli 1910 bringt mir ein Junge aus Pillkoppen 1 *Larus canus* juv., eine diesjährige. Also müssen Sturmmöwen in der Nähe gebrütet haben.

2. Januar 1911: An der Haffmole bei Rossitten ist heute früh ein grofser Flug von *Larus canus* eingetroffen, Jugend- und Alterskleider. Die Vögel fischen im offenen Wasser.

Um den 20. Januar 1911 herum schon immer grofse Schwärme von *Larus canus* bei Rossitten, wie sonst im Frühjahre. Das macht das offene, milde Wetter.

Auswärtige Beobachtungen.

Larus fuscus (L.). Heringsmöwe.

Bartenstein: 17. April: Ein ausgefärbtes Exemplar am See.

16. Mai: Ein Flug von 13 Stück zieht in Logehnen laut rufend nach S. (T.)

8. Mai: O, später SO. Bei Danzig. Heisternest eine Schar Heringsmöwen im Alterskleide — einige 30 Stück — am grofsen Strande (Ostsee) beobachtet. (Z.)

Larus canus (L.). Sturmmöwe.

Bartenstein: 10. April: 1 Stück am See, desgleichen am 8. Mai. (T.)

16. September: OSO klar und sonnig. Eine grofse Anzahl Sturmmöwen auf der Wiek — hunderte —, die wie spielend durcheinanderfliegen. Das lustige Treiben dauerte stundenlang. (Z.)

Larus ridibundus (L.). Lachmöwe.

Bartenstein: 21. März: Die ersten am See.

28. März: 2 Stück am See.

4. April: Einige am See, desgleichen am 9. und 10. April.

8. Mai: Einzelne am See, desgleichen am 14. Mai.

22. Mai: Eine ganze Anzahl.

5. Juni: Einige am See, nicht Brutvögel!

Heilsberg: 14. Juni: Am Simser- und Blankensee einige Lachmöwen.

Bartenstein: 19. Juni: Am Kinkeimer See vielfach Lachmöwen, meist wohl zweijährige, noch nicht fortpflanzungsfähige Stücke; desgleichen am 26. Juni. (T.)

Rissa tridactyla (L.). Dreizehige Möwe.

7. Mai: Am Bruche bei Rossitten wird beim Möweneiersammeln eine, jedenfalls von einem Raubvogel geschlagene *Rissa tridactyla* ad. im Sommerkleide gefunden. Ich hatte in letzter Zeit öfter Möwenschwärme in der Luft gesehen, unter denen Dreizehenmöwen sich befinden konnten. Diese Art kommt hier sehr selten vor.

Sterna caspia Pall. Raubseeschwalbe.

Präparator Balzer in Königsberg erhält am 8. August einen jungen Vogel von Hubnicken (Kreis Fischhausen). Dieses erste Belegexemplar für Ostpreufsen gelangte in die Sammlung Tischlers. (T.)

Sterna hirundo L. Flufsseeschwalbe.

Am 28. April die erste bei Rossitten gesehen. (M.)
Bartenstein: 8. Mai: 2 Stück, die ersten, am See.
14. Mai: Mehrere am See; desgleichen am 5. Juni.
19. Juni: 1 Stück am See.
17. Juli: 2 Stück am See. (T.)

Hydrochelidon nigra (L.). Trauerseeschwalbe.

Bartenstein: 14. Mai: Mehrere am See.
22. Mai: Eine ganze Anzahl am See.
5. Juni: Mehrere am See.
19. Juni: 1 Stück am See.
3. Juli: 1 ad. am See geschossen.
17. Juli: Am See 1 Stück. (T.)

Nyroca ferina L. Tafelente.

23. April: Auf dem Bruche bei Rossitten gröfsere Flüge Tafelenten, die nur aus Männchen bestehen.

Spatula clypeata L. Löffelente.

23. April: Auf dem Bruche Löffelenten in schönen Prachtkleidern.

20. Juli: 1 Löffelente ♀ auf dem Bruche geschossen. Scheint da gebrütet zu haben.

Anas boschas L. Stockente.

23. April: Auf dem Bruche ziemlich viel *Anas boschas.*

29. August: Der Königl. Förster Herr Quednau aus Pait bei Grofs-Krauleiden, Kreis Niederung Ostpr., schickt eine Ente ein, die ohne Zweifel ein Mischling zwischen Hausente und *Anas boschas* ist. Geschossen wurde das Stück, das sich mit noch 2 gleich gefärbten Artgenossen unter einer Koppel echter Wildenten schon seit vier Wochen gezeigt hatte, am 25. August 1910. Flog etwas schwerfälliger als die echten *A. boschas.* Gewicht stärker als das der echten Märzente. Die ganze Koppel strich immer nach dem 5 km entfernten Haffe. Da nur die frische Haut eingeschickt wird, konnten die Geschlechtsteile nicht nachgesehen werden. Die Färbung ist folgende: Oberseite grau, die Federn braun gesäumt, Schwungfedern grau mit weifsen Schäften, Spiegel weifs, auch einige grün schimmernde Säumchen sind vorhanden, Schwanz grauweifs, Kopf fast genau wie der einer *Anas boschas* ♂ im Sommerkleide, also braun, Unterseite braun mit wenig durchschimmerndem Grau, Vorderbrust intensiver braun, alles sehr ähnlich wie bei *Anas boschas* ♂. Das Abweichende an dem Stücke ist vor allem der graue Rücken.

Der Färbung nach ist es ein Männchen. Bemerkenswert ist, dafs die beiden andern mit beobachteten Bastarde gleich gefärbt gewesen sind.

Anas querquedula L. Knäkente.

Am 23. April mehrere dieser Enten auf dem Bruche bei Rossitten.

Auswärtige Beobachtungen über Enten und Säger.

Bartenstein: 1. Januar: Ein Flug *Anas boschas* am See.

16. Januar: Auf dem wieder eisfreien See grofse Flüge *boschas*.

6. Februar: Ein kleiner Flug *boschas*; ♂ geschossen.

21. Februar: Auf einer offenen Stelle des Sees und auf dem Flufs Hunderte *boschas*, in Flügen oder paarweise.

23. Februar: Auf dem See unter vielen *boschas* ein Paar *Mergus albellus*.

24. Februar: Auf dem See ein Flug *albellus*.

27. Februar: Auf dem See viel *boschas*, ein Flug *crecca*, ein Paar *clangula*, 2 Paare *Mergus albellus*, 5 *merganser*.

28. Februar: Ein Flug *clangula*, je ein Paar *albellus* und *merganser*; viele *boschas*.

2. März: Auf dem See viele *boschas* und *albellus*, desgleichen am 6. März; vielfach auch *merganser*.

12. März: Vielfach *clangula*, *boschas*, *penelope*.

13. März: Kleine Flüge *crecca*; Scharen von *penelope*; viele *clangula* und *merganser*; öfters *albellus*; die ersten *ferina*.

20. März: Viele *merganser*, *albellus*, *clangula*; Flüge von *penelope* und *crecca*; desgleichen am 28. März und 2. April.

3. April: öfters *clangula* und *albellus*; ein Flug *serrator*; die ersten *querquedula*.

9. April: Auf dem See *ferina*, *clangula*, viele *fuligula*, *crecca*, *querquedula*.

10. April: 3 *albellus*; 5 *merganser*; ein Paar *clypeata*; Flüge *penelope*, *crecca*, *querquedula*, *fuligula*; wenige *boschas*, mehrfach *clangula*.

11. April: 1 *merganser* ♂ geschossen.

16. April: Ein Flug *fuligula*.

17. April: Flüge *crecca*, *querquedula*, *penelope*, *fuligula*, *ferina*; mehrfach *clypeata*; mehrere *acuta* (♂♂ und ♀♀); einzelne *clangula*.

23. April: Flüge *fuligula*, *ferina*, *penelope*; Scharen *crecca*, *querquedula*; wiederholt *acuta* und *clypeata*. Am 24. und 25. April sind dieselben Enten zu sehen, am 25. aber auch noch 3 *clangula*.

1. Mai: 3 Paar *fuligula* auf dem See.

8. Mai: 1 *acuta* ♂, vielfach *clypeata*, einzelne *crecca* und *boschas*; viele *querquedula*.

14. Mai: Die ersten Dunenjungen von *boschas* gesehen. Öfters *clypeata*, meist ♂♂; 1 *acuta* ♂; einzelne *penelope*.

15. Mai: 1 *acuta* ♂, öfters *clypeata*, einzelne *crecca*; desgleichen am 22. Mai.

5. Juni: Flüge von 50 und mehr *boschas*, meist ♂♂; vielfach *clypeata*, 1 *acuta* ♂. Die ersten Dunenjungen von *querquedula* gesehen.

26. Juni: Einige *crecca* unter *boschas* und *querquedula*.

Heilsberg: 1. Juli: Bei einer Entenjagd auf dem Simsersee (Kreis Heilsberg) wurden 1 *ferina* ♀ ad. und 5 *boschas* ♂♂ ad. geschossen. Letztere sind sämtlich flugunfähig, fast alle tragen das braune Sommerkleid; nur 1 ♂ zeigt noch Grün am Kopf, während ein anderes noch fast ganz das Prachtkleid trägt; es besitzt auch noch ein paar Schwungfedern erster Ordnung.

Bartenstein: 2. Juli: Auf dem See *boschas* ♂ ad. geschossen, noch flugfähig. Es trägt das braune Sommerkleid, aber am Kopf noch lose grüne, am Halse weifse, an den Weichen graue Federn. Schwung- und Schwanzfedern sind noch alt!

3. Juli: Ein ähnliches ♂ ad. geschossen; braun, an den Weichen graue Federn, noch flugfähig.

7. Juli: Auf dem See werden 6 *clypeata* (♀ ad. und 5 flugfähige Junge) geschossen. 4 *fuligula* werden beobachtet.

17. Juli: Auf dem See 2 *fuligula*.

2 erlegte ♂♂ von *boschas* sind flugfähig. Bei dem einem finden sich an den Weichen graue alte, an der Brust rotbraune neue Federn; der Bauch ist sehr hell, fast weifs; neue schwarze Unterschwanzdecken kommen zum Vorschein; einzelne Schwanzfedern sind erneuert. Das zweite ♂ ist normal braun; nur an den Weichen zeigen sich einzelne graue alte Federn.

Bei beiden haben die Schwungfedern keine Blutkiele.

6. August: Grofse Flüge *querquedula* am See.

11. September: 1 *strepera* ♂ iuv. wird am See geschossen. Dort selten! An Weichen, Brust und Bauch kommen Federn des Prachtkleides zum Vorschein.

25. September: Sehr viele Enten auf dem See, namentlich *boschas*, ferner *penelope*, *queequedula*, *crecca*, *clypeata*.

2 erlegte ♂♂ von *boschas* sind fast fertig vermausert, haben am Kopf aber noch braune Federn.

2. Oktober: Viele *boschas* und *crecca*. 1 ♂ von *boschas* hat nur noch wenige braune Federn an den Kopfseiten. Ein Flug *ferina*.

8. Oktober: 2 ♂♂ von *boschas* sind fertig ausgemausert.

9. Oktober: Auf dem See 3 *merganser* (grau), öfters *crecca* und *boschas*.

15. Oktober: Aufser *boschas* und *crecca* nichts von Enten auf dem See. Der Herbstentenzug ist sehr schwach.

23. Oktober: Die ersten 3 *albellus*, ein Flug von 6 *marila*, öfters *boschas* und *crecca*, aber nicht sehr viele.

30. Oktober: 2 ♂♂ von *boschas* geschossen; bei dem einem sind die gekrümmten Schwanzfedern erst halb entwickelt.

6. November: Auf dem See *boschas* und *crecca*; 3 *merganser*.

7. November: Einige *fuligula*.

11. November: 1 *merganser* ♀ wird in Losgehnen auf einem Wiesengraben lebend gefangen; zeigt alte Schufsverletzung.

13. November: Viele *boschas*, vereinzelte *crecca*, Flüge *penelope*, *clangula*; viele *merganser*: unter einem Flug von 30—40 befinden sich auch ausgefärbte ♂♂; dieser Flug zieht nachmittags um 4 Uhr nach S.

14. November: Der See ist fast zugefroren. Viele Enten und *merganser*; von letzteren 1 ♀ geschossen.

20. November: Der See ist wieder offen. Flüge *merganser*, sehr viele *boschas*, einzelne *albellus*.

27. November: Der See ist wieder mit Eis bedeckt. Nur ein Flug *boschas*, 1 einzelner *merganser*.

4. Dezember: Am Flufs noch ein einzelnes ♂ von *boschas*.

18. Dezember: Auf Blänken des Sees viele *boschas*, desgleichen am 19. Dezember.

25. Dezember: Auf dem wieder eisfreien See Massen von *boschas*, ziemlich viele *merganser*. (T.)

17. Mai: W NW. Ein paar Stockenten auf der Wiek.

Ebenda im Herbste zwischen Ceynova und Putzig öfter Scharen von hunderten verschiedener Enten. (Z.)

Tadorna tadorna (L.). Brandgans.

Am 4. August 1 Brandente am Haff bei Ulmenhorst. Nicht sehr scheu.

Auswärtige Beobachtungen.

Bartenstein: 8. Mai: 2 ausgefärbte Stücke auf dem See. Völlig sicher erkannt, fliegen zweimal unweit von mir vorbei. Im Binnenlande und besonders im Frühjahr in Ostpreufsen selten.

Am 26. Oktober erhält Sondermann ein ♂ von Kl. Guja (Kreis Angerburg). (T.)

Anser. Wildgans.

21. Februar: SO 5, 0,7°; SO 5, 3,9°; SO 2, 1,5°; meist hell. Die ersten Gänse sollen gezogen sein.

23. Februar: SO 4, 1,1°; W 1, 6,3°; SW 1, 1,5°; bedeckt, früh schwacher Regen. Guter Zugtag. Ich sehe mehrfach Gänse übers Dorf nach N ziehen.

27. Februar: SO 1, 2,1°; SO 2, 4,7°; O 5, 3,2°; meist bedeckt. Gänse ziehen nach Norden.

28. Februar, 1. März: Gänse ziehen bei südlichen und südöstlichen Winden.

Auswärtige Beobachtungen.

Bartenstein: 20. Februar: bedeckt, + 4°, lebhafter SO; abends klar. Nachmittags um 5 Uhr zieht ein Flug von 7 Stück von SO nach NW.

23. Februar: 3 Stück fliegen von N nach S.

25. Februar: 10 Stück fliegen von N nach S, 3 von W nach O.

27. Februar: Morgens 2, abends 7 Stück gesehen.

2. März: Nachmittags ziehen in Losgehnen 70—80 Gänse von N nach S, machen dann eine Schwenkung und ziehen nach O weiter.

12. März: Scharen von Hunderten treiben sich umher; sehr häufig in diesem Frühjahr!

26. März: Grofse Scharen auf den Feldern.

2. April: Gewaltige Scharen sind zu sehen.

16. April: Noch viele halten sich in Gegend auf; auch am 17. April sind noch Hunderte zu sehen.

23. April: Wiederholt noch Flüge, aber nicht mehr sehr viele.

24. April: Öfters Flüge; 1 Stück geschossen.

2. Mai: Die letzten gehört.

Heilsberg: 21. September: Bei Heilsberg wird eine Saatgans geschossen, die erste im Herbst.

Bartenstein: 22. September: In Losgehnen eine Schar von etwa 100 Stück.

24. September: Ein Flug von etwa 50 Stück.

25. September: Kleine Flüge am See.

2. Oktober: Grofse Scharen umherstreichend.

9. Oktober: Ein Flug am See, daraus ein Stück geschossen.

30. Oktober: Wenige am See. Der Herbstzug war nicht sehr stark!

6. November: Noch ein Flug am See.

10. November: In Losgehnen noch eine Schar von etwa 30 Stück. (T.)

Branta bernicla (L.). Ringelgans.

Am 13. Oktober bekomme ich ein junges ♀ aus Perwelk, Kurische Nehrung. (M.)

Cygnus. Schwan.

10. März: SO 4; SO 4; SO 5. Viele Schwäne ziehend.

Auswärtige Beobachtungen.

Cygnus olor (Gm.). Höckerschwan.

Cygnus cygnus (L.). Singschwan.

Bartenstein: 23. Februar: Auf dem See ein Schwan.

26. Februar: Auf dem See 4 Schwäne.

27. Februar: Ein Flug von 10 Stück zieht nach O.

2. März: 3 Schwäne fliegen von S nach N.

3. März: 3 Schwäne ziehen nachmittags um $5^1/_2$ Uhr von SW nach NO. Auch am 7. März werden 3 Stück gesehen.

11. März: 5 Schwäne wieder ziehend beobachtet.

3. April: Auf dem See 1 Schwan.

23. April: Auf dem See 2 *olor* (weifs).

24. April: Am See 7 Schwäne (fliegend).

1. Mai: 2 *olor* auf dem See.

21. Juni: 4 Schwäne fliegen abends in Losgehnen nach N.

30. Juni: 8 Schwäne in Losgehnen beobachtet.

15. November: 11 ziehende Schwäne, wohl *cygnus*, in Losgehnen beobachtet.

Heilsberg: 3. Dezember: Mittags fliegen 16 Schwäne über Heilsberg nach W. (T.)

Haematopus ostralegus L. Austernfischer.

Am 29. September sieht Herr Thomson 2 Stück am Haffstrande bei Rossitten.

14. August: 2 Stück an der See bei Rossitten. (T.)

Am 24. September erhalte ich ein am Seestrande bei Rossitten geschossenes ♀ zum Ausstopfen. (M.)

22. September: O NO. Ein schönes altes ♂ am Wiekstrande bei Ceynova erlegt. (Z.)

Arenaria interpres (L.). Steinwälzer.

Herr Thomson beobachtet am 16. September auf eine Entfernung von 3 Metern ein ganz vertrautes Stück am Haffstrande auf der Vogelwiese bei Rossitten.

14. August: 1 Stück am Seestrande bei Rossitten. (T.)

Squatarola squatarola (L.). Kiebitzregenpfeifer.

Herr Thomson beobachtet am 26. und 27. September je 2 Stück auf der Vogelwiese, am 28. September ein Stück über Rossitten nach SW fliegend.

18. September: O SO. Am Wiekstrande bei Ceynova 1 Stück erlegt. (Z.)

Charadrius. Regenpfeifer.

Herr Thomson beobachtet am 18. und 22. September 1—2 Stück *Charadrius hiaticula* am Haffstrande bei Rossitten.

14. August: Am Haff bei Rossitten 1 *Ch. dubius.* (T.)

Auswärtige Beobachtungen.

Heilsberg: 6. September: Abends 9^{30} ziehen einige *Charadrius apricarius* über Heilsberg.

Bartenstein: 18. September: Ein einzelner *Char. apricarius* zieht nach S. (T.)

10. September: SO. Nebel. Am Wiekstrande bei Ceynova (Hela) einige *Charadrius apricarius* (L.) und *Charadr. dubius*. Letztere Art war im Herbste auffallend häufig unter Tringen. (Z.)

Bartenstein: 4. September: Ein Regenpfeifer, der nach der Stimme und Gröfse nur ein Mornell sein kann, fliegt vormittags nach S. (T.)

Bartenstein: 6. August: 1 *Charadrius hiaticula* am See.

25. September: 2 *Char. hiaticula* unter einem Flug *Tringa alpina*. (T.)

Bartenstein: 23. April: Der erste *Charadrius dubius* am See.

14. Mai: *Char. dubius* mehrfach beobachtet. (T.)

Vanellus vanellus (L.). Kiebitz.

Am 8. März die ersten Kiebitze bei Rossitten gesehen.

23. April: Am Bruch 1 Kiebitznest mit 3 frischen Eiern gefunden. Man kann also nicht sagen, dafs das Brutgeschäft dieser Vögel bei diesem ganz abnorm zeitigen Frühjahre besonders weit vorgeschritten sei. In anderen Jahren wurden frische Kiebitzeier schon früher gefunden.

14. August: 1 Paar führt auf der Vogelwiese bei Rossitten anscheinend seine Jungen. (T.)

Auswärtige Beobachtungen.

Bartenstein: 26. Februar: Der erste Kiebitz wird in Losgehnen gesehen.

27. Februar: Ein Stück beobachtet, desgleichen am 1. März.

2. März: 8 Kiebitze beobachtet.

13. März: Kiebitze hier jetzt zahlreich.

19. Juni: Flügge Junge gesehen.

26. Juni: Viele am See.

6. August: Grofse Flüge am See.

2. Oktober: Noch ein Stück am See; der letzte! (T.)

Oedicnemus oedicnemus L. Triel.

Präparator Schuchmann erhält am 5. August einen Triel aus der Gegend von Arys (Kreis Johannisburg). (T.)

Strandvögel. *(Tringa, Totanus, Tringoides.)*

In diesem Frühjahr sah man öfter Totaniden-Flüge hier durchziehen, was man sonst selten beobachten konnte.

20. Juli: Grofse Flüge von *Totanus pugnax* am Bruche.

30. Juli: Totaniden am Bruche. 1 *T. fuscus* juv. geschossen. Man sieht öfter *Totanus ochropus.*

8. August: Am Bruche ein Flug *Tringa temmincki*, ferner einige *Tringa alpina*, *Totanus ochropus*, *glareola*, *littoreus*, 1 *Limosa.* Im allgemeinen weniger Strandvögel wie im vorigen Jahre. Ich bekam von Pillkappen bis jetzt noch fast gar keine.

14. August: Hr. Tischler ist ein paar Tage in Rossitten. Er hat es im Vergleich zu früheren Jahren noch nie so tot von Strandvögeln bei Rossitten gefunden. Es ist fast nichts da. Am 12. und 13. August beobachtet Tischler auf der Vogelwiese nur einige *glareola*, *gallinago*, 1 *T. hypoleucos*, 1 *Tringa*, 1 *T. littoreus* Am 14. August auf der Vogelwiese einige *glareola*, 1 *T. hypoleucos*, ein Flug *Anas crecca*; am Bruch *glareola*, *hypoleucos*, *gallinago*, 1 *T. alpina.* Es kamen auch in der Folgezeit keine Strandvögel mehr. So wenig Strandvögel sind zur Zugzeit noch nie hier gewesen. Und im vorigen Jahre so viel! Von Pillkoppen, wo ich zum Markieren Strandvögel fangen lasse, habe ich fast nichts bekommen. Herr F. E. Stoll meldet von der Biologischen Station des Rigaer Naturforschervereins Kielkond auf Oesel, dafs der Tringenzug auch dort ganz schlecht gewesen sei.

26. und 27. September: Herr Thomson trifft auf der Vogelwiese einen Flug *Tringa alpina* von etwa 17 Stück, ferner einige *Tringa minuta* und *Squatarola squatarola.*

Herr Thomson macht folgende Beobachtungen an *Tringa alpina* auf der Vogelwiese bei Rossitten:

Am 18. Sept. 2 Stück (noch etwas Brustschild).

Am 27. „ 19 „ (darunter 2 mit Brustschild); auch 1 *Tringa minuta.*

Am 29. Sept. 2 „

Am 1. Okt. 1 „ .

Auswärtige Beobachtungen.

Bartenstein: 24. April: Eine einzelne *Tringa alpina* am See.

16. Mai: Abends am See *alpina* gehört.

22. Mai: Ein Flug *temmincki* am See, ferner 1 *alpina.*

5. Juni: 3 *temmincki* am See, 1 geschossen.

25. September: Am See ein kleiner Flug von *alpina* iuv., desgleichen am 2. Oktober.

9. Oktober: Am See 5 junge *alpina.*

17. Oktober: *alpina* noch am See gehört; desgleichen am 23. Oktober. (T.)

6. September: NO. Kleine Flüge *Tringa alpina* darunter auch *Tr. ferruginea* am Wiekstrande bei Ceynova.

7. September: NO. Ebenda mehrfach Tringen mit auffallend vielen *Charadrius dubius* dazwischen.

9. September: SO später NO. Nur wenige Tringen. Ebenso am 14. und 15. Am 19., 20. und 22. grofse Scharen an der Wiek. (Z.)

Bartenstein: 3. April: Am See der erste *Totanus totanus.*

10. April: 2 *totanus* am See.

22. April: 2 *ochropus* am See.

23. April: Am See 3 *ochropus*, 2 *totanus.*

24. April: 4 *ochropus.*

25. April: Am See *ochropus* und *totanus.*

30. April: Den ersten *littoreus* gehört.

1. Mai: Am See *littoreus.*

8. Mai: Am See *totanus*, einige *littoreus*, 1 *fuscus*, 1 *hypoleucos*, 1 *pugnax* (♂ ohne Kragen, schwarz).

9. Mai: 1 *ochropus*, 1 *hypoleucos.*

14. Mai: Ein Flug *pugnax*, meist ♀♀, aber auch ♂♂ ohne Kragen; auch wiederholt einzelne Stücke. Einige *glareola* und *littoreus.*

15. Mai: *littoreus*, 1 *fuscus*; viele *glareola*; Flüge *pugnax.*

16. Mai: Am See *totanus*, desgleichen am 21. Mai.

22. Mai: Mehrfach *pugnax* (♂♂ und ♀♀, letztere in der Überzahl), wiederholt *glareola*; 1 *hypoleucos.*

Heilsberg: 1. Juni: An der Alle zwischen Guttstadt und Heilsberg öfters *hypoleucos*, etwa 4—5 Paare. Bei Schmolainen 1 *ochropus.*

Bartenstein: 5. Juni: Am See 1 *pugnax.*

19. Juni: 5 *pugnax* ♂♂ (1 ♂ mit schwarzem Hals- und rostrotem Nackenkragen geschossen); 5 *glareola.*

25. Juni: Abends *ochropus* gehört.

25. Juni: Je 1 *pugnax* ♂ und ♀; ein kleiner Flug *littoreus*; öfter *ochropus*, wohl schon Junge; einzelne *glareola*; 1 *totanus*, mehrere *fuscus*; 1 *hypoleucos.* Genistet hat von diesen Arten am See vielleicht ein Paar *totanus.*

2. Juli: Am See *totanus*, *glareola*, *ochropus*, *littoreus.*

3. Juli: Am See *littoreus*, 6—7 *totanus*, *ochropus*, 1 *fuscus.*

17. Juli: Viele junge *pugnax*; vereinzelt *ochropus*, *glareola*, *littoreus*, *fuscus*, *totanus.* Der See zeigt sehr hohen Wasserstand.

Heilsberg: 27. Juli: Abends um 10 Uhr ziehen *hypoleucos* über Heilsberg, desgleichen am 29. Juli.

Bartenstein: 2. August: Am See *littoreus*, *fuscus*, *glareola*, *pugnax*, *hypoleucos.*

6. August: Einzelne *fuscus* und *littoreus*; sehr viele *glareola*; viele *pugnax* iuv., darunter aber auch 1 ♀ ad. geschossen; öfters *hypoleucos.*

22. August: Abends ziehen *hypoleucos* nach S.

28. August: Am See *fuscus.*

11. September: Am See 1 *fuscus.*

25. September: Am See nur noch 2 *pugnax* iuv., die letzten. (T.)

Numenius arquatus (L.). Grofser Brachvogel.
Numenius phaepus (L.). Regenbrachvogel.

Vom 19. und 20. April 1910 meldet Herr Hegemeister Wallin aus Gilge grofse Scharen von Brachvögeln in der Richtung von SSW—NNO ziehend.

23. Juni: Mehrere Numenien ziehen übers Dorf nach S. Ob das schon Zug ist?

20. Juli: Jetzt in diesen Tagen ziehen sehr oft Flüge von Numenien nach Süden. Manchmal recht starke. Als ich am 26. Juli auf ein paar Tage nach Ulmenhorst übersiedele, ziehen täglich Numenien-Flüge nach Süden.

Am 3. August grofse Flüge auf den Haffwiesen bei Ulmenhorst. Tischler hört nachts *N. arquatus* über Cranz ziehen, ebenso in der folgenden Nacht.

Auswärtige Beobachtungen.

Bartenstein: 3. April: Der erste am See.
10. April: Nachmittags 3 Stück am See.
16. April: Am See gehört.

Heilsberg: 14. Juli: Abends um 10 Uhr ziehen Brachvögel über Heilsberg, desgleichen am 29. Juli.

Bartenstein: 30. Juli: 2 Stück auf einem Felde in Losgehnen.
6. August: 3 Stück am See.
7. August: Brachvögel gehört. (T.)

Ceynova: 19. September: SO. Am Wiesenstrande 2 Stück *Numenius phaeopus.* (Z.)

Gallinago gallinago (L.). Bekassine.

Bartenstein: 5. April: Die erste Bekassine am See.
6. August: Öfter am See zu beobachten. Nicht zahlreich in diesem Herbst.
30. Oktober: Noch öfter am See zu sehen. (T.)

Gallinaga gallinula (L.). Kleine Sumpfschnepfe.

Bartenstein: 15. Oktober: Einige am See, auch in der Folgezeit bis zum 6. November. (T.)

Scolopax rusticola L. Waldschnepfe.

20. Februar: 1 Waldschnepfe bei Schwarzort gesehen.
3. April die erste Schnepfe bei Rossitten gesehen. (M.)

Am 9. Juli 1910 bringt mir ein Arbeiter 1 Waldschnepfe (♀), die auf der Vogelwiese gelegen hat. Flügel gebrochen, ohne Zweifel am Telegraphendrahte gestofsen.

Ich untersuche die Geschlechtsteile. Es ist ein Weibchen. Der Eierstock ganz schwach entwickelt; ein junger diesjähriger hier erbrüteter Vogel. Also hat die Waldschnepfe hier gebrütet. Das Gefieder vollständig entwickelt, nur noch etwas lose. Die Unterseite nicht quergewellt wie bei den Alten, sondern mit herz- oder pfeilförmigen Flecken. Dieselbe charakteristische Zeichnung wie bei alten und jungen Sperbern.

6. September: Bei Rossitten wird die erste Waldschnepfe beobachtet. Die Waldarbeiter wollen an dem Tage noch eine gesehen haben.

In den Tagen um den 20. September werden bei Rossitten ab und zu einige Waldschnepfen beobachtet, auch 1 geschossen.

(Siehe den ausführlichen Bericht über den Waldschnepfenzug im Herbst 1909 und 1910 in diesem Jahresberichte.)

Bartenstein: 21. März: Die erste wird in Losgehnen gesehen. (T.)

Grus grus L. Kranich.

21. April: Gegen abend auf den Predinwiesen bei Rossitten 4 Stück Balztänze aufführend. (M.)

24. April: Nachmittag 6 Stück nach Norden ziehend. (M.)

29. April: 1 Kranich auf den Predinwiesen. (M.)

Bartenstein: 15. Mai: 3 Stück auf einem Bohnenfelde, jedenfalls nicht brütende Vögel.

5. September: In Losgehnen 3 Stück.

12. September: 4 Stück wieder beobachtet.

16. September: Etwa 30 Stück ziehen nach W; sehr hoch. (T.)

11. September: SO. 3 Kraniche ziehen die Halbinsel Hela entlang nach W. (Z.)

Rallus aquaticus L. Wasserralle.

11. August: 1 Stück auf dem Rossittener Bruche geschossen. Selten hier.

Bartenstein: 22. August: Am See in dieser Zeit häufig zu beobachten.

9. Oktober: Mehrfach am See; desgleichen auch noch am 30. Oktober.

6. November: Die letzten gesehen. (T.)

Crex crex (L.). Wachtelkönig.

In diesem Jahre ziehen wieder sehr viel Wachtelkönige hier durch, ähnlich wie im Jahre 1907, etwa von Ende August ab. Die Vögel liegen sowohl auf der Feldflur bei Rossitten, als auch in den niedrigen Weiden- und Graspartien bei Ulmenhorst. Bei meinem Aufenthalte in Ulmenhorst vom 5.—11. Sept. mache ich mehrfach Wachtelkönige hoch, schiefse auch einen am 9. September.

Am 11. Sept. 2 Stück auf der Feldflur von den Hunden hochgemacht.

In Nr. 31 Band 56 der „Deutschen Jägerzeitung" Neudamm meldet Hugo Otto aus Mörs, dafs im Herbst 1910 auch am linken Niederrhein auffallend viel Wachtelkönige zu beobachten waren. Gleich in den ersten Tagen der Hühnerjagd wurden welche geschossen, auch Mitte Oktober noch vereinzelte angetroffen. Das ist nun schon die zweite Übereinstimmung zwischen dem Osten und Westen oder Südwesten in Bezug auf zahlreiches Vorkommen dieser Art während des Herbstzuges: 1907 viele in der Schweiz. (s. die Notizen im VII. Jahresberichte p. 405).

Bartenstein: 10. Mai: Den ersten in Losgehnen gehört.

Heilsberg: 12. Mai: Den ersten bei Heilsberg gehört.

Bartenstein: 14. Mai: Wiederholt gehört.

3. Juni: 2 Nester mit 11 und 9 Eiern werden in Losgehnen beim Kleemähen gefunden.

27. August: Ein Stück geschossen.

7. Oktober: 3 Stück werden noch erlegt, darunter 1 ♂ ad. (T.)

Ortygometra porzana (L.). Tüpfelsumpfhuhn.

Bartenstein: 18. April: 1 ♂ am See geschossen, früh!

25. April: 1 Stück am See.

9. Mai: Abends ruft ein Stück am See, am 13. Mai ziemlich viele.

21. Mai: Mehrere rufen am See.

31. Juli: Einzelne am See beobachtet.

22. August: Jetzt ziemlich häufig am See. (T.)

Gallinula chloropus (L.). Grünfüfsiges Teichhuhn.

Bartenstein: 15. Mai: In Torfbrüchen mehrfach als Brutvogel gefunden.

22. August: Am See jetzt ziemlich häufig.

13. November: Noch ein Stück beobachtet. (T.)

Fulica atra L. Bläfshuhn.

Am 24. März auf dem Bruche die ersten beobachtet.

23. April: Ich suche auf dem Bruche nach Wasserhuhnnestern. Drei Stück gefunden. Zwei mit je 2 Eiern, eins mit 4 Eiern. Alle ganz frisch.

Man kann also nicht sagen, dafs das Brutgeschäft dieser Vögel nach diesem ganz abnorm milden Winter und bei diesem zeitigen Frühjahre besonders weit vorgeschritten sei. Ich habe in anderen Jahren Wasserhuhnnester mit frischen Eiern gefunden z. B.: 1906 am 25. April; 1907 am 25. April (Eier etwas angebrütet).

Bartenstein: 1 April: Die ersten auf dem See.

21. Mai: Nest mit 7 Eiern gefunden.

17. Juli: Ein alter Vogel ist völlig flugunfähig; sämtliche Schwungfedern fehlen.

2. Oktober: Nur noch 2 Stück auf dem See.

20. November: Auf dem See 3 Stück gesehen.

21. November: Noch 2 Stück gesehen, desgleichen am 27. November. (T.)

Ciconia ciconia (L.). Weifser Storch.

Von Ostpreufsen werden schon von Ende Februar oder Anfang März Störche gemeldet.?

Am 6. April der erste Storch von Czarnikau Westpr. gemeldet, am 3. April der erste von Flensburg.

Am 14. April sieht Herr Präparator Möschler den ersten bei Rossitten.

Am 4. Mai ziehen 3 Störche nach N. Auch in den Tagen vorher zuweilen.

Herr Besitzer L. Balszun in Tublauken bei Trakehnen Ostpr. meldet unterm 5. August 1910, dafs auf seinem Felde ein Storchenpaar ein Nest zu ebener Erde angelegt habe. Das Nest war auf einem Brachfelde wie jedes andere Nest aus Strauchwerk etwa 200 m vom Gehöft gebaut. Bäume, aufser denen am Hofe sind nicht in der Nähe, auch kein See. Als das Brachfeld umgepflügt wurde, ist das Nest 5 m weiter geschleppt worden, damit die Neststelle auch gepflügt werden konnte. Der Herr hat einen der jungen Störche markiert und schreibt unterm 5. August 1910: „Jetzt kreist der junge Storch Nr. 4176 schon munter in den Lüften".

Der Ringstorch Nr. 990, der am 6. August bei Drugehnen, Ostpr., geschossen war, hatte den Magen ganz vollgepropft von Mäuseüberresten, besonders Haaren, auch noch eine ganze Feldmaus war vorhanden. Ferner fanden sich noch einige Käferflügeldecken vor. Im Schlunde 3 sehr grofse Feldmäuse.

Unterm 2. August 1910 teilt Herr Ing. chem. Franz Pirschl in Zwittau, Mähren mit: „Am selben Tage (25. 5. 10) wurde auch auf den Torfwiesen bei Zwittau ein Flug von ca. 100 Störchen gesichtet, die wahrscheinlich dort nächtigten."

Unterm 6. Juli 1910 teilt Herr Dr. Ed. Bartels, Hamburg, An der Alster 44, folgendes mit: „Vielleicht ist es Ihnen von Interesse zu hören, dafs ich vor drei oder vier Jahren am Vormittage des 24. August, etwa zehn Uhr, auf hoher See in der Meerenge von Gibraltar genau an der engsten Stelle einen gewaltigen Schwarm Störche von der Spanischen Küste kommend nach den Marokkanischen Bergen hinüber fliegen sah. Mir persönlich erschien das um deswillen noch besonders bemerkenswert, als der Storch hier in unsern Marschen, allgemeiner Versicherung zufolge, am 23. August zieht." (Diese Storchzüge bei Gibraltar stammen wahrscheinlich nicht aus der Hamburger Gegend, sondern aus den Gebieten westlich der Weser, oder aus Südwestdeutschland. Das zeigt der Ringversuch. J. Th.)

Nach einer Notiz des Herrn H. Baur aus Salzungen stellte sich der Abzug der Störche dort im Jahre 1910 folgendermafsen: Die auf einem Bohrturme nistenden Störche machten täglich Flugübungen, gewöhnlich 3 Stück zusammen. Am 11. August 1910 hatten sich 7 Stück versammelt. Am 12. August sind alle fort. Der Herr nimmt an, dafs sie über Nacht abgezogen sind.

Von Herrn Mittelschullehrer Voigt-Wernigerode wird folgende Zeitungsnotiz mitgeteilt:

Bühne, 27. Juli. Ein höchst seltener Fall in der Brutpflege des Storches läfst sich in diesem Jahre auf dem Gehöft des Herrn Gutsbesitzers Wiecker beobachten. Im Frühjahr liefs sich in gewohnter Weise ein Storchenpaar in dem alten Neste auf dem Scheunendache häuslich nieder. Bald gesellte sich noch ein dritter Storch hinzu, wurde aber nicht vertrieben, sondern beteiligte sich vielmehr auch an dem Brutgeschäft. Es war ein Weibchen, legte ebenfalls, und in friedlicher Eintracht begannen die 3 Ehegatten abwechselnd zu brüten, wobei den beiden Weibchen der gröfsere Teil zufiel. Es kamen 6 Junge zur Welt (die gewöhnliche Zahl ist 4, höchstens einmal 5) und wurden gemeinsam grofsgezogen. Auch im Kampfe gegen fremde Eindringlinge hielt unser Storchentrio fest und treu zusammen. Die Jungen wurden zwecks Studiums des Vogelzuges von Herrn Mittelschullehrer Voigt-Wernigerode mit Ringen der Vogelwarte Rossitten versehen. — Wie wohl sich die Brutvögel bei Herrn Wiecker fühlen, beweist auch die stattliche Anzahl von 48 Mehlschwalbennestern an der Giebelwand seiner Stallungen. Es ist erfreulich, dafs die Mehlschwalben in unserer Gegend von Jahr zu Jahr wieder häufiger werden.

Herr Karl Gerber aus Spiez im Kanton Bern, Schweiz, meldet unterm 25. Februar 1910, dafs in Aarwangen, Kanton Bern, der erste Storch am 21. Februar 1910 angekommen ist. Zeitiger Termin gegen die östlichen und nordöstlichen Störche!

Auswärtige Beobachtungen.

Heilsberg: 3. April: In Neuhof bei Heilsberg der erste Storch.

6. April: In Markeim den ersten auf dem Nest gesehen.

Bartenstein: 5. April: In Losgehnen der erste auf dem Nest.

9. April: Der zweite stellt sich auf demselben Nest ein.

12. April: Das zweite Storchpaar trifft ein.

2. Mai: Ein Nest enthält 5 Eier.

5. Juni: 5 Störche, anscheinend ungepaarte, gesehen.

27. Juni: Bei Dietrichswalde ein Flug von 16 Störchen.

24. Juli: Aus einem Nest in Losgehnen fliegen die Jungen aus.

22. August: Die Brutvögel sind alle abgezogen.

1. September: In Losgehnen werden noch 8 Stück Durchzügler beobachtet; am 2. 9. sind an der Bahn zwischen Königsberg und Bartenstein noch 4—5 Störche zu sehen.

10. September: Bei Tingen noch ein Stück. (T.)

Danzig. Heisternest: 6. Mai: W. 3 weifse Störche ziehen mit Wind die Halbinsel Hela entlang.

14. Mai: ONO. 1 Weifser Storch. (Z.)

Ciconia nigra (L.). Schwarzer Storch.

Bartenstein: 7. Mai: In Losgehnen wird ein einzelnes Exemplar beobachtet.

5. Juni: Wieder ein Stück in Losgehnen gesehen, wohl dasselbe wie am 7. 5.

8. Juli: Abermals ein Stück beobachtet; anscheinend in allen 3 Fällen derselbe, wohl ungepaarte, Vogel.

Goldap: 11. Juli: Oberarzt Dr. Mertens in Goldap sieht bei einem Ritt von Rothebude nach Goldap nach einander 11 schwarze Störche. (T.)

Heisternest: Am 15. Mai 1 schwarzen Storch beobachtet. (Z.)

Botaurus stellaris (L.). Rohrdommel.

Bartenstein: 12. März: Abends 1 Stück am See, läfst in der Luft den rabenartigen Ton hören.

17. April: 1 Stück am See gesehen.

23. April: Abends brüllt eine Rohrdommel am See, desgleichen am 30. April, 1. und 2. Mai.

8. Mai: Abends noch ein Stück gesehen; dann anscheinend vom See verschwunden.

31. Juli: Am See wieder ein Stück, desgleichen am 6. August und 3. September.

16. Oktober: Abends ein Stück laut rufend nach S. (T.)

Ardetta minuta (L.). Zwergrohrdommel.

8. August: Eine kleine Rohrdommel steht am Bruchrande bei Rossitten vor mir auf.

14. August: Ein Junge fängt am Rübenbruch bei Rossitten 1 junge kleine Rohrdommel lebend und bringt sie nach der Vogelwarte. So hat also diese Art in diesem Jahre in Rossitten gebrütet. Neuer Brutvogel für Rossitten.

Bartenstein: 4. September: Ein Stück am See. (T.)

Ardea cinerea L. Fischreiher.

Herr Thomson beobachtet am 15., 16., 20., 22. und 23. September je zwei oder ein Stück am Haffstrande bei Rossitten.

14. August: Am Haff bei Rossitten 11 Stück. (T.)

Bartenstein: 2. März: In Losgehnen der erste Fischreiher am Brutplatz.

3. März: 2 Stück am See gesehen; desgleichen am 6. und 7. März.

20. März: 3 Paare haben bis jetzt die Nester bezogen; bauen schon.

8. Mai: Die ersten Jungen in den Nestern gehört.

2. Oktober: Noch öfter am See; desgleichen am 9. Oktober. (T.)

Columba palumbus L. Ringeltaube.

12. März: Die erste *C. palumbus* gesehen.

24. März: Die ersten Tauben in der Luft beobachtet.

13. September: Die ersten *C. palumbus* ziehend. (Im Walde bei Ulmenhorst.)

3. Oktober: Mehrere Flüge *C. palumbus* (von 100—200 Stück) in der Nähe von Ulmenhorst nach SW die Nehrung entlang ziehend (von Herrn Thomson beobachtet).

Bartenstein: 1. Januar: Eine einzelne Ringeltaube wird in Losgehnen in der Nähe des Gutshofes beobachtet. Sie hielt sich hier bis Ende April auf; anfangs machte sie noch öfter Ausflüge in die benachbarten Waldungen, wurde aber allmählich ganz vertraut. Sie schloſs sich völlig den Haustauben an und ging mit ihnen auch zusammen in den Schlag. Ende April stellte sich im Garten ein wilder Ringeltauber ein, der eifrig lockte, worauf die zahme mit ihm verschwand.

13. März: Im Walde ruft die erste Ringeltaube.

28. März: Vielfach im Walde gehört.

25. April: Nest mit 1 Ei gefunden. (T.)

6., 8., 10. und 14. Mai: Vereinzelte oder in kleinen Flügen über die Dünenwaldungen bei Danzig Heisternest ziehend. (Z.)

Columba oenas L. Hohltaube.

Bartenstein: 13. März: 2 Stück, die ersten, in Losgehnen beobachtet.

2. Oktober: 5 Stück ziehen nach SW.

9. Oktober: Ein kleiner Flug zieht nach SW. (T.)

Turtur turtur (L). Turteltaube.

Bartenstein: 29. April: Die erste wird in Losgehnen gehört.

1. Mai: Mehrere rufen.

4. Juni: bei Tingen ein Paar. (T.)

8. August: Am Bruche bei Rossitten auf einem dürren Busche eine junge Turteltaube sitzend.

Phasianus colchicus L. Fasan.

Nach Aussagen von Einwohnern und Forstbeamten halten sich 2 Stück den ganzen Sommer über in den nach dem Kunzener Strauch zu gelegenen Feldern bei Rossitten auf. Im Herbst noch wiederholt in den Kunzener Sträuchern beobachtet.

Perdix perdix (L.). Rephuhn.

Bartenstein: 20. Februar: Überall Paarhühner; locken abends viel.

26. November: ♂ mit monströs verlängertem Oberschnabel geschossen. (T.)

Tetrao bonasia L. Haselhuhn.

Am 24. Dezember erhalte ich 1 schönes ♂ von Pillau zum Ausstopfen. (M.)

Coturnix coturnix (L.). Wachtel.

Bartenstein: 16. Mai: Die erste gehört. Nicht häufig in diesem Jahr. (T.)

Tagraubvögel.

5. Januar: Ein *Archibuteo lagopus* jetzt öfter über den Feldern rüttelnd. Vögel dieser Art nicht viel in diesem Winter.

21. Februar: SO 5, 0,7°; SO 5, 3,9°; SO 2, 1,5°. Erster bemerkenswerter Zugtag. Auch Raubvögel sind schon bemerkt worden.

28. Februar: Die Vogelwarte bekommt einen im Krähennetz gefangenen Wanderfalken (*Falco peregrinus*). Also ziehen schon Raubvögel.

Am 7. März bringt Watzkat einen heute im Krähennetz gefangenen Seeadler (*Haliaetus albicilla*) juv. Der Vogel ist auf einen ausgelegten Fisch herabgestofsen. Noch einer ist am Netz vorbeigezogen.

Am 13. März vier Stück Mäusebussarde gesehen, 1 davon an einem Tümpel sitzend. Alles dunkle Exemplare. (M.)

Am 3. April schweben 3 Stück *Buteo buteo* über Müllershöh. Ein schönes altes ♂ der Kornweihe über den Fischerweg nach N ziehend. (M.)

Am 29. April zum erstenmal den schwarzen Milan gesehen. (M.)

Am 30. April und 1. Mai kreist ein *Milv. korschun* über dem Horst am schiefen Weg. (M.)

15. Mai: In den letzten Tagen sind Raubvogelzüge zu beobachten. Sperber häufig im Dorfe. Auch draufsen bei Ulmenhorst sind Raubvögel gezogen.

Am 17. Juni in einem Kiefernstangenholze im Walde am Kirchhofe von Rossitten ein Nest von *Accipiter nisus* gefunden. Etwa 5 m hoch auf einer Kiefer. Die noch im weifsen Dunengefieder befindlichen Jungen sieht man von unten. Das ♀ umfliegt schreiend den Horst und macht die Menschen dadurch auf ihn aufmerksam.

4. August: Einige Raubvögel schon umherschwärmend. Die ersten Anfänge der Herbst-Raubvogelzüge.

8. August: 1 Sperber, 1 Wanderfalke, 1 Rohrweihe juv. am Bruche.

21. August: Raubvögel jetzt schon öfter zu sehen: Sperber, Turmfalken.

2. September: Oft Sperber und Turmfalken zu sehen. Umherstreichend.

5. September: Bei meinem Aufenthalte in Ulmenhorst heute und an den folgenden Tagen beobachte ich täglich einige Sperber, Turmfalken, auch eine Weihe, teils umherschwärmend, teils, besonders die Sperber, regelrecht nach S ziehend. Am 5. September sehe ich 2 Merlinfalken *(Cerchneis merilla)*; 1 juv. geschossen. Zeitiger Termin.

13. September: Mehrfach Raubvögel: Turmfalken und Baumfalken. In diesem Jahre ziemlich viel Raubvögel. Von Schwarzort bekomme ich 1 *Pernis apivorus* geschickt. Also auch die ziehen jetzt.

15. September: Guter Raubvogelzug. Auf einer Fahrt nach Nidden sehe ich gegen 40 Raubvögel, meist Sperber, nach S ziehen. Auch einige *F. subbuteo* und einige Bussarde. Ich beobachte die ersten *Archibuteo lagopus*.

3. Oktober: Mehrere *Cerchneis tinnuncula* mit anderen Raubvögeln zusammen die Nehrung entlang ziehend; einmal 4 Stück zusammen. Von Herrn Thomson beobachtet.

Am 5. Januar 1911 erzählte mir Herr Präparator Kuck aus Cranz, dafs nach einem Berichte des Herrn Förster Tatsch in Schulstein bei Laptau am 14. Mai 1910 bei Laptau starker Zug von Rotfufsfalken gewesen ist. ♂♂ und ♀♀ sind gezogen.

Am 5. Januar 1911 sehe ich bei Präparator Kuck in Cranz einen nordischen Jagdfalken, der von Herrn Forstmeister Heym in Mirau bei Strelno Bez. Bromberg in Posen am 17. November 1910 erlegt und zum Ausstopfen eingeschickt worden ist.

(cf. „Falco" VII. Jahrgang, Nr. I; 1911 Seite 18.)

Circaetus gallicus (Gm.). Schlangenadler.

Am 20. August erhält Herr Präparator Möschler ein Exemplar zum Ausstopfen, das gestern bei Laukischken in Ostpr. geschossen worden ist. Ein Männchen. Der Schütze tritt das prächtige Stück der Vogelwartensammlung leider nicht ab.

Auswärtige Beobachtungen.

16. Januar: 1 *Aquila chrysaetus* wird in Eszerningken bei Popelken im Fuchseisen gefangen.

Bartenstein: 21. Januar: In Losgehnen wird 1 *Accipiter nisus* ♀ auf einem Speicher lebend gefangen.

12. März: bei Tingen 1 *Buteo buteo.*

13. März: In Losgehnen ein Paar *Buteo.*

21. März: Noch 3 *Archibuteo* gesehen.

28. März: Die ersten *tinnunculus*, noch 1 *Archibuteo.*

11. April: Mehrfach noch *Archibuteo.*

16. April: Die letzten *Archibuteo* gesehen.

17. April: Der erste *Milvus korschun* am See.

1. Mai: Ein Paar *Buteo* im Losgehner Walde, horsten dort.

15. Mai: In Sandlack nistet an einem Rohrteiche ein Paar *Circus aeruginosus.*

22. Mai: Am See einzelne *Milvus korschun* und *Circus aeruginosus.*

12. Juni: Im Walde 2 *Milvus korschun.*

In Röseningken (Kreis Darkehmen) wird am 12. Juni 1 *Aquila melanaetus* (L.), ♂ im zweiten Lebensjahre, geschossen. Neu für Ostpreufsen!

28. August: 2 junge Rohrweihen am Kinkeimer See.

10. September: *Buteo* ist jetzt öfters zu sehen; ein sehr weifses Stück geschossen.

11. September: *Buteo* öfter umherschwärmend (1 weifsen, 4 braune gesehen).

19. September: Von Neudamm bei Königsberg erhalte ich einen *Falco merillus* ♂ iuv.

25. September: In Losgehnen 1 *Circus* spec. (braun), mehrfach *Buteo.*

2. Oktober: Öfters Raubvögel: *Buteo*, 1 *nisus.* 1 *Circus cyaneus* iuv. geschossen, hatte im Walde aufgebäumt!

8. Oktober: Braune Weihen, meist wohl *cyaneus*, öfters, desgleichen *Buteo* und *tinnunculus.*

9. Oktober: Dieselben Raubvögel. Einem *Astur palumbarius* wird ein noch lebendes Rebhuhn abgenommmen.

13. Oktober: Die ersten *Archibuteo*!

15. Oktober: 2 *Archibuteo*, 1 *Buteo.*

23. Oktober: 1 *Astur* hat eine Fasanenhenne geschlagen.

30. Oktober: 2 *Astur* gesehen.

Präparator Schuchmann hat in diesem Herbst auffallend viele *Buteo buteo* und *Pernis apivorus* erhalten, ferner öfters junge *Circus cyaneus.*

13. November: 1 *Astur* ♂; *Buteo* öfters.

14. November: Am See 1 *Astur* ♀.

4. Dezember: *Archibuteo* öfters zu sehen. Trotz grofsen Mausereichtums aber nicht sehr zahlreich in diesem Winter. (T.)

Bubo bubo (L.). Uhu.

Uhus wurden gefangen am 19. und 29. Dezember je ein Stück in Tellehnen (Kreis Königsberg) und im November ein Stück in Kosseln (Kreis Johannisburg). (vgl. Deutsche Jägerztg. Bd. 56 p. 189, 495.) (T.)

Asio accipitrinus (Pall.). Sumpfohreule.

5. September: Heute und an den folgenden Tagen mehrfach Sumpfohreulen bei Ulmenhorst gesehen, auch eine geschossen. In diesem Jahre scheinen mehr da zu sein als sonst.

13. September: 3 Sumpfohreulen bei Ulmenhorst hoch gemacht. In diesem Jahre sind ziemlich viel da.

Auswärtige Beobachtungen.

In diesem mäusereichen Jahre überall in der Provinz im Herbst ziemlich häufig. In Losgehnen wurde die erste am 9. Oktober beobachtet, einzelne Stücke sogar noch am 13. November und 4. Dezember. (T.)

Syrnium aluco (L.). Waldkauz.

Heilsberg: 29. April: Im bischöflichen Garten in Heilsberg höre ich abends junge Waldkäuze. (T.)

Nyctea nyctea (L.). Schneeeule.

Ende Januar wird eine Schneeeule bei Crossen (Kreis Braunsberg) erbeutet. Im November 1909/10 in der Provinz nicht selten. Noch am 17. April wurde ein Stück in Samlande bei Wangnicken erlegt. (T.)

Surnia ulula (L.). Sperbereule.

Präparator Schuchmann erhält Mitte Dezember eine Sperbereule aus der Nähe von Königsberg. (T.)

Strix flammea L. Schleiereule.

Heilsberg: 27. Juli: Eine Schleiereule ruft in der Stadt Heilsberg; scheint sich dort auf dem Kirchturm anzusiedeln. In der Folgezeit öfter gehört! (T.)

Cuculus canorus L. Kuckuck.

13. Mai: Den ersten Kuckuck gehört. In den folgenden Tagen ruft er oft.

28. Juli: Die ersten Kuckucke auf dem Zuge.

5. September: W 4, 14,0°; W 3, 15,6°; W 1, 11,3°; Ein sehr guter Zugtag. Reiches Vogelleben. Oft Kuckucke auf den Feldern und im Walde.

Heilsberg: 2. Mai: Bei Heilsberg wird der erste gehört.

Bartenstein: 5. Mai: In Losgehnen wird der erste gehört.

13. Mai: Wiederholt gehört.

12. Juni: Im Losgehner Wald ein rotes Exemplar gesehen.

26. August: Noch 2 Stück gesehen.

28. August: 1 ♀ iuv. geschossen. (T.)

13. Mai: NO und O. Böiger Wind. Kuckucksruf im Dünenwalde auf Hela gehört.

7. September: NO. Mehrere Kuckucke im und am Dorfe; 1 Exemplar erlegt.

9. September: Morgens SO. Später O und NO, 15. September: O. Je ein Stück in den Büschen am Dorfe. (Z.)

Jynx torquilla L. Wendehals.

Am 28. April sieht Herr Möschler den ersten bei Rossitten.

Heilsberg: 16. April: Im Simsertal bei Heilsberg ruft der erste.

Bartenstein: 2. Mai: 1 Stück beobachtet. (T.)

Dryocopus martius (L.). Schwarzspecht.

Am 20. Dezember 1910 höre ich ihn im Rossittener Walde in der Nähe des Dünenaufsehergehöfts rufen. In Schwarzort ist der Schwarzspecht, wie mir gesagt wird, immer anzutreffen. In den Waldungen der Oberförsterei Schnecken b. Heinrichswalde, Ostpr. gar nicht selten.

Am 16. Oktober vormittags höre ich einen Specht sehr laut in dem Bestand an der Lunk trommeln und bald darauf sehe ich einen Schwarzspecht nicht sehr hoch über meinen Garten nach dem Dorfe zu fliegen. (M.)

Heilsberg: 1. Juni: 1 Exemplar im Walde von Zechern. (T.)

Dendrocopus major (L.). Grofser Buntspecht.

5. Mai: W und NW. Ein Pärchen Buntspechte im Dünenwalde auf Hela beobachtet. (Z.)

Dendrocopus medius (L.). Mittelspecht.

Bartenstein: 30. Oktober: 1 ♂ in Losgehnen geschossen, am 13. November 1 ♀. (T.)

Dendrocopus minor (L.). Kleinspecht.

Am 18. und 22. Oktober 1910 (s. diese Tage unter den Ulmenhorstbeobachtungen) je 1 Exemplar bei Ulmenhorst erlegt. Sehr selten hier bei Rossitten.

Bartenstein: 27. Oktober: In Losgehnen wird ein Stück beobachtet.

6. November: Im Walde gehört. (T.)

Picus viridis L. Grünspecht.

Bartenstein: 21. März: 3 Stück in Losgehnen gesehen. Einzeln in der Gegend Brutvogel. (T.)

Alcedo ispida L. Eisvogel.

Bartenstein: 6. März: Am See 1 Stück.

Landsberg: 5. Mai: An einem Bache im Stadtwalde ein Paar.

Heilsberg: 18. Mai: Im Simsertal 1 Stück.

1. Juni: An der Alle zwischen Guttstadt und Heilsberg vielfach beobachtet; im ganzen etwa 4—5 Paare.

Bartenstein: 26. Juni: Am See ein Stück, desgleichen am 2. Juli. Von da ab regelmäfsig bis zum 13. November. (T.)

Coracias garrulus L. Blaurake.

Am 5. Mai die erste an der Pillkoppener Strafse, nicht weit von der Vogelwiese, gesehen. (M.)

Bartenstein und Heilsberg: 4. Juni: Bei Tingen ein Paar.

23. Juli: Bei Rehagen (Kreis Heilsberg) ein Stück.

2. September: In Losgehnen ein Stück, desgleichen am 3. und 4. September. (T.)

Upupa epops L. Wiedehopf.

Am 17. April ein Stück an der Vogelwarte gesehen. Selten hier.

Am 16. Mai höre ich einen Wiedehopf am alten Kirchhofe bei Rossitten.

Am 3. Mai sehe ich einen Wiedehopf auf meinem Nachbargrundstück und einen anderen am Walgumberg sitzen. Beide sind ziemlich scheu. (M.)

18. April: Bei Nordenburg werden 2 Stück gesehen.

16. Mai: In Losgehnen wird ein Stück beobachtet. (T.)

Caprimulgus europaeus L. Ziegenmelker.

Ziegenmelker in diesem Herbste nicht so häufig wie in andern Jahren. Am 9. September sehe ich den ersten bei Ulmenhorst.

Am 16. September fliegt einer über dem Dorfe. Heute werden noch mehr gesehen. Am 14. August beobachtet Tischler ein Stück bei Rossitten.

Den ganzen Sommer über bis zum Herbst 1 Stück allabendlich über meinem Garten Insekten fangend. (M.)

Apus apus (L.) Mauersegler.

19. Mai: Den ersten gesehen.

Es sind den Sommer hindurch ziemlich viel Turmschwalben in Rossitten wenigstens nicht weniger wie in andern Jahren.

18. August: Ich sehe Turmschwalben schon seit mehreren (ca. 8) Tagen nicht mehr; sie müssen schon weg sein. Der genaue Abzugstermin konnte nicht festgestellt werden.

21. August: Mehrere Turmschwalben in der Luft, aber sehr vereinzelt. Jedenfalls nordische.

Auswärtige Beobachtungen.

Heilsberg: 12. Mai: In Heilsberg die ersten gesehen.

Bartenstein: 15. Mai: Einzelne beobachtet.

22. Mai: Viele über dem See, desgleichen am 19. Juni.

Cranz und Königsberg: 15. August: In Cranz noch häufig, desgleichen am 16.; auch in Königsberg.

26. August: In Königsberg noch vielfach. In Losgehnen keiner mehr.

Bartenstein: 4. September: Noch ein Stück am See. (T.)

20. Mai: W u. NW. Warm. Den ersten Mauersegler gesehen.

21. Mai: Wie tags vorher. Zwei der Art. (Z.)

Hirundo rustica L. Rauchschwalbe.

Delichon urbica (L.). Mehlschwalbe.

Riparia riparia (L.). Uferschwalbe.

Am 27. April wird die erste *H. rustica* bei Rossitten beobachtet. Am 29. sehe ich die erste. Es ist wohl nur ein einzelnes Stück hier. Vom 29. wird auch das erste Stück aus Domnau (Ostpr.) gemeldet. In den folgenden Tagen wird keine Schwalbe mehr gesehen.

Am 3. Mai sind einige mehr dazu gekommen. Immer nur *rustica*. Schon am 2. Mai wurden einige mehr gesehen.

Am 10. Mai sehe ich die ersten *D. urbica*. 3 Stück.

Bis jetzt sind sehr wenig Schwalben hier. Den Sommer über Schwalben dagegen ziemlich zahlreich hier.

Am 13. Juli die jungen Mehlschwalben fast flügge, Rauchschwalben teilweise schon ausgeflogen.

28. Juli: Die ersten gröfseren Schwalbenansammlungen. Auch am 29. solche Ansammlungen, ebenso am 3. August.

26. Juli: An der Ulmenhorsthütte 1 Nest von *Hir. rustica* mit flüggen Jungen in einem für Bachstelzen ausgehängten Kasten (Halbhöhlenbrüterkasten). Haben also kein Nest gemauert. Lehm und Erde fehlen in der Nähe; nur Sand vorhanden. Die Vögel sind ohne Zweifel dadurch veranlafst worden, von ihrer normalen Nistweise abzugehen.

Am 4. August fliegen die Jungen aus. Jetzt sind sowohl bei Ulmenhorst, als auch in Rossitten immer grofse Schwalbenansammlungen.

8. August: Grofse Ansammlungen von Uferschwalben auf den Rofsgartenzäunen.

14. August: In mehreren Nestern in Rossitten werden noch ziemlich flügge Junge von *Hirundo rustica* gefüttert. Spät!

20. August: Alle 3 Arten Schwalben sind noch da, aber nicht sehr viel. Die Jungen *rustica* sind in den unterm 14. 8. erwähnten Nestern nun ausgeflogen.

21. August: An einem Hause in Kunzen befinden sich 2 Nester von *Hirundo rustica*, in denen noch Junge vorhanden die vor etwa 3—5 Tagen ausgeschlüpft sind. Die Hausbewohner sagen, es ist die zweite Brut, da in den betreffenden Nestern schon ein Pärchen dieses Jahr gebrütet hat. Die Jungen dieser späten Bruten fliegen etwa am 8. Sept. aus und sind mit den Alten fortgezogen.

Alle 3 Arten Schwalben sind am 21. Aug. noch da.

26. August: Auch auf dem Gehöfte des Herrn Möschler sind jetzt noch junge *Hir. rustica* in den Nestern, und zwar die zweite Brut in denselben Nestern. Herr Möschler meint, dafs dieselben Pärchen zweimal gebrütet haben.

27. August: Schwalben etwas mehr da wie an den vorhergehenden Tagen, besonders *H. rustica.* Sammeln sich auf den Dächern.

30. August: Grofse Schwalbenansammlungen in der Luft, namentlich von *H. rustica.*

3. September: Immer noch ziemlich viel Schwalben da. *R. riparia* sehe ich schon seit einiger Zeit nicht mehr.

4. September: An einem Gehöft in Rossitten füttert eine *H. rustica* noch Junge.

Unterm 19. August 1910 schreibt mir Herr Lehrer Asmus aus Hamburg, dafs Bruten von *H. rustica* voraussichtlich am 28. August das Nest verlassen werden. So spät! Das mögen wohl alles zweite Bruten sein.

5. Sept.: Schwalben noch ziemlich zahlreich bei Rossitten.

14. Sept.: Schwalben noch ziemlich zahlreich da; auch am 15. und 16. Am 17. sind die meisten fort. Es ist schlechtes

stürmisches Wetter. Am 18. nur noch wenig da. Von da an nur noch vereinzelt. Am 23. und 24. September sehe ich keine mehr.

Am 16. Oktober noch 2 *H. rustica* im Dorf gesehen. (M.)

Auswärtige Beobachtungen.

Bartenstein: 24. April: Die erste *Hirundo rustica* in Losgehnen gesehen.

25. April: Mehrere am See.

2. Mai: Viele am See.

24. September: Noch vielfach zu sehen.

1. Oktober: Nur noch ganz wenige da. (T.)

Rauchschwalben waren vom 7. bis zum 22. Mai täglich auf Hela zu beobachten in gröfserer oder kleinerer Zahl, je nachdem der Wind mehr östlich resp. nordöstlich wehte wie am 7. bis incl. den 15. Am 16., NW, sehr vereinzelte. Den 17., W und NW, keine beobachtet. Am 18., 19., 20., 21. bei nordwestlichem Winde nur in wenigen Exemplaren. (Z.)

Bartenstein: 2. Mai: Einzelne *Riparia riparia* am See, die ersten.

5. Juni: In einem ganz flachen, neu hergestellten Sandausstich am See hat sich sofort eine ganze Anzahl angesiedelt. Leider ertrinken die Jungen bei dem im Juli einsetzenden Hochwasser.

4. September: Noch mehrfach am See. (T.)

Bartenstein: 25. August: Die erste *Delichon rubica* am See.

2. Mai: Einzelne am See unter vielen *rustica.*

24. September: Nur noch einzelne zu sehen. (T.)

In weit geringerer Zahl als Rauchschwalben ziehen Mehlschwalben die Halbinsel Hela entlang. Beobachtet wurden solche am 11., 13., 15., 19. und 21. Mai einzeln oder in wenigen Paaren. (Z.)

Bombycilla garrula (L.). Seidenschwanz.

Am 1. Februar 1 Flug von 11 Stück im Dorfe. Sehr sporadisch in diesem Winter auftretend. Überhaupt fehlen die Wintergäste aus dem Norden.

11. Februar 1910: Ein gröfserer Schwarm von etwa 30 Stück im Dorfe. Drei Stück gefangen.

17. Februar: Ein gröfserer Schwarm im Dorfe. Gestern bei Nidden gehört.

24. Februar: 1 Seidenschwanz am Dorfe.

Am 29. Oktober bekomme ich einen Seidenschwanz zum Ausstopfen. Es sollen 10—12 Stück auf einem Ebereschenbaum am Dünenaufsehergehöft bei Rossitten gesessen haben. (M.)

Auswärtige Beobachtungen.

Präparator Schuchmann erhält den ersten am 16. November von Gumbinnen. Nicht häufig in diesem Winter! Bei Bartenstein und Heilsberg bis 1. Januar überhaupt nicht beobachtet. (T.)

Muscicapa grisola L. Grauer Fliegenschnäpper.
„ *atricapilla* L. Trauerfliegenschnäpper.

12. Mai: Den ersten *M. grisola* gesehen.

15. Mai: Ich sehe die erste *M. atricapilla*.

Gestern und heute waren gute Zugtage für Kleinvögel. Viel graue und Trauerfliegenfänger, Laubsänger.

Am 14. Mai: O 4; O 3; O 3.

Am 15. Mai: O 4; NO 4; NO 4.

5. September: W 4; W 3; W 1; Regen nachts bis 10 Uhr morgens. Der erste gute Kleinvogelzugtag. Unmassen von Trauerfliegenfängern. Nur braune und angehend schwarze, also Junge.

Auswärtige Beobachtungen.

a) *Muscicapa grisola.*

Heilsberg: 3. Mai: In der Stadt den ersten *Muscicapa grisola* beobachtet.

Bartenstein: 9. Mai: In Losgehnen ein Stück gesehen; erst spärlich da. (T.)

Danziger Heisternest: 12. Mai: O und NO. In den Dünenkulturen einzelne graue Fliegenfänger.

6. September: Alte und junge graue Fliegenfänger in Menge in den Büschen am Wiekstrande bei Ceynova. Auch am 9. (SO) und 10. (SO) und am 14. September (O) dort noch recht häufig. (Z.)

b) *M. atricapilla.*

Heilsberg: 29. April: Der erste *Muscicapa atricapilla* singt in der Stadt.

Bartenstein: 30. April: Bei Dietrichswalde ein Stück.

1. Mai: Im Gutsgarten von Losgehnen singt 1 ♂.

Landsberg: 5. Mai: Sowohl in der Stadt wie im Stadtwald singen mehrere ♂♂.

Heilsberg: 1. Juni: Im Forstrevier Wiechertshof ziemlich häufig.

Bartenstein: 4. September: Vielfach auf dem Zuge. (T.)

14. Mai: In den Dünenkulturen bei Danziger Heisternest einzelne Trauerfliegenfänger.

Am 6., (NO); 9. (SO); 10 (SO) und 14. September, (O) waren Trauerfliegenfänger noch recht häufig auf Hela. (Z.)

Muscicapa parva (Bechst.). Zwergfliegenfänger.

Heilsberg: 1. Juni: Im Forstrevier Wiechertshof 2 ♂♂ gehört.

Bartenstein: 5. Juni: 1 ♂ singt im Losgehner Wald (Weifsbuchen und Fichten). (T.)

Lanius excubitor L. Raubwürger.

„ *collurio* L. Rotrückiger Würger.

28. Januar 1910: Jetzt öfter ein Raubwürger (*Lanius excubitor*) an meinem Garten in der Nähe des Futterplatzes.

16. Februar: 1 *L. excubitor* bei Nidden.

Am 3. Juli 1 Nest von *Lanius collurio* bei Kunzen gefunden mit etwa 6 Tage alten Jungen. *L. collurio* in diesem Jahre selten bei Rossitten.

Auswärtige Beobachtungen (*L. excubitor*).

Bartenstein: 29. März: Bei Thegsten 1 *Lanius excubitor.*

2. April: Bei Dietrichswalde 1 Stück.

23. Oktober: Den ersten im Herbst beobachtet.

31. Oktober: Ein ♂ geschossen (zweispiegelig).

6. November: Wieder 1 ♂ geschossen (zweispiegelig).

7. November: Bei Gallingen ein Stück.

13. November: Am See 1 Stück, desgleichen am 14. November und 25. Dezember.

Heilsberg: 10. Dezember: Bei Konnegen (Kreis Heilsberg) 2 Stück.

19. Dezember: Bei Mengen (Kreis Heilsberg) 1 Stück. (T.)

Corvus corax (L.). Kolkrabe.

11. Juli: Aus der Sedranker Forst (Kreis Oletzko) erhalte ich lebend einen jungen aus dem Nest gefallenen Kolkraben. (T.)

Herr Assessor Tischler hatte die Freundlichkeit, den Vogel später der Vogelwarte zu überweisen.

Corvus cornix L. Nebelkrähe.

Corvus frugilegus L. Saatkrähe.

Colaeus monedula (L.) Doble.

Im Gegensatz zum vorigen überaus strengen Winter 1908/1909 ist der Winter 1909/10 sehr milde.

3. Januar: W 8, 5,2°; NW 5, 5,3°; W 8, 4,2°. Schon seit längerer Zeit sehr milde Witterung, manchmal das reine Frühlingswetter.

Krähenzug nach S.

14. Januar: NW 3, 2,0°; SW 4, 2,9°; S 6, 0,0°. Bei einer Fahrt von Cranz nach Rossitten beobachte ich Nebelkrähen einzeln und in kleinen Trupps nach S ziehend.

6. Februar: S 5, —0,5°; S 4, 1,3°; SO 5, 0,3°. Der erste Dohlenschwarm bei Rossitten. Ob schon auf dem Rückzuge?

18. Februar: S 4, 2,1°; S 4, 4,4°; S 3, 1,9°. Ein grofser Schwarm Doblen am Dorfe. Einen kleinen Trupp sehe ich nach N ziehen.

21. Februar: SO 5, 0,7°; SO 5, 3,9°; SO 2, 1,5°. Ein schöner Tag, hell. Erster bemerkenswerter Zugtag. Es ziehen Krähen und Doblen nach N. Auch Gänse.

22. Februar: SO 2, 0,8°; SO 1, 1,9°; SW 4, 3,0°. Früh Nebel, auch Regen. Auch heute ziehen trotz des Nebels und Regens einige Krähen und Dohlen. So hat also der Krähenzug nun begonnen.

23. Februar: SO 4, 1,1°; W 1, 6,3°; SW 1, 1,5°. Früh schwacher Regen. Guter Zugtag. Krähen und Dohlen sehr hoch. Manchmal nur als Pünktchen erkennbar.

26. Februar: SO 4, 2,5°; SW 2, 5,4°; SW 2, 3,0°. Etwas Krähenzug.

27. Februar: SO 1, 2,1°; SO 2, 4,7°; O 5, 3,2°. Krähenzug.

28. Februar: SO 5, 2,8°; W 3, 4,3°; S 3, 2,5°. Ganz guter Krähenzug.

1. März: S 1, 0,5°; SO 2, 4,3°; SO 4, 1,9°. Krähen ziehen hoch.

7. März: O 4, —0,5°; SO 1, 1,8°; O 4, 0,4°. Etwas Krähenzug. In letzter Zeit mit einigen Ausnahmen ganz abnorm schönes warmes Wetter. An solchen Tagen ziehen Krähen, aber meist sehr hoch. So recht im Gange ist der Krähenzug noch nicht. Es sind immer wenig, die ziehen. Doch vielleicht noch zu zeitig im Jahre.

Auch Kleinvögel ziehen noch ganz wenig. (Von auswärts werden von Ostpreufsen schon vor mehreren Tagen Störche gemeldet.)

9. März: S 4, —0,9°; SO 3, 4,4°; SO 2, 1,4°. Ganz guter Krähenzug.

Der Krähenzug im Frühjahr 1910 war sehr mäfsig hier auf der Nehrung. Es ging das Gerücht, dafs die Hauptmassen am jenseitigen litauischen Haffufer durchzögen. Nach eingeholten Erkundigungen war das aber nicht der Fall. Auch dort nur ganz geringer Zug.

Herr v. Kalckstein-Schultitten b. Schrombehnen, Ostpreufsen teilt mir unterm 2. Mai 1910 folgende Beobachtung mit: In den letzten zwei Jahren sind auf seiner Besitzung fast alle grauen Krähen vergiftet worden, da sie unendlich viel Fasanen und junge Hasen raubten. In diesem Jahre (1910) sind nun auffallend wenig dieser Krähen eingetroffen, und mein Gewährsmann möchte daraus schliefsen, dafs die Nebelkrähen dahin zum Nisten zurückkehren, wo sie erbrütet sind und wo sie gebrütet haben. Nach den Resultaten des Ringversuches darf man das auch mit ziemlicher Sicherheit annehmen.

Am 24. September (W 6, 14,5°; W 8, 14,0°; W 9, 14,3°) die ersten Vorläufer vom Herbst-Krähenzuge. Am 25. Sept. zum ersten male Saatkrähen auf den Feldern.

29. September: NW 2, 9,9°; W 3, 15,0°; W 1, 11,6°. Zum ersten Male bemerkenswerter Krähenzug und zwar vormittags.

30. September: Mehrere kleine Scharen *C. cornix* von Herrn Thomson an der Vordüne ziehend beobachtet.

Am 1. Oktober sieht derselbe Herr keine Krähen ziehen.

2. Oktober: W 3, 12,3°; NW 4, 14,3°; NW 2, 10,1°. Guter Krähenzug an der Vordüne.

3. Oktober: Starker Krähenzug.

5. Januar 1911, 6. Januar 1911: Etwas Krähenzug nach S. An der Vordüne.

Am 20. Januar 1911 grofse Dohlenschwärme über Rossitten. Sind das schon Rückzugserscheinungen? Von Riga wird mir gemeldet, dafs sich am 18. Januar 1911 ein Schwarm Dohlen von etlichen 1000 Stück bei starkem NWsturm über der Stadt umhergetrieben hat. Danach scheint es, als ob Züge von N her stattgefunden haben.

Auswärtige Beobachtungen.

Bartenstein: 10. Januar: Bei Dietrichswalde ein Flug von 50 *cornix* auf dem Felde.

31. Januar: Ein grofser Flug *monedula*, einige *frugilegus*.

6. Februar: Ein Flug *monedula* treibt sich umher.

27. Februar: Wenige *frugilegus* und *monedula* ziehen.

12. März: *frugilegus* treibt sich in Scharen von Hunderten umher.

23. Mai: Flüge von *frugilegus* treiben sich umher, wohl nichtbrütende Vögel, da in der Nähe keine Brutkolonie ist.

5. Juni: Die ersten ausgeflogenen jungen *cornix* gesehen.

2. Oktober: 1 *monedula* geschossen; kein Halsfleck.

9. Oktober: Etwas Zug von *cornix* und *frugilegus*.

16. Oktober: Mäfsiger Zug von *cornix*; mehrfach grofse Scharen von *frugilegus* und *monedula*.

17. Oktober: Etwas Zug von *frugilegus* und *monedula*.

23. Oktober: Eine grofse Schar *monedula* zieht hoch nach SW.

21. November: Grofse Scharen *monedula* mit einigen *frugilegus*. 1 erlegtes ♀ von *monedula* hat keinen Halsring.

Saatkrähen überwintern diesmal in geringer Anzahl. (T.)

6. Mai: W. Kleine Flüge Nebelkrähen ziehen auf Hela hin und her teils mit, teils gegen Wind.

7. Mai: O, SO. Nebelkrähen ziehen in kleinen Trupps.

8. Mai: O, SO ebenso; einige Saatkrähen darunter.

13. Mai: NO, O. Saatkrähen ziehen zu 6, 8, 12 Stück, ebenso am folgenden Tage in kleinen Flügen. Auch Nebelkrähen sind unterwegs, auch am 15. Mai, doch weniger. (Z.)

Pica pica (L.). Elster.

Am 14. März eine Elster kurze Zeit in den Büschen an der Lunk bei Rossitten. (M.)

Bartenstein: 8. Mai: 1 Elster in Losgehnen beobachtet; dort selten.

2. Oktober: 1 Stück beobachtet, desgleichen am 16. und 30. Oktober und in der Folgezeit ständig.

Bei Heilsberg ist die Elster häufig. (T.)

Garrulus glandarius (L.). Eichelheher.

4. September: Eichelheher jetzt zuweilen auf dem Zuge zu beobachten. In der Folgezeit viel Eichelheher. Starker Zug dieser Art in diesem Jahre. Am 24., 25. Sept. z. B. zahlreich.

Am 25. September und die folgenden Tage beobachtet Herr Thomson diese Vögel häufig im Walde. Am 30. September sieht derselbe Herr 6—8 Stück, die jedenfalls über die Rossittener Bucht gekommen sind, niedrig übers Dorf Rossitten nach SW fliegen.

Bartenstein: 20. Februar: Einen Flug von 10 Stück beobachtet.

10. September: Jetzt überall häufig.

11. September: Überall in sehr grofser Anzahl; recht häufig in diesem Herbst. (T.)

Nucifraga caryocatactes (L.). Tannenheher.

Am 5. Oktober die ersten beobachtet (schlankschnäblige). In der Folgezeit noch ab und zu gesehen z. B. am 7. und 16. Oktober. Aber keine grofsen Züge.

10. Juli: Aus dem Forstrevier Rothebude (Kreis Goldap) erhalte ich einen jungen Dickschnäbler. (T.)

Präparator Schuchmann erhält im Oktober einen Schlankschnäbler aus dem Rösseler Stadtwald. (T.)

Oriolus oriolus (L.). Pirol.

Am 16. Mai höre ich den Pirol am Schwarzen Bergweg das erste Mal rufen. (M.)

Bartenstein: 10. Mai: Der erste wird in Losgehnen gehört.

13. Mai: Wiederholt gehört. (T.)

Sturnus vulgaris L. Star.

21. Juni: An der Beobachtungshütte Ulmenhorst sind kleine viereckige Löcher in die Wände gesägt und Kästen vorgehängt worden. Diese Nistgelegenheiten sind sofort von Staren angenommen. Die Jungen sind ausgeflogen.

Am 10. Juni sind die sämtlichen jungen Stare auf meinem Grundstück in Rossitten ausgeflogen. (M.)

In diesem Jahre sind den Juli hindurch so mächtige Starschwärme hier, wie wohl kaum vorher. Gleichzeitig viel Haffmücken, deren Auftreten lange andauert. Am 18. Juli fahre ich von Cranz nach Rossitten. Über der Haffdüne eine mächtige Starwolke, die sich fortwährend in der Luft verschiebt und andere Gestalt annimmt. Alle Passagiere des Dampfers merken auf. Es ist ein interessantes Naturschauspiel.

26. Juli: Starschwärme etwas kleiner geworden.

4. und 5. August: Immer noch Starschwärme bei Ulmenhorst, aber weniger wie früher. Nähren sich blofs von Haffmücken. Die Mägen von den erlegten alle voll Haffmücken.

Am 17. und 18. September beobachtet Herr Thomson etwas Starzug.

Am 22. und 29. September abends sind die Stare nach Herrn Thomson's Beobachtung besonders häufig.

27. November: Es sind jetzt immer noch einige Stare in Rossitten.

Auswärtige Beobachtungen.

Bartenstein: 25. Februar: In Dietrichswalde und Passarien werden die ersten Stare gesehen.

27. Februar: In Losgehnen am Gutshause morgens und abends je 2 Paare, die ersten!

28. Februar: In Wienken einen einzelnen gesehen.

4. März: Stare noch sehr vereinzelt.

6. März: Am Gutshause von Losgehnen bisher nur immer 2 Paare.

12. März: Zahlreich geworden; übernachten zu Hunderten am See.

2. April: Grofse Scharen übernachten am See, aber nicht so viele, wie in früheren Jahren.

16. April: Abends Tausende am See.

30. April: Flüge übernachten noch am See.

Guttstadt: 31. Mai: Die ersten ausgeflogenen Jungen gesehen.

Bartenstein: 31. Juli: Abends Tausende am See.

16. Oktober: Nur noch sehr wenige sind da.

13. November: Ein Flug von etwa 20 Stück zieht nach SW.

14. November: Ein einzelner fliegt eilig nach S. (T.)

Am 14. September traf ich auf den Wiesen bei Ceynova einen Schwarm von mehreren hundert Staren, die sich dort mehrere Tage aufhielten. Um zu erfahren, wovon sich diese Mengen auf den dortigen mit kümmerlichem Grase bewachsenen Sandflächen ernährten, wo ich nie Insekten irgendwelcher Art entdeckt, erlegte ich einige, um den Mageninhalt festzustellen. Aufser ein paar Ebereschenbeeren, die sich die Vögel wohl von zweien am Waldrande stehenden Bäumen geholt hatten, enthielten die Magen nur Ohrwürmer (Forficula auricularia L.) und zwar in Menge. — Auch in den Häusern im Dorfe fanden sich diese Ohrwürmer massenhaft vor, eine ganz aufsergewöhnliche Erscheinung. — An den beiden folgenden Tagen waren die Stare auch noch da, am 17. bei W Wind keine mehr. (Z.)

Passer domesticus (L.). Haussperling.

Am 2. und 3. Januar je einen Haussperling bei Ulmenhorst beobachtet, also etwa 7 oder 14 km von Dörfern entfernt.

Wie schnell sich die Sperlingspärchen bei Verlust des einen Gatten wieder ergänzen, geht aus folgender Beobachtung hervor. Am 26. April 1910 schiefse ich von einem Pärchen an einem Nistkasten das ♂, am 28. April das inzwischen ergänzte Pärchen in copula, am 29. April ein neues ♂, das schon wieder vom Nistkasten Besitz ergriffen hatte.

Coccothraustes coccothraustes (L.). Kernbeifser.

Am 8. November 1 Kernbeifser im Dorfe.

Am 26. November erhalte ich 1 lebendes Stück aus Rossitten.

Bartenstein: 6. Februar: Im Walde ein Flug von etwa 30 Stück. Im Winter 1909/10 auffallend häufig, da Weifsbuchensamen sehr gut geraten ist. Auch bei Heilsberg waren Kernbeifser Winter über zahlreich zu beobachten. Im Winter 1910/11 fehlten sie dagegen gänzlich; wahrscheinlich liegt dies daran, dafs die Weifsbuchen, ihre Hauptnahrungsbäume im Winter, Samen überhaupt nicht angesetzt hatten. (T.)

Fringilla coelebs L. Buchfink.

Fringilla montifringilla L. Bergfink.

21. Januar 1910: Am Futterhause an der Vogelwarte einige Buch- und Bergfinken.

27. Januar: Bei dem nun eingetretenen Winterwetter mit Schnee sind an den Futterplätzen sofort mehr Finken. Unter den Buchfinkenmännchen auch 3 ♀♀. Bei weitem vorherrschend aber Männchen.

28. Februar: SO 5, 2,8°; W 3, 4,3°; S 3, 2,5°. Ich sehe die ersten Kleinvögelflüge, jedenfalls Finken.

12. März: *F. coelebs* auf dem Zuge.

3., 4. und 5. August: Jetzt immer Flüge von *Fringilla coelebs* in den Büschen. 3 erlegte Exemplare, lauter Junge, 2 ♂♂, 1 ♀.

19. August: SW 5, 16,3°; SW 4, 16,6°; S 6, 16,3°. Jetzt mehr Buchfinken angekommen.

21. August: Viel Buchfinken da.

Auswärtige Beobachtungen.

Bartenstein: 23. Januar: Mehrere *coelebs*, ein *montifringilla* beobachtet.

31. Januar: Mehrfach *coelebs* gesehen.

7. Februar: Einzelne *coelebs*, darunter auch ein ♀, und *montifringilla*.

13. März: +11°, heiter, S. Einzelne *coelebs* ziehen; auch schon Gesang gehört.

Heilsberg: 16. März: In Heilsberg singt vielfach *coelebs*, anscheinend die Brutvögel.

Bartenstein: 20. März: Vielfach singt *coelebs*.

21. März: Bedeckt, +2°, W. Bei Mengen ein grofser Flug von *coelebs* mit einigen *montifringilla* auf Feldern und Bäumen.

2. April: Bei Dietrichswalde *coelebs*-Flüge auf Stoppelfeldern.

4. April: Heiter, SO, +10°. Wenige *coelebs* und *montifringilla* ziehen.

10. April: Morgens etwas Regen, kühl, W; tags über heiter. Einzelne *coelebs* und *montifringilla* ziehen.

17. April: O, +16°, klar. Etwas Zug von Buch- und Bergfinken.

23. April: Kühl, W, vormittags Regen; nachmittags heiter. Bei Tingen und Dietrichswalde *coelebs*-Flüge auf den Feldern.

30. April: Bei Tingen auf Feldern Buch- und Bergfinken.

8. Mai: Noch einzelne *montifringilla* gehört.

28. August: Vielfach Buchfinken in den Büschen.

11. September: Heiter, warm, O. Schwacher Zug von *coelebs* und *Anthus pratensis*.

18. September: Klar, N, kühl. Es ziehen vielfach *coelebs*, wiederholt *Lullula arborea*, vereinzelt *Alauda arvensis* und *Anthus pratensis*.

25. September: Böig, NW, bisweilen Regenschauer. Schwacher Zug von *Alauda*, *Anthus pratensis*, *Lullula arborea*, *Anthus trivialis* (sehr vereinzelt); wenige *coelebs*.

2. Oktober: Klar, S, warm. Zug von *coelebs* (öfters); die ersten *montifringilla*; ferner *Lullula* (oft), *Alauda arvensis*, *Anthus pratensis* (oft), *Acanthis cannabina*, *Chloris chloris*.

9. Oktober: Lebhafter W, meist heiter. Etwas Zug von *coelebs* und *montifringilla*, *Alauda*, *Anthus pratensis*.

16. Oktober: Klar, warm, NW. Es ziehen *Lullula* (vereinzelt), *Anthus pratensis* (sehr einzeln), *Alauda* (wenig), *coelebs* und *montifringilla* (öfters), sehr viele *Acanthis linaria* (vgl. diese Art); ferner wiederholt auch *cannabina* und *carduelis*.

17. Oktober: Morgens dichter Nebel, nachher warm, klar, O. Etwas Zug von *cannabina*.

23. Oktober: Kühl, +1°, trübe, N. Nur noch ganz vereinzelte *Anthus pratensis* ziehen, aber keine *Alauda* mehr.

24. Oktober: Kühl, +1°, N; morgens trübe, nachher klar. Es ziehen wiederholt *cannabina*, 1 *montifringilla*, vereinzelte *Anthus pratensis*.

30. Oktober: Sehr trübe, nebelig. Noch 1 *Anthus pratensis* gesehen. Kein Zug!

31. Oktober: N, klar. Vereinzelte *coelebs*, *montifringilla*, *cannabina* ziehen.

13. November: Schneedecke, —1°, leiser N. Vereinzelte *cannabina*, *coelebs*, *montifringilla* ziehen, auch noch 1 *Anthus pratensis*.

Trotz des milden Winters 1910/11 fehlen diesmal Buchfinken fast völlig; auch Bergfinken überwintern nicht. (T.)

Bei Danzig. Heisternest im Frühjahr Buchfinken in kleinen und gröfseren Flügen am 7., 8., 9., 10., 11., 13. und 14. Mai beobachtet; an den beiden letzteren Tagen in ganzen Schwärmen. Im Herbste bei Ceynova am 8., 11. und 14. September in kleinen Flügen, am 20. und 23 September in Menge auf den Kortoffeläckern im Dorfe. (Z.)

Chloris chloris (L.). Grünling.

Bartenstein: 27. Februar: Ist jetzt häufig geworden; im Winter waren nicht sehr viele da.

Herbstzug cf. *Fringilla coelebs.*

24. Oktober: Grofse Flüge auf Feldern und Büschen.

18. Dezember: Noch öfters zu sehen. Nicht sehr zahlreich in diesem Winter. (T.)

Acanthis cannabina (L.). Bluthänfling.
· *Acanthis linaria* (L.). Birkenzeisig.
Chrysomitris spinus (L.). Erlenzeisig.

Am 14. Januar einige Schwärme Erlenzeisige im Walde.

Um Mitte April halten sich immer kleine Flüge von Bluthänflingen am Dorfe auf; besonders an der Vogelwarte, wo sie an vorhandenen Unkrautsämereien reiche Nahrung haben. Mehrere Pärchen von Bluthänflingen bleiben zum Brüten da. Am 22./5. 1910 finde ich ein Nest mit 5 Eiern im Pfarrgarten in einer Fichte. So zahlreiches Auftreten von Hänflingen habe ich noch nie hier in Rossitten beobachtet. Entsinne mich auch nicht, den Hänfling als Brutvogel hier gesehen zu haben.

Am 15. Juni ausgeflogene junge Bluthänflinge im Dorfe, die von den Alten gefüttert werden.

14. August: Jetzt öfter Familien von Erlenzeisigen im Dorfe, die hier erbrütet sind.

Bemerkenswert für den Herbst 1910 sind die gewaltigen Massen von Birkenzeisigen *(Acanthis linaria)*, die vom 16. Oktober ab auf dem Durchzuge zu beobachten sind. Ich entsinne mich nicht, solche grofsen Flüge je hier gesehen zu haben. (Näheres s. unter den Herbstbeobachtungen von Ulmenhorst vom 16. Oktober ab.)

Ein Geheck Bluthänflinge ist in Herrn Möschler's Garten ausgeflogen. Das Nest stand in einer Weifsfichte, etwa $1^1/_2$ Meter über der Erde.

Auswärtige Beobachtungen.

Acanthis cannabina (L.). Bluthänfling.

Bartentstein: 1. Januar: In Losgehnen ein Stück beobachtet.

27. Februar: Öfters gesehen.

7. März: Vielfach Hänflinge, auch ziehend.

Herbstzug cf. *Fringilla coelebs.*

Heilsberg: 13. Dezember: Wiederholt Hänflingsflüge in der Nähe der Stadt beobachtet.

Bartenstein: 18. Dezember: Öfters einzelne gesehen. (T.)

Acanthis linaria (L.). Birkenzeisig.

16. Oktober: Klar, warm, NW.

Vormittags ziehen in Losgehnen fortwährend Flüge von N nach S in mäfsiger Höhe; lassen sich selten nieder. Einige Male ziehen grofse Flüge von über 100 Stück, meist aber kleinere Gesellschaften oder auch vereinzelte Stücke. Sehr viele sind durchgezogen!

17. Oktober: Morgens dichter Nebel, nachher warm, klar, O. Öfters beobachtet, auch bei Thegsten und Heilsberg. Morgens bei dem Nebel sind die Vögel eingefallen.

22. Oktober: In Heilsberg einen Flug beobachtet

23. Oktober: In Losgehnen öfters zu sehen.

24. Oktober: $+ 1^c$, N; morgens trübe, nachher klar.

Überall sehr viele Leinfinken. Grofse und kleine Flüge ziehen wiederholt von N nach S; viele streichen auch nur umher. Viele fallen auf Stoppelfeldern ein, sind aber dort recht scheu.

30. Oktober: Sehr trübe, neblig.

Vielfach zu sehen, meist umherstreichend oder rastend.

31. Oktober: N, klar.

Öfters zu sehen, auch ziehend. Aus einem Fluge von 8—10 ♂ mit weifsem Bürzel geschossen.

6. November: Wenige zu sehen.

7. Novomber: Morgens klar, Frost; nachher dichter Nebel, SW. Morgens öfters ziehend. Auch bei Trautenau (Kreis Heilsberg) ein Flug.

20. November: Vielfach umherstreichend, auch in kleinen Flügen nach S ziehend.

21. November: Einzelne umherstreichend.

27. November: Kleine Flüge.

28. November: Ein kleiner Flug.

13. Dezember: Bei Heilsberg ziemlich viele.

Nach Mitteilung von Herrn Pfarrer Goldbeck wurden Leinfinken auch bei Weinsdorf (Kreis Mohrungen) schon im Oktober beobachtet. Ende November waren sie zahlreich bei Lyck.

Bei Bartenstein sind zweifellos sehr viele durchgezogen. Überwintert haben dort aber fast gar keine, jedenfalls aus Nahrungsmangel, da Erlensamen völlig mifsraten war.

Das ♂ vom 31. Oktober sowie ein anderes vom 24. Oktober, die sich beide durch weifsen Bürzel und kurzen Schnabel auszeichnen, gehören nach Kleinschmidt zu *hornemannii exilipes* (Coues).

Auffallend war es, dafs von einem Rückzuge im Frühjahr 1911 nichts zu bemerken war. Seit Dezember waren Leinfinken völlig aus der Bartensteiner Gegend verschwunden, so dafs in der Folgezeit kein einziger mehr zu bemerken war. (T.)

Chrysomitris spinus (L.). Erlenzeisig.

Bartenstein: 16. Januar: Grofse Zeisigschwärme treiben sich umher.

27. Februar: Massenhaft überall. Im Winter 1909/10 sehr häufig.

28. August: Im Losgehner Walde beobachtet. Hat in diesem Jahre, im Gegensatz zu 1909, nur sehr spärlich genistet.

Im Herbst und Winter 1910/11 fehlten Zeisige fast völlig. Erlensamen ist total mifsraten. (T.)

Carduelis carduelis (L.). Stieglitz.

Am 4. Juli wird ein ausgeflogenes Gehecke Stieglitze von den Alten im Dorfe Rossitten gefüttert. Stieglitze in letzter Zeit öfter gesehen. Ebenso wie Hänflinge (*Acanthis cannabina*) in diesem Jahre häufiger als sonst in Rossitten als Brutvögel auftraten, so auch Stieglitze.

Im Winter 1910 sind auffallend häufig Stieglitze bei Rossitten zu beobachten.

Bartenstein: 27. Februar: Häufig geworden, anscheinend die Brutvögel.

30. April: Bei Thegsten ein Flug von etwa 30 Stück, wohl Durchzügler.

Herbstzug cf. *Fringilla coelebs.*

24. Oktober: Grofse Flüge auf Feldern und Büschen.

30. Oktober: Morgens eine grofse Schar auf Bäumen rastend. (T.)

Carpodacus erythrinus (Pall.). Karmingimpel.

15. Mai: Der erste bei Rossitten angekommen. Ich höre ihn pfeifen.

Der 14. und 15. Mai waren gute Zugtage für Kleinvögel. Es herrschte Ostwind. Am 14.: O 4, O 3, O 3. Am 15.: O 4, NO 4, NO 4.

Heilsberg: 1 Juni: An der Alle zwischen Guttstadt und Heilsberg je 1 ♂ bei Kossen und Zechern gehört.

Bartenstein: 3. Juli: 1 ♂ ruft am See. (T.)

Pyrrhula pyrrhula (L.). Grofser Gimpel.

21. Januar 1910: Am Waldrande bei Rossitten ein paar Gimpel. In diesem Winter 1909/1910 nicht viel hier.

Am 13. Februar 2 ♀♀ im Dorfe.

Im Herbst 1910 sind sehr viel Dompfaffen hier. Ende Oktober und Anfang November nicht nur im Dorfe, sondern auch im Walde grofse Flüge. (Siehe auch die Herbstbeobachtungen von Ulmenhorst.)

Am 29. Oktober Dompfaffen verhältnismäfsig zahlreich in der Luft ziehend. Männchen und Weibchen.

Auch Ende November immer noch häufig Dompfaffen zu sehen, ♂♂ und ♀♀. Ihre Zahl nimmt dann im Laufe der Zeit etwas ab. Aber es sind einzelne Vögel und kleine Trupps immer zu beobachten.

Auswärtige Beobachtungen.

Bartenstein: 6. Februar: Einen Flug beobachtet.

7. Februar: Im Gutsgarten von Losgehnen ein grofser Flug, desgleichen am 20. Februar. Im Winter 1909/10 häufig.

1. Mai: Im Gutsgarten von Losgehnen noch ein Paar; auch im Walde noch gehört.

Landsberg: 5. Mai: Im Stadtwalde ein Paar.

Heilsberg: 6. Mai: Im Garten der Domäne Neuhof 2 Paare.

Bartenstein: 17. Juli: Im Gutsgarten von Losgehnen einige.

24. Juli: Mehrere im Losgehner Walde und im Garten; zweifellos Brutvögel!

Von Mitte Oktober an öfters zu sehen. Im Winter 1910/11 bleiben aber verhältnismäfsig wenige da; Beeren- und Samenbäume fehlen fast ganz. (T.)

Loxia curvirostra L. Fichtenkreuzschnabel.

Auch im Januar 1910 sind nach den ausgedehnten Zügen im Sommer und Herbst 1909 immer noch Kreuzschnäbel zu beobachten.

Am 7. Januar 1910 sehe ich einige im Cranzer Walde. Am 14. Januar kleine Flüge ziehend und auch in den Bäumen beobachtet.

Am 16. Februar ein gröfserer Schwarm im Niddener Walde. Auch sonst bei Nidden öfter gehört.

(cf. die Frühjahrsnotizen von Ulmenhorst, wo *Loxia curvirostra* nach N ziehend aufgeführt, wird z. B. unterm 16. April 1910.)

13. Juni: Ein Flug von etwa 30 Stück übers Dorf.

14. Juni: Kreuzschnäbel in der Luft gehört. Jetzt immer solche im Walde. Am 16. Juni Kreuzschnäbel überm Dorfe. Grofser Flug.

17. und 18. Juni: Kreuzschnäbel immer im Walde.

25. Juni: Kreuzschnäbel jetzt täglich im Dorfe.

4. Juli: Gröfserer Flug Kreuzschnäbel übers Dorf.

26. Juli: Als ich auf ein paar Tage nach Ulmenhorst ziehe, beobachte ich täglich Kreuzschnabelflüge.

4. und 5. August: Mehrfach Flüge von Kreuzschnäbeln ziehend bei Ulmenhorst. Im Cranzer Walde nach Tischler's Beobachtung viele.

Am 14. August nach T. im Rossittener Walde.

23. August: Jetzt öfter Kreuzschnabelflüge übers Dorf.

5. September: Als ich auf einige Tage nach Ulmenhorst übersiedele, höre und sehe ich täglich Kreuzschnäbel in der Luft. Sie fliegen sowohl nach N als auch nach S. Am 8. September ein sehr grofser Schwarm.

13. September: Kreuzschnäbel überm Dorfe gehört.

24. September: Ich bekomme von Pillkoppen 5 lebende Kreuzschnäbel. Am 25. September Kreuzschnäbel überm Dorfe.

Die Kreuzschnabelinvasion von 1909 ist also noch nicht vorüber.

Auswärtige Beobachtungen.

Bartenstein: 31. Juli: In Losgehnen beobachtet.

11. Dezember: Wieder Kreuzschnäbel gehört. Fehlen sonst in diesem Jahre völlig. (T.)

Am 14. September bringt mir der in Ceynova stationierte Dünenaufseher ein ♂. Der Beamte meinte, solche Kreuzschnäbel hätten sich den ganzen Sommer über in den Kiefern des Dünenwaldes aufgehalten; möglich, dafs sie dort gebrütet haben. (Z.)

Passerina nivalis (L.). Schneeammer.

Am 31. Januar 1910 ein Flug von etwa 12 Stück übers Dorf nach N streichend.

Auswärtige Beobachtungen.

Bartenstein: 7. November: Eine einzelne Schneeammer, die erste, zieht nach S.

8. November: In Losgehnen gegen Abend ein Flug von 5 Stück auf einem Stoppelfelde.

13. November: Vielfach ziehen Schneeammern einzeln oder in kleinen Flügen nach S.

20. November: Einzelne ziehen.

Heilsberg: 10. Dezember: Bei Konnegen (Kreis Heilsberg) ziehen einzelne nach S. (T.)

Emberiza. Ammern.

1. März 1910: Den ersten Goldammergesang gehört.

7. Mai: Heute und an den vorhergehenden Tagen höre ich oft in der Nähe des alten Kirchhofes bei Rossitten den Gesang von *Emberiza hortulana.* Das ist immer dieselbe Zeit im Jahre.

15. Mai: *E. hortulana* singt andauernd.

Herr Möschler beobachtet in den letzten Tagen des Juli einen Ortolan bei Rossitten.

Am 4. Dezember 1910: 1 *Emberiza calandra* gefangen im Dorfe.

Auswärtige Beobachtungen.

Emberiza calandra L. Grauammer.

Bartenstein: 17. Januar: Gesang gehört.

Landsberg: 5. Mai: Bei Landsberg häufig. (T.)

Emberiza citrinella L. Goldammer.

Heilsberg: 22. Oktober: Bei Salwarschienen singt 1 ♂ sehr eifrig.

Bartenstein: 24. Oktober: Grofse Flüge auf Feldern und Büschen. (T.)

Die Goldammer gehört wohl mit zu den wenigen auf Hela brütenden Vögeln. Ich habe sie im Frühjahr und Herbst stets dort angetroffen, und die dortigen Dünenbeamten versichern, dafs diese Ammer auch Sommer über dort zu sehen ist. Am 14. September waren auffallend viele der Art bei Ceynova zu beobachten. (Z.)

Emberiza hortulana L. Ortolan.

Bartenstein: 1. Mai: Mehrere singen in Losgehnen, die ersten.

Heilsberg: 2. Mai: Mehrere an der Chaussee nach Guttstadt.

14. Juni: Vielfach an der Chaussee nach Seeburg. (T.)

Emberiza schoeniclus (L.). Rohrammer.

Bartenstein: 28. Februar: Die erste am See, ein ♂.

4. März: Einige am See.

6. März: Wiederholt beobachtet, auch singend.

31. Oktober: Einzelne noch am See.

13. November: Noch ein Stück am See beobachtet. (T.)

Anthus. Pieper.

Am 21. März die ersten *Anthus pratensis* bei Rossitten.

15. und 16. September: Herr Thomson beobachtet sehr viele *Anthus pratensis* auf der Vogelwiese bei Rossitten.

Auswärtige Beobachtungen.

Anthus pratensis (L.). Wiesenpieper.

Bartenstein: 13. März: Die ersten in Losgehnen gehört.

20. März: Wiederholt einzelne beobachtet.

17. April: Etwas Zug.
24. April: Vielfach zu sehen.
Heilsberg: 1. Juni: 1 ♂ singt bei Schmolainen.
Herbstzug cf. *Fringilla coelebs*. (T.)

Anthus trivialis (L.). Baumpieper.

Bartenstein: 17. April: Wiederholt in Losgehnen beobachtet.
18. April: Bei Trautenau (Kreis Heilsberg) zum ersten Male den Gesang gehört.
24. April: Vielfach zu sehen.
Heilsberg: 1. Juni: Häufig im Forstrevier Wiecherts-hof auf den grofsen Nonnenholzschlagflächen.
Herbstzug cf. *Fringilla coelebs*. (T.)

Anthus campestris (L.). Brachpieper.

14. August: Auf der Pallwe bei Rossitten 1 Stück. (T.)
Bartenstein: 15. Mai: Das erste ♂ in Losgehnen beobachtet.
17. Mai: Bei Trautenau und Mengen je ein singendes ♂ beobachtet.
Heilsberg: 1. Juni: 1 ♂ singt bei Launau.
30. Juni: In der Nähe der Stadt Heilsberg 1 ♂. (T.)

Motacilla alba L. Weifse Bachstelze.

Am 2. April: Die erste kommt bei Ulmenhorst an.
Am 3. April 1 Exemplar an der Vordüne bei Rossitten. (M.)
21. Juni: In einem Kasten an der Ulmenhorsthütte sitzt eine weifse Bachstelze auf Eiern. Jedenfalls dasselbe Pärchen vom vorigen Jahre. Die Jungen fliegen später aus.
Bartenstein: 20. März: Die ersten am See.
Heilsberg: 23. Mai: Bei Springborn die erste junge Bachstelze gesehen.
5. September: Auf dichten Kastanien am Markt in Heilsberg übernachten Hunderte.
Bartenstein: 18. September: Ein Flug zieht nach SW, desgleichen am 25. September. (T.)

Budytes flavus (L.). Kuhstelze.
Budytes borealis (Sund.). Nordische Kuhstelze.

14. Mai: Heute die um diese Zeit üblichen Flüge von gelben Bachstelzen, die sich aus den oben genannten beiden Arten zusammensetzen. Fliegen abends übers Dorf; vielleicht abziehend. In diesem Jahre soviel gelbe Bachstelzen wie noch nie zuvor. Mächtige Flüge.

4. Juli: Ruf der gelben Bachstelze im Felde gehört. Brutvogel.

Bartenstein: 23. April: Die erste *B. flavus* am See beobachtet. 24. April: Mehrfach gesehen.

18. September: Noch ein Stück dieser Art beobachtet. (T.)

12. Mai: O, NO. Grofse Schwärme Kuhstelzen (*Budytes flavus* und *borealis*) ziehen in eiligstem Fluge über die Dünenkulturen bei Dzg. Heisternest. An den beiden folgenden Tagen ebenda mehrere grofse Flüge. Sicher befanden sich auch nordische Kuhstelzen darunter, die ich stets, wenn auch in geringerer Zahl, in Gesellschaft der Kuhstelzen bei den weidenden Kühen und Schafen angetroffen habe. (Z.)

Alauda arvensis L. Feldlerche.

23. Februar: SO 4, 1,1°; W 1, 6,3°; SW 1, 1,5°; bedeckt, früh schwacher Regen. Guter Zugtag. Die ersten Feldlerchen (ziehend). Noch nicht viel.

Auswärtige Beobachtungen.

Bartenstein: 21. Februar: Nachts leichter Frost; heiter; am Tage + 3°, lebhafter SSO; nachmittags stiller.

Die ersten Feldlerchen! Vormittag über ziehen einzelne niedrig nach O; sie haben den Wind schräg von vorn. Gesang noch nicht gehört! Im Laufe des Vormittags sehe ich vielleicht 20 Stück; sie ziehen einzeln oder höchstens zu dreien. Auch bei Thegsten eine ziehende Feldlerche gesehen.

22. Februar: In Losgehnen wird der erste Gesang gehört.

23. Februar: Viele ziehen niedrig nach O, singen auch öfters.

24. Februar: Viele singen in Losgehnen.

26. Februar: SW, teilweise bedeckt; morgens Regen. Lerchen ziehen, vielfach singend, vormittags über Heilsberg.

27. Februar: + 8°, meist bedeckt, SO.

In der Luft viele Lerchen, häufig singend, doch wenig Zug; meist wohl nur umherstreichend.

Herbstzug cf. *Fringilla coelebs.* (T.)

Lullula arborea (L.). Heidelerche.

Bartenstein: 13. März: Wiederholt beobachtet, die ersten!

Heilsberg: 16. März: Im Simsertal bei Heilsberg ziehende Heidelerchen gehört.

Bartenstein: 20. März: Öfters ziehende Heidelerchen.

9. April: bei Tingen Gesang gehört.

23. April: bei Trautenau singt 1 Stück.

2. Mai: In Losgehnen gehört; dort nicht Brutvogel!

Heilsberg: 23. Mai: bei Springborn Gesang gehört.

1. Juni: Ziemlich häufig bei Sperlings und Launau.

Herbstzug cf. *Fringilla coelebs.*

Galerida cristata (L.). Haubenlerche.

28. Januar 1910. In Rossitten bei Schneetreiben 5–6 Stück auf der Strafse.

2. Mai: bei Thegsten (Kreis Heilsberg) singt 1 ♂. (T.)

Certhia familiaris L. Baumläufer.

In den Tagen um den 20. September Certhien oft auf dem Zuge bei Rossitten.

Heilsberg: 23. Dezember: Öfters Gesang gehört. (T.)

Sitta spec. Kleiber.

Herr Förster Blefs hat bei Pillkoppen, 11 km nördlich von Rossitten, Anfang September 1910 „Vögel mit blaugrauem Rücken und bräunlicher Unterseite an den Bäumen auf und ab klettern" sehen. Das können der Beschreibung nach nur Kleiber gewesen sein. Diese Vögel kommen hier äufserst selten vor. Ich habe sie noch nie beobachtet. (s. die Bemerkungen unter „*Parus*".)

Sitta europaea L. Kleiber.

Heilsberg: 17. Januar: Zum ersten Mal den Frühlingsruf gehört.

Bartenstein: 26. März: In Losgehnen ♂ und ♀ geschossen, Unterseite weifsgelblich.

Landsberg: 5. Mai: Im Stadtwalde mehrfach beobachtet.

Heilsberg: 23. Dezember: Den Frühlingsruf gehört. (T.)

20. September: Das erste Stück dieser Art auf der Halbinsel an einer Weide vor dem Fenster meiner Wohnung in Ceynova. (Z.)

Parus, Meisen.

Am 13. April 1910 ein grofser Flug Tannenmeisen (etwa 60 Stück) auf dem Zuge am Waldrande bei Rossitten. Drei Stück geschossen. Solche Züge habe ich im Herbste auch bei „Ulmenhorst" beobachtet.

Am 14. April dieselbe Erscheinung, an derselben Stelle am Waldrande.

9. September: Eine Sumpfmeise bei Ulmenhorst gesehen. Sehr hell gefärbt um die Kopfplatte.

13. September: Wieder eine Sumpfmeise gesehen, und zwar in den Gärten in Rossitten. Da müssen in diesem Jahre aufsergewöhnlich viel Sumpfmeisen von Norden gekommen sein, denn es sind die ersten Vögel der Art, die ich seit 10 Jahren hier auf der Nehrung sehe. Am 21. September beobachtet Herr Möschler wieder 2 Sumpfmeisen in Rossitten und erlegt eine. Als ich vom 19.—22. September in Königsberg bin, höre ich in den dortigen

Gärten auch oft Sumpfmeisen. Öfter als sonst. Das am 21. September erlegte Stück schickte ich zur Begutachtung an O. Kleinschmidt in Dederstedt und erhielt folgenden freundlichen Bescheid: „ . . . . . *Parus* ist der *meridionalis* der Ostseeprovinzen, ein jüngerer in demselben Jahre (1910) erbrüteter Vogel. Der Herbst 1910 brachte auch hier starken Meisenzug mit einzelnen Sumpfmeisen." So sind also 3 Vogelarten, die man oft gemeinschaftlich ziehen sieht, im Herbste 1910 seit 10 Jahren zum ersten Male hier bei Rossitten beobachtet worden: Sumpfmeisen, Kleinspechte (*Dendrocopus minor*) und Kleiber (*Sitta*).

Auswärtige Beobachtungen.

Parus maior (L.). Kohlmeise.

Parus caeruleus (L.). Blaumeise.

Parus ater (L.). Tannenmeise.

Parus palustris (L.). Sumpfmeise.

Parus borealis (Selys). Nordische Sumpfmeise.

Bartenstein: 17. Januar: *Parus maior* läßt den Frühlingsruf hören.

6. Februar: Im Walde *Parus borealis.*

26. März: In Losgehnen pfeift 1 *Parus borealis.*

11. April: Bei Tingen pfeift *Parus borealis.*

1. Mai: Im Losgehner Walde ein Paar *borealis.*

Heilsberg: 14. Juni: Im Makohler Walde *borealis* gehört.

Bartenstein: 18. September: Am See 2 *borealis.*

Heilsberg: 27. September: In der Damerau bei Heilsberg mehrere *borealis.*

Bartenstein: 2. Oktober: Vielfach Meisen (*maior*, *ater*, *caeruleus*) auf dem Zuge. (T.)

Die verschiedenen Meisenarten sind auf Hela nicht oft zu beobachten. Nur am 6. September, NO, ein kleiner Flug Kohl- und Sumpfmeisen; darunter einzelne Goldhähnchen. (Z.)

Aegithalus caudatus (L.). Schwanzmeise.

Am 3. Juli bei Kunzen 4—5 Schwanzmeisen beobachtet, alte. Wohl nicht Brutvögel.

Am 24. Februar ein kleiner Flug von etwa 8 Stück in den Weiden an meinem Hause. (M.)

Auswärtige Beobachtungen.

Bartenstein: 1. Januar: In Losgehnen ein Flug, desgleichen am 27. Februar.

7. März: Flug von 7 Stück gesehen.

1. Mai: Im Walde ein Paar; hat dort sicher genistet. In der Folgezeit öfters gesehen.

5. Juni: Familie mit Jungen beobachtet; desgleichen am 19. Juni.

28. August: Viele im Walde gesehen.

24. Oktober: Häufig in Flügen wie überhaupt in diesem Herbst.

30. Oktober: Vielfach grofse Flüge.

Schwanzmeisen waren im Herbst und Winter 1910/11 ganz auffällig häufig. So zahlreich habe ich die Vögel noch nie beobachtet! Täglich sah man Flüge an den verschiedensten Stellen. Auch bei Heilsberg sehr zahlreich; dasselbe wurde mir von Königsberg berichtet. (T.)

Regulus regulus (L.). Gelbköpfiges Goldhähnchen.

Am 4. April tagsüber sehr viel Goldhähnchen in den Weifsfichten in meinem Garten.

Am 15. April wieder welche da. (M.)

Auswärtige Beobachtung.

Bartenstein: 2. Oktober: Vielfach mit Meisen auf dem Zuge. (T.)

Troglodytes troglodytes (L.). Zaunkönig.

Bartenstein: 2. Oktober: Vielfach auf dem Zuge. (T.)

Accentor modularis (L.). Heckenbraunelle.

22. Januar: Ein Exemplar am Futterplatze im Garten. Es liegt eine Schneedecke. Auch an den folgenden Tagen immer beobachtet. Auch am 28. Januar bei heftigem Schneetreiben. Der Vogel ist sehr munter. Auch am 13. Februar und am 25. Februar beobachtet.

Am 13. April 2 Stück auf dem Beet vor meinem Hause. (M.)

Bartenstein: 18. September: Ein Stück beobachtet; desgleichen am 25. September, 2., 16. und 24. Oktober. Es handelte sich immer um ziehende Vögel. (T.)

Sylvia. Grasmücken.

12. Mai: *Sylvia sylvia* singt zum ersten Male. Jetzt hört man öfter Grasmücken.

15. Mai: Plattmönch (*Sylvia atricapilla*) gehört. Gestern und heute Sylvien häufig. Zwei gute Zugtage für Kleinvögel.

4. August: Schon einige Sylvien jetzt auf dem Herbstzuge zu beobachten.

11. August: In diesen Tagen öfter *Sylvia atricapilla* gesehen. (Mit roter Kappe.)

Auswärtige Beobachtungen.

Sylvia nisoria (Bechst.). Sperbergrasmücke.

Bartenstein: 16. Mai: Die erste beobachtet.
22. Mai: Häufig geworden. (T.)

Sylvia simplex (Lath.). Gartengrasmücke.

Bartenstein: 13. Mai: Mehrere singen. (T.)

Sylvia sylvia (L.). Dorngrasmücke.

Heilsberg: 12. Mai: Die erste gehört.
Bartenstein: 13. Mai: Vielfach Gesang gehört. (T.)

Sylvia curruca (L.). Zaungrasmücke.

Heilsberg: 28. April: In Heilsberg die ersten gehört
Bartenstein: 30. April: Wiederholt beobachtet.
1. Mai: Vielfach zu hören. (T.)

Sylvia atricapilla (L.). Mönchsgrasmücke.

Heilsberg: 19. April: In Heilsberg singt die erste Mönchsgrasmücke.

Bartenstein: 24. April: In Losgehnen 1 Stück beobachtet.

1. Mai: Vielfach zu hören. (T.)

Acroccphalus arundinaceus (L.). Rohrdrossel.

Bartenstein: 13. Mai: Mehrere singen am See, die ersten. (T.)

Acrocephalus streperus (Vieill.). Teichrohrsänger.

Bartenstein: 21. Mai: Am See einzelne gehört.
Heilsberg: 1. Juni: An der Alle zwischen Guttstadt und Heilsberg einzeln in gelegentlichen Rohrbeständen. (T.)

Acrocephalus palustris (Bchst.). Sumpfrohrsänger.

Am 3. Juli einen Sumpfrohrsänger (*A. palustris*) bei Kunzen singen gehört. Hat jedenfalls sein Nest in einem nahen Getreidefelde.

Auswärtige Beobachtungen.

Bartenstein: 15. Mai: Der erste singt in Losgehnen.
Heilsberg: 1. Juni: An der Alle zwischen Guttstadt und Heilsberg gemein, der häufigste Kleinvogel! (T.)

Acrocephalus schoenobaenus (L.). Schilfrohrsänger.

Bartenstein: 18. April: Am See singt der erste, früh!

24. April: Noch sehr vereinzelt.

30. April: Häufig geworden.

2. Oktober: Noch ein Stück am See. (T.)

Locustella naevia (Bodd.). Heuschreckensänger.

Bartenstein: 21. Mai: 1 Stück am See gehört.

Heilsberg: 23. Mai: Bei Neuhof schwirren mehrere ♂♂. (T.)

Locustella fluviatilis (Wolf). Flufsrohrsänger.

17. und 18. Juni: Gelegentlich der Nistkastenrevision höre ich *L. fluviatilis* im Walde bei Rossitten schwirren. Brütet also da

Auswärtige Beobachtungen.

Bartenstein: 15. Mai: Den ersten in Losgehnen gehört.

16. Mai: Mehrere ♂♂ schwirren.

Heilsberg: 18. Mai: Im Simsertal mehrere schwirrende ♂♂.

20. Mai: In der Wichertshöfer Forst vielfach beobachtet.

Bartenstein: 23. Mai: In den Wäldern von Dietrichswalde und Gallingen mehrere ♂♂.

Heilsberg: 1. Juni: An der Alle zwischen Guttstadt und Heilsberg öfters.

Bartenstein: 4. Juni: 1 ♂ bei Tingen. (T.)

Hippolais hippolais (L.). Gartensänger.

In jedem Jahre in Rossitten brütend. Singt sehr fleifsig.

Auswärtige Beobachtung.

Bartenstein: 13. Mai: Mehrere singen, die ersten. (T.)

Phylloscopus. Laubsänger.

Am 15. April ersten Laubsänger gesehen.

Am 10. Mai den ersten *Ph. sibilator* gehört.

15. Mai: Gestern und heute viel Laubsänger, namentlich *Ph. sibilator*.

Am 18. Juni 1 *Ph. rufus*-Nest mit 6 Eiern im Walde gefunden.

Am 28. Juli die ersten Laubsänger auf dem Zuge. In der Folgezeit oft anzutreffen.

4. und 5. August: Laubsänger jetzt immer in den Büschen bei Ulmenhorst.

Auswärtige Beobachtungen.

Phylloscopus sibilator (Bechst.). Waldlaubsänger.

Bartenstein: 1. Mai: Mehrere beobachtet, die ersten. (T.)

Phylloscopus trochilus (L.). Fitislaubsänger.

Bartenstein: 17. April: In Losgehnen singt der erste. (T.).

Phylloscopus rufus (Bechst.). Weidenlaubsänger.

Heilsberg und Bartenstein: 16. April: In Heilsberg singen die ersten. Auch in Losgehnen mehrfach gehört.

Bartenstein: 17. April: Vielfach den Gesang gehört.

2. Oktober: Noch öfter zu sehen.

9. Oktober: Nur noch ganz vereinzelte.

16. Oktober: Am See noch ein Stück, das letzte. (T.)

Am 9. September *Phylloscop. sibilator* häufig bei Ceynova. Auch am folgenden Tage noch häufig.

Am 14. September. Am Waldrande vereinzelt. (Z.)

Turdus. Drosseln.

3. Januar: Vier *T. pilaris* übers Dorf ziehend. Schwärme dieser Vögel, die sonst um diese Zeit hier sind, fehlen in diesem Jahre bei dem milden Winter ganz.

Als Ende Januar Winterwetter mit Schnee eintritt, sind ab und zu einzelne *T. pilaris* am Futterplatze.

29. Januar. In diesen Tagen ab und zu ein *T. merula* im Garten am Futterplatze.

11. Februar 1910: Auf den Feldern ein grofser Drosselschwarm. (Wohl lauter *T. pilaris*).

16. Februar 1910: Ein gröfserer Schwarm *T. pilaris* bei Nidden. 1 *T. merula* im Walde.

6. März 1910: Auffallend viel *T. pilaris* in den Büschen um die Lunk. (M.)

Am 5., 6. und 16. April sehr viel *T. musicus* und *iliacus* in den Büschen bei Rossitten. (M.)

Auswärtige Beobachtungen.

Bartenstein: 5. Februar: Im Gutsgarten von Losgehnen 1 *Turdus merula* ♂ ad.

27. Februar: Wiederholt *pilaris* gesehen, wohl bereits die Brutvögel, da sie sich an den Brutplätzen aufhalten. Abends ein ganzer Flug.

6. März: Einige *pilaris* ziehen nach N.

12. März: *pilaris*-Flüge treiben sich umher.

13. März: Ein grofser Schwarm *pilaris* mit einigen *iliacus*.

18. März: Die erste *musicus* singt.

26. März: *musicus* singt vielfach; Flüge von *pilaris* und *iliacus* treiben sich umher.

28. März: Flüge von *pilaris*, darunter 1 *viscivorus*.

4. April: In Losgehnen singt 1 *merula*.

9. April: Wieder Gesang von *merula* in Losgehnen gehört.
16. April: Eine Schar *iliacus* und *pilaris*.
24. April: Flüge *iliacus*, darunter 1 *viscivorus*.

Heilsberg: 20. Mai: *pilaris* einzeln Brutvogel im Forstrevier Wiechertshof.

1. Juni: An der Alle zwischen Guttstadt und Heilsberg kommt *pilaris* überall vereinzelt als Brutvogel vor.

Bartenstein: 5. Juni: Die ersten ausgeflogenen Jungen von *pilaris* gehehen.

Heilsberg: 14. Juni: Im Makohler Wald singt 1 *merula*.

Bartenstein: 17. Juli: In Losgehnen eine junge *merula* geschossen; hat wohl in der Nähe gebrütet. Erster Nachweis für die Bartensteiner Gegend!

23. Juli: Im Losgehner Wald wird wieder eine Amsel gesehen.

17. Oktober: 1 *viscivorus*, den ersten *iliacus* beobachtet.
24. Oktober: Einige *iliacus*.
29. Oktober: Bei Mengen ein Flug von etwa 100 *pilaris*.
30. Oktober: 4 *viscivorus* gesehen.
13. November: Einzelne *pilaris* ziehen.
21. November: Bei Dietrichswalde 1 *viscivorus*.

Wachholderdrosseln fehlen im Winter 1910/11 fast ganz. (T.)

6. Mai: W. Zwei kleine Flüge Drosseln, die gegen Wind ziehen. Rückwanderung.

1. September: Auf den Ebereschen bei Ceynova mehrfach.
20. September: Ebenda im Walde vereinzelt.
23. September: Ebenda Wachholderdrosseln im Walde häufig. (Z.)

Saxicola oenanthe (L.). Steinschmätzer.

Am 14. April die ersten am Dorfe, auch ein graues Männchen.

15. Mai: Viel Steinschmätzer.

14. August: Steinschmätzer schon seit einiger Zeit auf dem Herbstzuge hier anzutreffen (braune). Aber nicht viel bis jetzt.

Auswärtige Beobachtungen.

Bartenstein: 1. Mai: 1 ♀ in Losgehnen beobachtet.

10. September: bei Thegsten 1 Stück (braun). (T.)

Im Frühjahr waren keine Steinschmätzer auf Hela zu beobachten; im Herbst auf den Wiesen bei Ceynova mehrfach. (Z.)

Pratincola rubetra (L.). Braunkehliger Wiesenschmätzer.

15. Mai: Gestern und heute viel *Pr. rubetra*. Ich sehe heute die ersten. Der 14. und 15. Mai waren gute Zugtage für Kleinvögel. Es herrschten östliche Winde.

Auswärtige Beobachtungen.

Bartenstein: 1. Mai: 3 Stück beobachtet, die ersten. 2. Mai: Mehrfach gesehen (T.)

Wiesenschmätzer sah ich im Frühjahr nur wenige der Art bei Danz. Heisternest am 20. Mai. Am 10. September in den Büschen und auf den Wiesen bei Ceynova in ziemlicher Zahl. (Z.)

Erithacus titys (L.). Hausrotschwanz.

Am 26. Oktober 1910 auf den Feldern bei Kunzen zwei Stück (grau). Eins von Herrn von Lucanus erlegt.

Hier sehr selten. Ich habe vorher in zehn Jahren nur ein einziges Exemplar am 17. März 1906 beobachtet und erlegt, das in der Sammlung steht.

Erithacus phoenicurus (L.). Gartenrotschwanz.

30. April: Die ersten heute hier angekommen. 1 ♂ im Garten.

15. Mai: Viel Gartenrotschwänzchen auf dem Zuge.

5. September: W 4, 14,0°; W 3, 15,6°; W 1, 11,3°; nachts und früh schwacher Regen. Ein sehr guter Kleinvogelzugtag. Gartenrotschwänzchen mehrfach.

Auswärtige Beobachtungen.

Bartenstein: 30. April: Bei Tingen ein Stück beobachtet. In Losgehnen ♂ ad. geschossen

Landsberg: 5. Mai: Im Stadtwalde mehrfach beobachtet.

Bartenstein: 18. September: Vielfach auf dem Zuge. 25. September: Noch ein Stück gesehen. (T.)

14. Mai: ONO. Im Dünenwalde bei Dzg. Heisternest Rotschwänze in Menge. Am folgenden Tage weniger.

19. Mai: WNW. Nur in geringer Zahl; ebenso am nächsten Tage.

6. September: NO. Bei Ceynova vereinzelt.

7. September: NO. Alte und junge Vögel zahlreich in den Büschen am Dorfe, ebenso an den beiden folgenden Tagen.

15. und 20. September nur noch wenige zn sehen. (Z.)

Erithacus rubeculus (L.). Rotkehlchen.

Die Wintermonate hindurch trieb sich ein Rotkehlchen auf einem Gehöft im Dorfe Rossitten umher und fristete da sehr gut sein Dasein. Am 29. November gegen Abend Eisregen, alles ist draufsen mit Glatteis überzogen. Dieses gefährliche Wetter hält 4 Tage an, aber trotzdem bleibt das Rotkehlchen munter und fidel. Auch andere Kleinvögel: Sperlinge, Buchfinken, Bergfinken, Meisen, Dompfaffen u. a. bleiben gesund und munter. Nur einen Star beobachtete ich, der sehr matt war.

Nach meinen Beobachtungen verstehen es überhaupt die Rotkehlchen sehr gut, sich bei gefährlichem Wetter im Winter durchzuhalten.

Am 5. April das erste frisch angekommene Rotkehlchen. Am 5., 6. und 15. April sehr viele in meinem Garten. (M.)

Auswärtige Beobachtungen.

Bartenstein: 16. Januar: In Losgehnen ein einzelnes überwinterndes Rotkehlchen beobachtet, desgleichen am 31. Januar. Diese Art überwintert in Ostpreufsen nur ganz ausnahmsweise

28. März: das erste auf dem Frühjahrszuge beobachtet.

3. April: Gesang gehört; noch sehr vereinzelt.

11. April: Einige singen, aber noch spärlich.

23. Oktober: das letzte beobachtet. (T.)

Diese Art, die in früheren Jahren im Frühjahr und Herbst zuweilen in erstaunlicher Anzahl auf der Halbinsel Hela zu beobachten war, fehlt seit ein paar Jahren dort fast gänzlich, — seit dem Verbote des Dohnenstieges! Nur einmal am 16. September sehr vereinzelt im Dünenwalde beobachtet. (Z.)

Erithacus cyaneculus (Wolf). Weifssterniges Blaukehlchen.

Bartenstein: 24. April: Am Dostflufs singt 1 Blaukehlchen, auch abends; läfst den Balzflug sehen.

30. April: 1 ♂ singt bald am See, bald in einem Erlenbruch in der Nähe. Balzflug! Dieses ♂ ist in der Folgezeit meist an einer bestimmten Stelle im Weidengebüsch am Dostflufs zu beobachten. Hat dort jedenfalls genistet. Gesang noch am 5. Juni gehört.

28. August: ♀ iuv. im Weidengebüsch am See geschossen. (T.)

Erithacus philomela (Bchst.). Sprosser.

Am 10. Mai 1910 abends schlägt der erste Sprosser im Dorfe. Auch am 11. früh.

15. Mai: Heute schlagen 3 Sprosser auf kleinem Raume in den Dorfgärten.

Auswärtige Beobachtungen.

Bartenstein: 6. Mai: In Losgehnen wird der erste gehört.

8. Mai: Vielfach Gesang gehört.

13. Mai: Viele singen.

15. Mai: Jetzt recht häufig.

Heilsberg: 18. Mai: Mehrere im Simsertal.

1 Juni: Mehrfach an der Alle zwischen Guttstadt und Heilsberg. (T.)

Psittacus roseicapillus. Rosa-Kakadu.

20. August: Herr Hilfsjäger J. Joppich von Süderspitze bei Memel schickt einen Rosa-Kakudu, der am 18. August 1910 an der kleinen Hirschwiese auf der nördlichen Spitze der Kurischen Nehrung geschossen worden ist. Hatte ihn für eine Taube gehalten.

Auch von Pogauen bei Waldau in Ostpreufsen wird der Vogelwarte das Erscheinen eines unbekannten taubengrofsen weifsen Vogels mit rotschattiertem Rücken und roter Kehle und Brust gemeldet. Es handelt sich wahrscheinlich auch um einen Rosakakadu. Jedenfalls sind mehrere Vögel dieser Art irgendwo gleichzeitig entflogen.

B. Der Frühjahrszug in Ulmenhorst.

Der überaus milde Winter 1909/1910 läfst den Vogelzug im Frühjahr sehr zeitig in Gang kommen. Vom 21. Februar ab ist der Krähenzug schon regelrecht im Gange. Auch Gänse und Lerchen ziehen bereits. Das Wetter ist draufsen so mild wie sonst im März und April. Knospen an den Büschen. Die Wiesen fangen schon an etwas grün zu werden. Am 2. März ziehe ich nach Ulmenhorst.

2. März: Windrichtung u. -stärke: O 1; NO 3; NO 1.

Temperatur: 0,7; 2,0; 0,9°. Reif nachts.

Es findet kein Zug statt. Einige Kreuzschnäbel auf Kiefern sitzend. In der Nacht zunächst bedeckt, dann sternenhell, —1° C.

3. März: Windrichtung und -stärke: NO 1; NO 1; N 2.

Temperatur: — 1,1; 3,2; — 1,0°.

Ein herrlicher Frühlingstag; früh Reif. In der Nacht Eis gefroren; Sonnenschein; ganz leichter Nord, fast windstill.

Krähen ziehen hoch bei dem ruhigen klaren Wetter, auch einige Dohlen; ein paar Züge Gänse; ein Schwan. Dabei ist auffallend, auf welche weite Entfernung man die Flügelschläge dieses grofsen Vogels hört, wohl auf 300—400 m.

Einige Feldlerchen etwa 50 m hoch ziehend. Kreuzschnäbel in der Luft ziehen gehört, hoch. Bemerkenswert sind wieder die Hänflingszüge [*Acanthis cannabina* (L.)], die ebenso wie im März des vorigen Jahres nach Norden vor sich gehen. Dazu ist von Interesse die Meldung des Herrn Leutnant Bruer, der am 9. März 1910 bei Mooskammer etwa 5 km nordwestlich von Sangerhausen früh $7^1/_4$ Uhr einen gewaltigen Zug von Hänflingen beobachtet hat. Die Vögel flogen genau von Osten nach Westen in Baumhöhe in einer Breite von etwa 60 m und auf die Dauer von 7 Minuten. 0° Windstill.

In den Büschen und Bäumen Kohl- und Blaumeisen; ferner ein Paar Feldsperlinge (*Passer montanus*), das an der Hütte brüten will. Einige Brutpaare Nebelkrähen lassen bereits den Paarungsruf ertönen.

Um 3 p. plötzlich ganz dichter Nebel, der bis nachts anhält. Nacht ohne Sterne. — 1,5° C.

4. März: Windrichtung und -stärke: N 1; NW 2; W 2. Temperatur: — 1,3; 0,5; — 0,6°.

Den ganzen Tag starker Nebel, feuchte Luft, Eis an den Zweigen der Bäume; nichts von Vogelzug.

Einmal sind Hänflinge zu hören; 2 Stück *Acanthis linaria* in den Bäumen.

5. März: Windrichtung und -stärke: W 2; NW. 3; N 1. Temperatur: — 0,2; 1,6; 0,1°.

Bedeckt, trockne Luft. Früh ziehen einige Krähen, die sich nicht um den Uhu kümmern. Einige Häuflinge, Lerchen, 1 Flug Drosseln. Nachmittag gehe ich nach Rossitten.[1])

6. März: Windrichtung und -stärke: NW 1; NW 5; N 2. Temperatur: — 1,3; 1,0; 0,0°.

Dunstig. Ein wenig Krähenzug bei Rossitten.

8. März: Windrichtung und -stärke: SO 2; SO 4; SO 2. Temperatur: — 0,9; 3,7; 1,0°.

Das Haff ist offen, der erste Dampfer legt an. Auch der Bruch schon längst eisfrei. Herr A. Viebig meldet aus Wilmersdorf-Berlin vom 8. 3. 10 schwachen Krähenzug über Berlin genau von West nach Ost wie im Vorjahr.

10. März: Windrichtung und -stärke: SO 4; SO 4; SO 5. Temperatur: — 0,4; 5,3; 2,4°.

Heller schöner Tag. Gegen Mittag begebe ich mich nach Ulmenhorst. Früh sind viel Schwäne gezogen, Krähenzug, 30—100 m hoch, gegen Abend stärker werdend und bis ½6 Uhr anhaltend; auch Hänflinge ziehen noch spät abends. 2 Stück, 1 ♂ 1 ♀ aus einem Schwarme herausgeschossen. 1 Flug Stare, einige Feld- und Heidelerchen (*Alauda arvensis* und *Lullula arborea*), 1 *Cerchneis tinnuncula* nach Norden ziehend. Nachts schön sternhell.

11. März: Windrichtung und stärke; SO 5; SO 4; SO 4. Temperatur: 1,5; 5,9; 3,4°.

Schöner heller Tag, meist Sonnenschein. Guter Krähenzug gleich von Sonnenaufgang an und in den Morgenstunden am stärksten, Höhe 30—50 m, Zugrichtung SSW nach NNO. Schnabel nach NO gerichtet, Wind halb von hinten; der Flug fördert sehr. Fliegen sehr eilig und beachten den Uhu wenig. Unter 11 gestern und heute erlegten *Corvus cornix* nur 1 Junge, sonst lauter Alte.

Am Nachmittag läfst der Wind nach, die Krähen fliegen sehr hoch, mehrere 100 Meter hoch und sehr eilig.

Von Kleinvögeln werden folgende Arten ziehend bemerkt und zwar meist nur am Vormittag: Hänflinge, mäfsig

---

[1]) Durch diese notwendigen Reisen nach Rossitten erleiden die Ulmenhorstbeobachtungen zuweilen kleine Unterbrechungen.

viel, ziemlich hoch (etwa 100 Meter), singen und rufen immer während des Zuges. Wenig *Alauda arvensis* und ein paar Stück *Lullula arborea*. Ein Stieglitz, *Carduelis carduelis*. Stieglitze scheinen zuweilen unter den Hänflingen mitzuziehen; einige Stare; einige Kiebitze. Raubvögel: Ein Seeadler, nicht hoch an der Düne ziehend, 2 Bussarde.

Der Zug dehnt sich heute nicht so lange bis in die Dämmerung aus wie gestern. In den Büschen kein Leben, 1 Zaunkönig.

Allgemeines: So recht ist der allgemeine Zug noch nicht im Gange. Finken fehlen ganz, auch Drosseln. Gestern und heute je eine *Turdus viscivorus* gesehen.

Nacht schön sternenhell. An der Hütte sind Vögel, wohl Krähen zum Übernachten eingefallen.

Herr Ulmer meldet aus Quanditten im Samlande von heute auffallend starken Krähenzug von SW nach NO.

12. März: Windrichtung und -stärke: SW 3; SW 3; S 1. Temperatur: 2,7°; 8,1°; 3,9°.

Bis 10 Uhr früh bedeckt, ohne Sonnenschein, aber klare Luft, dann Sonnenschein mit Unterbrechungen, hell.

Schon von $^3/_4$6 an Krähenzug, sehr hoch, mehrere 100 Meter hoch. Die Vögel haben den Wind direkt von hinten; um den Uhu kümmern sie sich gar nicht und fallen auch auf den Fangstellen nicht ein. Der Krähenzug hält bis gegen Abend an.

Kleinvögel: Bluthänflinge (*Acanthis cannabina*) in Flügen von 3—10 Stück nach Norden. Ein paarmal Stare nach Süden. Einige Lerchen (*Alauda arvensis* und *Lullula arborea*). Im Walde ein kleiner Flug Buchfinken, der wohl die erste Zugerscheinung dieser Art darstellt. Einige Zaunkönige an der Hütte; Meisen immer in den Kästen. Bei Rossitten sind plötzlich viel Goldammern angekommen.

13. März: Windrichtung und -stärke: W 2; O 3; S 7. Temperatur: 4,2°; 5,1°; 7,4°.

Schönes Wetter, aber nicht so klare Luft wie gestern. Krähen ziehen niedriger, etwa 30—50 Meter hoch, als gestern und stofsen lebhaft nach dem Uhu. Nachmittags wird das Wetter unklar und die Luft dunstiger; der Krähenzug hört auf.

14. März: Windrichtung und -stärke: W 3; SW 6; SW 6. Temperatur: 2,0°; 5,2°; 2,8°.

Am Vormittag hin und wieder etwas Sonnenschein, meist aber bedeckt. Einige wenige Krähen ziehen. Ein grofser Schwarm Feldlerchen auf den Feldern bei Rossitten umherstreichend. Hänflinge und Heidelerchen ziehen gehört. Stieglitze (*Carduelis carduelis*), die sich ebenso wie die Hänflinge auf dem Zuge befinden, sieht man jetzt öfter.

Nachmittags Regen- und Schneeschauer. Das erste Mal nach langer Zeit etwas winterliches Wetter. Kein Vogelzug. Am nächsten Tage ist schon wieder schönes Wetter.

21. März: Windrichtung und -stärke. W 2; W 4; W 4. Temperatur: 3,4°; 4,9°; 3,4°.

Heute konnte man den Einflufs der Witterung auf den Vogelzug so recht beobachten. Früh ist der Himmel bedeckt, die Luft aber noch hell und klar. Westwind. Kräben ziehen etwa bis 9 Uhr Vormittag. Um 11 Uhr hört aller Zug auf, und Nachmittag setzten plötzlich starker Nebel und Sprühregen ein. Das macht für den hiesigen Beobachter den Eindruck einer Vorausahnung von seiten der Vögel; das schlechte Wetter kann aber schon früher in den Gegenden eingesetzt haben, woher die Vögel kamen. Heidelerchen und Feldlerchen haben sich gepaart und singen in der Luft. An einer Stelle im Walde recht viel auf dem Zug befindliche Meisen beobachtet.

Allgemeines: Der ganze Zug ist noch nicht so recht im Gange, ist zu unregelmäfsig. Eine Reihe von guten Zugtagen überhaupt noch nicht zu beobachten. Solche scheinen im Frühjahr überhaupt seltener zu sein als im Herbste. Dafs die Vögel bei diesem milden, zeitigen Frühjahr sehr viel zeitiger angekommen wären, kann man nicht sagen, so ist zum Beispiel die weifse Bachstelze (*Motacilla alba*) noch nicht hier. Waldschnepfen sind auch noch nicht zahlreich da.

22. März: Windrichtung und -stärke: W 4; SW 6; W 2. Temperatur: 3,8°; 4,9°; 2,4°.

Früh bei Sonnenaufgang ganz bedeckt, es droht Regen. Es zieht nichts. Gegen 8 Uhr klart es etwas auf, sofort ziehen Krähen, aber nicht viel, 100—200 Meter hoch, truppweise, kümmern sich wenig um den Uhu. Bei solchem Winde halb von hinten haben es die Krähen immer sehr eilig. Gegen Mittag klart das Wetter auf, schöner Sonnenschein, der Wind hat zugenommen, 8,5 m. p. S. Krähen ziehen noch, aber weniger, hoch. Der Wind ist zu stark und nimmt immer mehr zu. Gegen 3 Uhr Nachmittag bezieht sich der Himmel, der Zug hört ganz auf. Nach dem Uhu kommen die Krähen bei dem hohen Ziehen schlecht. 5 geschosssene *Corvus cornix* sind lauter alte. Kleinvögel ziehen fast gar nicht, der Wind ist zu stark. Ein paarmal Hänflinge (*A. cannabina*) bemerkt. Noch gar kein Buchfinkenzug in der Luft zu bemerken.

Bei dem aufsergewöhnlich frühen Frühjahr könnte schon viel mehr Zug sein, auch mehr Zugvogelarten könnten schon hier sein. Helgoland scheint nach eingegangenen Berichten schon mehr Vögel zu haben. Von Waldschnepfen nichts bemerkt. Keine Raubvögel. Zwei Schwäne am Seestrande ziehend.

23. März: Windrichtung und -stärke: NW 2; NW 4; N 6. Temperatur: 2,3°; 4,1°; 2,8°.

Früh bedeckt, dann ab und zu Sonnenschein, sehr schwacher Wind. Das Barometer fällt. Gegen Abend Wind etwas stärker und mehr nach Norden. Das Barometer steigt. Krähen (nicht viel) ziehen sehr hoch. Der Himmel umzieht sich. Um 9 Uhr hört der Zug schon auf, obgleich das Wetter wieder schön hell wird und am Nachmittag wieder die Sonne scheint. Ist es zu kalt? Saatkrähen (*Corvus frugilegus*) und Doblen (*Colaeus monedula*) sind bis jetzt nicht viel gezogen.

Kleinvögel: Heute ziehen wieder Bluthänflinge. (Gestern ist also der Wind für diese Kleinvögel zu stark gewesen.) Ein ♂ früh geschossen, sehr fett, Hoden mässig entwickelt wie Schrotkörner No. 6. Mageninhalt: fast nur kleine Sandkörnchen; ganz wenig zerkleinerte Sämereien. Der Vogel hat also früh vor Beginn des Zuges noch nicht viel Nahrung zu sich genommen.

Eine Eisente (*Nyroca hyemalis*) an der See. Die allgemeine Lage ist jetzt folgende: Schon seit Anfang März ziehen Krähen; immer nicht viel, aber fast jeden Tag etwas. Haupttage sind noch nicht zu verzeichnen gewesen. Buchfinken, Bergfinken und Drosseln fehlen noch ganz.

In der Nacht Mondschein, öfter bewölkt, kühl, starker Wind.

24. März: Windrichtung und -stärke NW4; NW4; NW1.

Temperatur: 2,4; 4,8; 2,4°.

Helles Wetter, etwas kühl. Der Wind läfst im Laufe des Vormittags immer mehr nach; es wird ein schöner Frühlingstag, günstiges klares Zugwetter — und doch findet kein Krähenzug statt. Einen Grund dafür weifs ich nicht anzugeben. Gegen 11 Uhr vormittags fangen ganz vorübergehend einige Krähen an zu ziehen, etwa 100 m hoch. Nach dem Uhu kommt nichts.

Kleinvögel: Bluthänflinge ziehen heute in den Morgenstunden mehr wie gestern. Das waren bis jetzt überhaupt die einzigen Vögel, die man regelmäfsig nach N ziehen sah. Noch keine Buch- und Bergfinken zu bemerken. Kleine Flüge von *Chrysomitris spinus* nach N. 1 Pieper gesehen. Meisen scheinen heute von S von Busch zu Busch zu kommen, aber nicht viel.

Einige Wildtauben (auch *oenas*) nach N. Das sind die ersten ziehenden Tauben.

25. März: Windrichtung und -stärke: NW 2; NW 8; NW 7.

Temperatur: 3,0; 5,1; 2,5°.

Etwas Krähenzug.

26. März: Windrichtung und -stärke: NW 6; NW 8; N 8.

Temperatur: 3,6; 4,5; 1,3°.

Heute endlich mal guter Krähenzug, niedrig (etwa 10 m hoch). Es ist kalter NW, etwa Stärke 5, dabei hell und klar, ganz ähnliches Wetter wie am 24. März, wo keine Krähen zogen. Auch Starflüge.

Schwäne sind über das Haff gezogen.

29. März: Windrichtung und -stärke: N 4; NW 5; N 4.

Temperatur: 0,4; 1,2; —0,9°.

Kalter Wind, ab und zu Schneeflocken in der Luft, meist bedeckt, klare Luft, gegen Abend kurze Graupelschauer. In den ersten Morgenstunden etwas Krähenzug, aber nur kleine Trupps.

Auch einige Kleinvögel. Schon um 10 Uhr früh ist aller Zug vorüber. Auf den Feldern Lerchenschwärme. Abends ziemlich sternenhell.

30. März: Windrichtung und -stärke: NO 9; NO 7; NO 6. Temperatur: — 0,4; 1,6; 1,1°.

Sehr kalter Ost. Es liegt früh etwas Schnee, der im Laufe des Tages wegtaut. Zuweilen Schneeflocken in der Luft, meist bedeckt, ab und zu Sonnenschein. Ein vollständig toter Tag. Nichts von Zug. Zu kalt, Wind zu stark. Nacht sternenhell.

31. März: Windrichtung und -stärke: N 1; N 5; NW 6. Temperatur: — 0,6; 3,4; 2,5°.

Schönes helles, sonniges Wetter, Wind hat sehr nachgelassen. In den ersten Morgenstunden ziehen wenig Krähen in grofsen Zwischenräumen etwa 50 m hoch. Zwei erlegte *Corvus cornix* sind alte. Auffallend ist, dafs in diesem Frühjahr sehr wenig Saatkrähen und Dohlen zu bemerken sind. Auch einige Hänflinge, Drosseln und Stare nach Norden, aber ganz wenige. Ein Flug *Columba oenas*.

1. April: Windrichtung und -stärke: N 1; NW 3; NW 1. Temperatur: 0,6°; 5,4°; 0,4°.

Ganz wenig Krähen ziehen früh und abends, 50—80 Meter hoch; einige Drosseln in den Bäumen. Von Waldschnepfen nichts gefunden.

2. April: Windrichtung und -stärke: NW 1; W 2; W 3. Temperatur: 0,0°; 2,6°; —0,4°.

Nebel. Ganz wenig Krähen ziehen, auch ein paar Stare und Hänflinge. Die erste weifse Bachstelze *Motacilla alba* kommt gegen 11 Uhr vormittags bei Ulmenhorst an und untersucht sofort die aufgehängten Kästen, sie gehört also sicher zu dem Paare, das im vorigen Jahre hier gebrütet hat.

An den folgenden Tagen halte ich mich in Rossitten auf.

3. April: Windrichtung und -stärke: S 1; O 3; SO 4. Temperatur: 2,5°; 9,5°; 6,5°.

Guter Krähenzug. Auch Gänse und Stare ziehen. Die ersten Züge von *Fringilla coelebs* beobachtet. Ostwind ist für den Frühjahrszug auf der Nehrung günstig. Mehrere weifse Bachstelzen bei Rossitten. Der erste Storch wird von Flensburg gemeldet,

4. April: Windrichtung und -stärke: SO 5; SO 1; SO 6. Temperatur: 2,9°; 8,9°; 10,4°;

Krähenzug, meist Saatkrähen, in Trupps, nicht in Ketten; einige Stare ziehen, ein Seeadler ist gesehen worden. Von Bollendorf, Ost-Preufsen wird der erste Storch gemeldet.

5. April: Windrichtung und -stärke: SO 1; SO 1; O 4. Temperatur: 5,4°; 8,9°; 6,1°.

Bedeckt, warmes Frühlingswetter. Heute herrscht Vogelleben draufsen, überall lebt es. Grofse Starflüge auf den Äckern, die Drosseln singen. Über Nacht sind Zugvögel angekommen.

Das erste Rotkehlchen bemerkt, auch eine Heckenbraunelle (*Accentor modularis*). Auf dem Haff höre ich die ersten Haubentaucher. In der Luft guter Krähenzug. Die Fänger machen gute Beute an den Fangstellen. Auch Drosseln, Buchfinken und Raubvögel ziehen. Ein Wanderfalke (*Falco peregrinus*) über dem Dorfe.

Allgemeines: Bei den kalten westlichen, nordwestlichen und nördlichen Winden der letzten Zeit war nichts oder wenig von Vogelzug draufsen zu bemerken. Sowie jetzt Ostwind und milde Witterung eingetreten sind, waren die Vögel da.

6. April: Windrichtung und -stärke: O 4; O 3; NW 1.
Temperatur: 5,9°; 6,8°; 3,7°.

Dunstig, neblig, Sprühregen. Nachmittags Nebel Stärke 2, mild. Kein Zug, aber reges Leben in den Büschen und Bäumen von rastenden Vögeln. Rotkehlchen singen so laut und so viel wie ich es wohl noch nicht gehört habe. Drosselgesang. Goldhähnchen und einige Baumläufer (*Certhia familiaris*) in den Gärten.

7. April: Windrichtung und -stärke; NO 3; N 3; NO 4.
Temperatur: 3,6°; 8,7°; 7,6°.

Früh starker Nebel, nachmittags klar.

Von 3 Uhr nachmittags an Zug von Krähen und Finken.

8. April: Windrichtung und -stärke: N 4; NW 4; NW 2.
Temperatur: 3,9°; 4,0°; 2,0°.

Krähen- und Finkenzug. Der Vogelzug ist jetzt mehr in Gang gekommen. Im März war wenig los

9. April: Windrichtung und -stärke: W 2; NW 2; SW 1.
Temperatur: 3,1°; 6,8°; 3,1°.

Krähen ziehen hoch; anders wie bei Ostwind; da zogen sie zahlreicher und auch niedriger. Man sieht jetzt immer viel Hänflinge am Dorfe.

10. April: Windrichtung und -stärke: SW 2; SW 4; O 1.
Temperatur: 4,5°; 6,7°; 3,4°.

Kühl, zuweilen Regen, auch Schneeflocken. Kein Vogelzug.

11. April: Windrichtung und -stärke: N 2; N 5; NW 2.
Temperatur: 4,0; 5,1; 0,9°.

Kalter Nordwind; hell. Kein Vogelzug.

Kalte nördliche und westliche Winde sind dem Zuge im Frühjahr hinderlich.

12. April: Windrichtung und -stärke: W 2; O 3; SO 2.
Temperatur: 2,1; 5,8; 6,3°.

Reif nachts, Eis gefroren. Kein Vogelzug. Nur 3 Kraniche gesehen.

13. April: Windrichtung und -stärke: SO 4; SO 3; SO 3.
Temperatur: 3,3; 9,9; 7,5°.

14. April: Windrichtung und -stärke: SO 4; SO 4; SO 4.
Temperatur: 6,0; 14,0; 10,9°.

Hell, warm.

Zwei sehr gute Zugtage. Viel Krähen und Raubvögel (Bussarde und Sperber). Viel Drosseln (namentlich *T. iliacus*) sind angekommen und singen fleifsig. Goldhähnchen.

15. April: Windrichtung und -stärke: O 3; O 5; O 5.
Temperatur: 8,0; 15,0; 10,5°.

Hell, klar, Sonnenschein. Guter Vogelzug. Krähen ziehen nicht sehr viel, und zwar in grofsen Pausen. Alle erlegten *C. cornix* und *C. frugilegus* (etwa 20 Stück) sind Junge. Die Alten sind also nun durch. Bei den jungen Saatkrähen sind nur die unter dem Schnabel liegenden Partien abgestofsen, die Borsten über den Nasenlöchern stehen noch. — Ziemlich viel Raubvögel (*Archibuteo lagopus*, *Accipiter nisus*, *Cerchneis tinnuncula*), Weihen (auch graue Männchen), 1 *Falco peregrinus*, *Cerchneis merilla*, 1 *Aquila pomarina*.

Kleinvögel: Viel Buchfinken (*Fr. coelebs*), meist Männchen, Grünfinken (*Chloris chloris*), auch noch Bluthänflinge (*A. cannabina*) ziehend. Früh öfter weifse Bachstelzen (*Motacilla alba*) nach N, und zwar in einer Menge, wie ich sie bisher noch nie so gesehen habe. Den ersten Laubsänger gesehen. In den Büschen grofse Buntspechte, Rotkehlchen und Drosseln. 2 *Ciconia ciconia*, 1 *Grus grus*. Viel Vogelleben heute draufsen.

16. April: Windrichtung und -stärke: O 6; O 5; SW 1.
Temperatur: 9,4; 10,6; 8,5°.

Früh um 5 Uhr trübe. Dann wirds klar und warm, und nun setzt ein guter Zug ein. Wärme ist dem Zuge förderlich.

Krähen in Pausen in gröfseren Trupps ziehend, 4—15 m hoch, oft grofse Saatkrähenflüge. Kommen alle sehr gut nach dem Uhu. 14 erlegte *C. cornix* sind lauter Junge, eine erlegte *C. frugilegus* auch jung. Viel Raubvögel. Meist Sperber, Turmfalken, Weihen (graue und braune), Bussarde (meist *Arch. lagopus*). Von 7 erlegten Sperbern: 3 Männchen, 4 Weibchen, Junge und Alte; ein graues Männchen von *Circus cyaneus* erlegt.

Kleinvögel: Sehr viel Buchfinken (meist Männchen) 5—15 m hoch ziehend, sehr vereinzelt Bergfinken (*Fr. montifringilla*), Grünlinge, Pieper, weifse Bachstelzen, Bluthänflinge. Diese Hänflingszüge sind nun schon seit Anfang März zu beobachten. Lerchen wenig, aber viel Drosseln (meist *T. viscivorus* und *iliacus*), grofse Buntspechte.

Rotkehlchen in den Büschen, 1 Laubsänger gesehen. Von besonderem Interesse sind die Kreuzschnabelflüge, die heute oft zu beobachten sind, und zwar nach N zu. Im vorigen Herbst zogen sie nach S. Wenig Kiebitze, 2 Störche.

Früh zwischen 7—8 und gegen 11 Uhr war der Hauptzug. Kleinvögel ununterbrochen ziehend.

Mitten in den Dünen bei Ulmenhorst ein Nest von *Anas boschas* mit frischen Eiern.

Mittags 1/2 1 Uhr Gewitter, Himmel bezogen, Regen. Der Zug hört auf. Nur noch einige Finken und Sperber zu sehen. Gegen Abend schlägt der Wind nach W um, Nebel. Der gute Zug von heute früh geschah in Voraussicht des kommenden schlechten Wetters. In der Nacht abwechselnd bedeckt und sternenhell.

17. April: Windrichtung und -stärke: NO 3; NO 3; NO 1. Temperatur: 7,0; 13,8; 9,5°.

In der Nacht ist der Wind wieder nach Osten herumgegangen, starker Nebel bis Mittag. Kein Vogelzug. Drosseln und Rotkehlchen rasten in den Büschen. Zaunkönige und Goldhähnchen sieht man in diesen Tagen immer in den Büschen. Der Wind ist in der Nacht mehr nach Osten herumgegangen.

18. April: Windrichtung und -stärke: NO 3; NO 3; NW 1. Temperatur: 10,0; 14,7; 6,7°.

Sehr warmer Tag. Ganz wenig Zug.

19. April: Windrichtung und -stärke: W. 3; W. 4; SW 4. Temperatur: 6,5; 9,5; 9,1°.

Bedeckt, zuweilen Regenschauer. Kein Vogelzug.

20. April: Windrichtung und -stärke: W 4: SW 5; SW 3. Temperatur: 6,5; 7,0; 5,5°.

21. April: Windrichtung und stärke: SW 5; W 5; SW 4. Temperatur: 5,4; 5,8; 5,5°.

Kein Vogelzug bei diesen kühlen westlichen und südwestlichen Winden, die zuweilen auch Regenschauer brachten. Östliche Winde und warmes Wetter sind im Frühjahre notwendig, wenn wir hier auf der Nehrung Zug haben sollen. Dies kann als allgemein gültige Regel aufgestellt werden. Für den Herbstzug eine ebenso feste Regel aufzustellen, war bisher noch nicht möglich.

Auch an den folgenden Tagen bis zum 27. April herrschen dieselben kalten westlichen Winde, die zum Teil Regen- und Schneeschauer brachten. Es ist nie etwas von Zug zu bemerken. Zuweilen sollen einige Krähen wieder nach Süden gezogen sein.

29. April: Windrichtung und -stärke: SO 2; NO 4; O 5. Temperatur: 5,9; 10,8; 9,7°.

Reif in der Nacht, es hat Eis gefroren, das Minimumthermometer zeigt —1°. Ich sehe einige Dohlen nach Norden ziehen.

30. April: Windrichtung und -stärke: W. 4; NW 3; NW 1. Temperatur: 7,6; 9,0; 6,0°.

Mehr Laubsänger und Rotkehlchen sind in der letzten Nacht angekommen, und als neu Gartenrotschwänze (*Erithacus phoenicurus*).

Am 4. Mai ziehen vormittags ab und zu ein paar Krähen nach Norden, man hört auch einige Dohlen; sonst hat sich der ganze Frühjahrszug, so weit man ihn in der Luft beobachten kann, nunmehr im Sande verlaufen. Ein besonders starker Zug war in diesem Frühjahr nicht zu beobachten. Überhaupt verläuft der Frühjahrszug viel unregelmäfsiger und weniger stetig. Es fehlen die Serien von guten Zugtagen, wie man sie im Herbst häufig zu beobachten Gelegenheit hat.

Der Mai brachte grofse Hitze. Vegetation weit vorgeschritten.

Am 13., 14. Mai und an den folgenden Tagen grofse Libellen- und Haffmückenschwärme, die sonst später zu kommen pflegen.

C. Der Herbstzug in Ulmenhorst.

5. September: Windrichtung und -stärke: W 4; W 3; W 1; in den nordöstlich von Rossitten gelegenen Gebieten, also in den russischen Ostseeprovinzen, woher die Zugvögel im Herbste kommen, haben nach der Wetterkarte am 4. und 5. September östliche Winde geweht.

Temperatur: 14,0; 15,6; 11,3°.

Nachts Regen, früh trübe, auch feiner Regen, dann klart es auf.

Der erste gute Vogeltag, der sich aus seiner Umgebung heraushebt. Nicht Zug in der Luft, aber Unmassen von Vögeln auf den Feldern und in den Büschen. Alle sind in der vorigen Nacht angekommen.

Es werden beobachtet: Trauerfliegenfänger (*Muscicapa atricapilla*). Sie stellen die Hauptmassen der beobachteten Kleinvögel dar, nur graue und angehend schwarze, keine ganz schwarzen Männchen. Es wimmelt förmlich von diesen Vögeln. Laubsänger, Wiesenschmätzer, Steinschmätzer, Rotkehlchen, graue Fliegenfänger (*M. grisola*) wenig, Buchfinken, Kuckucke, Gartenrotschwänzchen (*E. phoenicurus*); ferner Goldammern (*Emb. citrinella*) häufig. Die meisten Vögel sind in und bei Rossitten; aber auch auf der Pallwe und in den Büschen bei Ulmenhorst reiches Vogelleben.

Schwalben noch zahlreich über dem Dorfe, in Weidenbüschen auf einem Hofe 1 *Acrocephalus schoenobaenus*.

Ich beobachte abends bei Ulmenhorst wieder das Ersterben des Vogellebens, das in gewohnter Weise verläuft: Die Vögel werden ruhig, ohne dafs man sie sich erheben und fortziehen sieht. Dann gehe ich in der Nacht (etwa um 10 Uhr) mit der Blendlaterne aus, um zu sehen, ob die Vögel noch da sind. Sterne stehen am Himmel, sonst ist es dunkel, vorgestern war Neumond. In den Büschen jage ich wenig Kleinvögel auf. Sie scheinen meist hoch in den Ästen zu sitzen. Auf dem Erdboden mehrere Heidelerchen. Der Flug der aufgescheuchten Vögel ist recht ungeschickt. Eine Eule (wohl *Assio accipitrinus*) umfliegt den Lichtschein öfter, und zwar sehr geschickt. Ich nehme an, dafs ich sie aus ihrem Lager aufgescheucht habe, nicht, dafs sie bei dieser Dunkelheit auf Raub ausgeflogen ist.

Auch Helgoland meldet für die Nacht am 4. zum 5. September sehr starken Kleinvogelzug (*Silvia*, *Anthus*, *Muscicapa atricapilla*, *Phylloscopus*). Das ist mal eine Übereinstimmung mit den Rossittener Verhältnissen.

Am Niddener Leuchtturm, 22 km nördlich von Rossitten, viel Kleinvögel in der fraglichen Nacht. Diese Nacht (4./5. Sept. 1910) ist also für den Vogelzug sehr kritisch gewesen.

6. September: Windrichtung und -stärke: W 1; N 4; N 4.

Temperatur: 14,0; 17,2; 14,5°.

Ein schöner warmer sonniger Tag.

Dieselben Kleinvögel von gestern sind noch da; auch Kuckucke, 1 grofser Buntspecht. Kreuzschnäbel in der Luft gehört. Im vorigen Jahre waren um diese Zeit recht viel Ziegenmelker da; heuer noch gar keine bemerkt. Ebenso zogen im vorigen Jahre um diese Zeit viel Kleinvögel (z. B. Schwalben) in der Luft nach S. Jetzt beobachte ich nichts derartiges. 1 *Asio accipitrinus* gegen Abend erlegt. — Abends gehe ich wieder mit der Laterne leuchten. Sterne am Himmel, sonst dunkel. Heute sehe ich mehrfach Kleinvögel (schlafend) sitzen, zuweilen über Mannshöhe, manchmal auch nur 1 m hoch. Sie sitzen nicht an den Stamm gedrückt, wie man gewöhnlich annimmt, sondern an den Ästen, zuweilen in recht frei stehenden Büschen. 1 Gartenrotschänzchen ♀ fange ich mit der Hand, um es gleich wieder fliegen zu lassen; einen Zaunkönig berühre ich fast mit der Hand.

Ich habe dieses Leuchten mit der Blendlaterne in Gemeinschaft mit Herrn Assessor Tischler im August dieses Jahres auch auf der Vogelwiese bei Rossitten auf Strandvögel ausgeübt. An Totaniden, Tringen, Enten, auch Reiher kommt man sehr nahe heran. Man gewinnt auf diese Weise einen Einblick in das Nachtleben der Vögel. Dann aber möchte ich auch ausprobieren, ob man manche Zugvogelarten zwecks Beringung fangen kann. Da die Vögel hier bei Rossitten nie so dicht gedrängt sitzen wie im Lichtscheine des Leuchtturms auf Helgoland, so wird dies Fangen wohl immer seine Schwierigkeiten haben.

7. September: Windrichtung und -stärke: NO 8; O 4; SO 1.

Temperatur: 14,3; 18,3; 13,9°.

Früh Regen, dann klart es auf. Schöner warmer Tag. Sonnenschein.

Soviel Kleinvögel wie gestern sind nicht mehr da. Eine Menge sind gegen Morgen weiter gezogen; jedenfalls in der Morgendämmerung. Gegen Abend sind sie fast alle weg, von Busch zu Busch weitergewandert. Goldhähnchen in den

Büschen. Früh ziehen ein paar Sperber und Turmfalken nach S; gegen Abend treiben sich mehrere Raubvögel umher (Turmfalken, Sperber, 1 braune Weihe).

Krenzschnäbel mehrfach in der Luft.

Auf dem Telegraphendrahte 1 Blaurake (*Coracius garrulus*).

Abends fast windstill. Sterne am Himmel.

8 September: Windrichtung und -stärke: O2; NO1; SO1.

Temperatur: 14,0; 16,7; 11,7°.

Früh bedeckt, zuweilen kleine Regenschauer, abwechselnd mit Sonnenschein.

Es sind wieder mehr Kleinvögel da, die jedenfalls in der Morgendämmerung angekommen sind: besonders graue Fliegenfänger, Laubsänger, auch Trauerfliegenfänger, Goldhähnchen, Buchfinken. 1 *Picus major*. Einige Sperber (*Accipiter nisus*) nach S. Mehrfach Turmfalken (*Cerchneis tinnuncula*) nnd Merlinfalken (*Cerchneis merilla*) gesehen. Von letzteren 1 juv. erlegt. Mehrere Sumpfohreulen (*Asio accipitrinus*) gesehen. Davon sind in diesem Jahre mehr da als sonst. Ausgeprägter Zug findet nicht statt. Es fliegen ebensogut einige Kleinvogelscharen nach S, als auch nach N.

Auch weifse Bachstelzen (*M. alba*) sind da. Ziemlich viel Meisen (*P. major* und *caeruleus*) in den Büschen. Kreuzschnäbel (*Loxia curvirostra*) mehrfach in der Luft.

Auffallend ist, dafs Schwalben (*H. rustica*) heute öfter nach N. ziehen, anstatt nach S.

Waldschnepfen nicht angetroffen.

9. September: Windrichtung und -stärke: O2; NO2; NO2.

Temperatur: 14,3; 17,1; 15,7°.

Schöner warmer Tag, meist bedeckt, zuweilen Sonnenschein.

Früh zwischen $\frac{1}{2}$ und $\frac{3}{4}$ 5 Uhr, als es eben hell geworden ist, beobachte ich, wie Drosseln von ihrem Zuge aus der Luft herabkommen und sich in den Bäumen niederlassen. Es ist gar nicht leicht, die betreffenden Vögel jedesmal gleich zu sehen. Man hört ein starkes raketenartiges Rauschen, und dabei saust der Vogel in Windungen und Drehungen pfeilschnell aus der Luft herab, ähnlich wie die Stare, wenn sie abends aus der Höhe in's Rohr zum Übernachten einfallen. Ich beobachte diese Erscheinung heute nicht nur an Drosseln, sondern einmal auch von einem anderen Vogel, wohl an einem Finken. Aus welcher Höhe die Vögel jedesmal herabkamen, liefs sich nicht feststellen. Dieses Einfallen ist nicht in Vergleich zu setzen mit einem gemächlichen Niederlassen von Zugvögeln, die in bequemer Sichthöhe angestrichen kommen und durch allmählig niedrigeres Fliegen Bäume und Sträucher zu erreichen suchen, nein es ist eine ganz eigenartige Erscheinung, die bei jedem, der sie das erste Mal erlebt, Überraschung verursacht.

Kleinvögel sind heute wieder viel da. Namentlich Trauerfliegenfänger, auch Laubsänger, viel Gartenrotschwänzchen;

Schwalben (*H. rustica*) und Stare ziehen heute früh nach N. Was bedeutet dieser Zug jetzt nach N? Kreuzschnäbel und Buchfinken sowohl nach N, als auch nach S ziehend. Zwei Kreuzschnähel erlegt, 1 ganz jungen gefleckten und 1 grauen; beides schlankschnäblige. Ersten Bergfinken (*Fr. montifringilla*) gehört. Eichelhäher (*G. glandarius*) ab und zu nach N und auch nach S ziehend.

Um 8 Uhr früh ist der Vogelzug in der Luft vorüber. Dafür nun reiches Vogelleben in den Büschen. Ziemlich viel Meisen, darunter 1 Sumpfmeise. Das ist der erste Vogel dieser Art, den ich hier seit 10 Jahren sehe. Mehrere Certhien und *Regulus.*

2 Wachtelkönige (*Crex crex*) in den niedrigen Weidenbüschen. 1 geschossen. Hatte grofse grüne Raupen im Schlunde. 1 Ziegenmelker beobachtet, 1 Kuckuck, mehrere Drosseln, nur *Turdus musicus.*

Ab und zu Raubvögel, darunter 1 Merlinfalken beobachtet. Zug in der Luft ist also um diese Zeit noch wenig hier zu beobachten, dagegen ziemlich viel Kleinvögel immer in den Büschen.

10. September: Windrichtung und -stärke: S 2; SO 2; O 2.
Temperatur: 13,5; 17,1; 16,5°.
Schöner warmer heller Tag.

Bei Tagesgrauen bin ich draufsen. Es ist nicht viel los bei dem S. Gar kein Vogelleben in der Luft wie gestern. Auch in den Büschen viel weniger Vögel wie gestern. Vor allem fällt es auf, dafs alle Trauerfliegenfänger fort sind. Eichelhäher mehrfach nach S. zu. 2 Rotfufsfalken (*Cerchneis vespertina* juv.) auf den Telegraphendrähten. 1 erlegt. Raubvögel sind in diesem Jahre um diese Zeit ziemlich viel da. Um so weniger, wie wir unten sehen werden, im Oktober. Ich gehe gegen Abend nach Rossitten.

11. September: Windrichtung und -stärke: NO 3; O 4; NO 1.
Temperatur: 15,5; 20,0; 17,6°.

Regen nachts. Die jetzt gewöhnlichen Kleinvögel im Dorfe Rossitten. 2 Wachtelkönige (*Crex crex*) im Felde. Diese Art zieht in diesem Jahre recht häufig durch, ähnlich wie im September 1907. Der Zug hält etwa schon seit Anfang September an.

12. September: Windrichtung und -stärke: SO 4; SO 5; O 5.
Temperatur: 15,8; 21,5; 16,9°.
Die jetzt gewöhnlichen Kleinvögel im Dorfe.

13. September: Windrichtung und stärke: O 4; O 5; O 4.
Temperatur: 13,6; 19,7; 16,5°.

Laubsänger, Rotkehlchen in Rossitten. Wieder 1 Sumpfmeise beobachtet

Als Unterbrechung folgt jetzt meine Reise zur 82. Versammlung Deutscher Naturforscher und Ärzte, wo ich Vortrag zu halten habe.

Herr Thomson beobachtet am 22. und 26. September besonders viel Kleinvögel bei Rossitten, am 23. nur wenige.

Am 3. Oktober ziehe ich nach Ulmenhorst.

3. Oktober: Windrichtung und -stärke: SO 3; O 4; SO 4.
Temperatur: 8,3; 13,0; 11,8°.

Schöner Tag. Sonnenschein. Guter Krähenzug, auch Gänse und Finken ziehen; Waldschnepfen zahlreich im Revier. Der 3. Oktober ist ein guter Zugtag, der sich aus seiner Umgebung heraushob. In der Nacht Regen.

4. Oktober: Windrichtung und -stärke: SW 3; SW. 3; SW 4.
Temperatur: 11,7; 11,1; 10,2°.

Öfter Regenschauer. Früh bis 9 Uhr etwas Krähenzug (2 erlegte *Corvus cornix* sind junge), besonders viel Saatkrähen; auch einige Star- und Wildtaubenflüge. Sperber, Gänse, 2 Wanderfalken.

In den Büschen Drosseln (*musicus*), Rotkehlchen, auch Goldhähnchen, 1 Certhie. Wieder verhältnismäſsig viel Waldschnepfen vorhanden.

Der Zug in der Luft ist also schwach heute, das Wetter ist zu ungünstig, dafür aber Vogelleben in den Büschen. In der Nacht Regen.

5. Oktober: Windrichtung und -stärke: NO 4; N 4; NO 2.
Temperatur: 9,1; 12,9; 9,7°.

Schönes helles Wetter, Sonnenschein. Krähen fliegen heute mehrere 100 Meter hoch, kommen nicht nach dem Uhu; auch an den Fangplätzen fallen sie nicht ein. Mit den Kräben ziemlich viel Dohlen, Raubvögel fast gar nicht, auch keine Kleinvögel, in der Luft ziehend. Eichelheher mehrfach von Busch zu Busch nach Norden streichend. Am Uhu zwei Tannenheher (*Nucifraga caryocatactes*). Sie sitzen auf den Bäumen und lassen den Warnungsschrei ertönen, beides Schlankschnäblige.

In den Büschen: Oft Schwanzmeisen (*Aegithalus caudatus*) durchziehend, darunter auch *Parus major* und *caeruleus*. Ziemlich viel Goldhähnchen. Singdrossel und Rotkehlchen nicht sehr viel, einige Zaunkönige, auch ein Laubsänger. Ein *Lanius excubitor* (zeitiger Termin). Die ersten Dompfaffen gehört.

Im allgemeinen ist noch folgendes über den Tag zu sagen: Da die Krähen sehr hoch fliegen, merkt man von dem Zug wenig.

Gegen Mittag läfst der Zug sehr nach und hört gegen 4 Uhr, als sich der Himmel umzieht, ganz auf. Abends fast Windstille, in der Nacht Sterne.

6. Oktober: Windrichtung und -stärke: SW 4; W 4; NW 4. Temperatur: 12,2; 12,6; 12,7°.

Früh noch einigermafsen helles Wetter, es droht aber schon Regen. Einige Krähen ziehen in Trupps mit grofsen Unterbrechungen, niedrig, etwa 10—20 m hoch. An den letzten Bäumen, wo die kahle Nehrung beginnt, wollen sie nicht vorwärts, eine gewöhnliche Erscheinung bei solchem unsicheren Wetter. Nach dem Uhu kommen die Krähen nicht gut. Unter 5 erlegten *Corvus eornix* sind 4 junge und 1 alte. Raubvögel und Kleinvögel gar nicht zu beobachten bis auf einen Trupp Heidelerchen.

Gegen 11 Uhr Vormittag bezieht sich der Himmel, es fängt Sprühregen an, der bis gegen Abend anhält. Aller Zug ist vorüber. Waldschnepfen heute nicht gefunden, in den Büschen überhaupt sehr wenig Leben.

Früh, wie immer um diese Jahreszeit, Seetaucher *(Urinator)* quer über die Nehrung vom Haff nach der See und umgekehrt fliegen. Im allgemeinen ein toter Tag.

7. Oktober: Windrichtung und -stärke: NO 1; NW 4; W 3. Temperatur: 6,9; 13,5; 11,9°.

Schöner heller Tag. Guter Krähenzug von früh an, 20—80 m hoch, kommen gut nach dem Uhu.

Gegen 11 Uhr mittags läfst der Zug sehr nach, nachmittags nur noch in Trupps ziehend. Es ist überhaupt bemerkenswert, dafs der gute Zug jetzt nur in den ersten Morgenstunden stattfindet. Sonst ist mir das um diese Jahreszeit noch nicht aufgefallen. Erst am Schlufs der Zugperiode trat diese Erscheinung sonst ein. Heute ziehen meist *Corvus cornix*, nur ab und zu *Corvus frugilegus* und *Colaeus monedula.* Einige Wildtaubenflüge hoch.

Wenig Raubvögel jetzt immer, nur einige Sperber, 1 Bussard.

Auch Kleinvögel jetzt wenig ziehend, ab und zu Buchfinken; oft Kreuzschnäbel heute nach Süden ziehend. 2 *Hirundo rustica* eilig nach Süden wandernd.

In den Büschen wenig Rotkehlchen und Singdrosseln, die erste *Turdus iliacus* gehört, öfter Meisen mit Baumläufern, ziemlich viel Goldhähnchen, einige Zaunkönige. Mehrfach Eichelheber, wieder 1 Tannenheher *(N. caryocatactes)* gehört.

8. Oktober: Windrichtung und -stärke: W 4; SW 4; S 4. Temperatur: 12,0; 12,9; 10,7°.

Trübe, es droht Regen, Barometer fällt. Kein Zug. Nur in den ersten Morgenstunden 2—3 Krähentrupps, 2—3 Sperber. Auch in den Büschen kein Leben. Rotkehlchen und Drosseln sind fort. Nur einige Meisen, auch Schwanzmeisen gesehen. Einen Merlinfalken juv. geschossen. An der See ein Trupp Sanderlinge *(Calidris arenaria)*.

9. Oktober: Windrichtung und -stärke: W 4; W 5; W 5. Temperatur: 12,6; 13,5; 12,7°.

10. Oktober: Windrichtung und -stärke: W 7; NW 4; W 1. Temperatur: 12,5; 13,0; 11,8°.

Diese beiden Tage bin ich in Rossitten. Am 10. findet sehr guter Krähenzug statt.

11. Oktober: Windrichtung und -stärke: O 4; O 2; O 5. Temperatur: 9,3; 12,0; 10,0°.

Guter Krähenzug, der bis in die Dämmerung anhält. Viel Drosseln, darunter die ersten *Turdus pilaris* auf den Feldern und Triften. Waldschnepfen sind neu angekommen. Nacht sternenhell.

12. Oktober: Windrichtung und -stärke: SO 4; SO 2; SO 2. Temperatur: 10,1; 12,3; 10,4°.

Himmel fast immer bedeckt, gegen Mittag wird es heller, zuweilen Sonnenschein. Ein sehr guter Zugtag.

Unmassen von Krähen, 2—20 m hoch, Nachmittag etwas höher. Schon früh in der Dämmerung beginnt der Krähenzug und ist in den ersten Morgenstunden am stärksten. Von 35 erlegten *Corvus cornix* sind 23 juv. und 12 ad. Auch eine erlegte *Corvus frugilegus* ist juv. Sperber ziemlich häufig ziehend, 3 erlegt (1 ♂, 2 ♀, von den ♀♀ 1 juv., 1 ad.). 2 Wanderfalken gesehen. Nur 1 Bussard. Bis jetzt sind erst ganz wenig Bussarde gezogen. Tauben wenig, 2 *Columba palumbus* erlegt. (Auch einige Drosseln ziehen, die ersten *Turdus viscivorus*.)

Kleinvögel in mäfsiger Anzahl: Buchfinken, Stare, Erlen- und Birkenzeisige (*Chrysomitris spinus* und *Acanthis linaria*). In den Büschen Meisen, Drosseln, Goldhähnchen und Baumläufer, von allen nicht sehr viel.

Am gewaltigsten ist heute der Krähenzug. Kommen sehr gut nach dem Uhu, auch die Fänger machen gute Beute. Selbst die Sperber beachten den Uhu verhältnismäfsig häufig und bäumen häufig auf. Einen Tannenheher gehört, eine Waldschnepfe hochgemacht.

Nacht sternenhell.

13. Oktober: Windrichtung und -stärke: S 3; SW 4; NW 11. Temperatur: 9,4; 14,9; 8,0°.

Früh dasselbe Wetter wie gestern, bedeckter Himmel. Derselbe gute Krähenzug wie gestern. Früh punkt 6 Uhr kommen die ersten angezogen. Höhe: 13—30 m. Alle stofsen auf den Uhu. Von 20 erlegten *Corvus cornix* sind 17 juv. und 3 ad. So sind also unter den gestern und heute erlegten *Corvus cornix* 40 juv., 15 ad. Es ist auffallend, dafs jetzt schon so viele alte darunter sind. Ferner heute 3 *Corvus frugilegus* erlegt, lauter juv. Von dieser Art ziehen jetzt, wie es scheint, lauter junge. Dohlen heute auch öfter in grofsen Flügen.

Raubvögel: Ziemlich viel Sperber in der gewöhnlichen Weise ziehend, schon früh vor 6 Uhr in der Dämmerung den Zug beginnend. 3 Wanderfalken beobachtet; einer stöfst auf eine Krähe. Auch ein Baumfalke *(Falco subbuteo)*; Bussarde gar nicht. Es ist auffallend, dafs so wenig Vögel dieser Art in diesem Jahre ziehen.

Kleinvögel: Schon früh in der Dämmerung höre ich Birkenzeisige *(Acanthis linaria)* hoch oben ziehen, dann kommen Flüge von Buchfinken, heute auch ein paar mal Heidelerchen, einige Pieper, ab und zu Kreuzschnäbel (von letzteren jetzt alle nach Süden ziehend), Stare in den ersten Morgenstunden mehrfach in grofsen nach hunderten zählenden Schwärmen, ganz wenig Drosseln nach Süden ziehend.

Wenig Tauben.

In den Büschen: Nur Goldhähnchen, wenige Zaunkönige und Meisen, keine Rotkehlchen und Drosseln. Ein Eichelheher von Süden nach Norden durch die Büsche fliegend; eine Waldschnepfe beobachtet, an der See 2 Austernfischer.

Zu Mittag wird das Wetter dunstig, der Wind geht mehr nach Westen herum und wird immer stärker. Aller Zug hört plötzlich auf, auch nicht ein Vogel ist mehr zu sehen. Gegen Abend Weststurm und Regen bis in die Nacht hinein.

Allgemeines: Der 10., 11., 12 und 13. Oktober waren also gute Zugtage, allerdings bestanden die vorüberziehenden Vogelscharen in der Hauptsache aus Krähen. Die Krähen flogen bei dem direkten oder halben Gegenwinde niedrig, traten so für das menschliche Auge in die Erscheinung und regten zum Staunen an. An manchen stillen klaren Tagen ziehen hoch oben oft ebensoviel Krähen, aber davon merkt man wenig. Ich will damit nur sagen, dafs man sich nicht verleiten lassen darf, die Tage, an denen die Vogelscharen für das menschliche Auge besonders sichtbar sind, bei der Beurteilung zu bevorzugen.

So haben also südliche und südöstliche Winde bei bedecktem Himmel und klarer, trockner, warmer Luft diese grofsartigen Krähenzugerscheinungen gebracht. Es soll besonders darauf hingewiesen werden, dafs diese Vogelscharen, wie auch die Wetterkarte zeigt, uns nicht von östlichen oder nordöstlichen Winden zugeführt worden sind. Die Vögel hatten vielmehr den Wind immer mehr oder weniger von vorn. Früh hatte es an den betreffenden Tagen immer sehr getaut.

14. Oktober: Windrichtung und -stärke: N 11; N 8; NW 7.

Temperatur: 6,6; 8,8; 9,0°.

Hell, Sonnenschein, der Sturm hält an, ist aber nach Norden herumgegangen. Trotzdem Krähenzug, und zwar in einer

Höhe von mehreren 100 Metern. Ich kann mir das nur damit erklären, das oben nicht solcher Sturm ist wie unten. Die Windrichtung ist nach dem Gange der Wolken dieselbe wie unten. Der Krähenzug ist übrigens nicht stark. Aufser Krähen zieht nichts. Für die Kleinvögel ist der Wind viel zu stark. Eine Waldschnepfe beobachtet, einen Eichelheher erlegt.

15. Oktober: Windrichtung uud -stärke: NW 5; NW 5; NW 1.

Temperatur: 10,8; 12,5; 8,8°.

Ich bin in Rossitten, Nichts besonderes von Zug bemerkt.

16. Oktober: Windrichtung und -stärke: NW 2; W 5; NW 3.

Temperatur: 10,4; 14,2; 11,0°.

Schönes, helles, warmes Wetter. Ich fahre nach Ulmenhorst um Herrn Rittmeister von Lucanus zu empfangen, der heute eintrifft. Mäfsiger Krähenzug, hoch, mehrere 100 Meter hoch, kümmern sich nicht um den Uhu.

Mit dem heutigen Tage setzen die für diesen Herbst charakteristischen aufsergewöhnlich starken Züge von Birkenzeisigen (*Acanthis linaria*) ein. Grofse Flüge, die nach hunderten zählen, treiben sich heute entweder auf der Palwe umher oder ziehen nach Süden. Assessor Tischler meldet von Losgehnen dieselbe Erscheinung.

3 Tannenheher (*N. caryocatactes*) beobachtet. Dompfaffen sind mehr geworden. Schwanzmeisen.

17. Oktober: Windrichtung und -stärke: O 2, O 1; O 1.

Temperatur: 7,3; 10,5; 9,4°.

Herrliches warmes, helles Herbstwetter, zu schön um guten Zug zu bringen. Etwas Krähenzug, mehrere 100 Meter hoch. Kommen nicht nach dem Uhu. Ganz vereinzelt Sperber, 2 Tannenheher (*N. caryocatactes*) am Uhu, einige Eichelheher (*Garrulus glandarius*) gesehen, 2 Sumpfohreulen hochgemacht; diese Art befindet sich also immer noch auf dem Zuge. Eine Waldschnepfe.

Kleinvögel: Wieder riesige Schwärme von Birkenzeisigen in den Büschen oder nach Süden ziehend. 3 *Hirundo rustica* noch so spät nach Süden wandernd, Schwanzmeisen öfter durch die Büsche ziehend. Diese Art ist aufsergewöhnlich zahlreich in diesem Jahr vertreten.

In der Nacht Vollmond. Barometer steht sehr hoch.

18. Oktober: Windrichtung und -stärke: S 3; SO 4; S 1.

Temperatur: 7,0; 11,0; 5,4°.

Schöner warmer Tag. Mäfsiger Krähenzug. Von 25 geschossenen *Corvus cornix* 22 ad., 3 juv. Öfter einmal Tauben. Raubvögel fast gar nicht.

Kleinvögel wenig, früh öfter Starflüge ziehend, einmal Grünfinken. Kreuzschnäbel jetzt fast täglich nach Süden ziehend, wenn auch nicht viel. Leinzeisige wieder sehr zahlreich zu beobachten. In den Büschen wenig Leben, nur sehr oft Schwanzmeisen durchziehend. Ein Kleinspecht (*Dendrocopus minor*) erlegt. Das ist in 10 Jahren der erste Vogel dieser Art, den ich bei Rossitten beobachtete. Haussperlinge bei Ulmenhorst gehört, ein Baumläufer. Waldschnepfen nicht gefunden. Gegen 1 Uhr Mittag hört aller Zug schon auf. Nachts Mondschein.

19. Oktober: Windrichtung und -stärke: S 2; S 3; S 3.

Temperatur: 5,7; 8,5; 8,4°.

Dunstig, feuchte Luft, manchmal Sprühregen. Ein toter Tag ohne Vogelzug. In den Büschen nur einige Schwanzmeisen und Birkenzeisige zu sehen.

20. Oktober: Windrichtung und -stärke: SSO 4; O 4; O 3.

Temperatur: 6,5; 6,8; 6,4°.

Bedeckter Himmel, etwas dunstig. Man hätte Vogelzug erwarten können und dennoch ein ganz toter Tag. Nur ein grofser Flug *Acanthis linaria* in den Weidenbüschen. Der Beobachter mufs sich wundern, dafs heute kein Zug stattfindet, denn das Wetter ist heute fast dasselbe wie an den guten Zugtagen 12. und 13. Oktober. Auch damals war der Himmel bedeckt, auch südöstliche Winde. Heute ist allerdings die Temperatur etwas niedriger, die aber allein die Vögel sicherlich am Wandern nicht gehindert hat. Eine Erklärung finde ich nur darin, dafs an den folgenden Tagen, wie wir sehen werden, ein für diese Jahreszeit ganz abnorm häfsliches Wetter mit rauhen östlichen Winden eintrat.

21. Oktober: Windrichtung und -stärke: NO 4; NO 4; NO 7.

Temperatur: 5,7; 10,5; 6,5°.

Früh dunstig, kein Zug. Dann klart es gegen Mittag auf, sofort ziehen Krähen und zwar fast nur Saatkrähen und Doblen; auch einige Raubvögel sollen gezogen sein.

22. Oktober: Windrichtung und -stärke: NO 4; NO 5; NO 5.

Temperatur: 4,4; 3,4; 2,1°.

Schwacher Krähenzug, nachmittags etwas stärker. Die Vögel kommen mehr truppweise. Wieder ein *Dendrocopus minor* beobachtet und von Herrn von Lucanus erlegt. Heute guter Waldschnepfentag. In der vorigen Nacht sind viele angekommen.

23. Oktober: Windrichtung und -stärke: NO 2; O 1; O 2.

Temperatur: — 0,5; — 08; 0,4°.

Ein sehr kalter Ost. Es hat zum erstenmal Eis gefroren. Früh gegen 8 Uhr setzt ein mächtiger Krähenzug ein. Alles staut sich an den letzten hohen Bäumen, und dann gehts in langer dichter Kette vorwärts. Auch über der Haffdüne. Zughöhe etwa 50 Meter. Die Krähen kommen gut nach dem Uhu. Der Grund dieser interessanten Erscheinung ist folgender:

Es kommt plötzlich Nebel auf, der die Vögel herabdrückt und am glatten Vorwärtsziehen hindert. Sobald der Nebel gegen 11 Uhr nachläfst, ziehen die Krähen etwa gegen 100 m hoch und höher. Der Zug flaut Mittag sehr ab. Es findet heute nur einförmiger Krähenzug statt, fast nichts anderes in der Luft zu sehen, nur ein paar Sperber und 2 Bussarde. Keine Kleinvögel. Nur immer noch riesige Schwärme von Leinzeisigen (*Acanthis linaria*) sowohl ziehend, als auch umherschweifend. Soviel Vögel dieser Art sind hier wohl noch nicht gewesen. In den Büschen einige Dompfaffen, mehrfach Zaunkönige, 1 Baumläufer und, wie jetzt jeden Tag, viel Schwanzmeisen. Soviel Vögel dieser Art habe ich hier noch nie beobachtet. Es fehlen Drosseln und Rotkehlchen. Zweimal Schwäne, einmal Gänse ziehend beobachtet. Wildgänse in diesem Herbste auffallend wenig. 1 Waldschnepfe beobachtet.

24. Oktober: Windrichtung und -stärke: O2; O3; O5. Temperatur: 0,0; 4,7; 1,9°.

Es hat früh wieder Eis gefroren. Einige Krähen ziehen ziemlich hoch, 100 und mehr Meter hoch. Auf den Uhu kommen sie wenig. An den Fangstellen scheinen sie dagegen gut eingefallen zu sein, denn es ist eine ganze Anzahl gefangen. Viel Schwanzmeisen und Birkenzeisige. Den ersten Seidenschwanz (*Bombicylla garrula*) im Dorfe gesehen. Von Waldschnepfen ist nichts zu finden. Mehrere Adler sollen gesehen worden sein, darunter 1 von Herrn Präparator Möschler. Abends 3 Eulen an der See.

25. Oktober: Windrichtung und -stärke: O4; O4; O5. Temperatur: 2,1, 0,8; 0,1°.

Ein eisiger Ostwind. Vollständig toter Tag. Tot in der Luft, tot in den Büschen. Nur einige Schwanzmeisentrupps und 1 grofser Flug *Acanthis linaria* umherschweifend. Das jetzt aller Zug stockt, liegt ohne Zweifel an der grofsen Kälte.

26. Oktober: Windrichtung und -stärke: O4; O4; SO4. Temperatur: — 0,5; 0,4; 0,0°.

Ein ebenso toter Tag wie gestern. Einige Drosseln und Schwanzmeisen, sonst nichts zu beobachten. Ein Wanderfalke bei Rossitten eine Haustaube verfolgend.

27. Oktober: Windrichtung und -stärke: SO4; SO3; SO4. Temperatur: — 0,1; 0,5; 0,3°.

Kalter Ostwind, trübe, bedeckter Himmel. Dasselbe Wetter wie an den voraufgegangenen toten Tagen. Auch heute zieht nichts, man bekommt kaum einen Vogel zu sehen. Ein grofser Raubvogel, den ich für einen Schreiadler halte, an der Düne.

Es kann nur die jetzt herrschende Kälte sein, die die Vögel zurückhält. Nun bleibt abzuwarten, ob beim Eintreten von gutem Wetter plötzlich noch ein starker Vogelzug einsetzt, oder ob aller Zug voruber ist. Jedenfalls ist bis jetzt noch nicht viel durchgezogen, und wir stehen doch schon am Ende der Herbstzugperiode. Kleinvögel und Raubvögel fehlen noch.

28. Oktober: Windrichtung und -stärke: O5; O5; O6. Temperatur: — 1,1; 4,2; 1,1°

Das Wetter ist etwas heller geworden, Sonnenschein, aber immer noch kalter Ost. Das Barometer hat an den voraufgegangenen toten vogelarmen Tagen immer (auf einem Fleck) sehr hoch gestanden, 775—780, zuweilen stieg es ein wenig. Heute früh fängt es an etwas zu fallen. Kein Niederschlag, nur immer kalter trockner Ost. Aber heute ist es nicht mehr so trostlos öde draufsen. Ein wenig Vogelzug Das bewirken jedenfalls der Sonnenschein und der blaue Himmel. Früh ziehen einige Nebelkrähen in Trupps, auch einige Bussarde und Sperber. Herr von Lucanus erlegt kurz vor seiner Abreise noch einen besonders hell gefärbten *Buteo buteo* über dem Uhu. Nachmittags kommen noch etwas mehr Krähen, aber immerhin nicht viel. Auch einige Drosseln, Leinzeisige und Dompfaffen in der Luft. Gegen Abend wird der Wind stärker. Nachts sternenhell. Die letzten Nächte alle bedeckt.

Allgemeines: Der bisherige Oktoberzug war sehr mäfsig. Das Wetter war zu gleichmäfsig, in der letzten Zeit zu kalt. Wenn einmal Regentage mit darauffolgendem schönen Wetter gewesen wären, so hätte man sicher mehr vom Vogelzug gemerkt. Herr von Lucanus, der vom 16.—28. Oktober hier war, um den Vogelzug zu studieren, hat die ödesten Tage mit erlebt, die ich je in Ulmenhorst durchgemacht habe.

29. Oktober: Windrichtung und -stärke: SO6; SO4; S4. Temperatur: 0,1; 3,9; 3,2°.

In der Nacht hat es stark gefroren, früh ist alles bereift. Zunächst kein Vogelzug. Gegen 8 Uhr geht der Wind plötzlich mehr nach Süden herum, das Thermometer, das früh 7 Uhr — 1° zeigte, steigt plötzlich um 1—2°, aller Reif ist plötzlich weg, Barometer fällt. Krähen fangen in mäfsiger Zahl an zu ziehen, truppweise, bei dem Gegenwinde ganz niedrig, 1—10 Meter hoch, meist an der Vordüne.

Auch Kleinvögel ziehen, besonders häufig Dompfaffen ♂♂ und ♀♀, ferner Leinzeisige, wenig Buchfinken, einige Trupps Heidelerchen, ferner Schwanzmeisen. Ein paar Drosselschwärme.

Raubvögel wenig: einige Sperber, Rauchfufsbussarde, 2 Wanderfalken.

Gegen 10 Uhr ist aller Zug schon fast vorüber. Von da an nur selten noch ein Trupp Krähen zu beobachten bis in die Dämmerung hinein. Nach dem Uhu kommen die Krähen wenig, da sie es sehr eilig haben. 2 geschossene *Corvus cornix* sind alte. Jetzt sind schon seit längerer Zeit oft alte unter den Flügen. Waldschnepfen nicht beobachtet. Kreuzschnäbel in den letzten Tagen nicht mehr gesehen. Der

Himmel umzieht sich Nachmittag immer mehr, es droht Regen oder Schnee. Der Wind wird immer mehr südlich.

30. Oktober: Windrichtung und -stärke: NW 4; NW 3; NW 2.

Temperatur: 8,9; 9,1; 6,0°.

Nachts Regen. Der Wetterumschlag ist da, es ist mild geworden, nach langer Zeit endlich mal ein anderer Wind als Ost und Südost. Meist bedeckt bei klarer Luft, am Vormittag zuweilen schwacher Regen.

Ich bin in Rossitten. Ganz wenig Krähenzug hoch. Die Krähenfänger kommen schon früh wieder nachhause, da nichts zu fangen ist. Im Dorfe mehrfach Dompfaffen. Die Art ist in diesem Jahre recht zahlreich vertreten, 2 Seidenschwänze, auch Birkenzeisige *(A. linaria)*.

31. Oktober: Windrichtung und -stärke: NO 3; NO 3; O 5.

Temperatur: 3,5; 3,5; 0,1°.

Heller Tag, Sonnenschein, ziemlich kühl.

Wenig Krähen sind hoch gezogen, gröfsere Schwärme von Seidenschwänzen im Dorfe, auch mehrfach Rotkehlchen.

1. November: Windrichtung und -stärke: SO 7; SO 7; SO 5.

Temperatur: 0,0; 3,8; 4,5°.

2. November: Windrichtung und -stärke: O 6; S 5; S 4.

Temperatur: 4,3; 5,8; 3,6°.

Trübe regnerische Tage. Nichts von Zug zu bemerken.

3. November: Windrichtung und -stärke: SO 4; O 2; SW 3.

Temperatur: 2,5; 4,7; 5,7°.

Heller Tag. Ich gehe früh nach Ulmenhorst. Nicht viel Krähen ziehen, etwa 100 m hoch und höher. Waldschnepfen in gröfserer Zahl im Revier. Eine Amsel *(Turdus merula)* bei Ulmenhorst. Birkenzeisige immer noch vorhanden, wenn auch nicht mehr so viel wie früher. Auch Schwanzmeisen ziehen noch von Busch zu Busch nach Süden.

4. November: Windrichtung und -stärke: W 4; NW 4; NW 5.

Temperatur: 6,5; 6,9; 6,1°.

Dicke Wolken am Himmel. Regen- und Graupelschauer abwechselnd mit Sonnenschein. In den Vormittagstunden ziehen ab und zu einige Krähentrupps nach Süden. Eine erlegte Nebelkrähe ist ad., einige Sperber. Kreuzschnäbel, die in der letzten Zeit gar nicht mehr gezogen waren, heute ein paar mal nach Süden. 2—3 kleine Starflüge eiligst nach Süden wandernd. Schwanzmeisen und Birkenzeisige, 1 Eichelheher *(Garrulus glandarius)*. Ich mufs nach Rossitten zurückkehren.

5. November: Windrichtung und -stärke: W 6; W 8; W 8.

Temperatur: 6,3; 6,5: 4,9°.

Regen, Sturm und Gewitter. Ein schreckliches Wetter. Nichts von Zug.

6. November: Windrichtung und -stärke: S 4; NO 3; NO 2. Temperatur: 3,0; 4,4; 2,3°.

Regen nachts, früh bedeckt, dann etwas aufklarend. Krähen ziehen und zwar hoch.

7. November: Windrichtung und -stärke: O 2; SO 3; SO 5. Temperatur: 1,4; 2,2; 1,1°.

Regen nachts, Nebel, feuchte Luft. Trotzdem Krähenzug ganz niedrig an der Vordüne. In Pillkoppen wird ein Seeadler juv. im Krähennetze gefangen, den ich mit Ring versehen wieder fliegen lasse.

8. November: Windrichtung und -stärke: S 4; S. 3; S 3. Temperatur: 4,0; 8,7; 5,4°.

Regen nachts. Hell, Sonnenschein. Krähen ziehen niedrig an der Vordüne. Von Nidden bekommt die Vogelwarte 2 lebende *Larus fuscus* juv.

9. November: Windrichtung und -stärke: S 4; SW 3; S 4. Temperatur: 3,4; 6,9; 3,6°.

Krähen ziehen truppweise ganz niedrig.

10. November: Windrichtung und -stärke: SO 2; SW 2; SW 4.

Temperatur: 1,1; 2,6; 3,3°.

Nach Aussage der Krähenfänger sollen Krähen gezogen sein.

11. November: Windrichtung und -stärke: W. 5; SW. 1; S 3. Temperatur: 5,3; 4,4; 2,7°.

12. November: Windrichtung und -stärke: O 5; O 6; O 5. Temperatur: 0,5; 1,5; 1,6°.

Zwei sehr gute Krähenzugtage. Die Krähen sind sehr niedrig geflogen. In diesen Tagen sind Birkenzeisige und Dompfaffen im Dorfe zu beobachten.

13. November: Windrichtung und -stärke: NO 1; SO 4; SO 4.

Temperatur: —0,6; 2,6; 0,6°.

Krähenzug.

Allgemeines: Von Anfang November an sind, wie die Notizen zeigen, noch sehr viel Krähen nach Süden durchgewandert, und der Ausfall während der toten Tage Ende Oktober scheint nachgeholt. Der ganze Krähenzug hat sich also etwas verschoben.

Raubvögel und Kleinvögel sind allerdings nicht mehr, oder nur ganz wenig gezogen. Von ihnen ist ein Ausfall in der diesjährigen Herbstzugperiode entschieden festzustellen.

14. November: Windrichtung und -stärke: SO 4; O 5; SO 8. Temperatur: 0,2; 2,2; 0,6°.

Kalter Wind, hell, Sonnenschein.

Ein grofsartiger Krähenzug bei Ulmenhorst, meist *C. cornix*, wenig *C. frugilegus* und *C. monedula*, ganz niedrig,

1—15 m hoch, in Kettenform. Nach den Uhu stofsen die Krähen wie toll; 25 erlegte *C. cornix* sind lauter Alte. Aufser Krähen zieht fast nichts. 1 Weihe, 1 Wanderfalken beobachtet, ebenso 1 Seeadler. Keine Kleinvögel. Wenig Dompfaffen und Birkenzeisige umherschweifend.

Der Krähenzug währt bis in die Dunkelheit, bis nach 4 Uhr. Nachts Mondschein.

15. November: Windrichtung und -stärke: O8; O8; O8.

Temperatur: — 0,5; 1,1; 0,0°.

Trocken, kalt. Früh hell, zuweilen Sonnenschein. Gleich um 8 Uhr beginnt derselbe gute Krähenzug wie gestern, ebenso niedrig, stofsen auch auf den Uhu, bis etwa 10 Uhr. Dann umzieht sich der Himmel. Es droht Schnee. Das Barometer fällt. Die Krähen bekommen jetzt grofse Eile, halten sich am Uhu und an den Fangstellen gar nicht auf. Der Zug läfst immer mehr nach und ist gegen ½3 Uhr Nachmittags ganz vorüber. Gegen Abend wenig Graupeln. Aufser Krähen zieht nichts. Heute fast ausschliefslich *C. cornix*, wenig *C. frugilegus* und gar keine *C. monedula*. Einige kleine Starflüge, 1 Hohltaube (*C. oenas*), 2—3 Sperher, 1 Hühnerhabicht (*A. palumbarius*).

Dafs die Krähen gestern noch bis in die Dunkelheit hinein flogen und heute früh gleich wieder so eilig anfingen zu ziehen, das alles deutete auf das kommende „schlechte Wetter" hin.

16. November: Windrichtung und -stärke: O 6; O 8; SO 6.

Temperatur: — 0,4; 1,3; 3,4°.

Der Wetterumschlag, das „schlechte Wetter", ist da. Glatteis. Früh zum ersten Male eine Schneedecke. Den Tag über Schnee und Eisregen. Wie die Wetterkarten zeigen hat kaltes Wetter bis — 10° Frost mit Schnee schon seit mehreren Tagen in den Gebieten Rufslands geherrscht, woher unsere Krähen kommen, und hat die Vögel zum Weiterrücken getrieben. Daher der gute Krähenzug der letzten Tage, besonders am 14. und 15. November.

(Hier eine Lücke in den Beobachtungen, einer Vortragsreise nach Gumbinnen wegen).

Der Zug hört nun nach und nach auf, aber an passenden Schneetagen kommen immer noch ab und zu Krähen nach S gewandert, und die Fänger machen an ihren Fangbuden noch Beute.

D. Bericht über die vom Leiter der Vogelwarte Rossitten am 17. und 18. Juni 1910 in der Oberförsterei Rossitten ausgeführte Revision künstlicher Nisthöhlen.

I. Die äufsere Beschaffenheit der Höhlen.

Im Oktober 1902 wurden unter Leitung des Unterzeichneten im Belauf Rossitten **500** Stück von Berlepsch'scher künstlicher

Nistbohlen aufgehängt. Sie gehörten alle der Gröfse A an, die für die kleineren Höhlenbrüter bestimmt ist, waren mit Betondeckeln versehen und bestanden teils aus Erlen-, teils aus Birkenholz. Die Kästen hängen also 8 Jahre.

Von den 500 im Oktober 1902 aufgehängten Höhlen sind vollständig verschwunden . . .	106 Stück	= 21,2%
Von den verbliebenen 394 Stück sind vollständig unbrauchbar	150 „	
Es kommen demnach jetzt noch als brauchbar in Betracht	244 „	
also etwas weniger als die Hälfte		
Summe	500 Stück.	

Wodurch sind die genannten 150 Höhlen unbrauchbar geworden?

1. Die Deckel sind verschwunden von . . .	34 Stück
2. Vom Spechte vollständig zerhackt . . .	52 „
3. Verfault	38 „
4. Vollständig aufgespalten	26 „
Summe	150 Stück.

Wie verteilt sich das Unbrauchbarwerden auf die beiden Holzarten, Birke und Erle, aus denen die Höhlen bestehen?

1. Vom Spechte ist zerhackt	37 mal	Birke	Birke ist also mehr vom
	7 „	Erle	Spechte angenommen.
2. Verfault ist	26 „	Birke	Birke also mehr ver-
	9 „	Erle	fault.
3. Vollständig aufgespalten	13 „	Birke	Verhältnis also ziem-
	15 „	Erle	lich gleich.

Im vorliegenden Falle sind also die aus Birke bestehenden Höhlen, was Dauerhaftigkeit anbelangt, im Nachteil gewesen.

Überhaupt vom Spechte angehackt sind von den verbliebenen 244 Höhlen 187 Stück = 77 %, wobei zu bemerken ist, dafs im Rossittener Reviere die Spechte nicht als Stand- oder Brutvögel, sondern nur als Durchzugsvögel vorkommen.

Die Rinde ist abgeplatzt und heruntergefallen von 93 Höhlen. Dabei sind die vom Spechte zerhackten und die verfaulten nicht mitgerechnet. Es ist festzustellen, dafs von mehr als der Hälfte der Höhlen die Rinde fehlt.

II. Das Besetztsein der Höhlen.

Von den 244 Höhlen waren mit Brut besetzt 54 Stück also 22%,

und zwar 48 mal	Birkenhöhlen	Birke also hier stark im
6 „	Erlenhöhlen	Vorteil.

Die Vogelarten sind dabei folgendermafsen vertreten:

Kohlmeise	Blaumeise	Tannenmeise	Baumläufer	Trauer-fliegenfänger	Grauer Fliegenfänger
(Parus major)	*(Parus caeruleus)*	*(Parus ater)*	*(Certhia familiaris)*	*(Muscicapa atricapilla)*	*(Muscicapa grisola)*
31 mal Eier 6 „ Junge	6 mal Eier 2 „ Junge	2 mal Eier	1 mal Eier	4 mal Eier 1 „ Junge	1 mal Eier
37 mal.	8 mal.	2 mal.	1 mal.	5 mal.	1 mal.
Anzahl der Eier und Jungen innerhalb des Geheckes:	Anzahl der Eier und Jungen innerhalb des Geheckes:	Anzahl der Eier innerhalb des Geleges:	Anzahl der Eier innerhalb des Geleges:	Anzahl der Eier und Jungen innerhalb des Geheckes:	Anzahl der Eier innerhalb des Geleges:
10; 3; 4; 2; 3; ?; 4; 4; 9; 3; 9; 5; 9; 13; 11; 7; 8; 10; 5; 10; ?; ?; 12; ?; 11; ?; 6; ?; ?; 10; ? Eier, ferner 8; 10; 10; 8; 8; ? Junge.	8; 1; 5; 6; 7; 8 Eier, ferner 9; ? Junge.	7 und 8 Eier.	5 Eier.	5; 5; 8; 6 Eier, ferner 4 Eier nebst 2 Jungen.	4 Eier.
Im Ganzen **256** Kohlmeisen erzeugt.	Im Ganzen **50** Blaumeisen erzeugt.	Im Ganzen **15** Tannenmeisen erzeugt.	Im Ganzen **5** Baumläufer erzeugt.	Im Ganzen **30** Trauerfliegenfänger erzeugt.	Im Ganzen **4** graue Fliegenfänger erzeugt.

Gesamtzahl der in den 244 Höhlen erzeugten Vögel: **360** Stück.

Davon ist natürlich ein unkontrollierbarer Prozentsatz auf Kosten der faulen Eier, verunglückten Jungen und dergl. in Abzug zu bringen.

Bei den 54 mit Vogelbruten besetzten Höhlen ist:

11 mal die Rinde abgeplatzt.
14 „ hat der Specht das Eingangsloch erweitert.
4 „ ist der Kasten etwas geplatzt.
3 „ hat sich der eine Nagel gelöst, so dafs der Kasten schief hängt.

32 mal sind also die besetzten Kästen irgendwie beschädigt und nur 22 mal in normalem Zustande. Man darf daraus schliefsen, dafs sich die Vögel bei Auswahl ihrer Niststätten nicht besonders wählerisch gezeigt haben.

Von anderen Tieren, die die Nisthöhlen bezogen und vorhandene Vogelbruten teilweise zerstört hatten, wurden gefunden:

Hummeln	15 mal.
Wespen	5 „
Hornissen	1 „
Ohrwürmer	1 „
	Im Ganzen 22 mal.

Verzeichnis der im Jahre 1910 für die Sammlung präparierten Vögel und Vogelbrustbeine.

a. aufgestellte Vögel.

1 *Larus glaucus.* Eismöwe ♀ Varietät. Rossitten.
3 *Larus argentatus.* Silbermöwen mit Fufsringen
No. 2445.
No. 3064.
No. 3067.
1 *Rissa tridactyla.* Dreizehenmöwe ♀. Rossitten.
1 *Oidemia nigra.* Trauerente ♀. Rossitten.
1 *Nyroca ferina.* Tafelente ♂. Rossitten.
1 Bastard von *Anas domestica* × *Anas boschas.* Pait.
1 *Tringa alpina.* Alpenstrandläufer mit Fufsring No. 317. Aigues Mortes, Südfrankreich.
1 *Ciconia ciconia.* Weifser Storch ♂ mit Fufsring No. 990. Quanditten.
1 *Ardetta minuta.* Zwergrohrdommel ♀ juv. Rossitten.
1 *Circus cyaneus.* Kornweihe ♂ ad. Ulmenhorst.
1 *Pernis apivorus.* Wespenbussard juv. Schwarzort.
1 *Dendrocopus minor.* Kleinspecht ♀. Ulmenhorst.
1 *Hirundo rustica.* Rauchschwalbe ♂. Rossitten.
1 *Corvus cornix.* Nebelkrähe ♂ mit einem Stück Strick am Fufse. Rossitten.
1 *Corvus cornix.* Nebelkrähe mit Fufsring. Riga, Livland.
1 *Passer domesticus.* Haussperling ♂. Salwarschienen.
1 *Acanthis cannabina.* Bluthänfling ♂. Rossitten.
1 *Parus meridionalis* ♀. Rossitten.
1 *Acrocephalus arundinaceus.* Rohrdrossel ♂. Rossitten.
1 *Psittacus roseicapillus.* Rosakakadu ♀. Süderspitze, Kur. Nehr.

22 Vögel.

b. Vogelbälge.

1 *Larus glaucus.* Eismöwe ♀. Rossitten.
1 *Larus marinus.* Mantelmöwe ♀. Rossitten.
1 *Larus fuscus.* Heringsmöwe juv. Rossitten.
1 *Larus canus.* Sturmmöwe ♂. Rossitten.
1 *Anas strepera.* Schnatterente ♂. Vierbrüderkrug.
1 *Calidris arenaria.* Sanderling ♀. Ulmenhorst.
1 *Scolopax rusticola.* Waldschnepfe ♀. Rossitten.
1 *Rallus aquaticus.* Wasserralle ♂. Rossitten.
1 *Buteo buteo.* Mäusebussard ♂. Rossitten.
1 *Cerchneis tinnuncula.* Turmfalk ♂. Ulmenhorst.
2 *Garrulus glandarius.* Eichelheher ♂♀. Ulmenhorst.
2 *Nucifraga caryocatactes.* Tannenheher ♀, 1 ?. Rossitten und Ulmenhorst.
1 *Sturnus vulgaris.* Star ♀. Rossitten.

2 *Fringilla coelebs.* Buchfink ♂♀. Ulmenhorst.
3 *Acanthis cannabina.* Bluthänfling ♂♀♀. Ulmenhorst.
9 *Acanthis linaria.* Birkenzeisig 4 ♂, 4 ♀, 1?. Ulmenhorst.
2 *Loxia curvirostra.* Fichtenkreuzschnabel juv. ♀. Ulmenhorst.
1 *Emberiza calandra.* Grauammer. Rossitten.
4 *Alauda arvensis.* Feldlerche ♂♂♀♀. Ulmenhorst.
3 *Parus ater.* Tannenmeise ♂♂, 1?. Rossitten.
2 *Phylloscopus* spec. Laubsänger ♂♂. Ulmenhorst.
1 *Turdus pilaris.* Wacholderdrossel ♀. Rossitten.
1 *Turdus viscivorus.* Misteldrossel ♂. Ulmenhorst.
1 *Erithacus titys.* Hausrotschwanz. Rossitten.

44 Vögel.

[Der zweite Teil des Jahresberichtes, enthaltend Ringversuche und Zug der Waldschnepfe, folgt nach.]

Deutsche Ornithologische Gesellschaft.

Bericht über die Mai-Sitzung 1911.

Verhandelt Berlin, Montag, den 8. Mai, abends 8 Uhr im Architektenvereinshause Wilhelmstrafse 92.

Anwesend die Herren: v. Lucanus, v. Versen, Hesse, Kracht, Neunzig, Jung, K. Kothe, Krause, Ehmcke, Schalow, Reichenow, Deditius und Heinroth.

Als Gäste die Herren: A. E. Brehm, Ruhe, R. Hermann und Frau Heinroth.

Vorsitzender: Herr Schalow.

Schriftführer: Herr Heinroth.

Die Herren Reichenow, Schalow, Krause und Heinroth besprechen die eingegangenen Bücher und Zeitschriften. Der letztere gibt einen längeren Bericht über den neu erschienenen ersten Vogelband der IV. Auflage von Brehms Tierleben und weist auf die sehr vielen Mängel und Ungenauigkeiten sowohl im Text als auch in den Bildern hin. Er bezeichnet es als einen Jammer, dafs man zu dieser Neubearbeitung den zwar an sich genialen und ideenreichen Leipziger Prof. Marshall herangezogen habe, der aber, namentlich in den letzten Jahren seines Lebens, in keinerlei Beziehungen weder zu der Vogelwelt im Freien noch zu den gefiederten Bewohnern unserer Zoologischen Gärten gestanden hat. Nach dem Tode dieses Gelehrten sei es Herrn Hempelmann-Leipzig leider in keiner Weise gelungen, einen einheitlichen Gufs und biologische Gesichtspunkte in das Ganze zu bringen.

Herr Heinroth berichtet hierauf über eine Reise, die er während des März mit seiner Frau durch Oberitalien, Dalmatien, Montenegro, die Herzogewina und Bosnien gemacht hat. Dicht am Gardasee bei Salo trieb ein Blaudrosselmännchen in einer Talschlucht sein Wesen. Auf dem See selbst tummelten sich zahlreiche Lachmöwen, darunter recht viel vorjährige Stücke. Die Kleingefiedermauser der Tiere war, der Schwarzfärbung ihrer Köpfe entsprechend, etwa zur Hälfte bis Dreiviertel vorgeschritten. In Venedig erregten natürlich die ungemein zahlreichen Tauben das besondere Interesse, und nach ungefährer Zählung, beziehungsweise Schätzung ergab sich, dafs sich unter ihnen kaum 10% wild- d. h. liviafarbige Stücke befinden. Die allermeisten sind entweder mattschwarz oder dunkel gehämmert, eine Farbe, die häufig aufzutreten scheint, wenn die Zuchtwahl aussetzt. Auch unter den Dresdener herrenlosen Haustauben findet sich etwa dasselbe Färbungsverhältnis. Es wäre interessant zu untersuchen, aus welchen Farbencomponenten das Taubenblau der *C. livia* zusammengesetzt ist und welcher Faktor bei den dunklen Stücken fehlt. Während des Aufenthaltes in Rovigno (Istrien) vom 15. bis 20. März wurden in der Stadt selbst aufser sehr zahlreichen Haussperlingen und Amseln viele Stieglitze, Buchfinken, Rotkehlchen sowie mehrere Bergstelzen, Goldhähnchen und vor allem sehr zahlreiche Mönchsgrasmücken beobachtet. *Sylvia atricapilla*, die sich um diese Zeit an der ganzen dalmatinischen Küste namentlich in dichten städtischen Anlagen in grofser Menge findet, liebt besonders den Efeu, und es scheint, dafs dessen Beeren den gröfsten Teil ihrer Nahrung ausmachen. Besonders auffallend war eine sehr oft bemerkbare, eigentümlich quäkende Stimmäusserung, die an den Fütterton junger Grasmücken erinnert, und die dem Vortragenden bisher unbekannt war. Sie scheint von dem Plattmönch bei uns in der Fortpflanzungszeit und Mauser nicht ausgestofsen zu werden, und stellt vielleicht einen Geselligkeitslockton der sich in Trupps umhertreibenden Vögeln dar. In der weiteren Umgebung von Rovigno wurden zahlreiche Elstern, Schwanz-, Blau- und Kohlmeisen sowie der schwarzkehlige Wiesenschmätzer, Grünspecht und Kolkrabe angetroffen. Schwarze und graue Krähen waren zu kleinen Flügen vereint, und da es selbst mit dem Prismenglase nicht gelang, ein helles Vordergesicht festzustellen, oder das für die Saatkrähe bezeichnende „Kraa" oder „Kia" zu hören, so hegte Herr Heinroth die Vermutung, dafs es sich vielleicht doch um Rabenkrähen handeln kann, trotzdem das Vorkommen dieser Art dort ziemlich unwahrscheinlich ist. *Emberiza cia* liefs seinen, wie ein meckerndes „Türrr" klingenden Gesang und ein feines „Zieh" aus den Hecken vernehmen. Besonders interessant war der Besuch einer unbewohnten Skoglie, auf der sich der Vortragende mit seiner Frau für einen Tag aussetzen liefs. In der felsigen Küste waren zahlreiche Brutstätten der Felsentaube, wie man aus den abstreichenden Vögeln und den vom vorigen Jahre herrührenden Eierschalen erkennen konnte. Die Tiere lieben besonders kleine Grotten, in denen sich wieder einzelne, für Nistplätze geeignete Nischen befinden; man wird dabei unwillkürlich an einen Taubenschlag erinnert. Die Felsentauben sowohl wie ein auf der Insel hausendes Turmfalkenpaar waren aufserordentlich scheu, was seinen Grund in den unsinnigen Nachstellungen der schiefs- und frefswütigen dalmatinischen Bevölkerung hat. Ein Paar schwarzer Krähen, das seinen Stimmäufserungen nach als *C. corone* angesprochen werden mufste, trieb auf und an der Insel sein Wesen, ebenso wie mehrere Paare von *Larus cachinnans*, und aus dem Verhalten und den Tönen der beiden Vogelarten ging hervor, dafs ihre Brutzeit unmittelbar bevorstand. Der Fasan ist auf vielen Skoglien ausgesetzt und vermehrt sich gut. Die Amsel lebt in der dichten Macchie und ist merkwürdigerweise genau so zutraulich wie es unsere Stadtamseln sind. Man hat Mühe, einen solchen Vogel überhaupt aufzuscheuchen, und wenn es wirklich gelingt, so läfst das Männchen schon vom nächsten Zweige herab unbesorgt sein Lied ertönen. Einen herrlichen Anblick boten zwei vollkommen ausgefärbte *Merganser serrator*, die sich unter 4 weibchenfarbigen Stücken befanden. Die Gruppe konnte vom dichten Gebüsch aus eine zeitlang mit dem Glase beobachtet werden, wie sie tauchend und schwimmend auf dem Meere ihr Wesen trieb. Schliefslich gewahrten die Vögel jedoch ihre Beobachter und strichen, über die nächste Insel hinweg, ab. Auf einer anderen Felseninsel wurde ein fischendes Reiherpaar angetroffen, und auf der See selbst trieben mehrere Schwärme von *Puffinus kuhli* ihr Wesen. Auf dem Wege von Cattaro nach Cetinje zeigte sich an den steinigen Felsabhängen ein Trupp von ungefähr 300 Stücken der gelbschnäbligen Alpendohle. Die Tiere machen einen recht starähnlichen Eindruck, wenn sie in ziemlich geschlossenem Schwarm dahinstreichen, gemeinsam einfallen, eilig umhersuchen und dann wieder zusammen weiterziehen, wobei sie ihren, von dem unserer anderen Krähenarten sehr abweichenden, pfeifenden Lockton oft hören lassen, ganz im Gegensatz zu der rotschnäbligen Alpendohle, die mehr einzeln oder in kleinen Gesellschaften auftritt, und deren Stimme mit dem „Kia" der Dohle eine entfernte Ähnlichkeit hat. *Emberiza cia* und *circus* fanden sich auf und an der Strafse, der Zippammer in höheren Lagen als der Zaunammer. Felsenschwalben umgaukelten mit ihrem fledermausartigen Flug die Felsblöcke und ein paar Gänsegeier kreisten in Bergeshöhe (etwa 1000 m hoch). In der Umgebung von Cetinje ist *Sitta neumayeri* einer der häufigsten Vögel. Er beklettert die Felswände und setzt sich im Gegensatz zu unserem Kleiber häufig auf etwa fingerdicke freistehende Äste der Gebüsche. Seine Stimme hat eine gewisse Ähnlichkeit mit der von *S. caesia*, ist jedoch leicht von ihr zu unterscheiden. Man hört ein trillerndes „Türrr" und ein schönes, gewöhnlich dreimal wiederholtes „Tüi," ein pfeifendes „Wit-wit-wit-wit" und das echt kleiberartige „Twett-twett-twett". Viele Nebelkrähen, Grünlinge und Buchfinken machen sich überall bemerkbar. Auf der Bahnfahrt von Metcović nach Mostar, die Narenta aufwärts, hatte der Vortragende mit seiner Frau das Glück, siebzehn Gänsegeier etwa 500 m hoch über einer Stelle kreisen zu sehen. Beim Eintreffen in Mostar machte sich unmittelbar vor dem Hotelfenster *Streptopelia decaocto* sofort bemerkbar. Die Stimme hat mit dem Worte decaocto keine Ähnlichkeit, sondern klingt wie ein tiefes, pfeifendes „Rückú-guck". Aufserdem „lacht" diese Taube nach Art der echten *Streptopelia*-Formen im Gegensatz zu *Turtur* beim Niedersetzen mit einem ziemlich lauten, tiefen „Chrrr", das viel lauter klingt, als der entsprechende Ton der bekannten Hauslachtaube. Die Tiere sind durchaus nicht scheu und sitzen oft ganz frei auf den Dächern und Gebüschen umher. Sie sind bekanntlich durch die Türken eingefuhrt worden. Alpendohlen, Dohlen, Nebelkrähen und Gebirgsstelzen sieht man in Mostar häufig. Herr Kustos Othmar Reiser, der es sich nicht hatte nehmen lassen, dem Ehepaar Heinroth aus Sarajewo entgegenzukommen, veranstaltete am nächsten Tage einen Ausflug nach der Buna- und Bunizaquelle. Grofse Schwärme von Felsentauben, denen übrigens, nach den weifsen Schwingen und der Rotfärbung des Gefieders vieler Stücke zu urteilen, zahlreiche verwilderte Haustauben beigemischt sind, sitzen vertraut dicht an dem türkischen Heiligtum über der Bunaquelle, an der *Cinclus*, *Motacilla alba* und *boarula* ungescheut ihr Wesen treiben. An der von Fremden sehr selten besuchten Bunizaquelle konnte ein Steinadler längere Zeit auf etwa 200 m Entfernung beobachtet werden, etwa 100 m unter ihm suchte eine Blaudrossel nach Nahrung, und ein Paar Gänsegeier zogen über die nächsten Hänge. In dem Gebüsch des Flufsufers hauste der Halsbandfliegenschnäpper sowie *Parus lugubris*, die in ihren Stimmäufserungen sehr von unseren deutschen Meisen abweicht. Neben einem sehr sperlingsähnlichen „Zerr, zerr" hört man ein sehr eigenartiges „Tschōi, tschōi". Besonders auffallend sind der sehr starke Schnabel und die dicken, auf der Hinterseite des Laufs an der Ferse mit sehr starker Schwiele versehenen Füfse. Ihrem Fufsbau nach müssen sich diese Tiere viel mehr als andere Meisen an rauhen Gegenständen anklammern, wobei sie wohl auch die Fersen aufstützen. Gegen Abend konnte noch ein ausgefärbter *Neophron percnopterus* beobachtet werden, der in hoher Luft seine Kreise zog. Herr O. Reiser, von dem der Vortragende die herzlichsten Grüfse an die Mitglieder der Deutschen Ornithologischen Gesellschaft überbringt, beklagte sich sehr darüber, dafs durch das Auslegen von mit Strychnin vergiftetem Fleische gegen die Wölfe, der Bartgeier und auch der Kolkrabe so gut wie ausgerottet seien, und was das Gift nicht tut, das besorgen zum grofsen Teil die schiefslustigen Offiziere. Herr Heinroth hatte leider selbst Gelegenheit, einen dicht bei Sarajewo erlegten Steinadler, der dem Museum zum Ausstopfen übergeben war, zu bewundern. Auf der Rückfahrt durch Ungarn konnte noch in der Puszta dicht bei der Bahn ein ausgefärbter

Seeadler beobachtet werden, und natürlich wurde in Budapest auch die Ungarische Ornithologische Centrale besucht und eingehend besichtigt.

Die Herren Reichenow und Schalow erkundigen sich, ob *Monticola saxatilis, Emberiza melanocephala* sowie der Kormoran nicht anzutreffen gewesen seien, was Herr Heinroth verneint.

Herr Heinroth macht hierauf noch eine kleine Mitteilung über den Fufsring „41. Berlin 09", der nach den „Ornithologischen Monatsberichten" vom März 1911 bei einer am 4. 2. 1911 erlegten Krickente in der Nähe des Genfer Sees gefunden worden ist. Er hat den Ring durch Herrn Prof. Robert Poncy erhalten, und er stammt aus dem Berliner Zoologischen Garten. Nur ist es nach einer brieflichen Mitteilung des Erlegers Herrn Maguenat aus Divonne fraglich, ob es sich wirkiich um eine Krickente handelt, wenigstens pafst die Gefiederbeschreibung garnicht auf diese Art, sie lautet: „Cette sarcelle était noirâtre sur le dos, le ventre gris tacheté, la tête grisâtre, avec col blanc, bordé de vert, le bec très allongé". Vielleicht gelingt es aber noch, festzustellen, welcher Species der Vogel angehört. Da vor kurzem bei Genf auch ein Brautentenpaar beobachtet ist, so ist es immerhin möglich, dafs es sich um eine ausländische Entenart, wie sie im Berliner Zoologischen Garten ja mehrfach freifliegend gehalten werden handelt Herr Schalow bemerkt hierzu, ob aus der Nummer des Ringes sich diese Ente nicht feststellen lasse. Herr Heinroth mufs dies leider verneinen, denn diese Beringung ist ursprünglich nicht für Markierungsversuche gemacht worden, sondern lediglich deshalb, um im Privatbetriebe des Zoologischen Gartens die einzelnen Vögel zu unterscheiden und aus der nächsten Umgebung wieder eingelieferte Stücke zu erkennen.

Herr Reichenow hat einige interessante, bereits in zweiter Generation von Herrn Biedermann-Imhoff gezüchtete Mischlinge zwischen *Caccabis saxatilis* und *C. rufa* mitgebracht, die genaue Mittelformen der beiden Arten darstellen, und gibt seiner Verwunderung über die Fruchtbarkeit dieser Bastarde Ausdruck, wozu Herr Heinroth bemerkt, dafs nach den sonstigen Erfahrungen bei so nahe verwandten Arten von vornherein eine unbegrenzte Fruchtbarkeit angenommen werden müsse, denn im anatomischen Sinne handle es sich hier garnicht um Arten, sondern um geographische Formen. Er verweifst auf die wichtigen Untersuchungen, die Poll in dieser Beziehung angestellt hat.

O. Heinroth.

Dem Herausgeber zugesandte Schriften.

W. Bassermann, Der Straufs und seine Zucht. (Inaug.-Dissertation. Breslau 1911.)

A. Bau, Ein Eichelhäherzug. (Abdruck aus: Orn. Jahrb. 1911, XXII. Jg. Heft 1, 2.)

F. E. L. Beal, Food of the woodpeckers of the United States. (U. S. Depart. of Agricult. Biol Surv.—Bull. No. 37.)

H. Graf v. Berlepsch, Die Vögel der Aru-Inseln mit besonderer Berücksichtigung der Sammlungen des Herrn Dr. H. Merton. (Abdruck aus: Abhandl. d. Senckenb. Nat. Ges. Bd. XXXIV.)

Lord Braburne and C. Chubb, The Nomenclature of the Rheas of South America. (Abdruck aus: Annals a. Magaz. of Natur. History, Ser. 8. Vol. VIII., Aug. 1911.)

Brehms Tierleben. Vierte, vollst. neubearb. Aufl. herausg. v. Prof. Dr. Otto zur Strassen. Vögel — zweiter Bd.

A. Ghigi, Ricerche sistematische e sperimentali sulle Numidinae. (Abdruck aus: Mem. R. Accadem. del Scienze d. Istit. di Bologna nella Sess. d. 29 Maggio 1910, Bologna 1911.)

Grasers naturwissenschaftliche und landwirtschaftliche Tafeln. Nr. 9 u. 10, einheimische u. ausländische Vögel, v. Prof. Dr. Raschke. Preis je 1,20 M.

L. Greppin, Über die Avifauna auf den Höhen der Weifsensteinkette. (Abdruck aus: Mitteil. d. Nat. Ges. Solothurn. Viert. Heft [XVI. Ber.].)

J. Grinnell, Description of a new spotted towhee from the great basin. (Abdruck aus: Univers. of Calif. Publ. in Zool. Vol. 7, No. 8, Aug. 1911.)

R. Heyder, Ornithologische Notizen von den Wermsdorfer Teichen 1909. (Abdruck aus: Ornith. Monatsschr. XXXVI, No. 6.)

G. Krause, Oologia universalis palaearctica. Liefg. 65—71.

K. Lampert, Dr. Freiherr Richard König von und zu Warthausen. (Abdr.?)

A. Laubmann, Beiträge zur Avifauna Bayerns. (Abdr. a. Orn. Jahrb. 1911, XXII. Jg. Heft 1, 2.)

J. v. Madarász, Über Thalurania venusta (Gould) und Colibri cabanidis (Heine) als selbständige Formen. (Abdruck aus: Annal. Mus. Nat. Hungar. IX. 1911.)

W. Nelson, Description of a new genus and species of humming-bird from Panama. (Abdruck aus: Smithson. Miscellan. Collect., Vol. 56, Nr. 21, Juli 1911.)

H. C. Oberholser, A monograph of the flycatcher genera Hypothymis and Cyanonympha. (Abdruck aus: Proc. of the Unit. Stat. Nat. Mus. Vol. 39.)

— A revision of the forms of the hairy woodpecker (*Dryobates villosus* [Linnaeus]). (Abdruck aus: Proc. of the Unit. Stat. Nat. Mus. Vol. 40.)

— A Revision of the forms of the ladder-backed woodpecker (*Dryobates scalaris* [Wagler]). (Abdruck aus: Proc. of the Unit. Stat. Mus. Nat. Vol. 41.)

E. D. van Oort, On two rare petrels, Oceanodroma monorhis and Aestrelata aterrima. (Abdruck aus: Notes Leyden Mus. Vol. XXXIII Not. VII.)

— An undescribed form of Microglossus aterrimus. (Abdruck aus: Notes Leyden Mus., Vol. XXXIII, Not XVII.)

H. Otto, Die Ringversuche an Vögeln. (Deutsche Jägerzeit. Bd. 55. Nr. 4.)

O. le Roi, Avifauna Spitzbergensis. Forschungsreisen nach der Bären-Insel und dem Spitzbergen-Archipel, mit ihren faunistischen und floristischen Ergebnissen. Herausg. v. A. Koenig. Spez. Teil. Bonn 1911.

Th. Roosevelt, Revealing and concealing coloration in Birds and Mammals. (Abdruck aus: Bull. Americ. Mus. of Nat. Hist. Vol. XXX, Art. VIII, 1911.)

The Hon. W. Rothschild, On recently described Paradiseidae, with notes on some other new species. (Abdruck aus: The Ibis, April 1911).

W. Rüdiger, Wie erhalten wir der Schorfheide die Schellente, *Fuligula clangula* L. und den grofsen Säger, *Mergus merganser* L. als Brutvögel? (Abdruck aus: Blätter f. Naturschutz, 2. Jg., 1911, Nr. 5.)

G. Schiebel, Meine ornithologische Frühlings-Studienreise nach Corsica (1910). (Abdruck aus: 61. Progr. d. Staats-Obergymn. z. Klagenfurt. 1910/1911.)

F. Stoll, Die biologische Station in Kielkond auf Oesel. I. Ber. v. G. Schneider, E. Taube und F. Stoll. Ornithologie. (Abdruck aus: Arbeit. d. Naturf.-Ver. z. Riga. N. Folg. 13. Hft.)

Szielasko, Die Bedeutung der Oologie für die Systematik. (Abdruck aus: Schrift d. Physik.-ökonom. Ges. z. Königsberg i. Pr., 51. Jg. 1910. III.)

F. Tischler, Die Vogelwelt des Königsberger Oberteichs. (Abdruck aus: Schrift. d. Physik.-ökonom. Ges. z. Königsberg i. Pr. 51. Jg. 1910. III.)

V. Ritter v. Tschusi zu Schmidhoffen, Ornithologische Kollektaneen aus Österreich-Ungarn. XIX. (Abdruck aus: Zool. Beob, Jg. 52, Hft. 4, 5, 6. 1911.)

— Zwei neue Vogelformen aus Korsika. (Abdruck aus: Ornith. Monatsschr. XXXVI, Nr. 8.)

— Grofser Seglerzug im Juni. (Abdruck aus: D. Tierwelt, Wien 1911, No. 15.)

H. Winge, Fuglene ved de danske Fyr i. 1910. (Abdruck aus: Vidensk. Meddel. fra den naturh. Foren. i Kbhvn. 1911.)

Verbreitungsgebiete einiger Tiere im Atlantischen Ocean. (Albatros [*Diom. excul.*], Kaptaube [*Dapt. cap*], Pinguine.) (Monatskarte f. d. Atlant Ocean; K. Marine, Deutsch. Seewarte. Aug. 1911.)

Namenverzeichnis.

Druck von Otto Dornblüth in Bernburg.

II. JAHRESBERICHT

DER

OGELWARTE

DER

KGL. BIOLOGISCHEN ANSTALT

AUF

HELGOLAND.

1910.

VON

DR. HUGO WEIGOLD

HELGOLAND.

Allgemeiner Teil.

Zu meiner grofsen Freude kann ich diesem II. Berichte die Mitteilung voraufschicken, dafs die ornithologischen Studien auf Helgoland seit einigen Jahren weit intensiver betrieben werden können als vorher. Aus Anlafs meiner kleinen Schrift „Was soll aus der Vogelwarte Helgoland werden?“ haben die Bemühungen der Deutschen Ornithologischen Gesellschaft, zumal des Herrn Prof. Reichenow, des Herrn Viktor Ritter Tschusi zu Schmidhoffen und der Staatlichen Stelle zur Erhaltung der Naturdenkmäler den schönen Erfolg gehabt, dafs die Kgl. Biologische Anstalt mit Genehmigung des Herrn Kultusministers einem ihrer etatsmäfsigen wissenschaftlichen Beamten als einen wesentlichen Teil seiner dienstlichen Funktionen auch die Anstellung regelmäfsiger ornithologischer Beobachtungen übertragen konnte. So ist es jetzt wohl auch erlaubt, wie auf dem Titel geschehen, wieder von einer „Vogelwarte Helgoland“ zu sprechen als einer besonderen Abteilung der Kgl. Biologischen Anstalt.

Vom 1. April 1910 ab zum etatsmäfsigen Assistenten der Biologischen Anstalt ernannt und mit der Ausführung der ornithologischen Arbeiten betraut, konnte ich in diesem Jahre weit intensiver beobachten als 1909. Doch ist das starke Plus an Beobachtungen in diesem Jahre keineswegs nur darauf zurückzuführen.

Das Material ist jetzt so, dafs ich es ohne jeden Vorbehalt und ohne jedes Bedenken als positive Grundlage benützen kann. Ich brauche also — soweit das überhaupt möglich ist —, nicht mit einem grofsen Fehlerfaktor zu rechnen, sondern kann jetzt ruhig annehmen, dafs das erlangte Bild des Vogelzugs ungefähr der Wirklichkeit entspricht, soweit diese eben wahrnehmbar ist.

Durch gute Vertretung war das möglich, trotzdem ich wiederholt von Helgoland abwesend sein mufste, im Ganzen 109 Tage (davon einige nur halb) und zwar: vom 15. Januar bis 28. Februar, vom 26. Mai mittags bis zum 6. Juni nachmitt. (Internationaler Ornithologen-Kongrefs zu Berlin), vom 5. bis 9. Juli zum Markieren von Lachmöwen nach Schleswig, über Sylt zurück, vom 12. bis 17. Juli über Schleswig nach den Vogelfreistätten auf den nordfriesischen Inseln, vom 8. bis 21. August nach Feuerschiff Borkum-Riff, anschliefsend daran nach Borkum und Norderney; 15. bis 18. September Fahrt mit einem Finkenwärder Kutter nach der Schlickbank, vom 17. Oktober nachm. bis zum 29. früh Fahrt mit dem Forschungsdampfer Poseidon nach der südwestlichen Nordsee, Holland, England; vom 19. bis 28. November nach Feuerschiff Borkum-Riff, im Anschlufs daran nach Ostermarsch.

Das ist also eine ganz erkleckliche Zeit. Trotzdem habe ich heuer, wie gesagt, ein fast lückenloses Material, das viel besser ist als im Vorjahre.

Auch konnte heuer die Düne bereits etwas besser kontrolliert werden als 1909, wenn auch leider noch lange nicht in ausreichender Weise. Gerade in dieser Hinsicht habe ich Herrn Mayhoff viel zu danken, der oft zu gleicher Zeit auf der Düne beobachtete, wenn ich auf der Insel tätig war. 14 Dünenbesuche danke ich ihm allein, bei einer Anzahl weiterer begleitete er mich. So wurde heuer die Düne an 45 Tagen ornithologisch kontrolliert und von einigen Tagen mehr habe ich Nachrichten von Herren, die drüben jagten. Unsere Besuche verteilen sich aber sehr ungleichmäfsig: Januar: 1, Februar: 0, März: 4, April: 5, Mai: 3, Juni: 0, Juli: 3, August: 11, September: 13, Oktober: 3, November: 2, Dezember: 0. Nur vom Juni bis 10. Oktober existiert nämlich eine Dünenfähre, sonst bin ich auf unsere eigenen Leute und Fahrzeuge angewiesen, und die sind gerade dann, wenn das Wetter eine Fahrt erlaubt, oft durch andre Arbeiten voll in Anspruch genommen. Wenn man auf der Düne im Winter Unterkommen und Verpflegung fände, überhaupt — auch im Sommer — ohne grofse Kosten bei Tagesanbruch an Ort und Stelle sein könnte, würde man schöne Erfolge erzielen. Tagsüber ist durch den überaus regen Menschenverkehr das Beste immer schon verjagt. Wie viel besser hat es doch in dieser Beziehung der Vogelwart in Rossitten auf seinem menschenfernen Ulmenhorst! — —

Im Jan., Febr., Mai und Juli beobachteten für mich unser Präparator (nur für Meerestiere!) Hinrichs und der Präparator-Lehrling Otto Beyer, der grofses Interesse hatte und den ich gut angelernt hatte. In diese Zeiten fiel wenig Wichtiges, um so mehr in die Herbstabwesenheit. Da hatte ich nun das grofse Vergnügen, einen jungen, überaus gewissenhaften Ornithologen, Herrn Cand. rer. nat. H. Mayhoff (Dresden-Marburg) als Vertreter hier zu haben. Er war hier vom 5. August bis 22. September, mit einem kleinen Abstecher nach den nordfriesischen Inseln. Während der Poseidon- und Feuerschiffsfahrt schliefslich hatte ich gleichzeitig als Beobachter, die notierten: Ch. Äuckens (Präparator), O. Beyer, Claus Denker, Hinrichs, Jak. Reymers und, wie immer, Fischmeister Lornssen, die zusammen offenbar fast alles notiert haben, was vorgekommen ist. Ihnen allen, sowie auch dem Gärtnereibesitzer John Kuchlenz und allen, die mich sonst unterstützt haben, herzlichsten Dank! Ganz besonders danke ich auch an dieser Stelle nochmals Herrn Mayhoff.

Helgoland bietet mitunter so viel des Neuen und Lehrreichen, dafs ein junger — und gar mancher alte — Ornithologe hier eine ganz erstaunliche Menge lernen kann und gerade an Eindrücken, die prinzipiell für die Erkenntnis der Zusammenhänge im Vogelleben äufserst wichtig sind. Darum ist es m. E. eine ideale Sache, wenn diese Art treuer Zusammenarbeit auch weiterhin gepflogen würde. Es wäre von allergröfstem Vorteil für die deutsche Ornithologenjugend, wenn sie in dieser Weise eine Zeitlang an solch klassischer Stätte sich bilden könnte, wo sie in kurzer Zeit erstaunlich viel lernen kann. Man fürchtet sich immer vor dem teuren Pflaster Helgolands. Doch gibt es Mittel und Wege, die Kosten sehr herabzusetzen, und es wird mir stets eine Freude sein, Ornithologen in dieser Beziehung behilflich zu sein. Zugleich ist ja hier reichste Gelegenheit zu wissenschaftlichen Studien andrer Art geboten. Zudem wird es jeder mit Freuden begrüfsen, einen Besuch Helgolands auf diese Weise gleichzeitig zur wissenschaftlichen Tat zu gestalten und der Vogelwarte einen grofsen Dienst zu erweisen. Herr Mayhoff war so liebenswürdig, seine Beobachtungen mir restlos zur Verfügung zu stellen. Aus obigen Daten ersieht man, was von ihm stammt (alles aus der Zeit meiner Abwesenheiten). Es ist ja aber ebenso gut, wenn ein solcher Vertreter seine Beobachtungen selber publizieren will: die Lücke ist doch gedeckt. (Auch 1911 hatte ich übrigens wieder die Freude, diesen Vogelwart-Austausch in Funktion zu sehen, wovon alle Teile wieder hochbefriedigt waren.)

Da es wohl in jeder Zugzeit vorkommen wird, dafs ich dienstlich abwesend sein mufs, so wird sich noch oft Gelegenheit zu solchem Austausch bieten. Ich bitte darum Kollegen in unsrer schönen Wissenschaft, die dazu Lust haben, mir zu ihrem eigenen und der Wissenschaft Vorteil freundlichst Mitteilung machen zu wollen.

Auch heuer war leider die Zahl der Ornithologen, die Helgoland besuchten, überraschend gering. Man sollte meinen, Helgoland sei ein Mekka der deutschen Ornithologen, aber leider ist dem nicht so. Und doch müfste man viel mehr darauf hinarbeiten, grofszügiger, weitschauender zu arbeiten. Und dazu gehört m. E. vor allem, dafs der Binnenlandsornithologe einmal ans Meer geht zur Zugzeit, und was läge da günstiger als Helgoland? Jedem wird es so gehen wie mir: wer einmal am Meer beobachtet hat, dem zieht es ob der überreichen Fülle des dort Geschauten immer wieder dahin zurück.

Als Besucher der Vogelwarte konnte ich heuer folgende Ornithologen begrüfsen: Marinestabsarzt Dr. Rechenbach auf S. M. S. „Prinz Adalbert" einige Wochen im Frühjahr; J. Stahlke (Berlin) im Juni, Otto Leege (Ostermarsch), Dr. Hennicke

(Gera), Dr. Friedrich (Zeitz), Lehrer Specht, Pastor Schneider, (Liebertwolkwitz b. Leipzig), alle im Juli, Cand. rer. nat. Hugo Mayhoff (Dresden-Marburg) vom 5. VIII.—8. IX. und 14.—23. IX.

Aber, wie gesagt, man sollte das was Helgoland als Vogelwarte bietet, noch viel mehr ausnützen! — —

Mit der ornithologischen Bibliothek der Biologischen Anstalt ist es leider noch sehr kümmerlich bestellt. Der sehr karg bemessene Bibliotheksfonds erlaubte in diesem Jahre keine gröfseren Anschaffungen. Es wurde käuflich nur „Hartert, Vögel der paläarktischen Fauna" erworben. Von Zeitschriften werden nur die Ornithologischen Monatsberichte gehalten und das Orn. Jahrbuch im Tausch erworben, davon auf die gleiche Weise auch Bd. 13 (1902)—20 (1909). Doch wurden heuer wenigstens von vielen Seiten Literaturspenden eingesandt oder im Separatenaustausch erworben, für die den freundlichen Spendern herzlichst gedankt sein soll Ganz besonders sei Herr Pastor Kleinschmidt erwähnt, der all seine für die Vogelwarte so überaus wertvollen Werke schenkte. Es gingen der Vogelwartenbibliothek der Zeitfolge nach geordnet, Schriften von folgenden Herren zu, denen hier der verbindlichste Dank ausgesprochen werden soll.

Pfarrer Kleinschmidt
J. A. Palmén, Helsingfors
Hugo Krank, Helsingfors
C. W. Suomalainen, Helsingissä
Elis Nordling, Helsingfors
Baron Harald Loudon
Dr. O. Heinroth
Fr. C. R. Jourdain
Jakob Schenk
S. A. Burturlin
Ornithologische Gesellschaft in Bayern
Prof. Rob. Poncy-Genf
Prof. Erwin Röfsler-Agram
E. v. Middendorf
J. M. v Maros
Internationaler Frauenbund für Vogelschutz
R. J. Ussher
Prof. J. Thienemann-Rossitten
Kgl. Ungarische Ornithologische Zentrale
Redaktion der „Ornithologischen Mitteilungen" (russisch)
J. Hegyfoky
Otto Herman-Budapest
C. Csiki
Dr. K. Floricke
M. B. Hagendefeldt-Sylt
The national association of Andebon societies. (Präsident W. Dutcher)
Prof. C. Hartlaub-Helgoland
Herluf Winge.

Dazu meine eigenen Publikationen und einiges aus meiner Privatbibliothek.

Auch den Herren, die mir persönlich Separate sandten, sei hier an dieser Stelle gedankt, da diese ja auch den Arbeiten der Vogelwarte zu Gute kommen. Übrigens übergebe ich auch diese fast alle der Bibliothek der Vogelwarte.

Für die Vermehrung des Studienmaterials wurde wieder eifrigst gesorgt. Weitaus das meiste wurde wieder von mir selbst erlegt, nur weniges brauchte angekauft zu werden.

Im Nordsee-Museum, wo ja bereits Raummangel herrscht, wurde nur wenig aufgestellt und zwar 1 *Larus argentatus* iuv. 1 *Phalacrocorax graculus,* 1 *Charadrius apricarius* im Winterkleid, 1 *Corvus corone,* 1 *Accipiter nisus* ♀, 1 *Chrysomitris spinus* ♂ und ein partiell albinotisches Schwarzdrossel ♂.

Dagegen erfuhr die Balgsammlung eine derartige Bereicherung, dafs sie jetzt bereits ein wertvolles wissenschaftliches Hilfsmittel geworden ist. Ich schlofs das Jahr 1909 mit 291 Stück in 135 Arten ab. Jetzt sind es 479 Stück in 160 Arten. In beispiellos uneigennütziger Weise hat sich auch heuer wieder Herr Lehrer Grimm aus Leipzig für die Vogelwarte aufgeopfert, indem er unentgeltlich wieder eine grofse Reihe von Bälgen präparierte und zwar meisterhaft. Sein rühmliches Beispiel hat in letzter Zeit in Herrn Lehrer Reinhardt aus Hohenleuben (Reufs) einen Nachahmer gefunden. Die einzige Gegenleistung besteht in Überlassung einiger der Leuchtturmopfer für die Sammlungen der Herren, soweit da noch ein paar Lücken existieren. Freund Grimm zum mindesten kann mein Dank allein nicht entschädigen, das werden aber alle die tun, die bei Benutzung der Balgsammlung die tadellose Arbeit bewundern und immer wieder auf der Etikette den Namen O. Grimm lesen. — Ich selbst konnte nur 44 Bälge herstellen, woran z. T. schon unter meiner Anleitung der junge Gehilfe Otto Beyer aus Dohna (war vom 1. April bis Dezember hier) gelernt hatte, er selbst hat ohne Hilfe dann noch eine ganze Anzahl präpariert. Unter den 192 Neuerwerbungen befinden sich überaus wertvolle Stücke, Unica z. T. für Europa, wie die *Emberiza spodocephala.* An wertvolleren Sachen (nach Helgoländer Begriffen) seien erwähnt; *Tringa canutus* Hochzeitskleid, *Ortygometra porzana, Gallinula chloropus, Muscicapa parva* ♂, *Garrulus gl., Pyrrhula pyrr. pyrr., Acanthis linaria holboelli, Emberiza rustica, Emb. spodocephala, Motacilla alba lugubris, Mot. flava thunbergi* eine Serie, *M. fl. rayi,* dabei erste deutsche Jungvögel, *Sylvia nisoria, Acrocephalus aquatica, Locustella naevia, Phylloscopus sibilatrix, Phyll. collybita abietina, Erithacus svecicus gaetkei,* kleine Serie.

Helgoland selbst geht rüstig weiter in dem Entwicklungsgang, den ich in der Denkschrift „Was soll aus der Vogelwarte Helgoland werden?" geschildert habe. So hat z. B. die Verteuerung des Jagdscheins auf 40 M. die Zahl der „Jäger" keineswegs verringert. Es waren nach wie vor knapp ein halbes hundert. Es wird also für den Ornithologen immer schlimmer. Wenn ich zurückdenke, wo ich meine Seltenheiten beobachtet oder geschossen habe, so sind fast alle diese Plätze bereits vernichtet oder werden eben in ihrem Wert derartig beeinträchtigt, dafs ich schwere Besorgnis für die Zukunft hegen mufs. Doch ist Gott sei Dank eine grofse herrliche Sache unterwegs, deren glückliche Durchführung ich hoffentlich im nächsten Jahresbericht mitteilen kann, oder doch wenigstens den Anfang dazu.

Nun noch Einiges über die Tätigkeit des Berichterstatters. An Ornithologischen Publikationen veröffentlichte der Verfasser im Berichtsjahre folgendes:

Denkschrift: „Was soll aus der Vogelwarte Helgoland werden?" in Nr. 1 der Ornithologischen Monatsschrift 1910 (im I. Jahresbericht steht fälschlich M.-berichte!). Ins Dänische übersetzt von P. Jespersen in Dansk Ornithologisk Forenings Tidsskrift. Kjöbenhavn, Oktober 1910. Heft IV. 4. Jahrg.

I. Jahresbericht über den Vogelzug auf Helgoland, 1909. Sonderheft des Journals für Ornithologie 1910.

Kleinere Notizen:

Die diesjährige Lummen-„Jagd" auf Helgoland. Ornith. Monatsschrift 1910 Nr. 9 p. 363.

Die grofse Schnepfenschlacht. Deutsche Jäger-Zeitung Bd. 56 Nr. 15 S. 241.

„Ringschnepfe" geschossen. Ebenda Nr. 16 p. 258.

Nachklänge der vorjährigen Kreuzschnäbel-Überschwemmung. Orn. Jahrbuch. XXI. 1910. Heft 4, 5.

Vogelzug auf hoher See. Marinerundschau Dezemberheft 1910.

Erst 1911 erschienen, aber auf 1910 bezüglich:

Birkenzeisige und andere Nordländer im Anzug. Orn. Monatsschrift 1911 Nr. 1 p. 88—90.

Wieder ein Ostasiate von Helgoland. Orn. Monatsberichte 1911 Nr. 1 p. 14.

Die ersten Seidenschwänze. Ebenda p. 15.

In Tageszeitungen:

Wo kommen die Hamburger Lachmöwen her? Hamburger Nachrichten Nr. 523 vom 8. Nov. 1910.

„Wenn der Winter einzieht im Watt." Skizze. Kölnische Zeitung Nr. 1370 v. 19. Dez. 1910. Abgedruckt in der Osnabrücker Zeitung, dem Münsterischen Anzeiger, dem Illustrierten Badeblatt.

Zur Methode der Zugsforschung.

Über die Methode der Arbeit sprach ich bereits auf dem V. Internationalen Ornithologen-Kongrefs zu Berlin. Der Vortrag wird noch in dem Kongrefsbericht erscheinen. Hier seien einige Punkte des Programms der Vogelwarte Helgoland etwas näher besprochen.

Sehr richtig hat einmal Otto Hermann gesagt, das reiche Material Gätkes sei noch gar nicht wissenschaftlich verarbeitet. In der Tat ist Gätkes Buch ohne systematische Verwertung seiner Tagebücher entstanden. Um nun sein positives Material zu erhalten, müssen seine gedruckt vorliegenden Tagebücher ausgezogen, also die Daten über jede Art für sich auf Artenlisten zusammengestellt werden. Das ist natürlich eine heillose Arbeit, die ich zwar in Angriff genommen habe, ohne Hülfe aber bei der Fülle aktueller Arbeit nur langsam fördern kann. Nötig ist sie freilich dringend. Es fehlt einem jeden Augenblick diese Grundlage, denn wenn man in die „Vogelwarte“ sieht, erhält man fast nie exakte Auskunft. Bei sehr vielen Arten heifst es dort blos etwa „kommt zu beiden Zugzeiten häufig vor“ oder ähnlich. Das nützt aber zur speziellen Bearbeitung des Zuges nicht viel. Zieht man nun die Tagebücher aus, so ist man sehr überrascht darüber, wie wenig darin aufgezeichnet steht. Es heifst immer: Gätke hat 50 Jahre lang den Vogelzug beobachtet. Das stimmt, aber er hat nicht 50 Jahre lang notiert. Notizen liegen vor aus 39 Jahren, und zwar: äufserst spärliche, eigentlich nur Notizen über die Seltenheiten, aus 24 Jahren (eins davon freilich erst durch Blasius so exzerpiert), etwas bessere aus 2 Jahren und wirklich gute Vogelwartenarbeit, wenn auch meist lange noch nicht so detailliert, wie ich es jetzt betreibe, aus 13 Jahren.

Das soll beileibe kein Vorwurf für Gätke sein, nichts liegt mir ferner als das. Ich stelle blos Tatsachen fest, um die falsche Anschauung, die fast jedermann hat, zu berichtigen. Denn viele denken immer noch: Gätkes Material sei so glänzend, dafs neue Arbeit unnötige Verschwendung sei. Nichts ist also falscher als das.

Ich habe nun bisher folgende Arten aus Gätkes sämtlichen Tagebüchern exzerpiert. Die Zahlen geben die Summe der gefundenen Beobachtungen an, die zum Teil überraschend niedrig ist. Den richtigen Mafsstab des Vollständigkeitsgrades erhält man erst durch den Vergleich mit meinen Beobachtungszahlen.

Vanellus vanellus . . .	164	*Cerchneis merilla* . . .	139
Charadrius apricarius . .	304	— *vespertinus*	5
Milvus milvus	9	— *tinnuncula*	164
Circus aeruginosus . . .	1	*Falco eleonorae*	1
— *cyaneus*	9	*Apus apus*	70
— *macrurus*	2	*Caprimulgus europaeus* .	45
— *pygargus*	6	*Chelidon rustica*	168
Astur palumbarius . . .	11	*Riparia riparia*	47
Accipiter nisus	68	*Hirundo urbica*	113
Aquila chrysaetos	5	*Emberiza hortulana* . .	228
Haliaetus albicilla . . .	42	*Motacilla alba alba* . . .	149
Paudion haliaetus . . .	41	— — *lugubris* .	100
Buteo buteo	25	— *boarula* . . .	12
Archibuteo lagopus . . .	20	— *flava flava* . .	222
Pernis apivorus	19	— *thunbergi* . . .	35
Falco rusticolus	13	— *rayi*	39
— *peregrinus*	107	— *citreola* . . .	7
— *subbuteo*	29		

Aus den aus Gätkes und meinem Material zusammengestellten Artenlisten mufs man nun den durchschnittlichen Verlauf des Durchzuges zu ermitteln suchen, was am besten in Form einer einfachen Summenkurve geschieht, da ein genauer Durchschnitt nach solchem Material doch nicht möglich ist. Es werden also die beobachteten Mengen auf den Tageskoordinaten übereinander eingetragen und die Gipfel verbunden. Das konnte ich bisher erst für den Mauersegler ausführen und es ergab sich ein sehr sonderbares Resultat, was gar nicht mit dem bisher geltenden Schema über den Zug dieser Art stimmen will. Doch darüber mehr, wenn die Arbeit weiter gediehen sein wird.

Da in Gätkes besten Notizen überall das Wetter angegeben ist, müfsten natürlich auch die historischen Massenzüge in Hinsicht auf die Wetterlage für den Gesamt-Vogelzug und für jede einzelne Art bearbeitet werden. An diese Arbeit kann ich vorläufig gar nicht denken.

Da nun das Gätkesche Material bei sehr vielen Arten sehr dürftig ist, mufs eben neues beschafft werden, das nach Möglichkeit einwandsfrei ist, so dafs man es rückhaltslos benutzen kann. Diese Materialbeschaffung, das tägliche Beobachten und Notieren, verschlingt natürlich eine Unsumme Zeit. An guten Zugtagen wird man überhaupt nicht fertig, und dann folgen gewöhnlich im Anschlufs noch ein paar Zugnächte die man ebenfalls durchwachen möchte. In solcher Zeit hätten auch drei Ornithologen vollauf zu tun.

Die Tagebuchnotizen sind aber so, wie sie sind, kaum zu bearbeiten, deshalb müssen sie graphisch dargestellt werden für Tag und Nacht, was erst für einen Monat bisher geschehen konnte. Anderseits müssen die Notizen über jede einzelne Art ausgezogen und auf Artenlisten übertragen werden, also doppelte Buchführung. So lästig diese Arbeit ist, so unentbehrlich ist sie. Für 1909 und 1910 liegen diese Artenprotokolle fertig da, ein ganzer Zettelstofs. Auch diese Daten müssen graphisch dargestellt werden, um erst einmal einen Begriff zu bekommen, was diese 100 oder 150 Notizen pro Jahr über eine Art eigentlich bedeuten, und um den Verlauf des Zuges in verschiedenen Jahren vergleichen zu können. Auch das liegt für 1909 zum kleinen Teil, für 1910 fertig vor. Zu solchen graphischen Darstellungen gehört natürlich ganz tadelloses lückenloses Beobachtungsmaterial.

Am liebsten würde ich selbstverständlich hier diese graphischen Zugsdarstellungen geben, das ersparte mir die ganze Arbeit, den Bericht so detailliert abzufassen. Leider ist es nicht so einfach, etwa 100 grofse Diagramme und Tabellen zu publizieren. Also es sind technische Gründe, die mich zwingen, dem Leser die viel schwerer zu verdauende Kost eines langen Textes vorzusetzen. — Diese graphischen Methoden ermöglichen es allein, den Zugsverlauf verschiedener Jahre und bei verschiedenen Arten zu vergleichen, was sonst nur schlecht und mit mafsloser Mühe zu bewirken ist. Nach einigen Jahren wird sich aus der Anzahl gleichartiger Diagramme der Normalverlauf leicht ergeben. Und dann erst kann man den speziellen Verlauf eines Jahres richtig beurteilen.

Sehr schön ist es, wie klar sich mit Hülfe dieser Diagramme die Beziehungen zwischen den einzelnen Arten ergeben: die jeder Art eigentümliche Natur wird gewissermafsen mathematisch festgelegt und zahlenmäfsig vergleichbar. Es ergeben sich dann Zugstypen, wie sie, naturgemäfs weniger genau, schon die Ungarische und Bayrische Zugsforschung in Bezug auf die Besiedlung aufstellen konnten.

Nun die Hauptsache: Zur Vogelzugsforschung gehört in allerersten Linie die Meteorologie. Deshalb mufs man von dem Beobachtungsplatze möglichst vollkommene Kenntnis des Wetters haben. Nun haben wir hier eine meteorol. Station zweiter Ordnung, also an selbstregistrierenden Apparaten leider nur Baro- und Thermograph, deren Aufzeichnungen ich natürlich dann, wenn ich sie brauche, nicht haben kann. Sie müssen also übertragen werden. Ich tue das auf Millimeterpapier, wo je 1 Zentimeter eine Nacht, der nächste den Tag bedeutet, wobei freilich die Einteilung nicht ganz mit den Stunden stimmt. Auf demselben Streifen werden die Windstärken, die Windrichtungen und schliefslich der Zustand der Athmosphäre (klar, Dunst, Nebel in verschiedenen Graden), die Niederschläge, auch das alles nach stündlichen Beobachtungen der Kaiserl. Signalstation und nach dreimaligen der meteorol. Station eingetragen. Soweit liegen die meteorol. Streifen für März—Mai und August—November 1910 fertig vor. Zum Teil habe ich sogar die Kurven für Bewölkung und Sichtweite, stündlich, hergestellt, das konnte aber zuletzt nicht mehr bewältigt werden. Das alles sind Arbeiten, die ein geschickter Gehilfe alle machen könnte, während sie einem sehr viel Zeit rauben. Aber nur mit diesen meteorologischen Diagrammen kann man dann rasch und sicher arbeiten, denn auch die Zugskurven haben z. T. dieselben Abszissen, man braucht also beide nur übereinander zu legen um sofort mit mathematischer Schärfe die gleichzeitigen Tatsachen zu erkennen.

Wo anderswo hat man bisher solche Grundlagen für eine Erforschung des Vogelzugs zusammenbekommen! Fast für jeden Vogel im ganzen Jahr kann ich noch nachträglich angeben, mit welchem Winde er gekommen, mit welchem gegangen, ob es klare sichtige Luft oder trübes Regenwetter war u. s. w.

Natürlich können die Witterungsverhältnisse des Beobachtungsortes nicht immer die Erklärung geben. Man findet sie aber fast immer, wenn man die Stöfse der täglichen Wetterkarten wälzt und studiert. Dieses Studium der Zusammenhänge zwischen Wetterlage und Vogelzug mit Rücksicht auf alle wichtigen Faktoren ist aber eine ganz gewaltige Arbeit, und ich wünsche blofs jedem, der es nicht glaubt, blofs mal eine Art für einen Monat durchzuarbeiten, geschweige denn für 180 Arten 365 Tage und das Jahr für Jahr. Es ist wohl selbstverständlich, dafs auch ich diese Arbeit nicht bewältigen konnte. So habe ich mich bislang meist nur auf den wichtigsten Faktor, den Wind, beschränken müssen und da auch meist nur das Positive prüfen können: bei welchem Winde fand stärkerer Zug statt? Dabei habe ich aber gesehen, dafs bei eingehenderem Studium sich viel mehr klären würde und habe die Gewifsheit erhalten, dafs der geschilderte Weg der Erforschung des Vogelzugs der richtige ist. Nur ist es mir noch unklar, wie ich je die Zeit finden soll, dieses Programm ohne Hilfe ganz durchzuführen. Auch habe ich die Überzeugung, dafs diese Methode den Zug als solchen erklären wird, was das Studium der Besiedlung nicht tun kann, weil das eine ganz andere Seite des Zugproblems darstellt.

Durch die geschilderte Methode — in ähnlicher Weise hat es Prof. Hübner schon für den Rotkehlchenzug getan — wird man zunächst Gewifsheit darüber erhalten, ob und unter welchen Umständen eine Art mit oder gegen den Wind zieht, wie stark der Wind sein darf u. s. w. Weifs man das, dann kann man auf der Wetterkarte direkt die Striche ablesen, woher der Vogel gekommen sein kann, man kann also dann die Richtung, den Weg daraus erkennen, ferner ob es sich um eine Zugstrafse oder breite Front handelt und so fort. Bei genügend langer Forschung in dieser Weise, um zuverlässige Werte zu erhalten, mufs man allmählich volle Klarheit über das Wie des Zuges auf einem begrenzten Stück Erde, für Helgoland etwa Nordwesteuropa, für Rossitten das ganze Ostseegebiet, bekommen. Und hat man die, dann wird man auch über die psychologische und entwicklungsgeschichtliche Seite des Problems ganz anders und sicherer urteilen können als bisher.

Als wichtige Hilfsmittel kommt noch mancherlei hinzu. Da ist die Rassenforschung, die uns manchmal Aufschlufs über die Herkunft der Vögel bieten kann. Und wenn wir die Herkunft wissen, werden die übrigen Kombinationen zur Gewifsheit. Die Rassenforschung ist aber nicht so einfach, dazu gehört eine sehr gute Lokalsammlung, Vergleichsmaterial und wieder Zeit.

Dann kommt als glänzendstes Hilfsmittel moderner Forschung das Ringexperiment. Das auf Helgoland einzuführen, war meine Absicht von Anfang an. Wie es hier damit heute steht, darüber soll ein besonderer Abschnitt berichten.

Schliefslich sind als ideales Forschungs-Mittel noch gleichzeitige Beobachtungen an verschiedenen gut gewählten Punkten zu erwähnen. Doch ist das leichter gesagt als getan. Jeder Beobachter will seine Arbeit selbst publizieren und so bekommt man sie erst ein, zwei, ja drei Jahre nachher zu sehen. Dann Vergleiche zu ziehen und zu publizieren ist ein Unding, das würde fast auf eine Wiederholung hinauskommen. Die an sich wertvollen Beobachtungen an andern Orten sind also ohne Zentralisation kaum zu verwerten. Doch hoffe ich, dafs der eine oder andere Kollege im Interesse der guten Sache sein Manuskript recht rasch, womöglich vor oder mit Jahresende abschliefst und vor dem Druck an eine der beiden Vogelwarten und zwar die nächstgelegene einsenden wird, die dann die wichtigen Beziehungen unter Hinweis auf den Autor benützen, im übrigen aber diesem die Publikation gern überlassen wird. Der Autor hat den Vorteil davon, dafs seine Arbeit dadurch viel wertvoller wird und zwar von Jahr zu Jahr immer mehr. Schon jetzt überlassen ja einige einsichtsvolle ausgezeichnete Ornithologen den Vogelwarten ihre Notizen, wie die Rossittener Jahresberichte zeigen. Ich habe in dieser Beziehung besonders dem trefflichen Nordseeornithologen Otto Leege in Ostermarsch bei Norden zu danken (Beobacht. auf Baltrum, Juister Bill und Memmert), dann auch den Herren Lehrer Müller in Norderney, M. B. Hagendefeldt in Westerland auf Sylt, H. Mayhoff und einer ganzen Anzahl Weidmänner des Binnenlandes, die bei der Jagd auch der Wissenschaft dienen wollen, unter ihnen vor allem Herrn Rentier F. Kircher in Hanau a. Main.

Dafs viele Ornithologen ein umfangreiches Material zur Veröffentlichung durch die Vogelwarte einsenden, wäre mir, wenigstens vorläufig, gar nicht willkommen, weil man dann gar nicht mehr durchkäme. Es ist vorläufig schon besser, es nur rechtzeitig zur Benutzung einzusenden und es selbst zu publizieren.

Jedermann will kritisieren und empfiehlt das Zusammenarbeiten, das Vergleichen, das Verarbeiten. Ich habe gezeigt, dafs wir ja zu all dem bereit sind, man mache also Ernst und ermögliche es uns! Freilich, zwei, die in erster Linie in Frage kommen, Dr. Thienemann und der Verfasser, haben jeder nur einen Kopf und zwei Hände und auch nur 24 Stunden am Tage, Verfasser dazu noch eine Menge andrer Pflichten und fast keinerlei Hülfskräfte, das wolle man nicht vergessen! In Budapest, wo das Sammeln des Materials — eine ungeheure Last! — wegfällt und die vorzügliche Zentralisation die Sache unendlich erleichtert, arbeiten ständig mindestens drei Gelehrte! — —

Man hat in Deutschland schon einmal umfangreiche gemeinsame Beobachtungen gesammelt. Das Resultat stand in erschrecklichem Gegensatz zu der Unsumme aufgewandter Mühe. Dafs das so kommen mufste, weifs jeder, der die Verhältnisse an Ort und Stelle studiert. Es wäre für mich schon äufserst wichtig, von verschiedenen Leuchtfeuern der Nordseeküste einige Daten auch nur über die stärksten Zugserscheinungen zu besitzen. Ich wollte also einige der Leuchtturmwärter dafür interessieren und habe die ersten Vorbereitungen getroffen auf Sylt-Ellenbogen, Norderney, Borkum und Borkum-Riff-Feuerschiff. Meist hatten die Leute noch einen Schreck von der früheren Leuchtturmorganisation her und wollten nicht an die einfachsten Sachen heran. Ich verlangte nur Notierung der Nächte mit gutem Zug, nicht Anflug (das war der schwerste Fehler des alten Systems!!). Behördlichem Druck setzt man einfach sehr bald passive Resistenz entgegen, deshalb wollte ich ohne ihn auskommen. Wirkung hat oft nur das Wort Bakschisch und in äufserst dankenswerter Weise hat auch die Direktion der Biol. Anst. eine kleine Entschädigung der Beobachter ermöglicht, die freilich mehr das Interesse der Beobachter anregen als ihre Arbeit bezahlen soll. Zu meiner Freude kann ich melden, dafs meine „im Vorbeifahren“ eingerichteten Improvisationen schon einigen hübschen Erfolg gehabt haben, wie man an den „Auswärtigen Beobachtungen“ sehen wird. Soviel weifs ich, dafs ich wohl sicher alle die in Frage kommenden Leute nach und nach zu wirklich brauchbarer Arbeit herumbekommen würde, wenn ihnen eine Vergütung gezahlt würde und ich oder Vertrauensmänner den Leuten die Sache erst mal näher bringen könnten, als ich bei meinen hastigen Besuchen von ein paar Minuten tun konnte. Jedenfalls übertraf es meine eigenen Erwartungen bei weitem, als ich gleich im ersten Jahr von Ellenbogen (Sylt), Norderney und Borkum, also günstig gelegenen Punkten, Berichte bekam.

Das Geheimnis liegt darin, nicht zu viel zu verlangen, sondern genau nur das, wovon jeder Punkt wirklich wichtig ist. Nach den Erfahrungen mit den deutschen Wärtern verstehe ich trotzdem nicht, wie es die Dänen fertig bringen, dafs ihre Organisation immerfort so gut funktioniert.

So lange nun noch keinerlei oder nur ganz spärliche Nachrichten von wichtigen Punkten einlaufen, ist es von allergröfstem Werte, selbst diese Punkte von Zeit zu Zeit zu inspizieren, wobei man natürlich die Reise schon mit bestimmter Fragestellung antritt. Auf diese Weise wird man vor Einseitigkeit bewahrt, wenn man sieht, wie der Zug anderswo vor sich geht, und durch den Vergleich unmittelbar aufeinanderfolgender Beobachtungen an verschiedenen Orten bekommt man oft die besten Einblicke in den wahren Zusammenhang. Das Bild mufs ja selbstverständlich verzerrt werden, wenn man nur immer an einem Punkte sitzt und alles nach diesem Punkte beurteilt. Darum war es so wertvoll und wichtig, dafs der Leiter der Vogelwarte Rossitten den ganz andersartigen Verlauf des Zuges auf Helgoland einmal aus eigener Erfahrung kennen lernte. Darum auch bin ich der Direktion der Kgl. Biologischen Anstalt, deren Beamter ich ja bin, zu gröfstem Danke verpflichtet, dafs sie mir im Berichtsjahre verschiedene wissenschaftliche Reisen ermöglichte.

Studienreisen des Berichterstatters.

Die erste galt der Teilnahme an dem V. internationalen Ornithologen-Kongrefs zu Berlin vom 26. Mai bis 6. Juni. Dafs diese Reise von allergröfstem Werte für die Vogelwarte war, ist wohl selbstverständlich. Wurden doch dort Verbindungen mit fast allen europäischen und einigen aufsereuropäischen Ornithologen angeknüpft, die sich von nachhaltigstem Nutzen für die Arbeit der Vogelwarte erwiesen. Es konnte bei dieser Gelegenheit konstatiert werden, dafs es keine Phrase war, wenn ich s. Z. sagt, dafs wohl alle Ornithologen Europas die Wiedererrichtung der Vogelwarte Helgoland forderten.

Die zweite Reise galt dem Markieren junger Lachmöwen in Schleswig. Darüber soll später berichtet werden. Die Beobachtungen über andre Arten sind unter den Ausw. Beob. verzeichnet. Die wenigen Stunden, die ich in Schleswig unter Führung des Pächters der Möweninsel auf der Schlei verbrachte, waren sehr lehrreich für mich. Dieser alte Wasserjäger ist in der Praxis, freilich nicht in der Theorie, ein grofsartiger Vogelkenner, der jeden Strand- und Wasservogelruf täuschend nachahmt, sodafs wir uns auf diesem Wege über die Arten verständigen konnten, für die er ja meist merkwürdige Trivialnamen hatte.

Nach seinen Angaben ist die Schlei offenbar die oder eine der Haupteinfallslinien resp. Zugstrafsen für Sumpf-, Strand- und Wasservögel. Darauf beruhten die früheren oft erstaunlichen Federwildstrecken des alten Freijägers. Auch die Herren Probst Stoltenberg und Prof. Steen — denen ich für ihre liebenswürdige Unterstützung auch hier noch Dank sage — haben oft beobachtet, wie die Schwärme dieser Vögel die Schlei von der Ostsee heraufgezogen kommen, am oberen Ende derselben angelangt scheinbar spielerisch kreisen und kreisen, bis sie sich endlich dazu entschliefsen, westwärts hoch über das Land zu ziehen. Ohne weitere Beobachtungen zu haben vermute ich, die Vögel gehen nach der Eider hinüber (Friedrichstadt), diese abwärts nach Tönning und St. Peter, wo ja auch weit und breit die besten Strecken an Flugwild erzielt werden sollen, und dann gerade hinüber nach Helgoland. Wahrscheinlich kommen aber auch über Eckernförde Vögel nach der Eider, überhaupt wohl, wenn auch in geringerem Grade, durch alle die Fjorde der Ostküste Jütlands. Man müfste also vor allem mal zur Zugzeit die Eider inspizieren. —

Auch die weitere Fahrt durch Schleswig-Holstein über Jühek nach Husum und bis Hoyer-Schleuse war interessant für mich, ist das doch alles Hinterland für Helgoland. Die fast ebene Landschaft ist fast überall gleich. Viele Viehweiden weisen als Staffage den Storch und den unvermeidlichen Kiebitz auf, ab und zu sieht man einen Kuckuck, eine Saatkrähe von der Bahn aus. Die vielen Knicks müssen offenbar einer Menge Kleinvögeln Nistgelegenheiten bieten. Öde Heiden scheinen allerdings auch nicht selten zu sein.

Die Wattenküste bei Hoyer - Schleuse bietet denselben Charakter wie fast alle Stellen der Küste. Überall schreien die Rotschenkel. Auf den Wiesen gelbe Schafstelzen (über die nordische s. diese!), im Watt Eiderenten, bunte Brandenten, Reiher, Brachvögel, Austernfischer, Flufsuferläufer. In Hoyer gab es eine Anzahl Storchnester auf interessanten Friesenhäusern. Für den Helgoländer war es interessant, hier in sehr grofser Küstennähe schon prächtig bestandene Gärten mit starken Bäumen zu sehen.

In Sylt lernte ich den dortigen Ornithologen M. B. Hagendefeldt kennen, der ja durch seine Jahresberichte bekannt ist.

Hoffentlich gibt es ein gedeihliches Zusammenarbeiten mit dieser so wichtigen nordfriesischen Vogelwarte. Es könnten sich dabei viele wichtige Erfolge ergeben. Herrn H. eine Ornithologenheil und herzlichen Dank!

Bei dieser Gelegenheit lernte ich auch die imposante Dünenlandschaft zwischen Wenningstedt und List kennen mit ihrer herrlichen Einsamkeit. Verwilderte Schafe flüchten auf Büchsenschufsweite. Hier und da sieht man Silbermöwen ruhig neben der Bahn auf ihren Nestern sitzen, ohne sich stören zu lassen. Es brüten nur relativ sehr wenig Silbermöwen in diesen meilenweiten Dünen wegen allzu starker Eierlese. Stundenlang streifte ich mit einem der kleinen Paulsen in den Dünen umher, aber die Silbermöwennester enthielten noch Eier oder waren leer. Die meisten Jungen müssen eben das Nest verlassen haben und noch ganz klein sein, denn wir konnten absolut keins finden. Diese so späte Brut ist eine Folge der Eiernützung. Auf Norderoog gibt es um diese Zeit schon flügge Junge. So konnte ich meine Möwenringe nicht anbringen, sondern nur Nester photographieren, unter anderem auch das einzige Eiderentennest mit 6 Eiern. Die Ente hielt uns auf ca. 5 m aus. Das Nest war sehr weit vom Meere mitten in den Dünen. Auch von 2—3 Paar Austernfischern fanden wir weder Nest noch Junge. Rotschenkel gab es auch nicht zahlreicher. Sonst sah ich an Kleinvögeln nur einzelne (offenbar junge) Steinschmätzer und alte Gartenrotschwänze.

Spät abends gingen wir noch in die Wiesen im Süden Westerlands. Rotschenkel und Austernfischer wie gewöhnlich. Plötzlich geht aus sehr hohem Grase zwischen zwei Gräben eine Stockente heraus und verrät durch ihr Gebaren, dafs sie Brut in der Nähe hat. H. bleibt stehen, bückt sich, sieht einen Klumpen halbwüchsiger Entchen, greift zu, kann aber in dem auseinanderprallenden Gewimmel nur zwei packen, die andern rennen unsichtbar auseinander. Im Nu ist alles still, nichts raschelt mehr verräterisch. Wir markieren die beiden, die Zähne ersetzen die vergessene Kneifzange. Dann suchten wir die andern, aber nur ein einziges fand ich im Graben regungslos auf dem Wasser zwischen den Schilfhalmen sich drückend. Es war unglaublich schwer in der Dämmerung zwischen den Pflanzen zu sehen. Nach einiger Not erwischten wir es auch noch. Mit einem guten Jagdhund hätten wir leicht den ganzen Schoof markieren können. Ich wundere mich, dafs nicht schon oft auf diese Weise Stockenten markiert wurden. —

Am nächsten Morgen fuhr ich nach Helgoland zurück. Am 12. Juli brach ich zum zweiten Male auf, markierte wieder Lachmöwen in Schleswig und stiefs dann zu den Ornithologen Dr. Dietrich, Dr. Hennicke, Dr. Friedrich, Leege, Schneider, Gechter, Specht, Haubenreiser, mit denen ich alle die nordfriesischen Vogelfreistätten: Jordsand, Ellenbogen und Norderoog besuchte und eine Menge Silbermöwen, Brand-, Küsten- und Flufsseeschwalben, Austernfischer, Seeregenpfeifer und Rotschenkel markierte, eine gerade für mich äufserst lehrreiche und wichtige Reise, lernte ich doch zugleich verschiedene Inseln, die Hallig Hooge und das ganze Wattenmeer kennen. Über den Verlauf dieser herrlichen Fahrt hat Dr. Dietrich im Januarheft 1911 der Ornitholog. Monatsschrift berichtet. Bei dieser Reise verhandelte ich auch mit dem Leuchtturmwärter Otto auf Ellenbogen wegen Vogelzugsbeobachtungen.

Auf der Reise nach dem Feuerschiff Borkum-Riff im August, wo ich an hydrographisch-biologischen Beobachtungen teilnehmen mufste, hatte ich Gelegenheit, im Fluge Norderney und Borkum kennen zu lernen. Juist und den Memmert kenne ich ja bereits von früher her. Ich fuhr mit dem Dampfer von Helgoland nach Norderney, traf da mit Otto Leege und dem dort heimischen Lehrer Müller zusammen und fuhr mit diesen zum Leuchtturm. Herr Müller wird sich bei seinem grofsen Interesse an der Vogelwelt hoffentlich bald zu einem wertvollen Gliede in der Kette der Nordseeküstenornithologen ausbilden und uns nach und nach Leege als Inselvogelwart ersetzen, der ja leider gerade jetzt, wo nun Helgoland in Tätigkeit ist, nicht mehr auf den Inseln, wenn auch an der Küste sitzt. Es ist ein böses Verhängnis, dafs zu gleicher Zeit, wo ich hier anfing, auch Lehrer Gechter von Neuwerk wegging. Wie schön wäre es gewesen, wenn er wie früher auf Neuwerk, Leege auf Juist und ich in Helgoland beobachten könnten.

Der Ober-Wärter des Norderneyer Leuchtturms, Herr Gieseler, ist ein sehr für Ornithologie interessierter Mann, der sogar den neuen Friederich besitzt. Es war verhältnismäfsig leicht, ihn für Zugsbeobachtungen in bescheidenstem Mafse zu gewinnen. Ihm stellte ich später auch eine Glaswanne mit Formol zu, damit er kleine, ihm unbekannte Opfer des Leuchtturms zur Bestimmung aufbewahren könne.

Am andern Vormittag lief ich ins Watt von Ostermarsch aus und fuhr nachmittags nach Emden, um mich dort nach Borkum-Riff einzuschiffen. Auch in Emden habe ich einen kleinen Beobachtungsposten. Eine junge Künstlerin, die sich aufserordentlich für die Vogelwelt interessiert und als wissenschaftliche Zeichnerin an gröfste Exaktheit gewöhnt ist, übrigens unter Leeges und meiner Anleitung sehr viel Vögel kennen gelernt hat, meldet mir alles, was sie dort vom Vogelzug bemerkt. So erfuhr ich zu meiner Verwunderung, dafs über Emden öfter starker nächtlicher Vogelzug weggeht.

Auf der Fahrt nach dem Feuerschiff sahen wir nur etliche Ketten Trauerenten draufsen vor Borkum und einen Brachvogel auf hoher See.

Auf dem Feuerschiff Borkum-Riff, das 21 Seemeilen von Borkum ab auf hoher See liegt, weilte ich vom 9. bis 18 August. Von Vogelleben merkte man fast nichts. Im Gefolge der vorbeigleitenden Passagierdampfer kam, selten mal eine alte Silbermöwe in die Nähe.

Am 12. abends bei Dunkelwerden fliegt eine junge Rauchschwalbe immer um das Schiff, kann offenbar wegen des zu starken Windes nicht fufsen.

Am 14. 9 h abends schreit eine Lumme dicht am Schiff. Abends 11 h höre ich einen Trupp Rotschenkel ziehen (SO.-Wind).

Am 15. weht Südost: Landwind. Das merkt man sofort an den Landboten: auf einmal sind lästig viel Stuben- und Strandfliegen da, 2 Kohlweifslinge flattern an Deck, 2 junge Rauchschwalben kommen überhin, ein Steinschmätzer spricht für einen Augenblick vor. 4^{45} h soll ein Laubvogel gesehen worden sein. 4^{55} h versucht ein Steinschmätzer gegen den Wind (jetzt SW.) nach Süden nach Schiermonnigoog zu dicht übers Wasser zu fliegen, kommt aber fast gar nicht vom Flecke und wird fast ins Wasser gedrückt vom Winde. Jeder hatte den Eindruck: der kommt um. — Auch eine junge (Helgoländer) Lumme wird einmal gehört. Bei Feuerschiff Elbe I waren zu gleicher Zeit schon viele alte und junge Lummen. —

Am 18. werden wir vom Feuerschiff abgeholt und der Regierungsdampfer, Tonnenleger Friesland, setzte uns auf Borkum ab. Von der entlegenen Landungsbrücke wanderte ich an der Bahn entlang dem Orte zu. Anfangs geht der Damm durchs Watt. Dort gibt es aber nur ein paar Alpenstrandläufer und Flufsuferläufer. Dann durch die Aufsenweide, in der noch kleine Tümpel Wasser enthalten. An einem solchen laufen sehr vertraut etwa 8 braune Kampfläufer herum, auf der Wiese und am Wasserrande. Ein Stück weiter schwamm ein Standläufer oder rannte schnell durchs tiefe Wasser. Das war sofort auffällig und der Helgoländer Name „Swummerstennick" (= Schwimmstrandläufer) fiel mir sofort ein. Es war in der Tat ein solcher, ein *Phalaropus fulicarius*, der Grofse Wassertreter, der erste, der mir begegnete. Das Vögelchen war aufserordentlich vertraut und liefs mich gänzlich offen auf 5 m heran, flüchtete auch dann nicht oder entfernte sich nur langsam watend, das quecksilberne Umherschiefsen auf dem Wasser ist ja schon öfter gut beschrieben worden. — Und bei einer solchen Gelegenheit müssen Apparat und Gewehr eine Stunde weit entfernt sein! Das kommt davon, wenn man die schwere unhandliche Spiegelreflexkamera hat, die in solch seltenen Augenblicken regelmäfsig der Bequemlichkeit wegen zurückblieb! Nach langer Beobachtung warf ich mit einem Stein nach ihm, um ihn zum Rufen zu bewegen und ihn vielleicht doch nach bewährtem Helgoländer Muster als sehr seltenes Belegstück mitnehmen zu können. Da ich aber kein Helgoländer Junge bin, glückte selbstverständlich nur der erste Teil des Programms: der Vogel flog endlich auf und rief leise kitt kitt oder quitt quitt . . . ., was nicht recht zu Naumanns

Angaben stimmt. Doch ist die Artbestimmung, auf 5 m mit 8 fachem Zeifs gemacht, absolut einwandfrei.

Doch weiter: In der altberühmten Kiebitzdelle sah ich in der Tat einige Kiebitze und hörte einen *Totanus*, den ich — nicht ganz sicher — als *glareola* ansprach.

In Borkum selbst verabredete ich mit dem Oberfeuerwärter des Grofsen Leuchtturmes Vogelzugsbeobachtungen, und er hat mir in der Tat eine anscheinend sorgfältige kurze Beobachtungsliste gesandt.

Am Morgen gegen 4 h wanderten wir im Finstern den Bahndamm hinaus, wobei ich allerlei Numenien, *littoreus*, *totanus*, *Haematopus*, *hiaticula* und *alpina* hörte. Der Dampfer brachte mich nach Norderney und ich konnte dort studieren, wieviel schwerer eine exakte Vogelwartenarbeit auf diesen Inseln sein mufs mit ihren überreichen Einfall- und Rastgelegenheiten und ihren grofsen Ausdehnungen. In den Dünen beobachteten wir (Lehrer Müller und ich) anderntags 2 Turmfalken, eine Menge meist junger Kiebitze, einzelne *Totanus ochropus* und *glareola*. Ferner Steinschmätzer, viel Wiesenpieper und Hänflinge, junge weifse Bachstelzen (alles Brutvögel). An den Schuttabladeplätzen Silbermöwen. Am Watt in Masse Lachmöwen, ferner Sand- und paar junge Seeregenpfeifer, ein Steinwälzer, ein junger Rotschenkel, viele junge Austernfischer und etliche Alpenstrandläufer. In der Nähe des Leuchtturmes wurmten auf der viehbesäten Weide eine Anzahl *Numenius phaeopus*. Auf dem grünen Vorland östlich von Dünen fanden wir nur einzelne Kiebitze und Flufsuferläufer.

Am nächsten Morgen fuhr ich nach Helgoland ab. Der Zweck, wenigstens mal flüchtig auch diese ostfriesischen Inseln aus eigener Anschauung kennen zu lernen, den augenblicklichen Stand der Vogelwelt dort zu vergleichen und vor allem zu gleichzeitigen Leuchtfeuerbeobachtungen anzuregen, war zu meiner gröfsten Zufriedenheit erfüllt, soweit es die paar Stunden ermöglichten.

Im Oktober hatte ich auf einer Fahrt mit dem Reichsforschungsdampfer „Poseidon" nach der südwestlichen Nordsee sehr erwünschte Gelegenheit, Beobachtungen auf hoher See zu machen. Wie ich schon in dem Aufruf „Vogelzug auf hoher See" in der Marinerundschau (Dezemberheft 1910) ausführte, ist es eine gewaltige und sehr schmerzlich fühlbare Lücke in unserer Kenntnis des Vogelzugs, dafs wir fast nichts darüber wissen, wie der Vogelzug über der hohen Nordsee vor sich geht. Wo bleiben die gewaltigen Vogelscharen, die von Helgoland aus westwärts fliegen? Man müfste sie doch irgendwo auf See sehen. Über solche Massenzüge weifs man aber von hoher See fast gar nichts. Einzelne Vögel oder kleine Trupps auf See zu sehen, ist eine sehr schwierige Sache, wenn sie nicht dem Schiff sehr nahe kommen. Bei zerstreutem Zuge ist also nicht viel Aussicht, einen gröſseren Teil des Zuges beobachten zu können, man wird auch bei starkem Zug immer nur wenige Stichproben erhalten. Doch über diesen Vogelzug auf der hohen Nordsee später einmal im Zusammenhang, wenn der oben erwähnte Aufruf erst mehr Früchte getragen und ich selbst noch mehr Beobachtungen gesammelt habe. Jedenfalls sehe ich hierin einen ganz auſserordentlich wichtigen Teil der Aufgaben gerade der Vogelwarte Helgoland.

Die Fahrt begann am 17. Oktober in Helgoland, wir fuhren parallel der Küste in groſsem Abstande nach dem Kanaleingang bis Lowestoft bei Yarmouth (am 20.). Gleichmäſsig verteilt sahen wir ab und zu mal einzelne Landvögel. Von Lowestoft gingen wir am 21. ein Stück Nordost bis zum 53. Breitengrade, dann wieder SO. nach Ijumiden an der holländischen Küste, wo wir am 22. und 23. lagen. Das war sehr wichtig für mich, konnte ich doch mal eine Stichprobe nehmen über den Vogelzug der Küste entlang. Am 24. fuhren wir wieder nach NW. bis an die Südwestecke der Doggerbank. Während dieser Fahrt wehte leichter Ost und überall traf ich ziehende Landvögel an. Von der Doggerbank gings dann am 28. gegen starken Ostwind quer durch den Austerngrund ONO., wobei wir wieder einige Zugvögel antrafen. Mit mehr südlicherem Kurs (etwa SO. bis O.) langten wir schlieſslich am 29. früh wieder in Helgoland an. Die Beobachtungen sind bei den einzelnen Arten bereits mit verzeichnet. Mit einer Karte und den jetzt schon sehr interessanten Resultaten und Ausblicken will ich, wie gesagt, warten, bis noch mehr vorliegt.

Die letzte Reise führte mich wieder zu gleichen Arbeiten nach dem Feuerschiff Borkum-Riff. Das Wilhelmshavener Stationsboot „Alice Roosevelt“ brachte mich am 19. November geradeswegs dahin. Auf der Fahrt sah ich nur ganz einzelne Tordalken und Dreizehenmöwen, eine alte Mantelmöwe und einen Seetaucher, anscheinend Nordseet. Vom 20. bis 25. an Bord des Feuerschiffs. Am 20. fliegt früh 8 h eine Haus- oder Brieftaube zweimal ums Schiff, $9^1/_4$ h kommt eine Schwarz- und eine Wein(?)-Drossel vorbei. Hinter dem Dampfer sieht man einige Mantel-, Sturm- und Stummelmöwen. 12 h drei Lummen. Ein Krabbentaucher fliegt an Deck, drei weitere schwimmen und tauchen wunderbar vertraut am Schiff (s. darüber meinen Artikel „Krabbentaucher an deutscher Küste“ in Heft 2 der Ornithologischen Monatsschrift 1911). Am 21. auſser Möwen nichts. Am 22. einzelne Tordalken und Lummen. Nordwind. Am 23. dreht früh der Wind über Ost nach Südost, Stärke 2—3. Wieder einzelne Alken vorbei. 11^{30} kommt ein Birkenzeisig vorbei, offenbar ist bei dem schwächeren östlichen Winde Zug. Doch kommt hier merkwürdig wenig zur Beobachtung, die Massen nehmen anscheinend andre Wege, obgleich man gerade annehmen sollte, daſs hier viel vorbeikämen.

Der 24. war mit SO., dann von 5—11 h a. SSE. 2—3, dann SE. 1 wieder ein Zugtag. Schönes Wetter, wechselnde Bewölkung, kalt, um 3° herum, von 3 h p. ab 0°. 1 h p. erscheint ein Star, 1^{45} acht Saatkrähen (Bem. s. später bei dieser). Beide Krähenarten kommen hier nach Aussage der Besatzung öfter, aber nie in besonderen Mengen vor. — Ab und zu fliegen einzelne Alken vorbei. Am gleichen Tage wurden auf Norderney-Feuerschiff 4 Nebelkrähen beobachtet, auf Helgoland aber wurde nichts von Krähenzug notiert, das hiefse also: Zug näher der Küste.

Am 25. wehte früh immer noch leichter Südost, bedeckt, + 1,8°. 3 h p. kommt bei Ost 3 ein kleiner Vogel vorbei, auch auf Norderney-Feuerschiff einige Zugvögel bemerkt.

Also auch hier stets sofort Anzeichen von Zug, sowie einigermafsen günstiger Mitwind eintrat. Ich wünschte blos, die fanatischen Vertreter der Gegenwindzug-Hypothese sollten mal auf Helgoland oder auf See beobachten. Die Zeitspanne bis zu ihrer, wenn auch bedingten, Bekehrung gäbe dann einen interessanten Gradmesser für ihre Überzeugungstreue. Selbstverständlich zieht der Vogel auch mal gegen den Wind, aber das ist die Ausnahme und es wird ein interessantes Studium sein zu ergründen, wann und warum diese Ausnahmen eintreten. Ganz schwache Winde müssen vielfach von vornherein für die Diskussion ausscheiden. Doch dies nur nebenbei!

Als uns — Herr Dr. Wenke vom Institut für Meereskunde war mir ein lieber sachkundiger Begleiter — das schmucke Stationsboot am 25. abends in Wilhelmshaven an Land setzte, war alles gefroren. Wir fuhren darum mit sehr geringen Erwartungen nach Norden. Die rauhreifbedeckte weifse Winterlandschaft und der Weg nach Ostermarsch zu Freund Leege bot uns gleichwohl reichen Genufs. Hochinteressant war das Vogelleben am Strande, das wir am Abend und am nächsten Tage studieren konnten. Da sah ich, wo die Vögel steckten, die auf Helgoland vergeblich erwartet wurden: Alpenlerchen und Schneeammern liefen auf dem Aufsendeichslande umher, wolkenähnliche Schwärme von Berghänflingen lagen im Queller des gefrorenen Binnenwatts und gaben ein wunderbares, eigenartiges Bild reichsten nordischen Vogellebens. Einige Birkenzeisige und Bluthänflinge hatten sich ihnen angeschlossen. Ein Strandpieper lief an den Wassergräben, Lerchen schickten sich zur Überwinterung an diesem nahrungsreichen, immer milden Strande an. Nebelkrähen strichen zwischen Küste und Norderney hin und her, ein oder paar Turmfalken rütteln und Völker von Goldregenpfeifer stehen auf den gefrorenen Äckern hinter dem Deich oder sausen mit fabelhafter Fahrt den Strand entlang.

Im Watt aber liegen die langen schwarzen Ketten der Rottgänse und ihr romantisches Rockrock facht immer wieder die Begeisterung zu hellen Flammen an. Die gewaltigen Mengen von Pfeif- und Stockenten, die bis vor kurzem hier dem routinierten

Schlickjäger reiche Beute boten, sind bis auf geringe Trupps abgezogen, sowie ihnen der Frost die begehrten Äsungsplätze schwerer zugänglich machte. Auch sonst ist durch das frühe Eis alles in die Flucht geschlagen. Nur wenige kleine Schwärme Groſser Brachvögel und Alpenstrandläufer hielten Stand, auch einzelne Austernfischer und Kiebitze. Sturm- und Lachmöwen fliegen in geringer Zahl das Watt entlang. Das war alles, was von den reichen Herrlichkeiten übrig geblieben. Doch genug und übergenug für den Naturfreund.

Eine Schilderung dieses Wattenlebens und der eigenartigen schweren Jagd auf die Enten und Gänse im Schlick gab ich in der Skizze „Wenn der Winter einzieht im Watt". (s. u. Publik.!)

Während der Heimfahrt über Cuxhaven nach Helgoland schlug das Wetter um. Bei Regen und schweren Böen beobachtete ich noch vom Dampfer aus in der Nähe von Helgoland einen Nordseetaucher und landete bei einem Wetter, daſs man vor lauter Sturm, Kälte, Hagel und überkommenden Seen fast das Gefühl hatte, mehr in als auf dem Wasser zu schwimmen. — —

Damit will ich den allgemeinen Teil beschlieſsen. Ich tue es mit der freudigen Genugtuung, ein Jahr zu beschlieſsen, das viel Gutes gebracht: einen leidlich guten Zug, einen erfreulichen Ausbau der Zugsbeobachtungen an der Nordsee, eine richtige Vogelwarte Helgoland und einen ganzen Haufen Hoffnungen und gute Aussichten für die Zukunft. — — —

Eine Schilderung des allgemeinen Verlaufs des Zuges kann ich heuer wegen Arbeitsüberbürdung leider nicht geben. Eine Besprechung der Wetterlage im Verhältnis zu den besten Zugtagen findet man aber bei den jeweils vorherrschenden Arten.

Besprechung der einzelnen Arten.

Obgleich es vielleicht mancher nicht richtig finden mag, habe ich mich entschlossen, in diesem Jahresbericht auf Einheitlichkeit in der Nomenklatur zu verzichten und bereits die neue Hartertsche anzuwenden, soweit sie in dem 1. Bande seiner „Vögel der paläarktischen Fauna" veröffentlicht ist. Für den Rest, hauptsächlich Raub-, Schwimm- und Strandvögel, halte ich mich nach wie vor an Reichenows „Kennzeichen der Vögel Deutschlands, 1902". — — Kreuze vor den Namen bedeuten wieder, daſs im Berichtsjahre Belegstücke auf Helgoland erbeutet wurden. Die Ziffern am Eingang jedes Abschnitts bedeuten die Zahl der Nächte und Tage, an denen Notizen über die betr. Art gemacht wurden, zum Vergleich sind die von den 9 Monaten des Vorjahres in Klammern beigesetzt.

1. † *Alca torda* L. Tordalk.

15 (15). Heuer sah ich in der Brutzeit (16. VI.) 8 Stück bei aneinander am Lummenfelsen an gleicher Stelle wie im Vorjahre (damals 5—7). Drei schienen auf Eiern zu liegen. Am 2. Juli fand man keinen, am 10. nur einen am Felsen. Wahrscheinlich sind also 3 Junge ausgekommen. — Nach der Brutzeit wurden erst am 7. und 8. Sept. wieder Alken angetroffen, wo auf See je ein halbwüchsiges Stück geschossen wurde. Das können aber auch schon schottische Exemplare gewesen sein. Dann wieder eine groſse Pause. Erst am 6. Nov. wurden wieder einige geschossen. Von da ab sind stets welche in Helgolands Nähe, besonders dicht am Land nach Sturmtagen, so am 9. und 16. Am 22. wurde zum ersten Male eine gröſsere Anzahl — ca. 40 — geschossen. Es war der erste ruhige Tag nach langanhaltendem schlechten Wetter! In der zweiten Dezember-Hälfte sind, wie jeden Winter, ziemlich viele da und es werden bei jeder Gelegenheit auszufahren etwa 1—2 Dtzd. geschossen.

Auswärtige Beobachtungen.

In der südwestlichen Nordsee waren die Alken im Oktober ebenfalls selten: am 20. sah ich 20—30 Seemeilen quer ab von Lowestoft (Ostküste Englands) und am 21. auf dem Braunebankgrund je ein Stück. Im November waren schon über die ganze deutsche Nordsee gleichmäſsig die nordischen Wintergäste verteilt: am 19. sah ich auf der Fahrt Helgoland-Borkum-Riff mind. 2 und vom 22.—24. vom Feuerschiff Borkum-Riff aus täglich mehrfach einzelne.

2. † *Alle alle* (L.). Krabbentaucher.

4 (0). Wie dieses Jahr überhaupt im Zeichen der nordischen Gäste stand, so sandte uns auch das Meer des höchsten Nordens seine lieblichsten Bewohner: die Krabbentaucher. Noch in Breiten, die nur der Nordpolsucher jemals betreten, sind diese Vögel häufig. Einzeln kommen sie aller paar Jahre hierher, im Vorjahre freilich keiner. Heuer aber gab es im November nach einer längeren Periode nördlicher und nordwestlicher Winde eine kleine Invasion der ganzen deutschen Nordsee durch diese allerliebsten Taucher. Nur langanhaltendes schlechtes, stürmisches Wetter bringt eben die kleinen Nordländer, deren südlichster Brutplatz auf der Insel Grimsö an der nördlichsten Küste Islands liegt, in unsere Breiten.

Schon am 12. November wurde mir berichtet, eben sei ein Krabbentaucher um die Nordostecke der Insel geflogen. Gradezu häufig traten sie aber während meiner Abwesenheit vom 21. bis 24. auf. Am 21. sah der Fischmeister in OSO. etwa 1 km vor der Aade (Südspitze der Düne) wiederholt kleine Gesellschaften, im ganzen, doppelte Beobachtung angenommen, etwa 6—7 St. Dieselben waren es wohl, die am 22. (5) und am 24. (mind. 2) gelegentlich eifriger Wasserjagd geschossen wurden. Es ist anzunehmen, dafs noch der eine oder andre mehr da gewesen ist.

Auswärtige Beobachtungen.

Am 20. November, also fast zu gleicher Zeit wie auf Helgoland, ward gleichzeitig 1 St. am Feuerschiff Elbe III. von Dr. Keilhack und 4 St. am Feuerschiff Borkum-Riff von mir beobachtet. Darüber Näheres in dem Artikel „Krabbentaucher an deutscher Küste“ in den Ornitholog. Monatsschrift 1911, Heft 2.

3. † *Fratercula arctica* (L.). Papageitaucher.

1 (4). In dieser Brutsaison erschien programmmäfsig wieder der bunte Harlekinvogel. Aber auch diesmal kam er um — jedenfalls durch Schiefser: Am 5. Juli fanden unsre Fischer einen verendeten auf dem Wasser. Er war offenbar vor einigen Tagen angeschossen worden.

4. † *Uria troille* (L.). Trollumme.

42 (26). Winter: Am 15. Januar schwammen ein paar zwischen Helgoland und Cuxhaven. Von da bis Ende Februar war ich abwesend. In dieser Zeit kamen schon am 22. Februar die Lummen zu einem Besuch in ihren Felsen. Da gerade gutes Wetter war, ward das natürlich von den Helgoländern ausgenützt und gegen 100 wurden geschossen. Das Stück soll eine Mark und mehr als Wildpret gekostet haben.

Frühjahr: Am 7. März trafen wir auf einer Fahrt rings um die Insel in 5 Seemeilen Abstand nur ein St. (im Winterkleid). Am nächsten Tage ward eine geschossen: auch sie zeigte erst weniges Grau am Halse. Zehn Tage später, am 18. waren alle ausgefärbt. An diesem Tage hatten sich mit Hochwasser auf einmal alle eingefunden. Ebenso kamen sie am 19. und 20. mit Hochwasser, um dann wieder zu verschwinden.

Diese Massenbesuche des Felsens vor der Brutzeit sind noch ein ungelöstes Rätsel. Im Winter schwimmen die Lummen einzeln, nie aber in gröfseren Trupps auf dem Meere, keine sagt einen Laut, zur Brutzeit drängen sich Tausende auf engem Raum, sie fischen in Ketten und des Lärmens ist kein Ende. Also hat die Lumme gewissermafsen zwei Naturen. In den Tagen der Winterbesuche lösen sich diese beiden Naturen ganz wunderbar schroff und schnell in ihrer Herrschaft über das Instinktleben der Art ab. Es ist schwer, das zu erklären. Doch scheint soviel festzustehen, dafs nie eine Lumme an den Felsen kommt, die noch nicht das fertige Hochzeitskleid trägt. Und zweitens gehört zu den frühen Besuchen auflandiger Wind und Hochwasser.

Um wieder zu meinem Bericht zu kommen: also auch heuer war es mir nicht gelungen, eine Serie mausernder Stücke zu erhalten, weil in der Mauserzeit das Wetter eine Jagd nicht erlaubte.

Am 5. April sah ich erst wieder einen Trupp in der Nähe des Felsens streichen. Gleichwohl fand ich am 7. vormitt. im Südosten der Insel nur eine. Es gelingt nicht, das Zusammenrotten auf See zu beobachten, was die Erklärung des einheitlichen Handelns nur noch mehr erschwert. Am 11. strich eine am Felsen vorbei, bis zum 17. keine zu sehen. Vom 18. bis 22. fliegen bei dem meist starken Westwinde mindestens 1000 St. lebhaft geschwind ab und zu, wie zur Brutzeit. Es ist interessant zu beobachten, wie die Lummen mit dem Winde von Westen her parallel am Felsen vorbeigeschwirrt kommen, plötzlich in scharfer Kurve kehrt machen und nun wie ein Drachen gegen den Wind zum Felsen aufsteigen.

Dann waren sie wieder eine Zeitlang verschwunden. Vom 27. April ab aber blieben sie treu und machten sich sofort an das Fortpflanzungsgeschäft. Wann die ersten Eier gelegt wurden, kann man natürlich nicht sagen, am 13. Mai (1909 am 10.) wurden die ersten unter dem Felsen gefunden.

Bei starkem Nebel verfehlen die durch das Warnungsschiefsen verwirrten Vögel beim Wiederaufsteigen manchmal den Felsen und landen auf dem Oberland, wo sie nicht abfliegen können — wenn sie nicht die Kante laufend erreichen —. Sie sind dann natürlich leicht zu greifen. So wurden am 14. Juni 5 St. gefangen, die markiert wieder freigelassen wurden.

Am 16. Juni überzeugte ich mich am Felsen, dafs der Bestand nicht abgenommen hat. Einzelne Junge schreien schon.

Am 20. riefen schon eine ganze Anzahl junger, das erste heruntergefallene Junge wird gegriffen. Die Alten schwimmen jetzt in Ketten sehr vertraut vor dem Felsen. Im Motorboot lassen sie sich bei geschickter Führung bis auf drei, ja selbst zwei Meter anfahren, das heifst, wenn sie tauchend im Wasser verschwinden, ist man soweit heran. Das Photographieren auf gröfsere Nähe ist trotzdem äufserst schwer, zumal bei dem meist herrschenden Seegang, der das Boot in voller Fahrt zu sehr springen läfst.

Die Brut ging schnell und gut von statten. Am 1. und 4. Juli schon konnten wir bei Westwind und Hochwasser in der Abenddämmerung beobachten, wie die Jungen ins Wasser hinabplumpsten: ein Sprung ins Ungewisse von 20 bis 50 m Höhe! Eine Schilderung des Vorgangs denke ich an andrer Stelle zu geben.

So kamen, da alles günstig war, die Jungen heuer rechtzeitig vom Felsen. Mit ihnen gingen die Eltern und auch die meisten nichtbrütenden Exemplare in See. Als am 18. Juli die „grofse Lummenjagd" begann, sah ich mit Vergnügen, dafs nur mehr etwa 100 Stück ab- und zuflogen, von denen etwa 50 abgeschossen wurden. Das konnte ja auch ruhig geschehen, da scheinbar keine Jungen mehr im Felsen safsen, also nur nichtbrütende Vögel getötet wurden. Diesen für den Naturfreund erfreulichen, ausnahmsweise günstigen Verlauf berichtete ich schon auf Seite 363 von Heft 9, Jahrg. 1910 der Ornithologischen Monatsschrift.

Wenn am 19., 22. und 24. je ein Junges eingeliefert wurde, so handelte es sich heuer scheinbar um verschlagene Stücke, die den Eltern durch den hohen Seegang entführt und an den Strand getrieben wurden. Im allgemeinen sind die Lummen um diese Zeit mit ihren Jungen soweit draufsen im See, dafs man nur selten welche sieht. Nur am 9. August sah Herr Mayhoff auf der Austernbank, also schon ein gutes Stück weg, 3 St., wobei ein Junges. Ausnahmsweise wurden etwa am 25. August einige geschossen, die ich beim Präparator sah. Eine war schon wieder in vollster Mauser: die Schwungfedern waren kurze Stummel und am Halse war sie schon etwas weifsfleckig.

Auch am 28. August ward eine geschossen. In dieser ganzen Zeit müssen nur sehr selten Lummen in der Nähe gewesen sein, denn ich sah keine und erhielt auch keine Meldung durch unsere Fischer oder andere Helgoländer.

Mit Oktoberende und Novemberanfang kam dann schlechtes Wetter, das die Lummen wieder in Landnähe brachte, so zuerst am 6. November einige. Am 12. sah ich eine im Hafen. In den Tagen vor dem 16. sollen nach der Sturmperiode viel in der Nähe sein, mindestens 20 sind geschossen. Wieder eine im Hafen gesehen. Am 21. werden einige, am 22. etwa 10 geschossen. Seitdem wieder schlechtes Wetter, das weiteres Ausfahren verhindert; also fehlen auch Beobachtungen, bis sich in der zweiten

Dezemberhälfte wieder mal Gelegenheit zum Ausfahren bietet. Es sind viele da und an jedem der wenigen guten Tage werden paar Dtzd. geschossen, fast alle noch im Winterkleid, nur ganz einzeln bis auf einen weifsen Kehlfleck fertig vermausert.

Auswärtige Beobachtungen.

Wo die Lummen mit ihren Jungen im August waren, geht aus folg. Beob. hervor: am Feuerschiff Borkum-Riff hörte ich am 14. August eine alte, am 15. eine junge; am Feuerschiff Elbe I, dem äufsersten, schwimmen viele Alte und Junge. Im Oktober gab es auch schon in der südwestlichen Nordsee Lummen, mehr als Alken: am 18. einige ca. 85 Seemeilen (à 1,85 km) WSW. von Helgoland, am 20. sechs einzelne 20—30 Sm. querab von Lowestoft, am 21. auf dem Braunebankgrund 2, ebensoviel am 24. zwei Sm. vor Ijmuiden (Holland). Im November natürlich überall welche: am 20. am Feuerschiff Borkum-Riff drei, am 24. am Feuerschiff Norderney eine (diese erschlagen von Bord aus).

5. † *Uria troille ringvia* Brünn. Ringellumme.

2 (4). Soviel ich auch während der Brutzeit am 16. Juni nach dieser im Vorjahre reichlicher vertretenen Varietät suchte, konnte ich doch keine finden. Auch am 10. Juli sah ich nur eine einzige, doch wurde noch am 31. Dezember ein prachtvolles altes Stück erlegt, das bemerkenswerter Weise schon fast das volle Hochzeitskleid trug und nur noch an der Kehle einen weifsen Fleck hatte.

6. † *Uria grylle* (L.). Gryllteist.

1 (3). Am 25. Sept. ward ein Stück im Übergangskleid geschossen.

7. † *Urinator lumme* (Gunn.). Nordseetaucher.

23 (16). Dafs dieser Taucher im Frühjahr sehr oft geschossen wird, wie Gätke schreibt, traf weder im vorigen noch in diesem Jahre zu. Auch heuer wurden im Frühjahr nicht viel beobachtet. Im Januar mögen ab und zu einige auf See in der Nähe gewesen sein, einen sah ich am 15. bei der Überfahrt nach Cuxhafen und einige wurden am 30. beobachtet. Im März sah Fischmeister Lornsen am 8. drei bis vier, nachmittags schwamm ein Stück am Bollwerk. Am 26. sah derselbe draufsen etwa 1 Dtzd. schwimmen, alle aber waren sehr scheu. Am 27. flogen zugleich vier St. einem unserer Fischer übers Boot. Im April sah der Fischmeister am 1. und 3. und ich am 8. draufsen vormittags je einen. Im Mai sahen zwei unsrer Fischer am 16. und 21. je zwei St. Schliefslich fand am 15. Juni Dr. Keilhack einen frischtoten auf der Düne angetrieben, zu einer ganz merkwürdigen Zeit.

Das Stück ist ein ♀ und stark in der Mauser, mindestens vom Vorjahre, wenn nicht älter. Das Kleid ist schwer anzusprechen: Oberseite grob weifsgefleckt, doch auf der Halsrückseite der schimmernde, aber schlecht ausgebildete Streif, sonst der ganze Hals und Kopf grau, überall aber mit weifsen Federn durchsetzt. Von Rot keine Spur. Ich vermute, dafs es ein jüngeres noch nicht fortpflanzungsfähiges, vielleicht kümmerliches, kränkliches Exemplar war, das eben aus diesem Grunde erst so spät anfing, sein Hochzeitskleid anzulegen. Damit stimmmt auch am ehesten das Vorkommen. Jedenfalls also ein ganz abnormer Fall.

Vom Herbstzug beobachtete ich die ersten beiden am 18. September in etwa sechs Seemeilen NW. v. Helgoland westwärts streichend. Am 28. wurden mehrere, am 8. Oktober einer, am 13. sieben, am 17. einer gesehen, alle vorbeistreichend, nur einer schwimmend. Im November sah Dr. Keilhack am 4. einen; am 6. zog eine Anzahl, der erste wird geschossen, am 28. sah ich einen in der Nähe vom Postdampfer aus. Die geringe Zahl der Beobachtungen hat wohl z. T. ihren Grund in dem ewigen schlechten Wetter, das ein Ausfahren der Jäger hindert. Dafs in der folgenden Zeit auch noch genug in der deutschen Bucht waren, geht aus der Elbebeobachtung vom 8. (s. u.) hervor. — Als man hier wieder ausfahren konnte, kommen auch wieder einzelne zur Beobachtung: Am 12. Dezember wird einer geschossen, am 18. ebenso, aber 4 gesehen, am 21. drei an der Düne gesehen und am 31. zwei geschossen.

Auswärtige Beobachtungen.

Es ist interessant, dafs am besten Helgoländer Frühlingszugtag: 26 März, auch auf der Memmertbalge bei Juist von O. Leege viele gesehen wurden. Im Mai, am 13. traf er auch dort noch einzelne an. Im Herbst wurde Ende September auch anderswo schon Zug bemerkt: am 23. flogen vor Feuerschiff Elbe I. drei Stück vor dem Postdampfer auf (Mayhoff), am 25. sah O. Leege drei St. auf der Memmertbalge. Im November sah ich einen auf 53° 49' N. 6° 30' E. auf der Fahrt Helgoland-Borkumriff. Interessant ist, dafs noch am 8. Dezember geradezu eine Versammlung von Nordseet. vor der Elbe angetroffen wurde, etwa 100 St. (Corn. Lornsen).

8. † *Urinator arcticus* (L.). Polartaucher.

3 (0). Während ich den Vogel voriges Jahr ganz vermifste, kam er heuer wiederholt zur Beobachtung. Am 29. Februar sah ich ein Stück dicht vor dem Bug der Sylvana nahe bei Cuxhaven. Um den 22. II. herum war schon ein auffällig kleines Stück erlegt, das auf dem Rücken helle Federränder zeigte, genau wie ein junger Eistaucher, den man ja hier wegen dieser hellen

nullförmigen Zeichnung „Nullert“ nennt. Der nächste ward erst am 4. November vom Fischmeister gesehen und zwar 5 Seemeilen Nordost von Helgoland schwimmend. Er zeigte noch Reste des Prachtkleides am Halse.

9. † *Urinator imber* (Gunn.). Eistaucher.

2 (0). Heuer erschienen wieder einmal mehrere dieser mächtigen Taucher. Am 16. Januar waren zwei an der Westseite und der eine davon, ein junger, ward von H. Reymers geschossen. Am 6. März ward ein riesiges Exemplar von Tönnies mit dem Riemen erschlagen, das offenbar angeschossen war. Da der Kopf zu Brei geschlagen war, verzichtete ich auf den Ankauf.

10. † *Colymbus cristatus* L. Haubentaucher.

2 (5). Auch heuer erschien diese nach Gätke doch seltene Art. Am 25. März soll einer geschossen worden sein. Ich sah ihn freilich nicht selber, doch die Jäger kennen ihn gut. Zuguterletzt ward am 28. Dezember noch ein junger erlegt.

Auswärtige Beobachtungen.

Am 7. Juli etwa 7 St. auf der Schlei bei Schleswig, sicher Brutvogel dort. Am 24. Oktober an der holländischen Küste, 4 Sm. vor Ijmuiden, einer schwimmend.

11. † *Colymbus nigricans* Scop. Zwergtaucher.

3 (6). Auf dem Frühjahrszuge wurden zwei Stück erlegt am 29. März und am 9. April. Im Herbst ward nur 1 St. (iuv.) um den 14. November erlegt.

12. † *Procellaria glacialis* L. Eissturmvogel.

1 (0). Es ist merkwürdig genug, dafs schon am 25. September ein Stück in unsern südlichen Breiten erschien. Der ganz abgemagerte Vogel ward von Claus Denker mit dem Riemen erschlagen. Es ist wohl das früheste Datum für diese vom Norden hierher verschlagene Art.

13. † *Hydrobates pelagicus* (L.). Kleine Sturmschwalbe.

1 (1 : 3). Am 4. November kamen gleich zwei zur Beobachtung: die eine ward früh unter der Klippe erschlagen, sie mag wohl irgendwo angeflogen sein, wie das dieser Art immer mal passiert. Das zweite Stück ward vormittags vom Fischmeister einige Meilen Nordost von Helgoland gesehen.

Auswärtige Beobachtungen.

Leuchtturmwärter Otto auf Ellenbogen (Sylt) erlegte Anfang Dezember ein Ex.

Hydrobates leucorhous (Vieill.). Gabelschwänzige Sturmschwalbe.

Juist: Kurz vor dem 26. Sept. soll noch Präparator Altmanns eine vorgekommen sein (Leege).

14. † *Stercorarius skua* (Brünn.). Riesenraubmöwe.

1 (0). Diese Art dürfte heute zu den gröfsten Seltenheiten der deutschen Avifauna zählen, da der Bestand erschreckend zurückgeht und damit die Aussichten, dafs sich einer dieser prächtigen Vögel so weit südlich verfliegt, immer problematischer werden. Das Stück ward am 22. September, also sehr früh im Jahre, von Andreas Holtmann erlegt und war mindestens das sechste seit den vierziger Jahren auf Helgoland erlegte Stück, wovon nunmehr drei in unseren Sammlungen konserviert werden.

Das kapitale Exemplar ist überaus dunkel, nur minimal auf der Oberseite gefleckt, Kopf und Vorderhals fast schwarz, Unterseite schön rostbraun.

***Stercorarius pomarinus* (Tem.). Rundschwänzige Raubmöwe.**

1 (7). Fischmeister Lornsen will zu sehr auffälliger Zeit, am 9. Juli, einem für diese Art unerhörten Datum, zwei Stück gesehen haben. Ich zähle die Art nicht mit, trotzdem ich an der Beobachtung nicht zweifle.

Im Herbst sah man fast gar keine Raubmöwen, konnte allerdings auch nur sehr selten ausfahren.

Auswärtige Beobachtungen.

Am 29. Sept. sah O. Leege am Strande des Memmert eine, die sich mit Silbermöwen balgte. In der südwestlichen Nordsee (etwa am Silverpit) sah ich am 26. Okt. je eine weifsbäuchige auf 53° 57′ N. 2° 9′ E. und auf ca. 53° 54° N. 2° 14′ E., beide male mit andern Möwen zusammen, wie immer bei den Raubmöwen.

15. † *Stercorarius parasiticus* (L.). Spitzschwänzige Raubmöwe.

5 (4). Schon lange zählt es zu den Ausnahmeerscheinungen, wenn man im Frühjahre diese Art sieht. Am 12. Mai sah der Fischmeister eine, am 13. glaubte auch ich sie bei der Möwenverfolgung zu hören, konnte sie aber auf die grofse Entfernung nicht sehen. Man hört gewöhnlich schon von weitem, wo eine Raubmöwe ihr Wesen treibt. Am 16. Mai lagen wir weit draufsen im Boot, um Dorsche zu angeln, dabei flog ein prachtvolles altes weifsbäuchiges Ex. nahe vorbei. Offenbar handelte es sich bei allen drei Beobachtungen um dasselbe Stück. Am 30. Juli ward eine mittelalte, auch schon weifsbäuchige geschossen. Es werden wohl noch nicht geschlechtsreife oder aber sehr alte Stücke sein, die zu so später Zeit noch hier umherbummeln.

Im Herbst sah ich die erste und einzige am 18. September etwa 6 Seemeilen NW. von Helgoland, wie sie eine junge Sturmmöwe hetzte. Es war ein weifsbäuchiges Ex.

Auswärtige Beobachtungen.

Südwestliche Nordsee: Am Kanaleingang: am 19. Okt. auf 52° 55' N 4° 9' E. und am 20. früh auf 52° 34' N. 2° 37' E. je eine bei Dreizehenmöwen. Mittags 20—30 Sm. querab von Lowestoft (engl. Küste) bei vielen Möwen wieder eine. Am 21. auf etwa 53° 0' N. 3° 4' E. eine bei einigen *Rissa*. Am 24. ca. 14 Sm. vor Ijmuiden zwei Raubmöwen, wahrscheinlich diese sp.

16. † *Stercorarius cepphus* (Brünn.). Kleinste Raubmöwe.

1 (1). Noch früher als im Vorjahre ward auch heuer ein junger schwarzbrauner Vogel erlegt: am 17. September. Der Schnabel war geradezu winzig.

Larus glaucus Brünn. Eismöwe.

1 (1). Bürgermeister Friedrichs will am 13. März eine Junge an der Brücke gesehen haben.

Larus leucopterus Faber. Polarmöwe.

1 (0). Anfang Februar will der Fischmeister genau eine kleine Eismöwe beobachtet haben. Die Beobachtung dürfte so sicher sein, als sie ohne Belegstück sein kann. Eine Eismöwe war es sicher und die Gröfse wurde an andern mit ihr fliegenden Möwen verglichen.

17. † *Larus argentatus* Brünn. Silbermöwe.

37 (39). Die Häufigkeitsverhältnisse waren annähernd wie im Vorjahre, höchstens etwas geringere Zahlen. In der zweiten Aprilhälfte ist offenbar deutlicher Durchzug (Zusammenrottung nach den nordfriesischen Kolonien). Zu dieser Zeit und im Mai schreien die Vögel, während sie sonst meist stumm sind. Die ersten beiden Jungen erschienen heuer 9 Tage früher: am 2. Juli. Für den Rest des Juli waren aber nur ganz vereinzelte Jungmöwen anzutreffen, sogar noch am 6. August. Erst von Mitte August ab stellen sie sich ein. Es konnten dieses Jahr erfreulicherweise viel weniger Silbermöwen abgeschossen werden als im Vorjahre.

Wie die Markierungsversuche (s. diese!) zeigten, treffen hier Jungmöwen von den nord- und ostfriesischen Inseln (Norderoog und Memmert) zusammen.

Den ganzen Herbst und Winter sind nicht viele hier. Am 28.—30. Dezember mochte eine Frühlingsgefühle haben, denn sie schrie öfters mal, was sonst um diese Zeit keine tut.

Auswärtige Beobachtungen.

Schon am 26. März sind Tausende im Brutgebiet auf dem Memmert (Leege). Am 8. Juli brüten sie in den Lister Dünen auf Sylt überall noch oder die Jungen haben eben das Nest verlassen (Grund: langes Eiersammeln). Auf dem geschützten Ellenbogen waren am 14. Juli schon alle Jungen fort, auf Norderoog am 16. ebenfalls zum gröfsten Teil, doch sind noch ein paar Dtzd. grofser Dunenjunger da. Am 9. August sieht man sie in Mengen auf dem Norderneyer Watt, zum Feuerschiff Borkum-Riff (9.—18.) wagte sich aber nur ab und zu mal eine hinaus. In der zweiten Septemberhälfte natürlich massenhaft bei Norderney, am Memmert, zwischen Cuxhaven und Helgoland. Im November sieht man nur wenige auf der Aufsenelbe.

Südwestliche Nordsee: 20. Okt. 20—30 Sm. querab von Lowestoft (engl. Küste) etliche bei den Heringsfischern, 23. paar Dtzd. am Strand von Ijmuiden (Holland); 25. auf 53° 30′ N. 2° 45′ E. (Kanaleingang) etliche; 26. abends auf 53° 55′ N. 3° 2′ E. (Südwestecke der Doggerbank) unter 100—150 Möwen sicher auch diese. In derselben Gegend, auf 54° 15′ N. 2° 23′ E. am 27. unter $^1/_2$ Dtzd. Möwen anscheinend auch diese.

18. † *Larus marinus* L. Mantelmöwe.

23 (11). Etwas häufiger als im Vorjahre. Im Januar am 4. eine, am 8. auf der Düne unter einem Möwentrupp 5—8 alte und einige junge. Im Februar am 29. auf der Düne einige, auf der Überfahrt nach Cuxhaven ab und zu eine. Im März waren sogar viele auf der Düne, so am 3. etliche Dutzend, am 4. nach Ansage des Fischmeisters fast 100, meist junge, dann wieder mindestens bis zum 13. fast immer einige Dtzd. Sie sitzen immer am Nordstrand der Düne. Dann verschwanden sie. Nur am 1. April glaubte ich an der Düne von der Insel aus eine alte zu erkennen.

Am 8. August wird die erste junge geschossen, am 18. sah ich die erste alte und am 23. ward eine solche geschossen. Dann wurden am 7. und 8. September je eine junge geschossen. Am 21. Oktober eine alte beobachtet. In der zweiten Novemberhälfte anscheinend regulärer Durchzug alter Exemplare, wie man es auch in Norderney beobachtet. Ich selbst war während der besten Zugtage abwesend und es wurde in dieser Zeit nicht alles notiert. Am 12. sah ich mind. 3 alte und 2 junge, 1 alte trieb tot an der Düne an. Am 14. wieder mehrere junge und alte. Bis zum 19. nichts Auffälliges. Am 20. mind. 3 alte geschossen, vom 21. bis 24. ein paar. In der zweiten Dezemberhälfte stellte sich nochmals eine Menge der herrlichen Tiere ein: am 12. sah ich nur 1 ad., vom 29.—31. waren aber auffällig viel da, und sie kamen auch merkwürdig nahe an den Strand, so dafs am 29. zwei, am 30. eine, am 31. drei alte von der Landungs- oder der Schmutzbrücke aus geschossen werden konnten. Auch einige iuv. waren da. Ein Stück im interessanten Übergangskleid sah ich von oben her: da sah der schwarze Mantel aus, als sei er an vielen Stellen verschossen zu braunen Flecken.

Auswärtige Beobachtungen.

Am 26. März am Memmert noch einzelne, am 3. Juli dort schon wieder einzelne Alte (Leege). Im September am 10. im Watt bei Hörnum (Sylt) unter *argentatus* eine alte, am 12. im Watt zwischen Norddorf und Föhr 3 ad., am 23. hinter der Silvana zwischen Helgoland und Cuxhaven mehrere (Mayhoff). Am 25. am Memmert wenige (Leege).

Im Oktober in der südwestlichen Nordsee. 18., ca. 90 Sm. WSW. v. Helgoland: 1 ad. vorbei. Kanaleingang: am 20. ca. 20—30 Sm. querab von Lowestoft bei den Heringsfischerflotten Hunderte von ad., wenige iuv. Am 23. am Strande von Ijmuiden einzelne. Am 25. auf 53° 30′ N. 2° 45′ E. eine Ansammlung von 1—2 Dtzd. junger. Südwestecke der Doggerbank: am 26. auf 53° 54′ N. 2° 14′ E. mittags einzelne junge, nachm. eine Masse (ca. ½ Dtzd. alte, 1—1½ Dtzd. junge), am Abend noch viel mehr; am 27. auf 54° 15′ N. 2° 23′ E. ca. ½ Dtzd.

Im November in der Deutschen Bucht: am 19. auf. 53° 49′ N. 6° 30′ auf dem Wege Helgoland-Borkum-Riff 1 ad., am 21. an diesem Feuerschiff etwa 2 ad. Bei Feuerschiff Elbe III aber in diesen Tagen meist etwa 1 Dtzd. alter immer in der Nähe (Dr. Keilhack).

Larus fuscus L. Heringsmöwe.

Diese Art mufs in den letzen Dezennien viel seltener die Deutsche Bucht besuchen als früher. Alte Ex., die man allein sicher im Freien ansprechen kann, scheinen vielerorten geradezu selten zu sein, so auf Helgoland und den friesischen Inseln. Das hängt bestimmt mit der rapiden Abnahme des Fischreichtums der südlichen Nordsee zusammen. Mit den Herings- und Sprottenschwärmen fehlen auch die Möwenmassen.

Heuer hat nach Leege am 15. Juni Präparator Altmanns auf Norderney eine erlegt. — Es ist wohl möglich, dafs unter den vielen Schwarzmänteln, die um die Heringsloggerflotte am Kanaleingang am 20. Oktober schwärmten, auch *fuscus* waren.

19. † *Larus canus* L. Sturmmöwe.

30 (21). Im Januar und Februar meist 1—2 Dtzd., eine alte geschossen. In den letzten Februar- und ersten Märztagen eine grofse Masse, ca. 400—500, an der Düne, die sich aber an manchen Tagen aufs Meer zerstreuten, sodafs man dann, so am 7., nur wenige an den Stromkanten fischend antraf. Bis zum 1. April nahm die Menge bis auf höchstens 40 ab und dann immer mehr, sodafs am 13. Mai auch die letzten verschwunden waren, genau wie 1909.

Im Juli wurden heuer recht viel alte, nämlich am 2. eine und am 10. drei geschossen, was immerhin in dieser Zeit ziemlich schwer fällt. Ja, am 18. während der Lummenjagd waren aufser einzelnen alten auch schon die eine oder andere junge zu sehen, also recht früh. Im August stellten sich dann mehr ein, von Mitte ab auch junge. Im Herbst und Winter stets welche da, wie immer. Auffällig viel, nämlich ca. 60—80 St. waren bei stürmischem Wetter am 30.—31. Dezember im Hafen.

Auswärtige Beobachtungen.

Am 14. Juli waren die jungen auf dem Ellenbogen auf Sylt schon fort (s. o. Helg.!), nur einige Alte noch da. Am 23. Sept. gehörten die Möwen hinter der Silvana zwischen Helgoland und Cuxhaven bereits meist dieser Art an.

Südwestliche Nordsee im Oktober: am 20. bei den Heringsfischern am Kanaleingang ein paar, ebenso am Strande von Ijmuiden am 23. und 4 Sm. davor am 24. An der Südwestecke des Doggers: 53^0 54′ N. 2^0 14′ E., ein paar, abends mehr.

Deutsche Bucht im November: Feuerschiff Elbe III. 20. bis 25. hinter den vorbeifahrenden Dampfern meist diese Art (Keilhack), Feuerschiff Borkum-Riff gleichzeitig: einzelne, hinter grofsen Pass.-D. zuweilen mehr. Im Ostermarscher Watt am 27. nur einzelne.

20. † *Larus ridibundus* L. Lachmöwe.

6:20 (3:13). Dasselbe Bild wie 1909. Während meiner Abwesenheit sollen nach Claus Denker Ende Januar oder Anfang Februar einmal eine Menge dagewesen sein. In der Nacht zum 8. März hörte ich eine kleine Anzahl, in der zum 11. recht häufig. Am 26. waren 2 St. an der Düne, und am 27. ward da eine geschossen. Nach Berichten sind wahrscheinlich auch in der Nacht zum 3. April einige gezogen. Im Mai hörte ich am 13., 15., 16. und 19. einzelne, manchmal schon vom Ort aus, trotzdem die Vögel wohl 1—2 km entfernt waren.

Schon Anfang Juli zerstreuen sich die Überzähligen, die sich zur Brutzeit zwar an der Kolonie eingefunden hatten, doch nicht zur Brut gelangten; aber auch die ersten Jungen erproben oft sofort ihre Fittiche auf weiten Überlandflügen, manchmal sogar sehr weiten, wie die Markierungen ergaben. Auf Helgoland bemerkte ich die erste (vielleicht auch zwei) am 4. Juli, dann am 17. mind. 1, am 18. eine alte, am 22. und 25. je eine junge; am 28. eine, in der Nacht zum 29. verschiedene gehört. Am 30. ward eine alte gesehen. Am Abend des 2. August hörte ich in vorgerückter Dämmerung eine, die offenbar nach W. weiterzog, in der folgenden Nacht war dann auch die eine oder andere am Turm, und noch am 3. flog eine junge überhin. Am 7. flogen unter den Silbermöwen etwa 6 St., die schon das schwarze Kopfgefieder abgelegt hatten. Am 15. safs ebenfalls ein kleiner Trupp auf den Klippen an der Nordspitze. Im September glaubte ich am 7. eine zu sehen, und erhielt dann auch am 8. Bericht über ein paar beobachtete. Im Oktober hörte ich in der Nacht zum 31. einzelne.

Es handelt sich bei all diesen Beobachtungen doch wohl nicht blofs um sporadische Schiffsschmarotzer, wie ich im vorigen Berichte vermutete, sondern um einen kleinen Bruchteil der von Osten und Nordosten her an der Küste herunterziehenden Massen, die sicher zum gröfsten Teile aus Jütland, vor allem aus der gewaltigen Brutkolonie von Schleswig stammen. Dafs wir davon hier so wenig zu sehen bekommen, zeugt davon, dafs die Lachmöwe es bei ihrem Zuge gar nicht eilig hat, deshalb auch nicht die kurze Strecke über Helgoland wählt, sondern ihren Nahrungsgebieten folgend, ganz gemächlich die Watten von der jütischen Westküste bis Holland abbummelt. Einige jugendliche Heifssporne haben es zwar eiliger, dafür bleiben aber grofse Mengen überhaupt zurück.

Auswärtige Beobachtungen.

Hier die Bestätigungen der obigen Darlegung: am 3. Juli waren schon viele am Memmert (Leege), am 6. traf ich auf der Schleswiger Möweninsel noch einzelne Eier und frischgeschlüpfte Junge an, die Tausende von Jungen waren aber schon bis auf ein paar hundert abgezogen von der Insel. Am 13. waren dort etwa halb so viel, d. h. immer noch paar hundert, fast oder ganz flügge Junge da. Im August (8., 9., 20.) waren sie schon massenhaft im Norderneyer Watt, schon meist mit gröfstenteils weifsem Kopf. Das sind sicherlich z. T. die Schleswiger! Am 11. September verliefsen die letzten Scharen die Brutinsel, in Schleswig. Der Tag ist genau festzustellen und stimmt ausgezeichnet mit dem von Prof. Thienemann nach Markierungsergebnissen vermuteten Abzugsdatum (kurz vor dem 18.). Es ist interessant, dafs im September in den nordfriesischen Watten nach Mayhoff gar nicht viel waren: Am 9. bei Keitum (Sylt) einzelne, am 10. vor Steenodde bei Amrum mehrere, ebenso am 12. am Nordstrand von Föhr. Auch auf der Unterelbe am 23. keineswegs viel, von der See her die ersten zwischen Feuerschiff I und II. Die Mehrzahl ist also an der Küste schon weiter westwärts gerückt. Dort, am Memmert am 25.—28. Sept. und 1. Oktober nach Leege massenhaft. Noch weiter westlich, an der holländischen Westküste, traf ich am Strande von Ijmuiden am 23. bei einem kurzen Spaziergang zwei Dtzd. an, natürlich weifsköpfig. Im November, am 27., waren im Ostermarscher Watt nur mehr einzelne. (Vgl. hierzu den Bericht über die Ringexper.!)

21. † *Larus minutus* Pall. Zwergmöwe.

7 (7). Aus dem Frühjahr habe ich nur eine Beobachtung des Fischmeisters, der am 29. März auf der Austernbank im Süd-

osten Helgolands eine ganze Anzahl sah. Bedenklich erschien mir eine Beobachtung des Fischmeisters von 2—3 St. am 13. Mai. — Gätke sagt übrigens nichts über den Frühjahrszug.

Recht auffällig war auch die Anwesenheit der wunderhübschen Schwarzköpfchen im Juli. Ch. Äukens, wohl der eifrigste Möwenjäger, sah am 10. einen Trupp von etwa 10 St. und konnte eins davon erlegen. Ich kaufte das prächtige Stück. In den Tagen um den 26. sah der Fischmeister öfters einen Trupp, ob wohl denselben? Es wird sich dabei wohl um einige der wenigen dänischen Brutvögel handeln.

Von dem Massenzug im September und Oktoberanfang, wie ihn Gätke berichtet, merkte man heuer ebenso wenig wie 1909. Erst am 31. Oktober wurden die ersten drei geschossen. Am 4. November sah der Fischmeister 5 Sm. NO. von Helgoland viele. Als endlich wieder ausgefahren werden konnte, am 21. oder 22., wurden 7 St. geschossen, nicht sehr viel in Anbetracht der Umstände. Im Winter blieben sie aus.

22. † *Rissa tridactyla* (L.). Dreizehenmöwe.

17 (14.). Im Januar war meist schlechtes Wetter, so dafs man nicht zur Jagd hinausfahren konnte. Ich bekam also auch keine Nachrichten, denn von der Insel aus kann man nur sehr selten diese Möwen beobachten.

Bei Helgoland wurden am 18. Oktober die ersten acht St. geschossen, am 29. 21 und am 31. etwa 30. Im November sah der Fischmeister 5 Sm. NO. nur eine einzige, am 6. sind sie aber wieder in Landnähe und es wurden ziemlich viel geschossen. Dann lange schlechtes Wetter bis zum 21. Naturgemäfs sind beim plötzlichen Abflauen noch sehr viele in Landnähe, so dafs am 21. und 22. bei schönem Wetter ca. 200 und über 400 geschossen wurden, auf lange Zeit hinaus Nahrung für Menschen und „Möwenindustrie". Von da ab wieder zu grobe See zum Ausfahren. Erst am 4. Dezember wurden über 50, am 5. und 9. wenige Dutzend, am 12. etwa 70—100, am 18., 19. und 22. je mindestens 200 erlegt. Diese Zahlen sind aber zu niedrig, da der Hauptaufkäufer allein in der letzten Woche 640 kaufte.

Abnormitäten: In den Tagen vom 9.—12. Dezember wurden geschossen: Ein Stück mit 4 Zehen, ein interessanter Atavismus. Die sonst ganz rudimentäre hintere Zehe ist grofs und gut ausgebildet und ist vom Fersengelenk ab selbstständig. Sie besitzt eine richtige Kralle, aber keine Schwimmhaut. (Das Exemplar soll für das Berliner Museum angekauft sein, ich sah es aber selbst.)

Ein Stück mit roten Füfsen und eins mit farblosen, durch deren Haut die Adern rot durchschimmern. Beide Fälle dürften als partieller Albinismus, als krankhafter Pigmentmangel verschiedenen Grades zu deuten sein. Die Zeichnung war aber sonst ganz wie gewöhnlich.

Auswärtige Beobachtungen.

Die ersten 4 Stück in der inneren deutschen Bucht sah der Fischmeister am 23. September halbwegs zwischen Hegoland und Norderney. Auf meiner Kreuzfahrt in der südwestlichen Nordsee im Oktober sah ich keine grofsen Mengen, aber überall welche. Meist folgte etwa $^1/_2$ Dtzd. ein paar Stunden lang dem Dampfer, auch bei den Fischerfahrzeugen hielten sich meist ein paar auf, doch nur wenige bei den Heringsflotten. Das mag daher kommen, dafs diese nur gröfsere Heringe fangen. Diese aber sind, wenn wirklich ein paar beim Hieven aus dem Netz fallen, zwar gute Beute für die Mantelmöwen, fur die Dreizehenmöwen aber sind sie zu grofse Bissen. Und schlachten, sodafs Eingeweide abfallen, das tun nur die übrigen Fischer, die Heringslogger bringen ihre Beute frisch ans Land. Nur an der Südwestecke des Doggers stellten sich am 26. und 27. bei einer unerklärlichen Möwenansammlung auch ein paar Dtzd. *Rissa* ein. Im November sah ich am 19. und 20. auf hoher See bei der Fahrt nach Feuerschiff Borkum-Riff und an diesem nur einzelne, während zu gleicher Zeit bei Helgoland viele geschossen wurden.

Es werden übrigens nicht allein bei Helgoland diese glücklicher Weise sehr häufigen Möwen zusammengeknallt, sondern es ist ein einträglicher Nebenerwerb für die Segelfischer (Finkenwärder u. a.) geworden, die Vögel, die sich im Winter zahllos beim Netzhieven am Schiff sammeln und die vor Gier ganz sinnlos sind, in Massen mit Angelhaken (seltener mit Zwirn) zu fangen oder zu schiefsen, um sie dann frisch in Altona und Hamburg an die Aufkäufer zu Putzzwecken zu verkaufen. Tausende werden so allwinterlich in Hamburg gelandet. So nur war es möglich, dafs ich vor einigen Jahren einmal ein ganzes Bündel im Fleisch in der — Leipziger Markthalle hängen sah. Und an andern Küstenplätzen sollen ebenfalls „Möwen gearbeitet" werden. Es fehlt blos noch, dafs man Raubexpeditionen an die Vogelberge des Nordens und Westens unternimmt! Vorläufig freilich scheint der Riesenbestand an Stummelmöwen den scharfen Aderlafs noch gut zu vertragen. Ob auch auf die Dauer?

23. † *Sterna cantiaca* Gm. Brandseeschwalbe.

15 (1 : 10). Es kamen heuer ganz auffällig wenig hier vor und es wurden auch weniger als sonst geschossen. Am 17. April sah der Fischmeister auf seinen Fahrten die ersten beiden sicher, obgleich er schon am 29. III. glaubte, ein paar zu sehen. Am 27. IV. sollen nach Claus Denker zum ersten Male viele dagewesen sein. Von da ab waren häufig einige da bis zum 17. Juni. Am 10. VII. schofs ein Schütze ca. 40. Im August sah Herr Cand. Mayhoff am 5. einzelne und am 18. noch ein bis zwei.

Auswärtige Beobachtungen.

Am 16. Juli war auf Norderoog die Mehrzahl der Jungen schon fort, doch gab es immer noch einige Hundert. Bei Norderney sah Altmanns die letzte am 20. September, am Memmert Leege noch am 28. mehrere alte.

24. † *Sterna hirundo* L. Flufsseeschwalbe.

25. † *Sterna macrura* Naum. Küstenseeschwalbe.

2 : 10 (1 : 5). Es gab heuer aufserordentlich wenig Seeschwalben. Dazu war ich noch im Juni und Juli wiederholt abwesend, so dafs ich überhaupt nur eine einzige geschossene bestimmen konnte und zwar am 10. Juli: es war eine alte *hirundo*.

Da sich heuer im Frühjahr gar keine eigentliche „Schwalbenjagd" lohnte, erhielt ich überhaupt keine Nachrichten. Selbst kam ich auch kaum aufs Wasser. Am 10. Juli erst notierte ich drei, am 18. eine. Am 27. will Claus Denker Hunderte ziehend gesehen haben. In der Nacht zum 2. August riefen verschiedene viel, am 4. und 5. sah man einige, am 7. endlich mal einen Trupp von etwa 35 an der Dünensüdspitze, dann erst am 26. wieder zwei. Im September zogen in der Nacht zum 11. ein paar, am 21. nachm. 3, am 22. ein St. an der Düne. Die letzte sah Dr. Keilhack am 2. Oktober an der Düne.

Auswärtige Beobachtungen.

Am 7. Juli sah ich auf der Schlei bei Schleswig einige. Sie sollen angeblich an der unteren Schlei brüten. Am 14. waren auf Jordsand die meisten Jungen bis auf wenige Hundert schon fort, auf Norderney waren am 16. gar nur noch ganz wenige. Am Memmert sah Leege am 28. September am Watt noch zwei und abends mehrere Junge, die letzten.

Sterna minuta L. Zwergseeschwalbe.

Auch von dieser Art, die man dort „Windmöwe" nennt, sah ich am 7. Juli einige über der Schlei unterhalb Schleswig. Am 14. gab es auf Jordsand infolge Zerstörung der ersten Brut durch Hochwasser erst Eier und sehr kleine Pulli.

Sterna caspia Pall. Raubseeschwalbe.

Ihr war es nicht viel besser ergangen: am 14. Juli fanden wir auf dem Ellenbogen (Sylt) noch 1 Ei und 8 Dunenjunge verschiedener Gröfse.

***Hydrochelidon nigra* (L.). Trauerseeschwalbe.**

1 (1). Am 10. Juli soll während meiner Abwesenheit nach Ch. Äuckens ein Fremder ein Ex. geschossen haben.

Auswärtige Beobachtungen.

Am 13. September stiefs im Hafen von Wyk auf Föhr eine Junge stundenlang erfolgreich nach kleinen Fischen (Mayhoff.)

26. † *Phalacrocorax carbo* (L.). Kormoran.

16 (4). Verhältnismäfsig sehr häufig kam heuer diese Art vor. Bei folgenden Daten ist angenommen, dafs auch bei den fremden Beobachtungen keine Verwechslungen mit dem sehr seltenen *graculus* untergelaufen ist.

Im März wird mir am 11. berichtet, ein Kormoran nächtige seit einigen Tagen an der Nordspitze, die übliche Art seines Auftretens hier. Am 27. soll einer auf der Düne gewesen sein. Im April sah am 29. Claus Denker zwei St. an der Nordspitze. Im Mai wiederholt sich die Beobachtung vom 11. III. am Hengst. Im Juni zogen am 3. abends $9^1/_2$ h drei St., in Schufshöhe über Hinrichs an der Südspitze weg, und am 11. sah der Fischmeister einen auf See.

Im Herbst sah ich zum ersten Mal auf Helgoland selber einen und zwar am 9. September. Er kam abends knapp aufser Schufsweite nach dem Nordkap, ward von einem Helgoländer gefehlt und kam dann noch zweimal zurück, um schliefslich auf seinen auserkorenen Ruheplatz auf dem Hengst zu verzichten. Am 11. ward einer, vielleicht derselbe, vorm. $^1/_2$ 11 h von Jak. Holtmann gesehen und am 13. ward von vielen Leuten ein anderes, nämlich junges Stück (nach der Zeichnung) am Felsen beobachtet. Am 30. fliegt wieder ein ganz schwarzes Ex. umher und wird am 1. Oktober endlich erlegt. Am 6. soll an der Düne öfters einer schwimmend gesehen worden sein und am 9. wird da einer vergeblich beschossen. Am 18. und 23. zog je einer vorbei. Schliefslich ward noch am 20. Dezember einer (angeblich diese Art) von Peter Dähn gesehen.

Auswärtige Beobachtungen.

Zu dieser ungewöhnlichen Häufigkeit stimmt es gut, dafs auch im Norderneyer Watt von Altmanns den Sommer über öfters welche gesehen wurden (Leege).

27. † *Phalacrocorax graculus* (L.). Krähenscharbe.

3 (0). Von dieser hier viel selteneren Art ward nach langer Pause wieder mal ein jüngeres Stück am 7. Februar erlegt. Am 30. September will dann Peter Dähn zugleich mit dem grofsen auch einen „kleinen, grünen Kormoran" beobachtet haben. Das mufs also diese Art sein. Und schliefslich ward unmittelbar vor Torschlufs am 31. Dezember noch ein diesjähriges Junges erlegt. Also gleich zwei Belegstücke dieses für Deutschland sehr

seltenen Vogels in einem Jahr. Helgoland ist aber auch der einzige Platz in Deutschland, wo er noch einigermafsen regelmäfsig vorkommt.

28. † *Sula bassana* (L.). Bafstölpel.

8 (2). Während im Vorjahre nur drei Stück beobachtet wurden, kam der herrliche Flieger heuer öfter vor. Schon am 23. September hatte der Fischmeister bei einer Kutterfahrt in der Nähe Borkums ca. 1 Dtzd. gesehen. Bald darauf, am 29. ward der erste, ein diesjähriges junges Ex., von einem Hummerfischer geschossen, am 1. Oktober von demselben wieder ein gleiches Stück und auch am 2. sah er noch eins. Am 7. erschlägt einer unsrer Leute vom Motorboot aus einen alten, dem die eine Flügelspitze abgeschossen war. Am 13. sieht Dr. Keilhack zwei alte wie ungeheure Seeschwalben über der Brandung am Südende der Düne fischen.

Weit draufsen auf See sollen am 18. und 22. Dezember nach Ch. Äuckens, der mit Motorboot zur Jagd draufsen war, sehr viele alte Tölpel, ca. 60 St.!? gewesen sein.

Auswärtige Beobachtungen.

September, bei Borkum ca. 1 Dtzd. s. o.! Im Oktober sah ich am 18. schon 85 Sm. WSW. von Helgoland früh ein paar; ein Stück weiter, auf 53° 35' N. 4° 49', wiederholt 1 ad.

29. † *Mergus serrator* L. Mittlerer Säger.

3 (I). Im Vorjahr nur einmal, heuer dreimal und zwar recht frühzeitig beobachtet: am 16. September fischte einer vor den Klippen an der Nordspitze (beob. von cand. Mayhoff), am 22. sieht einer unsrer Leute einen auf den Dünenbuhnen sitzen. Ebendort schofs Peter Dähn am 25. ein stark mauserndes ♀, vielleicht dasselbe Stück.

30. † *Somateria mollissima* (L.). Eiderente.

2 (1). Am 3. September ward ein ♀ erlegt und von Äuckens präpariert. Am 5. Dezember strichen drei St., 1 ♂, 2 ♀, durch den Hafen.

Auswärtige Beobachtungen.

Im Sylter Watt fand sie am 27. März Hagendefeldt schon gepaart. Am 7. Juli sah ich bei Hoyerschleuse ein paar streichen, am 14. Sept. ebenso Mayhoff auf der Aufsenrhede von Norddorf auf Amrum. Schliefslich sah Leege am 2. Oktober eine am Memmert.

31. † *Oidemia nigra* (L.). Trauerente.

9 : 15 (1 : 13). Von dem Rückzuge der ungeheuren Entenscharen merkten wir auch in diesem Frühjahre wenig. Im März zogen am 7. ca. 4—500 in zwei Ketten nordostwärts vorbei, etwas hoch; ein kleinerer Trupp und 2 einzelne Paare dicht über das Wasser. Am 8. sah der Fischmeister 6 Sm. NW. eine Schar von 25—30. In der Nacht zum 9. sollen welche gezogen sein, am 26. sah der Fischmeister eine Kette von ca. 2 Dtzd. In der Nacht zum 30. ziehen abends welche, ebenso in zum 5. April nachts 10—$^1/_2$12 h. Ich nehme bei diesen Beobachtungen an, dafs das gedämpfte entfernt wie das Stampfen einer Maschine klingende Tjock tjock vorwiegend dieser Art zukommt. Am 5. schwimmen 5 St. an der Westseite, am 6. sah der Fischmeister ca. 60, am 7. Jak. Reymers 8 St. an der Westseite, am 8. sah ich selbst draufsen einmal 8, dann 40 nach NO. streichen. In der Nacht zum 12. trotz Sternenhimmel sehr hoch leise Rufe gehört. Am 16. berichtet der Fischmeister, dafs jetzt täglich Ketten genau nach Osten zögen; auf einer 3—4 stündigen Fahrt sieht man etwa 100—200. Der Durchzug fand also im März und in der ersten Aprilhälfte statt. Die grofsen Massen sind aber jedenfalls wieder an der Küste hochgezogen. Oder gehen nachts viel mehr überhin, als man ahnt?

Auch heuer sah man im Sommer Trauerenten umherstreifen: so sah am 21. Juni der Fischmeister 5, Dr. Keilhack 10, am 9. Juli der Fischmeister 9, am 6. August eine. Es ist aber nicht ganz ausgeschlossen, dafs auch mal eine Verwechslung mit Eiderenten untergelaufen ist. Dann stellen sich allmählich mehr, vorerst aber verhältnismäfsig wenig ein: am 21. zwei Ketten (wohl diese Art). Am 28. wird ein einzeln schwimmendes prächtiges Männchen geschossen. Im September in der Nacht zum 4. einige, in der zum 11. Hunderte der geheimnisvollen Schreier. Am 23. sieht der Fischmeister verschiedene; am 25. sah ich im Süden 6 St. Im Oktober in der Nacht zum 5. einzelne Trupps, in der zum 13. allerhand, am 13. zwei (diese sp.?) an der Düne. In der Nacht zum 30. zogen paar Dutzend und in der zum 31. allerhand.

Auswärtige Beobachtungen.

Schon am 10. August sah ich in See vor Borkum öfter gröfsere (ca. 70 St.) Schwärme (keine *fusca* dabei) von O. nach W. streichen. Einmal eine kolossal lange Kette wie eine Perlenschnur. Am 24. Oktober 2 Sm. vor Ijmuiden: 1 ♀ dicht am Schiff, 4 Trupps streichen nach W. Am 20. November von Feuerschiff Elbe III aus ein Trupp von 10 Enten (sp.?) gesehen. Am 24. ziehen am Feuerschiff Norderney (mit SSE. 2—3 bis 11 h a, dann SO. 1) gröfsere Mengen und am 25. mit leichtem SO. wieder eine Anzahl „Enten“ vorbei. Nach Sachlage denke ich, es sind in allen drei Fällen Oidemien gewesen.

Nyroca sp.

1 (0). Am 3. April sah der Fischmeister früh $1/2$ 7 h ein Männchen der Berg-(*marila*) oder Reiherente (*fuligula*) niedrig über sich wegstreichen.

Anas penelope. Pfeifente.

In den nordfriesischen Watten bei Sylt, Föhr, Amrum vom 9.—12. September nach Mayhoff schon viele. Am 19. im Watt bei Baltrum nach Leege massenhaft. Im Könishafen von Sylt am 6. Oktober ca. 20, am 7. ca. 150, am 8. mehrere Scharen, ca. 300. Am 12. ca. 2000 nach Otto: „Heuer verhältnismäfsig wenig, seit Anfang Dez. wieder fort.“ Umgekehrt im ostfriesischen Watt besonders viel, noch Anfang November massenhaft, zu Hunderten erlegt, am 26. und 27. nur mehr wenig, 1 ♀ erlegt.

32. (†?) *Anas acuta* L. Spiefsente.

2 (0). Am 13. Oktober sah ich ein ♀ unter der Klippe vorbeifliegen. [Wahrscheinlich gehörte auch eine am 27. X. geschossene „Grüenn“ hierher.]

Auswärtige Beobachtungen.

In den nordfriesischen Watten vom 9.—12. Sept. von Mayhoff starke Schwärme von „Grauvögeln“ in der Ferne beobachtet. Die Kojen fingen in dieser Zeit vorwiegend *acuta*. Einige auf Föhr waren angeblich schon im 3.—4. Tausend. — Ebenso werden Spiefsenten wohl unter den grofsen Entenmassen gewesen sein, die um den 19. Sept. im Baltrumer Watt waren (Leege).

Anas crecca L. Krickente.

2? (0). Am 9. September ward eine sehr kleine Ente am Klippenfufse von mehreren Jägern gesehen und auch angeschossen. Am 13. Oktober wiederholte sich das auf dem Oberlande. Die kleine „sehr bunte“ Ente ging einem Manne, der die verwundete greifen wollte, unter den Händen weg. Da alljährlich ungeheure Massen Krickenten, nicht aber Knäckenten, nach Westen an der Küste ziehen, gehe ich wohl nicht fehl, wenn ich annehme, dafs es sich um *crecca* gehandelt hat.

Auswärtige Beobachtungen.

Am 12. September fallen auf einem Teiche neben der Koje am Nordstrand von Föhr drei St. ein (Mayhoff).

? *Anas boschas* L. Stockente.

1 : 1 (2 : 1). In der Nacht zum 16. März hörte ich einmal das bekannte Flugelgeräusch, wohl von dieser Art. Am 17. Juni

will der Fischmeister 3 Stück gesehen haben, die er im Fluge nach dem Habitus bestimmte.

Auswärtige Beobachtungen.

Am 7. Juli traf ich auf der Schlei mehrere flugbare Schofe, am 8. bei Westerland a. Sylt einen noch nicht flüggen. Am 16. sind alle Brutenten von Norderoog mit ihren Jungen bereits fort. Am 9. August sehe ich gröfsere Mengen auf dem Watt bei Ostermarsch. Mitte September dort in Menge, ebenso noch Anfang Nov., viele geschossen. Am 27. nicht mehr viel dort, einzelne beobachtet. Sollen jetzt viel nach dem Binnenlande auf die Saaten wechseln.

33. † *Tadorna tadorna* (L.). Brandgans.

1 : 2. Am 17. und 18. August schwamm nach Cand. Mayhoff immer eine am Nordstrand, bis sie, angeschossen, wegtrieb. In der Nacht vom 25. zum 26. November flog sich ein schönes ♂ trotz Sternenhimmel am Leuchtturm tot, eine grofse Seltenheit. Überhaupt kommen nach Gätke alte ausgefärbte Stücke wie dieses nur etwa alle zehn Jahre mal vor und dann meist bei strengem Frost.

Auswärtige Beobachtungen.

Am 26. März konstatiert Leege am Memmert und am 27. Hagendefeldt auf Sylt, dafs die Brandenten schon gepaart sind. Am 7. Juli sehe ich einige ♂ bei Hoyerschleuse, ebenso am 8. bei List und am 15. bei Hörnum auf Sylt. In diesen Tagen werden nach Hagendefeldt die Jungen dem Meere zugeführt.

34. *Anser* sp. Wildgans.

2:7 (3:4). Vom Frühjahr habe ich nur eine einzige Beobachtung von Kuchlenz, der am 28. März 6 St. (wahrscheinlich *fabalis*) gesehen haben will.

Im Herbst sah der Fischmeister am 27. September die ersten 7 Gänse. In der Nacht zum 2. Oktober hörte derselbe gegen 11 h einen Trupp und Dr. Keilhack ebenfalls einen in der nächsten Nacht. Am 8. wurden 12 St. gesehen und am 12. bemerkte der Fischmeister wieder 5 St. Am 26. sollen nachmittag 3 h zwei Scharen (zu 50 und 30) im Nebel dicht über das Wasser vorbeigestrichen sein. Im November sah ich am 12. nachmittags $3^1/_2$ h eine Schar von 45 St. von NO. her in 80—100 m Höhe durchziehen, das Wetter war klar. Im Dezember wurden am 4. sechs St. gesehen.

Es wird sich wohl fast ausschliefslich um Saatgänse handeln.

Auswärtige Beobachtungen.

Aus Schöneberg in Mecklenburg meldet W. Hagen (Orn. M.-Ber. 10, H. 12) erst vom 12. Oktober die ersten. Im November war am 12. bei uns Zug (s. o.). In der folgenden Nacht (12./13.) zwischen 4 und 5 h a. hörte Oblt. Ganzel auf S. M. S. Zieten etwa 40 Sm. westlich von Ijmuiden (Holland) in stockfinsterer stürmischer, zeitweise regnerischer Nacht bei Nordwind eine grofse Anzahl hoch in angeblich nördlicher bis nordwestlicher Richtung ziehen. Am Abend des 26. kam im Finstern ein Trupp (Saat-?)Gänse über Leeges Haus in Ostermarsch gestrichen.

35. † *Branta bernicla* (L.). Rott- oder Ringelgans.

2:9 (1:7). Über den Zug dieser Art sagt Gätke gar nichts. Strenge Winter mit Schwimmvogelscharen haben wir aber schon lange nicht mehr gehabt.

Am 1. Januar flogen abends $^1/_2$8 h drei bis vier Rottgänse ganz niedrig über das Unterland. Die eine hatte denn auch wohl das Pech, irgendwo gegen zu fliegen, denn sie kam in der Hauptstrafse herunter, ein Matrose lief hinzu und packte sie. Ich kaufte sie, hielt sie ein paar Tage bei spärlichem Gerstenfutter, bis der ewige Nebel endlich mal freundlichem Sonnenschein gewichen war. Da nahm ich denn meine Gans, an einem Ruder mit einem langen Faden gefesselt, mit in ein Boot aufs Wasser und liefs sie dort schwimmen. Dabei störte sie bald der blitzschnell weggefierte und versenkte Faden gar nicht mehr, da sie ihn auf diese Weise gar nicht merkte. Dann machte ich von dem prächtigen, ausgefärbten Tier, das sich ganz wie in Freiheit benahm, einige vorzügliche Aufnahmen. Da es wohl die ersten wirklich tadellosen Abbildungen dieser Art sind und Aufnahmen in freier Natur auf 2—3 m bei uns wohl nie gelingen werden, publizierte ich das beste der Bilder in der Leipziger Illustrierten Zeitung vom 15. Juni 1911.

Am 21. I. sah der Fischmeister 7 St. Im März wollen zwei unserer Leute in der Nacht zum 8. nach 2 h welche gehört haben und am 28. sah der eine früh ein Exemplar. Im April sah am 6. der Fischmeister 15 St. hart am Winde, also fast genau gegen den Wind, und am 9. zwei Ketten von je 50 St. streichen, beidemale nach Osten. Am 11. sah ich selbst von der Düne aus 9 St. nach Osten oder NO. vorbeiziehen.

Sicherlich ziehen die Hauptmassen auch dieser Art mehr landwärts an der Küste durch.

Im Herbst sah der Fischmeister am 19. September die ersten beiden und am 28. eine. Am 5. Oktober safs frühmorgens eine in der Gärtnerei, sie war wohl ein wenig angeflogen, kam aber noch heil davon. Am 30. flogen nachm. 7 St. überhin und abends soll eine geschossen worden sein.

Auswärtige Beobachtungen.

Aus den ostfriesischen Watten berichtet Leege vom 15. September das Eintreffen der ersten kleinen Trupps bei Ostermarsch, bei Baltrum sah er aber am 19. noch keine, auch am 26. waren sie am Memmert noch sparsam. Im Sylter Königshafen nach Otto: Am 2. Oktober eine kleine Schar, ca. 7—10, am 5. schon 80—100, 6.—8. ca. 200, am 9. zwei Scharen, ca. 700, am 11. mehrere Scharen ca. 1200—1500. Aus Westerland meldet Hagendefeldt grofsen Zug in der Nacht vom 29./30. Oktober 8—$1^1/_2$ h. (Noch am 30. hier auf Helgoland Zug!) Im November sah ich in den Ostermarscher Watten am 26.—27. etwa 2000 St. Am 28. Dezember sollen da „nicht besonders viel" sein (Müller).

36. *Cygnus* sp. [jedenfalls *cygnus* (L.) Singschwan].

3 (2). Am 16. Januar nachm. ziehen 2 St. aus NO. nach S. quer über den Hafeneingang.

Im Herbst soll am 15. September abends ein junger Schwan von der Düne verscheucht worden sein nach Aussage des Fischmeisters [bei diesem Stück könnte es sich allenfalls auch um einen Höckerschwan handeln]. Im Oktober zogen am 22. zehn Stück vorbei (im Vorjahre am 29. eine Kette).

Auswärtige Beobachtungen.

In den Tagen vor dem 2. November sollen in Sylt Schwärme von 29—30 St. hin- und hergeflogen sein, am 2. selbst sah Hagendefeldt 5 St. laut rufend überhin streichen.

37. † *Haematopus ostralegus* L. Austernfischer.

20 : 33 (10 : 22). Ich schlofs den vorjährigen Bericht mit den Worten: „Von Überwinternden war bis Jahresschlufs hier nichts zu spüren." Wohl aber kamen anfangs 1910 noch welche vor: am 8. Januar einer auf der Düne und in der Nacht zum 5. Februar mehrere gehört und gesehen. Es haben also doch welche überwintert.

Im Frühjahr war der Charakter des Durchzugs ähnlich wie im Vorjahre. Bei Tage kamen immer nur einige wenige vor und zwar an sechs Tagen zwischen dem 6. März und 23. Mai. In fünf Nächten zogen ebenfalls welche, aber nur in den zum 28. März, 5. April und 6. Mai in gröfserer Zahl, doch wohl kaum über 100 in der besten Nacht.

Im Herbst zogen die ersten in der Nacht zum 3. August, Das waren aber einzelne, wie heuer im August überhaupt nur an 9 Tagen und 4 Nächten welche und dabei nie über ein paar Dutzend vorkamen. Bei Tage wie immer nur ein paar. Doch häufte sich der Zug gegen das Ende des Monats und ging lebhaft weiter bis zum 13. September, freilich meist nächtlich (5 Nächte). Immerhin handelte es sich auch hier nur um wenige hundert, am meisten noch in der Nacht zum 11. Der Wind war fast immer leichter bis ganz leiser Nordost. Ein Nachzügler kam am 17. durch. Dann Pause. Vom 1. bis 13. Oktober ein neuer Schub an 3 Tagen und 2 Nächten, aber wenig. Einzelne ferner am 30. und in der Nacht zum 31., sowie am 4. November. Schliefslich ein letzter Schub von einer ganzen Anzahl wetterfester Stücke in der Nacht zum 28. XI. (Im Vorjahre die letzten am 5. Okt. bemerkt).

Auswärtige Beobachtungen.

Winter: Nach Hagendefeldt waren auch bei Sylt den ganzen Winter hindurch welche zu sehen. Frühjahr: Am 26. März sah sie Leege am Memmert in langen Reihen, z. T. aber schon gepaart. Am 28. kamen in Sylt nach Hag. grofse Züge NO.-wärts durch (auch auf Helgoland Zug!). Sommer: Am 7. und 8. Juli sah ich bei Hoyerschleuse, List und Westerland auf Sylt nur je ein paar. Ebenso nur die Brutvögel und deren z. T. noch flaumigen Jungen am 14. in Jordsand und auf d. Ellenbogen, in Hörnum, Hooge und Norderoog. Im August in den Ostfriesischen Watten: am 8. bei Norderney allerhand, ausnahmsweise noch ein Dunenjunges, am 9. bei Ostermarsch in Menge, meist ausgefiederte Junge, am 19. bei Borkum verschiedene, am 20. bei Norderney viele iuv. Herbst: In den nordfriesischen Watten sah Mayhoff überraschenderweise im September nur einzelne oder kleine Trupps, so am 9. bei Keitum a. Sylt, 10. bei Hörnum (Sylt) und Steenodde (Amrum), 11. zwischen Kampen und List, 12. Föhr, 13. Wyk. Es ist, als ob die Massen sich schon mehr nach Westen zögen. In der Nacht zum 11. war auf Helgoland noch der beste Zug im Sept. In derselben Nacht ward auch in Westerland grofser Zug bemerkt. Mind. ein Teil nahm also den Weg hierher (die Hauptmenge mehr der Küste entlang meiner Vermutung nach). In der Tat traf Leege am 25. Sept. am Memmert Massen, am 28. weniger, und am 1. Oktober wieder Schwärme an. Am 26. November bemerkte ich im Ostermarscher Watt noch einzelne.

38. † *Arenaria interpres* (L.). Steinwälzer.

3 : 7 (1 : 9). Ähnlich wie voriges Jahr, nur keine späten Beobachtungen. In zwei Frühjahrsnächten: in der zum 30. März und 4. April glaubte ich welche zu hören, war aber meiner Sache nicht ganz sicher. Bei Tage sah ich nur einen am 14. Mai auf der Düne.

Im Herbst ward der erste, ein schönes Ex., am 18. August geschossen, am 23. kamen drei an, wovon einer erlegt. In der Nacht zum 25. flog zweimal ein Trupp am Leuchtturm. Diesmal war kein Zweifel mehr, da mir der Klang frisch im Ohre lag. Doch war ein Unterschied zwischen den Stimmen bei Tag und Nacht wahrzunehmen: Bei Tage hört man fast nur das gewöhnliche bri bri bri und ganz selten einen andern Laut, der in jener Nacht ganz und gar vorwog und nur ab und zu in jenen kurzen sanften Triller überging. Diesen Laut notierte ich mit Herrn Mayhoff zusammen sofort als „nicht besonders lautes und etwas heiseres Djīb od. Djäb od. Djiäb", ziemlich tonlos. Manchmal ging der Ruf, wie gesagt, unmittelbar in das Tritritri über. — Es handelt sich scheinbar um denselben Laut, den Naumann als „sanftes oder gedämpftes Dlüa" schreibt. Offenbar handelt es sich um den Wanderruf. Leider hat man ja diesen Dimorphimus in der Stimme verschiedener unserer Zugvögel noch nie von Seiten der Vogelstimmenspezialisten studiert. Es ist freilich auch eine ziemlich schwierige Sache.

Doch zurück zu unserem Bericht! Am 26. August traf ich zehn Stück auf der Düne an, die äufserst vertraut waren. Es waren dabei zwei alte mit vielen Resten des Prachtkleides und einige Junge. Die Vögel blieben aber nicht lange, am 29. war keiner mehr da. Am 30. flog einer über das Wasser. Am 1. September keiner, dagegen am 4. wieder einer und am 5. zwei. Bei 10 weiteren Besuchern der Düne im Sept., 3 im Oktober und 2 im November wurde keiner mehr gefunden.

Auswärtige Beobachtungen.

Im Sylter Königshafen sah Otto schon am 28. Juli an der ganzen Wattseite einzelne, am 30. mehrere kleine Scharen von 5—12. In diesem Jahre überhaupt auffallend viel, Sa. ca. 4—500 St. Auch am Norderneyer Wattenstrand sah ich schon am 20. August ein Exemplar.

39. † *Squatarola squatarola* (L.). Kiebitzregenpfeifer.

5:1 (3:9). Geradezu selten war heuer diese Art, gesehen habe ich keinen einzigen. Und dabei war doch sein naher Verwandter, der Goldregenpfeifer, recht häufig! Allerdings haben beide Arten recht verschiedene Lebensweise!

Am 27. März glaubte ich früh einen zu hören, wenn es nicht doch vielleicht ein *apricarius* war. In der Nacht zum 29. einen und in der Nacht zum 14. Mai einen (?) gehört.

Im Herbst trotz vieler Besuche der Düne keinen angetroffen. Doch soll ein Stück von einem Badegast geschossen worden sein. In der Nacht zum 11. September zogen einzelne, in der zum 30. soll einer vorgekommen sein und in der zum 31. Oktober hörte ich wieder einzelne.

Auswärtige Beobachtungen.

Leuchtturmwärter Otto auf dem Ellenbogen in Sylt beobachtete am 11. September ca. 20 St.; O. Leege an der Memmertbalge, dem Meeresarm zwischen Juist und Memmert, am 25. etliche und hörte am 28. abends ihre Rufe.

40. † *Charadrius apricarius* L. Goldregenpfeifer.

26:42 (12:17). Sehr viel mehr als 1909. Man wurde heuer fast an die gute alte Zeit Gätkes erinnert. Freilich, die grofsen Massen nahmen ihren Weg auch heuer sicher wieder nicht über Helgoland. Der Goldregenpfeifer ist nämlich ein aufserordentlich häufiger Vogel und mufs in gewaltigen Mengen im Nordosten nisten.

Ich schlofs den vorigen Bericht mit einer Beobachtung vom 17. Dezember. Das war aber noch nicht der letzte. Im Januar zogen in der Nacht zum 6. etliche, in der zum 8. von 1 h ab ein paar. Am 9. lief einer zusammen mit einem Kiebitz auf dem Oberlande. In der Nacht zum 1. Februar kam immer ab und zu mal einer durch. Wo der Hinzug aufhört und der Rückzug anfängt, ist gar nicht zu sagen. Im März ist es natürlich regulärer Frühjahrszug: In der Nacht vom 2./3. zieht einer trotz Sternenlicht rufend überhin, am 3. früh wird einer von drei geschossen, am 6. früh einer, nachts 7./8. eine kleine Anzahl, einer im Winterkleid gefangen, 10./11. und 15./16. ein paar. Am 27. wird abends einer geschossen, der schon allerhand schwarze Mauserfedern hat. In den Nächten zum 28. III., zum 5. und 8. April zogen einzelne. Am 10. war nachmittags einer auf der Düne. Der letzte kam am 11. Juni in der Dämmerung vor.

Der Herbstzug war viel lebhafter. Am 1. August früh wurden die ersten drei gesehen. Im übrigen August an 7 Tagen einige, doch nicht mehr als je sechs Stück. Davon waren am 7. drei schwarzbrüstig, also alt, am 22. und 23. schienen zwei Exemplare vermauserte Alte zu sein. Die übrigen geschossenen waren, soviel ich sah und definieren konnte, junge.

In der ersten Septemberhälfte kam dann mit leichten Nord-Ostwinden die gute Zeit der Jäger. Am 1. und 2. nur einzelne. Als dann in der Nacht zum 4. der NW. 4 abflaute und in NO. 1 umschlug, zogen sofort eine ganze Anzahl, sagen wir paar Dtzd. bis 100, und am 4. früh wurden dann auch etwa zwölf Stück der dummen jungen Vögel geschossen. Sie folgen so lange dem nachgeahmten Lockruf, bis auch der letzte totgeschossen ist. In der nächsten Nacht und am Morgen wiederholte sich dasselbe Schauspiel, mind. 17 St. wanderten in die Küchen. Und ich kann bestätigen, dafs solche jungen „Goldhühner" fast besser schmecken wie junge Rephühner. In der Nacht zum 7. wieder etwas Zug und früh etwa 20 bis 25 geschossen. Am 8. und 10. nur 1 od. 2. Am 12. früh wurden wieder etwa 20 St. geschossen, wie immer in der ersten halben bis vollen Stunde nach Eintreten des notdürftigsten Flintenlichtes. Ausnahmsweise kam noch etwa 8 h ein Trupp von 7 bis 8 St. in sausender Fahrt durch, liefs sich aber durch kein Locken aufhalten, durch die Fehlschüsse erst recht nicht. Sonst sind ja am frühesten Morgen die Vögel nicht schwer zu schiefsen. Oft genug halten sie ruhig im Sitzen aus oder sie kommen dem lockenden Schützen bequem vor die Flinte, ja ich sah sogar, wie solch ein Schütze gemütlich auf der Bank sitzen blieb und die Vögel so heranlockte, dafs sie sich vor ihn in Schufsweite hinsetzten. Wenn man freilich erst um 7 h hinauskommt, hat man das Nachsehen d. h. man kann gerade noch all die bekannten wilden Jäger mit je einem Bündel Goldhühner in der Hand zum Kaffeetrinken heimkehren sehen.

Bis zum 21. IX. kamen fast täglich einige vor und wurden geschossen, nächtlicher Zug aber nur am 12./13. bemerkt, wo denn auch früh noch ein Trupp von 15 St. beobachtet wurde. Dann noch am 28. paar, so vertraut, dafs ich mit dem Schiefsstock einen erlegen konnte, am 30. einer.

Im Oktober kam eine zweite Zugsperiode vom 4. bis 13. In vier Nächten zogen je ein paar Dtzd., am 8./9. wahrscheinlich mehr. Bei Tage kamen nicht mehr viel zur Beobachtung und zur Strecke. Die meisten schossen noch mein Kollege und ich, da die Helgoländer auf die mehr einzelnen Nachzügler nicht mehr so toll Jagd machten. Im X. wurden dann noch am 19. einer erlegt und in der Nacht zum 26. fand etwas, in der zum 30. dagegen sehr viel (mindestens „Hunderte") Zug statt (ebenso in Westerland!). Es wehte ganz leiser Ost und es regnete. Noch früh in der Dämmerung schreien welche, sie ziehen aber trotz dicker unsichtiger Luft (!) gleich weiter, lassen sich auch gar nicht locken, es sind also sicherlich nunmehr die Alten.

Im November zogen in der Nacht zum 13. noch etliche, setzten aber eine Zeitlang aus, als der südliche Wind gar zu stark wurde. Am 27. zog einer und in der folgenden Nacht eine grofse Menge durch. „Natürlich" möchte ich fast sagen, war der Wind wieder leise und östlich: SO. 1—2, also immer und immer mehr oder weniger Mitwind.

Im Dezember kamen nicht mehr sehr viel vor. Am 4. wird einer gesehen, den ich am 5. schofs. Das arme Tier zeigte eine Fünfmarkstück grofse, eben verharschte Hautwunde an Brust und Bauch. Ich kann mir das nicht anders erklären, als dafs der Vogel in der Nacht scharf über einen Draht hingesaust ist, der ihm die Haut wegrifs. Trotzdem ging der Vogel noch vor mir ab, so dafs ich ihn im Fluge schiefsen mufste. — In den Nächten zum 7. und 8. zogen einzelne, in der zum 11. aber eine ganze Anzahl (sagen wir 100), wovon am 11. noch einer auf der Düne geschossen wird. Im Winter werden übrigens sonst recht selten welche erbeutet. Selbst in der Nacht zum 22. (1. Hälfte) zogen noch 50—100 oder mehr einzeln oder zu zweien bei sehr schwachem Wind und in der nächsten Nacht (2. Hälfte) mehrmals ab und zu einzelne.

Auswärtige Beobachtungen.

Schon am 16. Juli (abends) sah Lehrer Gechter einen auf der Hallig Hooge, wohl ein deutscher Brutvogel. Am 10. September sah Mayhoff 15 Junge auf einem Brachacker zwischen Nebel und Leuchtturm auf Amrum. Am 19. eine kleine Schar (ca. 25), am 22. mehrere Scharen (ca. 70) auf dem Sylter Ellenbogen nach Otto. Am 19. Oktober erlegte Privatier F. Kircher einen in der Umgebung Hanaus a. Main, wo er ihn früher seit vielen Jahren nie bemerkt hatte. Sehr wichtig ist es, dafs in der Nacht zum 30. Okt., wo auf Helgoland starker Zug war, auch über Westerland nach Hagendefeldt grofser Zug von „Regenpfeifern" wegging (leiser Ost!). Ob das wohl ein Beweis ist, dafs alle Helgoländer Goldr. diese Nacht über Sylt, also von NNO., kamen? Fast scheint es so.

Noch am 26. und 27. November waren die G. geradezu häufig an der Küste gegenüber Norderney. Grofse Trupps safsen auf den Äckern hinter den Deichen oder strichen sausend auf und ab. Es mögen im Ganzen etwa 200 gewesen sein. Der Boden war gefroren, trotzdem schienen die Vögel es noch länger versuchen zu wollen. Man sieht, der Zug geht lange nicht mehr bei allen Arten und lange nicht bei allen Individuen einer Art instinktmäfsig vor sich. Gerade der Goldregenpfeifer zeigt, wie die Alten wenigstens nur widerwillig südwärts rücken. Wahrscheinlich hat auch die Ostermarscher der Frost doch zum grofsen Teil noch weiter gedrängt, wie auch über Helgoland weiter von Osten her in diesen Tagen wieder welche zogen. Vielleicht war es schon regelrechter Zug, als uns am Abend des 27. eine Schar in fabelhafter Schnelligkeit über die Köpfe am Strand entlang westwärts strich.

Die Schnepfe fliegt in der Morgendämmerung auf Helgoland gewifs schnell, aber eine derartige Fahrt wie von diesen Goldregenpfeifern habe ich noch kaum bei einem Vogel gesehen. Der Segler fliegt wohl normalerweise auch nicht schneller als diese G. Ich kann diese Geschwindigkeit nur mit dem raketenartigen Niedersausen und Einfallen der Singdrosseln aus grofser Höhe am Morgen nach einer Zugnacht vergleichen. Da sieht man allerdings meist gar nichts oder nur einen Strich, aber das ist auch kein regulärer Flug! Wir hörten ein furchtbares Sausen, dafs wir alle zusammenzuckten, sahen eine breite Kette Goldregenpfeifer niedrig über uns wegkommen, und fast im gleichen Augenblick auch schon in der Ferne verschwinden. Ich habe schon viele schnelle Vögel fliegen sehen, aber dieser Eindruck war der tiefste bisher. Ich möchte mal den Jäger sehen, der da das Gewehr auch nur hätte aufnehmen können! Nun will ich aber nicht etwa in Gätkes Kerbe schlagen und von 400 km Stundengeschwindigkeit reden, wie er es beim Amerikanischen Goldr. tut. Aber ich denke, 100 km oder wahrscheinlich noch mehr können gut herauskommen. Dabei war es reine Eigengeschwindigkeit, da Windstille herrschte.

41. † *Charadrius morinellus* L. Mornellregenpfeifer.

4 : 4 (3 : 1). Etwas mehr als im Vorjahre. Heuer auch Frühjahrsbeobachtungen. In der Nacht auf den 6. Mai (SSW. 3) sah Jakob Reymers die ersten im Scheine des Turmes (mit Glas deutlich erkannt). Am 14. früh will Kuchlenz einen gehört haben (O. 1). Am 19. Nachmittags 3 h — es war warm und O. 2 — safs ein St. zwischen ein paar Wacholderdrosseln auf einem Brachfelde des Oberlandes. Es war das erste Stück, das ich gut beobachten konnte. Der weifse Augenbrauenstreif leuchtete sehr weit. Da die Drosseln merkwürdig wenig scheu waren, liefs mich auch der schöne Vogel gut heran und ich schofs ihn mühelos, zugleich, unbeabsichtigt, eine *pilaris* mit. Dann wurde noch ein Stück am 26. Juni erlegt.

Im ganzen August merkten wir diesmal nichts vom Rückzuge. Erst in der Nacht zum 1. September zogen welche und ein Stück flog an. In der Nacht zum 4. hörte ich öfter sehr sanfte Triller, ütt ütt ütt, und ebenso in der zum 5. öfter sanfte Rufe wie Düt düt und ähnlich, was ich alles als Mornell ansprechen mufste. Es sind offenbar ziemliche Mengen durchgezogen. In der ersten Nacht begann der Zug, sowie der NW. 4 in NO. 1 umschlug, in der zweiten wehte NO. 4 also schon ziemlich starker Wind, freilich denkbar günstigster Richtung. Am 5. früh ward dann auch zur Bestätigung meiner Beobachtungen ein altes Ex. geschossen.

42. † *Charadrius hiaticula* L. Sandregenpfeifer.

25 : 52 (7 : 20). Diese Art konnte heuer viel besser beobachtet werden, da die Düne häufiger kontrolliert wurde (44 mal). Infolgedessen ist das Material diesmal immerhin recht gut, wenn auch natürlich noch lange nicht lückenlos. Das schadet aber soviel nicht, weil die nächtlichen Züge doch hier auf der Insel zur Beobachtung kommen und es sich auf der Düne fast immer mehr um Rast als Zug handelt.

Wenn unser Präparator Hinrichs in meiner Abwesenheit in der Nacht zum 11. Februar einige Halsbandregenpfeifer beobachtet haben will, so ist das nach meinen Beobachtungen von 1911 wahrscheinlich kein Irrtum. Aber selbst noch die folgenden Beobachtungen stellen ganz aufserordentlich frühe, noch kaum bekannte Zugsdaten dar.

In der Nacht zum 2. März zogen etliche, am 3. sah ich zwei auf der Düne. Schon in der Nacht zum 8., also sehr früh, zogen gröfsere Mengen, nach Hunderten zählend, durch bei schwachem Südwind und Regen. Es flogen wohl ein Dutzend an. Etwa 6 St. waren davon am 8. auf der Düne zurückgeblieben. In der Nacht zum 11. (SO. 1) zogen wieder viele (1 +) und 2 St. blieben auf der Düne. Ein Ex. hatte durch Anfliegen offenbar eine innere Verletzung erlitten: es lief lange in den Gärten am Leuchtturm herum, bis ich es erlöste. In der Nacht zum 12. nur einzelne. Als ich mal wieder nach der Düne gelangen konnte, am 26., waren da mindestens 3 St., am 27. nur einer. In der folgenden Nacht, zum 28. zogen bei Calme bis Nord 1 immerzu einzelne und Trupps durch. Im April kommen nur mehr die ersten Tage in Betracht. Am 1. und 4. waren je 2 St. auf der Düne, am 11., 12., 15. und weiterhin keine mehr. In der Nacht zum 5. bis $11^1/_2$ h bei Süd 2 mäſsiger Zug.

Wir haben also hier wieder nur einen kleinen Teil der ganzen Vogelmasse bemerkt und dieser kam sehr früh durch.

Wann die ersten Rückzügler ankamen, kann ich nicht sagen, da ich in jener Zeit entweder abwesend war oder zu stark beschäftigt, um nach der Düne zu fahren. Am 9. Juli traf mein Kollege Dr. Keilhack etwa 30 St. auf der Düne an. Da sie noch sehr vertraut waren, können sie noch nicht lange da gewesen sein. Mit Ausnahme weniger Tage hielten sich nun immer mehr oder weniger, meist ein kleiner Trupp von 10—12 Stück, selten 30 oder mehr, öfter weniger, auf der Düne auf. Natürlich waren das nicht die ganzen Monate hindurch dieselben, sondern nach tage-, ja vielleicht wochenlanger Rast wurden sie immer wieder ersetzt. Von Anfang an sind Alte dabei. Von Ende September bis Mitte Oktober (13.) wurden dann die Pausen gröſser, die Rastzeit sehr kurz. Nächtliche Züge in geringerem Umfang, d. h. mind. 50, höchstens paar hunderte, waren zu bemerken in den Nächten zum 4., 7., 9. und 30. August. Hier beginnt offenbar der Hauptdurchzug: Die Kurve zeigt ihren Höhepunkt am 4./5. September und fällt am 13. auf Null. Es zogen in der Nacht zum 1. wenig, zum 3. leidlich viel, zum 4. paar Dtzd., zum 5. am meisten: sehr starker Zug, mindestens Hunderte, ebensogut können es aber auch Tausende gewesen sein, die Rufe erfolgten so rasch hintereinander, daſs sie sich aneinander schlossen. Es wehte relativ starker Wind aus der günstigsten Richtung: NO. 4. Am 8. waren selten viel auf der Düne, etwa 60 St. In der Nacht zum 11. nochmals mäſsig starker Zug. Wind wechselnd von NO. bis S., 1—3. Dann erst wieder am 29./30. kurze Zeit einiger Zug.

In die erste Oktoberhälfte fiel eine zweite Periode nächtlicher Züge. In der Nacht zum 5. zogen wenige Dtzd., am 8./9. und 9./10. noch weniger, am 12./13. wieder etliche Dtzd. Auf der Düne waren in diesen Tagen ebenfalls wiederholt einige bis 1 Dtzd. Bis zum 11. November wurden bei drei Dünenbesuchen keine und erst bei dem Besuche am 12. November die letzten 8 St. beobachtet.

Auswärtige Beobachtungen.

In der Zeit vom 14. bis 16. Juli bemerkte ich nur ganz einzelne an den nordfriesischen Inseln, am 8. August am Norderneyer Wattstrande schon viele, am 19. auf Borkum verschiedene. Vom 9.—12. September traf Mayhoff auf den nordfriesischen Inseln merkwürdigerweise überall nur einzelne, je 3—4, am Watt an.

Charadrius alexandrinus L. Seeregenpfeifer.

1? (2). Am 3. August glaube ich eine auf der Düne im Fluge gehört und gesehen zu haben, hatte aber unglücklicherweise — das einzige Mal — mein Glas nicht bei mir.

Auswärtige Beobachtungen.

Am 14. und 16. Juli haben die wenigen Brutpaare auf Jordsand und der Hallig Hooge (resp. Norderney) schon fast erwachsene, aber noch nicht flugfähige Junge. Am 20. August sah ich am Norderneyer Wattrand ein paar Junge (dort erbrütet).

43. † *Vanellus vanellus* (L.). Kiebitz.

15:55 (10:19). Viel mehr als im Vorjahr.

Der Wegzug berührte sich in diesem Winter fast mit dem Herzug. Offenbar ist ein Stück, das am 9. Januar auf dem Oberlande in Gesellschaft eines Goldregenpfeifers umherlief, noch als Winterflüchter aufzufassen. Dagegen wird ein Schwarm von etwa 30—50 St., den einer unsrer Leute um dem 25. Februar überhin ziehen sah, sicherlich schon nach Norden gezogen sein, denn die nächsten.Daten schliefsen sich dicht an: Vom 4. März an bis zur Nacht zum 13. April kamen in Abständen von höchstens zwei Tagen kleinere Trupps, meist von 3—6 St. frühmorgens, ab und zu auch nachts, durch, im Anfang und gegen Ende des III. mit Steigerung: in der Nacht zum 8. III., als der Süd (2) langsam nach SW. (1) herumging, zog eine Menge, d. h. viele Hunderte (vielleicht Tausende?). Es wurden viele gefangen und geschossen, auf dem Leuchtturm kamen so allein 23 Stück um. In den Nächten zum 11., 12., 13. und 16. zogen viel weniger, die höchstens nach Dutzenden zählten. In der letzterwähnten Nacht riefen die Vögel merkwürdigerweise mitunter ihren Balzruf „Ruiquiqui". Das ist offenbar nur ein Ausdruck der Erregung, wie auch die Lerche mitunter mal einige Gesangsrufe in der Verwirrung vor dem grellen Lichte ausstöfst.

Der nächste Nachtzug fand am 27./28. III. statt, es zogen bei ganz leisem (1) NW. eine ganze Menge, aber lange nicht so viel wie am 7./8. Schon am späten Nachmittag war nach dem Schwinden des Nebels eine Schar angekommen und am andern Morgen (28.) war ganz früh noch eine Schar von 60—70 da, das Maximum am Tage. Die späteren nächtlichen Züge am 2./3., 11./12., 12./13., 28./29. April waren ganz unbedeutend oder es handelte sich gar nur um einzelne Stücke. Auch am Tage kamen seit dem 12. April nur selten noch einzelne vor: am 25. nachm. zwei, am 13. und am 17. Mai je zwei, am 18. und am 19. je einer.

Wenn ich den Schnitt zwischen Hin- und Rückzug hierher lege, so gründet sich das nur auf eine Pause von 18 Tagen. Vielleicht handelt es sich bei den ersten Junistücken z. T. auch um Vögel, die ihre Brut verloren oder um überzählige Männchen, wie auch schon bei den letzten Frühjahrsfällen. Der ganze Rückzug war hier ungemein verzettelt und auf viele Monate verteilt, die Mengen recht gering im Verhältnis.

Am 6. Juni abends kamen die ersten beiden, am 11. früh sechs St., wohl junge, am 16. abends und 17. früh einer, scheinbar iuv., am 22. früh 1 iuv., nachm. 8 alte und junge, am 23. mitt. 3 junge. Im Juli am 1. und 2. je drei, wovon mind. 1 iuv.; am 18. früh einer. Im August eine kleine Steigerung: Nachts 2./3. etliche, markierte einen auf dem Turm, am 12. zogen 7, am 21. ganz früh ein Trupp von etwa 50 St. vorbei, auch am 22. rastet ein Trupp von 33 St. ganz still und dicht beieinander am Ostfufse der Klippe und zieht dann dicht über dem Wasser nach West ab. Dann nur am 23., 27., 28., 30. VIII., 19. September, 2., 9., 10. und 12. Oktober je ein paar (1 bis 5). Von da ab eine zweite geringe Steigerung: in den Nächten zum 31. X. und zum 1. November ein wenig Zug, in der ersteren mehr als in der zweiten. Am 4., 6. und 12. kam je einer, am 13. früh ein Schwarm von 27—30 St. vor. In der Nacht zum 28. schliefslich soll bis Mitternacht „starker Zug“ gewesen sein. Es war eine allgemeine Flucht, ein Kehraus der von Kälte und Eis noch nicht verjagten Vögel vor dem am 28. früh einsetzenden schauderhaften Sturmwetter. In der letzten Nacht davor waren gerade noch sehr günstige Bedingungen gewesen: ein ganz leichter SO., das Barometer fiel stark und die Temperatur stieg ebenso rasch.

Auswärtige Beobachtungen.

Am 28. März streichen nach Hagendefeldt überall Flüge von 100 St. umher, brüten aber noch nicht. Am 31. früh kommen nach Leege auf dem Memmert Trupps nach Osten durch, ebenso am 1. April morgens kleine Schwärme. Im Juli finde ich an der Schlei einige Brutvögel, am 15. auf Hörnum (Sylt) ebenso. Im August am 18. in der Kiebitzdelle auf Borkum einige, am 20. auf Norderney ca. 30, meist junge in den Dünentälern, am östlichen Wattstrande einzelne, alles wohl noch einheimische. Im September ist der Zug anderswo in vollem Gange, nun ist eben fast alles wieder die Küste hinabgegangen. Auf Sylt und Föhr sieht sie Mayhoff vom 9.—12. häufig in der Marsch, am 11. einen Trupp im Watt bei Kampen (Sylt), auf Amrum aber keine. Am 18. ziehen nach Hag. auf Sylt Scharen von 30—40 über die Felder und am 25. ebenso Scharen von 30—100. Zugleich, am 13., sind sie auf Norderney nach Varges in Masse. Dieselbe sieht bei Lütetsburg (Ostfriesland) am 9. Oktober viele gröfsere Züge, Hag. am 11. und 12. auf Sylt viel, 16. keine, Varges am 27. bei Emden einen Zug von ca. 100, am 28. einzelne. Nun kommen die interessanten Nächte zum 30. und 31. In Westerland ist nach Hag. in der ersteren von 8—$1^1/_2$ h grofser Zug, auf Borkum (Leuchtturm) und Helgoland war zu gleicher Zeit starker Vogelzug, doch wurden merkwürdigerweise Kiebitze nicht notiert. Es erscheint nur schwer glaublich, dafs bei diesem starken eiligen Zug nur in Westerland Kiebitze durchgekommen wären und auf dem weiteren Zuge Helgoland ganz vermieden hätten. In der nächsten Nacht (30./31.) ward in Sylt viel, in Helgoland etwas und in Borkum viel Zug konstatiert. Wäre es wirklich so, dann hiefse das, dafs, wenigstens manchmal, die Sylter Zugvögel nicht alle über Helgoland ziehen und wenigstens z. T. eine andere Strafse gehen, was mir höchstens dann plausibel erscheint, wenn man eine Parallellinie nördlich von Helgoland annimmt. Weitere Beobachtungen müssen hier Klarheit schaffen.

Im November sammeln sich am 11. nach Hagendefeldt auf Sylt Scharen von Hunderten zur Abreise und am 26. traf ich bei Ostermarsch nur noch einzelne an.

Recurvirostra avosetta L. Säbelschnäbler.

Als ich am 7. Juli auf der Schlei bei Schleswig hinunterfuhr, sah mein Bootsmann 4 „Schustervögel", die ich bei der grofsen Entfernung nicht erkennen und auch nicht ins Glas bekommen konnte. Er hatte unheimlich gute Augen und beschrieb mir die Vögel unverkennbar. Nach seiner Behauptung brütet ein oder das andere Paar an der Schleimündung. Ob's wohl wahr ist?

Phalaropus fulicarius (L.). Plattschnäbliger Wassertreter.

Auf Borkum glaubte bisher nur Droste-Hülshoff einen *Ph. ful.* gesehen zu haben. Mein Stück mit dem sehr frühen Datum: 18. August, ist also der erste sichere Nachweis für Borkum. Das Stück trug schon das fast fertige Winterkleid. (Näheres siehe im allgemeinen Teil!) Einmal ist schon Ende August ein Stück bei Stralsund beobachtet worden, sonst immer später. Aufser dem Droste-Hülshoffschen und meinem Stück soll nach Leege nur eins am 15. Sept. 1903 (auf Juist) auf den ostfriesischen Inseln vorgekommen sein. Doch wurde heuer am 7. Okt. am Nordstrande von Juist von Präparator Altmanns ein ♂ erlegt, das in das Provinzial-Museum zu Hannover gelangte (Dr. Fritze in Orn. Mon.-Ber. 1911 Nr. 3). Ob das wohl mein Exemplar gewesen ist?!

? *Phalaropus lobatus* (L.). Schmalschnäbliger Wassertreter.

Auf dem Norderneyer Leuchtturm ward nach Müller in der Nacht vom 18./19. Oktober „ein Strandläufer mit Schwimmhäuten" gegriffen und einen Vormittag lang im Zimmer gehalten, dann aber leider vor genauerer Bestimmung fliegen gelassen. Da *lobatus* viel häufiger ist als *fulicarius*, ist es höchstwahrscheinlich diese Art gewesen.

Am 20. Juli konstatierte Leuchtturmwärter Otto auf Ellenbogen (Sylt) 2 St., von denen er einen erlegte. Das wäre ja ein noch früheres Datum. Bestimmt von ihm selber nach Friedrich.

44. † *Calidris arenaria* (L.). Sanderling.

2 : 18 (1 : 9). Obgleich dieser Vogel nach Naumann nur bis Anfang November vorkommen soll, konnte ich doch meine etwas unsichere Beobachtung vom 2. Dezember vorigen Jahres am 8. Januar bestätigen, indem ich da auf der Düne 8 St. antraf, die ziemlich scheu waren, wahrscheinlich, weil wohl nur alte Vögel solche Überwinterungsexperimente machen und diese sind eben ziemlich scheu.

Vom Frühjahrszug bemerkte ich trotz 4 Besuche der Düne im März, 5 im April, 3 im Mai gar nichts.

Der Herbstzug begann erst Ende August und vollzog sich fast ausschliefslich im September. Bis zum 18. Aug. war keiner auf der Düne zu finden, erst am 22. waren die ersten beiden da (könnten aber schon seit 19. dagewesen sein). Bis zum 29. waren mit kleinen Pausen je 2—4 St. auf der Düne. Im September wurden mit 3 Ausnahmen (8., 21. und 22.) bei jedem der übrigen 10 Dünenbesuche, welche angetroffen: am 1. noch blos 2, am 4. aber etwa 25, am 5. mind. 30. In der Nacht zum 7. kam ein Trupp von etwa 20 St. vor, am 7. waren 10—20 drüben, am 8. keiner. In der Nacht zum 11. kamen bei starkem Strand- und Kleinvogelzug und wechselnden ganz leichten NW.- bis Südwinden auch etwa 100 oder mehr Sanderlinge vor, es flogen auch 3 an, wovon einer markiert wurde. Am 15. waren etwa 10, am 17. und 18. 25 bis 30, am 20. wieder nur 8—10 auf der Düne und diese zogen auch weg. Erst am 23. kamen wieder zwei an. Im ganzen Oktober wurden trotz wiederholter Dünenbesuche nur am 6. zwei St. gefunden, im November aber bei beiden Besuchen welche angetroffen: am 4. sechs und am 12. einer (nicht ganz sicher angesprochen!). Da ich später nicht wieder hinüber konnte, kann ich leider auch nichts über ev. Überwinterung sagen.

Auswärtige Beobachtungen.

Am 26. März sah O. Leege am Strande des Memmert Trupps von 10—50, am 29. September ebenda welche im ausgefärbten Winterkleid und auch am 2. Oktober kleinere Trupps.

45. † *Tringa canutus* L. Isländischer Strandläufer.

16 : 9 (7 : 6). Vom Frühjahrszug wurde wie gewöhnlich nur nachts etwas bemerkt. Er fand im März und Mai statt. In der Nacht zum 8. März zogen gröfsere Massen durch, einer flog an (Winterkleid), genau dasselbe wiederholte sich am 10./11. und 11./12.; am 12./13. hörte ich nur ab und zu einige. Im Mai zogen sie in den Nächten zum 6. und 9. in gröfseren Mengen.

Man begrüfst es mit Freuden, wenn der Turm Belegstücke liefert, wo die hochziehenden Vogelmassen einen mit ihren undefinierbaren Rufen fast zur Verzweiflung bringen. Man wird beim Ansprechen der Wanderrufe von *Limosa lapponica*, *Tringa canutus* und Oidemien (?), die fast immer zusammen ziehen, immer wieder irre, wenn die Vögel nicht in den Strahl herab und zum Erkennen nahe genug kommen (bei Oidemien nie der Fall!!). Wenn die Rufe doch nur stereotyp wären! Aber sie klingen jeden Augenblick und von jedem Exemplar fast anders und die der verschiedenen Arten gehen in einander über, alle schreien durcheinander und wenn man dann nichts sehen kann, ist es rein zum Verrücktwerden! Wenn man doch blofs die Stimmen bei Tage studieren könnte! Aber da sagt fast nie einer der Vögel einen Ton oder aber er schreit ganz anders. Aufserdem komme ich ja nur selten mal ins Watt, wo man solche Studien treiben könnte. Und die Literatur läfst einen vollkommen in Stich! — — Also jedes Stück kann ich noch lange nicht sicher allein nach dem Ruf ansprechen, sondern nur im Groben. Wo aber Zweifel sind, gebe ich es an.

Der Herbstzug vollzog sich wieder in zwei Etappen: Die erste in der ersten Septemberhälfte, die zweite in zwei Nächten Ende Oktober.

Den Anfang machten einzelne in der Nacht zum 29. Juli und am 30. ein altes noch rotes Ex., das auf der Düne, leider von einem Badegast, geschossen wurde. Im August kamen in der Nacht zum 3. wenige Trupps als Vorläufer durch, auf der Düne glaubte ich nur am 3. einen vorbeifliegenden zu hören, sonst war da trotz häufiger Besuche keiner zu finden. Doch kamen in der Nacht zum 7. vereinzelte durch, ebenso offenbar in der zum 1. September, denn da erhielt ich vom Leuchtturm ein prächtiges noch gröfsenteils rotes altes ♂. Am Tage (1. IX.) sah und schofs ich den ersten jungen. Am 3. waren ein paar Dtzd., gröfstenteils (oder alle?) junge, angekommen; in der folgenden Nacht zogen etwa 50 bis 100 oder mehr, ich sah sie nahe und notierte als Ruf das Quĭetätt, das ich ausnahmsweise mal am 1. IX. von einem eben ankommenden Stück gehört hatte (s. o.). Aber die vielen Modulationen davon lassen sich absolut nicht wiedergeben, auch nicht durch pfeifen oder mit Instrumenten (obgleich ich mir den oben erwähnten durch grobes Nachpfeifen bis vor die Flinte lockte: doch die einzelnen jungen nordischen Strandvögel sind ja aufserordentlich „dumm"). Am 4. früh wurden auf der Düne von einigen Dtzd. etwa 12 geschossen, nachmitt. sind denn auch infolge der Schiefserei nur mehr 4 da, wovon drei mit rötlicher Unterseite, also alte. Am 5. sind 7. St. da, wovon nur einer unten okergelb. Am 6. wieder 2 Dtzd., am 7. nur mehr ein paar (sicher soweit zusammengeschossen). In der Nacht zum 11. kam eine gröfsere Menge, mindesten paar hundert, durch (1 flog an), in der Nacht zum 13. war scheinbar schwacher Zug, weil es nicht recht finster wurde, in Wirklichkeit ist wohl viel gezogen. 2 angeflogen. Dann wurde nur mehr am 27. ein Stück auf der Düne angetroffen trotz 7 Besuche. Ebenso eins am 1 Oktober,

Bei Tage später keiner mehr zu finden. Doch zogen gröfsere Massen in den Nächten zum 30. und 31. Oktober durch (mind. Hunderte, aber wohl Tausende) und dann nochmals in der Nacht zum 28. November, bei jenem Strandvogelkehraus. Es flogen dabei 7 St. an, wovon 5 tot.

Auswärtige Beobachtungen.

Am 19. Juli sah Otto im Königshafen (Sylt) schon einzelne, am 23. eine Schar von ca. 50, am 24. mehrere kleine Trupps, am 27. eine Schar von ca. 150.

Am 9. August hörte ich im Ostermarscher Watt aus der Ferne einzelne laute Rufe (Quättett).

46. † *Tringa maritima* Brünn. Meerstrandläufer.

8 (2). Im Winter traf ich bei meinem einzigen Besuche der Düne am 8. Januar etwa 4—5 St. an und schofs einen. Im März bei dem dritten Besuche, am 11. fand ich da ein halbes Dtzd. An diesem Tage und am 12. sollen sich auch im Hafenbau welche aufgehalten haben. Auch bei dem nächsten Dünenbesuche am 26. waren 8 St. da. Im April traf ich bei fünf Besuchen in der ersten Hälfte keinen mehr.

Im Herbst kamen die ersten beiden bereits am 6. Oktober vor (können frühestens am 3. gekommen sein). Dieselben waren auch am 7. noch da. Den ganzen Monat durch sollen keine weiter auf der Düne gewesen sein, wenn sie nicht von meinem Berichterstatter — ich selbst konnte nicht hinüber — übersehen wurden. Als ich aber Gelegenheit hinüber hatte, am 4. November, fand ich in den aufgeschwemmten Tangmassen, der Vorbedingung dazu, etwa $1^1/_2$ Dtzd. der überaus vertrauten, wenig lebhaften Vögel, und am 12. sechs Stück. Diese Vögel haben sich wohl lange auf der Düne aufgehalten. Die Berge von Fucus mit den Massen von Strandfliegen und ansitzendem Seegetier müssen die dieser Art zusagende Nahrung in reicher Fülle geboten haben.

47. † *Tringa alpina* L. Alpenstrandläufer.

33:44 (18:14). Winterflüchter waren noch einige Strandläufer, die in der Nacht zum 8. Jauuar durchzogen. Einer flog an.

Der Frühjahrszug dauerte von Anfang März bis Mitte Mai, mit schwachem Maximum in der ersten Märzhälfte. Die grofsen Massen wurden hier nicht bemerkt. In der Nacht zum 2. März ziehen schon einige, am Morgen noch eine, in der zum 8. wieder einige, wovon eine angeflogen, am 8. sind denn auch auf der Düne ein paar. In der nächsten Nacht trotz Sternenhimmel eine gehört, in der zum 11. etliche (eine im reinem Winterkleid angeflogen). Am nächsten Tage bis 2 h nachm. fliegen etliche, mind. 6 St., auf dem Oberlande umher, ein seltenes Benehmen; auf der Düne war kaum ein halbes Dtzd. In der nächsten Nacht

(11./12.) war der relativ noch stärkste Zug, freilich auch nicht besonders viel; noch am Morgen fliegen drei oben herum (1 geschossener im reinen Winterkleid). In den Nächten zum 13. und 28. zogen noch welche. Bei einem Dünenbesuch am 26. schofs ich die beiden einzigen. Das waren die ersten, die schon einige Mauserfedern trugen.

Im April traf ich bei 5 Dünenbesuchen in der ersten Hälfte nur am I. (4 St.) und 15. (eine) welche an. Geringer Zug war in den Nächten 4./5, 14./15., 28./29., wobei es sich nur bei der letzten Gelegenheit z. T. auch um andere Arten (*ferruginea*, *minuta*) hätte handeln können.

Dasselbe gilt von der Nacht zum 6. Mai. Am 13./14. zogen die letzten paar und die letzte Tringe, nicht ganz sicher angesprochen, sah ich am 14. auf der Düne. Wäre ich im Frühjahr nicht blos 12 mal auf der Düne gewesen, so hätte ich dort sicher noch mehr notieren können, was aber das Bild kaum geändert hätte.

Vom Herbstzug wurde der erste Vogel am 9. Juli auf der Düne bemerkt, ev. war er schon paar Tage da. Dann je 1 od. 2 am 10., 11. und 28. In der folgenden Nacht zogen etwa 100 durch. Vom 3. August an bis zum 13. Oktober traf man mit wenigen Ausnahmen immer mehr oder weniger auf den Dünen an, am meisten (ca. 30) um den 5. September, wohin denn auch das — freilich geringe — Maximum (10./11.) der nächtlichen Züge fällt. Nächtliche Züge fanden statt 2./3. Aug. (einz.), 6./7. (nicht viel), 8./9. (etliche), 31./1. Sept. öfters paar, 2./3. etwas, manchmal leidlicher Zug, 3./4. paar Dtzd., wohl auch 100, 4./5. ganz selten, 10./11. Hunderte (wechselnde, hauptsächlich östliche Winde 1—3), 11./12. sternenklar, nur sehr hoch paar zu hören, 25./26. ein Trupp, 29./30. kurze Zeit einiger Zug. 2./3. Okt. ganz einzeln, 4./5. wenige Dtzd., 8./9. und 9./10. wenig, 12./13. etliche Dtzd. damit war Schlufs mit dem spontanen Zug.

Der Wettersturz am 30. brachte mit dem allgemeinen Zug nachts zum 31. Oktober auch eine ganze Menge Alpenstrandläufer mit, ebenso die „Schlechwettervögel"- Flucht am 27./28. November einen starken Zug bis Mitternacht.

Die Alpenstrandläufer sind hinsichtlich ihrer Abhängigkeit vom Wetter natürlich den Brachvögeln sehr ähnlich, die ja fast dieselbe Lebensweise haben.

Über Alters- und Mauserverhältnisse ist noch folgendes zu sagen. Schwarzbrüstige, also alte Ex. konnte ich ansprechen am 11. VII. (1), 6. VIII. (2). Meist noch Reste des Schwarz wies ein kleiner Trupp am 26. VIII. auf, ebenso ein Teil von 6 St. am 21. IX. Schwarzfleckig waren auch noch 5 St. am 2 Oktober.

Auswärtige Beobachtungen.

Am 26. März sah O. Leege über dem Watt am Memmert riesige Schwärme. Am 20. Juni sieht Hagendefeldt auffällig viel auf Sylt. Im Juli am 3. auf dem Memmert viele (Leege), am

7. ein unglaublich vertrautes Ex. auf einer Schleiinsel, am 9. viel auf den Westerländer Wiesen (Hag.), am 16. im Watt zwischen Hooge und Norderoog nur zwei kleine Scharen Schwarzbäuche, anscheinend *schinzi*. Im August im Norderneyer Watt am 8. und 9. paar Dtzd., aufserdem nur einmal in Scharen, ebenso am 18. und 19. auf Borkum nur wenige und geradeso am 20. auf Norderney. Im Lister Königshafen notiert Otto im Aug. am 17. ca. 50, am 26. ca. 200. Im September sah Mayhoff in den ostfriesischen Watten und im Watt bei Keitum (Sylt) am 9. einen Schwarm von ca. 100—150, sonst nirgends, während im Norderneyer Watt am 13. schon Massen da waren (Varges). Am 18. allerdings nun auch im Sylter Watt massenhaft (Hag.). Am meisten aber, wie immer Ende Sept. am Memmert, wo Leege am 25. ungeheure Wolken auf dem Watt sieht, am 28. abends viele Rufe hört und am 1. Oktober noch Mengen antrifft. Das Memmertwatt ist überhaupt wohl der grofsartigste Sammelplatz der Strand- und Wasservögel an der deutschen Küste, weil sie dort gewaltige Äsungsflächen finden und ihnen vor allem da gar nicht beizukommen ist. Aber auch im nordfriesischen Watt gibts noch genug. So sieht Otto im Sylter Königshafen 2 Scharen, etwa 3000 St. — Am 26. und 27. November finde ich wenige hundert im Watt bei der Ostermarsch und vom 28. schreibt Müller, bei Norderney überwinterten noch viele. Auch hörte im Dezember Frl. Varges in Emden eines Nachts grofsen Zug.

48. † *Tringa alpina schinzi* Brehm. Kleiner Alpenstrandläufer.

5 (1). Nur ab und zu kann man natürlich diese Form mit Sicherheit ansprechen, zumal während der Zugzeiten. — Am 18. August schofs Herr Cand. Mayhoff 1 Paar, am 21. ward ein toter gefunden. Im September waren sicher mehrere da, zum Beweis wurden 2. St., alte im Übergangskleid, geschossen. Am 4. und 5. gehörte ein kleines noch schwarzbrüstiges Ex. unter den *alpina* sicher dieser Art an. Alle Beobachtungen natürlich auf der Düne. Sicherlich sind genug *schinzi* unter den durchziehenden *alpina*, zumal im Anfang der Zugzeit.

49. † *Tringa ferruginea* Brünn. Bogenschnäbliger Strandläufer.

1 (3). Trotz aller Aufmerksamkeit konnte ich heuer nur von einem einzigen Stück erfahren, das am 4. September auf der Düne geschossen wurde.

50. † *Tringa minuta* Leisl. Zwergstrandläufer.

1 : 2 (2 : 3). Auch diese Art zog fast unbemerkt durch. In der Nacht zum 3. September hörte ich etliche sanfte Dirrrr-Rufe, die sicherlich dieser Art angehörten. Am 7. sah Herr

Prof. Ballowitz 3—4 St. auf der Düne und erlegte einen, am 21. sah ich da zwei St.

51. † *Tringoides hypoleucos* (L.). Flufsuferläufer.

15 : 30 (9 : 14). Vom Frühjahrszug bemerkte man heuer auch nicht ein einziges Stück (im Vorjahre auch nur zwei Beobachtungen).

Vom Rückzug wurde der erste Vorläufer am 18. Juli auf der Düne angetroffen. In der Nacht auf den 29. hörte ich einen Ruf, dagegen in der auf den 1. August 10$^1/_2$ h und gegen Morgen schon eine ganze Anzahl. Am nächsten Tage sind denn auch die ersten unter der Klippe. Von da ab bis zum 11. September konnte man fast täglich welche am Klippenfufse antreffen, aber selten mehr als 1 Dtzd., am meisten, etwa 2 Dtzd., am 28. VIII. Nur an ganz wenigen Tagen habe ich keine Notizen. Der nächtliche Zug verlief wie folgt: 1./2. August paar; 2./3. vereinzelt, 1 †, 3./4. etwa $^1/_2$12—3 h lebhafter Zug; 6./7. einzeln; 8./9. etliche, 9./10. einzelne, sonst gar nichts; 29./30. geringere Zahl. 4./5. September: sehr starker Zug, die Rufe schlossen sich aneinander. 7./8. einzeln, 9./10 3 h a. schwacher Zug, höchstens paar Dtzd., ebenso 10./11. abends.

Am 11. Sept. wurden dann auch noch 10 St. unter der Klippe gesehen. Dann noch am 16. sechs, am 18. einzelne, am 19. zwei. Die allerletzten hörte ich am 2. Oktober abends $^3/_4$ 9 h.

Auswärtige Beobachtungen.

Im Juli beobachtete ich am 7. ein paar an der Schlei unterhalb Schleswig und am Wattenstrande bei Hoyerschleuse. Im August am 9., wie immer einige auf den Hellern von Ostermarsch, am 18. ebenso am Borkumer Südstrand und am 20. am östlichen Wattenstrand Norderneys. Im September traf sie Mayhoff ebenso nur einzeln an den Sielen der Aufsenmarsch in Morsum (Sylt) am 9., Amrum am 10., Königshafen auf Sylt am 11., Nordstrand von Föhr am 12. Am Abend des 24. flog nach ihm sogar einer rufend über die Alster in Hamburg. — Diese Art würde sich sehr gut zu gleichzeitigen nächtlichen Zugsbeobachtungen eignen, leider aber kennt ja fast niemand den doch so leicht kenntlichen Ruf.

52. † *Totanus pugnax* (L.). Kampfläufer.

4. (1 : 1). Am 17. Mai nachmitt. flog ein ♀ zusammen mit einer Uferschnepfe auf dem Oberland herum. Als die Limose geschossen wurde, flüchtete zwar erst der Kampfläufer, kehrte aber sofort zurück und ward ebenfalls geschossen, ein hübsches Beispiel, wie stark der Geselligkeitstrieb selbst verschiedene Arten verbindet. Am 10. Juni schofs derselbe Schütze ein stark mauserndes ♂ mit weifsem Kragen. Um den 10. August und

am 1. September wurden je ein St. (Junge jedenfalls) geschossen, das letzte kam in der Abenddämmerung auf der Düne an.

Im Vorjahr kamen nur 2 St. um dieselbe Zeit vor.

Auswärtige Beobachtungen.

Am 18. August sah ich auf der Aufsenweide in Borkum etwa 8 St. vertraut umherlaufen (Brutvögel). Auf den Sylter Brutplätzen sah Hagendefeldt schon am 26. April Kampfspiele, am 20. Juni war der Brutplatz bereits verlassen.

53. † *Totanus totanus* (L.). Rotschenkel.

10 : 24 (12 : 15). Kam heuer ähnlich häufig vor wie 1909.

Frühjahrszug: Am 28. März früh hörte ich die ersten 2—3. Nachts zum 3. April kamen die ganze Nacht einzelne oder kleine Trupps durch. Im Mai wurden 1909 gar keine gesehen, heuer wiederholt ein paar: am 10. vorm. fliegt einer auf dem Wasser vorbei, ebenso am 13. Am 14. früh tummelt sich einer (oder zwei?) in der Nähe der Insel umher und läfst wiederholt Bruchstücke seines „Balzgesanges" hören. Am 16. mind. einer; die letzen (je einer) am 24., 31. und am 1 Juni abends.

Herbstzug: Auch heuer kamen die ersten schon Mitte Juli: am 10. paar, am 18. ein bis zwei gehört. Von 3. August bis 10. September kamen sehr oft Rotschenkel vor, wie denn überhaupt dieses Jahr an Totaniden im Vergleich zum vorigen geradezu reich genannt werden mufs.

Anfangs August und Anfangs September waren die zwei Etappen des nächtlichen Durchzugs, die zweite viel stärker. Im August kam am 3. schon nachm. 6 h einer auf der Düne an und in der folgenden Nacht zog eine ganze Menge, immerhin nicht besonders viel. Am 5. früh sollen 7 St. auf der Düne gewesen sein. In der Nacht zum 7. zogen gerade so viel wie am 3./4. und am 7. kamen auch einzelne zur Beobachtung. In der Nacht vom 8./9. ziehen etliche. Dann eine Pause, wo auch auf der Düne nichts ist. Am 19. wird wieder einer dort geschossen, am 21. ist einer zu hören und am 22. vier Stück. Wieder eine kleine Pause, auch auf der Düne. Dann fängt die zweite Etappe an: Am 28. sind 2 unter der Klippe, am 29. dasselbe, auch auf der Düne zwei, am 30 dort noch einer, anscheinend iuv. In der folgenden Nacht trotz Sternenhimmel ein paar zu hören. Am 1. September einer auf der Düne. Endlich in der Nacht zum 3. etwas, manchmal leidlicher und in der folgenden Nacht immerfort leidlich starker Zug, das heifst mindestens Hunderte. Trotzdem am 4. auf der Düne nur 2, wohl iuv. In der folgenden Nacht flog ein junger an, ohne dafs sonst Zug zu merken gewesen wäre, am 5. zwei, auf der Düne. In der Nacht zum 7. mäfsiger Zug. Dann nur noch am 10. einer unter der Klippe und nachts zum 11. einzelne.

Also im ganzen ähnlich wie 1909, doch heuer keine Nachzügler im Winter.

Der stärkste nächtliche Zug (3./4. IX.) trat ein, als eben nach Mitternacht der Wind von NW. 3 auf NO. 1 ging.

Auswärtige Beobachtungen.

Am 20. Juni sieht Hagendefeldt auf den Sylter Aufsendeichswiesen recht viel. Am 7. Juli beobachtete ich einige an der Schlei (brütende) und am 8. bei Westerland, am 14. auf Jordsand noch zwei kleine Pulli, die aber schon sehr rasch laufen konnten, drollige Dinger. Ein paar auch auf Hörnum am 15. (alles Brutvögel mit Junge). Im August ist in der Nacht zum 9. etwas Zug auf Helgoland. Gleichzeitig ziehen einige Trupps über die Ostermarsch, während am 9. dort nur noch wenige da sind. In der Nacht 14./15. höre ich von Feuerschiff Borkum-Rift aus abends 11 h bei SO. in der Ferne einen Trupp über die See ziehen. Am 19. auf Borkum, am 20. auf Norderney wenige. Im September nach Mayhoff bei Keitum (Sylt) und Amrum einzelne am 9. und 10., am Königshafen (Sylt) am 11. ein Trupp von 10 St., am Nordstrand von Föhr am 12. einzelne.

54. † *Totanus littoreus* (L.). Heller Wasserläufer.

9 : 18 (3 : 5). Da heuer die Art viel häufiger vorkam als 1909, war auch Gelegenheit, bei Tage zu beobachten und sich die Rufe wieder für lange Zeit fest einzuprägen im Vergleich zu denen des Rotschenkels. Beider Rufe sind ja gar nicht schwer zu unterscheiden, wenn man sie öfter hört und vor allem, wenn man die Rufe günstig hört. Nachts ist aber gerade oft das Gegenteil der Fall (so z. B. 1909, heuer konnte ich nicht klagen über diese Art).

Diesmal habe ich umgekehrt vom Frühjahrszug sehr wenig und vom Herbstzug recht viel zu melden.

Im Mai hörte ich nachts zum 14. einen, im Juni am 15. nachm. 3 h und am 25. früh aus der Höhe den klaren Ruf von je einem überhin ziehenden Stück.

Auf dem Rückzug kamen am 29. Juli vorm. die ersten beiden überhin, am 1. August ebenso zwei und so kamen in Pausen von 2 bis 4 Tagen immerzu bis zum 30. einige durch, die sich meist einen Tag an der Westseite unter der Klippe aufhielten, besonders viel, nämlich 8, am 28. Wenn man sie erst mal entdeckt hatte, konnte man sie von der Klippe aus mit einem guten Glase ausgezeichnet beobachten. Geschossen wurden, so viel ich erfuhr, nur 4 St., alles junge. Es war gar nicht so leicht, sie zu bekommen ohne Ansitz, wozu einem ja die Zeit fehlt. Zwischendurch gab es auch mal nächtlichen Zug, den ersten und stärksten am 2./3. VIII. (Hunderte und mehr) bei Windstille. Einzelne zogen nachts zum 9., wenige Trupps in der Nacht zum 25., ebensoviel in der zum 4. September, einzelne in der zum 5. Mäfsig starker Zug fand dann noch in der Nacht zum 7. bei Nordost statt, während am 7./8. nur mehr ganz vereinzelte (1—3 St.) riefen. Bei Tage wurde im September nur am 4. ein anscheinend junges Stück auf der Düne beobachtet.

Auswärtige Beobachtungen.

Am 3. Juli schon bemerkt Leege am Memmert einzelne. Auf der Hallig Hooge hören wir am 16. abends einen. Im August traf ich am 9. im Ostermarscher, am 19. im Borkumer Watt verschiedene. Im September beobachtet Mayhoff am 9. bei Keitum 3—4., am 11. im Königshafen 2—3, am 12. am Nordstrand von Föhr ein St.

55. *Totanus ochropus* (L.). Waldwasserläufer.

1 : 4 (5 : 6). Merkwürdig, während im Vorjahre alle Totaniden, so auch *glareola* sehr selten waren, war nur *ochropus* relativ häufig zu spüren und heuer, wo alle, gerade auch *glareola*, häufig waren, fand man *ochropus* so selten! Gerade als ob die beiden so ähnlichen Arten gegensätzliche Vorbedingungen haben wollten.

Im Mai war am 13. einer an der Westseite und am 16. ebenda mind. einer, der wiederholt lockend hoch über die Insel strich. Es ist einer der schönsten Vogelrufe, dieses *ochropus*-Locken! Im August glaubt mein Kollege Dr. Kleihack, den ich immer jeweils mit den zeitgemäfsen Vögeln vertraut zu machen suchte, einen früh an der Westseite, ich ebenfals einen am Bollwerk gehört zu haben (vom Zimmer aus). Am 23. war einer unter der Klippe. Am meisten kamen noch in der Nacht zum 5. September vor, wo 1—2 Dtzd. zogen.

Auswärtige Beobachtungen.

Noch am 14.—16. Mai beobachtet Leege auf dem Memmert einzelne. Am 16. Juli fliegt einer am Strande von Wittdün auf Amrum rufend vorbei. Am 27. will Otto auf dem Ellenbogen einzelne (2 erlegt) und am 4. August ca. 150 in Trupps von 3—7 gesehen haben (!). Dabei sind sicher auch die *glareola* mitgerechnet! 6 erlegte waren aber *ochropus*! Auf jeden Fall zeigt das die besondere Häufigkeit der Totaniden in diesem Jahre. Am 20. Aug. beob. ich auf Norderney 1 od. 2 St.

56. † *Totanus glareola* (L.). Bruchwasserläufer.

3 : 12 (2). Recht oft kam heuer diese Art vor, freilich meist flüchtig, da Helgoland ihr nicht viel bietet, und selbstverständlich nie in gröfserer Zahl.

Im Mai beobachtete ich am 13. ein paar an der Westseite und hörte am 15., 16. und 19. je einen (mindestens) rufen.

Auf dem Rückzuge drängte sich alles auf einen halben Monat zusammen: In der Nacht zum 29. Juli hörte ich einen, in der zum 3. August einzelne rufen. Am 3. zog abends einer überhin, am 5. ward ein junges Ex. auf der Düne geschossen. Nachts zum 7. nur einen gehört. Am 7. rufen wiederholt welche unter der Klippe, am 8. wird dort auch einer von zweien geschossen. Vom 9. bis 12. sind ständig zwei unter der Klippe, obgleich am 10. ein junger weggeschossen wird. Was zu Gätkes Zeiten die Regel war, kam heuer ausnahmsweise mal vor: am 10. liefsen sich zwei Stück an der Sapskuhle, einem Süfswassertümpel im Oberland, nieder und wurden dort natürlich sofort von einem Jungen mit Steinen beworfen.

Auswärtige Beobachtungen.

Im Mai sind vom 14.—16. nach Leege viele auf dem Memmert. Im August höre ich am 9. ein paar Mal den schönen Ruf am Ostermarscher Watt, am 18. vielleicht einen in der Kiebitzdelle auf Borkum, am 20. auf Norderney 1—2 St. Über Ellenbogen a. Sylt vergl. *Ochropus*. Am 11. September beobachtet dort am Königshafen Mayhoff noch 2—3 St.

57. † *Limosa limosa* (L.). Schwarzschwänzige Uferschnepfe.

1 (0). Gätke zählt nur drei Stücke und zwar im Frühjahrskleid auf. Heuer sah ich am Nachmittag des 17. Mai eine auf dem Oberlande in Gesellschaft eines Kampfläufers umherfliegen. Jak. Reymers schofs dann beide.

An der unteren Schlei (Schleswig-Holstein) soll die Art brüten, wie ja auch an verschiedenen andern küstennahen Orten.

58. † *Limosa lapponica* (L.). Rote Uferschnepfe.

4 : 1 (5 : 2). Diese Art ist ein Schmerzenskind in Bezug auf sicheres Ansprechen der nächtlichen Wanderrufe. Am allerschlimmsten in dieser Hinsicht sind jene Vogelmassen, die wir für Oidemien halten und die nie in den Strahl sichtbar herabkommen (gerade so wie bei den dänischen Beobachtungen l). Dann kommen aber die Limosen und der Isländische Strandläufer. Als ich im Vorjahre reichlich Gelegenheit hatte, beide Arten in Menge um den Leuchtturm schwirren zu sehen, kam ich zu der Überzeugung, dafs der in dem wilden Stimmengewirr oft ertönende Ruf Quättett der *lapponica* zukomme. Zu sehen, welcher von den Vögeln, die wie Schemen vor einem flatterten, nun gerade den Schrei ausstiefs, war natürlich nicht möglich. Zum Unterschied glaubte ich damals den Ruf des Isländers, der ja auch sichtbar vor mir schwebte, mit Dewétt dewétt fixieren zu können. Das waren freilich nur Haltepunkte in dem Stimmenchaos. Und sie haben mich doch getäuscht, denn heuer hörte ich endlich mal diesen Ruf Quättett bei Tage und da war es gerade der Isländer,

als er tot vor mir lag. Nun war ich wieder so klug als zuvor. Von all den *lapponica*, die ich bisher bei Tage im Watt und auf der Düne beobachten konnte, habe ich erst ein einziges Mal einen Ruf gehört, das war aber der gewöhnliche leise, den Naumann als quäkendes Pfeifen, etwa Kjäu kjäu oder jäckjäck, beschreibt. Im übrigen schreibt schon Naumann: Die Stimme „ist bei verschiedenen Individuen verschieden, bald in der Höhe oder Tiefe des Tones, bald im Ausdrucke, weshalb es ein wunderliches Gewirr von Tönen gibt, wenn Tausende ihre Stimme erheben und durcheinander schreien". Er schreibt auch „Kewkewkew, keukeukeu, keikeikei, Wetwetwet und Jäckjäckjäck". Ist aber nicht Wetwet genau dasselbe wie Quättet? Dreisilbige Rufe sind mir nachts nie aufgefallen. Quättet sagte aber ganz deutlich der bewufste *canutus*. Naumann schreibt dafür „tuih und twih oder tuitwih, scharf und gellend, leicht nachzupfeifen". Ich stelle mir darunter etwas anderes vor als jenen Ruf. Jedenfalls ist sein Tuitwih mein Quättet.

Es wird also vorläufig nichts andres übrig bleiben, als sich hauptsächlich auf das Auge und das Anfliegen zu verlassen. Das läfst aber oft genug bei den stärksten Zügen beides im Stich, weil die Vögel nicht tief genug herunter kommen. Im übrigen mufs ich eben versuchen, öfter in das Wattenmeer zu kommen, um dort die Stimmen zu studieren. Denn es geht nicht an, sich weiterhin bei dem Gätkeschen Verzweiflungsbehelf, alles unter dem Namen „Langbeiner" zusammenzuwerfen, zu beruhigen. *Lapponica* und *canutus* ziehen nun mal nachts und man mufs ihren Zug endlich mal nachts studieren.

Nach diesen neuen Erfahrungen habe ich die Notizen des vorigen Jahres durchgesehen und mufs als zweifelhaft die Beobachtungen von den Nächten 5./6. X., 11./12. und 13./14. XI. streichen, da es sich bei diesen auch um *canutus* gehandelt haben könnte. Bei den übrigen wurden die Vögel im Strahle gesehen oder flogen an.

Heuer ist das Material sehr dürftig. Es sind bestimmt viel weniger zur Beobachtung gekommen als 1909, ja im Herbst blieben die Jungvögel auf der Düne ganz aus.

Im Frühjahr schofs am 25. April früh Jak. Reymers ein Stück im Hochzeitskleid auf der Nordspitze.

Vom Herbstzug kann ich als sicher nur mitteilen: in der Nacht zum 3. August einige Trupps, in der zum 11. September wahrscheinlich einzelne, in den Nächten zum 30. und 31. Oktober bei dem allgemeinen Zug auch eine ganze Menge Limosen.

59. † *Numenius arquatus* (L.). Grofser Brachvogel.

21 : 25 (13 : 12). Wenn auch die Zahl der Beobachtungen gröfser ist, so kamen doch nächtlicherweile diesmal nicht die ungeheuren Massen vom Vorjahre vor.

Vom Frühjahre habe ich wieder nur wenige Beobachtungen vom 7. März bis 30. April: In der Nacht zum 8. März zog eine ganze Anzahl, in der zum 11. einige. Am 12. früh zieht einer etwa 80 m hoch überhin, kehrt auf unser Pfeifen um, kommt aber nicht zu Schufs. In der nächsten Nacht zogen ab und zu einige. Am 28. ruft früh 1 St. Im April sollen in der Nacht zum 3. immerzu einzelne „Reintüter", wie sie hier heifsen, gezogen sein; am 10. kommt nachm. einer rufend vorbei, ebenso hörte ich am 11. früh dreimal den Ruf, in der folgenden Nacht bei klarem Sternenhimmel einzelne sehr hoch. Schliefslich erscheinen in der Nacht zum 29. wiederholt einige Trupps.

Im Juni kam am 11., 19. und 24. je ein Bummler vor, von denen einer in Gesellschaft von Kiebitzen ausnahmsweise mal im Grase des Oberlandes umherspazierte.

Bei den ersten Stücken des Rückzugs — am 18. Juli einer auf der Düne und nachts zum 29. eine kleine Anzahl — kann ich nicht beschwören, dafs es der Grofse Brachvogel war.

Im August setzte gleich anfangs die übliche erste grofse Etappe nächtlicher Züge ein, die ja bei allen Strandvögeln zum gröfsten Teil aus Jungvögeln, begleitet von einigen alten Exemplaren, bestehen. Am 1. abends 6 h strich schon einer ostwestlich überhin und kündete die Hunderte an, die in der folgenden Nacht durchkamen. In der nächsten Nacht (2./3.) kamen aber viel mehr, Tausende, gegen 1 h „massig", später nur ab und zu. In beiden Nächten war es windstill gewesen oder es hauchte ein ganz leiser Ost. Am Tage waren 2 St., die am 3. nachm. über die Düne strichen, alles. In der folgenden Nacht (3./4.) fand von etwa $11\frac{1}{2}$—3 h wieder starker Zug statt. Es kam in dieser Zeit leichter Nordost auf (früh 7 h hatte er Stärke 3 erreicht). Noch in den ersten Morgenstunden gegen 5 h strichen zwei Trupps (17—30) bei der Düne vorbei. Am 5. kamen nachmittags 4 St. an, die ausnahmsweise mal unter der Klippe rasteten, sodafs dort ein überaus fleifsiger Jäger drei Stück erbeuten konnte, für hier ein seltenes Glück. In der Nacht zum 7. sind ein paar, manchmal 7 St. im Strahle zu sehen. Am 7. sitzt auf den Klippen der Nordspitze ein Stück, am 8. fällt einer dreimal auf dem Oberlande ein, kam aber trotz solcher selbstmörderischer Versuche dank der Saison heil davon. In der Nacht zum 9. einzelne, am Morgen 1—2. Am 11. werden drei Stück aus dem Helm der Düne aufgejagt und geschossen, ein seltenes Vorkommnis. In der Nacht zum 16. hörte man $\frac{1}{4}$ Std. lang Rufe. Am 21. wurde abends ein alter auf der Düne erlegt und 1 Trupp gesehen, am 22. dort wieder einer geschossen. Am 23. kamen 3 St., in der Nacht zum 25. ab und zu Trupps und am 25. einer vorbei. Im September ging es so weiter: am 2., 3./4., 4./5. kamen einige überhin, zwei fielen sogar auf dem Oberland ein. Am 7. wurde einer auf der Düne tot gefunden, ohne dafs eine Verletzung aufzufinden war. Auch am 16. soll noch einer auf der Düne vorgesprochen haben.

Damit war auf lange Zeit Schlufs, nur am 4./5. Oktober kam ein einziger durch. Was später in der zweiten Etappe kommt, sind immer alte Vögel, die sich hier bei Tage nicht blicken lassen, und die dann fast immer auf der Flucht sind. Die erste Etappe zieht, oder richtiger wohl streicht mehr oder minder freiwillig, die zweite versucht so lange als möglich auszuhalten und wandert erst dann, wenn die Not es erheischt.

Der Temperatursturz und der Schnee im Nordosten, der uns die Schnepfen brachte, liefs auch einen Teil der Brachvögel aufbrechen: in der Nacht zum 28. Oktober kamen bereits etliche, in der zum 29. gab es schwachen und in der zum 30. erheblich starken Zug. Der Wind war: Ost 4, Süd 2—3, S. bis O. 1.

Aber noch immer waren genug B. zurück. Am 12/13. November kamen bei Süd 3—4 etliche Trupps und dann der letzte Schub in der Nacht zum 28., wo gerade noch günstige leise östliche Winde die Reise begünstigten, auf der Flucht vor dem sofort danach einsetzenden Sturm.

Auswärtige Beobachtungen.

Am 26. März streifen nach Leege über dem Memmert-Watt gröfsere Verbände umher, am 13. März sieht er auf der Fahrt dorthin nur mehr kleinere Trupps, am 3. Juli eine Anzahl. Am 7. sehe ich ein paar im Watt bei Hoyerschleuse. Am 10. im Königshafen (Sylt) nach Otto einzelne, 14. mehrere, 15. ca. 25, 18. u. 23. ca. 60, 24. eine Schar von ca. 1000—1200. Unter den Numenien, die ich am 8. August bei Norderney, am 9. bei Ostermarsch und am 19. bei Borkum in geringer Zahl antraf, war bestimmt auch diese Art, obgleich ich sie nur am 9. sicher erkannte. Im September sah Mayhoff am 9. einen im Watt bei Keitum, am 10. sechs bis acht auf Amrum, am 11. drei bis vier bei List (Sylt), am 12. auf Föhr $1^1/_2$ Dtzd. Am 13. beobachtet Varges reichlich Br. im Norderneyer Watt „wie immer". Am 18. notiert Hagendefeldt auf Sylt „massenhaft". Am 25. sieht sie Leege massenhaft an der Memmertbalge, am 28. dort weniger. Im November sieht am 6. Hagendefeldt bei Keitum auf Sylt noch mehrere und ich am 26. u. 27. im Watt vor Ostermarsch noch etwa 50. Natürlich kolossal scheu.

60. *Numenius phaeopus* (L.). Regenbrachvogel.

Auch heuer habe ich nur wenig Notizen. Vom Frühjahrszug gar nur zwei: in der Nacht zum 8. März zwei bis drei, in der zum 11. in den letzten Stunden ganz einzelne gehört.

Im Juli sah ich am 10. viermal ein Stück und hörte einmal den Triller, am 11. hörte ich einen auf der Düne, vielleicht denselben. Einen Brachvogel, den ich am 18. auf der Düne fand, kann ich nur mit Wahrscheinlichkeit bei dieser Art anführen, ebenso 6 St., die am 28. überhin zogen. Am 1. August schon abends 1—2, in der Nacht Numenienzug, aber keine Triller zu hören, ebenso in der folgenden Nacht, und doch müssen sicherlich *phaeopus* dabei gewesen sein! Dagegen hörte Mayhoff in der Nacht zum 7. gegen 12 h öfter den Triller, derselbe beobachtete am 18. ein Stück auf der Düne. Am meisten zogen noch in den Nächten zum 30. (nicht viel) und 31. (allerhand).

Später im Herbst kamen keine zur Beobachtung, freilich war ich ja wiederholt abwesend und meine Beobachter notierten nur „Brachvögel".

Auswärtige Beobachtungen.

Am 26. März sieht sie Leege am Memmert in gröfserer Zahl, am 13. Mai weniger. Am 3. Juli beobachtet er schon wieder welche. Im August sehe ich bei Norderney allerhand, am 9. vor Ostermarsch schon eine ziemliche Menge. Ein Brachvogel, wahrscheinlich dieser Art, flog am 10. auf hoher See 8 km Süd vom Feuerschiff Borkum-Riff westwärts nach Schiermonnigoog zu. Am 19. früh in der Dämmerung am Borkumer Südstrand allerhand zu hören. Am 20. stolziert auf der Wiese vor dem Norderneyer Leuchtturm eine ganze Anzahl herum. Im September am 13. bei Norderney wie gewöhnlich allerhand (Varges), am 23. und 28. an der Memmertbalge wenige, am 1. Oktober aber besonders viel (Leege).

61. † *Gallinago gallinago* (L.). Gemeine Bekassine.

10 : 24 (8 : 10). Die Zahl der Beobachtungen ist heuer gröfser als 1909, die beobachtete Masse geringer. Der Frühjahrszug vollzog sich im März und April. Nachts hörte man nur einzelne am 7./8., 10./11. und 15./16. März. Tagsüber wurden ein bis paar Stück gesehen am 8., 11., 27. und 28. Im April griff am 6. Kuchlenz eine in seiner Gärtnerei, am 10. jage ich eine ebendort auf und finde eine zweite (?) draufsen. Am 11. fehlte und am 4. Mai schofs ich je eine.

Auf dem Rückzuge sah unser Präparator am 15. Juli die erste, am 18. Leuchtturmwärter Kliffmann früh drei St. Im August ward am 20. eine gegriffen, am 25. sah Kuchlenz eine und am 30. flog eine rufend überhin. Im Septemberanfang etwas Zug, so in der Nacht zum 5. öfters mal eine, höchstens paar Dtzd. Trotzdem fand ich am 5. trotz eifriger Suche nur eine und schofs sie. Am 8. fand ich wieder eine, Kuchlenz will aber paar gesehen haben, immer natürlich frühmorgens. Nachts zum 11. zogen einige und am 11. ward eine vor dem Hunde gefunden und geschossen. In den Oktober fiel das Maximum, leider nur nachts. Am 5. kam eine, nachts zum 11. ein paar vor, in der Nacht zum 13. dagegen paar hundert, sodafs gegen 2 h etwa 3—5 St. zu gleicher Zeit riefen. Eine angeflogene war sehr mager. Am 15. ward eine, am 25. drei geschossen, viel mehr sind aber sicher nicht dagewesen. Endlich in der grofsen Zugnacht (S. bis O. 1) zum 30. zogen auch sehr viel Bekassinen bis früh in die Dämmerung, wo sie leider, hauptsächlich infolge des Schiefsens auf Schnepfen, gar zu rasch weiterzogen, ohne Jagdgelegenheit zu bieten. Auf der Düne wurden früh nur 2 beobachtet.

Im November kamen am 5. zwei, am 6. und 15. je eine, in der Nacht zum 19. (Ost bis NO. 1—3) viele nach (Claus Denker), in der zum 28. wenige vor. Schliefslich kam noch am 1. Dezember früh eine zur Beobachtung.

Auswärtige Beobachtungen.

Am 28. und 29. März sieht Leege auf dem Memmert einzelne. Am 12. September stöfst Mayhoff eine in der Nordmarsch auf Föhr heraus, ebenso Hagend. am 18. auf Sylt. Dort auch am 12. Oktober 2 beob. und am 24. November noch eine erlegt.

62. † *Gallinago gallinula* (L.). Stumme Bekassine.

5 : 15 (3 : 7). Heuer bot uns diese Art wenigstens einmal gute Jagd. Auch vom Frühjahr habe ich diesmal einige Beobachtungen: Schon am 8. März früh ward eine gesehen und am 12. jagte ich eine oder zwei auf, vielleicht sind ein paar mehr dagewesen. In der Nacht zum 5. April ward eine gefangen. Wieviel gezogen sind, kann man bei dieser Art nie sagen, da man sie am Leuchtturm direkt fast nie beobachten kann, sie auch keinen Wanderruf ausstöfst, wenigstens keinen auffälligen bekannten. Sie fliegt auch, ebenso wie ihre gröfsere Verwandte, nur verhältnismäfsig selten an. — Am 28. flog, ausnahmsweise mal noch nachmittags, ein Stück über die Gärtnerei, am 29. fand und schofs ich zwei ♀, sie waren recht fett, die Eierstöcke waren noch unentwickelt. Je ein Stück am 1. und 5. Mai machten den Beschlufs.

Der Herbstzug vollzog sich auch hier in zwei Etappen, die erste Anfangs Oktober, die zweite Mitte November.

Die ersten fand ein Jäger mit Hilfe seines Hundes am 11. September. Einzelne liegen ja so fest, dafs man sie trotz aller Sorgfalt ohne Hund sicher öfter doch nicht findet, wenngleich ich auch ihre Lieblingsplätze gut kenne. Dann wurden je ein St. am 13., 23. und 26. hochgemacht. In der Nacht zum 28. müssen allerhand gezogen sein trotz West 3—2, denn drei Stück flogen an. Oder flogen relativ sehr viel gerade wegen des Gegenwindes an? In der Nacht zum 5. Oktober scheinen erst recht grofse Mengen gezogen zu sein, denn es wurden sehr viel, mindestens 6 St., mit der Laterne nachts gefangen, ich selbst fing auch eine: diese Vögel gehen immer erst unter dem Fufse des Laternenfängers heraus, fallen aber im Scheine der Laterne auf 2—3 m wieder ein, wodurch man sie eben gewahr wird. Alle gefangenen ebenso wie die am nächsten Morgen geschossenen waren sehr mager. Am Morgen nämlich waren beinahe alle Äcker erfüllt mit den kleinen Schnepfen, von denen manchmal zu gleicher Zeit 3—5 aufgingen, meist um bald wieder einzufallen, bis sie sich im Laufe des Vormittags infolge der Schüsse allmählich verzogen. Es sind wenigstens 50, leicht auch 100 dagewesen und mind. 3 Dtzd. wurden geschossen. In der Nacht hatte ziemlich starker Nordwest (4—5) geweht, der wohl an der Ermattung, dem Einfallen und Rasten der Vögel Schuld hatte. Wenn diese Deutung richtig ist, so ist es möglich, dafs nachts gar nicht mehr hierher gekommen ist, als was früh noch da war. — Die nächsten drei wurden am 7. vor dem Hunde gefunden und geschossen. In der Nacht zum 13. müssen wieder allerhand gezogen sein, denn man fand am Morgen 3 totgeflogene im Hofe des Leuchtturms. Am 15. jagten Kuchlenz und ich je eine in den beiden Gärten auf und Ch. Äuckens ein paar im Freien.

Nach langer Pause fand am 12. November Dr. Keilhack ein oder zwei Stück. In der Nacht zum 13. wurden bei Südwind, der von 3 auf 5 auffrischte, mind. 7 gefangen. Es scheint, dafs man von den nächtlichen Wanderzügen dieser Art nur dann was merkt, wenn widrige Umstände sie hier an die Stelle nageln. — Die letzte will Kuchlenz am 3. Dezember gesehen haben (sp.?).

63. † *Scolopax rusticola* L. Waldschnepfe.

14 : 74 (6 : 41). Die arme Waldschnepfe hat es heuer sehr schlecht getroffen. Ein Wettersturz hat Tausenden von ihnen in Deutschland allein das Leben gekostet. So stark sind die Schnepfen Finlands „und Umgegend“ lange nicht dezimiert worden.

Den Zug so eingehend zu bearbeiten, wie ich wohl möchte und wenigstens nach meinem Material auch könnte, fehlt mir leider, leider wieder die Zeit. Auch steht mir die dazu nötige Literatur und die Mufse, sie zu studieren, nicht zu Gebote. Gleichwohl hoffe ich, ein grobes Bild des heuer so interessanten Zuges, besonders im Herbst, geben und ihn einigermafsen erklären zu können. — —

Den vorigen Bericht beschlofs ich mit einer Reihe von Dezemberbeobachtungen. Gar manche Schnepfe mag aber versuchen, in den Gebieten mit Seeklima ganz zu überwintern. Diese gehen erst notgedrungen weiter. Nur so sind die folgenden Winterbeobachtungen zu erklären.

Im Januar: Eine ganze Anzahl von Leuten melden mir am 20. zwei Schnepfen, es können also auch drei gewesen sein. Am 22. sah der Fischmeister und am 23. andre je eine. Am 30. wieder 2 St. Im Februar am 10. nachm. eine, am 28. früh eine. Im März setzt sofort schon wieder der Zug in umgekehrter Richtung ein, sodafs die beiden Zugsperioden durch streichende Wintergäste völlig verbunden werden. Am 2. III. wird früh eine gesehen, am 4. zwei geschossen. In der Nacht zum 8. werden nach 2 h zwei vom Turme aus gesehen, in der zum 9. fliegen nach $3^1/_2$ h bei Südwind ein paar gegen die Laterne, fallen herunter und werden unten gefangen, ebenso zwei nachts zum 11. (Südwest, bald nach SSO. gebend, 1). Um 1 h a. setzt Nebel ein, die Vögel irren offenbar auf dem Meere umher. Als nun vormittags der Nebel lichter wird, kommen die Schnepfen an und gegen 10 St. werden unter der Klippe geschossen. Dann am 12., 13., 16., 18. je ein paar, meist eine geschossen, am 22. drei od. vier, am 24. aber etwa 22 erlegt. Am 25. und 26. einzelne. Der 28. war der beste Morgen, nach ganz leisem Nordwind wurden früh gegen 30—40, am 29. noch gegen 6—10 geschossen. Im April wurde am 1., 3., 4., 5., 6. und 7. je eine erbeutet. Am 9. der letzte gröfsere Schub, 12—15 geschossen. Dann noch am 11. eine, 12. einzelne, 24. zwei, 27. eine. Im Mai am 15. und 16. angeblich eine. Ja sogar im Juni, am 9. und 10., sahen unser Präparator und andere je eine. Am 22. sah ich selbst und am 30. Kuchlenz noch je eine. Auf Sylt beobachtete Hagendefeldt am 14. März und 12. April je eine im Kurhausgarten von Westerland.

Vom Herbstzug ward die erste am 22. September gesehen, die zweite am 30. Den ganzen Oktober bis auf das Ende brachte der Zug nur sehr geringe Mengen: am 1. wird eine gesehen, am 2. die erste geschossen. [Am 4. in Rossitten starker Zug.] Nachts zum 5. ziehen einige; vier, davon 2 anscheinend alte, gefangen. Am 5. werden 5 gesehen und alle geschossen, am 6. früh 5 erbeutet, am 7., 9., 11./12., 12./13. ward je eine bemerkt und mit einer Ausnahme erbeutet. Am 13., 14., 15., 17. je eine oder zwei, 23. ca. 5—7 geschossen, 24. einzelne (2 †), nachts zum 25. einige gesehen, 25. paar. In der Nacht zum 26. bei mäfsigem Ost zum ersten Mal gröfsere Mengen ziehend, mind. 12 werden gefangen, am 26. früh aber nur noch einzelne da. Am 27. sechs geschossen, nachts zum 28. zwei gefangen, 28. eine †, 28./29. drei gefangen, 29. früh 3 †.

Hier will ich unterbrechen, um einige auswärtige Beobachtungen zum Vergleich einzufügen.

Die äufserste Nordostecke Deutschlands, Rossitten, bekam natürlich zu allererst die Schnepfen, wie oben gesagt, am 4. Oktober schon starken Einfall. In Masuren geht der Durchzug innerhalb der ersten beiden Monatsdrittel vor sich, am 21. wird in Gaynen die letzte gesehen. Auch noch in der Provinz Posen macht sich schon Mitte Oktober ein Abflauen bemerkbar. Auf Sylt wird am 26. eine erlegt. In Aurich in Ostfriesland wird am 15. die erste bemerkt und fortan kamen bis zum 30. immer einzelne vor, gerade wie auf Helgoland. Am Niederrhein sind in dieser Zeit noch so gut wie keine angelangt, in der Wetterau und am Vogelsberg kamen die ersten auch erst am 27. an, dagegen waren am 17. im Odenwalde, am Neckar schon recht viel eingetroffen, die am 18. aber schon wieder verschwunden waren. Dieser grofse Tag in jener Gegend war verfrüht in Hinsicht auf das übrige Nordwestdeutschland. Soll doch bei Mörs (nahe Duisburg) am Niederrhein erst am 29. die erste geschossen worden sein. Ostdeutschland war also in der ersten Oktoberhälfte bereits durchzogen und die Schnepfen schoben sich, meist zerstreut, über Mittel- nach Westdeutschland vor. Bisher hatte der Zug im Grofsen und Ganzen den gewohnten Verlauf genommen: die Schnepfen, wohl meist junge, machten sich instinktgemäfs auf die Wanderschaft, die gemächlich, ohne Zwang, also auch ohne Eile vor sich geht. All diese Schnepfen kamen offenbar aus Nordwestrufsland und Ostdeutschland.

Die Schnepfen des nördlicheren Parallelstreifens: Südskandinavien, Finland, Lappland, aus denen sich nach Gätkes und meinen bisherigen Schlufsfolgerungen die Helgoländer Schnepfen rekrutieren, hatten noch wenig Ursche zu ziehen, denn diese so viel nördlicheren Schnepfen sind um eben so viel in der Brut und Aufzucht zurück, sind auch wohl etwas resistenter. Bis zu diesem Termin waren die Temperaturen in diesen Gegenden sehr mäfsig, nur ganz im Norden ging das Thermometer manchmal ein paar Grad unter Null. Noch aber, das ist die Hauptsache, gab es dort keine Niederschläge. Was also zog, das waren freiwillige Wanderer, der Nachwuchs. Das Gros safs noch Ende Oktober in seinen Brutrevieren.

Am 27. Okt. hatte Archangelsk noch $+2^0$, Finland $+4$ bis 5^0, Petersburg $+2^0$. Am 28. fällt die Temperatur überall auf -1 bis -4^0, aber noch ist es trocken, am 29. ist es wieder warm ($+2$ bis 5^0), nur Archangelsk hat noch -4^0. In der Nacht zum 30. wird es wieder kälter, in Nordskandinavien viel kälter, das Thermometer fällt aber nun rapide, so dafs wir am 31. früh in Finland -5 bis -7^0, in Archangelsk -10^0, in Haparanda -12^0, in Südschweden -1 und -2^0 haben, dabei aber, z. T. schon seit gestern, Schnee von Petersburg durch ganz Finland. Und dieses Wetter hält zunächst an. Das bedeutet also in wenig Worten: einen grofsen Temperatursturz vom 29. abends ab und erste ausgedehnte Schneefälle.

Am 29. wehen dort oben sehr schwache Winde verschiedener Richtung, am 30. etwas stärkere nördliche, von der Ostsee bis England, in Nord- und Nordwestdeutschland sehr schwache nordöstliche Winde; bis zum 31. früh bis Kurland dieselben schwachen Nordostwinde, in Finnland ganz leichter Nordwest. In der nächsten Nacht (zum 1.) drehen die Winde überall über Ost nach Süd und West herum und steigern sich zum starken Sturm. Auf Helgoland hatten wir ganz entsprechend in der Nacht zum 30. Ost 1 und in der zum 31. Ost und Nordost 3 bis 2, während am 31. der Wind nach Südwest herumgeht und zum Sturm 9! wird.

Wenn man sich theoretisch eine Wetterlage für kapitalen Schnepfenzug und vor allem -einfall konstruieren wollte, so müfste sie gerade so und nicht anders ausfallen. Und in der Tat veranlaſste dieser Wettersturz in Nordosteuropa, der im letzten Augenblick ganz auſserordentlich günstige Vorbedingungen zu einer eiligen Flucht bot, einen wunderbaren Schnepfeneinfall in Nord- und Nordwest-Deutschland, wie er seit einem Vierteljahrhundert nicht dagewesen ist. Natürlich schnitt dabei auch dasschnepfenberühmte Helgoland mit einem halben Tausend „glänzend" ab.

Ich darf nun also zu Helgolands Zugsbericht zurückkehren: In der Nacht zum 30. Oktober begann schon von 7 h an ein starker Vogelzug, hauptsächlich von Strandvögeln und Drosseln, von 4 h an wurden auch Schnepfen bemerkt, aber nicht sehr viel, mind. 10 St. wurden mit Laterne und Kätscher gefangen. Gegen Morgen war es still, sehr diesig, ja gegen $7^3/_4$ h kam ziemlich dicker Nebel, der aber dann von rasch auffrischendem Nordost verjagt wurde. In der Dämmerung begann das bekannte Geknatter der Flinten. Schuſs reiht sich an Schuſs, die Schnepfen huschen wie Irrwische durch die Finsternis und die langen Feuerstrahlen zucken überall, die Schrote regnen allerorten prasselnd nieder. Wer davor Angst hat, darf nicht auf Helgoland Schnepfen schieſsen wollen. Hundert Stück langen bei weitem nicht, die am Abend in den Händen der Händler waren. Das sollte aber noch besser kommen. Schon 8 h abends (zum 31. X) begann bei bedecktem Himmel, aber ohne Regen, und kaltem Ost ein sehr starker Vogelzug, bei dem etwa 2000 Vögel ihren Tod fanden. Schnepfen ziehen sicherlich massenhaft, denn es wurden wenigstens 2 Dtzd. gefangen, mancher fängt 5 St.

Am nächsten Morgen (31. X.) hub die Schlacht von neuem an: über 200, annähernd 300 werden aufgekauft. Auf der Düne schossen überdies 3 Schützen allein über 60 Stück. Im Ganzen mögen in dieser Herbstsaison etwa ein halbes Tausend her erbeutet sein.

Unsere Aufkäufer dachten, ein Bombengeschäft gemacht zu haben, aber da kamen ihnen aus allen groſsen Städten Deutschlands die Antworten, daſs überall nie dagewesene Mengen von Schnepfen auf den Markt geworfen wären. Infolgedessen fiel hier der Preis sofort von 3 auf 2 M. Im Berlin ist er aber auf 1,75 M., anderswo gar auf 1,50 M. herunter gewesen.

Zunächst will ich aber von Helgoland zu Ende berichten. In der Nacht zum 1. hastete durch, was noch zurückgeblieben war und nutzte den mäſsigen Ost noch aus, der aber von 10 h ab in West umschlug und rasch zum Sturm anschwoll. Deshalb wohl wurden die letzten Schnepfen an den Boden gezwungen und so wurden noch 8—10 gefangen. Vom 2. bis 5. wird täglich eine oder die andere beobachtet oder geschossen, Überbleibsel des reichen Segens. Am 6. kommt der erste Nachschub an, mind. 3 Dtzd., wovon etwa 2 Dtzd. geschossen wurden. Das sind offenbar Stücke, die nicht mehr rechtzeitig vor dem Sturm bis hierher kamen, vielleicht in Jütland oder Südschweden eingefallen waren und nun weiterreisten. — Am 7., 9. und 12. kamen einzelne vor, in der Nacht zum 13. der letzte Schub, allerhand sind gezogen, etwa 1 Dtzd. gefangen. Am 13. früh etwa 20 geschossen, am 14. noch 2—3, am 15., 23., 30. Oktober, 3. und 4. Dezember noch je eine.

Diesmal kamen bis Jahresschlufs keine Überwinterungssüchtigen mehr nachgeklappert, obgleich später wieder mildes Wetter genug kam. Es war eben da oben plötzlicher Kehraus gewesen.

Was besagen nun die Nachrichten aus dem Binnenlande? Leider habe ich nicht Zeit und Gelegenheit, alle Jagdzeitungen durchzusehen, ich konnte dies nur bei der Deutschen Jägerzeitung tun, in der ich auch (Nr. 15. vom 20. XI. 10) einen Bericht „die grofse Schnepfenschlacht" und einen Aufruf erliefs, mir Nachrichten zukommen zu lassen. Es liefen aber leider nur wenige, freilich desto wertvollere ein, für die ich auch an dieser Stelle verbindlichsten Dank sage. —

Wie ein Blick auf die Wetterkarte zeigt, hatte die Nordseeküste diesmal nichts besonderes voraus, wie 1909, die Winde kamen diesmal strahlenförmig von NO. und liefen auch noch bis weit ins Binnenland hinein in gleicher Richtung. Und dieses ganze Windbüschel führte überall Schnepfen mit sich, d. h. es braucht nun keine breite Front wie bei der Parade da marschiert, Verzeihung, geflogen zu sein, aber überall, wo sich im Querschnitt des Büschels günstige Rastgelegenheiten boten, da fielen in ganz Nordwestdeutschland die Schnepfen ein, so weit sie grade bis zum Morgengrauen gekommen waren. Da der Sturm zunächst ein Weiterziehen verhinderte und dann die Schnepfen in den milden deutschen Revieren nichts auszustehen hatten, folgte auf dem Gewaltzug von Finland bis Westdeutschland eine Periode gemächlichen Ausruhens und Weiterbummelns, die überall den deutschen Waidmännern überreiche Gelegenheit zur Jagd gaben. Dazu mögen die anhaltenden Gegenwinde sehr beigetragen haben. Das ist wenigstens der Eindruck, den ich — nun ist die Sache ja viel schwieriger als vorher — aus den folgenden Berichten habe. Zur genaueren Bearbeitung auch dieser Etappe fehlt mir wie gesagt Zeit und Gelegenheit.

Sylt. 31. Okt.: bei allen Jagden werden in den letzten Tagen welche hochgemacht (!! s. Helgoland!), im November: am 3. zwei erlegt, am 9. und 24. je eine in Westerland gesehen. Auf der Morsumer Jagd bisher 21 erlegt. Am 29. zwei erlegt. Noch am 9. Dezember eine bemerkt. (Hagendefeldt.)

Ostfriesland: W. Butterbrodt in Aurich, der schon im Vorjahre einen ausgezeichneten Schnepfenbericht gab, schreibt a. S. 321 v. Bd. 56 Nr. 20 d. Deutschen Jägerzeitung (D. J.-Z.), in der Nacht zum 31. Oktober sei ein Massenzug eingetroffen, also genau wie hier. „Wohl noch nie hat Diana einen solchen Schnepfensegen über Ostfrieslands schönen Auen ergossen wie in jener Nacht. Auch in den nächsten Tagen waren noch reichlich Schnepfen vorhanden, so bis zum 19. Auch auf den vorgelagerten Nordseeinseln sollen ganz bedeutende Strecken erzielt worden sein" (s. später unter Norderney!). — W. Bruns in Norden (D. J. Z. Bd. 56. S. 400) schreibt: „Ein wahrer Schnepfensegen hat sich in Ostfriesland bemerkbar gemacht und zwar Ende Okt. bis Mitte Nov., der 7. und 14. waren auch wirkliche Schnepfentage [stimmt überaus scharf zu Helgoland: die Tage, die auf starkem Fluge daselbst folgen!!]. . . . In den fiskalischen Waldungen, in den Fideikommifsrevieren und auf den ostfriesischen Inseln sind viele Langschnäbel geschossen. In den fürstlichen Revieren Lütetsburg sollen etwa 200 Schn. erlegt sein und auf der Insel Norderney über 50 Stck." (s. sp.!) etc.

Norderney: Herr Lehrer W. Müller schreibt mir: „Am 2., 3. und 4. Nov. wurden 50—60, am 7. sieben Schnepfen erlegt". [Am 6. ganz schwache, am 7. aber starke Gegenwinde, die die Schnepfen zum Einfallen und Rasten zwangen!!]

Zwischen Elbe und Weser. Herr Apotheker C. Stein in Bederkesa (nordöstlich v. Bremerhafen) schreibt mir: „Die ersten kamen einzeln Mitte Okt. an. Infolge des Südweststurms in der Nacht zum 1. Nov. hatten sich eine Menge Schnepfen hier niedergelassen, die wohl sehr ermüdet waren, da sie den Hund gut aushielten. Auch am 2. XI. soviel Schn. gefunden, wie hier seit 20. Jahren nicht gesehen sein sollen. Wiederholt wurden 8, 12, 15 St. hochgemacht. etc."

Grenze zwischen Oldenburg und Provinz Hannover: Wildeshausen (südl. Oldenburg und Bremen, nicht weit von Emstek, wo die Ringschnepfe geschossen). Herr Apotheker A. Jacobi schreibt mir: „Eine solche Menge von Schnepfen wie in diesem Jahre ist hier noch nicht bemerkt worden. Vor 3 Tagen (d. h. sicherlich am 14. od. 15. XI. geschossen) hatte ein Händler hier 20 Schn., gestern (a. 18. XI.) ein anderer 32. — Bei jedem Treiben kamen Schnepfen vor, oft 10—15 Stück. Der Preis ist von 3 M. auf 2 M., dann 1,80 und jetzt sogar auf 1,50 M. gesunken. Seit Wochen (sehr wichtig!) werden hier übrigens diese Mengen von Schn. bemerkt!" — — Bei dieser Gelegenheit seien auch die weiteren Mitteilungen angeführt: „Schnepfen nisten hier übrigens in allen dazu geeigneten Wäldern und murken den ganzen Sommer hindurch. Noch in den 70er Jahren gab es Jäger hier, die jährlich 50—60 Schnepfen schossen, dann fiel aber die Anzahl rapide."

Westfalen. Gütersloh, Ber. Minden (ca. 110 km S. v. Wildeshausen). Herr Bankier H. L. Ruhenstroth schreibt mir am 24. Nov. „Hier sind in den letzten Tagen ganz enorme Mengen Schnepfen zur Strecke gekommen. Seit Menschengedenken hat man so etwas nicht erlebt. 20—30 Schn. in ein paar Stunden zu finden, war nichts Seltenes. Ich glaube im hiesigen Kreise und in näherer Umgebung mögen wohl in den Tagen vom 15. Nov. ab ca. 150 Schnepfen geschossen sein."

Wetterau: Main- u. Kinzigtal, Ausläufer des Spessarts und des Vogelbergs, Umgebung Hanaus a. Main. Herr Privatier Ferd. Kircher hat mir wieder wie voriges Jahr einen vorbildlich exakten Bericht gesandt. Hätte man nur 20 solcher Art aus allen Teilen Deutschlands, so sollten die Resultate nicht ausbleiben! Der Herr beobachtete in 12 ausgedehnten Waldrevieren! Am 27. Okt. bei NO. die ersten. In den ersten Tagen des Nov. berührte der Zug fast alle oben genannten Gebiete. Namentlich am 3. Nov. war dies der Fall, an welchem Tage die Schnepfen wie im Frühjahr strichen. In der Nacht auf den 30. Okt. war NO 1 mit Nebelbildung eingetreten. In der folgenden Nacht auch da SW. 6 mit Regen. SW. hielt an bis zum 12. XI. In der Nacht auf den 13. schlug der Wind in NNW. 1 mit Nachtfrost um. [Da auch auf Helgoland allerhand Zug!!]. „Der 13. Nov. wurde so der beste Schnepfentag, den ich je in meiner Jägerlaufbahn erlebte. Fast in jedem Trieb durch Stangenholz und Dickungen wurden Schu. angetroffen, in einer Eichendickung mit Fichten untermischt 13 Stück, ganz nahe beieinander liegend. Der 14. hatte NO. 1. Am 15. Nov., wo SW. 3 wehte, wurden in Flachlandrevieren ca. 20 km südlich von Hanau 15 Schn. bei einer Treibjagd gesichtet. Am 18. waren die Spessart- und Vogelbergshöhen bei SW. 3 mit einer dünnen Schneedecke belegt. In der Nacht auf den 19. trat NO. 2 ein und die Luft war sehr dunstig: an diesem Tage wurden in den Spessartvorbergen in einem Trieb 9 St. gesehen. Am 21. ging die 3—4 cm dicke Schneedecke bis ins Tal. An diesem Tage waren die sonst gut besetzten Lagen von Schu. fast frei. Nur eine gesehen. Bis zum 26., wo Winterwetter mit Schneefall einsetzte, war die Gegend so gut wie schnepfenfrei." Herr Kircher fafst seine Beobachtung wie folgt zusammen: „Nach Unterbrechung des SW. und eingetretenem NO. (einmal NNW.) fanden sich zahlreich Schnepfen vor. Am wenigsten wurden angetroffen bei SW. ohne Niederschläge." Das stimmt alles sehr gut zu meinen Beobachtungen: Zug mit dem Winde, der aber leicht, ja sehr leicht sein mufs; Unterbrechung des Zuges, Einfallen, sowie der Wind entgegen dreht, stärker wird, oder Niederschläge den ziehenden Vogel niederzwingen. Anderseits Flucht nach oder, wenn möglich, vor drohendem Unwetter mit grofsen Schneefällen.

Niederrhein, Hunsrück, Eifel. Hugo Otto, der bekannte Ornithologe des Niederrheins in Mörs (bei Duisburg), schreibt auf S. 321 v. Bd. 56 d. D. J.-Z.: „Im Oktober sozusagen keine Schnepfen beobachtet. Gleich Anfang Nov. aber mehrten sich die Nachrichten über erlegte Schnepfen, und jetzt am 20. Nov. ist der Durchzug noch nicht zum Stillstand gekommen. Nachdem am 29. X. in der näheren Umgebung von Mörs die erste Zugschnepfe erlegt worden war, fanden wir in den ersten Novembertagen in vielen Feldhölzern und auch in den gröfsern Waldungen Schn. Unsre Jäger, die von den Hubertusjagden aus der Eifel und dem Hunsrück heimkehrten, wufsten allenthalben von vielen Schnepfen zu berichten. So scheint es mir, dafs der auf Helgoland beobachtete grofse Schnepfenzug uns auch nach Westdeutschland grofse Schnepfenmengen gebracht hat."

Aachen. Förster C. Gassert in Eschweiler-Aue b. A. schreibt a. S. 321 d. D. J.-Z.: „In der Gegend von Aachen waren in der Zeit vom 14. bis 25. Nov. d. Js. grofse Schnepfentage. Besonders massenhaft war der Durchzug in dem „Probsteiwald". Nachdem in der Nacht zum 14. Nov. starker SW.-Sturm geherrscht, begann der Durchzug und dauerte bis zum 25." (35 Schn. geschossen von 4 Schützen). Am 26. waren infolge eingetretenen Frostwetters alle Schn. weg. Ebensoviel Schnepfen in der Umgegend. „Hier ist kein Jäger, der sich ähnlicher Strecken im letzten Vierteljahrhundert erinnert."

Bonn. Herr W. von Beckerath schreibt mir: „Am 14. und 15. Nov. kamen auf einer Treibjagd in Ahrweiler a. d. Ahr etwa 45—50 Schnepfen vor, obgleich das Nachbarrevier als noch besser für Schn. gilt." [Also genau wie bei Aachen!]. — — —

Baden-Baden. Der städt. Oberjäger O. R. berichtet am 26. Nov. a. S. 304 d. D. J.-Z., infolge des raschen und starken Schneefalls in der vorletzten Woche hätten sich die sog. Lagerschnepfen der Ausläufer des badischen Schwarzwaldes in die Rheinebene gedrückt. „So wurden auf versch. Privatjagden im Umkreise von 10 km um B.-B. im Laufe dieser Woche etwa 50 Langschnäbel erlegt, vorgekommen ist mind. die dreifache Zahl und es werden noch täglich Schnepfen geschossen."

Also so weit südlich breitete sich der Fächer aus, dessen Spitze etwa an der Elbmündung gelegen zu haben scheint.

Man sieht deutlich, wie die Schnepfen allmählich von Ost nach West durchwandern, was heuer allerdings durch vorwiegende Gegenwinde lange aufgehalten wurde, sodafs die deutschen Jäger alle die drei Etappen des Zuges voll ausnützen konnten, von denen der erste (30./31. X.) weitaus der stärkste seit Jahrzehnten war.

So hat uns auch dieses Jahr wie das vorige einen — wenn nicht alles täuscht — überaus klaren Zusammenhang zwischen Schnepfenzug und Witterung ergeben.

In Bezug auf die Herkunft der Helgoländer und Nordwestdeutschen Zugschnepfen aus Südschweden und Finland haben sich nur Bestätigungen ergeben, nichts, was dagegen spräche.

Weiter hat sich bestätigt, dafs diese ganze Schnepfenmasse die Osthälfte Deutschlands offenbar gar nicht berührt, dafs sie vielmehr die Ostsee bis Jütland oder noch eher bis Helgoland, Ostfriesland und dessen Inseln in einer Nacht überfliegt, wenn die die Witterung Anlafs dazu gibt.

Weiter hat sich bestätigt: dafs man von festen Zugstrafsen für die Schnepfenbevölkerung eines bestimmten Gebietes nicht sprechen darf oder nur teilweise, je nachdem, wie eng man den Begriff fafst. Bis Helgoland etwa konzentriert sich alles von Nordosten her und geht parallel zu einer zweiten Strafse, die über Rossitten an der Ostseeküste entlang läuft. Von da ab hat sich offenbar ein grofser Unterschied in beiden Jahren herausgestellt, der zu beweisen scheint, dafs sich die Schnepfe — und manche andere Vogelart sicher ebenso — absolut nicht sklavisch an eine bestimmte Zuglinie bindet, etwa von Helgoland parallel der Küste nach England und Nordfrankreich (wie 1909), sondern dafs sie sich, je weiter sie nach Südwesten in gemäfsigtere Klimata kommt, desto mehr von den jeweiligen günstigen leichten Nordost-Winden treiben läfst.

Das ist prinzipiell äufserst wichtig. Man wufste bisher nicht sicher, ob nicht ein Vogel, wenn er ungünstigen Wind hat, trotzdem auf seiner festen Strafse bleibt, gegen den Wind sich weiter quält oder auf der Strafse auf bessere Gelegenheit wartet. Für die Schnepfe wenigstens wissen wir nun positiv, dafs es sich nicht immer so verhält. Eine auf Helgoland markierte Schnepfe hat das bewiesen. Diese Schnepfe fing ich in der Nacht zum 12. November 1909 auf dem Leuchtturm während eines sehr starken Schnepfenzuges, der nach meinen Folgerungen wie der heurige von Finland etwa herkam. Diese mit einem Rossittener Ringe gezeichnete Schnepfe ward nun heuer am 12. Oktober, also genau einen vollen Monat früher, in der Gemeinde Emsteck, Kreis Cloppenburg, Grhzt. Oldenburg, d. s. 150 km südlich von Helgoland, erlegt. Ein und dieselbe Schnepfe wanderte also heuer 150 km südlicher vorbei als im Vorjahre, sie hielt sich also nicht einmal an eine derartig gewaltige Wegmarke wie die Nordseeküste, sondern ging diesmal offenbar von Jütland aus südlicher. Und das machten ihr ganz genau die Tausende ihrer Schwestern nach, wie wir sahen.

Ferner: Der Zug dieses Schnepfenkontingents fiel heuer einen halben Monat reichlich früher, was allein auf die Witterung im Brutrevier zu schieben ist.

Schliefslich: Die gezeichnete, also mind. $1^1/_2$ Jahre alte Schnepfe war unter den allerersten Vorläufern des Zuges, was freilich nur ein weiterer Fall zu meinen Beobachtungen ausgefärbter alter Strandvögel beim Beginn des Zugs unter den Jungen ist. Doch mufs er als positiv festgehalten werden, da es sonst nicht leicht ist, mit Garantie alte und junge Schnepfen anzusprechen.

64. † *Rallus aquaticus* L. Wasserralle.

2:7 (4:4). Ganz ähnliches Bild wie 1909, aber 13 (statt 9) St. beobachtet.

Am 12. März die erste gefangen. Am 10. April eine geschossen. Am 11. beobachtete ich eine im Drosselbusch, sie entkam aber.

Herbstzug: September: am 5. wird ein ♂ in interessantem Übergangskleid geschossen, am 10. eine unter der Klippe gesehen (wie meist, als „Wachtel" bezeichnet). Am 27./28. fliegt eine am Turm an, ebenso zwei alte in der Nacht zum 13. Oktober. Am 31. werden 3, am 1. November zwei gegriffen, meist unter der Klippe in Felslöchern. Es gehören freilich Helgoländer Augen dazu, die Drückeberger dort zu finden. Es zogen also zugleich Rallen und Schnepfen in besonderer Anzahl.

Auswärtige Beobachtungen.

Am Norderneyer Leuchtturm flogen in der Nacht zum 30. Oktober, wo auch hier sicher Rallen gezogen sind, nach Müller ebenfalls zwei Stück an.

65. † *Crex crex* (L.). Wachtelkönig.

6 (3). Heuer 5, resp. 6 Fälle statt 2 im Vorjahr.

Am 29. April sah Claus Denker ein „Ackerhennick", ganz sicher diese Art. Im Mai der Hauptdurchzug: am 13. einer auf der Nordspitze geschossen, am 16. und 17. je einer gegriffen, auch am 24. einer erbeutet.

Im Herbst nur am 2. September ein Stück erlegt.

Das der Wachtelkönig nicht mehr so häufig vorkommt, wie es zu Gätkes Zeiten gewesen zu sein scheint, ist kein Wunder, es fehlt ihm jetzt mehr und mehr an ruhigen Plätzchen.

Auswärtige Beobachtungen.

Hagendefeldt beobachtete am 27. Sept. einen am Friesenhain auf Sylt. In der Umgebung von Hanau a. Main (nach Kircher) und von Mörs am Niederrhein (nach H. Otto) war der Wachtelkönig in der Hühnerjagdzeit heuer besonders häufig.

66. † *Ortygometra porzana* (L.). Sumpfhühnchen.

3 (0). Im Vorjahre konnte ich keine Belegstücke anführen. Heuer wurden drei erbeutet: am 12. August flog sich ein ♀ an den Drähten der Telefunkenstation tot, am 16. ward ein zweites erlegt und noch am 27. Oktober ein drittes gefangen.

67. † *Gallinula chloropus* (L.). Grünfüſsiges Teichhuhn.

4 (1). In beiden Beobachtungsjahren zusammen habe ich bereits fast ebensoviel Fälle wie Gätke in 50 Jahren: 1909 nur 1,

heuer 6 Stück! Seit Gätkes Tod sind auch einige eingeliefert, also die „höchstens 10" Gätkes sind in wenigen Jahren überholt. Ob das wohl Zufall ist, oder ein Übersehen in früherer Zeit oder gar eine Änderung im Wohngebiet und Zug des Tieres?

Im Frühjahr wurde am 10. April eins geschossen, im Herbst am 30. Oktober eins, am 31. drei junge unter der Klippe erbeutet und ein altes geschossen. Also auch diese Art gesellt sich zu Waldschnepfe und Wasserralle an deren grofsen Zugtagen.

Noch am 1. Dezember ward ein junges Ex. von einem Baum herabgeschossen.

Auswärtige Beobachtungen.

Am 28. März wurde nach Hagendefeldt ein Stück in Wenningstädt auf Sylt erbeutet.

Fulica atra L. Bläfshuhn.

Am 12. September sah Mayhoff auf einem Teich neben der Koje am Nordstrand auf Föhr 7 Stück.

68. † *Columba palumbus* L. Ringeltaube.

3 : 50 (22). Der Frühjahrszug dauerte $2^1/_2$ Monat, vom 7. März bis 16. Mai mit einem Maximum am 12. April. Die erste wurde in der Nacht zum 7. März gesehen. Dann weiter am 8., 24., 27., 28. je eine oder einzelne gesehen. Im April ebenso einzelne am 3., 4., 6. und 7., fast immer frühmorgens. Am 12. sollen 8—12 St. hoch ohne Aufenthalt durchgezogen sein, ich sah nur mehr eine, am 13. wurden zwei geschossen. Gegen Ende der nächsten Nacht wurden einzelne bemerkt. Dann noch am 15., 25. und 27. je eine. Im Mai kam am 1., 8., 10., 12.—14. und am 16. je eine vor, ebenso im Juni etwa am 2. und am 21.

Der Herbstzug war besser als im Vorjahre, dauerte ebenfalls $2^1/_2$ Monate und zwar vom 19. Sept. bis 2. Dez. mit Maximum am 11. Oktober (im Vorjahre am 29. IX.). Am 19. September kam die erste vor, am 21. ein paar, wovon eine junge geschossen wurde. Am 26. kamen 2 ziemlich vertraute junge Stücke an, die am 27. erlegt wurden. Im Oktober kamen vor: am 5. zweimal vier, 6. zwei bis drei, 7. vier bis fünf, wovon je eine junge und alte geschossen, 8. eine. In der Nacht zum 11. wurden von Mitternacht ab merkwürdig viel beobachtet und mind. zwei mit Laterne und Kätscher gefangen, ganz früh in der Dämmerung soll wohl noch ein Dutzend über den Dächern hin- und hergeflogen sein, von 6—$7^1/_2$ h sah ich aber nur mehr drei. Ein ♂ davon zeigte, geschossen, erst einige weifse Halsfedern, war also wohl ein vorjähriges Stück. Am 12., 14., 18., 22., 23., 25., 26., 31. kamen je ein bis mehrere (am 26. u. 31.) durch. Im November am 6. angeblich einzelne, am 9., 12.,

14.,—16., 23., 26., 27. je eine, wovon nur eine erlegt. Die letzten wurden am 2. u. 11. Dezember gesehen (je eine).

Gewöhnlich kommen die Ringeltauben hier ganz früh eben nach der Dämmerung vor, aber heuer (s. o.) mufste ich mich den objektiven Tatsachen beugen, dafs sie auch manchmal nachts ziehen, was ich bisher nicht glauben wollte, auch nirgends angegeben finde, was aber die Helgoländer schon oft beobachtet haben.

Auswärtige Beobachtungen.

Am 25. Sept. zieht eine über den Memmert (Leege), am 16. Okt. beobachtet Hagendefeldt 2 in der Nähe des Lornsenhaines auf Sylt. Von den Ringeltauben, die in Emden in den hohen Ulmen am Wall nisten, schien sich eine Versammlung von etwa 20 St. am 1. Nov. zur Abreise zu rüsten. Ab und zu sah man aber ein paar bis zum Jahresschlufs. (Varges).

69. † *Columba oenas* L. Hohltaube.

5 (1:3). Nur fünf Stück kamen zur Beobachtung: am 28. März früh; 15. Mai (nicht sehr scheu); 9. Oktober (erlegt); 6. und 9. November je eine.

70. *Turtur turtur* (L.). Turteltaube.

10 (15.). Im Frühjahr kamen die ersten recht spät vor; am 2. Juni sah Präparator Hinrichs die ersten beiden, am 3. früh wohl dieselben Stücke, am 4. eine. (Ich war in dieser Zeit auf dem Intern. Orn. Kongrefs in Berlin.) Am 13. und 17. sah ich je eine. Am 30., einem Regentage, hielten sich drei Stück sehr vertraut in einem Garten auf [in diesem Grundstück wird jetzt ein Dienstwohngebäude gebaut]. Am 3. Juli sah Dr. Keilhack eine im Kommandanturgarten, und noch am 5. abends will O. Beyer eine gesehen haben.

Diesmal kamen auch vom Rückzuge zwei Stück, am 3. und 17. August, zur Beobachtung.

71. *Ciconia ciconia* (L.). Weifser Storch.

1 (0). Während 1909 kein Storch vorkam, trieb sich heuer am 12. Mai einer wohl eine halbe Stunde lang auf dem Oberlande herum. — An der Sylt gegenüberliegenden holsteinischen Küste ist er ziemlich häufiger Brutvogel.

Botaurus stellaris (L.). Grofse Rohrdommel.

1 (0). Am 17. Mai sah ein Hummerfischer einen „grofsen braunen Vogel mit trägem eulenartigen Fluge dicht über das Wasser streichen, dem vorn ein Federbusch von der Brust herabhing“, eine Beschreibung, die gar nicht täuschen kann, zumal der Beobachter den Vogel nicht einmal dem Namen nach kannte. Trotzdem will ich die Beobachtung nicht zählen. Es wäre der 4. Fall. etwa für Helgoland.

Auswärtige Beobachtungen.

Auf Neuwerk steht im Hotel ein am 4. Sept. 10 von A. Rose erlegtes Ex.

72. † *Ardea cinerea* L. Fischreiher.

4 : 8 (2). Aufserordentlich häufig für unsere Verhältnisse kam heuer dieser im Watt reichlich genug vorhandene Vogel vor.

Nach der Beschreibung eines Helgoländers sind vielleicht schon in der Nacht zum 8. März ein paar gezogen. Am 26. April ward ein vorjähriges Ex. unter der Klippe geschossen. Das sind die ersten Frühjahrsdaten. Gätke kennt den Reiher nur vom Herbstzuge. — Auch im Sommer kam er wiederholt vom Watt herüber, so konnte Herr Pastor Schneider bei einem flüchtigen Besuch am 17. Juli abends ein Stück lange beobachten.

Im Spätsommer und Herbst häuften sich gradezu die Beobachtungen. In den Zugnächten zum 7. und zum 25. August hörte ich zweimal resp. einmal den markanten lauten Ruf, den ich nur zu gut vom Festland her kenne. Gätke war nicht in dieser glücklichen Lage, es entgingen ihm also die nächtlichen Beobachtungen ganz. Am 13. September standen mittags 2 St. am Klippenfufs. Mein Hazardschufs auf den einen mag ihn ein klein wenig gekitzelt haben, denn er blieb am 14. und 15. hier, während sein Gefährte das Weite suchte. Ich nehme wenigstens an, dafs der am 14. beobachtete und der am 15. früh geschossene noch dasselbe Stück waren.

Im Oktober sah am 3. vormitt. Kuchlenz einen vorbeistreichen, ebenso am 11. früh Dr. Keilhack einen auf der Düne. In der Nacht zum 13. hörte ich einen, und schliefslich ward in meiner Abwesenheit am 21. noch einer beobachtet.

Auswärtige Beobachtungen.

Am 7. Juli sah ich an der Schlei und am Wattrand bei Hoyerschleuse je ein paar, am 11. Sept. Hagend. 2 auf Hörnum (Sylt).

Plegadis autumnalis (Hasselq.). Brauner Sichler.

Am 3. Okt. 10 erlegte A. Rose auf Neuwerk ein altes Ex. Steht ausgestopft bei ihm.

Platalea leucorodia L. Löffelreiher.

Altmanns sah nach Leege im Norderneyer Watt im Sommer mehrere Male Löffler. Diese Ex. stammen aus den holländischen Brutplätzen.

Circus sp. (wahrscheinlich *pygargus*).

Am 15. Juli auf Hörnum (Sylt) zwei, am 11. Sept. an der Kampener Koje (Sylt) 1 iuv. (Mayhoff).

73. † *Accipiter nisus* (L.). Sperber.

37 (17). Während das Jahr 1909 einen ganz kläglichen Raubvogelzug bot, erinnerte das Berichtsjahr an die „gute alte

Zeit". Mindestens 50 St. wurden erlegt als willkommener Braten und als „Trophäen" für Badegast-Sonntagsjäger.

Im Frühjahr kamen, wie immer, nur wenige vor, so zog am 12. April nachm. $^1/_2$4 h ein Stück nach NO. durch. Am 7. Mai sah Kuchlenz ein ♀, am 9. verschwand ein sehr kleines ♂ nach SO., schliefslich will Ch. Äuckens am 13. drei bis vier St. gesehen haben.

Vom Herbstzug sah Herr Mayhoff am 10. August den ersten Vorläufer. Im September fand der Hauptdurchzug der jungen Sperber statt, manchmal der reine Massenzug nach festländischen Begriffen. Diese Zeit der Fülle war vom 5. bis 21. September, mit Maximum am 9. — Am 1. IX. sah ich abends einen auf der Düne. Am 4. ging hier der Wind nach Nordost und hielt sich, zwischen Nord und Ost hin- und herschwankend, bis zum 21. in dieser überaus günstigen Richtung, wobei er meist schwach oder mäfsig war. Dabei war es fast immer schön und recht warm. Also prächtige Vorbedingungen. Am 5. IX. nachmittags kamen dann zum ersten Mal eine gröfsere Zahl an, wovon etwa 5 St. geschossen wurden, dabei zwei diesjährige ♂, die andern junge ♀. Abends trieben sich überall zwischen den Häusern, wo etwas Garten war, überaus dreist Sperber herum. Es darf ja in dieser Zeit, der Saison. nur bis 10 h morgens geschossen werden. Ganz früh zogen sie weiter. Am Nachmitttag kam gegen 1 Dtzd. neue an, wovon nur 1 ♀ geschossen. Mayhoff sah einen dicht über das Wasser streichen. Am Morgen blieben diese noch ein Weilchen, was Gelegenheit gab, mind. $^1/_2$ Dtzd. zu schiefsen. Äuckens schofs 3 jüngere ♀, ich ebensoviel. Einen sah ich von oben in der Felswand hocken. Ganz klein machte er sich und äugte mich an. Der Schufs warf ihn tot in die Tiefe. Als ich hinuntergeklettert war und den Vogel eben aufgenommen hatte, sauste über mir aus einer Kluft ein andrer ab, den ich mit dem ersten in der Hand doch noch mit einem Schnappschufs in die tangbewachsenen, durch die Ebbe trocken gefallenen Klippen werfen konnte. Einen dritten jagte ich aus einem Busch ganz nahe heraus. Als ich ruhig stehen blieb, kam er sofort wieder und blockte anderthalb Meter vor mir eine ganze Weile in der Laube, in der ich stand, auf der Lehne einer Bank. Noch zweimal traf ich an diesem Tage den Vogel dort an, fehlte einmal den herausfahrenden mit dem Schiefsstock und schofs ihn doch noch beim vierten Male damit. Der Grund dieser Anhänglichkeit an den dichten Busch war, dafs er an einem Fang durch ein Schrotkorn gestreift war, und nun auf dem Anstand im vogelreichen Busch leichtere Jagd hatte. In der Tat hatte er unmittelbar vor seiner Erlegung eine Gartengrasmücke gekröpft. Die andern beiden hatten sich jeder einen Steinschmätzer gegriffen, von denen es ja genug gab.

Am 7. nachmittags und am 8. kamen nur ein paar einzelne vor. Dagegen gab es am 9. (NO. 2—3, bedeckt) von 4 h nachmittags ab einen Sperber- und Turmfalkenregen, wobei freilich die Turmfalken mind. doppelt so zahlreich waren. Trotzdem kamen verhältnismäfsig mehr Sperber als Turmfalken zur Strecke, weil der Sperber immer im Hinterhalt sitzt, deshalb meist in schufsgerechter Entfernung überrascht herausfährt, während der Turmfalk hoch oben im Felsen blockt oder allzuhoch umherstreicht und rüttelt.

Das waren interessante Stunden am Nachmittag und Abend! Jeden Augenblick sah man einen Sperber über oder zwischen den Häusern fliegen, besonders dicht kamen sie im Lazarettgarten und in der Gärtnerei an mir vorbei. An der Westseite strichen, schwebten und rüttelten überall Turmfalken und sonnten sich an der heifsen roten Felswand, wo der rote Vogel übrigens gar nicht leicht zu sehen ist. Ein Helgoländer stand auf einer grofsen Schutthalde am Fufse der Wand und schofs einfach die vorbeistreichenden Raubvögel. So erbeutete er in wenigen Stunden 4 Sperber, 4 Turmfalken und 1 Merlin, alles jüngere, wenngleich offenbar nicht ausschliefslich diesjährige Exemplare, ohne die Stücke, die erst in einiger Entfernung unerreichbar ins Meer fielen.

Wieviel eigentlich an diesem Abend da waren, läfst sich schwer sagen, da man zunächst nicht weifs, ob nicht ein guter Teil bald weiterzieht. Mann kann ja nicht entscheiden, welche von den Vögeln über dem Meere ankommen, wegziehen oder nur umherbummeln. Dann aber weifs man nie, wie oft man den einzelnen Vogel sieht und wieviele unsichtbar in der Felswand blocken. Da ungefähr 1 Dtzd. Sperber geschossen wurden, müssen wohl mind. 2 Dtzd. dagewesen sein.

Soviel, d. h. also etwa 1 Dtzd. als Rest, mögen auch am andern Morgen (10.) noch dagewesen sein, 6—8 werden geschossen. Dabei werden lange nicht alle gefunden. So fand ich allein bei zwei Gängen um die Klippe bei Niedrigwasser je einen Sperber (tot), Turmfalken und Goldregenpfeifer (beide krank). Die meisten, doch diesmal nicht alle, zogen vormittags weg. Am 11. waren früh und abends etwa $^1/_2$ Dtzd. da. Abends machte ich in dem kleinen Lazarettgarten, dem einzigen „Gehölz" auf Helgoland, drei bis 5 St. hoch, die da übernachten wollten und deshalb sofort zurückkehrten. Am andern Morgen waren noch einige da, auch ♂. Fortan zogen nun tagtäglich einige durch oder rasteten eine Weile hier, am 14. abends waren es etwas mehr, und am 15. früh soll ein Schütze 9 Raubvögel, meistens Sperber, geschossen haben, wie immer natürlich unter der Klippe. Bis zum 21. täglich einer bis zwei, alle erlegten waren bisher jüngere Stücke. Am 28. raubte ein kleines Stück, ein ♂, vor unsern Augen eine Ringdrossel, die bald so grofs war wie er selbst. Deshalb mufste er öfters mal ausruhen, nahm aber trotz unsrer Verfolgung die Beute immer wieder mit. Dasselbe Ex. wurde nun täglich bis zum 2. Oktober beobachtet, war ungemein frech, versuchte z. B. angesichts des Fängers eine gefangene Drossel durch das Netz des Drosselbusches hindurch zu rauben. Er übernachtete immer im Gehölz, dort wurde er am 2. zweimal mit dem Teschin auf paar Meter gefehlt, kehrte aber mind. fünfmal in kurzen Pausen auf denselben Platz zurück, bis ihn der dritte Schufs endlich streckte. Jetzt sahen wir, weshalb er so lange hiergeblieben: beide Fänge waren leicht gestreift durch feine Schrote, die aber den Knochen nicht gefafst hatten. Kranke Vögel ziehen aber nie weiter, sondern wollen sich erst ausheilen.

Im Okt. wurden dann weiter am 9. und 10., 15. und 16. je einer gesehen, am 22. einige. Am 30. kam mit leichtem Nordost nachmitt. eine zweite Welle an, wovon auf der Westseite 4—5 geschossen wurden, auch am 31. waren bis Mittag noch paar da und 2 ♂, 1 ♀ wurden erlegt.

Damit war Schlufs, bis ich am 6. Dezember einen Raubvogel bei Nebel kurze Zeit mittags beobachtete, den ich für ein Sperber-♀ ansprechen zu müssen glaubte.

Auswärtige Beobachtungen.

In Westerland wurde am 10. März nach Hagend. einer erlegt, am 26. sieht Leege auf dem Memmert einen unter Stare stofsen, am 14. Mai einzelne auf der Bill (Westende von Juist). Im Herbst sieht Hagend. auf Sylt Ende August (28.) täglich welche über den Feldern, am 2.—4. September überall welche, die dann offenbar nach Helgoland abrückten (s. o. vom 5. ab!!). Am 10. sieht Mayhoff auf Amrum 4 St., am 11. Hag. auf Sylt mehrere (s. Helgol.!). Am 28. beobachtet Leege auf der Juister Bill mehrere, wie sie auf Starenschwärme stiefsen. Im Oktober am 16. in Westerland einer, am 23. zwei (Hagend.), am 30. in Norderney zwei (Müller; s. Helg. !).

74. † *Pandion haliaetus* (L.). Fischadler.

3 (0). Wahrscheinlich kommen alljährlich ganz vereinzelte Adler vor, werden aber meist beim raschen Durchziehen nicht sicher erkannt. So soll auch heuer am 17. Oktober ein Adler auf den Seehundsklippen geblockt haben.

Ein zweiter Adler aber hielt sich zwei Tage, am 21. und 22. Oktober in der Nähe auf — ich nehme wenigstens an, dafs es ein und derselbe war —, und so konnte er denn von vielen Leuten gesehen und sicher als Fischadler angesprochen werden. Ich selbst war leider abwesend.

Buteo buteo (L.). Mäusebussard.

2? (1). Nur mit Vorbehalt kann ich diese gewöhnliche Art heuer überhaupt anführen, da die einzigen Beobachtungen: am 15. Mai und 14. Oktober, von anderen Leuten gemacht und unsicher sind. Höchst wahrscheinlich sind sie freilich richtig. Ich zähle aber die Art nicht mit.

Auswärtige Beobachtungen.

Am 13. auf Norderney mehrere (Varges). Am 19. September über dem Watt bei Baltrum einer (Leege). Am 25. Nov. sahen die Gelehrten auf Feuerschiff Norderney bei leichtem SO. einen grofsen Raubvogel vorbeistreichen. Da es am ehesten diese Art gewesen sein kann, führe ich die Beob. hier auf.

75. † *Archibuteo lagopus* (Brünn.). Rauchfufsbussard.

2 (1). Schon am 6. Oktober $5^1/_2$ h nachm. kam ein Ex. auf der Düne an und blockte dort eine Weile auf der Geröllzunge am Südende. Natürlich liefs er mich nur auf etwa 150 Schritt heran, doch konnte ich ihn so sicher ansprechen, wie man einen Rauchfufs eben im Freien überhaupt ansprechen kann. Ein zweites prächtiges Stück ward am selben Tage wie das vorjährige, am 27. Oktober erlegt.

Auswärtige Beobachtungen.

Am 17. Nov. ward am Leitdamm des Hafens in Norderney einer erlegt. (Müller.)

76. † *Pernis apivorus* (L.). Wespenbussard.

2 (1). Auch heuer nur zwei St. (1909 einer) boobachtet und erlegt: am 13. Mai ein älteres Ex. vom Präparator Äuckens und mir am Nordstrand und am 28. Juli ein junges erlegt, das schon ein paar Stunden über dem Oberland gar nicht scheu umhergekreist.

77. † *Falco peregrinus* Tunst. Wanderfalk.

12 (5). Ein paar mehr als im Vorjahr! Alle kamen bei östlichen Winden, Nord bis Süd, meist Ost und Nordost, und zwar meist Stärke 3—4, vor.

Am 10. September schofs Ch. Äuckens am Nordstrand ein mächtiges junges Weibchen, am 14. will er einen zweiten angeschossen haben — man kommt den Wanderfalken hier selten in Schufsweite an. Im Oktober ward am 6. einer gefehlt, am 15. sah ich einen längs der Klippenkante streichen, am 20., 21., 22., 25. und 27. ward je einer gesehen. Etwas weniger sicher sind die folgenden Beobachtungen zweier Helgoländer: am 4., 14., und 23. November je einer.

Auswärtige Beobachtungen.

Am 2. Oktober blockte einer auf einem angetriebenen Fafs am Strande des Memmert (Leege).

78. † *Falco subbuteo* L. Baumfalk.

6 (8). Infolge mangelnder Übung kann ich in der Ferne noch immer nicht in jedem Falle die weniger häufigen Raubvögel sicher ansprechen. So ist auch die erste Beobachtung eines Stückes am 13. Mai nicht ganz sicher. Am 17. sah ich ein jüngeres Ex.

Im Herbst glaubte Herr Mayhoff am 18. September einen gesehen zu haben. Am 30. Oktober ward ein junger geschossen. Endlich sahen zwei meiner besten Helgoländer Kenner am 23. und 24. November einen blauen, also alten, sicher dasselbe Stück.

Die Maivögel kamen bei Windstille und bei ganz leisem Südwind, die andern (1) bei Windstille und (2) schwachem Ost an.

Auswärtige Beobachtungen.

Am 1. Okt. streicht ein B. südwärts über den Memmert. (Leege.)

79. † *Cerchneis merilla* (Gerini). Zwergfalk, Merlin.

7 (5). Auch heuer habe ich nur wenige Beobachtungen, im Frühjahr wieder nur eine einzige: am 13. Mai (Windstille).

Im Herbst kamen selbst bei den starken Raubvogelzügen nur ganz einzelne vor, so schoſs Kuchlenz am 9. September nachm. unter vielen Sperbern und Turmfalken ein ♀ und am 10. früh ebenso 1 ♂. Am 26. sah ich einen ganz winzigen, also wohl ♂. Am 30. sah unser Präparator einen sehr kleinen Raubvogel, sicherlich diese Art. Am 14. und 30. Oktober wurden je ein junges ♀ geschossen. Fast alle kamen bei schwachem Ost und Nordost vor.

80. † *Cerchneis tinnuncula* (L.). Turmfalk.

1 : 48 (1 :). Sperber und Turmfalk scheinen in Bezug auf ihre Phänologie, wenigstens in Bezug auf den Wegzug der Jungvögel völlig identisch zu sein. Die Zugskurven decken sich in verblüffender Weise, abgesehen natürlich von den einzelnen Vor- und Nachläufern, die ja mehr vom Zufall abhängig sind.

Auch der Turmfalk war heuer viel häufiger, wie ich mich denn überhaupt bei näherer Schilderung fast wiederholen müſste, weil, wenigsten im Herbst, alles so verlief wie beim Sperber.

Zwei Beobachtungen unseres Präparators am 8. und 10. Februar, wo er einen „kleinen Falken" sah, beziehen sich sicher auf diese Art. Im März ward einer in der Nacht zum 8. im Scheine des Leuchtturms gesehen. Das kommt öfters vor. Gleichwohl glaube ich nicht — wie bei der Ringeltaube — an einen regulären Nachtzug, denke vielmehr, daſs diese einzelnen Stücke entweder schon abends angekommen sind und nachts aufgescheucht das ungewohnte Licht umflattern, oder daſs sie durch irgend einen Zufall in die nächtlichen Wanderscharen gerieten, z. B. dadurch, daſs sie sich auf hoher See verirrten und von der

Dunkelheit überrascht wurden. — Am 30. sah ich einen, ebenso am 3. April. Am 6. ward zweimal ein kleiner Falke beobachtet, wohl diese Art. Am 13. Mai waren einige da, nach Äuckens mind. 3—4, unter der Klippe habe man alle Augenblicke einen gesehen. Am 14. sah Hinrichs abends zwei, am 18. und 19. trieben sich einer oder zwei fast den ganzen Tag umher. Am 21. will einer unsrer Leute nachm. 5 St. in der Klippe gesehen haben. Im Juni sogar wurden noch am 1, 3., 6., 9., 10., 15., 16., 19. und 23. je einer oder zwei (3. u. 16.) gesehen.

Während der Pause kam am 18. Juli einer vor, wohl ein überflüssiges altes ♂. Es ward gefehlt.

Im August setzt am 12. der Rückzug ein, an diesem Tage, sowie am 22., 24. (iuv. †), 25. (iuv. †), 26. (iuv.), 27. und 28. kam je einer vor, wie gesagt, meist junge, soweit festzustellen.

Im September kam dann der Massenzug (nach unseren Verhältnissen! Rossitten freilich kennt andre Raubvogelmassen!!). Am 5. kamen nachmitt. allerhand an, ca. 9 junge od. ♀ wurden geschossen, am 6. nachm. paar, 7., 8. und 9. früh ebenso. Nachmittags kamen paar Dtzd. an (d. h. mindestens!). Etwa 1 Dtzd. wurde geschossen, am 10. früh waren noch etwa 3 Dtzd. da, wovon wieder ein Drittel geschossen. Am 11., 13. und 14. früh wenige, abends etwa 10 angekommen. Unter 4 geschossenen war ein altes ♀, das war sogar schon etwas hahnenfedrig (Bürzel und Schwanzbasis schon vorwiegend dunkelgrau. Die Falken konnte man, wie zu Gätkes Zeiten, beim Mistkäferfang beobachten. Diese blauen Käfer sind eben noch immer (oder wieder?) einheimisch, trotz Gätkes gegenteiliger Annahme. — Am 15. vorm. noch einige, abends wieder etliche angekommen und erlegt, am 16. und 17. paar. Am 17. sahen wir ein ♀ eine grofse Ratte verfolgen. Mut hatte der Vogel also. Am 23. und 25. je einer, am 26. mittags und 27. früh einige, ein geschossener war noch immer ein iuv. Schliefslich wurde je einer noch am 28. IX., 1. und 30. Oktober, 4. November und 2. Dezember (dieser nach Cl. Denker) gesehen.

Auswärtige Beobachtungen.

Am 20. August sah ich auf Norderney 2 St. Im September auf Sylt bei Morsum und Hörnum je einer (Mayhoff), ebenso am 11. auf List (Hagend.). Auf Amrum am 10. zwei, bei Rantum am 12. einer, auf Amrum am 13. einer bis drei (Mayhoff), am selben Tage in Norderney mind. 6 (Varges), am 19. auf Baltrum ein paar, wie üblich (Leege), am 28. über den Dünen der Juister Bill 6 St. (Leege). Am 23. Okt. sah ich 1 ♀ od. iuv. an derRuine van Bredero (Holland), wo wahrscheinlich welche gebrütet hatten. Im Nov. sieht am 15. Hagend. auf Sylt am Lornsenhain noch fünf, auf der Heide 2 St,. am 27. rüttelt einer oder ein paar über dem Vorland an der Ostermarscher Küste.

81. † *Asio otus* (L.). Waldohreule.

5?: 10 (6). Heuer kamen sehr viel mehr durch als 1909. Im Frühjahr freilich nur zwei Märzfälle: am 11. safs eine auf dem Dache eines Offizierswohngebäudes nach Mitteilung des Herrn Hauptmann D. Am 21. vorm. $9^1/_2$ h fliegt eine in das „Gehölz", d. h. den Lazarettgarten, und sitzt da oben auf dem Wipfel eines der niedrigen Bäume in der grellen Sonne. Wind: schwacher Nord und Süd-West.

Im Herbst kamen recht viel vor. Am 21. September ward die erste geschossen. In den Nächten vom 4. zum 5. Oktober und 8. zum 9. kamen drei, resp. mind. 1 Eule vor, die wahrscheinlich dieser Art angehörten. Am 9. waren zwei im Gehölz, die im Laufe des Tages und am 10. geschossen wurden. In der Nacht zum 11. kam eine, in der zum 13. einzelne Eulen (sp. ?) vor. Am 17. eine, am 30. zwei bis drei, eine geschossen. In der Nacht zum 31. etliche Eulen, wobei unbedingt auch diese Art, denn am 31. waren so viel in den Gärten, dafs in einem einzigen, allerdings dem dazu geeignetsten, in wenigen Vormittagsstunden zehn Stück geschossen wurden. Sonst werden nur noch einzelne an diesem Tage erlegt worden sein, da all die andern Jäger mit Schnepfenschiefsen vollauf genug zu tun hatten.

Im November ward noch am 29. eine geschossen. Ob aber eine am 4. Dezember beobachtete Eule nicht doch eine *accipitrinus* war, ist unsicher.

Wenn sich auch diese Eule nicht fest an den Wind band, so ist doch ein unbedingtes Vorziehen des Mitwindes, also im Herbst Ost und zwar schwachen, klipp und klar: bei dem Massenzug, der in erster Linie mafsgebend ist, herrschte Ost 2!!

82. † *Asio accipitrinus* (Pall.). Sumpfohreule.

1 : 12 (2 : 9). Ein paar mehr als 1909. Im Frühjahr aber wieder nur 2 (1909 eine) Beobachtungen: am 11. März standen auf der Düne zwei Stück aus dem Sandhafer auf. Am 31. schofs H. Friedrichs eine, die eben einen Kleinvogel geschlagen hatte (Federn im Fang und Magen).

Im Herbst gestaltete sich der Durchzug ganz ähnlich dem vorjährigen. Am 18. September ward 1 gesehen (sp. unsicher!). Im Oktober wurden am 9. zwei geschossen, am 27. zwei gesehen, am 29. eine auf der Düne, am 30. eine geschossen, in der Nacht zum 31. etliche, am 31. eine ganze Anzahl, wovon etwa fünf geschossen, als sie unter den Schnepfen in den Feldern aufstanden. Eine am 6. November geschossene Eule sollte dieser Art angehören. Am 14. quälte sich ein Ex. bei Süd 6 auf die Insel zu und ward sofort geschossen, als sie die Kante erreicht hatte; am 16. kam noch eine vor. Das fragliche Stück vom 4. Dezember ist schon bei *otus* erwähnt.

In Bezug auf den Wind scheint sie sich wie *otus* zu verhalten.

Auswärtige Beobachtungen.

Am 7. Juli findet Leege ein Nest mit 6 Jungen, die sehr verschieden weit entwickelt sind. Am 26. Nov. flog in der Abenddämmerung im Watt eine Eule an mir vorbei. Es ist fast sicher diese Art gewesen, die hier ziemlich Standvogel ist.

83. † *Cuculus canorus* (L.). Kuckuck.

11 (17). Heuer weniger beobachtet als 1909.

Frühjahr: Am 13. Mai spätnachm. (Windstille, warm) wird ein ♂ gesehen, dasselbe Ex. offenbar auch am 14. früh von mir. Am 16. wird wieder einer gesehen. (Im Vorjahre wurde versehentlich das Datum weggelassen: 27. Mai).

Rückzug: Konrad Payens sah den ersten am 17. Juli (1909: 4), am 26. sah ich einen zwischen den Häusern dicht um die Ecken und über die Dächer umherfliegen, am 27. mitt. ebenso Hinrichs, am 28. Dr. Keilhack mittags und ich abends, am 29. abends O. Beyer je einen. Am 6. August sah unser Hauswart ganz früh, am 7. Beyer abends je einen. Am 4. September noch wird ein junger geschossen.

Auswärtige Beobachtungen.

Am 10. Mai in der Ostermarsch, am 12. auf der Juister Bill der erste, am 14. dort mehrere rufend (Leege). Am 15. in Westerland der erste Ruf (Hagendefeldt). Am 15. Juli bei Hörnum einer. Noch Anfangs Okt. auf Sylt ein junger K. am Draht totgeflogen gefunden (H.).

84. † *Jynx torquilla* (L.). Wendehals.

2:21 (8). Heuer viel häufiger als im Vorjahr, aber fast immer nur sehr wenige. In der Nacht zum 29. April wurden zwei gefangen. Am 29. waren denn auch mind. drei dageblieben. Einer ward geflügelt. Dieses Stück war es sicherlich, das bis zum 5. Mai täglich gesehen wurde und an diesem Tage endlich gefangen werden konnte, wodurch ich in die Lage kam, die komischen Verrenkungen des Vogel zu photographieren. Am 9. waren mind. 3 da, die auch öfters schrien, am 13. sogar mind. vier, am 14. noch mind. 2, ebenso am 16., immer frühmorgens, zwei, am 19. der letzte. Nicht immer trifft man sie in den Gärten, sondern auch manchmal draufsen, wo sie im Rasen Ameisen suchen oder sich auf Steinhaufen sonnen.

Während im Vorjahre auf dem Herbstzuge nur drei Stück beobachtet wurden, kamen heuer viel mehr durch. Im August am 18., 22, 24., 30. je einer, im September am 2., 3., 4. je einer. In der Nacht zum 5., wo sehr starker Kleinvogelzug war und bei Nordost 4 Hunderte an der Laterne umkamen, fielen auch drei Wendehälse. Viel mehr sind aber offenbar gezogen. Am 5. und 11. wurde noch je einer beobachtet.

85. † *Dendrocopus maior* (L.). Grofser Buntspecht.

5 (6). Heuer wieder der normale Zustand: nur drei bis vier Ex. beobachtet (im Vorjahre auffällig mehr).

Am 29. August kam ein junger an, den ich am 30. schofs. Am 14. und 15. September war einer in der Gärtnerei. Am 15. Oktober sah Ch. Äuckens einen.

Dendrocopus minor L. Kleiner Buntspecht.

Am 6. und 7. Oktober auf dem Wall in Emden ein Ex., angeblich fremd für dort. (Varges). Vielleicht machte er die Meisenwanderung (s. diese!) mit.

86. † *Caprimulgus europaeus* L. Nachtschwalbe.

1 (5). Heuer gar nur 1 Stück, am 18. Mai, beobachtet und erlegt.

Am 12. Mai will Jakob Reymers Sohn, durch seinen Vater immerhin leidlicher Vogelkenner, unter der Klippe eine Nachtschwalbe mit auffälligem weifsen Fleck im Flügel ganz nahe beobachtet haben. Er bestimmte sie nach der Abbildung im Brehm als amerikanische Nachtschwalbe, einen in seiner Heimat sehr häufigen Vogel. Schade, dafs der Vogel nicht erlegt worden ist, so kann man natürlich gar nichts sagen. So unwahrscheinlich ist der Fall nicht, und ich bin fest überzeugt, dafs Gätke die Art daraufhin aufnehmen würde.

87. † *Apus apus* (L.). Mauersegler.

1 : 7 (11). Ebensowenig wie im Vorjahre.

Am 19. Mai sehe ich den ersten mit Sicherheit, doch glaube ich, schon vor ein paar Tagen welche gesehen zu haben. (1909: 17.) Am 17. Juni sah ich wieder einen. Die Vögel halten sich aber gar nicht auf hier, und so habe ich natürlich einige übersehen müssen, wenigstens sah der Leuchtturmwärter Kliffmann seit etwa dem 10. einzelne. Am 20. früh sah ich 3 und am 22. zwei.

Schon am 18. Juli sah Kliffmann wieder einen, wohl ein Ex. vom deutschen Festland.

Auf dem Rückzuge sah am 3. August abends 6 h Dr. Keilback zwei, am 28. mitt. war mind. einer, nach Äuckens eine ganze Anzahl (1 erlegt), am 29. drei St. da. An diesem Tage hätte der Wärter früh drei Uhr beinahe einen am Leuchtturm gegriffen, mal ein Fall, wo der Segler direkt bei nächlichem Zuge erwischt wurde. Er zieht aber ebensogut auch am Tage.

88. *Chelidon rustica* (L.). Rauchschwalbe.

27 (32). Auch heuer wieder spärlich, im Herbst wieder ganz selten.

Im April nur vereinzelte Vorläufer: am 14. sah Konrad Payens die erste, am 29. ich meine erste. Vom 11.—24. Mai waren mit Ausnahme eines Tages täglich welche zu notieren, am meisten, etwa 1 Dtzd., noch am 14. nachmittags (Ost 1), am 16. gegen 8, sonst weniger. Kommen vielfach erst nachmittags an, nie in aller Frühe, wo es ihnen wohl noch zu kalt ist.

Nach einer Pause von 3 Tagen kam als bester Tag der 28. Mai, wo etwa 20 St. durchzogen (Windstille). Am 29. wieder nur einige, am 30. ein Dtzd. und am 31. zehn St. Dann im Juni am 6. einige, 17. eine, 19. nach Meldung anderthalb Dtzd. und am 20. ebenso $1/2$ Dtzd. auf der Düne. Am 22. und 23. die letzte.

Statt der Scharen, die nach Gätke im Herbst durchziehen, erschienen heuer ganze zwei (oder nur ein?) St., beide auf der Düne, am 21. und 22. September, und zwar am 21. als jung erkannt. (1909 auch nur an 4 Tagen beobachtet.)

Woher kommt das nun, dafs der Schwalbenzug Helgoland kaum noch berührt?

Auswärtige Beobachtungen.

Auf Sylt bemerkte Hagend. erst am 1. Mai in List die erste. Am 14. sieht Leege auf dem Memmert täglich, bei schwachen östl. Winden, welche, besonders in den Morgenstunden. Im August fliegt am 12. abends bei Dunkelwerden eine junge um das Feuerschiff Borkum-Riff, am 15. kommen mit SO. zwei junge überhin. Am 24. sieht Hag. Scharen von 30—50 auf den Feldern bei Westerland, am 5. und 6. September ebendort Scharen, wohl mehrere Hundert, offenbar abziehend. Vom 9.—12. beobachtet Mayhoff in Westerland und Keitum auf Sylt, Wyk und Klintum auf Föhr noch ziemlich viele, ob alles Brutvögel? Am 25. sieht Leege auf der Juister Bill nur noch wenige, in Emden sind sie noch alle da, ziehen aber in der Nacht zum 1. Oktober zur Hauptsache weg. Im Oktober in Emden nur noch am 2. mehrere, 19. vier einzelne, 21. dito, 22.—23. zwei (Varges). Auf Norderney wurden die letzten in den letzten Oktobertagen gesehen (Müller).

89. † *Riparia riparia riparia* (L.). Uferschwalbe.

6 (2). Statt der „Tausende" auch heuer nur ein paar Fälle: Im Frühjahr im Mai am 13. vormitt. 1—2, am 16. etwa ein halbes Dtzd., am 18. und 19. je eine. Im Herbst im August am 7. und 12. je eine auf der Düne nach Mayhoff.

90. *Hirundo urbica urbica* L. Mehlschwalbe.

24 (12). Auch heuer kamen merkwürdig wenig durch. Gebrütet haben sie wieder nicht. Am 4. Mai ward die erste bemerkt. Am 16. höchstens drei. Doch sah ich eine etwa 3 Sm. N.

von Helgoland dicht übers Wasser ziehen. Gehen die meisten etwa an Helgoland einfach vorbei?? Am 19.—22. paar, kamen erst tagsüber an, scheinen sich aber z. T. eine Weile aufzuhalten, während die *rustica* meist rascher durchgeht. Am 24. etwa 4—6. Im Juni am 8. nachm. zwei, 11. früh 1. Am 15. und 16. sah Herr Stahlke(-Berlin) je eine. Am 17. und 20. abends je eine, am 22. erst eine, abends drei, 23. eine oder zwei, 24. eine.

In der Pause am 24. Juli und 3. August je ein Vagant.

Im Herbst nur ein paar wie 1909; am 21. September nach Mayhoff eine, am 23. eine auf der Düne. Am 3. Oktober kamen mittags 5 St. an, die ich am 4. früh noch über dem Unterland in Windschutz fliegen sah. Ja sogar am 1. November kamen mittags 3—4 und am 2. noch eine vor.

Diese beiden späten Vorkommnisse sind so ungeheuerlich für die Mehlschwalbe, dafs man zweifeln wird. Es ist aber keinerlei Irrtum möglich. Man konnte sie beliebig lange und nahe genug, auch von oben her beobachten. Ich weifs nicht, ob solche Vorkommnisse schon dagewesen sind. Im Naumann finde ich nichts Ähnliches.

Auswärtige Beobachtungen.

In Westerland bemerkte Hagendefeldt die erste erst am 9. Mai. Am 10. September fand Mayhoff auf Föhr nur noch 2—3, gleichwohl am 13. in Wyk unter einem Balkon noch ein Nest mit fast flüggen Jungen. Solche Spätbruten in unserm milden Seeklima mögen so abnorme Beobachtungen wie die obigen erklären. Wer weifs, ob es nicht eben diese Wyker Schwälbchen waren?!

91. † *Bombycilla garrulus garrulus* (L.). Seidenschwanz.

3 (0). Infolge der zeitigen Ankunft und der Häufigkeit nordischer Wintergäste hatte ich schon längst das Kommen von Seidenschwänzen vorausgesagt. Es freute mich darum sehr, als am 2. Dezember tatsächlich ein schönes Ex. (♀) geschossen wurde, das ich auch erhielt. Am 3. will Claus Denker ein paar gesehen haben und am 4. ward dann auch ein zweiter geschossen. Die Vögel hielten sich immer im „Gehölz“ auf, wo sie an den Schwarzdorn- oder Mehlbeeren reiche Nahrung fanden.

92. † *Muscicapa parva parva* Bchst.
Zwergfliegenschnäpper.

2 (0). Nach Gätke ist dieses zierliche Vögelchen erst ein einziges Mal im Frühjahr vorgekommen. Am 24. Mai früh 7 h war ich in Kuchlenz' Garten. Die Nacht war ganz leiser Nord gewesen, jetzt war es sehr schön sonnig, dann aber überzog es sich sehr bald, ward kälter und der Wind frischte als NNW. auf.

Gegen 7 h sah ich auf einer Laube im Schatten ein Vöglein, das mir durch seinen aschgrauen Kopf anffiel, aber rote

Kehle hatte. An *Muscicapa parva* dachte ich zunächst nicht, sondern wunderte mich über das merkwürdige Rotkehlchen. Da dreht der Vogel mir einen Augenblick das Gesicht zu, ich sehe, dafs das Rot viel weniger ausgedehnt ist als beim Rotkehlchen und an den Seiten schön grau eingefafst. Nun wufste ich natürlich genug, im selben Augenblick flog er aber auch schon weg.

Natürlich ärgerte ich mich nun, dafs ich nicht sofort geschossen, machte mich aber auf die Suche nach dem unscheinbaren und offenbar sehr scheuen Vogel. Ich lief in allen den wenigen Gärten herum, besonders dem zweiten gröfseren der Villa Eugenie. Nach etwa 1 Stunde sah ich dort den Vogel, im selben Augenblick flog er aber auch schon ab, wohin, war nie zu sehen. So ging die Sucherei immer zwischen den beiden Gärten, die 500 m von einander entfernt sind, hin und her, denn da das immer ungünstiger werdende Wetter ein Wegziehen unwahrscheinlich machte, sagte ich mir, dafs ich ihn früher oder später doch wieder finden müsse. Nach längerer Zeit sah ich ihn wieder in der Gärtnerei dicht neben einem *hypoleuca* im Goldlack. Der schwache Schufs auf gröfsere Entfernung fehlte ihn, und nun glaubte ich kaum noch an einen Erfolg. Endlich gegen 10 h, also nach vierstündigem Suchen, kam ich wieder mal zur Gärtnerei zurück und hörte schon von weitem ein mir ganz neues „schnärrendes Schnickern", wie ich im Tagebuch schrieb und wufste sofort, das ist er. Da safs er auch schon auf dem Gewächshaus; als ich aber das Gewehr leise hob, ging er in gewohnter Flüchtigkeit ab, diesmal aber so, dafs er an eine Stelle nahebei flog, wo ich ihn sehen konnte. Ich folgte dem Vogel mit der Flinte und schofs ihn fast noch im Fluge sauber mit dem schwachen Einsteckrohrschufs. Es war das prächtigste Männchen, das ich je gesehen, noch schöner als das im Neuen Naumann abgebildete. Es war zudem das erste Exemplar dieser Art, das ich in Freiheit sah.

Aufgefallen war mir an dem Stücke nicht das Weifs im Schwanze, sondern die weifse Unterseite, auch im Abfliegen, der dunkelgraue Kopf, die nette Halszeichnung: das Rot rechts und links stahl- oder schiefergrau eingefafst.

Ich habe die Geschichte dieses Zwergfliegenschnäppers so ausführlich erzählt, um zu zeigen, dafs auch auf Helgoland die Erbeutung eines seltenen Vogels manchmal die gröfsten Schwierigkeiten bereitet.

Ebenfalls zu ganz ungewöhnlicher Zeit, am 30. August, bei SSW. 2, sah ich ein zweites rotkehliges, aber nicht so schönes ♂ auf 4—5 m, in Hast schofs ich, weil ich nicht wieder vier Stunden suchen wollte, um den Vogel aber nicht ganz zu zerschiefsen, zielte ich etwas vorbei. Doch fafste der Schufs, wegen der kurzen Entfernung fast gar nicht streuend, nur einen Ast und zerschmetterte diesen. Ich sah den Vogel nicht wieder.

Im Herbst, aber viel später, sind zu Gätkes Zeiten öfter mal Jungvögel vorgekommen. Seit langer Zeit (1890 Blasius) ist kein Vorkommen dieser Art bekannt geworden. Auch scheinen meine Stücke die einzigen ♂ im Prachtkleide gewesen zu sein.

Auswärtige Beobachtungen.

Sehr interessant ist es, dafs ganz kurz nach meiner Herbstbeobachtung, am 2. Sept. in Westerland ebenfalls ein ♂ von Hagendefeldt bemerkt wurde.

93. † *Muscicapa striata striata* (Pall.) = *grisola* auct. L. Grauer Fliegenschäpper.

1 : 14 (10). Die Zahl der Beobachtungen war heuer umgekehrt wie im Vorjahre: diesmal im Frühling wenig, im Herbst öfter.

Am 12. Mai (1909 : 15.) sah ich den oder die ersten an der Felswand der Westseite, wo sie Windschutz hatten. Dann nur am 19. und 22. sowie am 22. Juni je ein St.

Im August beobachtete ich am 3., 15., 17., 24. (Düne), 26. je einen, am 29. und 30. je zwei, im September am 2. und und 10. je einen. In der Nacht zum 11. zogen etliche und einer flog an. Am 11. war davon noch mind. 1 da.

Auswärtige Beobachtungen.

Am 15. und 16. Mai in Westerland auf Sylt viele (nach Hagendefeldt), die also Helgoland bei Tage nicht berührt hatten, am 19. massenhaft (hier nur 1!).

(Am 8. August glaube ich in den Norderneyer Anlagen Jungvögel gehört zu haben. Man achte darauf!) Vom 2—4. September waren sie in und bei Westerland nach Hagend. „häufig“. Diese zogen sicher bei Gelegenheit des grofsen Kleinvogelzuges vom 4./5. ab. Am 11. waren sie wieder „häufig“ (nach dem Zuge, s. H.!), am 12—13. wenige, am 14. wieder viele und am 15. wenige (Hag.). Auch in Steenodde (auf Amrum) sah Mayhoff am 10. einen. Die absolute Zahl ist auch bei diesem „häufig“ sicher nicht grofs gewesen.

94. † *Muscicapa hypoleuca hypoleuca* Pall. = *atricapilla* auct. Trauerfliegenschnäpper.

4 : 45 (4 : 21). Die Zahl der Beobachtungstage war heuer, besonders im Herbst, viel gröfser als 1909. Aber auch die Mengen, die Helgoland berührten, waren heuer gröfser.

Der Frühjahrszug brachte auch heuer keine Massen, wie auch schon Gätke sagt. Der heurige Zug wies einen grofsen Unterschied vom vorigen auf: Im Frühjahr 1909 dauerte er vom 23. April bis 3. Juni, heuer nur vom 6. bis 30. Mai. Er verlief heuer viel konzentrierter und rascher, mit Maximum am 20. und 21. Mai, 1909 allmählich und verzettelt.

Am 6. Mai wurden die ersten beiden gesehen, am 9. drei bis vier sehr schöne ♂ und 1—2 graue, am 12. 1—2 ♂, 13. und 14. paar ♂. In der Nacht zum 16. flog 1 ♂ an. Vom 16. bis 24. waren täglich Trauerfliegenschnäpper in den Gärten: am 16. gegen 1 Dtzd., 17. und 18. halb so viel, dann wieder mehr bis etwa 2 Dtzd. am 20. und 21., bisher meist alte ♂, am 22. etliche, 23. nur 2 ♀ und am 24. etwa 3—5 ♀. Nach viertägiger Pause kamen am 29. noch ein und am 30. nachm. 4—5 St. vor.

Der Herbstzug war sehr gut, besonders im September gegenüber 1909. Er streckte sich lange hin, vom 9. August bis 2. Oktober mit 3 grofsen Nachtzügen um den 12. September herum.

Die ersten Vorläufer kamen am 9.—10. (1) und 15. August (1). Vom 22. ab bis zum 7. Sept. waren nun stets welche da. Bis zum 29. August zunächst täglich 2—4 St., am 30. aber eine Menge, etwa anderthalb Dtzd., auf der Insel und ein paar auf der Düne. Am 31. und 1. September wieder nur ein paar, am 2. etwa 10, am 3. und 4. einzelne. In der Nacht zum 5. müssen bei NO. grofse Mengen gezogen sein bei dem allgemeinen Kleinvogelmassenzug, denn über 21 flogen sich tot (wohl wegen des starken Auffrischens des Windes bis 4), wovon etwas mehr als die Hälfte ♀. Am 5. waren noch etwa 50, auf der Düne ein paar, zurückgeblieben, am 6. und 7. nur mehr ein paar, in der folgenden Nacht zog aber wieder eine Menge, ohne dafs ein einziger angeflogen oder am Morgen dageblieben wäre. Erst am 9. kamen ein paar an, und es wurden bis zum 14. auch kaum mehr als $^1/_2$ Dtzd., obgleich in der Nacht zum 11. wieder starker Zug war (5 †). Nachläufer kommen am 22., 23. und 2. Oktober, je einer.

Das Stück vom 23. IX. schofs ich, weil es das einzige war, das noch Reste des Nestkleides auf dem Rücken trug. Und das kam gerade zuletzt! Ein Zeuge einer abnorm späten Brut. Von dieser Art sagt Naumann schon, dafs die letzten im Herbst abziehenden Junge seien. Das ist gerade das Gegenteil, was im Groben bei den meisten Arten zutrifft. Ich habe dieser Frage bisher keine grofse Aufmerksamkeit geschenkt, weil man, zumal um diese Zeit (Saison), sehr ungern Singvögel schiefst, und weil die Alten von den Jungen sehr schwer zu unterscheiden sind. Zu langwierigen Untersuchungen habe ich aber bisher in diesen Tagen absolut keine Zeit gefunden.

Auswärtige Beobachtungen.

Während im Frühjahr auf Helgoland nur wenig rasteten, sah man anderswo Massen: Am 14. Mai auf der Juister Bill viele (Leege), am 15.—16. in Westerland a. Sylt massenhaft, am 17. mehrere, 19. wieder massenhaft, am 27. die letzten verschwunden (Hagendefeldt).

Der Herbstzug ist umso interessanter. Der 2. September war nach Hagendef. ein grofser Tag in Westerland, auch noch bis zum 4. waren sie massenhaft. In diesen Tagen gab es auf

Helgoland erst wenig. In der nächsten Nacht war der grofse Zug. In dieser Nacht mufs bei dem NO. überall Massenzug gewesen sein, die nordöstlichen Brutreviere geben wohl an diesem Termin ihre Hauptmasse ab. Der zu stark werdende Wind nötigte dann die Vögelchen zum Einfallen. So hatten am 5. zugleich Rossitten „Unmassen", Sylt „viel", Helgoland „nachts Massen, tags viel" zu melden. Das spricht sicher für eine Entvölkerung in so breiter Front, als eben der entsprechende günstige Wind weht. Wobei natürlich „breite Front" als eine Anzahl von annähernd parallelen Zügen zu verstehen ist.

Von den nordfriesischen Inseln ist weiter zu melden: am 6. in Westerland noch viel (Hag.), am 9. in Keitum einzelne, am 10. im Leuchtturmgarten zu Steenodde (a. Amrum), 11. im Friedrichshain u. d. Kampener Koje a. Sylt, 12. in Ütersum a. Föhr einzelne (Mayhoff). Hagendefeldt nennt zu gleicher Zeit den Bestand „häufig", was den leidigen persönlichen Faktor der verschiedenen Beobachtungen besonders stark zum Ausdruck bringt!

Nachts zum 11. war auf Helg. wieder starker Zug, und in den nächsten Tagen bis zum 16. gibt es in Ostermarsch nach Leege Mengen, am 19. aber nur noch die üblichen.

95. † *Lanius excubitor excubitor* L. Raubwürger.

2 (3). Heuer kamen gar nur zwei St. vor. Am 25. Oktober wurde einer geschossen, am 6. November ein zweiter (♀ oder iuv.).

Ein- und zweispieglige R. werden ja nach den neueren Forschungen nicht mehr unterschieden.

96. † *Lanius collurio collurio* L. Rotrückiger Würger.

14 (13). Das Bild des Vorkommens ist ganz ähnlich wie 1909, doch war die Zahl heuer gröfser.

Am 12. Mai kamen die ersten und zwar gleich 5 ♂ und 2 ♀ an, am 13. zählte ich gar etwa 14 Stück, dabei nur einzelne ♀. Ja, an diesem warmen Tage mit Gewitterluft, sangen sogar verschiedene Männchen und zwar meist leise Rohrsängermotive. Am 14. und 15. je zwei St. Am 17. singt einer auf einem Bäumchen mitten zwischen den Häusern. Auch am 23. sang eins von zwei ♂ herrlich, laute lange Amsel- und Dorngrasmückenmotive, Feldspatzengezwitscher und — weniger gut — den Alarmruf der Amsel. Solche Naturfreuden sind aber seltene Ausnahmen auf Helgoland. — Am 17. Juni schofs ich noch ein altes ♀.

Schon am 28. Juli abends sah ich wieder zwei ♂ auf der Düne. Das erste Junge kam aber am 24. August vor, auch am 27. und 30. je eins, am 1. September zwei, am 11. eins. Zu meiner Überraschung sah ich noch am 6. Oktober ein ♀ oder Junges.

Auswärtige Beobachtungen.

In Westerland sieht Hagendefeldt am 15. und 16. Mai einige. Am 7. Juli beobachtet Leege auf der Juister Bill, wie ein Neuntöter einer Dorngrasmücke den Schädel einbackt und sie auf Seedorn aufspiefst.

Lanius senator L. Rotkopfwürger.

Obgleich kaum hierher gehörig, weil das tiefe Binnenland betreffend, möchte ich doch eine Mitteilung F. Kirchers festhalten: Seit langer Zeit beobachtete er Anfangs Mai in der Umgebung Hanaus a. M. ein Pärchen, das auch auf dem untersten Querast einer sehr alten Linde (Alleebaum) 4—5 m hoch nistete und im Juni flügge Junge hatte. In der Nähe standen Ahorne und Pappeln neben Äckern und Wiesen mit Dorngestrüpp. (*collurio* und „Grauwürger" kamen dort schon immer vor). Der Herr, ein wirklich waidmännisch vornehm denkender Jäger, hat dies erste Brutpaar sorgfältig geschützt vor andern „Hegern" und „Interessenten".

97. † *Corvus corone corone* L. Rabenkrähe.

1 (0). In Gätkes Sammlung ist keine Rabenkrähe vorhanden, eine angebliche *corone* im Museum ist eine junge Saatkrähe. Gätke sagt, man sähe nur sehr selten eine Rabenkrähe. „Geschossen wird ein solcher Vogel nur so ausnahmsweise, dafs ich mich seit einer Reihe von Jahren vergeblich bemüht habe, ein gutes altes Stück für meine Sammlung zu erhalten". Es scheint demnach überhaupt noch kein Belegstück existiert zu haben.

Am 4. Mai kamen drei schwarze Krähen auf dem Oberland auf mich zu, deren Ruf mir nicht der von *frugilegus* zu sein schien, infolgedessen schofs ich eine herunter, tatsächlich das erste Belegstück von *Corvus corone.* Dabei ging übrigens eine Bekassine heraus, die ich mit dem andern Laufe ebenfalls herunterschofs. In diesem Falle hatte mir also die schwierige auf der Krähenhütte erlernte Kunst, Saatkrähen einerseits, Raben- und Nebelkrähen anderseits an der Stimme zu unterscheiden, einen grofsen Dienst erwiesen. Aber schon jetzt glaube ich das nicht mehr zu können. Man hat auf Helgoland so überaus selten Gelegenheit, seine Vogelstimmenkenntnis zu üben, dafs man fürchten mufs, dieses wichtige, äufserst wertvolle Hilfsmittel allmählich, aber sicher zu verlieren, wenn man nicht ab und zu mal Gelegenheit bekommt, auf dem Festlande seine Kenntnisse wieder aufzufrischen.

Ich denke, die Vögel stammten von den nordfriesischen Inseln, wo sie regelmäfsig bei den Entenkojen nisten und Standvögel sind.

98. † *Corvus cornix cornix* L. Nebelkrähe.

67 (42). Wenngleich dieses Jahr besseren Zug bot als 1909, wenigstens im Herbst, so war das doch noch nichts Besonderes

und umfaſste sicher nur einen kleinen Teil der westwärts ziehenden Krähen.

Im Januar strich am 4. eine von S. nach N. höchstens NNO. überhin, ohne sich aufzuhalten. Wenn sie diese Richtung beibehalten hat, dürfte sie es bald haben büſsen müssen.

Am 7. März begann der Zug. Ich fuhr gerade mit unsrer Motorbarkasse im Südwesten der Insel und beobachtete da, wie immer ab und zu einige Krähen, etwa 30—50 m hoch über dem Wasser lautlos von S. und SW. herankamen. Der Flug war absolut nicht auffällig schnell. Der Zug begann kurz vor 9 h vorm. und dauerte nicht lange. Die Vögel flogen ohne Aufenthalt durch. Die nächste wird am 13. unter der Klippe beobachtet und geschossen, am 21. wieder eine gesehen. Der Hauptzug muſs sich in der ersten Hälfte April vollzogen haben, wir hatten wenigstens geringe Züge vom 1. bis 6. (Max. 2.) und 11. bis 18. (Max. 16.). Im einzelnen: Am 1. April zogen etwa 35 St. gegen den Ostwind, am 2. bei schönem Wetter und leichtem Südost früh gegen 8 h mehrere Scharen, höchstens paar hundert, am 3. nur etwas Zug, am 4. paar, 5.—6. gar nur 1—2. Am 11. wieder einige, wovon eine bis zum 13. bleibt, wo sie geschossen wird. Am 14. ist sie ersetzt, am 15. kommt nachmitt. ein Trupp von 42 durch, am 16. zwei Trupps von 13 und 6. Vorm. 10 h rasten 30 St. Am 17. acht und 19 St., am 18. drei, am 21. sechs, von zwei geschossenen hatte die eine untersuchte noch sehr kleine Hoden. Schlieſslich kam noch je eine am 27. IV., 4., 13. und 24. Mai durch.

Der Herbstzug brachte wenigstens einige Tausend hier vorbei. Er ging in der Hauptsache zwischen 5. und 31. Oktober vor sich, mit Maxima am 15. und 27., zog sich aber bis zum Dezemberanfang hin.

Am 2. Oktober will man den ersten Trupp überhin kommen gesehen haben. Dann setzt der Zug sofort richtig ein. Am 4. und 5. kamen zwar nur wenige Dtzd. überhin (immer ohne Aufenthalt!). Am 6., wo der bisher stärkere Wind als NNO. ganz einschläft, schon etwas Zug, paar hundert, am 7. bei Ost 1 etwas mehr Zug, mind. paar hundert in Trupps, sehr hoch, glatt durch, selten rufend. Das „sehr hoch" bedeutet aber keineswegs Gätkesche Höhen! Am 8. bei SW. 3 nur drei St., wovon eine rastet. Am 9. bei NW. 1—2 schon früh 7 h drei St., später zwei- oder dreimal bis 1 h Trupps von 20—30, nachm. auch noch einige Trupps. Am 10. bei NW. und W. 2—3 nur 1, am 11. bei SW. 3—2 gar nichts, 12. bei S. 3 ein einziger Trupp. Am 13. aber mit N. bis NO. 4—5 sofort wieder ziemlicher Zug, der auffällig früh, eigentlich fast von der Dämmerung an, begann und bis 3 h dauerte. Es kamen immer zerstreute Scharen von 15—50, zus. mind. 500—1000, durch, sehr hoch, d. h. etwa 150 —200 m, wenn sie über die Insel wegsteigen, sonst aber niedrig über dem Wasser, unaufhaltsam. Am 14. bei Ost 3—2 ebensoviel, wohl knappe Tausend, über dem Meere heute entsprechend dem schwächeren Winde höher, 40—60 m, über der Insel meist aber aufser Schufsweite. Endlich mal etliche, ca. 20, geschossen. Fast immer stumm. Am 15. bei SO. 3—4 noch etwas mehr: ab $7^1/_2$ h einzelne Schwärme von 20—30, im ganzen sicher mehr als 1000, worunter ein Schwarm von Hunderten. Am 16. bei SO. bis OSO. 4—5 nur paar Hundert, entsprechend dem stärkeren Winde etwas niedriger, etliche geschossen. Am 17. nur 1 Trupp. Bis zum 20. bei Südwest 2—6 gar nichts. Sofort, wie der Wind wieder nach Osten geht, am 21., ziehen trotz Stärke 4—5 früh einige hundert, ebenso all die folgenden Tage bis zum 27., da immer früh Ost, meist von Stärke 4, weht, nur am 27. waren es mehr: früh 1000 und dann ca. 100. Am 30. erst wieder ein paar, trotz günstigstem Ost 1 nur so wenig! Offenbar das meiste bereits durch! Am 31. bei O. 2 wenig über 100.

Im November noch am 2. mind. 2, 3. und 4. je etwa anderthalb Dtzd., 5., 6., 12., 13., 15. je eine bis drei, 16. ca. 10 St. Die folgenden Beobachtungnn im Nov. sind in meiner Abwesenheit gemacht. Es wurden immer nur „Krähen" notiert, es sollen aber fast immer *cornix* und nicht *frugilegus* gewesen sein: 20. und 21: eine und zwei, 23. ziemlich viel (NO. und O. 3), 24., 26.—28. einige.

Im Dezember kam am 2. ein letzter Schub von etwa 100 überhin, am 3., 5.—7. je eine, wobei es sich zuletzt um ein und dasselbe Ex. handelt. Die allerletzte kam und ward geschossen am 28.

Charakteristisch für den diesjährigen Krähenzug war die Hast, mit der alles überhinzog. Kaum eine einzige hat sich niedergelassen. Deshalb wurden auch nur sehr wenig geschossen. An Fangen wäre wegen absoluter Unlust der Krähen, einzufallen, gar nicht zu denken gewesen.

Wie aus obigem Bericht unwiderlegbar hervorgeht, ziehen die Krähen so gut wie immer **mit dem Winde,** wenn sie es irgend haben können. Der Wind darf dabei ziemlich frisch sein. Je stärker der Wind, desto niedriger der Zug. Meist verläuft er innerhalb des Luftraums wenige hundert Meter über der Erde. Die Geschwindigkeit ist bei der Nebelkrähe auch über dem hohen Meere kaum merklich gröfser, als wenn sie sonst eilig fliegt, meist noch nicht so grofs, als wenn sie etwa bei einem Fehlschufs flüchtet.

Auswärtige Beobachtungen.

Am 20. März beobachtet Hagendefeldt in Westerland „Krähenzug" nach NO, ebenso am 28. Am 29. zieht eine über den Memmert ostwärts weg (Leege), am 1. April morgens kamen dort einzelne durch. Am 4. ziehen über Sylt Scharen der

Festlandsküste NO.wärts zu, ebenso am 13. Bei all diesen Beobachtungen ist kein Zusammenhang mit Helgoland zu merken. Der Zug ging wohl an der Küste herum.

Im Herbst: Am 11. September sieht Mayhoff die ersten zwei am Watt bei Kampen auf Sylt (das eine schien ein *corone*-Bastard zu sein), am 25. Hag. eine im Lornssenhain. An der Küste beginnt dann landeinwärts bereits der Zug, so ziehen nach Hagen am 12. Oktober bei Lübeck einige NO.—SW. Bei Emden sind sie schon lange vor dem 10. zu Tausenden eingetroffen, am 12. zieht da ein Trupp von 100, dann immerzu kleinere Züge über die Stadt, am 14. „ständig vereinzelter Zug, abends einmal 50, vom 15.—19. die üblichen rastenden" (Varges). (Auf Helgoland von 13.—16. viel Zug.) Am 16. notiert Hagendefeldt bei Westerland: „überall auf den Feldern". Am 20.—21. früh dort hoher „Krähen"zug nach SSW., am 23. Zug der Küste entlang nach S., 24. weniger Zug, nach SW., 26. Massenzug nach S. In dieser ganzen Zeit ist auch anderswo in der Nordsee Zug. Es scheint, als ob bei dem ziemlich starken Ost nur ein Teil der Massen es sich getraute, quer über die Nordsee zu fliegen, ein andrer Teil aber an der Küste entlang ginge. Vom 21. bis 27. täglich auf Helgoland einige Hundert, am meisten am 27. Das kann nicht alles sein! Bei Emden in dieser Zeit am 21., 27. und 28. immerzu viel, aber einzeln. Am Strande von Ijmuiden (Holland) am 23. früh schwacher Zug entlang dem Strande (mit östl. frischem Wind). Landein, in der Gegend von Harlem, sieht man überall reichlich verstreut Nebelkr. Am 24. streichen einzelne längs der Küste in 3 km Abstand. Am 26. kommen am Kanaleingang, auf 53° 54' N. 2° 14' E. etwa 6—7 am Schiff vorbei. Am 27. rastet eine einen Augenblick am Deck, es war an der Südwestecke d. Doggerbank auf 54° 30' N. 2° 27' E. (zugleich auf Helgoland der beste Zug!)

Im November sieht Hagendefeldt am 6. noch Scharen von „Krähen" nach SW. über Westerland ziehen. Am 24. kamen bei SSE. 2—3, dann SO. 1, vier St. am Feuerschiff Norderney vorbei (zugleich auf Helg. ein paar). An der Küste sind am 4. in Emden noch immer viel, am 27. zahllose (Varges), am 26. und 27. an der ganzen ostfriesischen Küste überall einzelne oder kleine Gesellschaften sehr häufig, z. B. streichen täglich welche zwischen Norderney und den Lütetsburger Wäldern hin und her über Ostermarsch. Es überwintern eben schon viele hier oder rücken nur langsam weiter an der Küste westwärts. So sind am 29. Dezember in Westerland zwar nur noch wenige (Hag.), in Emden aber am 30. noch „unheimlich viel" (Varges).

99. *Corvus frugilegus frugilegus* L. Saatkrähe.

2:71 (34). Das Plus an Beobachtungen ist gröfstenteils darauf zu schieben, dafs ich heuer ein Vierteljahr (das erste) mehr beobachten konnte.

Genau wie im Vorjahre kamen die meisten im Frühjahr, im Herbst aber fast gar keine zur Beobachtung.

Der Frühjahrszug, soweit man von einem „Zug“ reden kann, begann am 21. Januar und dauerte bis zum 5. Juni, der Hauptdurchzug fiel vom 18. Februar bis 8. März mit Maximum am 23. II.

Der erste Trupp von 13 St. kam am 21. Januar vor, am 26. eine, 27. dreizehn, 29. eine, 30.—31. fünf. Im Februar 2.—3. einige, 4. und 12. eine. Am 18. kam $5^3/_4$ h Nachm. von O. (vielleicht nur von der Düne?) her ein Schwarm von über 100 St. und setzte sich zum Übernachten in die Klippe (d. h. die Felswand). Am 20. verschwindet nachm. 5 h eine grofse Schar nach der Düne hin, wo sie wohl übernachten will. Am 23. soll nachm. 3—5 h starker Krähenzug aus Osten gewesen sein, wohl blos von der Düne her. [Ich selbst war im I. und II. abwesend]. In der folgenden Zeit waren immer Saatkrähen in wechselnder Menge hier. Da sie immer zwischen Düne und Insel hin und herwechseln, sich überhaupt viel länger und lieber hier aufhalten als die Nebelkrähe, haben die einzelnen Zahlen doch nicht viel Wert, da man nicht weifs, was auf der Düne ist. Vom 26. bis 28. waren etwa 60, am 1. März etwa 80—100 da, dann nur 8—20. Am 6. kamen sehr spät abends, 6 h, zwei Schwärme, zus. 100 St., dazu. Nachts wurden ein paar Verirrte in den Strafsen gegriffen, am 7. und 8. wieder nur etwa 15. Von diesen wurden wohl in der Nacht zum 8. etliche aufgescheucht, denn es flogen welche stundenlang um den Leuchtturm, 8 St. wurden gefangen und ich hatte zum ersten Mal Gelegenheit, Krähen, 4 St., zu markieren. Ebenso flog in der Nacht zum 11. etwa 1 Dtzd. immer ums Feuer. Obgleich ich sie nicht bemerkt hatte, müssen sie am Spätabend vorher angekommen sein. Am 11. sind auch etwa 3 Dtzd. da, am 12. und 13. viel weniger, vom 21. bis 26. eine bis ein paar. Am 27. kommt nachm. $3^1/_2$ h ein Schwarm von etwa 50 in NS.-Richtung überhin. Man kann aber bei dieser Art auf die beobachtete Richtung nicht viel geben, weil sie es selten eilig haben. Vom 28. bis 10. April kommen mit Ausnahme dreier Tage täglich eine bis ein paar durch. Am 11. bei SW. vorm. mehrfach kleine Trupps. Dann bis zum 16. und vom 25.—27. immer wenige, meist nur eine oder ein paar. Am 28. kamen $7^1/_2$ h Vorm. etwa 50 sehr rasch hoch überhin. Auch die folgenden haben es nun immer eiliger und halten sich nicht mehr auf. Mit Ausnahme des 2. V., wo ein kleiner Trupp durchkam, sah man einzelne am 29.—30. IV., 6., 9., 13., Mai, 2. und 5. Juni.

In der Zwischenzeit sah Herr Pastor Schneider (Leipzig) eine Krähe (wohl diese Sp.) am 17. Juli.

Im Herbst haben wir von all den Massen westwärts ziehender Saatkrähen rein gar nichts gespürt. Folgende paar Beobachtungen sind alles: am 29. Oktober 1—2 auf der Düne, am 19. November etliche, am 20. eine und am 25. ein Dtzd. überhin. Doch könnten unter den vom 20. bis 28. Nov. beobachteten Krähen, die unter *cornix* verzeichnet sind, auch noch einige weitere *frugilegus* gewesen sein.

Die Saatkrähe ist ein sehr viel gewandterer Flieger, sie macht sich nicht in dem Maſse vom Winde abhängig wie die Nebelkrähe, da sie ausgezeichnet zu segeln versteht. Sie kann auf hoher See eine sehr viel gröſsere Geschwindigkeit, doch wohl nicht mehr als einhalbmal so viel wie *cornix*, entwickeln.

Auswärtige Beobachtungen.

Heuer scheinen fast alle Saatkrähen in Küstennähe gezogen zu sein. Am 13. April sah Hagendef. bei Westerland Scharen. Am 7. Juli sehe ich an der oberen Schlei bei Schleswig einige, an der unteren soll eine Kolonie sein. Am 16. Oktober sieht sie Hag. auf Sylt überall auf den Feldern. Am 20., 2 h p., schwimmen wir ca. 8 Sm. (fast 15 km) querab von Lowestoft an der engl. Küste. Es weht starker SW. Trotzdem ziehen 17 St. ganz niedrig über dem Wasser gegen den Wind von SO. nach NW., obgleich sie auch querab, also mit halben Gegenwind, Land in Sicht haben. Bald darauf kommen noch wiederholt Trupps von 9—18 St. von O. oder ONO., also der Ecke der holländischen Küste her, gegen den Wind an. Also offenbar Zug die Küste herunter und erst dann Übersetzen nach England. Flug natürlich eher langsamer als sonst. Warum freilich die Krähen nicht einen Tag mit besserem Wind ausgesucht hatten, versteht man nicht recht. Sie müssen aber genau gewuſst haben, wohin sie wollten. In solchen Fällen kann ich mich des Eindrucks nicht erwehren, als seien alte ortskundige Ex. die Führer. Freilich scheint die Richtung von der bequemen Fluglage mit abzuhängen. Denn warum gingen die Krähen nicht mit halbem Winde auf dem nächstem Wege der sichtbaren Küste zu? Wahrscheinlich war das Segeln bei diesem Stärkegrad des Windes auf die Dauer anstrengender als das Fliegen genau gegen den Wind!

Am 23. zog am Ijmuidener Strand bei schönstem Ost 3 doch nur selten mal ein Stück, westwärts.

Am 24. November war ich auf dem Feuerschiff Borkum-Riff. Nachmitt. 1^{45} h wehte SO. 2, O. 1. Da kamen 8 Saatkrähen in Richtung O. z. N.—W. z. S. in überaus rascher Fahrt vorbei. Sie flogen also mit ein wenig seitlichem, aber schwachem Mitwind. Es war der rascheste Flug, den ich bisher von Saatkr. gesehen. Sofort fiel mir das Argument der Helgoländer und Gätkes ein: „Ja, auf hoher See entwickeln die Krähen eine viel höhere Geschwindigkeit als auf dem Lande". Mit Hilfe der übrigen, in Geschwindigkeitsschätzungen z. T. geübten, Gelehrten an Bord kam ich zu dem Resultat, daſs diese Krähen etwa knappe 80 km, jedenfalls keine 100, aber mehr als 50—60, in der Stunde machten; bei dem sehr schwachen Winde hauptsächlich Eigengeschwindigkeit. Mit stärkerem Winde mag es also vielleicht doch mal vorkommen, dafs es eine Saat- (nie eine Nebel- oder Raben-)Krähe auf längere Strecken noch gröfsere Geschwindigkeit erreicht. Es war in der Tat für alle Herrn eine sofort überraschende Erscheinung, Krähen so rasch fliegen zu sehen.

Ende November (27.) und im Dezember (30.) überwintern noch mehr Saat- als Nebelkrähen in den offenen Niederungen um Emden (Varges).

100. † *Colaeus monedula* [jedenfalls alles *spermologus* (Vieill.)]. Dohle.

32 (16). Im Frühjahr kamen Dohlen vom 6. März bis 1. Juni vor. Das kleine Maximum des Durchzugs fällt auf dem 4. April.

Am 6. März kamen die ersten vor: am Abend wurden 2 gefangen. Am 20. eine, 21. vier, 25. eine (kreuzt gegen den Wind genau wie ein Segler), 26. einzelne, 27. einige in einem Saatkrähenschwarm, 30. erst abends zwei, 31. sechs St. Im April vom 1. bis 3. etwas Zug, täglich etwa 1—2 Dtzd. früh, am 4. die meisten: ein Trupp von 32 sehr hoch überhin, am 5. wieder nur 8 St. Dann am 11., 14., 17. die eine oder andere. Am 27. und 28. je ein kleiner Trupp ohne Aufenthalt, wie immer, ostwärts überhin. Ein am 28. geschossenes Pärchen zeigte noch sehr wenig entwickelte Sexualorgane. Im Mai am 2. und 4. und 13. einige, am 23. und 24. je eine. Die letzte, ziemlich vertraut, rastete einige Stunden. Am 31. nach Hinrichs 3 und am 1. Juni 4, wohl dieselben; rasteten auf einem Dache.

Im Herbst zuerst am 7. Oktober paar Dtzd. Am 15. zugleich mit viel Nebelkrähen starker Zug. U. a. kam $^1/_2$12 h ein Schwarm von etwa 500 St. an, recht hoch, senkte sich etwas, ballte sich noch dichter zusammen zu einer Kugel und wälzte sich in Kugelform in der Luft, ein ganz wundervoller Anblick, den ich von solchen Mengen noch nie gesehen. Darauf gingen sie wieder sehr hoch, sodafs ich sie eben noch sah, die Vögel verschwinden aber schon in geringer Höhe, sie sehen sehr bald aus „wie Staub". Aufser diesen Scharen sind aber nur wenige gezogen. Der Wind SO. 3, das Wetter sehr schön, klar und heiter. — Am 16. zogen paar Dtzd., einzelne wurden geschossen, am 17. kamen 13, am 22. zwei, 23. eine und 31. sechs bis acht vor.

Meist ziehen ja die Dohlen mit Saatkrähen zusammen, wenn es nicht viele sind, sonst in besonderen Schwärmen. Die kleinere Dohle fliegt ebenso rasch, wenn nicht noch etwas rascher als die gröfsere Saatkrähe.

Auswärtige Beobachtungen.

Am 13. April sah Hagendef. in Westerland einige durchziehen. Ob die Dohlen in Lütetsburg (Ostfriesl.) am 9. Oktober und in Emden am 12. noch Standvögel waren, ist schwer zu sagen. Einige, die am 23. um die Ruine van Bredero bei Harlem (Holland) lärmten, fasse ich als dortige Brutvögel auf. Strich- resp. Zugvögel aber sind es gewifs, wenn Varges am 27. November in Emden viele und Ende Dezember (30.) sehr viele überwinternd findet.

101. † *Garrulus glandarius glandarius* (L.). Eichelhäher.

4 (0). Kaum minder interessant als die rätselhaften Wanderzüge des Tannenhähers sind die des Eichelhähers. Jahrzehnte verhält sich dieser Vogel still in seinen Revieren, dann auf einmal — immer im Oktober — packt ihn eine unerklärte Wandersucht und der, der eben noch nur mit Todesangst eine Waldblöfse überflog, flattert über das weite Meer! Seit 1882, dem letzten grofsen Zug, sind auf Helgoland nur sehr vereinzelte vorgekommen, die letzten im Oktober 1907. Heuer kam nun wieder eine solche Periode, die freilich auf Helgoland nur andeutungsweise, um so stärker an der Nordseeküste gespürt wurde.

Zunächst das Helgoländer Material: Am 14. Oktober bei mäfsigem (4—3) O. kamen einige durch, zwei, die sich zur Rast im Gehölz niederliefsen, wurden dort geschossen. Am 15. sah man bei SO. 3—4 ab und zu einen einzelnen, mind. 5 St. zusammen, durchkommen. Einige sollen glatt überhin gegangen sein: ein Beweis, wie vollkommen solch ein rätselhafter Wandertrieb die sonstigen Hauptinstinkte unterdrückt! Einer nur wird geschossen. Am 16. bei SO. 4—5 wieder ein paar tagsüber durch, 1 geschossen. Schliefslich noch am 21. bei O. und NO. 4—5 drei Stück. Immer war es schön klar, wie es nach Gätke schon Bedingung ist, dessen Worte ich nur bestätigen kann.

Sehr merkwürdig ist es, dafs wir unsre Eichelhäher erst einen Monat nach der Festlandsküste erhielten und von dem dortigen starken Zuge gar nichts bemerkt haben. Durch die Freundlichkeit von Freund Leege in Ostermarsch und Herrn Lehrer Müller in Norderney, sowie Fräulein Varges in Emden habe ich treffliche Nachrichten über die merkwürdige Eichelhäherwanderung längs der ostfriesischen Küste, durch Hagendefeldt von der Insel Sylt.

Die ersten wurden nach Leege am 15. September morgens auf Baltrum gesehen, für dort ein Ereignis. Es sollen zwei grofse Scharen stundenlang in den Dünen gerastet haben. Später dort keine mehr.

Am 17. wurden die ersten, in Ostermarsch b. Norden, gegenüber Norderney gesehen. Am 18. aber fand dort und in Nefsmersiel, 8 km weiter östlich, vormitt. starker Zug statt. Tausende! Die ersten kamen $7^1/_2$ h a. vor, können also nicht weit her gekommen sein an diesem Tage. Das Wetter war auch hier sehr schön, klar, windstill, zuweilen sehr schwacher NNO. Die Hauptmasse kam zwischen 8 und 9 h durch (Höhepunkt 8^{30} h. Sie flogen 10—30 m hoch truppweise von SO. nach NW. (später parallel der Küste). Nach 9 h immer noch einzelne Trupps von 5—15, um 12 h alles vorbei. Einzelne liefsen sich dann und wann auf den wenigen Bäumen der Marsch nieder, um aber gleich die Rufe wieder fortzusetzen. Ein Stück ($1^1/_2$ Stunde) weiter, in Norddeich, beobachtete sie von diesem Tage ab Reg.-Baumeister Niemeyer in seinem Gärtchen.

Auf Norderney kamen die ersten Züge von 10—20 St. am 18. an. Einige Tage darauf (22.) Züge von 70 und mehr beobachtet. Die ganzen Dünen leben, besonders die Täler hinter den Rieselfeldern und der Geflügelfarm bis zum Leuchtturm. Zugsrichtung O.—W. Wind S.—SO. und O. Klare Luft. Sonnenschein und grofse Wärme. — Ob die folgenden Tage nach Zug war oder die Vögel solange rasteten, ist nicht gesagt. Die letzten Schwärme am 26. Okt. beobachtet. (Müller).

Am 24. Sept. nachm. kommt in Norddeich am Wattrande wieder ein Schub von SO. an, zieht abends sturmeshalber ziellos umher, stutzt am Wasser und rastet schliefslich in den Bäumen am Deich. Tags darauf (25.) sieht 9 h a. Leege ziemlich grofse Scharen von SO. her über das Wasser ziehen, die nur nach Borkum gegangen sein können.

Weiter westlich in der Zugrichtung sitzt leider kein Ornithologe! Doch können die wenigen Beobachtungen innerhalb der Stadt Emden einen Anhalt bieten, die von einer Dame gemacht sind, deren Interesse für unsre schöne Wissenschaft geweckt und bestärkt zu haben, mich ob des schönen Erfolgs immer wieder freut. Ihr fiel am 30. September auf der Promenade ein kleiner Trupp (4—5) auf, „der augenscheinlich nicht hierher gehört". „Auch am 10. Oktober waren noch immer welche da, am 11. mehr als 10 St., am 14. noch vereinzelte." Das deutet alles unzweifelhaft auf fremden Zuzug zu den wenigen einheimischen.

Es wäre interessant zu erfahren, ob sich der Wanderzug tatsächlich sobald zerstreut haben sollte. Vielleicht können die Holländer etwas berichten. Und wo nahm der Auszug seinen Ursprung? Offenbar in deutschen Revieren, vielleicht gar nicht so weit östlich?!

Dafs der Wanderzug sich auf gröfsere Gebiete erstreckte und auch nach Norden hinaufreichte, geht aus den Sylter Beobachtungen Hagendefeldts hervor. Am 25. September (s. Zug auf d. Memmert!) sah er 10—12 St. im Friedrichshain. Die Häher blieben aber lange da, verringerten sich aber allmählich an Zahl, ich denke, diese Abgänge sind es z. T., die wir auf Helgoland bemerkten. Am 16. Okt. sah Hag. 1, am 3. Nov. in Keitum 15—20, erhielt am 6. einen, beobachtete am 1. Dezember in den Gärten hie und da welche und notierte noch am 29. und 30. „hin und wieder noch welche".

(*Nucyfraga caryocatactes? macrorhynchus* **Brehm. Tannenhäher).**

1? (0). Die einzige Beobachtung am 20. Oktober mittags ward von unserem Präparatorlehrling gemacht. Ein Irrtum ist ja kaum möglich, trotzdem führe ich die Art nur in Klammern und nur deshalb an, weil heuer wieder vielfach einzelne Tannenhäher beobachtet wurden.

Auswärtige Beobachtungen.

So berichtete z. B. R. M. auf Seite 241 d. Deutschen Jägerzeitung Bd. 56 aus der Provinz Posen, dafs am 2. Okt. ein Ex. bemerkt worden sei. W. Hagen berichtet a. S. 195 der Ornith. Monatsberichte 1910 von einem Stück vom 16. Okt. beim Schellbruch bei Lübeck. Dr. Berger daselbst a. S. 164 von etwa 15—20 nahe Kassel im Oktober.

Nachträglich sei mitgeteilt, dafs Herr W. von Beckerath in Bonn 1909 in Antweiler a. d. Ahr ein Stück geschossen hat (lt. Mitt. d. Schützen). Es sollen in der Rheinprovinz 7 St. damals erlegt worden sein.

102. *Oriolus oriolus oriolus* (L.). Pirol.

4 (1). Geradezu häufig nach Helgoländer Verhältnissen, nämlich 3 St., soll heuer dieser Vogel vorgekommen sein, was auf Rechnung des sehr warmen Mai zu setzen ist. Am 5. Mai will Gärtner Kuchlenz ein ♀, am 9. Claus Denker früh 6 h 1 ♂ gesehen haben. Ebenfalls ein solches wird mir am 12. und 13. (offenbar ein- und dasselbe) von vielen Leuten gemeldet. Dafs ich alle diese Stücke nicht selbst gesehen, liegt daran, dafs dieser Vogel hier nur ganz flüchtig vorspricht, sehr scheu ist und so sehr viel Aussicht hat, mir auf meinen zwei täglichen Gängen zu entgehen. Ich kann ja doch nicht den ganzen Tag draufsen sein wegen all der andern Arbeiten, die mir obliegen aufser der reinen Feldbeobachtung.

103. *Sturnus vulgaris vulgaris* L. Star.

16 : 205 (8 : 92). Wie man sieht, waren heuer einen sehr grofsen Teil des Jahres Stare zu beobachten, trotzdem war die Quantität nicht erheblich verschieden von der 1909 konstatierten.

Im Januar zeigten sich am 8. fünf St. Bis Ende Februar kamen nur wenige vor und zwar am 26.—27., 30.—31. I. 2—4 St., 12.—14. Februar je 1—5. Am 16. aber sind früh $7^1/_2$ 50—60 da, sie steigen sehr hoch auf und ziehen nach Osten ab. Am 20., 26., 28. wieder nur drei. Die Lücken können aber zum Teil Beobachtungslücken sein, da ich in dieser Zeit nur Beobachtungen unseres Präparators habe.

In den März fällt der Hauptdurchzug. Am 3. nur erst ein paar, am 4. aber ca. 50, diese bis zum 7., allmählich sich etwas vermindernd. In der Nacht zum 8. der erste starke Zug, anfangs wenig, von Mitternacht ab stärker, viele Hunderte mindestens; angeflogen ca. 25, unten gefangen resp. „aufgelesen" ca. 150. Wind Süd 1—2, Regen. — Am 9. und 10. nur die üblichen paar. In der Nacht zum 11. war von Abend ab Vogelzug über dem Nebel. Erst selten ein Star. Mitternacht wurde es klar, dann aber kam $4^3/_4$ h wieder Nebel und es entwickelte sich eine grofsartige Zugsstauung nur von Staren. Brausend kam eine Wolke nach der andern an. Um der Laterne wimmelte es in Masse, am Boden aber setzte sich kaum einer, so dafs die Laternenfänger schlechte Geschäfte machten. Einen ganz fabelhaften Anblick bot das Dach des Dienstwohngebäudes am Leuchtturm: dort war kein Quadratdezimeter frei, Star drängte sich an Star unter gedämpftem Gezwitscher. Ich schätzte die Menge auf diesem Dach auf 5000. Wenn aus den Heerscharen ein Teil wie eine Wolke aufstand unter lautem Getöse, so sah man kaum Lücken entstehen. Wieviel Tausend nun in diesen Stunden am Turme waren, läfst sich schwer sagen, 6000 dürfte das Mindeste sein, vielleicht viel mehr. Etliche hundert, im Verhältnis wenig, fanden diese Nacht ihren Tod. Der Wind war SSO. 1.

Am 11. (III.) waren früh alle diese Stare weg. Doch hatte sich mittags ein Schwarm von einigen Hundert eingestellt, der sich gemischt mit ebensoviel Weindrosseln auf dem Rasen tummelte. Ein hübscher partiell albinotischer Star war darunter mit weifsen Backen und einem anderen weifsen Fleck oben am Kopfe. Da er sich immer in der Mitte der Masse hielt, war ihm nicht beizukommen. Am 12. waren etwa 70, am 13. einige 30, dann bis zum 21. vormittags nur ein paar da. In dieser Zeit nördliche Winde. Am 21. mittags ein paar dazugekommen. Bis zum 26. früh nahmen sie aber wieder auf die üblichen paar ab. In der zweiten Hälfte der Nacht zum 23. sollen bei NW 5! nach Aussage des Leuchtturmwärters viele vorgekommmen sein (30 †). Der 26. war ein guter Zugtag, trotzdem vormittags Ost, allerdings äufserst schwach (1) und nachmitt. NNO. (1—2) wehte. In den letzten Vormittagsstunden kamen auf einmal immerzu kleine Trupps oder Scharen an. Der Fischmeister sah bis 8 km N. und NW. überall zerstreut Stare nach Osten ziehen, also gingen viele bei Helgoland vorbei, ohne dieses aufzusuchen. Ganz spät am Abend sollen noch sehr viel Stare angekommen sein. Am nächsten Morgen (27. III.) fiel nach dem Schwinden des Nebels ein Schwarm von ca. 200 ein. Abends bei Windstille waren ebensoviel da. Ganz spät sollen noch „Tausende" angekommen sein. Am anderen Tag (28.) waren dann auch etwa 1000 d. h. eine oder zwei Wolkenscharen da. Vielleicht ist aber auch in den beiden Nächten Starenzug gewesen, obgleich gerade davon nichts bemerkt wurde. Am 29. waren etwa 30 da, am

30. kamen zwei Trupps (ca. 60) früh von W. an. Vom 31. bis zum 6. April konnte man täglich 30—50 St. zählen. Am 7. sind es nur 10, am 8. geht auch der eine letzte weg. Am 10. kommen wieder 8 St. an, vermehren sich bis auf 30—60 (am 12.) und nehmen wieder bis auf 1 Dtzd. am 18. ab. Nur am 20. und 22. einzelne, dann ebensoviel (1—9) durch den ganzen Mai und bis zum 16. Juni. Es brütete nämlich mind. ein Paar wieder im Lazerettgarten. Vom 20. an sah ich ein Paar füttern. In dieser ganzen Zeit kam wiederholt Besuch von einzelnen fremden Staren, Bummlern, nichtbrütenden Exemplaren. Übrigens haben es die Brutstare doch an einzelnen Tagen fertig gebracht, sich nicht sehen zu lassen. Dazu gehört aber ja z. B. blos, dafs sie mal einen Ausflug nach der Düne machen.

Am 17. Juni zeigten sich die ersten Vorboten des Rückzuges: ein Trupp von ca. 20 St. war angekommen, worunter die ersten paar Jungen, angenscheinlich fremde. Es waren also auch Alte mitgekommen. Vom 18. bis zum 21. sind ungefähr 12—14 St. da, meist Alte, am 22. zwei Dtzd., wobei nur wenige Junge, am 23. wenige, 24. zwölf, 25. früh ein Schwarm von 35. Diesmal die Jungen vorwiegend. Vom 26. ab wieder nur das Brutpaar. Gesang habe ich fast gar nicht gehört.

Der Herbstzug gestaltet sich dann weiter im grofsen und ganzen folgendermafsen: in der ersten Julihälfte immer etwas Zug, dann bis Ende September immer ab und zu mit Pausen etwas weniger Zug, im Oktober der Hauptzug mit Maximum am 25. Im November flaut der Zug ab. Im Dezember kein Zug mehr, nur einzelne Gäste.

Einige Details müssen aber doch gegeben werden. Am 1 Juli kam 1 Dtzd. durch, am 2. abends reichlich 30—40, junge und alte, die bis zum 9. dableiben, vielleicht zeitweise mal vermindert. Am 10. war das Maximum der ersten Zugsetappe erreicht mit 150 St., die sich z. T., rasch vermindert, bis zum 12. aufhielten. Am 14. sprachen 5, später 30, am 29. ca. 12, am 30. früh 6 vor. Die Massen junger Stare, auf die vor allem Gätke seine Theorie vom führerlosen Zug der Jungen vor den Alten aufbaute, blieben also auch heuer wieder fast gänzlich aus. Was kam, das war von Alten begleitet. Doch will ich mich hier noch nicht auf eine Diskussion der Frage einlassen.

Im August kamen bis zum 25. nur ab und zu mal in Pausen von 1—6 Tagen 4—17 St. vor, nur z. T. Junge. Am 26. ein Trupp von 40, von da bis zum 2. September täglich 6—17 St. Am 4. zwei, 5. nachm. ca. 16. Vom 7. bis 10. paar bis 13 St. Dann nur am 21. ca. 9, 28. vier, 29. einer. Nun setzt mit der ersten Zugnacht (29./30. IX. etwas Zug) der eigentliche Herbstzug ein. Am 1. Oktober (W.) paar, 2. (SO. 3) ca. 1 Dtzd., aber zweimal Schwärme von 30—50 überhin. In der folgenden Nacht (S. 3) sollen allerhand gezogen sein. Am 3. bei starkem S. bis NW. nur ein paar. Am 4. (starker NW.) nichts, in der Nacht zum 5. trotz NW. 5 paar Dtzd. (einzelne †), am 5. drei. Am 6. früh bei NNW. 1 ziemlich starker Zug, ca. 800--1000 durch, am 7. bei Ost 1 ein grofser (Hunderte) und ein paar kleine Schwärme 9 h a. glatt durch, gerade so hastig in diesem Herbst wie die Nebelkrähen. Rastend nur ein paar (3—5). Auch am 8. bei SO. von 3 abflauend, ziemlich guter eiliger Zug von 7—10 h, besonders von 8—9 h kamen immer mal Trupps von 50—300 durch, z. T. ohne, z. T. mit ein paar Min. Aufenthalt. In der nächsten Nacht mäfsiger Zug. Am 9.—10. bei NW. nur 10—20 rastende, nachts zum 11. einiger aber nicht gerade viel Zug, am 11.—12. bei SW. und S. 3—6 St., in der Nacht zum 13. mit dem nach N. gehenden Winde Hunderte und am 13. bei N. oder NNO. 4 etliche Schwärme (zus. 100—200) früh durch. Am 14. bei Ost, von 3 auf 1 abflauend, wieder ziemlicher Zug, früh ein Trupp von über 500, sonst wenige kleinere Trupps, fast ohne Aufenthalt überhin. Am 15. bei SO. 3 noch einiger Zug: ab 7 h paar Schwärme, zus. wenige hundert, genau so am 16. (Wind aber stärker: 4), alles rasch durch.

Dann eine Pause. Am 19. wieder wenige (ca. 8) bis zum 22. Am 23. bei Ost 4 einige hundert, 24. (Ost 5) mind. 220, folgende Nacht (frischer Ost) mittelstarker Zug. Am 25. der stärkste Zug am Tage. Es wehte O. 5, dann SO. 4; Himmel bedeckt. Horizont diesig, gleichwohl zogen Massen, tagsüber seien — so erzählten die Hummerfischer — eine Masse im halben Nebel über das Wasser gezogen. In der folgenden Nacht nur etwas Zug, am 26. bei O. 3—4 viel, am 27. bei SO. 4 nur 1 Dtzd., am 29. trotz Ost 4 nur 3 Dtzd. In der Nacht zum 30. nicht viel Zug, am 30. und 31. trotz schwachem Ost wenig: das Meiste ist aber wohl durch? (In den letzten 10 Tagen konnte ich übrigens nicht selbst beobachten, hatte aber 5 einheimische Beobachter.

In der Nacht zum 1. November war bei mäfsigem Ost von 9—1 h nochmals starker Zug, wobei paar hundert ihren Tod fanden. Am 1. sind nur ca. 2 Dtzd. da, doch sollen abends 6 h viele rasch überhin gezogen sein. Vom 2.—5. waren 6—30 St. da, am 6. etwa 50. Dann Pause bei sehr starken westlichen Winden bis zum 11., nur am 9. mal einer. Am 12. bei NNO. 4 kam wieder ein gröfserer Schwarm durch. Auf der Insel rasten 9, auf der Düne ca. 40. In der folgenden Nacht ziehen ziemlich viel, wovon am 13. nur mehr 1 Dtzd. und bis zum 15. ein kranker zurückbleiben. Am 19. sollen noch etliche kleine Trupps etwa zu 50 St. bei NO. 3 eilig überhin gezogen sein. Am 21. ein kranker. In der Nacht zum 1. Dezember der allerletzte Schub: leidlich viel, dann nur noch am 1. fünf, 5. und 6. je einer, nachts zum 7. nur mehr ganz einzelne, am 19. einer, 26. bis 28. erst 2, dann 1 St.

Wir hatten also diesen Herbst ganz leidlichen Zug und zwar nicht blos nachts sondern auch am Tage. Der Star zieht eben zu beiden Zeiten.

Auswärtige Beobachtungen.

Es überwinterten nach Hagendefeldt 1909/10 ungewöhnlich viel auf Sylt. Am 26., resp. 27. März singen und bauen die heimischen Stare sowohl auf dem Memmert (Leege) als in Westerland (H.). Unterdes ziehen die nordischen (richtiger nordöstlischen) Vettern über sie weg: am 27. fand reger Zug über den Memmert statt, also die Küste herauf. Schwärme kommen von Westen — bei Windstille und schwachem Nord — und folgen dann dem Memmert nach Norden nach Juist auf die Inselkette hinüber. Tausende suchen rastend die feuchten Dünenniederungen ab. Dieser Zug ist aber höchstens teilweise bis Helgoland gelangt oder hat sich meist streng an der Küste gehalten. Am 28. waren viele auf d. M., am 30. und 31. ziehen wieder Schwärme durch. Dafs Zug war, merkten wir auch auf Helgoland, wir bekamen aber eben nur wenig von der linken Flanke ab.

Im September strichen überall die Brutvögel in Scharen umher, ich fasse das nicht als eigentlichen Zug auf wie Gätke. Helgoland bekam heuer, wie gesagt, übrigens in dieser Zeit fast nichts ab. Von 9.—12. sah Mayhoff allenthalben in den Gärten und auf der Marsch der nordfriesischen Inseln mäfsig starke Trupps zu 10—50, am 13. war Norderney nach Varges geradezu „übergossen" mit Staren. Am 29. September beobachtet Leege auf d. Memmert ziemlich viel Zug, ebenso im Oktober am 2. früh viel Zug, während am 3. und 4. ziemlich viele rasten. Frl. Varges beobachtet am 9. viele gröfsere Schwärme in Lütetsburg, in Emden im Oktober nie auffällig viel. Am Borkumer Leuchtturm war in der Nacht vom 8./9. Okt. 4—6 h früh bei N. und regnerischem Wetter viel Zug. Auf Helgoland war in dieser 1. Dekade nicht viel los. Die nächtlichen Züge 10./11. und 12./13. wurden anderswo nicht bemerkt. Auch von den Zugtagen 13.—15. habe ich keine Vergleichsdaten. Am 16., wo hier einiger Zug war, notiert Hagend. im Westerland grofse Schwärme, meist iuv. Am 18. mufs Zug gewesen sein, ohne dafs Helgoland das mindeste davon abbekam. Denn etwa 100 Sm. West v. Helgoland zog mittags ein, dann 7 Stare nach SW. am Schiff vorbei. Es zogen also Stare nördlich von H. über die Nordsee. Am 10. kam auf etwa 52° 55' N. 3° 9' E. wieder 1 Star an Bord und am 20. flog im Kanaleingang einer vorbei (auf Helg. waren an beiden Tagen nur wenige).

Am 23. weht frischer Ost, auf Helg. Stärke 4. Es ist allgemeiner schwacher Zug: Bei Westerland in Scharen von 30 bis 50, viele iuv., auf Helgoland einige Hundert, am Strande von Ijmuiden ebenso schwacher Zug.

Am 24. noch stärkerer Ost. Ebenso: In Westerland massenhaft in grofsen Flügen; a. Helg. mind. 220; ca. 12 Sm. vor Ijmuiden rastet erst einer an Bord, dann kamen 6 an Deck und bleiben ermattet da (starben später nach und nach).

Am 25. ist das Maximum auf Helg. bei Ost 3. Nachm. kamen auf 53° 30′ N. 2° 45′ E. wieder drei Stare am Bord, die das Schicksal der anderen teilen.

Am 28. flogen ca. 100 Sm. NW. z. W. v. Helgoland mittags drei St. bei OSO. 4 nach SW. vorbei, bald darauf nochmals. Auf Helgol. nichts, wohl aber in der folgenden Nacht von 11—7 h bei Nord und nebligem Wetter am Borkumer Leuchtturm ununterbrochen starker Zug. In der nächsten Nacht (29./30.) ist zugleich am Helgol. Turm nicht viel und am Borkumer viel Zug. Wind NO.

Im November ist in der Nacht zum 19. von 12—6 h am Borkumer Leuchtturm Starenflug, am nächsten Tag ziehen auch über Helg. noch einige Trupps weg. Am 24. fliegt 1 h p. bei SO. 1 ein Star am Feuerschiff Borkum-Riff vorbei. Im Dezember überwintern bis zum Jahresschlufs noch grofse Flüge auf Sylt (nach Hag.).

Resultat: die Stare Nordeuropas halten sich beim Passieren der Nordsee an keine bestimmte Strafse. Überall wird die deutsche Bucht überquert, doch gehen öfter, so 1910, die gröfseren Massen an der Küste herunter. — Was uns zur genaueren Erforschung des Zuges fehlt, sind Beobachtungen, möglichst serienweise, an weiteren Punkten, wo der Zug als solcher erkennbar und vom Rasten zu unterscheiden ist, wie z. B. Helgoland, Memmert und Nachts die Leuchtfeuer.

104. † *Passer domestica domestica* (L.). Haussperling.

Wie alljährlich überwintern auch heuer nur wenige, etwa 2—3 Dtzd. Die Jungen ziehen anscheinend alle weg, wann ist schwer zu sagen, jedenfalls allmählich.

Auswärtige Beobachtungen.

Auf den ostfries. Inseln scheint es ähnlich zu sein, denn Leege bemerkte am 29. Sept. Trupps über den Memmert ziehen, die wohl sicher von Juist stammten. Auch will man am 25. Nov. einen an Bord des Norderney-Feuerschiffs bei leichtem SO. gehabt haben. Das könnte ein Helgoländer gewesen sein.

Einen Jüngeren fast flüggen mit beiderseits grofsem weifsen Fleck auf den Flügeln fing ich am 15. Juli auf Amrum.

105. † *Passer montana montana* (L.). Feldsperling.

42 (8). Heuer kamen viel mehr als 1909 vor und diese hielten sich viel länger hier auf.

Im März kamen nur ganz einzelne vor: 1—3, am 15., 25., 28.—30. Im April ein erster Besuch vom 12. bis 20. und ein viel stärkerer vom 26. April bis 24. Mai. Bei dem ersten im April stieg die Zahl allmählich von 1 bis zu einem ganzen Trupp (etwa 1 Dtzd., soviel vom 16.—18., am 19. sah ich keine, am 20. noch ein paar). Der zweite Besuch fing am 26. mit ein paar an, steigerte sich bis zu etwa 10 am 29., schien bis zum 1. Mai stark herunterzugehen, am 2. und 3. wieder zur alten Stärke hinauf. Am 4. aber war hier auf der Insel zwar nur derselbe Trupp, auf der Düne aber ein Schwarm von ca. 40 St. Auf der Insel wurden es dann immer weniger bis zum 11. (paar), am 12. waren es wieder 11 und allmählich wurde es wieder ein kleiner Schwarm (15.—17.). Am 18.—19. sah ich nur einige, am 20. wieder einen Trupp, dann keine bis zum 23. (paar) und 24. (9).

Der Durchzug dieser Art ist sehr unklar, denn er wird mit am meisten von allen Arten durch Rast und Hin- und Herwechseln zwischen Insel und Düne gefälscht. Im ganzen dauerte er, von Einzelnen abgesehen, vom 12. April bis 24. Mai mit Maximum am 4. Mai.

In Herbst konnte ich nur am 15. Oktober einen beobachten. In meiner Abwesenheit wurden aber am 20. „sehr viel" notiert.

Auswärtige Beobachtungen.

Mayhoff sah am 13. Sept. auf dem Friedhofe zu Nieblum a. Föhr ein paar.

106. † *Coccothraustes coccothraustes coccothraustes* (L.). Kernbeifser.

1 : 8 (1). Es kamen heuer relativ viel vor und zwar vom 8. Okt. bis 19. Nov. Am 8. Oktober sah Kuchlenz den ersten, am 10. erhielt ich ein junges ♂ mit Reste des gefleckten Jugendkleides, am 17. will Kuchlenz drei gesehen haben. In der Nacht zum 27. ward ein ♂ gefangen, wohl nur zufällig gerade nachts?! Am 30. ward wieder einer geschossen. Im November fingen am 3. Jungen einen lebend, vom 7. bis 8. war bei Sturm einer im Lazarettgarten; am 19. schliefslich erhielt ich noch einen.

107. † *Fringilla montifringilla* L. Bergfink.

4 : 67 (2 : 72). Auch heuer gab es wieder nur geringen Finkenzug.

Einige Daten sprechen auch weiter (1909 die letzten 30. XII.) für einige Überwinterung in unseren Breiten: Am 30. Januar kamen 20 St. vor und am 4. Februar zieht nach Hinrichs ein Trupp von etwa 30 St. überhin. Ebenso zwei St. am 3. März früh 7 h. Am 22. etwa mag man den Beginn des sehr ärmlichen Frühjahrszugs ansetzen. Er dauerte bis zum 20. Mai mit einem kleinen Maximum am 29. April. —

Am 22. März kam 1 ♀, vom 28.—30. ein paar St. vor. Im April kamen bis zum 28. an 16 Tagen einzelne durch, meist früh, oft ohne Rast. Geschlecht konnte nur festgestellt werden am 5. (1 ♂) und 17. (1 ♀). In der Nacht zum 29. zogen welche: einen hörte ich, 1 ♀ fand ich totgeflogen. Am nächsten Morgen war denn auch ein Trupp von ca. 10 St. da, verhielt sich meist stumm.

Im Mai erschienen am 1., 3. und 9. einzelne, am 10. acht, fast immer stumm, 12. und 13. paar (meist ♀), 14. ein Trupp von 13, dabei nur 1, fast fertig vermausertes ♂, am 15. ein anscheinend anderer Trupp, wieder ein solches ♂ dabei, schliefslich am 16., 19. und 20. paar einzelne, ♀.

Im Herbst erschien der erste am 15. September, dann am 20.—21., 25.—26. (unter *coelebs*), 28. IX., 1.—3. Oktober je einer bis ein paar. In der Nacht zum 5. bei N. 4—2 der erste Zug, sagen wir 50—100 oder auch etwas mehr, viel ♀ dabei, aber auch ♂. Am nächsten Tag († 5.) war etwa 1 Dtzd. übrig, vom 6.—8. reichlich 2 Dtzd., am 9. verschwindet auch das letzte Dtzd. Dafür folgt aber in der Nacht zum 11. der stärkste Zug für heuer. Bei Windstille und leichtem SO. finsterer, aber klarer Luft, wo ab und zu Sterne durchblinkten, zogen immerfort welche. Schon von 8 h an hörte man ihre Rufe. Gröfsere Ansammlungen um den Turm fanden aber nicht statt. Trotzdem waren vom 11. bis 13. nur ein paar zu finden, bis zum 15. auf 1 Dtzd. sich vermehrend, am 16. wieder bis auf 1 paar verschwunden, am 17. durch einen Trupp von $1\frac{1}{2}$ Dtzd. ersetzt. Dann erst am 21. wieder zwei, zu denen aber bis zum 24. etliche dazu kamen. Am 29. einzelne, am 30. einer, in der Nacht zum 31. etliche.

Im November schliefslich noch am 6. etwa 6, 7. einer (♀), 12. ein Paar, 15. einer oder zwei, 16. einer.

Nach dem geringen Material dieses Jahres ergibt sich nur Zug mit Seiten-, nicht aber Gegenwind, eher noch Mitwind.

Auswärtige Beobachtungen.

In der Nacht zum 19. Sept. flogen sich am Norderneyer Leuchtturm etwa 30 St., meist ♂, tot. (Helg. nichts.) Am 25. sieht Leege viele auf der Juister Bill und am 27. auf dem Memmert in den Dünen rasten. Im Oktober ebenda am 2. ziemlich viel, auch in Emden viele (Varges), am 3. a. d. M. nur einzelne. In der Nacht zum 5. war von 1—1⁵⁰ h am Borkumer Leuchtturm bei NW. viel Zug von „Buchfinken". Da diese Art nicht nachts zieht, waren es bestimmt Bergf., zumal in derselben Nacht auch am Helgoländer Turm etwas Zug war. Sehr interessant ist der folgende Massenzug an der ganzen Küste: am 10. und 11. Okt. lagen nach Hagen in den Wäldern und Feldern bei Lübeck aufserordentlich viel, z. T. Tausende, die in der Nacht vom 11./12. bis auf den letzten verschwinden, als das warme Wetter in kalten Nord umschlägt. Nun war auf Helgoland in der Nacht vom 10./11. der stärkste Zug für 1910 und in Emden treten sie am 12. nach Varges massenhaft auf. Vorbedingung: Windstille und leichter SO. Also offenbar in diesen Tagen gewaltige Massen in sehr breitem Strich an der Nordseeküste südwestwärts! In Emden sind noch am 14. viele. Am 23. ziehen am Ijmuidener Strand mit frischem Ost einzelne westwärts. Am 25. kommen im Kanaleingang, auf etwa 53° 25′ N. 3° 20′ E. mit Ost 3 vier St. etwa 10 min. aufs Schiff. In der Nacht zum 30. war bei Nord und nebligem Wetter sehr starker Finkenzug am Borkumer Leuchtturm.

108. † *Fringilla coelebs coelebs* L. Buchfink.

1 : 150 (95). Auch heuer nur sehr geringe Mengen! Im Herbst fiel entgegen der Regel das Maximum des *coelebs*-Zuges später als das des Bergfinken.

Der aufserordentlich langhingedehnte Frühjahrszug war recht kümmerlich an Menge. Im Januar kam am 4. und 13. (♀) je einer, im Februar am 8. früh einige vor. Im März erschienen vom 3. ab bis zum 27. mit 7 Tagen Pausen, dazwischen immer 1 bis 4 St. Geschlecht wurde festgestellt am 4. (1 ♂), 5. (2 ♂), 13. und 14. (1 ♂), 16. (1 ♂ schlägt ohne Überschlag), 24. ein Paar. Erst am 28. kamen mehr, wenigstens 10—15 St., wobei viel ♀. Diese bis zum 31. Dann werden es Anfangs April immer weniger, sodafs z. B. vom 5.—10. nur ein paar da sind. Langsam nehmen sie zu bis zu einem Dtzd. am 15. (♀ jetzt immer weitaus vorwiegend). Dann mit nur einem Tag (19.) Pause immer ganz einzelne, höchstens mal $^1/_2$ Dtzd., bis zum 1. Mai. Fast immer waren es ♀, nur am 23. schlägt ein ♂. Im Mai weiter am 5., 10., 12. einer (einmal Schlag!), am 13. ein Paar, das ♂ schlägt, 16. und 17. ein singendes ♂, 19. ein Paar, 20.—22. einzelne, 23.—26. ein schlagendes ♂, dazu am 25. zwei ♀. Im Juni am 5. einer, am 11., 17. und 21. je ein singendes ♂. Trotzdem hat keine Brut etwa stattgefunden. — Vom 26. VI. bis zum 10. Juli hielt sich im Unterland, meist in den Ulmen an der Treppe, ein ♂ mit ganz wunderliebem Schlag auf. Nach 2—3 gleichhohen Vorschlägen liefs er die abfallende gewöhnliche Tour folgen, sagte aber dann statt des Überschlags fast stets Wittje wittje wittje, nur selten brachte er einen schlechten Überschlag. — Dann gab im Sommer noch am 22. Juli ein St. ein kurze Gastrolle.

Im Herbst kam zuerst immer nur je ein St. vor und zwar am 17., 24., 29.—30. August, 2. (iuv.) —3., 7.—9., 15. und 17. September. Dann setzte der Zug ein: am 18. und 20. drei bis vier ♀ od. Junge, 21. mind. 1 Dtzd. (nur 1 ♂ gesehen), 24. einzelne, 25.—26. ein kleiner Trupp von 8—10, wobei auch junge ♂, 27. nur ein paar, 28. (W. 2—1) aber ein Schwarm von 3 Dtzd., wobei nur ganz wenige ad. ♂., 29. einige, 30. ein kleinerer Trupp. Ebenso am 1. Oktober, am 2. (SSO. 3) etwa 3 Dtzd., am 3. ein Dtzd., 4. paar, 5.—9. reichlich 1 Dtzd., am 6. auch ad. ♂. In der Nacht zum 11. flogen unter vielen Bergfinken auch etliche Buchfinken um den Turm, obgleich es heifst, diese zögen nur tags. Wahrscheinlich sind ein paar von den Bergfinken, denen sie sich angeschlossen, mitgerissen worden. Am 11. früh waren dann auch ein paar Dtzd. da. Am 12. und 13. nur ein paar, allmählich aber zunehmend bis zu 1 Dtzd. am 15., 2 Dtzd. vom 18. bis 20. Am 21. bei Ost 5 und NO. 4 kamen viele an, etwa 60, die, nur ganz wenig vermindert, bis zum 25. zu sehen sind. Es könnten auch täglich andere gewesen sein, da immer östliche Winde, freilich meist von Stärke 4, wehten. Am 26. wurden bei Ost 3 das Maximum: Hunderte, erreicht. Etwa 100 waren auch am 27. (bei SO. 4) da, von da ab bis zum 3. November täglich nur einer. Ebenso in der Folge nur je einer, höchstes mal 3 oder 4. So am 5., 12., 14.—16. Nov., 3. (1 ad. ♂), 6. (3 ♂), 8., 11., 13., 14. (4), 18.—20. (1 iuv. ♂), 21. (2), 25. und 30 (♂♂). Dezember.

Das Material ist freilich sehr gering, die stärksten Züge kamen aber mit dem, noch dazu gar nicht einmal schwachen Winde.

Auswärtige Beobachtungen.

Memmert. März: 27. wenige, 28.—29. einzelne, 30. Rufe. (Leege.) Westerland (nach Hagendefeldt): eine Anzahl hat überwintert, auch ♀. 14. April überall in d. Gärten ♂♀, 17. nur wenige, 28. August in Scharen. September: 2.—6. viele, 18. viele, fast nur ♀, in Schwärmen von 5—20 St., 21. und 25. nur einige, 27.—30. überall in den Gärten. Memmert: 26.—27. einzelne rasten in den Dünen. Oktober: 2. ziemlich viel, 3. einzelne. In Emden 2. viel, in Westerland 2. in Scharen von 20 bis über 100 südwärts streichend. 6.—7., 11.—12. einige, in Emden 12. massenhaft, 14.—21. viel. In Westerland 15. mehrere, 16. viele ♂♀, 22. überall i. d. Gärten, meist ♀, zugleich in Emden zu hunderten, am Ijmuidener Strande am 23. früh einzelne westwärts. In Emden 26. einige. In Westerland 24. einige, 25. mehrere. Im November am 12. in Norderney viele ♀ (Müller), am 27. in Emden ziemlich viele. Im Dezember sah Hagendefeldt in Westerland keine mehr.

109. † *Chloris chloris chloris* (L.). Grünling.

52 (19). Auch heuer wurde der Eindruck, den Gätkes Darstellung erweckt, als ob nur im Winter Grünfinken hier vorkämen, keineswegs bestätigt. Er erscheint vielmehr auch regulär zu den Zugzeiten, wenn auch nie in solchen Scharen, wie Buch- und Bergfinken es tun können. Heuer war der Grünling gerade zu den Zugzeiten recht häufig, während er 1909 gerade im Winter am meisten vorkam. An diese Vorkommnisse schliefst sich noch die Beobachtung von 2 St. am 4. Januar nachm. an.

Im März kam je ein St. am 15.—16. und 20.—21. vor, im April ebenso am 4. (trillert viel), 5., 7., 11. (graues Ex.) und 12. Am 13. fünf St., am 14., 16., 25. (grau), 26. je einer, 27.—2. Mai je 1—2. Dann je einer am 4. (grau), 8.—9., 13. und 7. Juni. Also oft genug, aber immer einzeln.

Der Herbstzug begann am 6. Oktober mit etwa 9 St. In den nächsten Tagen bis zum 9. waren etwa 1—2 Dtzd. da, ein Teil stets auf der Düne. Es waren Alte und Junge gemischt. In den nächsten Tagen kam eine für diese Zeit seltene Menge vor: am 10. (NW. 2) traf Dr. Keilhack früh auf der Düne einen Schwarm von etwa 50 an, hier war zur selben Zeit ein kleiner Trupp, mitt. aber 2—3 Dtzd., am 11. (SW. 3) sah ich hier mind. 3 Dtzd., Dr. Keilhack aber auf der Düne einen Schwarm von 100, soviel er sah, alles Grünlinge. Es könnten aber doch auch etliche andre Fringilliden dabei gewesen sein. Vom 12.—15. sind es nur mehr $1/2$—1 Dtzd., am 17., 21., 23. und 30. einige. Allenfalls mögen sich auf der Düne noch länger welche in dieser Zeit aufgehalten haben, wir kommen ja selten hinüber. Im November immer nur einzelne: am 1., 3.—6. und 12. je einer, nur am 4. und 12. je fünf, letztere auf der Düne. Auch im Dezember kamen nur einzelne vor: am 3.—4. je einer, 5. drei, 22. ein ad. ♂ (†), 24. einer und erst am 28., dem ersten Frosttag in diesem Winter, kamen 9 St. vor (alle Kleider), um die sonst üblichen Fringillidenfluchten bei eintretenden Kälteperioden im Winter anzudeuten.

Auswärtige Beobachtungen.

Am 13. Sept. sah Mayhoff in Wyk auf Föhr in den Kiefern des Lembkehains mehrere.

110. † *Acanthis cannabina cannabina* (L.). Bluthänfling.

71 (69). Heuer kamen geringere Mengen vor als 1909, besonders wenig im Herbst.

An die letzten Dezemberbeobachtungen schliefsen sich noch die im Januar an: am 4. und 9. kamen je 1—2 St. vor. Im März begann der Zug, gleich zu Anfang noch am stärksten, und dauerte bis in den Mai hinein. Am 2. und 3. März kamen die ersten paar an, ein ♂ singt sein volles Lied auf der Düne. Vom 5. bis 7. ist etwa 1 Dtzd., am 6. zeitweise etwa 30 da, einige zwitschern öfters. Vom 8.—9. nur mehr ein paar. Am 11. sind auf der Insel ebenfalls nur ein paar, auf der Düne aber etwa $1^1/_2$ Dtzd., die sich dort unbemerkt länger aufgehalten haben mögen. Vom 12.—16 notiere ich täglich einige (3—5), ebensoviel am 20., am 21. acht, dann wieder nur einen oder ein paar am 22., 24.—27., 31. III.—6. April. Am 10. und 11. ein Trupp von 9 St., vom 12.—18. (13. ausgenommen) einzelne, ebenso vom 24.—29. ein bis fünf St. Auch im Mai noch am 1., 3.—5., und 8.—10. je einer bis ein paar.

Im Herbst kam der erste am 7. September vor, dann am 20. vier. Im Oktober am 5. ein paar, 6. auf d. Insel $1^1/_2$ Dtzd., auf der Düne 1 Dtzd., am 7. viel weniger, am 8. noch 6—12, vom 11.—17. etwa 2—6 St., am 29. einer. Schliefslich im November am 2—6. je einer, am 12. paar, am 15. ein Trupp von 15, am 16. einer oder zwei.

Der Winter brachte wie gewöhnlich noch paar; am 19. Dezember fünf, am 27. zwei und am 28., dem ersten Tag, wo der Boden hier gefroren war, fünf St.

Auswärtige Beobachtungen.

Memmert, 27.—29. März wenige. Sylt, 28. Aug. bis 18. Sept. umherstreifende Scharen der Brutvögel, 25. grofse Scharen. Juist, Bill, 25. im Seedorn viele, Memmert, 26. und 28. Sept., 3. und 4. Okt. viele (Leege). Westerland, 2. in Scharen von 20 bis über 100 südwärts streichend (Hagend.). Ijmuiden ca. 2 Dtzd. rasten am Deich. Am 26. November sind etliche unter die *flavirostris*-Schwärme in Ostermarsch gemischt.

111. † *Acanthis flavirostris flavirostris* (L.). Berghänfling.

2 (20). Leider haben die Berghänflinge heuer Helgoland ganz links liegen lassen. Nur am 12. November kamen 4 und am 21. etwa 15 St. vor.

Auswärtige Beobachtungen.

Heuer ist alles offenbar an der Küste längs gezogen. Dort, auf dem Strandvorlande am Ostermarscher Watt am 26. und 27. November gewaltige Schwärme in den gefrorenen Queller (Salicornia-)Beständen. 1 Schwarm (vielleicht war es doch nur dieser eine) zählte reichlich 1000 St. Es war ein prachtvolles Bild, diese Unmengen der niedlichen kleinen Rotbürzel in dichtem Gedränge an den Pflanzen herumklettern zu sehen.

112. † *Acanthis linaria linaria* (L.). Birkenzeisig.

1 : 31 (0). Wie das Jahr 1909 im Zeichen der Kreuzschnäbel stand, so dieses im Zeichen der Birkenzeisige. Diese überschwemmten von Mitte Oktober an ganz Nordwesteuropa, der Haupteinfall fand in der zweiten Oktoberhälfte statt. Die beste Zeit auf Helgoland erlebte ich nicht mit, da ich zur Zeit an Bord des Forschungsdampfers Poseidon auf der westlichen Nordsee schwamm. Aber selbst da fanden mich die lieblichen Vöglein. In meiner Abwesenheit notierten übrigens 3—4 Leute in Helgoland für mich.

Von Zeit zu Zeit kommen immer mal solche Linarienmassenwanderungen vor, gerade Helgoland hat noch viel Tolleres darin erlebt. Im Vorjahre hatte sich aber kein einziger blicken lassen.

Am 13. und 14. Oktober sah ich gerade selbst noch die ersten fünf, am 16. zwei, am 17. sah Hinrichs 2—3 St. Am 21. kamen mit Ost und Nordost 4—5 einige Scharen, nach Charles

Äuckens Tausende, an, auch am 22. (Ost 5—4) waren grofse Scharen da, am 23. (Ost 4) eher noch mehr, vom 24.—26. (früh immer Ost 3—4) sind immer noch Hunderte, am 27. noch mind. 100 da. Am. 29 finde ich bei meiner Rückkehr leider nur noch 3 Dtzd. vor und hatte auch das Glück, einen *holboelli* herauszuschiefsen. Ich hätte zu gern die gröfseren Scharen auf andere Rassen hin durchsucht. Was ich sah, war sonst alles anscheinend die typische Form. — Am 30. war etwa 1 Dtzd. da, von denen sich offenbar einzelne an den Leuchtturm in der nächsten Nacht verirrten, wo man sie bemerkte. An nächtlichen Zug darf man ja wohl nicht denken. Am nächsten Tag fand ich auch nur 1—2 Dtzd. Im November waren es am 1.—2. noch etwa 10, am 3.—4. halb so viel, am 5. waren wieder welche angekommen: 1 Dtzd. da, ebenso am 6. Am 12. wieder sieben St., 13. zwei, 15. und 16. vier bis sechs, 21. u. 23. einige.

Da eine ganze Anzahl für die Stube gefangen wurden, stammten einzelne Stücke, die ich am 3. Dezember (1), 5. (2), 6., 8. und 14. (je 1) sah, wohl aus der Gefangenschaft. Ein am 5. geschossener bewies diese Annahme.

Auswärtige Beobachtungen.

Am 13. Oktober, hatte ich hier die ersten gesehen, am 16. sah Dr. Natorp in Rosehkowitz bei Myslowitz die ersten. Am gleichen Tage zogen nach Tischler (O. M.-Ber. Heft 12) in Bartenstein (Ostpreufsen) unaufhörlich Flüge durch und seit dieser Zeit waren dort ziehende und umherstreifende stets sehr zahlreich. Auch in Rossitten gab es im Oktober natürlich Unmengen. In Posen (Stadt) beobachtete Dr. Hammling (Orn. M.-Ber. 1911 Nr. 2) am 30. Okt. den ersten Schwarm und dann immer welche den ganzen Nov. hindurch. Rasten lange, ziehen nur langsam weiter. In Leobschütz in Oberschlesien erschien der erste Schwarm nach Amtgerichtsrat Adolph u. Amtsrichter Dr. Jenke am 18. Okt. Bis zum 14. Nov. dort wiederholt ein Schwarm, dann bis zum 15. Jan. die ganze Zeit durch öfter einige. Am andern Ende Deutschlands, auf dem Feuerschiff Borkum-Riff, wurden auch schon Mitte des Monats drei Stück gefangen, die ich im Käfig sah. Am 20. lag unser Dampfer 3 Sm. vor Lowestoft an der englischen Küste (bei Yarmouth). Es wehte NW. Abends 9 h flog ein schönes ♂ in das erleuchtete Deckslaboratorium, wo ich es fing. Ich spreche es als *linaria linaria*, nicht als die englische Form an, wundere mich aber dann, wie es bei dem starken Gegenwind ziehen konnte. Wahrscheinlich war es ein Ex. dafs schon früher an der engl. Küste angekommen war, aufgestört und vom Winde uns zugetrieben wurde. Am 23. zogen bei Ijmuiden kleinere Trupps über die Stranddünen an der Küste hinunter mit frischem Ostwind. Am 26. schwamm ich an der Südwestecke der Doggerbank, auf etwa 53° 45′ N. 2° 20′ E., als 10 h a. mit dem Ostwind ein ♀ an Deck kam, das ich erlegte, 11 h kam wieder ein Stück für einen Augenblick an Bord. An beiden Tagen ging auch über Helgoland sehr starker Zug weg. Am 23. November, als auch auf Helg. einige vorkamen, kam am Feuerschiff Borkum-Riff 11^{30} a. bei SO. 2—3 ein Ex. vorbei. Am 26. waren am Ostermarscher Wattstrande immer noch ein paar zu hören. In Emden in den Tagen vor dem 27. zweimal ein grofses Volk in einem Kohlfeld.

Dafs die Birkenzeisiginvasion bis tief ins Binnenland reichte, beweist eine Stichprobe aus Zoeschau b. Oschatz, wo mein Freund Marx am 31. Nov. einen Flug beobachtete. Auch bei Kamenz waren den Winter durch welche zu beobachten (Cron).

113. † *Acanthis linaria holboelli* (Brehm). Nordischer Birkenzeisig.

1 (0). Am 29. Oktober entdeckte ich unter einem Trupp Birkenzeisigen ein schönes ♂ und schofs es heraus. Da ich zur Zeit des Hauptvorkommens der Birkenzeisige nicht auf Helgoland war, weifs ich nicht, ob den grofsen Scharen auch diese Form häufiger beigemischt war.

114. † *Acanthis spinus* (L.). Erlenzeisig.

1 : 26 (13). Auch heuer nur wenig. Wie im Vorjahre aus der ersten Jahreshälfte fast gar keine Beobachtungen. Nur am 3. Juni erschien ein sehr schönes ♂.

Die übrigen Vorkommnisse fallen, wie 1909, alle in den September und Oktober. Die meisten erschienen noch um die Mitte September, ab und zu aber immer noch welche bis zum 25. Oktober. — — Am 9. September glaubt Herr Mayhoff den ersten gesehen zu haben. Am 10. kam ein Trupp an, am 12. bemerkte ich einen solchen von 20—25 (am 11. war er vielleicht auf der Düne??), am 13. zähle ich nur etwa 15. Sie sind äufserst vertraut, auch gegen Katzen ganz arglos, wie ich beobachtete. In den Gärten sind sie eifrig beschäftigt, das Unkraut zu entsamen. An einer trockenen Hieracium-Stande hängen öfter stillschweigend knabbernd eine ganze Menge. Am 14. wieder 25 (wechseln sicher nach der Düne hin und her!), am 15. einige, 16. und 17. ca. 20. Dann aber verschwand der Schwarm und am 19.—21. und 25.—26. sah man nur 1—3 St., ebenso am 5.—7. Oktober. In der Nacht zum 11. wurden merkwürdigerweise paar bemerkt, obgleich ich am 10. keine gesehen, am 11.—15. sind etliche da (5). Am 19. erscheinen mittags 8 St. In meiner Abwesenheit wird notiert: am 20.—21. einige, am 25. „viel".

Auswärtige Beobachtungen.

Amrum 10. IX. Im Leuchtturmsgarten vier (Mayhoff). Lübeck 9.—11. und 17. Okt., welche beob. von W. Hagen (O. M. Ber. 10, Heft 12). Emden, 27. Nov. ein Völkchen (Varges)

115. † *Acanthis carduelis carduelis* (L.). Stieglitz.

17 (3). Wenig, aber doch viel häufiger als 1909.

Im Winter sollen am 17. Jaunar (ich war abwesend) einige gesehen und einer gefangen worden sein.

Am 14. April 1 ♀, am 25. 1 sehr schönes ♂, am 28. mind. 2, wenn nicht mehr, alle nur früh kurze Zeit. Im Mai am 1. drei bis fünf, am 4. einer, am 8. zwei und 9. einer.

Im Herbst: am 15. Oktober 1 ad., 20. einer, 21. drei, 22. mind. 2, 24. und 25. einer. Im November am 15. und 22. je einer, am 23. einige unter Linarien, dann einmal ein Trupp von 8 St.

Auswärtige Beobachtungen.

Emden, 2. Okt. viele (Varges). Am 12 Okt. nachm. 5 h zogen 40—50 St. im Trupp von Ost nach West etwa 30 m über dem Wasser am Kreuzer Zieten vorbei bei Süd 3 und etwas bewölktem Himmel. Das Schiff befand sich auf 54° 37' N. 84° 41' O. (Oblt. z. S. W. Ganzel auf S. M. S. Zieten). Westerland, 11. Dez. 5 St. (Hagendefeldt).

Serinus serinus serinus (L.). Girlitz.

Heuer kam keiner vor, ich habe aber die Pflicht, mitzuteilen, dafs sich das Stück vom Vorjahre doch noch als wildfarbiges Kanarienweibchen herausgestellt hat, wovon ich mich s. Z. bei dem immerhin lebhaften lebenden Vogel nicht hatte überzeugen können. Jetzt erfuhr ich nun, dafs ein andrer Helgoländer zwei Häuser weiter etwa 1906 oder 1907 einen Girlitz gefangen habe. Ich holte das Stück, ein sehr schönes ♂, und sah nun freilich wo ich beide nebeneinander hatte, wie viel zierlicher doch der Girlitz ist. Das kommt davon, wenn man ausschliefslich Feld- und Balgornithologe ist. Herr Mayhoff und Herr Payens, die beide Girlitze in der Gefangenschaft gehalten, halfen mir den Irrtum berichtigen. Das Vorkommnis bleibt also, nur ist das freilich nicht näher bekannte Datum zwei bis drei Jahre zurückzuverschieben.

116. † *Pyrrhula pyrrhulu europaea* Vieill. Grofser Gimpel.

16 (0). In geringerem Mafse als die Linarien, aber auffällig genug charakterisierten die nordischen Gimpel, die mit jenen zu gleicher Zeit kamen, diesen Herbstzug. Der Verlauf des Zuges war hier fast absolut identisch mit dem des Birkenzeisigs.

Am 14. Oktober sah Kuchlenz ein schönes ♀, das ich am andern Morgen schofs. In meiner Abwesenheit wurde notiert: am 21. mehrere, am 22. mind. 3, wobei wenigstens 1 ♀, am 23. fünf bis sechs, am 24.—27. ein Paar, das dann geschossen wurde. Am 31. ein ♂ erlegt. Im November kamen noch vor: am 5.

1 ♀, am 6. ein Pärchen, am 12. glaubte ich einen zu hören, am 19. früh 1—2, dabei 1 ♂, am 22. einige und am 23. einer, die letzten waren aber alle nur so flüchtig da, dafs ich keinen einzigen selber zu Gesicht bekommen konnte. Die erlegten gehörten zu der grofsen Rasse, ohne besonders hohe Mafse aufzuweisen.

Auswärtige Beobachtungen.

Ob es sich bei diesen Beobachtungen um die kleine oder grofse Form des Gimpels handelt, kann ich natürlich nicht sagen, jedenfalls beide, im Nordosten aber wohl nur die grofse. In der Provinz Posen strichen schon vor dem 2. Okt. Flüge umher (Deutsch. Jäger-Zeit. Bd. 56 Nr. 15.) Nach Hammling (Orn. M. Ber. 1911, Nr. 2) wurden bei Posen die ersten gegen Ende Okt. gehört, am 31. ein schönes ♂ gesehen. Am 20. Nov. im Schillerpark dort 8—10 St, wobei nur 1 ♂. W. Rüdiger berichtet in Gefied. Welt 1910 Nr. 49 von 2 ♀, 1 ♂, dann 5 St. *Phyrrh. vulgaris* (?) am 30. Okt. in der Nähe von Eberswalde. In Norderney sieht Müller am 30. Okt. im Garten des Kurtheaters 7 St., ein einzelner blieb einige Tage in einem Garten, häufig von Hausspatzen verfolgt. Zugleich treten tief im Binnenlande in Zoeschau b. Oschatz (Kgr. Sachsen) am 30. und 31. einige auf (nach A. Marx), die Samen von Esche und wilden Hopfen frafsen. In Ostermarsch ging in den Tagen vor dem 26. November reger Durchzug grofser G. parallel der Küste an den Chausseen vor sich (Leege). In Magdeburg erschienen in den ersten Dez.-Tagen gröfsere Scharen, die am 6. u. 7. abzogen. Von Mitte Dez. bis Weihnachten weitere Durchzüge. In Dresden seit dem 8. Dez. auffallend viel Gimpel, an beiden Orten in Anlagen und Schrebergärten, also sicher vertraute nordische Fremdlinge. (G. Thienemann, Orn. Mon.-Schr. 1911 Nr. 4.) In Dresdens Nähe sah dementsprechend im weiteren Verlaufe des Dezember O. Beyer in Sürfsen b. Dohna am 21. auf Strafsenbäumen 14 (dabei 3 ♂), am 22. und 23. sechs (1 ♂), am 23. an anderer Stelle 24 (dabei 3 ♂). Stets waren nur verhältnismäfsig sehr wenig rote ♂ dabei.

117. † *Loxia curvirostra curvirostra* L. Fichtenkreuzschnabel.

32 (49). Auch heuer wieder wurden an den bevorzugten Stellen (russische Ostseeprovinzen, Rossitten, Helgoland, Norderney) wandernde Kreuzschnäbel bemerkt. Es scheint, besonders nach den Rossittener Beobachtungen, als ob die 1909 von Norden eingewanderten Kreuzschnäbelscharen z. T. allmählich wieder nordwärts gerückt, z. T. aber auch ohne ausgesprochene Rückzugstendenz umhergeschweift seien, dafs diese Vaganten dann aber im Sommer und Herbst mit einer neuen kleinen Welle Auswanderer aus dem Norden zusammengetroffen sind. Im Ornith. Jahrbuch

1910 Heft 4, 5 schrieb ich über diese Herbstbeobachtungen, dafs dabei „eine etwaige Rückwanderung gar nicht mehr in Frage kommen" könne. „Eher wird es sich da um eine geringfügige Wiederholung des vorjährigen Phänomens, um ein Abflauen jener abnormen Übervölkerung handeln", also gewissermafsen um Nachklänge der vorjährigen Überschwemmung.

Für eine etwaige Rückwanderung könnten die ersten Daten in Frage kommen: Am 3. April wurde angeblich der erste gesehen, ich sah zwei am 15. Mai und glaubte am 17. einen gehört zu haben. Am 23. will der Gärtnereibesitzer Kuchlenz 8 St. gesehen haben. Im Juni hörte ich am 8. und 10. je einen rufen, ohne ihn zu Gesicht zu bekommen, dagegen sah ich am 16. einen jungen. Das könnte nun schon wieder ein neuer Zuwanderer sein. Die folgenden sind es wohl sicher. Am 6. Juli sah Leege in Norderney die ersten Paare. In Livland und Rossitten sah man schon vorher welche. Als ich am 10. zurückkehrte, sah ich sofort ein rötliches Stück, am 18. wieder eins (Kuchlenz 3). Vom 20. ab bis zum 22. halten sich einige hier auf, so wurden am 20. mind. 2, am 21. mehrere, am 22. einer gehört. Am 26. kam ein Paar, 27. zwei, 28. einer und 31. nachm. 6 St. vor. Im August am 1. vorm. einer, 3. mitt. ein grauer, 5. ein grünlicher, 7. und 8. Rufe, 18. ein rotes ♂, 26. ein junger. Im September am 5. einer, 6. sechs, 7.—8. ca. 8, worunter nur ein rotes ♂. Sie fressen diesmal den Samen von Cirsium (lanceolatum?). Am 10. drei, 14.—15. und 20. je einer. Am 21. fliegt ein hochrotes ♂ ohne Aufenthalt über die Düne weg, das schönste, was ich bisher gesehen, leider schofs ich nicht, weil ich meinte, er würde sich noch setzen.

Auswärtige Beobachtungen.

Norderney, Leege, s. o. Auf Amrum sah Mayhoff auf dem Kirchhof von Nebel 4—5 St. am 10. September, am 11. ein bis zwei auf Sylt im Friedrichshain. Der Kampener Kojenwärter sah dieser Tage ein paar. Am 15. sah Hagendefeldt in Westerland 1 St. und Leege in Ostermarsch erhielt ein ad. ausgefärbtes ♂. Viele scheinen aber nicht da zu sein. Am 18. wieder 3 auf Sylt (H.). In Mecklenburg nach W. Blohm (Sept. H. d. Orn. M.-Ber.) Scharen in allen Nadelwäldern.

118. † *Passerina nivalis nivalis* (L.). Schneeammer.

61 (1 : 41). Auch heuer nur sehr wenig im Verhältnis zu dem, was diese Art bieten kann. Diesmal erlebte ich auch den Frühjahrszug mit.

Im Januar konnte ich am 8. endlich einmal die Düne besuchen und fand da etwa 1 Dtzd., während auf der Insel kein einziger sich sehen liefs. Vom 26. bis 30. hielten sich aber hier mehrere auf. Im Februar wurden in meiner Abwesenheit nur am 13. einige und am 14. zwei notiert. Im März sah ich am 28. mind. 3—4, am 29. zwei, am 31. schofs ich ein schönes ♀. Im April am 6. und 7. (†) und am 8. je eine.

Im Herbst kam die erste am 20. September (vielleicht auch einen Tag früher) vor. Nun zunächst vereinzelte Vorläufer am 22.—23., 25.—27., 30. Im Oktober sieht man täglich ebenso 1—paar vom 5.—11. und am 13. Nur am 6. zieht nachm. ein Schwarm von ca. 30 St. durch. Nach längerer Pause gibt es in der ersten Novemberhälfte den Hauptdurchzug mit Maximum am 4. Am 30. fand ich nur eine, trotzdem schwirrten in der folgenden Nacht kleinere Trupps um den Leuchtturm. Von nächtlichen Zügen der Schneeammern ist aber nichts bekannt, also stammen diese Vögel vielleicht doch von einem auf der Düne eingefallenen und aufgescheuchten Trupp. Am andern Tag (31.) fand ich etwa 1 Dtzd. Im November am 1. ein paar, am 2. (N. 3—4) erst ca. 10, dann 30—40, dabei alte, am 3. entsprechend ein Schwarm von 40—50, ein älteres Ex. mit 109 mm Flügelmafs geschossen. Am 4. (SSO. 2, dann WSW. 3) auf der Insel dieselben 40, auf der Düne einmal ca. 75, die aber hier ev. schon länger sein können. In der nächsten Zeit bis zum 13. (Beob.-Lücke bei Sturm am 10.—11.) immer mehrere Dtzd., im einzelnen etwas schwankend, aber das kommt vom Hin- und Herstreichen der rastenden Vögel zwischen Insel und Düne. Am 14. und 15. nur 6—10 St. bemerkt, am 16. erst einzelne, dann nachm. ca. 40. Daher mögen die Trupps stammen, die man in der Nacht zum 19. öfters hörte, denn die beiden vorhergehenden Tage habe ich sie infolge furchtbaren Wetters nur nicht beobachtet. Sie zogen aber bei dieser Gelegenheit ab. Am 21. kommt wieder ein Trupp von 17 St. und am 23. mind. eine vor. Im Dezember nur noch einzelne: am 1. eine, 3. ca. 6, 8. eine, 12. zwei, 14.—19. eine, 20.—22. fünf bis sechs, 24. eine, 26.—27. fünf.

Es sind also heuer hier sehr wenig durchgekommen. Man darf nicht vergessen, dafs Schneeammern hier gerne längere Zeit rasten.

Der Lockpfiff ist im vorigen Bericht Düi geschrieben, wie aus dem beigesetzten Wort („herabgezogen") hervorgeht, ist es aber besser, Diü zu sagen.

Nach dem Lapplandsammer stand immer meine Sehnsucht, aber unter solchen Verhältnissen war alle Hoffnung vergebens. Und doch kamen so viel andere Nordländer vor. Freilich konnte ein mir unbekannter Vogel, dem ich am 1. Januar hörte, sehr leicht ein Lapplandsammer gewesen sein.

Auswärtige Beobachtungen.

Memmert: 27. März, drei in den Dünen (auch a. Helg. etwas). 28. Sept. wenige. 1. Okt. einige südwärts überhin (Leege).

Ostermarsch, Strandvorland. 26. u. 27. Nov. einzelne. (Helgoland nichts!)

119. † *Emberiza calandra calandra* L. Grauammer.

7 (3). Ebenso selten wie 1909. Vom 11. bis 13. Januar hält sich eine auf einem Haufen Pferdemist auf dem Bauplatz an der Südspitze auf (eine für Helgoland ganz neuartige Lebensbedingung!). Am 15. April eine geschossen, am 4. Mai eine gehört. Schliefslich am 5. und 11. Dezember je eine geschossen.

Auswärtige Beobachtungen.

Sylt und Föhr v. 8.—14. Sept. einzelne Paare (Brutp.). Mayhoff.

Ostermarsch. In der Marsch nur paar am 26. u. 27. Nov.

120. † *Emberiza citrinella citrinella* L. Goldammer.

31. (23). Ein klein wenig mehr als 1909, trotzdem immer noch so wenig gewöhnlich, dafs ihn nicht alle Jäger kennen.

Im Januar kamen am 27. und 28. zwei und drei St., im März am 14., 20. und 26. je eine, am 28. mind. 3—4, am 29. eine, die sogar einmal sang. Im April je eine am 27., 29. und 30. Im Mai am 2. zwei, am 13. ein singendes ♂, ebenso eins am 16. Juni (nach Stahlke).

Die meisten kamen noch im Oktober vor (1909 keine!): vom 14. bis 16. täglich zwei, am 17. sechs, 20. zwei bis drei, 29. fünf auf der Düne, 30. hier ca. 6, auf der Düne nach Dr. Keilhack 4—10 (Maximum, Ost 2—3!), 31. einzelne. Im November am 3. eine, 4. auf Insel und Düne je eine, 6. eine bis drei, 12. mind. 4, 16. eine. Im Dezember am 2. und 7. (†) eine, 8. eine iuv., 11. eine von 4 geschossen, mit schwachem rotem Bartstreif und sehr schönem grauen Brustband. Am 26. die letzte.

Auswärtige Beobachtungen.

Ostermarsch, 26. und 27. Nov. Ein paar suchen am Deich Nahrung. Äufserst vertraut.

121. † *Emberiza hortulana* L. Ortolan.

3 : 46 (12). Endlich einmal darf ich schreiben: annähernd genau so wie nach Gätkes Angaben, wenngleich wahrscheinlich heuer doch nicht solche Mengen, wie ehemals vorgekommen sind. Jedenfalls viel, viel mehr als 1909.

Dafs der Ortolan heuer in beiden Zugzeiten, zumal im Frühjahr, geradezu gemein war, ist auf das günstige warme Wetter zurückzuführen. Im Mai war es zu der Zeit der Ortolanmassen geradezu heifs, dabei wehte immer Ostwind, meist schwach, der uns die ja mehr östlichen Vögel herbrachte und sie zu langem Rasten veranlafste. Libellen und Ortolan gab es heuer mehr als genug.

Im Frühjahre kamen am 29. April die ersten, ca. 5—6 ♂, an. Sie liefsen nur ganz kurze Gesangsbruchstücke hören. Im

Mai erst vom 4.—6. 1—3. Diesmal notierte ich folgenden Gesang: Si-tje-trüllüllülü. Vom 8. gab es bis zum 26. stets Ortolane. Zunächst geringe Mengen: am 8. die ersten paar, am 9. (Nacht vorher Ost 1—2) etwa 1 Dtzd., auf der Düne 3—4, meist ♂, die immer sangen, aber auch ein ♀ konnte ich schiefsen. Am 10. (N.) dieselben. In der Nacht kam ONO. 4 und am andern Morgen waren nur mehr mind. 3 da, dabei 2 ♂. Da der Wind (Ost) zu stark (6) geworden, kam am 12. nichts zu, mit dem Abflauen des Ost (der fortan immer anhält) dagegen allerhand, bis zum 15. mind. $1/2$ Dtzd., bei schönem Wetter öfter singend. Am 16. und 17. etwas mehr (etwa 1 Dtzd.), Gesang wird seltener, also wohl schon mehr ♀ dabei. Der bisher schwache Ostwind erreicht in der Nacht zum 18. Stärke 5 und hat uns eine Masse Ortolane gebracht. Es sind mind. 50, leicht auch über 100, auf dem ganzen Oberland zerstreut. Sie benehmen sich sehr dreist, gehen fast unter dem Fufs heraus. Gesang selten, Lockrufe oft, also wohl viele ♀, wie auch der Augenschein lehrt. Da der Wind auf Stärke 4—5 bleibt, hat er am 19. die Massen noch vermehrt. Auf einem kleinen Acker zählte ich allein 22 St., die meist wie gewöhnlich faul dahockten. Wenn auch nicht alle Plätze der Insel so mit Ortolanen überschüttet waren, so ist doch meine Schätzung von mind. 100 St. bestimmt sehr vorsichtig und zu niedrig. Viel ♀ jetzt dabei. Am 20. (Wind 3—4) noch ebensoviel, erst am 21. (O. 3) sehr viel weniger, 22. (O. 3—2) noch weniger (1—2 Dtzd); am 23. aber gehen bei abflauendem Winde (bis 1 herunter) auch diese bis auf ein paar weg. Dann kamen immer NW.- und dann Westwinde, die uns keine Ortolane mehr bringen konnten, daher konnte ich auch nur noch notieren: am 24. und 25. einen, am 26. zwei, am 9. Juni den letzten.

Die Ortolane waren also mehr minder unfreiwillig so massig hier eingefallen, es war ihnen genau so gegangen, wie den vierfleckigen Libellen, die zu Abertausenden nach Helgoland und ins Meer getrieben wurden. Da es hohe Zeit für die Ortolane wurde, mufsten sie, sowie es eben ging, gegen den Wind wieder ihre Route gewinnen, die offenbar östlich von Helgoland, wohl über Jütland, verläuft. Denn der Ortolan zieht sicherlich nicht wie die meisten Helgoländer Zugvögel um die Westecke Europas herum.

Stimmt das, so müssen wir auch im Herbst die Ortolane, diesmal ebenso wie alle andern Vögel, mit NO. bekommen. Dafs das tatsächlich der Fall ist, werden wir gleich sehen: Im August kamen am 22. die ersten vier, am 23. zähle ich 6, offenbar dieselben (bei Ortolanen sieht man immer nur einen Teil), am 24. etwa 8—10, von denen einer einmal eine Strophe singt. Vom 28.—31. finde ich 2—6, am 30. aber bei Süd 2 mind. 1 Dtzd., meist iuv., aber auch ad. ♂. Vom 1. bis 4. September bei nördlichen Winden nur einzelne. Da kommt in der Nacht zum 5. Nordost 4, ein junger Ortolan fliegt an und am 5. (immer noch NO. 4) sind mind. paar Dtzd. (bis 50) da, das Maximum im Herbst. Trotzdem fast derselbe Wind die ganze Zeit hindurch bis zum 21., freilich manchmal zu stark, anhält, kamen doch keine gröfseren Mengen mehr vor: vom 6. bis 8. einige (mind. 4) ad. und iuv. In der Nacht zum 10. (NO. 3) fliegt einer an, am 10. trotzdem nur 4—5, in der folgenden Nacht (NO. 3) ziehen wieder einige Dtzd. (d. h. soviel bemerkt man). In diesen Nächten mag die Masse glatt durchgezogen sein, denn fortan bemerkt man nur noch einige am 11.—15. (immer noch iuv. dabei) und einen oder zwei als letzte am 19.

122. † *Emberiza schoeniclus schoeniclus* (L.). Rohrammer.

21—24 (1 : 14). Fast genau wie im Vorjahr, nur im Frühjahr mehr.

Am 11. April sah ich nachm. auf der Düne ein schönes ♂, am 12. hörte ich nur Rufe, am 27. und 29. soll je 1 ♂ gesehen worden sein. Im Mai glaubte ich am 4. eine zu hören, am 13. und 14. zwei unscheinbare (♀ ? †), am 17. ein und am 20. zwei ebensolche. Eins der letzten benahm sich sehr sonderbar: statt vor mir abzufliegen, hüpfte es rasch weg, liefs den Schwanz schleppen, die Flügel hängen und reckte den Hals lang. Ganz befremdet schofs ich es, ehe es die Deckung erreichte, konnte ihm aber nichts Besonderes (etwa Verletzung) ansehen.

Im September kam am 20. und, etwas fraglich, am 27. je eine, im Oktober vom 5. (iuv. ♂) —9. ein bis paar Stücke, bis 13. und am 16 je einer, am 17. zwei, am 29., 31., und am 4. vom 11. November je einer vor.

Auswärtige Beobachtungen.

Föhr, Nordmarsch bei der Koje am 12. Sept. eine (Mayhoff). Auf der Juister Bill sah Leege am 25. allerhand, am 28. wenig, auf dem Memmert am 2. Okt. einzelne.

123. † *Emberiza rustica* Pall. Waldammer.

1 (0). Von den sechzehn Waldammern, die Gätke von Helgoland anführt, ward die letzte am 24. IX. 1883 geschossen. Nach 27 Jahren Pause hatte ich nun das Glück, wieder mal eine zu erbeuten und so zu zeigen, dafs an sich die Vorbedingungen für Helgoland als Fundort der seltensten, besonders östlichen Vögel noch ebenso günstig sind als einst. Nur sind eben die Aussichten, dafs diese Vögel auch rasten und bemerkt werden, jetzt aufserordentlich viel geringer. Dafs solch ein seltener Vogel mir von Helgoländern gebracht wird, darauf kann ich jetzt nicht mehr rechnen. Die Vogel-Kenntnis wird sehr rasch geringer, seit für die Kleinvögel das Vogelschutzgesetz eingeführt ist.

Darum mufs ich schon die Seltenheiten selber finden und schiefsen. Und ich glaube, bisher noch nicht viel übersehen zu haben!

Am 19. September war wenig los, die letzte Nachthälfte war ganz leiser S., früh SW. 2, mittags W. 2, vorher vom 16. an N., noch weiter zurück bis zum 4. NO. (und Ost) gewesen. Es war also nach Verstreichen dieser NO.-Periode garnichts Besonderes zu erwarten. Und da gerade kam etwas!

Nachmittags $2^1/_2$ h ging ich mit Herrn Mayhoff nochmals nach Kuchlenz' Gärtnerei, nach dem besten Platz. Obgleich so wenig los war, nahm ich doch zufällig den Schiefsstock mit. Kaum hatten wir den Garten betreten, als ein kleiner Vogel mit ammerartigem leisen Zick-zick vom Boden auf die Hecke nahe vor uns flog. Gar nicht scheu, gestattete er, dafs ich ihn erst mit dem Glase beäugte, allerdings nicht lange, denn sofort hatte ich gesehen, dafs es einer der sibirischen Ammern war. Ruhig, ganz unmerklich schraubte ich die Zwinge ab, spannte, legte auf meines Begleiters Schulter an und schofs den Vogel glücklich und sauber. Es war ein altes ♀. — Nach Aussage des Gärtners sollen übrigens zwei „Nieper", wie diese Rohrammerartigen hier heifsen, dagewesen sein. Der andere wird wohl ein *schoeniclus* gewesen sein.

Nun war doch der Bann gebrochen, der erste Sibirier lag vor uns, der zweite sollte bald folgen. Wie sehr habe ich aber auch nach diesen Ammern ausgeguckt! Auch diesmal hatte wieder mein Besuch Glück: noch jeder Ornithologe, der mich besuchte, hat bisher Glück gehabt und, je nach Jahreszeit, etwas Besonderes gesehen. Darum ist mir schon beinahe jeder Ornithologenbesuch ein glückbringendes Omen!

124. † *Emberiza spodocephala* Pall.

1 (0). Anfangs November war es hier recht langweilig, allerlei Winde westlicher Richtung, am 5. NNW. 3, liefsen nichts erwarten. Das Wetter war regnerisch. Nach der Mittagsmahlzeit machte ich meinen gewöhnlichen zweiten Gang, zunächst in die Gärten. In einem kleinen Garten, an zwei Seiten von Häusern, an zwei Seiten von Wegen umgrenzt, flog ein unscheinbarer Vogel auf einen Baum mit einem einzigen leisen Singdrosselähnlichen Zick, den ich nicht sofort ansprechen konnte. Da ich aus Erfahrung wufste, dafs man hier nie ungestört beobachten konnte, und die Vögel einem meist sehr rasch auf Nimmerwiedersehn entschwinden, fackelte ich nicht lange, die sich gerade bietende Gelegenheit zum Schufs, ohne ein Fenster zu treffen, zu benützen, obgleich sich gerade zwei hoide Feen über meine Spatzenjagd lustig machten. Als ich den Vogel aufnahm, wufste ich gar nicht, was ich daraus machen sollte. Er sah fast aus wie ein junger Rohrammer, war aber keiner. Bei Bestimmungsversuchen blieb höchstens *Emberiza spodocephala* als Möglichkeit, stimmte aber auch nicht recht. Aufserdem wollte ich an eine

solche Rarität nicht glauben. Also blieb mir nichts anderes übrig, als den Balg an unsere besten Kenner zu senden. Zunächst ging er nach Berlin zu Prof. Reichenow, der auch für *spodocephala* war und zwar ein junges ♀. Er sandte das Tier an Dr. Hartert, der es in Tring und London zu bestimmen versuchte. Doch auch dort war kein identisches Stück vorhanden. Doch bestätigte auch er Prof. Reichenows Diagnose als jedenfalls richtig. Es liege offenbar ein noch unbekanntes Kleid des jungen ♀ der betr. Art vor.

Die Tafel gibt dieses Kleid wieder. Es ist ganz einfach ohne irgendwelches besondere Merkmal. Auffällig ist besonders die weifse Unterseite.

Die Herren, die sich um die Bestimmung des Vogels bemüht haben, erlaube mir hier den verbindlichsten Dank auszusprechen. —

Die Art ist in ihrer typischen Form nach Hartert zu Hause in Ostsibirien, Mandschurei und Korea, westlich bis Irkutsk, nördlich bis zum Ochotskischen Meerbusen. Sie überwintert gewöhnlich in China und im nördlichsten Indien, am Fufse des Himalaya. Für Europa ist mein Stück der erste Nachweis.

Ist solch ein Vogel nicht fast zu beneiden um das gewaltige Stück Erde, das er gesehen und durchwandert hat? Auch in unserer Zeit der Telefunken kann einem angesichts eines solchen winzigen Weltwanderns eine kleine romantische Anwandlung ankommen.

125. † *Motacilla alba alba* L. Weifse Bachstelze.

60 (46). Auch heuer immer nur einzeln, doch lange Zeit hindurch vorkommend.

Im Winter sah Conrad Payens, doch ein vorzüglicher Vogelkenner, am 23. Januar zwei Bachstelzen fliegen. Ob es nun *alba* oder *lugubris* war, mufs dahingestellt bleiben. Ebenso bleibt es unentschieden bei je einem Stück vom 20.—22. März, wo allerdings mehr für *lugubris* spricht. Es ist äufserst mühsam, eine solche einzelne Bachstelze, die bei dem schlechtem Wetter unruhig hin und herfliegt und, wenn sie sitzt, stumm ist, zu bestimmen. Da sie immer grofse Strecken weiterfliegt, kann das Stunden dauern, dann verliert man sie aus dem Auge, hört sie nicht wieder, und weifs es immer noch nicht. — Die folgenden aber wurden sicher angesprochen. Es kamen immer ab und zu ein paar vor bis zum 20. Mai, das winzige Maximum fiel auf den 12. April. Im März am 26.—27. und 29. je eine, bei letzterer der Kehlfleck halb fertig gemausert. Im April am 1. zwei, 5. drei, fast fertig vermausert, 6. dieselben?, 8. früh 1, nachm. 2, 9. drei ♂ und ♀, 10. nachm. am Strande im Tang 3 ♂, 1 ♀, am 11. ebendort paar, nachm. auf der Düne mind. 4 (dort mögen überhaupt noch allerhand vorgekommen sein. Am 12. ebenso hier nur 1 (Kehle noch reinweifs), nachm. auf der Düne mind. 5, wovon eine den Halsfleck noch mauserte, eine andere damit fertig war. Vom 13.—17. hier täglich 1—2, am 15. auf der Düne noch ca. 2. Vom 26. April bis 3. Mai und vom 5.—9. kam täglich je eine oder zwei (anfangs) zur Beobachtung. Zuletzt war es immer ein- und dasselbe kümmerliche ♂, das sich nicht forttraute. Am 11. fand ich bei stürmischem Nordost im Windschutz eines Plankenzauns zwei Bachstelzen, ein unschönes *alba* ♂ und ein *lugubris* ♀, deren Rücken schwarz und grau gemischt war. Zu meinem grofsen Erstaunen balzte trotz des schlechten Wetters (kalt war es freilich nicht) die *alba* um die stillsitzende *lugubris* herum, beide dabei ziemlich vertraut. Es war ein sehr interessantes Bild, das ich gern als Photographie gehabt hätte: das *lugubris* ♀ stand ruhig mit steil aufgerichtetem Schwanz, offenbar hochgradig verliebt, das *alba* ♂ sträubte alle Federn, das es aussah wie ein Ball. Die Flügel schleppten; den Schwanz gesenkt nachschleifend kroch das Tierchen zweimal rings um die Erkorene ohne einen Laut und beflatterte es dann einmal, was überaus rasch ging. Dann blieb das ♂ lange ganz apathisch sitzen, während das ♀ sofort davonlief und sich dann andauernd putzte. Um diese Eheirrung gründlich festzulegen, entschlofs ich mich nach langem Zögern, das ♀ zu schiefsen, da sie auf Helgoland doch keine Brut gemacht hätten. Ich fafste die Beobachtung im Gegenteil als Beweis dafür auf, dafs die nördlicher lebenden Vögel sich schon auf dem Zuge paaren und begatten. Das ♀ war zweifellos eine richtige *lugubris.* Übrigens hat schon Leege auf Juist eine ganz gleiche Mischbrut konstatiert.

Das ♂ zog daraufhin weg. Am 13. Mai sah ich eine andre weifse Bachstelze unter Schafstelzen, der das linke Bein völlig fehlte. Da sie aber ganz fidel war, ganz gut und flink umherhüpfte auf dem einen Bein, sich auch sonst ganz normal benahm, unterliefs ich es, sie aus Mitleid zu schiefsen, wie ich erst gewollt. Am 18. waren wieder zwei da, kümmerliche Exemplare, wie immer solche Nachzügler. Das bewies schon der Umstand, das die eine, geschossen, sich als noch lange nicht fertig vermausert erwies. Die andere blieb bis zum 20.

Im Herbst kamen vom 21. August bis 9. Oktober an 22 Tagen ebenfalls immer nur ganz vereinzelte, nie mehr als 3 auf einmal, vor, ziemlich gleichmäfsig auf die Zeit verteilt, mit höchstens drei Tagen Rast, zuletzt immer nur je eine. Als jung konnten angesprochen werden: die drei ersten am 22. und 23. August, mind. 1 am 24., die einzige am 1. September, zwei am 21., die einzige am 28. IX. und 7. X. Sicher als alt wurde gar keine erkannt.

Auswärtige Beobachtungen.

Auf dem Memmert sah Leege am 26. und 27. März einzelne, in Westerland Hagendefeldt am 28. die erste. Alle Daten stimmen trefflich zusammen. Am 1. April auf dem Memmert ebenfalls einzelne. Am 12. September sah Mayhoff am Strande in

Norddorf auf Amrum etwa 6 St., am 18. waren sie auf Sylt „überall in Menge“ (Hagendefeldt), am 26. auf dem Memmert einzelne (L.). Auch am 7. Okt. in Westerland noch viele (H.), etwa am 9. die letzten bei Lübeck, am 12. dort bei O. zwei einzelne streichend (W. Hagen in Orn. M.-Ber. 1910, H. 12). Am 23. sah ich eine bei Harlem i. Holland.

126. † *Motacilla alba lugubris* Temm. Trauerbachstelze.

3? † 13 (4). Mehr als im Vorjahre, auch wieder recht späte Fälle. Im vorigen Bericht ist wahrscheinlich Herbst- statt Frühlingszug gedruckt. Auf dem Herbstzug kennt man die *lugubris* gar nicht mehr heraus, deshalb habe ich gar keine Beobachtungen.

Ob die beiden Stücke vom 23. Jauuar hierher gehören, ist fraglich (s. *alba* I). Am 12. März ward das erste ♂ geschossen. Am 14. flog ein St. sehr unstät, wie leider in dieser Zeit immer, umher. Wahrscheinlich handelt es sich bei den am 20. und 22. beobachteten Bachstelzen auch um diese Form, denn am 21. konnte ich eine oder zwei sicher bestätigen. Je wärmer es wird, desto ruhiger werden die Vögel, daher sind die folgenden sicher bestätigt. Im März noch am 28. und 29. je eine. Im April am 1. eine mit 2 *alba*, am 2. eine geschossen, am 6. eine bis zwei, am 10. zwei, jetzt immer ♂, am 15. eine, am 28. eine schwarzgraue. Im Mai sogar noch am 1. eine und über das ♀ vom 11. ist ja bereits bei *alba* berichtet.

Auswärtige Beobachtungen.

Am 14. Mai (!) noch sah Leege eine auf der Juister Bill.

127. † *Motacilla flava flava* L. Schafstelze.

2 : 61 + 11? (1 : 32). Viel mehr als im Vorjahre, aber nie mehr als 3 Dtzd. auf einmal. Der Frühjahrszug dehnte sich lang hin, vom 13. April bis 11. Juni. Erst ein paar ganz vereinzelte Vorläufer Mitte April, dann ein kleiner Schub Anfang Mai, nach einer Pause plötzliches Maximum am 13. Mai, abflauend bis Ende d. M. Anfang Juni ein letzter kleinerer Schub. Vielfach konnten Schafstelzen nicht auf ihre Rasse hin angesprochen werden, trotzdem ich es mir unheimlich viel Zeit habe kosten lassen. Das liegt im Wesen dieser Vögel.

Als im April vom 10. ab die Temperatur bis zum 14. zu maximaler Höhe in diesem Monat anstieg und zudem vom 11. nachm. ab Süd 1—4 wehte, liefs sich am 13. das erste ♂ sehen zugleich mit dem 1. Löwenzahn, ein schon früher beobachteter eigenartiger phänologischer Zusammenhang! Am 14. schofs ich das (oder ein anderes?) schöne ♂, am 15. war ein zweites ♂ da. Sicher recht frühe Daten. Am 17. hörte ich einen Ruf, doch kommt in dieser Zeit auch *rayi* in Frage. Bei der folgenden Periode stärkerer (4—7) nördlicher und westlicher Winde konnten natürlich keine kommen. Erst am 25. erschien bei SW., der vom Abend vorher von 2 bis 6 aufgefrischt hatte, dann aber bis zum Abend wieder auf 2 abflaute, 1 ♂. Am 27. (WNW. 3—1) sah ich eine Schafstelze nur im Fluge, am 28. aber — die Temperatur war gestiegen, der Wind SW. 4—2 — zogen früh mind. 6 St. durch, wahrscheinlich noch mehr ohne Aufenthalt. Ein jüngeres ♂ schofs ich, 3 alte schöne ♂ konnte ich auch noch ansprechen, die andern waren immer in der Luft. Am 29. (Nacht vorher SW. und S. 3—4, früh WSW. 4—3) 2 ♂ und das erste ♀, am 30. (immer West 3—4) traf ich 7 ♂ verschieden Alters und schofs 1 ♀.

Dann kamen mäfsige bis schwache meist nördliche Winde bis zum 4. Mai früh und nur am 1. (2 ♂, 2 ♀) und 2. (3) kamen paar vor. Aber auch bei der Zeit schwächsten Südwindes am 4. und 5. kamen nur am 4. und 6. je 1 od. 2 vor (man mufs nicht vergessen, dafs ich aus Zeitmangel hier nur die Helgoländer Windverhältnisse heranziehe, die sind aber lange nicht immer identisch mit denen an der Abflugsstelle, im Binnenlande). Vom 6. bis 8. wehte starker (bis 6) West, daher nichts, der Wind flaute aber am Abend des 8. bis auf 1 ab, sprang dann um über Ost nach Nord. Am 9. eine, am 10. zwei Schafstelzen. Am 11. abends setzte die enorm lange Periode verschieden starken Ostwindes und hoher Temperatur ein und die brachte uns auch die meisten Schafstelzen und hielt sie hier lange auf. Also unfreiwillig! Am 12. früh (Stärke 4) waren erst zwei, nachmitt. (Stärke 3) schon 4 da, der starke Wind in der Nacht (bis 5) hatte uns am 13. aber das Maximum, etwa 3 Dtzd. gebracht, reichlich die Hälfte ♀. Alle habe ich peinlich auf andre Rassen hin durchgesehen, fand aber nur ein ♂ mit sehr dunklem Grau, das ich gleichwohl noch als *flava flava* anspreche. Am 14. nur mehr die Hälfte und am 15. nur 3 ♀. Windstille, dann Stärke 1—2 hatte ihren Abzug gegen den Wind gestattet. Am 16. früh (C)[1]) wenige, etwa $^1/_2$ Dtzd., meist ♀; nachmitt. 6 h (Stärke 2) kam ein Trupp von 13 St., gröfstenteils *fl. fl.*, vor meinen Augen an. Man hörte in der Höhe, immer tiefer kommend, ihre Lockrufe — es war ja ein herrlicher Tag, daher hoher Zug! — sah sie schliefslich in mehreren Kreisbogen den Flug hemmen und sich auf einen Steinhaufen stürzen. Dort safsen sie alle erst eine Weile still, wie um sich zu verschnaufen, aber nicht lange, dann fingen sie an zu laufen. Am 17. waren es nur wenig, vom 18. bis 20. ebenso nur wenige *fl. fl.* unter der Schar *thunbergi*, meist ♀, aber auch noch ♂. Bis zum 24. werden noch ganz einzelne dagewesen sein, ohne dafs ich eine einzige sicher hätte ansprechen können, ebenso am 26., 28.—29. eine bis zwei.

Auch im Juli war es schwer, ja noch schwerer, die beiden Formen zu trennen, die ja fast immer sich einfach zusammen-

[1]) = Calme = Windstille!

hielten. Dazu kam, dafs *thunbergi* ♀ nur sehr schwer, manchmal gar nicht von *flava* zu unterscheiden sind. Und dann lag die ganze Gesellschaft mit für mich sehr peinlicher Vorliebe in den schattenspendenden Kartoffeläckern. Im Auffliegen ist es aber selten möglich, sicher zu unterscheiden. Darum ist es schwer zu sagen, wieviel *fl. flava* am 1. (allerhand) und 5.—11. Juni unter den *thunbergi* waren. Schafstelzen überhaupt waren am 4. nur eine, 5.—6. ca. 1 Dtzd., dann bis 9. wenig, am 10. aber fast 20, am 11. wenig da. Stets wurden wenigstens einige *fl. flava* mit Sicherheit (♂) oder grofser Wahrscheinlichkeit dabei erkannt.

Im Herbst kamen vom 6. August bis 26. September sehr oft welche vor, am meisten noch um den Monatswechsel, nie aber bei Tage mehr als etwa 8—10. Nur etwas über die Alters- und Geschlechtsverhältnisse soll erwähnt werden. Die ersten drei, dabei ein ad. ♂, kamen am 6. August an. Auch das Stück am 12. war anscheinend ein ♂. Als jung wurde erkannt am 18. und 22. ein—zwei, am 23. mind. ein Teil von 6. Am 26. waren unter 4 St. zwei ad. ♂, ebenso am 28. ein solches unter 6—8 St., am 30. unter 3—5, dabei aber auch iuv. Am 1.—3. September wurden alte erkannt. In der Nacht zum 5. flog ein iuv. an, ebenso in der zum 11.; fortan nur ad. ♂ und ♀ zuletzt nur ♀ gesehen.

Am 13. IX. zeigte eine von zwei Schafstelzen eine merkwürdige Färbung: die Kopfplatte war weifslich. Da ich mein Gewehr ausnahmsweise nicht mit hatte, bat ich einen Helgoländer Schützen, mir den Vogel zu schiefsen. Der Schufs ging aber fehl. Es mag sich um einen partiellen Albino gehandelt haben. Wenn es wirklich *M. flava beema* Sykes gewesen ist — und diese ist sogar schon 1—2 mal in England vorgekommen —, so hätte sich die Unterlassungssünde, das Gewehr zu Hause zu lassen, wieder mal hart gerächt.

Auswärtige Beobachtungen.

Am 14. Mai sah Leege auf der Juister Bill eine und vom 14.—16. auf dem Memmert mehrere Pärchen (mind. 1 hat gebrütet.) Hoyerschleuse. 7. Juli. Ein ♀ dieser (?) Form mit einem *thunbergi* ♂ zusammen brütend??? Ostermarsch 9. August. Ganz einzelne auf den Marschweiden. Westerland. 23. Sept. ca. 10, 25. drei, 2. Okt. zwei (Hagendefeldt.)

128. † *Motacilla flava thunbergi* Billberg [= *Budytes flavus borealis* (Sund.)]. Nordische Schafstelze.

1 : 16 + 3? (3). Heuer war diese Art ziemlich häufig, was bei der späten Zugzeit dieser Art auf die Wärme und wieder auf die Ostwindperiode zu schieben ist, die ja so viele Vögel ganz ungebührlich lange und weit in die Brutzeit hinein hier

aufgehalten haben. — Man vergleiche bitte mit der Phänologie von *flava flava*!

Gätke gibt wieder mal in seinem Werke gar nichts über den Zug dieser Art an. Die Arbeit, sein von mir bereits aus seinen Tagebüchern exzerpiertes positives Material (35 Beobachtungen) zu verwerten, steht noch aus.

Am 13. Mai erst kam unter 3 Dtzd. gewöhnlicher Schafstelzen das erste schöne ♂. Am 16. waren unter dem frisch ankommenden Trupp wieder 2 ♂ dieser Form, am 17. schofs ich das zweite. Das Maximum von *flava flava* war nun vorüber, jetzt kam am 18. das von dieser Form: von anderthalb Dtzd. Schafstelzen war der gröfste Teil ***thunbergi***, meist ♂ (mind. 8), ganz wenige ♀. Es waren schöne Ornithologenstunden, die ich auf die Beobachtungen und die Jagd dieser schönen Vögel verwandte. Das Wetter war immer schön, warm und sonnig, da die Vögel durch den Gegenwind doch zur Rast gezwungen waren, war die Scheu nicht so grofs wie sonst. Trotzdem war es schwierig genug, an die alten ♂ so weit heranzukommen, um sie mit dem wenig knallenden Einsteckrohr herausschiefsen zu können. Immer wieder glaubte man, ein kohlschwarzes Köpfchen zu sehen und dachte: vielleicht ist es doch mal eine ***melanocephala***. Und schofs ich sie nach langer Mühe, so war es doch immer wieder eine ***thunbergi***. Es waren tatsächlich mitunter ♂ dabei, die ordentlich hervorstachen unter den andern ♂, aber diese allerprächtigsten Stücke (etwa zwei) liefsen sich nie beikommen. Gleichwohl glaube ich noch immer nicht an die südliche ***melanocephala***, da doch alle die scheinbar kohlschwarzen geschossen sich doch als die nördliche ***thunbergi*** herausstellten. Die Suche nach der ***melanocephala*** und nach den andern noch schwierigern Rassen [***melanogriseus*** (Hom.) und ***cinereocapilla*** Savi. z. B.] war es also einmal, die mich stunden- und stundenlang immer hinter den unstäten Vögeln hin- und herlaufen liefs, dann aber auch der Wunsch, ein gutes Material zu bekommen, um an diesen geographischen Formen Variationsbreite, Übergänge, Bastardierung, kurz entwicklungsgeschichtliche Fragen zu studieren. Ich habe denn auch nun bereits heuer ein sehr schönes Material zusammengebracht. Darin gibt es schon fast alle Übergänge, so dafs man bei manchen Stücken nicht mehr weifs, wohin man sie rechnen soll. Sicherlich liegen hier auch eine Menge Bestardierungen vor. Doch das erfordert noch ein späteres Studium, deshalb kann ich jetzt darüber noch nichts Ausführlicheres berichten.

Doch zurück zu meinem phänologischen Bericht: am 19. Mai kamen nachmittags noch ein paar mehr dazu, meist ♂, einmal 7 ♂ bei einander, ein herrlicher Anblick! Auch ganz einzelne ♀ waren schon dabei. Am 20. gleich viel, am 21.—22. nur mehr höchstens 8, ♂ immer noch überwiegend. Am 23. hörte ich 3 unbestimmte Schafstelzen und am 25 schofs ich von 3 St. 1 ♀, am 26. noch 1 St.

Im Juni sollen am 2. viele, am 5. und 6. ca. ein Dtzd. Schafstelzen dagewesen sein (ich war abwesend), ganz sicher sind dabei *thunbergi* gewesen. Denn am 8. fand ich von 6—7 Sch., dafs die meisten Schwarzköpfe waren, nachm. waren es gar 13, am 19. waren unter 5 Sch. mind. 2 Schwarzköpfe (also ♂). Am 10. gab es ein zweites Maximum: etwa 2 Dtzd. Sch. lagen in den Kartoffeln, wovon die meisten *th.* Bei einem ad. ♂ waren die Hoden schon sehr grofs, bei einem ♀ das Ovar aber trotz des sehr späten Termins noch wenig entwikelt. Am 11. wurde unter 3 Sch., 1 *thunbergi* ♂ erkannt. Am 13. die letzten einzelnen Rufe vernommen.

Im Herbst flog das einzige St., das ich hierher rechnen mufs, ein schön hellgelbes ♂ mit ganz gering entwickeltem Superciliarstreif, vielleicht zweijährig, in der Nacht zum 3. September an.

Auswärtige Beobachtungen.

Auch in Rossitten wurden heuer auffällig viel nordische Schafstelzen bemerkt.

Ich selbst sah am 7. Juli auf dem Aufsendeichslande bei Hoyerschleuse (Westküste Holsteins) „abends ein Pärchen Schafstelzen, die sich ganz so benahmen, als hätten sie Nest oder junge Brut in der Nähe. Das Männchen erwies sich, durch einen achtfachen Zeifs auf etwa 20 Schritt betrachtet, als sichere *borealis* [= *thunbergi*], denn der Superciliarstreif fehlte vollkommen, was bei einer *fl. flava*-Variante nicht möglich ist." Ich vermute, dafs dieses ♂ da mit einem *fl. flava*-♀ gebrütet hat. Leider ist auch dieser Fall wie alle andern angeblichen Bruten der nordischen Sch. in Deutschland nicht ganz sicher. Sehr auffällig bleibt die Beobachtung zu dieser Zeit jedenfalls. (S. auch meine Mitteil. in der Notiz „Ein neuer deutscher Brutvogel" in d. Ornith. Monatsberichten 1910. No. 10 p. 157!)

129. † *Motacilla flava rayi* (Bp.). Grünköpfige Schafstelze.

10 + 4? (0). Nicht nur kam dieser prächtige Vogel, nach dem ich mir im Vorjahre vergeblich die Augen ausgeschaut, heuer wiederholt vor, sondern er hat heuer hier sogar gebrütet und Junge ausgebracht. (S. a. die eben citierte Mitt. i. d. O. M.-Ber. 1910, p. 157.) Bisher hatte man der Angabe Gätkes, Äuckens habe hier zweimal das Nest dieser Stelze gefunden und glückliche Bruten konstatiert, keinen Glauben geschenkt (z. B. im Hartert nicht berücksichtigt). Nun ist aber die Art entgültig unter die ausnahmsweise in Deutschland brütenden Vögel aufzunehmen.

Eben vor Mitte April war eine Zeit abnorm hoher Temperatur. Dabei feucht und schwacher Südwind. Am 15. kam zugleich mit dem zweiten *fl. flava* ♂ ein ganz herrliches ♂ dieser seltenen Art vor. Da Gätke sagt, die *rayi* käme während jeden Frühjahrszuges vor und zwar schon im letzten Aprildrittel, habe ich vom 10. IV. etwa ab jedes Fleckchen nach ihr abgesucht. Endlich am 15. stand ich plötzlich vor dem stumm und ziemlich vertraut auf einem Mistacker umbertrippelnden Vogel, der natürlich im frischvermauserten Kleid gar nicht zu verkennen ist. Lange habe ich erst als Preis meiner Mühe im Betrachten des Tierchens geschwelgt, ehe ich es schofs.

Als dann am 13. Mai an einem schönen Tag mit leisem SO. sehr viel Vögel, u. a. auch 3 Dtzd. Schafstelzen da waren, entdeckte ich unter anderen Seltenheiten durch genaue Betrachtung jeder einzelnen Schafstelze wieder ein ♂ der *rayi* und schofs es. Es war kaum weniger schön als das erste.

Dann erkannte ich am 10. Juni in einer Schar von 2 Dtzd. Schafstelzen in einem Kartoffelfeld einen Grünkopf und der schnelle Schufs brachte mir ein drittes, jüngeres ♂. Am 12. Juni sah ich auf der Düne vorm. 2 Schafstelzen, wovon die eine ein sehr gelbes *rayi* ♂, anscheinend aber immer noch nicht gelb genug für eine *campestris*, war, wie ich auf 10 m mit dem Glase genau sehen konnte. Die andre war anscheinend ein ♀ dieser Form. Das ♂ safs gern auf erhöhtem Standpunkt (Sanddornstrauch), was mir auffiel. Am 9. und 10. Juli trafen Dr. Keilhack und unser Lehrling O. Beyer, beide von mir genau instruiert und mit Prismen-Gläsern versehen, dieselben beiden noch an. Am 11. fuhr ich deshalb selbst hinüber und fand das Paar in höchster Aufregung. Sie flogen mir um den Kopf und riefen sehr viel, meist wie die gewöhnlichen Schafstelzenrufe, ab und zu aber auch ein auffällig fremdartig klingendes sanftes Dui, ähnlich wie Hänfling. Das Benehmen war unzweideutig: Die Vögel hatten ihre Brut dort und zwar mitten in dem gröfsten Helm-(Sandhafer-)bestand an der Ostküste der Düne. Das Nest fand ich aber nicht, trotzdem mir das furchtbar aufgeregte ♂ von seinem beliebten Sitze auf einem Seedorn-Strauch aus immer um den Kopf flog. Ich fand es deshalb nicht, weil man mir Schwierigkeiten macht, das Gras zu betreten, selbst zu solchen wissenschaftlichen Zwecken. Nach langem Suchen und Beobachten fand ich endlich ein Junges, das schon leidlich gut befiedert war, aber erst kleine Strecken fliegen konnte. Es hatte ja auch ein auffällig anderes, viel helleres Kleid als die alten. Die andern Jungen konnte ich nicht aufstöbern, sie waren offenbar noch nicht so weit entwickelt wie dieses. Die auf der Düne beschäftigten Leute hatten natürlich die aufserordentlich auffällig sich benehmenden Vögel seit Wochen bemerkt. Süfswasser müssen sie bei den Wohnungen, vielleicht bei den Hühnerfütterungen gefunden haben. Am 12. konnte Dr. Keilhack das Junge nicht sehen. — Am 18. sah ich zwei Junge, wovon ich zum Beweis eins schofs. Es war ausgefiedert, die Schwanzfedern noch mit Blutkielen. Von den Jungen der andern Rassen ist es wohl nicht zu unterscheiden. Am 28. traf ich 4 *rayi* an, alle hatten ihre frühere grofse Scheuheit wieder erlangt. Nur zwei junge liefsen mich noch am ehesten herankommen und mit Mühe schofs ich noch eins, dafs nur noch einige Mauserfedern vom Nestkleid her hatte. Beide Junge haben ein dunkles Kopfband. — Die Brut hat also aus mind. 3 Jungen bestanden. — Die Alten sahen übrigens nach dem Ende der Brutzeit zu — zumal das ♀ — so schmutzig, also dunkel aus, dafs es gar nicht mehr so einfach ist, in diesem Kleid auf die Definition zu schwören, wenigstens nicht für den, der das Tier noch nie gesehen hat.

Der nächste Dünenbesuch fiel leider erst auf den 6. August. Herr Mayhoff sah da drei Schafstelzen, wobei 1 ad. *fl. flava* ♂, am 7. zwei, am 12. eine, am 14. drei unbestimmte Schafstelzen. Bei allen diesen Beobachtungen scheint es sich offenbar nicht mehr um die *rayi*, sondern um *fl. flava* gehandelt zu haben. Es ist schade, dafs der Abzugsmodus der *rayi* nicht ganz sicher ermittelt werden konnte. Aber die Tiere waren enorm scheu, das Ansprechen ist sehr schwierig, ebenso das Schiefsen, ganz abgesehen davon, dafs wir sie nicht weiter beschiefsen wollten, um zu sehen, ob vielleicht gar das Paar im nächsten Jahre wiederkäme, woran ich freilich nicht glaube.

130. † *Anthus pratensis* (L.). Wiesenpieper.

4 : 163 (1 : 109). Trotz der gröfseren Zahl der Beobachtungen war dieser eigentlich doch gemeinste Vogel Helgolands heuer gar nicht so häufig. Massen vermifste ich.

Im Januar kam am 4. ein einziger und am 26. am Strande bereits ein ganzer Trupp, am 27. auch einige vor. Im Februar, wo ich abwesend war, sind offenbar fast immer ein paar dagewesen, notiert wurden einige (bis 5) am 3.—4., 12.—15. und 20. Im März fast täglich (7 Tage Ausnahme) ebensoviel oder ein paar mehr. In dieser Zeit mufs die Düne mit ihrem Tanghaufen viel bessere Nahrung geboten haben, denn als ich am 3. einmal hinüberkam, waren da etwa 3 Dtzd. (hier nur 3—5), am 8. ca. 10 (hier paar). Am 11. und 26. waren aber auch drüben nur einzelne. Am 27. kamen am Nachmittag noch am meisten für die Insel vor: ein Trupp von ca. 15 St. Die Zeit gröfserer Häufigkeit im ersten Monatsdrittel fiel mit meist schwächeren, südlichen Winden zusammen, die übrige Zeit gab es westliche und meist nördliche Winde, daher so wenig. Am 27. nachm. gab es endlich mal Windstille. Im April zunächst bei Ost- und Nordwinden bis zum 10. täglich (ausgen. 9.) einzelne bis 6, auch eine Stichprobe am 5. auf der Düne ergab nicht mehr. Von da ab begann der Zug, erreichte sein Maximum am 28. mit ca. 50 St., wurde dann allmählich schwächer, um am 23. (vielleicht am 28.) Mai zu enden. Und zwar waren am 15., als eben SW. 3—1 eingesetzt hatte, auf der Düne ca. 15 eingetroffen, am 12. und 13. aber wieder nur ein paar. Dann Ansteigen der Kurve bis zum 16. mit mind. 3 Dtzd. (nur auf der Insel, Wind am 15. S. 2, 16. ONO.—OSO. 1). Bei O. 2, dann C und S. 1 nahm die Zahl am 17. und 18. wieder auf 8—12 und weiter bis 0 ab. Am 20. war nämlich bei NW. 6 anscheinend keiner da, am 21. bei WNW. aber 4. Dann bis zum 24. bei N. 6 und SW. 6 nichts. Wie der Wind in der Nacht zum 25. zeitweise (auf 2) abflaut, kommt wieder 1 Dtzd. Pieper an, die bis zum 28. bei SW. 1—4 ihr Maximum (ca. 50 auf der Insel allein) erreichen. Obgleich die Düne in dieser Zeit, wie Stichproben am 4. und 9. V. bewiesen, keinen Vorzug vor der Insel mehr aufweist, im Gegenteil stark zurückbleibt, mögen an diesem Zugtage auch dort allerhand gewesen sein. Ob dabei die Pieper auch tagsüber immer ziehen und die Zahl der Rastenden sich also fortwährend aus andern frischen Ex. zusammensetzt, ist sehr schwer zu sagen und zu konstatieren. Bis zum 1. Mai nimmt die Menge um die Hälfte ab, am 2. und 3. bei N. 2—3 ist nur mehr ca. 1 Dtzd. da, am 4. und 5. bei S. 1 und C wieder ca. $1^1/_2$ Dtzd., dann während SW. und W. 4—6 Abnahme bis auf ca. 6 am 7. Bei WSW. 4—1, nachts O. 1—2, früh N. 3—2 nimmt die Zahl wieder auf ca. $1^1/_2$ Dtzd. (Insel und Düne) zu, um dann am 10.—11. bei O. und NO. 4—6 auf ca. 6 zu sinken. Am 13. bei abflauendem Winde eine schwache Zunahme: man sieht, der Zug ist zu Ende, die Masse durch. Daher ziehen auch diese bis zum 15. alle weg. Dann kommen nur noch vom 16. bis 23. die üblichen paar Nachzügler. Ob schliefslich 5—6 am 27.—28. in meiner Abwesenheit beobachtete Pieper nicht doch *trivialis* waren, steht dahin.

Im Herbst ward das Bild dadurch etwas getrübt, dafs guter Zuzug sich manchmal zu Gunsten der Insel, meist aber zu Gunsten der Düne verteilt, es kann also mal ein Schwarm ankommen, ohne dafs man auf der Insel etwas davon merkt. Nun konnte freilich die Düne heuer an den allermeisten Zugtagen kontrolliert werden. Dann aber rasten die Wiesenpieper im Herbst gern länger und trüben auch dadurch das Bild des Durchzuges.

Der Zug setzt am 21. August ein, wird rasch lebhaft, hält lebhaft an bis Ende Oktober, flaut dann ab bis zum 19. November, bis auf einen Spätling im Dezember.

In den letzten 10 Tagen des August wehten meist Süd- und Westwinde. Auf der Insel waren meist 3—4 St. da, auf der Düne am meisten noch am 29. (6—10). Im September, wo bis zum 22. fast immer mäfsige N.- und NW.-Winde wehten, gab es in der ersten Pentade viel, am meisten am 5. (NO. 4, auf der Insel und Düne zus. fast 100), in der zweiten und dritten wenig, am meisten noch am 8. (Insel mind. 1 Dtzd., Düne ca. 8). In der Nacht zum 11. wurden welche am Turm bemerkt. In der nächsten Pentade ein rasches Ansteigen bis zum 17. mit ca. 30 auf der Insel und ca. 40 auf der Düne (Wind war N. und NO. 3—4). Dann bei Windstille rasche Abnahme bis auf 6 am 19., erneuter stärkerer (bis 5) N. und NO. bringt wieder Pieper, am 21. am meisten (Insel 6—10, Düne ca. 50), bei auffrischendem NW. Verminderung, ebenso bei C (am 25.) und SO. 2 (am 26., da auf Insel nur einige). Dann bei abflauendem W. und NW. wieder etwas mehr (am 28. je 1 Dtzd. a. I. u. D.). Am 29. bei S. 1—2 auf d. Insel gar nichts, am 30. wenige.

Im Oktober frischte der Wind vom 1. Abends (C) an als SSW. auf bis 3 am 2. Am 2. waren viele Pieper da, erst ca. 1 Dtzd., dann ein Schwarm von ca. 50, wahrscheinlich derselbe war es, den ich auf der Düne sah. Am 3.—5. war der Wind stürmisch, nur paar Pieper auf der Insel. Zum 6. flaute der N. bis C ab, am 7. O., beide Tage viele P. (über 50 a. I. u. D.), bei schwachem NW. halb soviel bis zum 10. In der Nacht zum 11. ziehen welche und in der zum 12. eine ganze Menge (ca. 6 angeflogen). Vom 11. bis 21. bei südlichen und östlichen Winden, meist Stärke 3—4, stets allerhand auf der Insel, meist 3—5 Dtzd., am 21. angeblich nur etliche, am 22. wieder viel (ich war abwesend). Vom 24. ab bis zu meiner Rückkehr am 29. keine Notizen, aber sicher welche dagewesen. Ich finde am 29. einzelne auf Insel und Düne, am 30. ca. 1 Dtzd., 31.—2. November 1 oder paar, am 3.—4. paar mehr, 5.—6. paar. 7.—10. nichts, 11. zwei, 12. auf der Insel ebenso, auf der Düne aber ca. 3—4 Dtzd. Auf der Insel noch vom 14.—16., am 19. einzelne. Schliefslich noch am 8. Dezember ein Verspäteter. (Im Vorjahr vielmehr im Spätjahr.)

Auswärtige Beobachtungen.

Auf dem Memmert beobachtete Leege schon am 26. und 27. März den Balzflug der einheimischen und am 28. viele, wohl Durchzügler. Vom 2.—6. September nach Hagendefeldt in Westerland schon Zug. Auf Amrum, Föhr und Sylt war vom 9.—12. der W. auf der Geest nach Mayhoff überall häufig. Am 13. beobachtet Var s auf Norderney „sehr viel", am 19. aber Leege auf Baltrum nur die „üblichen" (also wie auf Helgoland). Am 25. in Westerland einige (H.), auf der Wiese der Juister Bill viele, auf dem Memmert am 26. massenhaft, 27. und 28. Rast in den Dünen, da ebenso auf der Bill, am 29. wieder ziemlich viel Zug (dort also anders als auf Helg.). Im Oktober setzt den Zug auf dem Memmert schon am 1. wieder ein, viele rasten aber auch noch, am 2. ist allgemeiner Zug in Westerland, Helgoland und Memmert. Am 3. und 4. rasten auch auf d. Memmert wie hier infolge zu starken Windes alle Pieper.

Anthus cervina (Pall.). Rotkehlpieper.

1 (0). Um den 13. Oktober will Jakob Reymers, ein guter Kenner des Vogels, mit dem Glase einen ganz sicher festgestellt haben. Ich selbst hatte auch heuer trotz vieler Mühe nicht das Glück, die Art zu finden, die ja nach Gätke öfter mal vorsprechen

soll. Trotzdem ich an R.'s Aussage nicht zweifele, will ich die Art doch nicht mitzählen.

131. † *Anthus trivialis trivialis* (L.). Baumpieper.

4 : 56 (28). Heuer sehr viel häufiger, weil es während der Durchzugszeiten wärmer war und die passenden Winde wehten. Im Frühjahr gab es erst paar Vorläufer, dann 14 Tage kontinuierlicher gröfserer Häufigkeit nach Mitte Mai, später nur mehr einzelne Nachzügler.

Am 16. April sah ich den ersten Pieper, den ich als *trivialis* ansprach. Wie der Schufs ergab, war das auch richtig. Dann erst am 25. wieder mind. 1 (Gesangstour), am 27. ebenso, am 28. zwei bis vier, wovon einer früh trotz der Kälte vom Boden aus eifrig sang, auch am 29. liefsen paar einzelne Ansätze zu leisem Gesang hören. Im Mai sang am 4. und 8. je einer in der Gärtnerei. Ist ja der Baumpieper einer der Vögel, die auf Helgoland noch am ehesten sich auf ihre Sängernatur besinnen. Am 12. kamen wieder ein paar neue an, und von nun ab waren bis zum 26. Mai stets welche da. Es ging den Baumpiepern genau wie den Ortolanen; der ewige Ost hielt sie hier fest. Und die Wärme liefs sie es auch gut aushalten. Auch Gätke sagt ja schon „während beider Zugperioden ist der Ortolan sein treuer Begleiter". — Am 13. waren es also ein paar mehr ($^1/_2$—1 Dtzd.), in der folgenden Nacht flog einer an, bis zum 15. schienen sie abzunehmen bis auf ein paar. In der Nacht zum 16. war bei Ost 2 bis Windstille offenbar reger Zug, 2 St. flogen an und am 16. waren paar Dtzd. da. Sie nehmen aber sofort wieder bis auf 1 Dtzd. ab, so vom 17.—19., am 20. noch weniger, am 21. und 22. wieder mehr (1—2 Dtzd.), dann rasche Abnahme bis auf den letzten am 26. — Im Juni sollen am 6. fünf od. sechs vorgekommen sein, am 7., 10. und 17. je einer, am 18. und 24.(?) je zwei, die sich immer stumm in den Kartoffelfeldern hielten.

Im Herbst ist es wieder ganz erstaunlich, wie vollkommen identisch die Phänologie des Baumpiepers und des Ortolans ist. Die Kurven decken sich fast bis in jede Einzelheit. Der erste kam am 22. August vor, am 23.—24. einer oder einzelne, am 27. einer, 29. fünf, 30.—31. paar. Im September am 1. und 2. je einer. Dann kam eine grofse Zugnacht vom 4./5. bei NO. 4. Man hörte nur einzelne Rufe, es müssen aber grofse Massen gezogen sein, denn als es von 3—4 h regnete, flogen bei dem starken Wind eine Unmenge Kleinvögel an, darunter auch mehr als 26 alte, und junge *trivialis*. Auch waren noch am Morgen, als es hell wurde, massenhaft Baumpieper da, wie ich es im Binnenlande selbstverständlich noch nie gesehen hatte. Es waren wenigstens paar hundert, die da rufend umherflogen. Trotz des ziemlich frischen (4), in der Richtung aber günstigen (NNO.) Windes verschwanden sie sehr rasch bis auf wenige. Der Aufbruch vom Festlande war sicher bei schwächerem Winde erfolgt. An diesem Tage lernte ich auch vom Baumpieper zwei Lockrufe kennen ganz analog denen der Feldlerche, auch hier ein rauher (der gewöhnliche) und ein sanfter höherer, wie Psie, der wahrscheinlich der Wanderruf ist (gerade so wie das Trillern der Heckenbraunellen!). —

Vom 6.—9. trotz NO. wegen dessen Stärke (4) nur je einer. Als aber der Wind (auf 2) heruntergeht, am 10., stellten sich etwa ½ Dtzd. ein und in der Nacht zum 11. zogen bei NO. 1 allerhand, mind. Dutzende. Am 11.—15. und 19. sind aber nur mehr einige da trotz öfterer guter Gelegenheiten. Die Massen sind eben in den beiden Nächten offenbar schon alle durch. Am 20.—21. und 26.—28. nur noch je einer.

Auswärtige Beobachtungen.

Norderney. Leuchturm. 4./5. Sept. Hier sind keine oder höchstens ganz einzelne B. gefallen, obgleich auch hier starker Kleinvögelzug war. Müller.

Amrum. Im Leuchtturmgarten einer am 10. Sept. Mayhoff.

132. *Anthus richardi richardi* Vieill. Spornpieper.

3 (6). Am 6. Oktober fiel mir ein Vogel auf, der schon weit aufser Schufsweite vor mir aufging, dann hörte ich ihn auch: wieder das „impertinente Pschäht“, das entfernt an Spatz erinnert (aus gröfserer Entfernung kann ein einzelner Spatzenruf auf dem Felde gerade so klingen). Es war wieder ganz unmöglich, dem Tiere einigermafsen nahe zu kommen. Da, als ich gerade mal eine andere Patrone einschob, kommt er unversehens in schönster Schufsweite genau über meinen Kopf geflogen. Ehe ich das Gewehr in der Hast zugeschlagen hatte, war er mir gerade gegen die grelle Sonne gekommen, und ich hatte wieder die einzige Gelegenheit verpafst. Dann will am 15. Kuchlenz und am 12. November Jakob Reymers einen gesehen haben. Zumal der letztere kennt den Vogel ganz sicher.

133. † *Anthus spinoletta littoralis* Brehm = *obscurus* (Lath.). Strandpieper.

2 : 20 (11). Auch heuer kann nur das 1909 Gesagte bestätigt werden. Der Vogel war nur zur Herbstzugzeit im September und Oktober häufig und zwar dann, wenn Stürme grofse Mengen Tang (Laminarien) an den Strand der Düne geworfen hatten, wo es dann Unmengen von Tangfliegen und deren Tönnchenpuppen gab. Da es sich also fast nur um die Düne handelt, habe ich auch nur Stichproben, allerdings aus der besten Zeit ziemlich viel.

Im Frühjahr hier ganz wenig: am 3. März auf der Düne zwei, scheu, am 8. vielleicht einige dort, waren aber zu scheu, um sie ganz sicher ansprechen zu können. Am 21. war am Rettungsbootschuppen einer, am 29. ebenso.

Im April konnte ich trotz wiederholter Besuche auf der Düne, wo ich besonders eifrig gerade auf ihn achtete, keinen mit voller Sicherheit finden. Was sicher anzusprechen war, war immer *pratensis*. Ebenso fand ich am 27. IV. und 1. Mai unter der Klippe keine. Nur am 13. Mai war daselbst ein einziger.

Im Herbst schofs Dr. Keilhack am 16. September den ersten unter der Klippe, es war noch ein zweiter da. Am 20. war auf der Düne nur einer (N. 5). Am 21. dagegen (Nacht vorher und morgens ONO. abflauend bis 2) auf einmal in Menge, etwa 2 Dtzd. od. mehr, am 22.—23. nur einige (Nachts vorher war NO. 2: Gelegenheit, wegzuziehen). Am 25. rasch abflauender N. und Windstille) wieder etwa ein Dtzd., auch unter der Klippe paar, am 28. und 29. auf der Düne wieder nur einige, am 2. Oktober, ebenso am 6., 7. und 9., auf der Düne etwa 3 Dtzd. In der Kleinvogelzugnacht (4./5.) flog auch ein Strandpieper sich tot, ebenso 2 St. in der Nacht zum 12. Am 15. und 16. fand ich etliche unter der Klippe, am 29. noch etwa 6 auf der Düne Am 4. Nov. traf ich trotz einer Menge Tang keinen auf der Düne mehr an, ebensowenig am 12.

Da ich von dieser Art leider nur Stichproben habe, kann ich meist den Zusammenhang mit den Windverhältnissen nicht mit Sicherheit eruieren.

Auswärtige Beobachtungen.

Am 1. Oktober sah Leege mehrere auf der Landungsbrücke Juist. Ein Pieper, der am 25. auf 53° 30′ N. 2° 45′ (südwestl. Nordsee) einen Augenblick ans Schiff kam, schien dieser Art anzugehören. Am Strande von Ostermarsch trafen wir am 26.—27. November ein Stück an.

134. † *Alauda arvensis arvensis* L. Feldlerche.

31 : 183 (7 : 99). Heuer kamen gröfsere Pausen vor als im Vorjahre. Vorallem konnte anscheinend auch keine mehr brüten, da sich kein ruhiges Plätzchen mehr bietet. Starke nächtliche Züge wurden oft bemerkt. Das Plus der Beobachtungszahl kommt auf Rechnung des ersten Vierteljahrs, das ich im Vorjahre ja noch entbehren mufste.

Im Januar waren wohl fast immer ein paar da, dann einige grofse Lücken zwischen 10. und 25. sind wohl z. T. als Beobachtungslücken aufzufassen. (Ich war abwesend.) Es überwintern so viele in unsern Bruten, dafs auch wir fast stets einige hier haben, die freilich öfter wechseln.

Es ist erstaunlich, wie früh in den warmen westeuropäischen Küstenregion der Lerchenzug sich wieder nordwärts wendet. Als in der Nacht zum 2. Januar überall (d. h. in südwestlicher Richtung: Holland, Nordfrankreich, Spanien, Kanal, Südostengland) SW. 4—5 die erste Gelegenheit bot, liefsen sich schon die Lerchen verlocken, heimwärts zu ziehen.

In der Nacht wurden hier viele sehr hoch ziehend gehört. In der Nacht zum 6. wehte in der deutschen Bucht leichter NW.: in den letzten Nachtstunden war leidlich starker Zug. In der Nacht zum 8. wehte überall SW. 2—4: Die Folge war ab 1 h lebhafter Zug. Dann lange Pause. Am Abend des 18. wehten von Süden bis zur Zuidersee SW.-Winde, früh war aber NW. 5, trotzdem zogen hier — wohl eine Folge des vorher günstigen Windes — früh $7^1/_2$ h bei Schneefall Lerchen. Tagsüber nichts. Am nächsten Morgen (20.) bei stärkerem SW. und hier W. zogen einzelne. Am 25. brachten starke Ostwinde nach starken Schneefällen eine grofse Rückstauung, so unzweifelhaft und deutlich wie selten. Über 1000 Stück sollen tagsüber hier gewesen sein. Am Abend war bei ESE. 1 andauernd Zug. angeblich wieder NO.-wärts. Am 26. waren viele noch da, kein Wunder bei dem Hin und Her, das die Vögel sicher auch mitnimmt. Gleich kam ein zweites Unglück hinterdrein: in der Nacht zum 27. wehten auf weite Strecken hin im ganzen Binnenland SW.-wärts Südwestwind etwa in Stärke 4 auf Helgoland zu, an der Küste aber NW., auf Helgoland NE. 3, früh 4. Es werden grofse Mengen mit der günstigen Gelegenheit von Spanien her gekommen sein. In der Zugrichtung mögen etliche über das Gebiet günstiger Luftströmung hinweggeschossen und vollends durch den Leuchtturm in den Gegenwind bis nach Helgoland gelockt worden sein. Dort aber trat starker Schneefall ein, der wahrscheinlich schon vorher Schuld daran war, dafs die Vögel die Orientierung verloren und zu weit gingen. Hier nun auf Helgoland war es offenbar mit der Kraft der Vögel zu Ende. Müdegeflogen flatterten sie um den Leuchtturm, bis sie der Schnee endlich zu Boden zwang. „Tausende safsen! Da der Wind so (NW.) stehen blieb, allerdings abflauend, dann wieder als S. bis 4 auffrischend blieben die Lerchen am 27. und 28. hier. Halbverhungert liefen sie in den Strafsen umher, so dafs man einige ohne weiteres greifen konnte. Der Südwind hatte sie also nicht fortgelockt, als aber in der Nacht zum 29. starker SSW., dann SW. (Stärke 5) kam, wehte er sofort alle Lerchen bis auf einige weg, die auch weiter hier blieben.

Am Abend des 31. Jan. wehte wieder überall SW., meist in Stärke 3, und wieder war die Luft voll von nordostwärts ziehenden Lerchen. Im Februar geht in der ersten Hälfte der Hauptzug zu Ende, obgleich natürlich noch viele auch länger hinaus zogen. In der Nacht zum 5. hatte nach dem Südwesten zu der sehr leichte NW. überall nach SW. gedreht: sofort zogen Lerchen: 6 h morgens wimmelte die Luft um den Turm. Tags über natürlich wie immer nur wenige, so dafs man daran die nächtlichen Züge nicht bemerken kann. In der Nacht zum 10. wehte an der Küste bis Biscaya SW., in der deutschen Bucht sehr leicht, nur in Helgoland NO., aber 1: Sehr viel Zug. Schon 11 h Abertausende, einer der stärksten nächtlichen Züge.

Da der Wind stätig bleibt, nun auch in der deutschen Bucht in Stärke 4, ziehen auch in der Nacht zum 11. sehr viel. Vielleicht infolge des etwas starken Winde rasten ausnahmsweise mal eine ganze Menge. In der nächsten Nacht (z. 12.) bläst der Wind noch ebenso, blofs etwas schwächer, erst gegen Morgen nach NW. gebend. Also gab es eine dritte starke Zugnacht. In diesen drei aufeinanderfolgenden Nächten mufs, wie ein Blick auf die Wetterkarten ergibt, wohl das ganze Hinterland im Südwesten bis weit ins Binnland hinein von seinen nördlichen Winterlerchen entvölkert worden sein. In der Tat ist nach diesen sehr frühen Wanderzügen im grofsen und ganzen Schlufs. Die paar hier rastenden halten sich bis zum 10. März stets auf drei bis 12 Stück, nur an 4 Tagen (17.—18., 21. und 22. II.) wurden keine notiert. Nächtlicherweile wurden nur am 21./22. II. einige und am 7./8. III. wenige bemerkt. Und das waren, wie gewöhnlich die letzten, kleine (Junge???).

Im ganzen übrigen März und April kam kein einziger nächtlicher Zug mehr vor, doch wurden mit Ausnahme von 6—8 Tagen stets welche gesehen, allerdings in sehr wechselnder Zahl (von paar bis 25), es sind noch kleine nachziehende Trupps, die bei entsprechendem Wetter oft auch längere Zeit rasten. Vom 16. IV. ab werden sie immer spärlicher. Im Mai gar hält sich nur meist eine oder ein Pärchen hier auf bis zum 21., wobei ein ♂ öfters singt. Es kann sich vielleicht um ein Pärchen handeln, das hier zu brüten versuchte und das nur öfters unbemerkt blieb. Erfolg hat dann jedenfalls die Brut nicht gehabt. Ich glaube auch eher an einen wiederholten Wechsel.

Schliefslich erschien sogar am 17. Juni noch 1 (oder 2?) St. und erfreute uns durch Gesang.

Der Herbstzug begann mit wenigen Vorläufern schon vor Mitte September, hatte eine kleine Anschwellung vom 4.—13. Oktober, erreichte seinen Höhepunkt am 24.—2. November (Max. 30./31. X.) und währte ab und zu mit stärkeren Zügen bis zum 9. Dezember, worauf dann nur noch Überwinterer erschienen.

Am 11. September höre ich die erste, Hinrichs 4. In der Nacht zum 13. wurden schon zwei „gefunden". Am 14.—15., 17., und vom 20. ab einzelne. Am 28. und 29. der erste Trupp von etwa 1 Dtzd. Dann Pause, nur am 2. Oktober paar. In der Nacht zum 5. paar Dtzd.: Der Wind geht abflauend bis 2 von NW. nach N. u. NNO. Fortan täglich paar, nur am 6. mehr: ca. 1 Dtzd. Auffallenderweise kam nachm. ein Trupp von ca. 20 eben an, rastete aber nur paar Minuten. In der Nacht zum 9. war in Südjütland Windstille und an der Ostseeküste SO., hier aber, wie später überall NW., alles sehr leicht, es zogen mäfsig viel Lerchen. [Borkum: viel.] In der Nacht zum 11. ebenso eine geringere Menge trotz leichter SW.-Winde, in der zum 12. überall leichtere SO.-Winde: schon mehr Zug („viel"), in der zum 13. bei N. 4 (in Jütland NNO.) paar hundert. Dann nur tags $^1/_2$—1 Dtzd. bis zum 17., ebenso vom 19.—21. und am 24. In der Nacht zum 25. überall mäfsig starke O.- u. SO.-Winde: Der erste starke („mittelstark") Zug. Da es etwas neblige Luft war, mögen viele herumgeirrt und zurückgeblieben sein, jedenfalls zogen auch am Tage (bei gleichem Winde) über dem Meere viele Lerchen, wie die Hummerfischer bei ihrer Arbeit beobachteten. In der nächsten Nacht (überall SO., meist 4) wieder etwas Zug. Dann Nebel und kein Zug. In der Nacht zum 30. überall (d. h. hier immer Jütland u. Ostsee!) mäfsiger Ost bis Nordost: allerhand Zug, aber nicht „viel". [Borkum starker Zug.] Dagegen in der Nacht zum 31., als überall bis weit hinauf gleichmäfsig schwacher NO. (2) blies, der stärkste Zug des Herbstes: viele Tausende oder Zehntausende, sehr viel umgekommen. [Borkum viel Zug.] Noch am Morgen sehr viel, tagsüber wenig, wie immer.

In der Nacht zum 1. November wehte erst abends SO. 2, hier schon SW., es zogen noch rasch allerhand Lerchen durch, ehe der Sturm hereinbrach, der seit 10 h rasch auffrischte. Dieser mächtige SW.-Sturm kam vom Norden herunter und überraschte hier noch viele Vögel. Das stimmt nicht recht zu der Annahme einer Vorahnung des Wetters. In der Nacht zum 3. zogen kurze Zeit allerhand L. hoch durch. Die können nur von Nordjütland mit schwachem nördlichen Winde gekommen sein, sonst stand überall noch der starke SW. Tagsüber waren natürlich wie immer nur ganz vereinzelte da, nur am 6. mal ein Trupp von ca. 20 Dann bei westlichen Winden bis zum 11. nichts, nur am 9. ca. 6 Stck. Am 12. eine einzige, in der folgenden Nacht aber zogen bei mehr minder östlichen schwachen Winden in Jütland, hier SSW. 3—4, viele, ohne dafs am 13. eine einzige zurückblieb. Vom 14.—16. nur ein paar. Dann erst in der Nacht zum 19. wieder welche: bei überall vorwiegend östlichen, schwachen Winden ziehen ziemlich viel, am 19. sind noch einzelne davon da. Dann aber grofse Pause, nur am 26. mehrere notiert. Ich war in dieser Zeit abwesend, daher ist die grofse Pause wohl nur scheinbar, wenngleich sie für die Nächte sicher zu Recht besteht, In den beiden Zugnächten zum 30. und 31. Dezember (leichte südöstliche Winde an der Ostsee am 29./30., leichte nordöstliche bis weit hinauf am 30./1.) zogen auch viele Lerchen, in der ersten Nacht allerdings nur gegen Morgen einiger Zug, in der zweiten aber leidlich viel. Damit war die Hauptmasse durch. Am ersten waren ganz früh noch viele zu sehen, mitt. keine einzige mehr, am 2. sechs, es sollen aber vorm. welche übers Wasser gezogen sein, am 3. paar, 5. ziemlich viel, ca. 20, 6. eine, in der Nacht zum 7. ganz einzelne, ebenso in der zum 8. ziemlich schwacher Zug, dazwischen bei starkem Nebel keine einzige. Bis zum 28. zogen dann mit drei Pausen immer noch einige tagsüber durch. Meist Trupps von 10—15, manchmal aber nur einzelne. Meistens rasteten sie einige Zeit hier.

Wenngleich ich den Lerchenzug auch heuer wieder nur flüchtig bearbeiten konnte aus Zeitmangel, so ergibt sich doch so viel daraus:

Die Lerche ist ungemein hart gegen Witterungseinflüsse und verträgt beim Zug auch recht hohe Windstärken, nur dicke Schneelagen kann sie gar nicht ertragen. Sie ist mehr als andere Arten geradezu ein Spiel des Windes, denn es vergeht in der geeigneten Zeit fast keine Gelegenheit, dafs Wind in der Zugrichtung weht, ohne Lerchen mitzubringen. Diese lassen sich scheinbar geradezu wegwehen wie Spreu vor dem Winde. So wie die Lerche scheinen sich aber — annähernd wenigstens — viele Arten zu verhalten.

Wie alle Jahre eine oder das andere albinotische Stück bemerkt, wenn auch nicht immer erlegt wird, so auch heuer. Am 23. September ward eine wundervolle weifse Lerche geschossen: schneeweifs, sauber, nur an der Kehle ein Stich ins Gelbliche, auf dem Rücken viele winzige grauschwärzliche Strichelchen als Reste der Pigmentierung. Füfse hellbräunlich. Iris soll angeblich rot gewesen sein.

Auswärtige Beobachtungen.

26. März. Memmert: Über den Dünen vielstimmiges Gejubel. Am 27. gleichwohl noch viel Zug von W. her, der dann dem M. nach N. folgt. Am 28. ebenfalls viele, 31. Schwärme durchziehend. (Leege.) Also dort noch mehr Zug als auf H.

16. Juli. Viele Brutvögel auf Norderney. Auf Hooge finde ich in den Marschweiden zufällig ein Nest mit 4 Eiern, ganz offen. Wohl 2. Brut.

4./5. September. Am Norderneyer Leuchtturm eine Anzahl angeflogen (Müller). Da auf Helg. noch nichts von Zug zu spüren, sind es wohl die L. der ostfries. Inseln, die jetzt z. T. aufbrechen. In der Nacht vom 12./13. war auf Helg. d. erste geringe Zug. Am 13. notiert Varges a. Norderney „sehr viel". Am 9.—12. auf Föhr u. d. südl. Sylt, a. 15. in Westerland, a. 26. auf d. Memmert: überall viele umherstreifend und z. T. noch singend. Zugleich aber auch schon Zug: am 26. a. d. Memmert massenhaft, 27. und 28. viele rastend (vergl. *pratensis*!), a. 29. ziemlich viel Zug (a. Helg. gleichz. d. erste Trupp!), a. 1. und 2. Oktober ebenfalls viel Zug südwärts, auch auf der Juister Bill natürlich welche, häufig singend. In der Nacht vom 8./9. war bei Nord, und regnerisch. Wetter von 4—6 h a. viel Zug (ebenso a. Helg.). Am 14. sieht von S. M. S. Zieten aus gegen Sonnenuntergang bei ONO. 4 und klarer Luft Oberleutn. z. S. Ganzel a. 54° 14′ N. 5° 0′ E. eine einzelne Lerche westwärts ziehen. Am 16. bei Westerland nach Hag. Scharen von ca. 50, a. 18. nachts eine Schar am Westleuchtturm auf Ellenbogen (Sylt). Am 25., wo nachts und tags bei Helg. starker Zug ist, kommt uns in der Abenddämmerung auf 53° 30′ N. 2° 45′ bei Ost 2 eine an Deck.

Nächste Nacht a. Helg. etwas Zug. Am 26. zwei h p. bei O. 3 auf 53° 54′ N. 2° 14′ eine Lerche? vorbei. Am 28. etwa 100 Sm. NW. z. W. v. Helgoland 10 h a. eine oder zwei vorbei. Die beiden gewaltigen Zugnächte vom 29./30. und 30./31. Okt. kamen ebenso auch auf Borkum zur Geltung: in d. ersten von 7—11 h bei N. und nebliger Luft ununterbrochen starker Zug, in d. zweiten v. 10—7 h bei NO. (neblig) viel Zug. Es scheint also fast, als ob die Scharen in der Tat direkt nach Borkum gestrichen waren unter Vermeidung von Norderney. Auch in der Nacht vom 18./19. November war bei W. (dunstig und regnerisch) von 12—6 h dort Flug. Am 25. kam bei leichtem SO. ein St. am Norderney-Feuerschiff vorbei. Am 26. und 27. trafen wir am Ostermarscher Strande noch allerhand an, die da sicher überwintern wollen.

135. † *Lullula arborea* (L.). **Heidelerche.**

1 : 32 (13). Das Plus rührt davon her, dafs ich diesmal auch den Frühjahrszug mit erlebte. Dieser dauerte etwa vom 1. März bis 15. April, wobei das Schwergewicht auf den Anfang fällt. Stets nur wenige.

Am 2. März höre ich zu meinem gröfsten Erstaunen und Entzücken das volle Lied einer Heidelerche, leider nur kurze Zeit. Niemand kannte natürlich den hier so seltenen Gesang, die besten Vogelkenner hatten keine Ahnung davon. Es sollen übrigens ein paar schon seit einigen Tagen an der Stelle sein (ich war eben erst zurückgekommen). Am 3. war gar ein Trupp von 8 St. da, am 5. zwei, am 7. drei, eine davon war es wohl, die in der folgenden Nacht am Turm anflog, eine Seltenheit. Doch soll ja nach Keller auch nächtlicher Zug vorkommen. Am 8. war noch eine da. Dann am 13.—14., 27., 30.—31. je eine (höchstens am 30. zwei). Im April noch am 11. und 15. je eine. Die letzte im unscheinbaren Frühlingskleide ward von einem Helgoländer geschossen, einem der besten Vogelkenner, den es hier noch gibt. Trotzdem wollte er aus dem Vogel durchaus eine andre seltene Art machen und glaubt noch heute nicht an mein und andrer Ornithologen Urteil, dafs es nur eine ganz simple Heidelerche ist. Das zeigt erstens, wie scharf die Helgoländer Jäger der alten Zeit, aus der dieser Mann ja noch stammt, die winzigsten Unterschiede an den Vögeln erkennen: öfter fabrizieren sie Rassen, die noch nicht einmal unsre neuerdings doch wahrlich intensiv genug betriebene Rassenforschung zu unterscheiden sich getraut hat; zweitens aber: wie schwer diese Leute zu behandeln sind, weil selbst bei den vernünftigsten mal ein Augenblick kommt, wo sie es besser wissen wollen als der studierte Fachmann. Hat man mir nicht schon wiederholt gesagt: „Und wenn Sie es zehnmal sagen und wenn es Ihre Berliner und Londoner Professoren sagen und wenn es in den Büchern steht, ich weifs es doch besser!"

Ich sage dann kaltblütig: „Behalten sie ruhig Ihren Piepmatz und warten Sie auf den Dummen, der eine neue oder seltene Art draus macht. Ich mag ihn gar nicht haben." Aber schwer hält es doch manchmal, sich über die Dickköpfe nicht zu ärgern. — —

Der Herbstzug der Heidelerche erstreckte sich vom 2. Oktober bis zum 6. Dezember mit Höhepunkt am 21. Okt. Es kamen meist kleine Trupps zu kurzer Rast hierher, so am 2. Oktober 9—10, am 7. paar, 9. drei, 11., 14. und 16. je eine, am 17. mind. 1., vielleicht auch 5, am 18. angeblich 10 (wenn richtig bestimmt, ich war abwesend), am 21. ziemlich viel, am 31. eine oder die andere. Im November am 5. fünf, bis zum 9. der Rest (ich hatte einige weggeschossen.), am 12. vier, am 15. eine, am 21. nach Claus Denker 3—4. Dann kam noch vor: am 6. Dezember eine und am 17. zwei.

136. *Galerita cristata cristata* (L.). Haubenlerche.

1 (0). Diese für Helgoland sehr seltene Art — sie kommt nur aller 3—4 Jahhre mal vor nach Gätke — hörte ich einmal, am 16. November, als sie längere Zeit über dem Unterland flatterte.

137. † *Eremophila alpestris flava* (Gm.). Alpenlerche.

1 : 36 (2 : 36). Weniger als im Vorjahre, obgleich ich heuer viel mehr Notizen habe.

Am 1. April hörte ich die erste, am 11. fand ich auf der Düne 4 St., am 14. wieder vier, am 15. mind. 1, am 21. und 25. je eine, am 28. vier und 29. zwei. Im Mai am 1. und 2., ein Trupp von 13, am 10. eine, 13. zwei, 14.—15. eine, 18. Rufe in der Luft. Die letzte will man am 27. gesehen haben.

Im Herbst sah ich die erste am 2. Oktober. Am 5. kam ein Trupp von 14 an, am 16. sah ich auf der Insel 8, auf d. Düne mehrere, wohl dieselben, am 7. und 8. wenige, am 9, vormitt. auf der Düne ca. 20, nachm. dort 10, hier paar. In der Nacht vom 10. zum 11. wurden verschiedene bemerkt. Sollten die Alpenlerchen doch mitunter nachts ziehen? Am 10. sind nämlich hier keine gewesen und Dr. Keilback sind auf der Düne auch keine aufgefallen. Am 11. waren nun natürlich welche da, hier mind. 4, drüben auch einige. Am 12. ein paar, 13. mind. ½ Dtzd., 14.—16. eine oder die andere. Im November am 4. ganz vereinzelt, 9. eine. Am 12. erst ca. 3—4, dann kommen nach L. Gätke nachmittags ca. 25 an, auf der Düne war gleichzeitig ca. 1 Dtzd. Am 14. ca. 6—8, am 15. eine. Schliefslich im Dezember am 2. fünf und am 8. eine.

Auswärtige Beobachtungen.

Norderney. In der Nacht vom 29./30. Okt. eine gefallen (Helgoland nichts!). Müller.

Ostermarsch. Auf dem Aufsendeichslande am Strande am 26. und 27. Nov. je 8—10 St. (Helgoland nichts!).

138. *Certhia familiaris* subsp. Baumläufer.

2 (1). Am 16. Oktober sah der Fischmeister eine. Am 20. konnte unser Präparatorlehrling O. Beyer sich ganz nahe an ein Ex. heranschleichen, das sich im Grase an der Nordspitze zu schaffen machte (wohl Ameisen suchte?!).

Auswärtige Beobachtungen.

Da die Vögel dort fremd sind nach Varges und ihre Beobachtung vielleicht mit den Meisenzügen zusammenhängt, führe ich an: am 12. Okt. in Emden einer, am 27. Nov. einige (V.).

Sitta europaea subsp.

Aus demselben Grunde angeführt: am 7. Okt. einer, am 12. mehrere (Varges).

139. † *Parus maior maior* L. Kohlmeise.

119 (4). Mit dem Auftreten der Meisen auf Helgoland ist es eine ganz besondere Sache, wie schon aus Gätkes Bericht hervorgeht. Diese Tierchen mufs auch manchmal wie die Linarien, Gimpel, Eichel- und Tannenhäher, Kreuzschnäbel etc. Wanderlust packen. 1909 war die Kohlmeise eine grofse Seltenheit hier, heuer konnte man sich ihretwegen nach dem Festlande versetzt fühlen, denn es waren monatelang welche hier, manchmal fast die einzigen Vögel im Winter. Wenn die Kohlmeise wirklich ein richtiger Zugvogel in nördlichen Gebieten ist, wie manche wollen, so merkt man doch in vielen Jahren auf Helgoland davon fast nichts.

Schon im Frühjahr sagten die Helgoländer kopfschüttelnd: selten seien im Frühjahr so viel „Rollowsen" dagewesen. Am 3. März kamen auf der Düne die ersten beiden vor. Von da an bis zum 12. waren ständig ca. 1—3, am 6. aber mind. 6. St. da. Dann vom 15.—16. zwei, am 19. drei, 21.—22. eine, vom 25. bis 1. April je 1—2 oder 3, am 4. die letzte. Vielleicht ist es auch mal eine mehr gewesen.

Im Herbst kam die erste am 15. September vor, die nächsten paar vom 18. bis 20., am 21. mind. 1 Dtzd., auf der Düne noch einige. Diese nehmen allmählich ab bis auf einzelne am 24. So täglich bis zum 10. Oktober (an 2 Tagen wohl nur zufällig nicht bemerkt). Vom 11. ab kamen mehr: 1 Dtzd., am 17. schon 2 Dtzd., am 19. aber wieder vereinzelt. Dann vom 20. bis 26. Masseneinfall und Durchzug mit weitverbreiteten Ostwinden meist von Stärke 4. Der Ost hielt an, erst am 27. bei SO. 4 und am 28. bei O. und SO. 4—3 nahm die Zahl — es waren seit dem 20. sehr viele, Hunderte, gewesen — ab bis auf einzelne am 28. Da alle die Tage gleichmäfsig frische Ost- und Südostwinde wehten, scheint es, als ob es sich nicht um einen einzigen Einfall am 20., sondern um stetigen Durchzug gehandelt habe. Dafs diese ganze Wanderung nicht ganz spontan war, ist wohl klar, zum mindesten hat erst diese Ostwindperiode den Wandertrieb wachgerufen. An ganz mechanische Verwehung möchte ich nach meinem Material allerdings auch nicht recht glauben. [Ich kann hier aus Zeit- und Raummangel nicht alles geben. Zur Klärung ist natürlich das negative Material ebenso wichtig als das positive.]

Von nun an waren immer nur bescheidene Mengen da: bis zum 6. November ein paar bis zu einem Dtzd., am 7. und 8. aber fast 2 Dtzd., dann wieder weniger, meist etwa 5 St. bis zum Jahresschlufs. Da die einzigen Lücken gerade in die Zeit meiner Abwesenheit fallen, sind es sicherlich nur Beobachtungslücken. Den ganzen Winter hindurch wurde nur sehr wenig gefüttert. Standquartier der 5 St. war der Lazarettgarten mit seinen Starkästen, wo die Tierchen wahrscheinlich geschlafen haben.

Auswärtige Beobachtungen.

Es ist sicher von gröfstem Interesse, zu sehen, dafs das Bild der auffälligen Meisenwanderung im grofsen und ganzen in Emden verblüffend dem auf Helgoland gleicht. D. h. entweder hat sich die Wanderung auf einen breiten Gürtel erstreckt und ging ostwestlich vor sich, oder aber sie nahm südwestlich die Richtung Helgoland-Emden-Kanal, wozu auch die Sylter Beobachtungen und die meinen auf See einigermafsen passen. —

Am 11. September sah Mayhoff in Klappholtdaehl auf Sylt im Ulex und in Kiefern ca. 6 St. Am 25. waren in Emden schon grofse Flüge (50—100), mit Blaumeisen gemischt, erschienen. Am 8. Oktober in W (= Westerland) einige, 10. in E (= Emden) in Masse, 11.—12. W einige, 12.—15. E in Masse. 13. W in einem Garten 25, 14.—15. immer welche, 16. überall viel, E bis 20. immer noch viel, 21. in noch gröfserer Zahl als je, 22. zu Hunderten, 23. W Trupps (5, 10, 15 St.), 24.—29. mehrere, 26.—28. E in Unmengen (genau wie in Helgoland), 29. und 30. einige, 1. November „Meisen fort bis auf Standvögel" (gerade wie in Helgoland!). Dagegen W 31.—1. „überall", 4.—5. einige, 6. überall, 11. eine, 14. viele, 15. — Jahresschlufs täglich (wie auf Helgoland). Emden noch: 27. Nov. viele heimische, 30. Dez. unheimlich viel (das aber wohl nur infolge ausgezeichneter Fütterung Konzentration aus der Umgegend. [Beob. aus W von Hagendefeldt, aus E von Varges.]

Trefflich passen meine Beobachtungen auf hoher See in das Bild hinein: in den Tagen allerstärksten Zuges traf ich sie auf dem Meere, wie sie eben nach England hinüberstrichen: Am 24. Okt. ca. 14 Sm. (à 1,85 km) von Ijmuiden

(Land aufser Sicht) bei Ost 3 eine an Deck, am 25. Okt. auf 53° 2′ N. 3° 39′ E., Nähe der braunen Bank am Kanaleingang, bei Ost 3, 11 h a. eine an Deck, ruft und zwitschert sehr lebhaft, photographierte sie, 12 h zwei lebhaft lockende auf kurze Zeit an Deck, $2^1/_2$ h p. eine höchstens 10 Min. an Bord.

140. † *Parus caeruleus caeruleus* L. Blaumeise.

13 (0). Wie im Vorjahre fast gar keine Meisen vorkamen, so auch diese Art nicht. Heuer aber erschien sie in Begleitung der vielen Kohlmeisen wiederholt. So kamen vor: am 12.—15. Oktober je eine, an den letzten beiden Tagen je eine geschossen, am 17. und 21. je zwei, am 22. etliche, am 23. zwei, am 24., 26.—27. einige, am 30. eine. Dann erschien erst wieder eine, die letzte, am 3. Dezember.

Auswärtige Beobachtungen.

In Emden trat sie in viel gröfseren Massen auf als hier, weil da sicher die einheimischen die Scharen der Fremdlinge vermehrten. Waren stets mit Kohlmeisen zusammen. Am 25. Sept. in grefsen Flügen, 10. Okt. noch immer häufig. 12.—15. unzählbar und unschätzbar, 16.—21. immer noch viel, in den nächsten Tagen allmähliche Abnahme. Am 28. „selten geworden“.

141. † *Parus ater ater* L. Tannenmeise.

3 (0). Am 19. September kamen zwei, am Nachmittag aber nach Conrad Payens nur ein paar Stunden lang in den Bäumen der Siemensterasse eine ganze Masse, mind. 50 St. Am 20. sah ich eine an der Treppe und noch am 21. mögen etliche dagewesen sein. Sonst ist die Art selten hier.

142. *Aegithalos caudatus* subsp. Schwanzmeise.

1 + 1? (0). Diese für hier ziemlich seltene Art kam selbst heuer bei der grofsen Meiseninvasion nur selten, ein- oder zweimal, vor. Als ich am 15. Oktober durch eine Strafse des Unterlandes ging, flog mir ein Stück lockend niedrig über den Kopf, es ward aber nicht wieder gesehen. Dann will Gärtner Kuchlenz am 22. Okt. noch die eine oder andere gesehen haben.

143. † *Regulus regulus regulus* (L.). Gemeines Goldhähnchen.

1 : 66 (1 : 23). Auch heuer nicht viel, aber länger rastend. Im Frühjahr mehr. Am 10. März will einer unsrer Leute bereits eins gesehen haben. Dann fand ich am 26.—29. eins bis ein paar. Im April am 3. drei, 4. zwei, 5. ca. acht, 6. eins, 11. u. 13. bis 16., ferner am 18. und 28. ein paar. (2—4).

Im Herbst kamen am 9. September die ersten zwei bis drei Stück an und blieben bis zum 17. Am 18. bei N. 1 und Calme erschienen paar Dtzd., die aber bis zum 20. wieder bis auf die alte Zahl verschwanden. Diese blieben bis zum 29., zuletzt etwas vermehrt, am meisten am 27. (etwa $^1/_2$—1 Dtzd.). Am 30. IX. und 1. Oktober sah ich keine, doch erschienen am 2. wieder etliche, vermehrten sich am 4. auf 1 Dtzd. und am 7. bei Ost 1 nachmittag noch mehr, wahrscheinlich sind auch die folgende Nacht über welche gezogen, denn am 8. waren bei SO. 3 zwei bis drei Dtzd. hier, die am 10. bei NW. 1—2 wieder bis auf einzelne verschwunden waren. Dann vom 12. (1 Dtzd. bei S. 3—1) bis 13. (ca. 1—2 Dtzd. bei N. und NNO. 4) eine kleine Vermehrung, annähernd gleicher Bestand bis zum 15., dann am 16. u. 17. bei SO. 4 bedeutend mehr (2—4 Dtzd.), die aber bis zum 18. (u. 19.) bei SW. 2 wieder bis auf einzelne verschwunden waren. Nun zugleich mit den vielen Meisen das Maximum vom 20. bis 23. (sehr viel). Am 20. war hier früh S. 4, dann SO., mit dem tagsüber noch mehr ankamen. Die nächsten Tage war ja die erwähnte Ostwindperiode. Warum aber die Zahl schon am 24. wieder auf etliche abnahm, ist nicht ohne Weiteres klar. Die kleine Lücke vom 27. bis zu meiner Rückkehr am 29. ist wohl nur eine Beobachtungslücke. Am 29. traf ich auch nur ein paar, ebenso auf der Düne. Am 30. kamen mit neuem Ostwind (1—3) wieder neue Goldhähnchen (auf der Insel einzelne, auf der Düne viel), auch in der nächsten Nacht zogen bei Ost 3—2 welche, am 31. waren noch etliche da, verschwanden aber bald. Dann kamen nur noch vom 3.—6. November je 1—paar Stücke vor.

Es gilt also offenbar von der Abhängigkeit vom Winde bei dieser Art dasselbe wie bei den Meisen.

Auswärtige Beobachtungen.

Am 27. März sah Leege auf d. Memmert wenige, zugleich aber Hagendefeldt in Westerland „überall" (Helg. paar), dort ferner im April am 4. überall in d. Gärten, 12. u. 13. täglich mehrere. Im September ebenda am 5. und 6. mehrere (H.). Am 13. im Lembkehain 1—2 (Mayhoff). 16. Ostermarsch: „Dieser Tage guter Zug" (Helgoland auch Zug, aber wenig). 18. in Westerland nur zwei (H.). Am 25. auf der Juister Bill und am 26.—27. auf dem Memmert sehr viele im Helm. Es scheinen sich da unsere Durchzügler vom 20.—23. gestaut zu haben. Am 28. und 29. sind auf Juist und Memmert nur wenige, also die Mengen abgezogen. Am 1. Oktober wieder viele und am 2. sehr viel (im Triticum, noch mehr im Elymus), also wieder Stauung dort noch einige Tage nach Helgoländer Zug. Auf Sylt am 7. u. 8. nur einige (Hag.), in den Wäldern von Lütetsburg i. Ostfriesl. am 9. überall zu hören (Varges), am 17. in Sylt einige, 20.—22. überall nachts wenige i. d. Gärten, auch in Emden a. 20. viele. Dieser neue Schub mufs unbemerkt (nachts?) über Helgoland weggegangen sein. Am 26. kommt am Kanaleingang auf 53° 54' N. 2° 14' E. 12¾ h ein G. auf eine Minute auf die Brücke, fliegt dem Kapitän auf die Schulter, fliegt dann ohne Zögern nach SW. ab. 2 h p. wieder eins an Deck. Am 28. u. 29. in Westerland einige, am 31. viele. Am 7. November „leben die Norderneyer Dünen von Goldh.“ (Müller). Ende Dezember in Emden ab und zu mal paar. (Auf Helgoland längst nichts mehr.)

144. † *Regulus ignicapilla ignicapilla* (Temm.). Feuerköpfiges Goldhähnchen.

3 (4). Es hätten heuer bei den vielen *Regulus regulus* auch mehr von dieser Art dabei sein müssen, doch sah ich nur am 14. und 18. April je eins und im Herbst am 20. September ein drittes. Sicherlich waren in der Zeit gröfster Häufigkeit der Goldhähnchen um den 21. Okt. einige dieser Art da, aber ich war abwesend.

145. † *Troglodytes troglodytes troglodytes* (L.). Zaunkönig.

(24). Etwas mehr als im Vorjahre, aber meist einzelne. Im Januar erschienen vom 4—6. ein oder zwei St., am 26. eins. Im April hörte ich am 3. einen dieser munteren Winterkönige auf der Düne leise dichten, das Wonnigste, Süfseste, was ich an Vogelgesang kenne. Am 8. singt einer etwas in der Gärtnerei, auch am 9. ist er noch da, ebenso einer auf d. Düne. Dann finde ich am 12., 13., 15., 18. und 24. je einen. Noch zweimal hörte ich ein wenig Gesang, ebenso wie viermal im April, wo ich am 5. zwei, am 6.—7., 12.—14. je einen, am 15.—16. und am 18. ein paar fand. Schliefslich noch im Mai am 6.—9. je einer, am 16. zwei, am 19. und 27. je einer.

Im Herbst kam der erste am 22. September vor, dann weiter am 25. einer, am 27. und 28. paar, am 29. und 30. IX. und 1. Oktober einer, der am 30. etwas dichtet. Im Okt. weiter: vom 5.—14. fast täglich zwei oder mehr, am 15. und 16. schon drei, wahrscheinlich mehr, am 17. aber, bei SO. 4 das Maximum, auffällig viel, wahrscheinlich mehr als 1 Dtzd. Vom 18. ab sind sie aber wieder nur vereinzelt und zwar bis zum 21. anzutreffen. Dann am 25.—26. zwei bis drei, vom 29. bis 5. November täglich ein bis 3 oder 4 Stück. Damit war der Durchzug in der Hauptsache zu Ende. Einzelne erschienen dann noch: am 12. XI. (zwei), am 30. XI., 5., 8., 13.—14., 18.—20. und 30. Dezember.

Auswärtige Beobachtungen.

Am 28. März und 1. April auf d. Memmert einzelne. Am 25. September auf der Juister Bill sehr viel (Leege). Am 27. in Westerland einzelne. Im Oktober in Emden am 2. viel, in W. am 6. einige, 8. einer, 10. E. auffallend viel, 11.—12. W.

einzelne, 12. E. noch immer massenhaft in jeder Hecke, 14.—26. stets einige, W. 14.—16. überall einzelne. 20.—21. nicht wenige, 22. überall in d. Gärten, 26.—31. einzelne, E. 28. viele. Am 23. Okt. sah ich auch in der ganzen Gegend um Harlem (Holland) einzelne. Auch im November noch ähnlich, in Emden am 4. sehr viele, in Westerland überall in d. Gärten, dann täglich bis Jahresende, in Emden am 27. Nov. ziemlich viele, im Dezember ab und zu ein paar. (Beob. v. Hagendefeldt und Varges).

146. † *Prunella modularis modularis* (L.). Heckenbraunelle.

95 (34). Kam heuer öfter vor, aufserdem erlebte ich ja heuer den ganzen Frühjahrszug mit.

Mitten im Winter, am 6. Januar kamen zwei St. vor, die auch ihren Trillerwanderruf hören liefsen. Wann der Frühlingszug begonnen hat, kann ich nicht genau sagen, da ich bis Ende Februar abwesend war, meine Beobachter aber die einzelnen Braunellen sicherlich übersahen. Bei meiner Ankunft am 1. März war der Zug offenbar bereits im Gange. Von da bis zum 17. April kamen mit Ausnahme dreier Tage täglich Braunellen zur Beobachtung, bis zum 12. III. meist 3—5 St., nur am 8. bei S. 2—1 nachmitt. gegen 8—10 St. Nach 1 Tag Pause am 14. eine, 15. ein halbes Dtzd., 16. paar. 1 Tag Pause. Dann bis zum 22. ein bis vier St., dann vom 24. bis 2. April ein bis zwei St.. dann Zunahme (4.—5. ca. 5), wieder Abnahme auf 1—2 St. (bis 11.), am 12. plötzlich bei SSW. 3—2 etwa zehn, am 13. ein paar, 14. höchstens 1/2 Dtzd., dann Abnahme. Die letzte am 17. Am 23. wieder eine, vom 27.—29. paar. Im Mai am I. eine, 3. drei, 5. 8.—9., 14.—16. und 24. je eine.

Der Herbstzug war sehr verzettelt — die Art ist ja ziemlich hart — begann am 21. September und dauerte bis in den Dezember. Dabei kamen aller paar Tage früh ein bis drei, nur am 26. Okt. bei O. 3 mal 5—6 und am 4. Nov. vier Stück durch. Im September sah ich nur an drei Tagen je eine, im Oktober paar mehr und öfter, noch am meisten Ende Okt. und Anfang November (bis zum 9.), dann nur noch am 15. zwei, am 30. eine. Schliefslich im Dezember am 1. eine, 3. zwei, 5. (eine?), 8.—9. eine, 10. und 12. je zwei, 18.—20. und 28. je eine.

Auswärtige Beobachtungen.

Am 23. Oktober hörte ich eine oder die andere in den Dünen bei Ijmuiden und eine bei Harlem.

147. † *Sylvia borin borin* (Bodd.) [= *hortensis* aut. = *simplex* (Lath.)]. Gartengrasmücke.

6 : 37 + 6? (1 : 20). Heuer recht viel, einmal Massenzug.

Am 16. Mai glaubte ich die erste zu sehen, am 17.—19. je 1—3, vom 21.—26. je eine bis ein paar, am 29. zwei, am 30. aber

— ich war zum Orn.-Kongrefs — als hier seit dem 29. Ostwind, auffrischend bis 4, geweht hatte, und der bisherige NW. und W. an der westeuropäischen Küste im Laufe des 30. übeiall in SW. 4—6. überging, da blies dieser Wind nachmittags „eine Unmenge" Grasmücken, angeblich diese Art, über Helgoland weg, die hier kurze Zeit rasteten. Damit war aber gleichzeitig Schlufs mit dem Zug. Nur noch am 4., 7., 10., 13., 22.—23. Juni kamen je eine oder zwei vor. — Auch heuer sang diese Aıt noch am ehesten mal von allen Singvögeln.

Während meiner Abwesenheit wurden am 14. Juli zwei Grasmücken gesehen und ihr Gesang gehört, sicherlich diese Art, da die andern nur äufserst selten sangen.

Vom Rückzug erschien der erste Vorläufer am 7. August auf der Düne, dann am 22.—23. eine und zwei, am 29. eine. In der nächsten Nacht flog ein ad. ♂ an, am 30. waren aber kaum mehr als 2 da. Im September waren vom 1. bis 4. stets einige (ca. 2—8) zu beobachten. In der Nacht zum 5. aber, der grefsen Unglücksnacht, mufs ein wahrer Massenzug gewesen sein, denn selten haben sich so viele totgeflogen wie da. Es mögen fast 100 gewesen sein, denn 69 gingen allein durch meine Hände. An diesem reichen Material hätte man allerlei untersuchen können, wenn man Zeit und Hülfe dazu gehabt hätte. Einiges, soviel als irgend möglich war, haben Herr Mayhoff und ich getan, darüber aber ein andermal. — Frische (ca. 4) nordöstliche Winde hatten uns die Vögel von Südschweden über Jütland gebracht. — Am 5. war infolge des bis zum Morgen dauernden Zuges noch eine ganze Menge da, es können leicht 50—100 gewesen sein. Am 6. nur mehr paar. In diesen Nächten sind mit ähnlichen Winden sicherlich weitere Mengen gezogen, da wir aber Sternenhimmel hatten, konnten wir nichts davon bemerken. So ist zu erklären, dafs am 7. trotz NO. 3—4 gar keine G. da war. In der Nacht zum 8. wehte überall NO. meist 3, natürlich wieder eine Menge Zug, aber nichts angeflogen. Am 8. auch nur mehr einzelne da, am 9. nichts, 10. etwa eine, (Sternennächte!!). In der Nacht zum 11. wehte sehr günstiger schwacher NO. überall, es zogen auch sofort viele, d. h. diesmal bemerkten wir den Zug, da es ziemlich dunkel wurde. Etwa 10 St. flogen sich tot. Auch am 11. sind noch viele (ca. 50) da, am 12. nur einige. Erst in der Nacht zum 13. wird es wieder mal finster, es weht nach Osten zu bis Südschweden ganz schwacher NO., also sicherlich wieder starker Zug, nur bemerkten wir nicht alles („schwacher Zug" notiert). [In Norderney war aber offenbar sehr starker Zug gewesen]. Ein paar †, am 13. nur 1 oder paar da. In der nächsten Nacht, wieder bei schwächeren NO.- und O.-Winden schwacher Zug, vielleicht nur scheinbar schwach, vielleicht ist aber nun auch die Masse durch. 3 †. Am 14. ist noch ein Dtzd., am 15. mind. ein halbes da. Dann nur mehr am 19. eine, am 20. mind. 2, am 6. Oktober noch eine.

Schliefslich will unser Präparator Hinrichs noch am 9. November (!) eine gesehen haben und möchte schwören, dafs er sich nicht geirrt.

Auswärtige Beobachtungen.

Am 10. Sept. eine im Leuchtturmgarten auf Amrum (Mayhoff), am 14. zwei in Westerland (Hagend.).

148. † ***Sylvia communis communis* Lath. Dorngrasmücke.**

4 : 48 + 3? (2 : 26). Auch heuer war diese Art keineswegs häufiger als die vorige, wie Gätke will, sondern ganz umgekehrt. Freilich häufiger als im Vorjahre ward auch diese beobachtet, aber doch nicht soviel, als man hätte erwarten können. So fehlte sie bei den grofsen *borin*-Vorkommnissen in auffälliger Weise, als ob sie eine ganz andere Natur besäfse.

Infolge warmer Tage erschien die erste schon sehr früh: am 14. April. Conrad Payens sah sie. Ich fand dann erst am 29. und 30. wieder zwei od. mehr Stück. Im Mai zuerst auch nur sehr wenig: am 3., 7.—9., II. (?) je ein, 13. ein bis drei St. In der Nacht zum 13. (Calme) flog eine an, am 14. war aber nur etwa eine da. Dann kam — vor dem Auftreten der *borin* — eine Zeit gröfserer Häufigkeit vom 16. bis 26. mit Höhepunkt am 19.: am 16. waren nach O. 2 — C. plötzlich mindestens 1 Dtzd. erschienen, am 17. ca. $^1/_2$ Dtzd. (selten mal etwas Gesang), am 18. gar nur ein paar (manchmal sehr schöner Gesang), am 19. bei andauerndem Ost (jetzt 3—4) $1^1/_2$—2 Dtzd., manchmal Gesang, am 20. wieder nur paar, auch am 21. kaum mehr, selten singend, ein wundervoll buntes altes ♂ dabei. Am 22. wieder 1 Dtzd., dann allmähliche Abnahme. Am 27. keine mehr. Erst am 30. nachm. wieder 4 St. (ob nicht doch mehr?! Ich selbst war abwesen!). Im Juni erschien noch: am 1. eine, vom 7.—11. eine bis zwei, am 13. eine, vom 22.—25. eine bis zwei; selbst im Juli noch am 2. wahrscheinlich eine und am 3. eine sehr schöne alte, wohl dieselbe, die jetzt auch sehr oft singt.

Auch im Herbst kamen viel weniger vor als Gartengrasmücken, zumal nachts und diese nächtlichen Daten scheinen auf einen etwas späteren Zug als bei jener hinzuweisen. Die erste kam am 15. August vor, je 1 oder 2 dann am 22.—24., 26., 30. VIII., 2., 4.—6. und 8. September, wovon das Stück am 23. ein sehr schönes altes war, ebenso das vom 6. In der grofsen Unglücksnacht vom 4./5. flogen von dieser Art merkwürdigerweise nur 3 St. an. Offenbar ist ihr Zug noch nicht recht im Gange, oder sollte sie weniger leicht dem Lichte zum Opfer fallen als die *borin*? Dagegen zogen in der Nacht zum 11. schon mehr und diesmal flogen sich ca. 6, also mehr als halb so viel wie *borin*, tot. Am 11. waren $^1/_2$—1 Dtzd. da, dabei schöne ad. Dann wieder am 13. einige. In der Nacht zum 14. mufs Zug gewesen sein, denn 2 flogen an, am 14. waren denn auch mind. 1—2 Dtzd. noch da, viele davon draufsen in den Äckern. Am 15. nur mehr ca. $^1/_2$ Dtzd. Damit war Schlufs bis auf einen Nachzügler, ein wenig schönes Ex., am 10. Oktober! — Wegen der Windverhältnisse bitte man das schon bei *S. borin* Gesagte zu vergleichen.

Auswärtige Beobachtungen.

Am 15. und 16. Mai einige in Westerland (H.). Am 7. Juli wird eine auf der Juister Bill von einem *L. collurio* getötet (L.). Am 11. eine im Friedrichshain auf Sylt (Mayhoff), am 14. zwei in Westerland (H.).

149. † *Sylvia curruca curruca* (L.). Klappergrasmücke.

20 + 2? (7.). Diese kleine Grasmücke soll nach Gätke hier „stets nur vereinzelt" vorkommen, tat es 1909 auch. Heuer aber konnte ich sie in nie gesehener Menge, gradezu massenhaft (sehr bescheiden geschätzt 75—100!) beobachten. Dabei fiel ihr Massenauftreten absolut nicht mit dem der andern Arten zusammen, wie überhaupt heuer jede Grasmücken-Art hübsch für sich in gröfserer Zahl auftrat, d. h. wenigstens im Frühjahr. Diese Sonderung war sofort auffällig. Zuerst kam natürlich die *curruca* dran, wenngleich nicht etwa sehr früh (Max. am 13. Mai). Es waren auch nur drei, eigentlich fast nur zwei Tage, wo unser Vogel aus seiner Rolle fiel.

Die erste kam am 28. April vor, am 29. eine bis zwei. Am 3. Mai klappert eine, am 5. und 7. je eine, am 8. mind. 2, am 9. auf Insel und Düne je eine, einmal klappernd, am 12. zwei. Bisher war meist W.- und N.-Wind gewesen. Vom 11. abends ab wehte Ost, der von 6 bis auf 3 (früh) und Calme (abends) abflaute. In den letzten Nachtstunden hatte es geregnet. Es war sehr warm und der beste Tag (schofs da auch den Sprosser!). Die Winde wehten von Süden, Osten, Norden und der Nordseeküste her bis auf grofse Entfernungen auf Helgoland zu, in dessen Umgebung in Stärke 4 am Morgen, kein Wunder also, dafs allerhand hier vorkam, eher ein Wunder, dafs nicht noch mehr da war, Offenbar waren die andern Grasmücken noch nicht so weit nach Norden vorgerückt, um schon in den Bereich dieses Windtrichters zu kommen, denn es waren erst einzelne *communis* und *atricapilla* da, wohl aber war der Schilfrohrsänger, *Acr. schoenobaenus*, ein Gefährte der *curruca*. Diese selbst war in Masse da, besonders „wimmelte" es beinahe in den Felshalden am Fufse der Klippe unter der Nordspitze. Das war einer der interessantesten Tage des Jahres, gerade auch, weil man hier so deutlich sah, wie weit einfache mechanische Witterungsfaktoren bei dem Wesen des Vogelzugs bestimmend mitwirken.

Am 14. (O. 1) waren noch etwa 1 Dtzd. da, am 15. (O. 3—2) keine mehr, am 16. wieder paar Dtzd., dabei wehten nach Nordosten zu überall leichte bis mäfsige NO.-Winde. Im Süden ganz schwache Winde. All das deutet darauf hin, dafs der diesjährige Besuch von *curruca* sich hauptsächlich aus Exemplaren rekrutierte, die normalerweise östlich von Helgoland über das Binnenland ziehen und nicht solche, die durch die westlichen Küstengebiete kommen.

Fortan kamen nur noch einzelne vor am 17.—20., 22. und 28.(?) Mai und am 13. Juni (1).

Im Herbst nur ganz einzelne wie normalerweise: am 2. September 1 ad., am 8. zwei St., am 11. und 23. je eine ad.

Auswärtige Beobachtungen.

In Westerland am 1. August die erste (H.). Auf Amrum am 10. Sept. i. Leuchtturmsgarten eine, auf Föhr am 13. im Lembkehain in Wyk eine eine (Mayh.), in Westerland a. 14. einzelne, 23. eine (H.).

150. † *Sylvia atricapilla atricapilla* (L.). Mönchsgrasmücke.

2 : 23 (3 : 16). Auch heuer nur wenig im Gegensatz zu den andern Grasmücken, ein paar mehr als im Vorjahre allerdings.

Am 15.-April nach S. 2 das erste Pärchen, am 28. (SW. 2—4) ein ♂. In der folgenden Nacht bei S. und SW. 3—4 ein Pärchen angeflogen. Im Mai am 3. ein bis zwei ♀, am 4 ein ♀, am 5. und 6. 1 Pärchen, 8. mind. 1 ♀, 9. nach O. 1—2 (später N. 2) ca. 5 ♂, 3 ♀, 10. einzelne ♀, 12. ein ♂, 13.—14. ein Paar, 16. höchstens 2 ♀, 17. mind. 1 ♂, sang ganz selten mal etwas, 18. paar ♂, 19. sehr wenig, 20. ein ♂ singt im Gehölz, 21. viell. 1 ♂? Die letzte singt am Morgen des 7. Juni.

Im Herbst auch heuer nur wenige. Am 29. und 30. August ein ad. ♂. Am 14. September 2 ♂, 15. ein St., 19., 21.—22., 27. je ein braunköpfiges Ex. Ein gleiches flog in der Nacht zum 5. Oktober an und am 5. waren mind. 3 St. da, dabei 1 ad. ♂; am 7. paar ♂, 12. ein ♂, 26. ein Braunkopf. Im November noch am 1. ein ♂ und am 29! ein Braunkopf.

151. † *Sylvia nisoria nisoria* (Bechst.).

1 (0.). Diese hier seltene Art scheint nach Gätke bisher noch nie im Herbst beobachtet worden zu sein. In der Nacht zum 13. September wurde bei C bis NO. 2 ein junges Ex. mit dem Kätscher gefangen und mir gebracht.

152. † *Acrocephalus strepera strepera* (Vieill.). Teichrohrsänger.

2 : 2? (5). Auch heuer kein *palustris*, sondern nur paar *strepera*, gerade umgekehrt wie nach Gätke zu erwarten wäre. Im Frühjahr konnte ich diesmal keinen einzigen finden, doch soll während meiner Abwesenheit in der Zeit vom 27. Mai

bis 6. Juni ein oder der andere dieser Vögel nach Aussage des Gärtnereibesitzers Kuchlenz vorgekommen sein. Im Herbst flog bei Gelegenheit der Grasmückenzüge in den Nächten zum 11. und 13. September je einer an und am 15. beobachtete ich einen im Garten. Freilich kann ich in diesem Falle — da er ja nicht sang — nicht auf richtiges Ansprechen schwören. Es hätte ja auch *palustris* sein können.

153. † *Acrocephalus schoenobaenus* (L.). Schilfrohrsänger.

4 : 8 + 1? (4). Heuer trat diese Art — ich möchte fast sagen — häufig auf ganz im Gegensatz zu 1909. Im Herbst kam er aber auch wieder — sehr programmwidrig — nur ganz selten vor. Er erinnerte heuer in seiner Phaenologie sehr an *Sylvia curruca*, d. h. er trat zugleich mit ihr auf, deshalb bitte dort die Windverhältnisse nachzusehen.

In der Nacht zum 29. April griff ich ein St., das an der erleuchteten Tür des Leuchtturms flatterte. Im Mai war vom 9.—10. ein St. da, das ungemein eifrig sang für Helgoländer Begriffe, ein wonniger Genufs für den „Verbannten"! In der Nacht zum 13. (Ost 4) flog wieder einer an und am 13. krochen allerhand der niedlichen Dinger unter der Masse *curruca* in den Felsblöcken am Fufse der Klippe herum. Wenn ich äufserst vorsichtig ca. 10 St. geschätzt habe, so ist das in Anbetracht des versteckten Umherschlüpfens diese Art und des Umstandes, dafs sicherlich auf der Düne noch mehr waren, bestimmt viel zu wenig. Nur einer sang ein wenig. Noch am 14. waren ca. 6—8 St. da, z. T. singend, am 15. nur noch einer, am 16. aber nach und bei O. 2—C waren allein oben auf der Klippe 2—3 Dtzd. es sind also im ganzen mit der Düne schätzungsweise 50—75 St. dagewesen. Sie kriechen in jedes Loch, in jeden Holzstapel, überall umher und singen öfters. Am 17. sind davon nur mehr 1 oder zwei übrig.

Im Herbst ist das erste St. vom 30. August nicht ganz sicher. Dann sah ich am 2. September eins im Kohl, sonst aber keine. Doch flog in den Nächten zum 8. (NO. 3), zum 11. (NO. 1—3) und zum 14. September je ein Ex. an, das letzte war ein Junges mit einigen Flecken auf dem Kopfe, also Resten des Prachtkleides.

Auswärtige Beobachtungen.

Am 2. September beobachtete Hagend. welche in Westerland bei starkem Kleinvogelzug. Hier merkte ich fast nichts davon. (s. o.).

154. † *Acrocephalus aquatica* (Gm.). Binsenrohrsänger.

2 (1). Wie immer nur vereinzelt. In der Nacht zum 9. August (NO. 1) und in der zum 11. September flog je ein Ex. an, das letztere zugleich mit *schoenobaenus*!

155. † *Locustella naevia naevia* (Bodd.). Heuschreckensänger.

1 (2). In den Kleinvogelzugnächten vom 10./11. September flog ein Ex. an. Als ich in der Nacht zum 11. auf dem Turm war, bekam ich also in kurzer Zeit *Acroc. schoenobaenus, aquatica, strepera* und *Locustella naevia*, also fast alle Rohrsänger, die hier vorkommen, als Opfer des Lichtes über mir in die Hand. Das ist sicherlich ein überaus seltener Fall.

156. † *Hippolais icterina* (Vieill.). Gartensänger.

1 : 11 (9). Eher mehr als weniger denn 1909, besonders im Herbst.

Am 13. Mai die ersten paar (2 oder mehr) unter der Klippe, am 14. einer, 16. einer bis zwei, singt etwas, 23. mind. 2, laut singend, 28. angeblich 1, 31. einer, 7. Juni früh 2 singend, schliefslich am 10. ein ♂, das endlich mal ein ausgezeichneter Spötter war, wie ich bisher noch keinen in meiner Praxis gehört hatte. Ganz wundervoll spottete dieses Stück Rauchschwalbe, Mönchsgrasmücke und Sperling.

Im Herbst sah Mayhoff in meiner Abwesenheit die ersten paar grauen Jungen am 9. August, am 10. sogar 4—6 St. Am 29. sah auch ich zwei junge, fast ganz grau. Sie hielten sich im Kohl auf, waren überaus vertraut, so dafs ich mit dem Gesicht auf 60 cm herankommen konnte. — In der schlimmen Kleinvogeltodesnacht vom 4./5. September flog auch ein junger Gartenspötter an.

Auswärtige Beobachtungen.

In Westerland beobachtete Hagend. am 15. u. 16. Mai und am 2. Sept. verhältnismäfsig viele.

157. † *Phylloscopus sibilatrix sibilatrix* (Bechst.). Waldlaubsänger.

6 (1). Infolge gröfserer Wärme und andauernden Ostwindes kamen heuer mehr vor als 1909. Am 13. Mai war mind. einer, vielleicht ein paar da, einer †, am 15. nachm. schwirrte einer etwas im Unterland in den Bäumen an der Siemensterrasse. Auch am 18. singt einer den ersten Teil seines Liedchens, ich sah ihn aber auch. Am 19. turnt einer dicht vor mir an dem Drahtgeländer draufsen an der Klippenkante herum. In solcher freien Beleuchtung ist der Vogel gar nicht zu verkennen. Am 20. — es war sehr warm — schwirrt einer im Gehölz, als wenn er zu Hause in seiner Buche wäre.

Im Herbst glaubte Herr Mayhoff am 20. August einen zu sehen.

158. † *Phylloscopus trochilus trochilus* (L.). Fitislaubsänger.

5 : 60+7? (1 : 42). Heuer war es bedeutend leichter, die beiden Laubsänger zu unterscheiden, hauptsächlich deshalb, weil ich mehr Zeit darauf verwenden konnte und den Laubvögeln wegen der so enorm schwer zu erkennenden seltenen Arten intensivste Aufmerksamkeit schenkte. Daher behandle ich diesmal beide Arten getrennt, wo aber die Bestimmung nicht ganz sicher ist, setze ich ein Fragezeichen bei. — Es kamen heuer, wie zu erwarten, infolge des warmen Osts im Mai mehr vor als 1909.

Am 15. April kamen mit S. und SW. 2 auf einmal ohne Vorläufer gleich etwa 20 Stück an, wovon freilich der allergröfste Teil auf der Düne einfiel. Es waren alles *trochilus*, soviel ich durch geschossene Proben und genaue Betrachtung jedes einzelnen Stückes feststellen konnte. Mit einer Ausnahme verhielten sie sich alle stumm. Dann sah ich am 17.—18. je ein Stück, am ? 25. einen Laubsänger, am 27. zwei, ? 28. etwa zwei L., 29. zwei bis drei. Im Mai sangen am 1. einige von drei bis fünf St., am ? 3. ebensoviel stumm, wohl dieselben, am 4. etwa 5, nachm. auf d. Düne 2, am ? 6. paar L., am 7. und 8. paar. Von da ab kein Zweifel mehr. In der Nacht zum 9. müssen welche gezogen sein, denn zwei flogen an. Am Abend hatten an der Nordseeküste bis zum Kanal leichte Südwestwinde geweht. Am 9. waren noch etwa 10 Laubsänger da, ab und zu sang einer, auch auf der Düne waren nachm. etwa ebensoviel. Am 10. bei Nord nur mehr paar, 11. gar keine (Wind zu stark). Nun kam die heifse Ostwindzeit und so lange sie anhielt, gab es immer (12.—26.) Fitisse, meist viel, Höhepunkte fielen auf den 16. und 18. Am 12.—13. zunächst nur etwa ein knappes Dtzd., in der nächsten Nacht offenbar Zug (Windstille und O. 1), 1 flog an, am 14. zwei Dtzd., 15. nur paar. Am 16. aber waren viele angekommen, mind. 50, bis zum Abend waren es aber bedeutend weniger geworden und am 17. nur mehr 1—2 Dtzd. Gesang war in diesen Tagen selten, es waren wohl viele ♀ dabei?! Am 18. gab es wieder viel, ca. 50, draufsen sieht man mitunter auf den Drähten der Zäune eine ganze Menge sitzen. Bis zum 20. dieselbe Zahl, dann bis zum 22. etwa 3 Dtzd., am 23. aber nur mehr ganz wenige, die auffällig grau sind. Ich suchte natürlich schon lange den *Eversmanni*, die östliche graue Form. Ein erlegter aber, den Hartert zuerst auch sofort als *Ev.* ansprach, hielt der genaueren Untersuchung des Kenners schliefslich doch nicht Stand. Es war immer noch nicht ganz der sichere *Ev.* Ich denke aber, dafs diese grauen Stücke, die hier gegen Ende der Zugzeit durchziehen, zugleich die nordöstlichsten sind und als Grenzler Übergänge zu der östlichen Form darstellen.

Am 24. war unter $^1/_2$ Dtzd. nur ein solch grauer dabei. Am 25.—26. sah ich noch 1—2 Fitisse. Vom 28.—29. waren

2—3 singende ♂ und am 30. erst 4—6, nachmittags (hier W. 4, sonst aber überall SW. 3—5) aber nach Kuchlenz und Claus Denker, Hinrichs u. a. sehr viel da, zugleich mit der Masse Gartengrasmücken. Dieser tadellose Zugwind fegte natürlich alle noch bummelnden Ex. den Brutrevieren zu, sodafs wir hier eine ganze Weile gar keine Laubsänger mehr hatten. Doch kamen im Juni noch mal ein paar: am 5. fünf, 6. einer, 7. zwei bis drei, 8. ein sehr grauer, Gesang genau wie bei jedem andern Fitis, 9. zwei nicht so grau, 11., 13. und ? 22. je einer.

Im Herbst will Leuchtturmwärter Kliffmann am 2. August den ersten gesehen haben. Am 9. (NO. 1) sah Mayhoff etwa 1 Dtzd. Junge, am 10. noch sechs. Am 12., 16. und 20. je einer, am 22. aber wieder 6—10, scheinbar junge, auf der Düne nur einer, am 23. sechs, dabei anscheinend 1—2 ad., am 24. zwei bis drei, a. d. Düne ca. 6, am 25. nur noch einer. Nach einer Pause kam nun der Hauptzug mit Maximum am 5. — Am 28. und 29. waren es erst ein paar, am 30. etwa 9, am 31. wieder nur ein paar, am 1. September (N. 2) etwa 10, am 2. (N. 2—3) noch mehr: $1\frac{1}{2}$ Dtzd., dabei auch ad., am 3. (NW. 6) nur einzelne, am 4. (NE. 1—2) wieder mind. $\frac{1}{2}$ Dtzd., auch ad. In der grofsen Kleinvogelzugnacht zum 5. (NO. 4) zogen auch Fitisse in Menge, etwa 15 totgeflogene untersuchten wir, es waren ad. und iuv., kein einziger *collybita* darunter. Auch am Tage danach (5.) war noch eine Menge (hier 50—100, Düne paar) zurückgeblieben. Am 9. (NO. 3) war es nur noch $\frac{1}{2}$ Dtzd., am 7. kaum mehr; 8. paar, 9. nichts, 10. paar. In der zweiten Kleinvogelzugnacht zum 11. flogen 8 St. an, meist junge, darunter ein ganz winziges, hochgelbes, das fast aussah wie ein *affinis.* Am 11. selbst waren 1—2 Dtzd. dageblieben, am 12. einige, in der Nacht zum 13. wurden paar ziehende bemerkt, am 13. sind aber nur ein paar da. Am 14. kamen mit stärkerem Winde (andauernd NO.) wieder 3 Dtzd., worunter auch alte graue. Am 15. sind nur wenige noch da, ebenso am ? 18. Auch das Stück vom ? 19. ist nicht ganz sicher. Schliefslich schofs ich noch am 20. (also September!) ein graues Stück und beobachtete das letzte (mind. 1) am 21.

In der langen Nordostwindzeit sind bestimmt andauernd Laubvögel ebenso wie die andern zeitgemäfsen Sänger gezogen, doch war nur ab und zu mal Gelegenheit, sie zu bemerken und sie zur Rast auf Helgoland zu nötigen.

Die Phänologie des Fitis ähnelte am meisten dem der Gartengrasmücke und des Trauerfliegenschnäppers und erinnerte auch an die der Dorngrasmücke und des Schilfrohrsängers.

Auswärtige Beobachtungen.

In der heifsen Ostwindperiode gab es nicht allein auf Helgoland ungewöhnlich lange Fitisse. Auch auf Juist am 14. Mai viel; auch auf dem Memmert sind am 16. noch welche, singen, einer kommt ins Zimmer. Auf Sylt sind gleichzeitig in Westerland ebenfalls viel, so am 15. und 16., am 19. massenhaft, erst Ende des Monats verschwindend (am 27. alle weg). Also überall genau dieselbe Erscheinung wie auf Helgoland.

Am 15. August 4^{45} p. soll ein „Laubsänger" einen Augenblick an Deck des Feuerschiffs Borkum-Riff gekommen sein. Am 28. sieht auch Hagend. in Sylt schon welche, am 2. September dort schon sehr viele, die erst am 6. abnehmen. In Helg. sind in dieser Zeit noch nicht so viel. Der allgemeine Massenzug mit Nordostwind vom 4./5. brachte Rossitten sehr viel F., Sylt nahm er den gröfsten Teil der dort rastenden und kam auf Helgoland sehr gut zur Beobachtung. — Am 10. sah Mayh. a. Amrum ca. 20, am 13. gab es auf Norderney welche in den Kartoffelfeldern (Varges). Die Züge am 11. und 14. a. Helg. kamen auch in Ostermarsch zur Beobachtung: Leege bemerkte in diesen Tagen vor d. 16. starken Zug. Am 21. schon bemerkte ich auf Helgoland den letzten, während anderswo noch länger welche beobachtet wurden: so am 25. viele auf d. Juister Bill, am 28. wenige; auf d. Memmert fand am 29. und am 1. Oktober Leege einen lebenden *trochilus* auf seinem Bett in der Hütte.

159. † *Phylloscopus collybita collybita* (Vieill.). Weidenlaubsänger.

13 + 6? (2). Heuer kamen viel mehr vor als 1909. Das liegt nicht blos am genaueren Ansprechen.

Am 5. April hörte ich ein leises Zilp-Zalp auf der Düne: der erste. Im Vorjahre rief nie einer. Am nächsten Tage will C. Payens einen beobachtet haben, vielleicht denselben. Am 11. lockte wieder einer anhaltend laut in der Gärtnerei, ganz auffällig. Am 15. hörte ich von einem der paar Laubsänger leises Zilp-Zalp.

Im Herbst glaubte ich unter 2 Laubsängern am ? 29. August einen *collybita* zu erkennen, ebenso am ? 18. und ? 19. September ein paar resp. einen. Am 20. mag 1, am 21. höchstens 5 St. dagewesen sein, an beiden Tagen je einer geschossen. Am ? 29. und ? 1. Oktober je einer. Weiter am 5. einer, 9. vier bis sechs, 10. und 11. paar. 12.—14. einer.

Im Herbst waren die Laubsänger, besonders die *collybita*, fast immer stumm, selbst das Huid hörte man nur äufserst selten. Am 20. Sept. fiel mir ein mir gänzlich unbekannter Lockruf auf, dessen Urheber immer unsichtbar, nicht scheu, aber ungemein gewandt im Blattwerk umherschlüpfte, ohne dafs man ihn zu sehen bekam. Mit Herrn Mayhoff, der ihn auch noch nie gehört, bestimmte ich den Ruf als Djiĕ, einzeln oder regellos wiederholt, sanft, nicht laut, aber doch weit hörbar. In welche Gattung der Vogel gehörte, darüber hatte ich gar keine Ahnung, ich dachte am ehesten noch an eine Ammer, und war daher sehr erstaunt, als ich nach vielen Bemühungen einen Laubsänger erkannte, der auffällig dunkel zu sein schien. Aber das Tierchen war ungemein geschickt, sich dem Blick und Schufs zu entziehen und lockte nie, wenn es bemerkt hatte, dafs wir auf es achteten. So dauerte es stundenlang, bis ich das Vögelchen — zerschofs. Nun war guter Rat teuer. Der Ruf und das Benehmen, alles schien ganz genau auf Gätkes Schilderung von *Ph. tristis* zu passen. Die traurigen Reste konnten bei der grofsen Ähnlichkeit von *coll. coll.* und *coll. tristis* nichts entscheiden. Als aber am nächsten Tage gar noch zwei solcher Djie-Rufer auftraten und ich nach langer Mühe einen schofs während des Rufens — denn sonst konnte ich sie nicht unter den andern Weidenlaubsängern herauskennen — konnten wir nicht mehr an den *tristis* glauben, zumal die Beschreibung nicht ganz pafste. Es waren also doch nur gewöhnliche Weidenlaubsänger gewesen.

An beiden Tagen vernahm man so gut wie ausschliefslich diesen merkwürdigen Ruf und zwar anscheinend immer von den gleichen Exemplaren, meist im Abfliegen. Ein huid war äufserst selten, nur ein einziges Mal zu vernehmen. Auch am 11. hörte ich noch selten einmal den Djie-Ruf. Sonst höchstens mal das gewöhnliche Huid. Warum nun an manchen Tagen fast ausschliefslich den ungewöhnlichen Ruf? Ich dachte an einen Wanderruf, aber Prof. Voigt schreibt mir, dafs er offenbar denselben Ruf von einem zu Neste tragenden Vogel Ende Mai hörte. Er schreibt aber weiter, dafs doch wohl die meisten dieser Djie-Rufer noch im Streichen begriffen waren. Die Frage ist wohl wert, weiter von den Binnenlandsornithologen verfolgt zu werden.

In der Literatur fanden wir dementsprechend den betr. Ruf nur in Voigts Exkursionsbuch z. Studium d. Vogelstimmen, wo es heifst „Seltener hörte ich von ihnen höhere, etwas abfallende Laute h b 3".

Auswärtige Beobachtungen.

Am 14. Mai sollen auf der Juister Bill nach Leege noch viele gewesen sein. Am 2. Sept. soll in Westerland nach Hagendefeldt auch diese Art schon gezogen sein, ebenso nach Leege in den Tagen vor dem 16. Ganz sicher ist die Artbestimmung wohl am 25., wo Leege auf der Juister Bill wenige sieht. Am 24. bis 25. hört Mayhoff in den Vorstadtgärten v. Hamburg wiederholt Gesang!

160. † *Phylloscopus collybita abietina* Nillos. Östlicher Weidenlaubsänger.

2 (0). Am 9. Mai schofs ich einen merkwürdigen ♀ Laubsänger. Er sah aus, wie einer der alten Gätkeschen Bälge, die 40 Jahre vom Sonnenlicht ausgebleicht sind. Dafs es nur eine Abnormität war, ahnte ich sofort. Dr. Hartert hatte die Liebenswürdigkeit, das Stück zu determinieren und er stellte denn auch

eine leucocistische Aberration, also krankhaften Pigmentmangel, fest und zwar von dieser Form. Ein anderes auffällig graues aber normales *collybita* ♀ vom 14. Mai gehörte nach ihm ebenfalls hierher.

161. † *Turdus philomelos philomelos* Brehm (= *musicus* auct.). Singdrossel.

23 : 147 + I ? (12 : 83). Die Singdrossel mufs schon recht häufig dem Beispiel der Amsel folgen in dem Versuch, dem Winter zu trotzen. Denn wenn auch vielleicht wirklich einige der folgenden Januar- und Februar-Beobachtungen, die von Hinrichs stammen, sich auf die Weindrossel beziehen sollten, so kennt er beide Arten doch zu gut, um sie immer zu verwechseln. Im Januar sah er am 22. eine, am 23. früh 8 h zehn St. in einem Garten, nachm. einige, am 30. einige. Im Februar am 12. nachm. 6 h „viele", am 20. und 23. je eine. Von nun ab eigene Beobachtungen. Im ganzen März nur wenig Zug, am meisten am 7. und 8. Am 1. und 3. paar, am 4. früh etwa 10, mittags nur mehr 1—2, am 5. früh keine, mittags eine. Am 7. kamen ganz früh mit S. 1 ca. 30: St. durch, später höchstens eine da. In der folgenden Nacht zogen nach Mitternacht bei SW. 2—1 einzelne, am 8. sind aber a. I. u. D. (Insel u. Düne) nur ein paar zurückgeblieben. In der Nacht zum 9. (SSW. 4) soll ab $3^1/_2$ h starker Graudrossel- (Wein- + Singdr.) Zug gewesen sein, am 9. ist aber keine einzige mehr davon da. Am 10. paar, nachts 10./11. kaum eine, 11. a. d. D. 1—2, 13. ca. 5, 14. ca. 15, 15. ca. 5, 15./16. ab und zu einzelne, 16. mind. 3. Vom 18.—21., 24.—30. immer einige, am wenigsten am 26. (1), am meisten am 28. (mind. 6—8).

In den April fiel der Hauptdurchzug, der dann in der ersten Maihälfte abflaut. So lange Ostwind weht, keine einzige; am 4. IV. schlägt er in SW. um, sofort die erste Singdr. und in der folgenden Nacht bei diesem Winde Stärke 2—3 öfter ihre Stimme zu hören; am 5. nur noch eine. Am 6. ziehen bei ONO. 3 noch „allerhand", ich notiere besondere Unruhe der Vögel, hängt das mit dem Gegenwind zusammen? Ebenso am 7. bei NO. 4—2 früh gegen 8 h noch allerhand Durchzügler in Trupps. In der folgenden Nacht (NO. 3—1) wenige zu hören Am 9. (NW. 2—4) ca. 4—6. Am 11. früh (Wind eben von NNW. 3 nach SW. 2 umgesprungen) ziehen wenige, gegen 9 h sind 10 St. da, am 12. bei SW. 4—2 mind. 1 Dtzd., auch a. d. D. einzelne, am 13. etwa 1 Dtzd., nachmitt., wie fast immer, meist weg. In der Nacht zum 14. bei SSW. 3—0 hörte man bei den starken Regenböen hochziehende Drosseln. In diesen letzten Südwestwindnächten ist sicherlich eine gewaltige Menge Singdrosseln gezogen, aber nur selten bot sich Gelegenheit, vom Zug etwas zu spüren. Am 14. waren früh noch etwa 25 da. In der folgenden Nacht (S. 2) wieder nur einzelne zu hören, am 15. früh sind aber mind. 2 Dtzd.,

a. d. D. ca. 1 Dtzd. eingefallen, ein Beweis, dafs in Wirklichkeit viel Zug war. Von da bis zum 19. ist täglich etwa 1 Dtzd. zu beobachten, am 20. paar, am 21. wieder ca. 10. Dann erst am 25. bis 27. ca. 3—6, am 28. aber nach SW. 4—2 ca. $1^1/_2$ Dtzd. und in der folgenden Nacht (28./29.) bei SW. und S. 3—4 das Maximum: „sehr viel“ ziehend. Am 29. noch sind sehr viel da im ganzen höchstens 100, die meisten aber gehen früh rasch durch. Am 30. (W. 4) sind es nur noch höchstens 10.

Im M a i zunächst vom 1.—3. bei Nord einzelne, am 14. mit SW. 1 sofort ca. 1 Dtzd., nachm. nur mehr eine, am 5. ca. 6—8. Doch ist zu bemerken, dafs in den allerersten Tagesstunden die Drosseln meist sehr rasch durchziehen und es sehr schwer zu unterscheiden ist, was rastet und ob sich die Zahl immer neu ersetzt. Demnach sind meine Zahlen nur Anhaltspunkte für den momentanen Bestand, der sich an guten Zugtagen eben immerfort durch Kommen und Gehen auf annähernd gleicher Höhe hält, bis im Laufe des Vormittags fast alle weggezogen sind. — In der Nacht zum 6. ziehen bei auffrischendem SSW. „nicht viel“. Vom 6.—8. bei meist W. und WSW. 6 sind immer nur 5 St. da, in der Nacht zum 9. sollen einige am Turm gewesen sein bei O. 1—2, am 9. sind a. I. und D. ca. 10, am 10. nur 2—3. Jetzt setzt die Ostwindperiode ein. Erst nichts, dann vom 14.—16. $^1/_2$—1 Dtzd. vom 17. bis 21., 23.—24. einzelne.

Im J u n i erschienen am 6. (?) eine, 22.—23. zwei bis drei, 25., 29.—30. je eine, im J u l i am 10., 22., 28. und 30. je eine.

Damit scheint schon der Herbstzug eingesetzt zu haben ohne sichtliche Trennung. Im A u g u s t sah ich vom 2.—3., 15., 20., 22.—23., 25., 27. und 29.—30., im S e p t e m b e r am 1., 3., 6. und 8. meist ein, selten 2 St. Es mag wohl in den Zwischentagen manchmal eins der jungen sehr still und versteckt lebender Tiere unbemerkt geblieben sein. Am 9.—10. waren drei St. da, in der Nacht 10./11. zogen wenige (1 †), vom II.—13. paar, 13./14. schon allerhand Zug, 14. paar, 15. ca. 10. Dann vom 18. bis 20. zwei bis drei. Nun beginnt ein recht reger Durchzug von schönem regelmäfsigen Verlauf, d. h. einigermafsen gleichmäfsiges Ansteigen bis zu starkem nächtlichen Zuge am 4./5. Oktober, ziemlich stark anhaltend bis zum 13., dann rasches Absinken und Schlufs. Keine grofsen Lücken. Am Tage rasten meist nur sehr wenige, alles geht früh eilig weiter, nur vom 5.—7. sind auch bei Tageslicht recht viel da, am 5. etwa 50—100. Oft ist auch nach nächtlichem Zuge bis zum Morgengrauen alles wieder weg bis auf ganz vereinzelte. Nächtliche Züge fanden statt am 27./28. (I †), 29./30. kurze Zeit einiger Zug, 2./3. bei SW. 5—3 (!) ganze Nacht einzelne, zeitweise allerhand; 4./5. bei N. 5 viele Hundert (oder Tausend): starker Zug, Höhepunkt; 8./9. bei N. 1 mäfsiger Zug; 10./11. hoch Rufe zu hören, II./12. ebenso, 12./13. bei N. 1—4 wieder viel Zug, Hunderte.

Da wir in dieser Zeit selten ganz günstigen Wind hatten, zogen die Drosseln öfter auch bei ungünstigem Winde.

Während noch am 15. Oktober bei O. 1—3 noch immer welche zogen und etwa 1 Dtzd. rastete, waren vom 16. ab nie mehr viel da. Bis zum 18., am 20., 25., 29.—30. einzelne. In den Nächten 30./31. und 31./1. ebenso. Vom 1.—6., 15.—16., 20.—21. und am 23. November nur mehr einzelne, zuletzt immer nur je eine.

Am 13. Mai sah ich auf dem Oberlande im hohen Grase einen weifsen Fleck, der mir wie ein Vogel vorkam. Anstatt sofort zu schiefsen, verfiel ich wieder in meinen alten Fehler, den Vogel — denn dafs es einer war, sah ich nun sofort — nur allzu lange mit dem Glase zu bewundern. Es war ein herrlicher rahmweifser Total-Albino, dessen Anblick so befremdend war, dafs ich ihn nur mit Wahrscheinlichkeit, nicht Sicherheit als Singdrossel ansprechen konnte und erst ans Schiefsen dachte, als er um die Ecke entschwand. Trotz stundenlanger Suche war und blieb er verschwunden.

Auswärtige Beobachtungen.

Am 19. September auf Baltrum nach Leege nur die üblichen (hier auch erst sehr wenig. Am 25. aber im Seedorn der Juister Bill viele (hier noch wenig), am 26. auf d. Memmert viele (hier etwas Zug, in der Nacht zum 28. Zug, tags allerhand:) am 28. rasten in den Juister Billdünen sehr viele. Am 1. Oktober auf d. Memmert viele (hier einzelne, am 2. ganzen Tag und Nacht über Zug, der sicher auch dort die Mengen mitnahm, denn am 3. und 4. a. d. M. nur etliche! (Leege). Am 14. in Emden viele graue Drosseln, anscheinend dieser Art (Varges). Ebenso ist die Art nicht ganz sicher bei 3 Graudrosseln, die am 18. etwa 90 Sm. WNW. von Helgoland früh 8 h an Deck unsres Schiffes kamen (a. Helg. nur einige). In der folgenden Nacht war bei SW., sehr dunkler Luft und feinem Regen am Norderneyer Leuchtturm gewaltiger Anflug, während Helgoland und Borkum gar nichts verspürten, dagegen auch um den Westleuchtturm auf dem Ellenbogen (Sylt) Drosseln schwärmten. Am 21. Okt. noch sind allem Anscheine nach in Lübeck immer noch die Brutvögel da (nach W. Hagen, Orn. M.-Ber. 1910, Nr. 12). Das ist interessant als weiteres Beispiel für das „Überfliegen" der Nordländer über ihre südlicher wohnenden Artgenossen hinweg.

162. † *Turdus musicus* L. = *iliacus* auct. Weindrossel.

Infolge des unseligen, wenn auch unvermeidlichen Namenwechsels bitte ich alle Kollegen, einige Jahre lang meinem Beispiel zu folgen und möglichst immer den deutschen Namen zu dem „*musicus*" zu fügen. Sonst weifs man nie, ob nun die alte oder neue Nomenklatur angewendet ist.

21 : 82 (12 : 51). Der Weindrosselzug fällt im Frühjahr früher, das Maximum kam auf den 11. März. Eine zweite Anschwellung in der ersten Aprilhälfte fiel mit dem Anfang des Singdrosselzugs zusammen. Ebenso fiel im Herbst eine erste Zugsperiode mitten in den Singdrosselzug, die Hauptperiode aber viel später, mit Höhepunkt am 30./31. Oktober. —

Im Januar glaubte ich am 1. eine zu sehen, in der Nacht zum 6. sollen allerhand W. gezogen sein, ebenso verschiedene in der Nacht vom 7./8. (1†), auch am 9. und 10. je ein St. In der folgenden Zeit meiner Abwesenheit sind unter den gemeldeten Singdrosseln wahrscheinlich auch einige dieser Art gewesen. Wahrscheinlich ist in der Nacht vom 11./12. Februar auch diese Art gezogen. Im März finde ich am 3. auf der Düne eine oder paar, am 7. früh sieht Hinrichs mind. 1, in der Nacht zum 8. (SW. 2—1) höre ich nach 12 h einzelne, am 8. sind davon noch ein paar da. In der Nacht zum 9. (S. 3—5) ist bei ziemlichem „Graudrossel"zug bestimmt auch diese Art vertreten gewesen. Am 10. paar, in der folgenden Nacht bei SW. und SSO. 1 offenbar viel Zug, ohne dafs man viel merkt, 1 fliegt an, ganz früh viele da. Nach Abzug des Nebels dann am 11. bei N. 1 und Windstille vormittags und tagsüber Massenzug, ca. 400 rasten auf der Insel, viele Züge gehen ohne Aufenthalt hoch nach NO. überhin. Auf der Düne sind nachm. nur ca. 2 Dtzd. In der nächsten Nacht (11./12. N. 1) nur einzelne bemerkt, am 12. (N. 1) über ca. 40 da, deren Zahl bis zum 16. auf 2 abnimmt. Dann lange Zeit wenig wegen Nordwinde: vom 16.—18., 20.—21., 25., 27.—31., 2., 4. und 6. April stets nur wenige (1—6 St., nur am 25. acht bis zehn). Am 7. früh zogen sie in Trupps durch trotz NO. 3. In der Nacht zum 8. bei NO. 4—2 immer wenige, vom 8.—9. sechs bis zehn. Am 11. zogen ganz früh bei SW. 3 wieder wenige, gegen 9 h 25 St., nachm. an der Düne nur 1. Allmähliche stete Abnahme bis zum 18. Dann nur noch am 22. und 27. je ein Nachzügler.

Im Herbst erschienen die ersten (je 1) vom 16.—18. und 25. September. Am 26. ziehen bei SW. 2—4 schon einzelne, so auf See 10 Sm. NNW., wo sich eine einen Augenblick auf die Mütze des Fischmeisters niederläfst, der am Steuer steht. — Am 27. ein schönes ad. ♂. Im Oktober vom 1.—2. bei südlichen Winden nur wenige. In der Nacht bei NW. 5—4 paar Tausende, am 5. nur mehr paar Dtzd. In der Nacht zum 6. bei N. 4—1 wieder Zug. Man bemerkt aber nur wenig, als es zweimal finster wird. Am 6. sind 1—2 Dtzd. da, am 7. aber bei O. 1 mind. 50—100 oder mehr, die Nacht ist also sicher Zug gewesen, nur unbemerkt. Am 8. bei SO. nur ein paar, in der Nacht zum 9. bei N. 1 allerhand Zug, noch am 9. bei NW. 1 früh 7—9 h einzelne kleine Trupps, am 10. bei W. 2 nur 1 Dtzd. In der Nacht zum 11. trotz westl. W. in der Höhe Stimmen zu hören. Fortan bei südlichen Winden sehr wenig: am 11.—12., 15.—17., 19. wenige. Am 21. nach O. 3—5 wieder ca. 10, am 22. aber bei O. 5 wieder nur einige. Da, am 23. bei O. 4 auf einmal viele hundert „Drosseln" (s. Ausw. B.!) am 24. nur vereinzelt. In der Nacht zum 25. bei O. 4 mittelstarker Zug, ebenso noch am Tage sehr viel. Tagsüber ziehen über dem Wasser Drosseln. Nachts 25./26. bei O. 3 etwas Zug, am 26. noch viel „Drosseln", am 27. bei SO. 3 mind. 20 „Drosseln", in der Nacht zum 28. bei O. 4 allerhand Zug, am 28. aber nur vereinzelt. In der Nacht zum 29. bei S. 3—2 abends nur schwacher Zug, am 29. auch nur ein paar. In der Nacht zum 30. aber bei O. 1 wieder sehr viel Zug, mehrere Hundert gefangen. Am 30. selbst wenige Dtzd. a. d. D. ziemlich viel. In der Nacht zum 31. bei NO. 3 und O. 2 grofser Massenzug, viele Hundert gefangen ein Fänger hatte einen grofsen Korb voll. Am 31. tagsüber nur noch wenige da. In der Nacht zum 1. November nochmals starker Zug unmittelbar vor dem Sturme, am 1. nur einzelne. In der Nacht zum 3. bei N. 4 nochmals allerhand Zug, am 3. früh nur mind. 3, nachm. trotz SW. 4 etwas Zug, nach Hinrichs einmal ein Trupp von 60 „Drosseln" durch. Am 4. und 6. wenige, in der Nacht zum 7. paar „Drosseln" im Schein, am 7., 9. und 14. paar. In der Nacht zum 19. bei NO. 1—3 nochmals ziemlich viel Zug, der letzte Schub, früh keine einzige mehr. Dann nur mehr vom 22.—24., 26.? einzelne. Zuletzt sollen noch am 1. Dezember früh einige durchgekommen sein, mittags war keine mehr da.

Also auch hier wie überall: Zug mit dem Winde, soweit das eben möglich ist. Zug gegen den Wind möglich, aber nur notgedrungen ausgeführt.

Auswärtige Beobachtungen.

Am 30. März sah Leege auf d. Memmert, wie ich hier, nur einzelne. In der Nacht vom 8./9. Oktober war hier allerhand Zug, zugleich in Hamburg (dort ganz leiser SW. und sternklarer Himmel, in den „folgenden Nächten" sei auch in Lübeck Zug gewesen [W. Hagen Orn. M.-B. 1910 Nr. 12]). In der Tat war auch hier am 10./11. Zug. Das bedeutet also wieder Zug „in breiter Front" von O. nach W. In Lübeck abends 16./17. bei O. und trotz Mondschein Zug, hier nichts (ich selbst war allerdings abwesend). In der Nacht vom 18./19. gab es östlich und nördlich von Jütland entweder Windstille oder sehr schwache Winde, westlich davon ungünstigen frischen Südwest. Offenbar sind im Nordosten doch allerhand Drosseln aufgebrochen und gerieten in der Nordsee in den ungünstigen Wind hinein. So ist es wohl zu verstehen, wenn am Westleuchtturm auf d. Sylter Ellenbogen ca. 500—600 „Drosseln" um das Feuer schwirren und am Norderneyer Leuchtturm gewaltiger Anflug war (mit Singdr. zusammen 270 St.). (Helgoland und Borkum spürte nichts, obgleich es auch da gegen Morgen bedeckt war und zeitweise regnete. Soweit wären also die Drosseln gar nicht gelangt, sondern schon eher umgekehrt, denn je weiter sie kamen, desto mehr kamen sie in stärkeren SW. — In der Nacht vom 22./23. wurde an unseren Leuchttürmen gar nichts gemerkt, da nirgends ganz bedeckter Himmel war. Die Windlage ist mit lauter östlichen, nicht zu starken Winden ideal. Es mufs Zug gewesen sein, kann man a priori schiefsen. Und es war auch welcher: Ich war gerade im Hafen von Ijmuiden an der holländischen Küste. Um Mitternacht war schlechter Sternhimmel, trotzdem hörte ich einige Weindrosseln in der Nähe des sehr starken dem Helgoländer ganz ähnlichen Leuchtturms. Am andern Morgen sah man immer noch in der Höhe ab und zu kleine Trupps an der Küste westwärts streichen. Sie waren so hoch, dafs man sie noch gut sah (paar hundert m), sie aber kaum bemerkt hätte ohne die Lockrufe. Am 23. waren dann auch auf Helgoland „viele Hunderte Drosseln" eingefallen. — In der grofsen Zugnacht vom 31./1. November zogen ja hier grofse Mengen Weindrosseln, zugleich war auch in Emden von 6 bis mind. 11 h grofser Weindr.-Zug: „Die Luft ist voll von nicht einen Augenblick aussetzenden Rufen" (Varges). Das würde heifsen: Zug nach der Küste, was ja sehr erklärlich ist, weil ihnen der Wind, je weiter sie nach W. kamen, immer unangenehmer und stärker aus SW. entgegenwehte. Sie suchten sich also zu retten vor dem heraufziehenden Sturm. Diese Nacht spricht sehr gegen ein erhebliches Vorahnungsvermögen der Vögel.

Schliefslich flog am 20. Nov. am Feuerschiff Borkum-Riff eine Graudrossel, wohl diese sp., vorbei.

163. † *Turdus viscivorus viscivorus* L. Misteldrossel.

1: 14 (2: 7). Etwas mehr als 1909, wie bei allen Arten.

Im Frühjahr sah nur der immer im Freien beschäftigte Jakob Reymers einige der flüchtigen Durchzügler, so am 11. März zwei, am 13. und 19. je eine, am 3. April zwei.

Zu sehr auffälliger Zeit, am 29. August, soll eine dagewesen sein, wie mir die drei besten Helgoländer Kenner unabhängig berichteten.

Im Oktober glaubte ich am 1. eine fliegen zu sehen, am 8. ward eine geschossen, am 14. sah Hinrichs eine, am 17. kamen gar 4 St. vor, wovon eine geschossen. Vom 18.—20. hielt sich sonderbarer Weise eine hier auf, ganz merkwürdig vertraut, offenbar angeschossen. Am 20. ward sie endlich im Gehölz vom Hause aus mit dem Teschin geschossen. Das Tier mufs krank gewesen sein, denn sonst sind die Vögel hier mächtig scheu. Am 21. und 30. (da angeblich) je eine, schliefslich in der grofsen Zug-Nacht zum 31. einzelne schnarrend gehört.

164. † *Turdus pilaris* L. Wacholderdrossel.

12 : 81 (4 : 70). Der Frühjahrszug war auffallend lange hinausgezogen. Was wir bemerkten fiel sehr spät, mit der Singdrossel zusammen, ohne besondere Ähnlichkeit mit deren Phänologie, nur 2 Zugnächte fallen zusammen.

Im Januar zogen in den letzten Stunden der Nacht zum 6. auch *pilaris*, ebenso in der Nacht zum 8. Es handelt sich dabei (s. Feldlerche) jedenfalls schon um NO.-Züge. Am 8. waren auf d. Düne 3, auf d. I. angeblich einzelne. Am 19. früh bei Schneefall ziehen nach Hinrichs welche. Vom 26.—28. und 30. je eine oder zwei, im Februar ebenso am 4. und 5. Im März am 8. früh eine, am 11. unter Hunderten von Weindr. 1 od. 2, am 27. eine, am 28. mind. 6, am 30. einzelne tagsüber angekommen. Im April am 9. eine, vom 11.—18. meist ein knappes Dtzd., nur am 14. einzelne und am 18. früh ca. 20, die rasch durchziehen. Vom 20. bis 23. eine bis sechs. Am 24. bei SW. 6—3 ein Schwarm von ca. 40, vom 25.—27. paar. Am 28. früh bei SW. 4—2 über 40; bei demselben Winde ziehen in der Nacht zum 29. ziemlich viele (6 †), am andern Morgen sind aber nur noch einzelne da.

Im Mai etwa 10, am 2. eine kranke. Am 3. schien $8^1/_2$ h bei N. 3 ein Schwarm von 32 eben anzukommen, der auffällig wenig scheu war. Sie zogen aber bald wieder weg. Am 4. und 5. bei S. 1 je ein kleiner Trupp (ca. 1 Dtzd.) durch, in der Nacht zum 6. bei auffrischendem SSW. nicht viel Zug. Am 6., 8. je 6—8, am 8./9. einige am Turm, auch am 9. bei Regen noch ca. 10. St. da, am 10. auch 11—13, am 11. nach O. 4 ca. 40, die abnehmen bis auf 4—6 am 14. (d. h. es waren wohl nicht immer dieselben). Am 15. wieder 11—20, in der folgenden Nacht 1 †. Nun Zunahme bis auf ca. 30 am 18., dann rasche Abnahme auf einige am 20., so bis 22. Am 24. und 26. je 1—2, am 29. fünf, am 30. noch 21! dann aber nur mehr am 3. Juni eine.

Im Herbst fiel der Zug der Wacholderdrossel zum Teil mit dem der Weindrossel zusammen, gleichwohl zeigten beider Zugsdiagramme sehr wenig Ähnlichkeit. Solche Verschiedenheiten sind lästig beim Berichten, können aber bei eingehenderem Studium sehr interessante Aufschlüsse ergeben. Der Zug fiel fast nur in den November.

Am 12. August will Kuchlenz 2 gesehen haben, wohl ein Brutpaar aus der Nähe. Im September kam am 15., 27. und 30. je eine vor, im Oktober am 14. zwei, am 21. und 23. je eine. In der Nacht zum 28. (O. 4) kamen zum ersten Male mehr und zwar gleich allerhand, ohne dafs bei Tage noch etwas übriggeblieben wäre. Ebenso zogen in der Nacht zum 30. bei O. 1 sehr viel. Tagsüber waren auf der Insel einzelne, auf d. D. viel. In der Nacht zum 31. zogen weniger, d. h. immer noch Hunderte, am 31. waren aber nur wenige da. Ebenso vom 3.—7. (3—5 St.), am 9. und 12. ca. 9 St. In der Nacht zum 13. ziehen trotz

WSW. 3 allerhand W., am 13. sind aber nur ca. 10, am 14. noch 2—3 da. In der Nacht zum 19. bei O. 1—NO. 3 geht sehr hoch ziemlich viel Zug überhin ohne eine Spur bei Tage zu hinterlassen. Am 20. kamen bei NNW. 4 nach Claus Denker einige Trupps durch, am 21. und 22. sind ein paar da. In der Nacht zum 1. Dezember nochmals leidlicher Zug bei leichtem SO. Am 1. sind denn auch ganz früh noch viele da nach Cl. Denker, mittags aber finde ich keine mehr. Die letzten beiden werden am 5. gesehen und geschossen.

Auswärtige Beobachtungen.

Die paar Notizen, die ich habe, ergeben keinen Zusammenhang mit Helgoland. In Westerland sieht Hagend. am 10. Jan. und 13. April je eine, am 12. Mai auf einer Wiese bei Keitum noch 60—70 St., am 14. Leege auf d. Memmert im Helm einzelne. Am 15. Sept. Sylt, Friedrichshain 1., 2. Okt. ein Schwarm von über 100 (hier nichts). Am 14. in Emden viel (V.). Am 16. in Westerland mehrere (H.), am 17. auf dem Ellenbogen eine Schar von 30—40 (Otto). Am 21. Emden 3 (V.). Am 24. dreieinhalb km vor Ijmuiden eine am Schiff vorbei. 31. Westerland 10—20, 14. Nov. viele (H.). 27. Emden: hier und da eine (V.).

165. † *Turdus merula merula* L. Schwarzdrossel.

25 : 157 (4: 62). Ein guter Teil des Plus an Beobachtungen heuer fällt auf das erste Vierteljahr, das mir 1909 fehlte. Trotzdem der Zug der Schw. zeitlich gut mit dem der Weindrossel zusammenfällt, ist doch die Phänologie beider Arten merkwürdig verschieden. Mit dem Singdrosselzug fiel nur mehr ganz das Ende des Zuges dieser Art zusammen.

Zur Überwinterung gehören noch folgende Daten: Im Januar am 1. früh mind. 2, am 3. eine. In der Nacht zum 6. zogen schon wieder welche, offenbar schon wieder nordwärts, ebenso in der Nacht zum 8. Am 6, 8.—10. und 23. einzelne, meist ♂. Am 26. früh 9 St., später nur einzelne, so bis zum 29., am 30. mehr. In der Nacht zum 1. Februar ziehen morgens noch einige durch, ebenso vom 4.—11. In der Nacht zum 12. etwas Zug, vom 12.—16. einige (bis 20). Am 18., 20., 22. und 1.—2. März stets eine bis ein paar. Am 3. nach S. 3—1 hier nur 1—2. a. d. D. aber nachm. ca. 3 Dtzd. Am 4. bei SO. 3—4 früh mehr als 15, mittags nur mehr 3. Vom 5.—7. einzelne. In der Nacht zum 8. ist bei S. 2 schwacher Zug, am 8. bei SW. 2—1 sehr früh noch viele, 8—9 h nur mehr ca. $^1/_2$ Dtzd., meist jüngere ♂, a. d. D. nachm. eine kleine Anzahl. In der Nacht zum 9. ist bei SSW. 4 wieder ziemlicher Zug zugleich mit Weindrosseln. Am 9. und 10. wieder nur ein paar und in der Nacht zum 11. bei SW. und SSO. 1 eine Anzahl. Am 11. ist auch noch eine ganze Menge, ♂, ♀ und iuv., zurückgeblieben, a. d. D. ca.

1 Dtzd. Am 12. ca. 1 Dtzd., 13. mitt. ca. 25, früh noch paar mehr, 14.—15. weniger, viele ad. ♂, 16. wieder gegen 30, sehr viele ad. ♂, 17.—20. wenige (bis 6), 21. früh ca. 15—20, 22.—23. einzelne, 24. ca. 12—15, auch noch ganz alte ♂, 25. früh 6 h nur eine, nach 9 h mind. 9, immer noch viel ad. ♂. Bis zum 27. Abnahme auf ein paar, am 28. bei N. 1 ca. 30—40, 29. (N.) früh sehr wenig, mitt. ca. 25, gerade so am 30. (O. 4—5) früh nicht viel, tagsüber aber recht viel, wohl 100, jetzt meist ♀, fing und markierte 30. Am 31. kaum mehr die Hälfte da, am 1. noch ca. 30, a. d. D. paar, am 2. noch 10—20, vom 3.—5. paar. Am 4. ein ad. ♂ mit einigen ganz weifsen Schwungfedern geschossen. In der Nacht zum 5. bei SW. 2—3 öfter Rufe zu hören. Am 6. bei NO. 3 ca. 20, bei gleichem Winde (3—2) zieht in der folg. Nacht eine ganze Anzahl, in der Nacht zum 8. (NO. 3—1) wenige. Damit hat der Zug ein Ende. Fortan nur wenige: vom 8.—10. zwei bis vier, bis zum 12. etwa 10, meist ♀, am 13. und vom 15.—16., vom 18.—22., am 25., vom 27.—28. je 1—3 ♀, nur am 25. ein ♂. Als letzte Nachzügler kommen am 9. Mai zwei und am 23. ein ♀ vor.

Der Herbstzug war in seiner Phaenologie sehr ähnlich dem zweiten Teil des Weindrosselzugs und ziemlich ähnlich dem der Wachholderdrossel, nur erschien diese viel seltener. Er ward nur durch ganz einzelne Vorläufer am 19.—20. und am 30. September eingeleitet, um dann in der ersten Oktoberhälfte sofort lebhaft einzusetzen, nach einer Pause vom 13.—22. in eine zweite Periode sehr starken Zugs einzutreten, dann mit Ausnahme zweier Nachschübe im November abzuflauen.

Im Oktober war am 1. erst 1 ♀ da, am 2. aber ziehen bei SO. 3 den ganzen Tag über Schwarzdrosseln und zeitweise ist wohl 1 Dtzd. da, in der folgenden Nacht ziehen bei SW. nicht sehr viel, vom 3.—4. sind nur ein paar (♂ u. ♀) da, in der Nacht zum 5. bei N. 5 ziehen ungeachtet des gewaltigen Drosselzugs nur wenige Dtzd. dieser Art, was sehr auffällig wirkte. Vom 5.—8. sind stets nur ein paar da, überhaupt nie mehr als 1 Dtzd. bis zum 17. Trotzdem fallen in diese Zeit gute Zugnächte: am 10./11. (NW. 1) war der Zug zu hoch, 11./12. (SSE. 3) ebenso, 12./13. (N. 1—4) ebenso. — Am 19. kam wieder eine zur Beobachtung und am 20. sollen welche überhin gezogen sein. Am 22. notierten meine Beobachter einige, am 23. Hunderte „Drosseln". Damit fängt die zweite, die Hauptperiode des Durchzugs an. Am 24. zogen zwar nur vereinzelte nach SO. 4 und bei O. 5, in der folgenden Nacht (O. 4) war aber wieder mittelstarker Zug, der sich trotz oder gerade wegen dünnen Nebels bei O. 4 und SO. 3 den ganzen Tag über lebhaft fortsetzte. In der Nacht zum 26. wurde bei SO. nur etwas Zug bemerkt, am 26. aber bei O. 3—4 viel, am 27. bei SO. 4 nur einige, in der folgenden Nacht bei O. 4 ziemlich viel mäfsiger Zug, am 28. aber sind nur mehr vereinzelte da. In der Nacht zum 29. abends bei S. 2 schwacher

Zug, später bei SW. 1, nichts mehr, am 29. bei SW. natürlich ebenso nur ein paar. Wie der Wind in der Nacht wieder nach O. (1) geht, gibt es wieder Zug, aber nicht viel, am 30. sind bei O. 1—3 paar Dtzd., darunter viel ad. ♀, a. d. D. mind. 6 St. zu sehen. In der folgenden Nacht bei NO. 3 und O. 2 ziehen Tausende (Höhepunkt), am 31. sind ca. 3—4 Dtzd. da, in der Nacht zum 1. November, der grofsen Schnepfennacht, ziehen wieder sehr viele Schw., wovon am 1. nur ca. 1 Dtzd., am 2. nur 1 paar zurückblieben. In der Nacht zum 3. bei N. 4—5 nochmals allerhand Zug, aber hoch. Es bleiben etwa ½ Dtzd., nachmittags ist aber trotz SSW. 4 noch etwas Zug, einmal kam nach Hinrichs ein Trupp von 60 St. überhin. Von da an nur mehr tagsüber welche beobachtet und immer weniger bis zum 10. Der Grund waren starke westliche Winde. Als am 11. abends wieder mal Nordwind (4—3) weht, sind am 12. sofort wieder Schwarzdr. da: hier 1—2 ad. ♂, nachmittags ziehen paar mehr durch, auf der Düne ist ca. ½ Dtzd. schwarze ♂. In der Nacht zum 13. ziehen bei SSO.! viele, wovon am 13. noch mind. 30 nachgeblieben. Dann bei weiterem starken Süd und Südwest Abnahme bis zum 15., nichts bis zum 18. Sofort mit umspringendem Winde (O. 1—NO. 3) in der Nacht zum 19. ziemlich viel Zug, aber sehr hoch. Damit ist wohl die Masse erschöpft. Vom 19.—23., vom 25.—26. und am 29. sind immer einige hier. In der Nacht zum 30. gibt es bei SW. 3 nochmals etwas Zug gegen Morgen. Das war aber das allerletzte Aufgebot, am 30. selbst sind nur 1—2 da. Im ganzen Dezember sind fast täglich einzelne da, die es hier im Lazarettgarten, der guten Windschutz und offenen Rasen zum Wurmen, sowie viele Mehlbeeren bietet, ganz gut aushalten können. Von Zeit zu Zeit lösen sich allerdings die Exemplare ab. Am 1., 6.—7. je ein ♂, am 10. zwei ♂, am 11., 14.—19. ein ♂, am 20. zwei junge ♂, vom 21.—29. je ein ♂.

Auswärtige Beobachtungen.

(W. = Westerland, E. = Emden.) 1. Jan. W. überall einzeln i. d. Gärten. 3. Febr. täglich, 2. März eine im Garten. 26.—27. Memmert (Leege): an den Buschzäunen viele, fast nur alte ♂, 28. einzelne, 29. viele, 30. sehr viele i. d. Dünen, an einem Zaun gleichzeitig 16, fast lauter alte ♂ (auch a. Helg. viel), 31. und 1. April massenhaft (Helg. weniger). 4. W. viele, meist ♀, 6. ebenso, jetzt ♂ vorwiegend, 13. mehrere.

Herbst. 12. Oktober E. allerhand, mind. 30. Eine flüchtete immer vor einem ihr stets folgenden Goldhähnchen oder Laubvogel. 13.—15. W. eine junge; 14. E. ungewöhnlich viel (12./13. war auf Helg. Zug!); 23. Harlem und Umgegend, überall einzelne. 28. E. einzelne. Norderney 2. und 3. November viel Zug zugleich mit Schnepfen (Müller) (auf Helg. 2./3. Zug); 4. noch viele, E. häufiger vereinzelte, W. 2 iuv.; 6. überall, 7. Norderney sehr viel;

9. W. 1 ♂, 11. 2 ♂; 12. Norderney sehr viel, besonders auf den mit Dung bestreuten Feldern, iuv. und ad. ♂. 14.—23. W. täglich ad. und iuv. 20. $9^1/_4$ h a. kommt eine am Feuerschiff Borkum-Riff vorbei (18./19. Helg. Zug). 26. Ostermarsch, noch etliche in den Gärten. 27. E. häufig vereinzelte. 29. W. täglich, 1. und 9. Dezember einige ♂ ♀, ganzen Monat täglich, in Emden ab und zu ein paar. Also nicht viel Zusammenhänge zu bemerken, wie zu erwarten, da das Zugsbild durch häufiges Rasten getrübt wird und nachts niemand anders wo beobachtet.

166. † *Turdus torquatus torquatus* L. Ringdrossel.

5 : 56 (1 : 30). Bedeutend mehr als im Vorjahre.

Der Frühjahrszug setzte eher ein und dauerte länger als 1909. Bei Tage kamen nie mehr als etwa 6 St. gleichzeitig vor. Schon am 5. Februar morgens will Hinrichs wieder eine gesehen haben (vergl. seine früheren Winterbeobachtungen!). Am 4. März, immer noch sehr früh, glaube ich selbst ein ad. ♂ gesehen zu haben, wie es sich blitzschnell den Abhang hinunter stürzte. Das wird vielleicht bestätigt dadurch, das Hinrichs ebenfalls ein solches am 6. und 7. gesehen haben will, das wäre sicher dasselbe Stück gewesen, das sich natürlich im Windschutz der Felswand herumdrückt. Am 3. April will Kuchlenz bereits das erste ♀ gesehen haben. Endlich am 6. sehe ich nachmitt. 3 h zwei offenbar eben angekommene ad. ♂, wovon ich eins schofs. Der Wind war NO. und frischte auf. Himmel bedeckt. Am 7. eine, wohl die andere. Am 14. vielleicht eine gehört. Am 15. schon 4 St., dabei mind. 1 ♂, am 16. ein ♂, am 17. eine gehört, am 18. ein prachtvolles ♂, am 21. und 25. zwei resp. ein ad. ♂. Am 27. und 28. zwei ♂, 1 ♀. In der Nacht zum 29. zogen einzelne, 1 ♀ †. Am 29. waren mind. 4 da, zwei ♀ gefangen und markiert. Am 30. sollen ganz früh paar Trupps (!?) rasch durchgezogen sein, nachm. fange ich 1 ♂. Im Mai am 1.—2. je ein Paar, am 4. vier, dabei mind. 2 ad. ♀. In der Nacht zum 6. zogen „nicht viel". Am 6. fing ich eins von 2 ♀, das eine Anzahl weifse Federn am Kopfe hatte. Derartiger geringfügiger Albinismus kommt bei *torquatus* häufig vor. Dann sieht man bis zum 9., vom 11. bis 17.. vom 20.—23. je 1—3 Stück, jetzt meist ♀, nur am 20. ein ♂ konstatiert, wahrscheinlich auch am 23. welche. Nachts wurden nur am 8./9. welche bemerkt. Die letzten erschienen am 26. und 30. (1 resp. 2).

Zu recht auffallender Zeit: am 9. August, will Kuchlenz eine gesehen haben. Am 14. September sehe ich die erste im Felsen, ohne Ring, am 15. waren etwa 3 da. Dann erst wieder am 26. eine junge, am 28. ein St., am 1. Oktober 1 ad. ♀. Am 2. ist bei abflauendem SO. tagsüber Drosselzug, ich stelle mind. 8 Ex. fest, es sind aber wohl 1—2 Dtzd. durchgekommen, ♂, ♀ und Junge. Am 3. gibt es nur einzelne.

In der Nacht zum 5. gab es einen solchen Ringdrosselsegen, wie seit Jahren nicht. Es wehte ziemlich starker Nord. Hunderte von Ringdrosseln flatterten um den Turm und mind. 40 in allen Kleidern wurden gefangen. Zugleich zogen noch ungleich mehr Weindrosseln und mancherlei andere Arten. Am 5. war vielleicht noch 1 Dtzd. da, meist ad. Am 6. eine, 9. eine ad., 11. eine iuv. In der Nacht zum 12. waren bei SO. etliche zu bemerken. Am 12. eine, 15. eine, ♀, schliefslich noch am 26. und 31. je eine.

Auswärtige Beobachtungen.

Am 10. Sept. bereits sieht Mayhoff im Leuchtturmsgarten auf Amrum eine junge (H. nichts). In der Nacht vom 18./19. (sehr dunkel, feiner Regen) eine am Norderneyer Leuchtturm angeflogen (Müller) (H. nichts). Am 25. im Seedorn der Juister Bill viele (H. nichts), am 26. auf d. Memmert viele (H. 1 iuv.), am 28. auf d. Bill immer noch viele rastende (H. 1), ebendort am 1. Oktober viele (H. 1). Das zeigt, wie ungern die deckungliebende Ringdrossel auf Helgoland einfällt, wie gern sie aber auf dem an Deckung und Nahrung überreichen Juist lange verweilt. Der 2. war ein Zugtag: auf dem Ellenbogen (Sylt) 2 St. (Otto), auf Helgoland allerhand, auf dem Memmert ziemlich viel. Am 3. dort (etliche) und hier (einzelne) zugleich Abnahme. Am 4. a. d. M. noch etliche (Leege), am 7. in Westerland noch 2 St. (Hag).

167. † *Saxicola oenanthe oenanthe* (L.). Steinschmätzer.

9 : 122 (5 : 96). Diesmal hatte der Frühjahrszug ein andres Aussehen als im Vorjahre: er war später. Aufserdem gab es im Vorjahre nur regen Durchzug, heuer eine Zeit lang deutliche Rast, die bedingt wurde durch eine Periode Gegenwind (O.), verbunden mit grofser Wärme, sodafs es die Vögel hier leicht aushalten konnten.

Am 3. April (1909 am 2.) kam der erste, am 4. auch einer. Dann zunächst bedeutend weniger als 1909: erst am 11.—14. zwei—fünf, meist ♂, aber schon am 11. auch ein graubraunes Ex. Am 15. kam mit S. und dann SW. 2 der erste gröfsere Schub an: 25, meist schöne ♂, nur einzelne braune (♀), auch auf der Düne etwa 2 Dtzd., nachmitt. noch mehr, etwa 50 auf der Insel. Ein ♀ schofs ich, also am Anfang des Zuges! Am 16. war nur noch etwa $^1/_2$ Dtzd. da. Am 18.—19. drei, dabei ♀. Dann Pause während zu starker West- und Nordwinde, die überdies kalt sind. Und von Kälte ist der Steinschmätzer kein Freund. Früh sieht man gewöhnlich erst gar keine, je wärmer es dann wird, desto mehr tauchen aus ihren Verstecken in der Felswand, in Steinhaufen u. s. w. auf und gegen 9 h sind sie alle munter.

Am Abend des 24 wehte SW. 2, dann aber auffrischend bis 6, am 25. wieder abflauend auf 2, damit kamen am 25. Steinschm. an, etwa $^1/_2$ Dtzd., nicht alles ♂, bis zum 28. mehrten sie sich auf 1 Dtzd., in der Nacht zum 29. aber zogen bei S. und SW. 3—4 allerhand (1 †) und am 29. waren auch 3—4 Dtzd. in allen Kleidern da. Am 30. bei NW. gar nichts. Im Mai waren am 1. etwa 2 Dtzd., von da bis zum 5. aber meist noch weniger (3—12) anzutreffen, doch zogen in der Nacht zum 6. bei SW. und SSW. 3—4 eine ganze Anzahl, gleichwohl waren am 6.—7. nur einer oder ein paar da. In der Nacht zum 9. wehten im Südwesten westliche Winde, hier aber O. und NO. 1—2. Es wurden Steinschm. am Turme bemerkt und am 9. waren noch ca. 2 Dtzd., wobei viele ♀, auf der Düne ebenfalls 2—3 Dtzd. da, wohl rastend wegen des Gegenwindes. Sie nahmen aber rasch ab bis auf 1 am 11.—12. Nun setzte der Ost ein und fortan gab es immer reichlich St. hier. Am 13. fing es an mit etwa einem Dtzd., am 14. zwei Dtzd., 15. noch etwas mehr, wobei noch viele ♂. In der nächsten Nacht (15./16. O. 2—C.) mufs stärkerer Zug gewesen sein, denn es flog je 1 ♂ und ♀ an und am 16. wurde das Maximum erreicht mit etwa 200 oder noch etwas mehr, allein auf der Insel ohne Düne, dabei schon viele ♀. Am 17. war es nur mehr 1 Dtzd., am 18. nach O. 5! wieder viel, ca. 50—80, meist ♂. Dann allmähliche Abnahme bis zum 22. (meist 2—3 Dtzd.), dann rasch weniger, als am 13. der Ost in Nord 1 umspringt. Fortan bis zum 27. nur einzelne. Am 28.—29. bei NW. und W. natürlich nichts. Am 30. aber nach WSW. 2—4 wieder ein Dtzd., am 31. noch zeitweise SW. 5, sonst W. 3—4, nach Hinrichs viel, am 1. Juni $^1/_2$, am 2. ein Dtzd.

Im Juni kamen dann noch am 5. fast 1 Dtzd., am 9. einer, 12. a. d. Düne einer, 17. und 19. ein Pärchen, 20. und 23. einer resp. zwei vor.

Der Herbstzug verlief aufserordentlich gleichmäfsig, so dafs sich — ein Wunder beim Vogelzug — einmal eine ganz vernünftige Kurve ergibt. Also keine gröfseren Lücken — es kamen während der Dauer des Zuges vom 2. August bis 15. Oktober nur an 7 Tagen keine St. vor —, das Maximum fiel in die Mitte, 10. September, und der An- und Abstieg war so gleichmäfsig, als es eben bei der Natur des Vogelzuges sein kann.

Am 1. August kam das erste Junge an, am 3. drei iuv. u. s. w. bis zum 17. abwechselnd 3—12 St., am 18. etwa $2^1/_2$ Dtzd., am 20. wenig über $^1/_2$ Dtzd. Am 22. kommt nach W. 3 (!) der erste gröfsere Schub an: 40—50, auf der Düne auch noch mind. 1 Dtzd.; am 23. und 24. sind es nur mehr etwa 30 auf der Insel, darunter viele iuv., auf der Düne am 24. noch 30—40 St. (immer westliche Winde). Dann bei S.- und W.-Winden vom 25. bis 29. etwa 6—15, am 30. aber bei S. 2 im ganzen ein halbes Hundert. Am 31. bei NW. 3—4 viel weniger, am 1.—2. September bei

N. 2—3 wieder die alten Zahl, am 3. bei W. und NW. 3—6 wieder nur 1 Dtzd.

Jetzt setzt die NO.-Periode mit mäfsigen Winden ein und bis zum 18. geht die Zahl nie unter 2 Dtzd. (auf der Insel allein) herunter, wohl aber meist darüber hinaus. Am 4., dem ersten NO.-Tag (Stärke 1—5) sind etwa 50 a. I. u. D. da, in der nächsten Nacht ist Zug, es werden nicht sehr viel bemerkt, es fallen aber 11 St., am 5. selbst sind a. I. u. D. fast 100 St. da. Bis zum 10. sind es etwa halb soviel. In der Nacht zum 11. (NO. 1—3) ist starker Zug, Hunderte mindestens, 40—50 kommen um, bei Tage immer etwa 50 auf der Insel allein. In der Nacht zum 14. (ONO. und O. 5—2) wieder Zug, 4 St. †, am 14. denn auch die Höchstzahl: auf der Insel allein 50—100 St.

Von da an flaut der Zug ab. Zunächst allmähliche Abnahme bei ONO. und NO. 1 bis ca. 25 am 16. (Sept. immer noch), am 17. aber nach NNO. 4 sind auf der Düne immer noch ca. 40, auf der Insel freilich nur mehr 6—10. Dann bei N. und NNW. rasche Abnahme bis auf $1\frac{1}{2}$ Dtzd. (I. + D.) am 20. eine kleine Zunahme nach NO. 4—1 am 21.—22. und bei NW. 3—4 Abnahme bis Null am 24. (NW. 4). Am 25. kommt mit N. 4—1 wieder mind. 1 Dtzd. an, am 26.—27. sind aber bei S. wieder nur ein paar da. Am 28. bei WNW. 3—2 auf d. I. reichlich $\frac{1}{2}$ Dtzd., auf d. D. aber ca. 4 Dtzd. Nun aber ist bei W. der Zug zu Ende. Vom 29. September bis 3. Oktober etwa 9—1 St. Am 5. wieder ein paar, 6. ca. $1\frac{1}{2}$ Dtzd., 7. einzelne, dann schliefslich am 9. ca. $\frac{1}{2}$ Dtzd., 10.—12. bis drei, 13.—15. je ein Ex.

Nun ist der Zug nicht ganz so einfach zu erklären. Der Wind allein erklärt noch nicht ganz die Tatsachen, es kommen dazu noch die Faktoren: Bewölkung, Niederschläge etc. Dann gibt es manchmal raschen Durchzug ohne Aufhäufung, ein andermal grofse Stauung, weil plötzlich Gegenwind eintrat u. s. w.

Ich könnte wahrscheinlich die eben geschilderte Phänologie viel besser bis in die Details erklären, wenn ich Zeit dazu hätte. Die Grundlagen dazu liegen vor mir. Aber das würde auch viele viele Seiten füllen.

Auch hier wieder zeigte sich trotz einiger scheinbarer Ausnahmen, dafs dieser in Unmassen über Helgoland ziehende Vogel normalerweise stets mit dem Winde und zwar wenn er die Wahl hat, mit schwächerem Winde zieht.

Auswärtige Beobachtungen.

Am 13. April in Westerland überall, mehr ♂ als ♀ nach H. (H. wenig). Am 14. Mai auf dem Memmert auf angetriebenem Strandgut und Brennholzhaufen beide Geschlechter (Leege). Am 8. Juli sehe ich einzelne, offenbar iuv., in den Lister Dünen auf Sylt, am 8. August erst wenige am Wattenrand von Norderney. Der Zug beginnt. Am 15. kommt bei SO. einer auf einen Augenblick an das Feuerschiff Borkum-Riff, 4^{55} p. wieder einer. Jetzt

SW., gegen den er versucht nach Süden nach Schiermonnigoog zuzufliegen. Er wird vom starken Winde fast ins Wasser gedrückt und ist wohl umgekommen. (Auf Helg. der Zug schon im Gange). Am 28. auf Sylt in Scharen (H.). In der Nacht vom 4./5. September auch in Masse Steinschmätzer, daher am 5. in Rossitten und hier viel. Vom 9.—12. auf Sylt, Föhr und Amrum nach Mayhoff häufig auf der Geest, seltener in der Marsch (Morsum). Am 13. auf Norderney unzählige nach Varges (natürlich: am 10./11. und 12./13. auf Helg. Zug und Norderney zum Rasten sehr beliebt!). Am 15. und 18. auf Sylt in Massen (Helg. meist auffällig viel), am 19. aber auf Baltrum nur „die üblichen" (Leege). Am 25. und 28. auf der Juister Bill haufig, am 1. Oktober aber nur noch wenige nach Leege (ähnlich Helgoland).

168. † *Saxicola oenanthe leucorhoa* (Gm.). Langflügelsteinschmätzer.

1 : 8 + 1? (3 + 2?). Mehr als im Vorjahre.

Dank grofser Aufmerksamkeit konnte ich heuer zum ersten Male im Frühjahre am 25. April ein Ex. (iuv. ♂ al. 103) schiefsen (Kleinschmidt det.). Claus Denker, der zuerst hier beide Formen auseinanderhalten lernte, will auch am 5. Juni drei grofse St. gesehen haben. Zu Schade, dafs ich nicht anwesend war. Am 23. September besuchte ich nachm. 3—4 h die Düne. Da fiel mir sofort auf, dafs die Hälfte der 2 Dtzd. Steinschmätzer auffällig grofs und braun war, man konnte sie fast ohne Zweifel Stück für Stück ansprechen.

Wie wunderbar klar war hier wieder einmal der Zusammenhang: eine ganze Woche lang hatten die Winde mehr oder weniger von den Shetlands und von Island her gestanden, am 23. blies frischer NW. (4). So waren die grofsen Steinschmätzer viel rascher und eher als sonst, geradewegs hierher geblasen worden.

Um mich nicht allein auf das Auge verlassen zu müssen, fuhr ich am 25. wieder hinüber. Es war auch noch $1/2$—1 Dtzd. grofse neben ebensoviel kleinen Steinschmätzern da und es fiel mir sehr leicht, zum Beweis drei *leucorhoa* zu schiefsen. Am 28. waren noch etwa 2 *l.* unter ca. 4 kleinen da. Am 2. Oktober kam ich wieder hinüber, sie schienen aber alle weg zu sein. Am 6. war daselbst anscheinend nur einer, den ich schofs, am 9. wieder 1—2, am 29. zwei, wovon einer geschossen. In der Nacht zum 31. Okt. sah dann Claus Denker noch einen im Scheine seiner Laterne, ich zweifle in Anbetracht des Datums nicht daran, dafs es wirklich diese Form war, ebenso hielt ich das letzte Stück am 31. dafür.

Auswärtige Beobachtungen.

Am 6. Okt. wurden auf dem Memmert mehrere Steinschmätzer untersucht: es waren die langflügligen (Leege).

169. † *Pratincola rubetra rubetra* (L.). Braunkehliger Wiesenschmätzer.

3 : 64 (1 : 39). Wie alle Arten, deren Zug in den warmen Mai mit seinem Ostwind fiel, heuer viel häufiger als 1909. Zum Teil fällt ja das Auftreten dieser Art mit der des Steinschmätzers zusammen und dann erinnert dessen Phänologie stark an die seine. Ich kann also auf die Windangaben bei jenem verweisen. Ganz ähnlich wie beim Steinschmätzer sieht es auch hier aus, als ob der Zug verspätet sei. Während des Ostwindes gab es ebenso stets Wiesenschmätzer.

Im Herbst ist ja der Zug des Wiesenschmätzers sehr viel kürzer und konzentrierter als der des Steinschmätzers, er fällt aber ganz in die Zugzeit jenes hinein und hat eine fast identische Phänologie.

Im Lenz kam das erste ♂ am 15. April (oder schon am 14.?) vor, dann aber traten erst am 29. nach S. und SW. 3—4 wieder welche auf und zwar gleich 3 Dtzd. und auch schon jüngere Ex. darunter. Das ist wieder eins der vielen Beispiele, wie wenig Wert doch die Angaben vom ersten Auftreten haben, wenn sie sich nicht über viele Jahre hinaus erstrecken. — Vom 30. Apr. bis 3. Mai liefs sich kein einziges Braunkehlchen blicken, während doch *Saxicola* da waren. Das zeigt, wie viel empfindlicher und deshalb mehr auf warme südliche Winde angewiesen diese Art ist. Vom 4.—6. je 1—3 St., ♂ und auch schon ♀! Am 9. wieder eine ganze Anzahl: ca. 1½ Dtzd., auf der Düne ca. 8, am 10. u. 12. aber nur das eine oder andere. Jetzt hebt die gute Zeit an: vom 13.—15. etwa 1—2 Dtzd., am 16. aber ca. 100—120, dabei schon viele ♀, am 17. nur 1—2 Dtzd., vom 18. bis 21. in Menge, meist 50—100, am 22. sogar etwa 150. Überall sitzen die niedlichen Vögel vertraut umher. Meist sind es jetzt ♀. Nun nimmt die Zahl rasch ab: am 23. noch ca. 30, vom 24.—26. aber nur 1—3 (♀). Dann nochmals am 29. ca. 10—15 und am 30. allerhand, nachmitt. aber nur mehr paar.

Im Juni am 1.—2. noch 5—12 St., am 5. soll ein Br. gesungen haben. Am 7. erschien 1 Pärchen, am 8. ein ♂, 9. vier St., am 10. drei, wovon 1 ♂ recht gut Gold- und Grauammer und Strophenstücke des Dorngrasmückengesanges spottete, das erste und einzige Mal, dafs ich *rubetra* hier singen hörte. Schliefslich kam noch am 11. und 13. je 1—3 Stücke vor.

Im Herbst blieb es immer bei viel bescheideneren Mengen. Am 14. und 18. August wurde je 1 St. auf der Düne gesehen als Vorläufer. Vom 22.—23. waren 2—4 Junge oder ♀ da, am 24. ca. 6, auf der Düne aber 10—12 Junge und Alte, am 25.—26. nur paar, am 27. und 29. ca. 9—10, am 30. mind. 1 Dtzd. und auch auf der Düne ein paar, vom 31.—4. September etwa 5—8. In der Nacht zum 5. zogen auch wenige *rubetra* und 1 flog sich tot, am 5. waren denn auch 1—2 Dtzd. und auf d. Düne paar da, der Höhepunkt. Vom 6.—9. etwa 3—6., in der Nacht zum 10. wieder Zug (1 †), am 10. entsprechend ½—1 Dtzd. In der Nacht zum 11. wieder einzelne bemerkt, am 11.—12. aber nur ein paar da, vom 13.—14. etwa 1 Dtzd., am 15. einzelne, 17. u. 21. je einer, am 30. zwei Junge!

Auswärtige Beobachtungen.

In Westerland am 15. und 16. Mai mehrere (Helg. 16. viel), am 2. September viele (Helg. wenig) nach Hagend.

Rossitten. Am 5. Sept. Massen Br. (hier wenige, aber trotzdem der Höhepunkt!). Föhr. Norddeich, 12. Sept. Ein St. Mayhoff.

170. *Pratincola torquata rubicola* (L.). Schwarzkehlchen.

7 (6). Wieder nur wenige, aber umgekehrt wie 1909 diesmal im Frühjahr statt im Herbst. Der Durchzug fiel in den März. Die ersten sah Jakob Reymers: 2 am 10., eins am 12., ein Pärchen am 20. Am 21. und 22. sah ich selbst ein iuv. od. ♀, am 24. wieder J. Reymers ein Stück, am 25. ich ein iuv. od. ♀. Die Vögelchen halten sich immer gar nicht lange auf, daher sah ich selbst nur so wenig.

171. † *Phoenicurus ochruros gibraltariensis* (Gm.). = *titys* auct. Hausrotschwanz.

13 (6 + 1?) Gerade wie das Schwarzkehlchen zur Abwechslung mal im Frühjahr häufiger. Am 15. März will Jakob Reymers die ersten beiden gesehen haben, am 22. sehe ich zwei graue ♂ am Strande, sie singen dann im Felsen, ein seltenes Vorkommnis. Am 30. finde ich ein junges ♂ am Klippenfufse der Westseite. Im April ward am 4. ein halbschwarzes ♂ geschossen, am 6. war ein graues ♂ in der Gärtnerei, am 11. nach SW. 4—3 waren auffällig viel da: nachmitt. am Strande 5 graue, auf der Düne ebenfalls mind. 2, am 12. an beiden Stellen je ein grauer, am 13., 15—16. je ein grauer. Am 25. schliefslich sah Kliffmann ein ♂ am Strande.

Im Sommer zu ganz auffälliger Zeit: am 30. Juli drei offenbar junge graue Ex. Dieselben waren es wohl, die Claus Denker am 1. August unter der Klippe sah.

Auswärtige Beobachtungen.

Noch am 14. Mai sah Leege einzelne alte ♂ auf der Juister Bill, zu einem ganz ungewöhnlichen Datum, da bisher auf den ostfriesischen Inseln noch keine Brut beobachtet zu sein scheint. — In der Kleinvogelzugnacht vom 4./5. September, also anderseits sehr früh, erhielt Müller diese Art vom Norderneyer Leuchtturm.

172. † *Phoenicurus phoenicurus phoenicurus* (L.). Gartenrotschwanz.

6 : 72 + 1 ? (55). Recht häufig heuer, wie alle wärmebedürftigen Vögel. Auch hier wieder anscheinend verspäteter und lang hinausgezogener Frühjahrszug, wie bei allen andern. Auch hier während der Ostwindperiode stets eine Menge Vögel da. Besonders im Herbst erinnert ein Teil der Phänologie stark an *rubetra*. Ich kann deshalb hier nicht wieder die ganze Wetterlage angeben.

Wie bei den meisten zarteren Vögeln heuer erst einzelne sehr frühe Vorläufer dem eigentlichen Zuge vorausgingen, so auch hier: am 15. April erschien auf der Düne ein ad. ♂. Aber erst zwei Wochen später, am 28., kam das richtige „erste“ ♂ des Zuges. Nur anfangs sehr wenig: am 29., 1.—3. Mai je 1—3 ♂. Am 4. (SW. 1) etwa 3—5 ♂ und 1—2 ♀, am 5. ca. 2 ♂, 6. ein oder zwei ♀, 7. ein Paar, 8. zwei. In der Nacht zum 9. (W. 1, dann O. 1—2) sollen am Turm welche beobachtet worden sein, in der Tat waren am Tage ca. $1\frac{1}{2}$ Dtzd. ♂, und ca. 3 ♀, auf der Düne ebensoviel ♂ da. Die Zahl nimmt rasch ab auf 1—2 ♂ am 11. und 12. Am 13. (noch O.—SO. 4—5) wimmelt auf einmal die Insel von schönen ♂♂. Es mögen ca. 150 da sein, aber keine 6—8 ♀! Auch unter der Klippe in den Felsblöcken an der Nordspitze tummeln sie sich in Menge in Gesellschaft von *Sylvia curruca* und *Acroceph. schoenobaenus*. Es war der abnorme große Tag mit seinen Seltenheiten! Da der Ostwind schwächer wird (C und I) sind am nächsten Tage nur mehr 2 Dtzd. und am 15. nur 8—10 noch da, meist ♂. In der Nacht zum 16. (abends S. 1, dann O. 2—1) ist Zug, je 1 ♂ und ♀ fliegen sich tot, am 16. sind dann auch wieder ca. 75, meist noch ♂, da. Am 17. (es weht jetzt andauernd Ost) sind unter 2 Dtzd. schon viel ♀, ebenso am 18.—22. unter 30—50 St., am 21. wiegen schon die ♀ vor, am 22. sind es schon meist ♀. Mit dem Umschlagen des Windes nach N. sind die Vögel weg: am 23. waren es noch 25, abends kommt N., und am 24. sind nur mehr 1 ♂ und ca. 3—5 ♀, am 25. nur 1 ♀, am 26. drei Stück da. Am 30. noch WSW. 2—4, dann WNW. 4, plötzlich wieder eine Masse Kleinzeugs (s. a. früher!), so auch Gartenrötel: ca. 2 Dtzd., meist ♀. — Im Juni dann noch: vom 5.—6. und am 8., dann am 10. und vom 20.—22. je 1—3 St. Die letzten waren ein Pärchen.

Auch im Herbst gab es gute Tage in der Zeit ständigen Nordosts in der ersten Hälfte des September. Am 22. August erschienen die ersten, 2 ad. ♀, am 23. mind. 29., eins davon sicher iuv., und 1 ♂ im Herbstkleid, am 24. zwei bis drei (1 ♂ dabei), am 25. fünf, dabei 1 ad. ♂ und 1 iuv. Ebenso vom 28.—30. und am 1. September je 1—2 St. Am 2. zum ersten Mal mehr: ca. 5 ad. u. paar iuv. ♂, ca. 1 Dtzd. ♀, am 3. aber nur einzelne, am 4. einhalb bis 1 Dtzd., junge ♂ u. ♀. In der Nacht zum 5. sind auch allerhand Gartenrötel am Feuer, doch nicht sehr viel; 9 St. fallen. Am 5. sind denn auch mind. 100, nach Schätzung aller andern viel mehr da, auf der Düne aber nur ein paar. Alle Kleider waren vertreten. [5.—6. Emden Mengen!] Am 6. u. 7. paar Dtzd., meist iuv. und ♀, aber auch ♂, am 8. ein bis zwei Dtzd., auf d. D. nur 2, dabei 1 ad. ♂. Am 9. nur einige, am 10. aber wieder paar Dtzd. ♂ u. ♀ und in der Nacht zum 11. das Maximum des Zugs: „sehr viel", mind. paar Hundert, alle Kleider vertreten, viele alte ♂, am Tage noch sind 50—100 da; am 12. weniger. In der Nacht zum 13. etwas Zug, am 13. paar Dtzd., viel ad. ♂. [Norderney, Unmengen!] In der Nacht zum 14. mufs stärkerer Zug gewesen sein, denn 1 ♂, 3 ♀ tot, und am 14. mind. 100, nach andrer Schätzung viel mehr. Anlafs zur Rast war zu starker Wind (NO. und O 5), als er abflaute auf 1, sind am 15. fast alle fort, nur noch ca. 1 Dtzd. ist da, auf der Düne freilich mind. 40 (aber wieviel vorher?). Nun rasche Abnahme bis auf 2—3 St. ♂ ♀ am 19., dann eine kleine Zunahme auf $^1/_2$ Dtzd. am 21., die aber auch bis zum 23. verschwinden. Bis zuletzt waren alle Kleider vertreten, wenn auch manchmal die ♂ vorwogen. Vom 25.—26. noch ein paar. Schliefslich im Oktober noch am 1., 6., 12. je 1 ♀ und am 15. ein unbestimmtes Rotschwanz-♀.

Auswärtige Beobachtungen.

Es zeigt sich hier sehr deutlich, dafs der Kleinvogelzug im ganzen Gebiet der Deutschen Bucht annähernd einheitlich vor sich geht, sich nicht etwa blos an die Küstenlinie bindet, rein aber nur auf Helgoland zum Ausdruck kommt. Auf den Inseln trübt lange Rast das Bild schon stark. Würde man also genaue Beobachtungsserien von den Insel haben, so könnte man diese auf Grund des Helgoländer Materials genau in Zug und Rast gliedern.

Am 14. April schon nach Hagend. in den Gärten Westerlands überall (!)., (auf Helg. am 15. der erste), am 17. und 18. einzelne. Am 13. Mai waren sie auf Helgoland in Menge, am 14. traf entsprechend Leege auf der Juister Bill massenhaft ♂ und ♀ an. Am 15./16. auf H. Zug, am 16. viel, entsprechend auf d. Memmert täglich in dieser Zeit viele, im trockenen Reisig. Am 18. in Westerand viele, am 19. massenhaft, am 27. keinemehr (Hagend.)

Am 8. Juli (!) traf ich einzelne in den Lister Dünen auf Sylt an. Ob nicht doch einzelne auf der Insel brüten?!

Am 28. August sah Hag. die ersten im Friedrichshain a. Sylt, vom 2.—4. September dort aufsergewöhnlich viel (4./5. Helg. viel Zug). In derselben Nacht auch am Norderneyer Leuchtturm starken Zug (auch Tote) nach Müller. Am 5. natürlich viel in Westerland (bis 6.), sehr viel in Helg., in Menge in Emden (bis 6.). Am 8. in W. nur einige, am 11. häufig i. Friedrichshain und der Kampener Koje auf Sylt (am 10./11. war auf Helg. sehr viel Zug und am 11. viel Rast!). Am 13. Norderney überschüttet mit Rotschw. nach Varges (Helg. 12./13. und 13./14. Zug, am 14. sehr viel!). Am 14. entsprechend auch in Westerland wieder viele, im Laufe des Tages noch mehr. Am 15. weniger (genau so auf Helg. die Mehrzahl fort!). In diesen grofsen Zugtagen bemerkte auch Leege in Ostermarsch starken Zug. Am 18. in Westerland nicht viel, aber überall noch einige, am 19. auf Baltrum auch nicht mehr besonders viel (Leege). Am 21. in W. überall einzelne. Am 25. auf der Juister Bill noch sehr viele (L.), das ist die übliche kleine Verspätung im Westen! Am 27. in W. noch einzelne (Hagend.).

173. † *Erithacus rubecula rubecula* (L.). Rotkehlchen.

103 (1 : 48). Verhältnismäfsig kaum mehr als 1909. Das Bild des Frühjahrsdurchzugs ist sehr ähnlich dem vom Vorjahre: auch heuer fällt die Zeit des stärksten Zuges vom 11. bis 19. April.

Im März erschien ein Stück vom 5.—7., von da bis zum 13. paar (bis 5), am 13. singt eins sogar etwas. Von da bis zum 29. sind täglich 1—2 St. anzutreffen (2 Tage, 17. und 21., Lücken sind wohl nur solche der Beobachtung). Im April am 4. bei O. 3—4 zum ersten Male mehr, ca. 5—10, die aber gleich wieder abnehmen, so dafs vom 7.—10. wieder nur eins da (NO. und NNW). Als der Wind am 11. früh nach SW. (3) geht, treffen früh zwar erst kaum ein halbes Dtzd., nachm. aber (a. d. D.) viele, ca. 12, ein. Da der Wind S. und SW. (1—3) bleibt, sind am 12. früh wohl 30, nachm. sicher 40—50, auf der Düne auch noch 30—40 da. Da der Wind immer so bleibt, ist täglich grofser Zug, sicherlich täglich andere: bis zum 15. stets etwa 30—50 a. d. I. und a. d. D. auch einige Dtzd. Als der Wind im Laufe des 15. nach O. (1) umschlägt, nahmen die Rotk. rasch ab: am 16. sind es nur mehr ca. 20, am 18. ganz einzelne, am 19. bei SW. 7 (Sturm) nichts. Vom 21. bis 1. Mai fast täglich 1—3, nur am 29. (SW. 3—4) mind. 5 St. Je zwei, zuletzt ein Nachzügler, kamen noch durch am 4., 6., 9., 14., 19., und 23.

Auch im Herbst ein ganz ähnliches Bild des Durchzugs: 1909 am 31., heuer vom 29.—31. Oktober das Maximum, sonst wenig.

Ein Vorläufer erschien vom 6.—8. September, vom 11. bis 18. sind täglich paar (bis 4 od. 5) da, dann bei stärkerem Nordwind eine kleine Zunahme, am 21. bei NW. 4—3 am meisten: viele, ca. 1 Dtzd., a. d. D. auch noch ein paar. Bei NW. dann Abnahme, am 24. bei W. 5—6 gar keins mehr. Vom 25. Sept. bis 3. Oktober täglich ein paar (mind. 1), ebenso vom 5.—8. und vom 11. bis 17., am 21. und 23. je eins. Da plötzlich erscheinen am 29., als Vorboten des gewaltigen Schnepfenzuges viele R., besonders nachmittags 4 h (als SW. kommt), auch auf der Düne viel. Im ganzen sind abends wohl mind. 100 da. Am 30., als der Ost wieder zurückgekehrt, sind mit den Schnepfen noch mehr da: 50—100, auf der Düne noch sehr viel dazu, am 31. eher noch mehr, mind. 100. Vielfach kommen sie in die Häuser während des Regens. So sah ich ein allerliebstes Bildchen: In einem leeren Restaurationssal standen ausgestopfte Lummen und Möwen am Fenster. Als ich gegen Abend dort vorbei kam, safs auf dem Kopfe einer der Lummen ein Rotkehlchen, als ob es auch ausgestopft sei. Das Tierchen respektierte also die Mumie nicht als Lebewesen. Zugleich mit dem Rotkehlcheneinfall gab es eine sehr erhebliche Temperatursteigerung. Am 1. November waren nur mehr paar Dtzd. und am 2.—3. nur ein paar da, am 4. ca. $^1/_2$ Dtzd. Dann kamen nur noch je eins oder einzelne vor: vom 6.—7., 9. und 15.—16. Also bis Jahresschlufs wieder keine Spur von Überwinterung (später aber doch eins bemerkt!).

Auswärtige Beobachtungen.

Im Januar beobachtet Hagend. in den Gärten Westerlands häufig Überwinternde R. Im April am 13., 17.—18. mehrere (vom 12.—16. auch auf Helg. viel). Schon vom 2.—4. September gab es in Westerl. viel, in der Nacht zum 5. sind am Norderneyer Leuchtturm welche angeflogen, während hier das erste am 6. bemerkt wurde. In Westerl. noch bis zum 6. In Norderney am 13. sehr viele (Varges), am 14. in Westerl. in jedem Busch 1—2. Gleichwohl auf Helgoland immer noch selten. Am 18. in W. zwei, 21. und 25. eins im Garten. Am 25. auf der Juister Bill nach Leege ziemlich viel, am 28. wenige. Am II.—12. Oktober in W. einzelne, am 16. ebenso in Emden, am 23. bei Harlem Gesang ziemlich häufig, am 24. auf See, 15 Sm. querab Ijmuiden, eins an Bord, fliegt aber sehr bald weiter. In W. am selben Tag wenige. Am 26. in Emden einige, am 27., 28. bis 31. in W. einige. Im November am 2. in W. eins, am 4. in E. einige, die auch singen, in W. dann täglich, in E. am 27. ziemlich viel, bis Jahresschlufs ab und zu ein paar, ebenso in W. täglich.

Zusammenhänge mit Helgoland sind gar nicht zu erkennen. Auffällig ist, um wieviel später hier der Zug einsetzt als auf den friesischen Inseln. Auch 1909 war es so. Das scheint fast anzudeuten, dafs dem Zuge ein Streichen bis ans grofse Meer vorangeht und dort erst eine Weile Stauung eintritt.

174. † *Luscinia svecica gaetkei* (Kleinschm.). Rotsterniges Blaukehlchen.

1 : 15 (4 + 3 ?). Wenn ich ein Wappentier für Helgoland angeben sollte, so wählte ich nicht die Lumme, sondern den schönsten, herrlichsten Vogel Helgolands, das Blaukehlchen.

Die warme Ostwindperiode im Mai brachte uns heuer endlich mal etwas mehr der wundervollen Tierchen, bei deren Anblick der Festlandsornithologe immer wieder freudig zusammenzuckt.

Es kamen doch heuer wenigstens so viel, dafs ich mit einiger Mühe im Stande war, eine eben genügende Serie der verschiedenen Kleider zu sammeln. Das war mir mit die genufsreichste Jagd, nicht als ob es mir Freude gemacht hätte, die reizenden Tierchen zusammenzuschiefsen, sondern weil es gar nicht so einfach ist, sie zu überlisten. Das Bl. versteht es meisterhaft, die Deckung auszunützen. Wer seine Lebensweise nicht genau kennt, wird oft gar keins oder nur einen kleinen Bruchteil der vorhandenen zu sehen bekommen. Man sieht es gewöhnlich eben noch mit hochgehobenem Schwänzchen laufend unter den Pflanzen im Schatten verschwinden. Weiter braucht man aber auch nichts zu sehen: die Schwanzhaltung und das Wegflüchten zu Fufs ist so gut wie untrüglich, wenn man auch sonst gar nichts erkannt hat. Nun braucht es nur Zeit, Geduld und Ruhe, dann wird man stets nach einiger Zeit das Tierchen wieder ganz harmlos zum Vorschein kommen sehen und kann dann auch ausnahmsweise mal die herrliche Brustzeichnung sehen, die also absolut nicht verräterisch wirkt. Ein andres unbedingt sicheres Kennzeichen für Blaukehlchen ist der helle Augenbrauenstreif im Gegensatz zu der sonst einförmig düsteren Zeichnung. Mehr als diese drei Merkmale sieht man aufser auf dem Anstande fast nie. Nur im Herbst kommt ein viertes und dann fast allein in Frage: dann liegen hier die Blaukehlchen mit Vorliebe in den Brachäckern im hohen Unkraut oder im Kohl und in den Kartoffeln. Dort schwirren sie niedrig heraus nnd fallen rasch wieder ein. Es handelt sich auch hier darum, nun die paar Blaukehlchen von den sonst genau so handelnden unzähligen Rotschwänzchen zu unterscheiden. Bei dieser Gelegenheit mufs aber das Bl. seinen Schwanz entfalten, und dann sieht man ja die beiden roten Ecken uud kann vielleicht eben noch einen blitzschnellen Flugschufs anbringen. Ab und zu nur gelingt es auch hier mit der Geduldsprobe: das bald wieder eingefallene Blaukehlchen scheint doch neugierig zu sein, möchte gern die Art der Störung genauer ergründen und erscheint daher oft auf einer etwas freieren Stelle, um zu sichern, steil hoch aufgerichtet: auch ein Merkmal, wenn auch nicht so sicher. Dann kann man es manchmal sehen. — Ich kann wohl sagen, dafs mir heuer nicht viele Blaukehlchen unbemerkt entgangen sind, da ich jedes Lieblingsplätzchen genau kenne und eine Spezialität aus dem Aufsuchen dieser Vögel machte. Natürlich mufs man immer noch in den Zeiten gröfserer Häufigkeit annehmen, dafs man nicht alle sieht, sind ja z. B. dann auch unter der Klippe einzelne (auf der Düne kaum der Rede wert), wo ich bei viel Arbeit nicht auch noch kontrollieren kann.

Der Frühjahrszug gab mir ein Rätsel auf. Man nimmt ja jetzt als bewiesen an, dafs das Rotsternige Bl. Helgolands in Norwegen brütet und an den Westküsten des Kontinents südwärts zieht, dafs es aber dabei die Ecke der deutschen Bucht abschneidet über Helgoland. Wir müfsten also eigentlich mit SW.-Wind am meisten Bl. hier haben, diesmal war es aber gerade bei anhaltenden Ostwinden der Fall. Die Erklärung kann verschieden ausfallen, doch ist die Sache noch nicht spruchreif. In einigen Jahren werde ich die nötigen Grundlagen, wie bei vielen andern Arten, auch hier haben, um etwas Positiveres aussagen zu können. Es kann nämlich sein, dafs die Bl. wie immer zogen, aber weil keine andre Wahl blieb, gegen den Wind, der sie dann bei zu starkem Auffrischen zur Rast nötigte, es kann auch sein, der Zug geht normalerweise an der ganzen Buchtküste herum, also möglichst das Meer vermeidend, und durch stärkeren Ost wurden dann gerade ziehende Bl. von der jütischen Halbinsel herübergetrieben. Das ist gar nicht so unwahrscheinlich.

Wie ich solche Fragen zu entscheiden hoffe, will ich beispielsweise bei dieser Art einmal angeben. Zunächst mufs man genau wissen, ob das Bl. am Tage oder bei Nacht zieht, oder beides, Feststellung durch genaue Beobachtung. Bisher spricht alles für beides. Feststellung des normalen zeitlichen Zugverlaufs aus Gätkes und meinen Beobachtungen. Genauestes Studium der Wetterlage und des Einzelzugs, wenn man den Faktor der Arteigentümlichkeit ausschalten kann (den ererbten Zugsmodus). Dann wird man wohl fast jede phänologische Erscheinung erklären können. Der Kenner weifs aber, dafs sich unter diesen paar Worten eine ungeheure Arbeit verbirgt, zu der ich die Zeit erst noch zu finden hoffe. Inzwischen bitte ich die Kollegen, feststellen zu wollen, wo überall an der gesamten Nordseeküste rotsternige Blaukehlchen durchziehen, besonders möchte ich gern Bestätigung meiner Vermutung des regulären Durchzugs an der Westküste Jütlands oder auf den friesischen Inseln haben. Ein Anhalt liegt — abgesehen von Leeges prächtigen Arbeiten — jetzt vor. Auf Sylt sollte nach Hagendefeldt die Art nicht vorkommen. Ich behauptete aber lange schon, dafs er sie bisher nur nicht gefunden habe, was ja für den, der das Tier und die unendlichen Schlupfgelegenheiten Sylts kennt, von vornherein sehr wahrscheinlich war. Als nun Herr Mayhoff hier mit mir den Vogel kennen gelernt hatte und dann am 11. Sept. mit Herrn H. Sylt absuchte, gelang es ihnen in der Tat, den Vogel zu finden, wohl eben nur deshalb, weil nunmehr Kenntnis der Eigenheit des Tieres die Entdeckung ermöglichte.

Doch nun endlich zu meinen Helgoländer Beobachtungen! Trotzdem ich schon lange drauf spannte, gelang mir erst am 9. Mai, das erste ♂ zu finden. Es war eine Gelegenheit, wo ich auf Bl. geschworen hätte. Nachts waren Kleinvögel gezogen, früh war es bedeckt, warm, still, der Wind nach NO. gegangen, der Regen hatte aufgehört. Ich sagte mir: Du suchst so lange, bis du ein Bl. findest. Das dauerte aber von 8—11 hl! Und da fand ich es an ungewöhnlicher Stelle: auf Steinhaufen an der Nordspitze. — Am 13. bei O. 5—1 sah Kuchlenz 3 ♂, Ch. Äuckens unter der Klippe 1 ♂; vom 14. (O. 1) fand und schoſs ich 2 ♂ an der Lieblingstelle, dem dichtbewachsenen Zaun in der Gärtnerei [an den unmittelbar angrenzend jetzt eine groſse Kaserne gebaut wird: mein bester Platz vernichtet!!]. Am 16. waren bei C—O. 2 recht viel da, mind. 5, wahrscheinlich aber 1 Dtzd., alles ♂, auſser einem ♀, das nach Claus Denker nach einigem Jagen vom ♂ getreten wurde. Wieder ein Beispiel für die Begattung schon während des Zuges! Auch am 17. waren wenigstens 5, wahrscheinlich paar mehr da, andre als gestern, ich sah und schoute 3 ad. ♂, schoſs aber 1 ♀ und 1 iuv. ♂. Bei dem andauernd sonnig warmen Wetter kam sogar wiederholt das Wunderbare, nie Gehörte vor: Blaukehlchen sang! Hinter einem Haus in der Emsmannstr. ist ein winziger Gartenfleck, in dem nur ein Baum Platz hat. Auf diesem ca. 4 m hoch!, also mitten zwischen Häusern saſs ziemlich frei (!) das schöne Tierchen, dessen bunte Brust und lang gereckten Hals ich beim Singen 5 m vor mir vibrieren sah. Der Gesang zählte den Fähigkeiten des Vogels noch zu den besten, die ich kennen gelernt. Er war zwar nicht sehr laut, aber ungemein abwechslungsreich. Es kam gar nichts Stereotypes darin vor, deshalb fand ich nichts eigentlich Charakteristisches heraus. Das Lied erinnerte manchmal an Baumpieper, manchmal an Rotkehlchen, Grasmücken, sehr oft an *schoenobaenus* und Kanarienvogel, zwischendurch fast unhörbar gequetschte Tonreihen wie beim Star. Meist, aber nicht immer, wird ein Motiv mehrfach angeschlagen, was an Rohrsänger erinnerte. Das Bl. soll ja imitieren. — In der Gärtnerei hatte ich schon denselben Gesang gehört, ohne mir über den Urheber klar zu werden. Dort hörte ich auch öfter das Zirpen der Hausgrille, was ich mir gar nicht erklären konnte. Das wird nun ebenfalls von Bl. berichtet, kann aber keine Imitation sein; wo sollte es auch diese Stimmen kennen lernen? Ein ähnliches, aber verstärktes eigenartiges Zirpen stieſs ein geflügeltes, wie eine Maus rennendes Stück als Angstlaut aus.

Am 19. Mai waren wieder ein paar da, ich konnte 1 ad. ♂ und 1 ♀ ansprechen. Ein ♂ sang etwas, ebenso am 20., diesmal in den Bäumen des Lazarettgartens, also immer auf erhabenem Sitzplatz. Auſserdem war noch mind. ein ♀ da. Am 22. sah und schoſs ich 2 ♀, am 30. sollen 3 ad. ♂ dagewesen sein.

Im Herbst fand ich am 2. September nach N. 2—3 ein Junges, das ich in einem Brachacker aufscheuchte und schoſs. Es zeigte auf den Oberschwanzdecken noch einige Reste des Nestkleides. Am 10. noch und bei NO. 4—2 sah O. Beyer ein ♂, in der folgenden Nacht! wurde bei NO. 1—3 auf dem Leuchtturme ein ♂ gefangen, das jetzt noch jeden besuchenden Ornithologen in Conrad Payens berühmter Vogelstube entzückt. Am 14. gab es nach NO. und O. 5—2 viel Kleinvogelleben, dabei etwa 1 Dtzd. Bl. Alle lagen sie in den Unkrautfeldern, in jedem der kleinen Äcker lag aber nur je eins. Sind die Tiere so unverträglich? Man mufste sie suchen und hoch machen wie Rephühner. Wir sahen dabei mind. 5 verschiedene alte Ex. Auch am 15. nach ONO. 3 und bei NO. 3 waren in gleicher Manier etwa ebensoviel da, wobei mind. 4 ♂ in allen Altern. In der im Frühjahr so beliebten Gärtnerei war nur ein einziges. — Dann fand und schofs ich nur noch am 21. (NO. 4—3) ein sehr vertrautes blafsblaues ad. ♂ in der Gärtnerei. Dieses St. ging kaum ein paar m zur Seite.

Auswärtige Beobachtungen.

Sylt, im Friedrichshain, 11. Sept. 1 jüngeres ♂ (s. o.) Mayhoff und Hagendefeldt.

175. † *Luscinia megarhynchos megarhynchos* Brehm. Nachtigall.

4 (1). Bedeutend häufiger als im Vorjahre, überhaupt abnorm viel. Der Grund war hohe Wärme und Ostwind wie überall. Es sind auch immer dieselben guten Tage. So fand ich die ersten beiden an dem oft erwähnten 9. Mai in der Gärtnerei. Dann beobachtete ich noch je eine am 13. und 15., und auch am 16. soll eine dagewesen sein. Ja, es geschah sogar das ganz Unglaubliche, die Nachtigallen sangen, wie überhaupt heuer allerlei Seltenes und Abnormes vorkam. Am 13. und 15. vernahm ich frühmorgens einzelne Stückchen aus dem Gesang und das häfsliche „Schnarchen". Natürlich wollte mir keiner der Helgoländer Kenner glauben, dafs die Nachtigallen, die sie ja auch bemerkt, gesungen hätten, und sie hätten es sicherlich auch nicht geglaubt, dafs die Bruchstücke, die ja niemanden entzücken können, der edlen Nachtigall zukamen.

176. † *Luscinia luscinia* (L.). Sprosser.

1 (0). Ende gut, alles gut: von dieser Art schofs ich das zweite Exemplar für Helgoland. Das erste wurde nach Gätke am 4./5. Mai erbeutet. (Das Jahr ist in der Vogelwarte nicht angegeben, finde es auch nicht in den Tagebüchern und am Belegstück).

Es war an dem besten Tage des Jahres, dem 13. Mai, einem heifsen gewitterschwülen Frühsommertag. In dem Drosselbusch der Gärtnerei sah ich im tiefen Schatten auf 2—3 m eine Nachtigall sitzen, die mir etwas anders vorkam, so dafs ich sofort an Sprosser dachte. Doch da ich an eine solche Seltenheit nicht glauben wollte, zögerte ich lange, lange, ob ich schiefsen sollte. Der Vogel blieb ruhig sitzen, wegen des Schattens war ein genaueres Ansprechen nicht möglich. Hätte ich ihn weggescheucht, so würde ich ihn wohl kam wieder gefunden haben. Als ich ihn endlich schiefsen wollte, war das nicht so einfach, denn selbst mit meiner sehr schwach geladenen Einsteckrohrpatrone hätte ich ihn gänzlich zerschossen, da ich nicht weiter als 4 m zurücktreten konnte wegen des sehr dichten Gebüschs. So richtete ich es so ein, dafs der Vogel gröfstenteils verdeckt war, und zielte etwas vorbei. Es gelang, der Vogel war tadellos geschossen. Ich erzähle das, weil es stets interessant ist, wie eine Seltenheit erbeutet wird und weil man gern die Augenblicke der Angst und Spannung nochmals durchlebt. Angst deshalb, weil man gewöhnlich in solchen Fällen das Tier zu Mus schiefst oder es — noch häufiger — ganz fehlt. — —

Der Sprosser kann hier her nur bei solch anhaltenden Ostwindperioden kommen. Die Wetterlage an dem betr. Tage ist schon wiederholt, so bei *Sylvia curruca*, besprochen worden.

Zum Schlufs will ich noch zwei mir gänzlich unbekannte Vögel erwähnen. Am selben Tage wie den Sprosser, also bei derselben Gelegenheit für östliche Vögel, scheuchte ich in einer Wiese einen sehr kleinen (annähernd wie ein *Phylloscopus*), anscheinend fast einfarbig braunen Vogel auf, der nach etwa 10 Schritt schwirrenden Fluges eben über die Halmspitzen weg immer wieder einfiel. Da ich hoffte, ihn einmal frei zu bekommen, probierte ich erst den überaus schweren Flugschufs nicht, und, als ich es tat, kam ich gerade in dem Augenblick ab, als er wieder im Grase verschwand. Es war alles still und ich fing gespannt an zu suchen, da ging das Tierchen mir wieder unter den Füfsen heraus und verschwand — über dem Klippenrand. Ich denke an etwas *Locustella*-Artiges.

Der andre Vogel liefs sich nur irgendwo hoch in der Luft am 1. Januar hören, ohne dafs wir ihn finden konnten. Vielleicht kann jemand den Ruf erkennen. Ich notierte: Stofsweiser Triller mit angefügtem rohrammerartigen Pfiff, also etwa: Hihihihihi diē diē. Der langsame Triller war mit keiner mir bekannten Stimme zu vergleichen. Ich vermute Lerchenspornammer, *Calcarius lapponicus*.

Zusammenfassung.

Es sind somit etwas mehr systematische Einheiten als im Vorjahre zur Beobachtung gekommen, aber keineswegs genau dieselben. Ganz vermifst auf Helgoland wurden heuer: *Colymbus grisegena*, *C. nigricollis*, (*Puffinus*), *Hydrobates leucorrhous*, *Sterna minuta*, *Oidemia fusca*, *Nyroca hiemalis*, *Oedicnemus oed.*, *Phalaropus lobatus*, (*Totanus fuscus*), (*Gallinago media*), *Fulica atra*, *Coturnix cot.*, *Circus cyaneus*, (*Alcedo ispida*), (*Coracius garrula*), *Upupa epops*, *Pastor roseus*, (*Serinus hortulanus*), (*Motacilla boarula*), (*Melanocorypha yeltoniensis*), *Acrocephalus palustris*, *Locustella lanceolata*, (*Cinclus cinclus*), *Saxicola stapazina*, (*Erithacus cyaneculus*), die 1909 alle mehr oder weniger sicher vorkamen. Dafür treten heuer folgende Arten hinzu: *Alle alle*, *Urinator arcticus*, *U. imber*, *Procellaria glacialis*, *Stercorarius skua*, (*Larus leucopterus*), *Phalacrocorax graculus*, (*Nyroca* sp.), *Anas acuta*, (*A. crecca*), *Limosa limosa*, *Ortygometra porzana*,

Ciconia ciconia, (*Botaurus stellaris*), *Pandion haliaetus*, *Bombycilla garrullus*, *Muscicapa parva*, *Corvus corone*, *Garrulus glaudarius*, (*Nucifraga caryocatactes*), *Acanthis linaria l.*, *Ac. l. holboelli*, *Emberiza rustica*, *Emb. spodocephala*, *Motacilla flava rayi*, (*Anthus cervina*), *Galerita cristata*, *Parus caeruleus*, *P. ater*, *Acredula caudatus*, *Sylvia nisoria*, *Phylloscopus collybita abietina*, *Luscinia luscinia*.

Für die 176 nummerierten Arten kann ich in jeder Weise garantieren. Die Auswahl wurde noch strenger genommen als im Vorjahre. Aufserdem kamen aber heuer noch 12 weitere Arten zur Beobachtung, die ebenfalls mit einem hohen bis sehr hohen Grade der Zuverlässigkeit notiert wurden, im Ganzen also 188 Formen. Dazu kommen noch zwei Arten, über deren systematische Vermutung ich nach der blofsen flüchtigen Beobachtung im Freien kaum eine Vermutung habe, die aber bestimmt mir unbekannte Arten darstellten.

Von all diesen Arten wurden 153 — ein sehr grofser Prozentsatz — durch Belegstücke erwiesen. Ein beträchtlicher Teil davon wanderte in die Sammlungen der Vogelwarte.

Zu diesen 153 trug der Leuchtturm einen guten Teil bei. Auch heuer fielen ihm 43 Arten zum Opfer, wobei freilich nicht entschieden werden kann, wie viel Nachhülfe dabei mitgewirkt hat. Es waren aber keinesweg durchweg dieselben Arten wie 1909. Deshalb seien sie aufgezählt (mit * bezeichnet, was 1909 nicht gefallen):

*1. *Tadorna tadorna* s.
2. *Charadrius apricarius* s.
3. — *morinellus* s.
4. — *hiaticula* h.
*5. *Vanellus vanellus* h.
*6. *Calidris arenaria* s.
7. *Tringa canutus*
8. — *alpina*
9. *Tringoides hypoleucus*
*10. *Totanus totanus*
11. *Gallinago gallinago*
12. — *gallinula*
13. *Scolopax rusticola* h.
14. *Rallus aquaticus*
*15. *Jynx torquilla*
*16. *Muscicapa striata*
17. — *hypoleuca* h.
18. *Sturnus vulgaris* s. h.
19. *Fringilla montifringilla*
*20. *Emberiza hortulana*
*21. *Motacilla flava flava* s.
*22. — — *thunbergi* s.
*23. *Anthus trivialis* h.
*24. — *spinoletta littoralis* s.
25. *Alauda arvensis* s. h.
*26. *Lullula arborea* s.
27. *Sylvia borin* s. h.
*28. — *communis*
29. — *atricapilla*
*30. *Acrocephalus strepera* s.
*31. — *schoenobaenus*
32. — *aquatica* s.
33. *Locustella naevia*
*34. *Hippolais icterina* s.
35. *Phylloscopus trochilus* h.
36. *Turdus philomelos* h.
37. — *musicus* s. h.
38. — *pilaris*
39. — *merula* h.
40. — *torquatus* h.
41. *Saxicola oenanthe* h.
*42. *Pratincola rubetra* s.
*43. *Phoenicurus phoenicurus* h.

Sa. der zugekommenen Arten: 18.

Vom Leuchtturm habe ich also bisher in beiden Jahren 61 Arten erhalten.

Wenn ich alle Helgoländer Beobachtungen einer Art an einem Tage resp. einer Nacht (beides getrennt) mit einem Punkte zähle, so basieren die in diesem Berichte gegebenen Mitteilungen für 1910 auf **4537 Beobachtungen bei Tageslicht und 504 bei Nacht** gegen 2572 resp. 240 im Vorjahre, wo allerdings Januar bis März fehlten.

Dazu kommen nun noch eine Menge auswärtiger Beobachtungen über die meisten der behandelten Arten und über zwölf andre, die auf Hegoland nicht vorkamen. Dadurch wird also die obige Zahl von 188 auf **200 „Arten" alles in allem** erhöht. Von diesen Beobachtungen stammt ebenfalls ein beträchtlicher Teil von mir (nämlich alles nicht Gekennzeichnete!).

Wenn ich besonders interessannte Vorkommnisse nochmals hervorheben sollte, so fiele mir das schwer, weil ich nicht weifs, wo ich anfangen soll. Es war heuer soviel des Interessanten über Vorkommen von selteneren Sachen, über Biologie, merkwürdige Zugdaten, auffällige Wanderungen nordischer Vögel und vor allem über Verbreitung der einzelnen Züge und ihren Zusammenhang mit dem Wetter zu berichten, dafs ich dem Leser die Arbeit doch nicht ersparen kann, sich die betreffende Stellen zwischen dem Wust von Daten selbst herauszusuchen. Durch Kenntlichmachung vieler Stellen habe ich versucht, es so leicht als möglich zu machen.

Nur einen faunistischen Auszug will ich wieder beigeben:

Für Europa neu:
Emberiza spodocephala.

Für Deutschland neuer Brutvogel:
Motacilla flava rayi.

Für Deutschland seltene Vögel:

Alle alle †
Fratercula arctica †
Procellaria glacialis †
Hydrobates pelagicus †
Stercorarius skua †
— *cepphus* †
(*Larus glaucus*)
(— *leucopterus*)
Sula bassana †
Phalacrocorax graculus †
Plegadis autumnalis † (Borkum)
Platalea leucorodia (Norderney)
Phalaropus fulicarius (Borkum!)
Tringa canutus Hochzeitskleid †
Limosa lapponica Hochzeitskleid †
Acanthis linaria holboelli †
Pyrrhula pyrrhula pyrrhula †
Emberiza rustica †
— *spodocephala* †
Motacilla flava thunbergi †
— — *rayi* †

Anthus richardi
(*— cervina*)
Acrocephalus aquatica †
Phylloscopus collybita abietina †
Luscinia svecica gaetkei †.

Für Helgoland neu:
Emberiza spodocephala †
Phylloscopus collybita abietina †.

Für Helgoland erste Belegstücke: beide ebenerwähnte und *Corvus corone.*

Für Helgoland seltene Vögel: ein Teil ist schon oben genannt, aufserdem:
Uria grylle †
Colymbus cristatus †
(*Hydrochelidon nigra* †)
Limosa limosa †
Ortygometra porzana †
Gallinula chloropus †
Ciconia ciconia
(*Botaurus stellaris*)
Pandion haliaetus
Bombycilla garrulus †
Muscicapa parva ♂
Garrulus glandarius †
(*Nycyfraga caryocatactes*)
Parus ater †
Acredula caudata
Sylvia nisoria †
Acrocephalus aquatica †
Locustella naevia †
Phylloscopus sibilatrix †
Luscinia megarhynchos †
— luscinia †.

Abnormitäten:

Blafsfärbung:
1 *Phylloscopus collybita abietina* erl.

Vollkommene Albinos:
1 Feldlerche erl.
1 Singdrossel? beob.

Teilweise Albinos:
1 Star beob. mit weifsen Kopfflecken.
I Amsel erl. mit paar rein-weifsen Flügelfedern.
1 „ „ mit verschiedenen blassen Federn des Kleingefieders.
1 Ringdrossel erl. mit paar weifsen Federn des Kleingefieders.
1 Steinschmätzers erl. mit weifsl. Partien „ „
(angeblich: 1 Weifse Bachstelze).
1 Rotschwanz.
ferner: 1 Dreizehenmöwe erl. mit farblosen Füfsen.
1 „ „ mit roten „

Polydactylie:
1 Dreizehenmöwe mit gut ausgebildeter 4. Zehe (Atavismus!).

Bericht über den Ringversuch bis Ende 1910.

Eins der schönsten Resultate des Besuchs Dr. Thienemanns auf Helgland im Herbste 1909 war die Verwirklichung meines schon längst gehegten Wunsches, anch auf Helgoland Vogelmarkierungen vornehmen zu können. Sicher eignet sich dieser grofsartige Vogelzugsknotenpunkt ausgezeichnet zu solchen Versuchen, aber anderseits stellten sich in der Praxis grofse Schwierigkeiten heraus, die nur mit Geld zu beseitigen wären, und an genügenden Mitteln fehlte es natürlich. Es werden hier nachts erhebliche Mengen von Zugvögeln und gerade solche, die für den Markierungsversuch am wertvollsten wären, z. B. Schnepfen, lebend gefangen, aber man bekommt sie nicht lebend, man zahle denn ganz horrende Preise. Um den Fang nicht aufzuhalten und um möglichst viel in den wenigen günstigen Stunden zu ergattern, schlägt jeder Fänger die Vögel möglichst eilig tot und ist nicht dazu zu bestimmen, sich mit dem Lebend-Transport abzugeben. Vielleicht, wenn man statt 3 M. (soviel kostet die tote Schnepfe) mindestens 5 oder 6 hötel Aber dazu fehlt es an Geld. Selber aber kann ich bei der gleichzeitigen Beobachtungsnotwendigkeit und ohne jede Hülfe nur sehr wenig fangen infolge der erdrückenden „Konkurrenz“. Herr Dr. Hennicke bespricht diesen Übelstand ausführlicher in dem Aufsatz „der nächtliche Vogelfang auf Helgoland“ in Heft 9 der Ornithol. Monatsschrift 1910. Was unter diesen Umständen ohne gröfsere Mittel getan werden konnte, das wurde getan.

Bald stellte sich heraus, dafs man sich eines grofsen Teils der Erfolge begeben würde, wollte man nur auf Helgoland selbst markieren. Es war viel richtiger, die Methode Rossittens auch hier anzuwenden, nämlich auch im weiteren Umkreise Helgolands an den Nordseeküsten gröfsere Markierungen an Stellen vorzunehmen, wo das leicht und mit relativ geringen Kosten möglich war. Ich richtete daher mein Augenmerk auf grofse Brutkolonien von Zugvögeln: von Lachmöwen in Schleswig, von Silbermöwen, Seeschwalben und Strandvögeln auf den nordfriesischen Inseln. Die Direktion der Biologischen Anstalt erkannte dankenswerter Weise die Wichtigkeit dieser Arbeiten an und ermöglichte mir ihre Ausführung. Im Allgemeinen Teil des Jahresberichts ist über diese beiden Reisen nach Schleswig und die nordfrisischen Inseln berichtet.

Da nun im Gebiete der Nordsee auch von anderen Ornithologen Markierungen vorgenommen wurden und zwar mit Rossittener

Ringen, so wäre bei der Bearbeitung eine nutzlose Verzettelung der Resultate eingetreten: die Hälfte der Vögel wäre nach Rossitten, die Hälfte nach Helgoland gelangt, obgleich sie vernunftgemäfs zusammen bearbeitet werden müssen. Deshalb erklärte sich die Vogelwarte Rossitten bereit, der Vogelwarte Helgoland fortan (von 1910 an) sämtliche Markierungen im Bereiche der Nordsee zur Bearbeitung zu überlassen, wie es ja auch naturgemäfs am besten ist. Der Vogelwarte Rossitten gebührt aber dafür grofser Dank.

Wir verwenden auf Wunsch der Vogelwarte Rossitten deren Ringe, um die Einheitlichkeit in Deutschland zu wahren und nicht zu vielerlei Ringe in die Lüfte zu schicken. Es wird darin von allerlei Laien schon allzuviel des Guten getan: jeder benutzt lustig seine eigenen Ringe ohne Adresse, und niemand weifs dann, woher die Ringe stammen, sodafs die ganze Sache auf nutzlose Spielerei hinauskommt. Bei Helgoland wäre es nun freilich anders gewesen, denn ein Ring mit der Adresse „Zool. Inst. Helgoland" hätte wohl seine Ankunftsstelle eher noch sicherer, jedenfalls nicht seltener als die Rossittener Ringe erreicht. Wie die Sache jetzt liegt, wandert alles, was hierher gehört, erst nach Rossitten und kommt von da umgehend hierher. Dank unsrer Portofreiheit macht das wenigstens keine Kosten, und die beiden Vogelwarten bleiben dadurch in fortwährender Verbindung.

Seit Beginn der Versuche bis Ende 1910 sind im Bereiche der Nordsee markiert worden zu Gunsten der Vogelwarte Helgoland:

5 Lummen (*Uria troille*) auf Helgoland.
657 junge Silbermöwen (*Larus argentatus*) auf Memmert und Norderoog.
477 junge Lachmöwen (*Larus ridibundus*) in Schleswig.
304 junge Brandseeschwalben (*Sterna cantiaca*) auf Norderoog.
200 junge Flufs- und Küstenseeschwalben (*Sterna hirundo* und *macrura*) auf Jordsand und Norderoog.
6 junge Brandgänse (*Tadorna tadorna*) auf Sylt.
3 junge Stockenten (*Anas boschas*) auf Sylt.
36 meist junge Austernfischer (*Haematopus ostralegus*) auf d. friesischen Inseln.
1 Sandregenpfeifer (*Charadrius hiaticula*) auf Helgoland.
8 junge Seeregenpfeifer (*Charadrius alexandrinus*) auf d. nordfries. Inseln.
2 Kiebitze (*Vanellus vanellus*) auf Helgoland.
1 Sanderling (*Calidris arenaria*) auf Helgoland.
2 junge Rotschenkel (*Totanus totanus*) auf Jordsand.
10 Waldschnepfen (*Scolopax rusticola*) auf Helgoland.
1 Mauersegler (*Apus apus*) in Leipzig.
5 junge Rauchschwalben (*Chelidon rustica*) in Bergfarnstedt.

4 Saatkrähen (*Corvus frugilegus*) auf Helgoland.
6 meist junge Stare (*Sturnus vulgaris*) auf Sylt und Helgoland.
87 Singdrosseln (*Turdus philomelos*) auf Helgoland.
9 Weindrosseln („ *musicus*) „ „
11 Wacholderdrosseln (*Turdus pilaris*) „ „
160 Schwarzdrosseln („ *merula*) „ „
18 Ringdrosseln („ *torquatus*) „ „

zusammen 2000 Vögel.

Erbeutet, zurückgeliefert oder gemeldet wurden bis Ende 1910 folgende Vögel:

30 Silbermöwen[1]).
18 Lachmöwen.
3 Küsten und Flufsseeschwalben.
4 Waldschnepfen.
2 Singdrosseln.
1 Weindrossel.
I Wacholderdrossel.
6 Schwarzdrosseln.

zusammen 65 Vögel, d. s. 3,2 %.

Für Unterstützung bei der Markierungsarbeit gebührt herzlicher Dank den Herren Dr. Dietrich, Otto Leege, M. B. Hagendefeldt, Oskar Grimm.

Im Folgenden sei über die gröfseren Markierungen und über die zurückgelieferten Vögel eingehender berichtet.

I. Silbermöwen (*Larus argentatus*).

Am 16., 17. und 18. Juli 1910 wurden auf Norderoog, der prächtigen Vogelkolonie des Vereins Jordsand, gelegentlich eines Besuchs in Begleitung des Vorstandes Dr. Dietrich und einiger bekannter Ornithologen (s. Dr. Dietrichs Bericht in Orn. Monatsschrift 1911 Nr. 1) im ganzen 74 junge, aber bereits sehr weit entwickelte Silbermöwen markiert. Die mächtigen silbergrauen Wollsäcke — so sehen die grofsen Dunenjungen in der Tat aus, — verstanden es meisterhaft, sich unter und zwischen dem langen Gras zu drücken.

Der Rest, 583 Stück, wurde im Juli, unmittelbar vorher, von dem überaus rührigen Vogelwart der westlichen Nordseeküste, Herrn Lehrer Otto Leege (in Ostermarsch) auf der schönsten aller deutschen Vogelinseln, dem Memmert bei Juist, ebenfalls einem geschützten Reservat, gezeichnet. Das bedeutet eine ziemliche Arbeit, bei der es in der Eile wohl vorkommen kann, dafs eine Möwe zwei Ringe erhält, wie es in mindestens zwei Fällen geschehen

---

[1]) Anm. Aber vom 1. Jan. bis 31. Mai 1911 noch 26 weitere!

ist. Es entsteht dadurch freilich ein kleiner, aber kaum nennenswerter, Fehler in der Prozentberechnung.

Sowohl dem Verein Jordsand, besonders seinem Vorstand Dr. Dietrich, als auch Otto Leege sei hier nochmals der herzlichste Dank für die eifrige Unterstützung unsrer Arbeit ausgesprochen.

Nun zu den Fundorten der bis Ende 1910 wiedererlangten Silbermöwen, zeitlich geordnet.

I. Die Norderooger Möwen.

1. Nr. 3444 am 1. Sept. 10 von Herrn Baumeister Wiesental bei Helgoland erlegt. Meldung und beringter Fufs von demselben.
Ring getragen: 1 Monat 16 Tage.
Entfernung: 56 km.

2. Nr. 3418 am 12. Sept. 10 von Fischer Martin Jensen in Pellworm auf Süderoog b. Pellworm tot gefunden. Nachricht durch Herrn Lehrer Wilh. Philippsen auf Süderoog.
Zeit: 1 Monat 27 Tage.
Entfernung: 9 km.

3. Nr. 3420 zwischen 8.—10. Okt. 10 bei den Schlengenarbeiten zwischen Minsener-Oldeoog und Wangeroog von einem Arbeiter total erschöpft gefangen. Möwe eingesandt von Herrn Hinr. Meiners, Signalstation Schillighörn, Amt Jewer. Auch Notiz im Ostfriesischen Kourier vom 9. XI.
Zeit: 2 Monate 22 Tage.
Entfernung: 93 km.

4. Nr. 3423, am 30. Okt. 10 in der Kieler Aufsenförde von Herrn Hugo Kofoldt, Laboe b. Kiel, geschossen. Nachricht und Ring durch denselben.
Zeit: 3 Monate 15 Tage.
Entfernung: 108 km.

5. Nr. 3407, am 2. Nov. 10 bei Burhaversiel a. d. Weser, Butjadinger Küste, im (Fisch-)netz gefangen von Fischer Wilh. Imhoff. Nachricht durch denselben.
Zeit: 3 Monate 17 Tage.
Entfernung: 104 km.

6. Nr. 3412, am 11. Nov. 10 in Theener (Ostfriesland) von Herr A. Oepkes geschossen. Notiz im Ostfriesischen Kourier.
Zeit: 3 Monate 25 Tage.
Entfernung: über 100 km.

7. Nr. 3447, am 12. Nov. 10 bei Westermarsch (ostfries. Küste) geschossen von Herrn Hicko Wäken i. W. Nachricht und Vogel durch denselben. Zugleich mit dieser Möwe wurde eine vom Memmert stammende geschossen. Von Ost und West hatten sich hier also die jungen Möwen zusammengefunden.

Zeit: 3 Monate 26 Tage.
Entfernung: 140 km.

8. Nr. 3431, am 15. Nov. 10 bei Helgoland geschossen von Herrn Lührs jun. Beringter Fufs durch ihn zurück.
Zeit: 3 Monate 29 Tage.
Entfernung: 56 km.

9. Nr. 3430, am 22. Nov. 10 bei Cuxhaven erlegt von einem Helgoländer Schiffer. Fufs zurück durch ihn.
Zeit: 4 Monate 6 Tage.
Entfernung: 72 km.

10. Nr. 946, am 28. Nov. 10 in Stranderoth b. Rinkenis an der Flensburger Föhrde, Schleswig-Holstein, von Herrn F. Tietje erlegt. Nachricht und Ring durch denselben.
Zeit: 4 Monate 12 Tage.
Entfernung: 78 km.

11. Nr. 3428, Ende Nov. oder Anfang Dez. am Nordweststrande von Pellworm tot gefunden. Nachricht und Ring durch Herrn Amtsvorsteher B. J. Harrsin, Pellworm.
Zeit: etwa $4^1/_2$ Monate.
Entfernung: 8 km.

12. Nr. 3426, am 17. od. 18. Dez. 10 vor Hörupphoff b. Sonderburg angeschossen gefunden von Herrn Fr. Krabbenhöft, Sonderburg. Nachricht und Ring durch denselben.
Zeit: 5 Monate.
Entfernung: 90 km.

13. Nr. 3417, am 29. Dez. 10 am Strande in Sylt tot (wahrscheinlich geschossen) gefunden. Notiz in d. Kieler Neuesten Nachr. durch Herrn Lehrer Thiefsen in Meldorf eingesandt.
Zeit: 5 Monate, 12 Tage.
Entfernung: etwa 40—50 km.

14. Nr. 948, in den letzten Dez.-Tagen 10 auf der Hallig Hooge, Post Pellworm, von Herrn Präparator J. Jacobsen erlegt. Nachricht und Ring durch denselben.
Zeit: etwa $5^1/_2$ Monate.
Entfernung: 3 km.

Dieser Versuch ergibt im ersten Kalenderjahre, also im ersten halben Lebensjahre der jungen Norderooger Silbermöwen eine Verlustziffer von 18,9 Prozent. Also der fünfte Teil wird in dieser kurzen Zeitspanne vernichtet und zwar fast ausschliefslich geschossen, diesmal weniger durch Sportschiefser als durch gewerbsmäfsige Möwenjäger, die die Vögel zum Essen, Präparieren und zu Modezwecken schiefsen. Das Resultat ist sicher betrübend für die Schutzherrn der Vogelkolonie, ist aber doch nicht allzu schrecklich. Denn ein Fünftel des Nachwuchses kann wohl unbeschadet des Bestandes genutzt werden. Aber: wir haben keine Garantie, dafs alle in Wirklichkeit geschossenen Ringmöwen zurückgemeldet sind. Es scheint zwar, dafs bei diesem Versuch recht gut gemeldet wurde, weil er hier neu war und viel Interesse fand. Zweifellos können wir aber rechnen, dafs noch mehr Ringmöwen umgekommen sind, und ob der sich so ergebende Prozentsatz noch erträglich ist, ist eine andere Frage.

Die jungen auf Norderoog erbrüteten Silbermöwen „wandern" gar nicht, streifen aber nach allen Richtungen umher, nur nicht weit nach Norden. Dagegen überfliegen einige sogar die jütische Halbinsel, vielleicht auf dem Eider-Schleiwege oder längs des Nordostseekanals, und gelangten so nach Kiel und Alsen. Die Hauptmenge verteilt sich gleichmäfsig an die Nordseeküste bis fast an die holländische Grenze. Einige bleiben demgemäfs auch in der Nähe ihrer Heimat oder kehren doch dorthin zurück, sodafs im Winter dort welche geschossen werden konnten. Es erfolgt also keinesfalls eine Winterflucht, die jungen Silbermöwen ziehen nicht, ihre ausgedehnten Flüge sind allein Nahrungsflüge und werden zum guten Teil angeregt durch den Dampferverkehr. Denn hinter den Dampfern, einer guten Nahrungsquelle, streichen die Möwen von einer Nordseeinsel zur andern wie die Sommerfrischler mit Rundreisebilletten.

2. Die Memmert-Möwen.

15. Nr. 4804 Ende Juli 10 auf Juist, also ganz in der Nähe, geschossen. Nachricht durch Herrn Hermann Tants, Hamburg, Heilwigsstr. 102.
Zeit: ca. $^1/_2$ Monat.
Entfernung: ca. 8 km.

16. Nr. 4587, etwa am 20. August 10 auf der Elbe bei Twielenfleth (bei Stade) von Herrn Apotheker R. Syring geschossen. Nachricht durch denselben.
Zeit: reichlich 1 Monat.
Entfernung: 168 km.

17. Nr. 4601, am 30. August 10 bei Helgoland von Herrn Peter Dähn auf Helgoland erlegt. Ring und Nachricht durch denselben.
Zeit: ca. $1^1/_2$ Monat.
Entfernung 88 km.

18. Nr. 4602, etwa am 1. September bei Duhnen (Cuxhaven) erlegt. Nachricht durch Herrn Kürschner O. Fiedler, Altona, Adolfstr. 160/62, dem der Vogel zum Ausstopfen übergeben ward. Herr P. Gast, Präparator am Naturhistor. Museum in Hamburg bemühte sich um den Ring und sandte ihn uns.
Zeit: ca. $1^1/_2$ Monat.
Entfernung: 122 km.

19. Nr. 4612, am 4 Sept. bei Helgoland von Herrn Emil Reymers erlegt. Beringter Fufs und Nachricht durch denselben.

Zeit: reichlich $1^1/_2$ Monat.
Entfernung: 88 km.

20. Nr. 4856, am 16. Sept. vor Norderney von Herrn Cand. med. Pröhl erlegt. Nachricht durch denselben. Adr. Ortenberg in Hessen.
Zeit: reichlich 2 Monate.
Entfernung: 18 km.

21. Nr. 4383, am 25. Sept. am Südstrand von Borkum von Herrn W. Müller, Abbehausen i. Gr. Oldenburg, im Sommer Borkum, Bismarckstr. 9, lebend gegriffen und wieder freigelassen. Nachricht durch denselben. Der Vogel mufs wohl angeschossen gewesen sein, sonst hätte er sich sicherlich nicht greifen lassen.
Zeit: etwa $2^1/_2$ Monate.
Entfernung: 10 km.

22. Nr. 4798, am 9. Oktober auf der Insel Arngast im Jadebusen von Herrn M. Schäfer, Bant bei Wilhelmshaven, Mellumstr. 18., geschossen. Nachricht von demselben.
Zeit: fast 3 Monate.
Entfernung: 90 km.

23. Nr. 4440, am 8. Nov. auf Langeoog gelegentlich der grofsen Treibjagd geschossen. Nachricht und beringter Fufs durch Herrn E. F. Eucken, Wilhelminenhof b. Dornum (Ostfriesland).
Zeit: reichlich $3^1/_2$ Monate.
Entfernung: 45 km.

24. Nr. 4416, am 10. Nov. bei Norddeich von Herrn Franz van Hülsen, Norddeich, erlegt. Nachricht und Ring durch denselben.
Zeit: fast 4 Monate.
Entfernung: 18 km.

25. Nr. 4894, am 11. Nov. bei Norddeich von Herrn F. van Hülsen, Norddeich, erlegt. Nachricht und Ring durch denselben.
Zeit: 4 Monate.
Entfernung: 18 km.

26. Nr. 4382, am 12. Nov. bei Westermarsch von Herrn Hicko Wäken, Westermarsch (Ostfriesland), zugleich mit einer Norderooger Möwe, geschossen. Vogel und Nachricht durch denselben.
Zeit: 4 Monate.
Entfernung: 18 km.

27. Nr. 4659, ca. am 14. Nov. bei Ostermarsch im Watt geschossen von Herrn Wers in Ostermarsch. Ring persönlich von ihm erhalten.

Zeit: 4 Monate.
Entfernung: 23 km.

28. Nr. 4536, Mitte Nov. auf Borkum von Herrn Ferd. Thiergarten, Karlsruhe, Lammstr. 1 b., erlegt. Nachricht und beringter Fufs durch denselben.
Zeit: 4 Monate.
Entfernung: 10 km.

29. Nr. 4555, am 22. Nov. an der Nordseeküste im Christianskoog (bei der Christians-Hallig bei Föhr??) in Holstein von Landmann v. Horsten erlegt. Nachricht durch Herrn Lehrer J. Thiefsen in Meldorf.
Zeit: fast $4^1/_2$ Monate.
Entfernung: 27? km.

30. Nr. 4728, am 1. Dezember gefangen. Ring eingesandt von Herrn C. van Hoorn, Hornhuizeu, Niederlande, Groningen, gegenüber der Insel Schiermonnikoog.
Zeit $4^1/_2$ Monate.
Entfernung: 44 km.

31. Nr. 4363, am 3. Dez. bei Helder, Niederlande (bei der Insel Texel) erlegt. Von Vogelhändler Poehn, Helder, der Zoologischen Station übergeben. Von Herrn Delsman wurde die Haut eingesandt.
Zeit: $4^1/_2$ Monate.
Entfernung: 160 km.

Scheinbar haben die Memmert-Möwen eine viel geringere Verlustziffer, nämlich nur 2,9% für ein halbes Jahr, also etwa 6% pro Jahr. Wenngleich auch etwas Wahres daran sein mag, dafs die Memmertvögel wegen ihrer gröfseren Menge besser wegkommen als die von Norderney, so kann doch der angegebene Prozentsatz unmöglich richtig sein. Ergaben sich doch im ersten Versuchsjahre (s. IX. Jahresbericht der Vogelwarte Rossitten p. 632) für die Memmertmöwen 10,6 Prozent als bekannte Vernichtungsziffer pro Jahr etwa. Die Erklärung suche ich nicht in einem erheblichen Rückgang der Sportschiefserei, wenngleich ich hoffe, dafs ein solcher zu konstatieren ist, sondern in der Tatsache, dafs sehr viele Schützen in der Umgebung des Brutplatzes die Ringe nicht gemeldet haben. Man braucht sich blos die geringe Zahl der Meldungen aus der Nähe des Memmert: Borkum, Juist, Norderney etc. anzusehen und sie mit der Menge der im 1. Jahr von dort gemeldeten zu vergleichen. Man hat offenbar ein Haar darin gefunden, sich als Möwenschiefser zu verraten, zumal die gewerbsmäfsigen Möwenjäger dieser Gegend. Hatte doch einer davon sieben Ringe daliegen, meldete sich aber erst, als von fremder Seite ohne unser Zutun eine Notiz in die Zeitungen kam, wir zahlten 3 M. Prämie für jede zurückgemeldete Möwe (was wir natürlich nicht tun, um nicht zum Möwenmord aufzufordern!). Also erst auf das Klimpern des Geldes hin tauchten die Ringe auf. Andre bleiben verborgen, weil es ganz einfache arme Deicharbeiter u. s. w. sind, die die Ringe erbeuten und sich vor dem Schreiben scheuen. Auch bei einem solchen entdeckte ich persönlich einen Ring. So liegen in den Hütten der friesischen Wattenjäger noch Dutzende herum. Ebenso sicher in mancher holländischen Hütte. Im Anfang des Versuchs war die Sache neu, jeder war neugierig, zu erfahren, woher die Möwen stammten. Jetzt weifs die ganze Küstenbevölkerung, dafs es sich dort fast nur um Memmertmöwen handelt und damit ist der Anreiz zur Meldung gefallen, zumal jene andre Rücksicht auf die Vogelschutzbestrebungen dazu kommt. Man sieht daraus, welcher Blödsinn es ist, wenn die Gegner des Ringversuchs immer wieder behaupten, man schiefse Vögel um der Ringe willen ab! In Wahrheit wird das Gegenteil bewirkt.

Im übrigen bestätigen obige Fälle genau das, was das erste Jahr ergab (s. d. oben zit. Bericht Rossittens!).

Die weiteste zurückgelegte Entfernung ist 160 m (Memmert-Helder). Die Vögel zerstreuten sich sofort nach der Brutzeit über die ganze deutsche und holländische Küste. Von der französischen oder englischen Küste ist noch keine gemeldet, man kann also selbst die Verschiebung des Bestandes nach Südwesten im Winter — wie noch im Neuen Naumann gelehrt wird —, nicht mehr als Tatsache anerkennen. Das ist jetzt so vollkommen sicher festgestellt, dafs es sich erübrigen wird, noch fernerhin Silbermöwen zu markieren. Der Bestand an gezeichneten Vögeln wird aber hoffentlich noch interessante Resultate bringen, so auch über Mauser, über Wahl des Brutplatzes u. s. w. Darum soll auch mit Rücksicht auf das noch immer reichlich einlaufende Material jetzt noch keine Verbreitungskarte gegeben werden.

II. Lachmöwen *(Larus ridibundus)*.

Weit bekannt und berühmt ist die Möweninsel auf der Schlei in Schleswig. Es ist eine kolossale Lachmöwenkolonie, die jetzt vorbildlich rationell bewirtschaftet und geschützt wird. Es brüten dort nach des Pächters, Herrn Hannberg, und nach Prof. Steens (in Schleswig) Schätzung 5—6000 Paare. Die Schätzung wurde nach der Zahl der täglich gesammelten Eier vorgenommen. Die Lachmöwe soll ihre zwei, selten drei Eier einen Tag um den andern legen. Wenn also der „Möwenkönig", wie man dort den Eierpächter nennt, im Anfang der Brutzeit täglich 2000—3000 Stück sammelt, so ergibt das in der Tat etwa 6000 ♀, ebensoviele ♂. Es können also leicht 12000 Stück Möwen als Bevölkerung des kleinen „Möwenberges", einer Grasinsel, herauskommen. Die Möwen wurden früher bei einer Art Volksfest in Unmengen abgeschossen. Seit 1894 darf keine einzige mehr geschossen werden, dafür hat die Regierung die Eiernutzung für jährlich 800 M. verpachtet, die Sammelzeit aber stark eingeschränkt. Infolgedessen vermehren sich die Vögel sehr stark, ja zu stark, denn die Alten finden nicht mehr genug Nahrung. Darum findet man auch ziemlich viel tote Dunenjunge. Das geht meist so zu: die hungrigen Jungen betteln jede Alte Möwe an. Wenn nun die Jungen ihren Platz verlassen haben — und sie gehen sehr gern spazieren — so müssen die Alten sie wiedersuchen. Sie werden aber dabei von allen andern fremden Jungen unterwegs angebettelt und weisen diese durch Schnabelhiebe — leider immer auf den Kopf — ab. All das kann man beobachten und findet recht häufig Junge mit kahlen oder blutenden Stellen am Hinterkopf, woran sie oft genug eingehen.

Am 6. Juli 1910 waren natürlich schon sehr viele Jungmöwen flügge und auf und davon. Eier fanden wir nur mehr etwa 3, wobei ein Spurei, und 2 eben geschlüpfte Junge, noch mit Eizahn. Halbflügge Junge waren noch sehr reichlich da. Der Pächter und ein Junge griffen die davonlaufenden und -flatternden Jungen oder suchten die weniger weit entwickelten in den Gängen zwischen dem langen Gras auf, wo sie sich drückten. Ich brauchte nur die Ringe anzulegen. So zeichnete ich in $3^1/_2$ Stunden 280 Stück, hätte aber noch mehr Ringe anbringen können, wenn die nachbestellten nur rechtzeitig eingetroffen wären. Die Jungen bissen und schrieen manchmal beim Zeichnen, verhielten sich aber öfters auch ganz ruhig. Natürlich schwärmten Wolken von alten Vögeln über uns mit ohrenbetäubendem Geschrei. Auch war meine Vorsicht, einen alten Kittel überzuziehen, sehr angebracht von wegen all des weifsen Segens, der von oben kam.

Am 13. Juli war ich zum zweiten Male auf der Schleswiger Möweninsel und zeichnete in $1^1/_2$ Stunden nochmals 200 Stück. Es mochten jetzt noch gegen 500 fast oder ganz flügge Junge da sein. Ihre Schätzung ist schwer. Daraus, dafs wir nur sehr wenige der markierten Exemplare ein zweites Mal fanden, erkennt man, dafs man immer nur einen Teil sieht: wenn man etwa 200 findet und markiert und geht dann nach 1 Stunde wieder auf die Suche, so findet man etwa 175 noch unmarkierte, also andere, man hat also nur höchstens die Hälfte des Bestandes gefunden. Der Rest hat sich offenbar in dem Schilfgürtel gedrückt, und viele gröfsere Junge schwimmen draufsen auf dem Wasser.

Infolge des Schutzes, den die Möwen in Schleswig durch den sehr energischen Pächter — er schläft nachts im Kahne im Schilfe bei seinen Schützlingen, und wehe dem nächtlichen Eier- oder Vogeldieb! — und durch die Regierung geniefsen, sind die Vögel in der Stadt Schleswig unglaublich vertraut. Wie anderswo die Tauben, so sitzen dort überall die schneeigen Vögel auf Strafsen und Dächern und schweben überall in der Luft. Sie bilden das anmutige Wahrzeichen der Stadt. —

Nun zu dem Bericht über die zurückgemeldeten Möwen! Bis Ende 1910 liefen 18 Stück ein, das sind 3,79%.

Von den 18 Stück wurden 13 in Schleswig-Holstein oder in dessen Umgebung wiedergefunden und zwar bis zum 3. November, 1 im Dezember in Holland, 4 in Frankreich, wovon am Kanal eine im Juli, zwei im November und Dezember, die vierte aber in Burgund im Dezember.

1. Nr. 2077, markiert am 6. Juli 10, erlegt am 18. Juli 10 am Strande zwischen Calais und Dünkirchen. Nachricht und Ring durch Herrn Notar Vatin in Audruicq.
Zeit: 12 Tage.
Entfernung: in der Luftlinie 620, am Strande mindestens 660 km.
Kaum flügge, ist diese Möwe losgezogen und ist in wenigen Tagen bis zum Kanal am Nordseestrande entlanggebummelt, denn eine richtige „Wanderung", vielmehr „Zug" nenne ich das nicht. Man vergleiche diesen merkwürdigen Fall mit der Geschichte von Nr. 1687 (s. IX. J.-B. d. V. Rossitten S. 630!), dort war der Jungvogel in 1 Monat von Kiel bis an die Mündung der Somme, d. s. 730 km, gestrichen.

2. Nr. 2135, markiert am 6. VII., ward am 20. Juli bei Engebrück, zwei Meilen NW. v. Schleswig tot in einem Feldbrunnen gefunden. Nachricht und Ring durch Herrn Hufner Heinr. Clausen, Schuby, Kr. Schleswig.
Zeit: 14 Tage.
Entfernung: 15 km.
Während sich die meisten der Jungmöwen noch ganz in der Nähe ihres Heimatortes herumtreiben, sind also einzelne Heifssporne schon in Frankreich!

3. Nr. 3528, markiert am 13. Juli, am 17. August auf dem Lübecker Revier geschossen. Nachricht und Ring im Januar 1911 ohne Angabe des Absenders aus Lübeck.
Zeit: 1 Monat 5 Tage.
Entfernung: 100 km.

4. Nr. 3447, markiert am 13. Juli, am 19. August in St. Annen an der Eider in Holstein von Herrn Landmann P. L. Wulf in St. Annen geschossen. Nachricht und Ring von demselben.
Zeit: 1 Monat 7 Tage.
Entfernung: 41 km.

5. Nr. 2096, markiert am 6. Juli, am 24. August am Ostseestrande zu Damp bei Vogelsang-Grünholz, Kreis Eckernförde, von einem Jägerburschen verendet gefunden. Nachricht und Ring durch Herrn Grafen Knocateon (Name unleserlich).
Zeit: 1 Monat 12 Tage.
Entfernung: 96 km.

6—12. Nr. 2039, 2154, 2165, 2296, 3349, 3380, 3506, wurden bald nach dem Markieren bis zum 11. September, wo die Möwen von der Insel wegziehen, in der nächsten Nähe der Heimat, also Schleswigs wieder erbeutet und dem Pächter,

Herrn Hamberg, gebracht, der mir die Ringe sämtlich einsandte. Nachricht durch denselben am 11. Sept.

Man sieht daraus, dafs es sehr viele Schwächlinge gibt, wie auch natürlich. Diese bleiben lange in ihrer Heimat. Je stärker und gesunder der Vogel, desto stärker sein Flugtrieb, desto rascher und leichter seine Entfernung, seine Auswanderung.

13. Nr. 2132, markiert am 6. Juli, am 8. Oktober in der „grofsen Holzwik" in der Trave (bei Lübeck) von Herrn Fischereiaufseher J. Gehl geschossen. Nachricht und Ring durch denselben.

Zeit: 3 Monate 4 Tage.

Entfernung: ca. 100 km.

14. Nr. 2140, markiert am 6. Juli, am 3. November in einem Garten in Moorfleth b. Hamburg von Herrn Maschinist Albert Decaux, Hamburg-Moorfleth 60 gefunden und gemeldet. Ring eingesandt.

Zeit: 4 Monate.

Entfernung: ca. 110 km.

In Hamburg an der Unterelbe treffen die Schleswiger Möwen mit einem Teil der Rossittener zusammen auf ihrem Zuge die deutschen Küsten entlang nach SW. — Weitere Meldungen aus Hamburg liefen nicht ein, obgleich ich in einem Artikel „Wo kommen die Hamburger Lachmöwen her" in Nr. 523 d. Hamburger Nachrichten die Aufmerksamkeit des Publikums darauf lenkte. Diese Frage ist also auch jetzt noch nicht exakt zu beantworten.

15. Nr. 2284, markiert am 6. Juli, am 11. November auf der Rhede von Sallenelles nahe Caen (Dep. Calvados) am Kanal von Herrn Marius Robé, 1, rue Ecuyère, in Caen, geschossen. Der Jäger brachte eine Notiz in dem „Chasseur français" vom 1. März 1911, wonach sich die Nummer in 22084 und der Aluminiumring in „vergoldetes Silber" verwandelt hat. Da der Schütze den ausgestopften Vogel in der Notiz zu senden verspricht, hoffe ich noch, ihn zu erhalten. Die Redaktion gibt dankenswerter Weise eine Erläuterung zu den deutschen Ringversuchen.

Dieser Fall wurde von 6 Herren gemeldet: 1. Th. Allgäuer, Rothenburg b. Luzern; 2. René Babin, Licencié en Droits, Paris 5, Rue Gay-Lussac; 3. Paul Coeler, Elberfeld, Koenigstr. 141; 4. Stud. rer. nat. Aug. Gausebeck, Münster i. Westf., Canalstr. 15; 5. A. Mathey Dupraz, Colombier b. Neuchatel, Schweiz; 6. Rechtspraktikant Fr. A. Scheirmann, Mannheim.

Wie sonderbar spielt der Zufall! Als alle diese Briefe einliefen, schwamm ich auf dem Mittelmeer. An Bord des Dampfers Niger der Messageries Maritimes fuhr ich Ende April von Smyrna nach Beyrut in Syrien. Aus Langeweile blätterte ich in den ausliegenden Journalen, finde die französische Jagdzeitung, den „Chasseur français" und darin die Notiz über meine Lachmöwe!!

Zeit: 4 Monate, 8 Tage.
Entfernung: 900 km.

16. Nr. 3355, markiert am 13. Juli, am 1. Dezember bei einer Treibjagd in dem Drievriendenpolder, Gemeinde Dinteloord, im Rheindelta, südwestlich Dordrecht, Holland, von den Treibern tot gefunden. Notiz in einer holländischen Zeitung vom 3. Dez. gemeldet von Herrn H. v. d. Elst, Haag, Laan van Meerdervort 304. Dann Ring und eine genaue Karte mit eingezeichnetem Fundort eingesandt von Herrn Arzt J. M. van den Hoek in Dinteloord.

Zeit: 4 Monate, 21 Tage.
Entfernung: 475 km.

17. Nr. 2084, markiert am 6. Juli, am 10. Dezember am selben Platze wie Nr. 2284, also in Sallenelles an der Mündung der Orne in der Nähe von Caen am Kanal erlegt. Nachricht durch Herrn Professor Brasil vom Laboratoire de Zoologie, Université Caen.

Zeit: 5 Monate 7 Tage.
Entfernung: 900 km.

Auf meine Bitte, ob das Zoologische Institut der Universität in Caen durch seine Studenten nicht fortlaufende Vogelzugsbeobachtungen, zum mindesten Feststellung der besten Zugtage an diesem wichtigen Punkt der französischen Kanalküste organisieren könne, erhielt ich die sehr erfreuliche Antwort, dafs Herr Professor Brasil sich darum bemühen will und dafs er hofft, verhältnismäfsig leicht etwas derartiges erreichen zu können. Es wäre trefflich, wenn wir dadurch endlich einen Beobachtungsposten westlicher als Holland bekommen würden. Herr Prof. Brasil würde sich dadurch ein grofses Verdienst um die Ornithologie erwerben.

18. Nr. 2272, markiert am 6. Juli, am 15. Dezember im Tal der Saône in Chauvort nahe Verdun sur le Doubs von Herrn Constant Caitot in Chauvort par Allerey, Saône et Loire, Bourgogne erlegt. Mitteil. von demselben. Er schofs mit einer Entenkanone von 32 mm Kaliber vom Boot aus mit einem einzigen Schufs — 41 Lachmöwen, worunter die Schleswiger Ringmöwe sich befand.

Zeit: 5 Monate 12 Tage.
Entfernung: 920 km.

Die Möwenscharen scheinen also, wenn sie den Rhein fast bis Basel hinaufgezogen sind, sich zu teilen. Ein Teil wird durch die Burgundische Pforte bei Belfort auf der Linie des Rhein-Rhone-Kanals nach dem Doubs, diesen hinab auf der Saône und dieser wieder folgend in die Rhône gelangen. Dort ist ja bekanntlich ein grofses Winterquatier. Der andere Teil wird offenbar dem Rheine bis zur Aare-Mündung folgen, die Aare hinauf zum Neuchateler See, von da herüber zum Genfer See gehen und so zur Rhône gelangen.

Dafs man in Frankreich selbst so weit wie im Binnenlande die Kanonenschiefserei auf Wasservögel betreibt, war mir neu und ist sehr betrübend.

Der Fall ist sehr interessant, zeigt er doch, dafs die Schleswiger Lachmöwen genau so unbeständig in der Wahl ihrer Wanderstrafsen sind, wie die Rossittener. Nur dafs bei ersteren, wie zu erwarten, der Seeweg bei weitem vorwiegt.

Meine Resultate mit Lachmöwen bestätigen und ergänzen aufs Schönste die Rossittener. Es stellt sich durch dieses schöne positive Material mehr und mehr heraus, dafs wir unsere Grundanschauungen über den Vogelzug umlernen müssen. Besonders werfen die Resultate jetzt schon helles Licht auf die Grundfragen des Vogelzugsproblem, besonders auf seine psychologischen Rätsel. Da aber mit Sicherheit zu erwarten ist, dafs die Resultate sich noch weiter ergänzen und vervollkommnen, und das Bild dadurch nur an Klarheit gewinnt, so ist es besser das Fazit erst in einer späteren zusammenfassenden Arbeit zu ziehen.

III. Küsten- und Flufsseeschwalben (*Sterna macrura* und *hirundo*).

Merkwürdig gering, ja fast ganz negativ ist leider der Versuch mit den Seeschwalben geblieben, wie auch im Vorjahre schon Otto Leege bei seinen Markierungen auf dem Memmert erfahren mufste. Von 200 auf Jordsand und Norderoog markierten jungen Seeschwalben liefen nur 3, d. s. 1,5% Rückmeldungen ein und diese kurz nach der Brutzeit, also ohne allzugrofsen Wert.

1. Nr. 1990, markiert am 14. Juli auf Jordsand, am 23. August auf einem Feld bei dem Dorfe Nourup, ca. 2 km vom Esbjerg an Jütlands Westküste, Dänemark, tot gefunden. Der Vogel ward von den Ornithologen Winge, Hörring und Schiölen in Kopenhagen peinlichst untersucht und als *macrura* bestimmt. Nachricht und Ring durch Herrn E. L. Schiölen, Copenhagen, 57 III Fredericiagade.
Zeit: 1 Monat 10 Tage.
Entfernung: 50 km.

2. Nr. 2005, markiert am 14. Juli auf Jordsand, am 30. Juli auf einer Segeltour bei der Insel Röm tot, unverletzt gefunden. Nachricht von Herrn Hans Olde Petersen, Insel Röm, Nordschleswig.
Zeit: 16 Tage.
Entfernung: ca. 10 km.

3. Nr. 2012, markiert am 14. Juli auf Jordsand, am 3. August gelegentlich der Seehundsjagd im Wattenmeer bei Sylt von Herrn Oberleutnant Lemke v. 163. Reg. i. Neumünster ge-

schossen. Nachricht durch Herrn C. Baumann, Hotelbesitzer in Westerland.

Zeit: 20 Tage.

Entfernung: 10–20 km.

Die drei zurückgemeldeten Vögel haben sich vor dem Abzug auf der Nahrungssuche in der Umgebung ihrer Heimat herumgetrieben.

Dieses geringe Resultat ist doch wenigstens insofern erfreulich, als man daraus sieht, dafs die Vernichtungsziffer der Seeschwalben durch den Menschen Gott sei Dank noch gering ist. Das verderbliche Eiersammeln hat aufgehört, das Schiefsen am Brutplatz ist inhibiert, der Massenmord, das „Schwalbenschiefsen" zu Putzzwecken auf Helgoland hat in den letzten Jahren ein wenig in seinen Erträgen nachgelassen. An den französischen Küsten wird aber noch stark weiter gemordet, kam doch bezeichnenderweise die einzige rückgemeldete Memmert-Seeschwalbe von Sallenelles bei Caen, das wir ja schon von den Lachmöwen her kennen. Man vergleiche hierzu auch den Bericht über die Verhandlungen des Internationalen Jagdkongresses in Wien 1910 (Abt. Jagdgesetzgebung. Ornithol. Monatsschrift 1911).

Offenbar entzieht sich aber die rasch- und weitwandernde Seeschwalbe ihren menschlichen Feinden zu rasch, um allzu furchtbar dezimiert zu werden. Und die Winterquartiere der Seeschwalben liegen offenbar in Gegenden, wo der Mensch die Vögel ganz in Frieden läfst. Wir haben also Aussicht, unsere Meere immer reicher mit diesen anmutigen Vögeln beleben zu können, die jeder Kenner den plumperen gefräfsigen Möwen vorzieht.

Um über den Seeschwalbenzug etwas zu erfahren, müssen wir dem Zufall mehr Angriffsfläche bieten und noch viel mehr Jungvögel markieren. Je kleiner der Vogel, je weniger er allgemeiner Jagdgegenstand und je mehr er echter Zugvogel ist, desto weniger Aussicht haben wir, durch Zufall Rückmeldungen zu erhalten. Und doch sind gerade solche Vögel am wichtigsten und wertvollsten.

IV. Waldschnepfen (*Scolopax rusticola*).

Auf Helgoland wurden von mir in den Jahren 1909 und 1910 im ganzen 10 Waldschnepfen gezeichnet, davon wurden 3 noch auf Helgoland und eine ein Jahr später im Binnenlande wieder erbeutet, d. s. 40 %.

I. Nr. 2201, in der Nacht vom 11./12. November 1909 auf dem Leuchtturm gegriffen und am 12. abends in der Dämmerung freigelassen, aber trotz dieser Vorsichtsmafsregel doch sofort von einem übereifrigen Vogelfänger mit Laterne und Kätscher auf der Nordspitze gefangen. Unglaublich, aber wahr! Nichts kann bezeichnender sein als dieser Fall.

2. Nr. 2204, in derselben Nacht auf dem Leuchtturm gefangen und ebenso am 12. freigelassen. Ward am 13. früh an der Falm gegriffen, mufs also wohl in der zweiten Nacht stark angeflogen sein.

Weshalb zogen beide Schnepfen nicht sofort weg? Ich hatte sie den Tag über in finsterem Behältnis hungern lassen müssen. Vielleicht hat sie das gestört. Eine gleichzeitig gefangene ist aber wohlbehalten abgezogen. Nun war an dem Abend des Freilassens noch einiger hastiger Vogelzug, der aber bald aufhörte, weil sehr plötzlich ein heftiger Sturm einsetzte. Leicht möglich, dafs meine Schnepfen das vorweg gefühlt und deshalb nicht weitergezogen sind. Wurden doch auch die neuangekommenen Schnepfen vom Sturm überrascht, zur Erde gezwungen und dort den Kätschern der Fänger ausgeliefert.

3. Nr. 2209, am 6. April 1910 früh von mir im Drosselbusch gefangen, abends freigelassen. Zog leider nicht weg, wurde vielmehr am 8. früh unter der Klippe am Strande der Westseite geschossen, war also 2 Tage hiergeblieben. Ring vom Schützen eingeliefert. Möglich, dafs der Vogel durch das Halten ohne Futter den Tag über irgend wie etwas gelitten hat. Solche Vögel ziehen dann gewöhnlich nicht eher weg, als bis sie wieder völlig intakt sind. Es war aber auch kein Zug und kein günstiger Wind, also keine gute Gelegenheit in jenen Tagen.

4. Nr. 2202, in der Nacht vom 11./12. Nov. 1909, 3 Uhr morgens auf dem Leuchtturm — wo die Vögel leicht anfliegen — gegriffen und am 12. abends freigelassen mit drei andern, wovon zwei wie gesagt gleich darauf hier wieder gefangen wurden. Nr. 2202 aber wurde fast ein Jahr später, am 12. Oktober 1910 von einem Jäger der Gemeinde Emsteck, Amt, bezw. Kreis Cloppenburg, Grofsh. Oldenburg, 150 km südlich von Helgoland erlegt. Nachricht und Ring durch freundliche Vermittelung von Herrn Hauptlehrer H. Hinrichs in Emsteck.

Dieser Fall ist sehr interessant und wichtig. Er beweist 1. dafs die Waldschnepfe sich an keine feste Zugzeit bindet: dasselbe Exemplar war 1910 einen vollen Monat früher auf derselben geogr. Länge als 1909, ist also einen Monat früher gezogen, und das wird wieder nur durch scharfe Abhängigkeit des Zugs von der Witterung erklärt. 2. Er beweist, dafs die Waldschnepfe sich an keine feste Zugstrafse bindet, sondern fliegt, wie sie der jeweils günstige Wind treibt. Nur die Hauptrichtung: NO.—SW., wird eingehalten. Das einzige, was die Schnepfe beim Zuge also dazutut, ist das Aufbrechen mit richtigem, d. h. am liebsten nordöstlichem resp. südwestlichem Winde. Nicht einmal an solche gewaltige Merklinien, wie die Meeresküste, hält sich der Vogel, sondern er zieht „wie's trefft". Näheres darüber in der Besprechung der Waldschnepfe in diesem Jahresbericht.

Diese eine wiedererlangte Waldschnepfe war für unsre Auffassung und Deutung des Zuges wichtiger als 3 Dutzend rückgemeldete Silbermöwen. Deshalb würde ich auch liebend gern mehr Waldschnepfen hier markieren, aber das ist wie gesagt schwierig und kostspielig. Man sieht ja auch, wie enorm die Gefahren sind, denen eine Waldschnepfe auf Helgoland ausgesetzt ist. Würde ich die nachts gefangenen Schnepfen sofort fliegen lassen, so ist zehn gegen eins zu wetten, dafs sich der Vogel nicht weit davon wieder niederläfst und dafs er dort von einem der zahlreichen Fänger sofort wieder gefangen wird. Aber auch die am Tage im Drosselbusch gefangenen kann ich nicht sofort loslassen, da sie bei Tageslicht nicht abstreichen, sondern zunächst zur Orientierung umherfliegen und sich dann niederlassen würden. Da nun zur Schnepfenzeit stets und überall geladene und gespannte Flinten lauern — viele Helgoländer haben um diese Zeit nichts anderes zu tun — so müfste ein Wunder geschehen, wenn die Schnepfe lebend davon käme. Von den Schnepfen, die hier frühmorgens ihren Zug unterbrechen, kommen sicher keine 20% lebend davon! Also bleibt nur übrig, die gefangenen Schnepfen, übrigens sehr ungebärdige wilde Vögel, bis zum Abend aufzuheben und sie in der Dämmerung, wo die Schützen nach Hause gegangen und die Fänger im allgemeinen — nicht immer wie wir sahen — noch nicht aufgebrochen sind, fliegen zu lassen. Um diese Zeit übt ja auch der sonst leicht verderbliche Leuchtturm seine unheilvolle Anziehungskraft noch nicht aus, weil es noch nicht finster genug ist. Es braucht nun also nur noch günstigen Wind, sonst ziehen meine Schnepfen immer noch nicht weg. Also man sieht, die Sache ist nicht so einfach. Und die Helgoländer tun natürlich alles andere als mir entgegenzukommen.

V. Drosseln.

Von allen jagdbaren Vögeln am leichtesten und in gröfster Menge zu fangen sind auf Helgoland die Drosseln, entweder nachts mit Blendlaterne und Kätscher oder tagsüber im sog. Drosselbusch. Das ist eine mondförmig gebogene, auf der gewölbten Seite abgeschrägte Hacke, auf deren abgedachter Seite ein feines Netz liegt. Das Netz liegt mit seinem Saume am Erdboden locker auf dem Rasen. Man treibt nun die Drosseln den Garten entlang von der offenen inneren Seite in die halbmondförmige Hecke hinein und schreckt sie durch Geräusch. Die Schwarz-, Ring- und Singdrosseln suchen dann stets, die Wein- und Wacholderdrosseln nur ausnahmsweise laufend das Gebüsch nach der Aufsenseite zu verlassen und fahren so durch die Maschen des locker liegenden Netzes, wo sie der rasch hinzueilende Fänger durch Stockschläge tötet. Ich natürlich hebe das Netz und fasse den Vogel an den Füfsen, wodurch er sich von ganz allein aus den Maschen zieht. Rasch den winzigen Ring um einen Fufs gelegt, wobei der Vogel oft und gern ziemlich empfindlich beifst, und heidi, fliegt er davon. Wiederholt haben ich und Helgoländer beringte Drosseln beobachtet, z. T. sofort nach dem Freilassen. Keine einzige tat auch nur im mindesten, als ob sie überhaupt den Ring fühlte. Man kann ihr absolut nichts anmerken. Der Fang geht auch sehr rasch und völlig schmerzlos für den Vogel vor sich. Das bischen ausgestandene Angst aber hat noch keinem geschadet. Die Wein- und Wacholderdrosseln wurden meistens nachts gefangen und gezeichnet.

Da hier im Herbst auf jede Drossel geschossen wird — das Gesetz erlaubt es ja —, so ist es ähnlich gewagt, markierte Drosseln freizulassen wie Schnepfen. Es bleibt aber nichts andres übrig. Deshalb wurde die Mehrzahl von mir auf dem Frühjahrszug, also in der Schonzeit, gefangen und gezeichnet, natürlich mit behördlicher Genehmigung.

Soviel war mir bei dem Drosselmarkieren klar, dafs aufserordentliche Mengen dazu gehören würden, um Rückmeldungen von anderswoher zu erhalten. Denn ihr Zug geht in südwestlichnordöstlicher Richtung. Und wenn auch in Holland und Frankreich Vögel in einiger Menge gefangen und geschossen werden, so geht doch dort der Drosselzug zu rasch durch und die paar hundert markierten verlieren sich unter den Hunderttausenden nicht Gezeichneten.

In allen übrigen Gegenden, die unsre Drosseln berühren, besonders auch in ihrer Brutheimat, Skandinavien, Finnland u. s. w. stellt man ihnen gar nicht nach. Deutschland wird von unsern Drosseln offenbar wenig oder garnicht berührt, doch dürfte ihr Zug gleich regellos verlaufen wie der der Waldschnepfe. Aber da ja in Deutschland der Dohnenstieg jetzt verboten und der Abschufs sehr geringfügig ist, so ist auch von daher wenig zu erhoffen. Wir müssen eben grofse Mengen markieren und auf den Zufall hoffen. Kann doch ein einziger Ring sehr wertvolle Aufschlüsse geben. Vor allem ist zu erwarten, dafs unter den unzähligen Leuchtturmopfern früher oder später auch eine beringte Drossel sich findet, wodurch dann wieder ein Stück Weg festgelegt sein würde.

Inzwischen sprang doch u. a. soviel bei dem Versuche heraus, dafs man ungefähr sehen konnte, wieviel Prozent der hier länger rastenden Drosseln hier geschossen werden und in wie weit überhaupt Helgoland als Raststation dient. Da ich nun freilich für die mir von hier zurückgelieferten Drosseln keine hohe Prämie zahlen wollte — aus dem begreiflichen Grunde, nicht noch mehr zum Drosselschiefsen anzueifern — so habe ich, wie ich bestimmt weifs, nicht alle hier wiedererbeuteten Ringe erhalten. Von den in der Schonzeit markierten erhielt ich 1,2 %, von den im Herbst, also zur Jagdzeit gezeichneten mind. — 25,7 % zurück, wobei ich sicher nicht alle erhalten habe. D. h. also von den Drosseln, die auf dem Herbstzuge aus irgend einem Grunde mehr als höchstens paar Stunden hier rasten, wird mindestens ein Viertel weggeschossen.

Natürlich ist dabei zu bedenken, dafs nur ein sehr geringer Prozentsatz der überhaupt durchziehenden Drosseln hier länger rastet. Der angegebene Prozentsatz sagt also natürlich gar nichts aus über die wahre Vernichtungsziffer der gesamten Durchzugsmenge, die ja hauptsächlich auch durch den nächtlichen Fang mitbestimmt wird.

Singdrosseln.

1. Nr. 615, am 5. Nov. 09 früh gefangen, abends freigelassen, am 6. geschossen. Ring zuruck.

Zeit des nachgewiesenen Aufenthaltes hier: 1 Tag.

Die Drossel zog nicht weg, obgleich in dieser Nacht einiger Drosselzug, also gute Gelegenheit war.

2. Nr. 1111, am 16. Okt. 09 gefangen, am 18. geschossen.

Zeit: mind. 2 Tage.

Ziemlich ungünstiger Wind (SW.), auch sehr wenig Zug, deshalb hiergeblieben.

Weindrosseln.

3. Nr. 1197, am 16. Okt. 10 mittags gefangen und sofort freigelassen, aber am selben Tage (!!) wieder geschossen. Beringter Fufs zurück.

4. Nr. 622 (oder 623 Schwarzdrossel?) in der Nacht vom 11./12. Nov. 09 früh 3 h auf dem Leuchtturm gegriffen, abends freigelassen, am 13. wiedergeschossen. Konnte Nummer nicht ganz sicher erfahren, auch Ring nicht erhalten (!).

In der Nacht war gewaltiger NW.-Sturm aufgekommen, der ebenso wie meine gezeichneten Schnepfen auch diese Drosseln am Abzug hinderte.

Wacholderdrosseln.

5. Nr. 617, am 12. Nov. 09 früh gefangen, sofort freigelassen, am 13. wiedergeschossen. Dageblieben aus demselben Grunde wie Nr. 622. Zudem war der Vogel, wohl durch Schuld des Leuchtturms in der vorhergehenden Nacht, etwas matt.

Schwarzdrosseln.

6. Nr. 626, iuv., am 17. Nov. 09 mittags gefangen, sofort freigelassen. Am selben (!) Tage wiedergeschossen. Ring zurück.

Man sieht, warum ich mich schliefslich entschlofs, die Vögel den Tag über hungern zu lassen und sie erst abends frei zulassen.

7. Nr. 6. 630, ♀, am 11. März 10 abends gefangen, etwa am 12. abends „tot am Leuchtturm gefunden" (Schonzeit!). Ring zurück.

8. Nr. 658, ♀, am 29. März 10 nachm. sofort freigelassen, am 4. April beringter Fufs von einem Jungen wiedergebracht,

„frisch tot gefunden". Verletzung nicht zu entdecken. Wahrscheinlich angeflogen.

Aufenthaltszeit: mind. 6 Tage!

Es war in jenen Tagen kalt, trotzdem in einigen Nächten Zug von andern Vögeln, doch fast keine Drosseln. Daraus geht hervor, dafs die Drosseln, die in jenen Tagen zur Beobachtung kamen, nicht wie sonst jeden Tag andre, sondern meistens wohl rastende waren, dafs also die Schwarzdrosseln unter solchen Witterungsverhältnissen: nachts sehr kalt, sogar Reif, frische bis steife nördliche und östliche Winde, nicht gern ziehen.

9. Nr. 676, ♀, am 30. März 10 früh sofort freigelassen, am 2. April unter der Klippe wiedererlangt. Beringter Fufs zurück.

Bestätigt das eben Gesagte.

10. Nr. 1191, ♀, am 9. Okt. 10 abends sofort freigelassen, am andern Vormittag wieder geschossen. Ring zurück.

Da nachts SW., also Gegenwind, nicht abgezogen.

11. Nr. 1199, am 31. Okt. 10 sofort freigelassen. Am 6. November, also 7 Tage später, wiedergeschossen. Beringter Fufs zurück.

Zog nicht ab wegen einer Periode stürmischer Westwinde. Immerhin eine erstaunlich lange Rast. Aber Schwarzdrosseln rasten überhaupt mit am längsten hier, wie schon die Beobachtung ergeben hatte.

Nr. 1140, ♀, fing ich am Nachmittag des Fangtages (früh markiert) mit Mühe und Not ein zweites Mal im Drosselbusch. Gewöhnlich geht die Drossel das zweite Mal nach der offenen Innenseite des Busches durch. Sie lernt sehr schnell die Gefahr erkennen, assoziert also mit am raschesten von allen Vögeln.

Nr. 1148, ad. ♂, am 23. März 10 h früh gezeichnet, bekam ich am 25. nachm. nochmals ins Netz. Wegen kalter Nord- und Nordwestwinde nicht weiter gezogen. Brauchen dazu Südwest.

Wir lernen aus diesen Versuchen erkennen, welcher Art die Vorbedingungen des Zugs sein müssen, bei welchem Wind, welcher Temperatur u. s. w. der Vogel sich auf die Reise begibt, wann, weshalb und wie lange er rastet. Das ist immerhin schon etwas, wenn sich auch über den Reiseweg bis jetzt noch nichts ergeben hat, wie wir ja erwarten mufsten.

Zusammenfassung.

Die Resultate des Ringexperiments sind für den von Helgoland aus gemachten Anfang nur erfreulich und ermutigend. Man mufs also suchen, sie noch mehr auszudehnen. Vor allem wäre es wichtig, Waldschnepfen in viel gröfserer Anzahl zu markieren. Mit wenigen hundert Mark liefsen sich — dafür kann man garantieren — erstaunliche Resultate erzielen trotz der Schwierigkeiten, die einem hier die Arbeit so mühsam machen. Auch andre Vögel, als Bekassinen, Kiebitze, Goldregenpfeifer u. s. w. liefsen sich hier markieren, wenn man Hülfe dabei hätte. Allein kann man in den kurzen Stunden nächtlichen Vogelzugs mit ihrer Fülle von Arbeit für den Vogelwart nicht viel ausrichten. Auch Drosseln müfsten statt zu Hunderten zu Tausenden gezeichnet werden und gerade die am meisten von Jägern verfolgten Wacholder- und Weindrosseln, die aber eben wieder blos nachts zu fangen sind. Für den Fang der übrigen Arten im Drosselbusch hoffen wir durch Errichtung eines eigenen Busches Kosten zu sparen — bisher pachtete die Biologische Anstalt für teures Geld den einzigen, allerdings vorzüglichen Busch, der noch existiert. —

Ferner ist es nötig, noch mehrere Tausend Seeschwalben in den Brutkolonien der friesischen Inseln zu zeichnen, wobei wir freilich auf die gütige Mitwirkung der Besitzer, des Vereins Jordsand und für den Memmert von dessen Verwalter, Herrn Otto Leege, angewiesen sind.

Auch von Lachmöwen sollten noch sehr viele in Schleswig markiert werden, was auch geschehen wird.

Wenn der Ringversuch auch auf andere Zugvögel als Störche, Wildenten und Strandvögel ausgedehnt werden könnte, so wäre das äufserst wünschenswert, ist aber jetzt aus Mangel an Zeit, Hülfe und Mitteln nicht so leicht auszuführen.

Um so nötiger wäre diese Weiterentwicklung des Experimentes, als man schon jetzt sagen kann, dafs das Vogelzugsexperiment als solches die Erwartungen ganz aufserordentlich übertroffen hat. Es hat so allgemeinwichtige psychologische, tiergeographische und entwicklungsgeschichtliche Ergebnisse gebracht, dafs man sich nicht genug wundern kann, wenn einige Leute noch die Stirn haben können, auf Grund von gänzlich haltlosen Voreingenommenheiten oder wohl gar aus persönlichen Motiven diese glänzende wissenschaftlich exakte Tat — die Einführung des Ringversuchs — herunterzureifsen, und wie es möglich ist, dafs diese Leute es wagen dürfen, öffentlich die schwersten Beleidigungen auszustofsen, ohne sofort der allgemeinen Nichtachtung anheimzufallen. Es ist ein Jammer, dafs in Deutschland jede ideale Bestrebung durch unvernünftige Übertreibungen einzelner einseitiger Heifssporne — oder ist alles nur Mache, wie es fast scheint? — zerrissen und in ihren Erfolgen von vornherein ruiniert wird: immer wieder dieselbe alte deutsche Uneinigkeit und Dickköpfigkeit. Um des Dickkopfes eines oder weniger einzelner willen, die natürlich vom besten Willen und grofsem Eifer der Überzeugung erfüllt sind, scheitern bei uns immer und immer wieder die herrlichsten idealsten und nationalen Bestrebungen, denn nur zu selten gibt es Männer wie

Bismarck, die mit dem deutschen „Dicknischel-Partikularismus“ fertig werden. Wenn einmal ein grofser allbeherrschender Gedanke, ein Ideal, anfängt, Wurzel zu schlagen, so dauert es kein Jahr, so kommt ein oder der andre der besten tüchtigsten Vorkämpfer, der sich nach und nach in eine utopistische Sackgasse verrannt hat, und schlägt eine ganze Legion tapferer Mitstreiter schamlos ins Gesicht, dafs diese in ihrer Ehre und in ihrem guten Willen so schmählich Getroffenen sich oft genug von der idealen Sache zurückziehen müssen. Keine Vernuft, keine Überlegung, kein Verantwortlichkeitsgefühl: das ruiniert bei unsrer grofsen, manchmal fast zu grofsen Prefsfreiheit unsern Fortschritt. Man soll den Gegner nicht beschimpfen, ist ein altes edles Gesetz. Aber man beschimpft dreist und gottesfürchtig sogar den Mitstreiter um irgend einer Nebensache willen, die einem nicht pafst und deren Berechtigung oder Nichtberechtigung nachzuprüfen man zu faul oder aber zu voreingenommen ist.

Soviel über die Angriffe auf den Ringversuch, die neuerdings u. a. dem hehren Gedanken des Natur- und Heimatschutzes so viel schaden, weil sie viele von dessen Anhängern vor den Kopf gestofsen haben, die nicht verstehen können, wie solch unglaubliche Entstellungen der Wahrheit (— um nicht zu sagen Lügen) und solch gemeine Angriffe auf rein wissenschaftliche Arbeit, die gerade auch dem Naturschutz in reichstem Mafse zu Gute kommt, aus dem Hauptlager des Naturschutzes ausgehen können, von dem man alles andere als derartiges erwartet.

Bemerkung zu der Tafel.

Auf der Tafel ist die Farbe an Wangen, Flügelbug, Nacken und auf den Flügeln etwas zu hell geraten.

Druck von Otto Dornblüth in Bernburg.

CPSIA information can be obtained
at www.ICGtesting.com
Printed in the USA
LVHW08*1532210918
590919LV00010B/107/P

9 780364 875605